ŒUVRES COMPLÈTES

DE BUFFON

V

PARIS. — IMPRIMERIE Vᵛᵉ P. LAROUSSE ET Cⁱᵉ

19, RUE MONTPARNASSE, 19

ŒUVRES

COMPLÈTES

DE BUFFON

NOUVELLE ÉDITION

ANNOTÉE ET PRÉCÉDÉE D'UNE INTRODUCTION SUR BUFFON

ET SUR LES PROGRÈS DES SCIENCES NATURELLES DEPUIS SON ÉPOQUE

PAR J.-L. DE LANESSAN

Professeur agrégé d'histoire naturelle à la Faculté de médecine de Paris

SUIVIE DE LA

CORRESPONDANCE GÉNÉRALE DE BUFFON

RECUEILLIE ET ANNOTÉE PAR M. NADAULT DE BUFFON

OUVRAGE ILLUSTRÉ

DE 100 PLANCHES GRAVÉES SUR ACIER ET COLORIÉES A LA MAIN

ET DE 8 PORTRAITS GRAVÉS SUR ACIER

◇

TOME CINQUIÈME

OISEAUX

PARIS

LIBRAIRIE ABEL PILON

A. LE VASSEUR, SUCCʳ, ÉDITEUR

33, RUE DE FLEURUS, 33

ŒUVRES COMPLÈTES

DE BUFFON

HISTOIRE NATURELLE DES OISEAUX

PLAN DE L'OUVRAGE

Nous n'entreprenons pas de donner ici une histoire des oiseaux aussi complète, aussi détaillée que l'est celle des animaux quadrupèdes; cette première tâche, quoique longue et difficile à remplir, n'était pas impossible, parce que le nombre des quadrupèdes n'étant guère que de deux cents espèces, dont plus du tiers se trouve dans nos contrées ou dans les climats voisins, il était possible d'abord de donner l'histoire de ceux-ci d'après nos propres observations; que dans le nombre des quadrupèdes étrangers, il y en a plusieurs de bien connus des voyageurs, d'après lesquels nous pouvions écrire; qu'enfin nous devions espérer, avec des soins et du temps, de nous les procurer presque tous pour les examiner; et l'on voit que nos espérances ont été remplies, puisqu'à l'exception d'un très petit nombre d'animaux qui nous sont arrivés depuis, et que nous donnerons par supplément (*), nous avons fait l'histoire et la description de tous les quadrupèdes. Cet ouvrage est le fruit de près de vingt ans d'étude et de recherches; et quoique pendant ce même temps nous n'ayons rien négligé pour nous instruire sur les oiseaux et pour nous en procurer toutes les espèces rares, que nous ayons même réussi à rendre cette partie du Cabinet du Roi plus nombreuse et plus complète qu'aucune autre collection du même genre qui soit en Europe, nous devons cependant convenir qu'il nous en manque encore un assez grand nombre : à la vérité, la plupart des espèces qui nous

---

(*) Nous avons placé, dans cette édition, les suppléments dont parle Buffon, à la suite de l'Histoire des Quadrupèdes.

manquent, manquent également partout ailleurs; mais ce qui nous prouve
que nous sommes encore bien loin d'être complets, quoique nous ayons
rassemblé plus de sept ou huit cents espèces, c'est que souvent il nous
arrive de nouveaux oiseaux qui ne sont décrits nulle part, et que d'un
autre côté il y en a plusieurs qui ont été indiqués par nos ornithologistes
modernes qui nous manquent encore, et que nous n'avons pu nous procurer. Il existe peut-être quinze cents, peut-être deux mille (*) espèces d'oiseaux; pouvons-nous espérer de les rassembler toutes? et cela n'est encore
que l'une des moindres difficultés que l'on pourra lever avec le temps; il y
a plusieurs autres obstacles dont nous avons surmonté quelques-uns, et
dont les autres nous paraissent invincibles. Il faut qu'on me permette d'entrer ici dans le détail de toutes ces difficultés; cette exposition est d'autant
plus nécessaire, que sans elle on ne concevrait pas les raisons du plan et
de la forme de mon ouvrage.

Les espèces dans les oiseaux sont non seulement en beaucoup plus grand
nombre que dans les animaux quadrupèdes, mais elles sont aussi sujettes à
beaucoup plus de variétés : c'est une suite nécessaire de la loi des combinaisons, où le nombre des résultats augmente en bien plus grande raison
que celui des éléments; c'est aussi une règle que la nature semble s'être
prescrite à mesure qu'elle se multiplie, car les grands animaux, qui ne produisent que rarement et en petit nombre, n'ont que peu d'espèces voisines,
et point de variétés, tandis que les petits tiennent à un grand nombre d'autres familles, et sont sujets, dans chaque espèce, à varier beaucoup; et les
oiseaux paraissent varier encore beaucoup plus que les petits animaux
quadrupèdes, parce qu'en général les oiseaux sont plus nombreux, plus
petits, et qu'ils produisent en plus grand nombre. Indépendamment de
cette cause générale, il y en a de particulières pour les variétés dans plusieurs espèces d'oiseaux. Le mâle et la femelle n'ont, dans les quadrupèdes,
que des différences assez légères; elles sont bien plus grandes et bien plus
apparentes dans les oiseaux : souvent la femelle est si différente du mâle
par la grandeur et les couleurs, qu'on les croirait chacun d'une espèce
diverse; plusieurs de nos naturalistes, même des plus habiles, s'y sont
mépris, et ont donné le mâle et la femelle d'une même espèce comme
deux espèces distinctes et séparées; aussi le premier trait de la description
d'un oiseau doit être l'indication de la ressemblance ou de la différence du
mâle et de la femelle (**).

(*) Depuis l'époque de Buffon le nombre des espèces d'Oiseaux connues a beaucoup
augmenté; on en admet aujourd'hui plus de six mille.

(**) Buffon indique fort bien dans ce passage deux des causes les plus importantes de la
multiplicité des espèces des oiseaux. Les différences qui existent entre les mâles et les
femelles, et le nombre considérable des œufs de chaque ponte, rendent très facile la production de variations individuelles qui n'ont plus qu'à être fixées par la sélection pour qu'il
se produise des variétés et des espèces nouvelles.

Ainsi, pour connaître exactement tous les oiseaux, un seul individu de chaque espèce ne suffit pas, il en faut deux, un mâle et une femelle ; il en faudrait même trois ou quatre, car les jeunes oiseaux sont encore très différents des adultes et des vieux. Qu'on se représente donc que, s'il existe deux mille espèces d'oiseaux, il faudrait en rassembler huit mille individus pour les bien connaître, et l'on jugera facilement de l'impossibilité de faire une telle collection, qui augmenterait encore de plus du double si l'on voulait la rendre complète en y ajoutant les variétés de chaque espèce, dont quelques-unes, comme celle du coq ou du pigeon, se sont si fort multipliées qu'il est même difficile d'en faire l'entière énumération.

Le grand nombre des espèces, le nombre encore plus grand des variétés, les différences de forme, de grandeur, de couleur entre les mâles et les femelles, entre les jeunes, les adultes et les vieux ; les diversités qui résultent de l'influence du climat et de la nourriture, celles que produit la domesticité, la captivité, le transport, les migrations naturelles et forcées ; toutes les causes, en un mot, de changement, d'altération, de dégénération, en se réunissant ici et se multipliant, multiplient les obstacles et les difficultés de l'ornithologie, à ne la considérer même que du côté de la nomenclature, c'est-à-dire de la simple connaissance des objets ; et combien ces difficultés n'augmentent-elles pas encore dès qu'il s'agit d'en donner la description et l'histoire ? Ces deux parties, bien plus essentielles que la nomenclature, et que l'on ne doit jamais séparer en histoire naturelle, se trouvent ici très difficiles à réunir, et chacune a de plus des difficultés particulières que nous n'avons que trop senties par le désir que nous avions de les surmonter. L'une des principales est de donner par le discours une idée des couleurs, car malheureusement les différences les plus apparentes entre les oiseaux portent sur les couleurs encore plus que sur les formes : dans les animaux quadrupèdes, un bon dessin rendu par une gravure noire suffit pour la connaissance distincte de chacun, parce que les couleurs des quadrupèdes n'étant qu'en petit nombre et assez uniformes, on peut aisément les dénommer et les indiquer par le discours ; mais cela serait impossible, ou du moins supposerait une immensité de paroles, et de paroles très ennuyeuses, pour la description des couleurs dans les oiseaux ; il n'y a pas même de termes en aucune langue pour en exprimer les nuances, les teintes, les reflets et les mélanges ; et néanmoins les couleurs sont ici des caractères essentiels, et souvent les seuls par lesquels on puisse reconnaître un oiseau et le distinguer de tous les autres. J'ai donc pris le parti de faire non seulement graver, mais peindre les oiseaux à mesure que j'ai pu me les procurer vivants ; et ces portraits d'oiseaux, représentés avec leurs couleurs, les font connaître mieux d'un seul coup d'œil que ne pourrait le faire une longue description aussi fastidieuse que difficile, et toujours très imparfaite et très obscure.

Plusieurs personnes ont entrepris, presque en même temps, de faire
graver et colorier des oiseaux : en Angleterre, on vient de donner, sous le
titre de *Zoologie britannique*, les animaux quadrupèdes et les oiseaux de la
Grande-Bretagne, gravés et coloriés. M. Edwards avait de même donné
précédemment un grand nombre d'oiseaux étrangers; ces deux ouvrages
sont ce que nous avons de mieux dans ce genre de mauvaise peinture, que
l'on appelle enluminure. Et quoique ceux que j'ai fait publier depuis cinq
ans, et qui sont déjà au nombre de près de cinq cents planches, soient de
ce même genre de mauvaise peinture, je suis bien certain qu'on ne les
jugera pas inférieurs à ceux d'Angleterre, et qu'on les trouvera supérieurs
à ceux que M. Frisch a fait publier en Allemagne (a); nous pouvons même
assurer que la collection de nos planches coloriées l'emportera sur toutes
les autres par le nombre des espèces, par la fidélité des dessins, qui tous
ont été faits d'après nature, par la vérité du coloris, par la précision des
attitudes; on verra que nous n'avons rien négligé pour que chaque portrait donnât l'idée nette et distincte de son original. L'on reconnaîtra partout la facilité du talent de M. Martinet, qui a dessiné et gravé tous ces
oiseaux, et les attentions éclairées de M. Daubenton le jeune, qui, seul, a
conduit cette grande entreprise; je dis grande, par le détail immense qu'elle
entraîne, et par les soins continuels qu'elle suppose : plus de quatre-vingts
artistes et ouvriers ont été employés continuellement, depuis cinq ans, à
cet ouvrage, quoique nous l'ayons restreint à un petit nombre d'exemplaires; et c'est bien à regret que nous ne l'avons pas multiplié davantage.
L'histoire naturelle des animaux quadrupèdes ayant été tirée à un très
grand nombre en France, sans compter les éditions étrangères, c'est avec
une sorte de peine que nous nous sommes réduits à un petit nombre
d'exemplaires pour les planches coloriées de l'histoire des oiseaux; mais
tous les gens d'art sentiront bien l'impossibilité de faire peindre au même
nombre des planches, ou de les tirer en simple gravure; et lorsque nous
avons vu qu'il n'était pas possible de multiplier cette collection de planches
enluminées autant qu'il eût été nécessaire pour en garnir tous les exemplaires imprimés, nous avons pris le parti de ne nous plus astreindre au
format des animaux quadrupèdes, nous l'avons agrandi de quelques pouces

---

(a) Je ne parle point ici des planches enluminées qu'on vient de faire à Florence sur une
ornithologie de M. Gerini : ces planches, qui sont en très grand nombre, ne m'ont pas paru
faites d'après nature ; elles présentent, pour la plupart, des attitudes forcées, et ne semblent
avoir été dessinées et peintes que d'après les descriptions des auteurs. Les couleurs, dès lors,
en sont très mal distribuées; il y en a même un grand nombre qui ont été copiées sur les gravures de différents ouvrages, et qu'on reconnaît avoir été calquées sur celles de MM. Edwards,
Brisson, etc. On peut dire, en général, que cet ouvrage, bien loin d'éclaircir l'histoire naturelle des oiseaux, la rendrait bien plus confuse par le grand nombre d'erreurs de nom et
par la multiplication gratuite des espèces, puisque souvent on y trouve quatre ou cinq variétés
de la même espèce, qui toutes sont données pour des oiseaux différents.

dans la vue de donner à un plus grand nombre d'oiseaux leur grandeur réelle; tous ceux dont les dimensions n'excèdent pas celles du format des planches y sont représentés de grandeur naturelle; les oiseaux plus grands ont été réduits sur une échelle ou module tracé au-dessus de la figure : ce module est partout la douzième partie de la longueur de l'oiseau, mesuré depuis le bout du bec jusqu'à l'extrémité de la queue; si le module a trois pouces de longueur, l'oiseau aura trois pieds; s'il n'est que de deux pouces, l'oiseau sera de deux pieds de longueur; et lorsqu'on voudra connaître la grandeur des parties de l'oiseau, il faudra prendre au compas celle du module entier ou d'une partie aliquote du module, et la porter ensuite sur la partie de l'oiseau que l'on veut mesurer. Nous avons cru cette petite attention nécessaire pour donner, du premier coup d'œil, une idée de la grandeur des objets réduits, et pour qu'on puisse les comparer exactement avec ceux qui sont représentés de grandeur naturelle.

Nous aurons donc, au moyen de ces gravures enluminées, non seulement la représentation exacte d'un très grand nombre d'oiseaux, mais encore les indications de leur grandeur et de leur grosseur réelle et relative; nous aurons, au moyen des couleurs, une description aux yeux plus parfaite et plus agréable qu'il ne serait possible de la faire par le discours, et nous renverrons souvent, dans tout le cours de cet ouvrage, à ces figures coloriées dès qu'il s'agira de description, de variétés et de différences de grandeur, de couleur, etc. Dans le vrai, les planches enluminées sont faites pour cet ouvrage, et l'ouvrage pour ces planches; mais, comme il n'est pas possible d'en multiplier assez les exemplaires, que leur nombre ne suffit pas à beaucoup près à ceux qui se sont procuré les volumes précédents de l'*Histoire naturelle,* nous avons pensé que ce plus grand nombre, qui fait proprement le public, nous saurait gré de faire aussi graver d'autres planches noires qui pourront se multiplier autant qu'il sera nécessaire, et nous avons choisi pour cela un ou deux oiseaux de chaque genre, afin de donner au moins une idée de leur forme et de leurs principales différences : j'ai fait faire, autant qu'il a été possible, les dessins de ces gravures d'après les oiseaux vivants; ce ne sont pas les mêmes que ceux des planches enluminées, et je suis persuadé que le public verra avec plaisir qu'on a mis autant de soin à ces dernières qu'aux premières.

Par ces moyens et ces attentions, nous avons surmonté les premières difficultés de la description des oiseaux; nous ne comptons pas donner absolument tous ceux qui nous sont connus, parce que le nombre de nos planches enluminées eût été trop considérable; nous avons même supprimé à dessein la plupart des variétés, sans cela ce recueil deviendrait immense. Nous avons pensé qu'il fallait nous borner à six ou sept cents planches, qui contiendront près de huit ou neuf cents espèces d'oiseaux différents; ce n'est pas avoir tout fait, mais c'est déjà beaucoup; d'autres, dans d'autres temps, pourront nous compléter, ou faire encore plus et peut-être mieux.

Après les difficultés que nous venons d'exposer sur la nomenclature et sur la description des oiseaux, s'il s'en présente d'autres encore plus grandes sur leur histoire : nous avons donné celle de chaque espèce d'animal quadrupède dans tout le détail que le sujet exige ; il ne nous est pas possible de faire ici de même ; car, quoiqu'on ait avant nous beaucoup plus écrit sur les oiseaux que sur les animaux quadrupèdes, leur histoire n'en est pas plus avancée. La plus grande partie des ouvrages de nos ornithologues ne contiennent que des descriptions, et souvent se réduisent à une simple nomenclature ; et dans le très petit nombre de ceux qui ont joint quelques faits historiques à leur description, on ne trouve guère que des choses communes, aisées à observer sur les oiseaux de chasse et de basse-cour. Nous ne connaissons que très imparfaitement les habitudes naturelles des autres oiseaux de notre pays, et point du tout celles des oiseaux étrangers ; à force d'études et de comparaisons, nous avons au moins trouvé dans les animaux quadrupèdes des faits généraux et des points fixes sur lesquels nous nous sommes fondés pour faire leur histoire particulière : la division des animaux naturels et propres à chaque continent a souvent été notre boussole dans cette mer d'obscurités qui semblait environner cette belle et première partie de l'histoire naturelle ; ensuite les climats, dans chaque continent, que les animaux quadrupèdes affectent de préférence ou de nécessité, et les lieux où ils paraissent constamment attachés, nous ont fourni des moyens d'être mieux informés, et des renseignements pour être plus instruits : tout cela nous manque dans les oiseaux ; ils voyagent avec tant de facilité de provinces en provinces, et se transportent en si peu de temps de climats en climats, qu'à l'exception de quelques espèces d'oiseaux pesants ou sédentaires, il est à croire que les autres peuvent passer d'un continent à l'autre ; de sorte qu'il est bien difficile, pour ne pas dire impossible, de reconnaître les oiseaux propres et naturels à chaque continent, et que la plupart doivent se trouver également dans tous deux, au lieu qu'il n'existe aucun quadrupède des parties méridionales d'un continent dans l'autre. Le quadrupède est forcé de subir les lois du climat sous lequel il est né, l'oiseau s'y soustrait et en devient indépendant par la faculté de pouvoir parcourir en peu de temps des espaces très grands ; il n'obéit qu'à la saison, et cette saison qui lui convient se retrouvant successivement la même dans les différents climats, il les parcourt aussi successivement ; en sorte que, pour savoir leur histoire entière, il faudrait les suivre partout, et commencer par s'assurer des principales circonstances de leurs voyages, connaître les routes qu'ils pratiquent, les lieux de repos où ils gîtent, leur séjour dans chaque climat, et les observer dans tous ces endroits éloignés ; ce n'est donc qu'avec le temps, et je puis dire dans la suite des siècles, que l'on pourra donner l'histoire des oiseaux aussi complètement que nous avons donné celle des animaux quadrupèdes (*). Pour le prouver, prenons un seul oiseau, par exemple l'hirondelle, celle que tout le monde connaît, qui paraît au printemps, disparaît en automne, et fait son nid, avec de la terre, contre les fenêtres ou dans les cheminées; nous pourrons, en les observant, rendre nn compte fidèle et assez exact de leurs mœurs, de leurs habitudes naturelles et de tout ce qu'elles font pendant les cinq ou six mois de leur séjour dans notre pays; mais on ignore tout ce qui leur arrive pendant leur absence, on ne sait ni où elles vont ni d'où elles viennent; il y a des témoignages pour et contre au sujet de leurs migrations; les uns assurent qu'elles voyagent et se transportent dans les pays chauds pour y passer le temps de notre hiver; les autres prétendent qu'elles se jettent dans les marais (**), et qu'elles y demeurent engourdies jusqu'au retour du printemps; et ces faits, quoique directement opposés, paraissent néanmoins également appuyés par des observations réitérées : comment tirer la vérité du sein de ces contradictions? comment la trouver au milieu de ces incertitudes? J'ai fait ce que j'ai pu pour la démêler; et l'on jugera, par les soins qu'il faudrait se donner et les recherches qu'il faudrait faire pour éclaircir ce seul fait, combien il serait difficile d'acquérir tous ceux dont on aurait besoin pour faire l'histoire complète d'un seul oiseau de passage, et à plus forte raison l'histoire générale des voyages de tous.

Comme j'ai trouvé que dans les quadrupèdes il y a des espèces dont le sang se refroidit et prend à peu près le degré de la température de l'air, et que c'est ce refroidissement de leur sang qui cause l'état de torpeur et d'engourdissement où ils tombent et demeurent pendant l'hiver, je n'ai pas eu de peine à me persuader qu'il devait aussi se trouver parmi les oiseaux quelques espèces sujettes à ce même état d'engourdissement causé par le froid; il me paraissait seulement que cela devait être plus rare parmi les oiseaux, parce qu'en général le degré de la chaleur de leur corps est un peu plus grand que celui du corps de l'homme et des animaux quadrupèdes;

(*) Il est incontestable que les oiseaux peuvent, grâce à leurs organes particuliers de locomotion, se déplacer plus facilement que les quadrupèdes; mais Buffon commet une erreur en admettant que l'oiseau est indépendant « du climat sous lequel il est né. » Les oiseaux, comme tous les autres animaux, sont soumis à une distribution géographique très nettement déterminée pour chaque espèce. Quant aux oiseaux migrateurs, ils n'émigrent pas, comme le dit Buffon, dans le seul but de se soustraire au froid, mais parce que pendant l'hiver ils manqueraient de nourriture. La cigogne ne pourrait pas passer l'hiver dans les régions froides, parce que pendant cette saison les lézards, les grenouilles, les orvets, etc., dont ces oiseaux font leur nourriture sont cachés.

(**) On sait aujourd'hui que toutes les espèces d'Hirondelles qui fréquentent notre pays émigrent; cela est incontestable surtout pour l'hirondelle de cheminée et l'hirondelle des fenêtres. Quant à l'hirondelle de rivage, Cuvier croyait qu'elle passait l'hiver « au fond de l'eau des marais. » Il est démontré qu'elle émigre comme les autres, mais qu'elle peut accidentellement s'engourdir pendant l'hiver. (Voyez l'article *Hirondelle.*)

j'ai donc fait des recherches pour connaître quelles peuvent être ces espèces sujettes à l'engourdissement; et, pour savoir si l'hirondelle était du nombre, j'en ai fait enfermer quelques-unes dans une glacière où je les ai tenues plus ou moins de temps; elles ne s'y sont point engourdies, la plupart y sont mortes, et aucune n'a repris de mouvement aux rayons du soleil; les autres, qui n'avaient souffert le froid de la glacière que pendant peu de temps, ont conservé leur mouvement et en sont sorties bien vivantes. J'ai cru devoir conclure de ces expériences que cette espèce d'hirondelle n'est point sujette à l'état de torpeur ou d'engourdissement que suppose néanmoins et très nécessairement le fait de leur séjour au fond de l'eau pendant l'hiver : d'ailleurs, m'étant informé auprès de quelques voyageurs dignes de foi, je les ai trouvés d'accord sur le passage des hirondelles au delà de la Méditerranée; et M. Adanson m'a positivement assuré que, pendant le séjour assez long qu'il a fait au Sénégal, il avait vu constamment les hirondelles à longue queue, c'est-à-dire nos hirondelles de cheminée dont il est ici question, arriver au Sénégal dans la saison même où elles partent de France, et quitter les terres du Sénégal au printemps; on ne peut donc guère douter que cette espèce d'hirondelle ne passe en effet d'Europe en Afrique en automne, et d'Afrique en Europe au printemps; par conséquent, elle ne s'engourdit pas, ni ne se cache dans des trous, ni ne se jette dans l'eau à l'approche de l'hiver; d'autant qu'il y a un autre fait, dont je me suis assuré, qui vient à l'appui des précédents, et prouve encore que cette hirondelle n'est point sujette à l'engourdissement par le froid, et qu'elle en peut supporter la rigueur jusqu'à un certain degré au delà duquel elle périt; car si l'on observe ces oiseaux quelque temps avant leur départ, on les voit d'abord, vers la fin de la belle saison, voler en famille, le père, la mère et les petits; ensuite plusieurs familles se réunir et former successivement des troupes d'autant plus nombreuses que le temps du départ est plus prochain, partir enfin presque toutes ensemble, en trois ou quatre jours, à la fin de septembre ou au commencement d'octobre; mais il en reste quelques-unes qui ne partent que huit jours, quinze jours, trois semaines après les autres; et quelques-unes encore qui ne partent point et meurent aux premiers grands froids; ces hirondelles qui retardent leur voyage sont celles dont les petits ne sont pas encore assez forts pour les suivre. Celles dont on a détruit plusieurs fois les nids après la ponte, et qui ont perdu du temps à les reconstruire et à pondre une seconde ou une troisième fois, demeurent par amour pour leurs petits, et aiment mieux souffrir l'intempérie de la saison que de les abandonner : ainsi elles ne partent qu'après les autres, ne pouvant emmener plus tôt leurs petits, ou même elles restent au pays pour y mourir avec eux.

Il paraît donc bien démontré par ces faits que les hirondelles de cheminée passent successivement et alternativement de notre climat dans un climat plus chaud ; dans celui-ci pour y demeurer pendant l'été, et dans l'autre pour y passer l'hiver, et que par conséquent elles ne s'engourdissent pas. Mais, d'autre côté, que peut-on opposer aux témoignages assez précis des gens qui ont vu des hirondelles s'attrouper et se jeter dans les eaux à l'approche de l'hiver, qui non seulement les ont vues s'y jeter, mais en ont vu tirer de l'eau, et même de dessous la glace avec des filets? que répondre à ceux qui les ont vues dans cet état de torpeur reprendre peu à peu le mouvement et la vie en les mettant dans un lieu chaud, et en les approchant du feu avec précaution? je ne trouve qu'un moyen de concilier ces faits, c'est de dire que l'hirondelle qui s'engourdit n'est pas la même que celle qui voyage, que ce sont deux espèces différentes que l'on n'a pas distinguées faute de les avoir soigneusement comparées. Si les rats et les loirs étaient des animaux aussi fugitifs et aussi difficiles à observer que les hirondelles, et que, faute de les avoir regardés d'assez près, l'on prît les loirs pour des rats, il se trouverait la même contradiction entre ceux qui assureraient que les rats s'engourdissent et ceux qui soutiendraient qu'ils ne s'engourdissent pas; cette erreur est assez naturelle, et doit être d'autant plus fréquente que les choses sont moins connues, plus éloignées, plus difficiles à observer. Je présume donc qu'il y a, en effet, une espèce d'oiseau voisine de celle de l'hirondelle, et peut-être aussi ressemblante à l'hirondelle que le loir l'est au rat, qui s'engourdit en effet, et c'est vraisemblablement le petit martinet ou peut-être l'hirondelle de rivage. Il faudrait donc faire sur ces espèces, pour reconnaître si leur sang se refroidit, les mêmes expériences que j'ai faites sur l'hirondelle de cheminée; ces recherches ne demandent, à la vérité, que des soins et du temps, mais malheureusement le temps est de toutes les choses celle qui nous appartient le moins et nous manque le plus : quelqu'un qui s'appliquerait uniquement à observer les oiseaux, et qui se dévouerait même à ne faire que l'histoire d'un seul genre, serait forcé d'employer plusieurs années à cette espèce de travail, dont le résultat ne serait encore qu'une très petite partie de l'histoire générale des oiseaux; car pour ne pas perdre de vue l'exemple que nous venons de donner, supposons qu'il soit bien certain que l'hirondelle voyageuse passe d'Europe en Afrique, et posons en même temps que nous ayons bien observé tout ce qu'elle fait pendant son séjour dans notre climat, que nous en ayons bien rédigé les faits, il nous manquera encore tous ceux qui se passent dans le climat éloigné; nous ignorons si ces oiseaux y nichent et pondent comme en Europe; nous ne savons pas s'ils arrivent en plus ou moins grand nombre qu'ils en sont partis; nous ne connaissons pas quels sont les insectes sur lesquels ils vivent dans cette terre étrangère; les autres circonstances de leur voyage, de leur repos en route, de leur séjour, sont également ignorées, en sorte que l'histoire naturelle des oiseaux, donnée avec autant de détail que nous avons donné l'histoire des animaux quadrupèdes, ne peut être l'ouvrage d'un seul homme, ni même celui de plusieurs hommes dans le même temps, parce que non seulement le nombre des choses qu'on ignore est bien plus grand que celui des choses que l'ont sait, mais encore parce que ces mêmes choses qu'on ignore sont presque impossibles ou du moins très difficiles à savoir; et que d'ailleurs comme la plupart sont petites, inutiles ou de peu de conséquence, les bons esprits ne peuvent manquer de les dédaigner, et cherchent à s'occuper d'objets plus grands ou plus utiles.

C'est par toutes ces considérations que j'ai cru devoir me former un plan différent pour l'histoire des oiseaux de celui que je me suis proposé, et que j'ai tâché de remplir pour l'histoire des quadrupèdes; au lieu de traiter les oiseaux un à un, c'est-à-dire par espèces distinctes et séparées, je les réunirai plusieurs ensemble sous un même genre, sans cependant les confondre et renoncer à les distinguer lorsqu'elles pourront l'être; par ce moyen j'ai beaucoup abrégé, et j'ai réduit à une assez petite étendue cette histoire des oiseaux, qui serait devenue trop volumineuse, si d'un côté j'eusse traité de chaque espèce en particulier en me livrant aux discussions de la nomenclature, et que d'autre côté je n'eusse pas supprimé, par le moyen des couleurs, la plus grande partie du long discours qui eût été nécessaire pour chaque description. Il n'y aura donc guère que des oiseaux domestiques et quelques espèces majeures, ou particulièrement remarquables, que je traiterai par articles séparés. Tous les autres oiseaux, surtout les plus petits, seront réunis avec les espèces voisines et présentés ensemble comme étant à peu près du même naturel et de la même famille; le nombre des affinités, comme celui des variétés, est toujours d'autant plus grand que les espèces sont plus petites. Un moineau, une fauvette, ont peut-être chacun vingt fois plus de parents que n'en ont l'autruche ou le dindon; j'entends par le nombre de parents le nombre des espèces voisines et assez ressemblantes pour pouvoir être regardées comme des branches collatérales d'une même tige, ou d'une tige si voisine d'une autre qu'on peut leur supposer une souche commune, et présumer que toutes sont originairement issues de cette même souche à laquelle elles tiennent encore par ce grand nombre de ressemblances communes entre elles; et ces espèces voisines ne sont probablement séparées les unes des autres que par les influences du climat, de la nourriture, et par la succession du temps, qui amène toutes les combinaisons possibles, et met au jour tous les moyens de variété, de perfection, d'altération et de dégénération (*).

Ce n'est pas que nous prétendions que chacun de nos articles ne con-

---

(*) La fin de cet alinéa est très remarquable. Buffon y montre bien le sens qu'il attache au mot « espèce. » Il comprend que les espèces voisines sont issues les unes des autres, et que les différences qui les distinguent sont déterminées par l'action des milieux. Buffon peut, à ce titre, être considéré comme un précurseur de Lamarck et des transformistes.

tiendra réellement et exclusivement que les espèces qui ont en effet le degré
de parenté dont nous parlons; il faudrait être plus instruit que nous ne le
sommes, et que nous ne pouvons l'être, sur les effets du mélange des espèces
et sur leur produit dans les oiseaux; car, indépendamment des variétés
naturelles et accidentelles, qui, comme nous l'avons dit, sont plus nombreuses, plus multipliées dans les oiseaux que dans les quadrupèdes, il y a
encore une autre cause qui concourt avec ces variétés pour augmenter, en
apparence, la quantité des espèces. Les oiseaux sont, en général, plus
chauds et plus prolifiques que les animaux quadrupèdes, ils s'unissent plus
fréquemment, et lorsqu'ils manquent de femelles de leur espèce ils se mêlent plus volontiers que les quadrupèdes avec les espèces voisines, et produisent ordinairement des métis féconds et non pas des mulets stériles : on
le voit par les exemples du chardonneret, du tarin et du serin; les métis
qu'ils produisent peuvent, en s'unissant, produire d'autres individus semblables à eux, et former par conséquent de nouvelles espèces intermédiaires
et plus ou moins ressemblantes à celles dont elles tirent leur origine. Or,
tout ce que nous faisons par art peut se faire, et s'est fait mille et mille fois
par la nature; il est donc souvent arrivé des mélanges fortuits et volontaires entre les animaux, et surtout parmi les oiseaux, qui, souvent, faute de
leur femelle, se servent du premier mâle qu'ils rencontrent ou du premier
oiseau qui se présente : le besoin de s'unir est chez eux d'une nécessité si
pressante que la plupart sont malades et meurent lorsqu'on les empêche
d'y satisfaire. On voit souvent dans les basses-cours un coq sevré de poules
se servir d'un autre coq, d'un chapon, d'un dindon, d'un canard; on voit le
faisan se servir de la poule; on voit dans les volières le serin et le chardonneret, le tarin et le serin, le linot rouge et la linotte commune, se chercher
pour s'unir : et qui sait tout ce qui se passe en amour au fond des bois ?
qui peut nombrer les jouissances illégitimes entre gens d'espèces différentes ? qui pourra jamais séparer toutes les branches bâtardes des tiges
légitimes, assigner le temps de leur première origine, déterminer, en un
mot, tous les effets des puissances de la nature pour la multiplication, toutes
ses ressources dans le besoin, tous les suppléments qui en résultent, et
qu'elle sait employer pour augmenter le nombre des espèces en remplissant
les intervalles qui semblent les séparer?

Notre ouvrage contiendra à peu près tout ce qu'on sait des oiseaux, et
néanmoins ce ne sera, comme l'on voit, qu'un sommaire ou plutôt une
esquisse de leur histoire : seulement cette esquisse sera la première qu'on
ait faite en ce genre, car les ouvrages anciens et nouveaux auxquels on a
donné le titre d'*Histoire des Oiseaux* ne contiennent presque rien d'historique; tout imparfaite que sera notre histoire, elle pourra servir à la postérité pour en faire une plus complète et meilleure; je dis à la postérité,
car je vois clairement qu'il se passera bien des années avant que nous

soyons aussi instruits sur les oiseaux que nous le sommes aujourd'hui sur les quadrupèdes. Le seul moyen d'avancer l'ornithologie historique serait de faire l'histoire particulière des oiseaux de chaque pays : d'abord de ceux d'une seule province, ensuite de ceux d'une province voisine, puis de ceux d'une autre plus éloignée ; réunir, après cela, ces histoires particulières pour composer celle de tous les oiseaux d'un même climat ; faire la même chose dans tous les pays et dans tous les différents climats ; comparer ensuite ces histoires particulières, les combiner pour en tirer les faits et former un corps entier de toutes ces parties séparées. Or, qui ne voit que cet ouvrage ne peut être que le produit du temps ? Quand y aura-t-il des observateurs qui nous rendront compte de ce que font nos hirondelles au Sénégal, et nos cailles en Barbarie ? Qui seront ceux qui nous informeront des mœurs des oiseaux de la Chine ou du Monomotapa ? Et comme je l'ai déjà fait sentir, cela est-il assez important, assez utile, pour que bien des gens s'en inquiètent ou s'en occupent ? Ce que nous donnons ici servira donc long-temps comme une base ou comme un point de ralliement auquel on pourra rapporter les faits nouveaux que le temps amènera. Si l'on continue d'étu-dier et de cultiver l'histoire naturelle, les faits se multiplieront, les connais-sances augmenteront ; notre esquisse historique, dont nous n'avons pu tracer que les premiers traits, se remplira peu à peu et prendra plus de corps : c'est tout ce que nous pouvons attendre du produit de notre tra-vail, et c'est peut-être trop espérer encore, et en même temps trop nous étendre sur son peu de valeur.

DISCOURS

SUR LA NATURE DES OISEAUX

Le mot nature a, dans notre langue et dans la plupart des autres idiomes anciens et modernes, deux acceptions très différentes : l'une suppose un sens actif et général ; lorsqu'on nomme la nature purement et simplement, on en fait une espèce d'être idéal auquel on a coutume de rapporter, comme cause, tous les effets constants, tous les phénomènes de l'univers ; l'autre acception ne présente aucun sens passif et particulier, en sorte que lorsqu'on parle de la nature de l'homme, de celle des animaux, de celle des oiseaux, ce mot signifie, ou plutôt indique et comprend dans sa signification la quantité totale, la somme des qualités dont la nature, prise dans la première acception, a doué l'homme, les animaux, les oiseaux, etc. Ainsi la nature active, en produisant les êtres, leur imprime un caractère particulier qui fait leur *nature* propre et passive, de laquelle dérive ce qu'on appelle leur *naturel*, leur *instinct* et toutes leurs autres *habitudes* et *facultés naturelles*. Nous avons déjà traité de la nature de l'homme et de celle des animaux quadrupèdes * ; la nature des oiseaux demande des considérations particulières ; et, quoique à certains égards elle nous soit moins connue que celle des quadrupèdes, nous tâcherons néanmoins d'en saisir les principaux attributs et de la présenter sous son véritable aspect, c'est-à-dire avec les traits caractéristiques et généraux qui la constituent.

Le sentiment ou plutôt la faculté de sentir, l'instinct, qui n'est que le résultat de cette faculté, et le naturel, qui n'est que l'exercice habituel de l'instinct guidé et même produit par le sentiment, ne sont pas, à beaucoup près, les mêmes dans les différents êtres : ces qualités intérieures dépendent de l'organisation en général, et en particulier de celle des sens, et elles sont relatives, non seulement à leur plus ou moins grand degré de perfection, mais encore à l'ordre de supériorité que met entre les sens ce degré de

---

(*) Dans cette édition, nous plaçons l'histoire des oiseaux avant celle des quadrupèdes, de même que nous avons placé tout ce qui concerne les corps minéraux avant la partie relative aux animaux. Cet ordre, conforme à l'évolution de la matière et des êtres vivants, nous paraît plus convenable que celui qui a été suivi dans les éditions antérieures des œuvres de Buffon.

perfection ou d'imperfection. Dans l'homme, où tout doit être jugement et raison, le sens du toucher est plus parfait que dans l'animal, où il y a moins de jugement que de sentiment ; et au contraire l'odorat est plus parfait dans l'animal que dans l'homme, parce que le toucher est le sens de la connaissance, et que l'odorat ne peut être que celui du sentiment. Mais comme peu de gens distinguent nettement les nuances qui séparent les idées et les sensations, la connaissance et le sentiment, la raison et l'instinct, nous mettrons à part ce que nous appelons chez nous *raisonnement, discernement, jugement*, et nous nous bornerons à comparer les différents produits du simple sentiment, et à rechercher les causes de la diversité de l'instinct, qui, quoique varié à l'infini dans le nombre immense des espèces d'animaux qui tous en sont pourvus, paraît néanmoins être plus constant, plus uniforme, plus régulier, moins capricieux, moins sujet à l'erreur que ne l'est la raison dans la seule espèce qui croit la posséder.

En comparant les sens, qui sont les premières puissances motrices de l'instinct dans tous les animaux, nous trouverons d'abord que le sens de la vue est plus étendu, plus vif, plus net et plus distinct dans les oiseaux en général que dans les quadrupèdes ; je dis en général, parce qu'il paraît y avoir des exceptions dans les oiseaux qui, comme les hiboux, voient moins qu'aucun des quadrupèdes ; mais c'est un effet particulier que nous examinerons à part, d'autant que, si ces oiseaux voient mal pendant le jour, ils voient très bien pendant la nuit, et que ce n'est que par un cexès de sensibilité dans l'organe qu'ils cessent de voir à une grande lumière : cela même vient à l'appui de notre assertion, car la perfection d'un sens dépend principalement du degré de sa sensibilité ; et ce qui prouve qu'en effet l'œil est plus parfait dans l'oiseau, c'est que la nature l'a travaillé davantage. Il y a, comme l'on sait, deux membranes de plus, l'une extérieure et l'autre intérieure, dans les yeux de tous les oiseaux, qui ne se trouvent pas dans l'homme : la première (*a*), c'est-à-dire la plus extérieure de ces membranes, est placée dans le grand angle de l'œil ; c'est une seconde paupière plus transparente que la première, dont les mouvements obéissent également à la volonté, dont l'usage est de nettoyer et polir la cornée, et qui leur sert aussi à tempérer l'exès de la lumière, et ménager par conséquent la grande sensibilité de leurs yeux ; la seconde (*b*) est située au fond

(*a*) Cette paupière interne se trouve dans plusieurs animaux quadrupèdes ; mais, dans la plupart, elle n'est pas mobile comme dans les oiseaux.

(*b*) Dans les yeux d'un coq indien, le nerf optique, qui était situé fort à côté, après avoir percé la sclérotique et la choroïde, s'élargissait et formait un rond, de la circonférence duquel il partait plusieurs filets noirs qui s'unissaient pour former une membrane, que nous avons trouvée *dans tous les oiseaux*. — Dans les yeux de l'autruche, le nerf optique ayant percé la sclérotique et la choroïde, se dilatait et formait une espèce d'entonnoir d'une substance semblable à la sienne ; cet entonnoir n'est pas ordinairement rond aux oiseaux, où nous avons presque toujours trouvé l'extrémité du nerf optique aplatie et comprimée au dedans de l'œil :

de l'œil, et paraît être un épanouissement du nerf optique*, qui, recevant plus immédiatement les impressions de la lumière, doit dès lors être plus aisément ébranlé, plus sensible qu'il ne l'est dans les autres animaux, et c'est cette grande sensibilité qui rend la vue des oiseaux bien plus parfaite et beaucoup plus étendue. Un épervier voit d'en haut, et de vingt fois plus loin une alouette sur une motte de terre, qu'un homme ou un chien ne peuvent l'apercevoir. Un milan, qui s'élève à une hauteur si grande que nous le perdons de vue, voit de là les petits lézards, les mulots, les oiseaux, et choisit ceux sur lesquels il veut fondre ; et cette plus grande étendue dans le sens de la vue est accompagnée d'une netteté, d'une précision tout aussi grandes, parce que l'organe étant en même temps très simple et très sensible, l'œil se renfle ou s'aplatit, se couvre ou se découvre, se rétrécit ou s'élargit, et prend aisément, promptement et alternativement, toutes les formes nécessaires pour agir et voir parfaitement à toutes les lumières et à toutes les distances (**).

D'ailleurs le sens de la vue étant le seul qui produise les idées du mouvement, le seul par lequel on puisse comparer immédiatement les espaces parcourus, et les oiseaux étant de tous les animaux les plus habiles, les plus propres au mouvement, il n'est pas étonnant qu'ils aient en même temps le sens qui le guide plus parfait et plus sûr ; ils peuvent parcourir dans un très petit temps un grand espace ; il faut donc qu'ils en voient l'étendue et même les limites. Si la nature, en leur donnant la rapidité du vol, les eût rendus myopes, ces deux qualités eussent été contraires, l'oiseau n'aurait jamais osé se servir de sa légèreté ni prendre un essor rapide, il n'aurait fait que voltiger lentement, dans la crainte des chocs et des résis-

de cet entonnoir sortait une membrane plissée, faisant comme une bourse qui aboutissait en pointe. Cette bourse, qui était large de six lignes par le bas, à la sortie du nerf optique, et qui allait en pointe vers le haut, était noire, mais d'un autre noir que n'est celui de la choroïde, qui paraît comme enduite d'une couleur détrempée qui s'attache aux doigts ; car c'était une membrane pénétrée de sa couleur, et dont la surface était solide. *Mém. pour servir à l'Hist. des animaux*, p. 175 et 303.

(*) Cette membrane est aujourd'hui connue sous le nom de *peigne*. Elle part de la papille du nerf optique et s'enfonce dans le corps vitré, en s'étalant en éventail, mais elle n'est point, comme le dit Buffon, produite par un épanouissement du nerf optique. En pénétrant dans la chambre postérieure de l'œil, le peigne repousse devant lui la membrane hyaloïde, de sorte qu'il n'est pas en contact direct avec l'humeur vitrée. Dans la majorité des cas, le peigne ne se prolonge pas jusqu'au cristallin ; dans d'autres, au contraire, il va s'insérer sur la face postérieure de la membrane qui enveloppe le cristallin (membrane cristalloïde). Le peigne est aujourd'hui considéré comme une dépendance de la choroïde. Quant à son rôle physiologique, il a été l'objet de très nombreuses discussions et n'est, en réalité, que peu connu. On s'accorde pourtant à le considérer comme jouant, à l'égard de la rétine, le rôle d'un écran destiné à arrêter les rayons venant de certaines directions.

(**) La faculté que possèdent les oiseaux d'accommoder leur œil de façon à voir à des distances alternativement très éloignées et très rapprochées est due particulièrement à l'énergie de l'action du muscle ciliaire de ces animaux, action qui détermine des changements considérables dans la forme du cristallin.

tances imprévues. La seule vitesse avec laquelle on voit voler un oiseau peut indiquer la portée de sa vue, je ne dis pas la portée absolue, mais relative ; un oiseau dont le vol est très vif, direct et soutenu, voit certainement plus loin qu'un autre de même forme, qui néanmoins se meut plus lentement et plus obliquement ; et si jamais la nature a produit des oiseaux à vue courte et à vol très rapide, ces espèces auront péri par cette contrariété de qualités, dont l'une non seulement empêche l'exercice de l'autre, mais expose l'individu à des risques sans nombre (*), d'où l'on doit présumer que les oiseaux dont le vol est le plus court et le plus lent sont ceux aussi dont la vue est la moins étendue, comme l'on voit, dans les quadrupèdes, ceux qu'on nomme *paresseux* (l'unau et l'aï) qui ne se meuvent que lentement, avoir les yeux couverts et la vue basse.

L'idée du mouvement et toutes les autres idées qui l'accompagnent ou qui en dérivent, telles que celles des vitesses relatives, de la grandeur des espaces, de la proportion des hauteurs, des profondeurs et des inégalités des surfaces, sont donc plus nettes, et tiennent plus de place dans la tête de l'oiseau que dans celle du quadrupède ; et il semble que la nature ait voulu nous indiquer cette vérité par la proportion qu'elle a mise entre la grandeur de l'œil et celle de la tête (**) : car, dans les oiseaux, les yeux sont proportionnellement beaucoup plus grands (*a*) que dans l'homme et dans les animaux quadrupèdes ; ils sont plus grands, plus organisés, puisqu'il y a deux membranes de plus ; ils sont donc plus sensibles, et dès lors ce sens de la vue plus étendu, plus distinct et plus vif dans l'oiseau que dans le quadrupède, doit influer en même proportion sur l'organe intérieur du sentiment, en sorte que l'instinct des oiseaux sera par cette première cause modifié différemment de celui des quadrupèdes.

(*a*) Le globe de l'œil, dans une aigle femelle, avait, dans la plus grande largeur, un pouce et demi de diamètre ; celui du mâle avait trois lignes de moins. *Mém. pour servir à l'Hist. des animaux*, partie II, p. 257. — Le globe de l'œil de l'ibis avait six lignes de diamètre... L'œil de la cigogne était quatre fois plus gros. *Idem*, partie III, p. 484. — Le globe de l'œil, dans le casoar, était fort gros à proportion de la cornée, ayant un pouce et demi de diamètre, et la cornée n'ayant que trois lignes. *Idem*, partie II, p. 313.

(*) Buffon montre dans cette phrase qu'il avait compris l'importance, au point de vue de la perpétuation des variations des animaux, du fait auquel Darwin devait, beaucoup plus tard, donner le nom de *sélection*. (Voyez l'article relatif au Pigeon.)

(**) On a beaucoup discuté, pendant ces dernières années, l'origine physiologique des notions que nous possédons sur la position des objets dans l'espace. M. Cyon a soutenu récemment que ces notions « dépendent surtout des sensations inconscientes d'innervation » ou de contraction des muscles oculo-moteurs ; d'autre part, que chaque excitation, même » minime, des canaux demi-circulaires produit des contractions et des innervations des » mêmes muscles ; » d'où il conclut que « il est incontestable que les centres nerveux dans » lesquels aboutissent les fibres nerveuses qui se distribuent dans les canaux sont en relation » physiologique intime avec le centre oculo-moteur, et que, par conséquent, leur exci- » tation peut intervenir, d'une manière déterminante, dans la formation de nos notions sur » l'espace. » (CYON, *Recherches expérimentales sur les fonctions des canaux demi-circulaires et sur leur rôle dans la formation des notions de l'espace.* Paris, 1878.)

Une seconde cause qui vient à l'appui de la première, et qui doit rendre l'instinct de l'oiseau différent de celui du quadrupède, c'est l'élément qu'il habite et qu'il peut parcourir sans toucher à la terre. L'oiseau connaît peut-être mieux que l'homme tous les degrés de la résistance de l'air, de sa température à différentes hauteurs, de sa pesanteur relative, etc. Il prévoit plus que nous, il indiquerait mieux que nos baromètres et nos themomètres les variations, les changements qui arrivent à cet élément mobile ; mille et mille fois il a éprouvé ses forces contre celles du vent, et plus souvent encore il s'en est aidé pour voler plus vite et plus loin. L'aigle, en s'élevant au-dessus des nuages (a), peut passer tout à coup de l'orage dans le calme, jouir d'un ciel serein et d'une lumière pure, tandis que les autres animaux dans l'ombre sont battus de la tempête ; il peut en vingt-quatre heures changer de climat, et, planant au-dessus des différentes contrées, s'en former un tableau dont l'homme ne peut avoir d'idée. Nos plans à vue d'oiseau, qui sont si longs, si difficiles à faire avec exactitude, ne nous donnent encore que des notions imparfaites de l'inégalité relative des surfaces qu'ils représentent : l'oiseau, qui a la puissance de se placer dans les vrais points de vue, et de les parcourir promptement et successivement en tout sens, en voit plus, d'un coup d'œil, que nous ne pouvons en estimer, en juger, par nos raisonnements, même appuyés de toutes les combinaisons de notre art ; et le quadrupède borné, pour ainsi dire, à la motte de terre sur laquelle il est né, ne connaît que sa vallée, sa montagne ou sa plaine ; il n'a nulle idée de l'ensemble des surfaces, nulle notion des grandes distances, nul désir de les parcourir ; et c'est par cette raison que les grands voyages et les migrations sont aussi rares parmi les quadrupèdes qu'elles sont fréquentes dans les oiseaux ; c'est ce désir, fondé sur la connaissance des lieux éloignés, sur la puissance qu'ils se sentent de s'y rendre en peu de temps, sur la notion anticipée des changements de l'atmosphère et de l'arrivée des saisons, qui les détermine à partir ensemble et d'un commun accord : dès que les vivres commencent à leur manquer (*), dès que le froid

(a) On peut démontrer que l'aigle et les autres oiseaux de haut vol s'élèvent à une hauteur supérieure à celle des nuages, [en partant même du milieu 'd'une plaine, et sans supposer qu'ils gagnent les montagnes qui pourraient leur servir d'échelons ; car on les voit s'élever si haut qu'ils disparaissent à notre vue. Or, l'on sait qu'un objet éclairé par la lumière du jour ne disparaît à nos yeux qu'à la distance de trois mille quatre cent trente-six fois son diamètre, et que par conséquent si l'on suppose l'oiseau placé perpendiculairement au-dessus de l'homme qui le regarde, et que le diamètre du vol ou l'envergure de cet oiseau soit de

(*) On voit par ces mots « dès que les vivres commencent à leur manquer » que Buffon n'a pas méconnu la cause véritable des migrations des oiseaux. Il apprécie très exactement le rôle joué par ce que l'on a appelé l'instinct dans le fait de la migration, quand il nous montre les parents réunissant leurs enfants pour leur « communiquer ce même désir de changer de climat, que ceux-ci ne peuvent avoir acquis par aucune notion, aucune connaissance, aucune expérience précédente. » On ne saurait aujourd'hui dire mieux ni plus nettement.

ou le chaud les incommode, ils méditent leur retraite; d'abord ils semblent se rassembler de concert pour entraîner leurs petits et leur communiquer ce même désir de changer de climat, que ceux-ci ne peuvent encore avoir acquis par aucune notion, aucune connaissance, aucune expérience précédente. Les pères et mères rassemblent leur famille pour la guider pendant la traversée, et toutes les familles se réunissent, non seulement parce que tous les chefs sont animés du même désir, mais parce qu'en augmentant les troupes ils se trouvent en force pour résister à leurs ennemis.

Et ce désir de changer de climat, qui communément se renouvelle deux fois par an, c'est-à-dire en automne et au printemps, est une espèce de besoin si pressant, qu'il se manifeste dans les oiseaux captifs par les inquiétudes les plus vives. Nous donnerons à l'article de la caille un détail d'observations à ce sujet, par lesquelles on verra que ce désir est l'une des affections les plus fortes de l'instinct de l'oiseau; qu'il n'y a rien qu'il ne tente dans ces deux temps de l'année pour se mettre en liberté, et que souvent il se donne la mort par les efforts qu'il fait pour sortir de sa captivité; au lieu que dans tous les autres temps il paraît la supporter tranquillement, et même chérir sa prison, s'il s'y trouve renfermé avec sa femelle dans la saison des amours : lorsque celle de la migration approche, on voit les oiseaux libres, non seulement se rassembler en famille, se réunir en troupes, mais encore s'exercer à faire de longs vols, de grandes tournées avant que d'entreprendre leur plus grand voyage. Au reste, les circonstances de ces migrations varient dans les différentes espèces; tous les oiseaux voyageurs ne se réunissent pas en troupes, il y en a qui partent seuls, d'autres avec leurs femelles et leur famille, d'autres qui marchent par petits détachements, etc. Mais, avant d'entrer dans le détail que ce sujet exige (a), continuons nos recherches sur les causes qui constituent l'instinct et modifient la nature des oiseaux.

L'homme, supérieur à tous les êtres organisés, a le sens du toucher, et peut-être celui du goût, plus parfait qu'aucun des animaux, mais il est inférieur à la plupart d'entre eux par les trois autres sens; et, en ne comparant que les animaux entre eux, il paraît que la plupart des quadrupèdes ont l'odorat plus vif, plus étendu que ne l'ont les oiseaux; car, quoi qu'on dise de l'odorat du corbeau, du vautour, etc., il est fort inférieur à celui du chien, du renard, etc. : on peut d'abord en juger par la conformation même de l'organe; il y a un grand nombre d'oiseaux qui n'ont point de narines, c'est-à-dire point de conduits ouverts au-dessus du bec; en sorte

_____

cinq pieds, il ne peut disparaître qu'à la distance de dix-sept mille cent quatre-vingts pieds ou deux mille huit cent soixante-trois toises, ce qui fait une hauteur bien plus grande que celle des nuages, surtout de ceux qui produisent les orages.

(a) Nous donnerons dans un autre discours les faits qui ont rapport à la migration des oiseaux.

qu'ils ne peuvent recevoir les odeurs que par la fente intérieure qui est dans la bouche ; et dans ceux qui ont des conduits ouverts au-dessus du bec (a), et qui ont plus d'odorat que les autres, les nerfs olfactifs sont néanmoins bien plus petits proportionnellement, et moins nombreux, moins étendus que dans les quadrupèdes : aussi l'odorat ne produit dans l'oiseau que quelques effets assez rares, assez peu remarquables(*), au lieu que, dans le chien et dans plusieurs autres quadrupèdes, ce sens paraît être la source et la cause principale de leurs déterminations et de leurs mouvements. Ainsi

(a) Il y a ordinairement, à la partie supérieure du bec, deux petites ouvertures qui sont les narines de l'oiseau ; quelquefois ces ouvertures extérieures de l'oiseau manquent tout à fait ; en sorte que dans ce cas les odeurs ne pénètrent jusqu'au sens de l'odorat que par la fente intérieure qui est dans la bouche comme dans quelques palettes, les cormorans, l'onocrotale.— Dans le grand vautour, les nerfs olfactifs sont très petits à proportion. *Hist. de l'Acad. des Sc.*, t. I, p. 430 (**).

(*) L'opinion de Buffon a été pleinement confirmée par toutes les observations ultérieures. L'expérience d'Audubon est restée célèbre. Il plaça, dans un endroit fréquenté par les vautours, un crâne de daim préparé depuis longtemps pour être conservé dans une collection, bourré de foin et dépourvu de toute odeur. Les vautours attaquèrent cette fausse proie comme s'il se fût agi d'une tête de daim garnie de ses chairs ; ce n'est qu'après avoir ouvert à coups de bec le crâne qu'ils connurent la mystification dont ils étaient l'objet. Avec un odorat tant soit peu délicat pareille erreur n'eût certainement pas été possible.

M. A. Milne-Edwards raconte, dans ses cours, une expérience faite par lui-même qui démontre bien nettement le peu d'odorat des vautours : « On plaça dans la cage des vautours » une caisse fermée supérieurement par une toile ; celle-ci fut tout d'abord lacérée à plu-» sieurs reprises ; puis, s'habituant à l'objet dont la nouveauté leur avait inspiré de si » vives alarmes, les oiseaux ne lui prêtèrent plus nulle attention. On introduisit alors dans » la boîte, toujours couverte d'un simple prélart, des viandes dont l'odeur ne tarda pas à se » répandre au loin, sans paraître être aucunement perçue par les Rapaces ; on les priva de » leur nourriture habituelle ; inquiets, affamés, ils erraient sans cesse dans le parc sans » jamais songer à déchirer le mince tissu qui les séparait de leur proie. » (CHATIN, *les Organes des sens dans la série animale.*)

(** a) L'organe de l'odorat des oiseaux est constitué, comme celui des mammifères, par deux fosses nasales situées au-dessus de la bouche avec laquelle elles communiquent par deux ouvertures allongées en forme de fentes. Chez quelques oiseaux, par exemple chez le fou et le cormoran, il n'existe qu'une seule fente. Les ouvertures extérieures des fosses nasales sont situées soit à la base même de la mandibule supérieure (narines basilaires), soit vers le milieu de sa longueur (narines médianes), soit sur les bords (narines marginales). Ces variations dans la position trouvent leur emploi dans la classification des oiseaux. Les orifices des narines sont fréquemment très étroits et parfois même plus ou moins fermés par des soies, des plaques dures ou des écailles cartilagineuses (Gallinacés). Les fosses nasales sont très spacieuses ; elles sont habituellement séparées par une cloison verticale complète, comme dans les mammifères. Cependant, dans quelques cas, la cloison est incomplète. Les parois externes sont formées par trois cornets inégalement développés. Dans les Rapaces, ce sont les cornets supérieurs qui sont les plus développés ; dans les Gallinacés, ce sont les cornets moyens, et dans les Passereaux ce sont les inférieurs. Le nerf olfactif entre dans les fosses nasales par un seul orifice de l'os ethmoïde. Dans l'*Apterix* seul, il existe une lame criblée donnant passage, par de nombreux orifices, aux branches du nerf olfactif comme dans les mammifères. Le nerf olfactif se distribue dans la muqueuse des cornets supérieur et moyen. Les cellules olfactives sont munies de cils vibratiles. Richard Owen fait remarquer que, sous le rapport de l'olfaction, les vertébrés ovipares à sang chaud témoignent de la plus grande parenté avec les vertébrés ovipares à sang froid.

le toucher dans l'homme, l'odorat dans le quadrupède, et l'œil dans l'oiseau, sont les premiers sens, c'est-à-dire ceux qui sont les plus parfaits, ceux qui donnent à ces différents êtres les sensations dominantes.

Après la vue, l'ouïe me paraît être le second sens de l'oiseau, c'est-à-dire le second par la perfection ; l'ouïe est non seulement plus parfaite que l'odorat, le goût et le toucher dans l'oiseau, mais même plus parfaite que l'ouïe des quadrupèdes ; on le voit par la facilité avec laquelle la plupart des oiseaux retiennent et répètent des sons et des suites de sons, et même la parole ; on le voit par le plaisir qu'ils trouvent à chanter continuellement, à gazouiller sans cesse, surtout lorsqu'ils sont le plus heureux, c'est-à-dire dans le temps de leurs amours ; ils ont les organes de l'oreille et de la voix plus souples et plus puissants ; ils s'en servent aussi beaucoup plus que les animaux quadrupèdes. La plupart de ceux-ci sont fort silencieux, et leur voix, qu'ils ne font entendre que rarement, est presque toujours désagréable et rude ; dans celle des oiseaux, on trouve de la douceur, de l'agrément, de la mélodie ; il y a quelques espèces dont, à la vérité, la voix paraît insupportable, surtout en la comparant à celle des autres, mais ces espèces sont en assez petit nombre, et ce sont les plus gros oiseaux que la nature semble avoir traités comme les quadrupèdes, en ne leur donnant pour voix qu'un seul ou plusieurs cris, qui paraissent d'autant plus rauques, plus perçants et plus forts, qu'ils ont moins de proportion avec la grandeur de l'animal ; un paon, qui n'a pas la centième partie du volume d'un bœuf, se fait entendre de plus loin ; un rossignol peut remplir de ses sons tout autant d'espace qu'une grande voix humaine : cette prodigieuse étendue, cette force de leur voix dépend en entier de leur conformation, tandis que la continuité de leur chant ou de leur silence ne dépend que de leurs affections intérieures : ce sont deux choses qu'il faut considérer à part.

L'oiseau a d'abord les muscles pectoraux beaucoup plus charnus et plus forts que l'homme ou que tout autre animal, et c'est par cette raison qu'il fait agir ses ailes avec beaucoup plus de vitesse et de force que l'homme ne peut remuer ses bras ; et en même temps que les puissances qui font mouvoir les ailes sont plus grandes, le volume des ailes est aussi plus étendu, et la masse plus légère, relativement à la grandeur et au poids du corps de l'oiseau ; de petits os vides et minces (*), peu de chair, des tendons fermes et des plumes avec une étendue souvent double, triple et quadruple de celle du diamètre du corps, forment l'aile de l'oiseau, qui n'a besoin que de la réaction de l'air pour soulever le corps, et de légers mouvements pour le soutenir élevé. La plus ou moins grande facilité du vol, ses diffé-

---

(*) Ajoutons que les os des oiseaux contiennent de l'air et sont en communication avec les poumons par l'intermédiaire des sacs aériens.

rents degrés de rapidité, sa direction même de bas en haut et de haut en bas dépendent de la combinaison de tous les résultats de cette conformation. Les oiseaux dont l'aile et la queue sont plus longues et le corps plus petit sont ceux qui volent le plus vite et le plus longtemps ; ceux au contraire qui, comme l'outarde, le casoar ou l'autruche, ont les ailes et la queue courtes, avec un grand volume de corps, ne s'élèvent qu'avec peine ou même ne peuvent quitter la terre.

La force des muscles, la conformation des ailes, l'arrangement des plumes et la légèreté des os, sont les causes physiques de l'effet du vol, qui paraît fatiguer si peu la poitrine de l'oiseau, que c'est souvent dans ce temps même du vol qu'il fait le plus retentir sa voix par des cris continus ; c'est que, dans l'oiseau, le thorax avec toutes les parties qui en dépendent ou qu'il contient, est plus fort et plus étendu à l'intérieur et à l'extérieur qu'il ne l'est dans les autres animaux ; de même que les muscles pectoraux placés à l'extérieur sont plus gros, la trachée-artère est plus grande et plus forte, elle se termine ordinairement au-dessous en une large cavité qui multiplie le volume du son. Les poumons, plus grands, plus étendus que ceux des quadrupèdes, ont plusieurs appendices qui forment des poches (*), des espèces de réservoirs d'air qui rendent encore le corps de l'oiseau plus léger (**), en même temps qu'ils fournissent aisément et abondamment la substance aérienne qui sert d'aliment à la voix. On a vu, dans l'histoire de l'ouarine, qu'une assez légère différence, une extension de plus dans les parties solides de l'organe, donne à ce quadrupède, qui n'est que d'une grandeur médiocre, une voix si facile et si forte, qu'il la fait retentir presque

---

(*) Ces poches communiquent avec les poumons. Chaque poumon présente cinq grands orifices par lesquels les branches s'ouvrent dans les sacs aériens. Les sacs sont au nombre de neuf : quatre sont logés dans la cavité thoracique ; cinq sont situés en dehors de cette cavité. Chez certains oiseaux, l'air venu des poumons se répand en outre sous la peau, dans de vastes cavités communiquant toutes les unes avec les autres. Il en est ainsi, notamment, chez le Fou et le Pélican.

(**) Il est bien démontré, en effet, que les sacs aériens ont pour effet de diminuer la densité des oiseaux et d'agir, chez les oiseaux aériens, à la façon d'un aérostat auquel l'animal serait fixé ; mais la diminution de densité paraît être encore plus sensible chez les oiseaux aquatiques. M. Bert pense même que chez les plongeurs le mouvement de culbute est favorisé par un déplacement de l'air alternativement d'avant en arrière et d'arrière en avant. « Veuillez remarquer, dit-il (*Leç. sur la physiol. comparée de la respiration.*, p. 328), » ce qui vient à l'appui de cette hypothèse, que, chez ces oiseaux plongeurs (Canard Milouin, » Foulque), le sac interclaviculaire, fort bombé en avant, est revêtu d'une couche musculaire » épaisse, parfaitement capable de le comprimer et de le vider en partie en rejetant en » arrière l'air qu'il contient. Cette projection s'exécutant au moment même où l'animal lance » sa tête en bas et en avant, peut très bien, en amenant plus en avant le centre de gravité, » favoriser la culbute ; l'inverse aura lieu lorsque l'oiseau, plongé sous l'eau, contractera » ses muscles abdominaux et projettera en avant l'air contenu dans ses grands réservoirs » postérieurs. »

Les poches pulmonaires sont disposées de telle sorte qu'à chaque aspiration il entre dans les poumons à la fois de l'air venant du dehors et de l'air provenant des réservoirs situés en dehors de la cage thoracique.

continuellement à plus d'une lieue de distance, quoique les poumons soient conformés comme ceux des autres animaux quadrupèdes ; à plus grande raison, ce même effet se trouve dans l'oiseau où il y a un grand appareil dans les organes qui doivent produire les sons, et où toutes les parties de la poitrine paraissent être formées pour concourir à la force et à la durée de la voix (a).

Il me semble qu'on peut démontrer, par des faits combinés, que la voix des oiseaux est non seulement plus forte que celle des quadrupèdes, relativement au volume de leur corps, mais même absolument, et sans y faire entrer ce rapport de grandeur : communément les cris de nos quadrupèdes domestiques ou sauvages ne se font pas entendre au delà d'un quart ou d'un tiers de lieue, et ce cri se fait dans la partie de l'atmosphère la plus dense, c'est-à-dire la plus propre à propager le son ; au lieu que la voix des oiseaux qui nous parvient du haut des airs se fait dans un milieu plus rare, et où il faut une plus grande force pour produire le même effet. On sait, par des expériences faites avec la machine pneumatique, que le son diminue à mesure que l'air devient plus rare ; et j'ai reconnu, par une observation que je crois nouvelle, combien la différence de cette raréfaction influe en plein air. J'ai souvent passé des jours entiers dans les forêts, où l'on est obligé de s'appeler de loin et d'écouter avec attention pour entendre le son du cor et la voix des chiens ou des hommes ; j'ai remarqué que, dans le temps de la plus grande chaleur du jour, c'est-à-dire depuis dix heures jusqu'à quatre, on ne peut entendre que d'assez près les mêmes voix, les mêmes sons que l'on entend de loin le matin, le soir, et surtout la nuit, dont le silence ne fait rien ici, parce qu'à l'exeption des cris de quelques reptiles ou de quelques oiseaux nocturnes, il n'y avait pas le moindre bruit dans ces forêts ; j'ai de plus observé qu'à toutes les heures du jour et de la nuit on entendait plus loin en hiver par la gelée que par le plus beau temps de toute autre saison. Tout le monde peut s'assurer de la vérité de cette observation, qui ne demande, pour être bien faite, que la simple attention de choisir les jours

(a) Dans la plupart des oiseaux de rivière, qui ont la voix très forte, la trachée résonne ; c'est que la glotte est placée au bas de la trachée, et non pas au haut comme dans l'homme. *Coll. Acad. Part. Fr.*, t. I, p. 496. — Il en est de même dans le coq. *Hist. de l'Acad.*, t. II, p. 7. — Dans les oiseaux, et spécialement dans les Canards et autres oiseaux de rivière, les organes de la voix consistent en un *larynx interne*, à l'endroit de la bifurcation de la trachée-artère ; en deux anches membraneuses, qui communiquent par le bas à l'origine des deux premières branches de la trachée ; en plusieurs membranes semi-lunaires, disposées les unes au-dessus des autres, dans les principales branches du poumon charnu, et qui ne remplissent que la moitié de leur cavité, laissant à l'air un libre passage par l'autre demi-cavité ; en d'autres membranes disposées en différents sens, soit dans la partie moyenne, soit dans la partie inférieure de la trachée ; enfin en une membrane plus ou moins solide située presque transversalement entre les deux branches de la lunette, laquelle termine une cavité qui se rencontre constamment à la partie supérieure et interne de la poitrine. *Mém. de l'Acad. des Sciences*, année 1753, p. 290.

sereins et calmes, pour que le vent ne puisse déranger le rapport que nous venons d'indiquer dans la propagation du son ; il m'a souvent paru que je ne pouvais entendre à midi que de six cents pas de distance la même voix que j'entendais de douze ou quinze cents à six heures du matin ou du soir, sans pouvoir attribuer cette grande différence à d'autre cause qu'à la raréfaction de l'air plus grande à midi, et moindre le soir ou le matin ; et puisque ce degré de raréfaction fait une différence de plus de moitié sur la distance à laquelle peut s'étendre le son à la surface de la terre, c'est-à-dire dans la partie la plus basse et la plus dense de l'atmosphère, qu'on juge de combien doit être la perte du son dans les parties supérieures où l'air devient plus rare à mesure qu'on s'élève et dans une proportion bien plus grande que celle de la raréfaction causée par la chaleur du jour ! Les oiseaux dont nous entendons la voix d'en haut, et souvent sans les apercevoir, sont alors élevés à une hauteur égale à trois mille quatre cent trente-six fois leur diamètre, puisque ce n'est qu'à cette distance que l'œil humain cesse de voir les objets. Supposons donc que l'oiseau avec ses ailes étendues fasse un objet de quatre pieds de diamètre, il ne disparaîtra qu'à la hauteur de treize mille sept cent quarante-quatre pieds ou de plus de deux mille toises ; et si nous supposons une troupe de trois ou quatre cents gros oiseaux, tels que des cigognes, des oies, des canards, dont quelquefois nous entendons la voix avant de les apercevoir, l'on ne pourra nier que la hauteur à laquelle ils s'élèvent ne soit encore plus grande, puisque la troupe, pour peu qu'elle soit serrée, forme un objet dont le diamètre est bien plus grand. Ainsi l'oiseau, en se faisant entendre d'une lieue du haut des airs, et produisant des sons dans un milieu qui en diminue l'intensité et en raccourcit de plus de moitié la propagation, a par conséquent la voix quatre fois plus forte que l'homme ou le quadrupède qui ne peut se faire entendre à une demi-lieue sur la surface de la terre ; et cette estimation est peut-être plus faible que trop forte, car, indépendamment de ce que nous venons d'exposer, il y a encore une considération qui vient à l'appui de nos conclusions, c'est que le son rendu dans le milieu des airs doit, en se propageant, remplir une sphère dont l'oiseau est le centre, tandis que le son produit à la surface de la terre ne remplit qu'une demi-sphère, et que la partie du son qui se réfléchit contre la terre aide et sert à la propagation de celui qui s'étend en haut et à côté ; c'est par cette raison qu'on dit que la voix monte, et que de deux personnes qui se parlent du haut d'une tour en bas, celui qui est au-dessus est forcé de crier beaucoup plus fort que l'autre, s'il veut s'en faire également entendre.

Et à l'égard de la douceur de la voix et de l'agrément du chant des oiseaux, nous observerons que c'est une qualité en partie naturelle et en partie acquise : la grande facilité qu'ils ont à retenir et répéter les sons fait que non seulement ils en empruntent les uns des autres, mais que souvent ils copient les inflexions, les tons de la voix humaine et de nos instruments. N'est-il pas singulier que, dans tous les pays peuplés et policés, la plupart des oiseaux aient la voix charmante et le chant mélodieux, tandis que, dans l'immense étendue des déserts de l'Afrique et de l'Amérique, où l'on n'a trouvé que des hommes sauvages, il n'existe aussi que des oiseaux criards, et qu'à peine on puisse citer quelques espèces dont la voix soit douce et le chant agréable? Doit-on attribuer cette différence à la seule influence du climat? l'excès du froid et du chaud produit, à la vérité, des qualités excessives dans la nature des animaux, et se marque souvent à l'extérieur par des caractères durs et par des couleurs fortes (*). Les quadrupèdes dont la robe est variée et empreinte de couleurs opposées, semée de taches rondes ou rayée de bandes longues, tels que les panthères, les léopards, les zèbres, les civettes, sont tous des animaux des climats les plus chauds; presque tous les oiseaux de ces mêmes climats brillent à nos yeux des plus vives couleurs, au lieu que dans les pays tempérés les teintes sont plus faibles, plus nuancées, plus douces : sur trois cents espèces d'oiseaux que nous pouvons compter dans notre climat, le paon, le coq, le loriot, le martin-pêcheur, le chardonneret, sont presque les seuls que l'on puisse citer pour la variété des couleurs, tandis que la nature semble avoir épuisé ses pinceaux sur le plumage des oiseaux de l'Amérique, de l'Afrique et de l'Inde. Ces quadrupèdes, dont la robe est si belle, ces oiseaux dont le plumage éclate des plus vives couleurs, ont en même temps la voix dure et sans inflexions, les sons rauques et discordants, le cri désagréable et même effrayant (**); on ne peut douter que l'influence du climat ne soit la cause principale de ces effets, mais ne doit-on pas y joindre, comme cause secondaire, l'influence de l'homme? Dans tous les animaux retenus en domesticité ou détenus en captivité, les couleurs naturelles et primitives ne s'exaltent

---

(*) La voix des oiseaux se perfectionne, comme toutes les autres qualités des animaux, par sélection sexuelle. Chez les oiseaux, le mâle est habituellement beaucoup mieux doué que la femelle au point de vue de la couleur, de la voix, de la force, etc. Cela résulte de ce que les femelles choisissent toujours, à l'époque des amours, les mâles les plus beaux, les plus forts ou ceux qui chantent le mieux. Il en résulte que les individus les mieux doués ont plus de chance que les autres de laisser une descendance, et que les qualités désirées par les femelles vont toujours en augmentant d'intensité de génération en génération. En ce qui concerne la voix, les efforts faits par les mâles au moment où ils courtisent leurs femelles prennent une part manifeste à l'évolution ascendante des qualités du chant.

(**) Il est, en effet, exact que chez les oiseaux la voix et la coloration ne sont jamais également développées dans une même espèce. Cela résulte, sans nul doute, de ce que les femelles recherchent toujours de préférence les individus les mieux doués au point de vue non de l'ensemble des qualités, mais de l'une de ces dernières, et notamment de celle qui est déjà prépondérante. Supposons, par exemple, que dans une espèce quelconque, par suite de circonstances que nous n'avons pas à envisager ici, la voix soit plus développée que la couleur, on peut affirmer, sans crainte de se tromper, que c'est toujours au chant et non à la coloration que les femelles prêteront attention. Par conséquent, dans cette espèce, c'est la voix qui se perfectionnera par sélection, et non la couleur.

jamais, et paraissent ne varier que pour se dégrader, se nuancer et se radoucir (*); on en a vu nombre d'exemples dans les quadrupèdes; il en est de même dans les oiseaux domestiques; les coqs et les pigeons ont encore plus varié pour les couleurs que les chiens ou les chevaux. L'influence de l'homme sur la nature s'étend bien au delà de ce qu'on imagine; il influe directement et presque immédiatement sur le naturel, sur la grandeur et la couleur des animaux qu'il propage et qu'il s'est soumis; il influe médiatement et de plus loin sur tous les autres, qui, quoique libres, habitent le même climat. L'homme a changé, pour sa plus grande utilité, dans chaque pays la surface de la terre; les animaux qui y sont attachés, et qui sont forcés d'y chercher leur subsistance, qui vivent, en un mot, sous ce même climat et sur cette même terre dont l'homme a changé la nature, ont dû changer aussi et se modifier; ils ont pris par nécessité plusieurs habitudes qui paraissent faire partie de leur nature; ils en ont pris d'autres par crainte qui ont altéré, dégradé leurs mœurs; ils en ont pris par imitation; enfin ils en ont reçu par l'éducation, à mesure qu'ils en étaient plus ou moins susceptibles; le chien s'est prodigieusement perfectionné par le commerce de l'homme, sa férocité naturelle s'est tempérée et a cédé à la douceur de la reconnaissance et de l'attachement dès qu'en lui donnant sa subsistance l'homme a satisfait à ses besoins : dans cet animal, les appétits les plus véhéments dérivent de l'odorat et du goût, deux sens qu'on pourrait réunir en un seul, qui produit les sensations dominantes du chien et des autres animaux carnassiers, desquels il ne diffère que par un point de sensibilité que nous avons augmenté; une nature moins forte, moins fière, moins féroce que celle du tigre, du léopard ou du lion, un naturel dès lors plus flexible, quoique avec des appétits tout aussi véhéments, s'est néanmoins modifié, ramolli par les impressions douces du commerce des hommes, dont l'influence n'est pas aussi grande sur les autres animaux, parce que les uns ont une nature revêche, impénétrable aux affections douces; que les autres sont durs, insensibles ou trop défiants ou trop timides; que tous, jaloux de leur liberté, fuient l'homme, et ne le voient que comme leur tyran ou leur destructeur.

L'homme a moins d'influence sur les oiseaux que sur les quadrupèdes, parce que leur nature est plus éloignée, et qu'ils sont moins susceptibles des sentiments d'attachement et d'obéissance; les oiseaux que nous appelons *domestiques*, ne sont que prisonniers; ils ne nous rendent aucun service

(*) Chez les animaux domestiques ou retenus en captivité, les couleurs ne se développent pas parce que la lutte sexuelle est beaucoup moindre que chez les animaux sauvages. La femelle est presque toujours obligée d'accepter le mâle qu'on lui offre; son choix n'est pas libre. Mais dès que plusieurs mâles d'une même espèce d'oiseaux, des serins, par exemple, sont renfermés dans une même cage avec une seule femelle, il est facile de constater que celle-ci a des préférences manifestes pour certains d'entre eux, et que ces derniers sont toujours les meilleurs chanteurs.

pendant leur vie : ils ne nous sont utiles que par leur propagation, c'est-à-dire par leur mort ; ce sont des victimes que nous multiplions sans peine, et que nous immolons sans regret et avec fruit. Comme leur instinct diffère de celui des quadrupèdes et n'a nul rapport avec le nôtre, nous ne pouvons leur rien inspirer directement, ni même leur communiquer indirectement aucun sentiment relatif ; nous ne pouvons influer que sur la machine, et eux aussi ne peuvent nous rendre que machinalement ce qu'ils ont reçu de nous. Un oiseau dont l'oreille est assez délicate, assez précise pour saisir et retenir une suite de sons et même de paroles, et dont la voix est assez flexible pour les répéter distinctement, reçoit ces paroles sans les entendre, et les rend comme il les a reçues ; quoiqu'il articule des mots, il ne parle pas, parce que cette articulation de mots n'émane pas du principe de la parole, et n'en est qu'une imitation qui n'exprime rien de ce qui se passe à l'intérieur de l'animal, et ne représente aucune de ses affections. L'homme a donc modifié dans les oiseaux quelques puissances physiques, quelques qualités extérieures, telles que celles de l'oreille et de la voix, mais il a moins influé sur les qualités intérieures. On en instruit quelques-uns à chasser et même à rapporter leur gibier ; on en apprivoise quelques autres assez pour les rendre familiers ; à force d'habitude, on les amène au point de s'attacher à leur prison, de reconnaître aussi la personne qui les soigne ; mais tous ces sentiments sont bien légers, bien peu profonds, en comparaison de ceux que nous transmettons aux animaux quadrupèdes, et que nous leur communiquons avec plus de succès en moins de temps et en plus grande quantité. Quelle comparaison y a-t-il entre l'attachement d'un chien et la familiarité d'un serin, entre l'intelligence d'un éléphant et celle de l'autruche, qui néanmoins paraît être le plus grave, le plus réfléchi des oiseaux, soit parce que l'autruche est en effet l'éléphant des oiseaux par la taille, et que le privilège de l'air sensé est, dans les animaux, attaché à la grandeur, soit qu'étant moins oiseau qu'aucun autre, et ne pouvant quitter la terre, elle tienne en effet de la nature des quadrupèdes ?

Maintenant si l'on considère la voix des oiseaux, indépendamment de l'influence de l'homme, que l'on sépare dans le perroquet, le serin, le sansonnet, le merle, les sons qu'ils ont acquis de ceux qui leur sont naturels ; que surtout on observe les oiseaux libres et solitaires, on reconnaîtra que non seulement leur voix se modifie suivant leurs affections, mais même qu'elle s'étend, se fortifie, s'altère, se change, s'éteint ou se renouvelle selon les circonstances et le temps : comme la voix est, de toutes leurs facultés, l'une des plus faciles et dont l'exercice leur coûte le moins, ils s'en servent au point de paraître en abuser, et ce ne sont pas les femelles qui (comme on pourrait le croire) abusent le plus de cet organe ; elles sont, dans les oiseaux, bien plus silencieuses que les mâles ; elles jettent, comme eux, des cris de douleur ou de crainte ; elles ont des expressions ou des mur-

mures d'inquiétude ou de sollicitude, surtout pour leurs petits ; mais le chant paraît être interdit à la plupart d'entre elles, tandis que dans le mâle c'est l'une des qualités qui fait le plus de sensation. Le chant est le produit naturel d'une douce émotion, c'est l'expression agréable d'un désir tendre qui n'est qu'à demi satisfait : le serin dans sa volière, le verdier dans les plaines, le loriot dans les bois, chantent également leurs amours à voix éclatante, à laquelle la femelle ne répond que par quelques petits sons de pur consentement ; dans quelques espèces, la femelle applaudit au chant du mâle par un semblable chant, mais toujours moins fort et moins plein ; le rossignol, en arrivant avec les premiers jours du printemps, ne chante point encore, il garde le silence jusqu'à ce qu'il soit apparié ; son chant est d'abord assez court, incertain, peu fréquent, comme s'il n'était pas encore sûr de sa conquête, et sa voix ne devient pleine, éclatante et soutenue jour et nuit, que quand il voit déjà sa femelle, chargée du fruit de ses amours, s'occuper d'avance des soins maternels ; il s'empresse à les partager, il l'aide à construire le nid, jamais il ne chante avec plus de force et de continuité que quand il la voit travaillée des douleurs de la ponte, et ennuyée d'une longue et continuelle incubation ; non seulement il pourvoit à sa subsistance pendant tout ce temps, mais il cherche à le rendre plus court en multipliant ses caresses, en redoublant ses accents amoureux ; et ce qui prouve que le chant dépend en effet et en entier des amours, c'est qu'il cesse avec elles : dès que la femelle couve, elle ne chante plus, et vers la fin de juin le mâle se tait aussi, ou ne se fait entendre que par quelques sons rauques semblables au coassement d'un reptile, et si différents des premiers qu'on a de la peine à se persuader que ces sons viennent du rossignol, ni même d'un autre oiseau.

Ce chant, qui cesse et se renouvelle tous les ans, et qui ne dure que deux ou trois mois ; cette voix dont les beaux sons n'éclatent que dans la saison de l'amour, qui s'altère ensuite et s'éteint comme la flamme de ce feu satisfait, indique un rapport physique entre les organes de la génération et ceux de la voix, rapport qui paraît avoir une correspondance plus précise et des effets encore plus étendus dans l'oiseau. On sait que, dans l'homme, la voix ne devient pleine qu'après la puberté ; que, dans les quadrupèdes, elle se renforce et devient effrayante dans le temps du rut : la réplétion des vaisseaux spermatiques, la surabondance de la nourriture organique, excitent une grande irritation dans les parties de la génération ; celles de la gorge et de la voix paraissent se ressentir plus ou moins de cette chaleur irritante ; la croissance de la barbe, la force de la voix, l'extension de la partie génitale dans le mâle, l'accroissement des mamelles, le développement des corps glanduleux dans la femelle, qui tous arrivent en même temps, indiquent assez la correspondance des parties de la génération avec celles de la gorge et de la voix. Dans les oiseaux, les changements sont encore plus grands :

non seulement ces parties sont irritées, altérées ou changées par ces mêmes causes, mais elles paraissent même se détruire en entier pour se renouveler : les testicules, qui, dans l'homme et dans la plupart des quadrupèdes, sont à peu près les mêmes en tout temps, se flétrissent dans les oiseaux, et se trouvent, pour ainsi dire, réduits à rien après la saison des amours, au retour de laquelle ils renaissent, prennent une vie végétative et grossissent au delà de ce que semble permettre la proportion du corps; le chant, qui cesse et renaît dans les mêmes temps, nous indique des altérations relatives dans le gosier de l'oiseau, et il serait bon d'observer s'il ne se fait pas alors dans les organes de sa voix quelque production nouvelle, quelque extension considérable, qui ne dure qu'autant que le gonflement des parties de la génération.

Au reste, l'homme paraît encore avoir influé sur ce sentiment d'amour, le plus profond de la nature; il semble au moins qu'il en ait étendu la durée et multiplié les effets dans les animaux quadrupèdes et dans les oiseaux qu'il retient en domesticité; les oiseaux de basse-cour et les quadrupèdes domestiques ne sont pas bornés, comme ceux qui sont libres, à une seule saison, à un seul temps de rut; le coq, le pigeon, le canard, peuvent, comme le cheval, le bélier et le chien, s'unir et produire presque en toute saison, au lieu que les quadrupèdes et les oiseaux sauvages, qui n'ont reçu que la seule influence de la nature, sont bornés à une ou deux saisons, et ne cherchent à s'unir que dans ces seuls temps de l'année.

Nous venons d'exposer quelques-unes des principales qualités dont la nature a doué les oiseaux; nous avons tâché de reconnaître les influences de l'homme sur leurs facultés; nous avons vu qu'ils l'emportent sur lui et sur tous les animaux quadrupèdes, par l'étendue et la vivacité du sens de la vue, par la précision, la sensibilité de celui de l'oreille, par la facilité et la force de la voix, et nous verrons bientôt qu'ils l'emportent encore de beaucoup par les puissances de la génération et par l'aptitude au mouvement, qui paraît leur être plus naturel que le repos; il y en a, comme les oiseaux de paradis, les mouettes, les martins-pêcheurs, etc., qui semblent être toujours en mouvement, et ne se reposer que par instants; plusieurs se joignent, se choquent, semblent s'unir dans l'air; tous saisissent leur proie en volant, sans se détourner, sans s'arrêter; au lieu que le quadrupède est forcé de prendre des points d'appui, des moments de repos pour se joindre, et que l'instant où il atteint sa proie est la fin de sa course : l'oiseau peut donc faire dans l'état de mouvement plusieurs choses qui, dans le quadrupède, exigent l'état de repos; il peut aussi faire beaucoup plus en moins de temps, parce qu'il se meut avec plus de vitesse, plus de continuité, plus de durée : toutes ces causes réunies influent sur les habitudes naturelles de l'oiseau, et rendent encore son instinct différent de celui du quadrupède.

Pour donner quelque idée de la durée et de la continuité du mouvement des oiseaux, et aussi de la proportion du temps et des espaces qu'ils ont coutume de parcourir dans leurs voyages, nous comparerons leur vitesse avec celle des quadrupèdes dans leurs plus grandes courses naturelles ou forcées : le cerf, le renne et l'élan peuvent faire quarante lieues en un jour; le renne, attelé à un traîneau, en fait trente, et peut soutenir ce même mouvement plusieurs jours de suite; le chameau peut faire trois cents lieues en huit jours; le cheval élevé pour la course, et choisi parmi les plus légers et les plus vigoureux, pourra faire une lieue en six ou sept minutes, mais bientôt sa vitesse se ralentit, et il serait incapable de fournir une carrière un peu longue qu'il aurait entamée avec cette rapidité. Nous avons cité l'exemple de la course d'un Anglais, qui fit en onze heures trente-deux minutes soixante-douze lieues en changeant vingt et une fois de cheval; ainsi les meilleurs chevaux ne peuvent pas faire quatre lieues dans une heure, ni plus de trente lieues dans un jour. Or la vitesse des oiseaux est bien plus grande, car en moins de trois minutes on perd de vue un gros oiseau, un milan qui s'éloigne, un aigle qui s'élève et qui présente une étendue dont le diamètre est de plus de quatre pieds : d'où l'on doit inférer que l'oiseau parcourt plus de sept cent cinquante toises par minute, et qu'il peut se transporter à vingt lieues dans une heure : il pourra donc aisément parcourir deux cents lieues tous les jours en dix heures de vol, ce qui suppose plusieurs intervalles dans le jour, et la nuit entière de repos. Nos hirondelles et nos autres oiseaux voyageurs peuvent donc se rendre de notre climat sous la ligne en moins de sept ou huit jours. M. Adanson (a) a vu et tenu, à la côte du Sénégal, des hirondelles arrivées le 9 octobre, c'est-à-dire huit ou neuf jours après leur départ d'Europe. Pietro della Valle dit qu'en Perse (b) le pigeon messager fait en un jour plus de chemin qu'un homme de pied ne peut en faire en six. On connaît l'histoire du faucon de Henri II, qui, s'étant emporté après une canepetière à Fontainebleau, fut pris le lendemain à Malte, et reconnu à l'anneau qu'il portait; celle du faucon des Canaries (c), envoyé au duc de Lerme, qui revint d'Andalousie à l'île de Ténériffe en seize heures, ce qui fait un trajet de deux cent cinquante lieues. Hans Sloane (d) assure qu'à la Barbade les mouettes vont se promener en troupes à plus de deux cents milles de distance, et qu'elles reviennent le même jour. Une promenade de plus de cent trente lieues indique assez la possibilité d'un voyage de deux cents; et je crois qu'on peut conclure, de la combinaison de tous ces faits, qu'un oiseau de haut vol peut parcourir

(a) *Voyage au Sénégal*, par M. Adanson.
(b) *Voyage de Pietro della Valle*, t. 1, p. 416.
(c) *Observ. de Sir Edmund Scoty.* Voyez Purchass, p. 785.
(d) *A voyage to the Islands..., with the natural History*, by Sir Hans Sloane. London, t. I, page 27.

chaque jour quatre ou cinq fois plus de chemin que le quadrupède le plus agile.

Tout contribue à cette facilité de mouvement dans l'oiseau, d'abord les plumes, dont la substance est très légère, la surface très grande, et dont les tuyaux sont creux ; ensuite l'arrangement (a) de ces mêmes plumes, la forme des ailes convexe en dessus et concave en dessous, leur fermeté, leur grande étendue et la force des muscles qui les font mouvoir ; enfin, la légèreté même du corps, dont les parties les plus massives, telles que les os, sont beaucoup plus légères que celles des quadrupèdes ; car les cavités dans les os des oiseaux sont proportionnellement beaucoup plus grandes que dans les quadrupèdes, et les os plats qui n'ont point de cavités sont plus minces et ont moins de poids. « Le squelette (b) de l'onocrotale, disent les anato-
» mistes de l'Académie, est extrêmement léger : il ne pesait que vingt-trois
» onces, quoiqu'il soit très grand. » Cette légèreté des os diminue considé-
rablement le poids du corps de l'oiseau, et l'on reconnaîtra, en pesant à la balance hydrostatique le squelette d'un quadrupède et celui d'un oiseau, que le premier est spécifiquement bien plus pesant que l'autre.

Un second effet très remarquable, et que l'on doit rapporter à la nature des os, est la durée de la vie des oiseaux, qui, en général, est plus longue et ne suit pas les mêmes règles, les mêmes proportions que dans les animaux quadrupèdes. Nous avons vu que dans l'homme et dans ces animaux la durée de la vie est toujours proportionnelle au temps employé à l'accroissement du corps, et en même temps nous avons observé qu'en général ils ne sont en état d'engendrer que lorsqu'ils ont pris la plus grande partie de leur accroissement. Dans les oiseaux, l'accroissement est plus prompt et la repro-
duction plus précoce ; un jeune oiseau peut se servir de ses pieds en sortant de la coque, et de ses ailes peu de temps après ; il peut marcher en naissant et voler un mois ou cinq semaines après sa naissance ; un coq est en état d'engendrer à l'âge de quatre mois, et ne prend son entier accroissement qu'en un an ; les oiseaux plus petits le prennent en quatre ou cinq mois ; ils croissent donc plus vite et produisent bien plus tôt que les animaux quadrupèdes, et néanmoins ils vivent bien plus longtemps proportionnellement ; car la durée totale de la vie étant dans l'homme et dans les quadrupèdes six ou sept fois plus grande que celle de leur entier accroissement, il s'en-
suivrait que le coq ou le perroquet, qui ne sont qu'un an à croître, ne devraient vivre que six ou sept ans, au lieu que j'ai vu grand nombre d'exemples bien différents : des linottes prisonnières et néanmoins âgées de quatorze et quinze ans, des coqs de vingt ans et des perroquets âgés de plus

---

(a) Voyez, sur la structure et l'arrangement des plumes, les remarques et observations de MM. de l'Académie des Sciences dans les *Mémoires pour servir à l'Histoire des animaux*, partie II, à l'article de l'autruche.

(b) *Mémoires pour servir à l'Histoire des animaux*, partie III, article du pélican.

de trente; je suis même porté à croire que leur vie pourrait s'étendre bien au delà des termes que je viens d'indiquer (*a*), et je suis persuadé qu'on ne peut attribuer cette longue durée de la vie dans des êtres aussi délicats, et que les moindres maladies font périr, qu'à la texture de leurs os, dont la substance moins solide, plus légère que celle des os des quadrupèdes, reste plus longtemps poreuse; en sorte que l'os ne se durcit, ne se remplit, ne s'obstrue pas aussi vite à beaucoup près que dans les quadrupèdes; cet endurcissement de la substance des os est, comme nous l'avons dit, la cause générale de la mort naturelle (*) : le terme en est d'autant plus éloigné que les os sont moins solides; c'est par cette raison qu'il y a plus de femmes que d'hommes qui arrivent à une vieillesse extrême; c'est par cette même raison que les oiseaux vivent plus longtemps que les quadrupèdes, et les poissons plus longtemps que les oiseaux, parce que les os des poissons sont d'une substance encore plus légère, et qui conserve sa ductilité plus longtemps que celle des oiseaux.

Si nous voulons maintenant comparer un peu plus en détail les oiseaux avec les animaux quadrupèdes, nous y trouverons plusieurs rapports particuliers qui nous rappelleront l'uniformité du plan général de la nature; il y a dans les oiseaux, comme dans les quadrupèdes, des espèces carnassières, et d'autres auxquelles les fruits, les grains, les plantes, suffisent pour se nourrir. La même cause physique, qui produit dans l'homme et dans les animaux la nécessité de vivre de chair et d'aliments très substantiels, se retrouve dans les oiseaux; ceux qui sont carnassiers n'ont qu'un estomac et des intestins moins étendus que ceux qui se nourrissent de grains ou de fruits (*b*); le jabot dans ceux-ci, et qui manque ordinairement aux premiers, correspond à la panse des animaux ruminants; ils peuvent vivre d'aliments légers et maigres, parce qu'ils peuvent en prendre un grand volume en remplissant leur jabot, et compenser ainsi la qualité par la quantité; ils ont deux *cæcums* et un gésier qui est un estomac très musculeux, très ferme, qui leur sert à triturer les parties dures des grains qu'ils avalent, au lieu que les oiseaux de proie ont les intestins bien moins étendus, et n'ont ordinairement ni gésier, ni jabot, ni double *cæcum*.

(*a*) Un homme digne de foi m'a assuré qu'un perroquet âgé d'environ quarante ans avait pondu sans le concours d'aucun mâle, au moins de son espèce. — On a dit qu'un cygne avait vécu trois cents ans; une oie, quatre-vingts; un onocrotale autant. L'aigle et le corbeau passent pour vivre très longtemps. *Encyclopédie,* à l'article Oiseau. — Aldrovande rapporte qu'un pigeon avait vécu vingt-deux ans, et qu'il n'avait cessé d'engendrer que les six dernières années de sa vie. Willughby dit que les linottes vivent quatorze ans, et les chardonnerets vingt-trois, etc.

(*b*) En général, aux oiseaux qui se nourrissent de chair, les intestins sont courts, et ils n'ont que très peu de *cæcum.* Dans les oiseaux granivores, les intestins sont beaucoup plus étendus, et ils forment de longs replis; il y a aussi souvent plusieurs *cæcums.* Voyez les *Mémoires pour servir à l'Histoire des animaux,* aux articles des oiseaux.

(*) Il est à peine besoin de faire ressortir combien est peu fondée cette assertion de Buffon.

Le naturel et les mœurs dépendent beaucoup des appétits : en comparant donc à cet égard les oiseaux aux quadrupèdes, il me paraît que l'aigle, noble et généreux, est le lion; que le vautour, cruel, insatiable, est le tigre; le milan, la buse, le corbeau, qui ne cherchent que les vidanges et les chairs corrompues, sont les hyènes, les loups et les chacals; les faucons, les éperviers, les autours et les autres oiseaux chasseurs, sont les chiens, les renards, les onces et les lynx; les chouettes, qui ne voient et ne chassent que la nuit, seront les chats; les hérons, les cormorans, qui vivent de poissons, seront les castors et les loutres; les pics seront les fourmiliers, puisqu'ils se nourrissent de même en tirant également la langue pour la charger de fourmis. Les paons, les coqs, les dindons, tous les oiseaux à jabot représentent les bœufs, les brebis, les chèvres et les autres animaux ruminants; de manière qu'en établissant une échelle des appétits, et présentant le tableau des différentes façons de vivre, on retrouvera dans les oiseaux les mêmes rapports et les mêmes différences que nous avons observées dans les quadrupèdes, et même les nuances en seront peut-être plus variées; par exemple, les oiseaux paraissent avoir un fonds particulier de subsistance, la nature leur a livré, pour nourriture, tous les insectes que les quadrupèdes dédaignent : la chair, le poisson, les amphibies, les reptiles, les insectes, les fruits, les grains, les semences, les racines, les herbes, tout ce qui vit ou végète devient leur pâture; et nous verrons qu'ils sont assez indifférents sur le choix, et que souvent ils suppléent à l'une des nourritures par une autre. Le sens du goût, dans la plupart des oiseaux, est presque nul, ou du moins fort inférieur à celui des quadrupèdes; ceux-ci, dont le palais et la langue sont, à la vérité, moins délicats que dans l'homme, ont cependant ces organes plus sensibles et moins durs que les oiseaux, dont la langue est presque cartilagineuse; car, de tous les oiseaux, il n'y a guère que ceux qui se nourrissent de chair dont la langue soit molle et assez semblable, pour la substance, à celle des quadrupèdes. Ces oiseaux auront donc le sens du goût meilleur que les autres, d'autant qu'ils paraissent aussi avoir plus d'odorat, et que la finesse de l'odorat supplée à la grossièreté du goût; mais, comme l'odorat est plus faible et le tact du goût plus obtus dans tous les oiseaux que dans les quadrupèdes, ils ne peuvent guère juger des saveurs : aussi voit-on que la plupart ne font qu'avaler sans jamais savourer; la mastication, qui fait une grande partie de la jouissance de ce sens, leur manque; ils sont, par toutes ces raisons, si peu délicats sur les aliments que quelquefois ils s'empoisonnent en voulant se nourrir (a).

(a) Le persil, le café, les amandes amères, etc., sont un poison pour les poules, les perroquets et plusieurs autres oiseaux, qui néanmoins les mangent avec autant d'avidité que les autres nourritures qu'on leur offre.

C'est donc sans connaissance et sans réflexion que quelques naturalistes (a) ont divisé les genres des oiseaux par leur manière de vivre; cette idée eût été plus applicable aux quadrupèdes, parce que leur goût étant plus vif et plus sensible, leurs appétits sont plus décidés, quoique l'on puisse dire avec raison des quadrupèdes comme des oiseaux que la plupart de ceux qui se nourrissent de plantes ou d'autres aliments maigres pourraient aussi manger de la chair. Nous voyons les poules, les dindons et les autres oiseaux qu'on appelle *granivores,* rechercher les vers, les insectes, les parcelles de viande encore plus soigneusement qu'ils ne cherchent les graines; on nourrit avec de la chair hachée le rossignol qui ne vit que d'insectes; les chouettes, qui sont naturellement carnassières, mais qui ne peuvent attraper la nuit que des chauves-souris, se rabattent sur les papillons phalènes qui volent aussi dans l'obscurité : le bec crochu n'est pas, comme le disent les gens amoureux des causes finales, un indice, un signe certain d'un appétit décidé pour la chair, ni un instrument fait exprès pour la déchirer, puisque les perroquets et plusieurs autres oiseaux dont le bec est crochu semblent préférer les fruits et les graines à la chair; ceux qui sont les plus voraces, les plus carnassiers, mangent du poisson, des crapauds, des reptiles, lorsque la chair leur manque. Presque tous les oiseaux qui paraissent ne vivre que de graines ont néanmoins été nourris dans le premier âge par leurs pères et mères avec des insectes. Ainsi rien n'est plus gratuit et moins fondé que cette division des oiseaux tirée de leur manière de vivre, ou de la différence de leur nourriture; jamais on ne déterminera la nature d'un être par un seul caractère ou par une seule habitude naturelle; il faut au moins en réunir plusieurs, car plus les caractères seront nombreux et moins la méthode aura d'imperfection; mais, comme nous l'avons tant dit et répété,

(a) M. Frisch, dont l'ouvrage est d'ailleurs très recommandable à beaucoup d'égards (*Hist. des ois.,* avec des planches coloriées. Berlin, 1736), divise tous les oiseaux en douze classes, dont la première comprend *les petits oiseaux à bec court et épais, ouvrant les graines en deux parties égales ;* la seconde contient *les petits oiseaux à bec menu, mangeant des mouches et des vers ;* la troisième, *les merles et les grives ;* la quatrième, *les pics, coucous, huppes et perroquets ;* la cinquième, *les geais et les pics ;* la sixième, *les corbeaux et corneilles ;* la septième, *les oiseaux de proie diurnes ;* la huitième, *les oiseaux de proie nocturnes ;* la neuvième, *les poules domestiques et sauvages ;* la dixième, *les pigeons domestiques et sauvages ;* la onzième, *les oies, canards et autres animaux nageants ;* la douzième, *les oiseaux qui aiment les eaux et les terrains aquatiques.* On voit bien que l'habitude d'ouvrir les graines en deux parties égales ne doit pas faire un caractère, puisque, dans cette même classe, il y a des oiseaux, comme les mésanges, qui ne les ouvrent pas en deux, mais qui les percent et les déchirent; que d'ailleurs tous les oiseaux de cette première classe, qui sont supposés ne se nourrir que de graines, mangent aussi des insectes et des vers comme ceux de la seconde : il valait donc mieux réunir ces deux classes en une, comme l'a fait M. Linnæus (*Syst. nat.,* édit. X, t. I, p. 85); ou bien, M. Frisch, qui prend pour caractère de la première classe cette manière de manger les graines, aurait dû faire en conséquence une classe particulière des mésanges et des autres oiseaux qui les percent ou les déchirent, et en même temps il n'aurait dû faire qu'une seule classe des poules et des pigeons qui les avalent également sans les percer ni les ouvrir en deux; et néanmoins il fait des poules et des pigeons deux classes séparées.

rien ne peut la rendre complète que l'histoire et la description de chaque espèce en particulier.

Comme la mastication manque aux oiseaux, que le bec ne représente qu'à certains égards la mâchoire des quadrupèdes, que même il ne peut suppléer que très imparfaitement à l'office des dents (a), qu'ils sont forcés d'avaler les graines entières ou à demi concassées, et qu'ils ne peuvent les broyer avec le bec, ils n'auraient pu les digérer, ni par conséquent se nourrir, si leur estomac eût été conformé comme celui des animaux qui ont des dents (*); les oiseaux granivores ont des gésiers, c'est-à-dire des estomacs d'une substance assez ferme et assez solide pour broyer les aliments, à l'aide de quelques petits cailloux qu'ils avalent; c'est comme s'ils portaient et plaçaient à chaque fois des dents dans leur estomac où l'action du broiement et de la trituration par le frottement (b) est bien plus grande que dans les quadrupèdes et même dans les animaux carnassiers qui n'ont point de gésier, mais un estomac souple et assez semblable à celui des autres animaux : on a observé que ce seul frottement dans le gésier avait rayé profondément et usé presque aux trois quarts plusieurs pièces de monnaie qu'on avait fait avaler à une autruche (c).

(a) Dans les perroquets et dans beaucoup d'autres oiseaux, la partie supérieure du bec est mobile comme l'inférieure; au lieu que, dans les animaux quadrupèdes, il n'y a que la mâchoire inférieure qui soit mobile.

(b) De tous les animaux il n'y en a point dont la digestion soit plus favorable au système de la trituration que celle des oiseaux; leur gésier a toute la force et la direction de fibres nécessaires, et les oiseaux voraces qui ne se donnent pas le loisir de séparer l'écorce dure des graines qu'ils prennent pour nourriture avalent en même temps de petites pierres par le moyen desquelles leur gésier, en se contractant fortement, casse ces écorces; c'est là une vraie trituration, mais ce n'est que celle qui dans les autres animaux appartient aux dents; seulement elle est transposée dans ceux-ci et remise à leur estomac, ce qui n'empêche pas ses liqueurs de dissoudre les graines dépouillées de leur écorce par le broiement ou frottement des petites pierres : avant cet estomac, il y a encore une espèce de poche qui doit y verser une grande quantité de suc blanchâtre, puisque, même après la mort de l'animal, on peut l'en exprimer en la pressant légèrement. M. Helvétius ajoute qu'on trouve quelquefois dans l'œsophage du cormoran des poissons à demi digérés. *Histoire de l'Académie des Sciences,* année 1719, p. 37.

(c) On trouva dans l'estomac d'une autruche jusqu'à soixante-dix doubles, la plupart consumés presque des trois quarts, et rayés par le frottement mutuel et par celui des cailloux, et

(*) Buffon, qui plus haut raille avec beaucoup de raison « les gens amoureux des causes finales, » paraît bien avoir compris que le gésier des oiseaux est la conséquence de leur mode d'alimentation, que c'est la fonction qui a créé l'organe, mais il ne l'indique pas assez nettement. Nous savons aujourd'hui, d'une façon absolument certaine, que les premières formes ancestrales des oiseaux étaient des animaux voisins des reptiles. Il est également permis de supposer que les oiseaux furent d'abord aquatiques, et, par suite, se nourrissaient de viande. Ce n'est qu'ultérieurement et à mesure qu'ils devinrent terrestres, que leur mode d'alimentation changea et qu'ils commencèrent à se nourrir d'herbes molles d'abord, puis de plantes plus dures et enfin de graines. Ce changement d'alimentation dut entraîner la production d'un organe de mastication adapté aux aliments nouveaux. Pour des motifs qu'il est bien difficile de préciser, les mâchoires ne s'étant pas développées en organes externes de mastication, ce fut une portion interne du tube digestif qui s'adapta à cette fonction. De là, sans nul doute, la production du gésier des granivores.

De la même manière que la nature a donné aux quadrupèdes qui fréquentent les eaux, ou qui habitent les pays froids, une double fourrure et des poils plus serrés, plus épais, de même tous les oiseaux aquatiques et ceux des terres du nord sont pourvus d'une grande quantité de plumes et d'un duvet très fin, en sorte qu'on peut juger, par cet indice, de leur pays natal et de l'élément auquel ils donnent la préférence. Dans tous les climats, les oiseaux d'eau sont à peu près également garnis de plumes, et ils ont près de la queue de grosses glandes, des espèces de réservoirs d'une matière huileuse dont ils se servent pour lustrer et vernir leurs plumes : ce qui, joint à leur épaisseur, les rend imperméables à l'eau, qui ne peut que glisser sur leur surface ; les oiseaux de terre manquent de ces glandes, ou les ont beaucoup plus petites.

Les oiseaux presque nus, tels que l'autruche, le casoar, le dronte, ne se trouvent que dans les pays chauds ; tous ceux des pays froids sont bien fourrés et bien couverts ; les oiseaux de haut vol ont besoin de toutes leurs plumes pour résister au froid de la moyenne région de l'air. Lorsqu'on veut empêcher un aigle de s'élever trop haut et de se perdre à nos yeux, il ne faut que lui dégarnir le ventre ; il devient dès lors trop sensible au froid pour s'élever à cette grande hauteur.

Tous les oiseaux, en général, sont sujets à la mue comme les quadrupèdes ; la plus grande partie de leurs plumes tombent et se renouvellent tous les ans, et même les effets de ce changement sont bien plus sensibles que dans les quadrupèdes ; la plupart des oiseaux sont souffrants et malades dans la mue, quelques-uns en meurent, aucun ne produit dans ce temps ; la poule la mieux nourrie cesse alors de pondre, la nourriture organique qui auparavant était employée à la reproduction se trouve consommée, absorbée et au delà par la nutrition de ces plumes nouvelles, et cette même nourriture organique ne redevient surabondante que quand elles ont pris leur entière croissance. Communément c'est vers la fin de l'été et en automne que les oiseaux muent (a) ; les plumes renaissent en même temps, la

---

non pas par aucune dissolution, parce que quelques-uns de ces doubles, qui étaient creux d'un côté et bossus de l'autre, étaient tellement usés et luisants du côté de la bosse, qu'il n'y paraissait plus rien de la figure de la monnaie qui était demi-usée, et entière de l'autre côté que la cavité avait défendu du frottement ; il est certain que cette cavité n'eût pas garanti le côté où elle était de l'action d'un esprit dissolvant. *Mémoires pour servir à l'Histoire des animaux*, t. I, p. 139 et 140. — Une pistole d'or d'Espagne, avalée par un canard, avait perdu seize grains de son poids lorsqu'il l'a rendue. *Colléc. Acad. partie étrangère*, t. V, p. 105.

(a) Les oiseaux domestiques, comme les poules, muent ordinairement en automne ; et c'est avant la fin de l'été que les faisans et les perdrix entrent dans la mue : ceux qu'on garde en parquet dans les faisanderies muent immédiatement après leur ponte faite. Dans la campagne, c'est vers la fin de juillet que les perdrix et les faisans subissent ce changement ; seulement les femelles qui ont des petits entrent dans la mue quelques jours plus tard. Les canards sauvages muent aussi avant la fin de juillet. Ces remarques m'ont été données par M. Leroy, lieutenant des chasses à Versailles.

nourriture abondante qu'ils trouvent dans cette saison est en grande partie consommée par la croissance de ces plumes nouvelles, et ce n'est que quand elles ont pris leur entier accroissement, c'est-à-dire à l'arrivée du printemps, que la surabondance de la nourriture, aidée de la douceur de la saison, les porte à l'amour ; alors toutes les plantes renaissent, les insectes engourdis se réveillent ou sortent de leur nymphe, la terre semble fourmiller de vie ; cette chère nouvelle, qui ne paraît préparée que pour eux, leur donne une nouvelle vigueur, un surcroît de vie qui se répand par l'amour et se réalise par la reproduction.

On croirait qu'il est aussi essentiel à l'oiseau de voler qu'au poisson de nager, et au quadrupède de marcher ; cependant il y a, dans tous ces genres, des exceptions à ce fait général ; et de même que dans les quadrupèdes il y en a, comme les roussettes, les rougettes et les chauves-souris, qui volent et ne marchent pas, d'autres qui, comme les phoques, les morses et les lamantins, ne peuvent que nager, ou qui, comme les castors et les loutres, marchent plus difficilement qu'ils ne nagent ; d'autres enfin qui, comme les paresseux, peuvent à peine se traîner. De même, dans les oiseaux, on trouve l'autruche, le casoar, le dronte, le thouyou, etc., qui ne peuvent voler et sont réduits à marcher ; d'autres, comme les pingoins, les perroquets de mer, etc., qui volent et nagent, mais ne peuvent marcher ; d'autres qui, comme les oiseaux de paradis, ne marchent ni ne nagent, et ne peuvent prendre de mouvement qu'en volant. Seulement il paraît que l'élément de l'eau appartient plus aux oiseaux qu'aux quadrupèdes ; car, à l'exception d'un petit nombre d'espèces, tous les animaux terrestres fuient l'eau, et ne nagent que quand ils y sont forcés par la crainte ou par le besoin de nourriture : au lieu que dans les oiseaux il y a une grande tribu d'espèces qui ne se plaisent que sur l'eau, et semblent n'aller à terre que par nécessité et pour des besoins particuliers, comme celui de déposer leurs œufs hors de l'atteinte des eaux, etc., et ce qui démontre que l'élément de l'eau appartient plus aux oiseaux qu'aux animaux terrestres, c'est qu'il n'y a que trois ou quatre quadrupèdes qui aient des membranes entre les doigts des pieds ; au lieu qu'on peut compter plus de trois cents oiseaux pourvus de ces membranes qui leur donnent la facilité de nager. D'ailleurs, la légèreté de leurs plumes et de leurs os, la forme même de leur corps, contribuent prodigieusement à cette plus grande facilité ; l'homme est peut-être, de tous les êtres, celui qui fait le plus d'efforts en nageant, parce que la forme de son corps est absolument opposée à cette espèce de mouvement ; dans les quadrupèdes, ceux qui ont plusieurs estomacs ou de gros et longs intestins nagent, comme plus légers, plus aisément que les autres, parce que ces grandes cavités intérieures rendent leur corps spécifiquement moins pesant ; les oiseaux dont les pieds sont des espèces de rames, dont la forme du corps est oblongue, arrondie

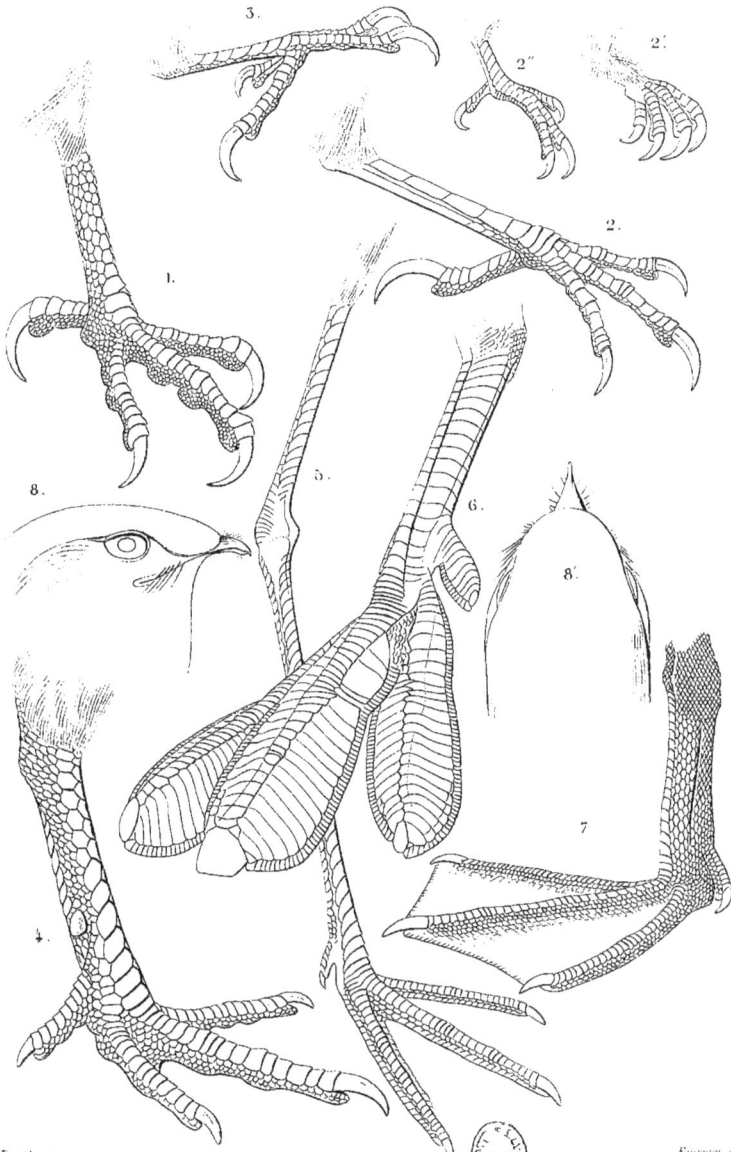

CARACTÈRES DES ORDRES ORNITHOLOGIQUES D'APRÈS LES PIEDS

1 Rapace ; 2, 2' 2" Passereaux ; 3, Grimpeur ; 4 Gallinacé

5, 6, Échassiers ; 7, Palmipède.

8, 8' Tête d'Engoulevent vue de profil et en dessus

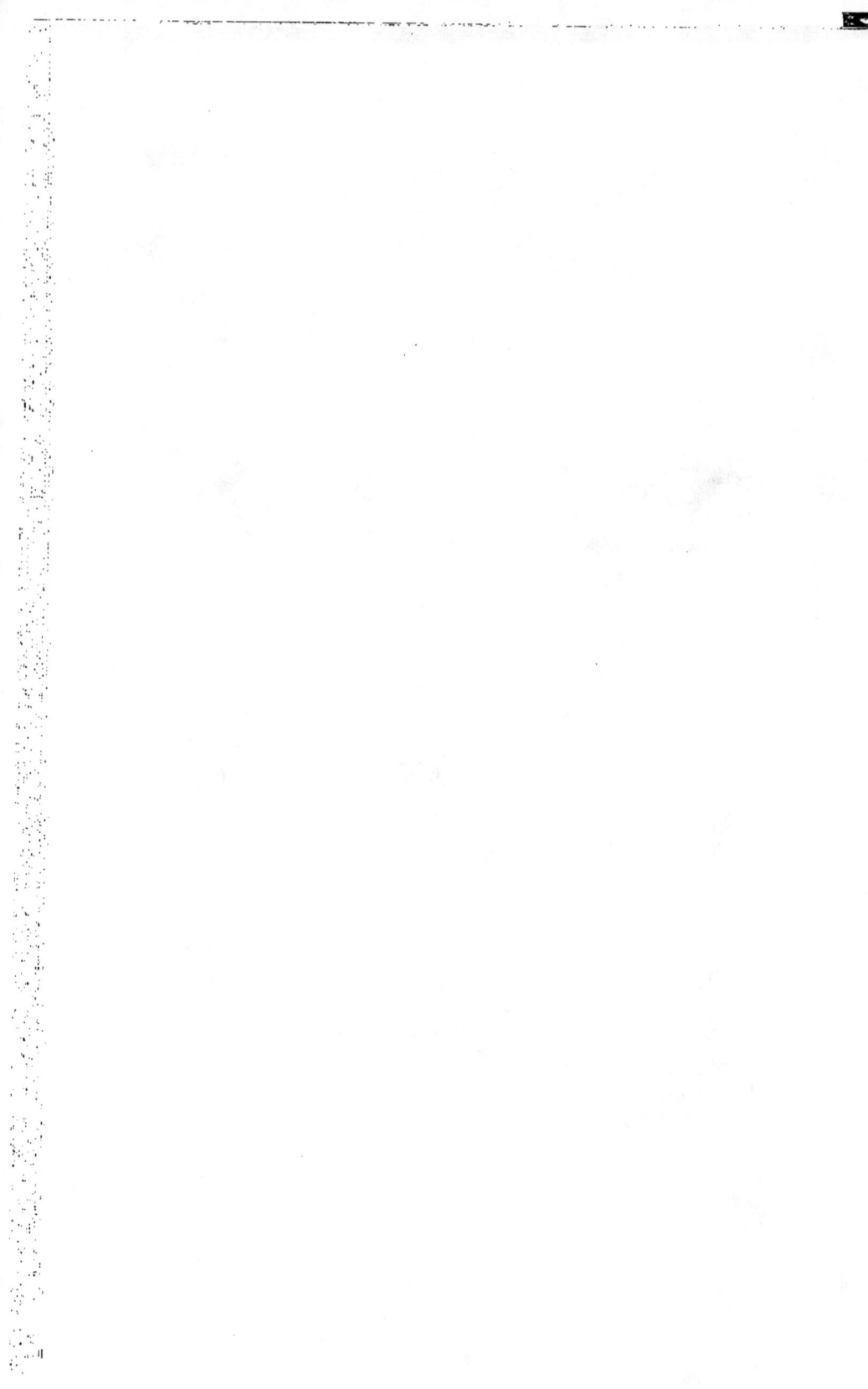

comme celle d'un navire, et dont le volume est si léger qu'il n'enfonce qu'autant qu'il faut pour se soutenir, sont, par toutes ces causes, presque aussi propres à nager qu'à voler ; et même cette faculté de nager se développe la première, car on voit les petits canards s'exercer sur les eaux longtemps avant que de prendre leur essor dans les airs.

Dans les quadrupèdes, surtout dans ceux qui ne peuvent rien saisir avec leurs doigts, qui n'ont que des cornes aux pieds ou des ongles durs, le sens du toucher paraît être réuni avec celui du goût dans la gueule : comme c'est la seule partie qui soit divisée, et par laquelle ils puissent saisir les corps et en connaître la forme, en appliquant à leur surface la langue, le palais et les dents, cette partie est le principal siège de leur toucher, ainsi que de leur goût. Dans les oiseaux, le toucher de cette partie est donc au moins aussi imparfait que dans les quadrupèdes, parce que leur langue et leur palais sont moins sensibles ; mais il paraît qu'ils l'emportent sur ceux-ci par le toucher des doigts, et que le principal siège de ce sens y réside ; car, en général, ils se servent de leurs doigts beaucoup plus que les quadrupèdes, soit pour saisir (a), soit pour palper les corps; néanmoins l'intérieur des doigts étant, dans les oiseaux, toujours revêtu d'une peau dure et calleuse, le tact ne peut en être délicat, et les sensations qu'il produit doivent être assez peu distinctes.

Voici donc l'ordre des sens, tel que la nature paraît l'avoir établi pour les différents êtres que nous considérons. Dans l'homme, le toucher est le premier, c'est-à-dire le plus parfait ; le goût est le second, la vue le troisième, l'ouïe le quatrième et l'odorat le dernier des sens. Dans le quadrupède, l'odorat est le premier, le goût le second, ou plutôt ces deux sens n'en font qu'un ; la vue, le troisième ; l'ouïe, le quatrième, et le toucher le dernier. Dans l'oiseau, la vue est le premier, l'ouïe est le second, le toucher le troisième, le goût et l'odorat les derniers. Les sensations dominantes, dans chacun de ces êtres, suivront le même ordre : l'homme sera plus ému par les impressions du toucher, le quadrupède par celles de l'odorat, et l'oiseau par celles de la vue ; la plus grande partie de leurs jugements, de leurs déterminations, dépendront de ces sensations dominantes ; celles des autres sens, étant moins fortes et moins nombreuses, seront subordonnées aux premières et n'influeront qu'en second sur la nature de l'être. L'homme sera aussi réfléchi que le sens du toucher paraît grave et profond ; le quadrupède aura des appétits plus véhéments que ceux de

---

(a) Nous avons vu, dans l'*Histoire des animaux quadrupèdes*, qu'il n'y en a pas un tiers qui se servent de leurs pieds de devant pour porter à leur gueule, au lieu que la plupart des oiseaux se servent d'une de leurs pattes pour porter à leur bec; quoique cet acte doive leur coûter plus qu'aux quadrupèdes, puisque n'ayant que deux pieds ils sont obligés de se soutenir avec effort sur un seul pendant que l'autre agit ; au lieu que le quadrupède est alors appuyé sur les trois autres pieds, ou assis sur les parties postérieures de son corps.

l'homme, et l'oiseau, des sensations plus légères et aussi étendues que l'est le sens de la vue.

Mais il y a un sixième sens, qui, quoique intermittent, semble, lorsqu'il agit, commander à tous les autres, et produire alors les sensations dominantes, les mouvements les plus violents et les affections les plus intimes : c'est le sens de l'amour ; rien n'égale la force de ses impressions dans les animaux quadrupèdes, rien n'est plus pressant que leurs besoins, rien de plus fougueux que leurs désirs ; ils se recherchent avec l'empressement le plus vif, et s'unissent avec une espèce de fureur. Dans les oiseaux, il y a plus de tendresse, plus d'attachement, plus de morale en amour, quoique le fonds physique en soit peut-être encore plus grand que dans les quadrupèdes ; à peine peut-on citer, dans ceux-ci, quelques exemples de chasteté conjugale, et encore moins du soin des pères pour leur progéniture ; au lieu que dans les oiseaux ce sont les exemples contraires qui sont rares, puisqu'à l'exception de ceux de nos basses-cours et de quelques autres espèces, tous paraissent s'unir par un pacte constant, et qui dure au moins aussi longtemps que l'éducation de leurs petits.

C'est qu'indépendamment du besoin de s'unir, tout mariage suppose une nécessité d'arrangement pour soi-même et pour ce qui doit en résulter ; les oiseaux qui sont forcés, pour déposer leurs œufs, de construire un nid que la femelle commence par nécessité et auquel le mâle amoureux travaille par complaisance, s'occupant ensemble de cet ouvrage, prennent de l'attachement l'un pour l'autre ; les soins multipliés, les secours mutuels, les inquiétudes communes, fortifient ce sentiment, qui augmente encore et qui devient plus durable par une seconde nécessité, c'est de ne pas laisser refroidir les œufs, ni perdre le fruit de leurs amours pour lequel ils ont déjà pris tant de soins ; la femelle ne pouvant les quitter, le mâle va chercher et lui apporte sa subsistance ; quelquefois même il la remplace, ou se réunit avec elle pour augmenter la chaleur du nid et partager les ennuis de sa situation ; l'attachement qui vient de succéder à l'amour subsiste dans toute sa force pendant le temps de l'incubation, et il paraît s'accroître encore et s'épanouir davantage à la naissance des petits ; c'est une autre jouissance, mais en même temps ce sont de nouveaux liens ; leur éducation est un nouvel ouvrage auquel le père et la mère doivent travailler de concert. Les oiseaux nous représentent donc tout ce qui se passe dans un ménage honnête : de l'amour suivi d'un attachement sans partage, et qui ne se répand ensuite que sur la famille. Tout cela tient, comme l'on voit, à la nécessité de s'occuper ensemble de soins indispensables et de travaux communs ; et ne voit-on pas aussi que cette nécessité de travail ne se trouvant chez nous que dans la seconde classe, les hommes de la première pouvant s'en dispenser, l'indifférence et l'infidélité n'ont pu manquer de gagner les conditions élevées ?

Dans les animaux quadrupèdes, il n'y a que de l'amour physique et point d'attachement, c'est-à-dire nul sentiment durable entre le mâle et la femelle, parce que leur union ne suppose aucun arrangement précédent, et n'exige ni travaux communs ni soins subséquents; dès lors point de mariage. Le mâle dès qu'il a joui se sépare de la femelle, soit pour passer à d'autres, soit pour se refaire; il n'est ni mari ni père de famille, car il méconnaît et sa femme et ses enfants; elle-même, s'étant livrée à plusieurs, n'attend de soins ni de secours d'aucun : elle reste seule chargée du poids de sa progéniture et des peines de l'éducation; elle n'a d'attachement que pour ses petits, et ce sentiment dure souvent plus longtemps que dans l'oiseau : comme il paraît dépendre du besoin que les petits ont de leur mère, qu'elle les nourrit de sa propre substance, et que ses secours sont plus longtemps nécessaires dans la plupart des quadrupèdes qui croissent plus lentement que les oiseaux, l'attachement dure aussi plus longtemps; il y a même plusieurs espèces d'animaux quadrupèdes où ce sentiment n'est pas détruit par de nouvelles amours, et où l'on voit la mère conduire également et soigner ses petits de deux ou trois portées. Il y a aussi quelques espèces de quadrupèdes dans lesquelles la société du mâle et de la femelle dure et subsiste pendant le temps de l'éducation des petits; on le voit dans les loups et les renards; le chevreuil surtout peut être regardé comme le modèle de la fidélité conjugale : il y a, au contraire, quelques espèces d'oiseaux dont la *pariade* ne dure pas plus longtemps que les besoins de l'amour (a); mais ces exceptions n'empêchent pas qu'en général la nature n'ait donné plus de constance en amour aux oiseaux qu'aux quadrupèdes.

Et ce qui prouve encore que ce mariage et ce moral d'amour n'est produit dans les oiseaux que par la nécessité d'un travail commun, c'est que ceux qui ne font point de nid ne se marient point et se mêlent indifféremment : on le voit par l'exemple familier de nos oiseaux de basse-cour; le mâle paraît seulement avoir quelques attentions de plus pour ses femelles que n'en ont les quadrupèdes, parce qu'ici la saison des amours n'est pas limitée, qu'il peut se servir plus longtemps de la même femelle, que le temps des pontes est plus long, qu'elles sont plus fréquentes, qu'enfin, comme on enlève les œufs, les temps d'incubation sont moins pressés, et que les femelles ne demandent à couver que quand leurs puissances pour la génération se trouvent amorties et presque épuisées : ajoutez à toutes ces causes le peu de besoin que ces oiseaux domestiques ont de construire un nid pour se mettre en sûreté et se soustraire aux yeux, l'abondance dans laquelle ils vivent, la facilité de recevoir leur nourriture ou de la trouver

(a) Dès que la perdrix rouge femelle couve, le mâle l'abandonne et la laisse chargée seule de l'éducation des petits; les mâles qui ont servi leurs femelles se rassemblent en compagnies et ne prennent plus aucun intérêt à leur progéniture. Cette remarque m'a été donnée par M. Leroy, lieutenant des chasses de Sa Majesté, à Versailles.

toujours au même lieu, toutes les autres commodités que l'homme leur fournit, qui dispensent ces oiseaux des travaux, des soins et des inquiétudes que les autres ressentent et partagent en commun, et vous retrouverez chez eux les premiers effets du luxe et les maux de l'opulence, *libertinage* et *paresse*.

· Au reste, dans ces oiseaux dont nous avons gâté les mœurs en les servant, comme dans ceux qui les ont conservées parce qu'ils sont forcés de travailler ensemble et de se servir eux-mêmes, le fonds de l'amour physique, c'est-à-dire l'étoffe, la substance qui produit cette sensation, et en réalise les effets, est bien plus grand que dans les animaux quadrupèdes. Un coq suffit aisément à douze ou quinze poules, et féconde par un seul acte tous les œufs que chacune peut produire en vingt jours (*); il pourrait donc absolument parlant devenir chaque jour père de trois cents enfants. Une bonne poule peut produire cent œufs dans une seule saison, depuis le printemps jusqu'en automne. Quelle différence de cette grande multiplication au petit produit de nos quadrupèdes les plus féconds! Il semble que toute la nourriture qu'on fournit abondamment à ces oiseaux, se convertissant en liqueur séminale, ne serve qu'à leurs plaisirs, et tourne tout entière au profit de la propagation; ce sont des espèces de machines que nous montons, que nous arrangeons nous-mêmes pour la multiplication : nous en augmentons prodigieusement le nombre en les tenant ensemble, en les nourrissant largement et en les dispensant de tout travail, de tous soins, de toute inquiétude pour les besoins de la vie; car le coq et la poule sauvages ne produisent dans l'état naturel qu'autant que nos perdrix et nos cailles, et quoique de tous les oiseaux les gallinacés soient les plus féconds, leur produit se réduit à dix-huit ou vingt œufs, et leurs amours à une seule saison, lorsqu'ils sont dans l'état de nature : à la vérité, il pourrait y avoir deux saisons et deux pontes dans des climats plus heureux, comme l'on voit dans celui-ci plusieurs espèces d'oiseaux pondre deux et même trois fois dans un été, mais aussi le nombre des œufs est moins grand dans toutes ces espèces, et le temps de l'incubation est plus court dans quelques-unes. Ainsi, quoique les oiseaux soient en *puissance* bien plus prolifiques que les quadrupèdes, ils ne le sont pas beaucoup plus par l'*effet* : les pigeons, les tourterelles, etc., ne pondent que deux œufs; les grands oiseaux de proie n'en pondent que trois ou quatre; la plupart des autres oiseaux cinq ou six; et il n'y a que les poules et les autres gallinacés, tels que le paon, le dindon, le faisan, les perdrix et les cailles, qui produisent en grand nombre (**).

(*) Ce chiffre est probablement beaucoup exagéré. On admet aujourd'hui que le mâle ne peut pas féconder en une fois plus de sept ou huit œufs. Cela tient non à ce que la quantité des spermatozoïdes est insuffisante, mais à ce que les œufs n'arrivent que les uns après les autres à l'état de maturité nécessaire pour que la fécondation puisse se produire.

(**) En règle générale, le nombre des œufs ou des petits d'un animal est proportionné à

La disette, les soins, les inquiétudes, le travail forcé, diminuent dans tous les êtres les puissances et les effets de la génération. Nous l'avons vu dans les animaux quadrupèdes, et on le voit encore plus évidemment dans les oiseaux ; ils produisent d'autant plus qu'ils sont mieux nourris, plus choyés, mieux servis ; et si nous ne considérons que ceux qui sont livrés à eux-mêmes et exposés à tous les inconvénients qui accompagnent l'entière indépendance, nous trouverons qu'étant continuellement travaillés de besoins, d'inquiétudes et de crainte, ils n'usent pas, à beaucoup près, autant qu'il se pourrait, de toutes leurs puissances pour la génération ; ils semblent même en ménager les effets et les proportionner aux circonstances de leur situation. Un oiseau, après avoir construit son nid et fait sa ponte que je suppose de cinq œufs, cesse de pondre, et ne s'occupe que de leur conservation ; tout le reste de la saison sera employé à l'incubation et à l'éducation des petits, et il n'y aura point d'autre ponte ; mais si par hasard on brise les œufs, on renverse le nid, il en construit bientôt un autre, et pond encore trois ou quatre œufs. et si on détruit ce second ouvrage comme le premier, l'oiseau travaillera de nouveau, et pondra encore deux ou trois œufs ; cette seconde et cette troisième pontes dépendent donc en quelque sorte de la volonté de l'oiseau : lorsque la première réussit, et tant qu'elle subsiste, il ne se livre pas aux émotions d'amour et aux autres affections intérieures qui peuvent donner à de nouveaux œufs la vie végétative nécessaire à leur accroissement et à leur exclusion au dehors ; mais si la mort a moissonné sa famille naissante ou prête à naître, il se livre bientôt à ces affections, et démontre par un nouveau produit que ses puissances pour la génération n'étaient que suspendues et point épuisées, et qu'il ne se privait des plaisirs qui la précèdent que pour satisfaire au devoir naturel du soin de sa famille. Le devoir l'emporte donc encore ici sur la passion, et l'attachement sur l'amour ; l'oiseau paraît commander à ce dernier sentiment bien plus qu'au premier, auquel du moins il obéit toujours de préférence ; ce n'est que par la force qu'il se départ de l'attachement pour ses petits, et c'est volontairement qu'il renonce aux plaisirs de l'amour, quoique très en état d'en jouir.

De la même manière que, dans les oiseaux, les mœurs sont plus pures en amour, de même aussi les moyens d'y satisfaire sont plus simples que dans les quadrupèdes ; ils n'ont qu'une seule façon de s'accoupler (a), au

(a) « Genus avium omne eodem illo ac simplici more conjungitur, nempe fœminam mare « supergrediente. » Aristot. *Hist. anim.*, lib. v, cap. viii.

l'énergie des causes de destruction dont les œufs ou les jeunes sont menacés. Cela résulte de ce que les femelles qui, dans une espèce déterminée, sont les plus prolifiques, ont plus de chances que les autres de voir une partie de leur progéniture résister aux agents de destruction. Les qualités génésiques étant, comme toutes les autres, héréditaires, les enfants d'un couple très prolifique le seront eux-mêmes beaucoup, et cette qualité se perpétuera, se perfectionnera même à mesure que la race s'étendra, tandis que les couples moins prolifiques n'auront pas laissé de descendants.

lieu que nous avons vu dans les quadrupèdes des exemples de toutes les situations (a) : seulement il y a des espèces, comme celle de la poule, où la femelle s'abaisse en pliant les jambes, et d'autres, comme celle du moineau, où elle ne change rien à sa position ordinaire, et demeure droite sur ses pieds (b). Dans tous, le temps de l'accouplement est très court, et plus court encore dans ceux qui se tiennent debout que dans ceux qui s'abaissent. La forme extérieure (c) et la structure intérieure des parties de la génération sont fort différentes de celles des quadrupèdes ; et la grandeur, la position, le nombre, l'action et le mouvement de ces parties varient même beaucoup dans les diverses espèces d'oiseaux (d). Aussi paraît-il qu'il y a intromission réelle dans les uns, et qu'il ne peut y avoir dans les autres qu'une forte compression, ou même un simple attouchement ; mais nous réservons ces détails, ainsi que plusieurs autres, pour l'histoire particulière de chaque genre d'oiseau.

En rassemblant sous un seul point de vue les idées et les faits que nous venons d'exposer, nous trouverons que le sens intérieur, le *sensorium* de l'oiseau, est principalement rempli d'images produites par le sens de la vue ; que ces images sont superficielles, mais très étendues, et la plupart relatives au mouvement, aux distances, aux espaces ; que, voyant une province entière aussi aisément que nous voyons notre horizon, il porte dans son cerveau une carte géographique des lieux qu'il a vus ; que la facilité

(a) La femelle du chameau s'accroupit ; celle de l'éléphant se renverse sur le dos. Les hérissons s'accouplent face à face, debout ou couchés ; et les singes de toutes les façons.

(b) « Coitus avibus duobus modis, fœmina humi considente, ut in gallinâ, aut stante, ut in » gruibus ; et quæ ita coeunt rem quam celerrime peragunt ut passeres. » Aristot. *Hist. anim.*, lib. v, cap. 11.

(c) La plupart des oiseaux ont deux verges ou une verge fourchue, et c'est par l'anus que sort cette double verge pour s'étendre au dehors. Dans quelques espèces, cette partie est d'une grandeur très remarquable, et dans d'autres elle est à peine sensible. La femelle n'a pas, comme dans les quadrupèdes, l'orifice de la vulve au-dessous de l'anus, elle le porte au-dessus ; elle n'a point de matrice comme les quadrupèdes, mais de simples ovaires, etc. (*).

(d) Voyez, sur cela, l'*Histoire de l'Académie des Sciences*, année 1715, p. 11. — Les *Mémoires pour servir à l'Histoire des animaux*, partie i, p. 230 ; partie ii, p. 108, 134, 164, partie iii, p. 71. — La *Collection Académique*, partie étrangère, t. IV, p. 520, 522, 525 ; et t. V, p. 489.

(* c) Les organes de la reproduction des oiseaux sont relativement peu compliqués dans leur structure. Chez le mâle, il existe une paire de testicules logés dans l'abdomen et destinés à produire les spermatozoïdes. De chaque testicule part un canal déférent qui vient déboucher dans un cloaque qui reçoit aussi les canaux évacuateurs de l'urine (urèthres) et le rectum. Dans quelques oiseaux, les canaux déférents se dilatent, au-dessus du cloaque, en vésicules séminales dans lesquelles s'accumule le sperme pendant l'intervalle de deux coïts. Il n'existe pas habituellement d'organe de copulation. Le mâle se borne à appliquer l'orifice de son cloaque ou anus contre l'orifice du cloaque de la femelle, dans lequel passent alors les spermatozoïdes. Chez la cigogne, il existe, sur la paroi antérieure du cloaque, un petit mamelon qui représente un pénis rudimentaire. Chez le canard, l'oie, le cygne, il existe un véritable pénis constitué par un tube recourbé. Chez ces oiseaux, il se produit une véritable copulation.

qu'il a de les parcourir de nouveau est l'une des causes déterminantes de ses fréquentes promenades et de ses migrations. Nous reconnaîtrons qu'étant très susceptible d'être ébranlé par le sens de l'ouïe, les bruits soudains doivent le remuer violemment, lui donner de la crainte et le faire fuir tandis qu'on peut le faire approcher par des sons doux, et le leurrer par des appeaux ; que les organes de la voix étant très forts et très flexibles, l'oiseau ne peut manquer de s'en servir pour exprimer ses sensations, transmettre ses affections et se faire entendre de très loin ; qu'il peut aussi se mieux exprimer que le quadrupède, puisqu'il a plus de signes, c'est-à-dire plus d'inflexions dans la voix ; que, pouvant recevoir facilement et conserver longtemps les impressions des sons, l'organe de ce sens se monte comme un instrument qu'il se plaît à faire résonner ; mais que ces sons communiqués, et qu'il répète mécaniquement, n'ont aucun rapport avec ses affections intérieures ; que le sens du toucher ne lui donnant que des sensations imparfaites, il n'a que des notions peu distinctes de la forme des corps, quoiqu'il en voie très clairement la surface ; que c'est par le sens de la vue, et non par celui de l'odorat, qu'il est averti de loin de la présence des choses qui peuvent lui servir de nourriture ; qu'il a plus de besoin que d'appétit, plus de voracité que de sensualité ou de délicatesse de goût. Nous verrons que pouvant aisément se soustraire à la main de l'homme, et se mettre même hors de la portée de sa vue, les oiseaux ont dû conserver un naturel sauvage, et trop d'indépendance pour être réduits en vraie domesticité ; qu'étant plus libres, plus éloignés que les quadrupèdes, plus indépendants de l'empire de l'homme, ils sont moins troublés dans le cours de leurs habitudes naturelles ; que c'est par cette raison qu'ils se rassemblent plus volontiers, et que la plupart ont un instinct décidé pour la société ; qu'étant forcés de s'occuper en commun des soins de leur famille, et même de travailler d'avance à la construction de leur nid, ils prennent un fort attachement l'un pour l'autre, qui devient leur affection dominante, et se répand ensuite sur leurs petits ; que ce sentiment doux tempère les passions violentes, modère même celle de l'amour, et fait la chasteté, la pureté de leurs mœurs et la douceur de leur naturel ; que quoique plus riches en fonds d'amour qu'aucun des animaux, ils dépensent à proportion beaucoup moins, ne s'excèdent jamais, et savent subordonner leurs plaisirs à leurs devoirs ; qu'enfin cette classe d'êtres légers que la nature paraît avoir produits dans sa gaieté, peut néanmoins être regardée comme un peuple sérieux, honnête, dont on a eu raison de tirer des fables morales, et d'emprunter des exemples utiles (*).

(*) La grande classe des oiseaux est si naturelle, il existe si peu de différences capitales entre les nombreuses formes qui la composent, que les classes sont fondées sur des caractères souvent peu importants et que les classifications adoptées sont extrêmement nombreuses. Il existe cependant quelques caractères qui permettent de subdiviser rationnellement

la classe des oiseaux en ordres assez faciles à reconnaître. Nous adopterons ici la classification suivie par M. Claus dans son *Traité de zoologie*. Ce savant divise les oiseaux en
huit ordres :

1º *Palmipèdes.* — Oiseaux aquatiques, à doigts palmés, à pattes souvent rejetées très en
arrière ;

2º *Échassiers.* — Cou long et grêle ; bec allongé ; pattes très longues, garnies de plumes
jusqu'à la moitié du tarse seulement ;

3º *Gallinacés.* — Corps ramassé ; ailes courtes, arrondies ; bec fort, court, plus ou moins
recourbé au niveau de la pointe ; jambes couvertes de plumes ; doigts antérieurs réunis
par une courte membrane ;

4º *Pigeons.* — Bec faible, membraneux, renflé autour des narines ; ailes de taille moyenne,
pointues ; pieds formés de quatre doigts libres, trois antérieurs et un postérieur, articulés
au même niveau ;

5º *Grimpeurs.* — Bec robuste ; plumage rigide ; pied formé de quatre doigts, deux antérieurs
et deux postérieurs ;

6º *Passereaux.* — Bec corné, dépourvu de cire ; tarses recouverts de petites écailles ; pied
formé de quatre doigts dirigés en avant ou de trois doigts antérieurs et d'un postérieur,
doigts externe et médian, ordinairement soudés jusqu'au milieu de leur largeur ;

7º *Rapaces.* — Bec fort et crochu ; tarses couverts de grandes écailles ; pied formé de quatre
doigts, trois antérieurs et un postérieur, armés d'ongles puissants ; carnivores.

8º *Coureurs.* — Oiseaux de très grande taille ; pied formé de trois ou rarement deux doigts ;
sternum aplati, sans bréchet ; ailes rudimentaires, impropres au vol.

Travies pinx.   Imp. R. Tanour.   Fournier sc.

NOMENCLATURE DES PARTIES.

1. Moineau sur lequel sont tracées les differentes régions du corps d'un oiseau.
2. Aile propre à montrer l'attache des plumes. 3. Tête de Cresserelle 4. Tête de Gallinacé

LES OISEAUX DE PROIE

On pourrait dire, absolument parlant, que presque tous les oiseaux vivent de proie, puisque presque tous recherchent et prennent les insectes, les vers et les autres petits animaux vivants ; mais je n'entends ici par oiseaux de proie que ceux qui se nourrissent de chair et font la guerre aux autres oiseaux ; et, en les comparant aux quadrupèdes carnassiers, je trouve qu'il y en a proportionnellement beaucoup moins. La tribu des lions, des tigres, des panthères, onces, léopards, guépards, jaguars, couguars, ocelots, servals, margais, chats sauvages ou domestiques; celle des chiens, des chacals, loups, renards, isatis ; celle des hyènes, civettes, zibeths, genettes et fossanes ; les tribus plus nombreuses encore des fouines, martes, putois, mouffettes, furets, vansires, hermines, belettes, zibelines, mangoustes, surikates, gloutons, pékans, visons, sousliks; et des sarigues, marmoses, cayopolins, tarsiers, phalangers, celle des roussettes, rougettes, chauves-souris, à laquelle on peut encore ajouter toute la famille des rats, qui, trop faibles pour attaquer les autres, se dévorent eux-mêmes : tout cela forme un nombre bien plus considérable que celui des aigles, des vautours, éperviers, faucons, gerfauts, milans, buses, cresserelles, émerillons, ducs, hiboux, chouettes, pies-grièches et corbeaux, qui sont les seuls oiseaux dont l'appétit pour la chair soit bien décidé ; et encore y en a-t-il plusieurs, tels que les milans, les buses et les corbeaux, qui se nourrissent plus volontiers de cadavres que d'animaux vivants ; en sorte qu'il n'y a pas une quinzième partie du nombre total des oiseaux qui soient carnassiers, tandis que dans les quadrupèdes il y en a plus du tiers.

Les oiseaux de proie étant moins puissants, moins forts et beaucoup moins nombreux que les quadrupèdes carnassiers, font aussi beaucoup moins de dégât sur la terre ; mais, en revanche, comme si la tyrannie ne perdait jamais ses droits, il existe une grande tribu d'oiseaux qui font une prodigieuse déprédation sur les eaux. Il n'y a guère parmi les quadrupèdes que les castors, les loutres, les phoques et les morses qui vivent de poisson; au lieu qu'on peut compter un très grand nombre d'oiseaux qui n'ont pas d'autre subsistance. Nous séparerons ici ces tyrans de l'eau des tyrans de l'air, et ne parlerons pas dans cet article de ces oiseaux qui ne sont que pêcheurs et piscivores ; ils sont pour la plupart d'une forme très différente, et d'une nature assez éloignée des oiseaux carnassiers ; ceux-ci saisissent leur proie avec les serres, ils ont tous le bec court et crochu, les doigts bien séparés et dénués de membranes, les jambes fortes et ordinairement recouvertes par les plumes des cuisses, les ongles grands et crochus, tandis que les autres prennent le poisson avec le bec, qu'ils ont droit et pointu, et qu'ils ont aussi les doigts réunis par des membranes, les ongles faibles et les jambes tournées en arrière.

En ne comptant pour oiseaux de proie que ceux que nous venons d'indiquer, et séparant encore pour un instant les oiseaux de nuit des oiseaux de jour, nous les présenterons dans l'ordre qui nous a paru le plus naturel : nous commencerons par les aigles, les vautours, les milans, les buses ; nous continuerons par les éperviers, les gerfauts, les faucons ; et nous finirons par les émerillons et les pies-grièches : plusieurs de ces articles contiennent un assez grand nombre d'espèces et de races constantes produites par l'influence du climat ; et nous joindrons à chacun les oiseaux étrangers qui ont rapport à ceux de notre climat. Par cette méthode, nous donnerons non seulement tous les oiseaux du pays, mais encore tous les oiseaux étrangers dont parlent les auteurs, et toutes les espèces nouvelles que nos correspondances nous ont procurées, et qui ne laissent pas d'être en assez grand nombre.

Tous les oiseaux de proie sont remarquables par une singularité dont il est difficile de donner la raison ; c'est que les mâles sont d'environ un tiers moins grands et moins forts que les femelles, tandis que dans les quadrupèdes et dans les autres oiseaux ce sont, comme l'on sait, les mâles qui ont le plus de grandeur et de force : à la vérité dans les insectes, et même dans les poissons, les femelles sont un peu plus grosses que les mâles, et l'on en voit clairement la raison, c'est la prodigieuse quantité d'œufs qu'elles contiennent qui renfle leur corps, ce sont les organes destinés à cette immense production qui en augmentent le volume apparent ; mais cela ne peut en aucune façon s'appliquer aux oiseaux, d'autant qu'il paraît par le fait que c'est tout le contraire ; car, dans ceux qui produisent des œufs en grand nombre, les femelles ne sont pas plus grandes que les mâles ; les poules, les canes, les dindes, les poules-faisanes, les perdrix, les cailles femelles, qui produisent dix-huit ou vingt œufs, sont plus petites que leur mâle, tandis que les femelles des aigles, des vautours, des éperviers, des milans et des buses, qui n'en produisent que trois ou quatre, sont d'un tiers plus grosses que les mâles ; c'est par cette raison qu'on appelle *tiercelet* le mâle de toutes les espèces d'oiseaux de proie : ce mot est un nom générique et non pas spécifique, comme quelques auteurs l'ont écrit ; et ce nom générique indique seulement que le mâle ou tiercelet est d'un tiers environ plus petit que la femelle.

Ces oiseaux ont tous pour habitude naturelle et commune le goût de la chasse et l'appétit de la proie, le vol très élevé, l'aile et la jambe fortes, la vue très perçante, la tête grosse, la langue charnue, l'estomac simple et membraneux, les intestins moins amples et plus courts que les autres oiseaux ; ils habitent de préférence les lieux solitaires, les montagnes désertes, et font communément leur nid dans les trous des rochers ou sur les plus hauts arbres ; l'on en trouve plusieurs espèces dans les deux continents ; quelques-uns même ne paraissent pas avoir de climat fixe et bien déterminé ; enfin ils ont encore pour caractères généraux et communs le bec crochu, les quatre doigts à chaque pied, tous quatre bien séparés ; mais on distinguera toujours un aigle d'un vautour par un caractère évident : l'aigle a la tête couverte de plumes, au lieu que le vautour l'a nue et garnie d'un simple duvet, et on les distinguera tous deux des éperviers, buses, milans, et faucons par un autre caractère qui n'est pas difficile à saisir, c'est que le bec de ces derniers oiseaux commence à se courber dès son insertion, tandis que le bec des aigles et des vautours commence par une partie droite, et ne prend de la courbure qu'à quelque distance de son origine.

Les oiseaux de proie ne sont pas aussi féconds que les autres oiseaux : la plupart ne pondent qu'un petit nombre d'œufs, mais je trouve que M. Linnæus a eu tort d'affirmer qu'en général tous ces oiseaux produisaient environ quatre œufs (a). Il y en a qui, comme le grand aigle et l'orfraie, ne donnent que deux œufs, et d'autres, comme la cresserelle et l'émerillon, qui en font jusqu'à sept ; il en est, à cet égard, des oiseaux comme des quadrupèdes : le nombre de la multiplication par la génération est en raison inverse de leur grandeur ; les grands oiseaux produisent moins que les petits, et en raison de ce qu'ils sont plus petits ils produisent davantage. Cette loi me paraît généralement établie dans tous les ordres de la nature vivante ; cependant on pourrait m'opposer ici les exemples des pigeons qui, quoique petits, c'est-à-dire d'une grandeur médiocre, ne produisent que deux œufs, et des plus petits oiseaux qui n'en produisent ordinairement que cinq : mais il faut considérer le produit absolu d'une année, et ne pas oublier que le pigeon, qui ne pond que deux et quelquefois trois œufs pour une seule couvée, fait souvent deux, trois et quatre pontes du printemps à l'automne ; et que dans les petits oiseaux il y en a aussi plusieurs qui pondent plusieurs fois pendant le temps de ces mêmes saisons ; de manière qu'à tout prendre et tout considérer il est toujours vrai de dire que, toutes choses égales d'ailleurs, le nombre dans le produit de la génération est proportionel à la petitesse de l'animal dans les oiseaux comme dans les quadrupèdes.

Tous les oiseaux de proie ont plus de dureté dans le naturel et plus de férocité que les autres oiseaux : non seulement ils sont les plus difficiles de tous à priver, mais ils ont encore presque tous, plus ou moins, l'habitude

(a) Linn. *Syst. nat.*, édit. X, t. I, p. 81.

dénaturée de chasser leurs petits hors du nid bien plus tôt que les autres,
et dans le temps qu'ils leur devraient encore des soins et des secours pour
leur subsistance. Cette cruauté, comme toutes les autres duretés naturelles,
n'est produite que par un sentiment encore plus dur, qui est le besoin pour
soi-même et la nécessité. Tous les animaux qui, par la conformation de
leur estomac et de leurs intestins, sont forcés de se nourrir de chair et de
vivre de proie, quand même ils seraient nés doux, deviennent bientôt
offensifs et méchants par le seul usage de leurs armes, et prennent ensuite
de la férocité dans l'habitude des combats : comme ce n'est qu'en détrui-
sant les autres qu'ils peuvent satisfaire à leurs besoins, et qu'ils ne peuvent
les détruire qu'en leur faisant continuellement la guerre, ils portent une
âme de colère qui influe sur toutes leurs actions, détruit tous [les sentiments doux, et affaiblit même la tendresse maternelle; trop pressé de son
propre besoin, l'oiseau de proie n'entend qu'impatiemment et sans pitié les
cris de ses petits, d'autant plus affamés qu'ils deviennent plus grands ; si la
chasse se trouve difficile et que la proie vienne à manquer, il les expulse, les
frappe, et quelquefois les tue dans un accès de fureur causée par la misère.

Un autre effet de cette dureté naturelle et acquise est l'insociabilité : les
oiseaux de proie, ainsi que les quadrupèdes carnassiers, ne se réunissent
jamais les uns avec les autres; ils mènent, comme les voleurs, une vie
errante et solitaire; le besoin de l'amour, apparemment le plus puissant
de tous après celui de la nécessité de subsister, réunit le mâle et la femelle ;
et comme tous deux sont en état de se pourvoir, et qu'ils peuvent même
s'aider à la guerre qu'ils font aux autres animaux, ils ne se quittent guère,
et ne se séparent pas, même après la saison des amours. On trouve presque
toujours une paire de ces oiseaux dans le même lieu; mais presque jamais
on ne les voit s'attrouper ni même se réunir en famille, et ceux qui, comme
les aigles, sont les plus grands, et ont par cette raison besoin de plus de
subsistance, ne souffrent pas même que leurs petits, devenus leurs rivaux,
viennent occuper les lieux voisins de ceux qu'ils habitent, tandis que tous
les oiseaux et tous les quadrupèdes, qui n'ont besoin pour se nourrir que
des fruits de la terre, vivent en famille, cherchent la société de leurs semblables et se mettent en bandes et en troupes nombreuses, et n'ont d'autre
querelle, d'autre cause de guerre, que celles de l'amour ou de l'attachement
pour leurs petits ; car, dans presque tous les animaux même les plus doux,
les mâles deviennent furieux dans le rut, et les femelles prennent de la férocité pour la défense de leurs petits.

Avant d'entrer dans les détails historiques qui ont rapport à chaque
espèce d'oiseaux de proie, nous ne pouvons nous dispenser de faire quelques remarques sur les méthodes qu'on a employées pour reconnaître ces
espèces et les distinguer les unes des autres : les couleurs, leur distribution,
leurs nuances, les taches, les bandes, les raies, les lignes, servent de fonde-

ment dans ces méthodes à la distinction des espèces ; et un méthodiste ne croit avoir fait une bonne description que quand il a, d'après un plan donné et toujours uniforme, fait l'énumération de toutes les couleurs du plumage et de toutes les taches, bandes ou autres variétés qui s'y trouvent ; lorsque ces variétés sont grandes ou seulement assez sensibles pour être aisément remarquées, il en conclut sans hésiter que ce sont des indices certains de la différence des espèces ; et, en conséquence, on constitue autant d'espèces d'oiseaux qu'on remarque de différence dans les couleurs : cependant rien n'est plus fautif et plus incertain ; nous pourrions faire d'avance une longue énumération des doubles et triples emplois d'espèces faits par nos nomenclateurs, d'après cette méthode de la différence des couleurs. Mais il nous suffira de faire sentir ici les raisons sur lesquelles nous fondons cette critique, et de remonter en même temps à la source qui produit ces erreurs.

Tous les oiseaux en général muent dans la première année de leur âge, et les couleurs de leur plumage sont presque toujours, après cette première mue, très différentes de ce qu'elles étaient auparavant ; ce changement de couleur après le premier âge est assez général dans la nature, et s'étend jusqu'aux quadrupèdes qui portent alors ce qu'on appelle la *livrée* et qui perdent cette livrée, c'est-à-dire les premières couleurs de leur pelage, à la première mue. Dans les oiseaux de proie, l'effet de cette première mue change si fort les couleurs, leur distribution, leur position, qu'il n'est pas étonnant que les nomenclateurs, qui presque tous ont négligé l'histoire des oiseaux, aient donné comme des espèces diverses le même oiseau dans ces deux états différents dont l'un a précédé et l'autre suivi la mue : après ce premier changement, il s'en fait un second assez considérable à la seconde, et souvent encore un à la troisième mue ; en sorte que par cette seule première cause, l'oiseau de six mois, celui de dix-huit mois et celui de deux ans et demi, quoique le même, paraît être trois oiseaux différents, surtout à ceux qui n'ont pas étudié leur histoire, et qui n'ont d'autre guide, d'autre moyen de les connaître, que les méthodes fondées sur les couleurs.

Cependant ces couleurs changent souvent du tout au tout, non seulement par la cause générale de la mue, mais encore par un grand nombre d'autres causes particulières ; la différence des sexes est souvent accompagnée d'une grande différence dans la couleur ; il y a d'ailleurs des espèces qui, dans le même climat, varient indépendamment même de l'âge et du sexe ; il y en a, et en beaucoup plus grand nombre, dont les couleurs changent absolument par l'influence des différents climats. Rien n'est donc plus incertain que la connaissance des oiseaux, et surtout de ceux de proie dont il est ici question, par les couleurs et leur distribution ; rien de plus fautif que la distinction de leurs espèces, fondée sur des caractères aussi inconstants qu'accidentels.

LES AIGLES

Il y a plusieurs oiseaux auxquels on donne le nom d'*aigles :* nos nomenclateurs en comptent onze espèces en Europe, indépendamment de quatre autres espèces, dont deux sont du Brésil, une d'Afrique, et la dernière des grandes Indes. Ces onze espèces sont : 1° l'aigle commun, 2° l'aigle à la tête blanche, 3° l'aigle blanc, 4° l'aigle tacheté, 5° l'aigle à queue blanche, 6° le petit aigle à queue blanche, 7° l'aigle doré, 8° l'aigle noir, 9° le grand aigle de mer, 10° l'aigle de mer, 11° le jean-le-blanc; mais, comme nous l'avons déjà dit, nos nomenclateurs modernes paraissent s'être beaucoup moins souciés de restreindre et réduire au juste le nombre des espèces, ce qui néanmoins est le vrai but du travail d'un naturaliste, que de les multiplier, chose bien moins difficile, et par laquelle on brille à peu de frais aux yeux des ignorants; car la réduction des espèces suppose beaucoup de connaissances, de réflexions et de comparaisons, au lieu qu'il n'y a rien de si aisé que d'en augmenter la quantité; il suffit pour cela de parcourir les livres et les cabinets d'histoire naturelle, et d'admettre comme caractères spécifiques toutes les différences, soit dans la grandeur, dans la forme ou la couleur, et de chacune de ces différences, quelque légère quelle soit, faire une espèce nouvelle et séparée de toutes les autres; mais, malheureusement, en augmentant ainsi très gratuitement le nombre nominal des espèces, on n'a fait qu'augmenter en même temps les difficultés de l'histoire naturelle, dont l'obscurité ne vient que de ces nuages répandus par une nomenclature arbitraire, souvent fausse, toujours particulière, et qui ne saisit jamais l'ensemble des caractères, tandis que c'est de la réunion de tous ces caractères, et surtout de la différence ou de la ressemblance de la forme, de la grandeur, de la couleur et aussi de celles du naturel et des mœurs, qu'on doit conclure la diversité ou l'unité des espèces.

Mettant donc d'abord à part les quatre espèces d'aigles étrangers dont nous nous réservons de parler dans la suite, et rejetant de la liste l'oiseau qu'on appelle *jean-le-blanc*, qui est si différent des aigles qu'on ne lui en a jamais donné le nom, il me paraît qu'on doit réduire à six les onze espèces d'aigles d'Europe mentionnées ci-dessus, et que dans ces six espèces il n'y en a que trois qui doivent conserver le nom d'aigles, les trois autres étant des oiseaux assez différents des aigles pour exiger un autre nom. Ces trois espèces d'aigles sont: 1° l'aigle doré, que j'appellerai le *grand aigle;*

2° l'aigle commun ou moyen; 3° l'aigle tacheté, que j'appellerai le *petit aigle;* les trois autres sont l'aigle à queue blanche, que j'appellerai *pygargue*, de son nom ancien, pour le distinguer des aigles des trois premières espèces dont il commence à s'éloigner par quelques caractères; l'aigle de mer, que j'appellerai *balbuzard*, de son nom anglais, parce que ce n'est point un véritable aigle; et enfin le grand aigle de mer, qui s'éloigne encore plus de l'espèce, et que par cette raison j'appellerai *orfraie*, de son vieux nom français.

Le grand et le petit aigle sont chacun d'une espèce isolée, mais l'aigle commun et le pygargue sont sujets à varier. L'espèce de l'aigle commun est composée de deux variétés, savoir, l'aigle brun et l'aigle noir, et l'espèce du pygargue en contient trois, savoir, je grand aigle à queue blanche, le petit aigle à queue blanche et l'aigle à tête blanche. Je n'ajouterai pas à ces espèces celle de l'aigle blanc, car je ne pense pas que ce soit une espèce particulière ni même un race constante et qui appartienne à une espèce déterminée; ce n'est à mon avis qu'une variété accidentelle produite par le froid du climat, et plus souvent encore par la vieillesse de l'animal : on verra dans l'histoire particulière des oiseaux que plusieurs d'entre eux, et les aigles surtout, blanchissent par la vieillesse et même par les maladies, ou par la trop longue diète.

On verra de même que l'aigle noir n'est qu'une variété dans l'espèce de l'aigle brun ou aigle commun; que l'aigle à tête blanche et le petit aigle à queue blanche ne sont aussi que des variétés dans l'espèce du pygargue ou grand aigle à queue blanche, et que l'aigle blanc n'est qu'une variété accidentelle ou individuelle qui peut appartenir à toutes les espèces. Ainsi, des onze prétendues espèces d'aigles, il ne nous en reste plus que trois, qui sont le grand aigle, l'aigle moyen et le petit aigle; les quatre autres, savoir : le pygargue, le balbuzard, l'orfraie et le jean-le-blanc, étant des oiseaux assez différents des aigles pour être considérés chacun séparément, et porter par conséquent un nom particulier. Je me suis déterminé à cette réduction d'espèces, avec d'autant plus de fondement et de raison, qu'il était connu, dès le temps des anciens, que les aigles de races différentes se mêlent volontiers et produisent ensemble, et que d'ailleurs cette division ne s'éloigne pas beaucoup de celle d'Aristote, qui me paraît avoir mieux connu qu'aucun de nos nomenclateurs les vrais caractères et les différences réelles qui séparent les espèces. Il dit qu'il y en a six dans le genre des aigles; mais, dans ces six espèces, il comprend un oiseau qu'il avoue lui-même être du genre des vautours (*a*), et qu'il faut par conséquent en séparer,

(*a*) « Quartum genus (*aquilæ*) percnopterus ab alarum notis appellatum; capite albicante;
» corpore majore quam cæteræ adhuc dictæ (*pygargos morphnos et melænaetos*) hæc est : sed
» brevioribus alis; caudâ longiore. *Vulturis* speciem hæc refert, subaquila et montana ciconia
» cognominatur : incolit lucos degener, nec vitiis cæterarum caret, et bonorum quæ illæ

puisque c'est en effet celui que l'on connaît sous le nom de *vautour des Alpes*. Ainsi reste à cinq espèces, qui correspondent d'abord aux trois espèces d'aigles que je viens d'établir, et ensuite à la quatrième et à la cinquième, qui sont le pygargue et l'aigle de mer ou balbuzard. J'ai cru, malgré l'autorité de ce grand philosophe, devoir séparer des aigles proprement dits ces deux derniers oiseaux, et c'est en cela seul que ma réduction diffère de la sienne ; car, du reste, je me trouve entièrement d'accord avec ses idées, et je pense comme lui que l'orfraie, *ossifraga* ou grand aigle de mer, ne doit pas être comptée parmi les aigles, non plus que l'oiseau appelé *jean-le-blanc*, duquel il ne fait pas mention, et qui est si différent des aigles qu'on ne lui en a jamais donné le nom. Tout ceci sera développé avec avantage et plus de clarté pour le lecteur dans les articles suivants, où l'on va voir en détail les différences de chacune des espèces que nous venons d'indiquer.

LE GRAND AIGLE

La première espèce est le grand aigle que Belon, après Athénée, a nommé l'*aigle royal* (*) ou le *roi des oiseaux ;* c'est en effet l'aigle d'espèce franche et de race noble, appelé par cette raison ἀετὸς γνήσιος par Aristote (*a*), et connu de nos nomenclateurs sous le nom d'*aigle doré ;* c'est le plus grand de tous les aigles, la femelle a jusqu'à trois pieds et demi de longueur depuis le bout du bec jusqu'à l'extrémité des pieds, et plus de huit pieds et demi de vol ou d'envergure ; elle pèse seize (*b*) et même dix-huit livres (*c*) ; le mâle

» obtinent expers est; quippe quæ a corvo, cæterisque id genus alitibus verberetur, fugetur,
» capiatur : gravis est enim, victu iners; exanimata fert corpora; famelica semper est, et
» querula, clamitat et clangit. » Arist. *Hist. anim.*, lib. IX, cap. XXXII.

(*a*) « Sextum genus (*aquilæ*) gnesium, id est verum, germanumque appellant. Unum hoc,
» ex omni avium genere, esse veri incorruptique ortûs creditur. Cætera enim genera et
» aquilarum et accipitrum, et minutarum etiam avium promiscua adulterinâque invicem pro-
» creant. Maxima aquilarum omnium hæc est, major etiam quam ossifraga. Sed cæteras
» aquilas vel sesqui-altera portione excedit. Colore est rufa, conspectu rara. » Arist. *Hist. anim.*,
lib. IX, cap. XXXII.

(*b*) Klein, *Ordo avium*, p. 40.

(*c*) Voici ce que m'a écrit un de mes amis (M. Hébert, receveur général à Dijon), qui a
fait de très bonnes observations sur les oiseaux, qu'il m'a communiquées, et que j'aurai quelquefois occasion de citer avec reconnaissance. J'ai vu, dit-il, dans le pays de Bugey de deux
espèces d'aigles : le premier fut pris au château de Dorlau, dans un filet à l'appât d'un pigeon

(*) L'aigle royal (*Aquila chrysaetos* L.) ou *Aigle doré* est particulièrement indigène de
l'Allemagne méridionale. Il appartient à l'ordre des Rapaces, à la famille des Accipitridés et
à la sous-famille des Aquiliens. Les Accipitridés sont des Rapaces à bec très fort, court,
généralement denté ; à tête et à cou emplumés ; à joues rarement nues. Leurs tarses ont une
hauteur moyenne et sont parfois emplumés. Leurs doigts sont armés de griffes tranchantes,
très recourbées. Leurs ailes sont grandes, allongées, pointues ou arrondies. Chez les Aquiliens,
les ailes sont arrondies ; le bec est recourbé à l'extrémité.

AIGLE IMPÉRIAL.

est plus petit et ne pèse guère que douze livres. Tous deux ont le bec très fort et assez semblable à de la corne bleuâtre; les ongles noirs et pointus dont le plus grand, qui est celui de derrière, a quelquefois jusqu'à cinq pouces de longueur; les yeux sont grands, mais paraissent enfoncés dans une cavité profonde que la partie supérieure de l'orbite couvre comme un toit avancé; l'iris de l'œil est d'un beau jaune clair, et brille d'un feu très vif; l'humeur vitrée est de couleur de topaze; le cristallin, qui est sec et solide, a le brillant et l'éclat du diamant; l'œsophage se dilate en une large poche qui peut contenir une pinte de liqueur; l'estomac, qui est au-dessous, n'est pas, à beaucoup près, aussi grand que cette première poche, mais il est à peu près également souple et membraneux. Cet oiseau est gras, surtout en hiver; sa graisse est blanche, et sa chair, quoique dure et fibreuse, ne sent pas le sauvage comme celle des autres oiseaux de proie (a).

On trouve cette espèce en Grèce (b), en France dans les montagnes du Bugey, en Allemagne dans les montagnes de Silésie (c), dans les forêts de Dantzig (d) et dans les monts Carpathiens (e), dans les Pyrénées (f) et dans les montagnes d'Irlande (g). On la trouve aussi dans l'Asie Mineure et en Perse, car les anciens Perses avaient, avant les Romains, pris l'aigle pour leur enseigne de guerre; et c'était ce grand aigle, cet aigle doré, *aquila fulva*, qui était dédié à Jupiter (h). On voit aussi, par le témoignage des voyageurs, qu'on le trouve en Arabie (i), en Mauritanie et dans plusieurs autres provinces de l'Afrique et de l'Asie jusqu'en Tartarie, mais point en Sibérie ni dans le reste du nord de l'Asie. Il en est à peu près de même en Europe, car cette espèce, qui est partout assez rare, l'est moins dans nos contrées méridionales que dans les provinces tempérées, et on ne la trouve plus dans celles

vivant; il pesait dix-huit livres, il était de couleur fauve (c'est le grand aigle, le même qui est représenté dans la *Zoologie Britannique*, planche A); il était très fort et très méchant, et blessa cruellement au sein une femme qui avait soin de la faisanderie : l'autre était presque noir. J'ai encore vu l'une et l'autre espèce de ces aigles à Genève, où on les nourrissait dans des cages séparées; ils ont tous deux les jambes couvertes de plumes jusqu'à la naissance des doigts, et les plumes de leurs cuisses sont si longues et si touffues qu'on croirait, en voyant ces oiseaux d'un peu loin, qu'ils sont posés sur quelque petite éminence. On croit qu'ils sont de passage en Bugey; car on ne les y voit guère qu'au printemps et en automne.

(a) Schwenckfeld, *Avi. Sil.*, p. 216.

(b) Aristot. *Hist. anim.*, lib. ix, cap. xxxii.

(c) Schwenckfeld, *Avi. Sil.*, p. 214.

(d) Klein, *Ordo avium*, p. 40.

(e) Rzaczynsky, *Auct. Hist. nat. Pol.*, p. 360 et 361.

(f) Barrère, *Ornithol.*, class. iii, gen. iv, sp. 1.

(g) *Britisch Zoology*, p. 61.

(h) *Fulvam aquilam Jovis nuntiam.* Cicero, *De legibus*, lib. ii. — *Grata Jovis fulvæ rostra videbis avis.* Ovid., lib. v. — *Fulvusque tonantis armiger.* Claudian.

(i) « Majores (*aquilæ*) arabico nomine nesir vocantur. Aquilas docent Afri vulpibus et » lupis insidiari quibuscum prælium ineunt; verum edoctæ aquilæ unguibus dorsum et caput » rostro comprehendunt ut dentibus morderi nequeant. Cæterum si animal dorsum volvat, » aquila non desistit donec vel interimat vel oculos illi effodiat. » Léon Afr., part. ii. p. 767.

de notre nord au delà du 55° degré de latitude ; aussi ne l'a-t-on pas retrouvé dans l'Amérique septentrionale, quoiqu'on y trouve l'aigle commun. Le grand aigle paraît donc être demeuré dans les pays tempérés et chauds de l'ancien continent comme tous les autres animaux auxquels le grand froid est contraire, et qui par cette raison n'ont pu passer dans le nouveau.

L'aigle a plusieurs convenances physiques et morales avec le lion : la force, et par conséquent l'empire sur les autres oiseaux, comme le lion sur les quadrupèdes ; la magnanimité : ils dédaignent également les petits animaux et méprisent leurs insultes ; ce n'est qu'après avoir été longtemps provoqué par les cris importuns de la corneille ou de la pie que l'aigle se détermine à les punir de mort ; d'ailleurs, il ne veut d'autre bien que celui qu'il conquiert, d'autre proie que celle qu'il prend lui-même ; la tempérence, il ne mange presque jamais son gibier en entier, et il laisse, comme le lion, les débris et le reste aux autres animaux. Quelque affamé qu'il soit, il ne se jette jamais sur les cadavres. Il est encore solitaire comme le lion, habitant d'un désert dont il défend l'entrée et l'usage de la chasse à tous les autres oiseaux ; car il est peut-être plus rare de voir deux paires d'aigles dans la même portion de montagne que deux familles de lions dans la même partie de forêt ; ils se tiennent assez loin les uns des autres pour que l'espace qu'ils se sont départi leur fournisse une ample subsistance ; ils ne comptent la valeur et l'étendue de leur royaume que par le produit de la chasse. L'aigle a de plus les yeux étincelants et à peu près de la même couleur (a) que ceux du lion, les ongles de la même forme, l'haleine tout aussi forte, le cri également effrayant (b). Nés tous deux pour le combat et la proie, ils sont également ennemis de toute société, également féroces, également fiers et difficiles à réduire ; on ne peut les apprivoiser qu'en les prenant tout petits. Ce n'est qu'avec beaucoup de patience et d'art qu'on peut dresser à la chasse un jeune aigle de cette espèce ; il devient même dangereux pour son maître dès qu'il a pris de la force et de l'âge. Nous voyons, par le témoignage des auteurs, qu'anciennement on s'en servait en Orient pour la chasse au vol, mais aujourd'hui on l'a banni de nos fauconneries ; il est trop lourd pour pouvoir, sans grande fatigue, le porter sur le poing ; jamais assez privé, assez doux, assez sûr pour ne pas faire craindre ses caprices ou ses moments de colère à son maître ; il a le bec et les ongles crochus et formidables ; sa figure répond à son naturel : indépendamment de ses armes, il a le corps robuste et compact, les jambes et les ailes très fortes, les os fermes, la chair

(a) « Oculi charopi. Charopus color qui dilutam habet viriditatem igneo quodam splendore » intermicantem, qualem in leonum oculis conspicimus. » Calepin. *Diction.*

(b) Nous avons comparé l'aigle au lion, et le vautour au tigre ; or, l'on sait que le lion a la tête et le cou couverts d'une belle crinière, et que le tigre les a, pour ainsi dire, nus en comparaison du lion ; il en est de même du vautour, il a la tête et le cou dénués de plumes, tandis que l'aigle les a bien garnis et couverts de plumes.

dure, les plumes rudes (a), l'attitude fière et droite, les mouvements brusques et le vol très rapide. C'est de tous les oiseaux celui qui s'élève le plus haut (*), et c'est par cette raison que les anciens ont appelé l'aigle l'*oiseau céleste*, et qu'ils le regardaient dans les augures comme le messager de Jupiter. Il voit par excellence, mais il n'a que peu d'odorat en comparaison du vautour ; il ne chasse donc qu'à vue ; et, lorsqu'il a saisi sa proie, il rabat son vol comme pour en éprouver le poids, et la pose à terre avant de l'emporter. Quoiqu'il ait l'aile très forte, comme il a peu de souplesse dans les jambes, il a quelque peine à s'élever de terre, surtout lorsqu'il est chargé ; il emporte aisément les oies, les grues ; il enlève aussi les lièvres et même les petits agneaux, les chevreaux ; et, lorsqu'il attaque les faons et les veaux, c'est pour se rassasier, sur le lieu, de leur sang et de leur chair, et en emporter ensuite les lambeaux dans son *aire ;* c'est ainsi qu'on appelle son nid, qui est en effet tout plat et non pas tout creux comme celui de la plupart des autres oiseaux ; il le place ordinairement entre deux rochers dans un lieu sec et inaccessible. On assure que le même nid sert à l'aigle pendant toute sa vie ; c'est réellement un ouvrage assez considérable pour n'être fait qu'une fois et assez solide pour durer longtemps ; il est construit à peu près comme un plancher avec de petites perches ou bâtons de cinq ou six pieds de longueur, appuyés par les deux bouts et traversés par des branches souples recouvertes de plusieurs lits de joncs et de bruyères : ce plancher ou ce nid est large de plusieurs pieds et assez ferme non seulement pour soutenir l'aigle, sa femelle et ses petits, mais pour supporter encore le poids d'une grande quantité de vivres ; il n'est point couvert par le haut et n'est abrité que par l'avancement des parties supérieures du rocher. La femelle dépose ses œufs dans le milieu de cette aire ; elle n'en pond que deux ou trois qu'elle couve, dit-on, pendant trente jours ; mais dans ces œufs il s'en trouve souvent d'inféconds, et il est rare de trouver trois aiglons dans un nid (b) : ordinairement il n'y en a qu'un ou deux. On prétend même que dès qu'ils deviennent un peu grands la mère tue le plus faible ou le plus vorace de ses petits ; la disette seule peut produire ce sentiment dénaturé : les père

(a) On prétend que les plumes de l'aigle sont si rudes que, quand on les mêle avec des plumes d'autres oiseaux, elles les usent par le frottement.

(b) Un ami m'a assuré avoir trouvé en Auvergne un nid d'aigle, suspendu entre deux rochers, où il y avait trois aiglons déjà forts. *Ornith.* de Salerne, p. 4. — *Nota.* M. Salerne ne rapporte ce fait que pour appuyer l'opinion qu'il a adoptée de M. Linnæus, que cet aigle produit quatre œufs ; mais je ne trouve pas que M. Linnæus ait affirmé ce fait particulièrement, et ce n'est qu'en général qu'il a dit que les oiseaux de proie produisaient environ quatre œufs. *Accipitres, nidus in altis, ova circiter quatuor.* Linn. *Syst. nat.*, édit. X, t. I, p. 81. Il est donc très probable que cet aigle d'Auvergne, qui avait produit trois aiglons, n'était pas de l'espèce du grand aigle, mais de celle du petit aigle ou du balbuzard, dont la ponte est en effet de trois ou quatre œufs.

(*) Il faut en excepter le *Condor (Sarcorhamphus Gryphus* Geoff.) des Andes, qui s'élève à des hauteurs plus considérables encore.

et mère n'ayant pas assez pour eux-mêmes cherchent à réduire leur famille, et dès que les petits commencent à être assez forts pour voler et se pourvoir d'eux-mêmes, ils les chassent au loin sans leur permettre de jamais revenir.

Les aiglons n'ont pas les couleurs du plumage aussi fortes que quand ils sont adultes; ils sont d'abord blancs, ensuite d'un jaune pâle, et deviennent enfin d'un fauve assez vif. La vieillesse, ainsi que les trop grandes diètes, les maladies et la trop longue captivité les font blanchir. On assure qu'ils vivent plus d'un siècle, et l'on prétend que c'est moins encore de vieillesse qu'ils meurent que de l'impossibilité de prendre de la nourriture, leur bec se recourbant si fort avec l'âge qu'il leur devient inutile : cependant on a vu, sur des aigles gardés dans les ménageries, qu'ils aiguisent leur bec, et que l'accroissement n'en était pas sensible pendant plusieurs années. On a aussi observé qu'on pouvait les nourrir avec toute sorte de chair, même avec celle des autres aigles, et que, faute de chair, ils mangent très bien du pain, des serpents, des lézards, etc. Lorsqu'ils ne sont point apprivoisés, ils mordent cruellement les chats, les chiens, les hommes, qui veulent les approcher. Ils jettent de temps en temps un cri aigu, sonore, perçant et lamentable, et d'un son soutenu. L'aigle boit très rarement et peut-être point du tout lorsqu'il est en liberté, parce que le sang de ses victimes suffit à sa soif. Ses excréments sont toujours mous et plus humides que ceux des autres oiseaux, même de ceux qui boivent fréquemment.

C'est à cette grande espèce qu'on doit rapporter le passage de Léon l'Africain que nous avons cité, et tous les autres témoignages des voyageurs en Afrique et en Asie, qui s'accordent à dire que cet oiseau enlève non seulement les agneaux, les chevreaux, les jeunes gazelles, mais qu'il attaque aussi, lorsqu'il est dressé, les renards et les loups (a).

L'AIGLE COMMUN

L'espèce de l'aigle commun (*) est moins pure, et la race en paraît moins noble que celle du grand aigle : elle est composée de deux variétés, l'aigle brun et l'aigle noir. Aristote ne les a pas distingués nommément, et il

(a) L'empereur (du Thibet) a plusieurs aigles privées qui sont si âpres et si ardentes qu'elles arrêtent et prennent les lièvres, chevreuils, daims et renards; même il y en a d'aucunes de si grande hardiesse et témérité qu'elles osent bien assaillir et se ruer impétueusement sur le loup, auquel elles font tant de vexation et molestation qu'il peut être pris plus facilement. Marc Paul., liv. II, p. 56.

(*) L'aigle commun de Buffon paraît ne devoir pas être considéré comme une espèce distincte. On pense que c'est simplement un aigle royal jeune, n'ayant pas plus de deux ou trois ans.

paraît les avoir réunis sous le nom de μελανάετος, aigle noir ou noirâtre (a),
et il a eu raison de séparer cette espèce de la précédente, parce qu'elle en
diffère : 1° par la grandeur, l'aigle commun, noir ou brun, étant toujours
plus petit que le grand aigle; 2° par les couleurs, qui sont constantes dans
le grand aigle, et varient comme l'on voit dans l'aigle commun; 3° par la
voix, le grand aigle poussant fréquemment un cri lamentable, au lieu que
l'aigle commun, noir ou brun, ne crie que rarement; 4° enfin par les
habitudes naturelles, l'aigle commun nourrit tous ses petits dans son nid,
les élève et les conduit ensuite dans leur jeunesse, au lieu que le grand
aigle les chasse hors du nid et les abandonne à eux-mêmes dès qu'ils sont
en état de voler.

Il me paraît qu'il est aisé de prouver que l'aigle brun et l'aigle noir, que
je réunis tous deux sous une même espèce, ne forment pas en effet deux
espèces différentes; il suffit pour cela de les comparer ensemble, même
par les caractères donnés par nos nomenclateurs dans la vue de les séparer : ils sont tous deux à peu près de la même grandeur; ils sont de la
même couleur brune, seulement plus ou moins foncée; tous deux ont peu
de roux sur les parties supérieures de la tête ou du cou, et du blanc à
l'origine des grandes plumes, les jambes et les pieds également couverts et
garnis; tous deux ont l'iris des yeux de couleur de noisette, la peau qui
couvre la base du bec d'un jaune vif, le bec couleur de corne bleuâtre, les
doigts jaunes et les ongles noirs, en sorte qu'il n'y a de diversité que dans
les teintes et la distribution de la couleur des plumes, ce qui ne suffit pas
à beaucoup près pour constituer deux espèces diverses, surtout lorsque le
nombre des ressemblances excède aussi évidemment celui des différences;
c'est donc sans aucun scrupule que j'ai réduit ces deux espèces à une
seule, que j'ai appelée l'*Aigle commun*, parce qu'en effet c'est de tous les
aigles le moins rare. Aristote, comme je viens de le dire, a fait la même
réduction sans l'indiquer : mais il me paraît que son traducteur, Théodore Gaza, l'avait senti, car il n'a pas traduit le mot μελανάετος par
aquila nigra, mais par *aquila nigricans*, *pulla*, *fulvia*, ce qui comprend
les deux variétés de cette espèce, qui toutes deux sont noirâtres, mais
dont l'une est mêlée de plus de jaune que l'autre. Aristote, dont j'ad-
mire souvent l'exactitude, donne les noms et les surnoms des choses
qu'il indique. Le surnom de cette espèce d'oiseau, dit-il, est ἀετὸς
λαγωφόνος, l'*aigle aux lièvres*, et en effet, quoique les autres aigles prennent

---

(a) « Tertium genus (*aquilæ*) colore nigricans, unde nomen accepit, ut pulla et fulvia
» vocetur. Magnitudine minima (*minor*), sed viribus omnium præstantissima (*præstantior*) :
» colit montes ac silvas et leporaria cognominatur. Una hæc fœtus suos alit atque educit :
» pernix, concinna, polita, apta, intrepida, strenua, liberalis, non invida est; modesta etiam
» nec petulans, quippe quæ non clangat neque lippiat, aut murmuret. » Aristot. *Hist. anim.*,
lib. IX, cap. XXXII.

aussi des lièvres, celui-ci en prend plus qu'aucun autre ; c'est sa chasse habituelle, et la proie qu'il recherche de préférence. Les Latins, avant Pline, ont appelé cet aigle *Valeria, quasi valens viribus* (a), à cause de sa force, qui paraît être plus grande que celle des autres aigles, relativement à leur grandeur.

L'espèce de l'aigle commun est plus nombreuse et plus répandue que celle du grand aigle : celui-ci ne se trouve que dans les pays chauds et tempérés de l'ancien continent ; l'aigle commun, au contraire, préfère les pays froids, et se trouve également dans les deux continents. On le voit en France (*b*), en Savoie, en Suisse (*c*), en Allemagne (*d*), en Pologne (*e*), et en Écosse (*f*) ; on le retrouve en Amérique à la baie d'Hudson (*g*).

(a) *Melænaetos a Grecis dicta, eademque Valeria.* Plin. *Hist. nat.*, lib. x, cap. iii.

(b) Dans les montagnes du Bugey, du Dauphiné et de l'Auvergne : voyez les notes ci-dessus.

(c) *Aquila alpina saxatilis.* Gazoph. *Rup. Besler.*, tab. 16.

(d) « *Aquila nigra, melæanetos; aquila pulla, fulva, valeria, leporaria..... Colit silvas et* » *montes. Hieme apud nos (in Silesiâ) maxime apparet.* » Schwenckfeld, *Avi. Sil.*, p. 218 et 219. — Voyez aussi Klein, *Ordo avi.*, p. 42.

(e) Rzaczynsky, *Auct. Hist. nat. Pol.*, p. 42.

(f) Sibbald. *Scot. illustr.*, part. iii, p. 14.

(g) Il y a en ce pays (c'est-à-dire dans les terres voisines de la baie d'Hudson) plusieurs autres oiseaux très curieux quant à leur forme et force : tel est, entre autres, l'aigle à queue blanche, qui est à peu près de la grosseur d'un coq d'Inde ; sa couronne est aplatie, et il a le cou court, l'estomac large, les cuisses fortes, et les ailes fort longues et larges à proportion du corps ; elles sont noirâtres sur le derrière, mais plus claires aux côtés ; l'estomac est marqueté de blanc, les plumes des ailes sont noires ; la queue étant fermée est blanche en haut et en bas, à l'exception des pointes mêmes des plumes, qui sont noires ou brunes ; les cuisses sont couvertes de plumes brunes noirâtres, par lesquelles on voit en certains endroits un duvet blanc : les jambes sont couvertes jusqu'aux pieds d'un duvet brun un peu rougeâtre ; chaque pied a quatre doigts gros et forts, dont trois vont en avant et un en arrière ; ils sont couverts d'écailles jaunes, et garnis d'ongles extrêmement forts et pointus qui sont d'un beau noir luisant. *Voyage de la baie d'Hudson*, par Ellis. Paris, 1749, in-12, t. I, p. 54 et 55, avec une bonne figure. — *Nota.* On voit bien clairement, par cette description, que cet oiseau est l'aigle brun commun et non pas le pygargue, et que par conséquent l'auteur ne devait pas l'appeler aigle à queue blanche : au reste, je trouve que presque tous les naturalistes anglais sont tombés dans cette même méprise, en prenant pour principal caractère de cet aigle la blancheur de la queue. Ray et Willughby l'ont appelé *aquila fulva chrysaëtos, caudâ annulo albo cinctâ.* Ray, *Synops. avi.*, p. 6. Willughby, *Ornithol.*, p. 28 ; et ils ont été suivis par les auteurs de la *Zoologie Britannique*, qui indiquent cet aigle par ce même caractère (*ringtail eagle*), tandis qu'il n'est ni jaune (*fulvus*), ni doré (*chrysaëtos*), et que le caractère de la queue blanche appartient au pygargue bien plus légitimement et plus anciennement, et dès le temps d'Aristote.

LE PETIT AIGLE

La troisième espèce est l'aigle tacheté (*), que j'appelle *petit aigle* (a), et dont Aristote donne une notion exacte en disant (b) que c'est un oiseau plaintif dont le plumage est tacheté, et qui est plus petit et moins fort que les autres aigles ; et, en effet, il n'a pas deux pieds et demi de longueur de corps, depuis le bout du bec jusqu'à l'extrémité des pieds, et ses ailes sont encore plus courtes à proportion, car elles n'ont guère que quatre pieds d'envergure : on l'a appelé *aquila planga*, *aquila clanga*, aigle plaintif, aigle criard; et ces noms ont été bien appliqués, car il pousse continuellement des plaintes ou des cris lamentables; on l'a surnommé *anataria*, parce qu'il attaque les canards de préférence, et *morphna*, parce que son plumage, qui est d'un brun obscur, est marqueté sur les jambes et sous les ailes de plusieurs taches blanches, et qu'il a aussi sur la gorge une grande zone blanchâtre : c'est, de tous les aigles, celui qui s'apprivoise le plus aisément (c) ; il est plus faible, moins fier et moins courageux que les autres ; c'est celui que les Arabes ont appelé *zimiech* (d), pour le distinguer du grand aigle, qu'ils appellent *zumach*. La grue est sa plus forte proie, car il ne prend ordinairement que des canards, d'autres moindres oiseaux et des rats (e). L'espèce, quoique peu nombreuse en chaque lieu, est répandue partout, tant en Europe (f) qu'en Asie (g), en Afrique, où on la trouve jusqu'au cap de

(a) Voyez les planches enluminées de Frisch, planche LXXI. — L'aigle tacheté. Brisson, t. I, p. 426. — *Morphno Congener*. Aldrovand. *Avi.*, t. I, p. 214. — *Nota*. Cet auteur, et après lui Jonston, Willughby, Ray et Charleton ont donné à cet oiseau la dénomination de *morphno congener;* et il me paraît que c'est mal à propos, puisque ce même oiseau est le vrai morphnos des Grecs.

(b) « Alterum genus (*aquilæ*) magnitudine secundum et viribus; planga aut clanga nomine, » saltus et convalles et lacus incolere solitum, cognomine anataria, et morphna a maculâ » pennæ, quasi nææviam dixeris : cujus Homerus etiam meminit in exitu Priami. » Aristote, *Hist. anim.*, lib. IX, cap. XXXII.

(c) « Ultra tres annos mihi familiaris, hæc aquila clanga. Quoties veniam dederam, mensæ » in plures horas insidebat mihi a sinistrâ, observans motum manûs dextræ litteras pera- » rantis; permulcens aliquando suo capite mitram meam; si titillabam sub mento, tintinnabat » clarâ voce; familiaris fuit aliis avibus in horto, in specie lenis, non nisi recenti carni » bovinæ assuefacta. » Klein, *Ordo avi.*, p. 41 et 42.

(d) Il y a de deux espèces d'aigles : l'une est absolument appelée *zummach;* l'autre est nommée *zemiech*... L'aigle zummach prend le lièvre, le renard, la gazelle; l'aigle zemiech prend la grue et oiseaux plus moindres. *Fauconnerie de Guillaume Tardif*, liv. II, cap. II.

(e) « Mures ut gratum cibum devorare solet; aviculas etiam, anates et columbas venatur. » Schwenckfeld, *Avi. Sil.*, p. 220.

(f) On trouve ce petit aigle aux environs de Dantzig : on le trouve aussi, quoique rarement, dans les montagnes de Silésie. Voyez *Schwenckfeld*, p. 220.

(g) On le trouve en Grèce, puisque Aristote en fait mention : en Perse, comme on le voit par le témoignage de Chardin ; et en Arabie, où il porte le nom de *zimiech*, ou *aigle faible*.

(*) Le petit aigle de Buffon est l'*Aquila nævia* BRISS., ou *Aigle criard*.

Bonne-Espérance (*a*) dans ce continent; mais il ne paraît pas qu'elle soit en Amérique, car, après avoir comparé les indications des voyageurs, j'ai présumé que l'oiseau qu'ils appellent l'*aigle de l'Orénoque*, qui a quelque rapport avec celui-ci par la variété de son plumage, est néanmoins un oiseau d'espèce différente (*). Si ce petit aigle, qui est beaucoup plus docile, plus aisé à apprivoiser que les deux autres, et qui est aussi moins lourd sur le poing et moins dangereux pour son maître, se fût trouvé également courageux, on n'aurait pas manqué de s'en servir pour la chasse, mais il est aussi lâche que plaintif et criard. Un épervier bien dressé suffit pour le vaincre et l'abattre (*b*) : d'ailleurs on voit, par les témoignages de nos auteurs de fauconnerie, qu'on n'a jamais dressé, du moins en France, que les deux premières espèces d'aigles, savoir le grand aigle ou aigle fauve, et l'aigle brun ou noirâtre, qui est l'aigle commun. Pour les instruire, il faut les prendre jeunes, car un aigle adulte est non seulement indocile, mais indomptable; il faut les nourrir avec la chair du gibier qu'on veut leur faire chasser. Leur éducation exige des soins encore plus assidus que celle des autres oiseaux de fauconnerie; nous donnerons le précis de cet art à l'article du faucon. Je rapporterai seulement ici quelques particularités que l'on a observées sur les aigles, tant dans leur état de liberté que dans celui de captivité.

La femelle qui dans l'aigle, comme dans toutes les autres espèces d'oiseaux de proie, est plus grande que le mâle, et semble être aussi, dans l'état de liberté, plus hardie, plus courageuse et plus fine, ne paraît pas conserver ces dernières qualités dans l'état de captivité. On préfère d'élever des mâles pour la chasse, et l'on remarque qu'au printemps, lorsque commence la saison des amours, ils cherchent à s'enfuir pour trouver une femelle; en sorte que si l'on veut les exercer à la chasse dans cette saison, on risque de les perdre, à moins qu'on ne prenne la précaution d'éteindre leurs désirs en les purgeant assez violemment; on a aussi observé que quand l'aigle, en partant du poing, vole contre terre et s'élève ensuite en ligne droite, c'est signe qu'il médite sa fuite; il faut alors le rap-

(*a*) On le trouve au cap de Bonne-Espérance, car il me paraît que c'est le même aigle que Kolbe appelle *aigle canardière*, qui se jette principalement sur les canards. Kolbe, part. III, page 139.

(*b*) C'est à cette espèce d'aigle lâche qu'il faut rapporter le passage suivant. « Il y a aussi » des aigles dans les montagnes voisines de Tauris (en Perse); j'en ai vu vendre un cinq » sous par des paysans. Les gens de qualité volent cet oiseau avec l'épervier; ce vol est tout » à fait quelque chose de curieux et de fort admirable : la façon dont l'épervier abat l'aigle, » c'est qu'il vole au-dessus fort haut, fond sur lui avec beaucoup de vitesse, lui enfonce les » serres dans les flancs, et de ses ailes lui bat la tête en volant toujours : il arrive pourtant » quelquefois que l'aigle et l'épervier tombent tous deux ensemble. » *Voyage de Chardin.* Londres, 1686, p. 292 et 293.

(*) Voyez ci-après l'article relatif à cet oiseau.

peler promptement en lui jetant son past; mais s'il vole en tournoyant au-dessus de son maître sans se trop éloigner, c'est signe d'attachement et qu'il ne fuira point. On a encore remarqué que l'aigle dressé à la chasse se jette souvent sur les autours et autres moindres oiseaux de proie, ce qui ne lui arrive pas lorsqu'il ne suit que son instinct; car alors il ne les attaque pas comme proie, mais seulement pour leur en disputer ou enlever une autre.

Dans l'état de nature, l'aigle ne chasse seul que dans le temps où la femelle ne peut quitter ses œufs ou ses petits; comme c'est la saison où le gibier commence à devenir abondant par le retour des oiseaux, il pourvoit aisément à sa propre subsistance et à celle de sa femelle; mais, dans tous les autres temps de l'année, le mâle et la femelle paraissent s'entendre pour la chasse; on les voit presque toujours ensemble ou du moins à peu de distance l'un de l'autre. Les habitants des montagnes, qui sont à portée de les observer, prétendent que l'un des deux bat les buissons, tandis que l'autre se tient sur quelque arbre ou sur quelque rocher pour saisir le gibier au passage; ils s'élèvent souvent à une hauteur si grande qu'on les perd de vue, et, malgré ce grand éloignement, leur voix se fait encore entendre très distinctement, et leur cri ressemble alors à l'aboie-ment d'un petit chien. Malgré sa grande voracité, l'aigle peut se passer longtemps de nourriture, surtout dans l'état de captivité lorsqu'il ne fait point d'exercice. J'ai été informé, par un homme digne de foi, qu'un de ces oiseaux de l'espèce commune, pris dans un piège à renard, avait passé cinq semaines entières sans aucun aliment, et n'avait paru affaibli que dans les huit derniers jours, au bout desquels on le tua pour ne pas le laisser languir plus longtemps.

Quoique les aigles, en général, aiment les lieux déserts et les montagnes, il est rare d'en trouver dans celles des presqu'îles étroites, ni dans les îles qui ne sont pas d'une grande étendue; ils habitent la terre ferme dans les deux continents, parce qu'ordinairement les îles sont moins peuplées d'animaux. Les anciens avaient remarqué qu'on n'avait jamais vu d'aigles dans l'île de Rhodes; ils regardèrent comme un prodige que, dans le temps où l'empereur Tibère se trouva dans cette île, un aigle vint se poser sur le toit de la maison où il était logé. Les aigles ne font en effet que passer dans les îles sans s'y habiter, sans y faire leur ponte; et lorsque les voyageurs ont parlé d'aigles dont on trouve les nids sur le bord des eaux et dans les îles, ce ne sont pas les aigles dont nous venons de parler, mais les bal-buzards et les orfraies qu'on appelle communément *aigles de mer,* qui sont des oiseaux d'un naturel différent, et qui vivent plutôt de poisson que de gibier.

C'est ici le lieu de rapporter les observations anatomiques que l'on a faites sur les parties intérieures des aigles, et je ne peux les puiser dans une meil-leure source que dans les Mémoires de messieurs de l'Académie des Sciences, qui ont disséqué deux aigles, l'un mâle et l'autre femelle, de l'espèce commune (a). Après avoir remarqué que les yeux étaient fort enfoncés, qu'ils avaient une couleur isabelle avec l'éclat d'une topaze, que la cornée s'élevait avec une grande convexité, que la conjonctive était d'un rouge fort vif, les paupières très grandes, chacune étant capable de couvrir l'œil entier, ils ont observé, sur les parties intérieures, que la langue était cartilagineuse par le bout et charnue par le milieu ; que le larynx était carré et non pas en pointe, comme il l'est à la plupart des oiseaux qui ont le bec droit ; que l'œsophage, qui était fort large, s'élargissait encore davantage au-dessous pour former le ventricule ou estomac ; que cet estomac n'était point un gésier dur, qu'il était souple et membraneux comme l'œsophage, et qu'il était seulement plus épais par le fond ; que ces deux cavités, tant du bas de l'œsophage que du ventricule, étaient fort amples et proportionnées à la voracité de l'animal ; que les intestins étaient petits comme dans les autres animaux qui se nourrissent de chair ; qu'il n'y avait point de *cæcum* dans le mâle ; mais que la femelle en avait deux assez amples et de plus de deux pouces de longueur ; que le foie était grand et d'un rouge fort vif, ayant le lobe gauche plus grand que le droit ; que la vésicule du fiel était grande et de la grosseur d'une grosse châtaigne ou marron ; que les reins étaient petits à proportion et en comparaison de ceux des autres oiseaux ; que les testicules du mâle n'étaient que de la grosseur d'un pois et de couleur de chair tirant sur le jaune, et que l'ovaire et le conduit de l'ovaire dans la femelle étaient comme dans les autres oiseaux (b).

LE PYGARGUE

L'espèce du pygargue me paraît être composée de trois variétés, savoir : le *grand pygargue*, le *petit pygargue* et le *pygargue à tête blanche* (*). Les deux premiers ne diffèrent guère que par la grandeur, et le dernier ne diffère presque en rien du premier, la grandeur étant la même, et n'y ayant

(a) Quoique MM. de l'Académie aient pensé que ces deux aigles, qu'ils ont décrits et disséqués, étaient de l'espèce du grand aigle (*chrysaëtos*), il est aisé de reconnaître, par leur propre description et en comparant leurs indications avec les miennes, que ces deux aigles n'étaient pas de la grande espèce, mais de l'espèce moyenne ou commune.

(b) *Mémoires pour servir à l'Histoire des animaux*, partie II, article de l'aigle.

(*) De ces trois variétés les deux premières appartiennent à la même espèce, l'*Haliaëtus ossifragus* L. (*H. albicilla* Briss.) ou pygargue vulgaire, aigle de mer. Le grand pygargue de Buffon est la femelle et son petit pygargue le mâle. Quant au pygargue à tête blanche de Buffon, il constitue une véritable espèce, l'*Haliaëtus leucocephalus* Cuv. Les *Haliaëtus* appartiennent à la sous-famille des Aquiliens. Ils se distinguent des aigles par un bec très gros, des ailes pointues, aussi longues que la queue, qui est légèrement échancrée.

d'autre différence qu'un peu plus de blanc sur la tête et le cou. Aristote ne fait mention que de l'espèce (a), et ne dit rien des variétés : ce n'est même que du grand pygargue qu'il a entendu parler, puisqu'il lui donne pour surnom le mot *hinnularia*, qui indique que cet oiseau fait sa proie des faons (*hinnulos*), c'est-à-dire des jeunes cerfs, des daims et chevreuils; attribut qui ne peut convenir au petit pygargue, trop faible pour attaquer d'aussi grands animaux.

Les différences entre les pygargues et les aigles sont : 1° la nudité des jambes; les aigles les ont couvertes jusqu'au talon, les pygargues les ont nues dans toute la partie inférieure; 2° la couleur du bec, les aigles l'ont d'un noir bleuâtre et les pygargues l'ont jaune ou blanc; 3° la blancheur de la queue, qui a fait donner aux pygargues le nom d'*aigles à queue blanche*, parce qu'il a en effet la queue blanche en dessus et en dessous dans toute son étendue; ils diffèrent encore des aigles par quelques habitudes naturelles, ils n'habitent pas les lieux déserts ni les hautes montagnes; les pygargues se tiennent plutôt à portée des plaines et des bois qui ne sont pas éloignés des lieux habités. Il paraît que le pygargue, comme l'aigle commun, affecte les climats froids de préférence; on le trouve dans toutes les provinces du nord de l'Europe (b). Le grand pygargue est à peu près de la même grosseur et de la même force, si même il n'est pas plus fort que l'aigle commun; il est au moins plus carnassier, plus féroce et moins attaché à ses petits; car il ne les nourrit pas longtemps; il les chasse hors du nid avant même qu'ils soient en état de se pourvoir, et l'on prétend que, sans le secours de l'orfraie (c), qui les prend alors sous sa protection, la plupart périraient : il produit ordinairement deux ou trois petits et fait son nid sur de gros arbres. On trouve la description d'un de ces nids dans Willughby et dans plusieurs autres auteurs qui l'ont traduit ou copié; c'est une aire ou un plancher tout plat, comme celui du grand aigle, qui n'est abrité dans le dessus que par le feuillage des arbres, et qui est composé de petites perches et de branches, qui soutiennent plusieurs lits alternatifs de bruyères et d'autres herbes : ce sentiment contre nature, qui porte ces oiseaux à chasser leurs petits avant qu'ils puissent se procurer aisément leur subsistance, et

(a) « Aquilarum plura sunt genera. Unum quod pygargus ab albicante caudâ dicitur, ac si » albicillam nomines. Gaudet hæc planis, et lucis, et oppidis. Hinnularia a nonnullis vocata » cognomine est. Montes etiam sylvasque suis freta viribus petit; reliqua genera raro plana » et lucos adeunt. » Aristot. *Hist. anim.*, lib. ix, cap. xxxii.

(b) M. Linnæus dit que cet oiseau se trouve dans toutes les forêts de la Suède..., qu'il est de la grandeur d'une oie, et que la femelle est plus blanchâtre que le mâle.

(c) « Quæ ossifraga appellatur... nutricat bene et suos pullos et aquilæ; cùm enim illa » suos nido ejecerit, hæc recipit eos ac educat; mittit namque suos aquila antequam tempus » sit, adhuc parentis operam desiderantes, nec volandi adeptos facultatem... Pulli a parente » ejiciuntur et pulsantur; dejecti vociferantur, periclitanturque; sed ossifraga recipit eos » benignè et tuetur et alit dum, quantùm satis sit, adolescant. » Aristot. *Hist. anim.*, lib. ix, cap. xxxiv.

qui est commun à l'espèce du pygargue et à celles du grand aigle et du petit aigle tacheté, indique que ces trois espèces sont plus voraces et plus paresseuses à la chasse que celle de l'aigle commun, qui soigne et nourrit largement ses petits, les conduit ensuite, les instruit à chasser, et ne les oblige à s'éloigner que quand ils sont assez forts pour se passer de tout secours ; d'ailleurs le naturel des petits tient de celui de leurs parents ; les aiglons de l'espèce commune sont doux et assez tranquilles, au lieu que ceux du grand aigle et du pygargue, dès qu'ils sont un peu grands, ne cessent de se battre et de se disputer la nourriture et la place dans le nid ; en sorte que souvent le père ou la mère en tue quelqu'un pour terminer le débat. On peut encore ajouter que, comme le grand aigle et le pygargue ne chassent ordinairement que de gros animaux, ils se rassasient souvent sur le lieu, sans pouvoir les emporter ; que, par conséquent, les proies qu'ils enlèvent sont moins fréquentes, et que, ne gardant point de chair corrompue dans leur nid, ils sont souvent au dépourvu ; au lieu que l'aigle commun, qui tous les jours prend des lièvres et des oiseaux, fournit plus aisément et plus abondamment la subsistance nécessaire à ses petits. On a aussi remarqué, surtout dans l'espèce des pygargues, qui fréquentent de près les lieux habités, qu'ils ne chassent que pendant quelques heures dans le milieu du jour, et qu'ils se reposent le matin, le soir et la nuit, au lieu que l'aigle commun *(aquila valeria)* est en effet plus valeureux, plus diligent et plus infatigable.

LE BALBUZARD

Le balbuzard est l'oiseau que nos nomenclateurs appellent *aigle de mer,* et que nous appelons en Bourgogne *craupêcherot,* mot qui signifie *corbeau-pêcheur**. Crau ou craw est le cri du corbeau ; c'est aussi son nom dans quelques langues, et particulièrement en anglais, et ce mot est resté en Bourgogne parmi les paysans, comme quantité d'autres termes anglais que j'ai remarqués dans leur patois, qui ne peuvent venir que du séjour des Anglais dans cette province sous les règnes de Charles V, Charles VI, etc. Gessner, qui le premier a dit que cet oiseau était appelé *crospescherot* par les Bourguignons, a mal écrit ce nom faute d'entendre le jargon de Bourgogne ; le vrai mot est *crau* et non pas *cros,* et la prononciation n'est ni *cros,* ni *crau,* mais *craw,* ou simplement *crâ* avec un *â* fort ouvert.

(*) Le balbuzard de Buffon est le *Pandion haliaëtos* Cuv. de la sous-famille des Aquiliens. Les *Pandions* se distinguent des aigles par un bec court, déprimé, terminé par une longue pointe crochue. Les doigts sont dépourvus de membrane intermédiaire, et les doigts externes peuvent se diriger en arrière.

A tout considérer, on doit dire que cet oiseau n'est pas un aigle, quoiqu'il ressemble plus aux aigles qu'aux autres oiseaux de proie. D'abord il est bien plus petit (a), il n'a ni le port, ni la figure, ni le vol de l'aigle. Ses habitudes naturelles sont aussi très différentes, ainsi que ses appétits, ne vivant guère que de poisson qu'il prend dans l'eau, même à quelques pieds de profondeur (b); et ce qui prouve que le poisson est en effet sa nourriture la plus ordinaire, c'est que sa chair en a une très forte odeur. J'ai vu quelquefois cet oiseau demeurer pendant plus d'une heure perché sur un arbre, à portée d'un étang, jusqu'à ce qu'il aperçût un gros poisson sur lequel il pût fondre et l'emporter ensuite dans ses serres. Il a les jambes nues et ordinairement de couleur bleuâtre; cependant il y en a quelques-uns qui ont les jambes et les pieds jaunâtres, les ongles noirs très grands et très aigus, les pieds et les doigts si raides qu'on ne peut les fléchir; le ventre tout blanc, la queue large et la tête grosse et épaisse. Il diffère donc des aigles en ce qu'il a les pieds et le bas des jambes dégarnis de plumes, et que l'ongle de derrière est le plus court, tandis que dans les aigles cet ongle de derrière est le plus long de tous; il diffère encore en ce qu'il a le bec plus noir que les aigles, et que les pieds, les doigts, et la peau qui recouvre la base du bec sont ordinairement bleus, au lieu que dans les aigles toutes ces parties sont jaunes. Au reste, il n'a pas de demi-membranes entre les

(a) Il y a une différence plus grande encore que dans les aigles entre la femelle et le mâle balbuzard : celui que M. Brisson a décrit, et qui sans doute était mâle, n'avait qu'un pied sept pouces de longueur jusqu'aux ongles, et cinq pieds trois pouces de vol ; et un autre que l'on m'a apporté n'avait qu'un pied neuf pouces de longueur de corps, et cinq pieds sept pouces de vol : au lieu que la femelle, décrite par MM. de l'Académie des sciences sous le nom d'*haliætus*, à l'article de l'aigle que nous avons cité, avait deux pieds neuf pouces de longueur de corps, y compris la queue, ce qui fait au moins deux pieds de longueur pour le corps seul, et sept pieds et demi de vol ; cette différence est si grande qu'on pourrait douter que cet oiseau décrit par MM. de l'Académie fût le balbuzard ou *craupêcherot*, si l'on n'en était assuré par les autres indications.

(b) Malgré toutes ces différences, Aristote a mis le balbuzard au nombre des aigles, et voici ce qu'il en dit : « Quintum (*aquilæ*) genus est quod haliæetus, hoc est marina vocatur, » cervice magnâ et crassâ, alis curvantibus, caudâ latâ; moratur hæc in littoribus et oris. » Accidit huic sæpius ut cùm ferre quod ceperit nequeat, in gurgitem demergatur. » Aristot. *Hist. anim.*, lib. IX, cap. XXXII. Mais il faut observer que les Grecs comprenaient tous les oiseaux de proie qui volent de jour sous les noms génériques de *aëtos*, *gyps* et *hierax*, c'est-à-dire, *aquila*, *vultur* et *accipiter*; aigle, vautour et épervier, et que dans ces trois genres ils en distinguaient peu par des noms spécifiques ; et c'est sans doute par cette raison qu'Aristote a mis le balbuzard au nombre des aigles. Je ne conçois pas pourquoi M. Ray, qui d'ailleurs est un écrivain savant et exact, assure que l'*haliætus* et l'*ossifraga* ne sont que le même oiseau, puisque Aristote les distingue si nettement tous deux et qu'il en traite dans deux chapitres séparés ; la seule raison que Ray donne de son opinion, c'est que le balbuzard étant trop petit pour être mis au nombre des aigles, il n'est pas l'*haliætus*; mais il n'a pas fait attention que le *morphnus* ou petit aigle, auquel on peut faire le même reproche, a cependant été compté parmi les aigles, comme l'*haliætus*, par Aristote, et qu'il n'est pas possible que l'*haliætus* soit l'*ossifraga*, puisqu'il en assigne toutes les différences. Je fais cette remarque, parce que cette erreur de Ray a été adoptée et répétée par plusieurs auteurs, et surtout par les Anglais.

doigts du pied gauche, comme le dit M. Linnæus (a), car les doigts des deux pieds sont également séparés et dénués de membranes. C'est une erreur populaire que cet oiseau nage avec un pied, tandis qu'il prend le poisson avec l'autre, et c'est cette erreur populaire qui a produit la méprise de M. Linnæus. Auparavant, M. Klein a dit la même chose de l'orfraie ou grand aigle de mer, et il s'est également trompé, car ni l'un ni l'autre de ces oiseaux n'a de membranes entre aucun doigt du pied gauche. La source commune de ces erreurs est dans Albert le Grand, qui a écrit que cet oiseau avait l'un des pieds pareil à celui d'un épervier, et l'autre semblable à celui d'une oie, ce qui est non seulement faux, mais absurde et contre toute analogie : en sorte qu'on ne peut qu'être étonné de voir que Gessner, Aldrovande, Klein et Linnæus, au lieu de s'élever contre cette fausseté, l'aient accréditée, et qu'Aldrovande nous dise froidement que cela n'est pas contre toute vraisemblance, puisque je sais, ajoute-t-il très positivement, qu'il y a des poules d'eau moitié palmipèdes et moitié fissipèdes, ce qui est encore un autre fait tout aussi faux que le premier.

Au reste, je ne suis pas surpris qu'Aristote ait appelé cet oiseau *haliætos*, aigle de mer ; mais je suis encore étonné que tous les naturalistes anciens et modernes aient copié cette dénomination sans scrupule, et, j'ose dire sans réflexion ; car l'*haliætus* ou *balbuzard* ne fréquente pas de préférence les côtes de la mer : on le trouve plus souvent dans les terres méditerranéennes voisines des rivières, des étangs et des autres eaux douces ; il est peut-être plus commun en Bourgogne, qui est au centre de la France, que sur aucune de nos côtes maritimes. Comme la Grèce est un pays où il n'y a pas beaucoup d'eaux douces, et que les terres en sont traversées et environnées par la mer à d'assez petites distances, Aristote a observé dans son pays que ces oiseaux pêcheurs cherchaient leur proie sur les rivages de la mer, et par cette raison il les a nommés *aigles de mer*; mais, s'il eût habité le milieu de la France ou de l'Allemagne (b), la Suisse (c) et les autres pays éloignés de la mer, où ils sont très communs, il les eût plutôt appelés *aigles des eaux douces*. Je fais cette remarque afin de faire sentir que j'ai eu d'autant plus de raison de ne pas adopter cette dénomination, *aigle de mer* et d'y substituer le nom spécifique de *balbuzard*, qui empêchera qu'on ne le

(a) « Haliætus... victitat piscibus, majoribus anatibus, pes sinister subpalmatus. » Linn. *Syst. nat.*, édit. X, t. I, p. 91.

(b) « Hanc aquilam (*haliætum*) nuper accepi a nobili Dom. Nicolas Zedlitz, in Schildlau, » quam servitor ejus bombardæ globulo, dum in Bobero pisces venaretur, interfecerat. Miræ » pinguedinis avis quæ tota piscium odorem spirabat... non solum circa mare moratur, verum » etiam ad flumina et stagna Silesiæ nostræ degit, et arboribus insidens piscibus insidiatur. » Schwenckfeld, *Avi. Sil.*, p. 217.

(c) Gessner dit que cet oiseau se trouve en Suisse en plusieurs endroits, et qu'il fait son nid dans certains rochers près des eaux ou dans des vallées profondes : il ajoute qu'on peut l'apprivoiser et s'en servir dans la fauconnerie.

confonde avec les aigles (a). Aristote assure que cet oiseau a la vue très
perçante (b) ; il force, dit-il, ses petits à regarder le soleil, et il tue ceux
dont les yeux ne peuvent en supporter l'éclat ; ce fait, que je n'ai pu vérifier, me paraît difficile à croire, quoiqu'il ait été rapporté, ou plutôt répété
par plusieurs autres auteurs, et qu'on l'ait même généralisé en l'attribuant
à tous les aigles qui contraignent, dit-on, leurs petits à regarder fixement le
soleil ; cette observation me paraît bien difficile à faire, et d'ailleurs il me
semble qu'Aristote, sur le témoignage duquel seul le fait est fondé, n'était pas
trop bien informé au sujet des petits de cet oiseau ; il dit qu'il n'en élève que
deux, et qu'il tue celui qui ne peut regarder le soleil. Or nous sommes assurés
qu'il pond souvent quatre œufs, et rarement moins de trois ; que, de plus, il
élève tous ses petits. Au lieu d'habiter les rochers escarpés et les hautes
montagnes comme les aigles, il se tient plus volontiers dans les terres basses
et marécageuses, à portée des étangs et des lacs poissonneux ; et il me paraît
encore que c'est à l'*orfraie* ou *ossifrague*, et non pas au *balbuzard* ou
haliætus qu'il faut attribuer ce que dit Aristote de sa chasse aux oiseaux de
mer (c), car le balbuzard pêche bien plus qu'il ne chasse, et je n'ai pas ouï
dire qu'il s'éloignât du rivage à la poursuite des mouettes ou des autres
oiseaux de mer ; il paraît au contraire qu'il ne vit que de poisson. Ceux qui
ont ouvert le corps de cet oiseau n'ont trouvé que du poisson dans son estomac, et sa chair qui, comme je l'ai dit, a une très forte odeur de poisson, est
un indice certain qu'il en fait au moins sa nourriture habituelle ; il est ordinairement très gras, et il peut, comme les aigles, se passer d'aliments pendant plusieurs jours sans en être incommodé ni paraître affaibli (d). Il est
aussi moins fier et moins féroce que l'aigle ou le pygargue, et l'on prétend
qu'on peut assez aisément le dresser pour la pêche, comme l'on dresse les
autres oiseaux pour la chasse.

Après avoir comparé les témoignages des auteurs, il m'a paru que l'espèce
du balbuzard est l'une des plus nombreuses des grands oiseaux de proie, et
qu'elle est répandue assez généralement en Europe, du nord au midi, depuis

(a) M. Salerne a fait une méprise en disant que l'oiseau appelé en Bourgogne *craupêcherot*
est l'ossifrague ou le grand aigle de mer ; c'est, au contraire, celui qu'il appelle le *faucon de
marais* qui est le craupêcherot. Voyez l'*Ornithol.* de M. de Salerne, in-4°. Paris, 1767, p. 6
et 7, et corrigez cette erreur.

(b) « At vero marina illa (*aquila*) clarissimâ oculorum acie est, ac pullos adhuc im-
» plumes cogit adversos intueri solem, percutit eum qui recuset et vertit ad solem ; tum
» cujus oculi prius lacrymârint hunc occidit, reliquum educat. » Aristot. *Hist. anim.*, lib. x,
cap. xxxiv.

(c) « Vagatur hæc (*aquila*) per mare et littora, unde nomen accepit. Vivitque avium
» marinarum venatu. Aggreditur singulas. » Aristot., lib. ix, cap. xxxiv.

(d) « Captus aliquando haliætus a doctissimo quodam medico, moribus satis placidus visus
» fuit, ac tractabilis et famis patientissimus. Vixit dies septem absque omni cibo et quidem
» in altâ quiete... Carnem oblatam recusavit, pisces sine dubio voraturus, si exhibiti fuissent,
» cùm certo constaret eum hisce vivere. » Aldrov. *Ornithol.*, t. I, lib. ii, p. 195.

la Suède jusqu'en Grèce, et que même on la retrouve dans des pays plus chauds, comme en Égypte et jusqu'en Nigritie (a).

J'ai dit, dans une des notes de cet article, que MM. de l'Académie des Sciences avaient décrit un *balbuzard* ou *haliætus* femelle (b), et qu'ils lui avaient trouvé deux pieds neuf pouces depuis l'extrémité du bec jusqu'à celle de la queue, et sept pieds et demi de vol ou d'envergure, tandis que les autres naturalistes ne donnent au balbuzard que deux pieds de longueur de corps jusqu'au bout de la queue, et cinq pieds et demi de vol ; cette grande différence pourrait faire croire que ce n'est pas le balbuzard, mais un oiseau plus grand que MM. de l'Académie ont décrit : néanmoins, après avoir comparé leur description avec la nôtre, on ne peut guère en douter ; car de tous les oiseaux de ce genre, le balbuzard est le seul qui puisse être mis avec les aigles, le seul qui ait le bas des jambes et les pieds bleus, le bec tout noir, les jambes longues, et les pieds petits à proportion du corps ; je pense donc, avec MM. de l'Académie, que leur oiseau est le vrai *haliætus* d'Aristote, c'est-à-dire notre balbuzard, et que c'était une des plus grandes femelles de cette espèce qu'ils ont décrite et disséquée.

Les parties intérieures du balbuzard diffèrent peu de celles des aigles. MM. de l'Académie n'ont remarqué de différences considérables que dans le foie, qui est bien plus petit dans le balbuzard ; dans les deux *cæcum* de la femelle, qui sont aussi moins grands ; dans la position de la rate, qui est immédiatement adhérente au côté droit de l'estomac dans l'aigle, au lieu que dans le balbuzard elle était située sous le lobe droit du foie ; dans la grandeur des reins, le balbuzard les ayant à peu près comme les autres oiseaux, qui les ont ordinairement fort grands à proportion des autres animaux, et l'aigle les ayant au contraire plus petits.

L'ORFRAIE

L'orfraie (*), *ossifraga* (c), a été appelé par nos nomenclateurs le *grand aigle de mer* (d). Il est en effet à peu près aussi grand que le grand aigle ; il

(a) Il me paraît que c'est au balbuzard qu'on doit rapporter le passage suivant : « On nous » fit remarquer quantité d'oiseaux en Nigritie, entre autres des aigles de deux sortes, dont » l'une vit de proie de terre et l'autre de poisson ; nous appelons celle-ci *nonette*, parce qu'elle » a le plumage de couleur de l'habit d'une carmélite avec son scapulaire blanc. Leur vue » surpasse en clarté celle de l'homme. » *Relation de la Nigritie*, par Gaby. Paris, 1689.

(b) *Mémoires pour servir à l'Histoire des animaux*, partie II, article de l'aigle.

(c) Les anciens lui ont donné le nom d'*ossifrague*, parce qu'ils avaient remarqué que cet oiseau cassait avec son bec les os des animaux dont il fait sa proie.

(d) Le grand aigle de mer. Brisson, t. I, p. 437. — Orfraie ou ossifrague. *Description du cap de Bonne-Espérance*, par Kolbe, t. III, p. 140.

(') D'après Cuvier, l'orfraie de Buffon ne serait qu'un jeune pygargue.

paraît même qu'il a le corps plus long à proportion, mais il a les ailes plus courtes ; car l'orfraie a jusqu'à trois pieds et demi de longueur, depuis le bout du bec à l'extrémité des ongles, et en même temps il n'a guère que sept pieds de vol ou d'envergure, tandis que le grand aigle, qui n'a communément que trois pieds deux ou trois pouces de longueur de corps, a huit et jusqu'à neuf pieds de vol. Cet oiseau est d'abord très remarquable par sa grandeur, et il est reconnaissable, 1° par la couleur et la figure de ses ongles, qui sont d'un noir brillant et forment un demi-cercle entier ; 2° par les jambes qui sont nues à la partie inférieure, et dont la peau est couverte de petites écailles d'un jaune vif ; 3° par une barbe de plumes qui pend sous le menton, ce qui lui a fait donner le nom d'*aigle barbu*. L'orfraie se tient volontiers près des bords de la mer et assez souvent dans le milieu des terres à portée des lacs, des étangs et des rivières poissonneuses ; il n'enlève que le plus gros poisson, mais cela n'empêche pas qu'il ne prenne aussi du gibier ; et comme il est très grand et très fort, il ravit et emporte aisément les oies et les lièvres, et même les agneaux et les chevreaux. Aristote assure que non seulement l'orfraie femelle soigne ses petits avec la plus grande affection, mais que même elle en prend pour les petits aiglons qui ont été chassés par leurs père et mère, et qu'elle les nourrit comme s'ils lui appartenaient. Je ne trouve pas que ce fait, qui est assez singulier et qui a été répété par tous les naturalistes, ait été vérifié par aucun, et ce qui m'en ferait douter, c'est que cet oiseau ne pond que deux œufs, et n'élève ordinairement qu'un petit, et que par conséquent on doit présumer qu'il se trouverait très embarrassé, s'il avait à soigner et nourrir une nombreuse famille. Cependant, il n'y a guère de faits dans l'Histoire des animaux d'Aristote qui ne soient vrais, ou du moins qui n'aient un fondement de vérité : j'en ai vérifié moi-même plusieurs qui me paraissaient aussi suspects que celui-ci, et c'est ce qui me porte à recommander à ceux qui se trouveront à portée d'observer cet oiseau, de tâcher de s'assurer du vrai ou du faux de ce fait. La preuve, sans aller chercher plus loin, qu'Aristote voyait bien et disait vrai presque en tout, c'est un autre fait qui d'abord paraît encore plus extraordinaire, et qui demandait également à être constaté. « L'orfraie, dit-il, a la vue faible, les yeux lésés et obscurcis par une » espèce de nuage (*a*). » En conséquence, il paraît que c'est la principale raison qui a déterminé Aristote à séparer l'orfraie des aigles et à le mettre avec la chouette et les autres oiseaux qui ne voient pas pendant le jour. A juger de ce fait par les résultats, on le croirait non seulement suspect, mais faux ; car tous ceux qui ont observé les allures de l'orfraie ont bien remarqué qu'il voyait assez pendant la nuit pour prendre du gibier et même du poisson,

---

(*a*) « Parum ossifraga oculis valet ; nubeculâ enim oculos habet læsos. » Aristot. *Hist. anim.*, lib. IX, cap. XXXIV.

mais ils ne se sont pas aperçus qu'il eût la vue faible, ni qu'il vît mal pendant le jour ; au contraire, il vise d'assez loin le poisson sur lequel il veut fondre ; il poursuit vivement les oiseaux dont il veut faire sa proie, et, quoiqu'il vole moins vite que les aigles, c'est plutôt parce qu'il a les ailes plus courtes que les yeux plus faibles. Cependant, le respect qu'on doit à l'autorité du grand philosophe que je viens de citer a engagé le célèbre Aldrovande à examiner scrupuleusement les yeux de l'orfraie, et il a reconnu que l'ouverture de la pupille (a), qui d'ordinaire n'est recouverte que par la cornée, l'était encore dans cet oiseau par une membrane extrêmement mince et qui forme en effet l'apparence d'une petite taie sur le milieu de l'ouverture de la pupille (*) ; il a de plus observé que l'inconvénient de cette conformation paraît être compensé par la transparence parfaite de la partie circulaire qui environne la pupille, laquelle partie dans les autres oiseaux est opaque et de couleur obscure. Ainsi l'observation d'Aristote est bonne, en ce qu'il a très bien remarqué que l'orfraie avait les yeux couverts d'un petit nuage ; mais il ne s'ensuit pas nécessairement qu'elle voie beaucoup moins que les autres, puisque la lumière peut passer aisément et abondamment par le petit cercle, parfaitement transparent, qui environne la pupille. Il doit seulement résulter de cette conformation que cet oiseau porte sur le milieu de tous les objets qu'il regarde une tache ou un petit nuage obscur, et qu'il voit mieux de côté que de face : cependant, comme je viens de le dire, on ne s'aperçoit pas par le résultat de ses actions qu'il voie plus mal que les autres oiseaux ; il est vrai qu'il ne s'élève pas à beaucoup près à la hauteur de l'aigle, qu'il n'a pas non plus le vol aussi rapide ; qu'il ne vise ni ne poursuit sa proie d'aussi loin : ainsi il est probable qu'il n'a pas la vue aussi nette ni aussi perçante que les aigles, mais il est sûr en même temps qu'il ne l'a pas, comme les chouettes, offusquée pendant le jour, puisqu'il cherche et ravit sa proie aussi bien le jour que la nuit (b), et principalement le matin et le soir ; d'ailleurs, en comparant cette confor- mation de l'œil de l'orfraie avec celle des yeux de la chouette ou des autres

(a) « Sed in oculo dignum observatione est quod uvea, quæ homini in pupillâ perforatur, » tenuissimam quandam membranulam pupillæ prætensam habeat : atqui hoc est quod phi- » losophus dicere voluit,... subtilissimam illam membranam, nubeculam vocans. Istæc tamen » ne prorsus visionem præpediret, quòd retro et ab lateribus nigro, ut homini, colore imbuta » et substantia paulo crassior sit ; itaque partem, quæ iridis ambitu clauditur, subtilissimam » omnisque coloris expertem et exacte pellucidam naturâ fabricata est : hoc ipsum visûs » detrimentum non nihil resarcire potest superciliorum aut supernæ orbitæ oculorum partis » prominentia quæ seu tectum oculos supernè operit. » Aldrov. *Avi.*, t. I, p. 226.

(b) J'ai été informé, par des témoins oculaires, que l'orfraie prend du poisson pendant la nuit, et qu'alors on entend de fort loin le bruit qu'elle fait en s'abaissant sur les eaux. M. Salerne dit aussi que, quand l'orfraie s'abat sur un étang pour saisir sa proie, elle fait un bruit qui paraît terrible, surtout la nuit. *Ornithol.*, p. 6.

(*) C'est la membrane clignotante, qui existe, plus ou moins développée, chez tous les oiseaux.

oiseaux de nuit, on verra qu'elle n'est pas la même, et que les résultats doivent en être différents. Ces oiseaux ne voient mal, ou point du tout pendant le jour, que parce que leurs yeux sont trop sensibles, et qu'il ne leur faut qu'une très petite quantité de lumière pour bien voir : leur pupille est parfaitement ouverte, et n'a pas la membrane ou petite taie qui se trouve dans l'œil de l'orfraie. La pupille dans tous les oiseaux de nuit, dans les chats et quelques autres quadrupèdes qui voient dans l'obscurité, est ronde et d'un grand diamètre lorsqu'elle ne reçoit l'impression que d'une lumière faible comme celle du crépuscule ; elle devient au contraire perpendiculairement longue dans les chats, et reste ronde en se rétrécissant concentriquement dans les oiseaux de nuit, dès que l'œil est frappé d'une forte lumière ; cette contraction prouve évidemment que ces animaux ne voient mal que parce qu'ils voient trop bien, puisqu'il ne leur faut qu'une très petite quantité de lumière, au lieu que les autres ont besoin de tout l'éclat du jour, et voient d'autant mieux qu'il y a plus de lumière : à plus forte raison l'orfraie, avec sa taie sur la pupille, aurait besoin de plus de lumière qu'aucun autre, s'il n'y avait pas de compensation à ce défaut ; mais ce qui excuse entièrement Aristote d'avoir placé cet oiseau avec les oiseaux de nuit, c'est qu'en effet il pêche et chasse la nuit comme le jour ; il voit plus mal que l'aigle à la grande lumière, il voit peut-être aussi plus mal que la chouette dans l'obscurité ; mais il tire plus de parti, plus de produit que l'un ou l'autre de cette conformation singulière de ses yeux, qui n'appartient qu'à lui, et qui est aussi différente de celle des yeux des oiseaux de nuit, que des oiseaux de jour.

Autant j'ai trouvé de vérité dans la pluplart des faits rapportés par Aristote dans son *Histoire des animaux*, autant il m'a paru d'erreurs de fait dans son traité *De mirabilibus* : souvent même on y trouve énoncés des faits absolument contraires à ceux qu'il rapporte dans ses autres ouvrages, en sorte que je suis porté à croire que ce traité *De mirabilibus* n'est point de ce philosophe, et qu'on ne le lui aurait pas attribué si l'on se fût donné la peine d'en comparer les opinions, et surtout les faits, avec ceux de son *Histoire des animaux*. Pline, dont le fond de l'ouvrage sur l'Histoire naturelle est en entier tiré d'Aristote, n'a donné tant de faits équivoques ou faux, que parce qu'il les a indifféremment puisés dans les différents traités attribués à Aristote, et qu'il a réuni les opinions des auteurs subséquents, la plupart fondées sur des préjugés populaires : nous pouvons en donner un exemple sans sortir du sujet que nous traitons. L'on voit qu'Aristote désigne et spécifie parfaitement l'espèce de l'*haliætus* ou *balbuzard* dans son *Histoire des animaux*, puisqu'il en fait la cinquième espèce de ses aigles, à laquelle il donne des caractères très distinctifs ; et l'on trouve en même temps, dans le traité *De mirabilibus*, que l'*haliætus* n'est d'aucune espèce, ou plutôt ne fait pas une espèce ; et Pline, amplifiant cette opinion, dit non seulement que les balbuzards (*haliæti*) n'ont point d'espèce, et qu'ils proviennent des mélanges des aigles de différentes espèces, mais encore que ce qui naît des balbuzards ne sont point de petits balbuzards, mais des orfraies, *desquels orfraies naissent*, dit-il, *des petits vautours, lesquels*, ajoute-t-il encore, *produisent de grands vautours qui n'ont plus la faculté d'engendrer* (*a*). Que de faits incroyables sont compris dans ce passage! que de choses absurdes et contre toute analogie! car en étendant autant qu'il est permis ou possible les limites des variations de la nature, et en donnant à ce passage l'explication la moins défavorable, supposons pour un instant que les balbuzards ne soient en effet que des métis provenant de l'union de deux différentes espèces d'aigles, ils seront féconds comme le sont les métis de quelques autres oiseaux, et produiront entre eux de seconds métis qui pourront remonter à l'espèce de l'orfraie, si le premier mélange a été de l'orfraie avec un autre aigle : jusque-là les lois de la nature ne se trouvent pas entièrement violées ; mais dire ensuite que de ces balbuzards, devenus orfraies, il provient de petits vautours qui en produisent de grands, lesquels ne peuvent plus rien produire, c'est ajouter trois faits absolument incroyables à deux qui sont déjà difficiles à croire ; et quoiqu'il y ait dans Pline bien des choses écrites légèrement, je ne puis me persuader qu'il soit l'auteur de ces trois assertions, et j'aime mieux croire que la fin de ce passage a été entièrement altérée. Quoi qu'il en soit, il est très certain que les orfraies n'ont jamais produit de petits vautours, ni ces petits vautours bâtards d'autres grands vautours mulets qui ne produisent plus rien. Chaque espèce, chaque race de vautour engendre son semblable ; il en est de même de chaque espèce d'aigle, et encore de même du balbuzard et de l'orfraie ; et les espèces intermédiaires qui peuvent avoir été produites par le mélange des aigles entre eux ont formé des races constantes qui se soutiennent et se perpétuent, comme les autres, par la génération. Nous sommes particulièrement très assurés que le mâle balbuzard produit avec sa femelle des petits semblables à lui, et que si les balbuzards produisent des orfraies, ce ne peut être par eux-mêmes, mais par leur mélange avec l'orfraie ; il en serait de l'union du balbuzard mâle avec l'orfraie femelle, comme de celle du bouc avec la brebis : il en résulte un agneau, parce que la brebis domine dans la génération, et il résulterait de l'autre mélange une orfraie, parce qu'en général ce sont les femelles qui dominent, et que d'ordinaire les métis ou mulets féconds remontent à l'espèce de la mère, et que même les vrais mulets, c'est-à-dire les métis inféconds, représentent plus l'espèce de la femelle que celle du mâle.

Ce qui rend croyable cette possibilité du mélange et du produit du bal-

---

(*a*) « Haliæti suum genus non habent, sed ex diverso aquilarum coïtu nascuntur : id » quidem, quod ex iis natum est, in ossifragis genus habet, e quibus vultures progenerantur » minores, et ex iis magni, qui omninò non generant. » Plin. *Hist. nat.*, lib. x, cap. iii.

buzard et de l'orfraie, c'est la conformité des appétits, du naturel et même de la figure de ces oiseaux ; car, quoiqu'ils diffèrent beaucoup par la grandeur, l'orfraie étant de près d'une moitié plus grosse que le balbuzard, ils se ressemblent assez par les proportions, ayant tous deux les ailes et les jambes courtes en comparaison de la longueur du corps, le bas des jambes et les pieds dénués de plumes ; tous deux ont le vol moins élevé, moins rapide que les aigles ; tous deux pêchent beaucoup plus qu'ils ne chassent, et ne se tiennent que dans les lieux voisins des étangs et des eaux abondantes en poisson ; tous deux sont assez communs en France et dans les autres pays tempérés ; mais à la vérité l'orfraie, comme plus grande, ne pond que deux œufs, et le balbuzard en produit quatre (a) ; celui-ci a la peau qui recouvre la base du bec et les pieds ordinairement bleue ; au lieu que dans l'orfraie cette peau de la base du bec et les écailles du bas des jambes et des pieds sont ordinairement d'un jaune vif et foncé. Il y a aussi quelque diversité dans la distribution des couleurs sur le plumage ; mais toutes ces petites différences n'empêchent pas que ces oiseaux ne soient d'espèces assez voisines pour pouvoir se mêler ; et des raisons d'analogie me persuadent que le mélange est fécond, et que le balbuzard mâle produit, avec l'orfraie femelle, des orfraies ; mais que la femelle balbuzard, avec l'orfraie mâle, produit des balbuzards, et que ces bâtards, soit orfraies, soit balbuzards, tenant presque tout de la nature de leurs mères, ne conservent que quelques caractères de celle de leurs pères, par lesquels caractères ils diffèrent des orfraies ou balbuzards légitimes. Par exemple, on trouve quelquefois des balbuzards à pieds jaunes et des orfraies à pieds bleus, quoique communément le balbuzard les ait bleus et l'orfraie les ait jaunes. Cette variation de couleur peut provenir du mélange de ces deux espèces : de même on trouve des balbuzards, tels que celui qu'ont décrit MM. de l'Académie, qui sont beaucoup plus grands et plus gros que les autres ; et en même temps on voit des orfraies beaucoup moins grandes que les autres, et dont la petitesse ne peut être attribuée ni au sexe ni à l'âge, et ne peut dès lors provenir que du mélange d'une plus petite espèce, c'est-à-dire du balbuzard, avec l'orfraie (*).

(a) L'aigle de mer, dite *orfraie*, fait son nid sur les plus hauts chênes, et un nid extrêmement large, où elle ne pond que deux œufs fort gros, tout ronds et très pesants, d'un blanc sale. Il y a quelques années qu'on en trouva un dans le parc de Chambord : j'envoyai les deux œufs à M. de Réaumur ; mais on ne put détacher le nid. L'année dernière on en dénicha un nid à Saint-Laurent-des-Eaux, dans le bois de Briou, où il n'y avait qu'un aiglon, que le maître de poste du lieu a fait élever. On a tué à Bellegarde, dans la forêt d'Orléans, une orfraie qui pendant la nuit pêchait tous les plus gros brochets d'un étang qui appartenait ci-devant à M. le duc d'Antin. Une autre a été tuée depuis peu à Seneley en Sologne, dans le moment qu'elle emportait une grosse carpe en plein jour... Le faucon de marais (balbuzard) habite parmi les roseaux, le long des eaux ; il pond à chaque fois quatre œufs blancs, elliptiques ou ovalaires ; il se nourrit de poisson. *Ornithologie* de Salerne, p. 5 et 7.

(*) Les variations dont parle ici Buffon sont dues à l'âge et non à des hybridations qui sont fort rares entre espèces différentes d'oiseaux vivant à l'état sauvage.

Comme cet oiseau est des plus grands, que par cette raison il produit peu, qu'il ne pond que deux œufs une fois par an, et que souvent il n'élève qu'un petit, l'espèce n'en est nombreuse nulle part, mais elle est assez répandue : on la trouve presque partout en Europe, et il paraît même qu'elle est commune aux deux continents, et que ces oiseaux fréquentent les lacs de l'Amérique septentrionale (a).

LE JEAN-LE-BLANC

J'ai eu cet oiseau (*) vivant (b), et je l'ai fait nourrir pendant quelque temps. Il avait été pris jeune au mois d'août 1768, et il paraissait au mois de janvier 1769 avoir acquis toutes ses dimensions : sa longueur, depuis le bout du bec jusqu'à l'extrémité de la queue, était de deux pieds, et jusqu'au bout des ongles d'un pied huit pouces ; le bec, depuis le crochet jusqu'au coin de l'ouverture, avait dix-sept lignes de longueur ; la queue était longue de dix pouces ; il avait cinq pieds un pouce de vol ou d'envergure ; ses ailes, lorsqu'elles étaient pliées, s'étendaient un peu au delà de l'extrémité de la queue : la tête, le dessus du cou, le dos et le croupion, étaient d'un brun cendré. Toutes les plumes qui recouvrent ces parties étaient néanmoins blanches à leur origine, mais brunes dans tout le reste de leur étendue, en sorte que le brun recouvrait le blanc, de manière qu'on ne l'apercevait qu'en relevant les plumes ; la gorge, la poitrine, le ventre et les côtés étaient blancs, variés de taches longues, et de couleur d'un brun roux ; il y avait des bandes transversales plus brunes sur la queue ; la membrane qui couvre

(a) Il me paraît que c'est à l'orfraie qu'il faut rapporter le passage suivant : « Il y a encore » quantité d'aigles qu'ils appellent en leur langue *sondaqua ;* elles font ordinairement leurs » nids sur le *bord des eaux* ou de quelque autre précipice, tout au-dessus des plus *hauts* » *arbres* ou *rochers,* de sorte qu'elles sont fort difficiles à avoir ; nous en dénichâmes néan- » moins plusieurs nids ; mais nous n'y trouvâmes pas plus d'un ou deux aiglons : j'en pensais » nourrir quelques-uns lorsque nous étions sur le chemin des Hurons à Québec ; mais tant » pour être trop lourds à porter que pour ne pouvoir fournir au *poisson* qu'il leur fallait, » n'ayant autre chose à leur donner, nous en fîmes chaudière et nous les trouvâmes fort » bons ; car ils étaient encore jeunes et tendres. » *Voyage au pays des Hurons,* par Sagard Théodat, p. 297.

(b) Quelques-uns ont nommé le jean-le-blanc *chevalier blanche-queue,* peut-être parce qu'il est un peu plus haut monté sur ses jambes. *Ornithol.* de Salerne, p. 24... Le mâle est plus léger et plus blanc que la femelle, surtout au croupion ; sa queue est fort longue, et ses jambes sont fines et d'un jaune agréable. *Idem, ibidem,* etc..... *Nota.* Belon et quelques autres naturalistes après lui ont cru que cet oiseau était le pygargue ; mais ils se sont trompés, comme on peut s'en assurer en comparant ce que nous avons dit du pygargue avec ce que nous disons du jean-le-blanc.

(*) Le jean-le-blanc de Buffon est le *Circætus gallicus* L., de la famille des Accipitridés et de la sous-famille des Butéoniens. Les Butéoniens se distinguent par un corps lourd, une tête épaisse ; une queue droite, tronquée ; un bec recourbé et dépourvu de dent.

la base du bec est d'un bleu sale ; c'est là que sont placées les narines. L'iris des yeux est d'un beau jaune citron ou de couleur de topaze d'Orient ; les pieds étaient couleur de chair livide et terne dans sa jeunesse, et sont devenus jaunes, ainsi que la membrane du bec en avançant en âge. L'intervalle entre les écailles qui recouvrent la peau des jambes paraissait rougeâtre, en sorte que l'apparence du tout, vu de loin, semblait être jaune, même dans le premier âge. Cet oiseau pesait trois livres sept onces après avoir mangé ; et trois livres quatre onces, lorsqu'il était à jeun.

Le jean-le-blanc s'éloigne encore plus des aigles que tous les précédents, et il n'a de rapport au pygargue que par ses jambes dénuées de plumes, et par la blancheur de celles du croupion et de la queue ; mais il a le corps tout autrement proportionné, et beaucoup plus gros relativement encore à la grandeur que n'est celui de l'aigle ou du pygargue : il n'a, comme je l'ai dit, que deux pieds de longueur depuis le bout du bec jusqu'à l'extrémité des pieds, et cinq pieds d'envergure, mais avec un diamètre de corps presque aussi grand que celui de l'aigle commun, qui a plus de deux pieds et demi de longueur et plus de sept pieds de vol. Par ces proportions, le jean-le-blanc se rapproche du balbuzard, qui a les ailes courtes à proportion du corps, mais il n'a pas, comme celui-ci, les pieds bleus ; il a aussi les jambes bien plus menues et plus longues à proportion qu'aucun des aigles ; ainsi, quoiqu'il paraisse tenir quelque chose des aigles, du pygargue et du balbuzard, il n'est pas moins d'une espèce particulière et très différente des uns et des autres. Il tient aussi de la buse par la disposition des couleurs du plumage et par un caractère qui m'a souvent frappé : c'est que dans de certaines attitudes, et surtout vu de face, il ressemblait à l'aigle ; et que, vu de côté et dans d'autres attitudes, il ressemblait à la buse. Cette même remarque a été faite par mon dessinateur et par quelques autres personnes ; et il est singulier que cette ambiguïté de figure réponde à l'ambiguïté de son naturel, qui tient en effet de celui de l'aigle et de celui de la buse ; en sorte qu'on doit à certains égards regarder le jean-le-blanc comme formant la nuance intermédiaire entre ces deux genres d'oiseaux.

Il m'a paru que cet oiseau voyait très clair pendant le jour et ne craignait pas la plus forte lumière, car il tournait volontiers les yeux du côté du plus grand jour, et même vis-à-vis le soleil : il courait assez vite lorsqu'on l'effrayait et s'aidait de ses ailes en courant ; quand on le gardait dans la chambre, il cherchait à s'approcher du feu, mais cependant le froid ne lui était pas absolument contraire, parce qu'on l'a fait coucher pendant plusieurs nuits à l'air dans un temps de gelée sans qu'il en ait paru incommodé. On le nourrissait avec de la viande crue et saignante ; mais, en le faisant jeûner, il mangeait aussi de la viande cuite : il déchirait avec son bec la chair qu'on lui présentait, et il en avalait d'assez gros morceaux ; il ne buvait jamais quand on était auprès de lui, ni même tant qu'il apercevait quelqu'un ; mais en se mettant dans un lieu couvert on l'a vu boire et prendre pour cela plus de précaution qu'un acte aussi simple ne paraît en exiger. On laissait à sa portée un vase rempli d'eau : il commençait par regarder de tous côtés fixement et longtemps, comme pour s'assurer s'il était seul, ensuite il s'approchait du vase et regardait encore autour de lui ; enfin, après bien des hésitations, il plongeait son bec jusqu'aux yeux et à plusieurs reprises dans l'eau. Il y a apparence que les autres oiseaux de proie se cachent de même pour boire. Cela vient vraisemblablement de ce que ces oiseaux ne peuvent prendre de liquide qu'en enfonçant leur tête jusqu'au delà de l'ouverture du bec, et jusqu'aux yeux, ce qu'ils ne font jamais tant qu'ils ont quelque raison de crainte : cependant le jean-le-blanc ne montrait de défiance que sur cela seul, car, pour tout le reste, il paraissait indifférent et même assez stupide. Il n'était point méchant, et se laissait toucher sans s'irriter ; il avait même une petite expression de contentement *cô... cô*, lorsqu'on lui donnait à manger ; mais il n'a pas paru s'attacher à personne de préférence. Il devient gras en automne et prend en tout temps plus de chair et d'embonpoint que la plupart des autres oiseaux de proie (*a*).

Il est très commun en France, et, comme le dit Belon, il n'y a guère de villageois qui ne le connaissent et ne le redoutent pour leurs poules. Ce sont eux qui lui ont donné le nom de *jean-le-blanc* (*b*), parce qu'il est en effet

(*a*) Voici la note que m'a donnée sur cet oiseau l'homme que j'ai chargé du soin de mes volières. « Ayant présenté au jean-le-blanc différents aliments, comme du pain, du fromage, » des raisins, de la pomme, etc., il n'a voulu manger d'aucun, quoiqu'il jeûnât depuis » vingt-quatre heures : j'ai continué à le faire jeûner trois jours de plus, et au bout de ce » temps il a également refusé ces aliments ; en sorte qu'on peut assurer qu'il ne mange rien » de tout cela, quelque faim qu'il ressente : je lui ai aussi présenté des vers qu'il a constam-» ment refusés ; car lui en ayant mis un dans le bec, il l'a rejeté, quoiqu'il l'eût déjà avalé » presque à moitié : il se jetait avec avidité sur les mulots et les souris que je lui donnais, » il les avalait sans leur donner un seul coup de bec ; je me suis aperçu que lorsqu'il en » avait avalé deux ou trois, ou seulement une grosse, il paraissait avoir un air plus inquiet, » comme s'il eût ressenti quelque douleur ; il avait alors la tête moins libre et plus enfoncée » qu'à l'ordinaire ; il restait cinq ou six minutes dans cet état, sans s'occuper d'autre chose, » car il ne regardait pas de tous côtés comme il fait ordinairement, et je crois même qu'on » aurait pu l'approcher sans qu'il se fût retourné, tant il était sérieusement occupé de la » digestion des souris qu'il venait d'avaler : je lui ai présenté des grenouilles et de petits » poissons ; il a toujours refusé les poissons et mangé les grenouilles par demi-douzaines, et » quelquefois davantage ; mais il ne les avale pas tout entières comme les souris, il les saisit » d'abord avec ses ongles et les dépèce avant de les manger : je l'ai fait jeûner pendant » trois jours, en ne lui donnant que du poisson cru ; il l'a toujours refusé : j'ai observé qu'il » rendait les peaux des souris en petites pelotes longues d'environ un pouce ; et en les faisant » tremper dans de l'eau chaude, j'ai reconnu qu'il n'y avait que le poil et la peau de la « souris, sans aucun os, et j'ai trouvé dans quelques-unes de ces pelotes des grains de fer » fondu et quelques autres parcelles de charbon. »

(*b*) Les habitants des villages connaissent un oiseau de proie, à leur grand dommage, qu'ils nomment *jean-le-blanc* ; car il mange leur volaille plus hardiment que le milan. Belon, *Hist. nat. des oiseaux*, p. 103..... Ce jean-le-blanc assaut les poules des villages et prend les oiseaux et connins ; car aussi est-il hardi : il fait grande destruction des perdrix et mange les petits oiseaux ; car il vole à la dérobée le long des haies et de l'orée des forêts, somme qu'il n'y a paysan qui ne le connaisse. *Idem, ibidem.*

remarquable par la blancheur du ventre, du dessous des ailes, du croupion et de la queue. Il est cependant vrai qu'il n'y a que le mâle qui porte évidemment ces caractères, car la femelle est presque toute grise et n'a que du blanc sale sur les plumes du croupion ; elle est, comme dans les autres oiseaux de proie, plus grande, plus grosse et plus pesante que le mâle : elle fait son nid presque à terre, dans les terrains couverts de bruyères, de fougère, de genêt et de joncs, quelquefois aussi sur des sapins et sur d'autres arbres élevés. Elle pond ordinairement trois œufs qui sont d'un gris tirant sur l'ardoise (a) : le mâle pourvoit abondamment à sa subsistance pendant tout le temps de l'incubation, et même pendant le temps qu'elle soigne et élève ses petits. Il fréquente de près les lieux habités, et surtout les hameaux et les fermes : saisit et enlève les poules, les jeunes dindons, les canards privés ; et lorsque la volaille lui manque il prend des lapereaux, des perdrix, des cailles et d'autres moindres oiseaux ; il ne dédaigne pas même les mulots et les lézards. Comme ces oiseaux, et surtout la femelle, ont les ailes courtes et le corps gros, leur vol est pesant et ils ne s'élèvent jamais à une grande hauteur : on les voit toujours voler bas (b) et saisir leur proie plutôt à terre que dans l'air. Leur cri est une espèce de sifflement aigu qu'ils ne font entendre que rarement : ils ne chassent guère que le matin et le soir, et ils se reposent dans le milieu du jour.

On pourrait croire qu'il y a variété dans cette espèce, car Belon donne la description d'un second oiseau, « qui est, dit-il (c), encore une autre espèce » d'oiseau saint-martin, semblablement nommé *blanche-queue*, de même » espèce que le susdit jean-le-blanc, et qui ressemble au milan royal de si » près qu'on n'y trouverait aucune différence, si ce n'était qu'il est plus petit » et plus blanc dessous le ventre, ayant les plumes qui touchent le croupion » en la queue, tant dessus que dessous, de couleur blanche. » Ces ressemblances, auxquelles on doit en ajouter une encore plus essentielle, qui est d'avoir les jambes longues, indiquent seulement que cette espèce est voisine de celle du jean-le-blanc ; mais comme elle en diffère considérablement par la grandeur et par d'autres caractères, on ne peut pas dire que ce soit une variété du jean-le-blanc ; et nous avons reconnu que c'est le même oiseau que nos nomenclateurs ont appelé le *lanier cendré*, duquel nous ferons mention dans la suite sous le nom d'oiseau *saint-martin*, parce qu'il ne ressemble en rien au lanier.

Au reste, le jean-le-blanc, qui est très commun en France, est néanmoins

---

(a) *Ornithologie* de Salerne, p. 23 et 24.

(b) Quiconque le regarde voler advise en lui la semblance d'un héron en l'air ; car il bat des ailes et ne s'élève pas en amont comme plusieurs autres oiseaux de proie, mais vole le plus souvent bas contre terre, et principalement soir et matin. Belon, *Hist. nat. des oiseaux*, p. 103.

(c) *Idem, ibidem*, p. 104.

assez rare partout ailleurs, puisque aucun des naturalistes d'Italie, d'Angleterre, d'Allemagne et du nord n'en a fait mention que d'après Belon ; et c'est
par cette raison que j'ai cru devoir m'étendre sur les faits particuliers de
cet oiseau. Je dois aussi observer que M. Salerne a fait une forte méprise (a),
en disant que cet oiseau était le même que le *ringtail* ou *queue-blanche* des
Anglais, dont ils appellent le mâle *henharrow* ou *henharrier*, c'est-à-dire
ravisseur de poules : c'est ce caractère de la queue blanche, et cette habitude
naturelle de prendre les poules, communs au ringtail et au jean-le-blanc, qui
ont trompé M. Salerne et lui ont fait croire que c'était le même oiseau ; mais
il aurait dû comparer les descriptions des auteurs précédents, et il aurait
aisément reconnu que ce sont des oiseaux d'espèces différentes ; d'autres
naturalistes ont pris l'oiseau appelé par M. Edwards *blue-hawk*, épervier ou
faucon bleu, pour le *henharrier* (b) ou déchireur de poules, quoique ce
soient encore des oiseaux d'espèces différentes. Nous allons tâcher d'éclaircir
ce point, qui est un des plus obscurs de l'histoire naturelle des oiseaux de
proie.

On sait qu'on peut les diviser en deux ordres, dont le premier n'est composé que des oiseaux guerriers, nobles et courageux, tels que les aigles, les
faucons, gerfauts, autours, laniers, éperviers, etc., et le second contient les
oiseaux lâches, ignobles et gourmands, tels que les vautours, les milans, les
buses, etc. Entre ces deux ordres si différents par le naturel et les mœurs
il se trouve, comme partout ailleurs, quelques nuances intermédiaires,
quelques espèces qui tiennent aux deux ordres ensemble et qui participent
au naturel des oiseaux nobles et des oiseaux ignobles ; ces espèces intermédiaires sont : 1° celle du jean-le-blanc dont nous venons de donner l'histoire,
et qui, comme nous l'avons dit, tient de l'aigle et de la buse ; 2° celle de
l'oiseau saint-martin que MM. Brisson et Frisch ont appelé le *lanier cendré*,
et que M. Edwards a nommé *faucon bleu*, mais qui tient plus du jean-le-
blanc et de la buse que du faucon ou du lanier ; 3° celle de la soubuse, dont
les Anglais n'ont pas bien connu l'espèce, ayant pris un autre oiseau pour
le mâle de la soubuse, dont ils ont appelé la femelle *ringtail* (queue annelée
de blanc), et le prétendu mâle *henharrier* (déchireur de poules) ; ce sont les

(a) Jean-le-blanc, *pygargus accipiter subbuteo Turneri;* Ray, *Synops.* en anglais, *the
ringtail,* c'est-à-dire *queue blanche;* et le mâle *henharrow* ou *henharrier,* c'est-à-dire
ravisseur de poules; il diffère des autres oiseaux de ce genre par son croupion blanc, d'où
lui vient le nom de *pygargus* en grec, et par un collier de plumes redressées autour des
oreilles, qui lui ceint la tête comme une couronne. M. Linnæus ne parle point de cet oiseau;
apparemment qu'il ne se trouve point en Suède : il est assez commun dans ce pays-ci, et
surtout en Sologne où il fait son nid par terre entre les bruyères à balais, que l'on appelle
vulgairement des *brémailles. Ornithol.* de Salerne, p. 23. — *Nota.* Que si M. Salerne eût
seulement vu cet oiseau, il n'aurait pas dit qu'il avait une couronne ou collier de plumes
redressées autour de la tête ; car le jean-le-blanc n'a point ce caractère qui n'appartient qu'à
l'oiseau que Turner a nommé *subbuteo,* et que M. Brisson appelle *faucon à collier.*

(b) *British Zoology,* p. 67.

mêmes oiseaux que M. Brisson a nommés *faucons à collier*, mais ils tiennent plus de la buse que du faucon ou de l'aigle. Ces trois espèces, et surtout la dernière, ont donc été ou méconnues ou confondues, ou très mal nommées ; car le jean-le-blanc ne doit point entrer dans la liste des aigles. L'oiseau saint-martin n'est ni un faucon, comme le dit M. Edwards, ni un lanier, comme le disent MM. Frisch et Brisson, puisqu'il est d'un naturel différent et de mœurs opposées. Il en est de même de la soubuse, qui n'est ni un aigle ni un faucon, puisque ses habitudes sont toutes différentes de celles des oiseaux de ces deux genres : on le reconnaîtra clairement par les faits énoncés dans les articles où il sera question de ces deux oiseaux.

Mais il me paraît qu'on doit joindre à l'espèce du jean-le-blanc, qui nous est bien connue, un oiseau que nous ne connaissons que par les indications d'Aldrovande (a), sous le nom de *laniarius*, et de Schwenckfeld (b) sous celui de *milvus albus*. Cet oiseau, que M. Brisson a aussi appelé *lanier*, me paraît encore plus éloigné du vrai lanier que l'oiseau saint-martin. Aldrovande décrit deux de ces oiseaux, dont l'un est bien plus grand, et a deux pieds depuis le bout du bec jusqu'à celui de la queue, c'est la même grandeur que celle du jean-le-blanc ; et si l'on compare la description d'Aldrovande avec celle que nous avons donnée du jean-le-blanc, je suis persuadé qu'on y trouvera assez de caractères pour présumer que ce *laniarius* d'Aldrovande pourrait bien être le jean-le-blanc, d'autant que cet auteur, dont l'ornithologie est bonne et très complète, surtout pour les oiseaux de nos climats, ne paraît pas avoir connu le jean-le-blanc par lui-même, puisqu'il n'a fait que l'indiquer d'après Belon (c), duquel il a emprunté jusqu'à la figure de cet oiseau.

OISEAUX ÉTRANGERS

QUI ONT RAPPORT AUX AIGLES ET BALBUZARDS

1. — L'oiseau des Grandes Indes dont M. Brisson a donné une description exacte sous le nom d'*aigle de Pondichéry* (*). — Nous observerons seulement que, par sa seule petitesse, on aurait dû l'exclure du nombre des aigles, puisqu'il est de moitié moins grand que le plus petit des aigles ; il ressemble au balbuzard par la peau nue qui couvre la base du bec et qui est

(a) *Laniarius.* Aldrov. *Avi.*, t. I, p. 380 ; *Icones*, p. 381 et 382.
(b) *Milvus albus.* Schwenckfeld, *Theriotrop. sil.*, p. 304. — Le lanier blanc. Brisson, *Ornithologie*, t. I, p. 367.
(c) *Pygargi secundum genus.* Aldrov. *Avi.*, t. I, p. 208.

(*) C'est le *Falco ponticerianus* Gm., de la famille des Accipitridés, sous-famille des Falconiens.

d'une couleur bleuâtre, mais il n'a pas comme lui les pieds bleus, il les a jaunes comme le pygargue : son bec, cendré à son origine, et d'un jaune pâle à son bout, semble participer, pour les couleurs du bec, des aigles et des pygargues ; et ces différences indiquent assez que cet oiseau est d'une espèce particulière : c'est vraisemblablement l'oiseau de proie le plus remarquable de cette contrée des Indes, puisque les Malabares en ont fait une idole et lui rendent un culte (a) ; mais c'est plutôt par la beauté de son plumage que par sa grandeur ou sa force, qu'il a mérité cet honneur : on peut dire en effet que c'est l'un des plus beaux oiseaux du genre des oiseaux de proie.

II. — L'oiseau de l'Amérique méridionale, que Marcgrave a décrit sous le nom *urutaurana* (ouroutaran), que lui donnent les Indiens du Brésil, et que Fernandès a indiqué par le nom *yzquautzli*, qu'il porte au Mexique. — C'est celui que nos voyageurs français ont appelé *aigle d'Orénoque* (b) : les Anglais ont adopté cette dénomination (c), et l'appellent *orenokoeagie* (*). Il est un peu plus petit que l'aigle commun, et approche de l'aigle tacheté, ou petit aigle, par la variété de son plumage ; mais il a pour caractères propres et spécifiques les extrémités des ailes et de la queue bordées d'un jaune blanchâtre, deux plumes noires, longues de plus de deux pouces, et deux autres plumes plus petites, toutes quatre placées sur le sommet de la tête, et qu'il peut baisser ou relever à sa volonté ; les jambes couvertes jusqu'aux pieds de plumes blanches et noires, posées comme des écailles ; l'iris de l'œil

(a) L'aigle malabare est également beau et rare ; sa tête, son cou et toute sa poitrine sont couverts de plumes très blanches, plus longues que larges, dont la tige et la côte sont d'un beau noir de jais ; le reste du corps est couleur de marron lustré, moins foncé sous les ailes que dessus ; les six premières plumes de l'aile sont noires au bout, la peau autour du bec est bleuâtre, le bout du bec est jaune, tirant sur le vert ; les pieds sont jaunes, les ongles noirs ; cet animal a le regard perçant, il est de la grosseur d'un faucon : c'est une espèce de divinité adorée par les Malabares ; on en trouve aussi dans le royaume de Visapour et sur les terres du Grand Mogol. *Ornithol.* de Salerne, p. 8.

(b) Il passe assez souvent de la terre ferme aux îles Antilles une sorte de gros oiseau, qui doit tenir le premier rang entre les oiseaux de proie de l'Amérique : les premiers habitants du Tabago l'ont nommé l'*aigle d'Orénoque*, à cause qu'il est de la grosseur et de la figure d'un aigle, et qu'on tient que cet oiseau, qui n'est que passager en cette île, se voit communément en cette partie de l'Amérique méridionale, qui est arrosée de la grande rivière d'Orénoque ; tout son plumage est d'un gris clair marqueté de taches noires, hormis que les extrémités de ses ailes et de sa queue sont bordées de jaune : il a les yeux vifs et perçants ; les ailes fort longues, le vol rapide et prompt, vu la pesanteur de son corps : il se repait d'autres oiseaux sur lesquels il fond avec furie, et après les avoir atterrés, il les déchire en pièces et les avale... Il attaque les aras, les perroquets... On a remarqué qu'il ne se jette pas sur son gibier tandis qu'il est à terre ou qu'il est posé sur quelque branche, mais qu'il attend qu'il ait pris l'essor pour le combattre en l'air. Du Tertre, *Hist. nat. des Antilles*, p. 159. — *Nota.* Rochefort a copié ceci mot pour mot dans la *Relation de l'île de Tabago*, p. 30 et 31.

(c) Voyez Browne, *Hist. nat. of Jamaïca*, p. 471.

(*) C'est l'*Harpyia ferox* LESS. ou *Falco destructor* DAUD.

d'un jaune vif, la peau qui couvre la base du bec, et les pieds jaunes comme les aigles, mais le bec plus noir et les ongles moins noirs : ces différences sont suffisantes pour séparer cet oiseau des aigles et de tous les autres dont nous avons fait mention dans les articles précédents ; mais il me paraît qu'on doit rapporter à cette espèce l'oiseau que Garcilasso appelle *aigle du Pérou* (a), qu'il dit être plus petit que les aigles d'Espagne.

Il en est de même de l'oiseau des côtes occidentales de l'Afrique, dont M. Edwards nous a donné une très bonne figure enluminée, avec une excellente description sous le nom d'*eagle-crowned*, *aigle huppé*, qui me paraît être de la même espèce, ou d'une espèce très voisine de celui-ci. Je crois devoir rapporter en entier la description de M. Edwards, pour mettre le lecteur à portée d'en juger (b).

La distance entre l'Afrique et le Brésil, qui n'est guère que de quatre cents lieues, n'est pas assez grande pour que des oiseaux de haut vol ne puissent la parcourir ; et dès lors il est très possible que celui-ci se trouve également aux côtes du Brésil et sur les côtes occidentales de l'Afrique ; et il suffit de comparer les caractères qui leur sont particuliers, et par lesquels ils se ressemblent, pour être persuadé qu'ils sont de la même espèce ; car tous deux ont des plumes en forme d'aigrettes qu'ils redressent à volonté, tous deux sont à peu près de la même grandeur ; ils ont aussi tous deux le plumage varié et marqueté dans les mêmes endroits ; l'iris des yeux d'un orangé vif, le bec noirâtre ; les jambes, jusqu'aux pieds, également cou-

---

(a) *Histoire naturelle des Incas*, t. II, p. 274.

(b) Cet oiseau, dit M. Edwards, est d'environ un tiers plus petit que les plus grands aigles qui se voient en Europe, et il paraît fort et hardi comme les autres aigles ; le bec avec la peau qui couvre le haut du bec, et où les ouvertures des narines sont placées, est d'un brun obscur, les coins de l'ouverture du bec sont fendus assez avant jusque sous les yeux, et sont jaunâtres, l'iris des yeux est d'une couleur d'orange rougeâtre ; le devant de la tête, le tour des yeux et la gorge sont couverts de plumes blanches, parsemées de petites taches noires ; le derrière du cou et de la tête, le dos et les ailes, sont d'un brun foncé, tirant sur le noir, mais les bords extérieurs des plumes sont d'un brun clair. Les pennes (*pennes* est un terme de fauconnerie, pour exprimer les grandes plumes des ailes des oiseaux de proie) sont plus foncées que les autres plumes des ailes ; les côtés des ailes vers le haut, et les extrémités de quelques-unes des couvertures des ailes sont blancs ; la queue est d'un gris foncé, croisée de barres noires ; et le dessous en paraît être d'un gris de cendre obscur et léger ; la poitrine est d'un brun rougeâtre avec de grandes taches noires transversales sur les côtés ; le ventre est blanc, aussi bien que le dessous de la queue qui est marqueté de taches noires ; les cuisses et les jambes, jusqu'aux ongles, sont couvertes de plumes blanches, joliment marquetées de taches rondes et noires ; les ongles sont noirs et très forts, les doigts sont couverts d'écailles d'un jaune vif ; il élève ses plumes du dessus de la tête en forme de crête ou de huppe, d'où il tire son nom. J'ai dessiné cet oiseau vivant à Londres en 1752 ; son maître m'assura qu'il venait des côtes d'Afrique, et je le crois d'autant plus volontiers, que j'en ai vu deux autres de cette même espèce exactement chez une autre personne, et qui venaient de la côte de Guinée ; Barbot a indiqué cet oiseau sous le nom d'*aigle couronné*, dans sa description de la Guinée ; il en donne une mauvaise figure, dans laquelle cependant on reconnaît les plumes relevées sur sa tête, d'une manière très peu différente de celles dont elles sont représentées dans ma figure. Edwards, *Glanures*, part. I, p. 31 et 32, pl. enluminée 224.

vertes de plumes, marquetées de noir et de blanc; les doigts jaunes, et les ongles bruns ou noirs, et il n'y a de différence que dans la distribution et dans les teintes des couleurs du plumage, ce qui ne peut être mis en comparaison avec toutes les ressemblances que nous venons d'indiquer : ainsi, je crois être bien fondé à regarder cet oiseau des côtes d'Afrique comme étant de la même espèce que celui du Brésil ; en sorte que l'aigle huppé du Brésil, l'aigle d'Orénoque, l'aigle du Pérou et l'aigle huppé de Guinée, ne sont qu'une seule et même espèce d'oiseau qui approche plus de notre aigle tacheté, ou petit aigle d'Europe, que de tout autre.

III. — L'oiseau du Brésil (a) indiqué par Marcgrave sous le nom *urubitinga* (b), qui vraisemblablement est d'une espèce différente du précédent (*), puisqu'il porte un autre nom dans le même pays; et en effet il en diffère : 1° par la grandeur, étant de moitié plus petit ; 2° par la couleur, celui-ci est d'un brun noirâtre, au lieu que l'autre est d'un beau gris ; 3° parce qu'il n'a point de plumes droites sur la tête ; 4° parce qu'il a le bas des jambes et des pieds nus comme le pygargue, au lieu que le précédent a, comme l'aigle, les jambes couvertes jusqu'au talon.

IV. — L'oiseau que nous avons cru devoir appeler le *petit aigle d'Amérique*, qui n'a été indiqué par aucun naturaliste, et qui se trouve à Cayenne et dans les autres parties de l'Amérique méridionale. Il n'a guère que seize à dix-huit pouces de longueur, et il est remarquable, même au premier coup d'œil, par une large plaque d'un rouge pourpré qu'il a sous la gorge et sous le cou : on pourrait croire, à cause de sa petitesse, qu'il serait du genre des éperviers ou des faucons; mais la forme de son bec, qui est droit à son insertion et qui ne prend de la courbure, comme celui des aigles, qu'à quelque distance de son origine, nous a déterminé à le rapporter plutôt aux aigles qu'aux éperviers. Nous n'en donnerons pas une plus ample description, parce que la planche enluminée représente assez ses autres caractères.

V. — L'oiseau des Antilles appelé le *pêcheur* par le P. du Tertre (c), et qui est très vraisemblablement le même que celui qui nous est indiqué par Catesby sous le nom de *fishing-hawk* (d), épervier-pêcheur de la Caroline. Il est, dit-il, de la grosseur d'un autour, avec le corps plus allongé : ses ailes, lorsqu'elles sont pliées, s'étendent un peu au delà de l'extrémité de la queue. Il a plus de cinq pieds de vol ou d'envergure; il a l'iris des yeux

(a) L'aigle du Brésil. Brisson. *Ornithol.*, t. I, p. 445.
(b) *Urubitinga Brasiliensibus.* Marcgrav., *Hist. nat. Bras.*, p. 114.
(c) *Hist. génér. des Antilles*, par le P. du Tertre, t. II, p. 253.
(d) *Fishing-hawk.* Catesby, t. I, p. 2, pl. II, avec une figure coloriée.

(*) C'est le *Falco Urubitinga* L.

jaune, la peau qui couvre la base du bec bleue, le bec noir, les pieds d'un bleu pâle, et les ongles noirs, et presque tous aussi longs les uns que les autres : tout le dessus du corps, des ailes et de la queue est d'un brun foncé ; tout le dessous du corps, des ailes et de la queue est blanc ; les plumes des jambes sont blanches, courtes et appliquées de très près sur la peau. « Le pêcheur, dit le P. du Tertre, est tout semblable au mansfeni, » hormis qu'il a les plumes du ventre blanches, et celles du dessus de la » tête noires ; ses griffes sont un peu plus petites. Ce pêcheur est un vrai » voleur de mer, qui n'en veut non plus aux animaux de la terre qu'aux » oiseaux de l'air, mais seulement aux poissons, qu'il épie de dessus une » branche ou une pointe de roc ; et les voyant à fleur d'eau, il fond » promptement dessus, les enlevant avec ses griffes, et les va manger sur » un rocher : quoiqu'il ne fasse pas la guerre aux oiseaux, ils ne laissent » pas de le poursuivre et de s'attrouper, et de le becqueter jusqu'à ce qu'il » change de quartier. Les enfants des sauvages les élèvent étant petits, et » s'en servent à la pêche par plaisir seulement, car ils ne rapportent jamais » leur pêche. » Cette indication du P. du Tertre n'est ni assez précise, ni assez détaillée, pour qu'on puisse être assuré que l'oiseau dont il parle est le même que celui de Catesby, et nous ne le disons que comme une présomption ; mais ce qu'il y a ici de bien plus certain, c'est que ce même oiseau d'Amérique, donné par Catesby, ressemble si fort à notre balbuzard d'Europe, qu'on pourrait croire avec fondement que c'est absolument le même, ou du moins une simple variété dans l'espèce du balbuzard ; il est de la même grosseur, de la même forme, à très peu près de la même couleur, et il a, comme lui, l'habitude de pêcher et de se nourrir de poisson. Tous ces caractères se réunissent pour n'en faire qu'une seule et même espèce avec celle du balbuzard.

VI. — L'oiseau des îles Antilles, appelé par nos voyageurs *mansfeni*, et qu'ils ont regardé comme une espèce de petit aigle (*nisus*). « Le *mansfeni* (*), » dit le P. du Tertre, est un puissant oiseau de proie, qui, en sa forme et en » son plumage, a tant de ressemblance avec l'aigle, que la seule petitesse » peut l'en distinguer, car il n'est guère plus gros qu'un faucon ; mais il a les » griffes deux fois plus grandes et plus fortes ; quoiqu'il soit si bien armé, il » ne s'attaque jamais qu'aux oiseaux qui n'ont point de défense, comme » aux grives, alouettes de mer, et tout au plus aux ramiers et tourterelles ; » il vit aussi de serpents et de petits lézards ; il se perche ordinairement sur » les arbres les plus élevés. Les plumes sont si fortes et si serrées, que, si » en le tirant on ne le prend à rebours, le plomb n'a point de prise pour » pénétrer ; la chair en est un peu plus noire, mais elle ne laisse pas d'être » excellente. » (*Histoire des Antilles*, tome II, page 252.)

(*) C'est le *Falco Antillarum* Gmel.

LES VAUTOURS

L'on a donné aux aigles le premier rang parmi les oiseaux de proie, non parce qu'ils sont plus forts et plus grands que les vautours, mais parce qu'ils sont plus généreux, c'est-à-dire moins bassement cruels : leurs mœurs sont plus fières, leurs démarches plus hardies, leur courage plus noble, ayant au moins autant de goût pour la guerre que d'appétit pour la proie ; les vautours, au contraire, n'ont que l'instinct de la basse gourmandise et de la voracité ; ils ne combattent guère les vivants que quand ils ne peuvent s'assouvir sur les morts. L'aigle attaque ses ennemis ou ses victimes corps à corps ; seul il les poursuit, les combat, les saisit ; les vautours, au contraire, pour peu qu'ils prévoient de résistance, se réunissent en troupes comme de lâches assassins et sont plutôt des voleurs que des guerriers, des oiseaux de carnage que des oiseaux de proie ; car, dans ce genre, il n'y a qu'eux qui se mettent en nombre et plusieurs contre un ; il n'y a qu'eux qui s'acharnent sur les cadavres au point de les déchiqueter jusqu'aux os ; la corruption, l'infection les attire au lieu de les repousser. Les éperviers, les faucons et jusqu'aux plus petits oiseaux montrent plus de courage, car ils chassent seuls, et presque tous dédaignent la chair morte et refusent celle qui est corrompue. Dans les oiseaux comparés aux quadrupèdes, le vautour semble réunir la force et la cruauté du tigre avec la lâcheté et la gourmandise du chacal, qui se met également en troupes pour dévorer les charognes et déterrer les cadavres ; tandis que l'aigle a, comme nous l'avons dit, le courage, la noblesse, la magnanimité et la munificence du lion.

On doit donc d'abord distinguer les vautours (*) des aigles par cette différence de naturel, et on les reconnaîtra à la simple inspection en ce qu'ils ont les yeux à fleur de tête, au lieu que les aigles les ont enfoncés dans l'orbite ; la tête nue, le cou aussi presque nu, couvert d'un simple duvet ou mal garni de quelques crins épars, tandis que l'aigle a toutes ces parties bien couvertes de plumes ; à la forme des ongles, ceux des aigles étant presque demi-circulaires, parce qu'ils se tiennent rarement à terre, et ceux des vautours étant plus courts et moins courbés ; à l'espèce de duvet fin qui tapisse l'intérieur de leurs ailes, et qui ne se trouve pas dans les

---

(*) Les vautours constituent le genre *Vultur* L. Ce sont des oiseaux de l'ordre des Rapaces, de la famille des Vulturidés. Ils ont tous un corps de grande taille ; ils volent lentement, mais s'élèvent à de grandes hauteurs. Leur bec est long, droit, recourbé seulement à la pointe, à arête très bombée ; leur tête n'est couverte que de duvet ; leur cou est entouré d'une collerette de plumes longues et duveteuses. Leurs ailes sont grandes et larges, arrondies ; leur queue est arrondie ; leurs pieds sont très forts, mais les doigts, faibles et terminés par des ongles courts et émoussés, ne peuvent servir à la préhension.

autres oiseaux de proie; à la partie du dessous de la gorge, qui est plutôt garnie de poils que de plumes; à leur attitude plus penchée que celle de l'aigle, qui se tient fièrement droit et presque perpendiculairement sur ses pieds; au lieu que le vautour, dont la situation est à demi horizontale, semble marquer la bassesse de son caractère par la position inclinée de son corps; on reconnaîtra même les vautours de loin en ce qu'ils sont presque les seuls oiseaux de proie qui volent en nombre, c'est-à-dire plus de deux ensemble, et aussi parce qu'ils ont le vol pesant, et qu'ils ont même beaucoup de peine à s'élever de terre, étant obligés de s'essayer et de s'efforcer à trois ou quatre reprises avant de pouvoir prendre leur plein essor (a).

Nous avons composé le genre des aigles de trois espèces, savoir : le grand aigle, l'aigle moyen ou commun, et le petit aigle; nous y avons ajouté les oiseaux qui en approchent le plus, tels que le pygargue, le balbuzard, l'orfraie, le jean-le-blanc et les six oiseaux étrangers qui y ont rapport, savoir: 1° le bel oiseau de Malabar; 2° l'oiseau du Brésil, de l'Orénoque, du Pérou et de Guinée, appelé par les Indiens du Brésil *urutaurana;* 3° l'oiseau appelé dans ce même pays *urubitinga;* 4° celui que nous avons appelé le *petit aigle de l'Amérique;* 5° l'oiseau pêcheur des Antilles; 6° le mansfeni qui paraît être une espèce de petit aigle, ce qui fait en tout treize espèces, dont l'une, que nous avons appelée *petit aigle de l'Amérique*, n'a été indiquée par aucun naturaliste. Nous allons faire de même l'énumération et la réduction des espèces de vautours, et nous parlerons d'abord d'un oiseau qui a été mis au nombre des aigles par Aristote, et après lui par la plupart des auteurs, quoique ce soit réellement un vautour et non pas un aigle.

LE PERCNOPTÈRE

J'ai adopté ce nom (*), tiré du grec, pour distinguer cet oiseau de tous les autres: ce n'est point du tout un aigle, et ce n'est certainement qu'un vau-

(a) M. Ray et M. Salerne, qui n'a fait presque partout que le copier mot pour mot, donnent encore pour différences caractéristiques, entre les vautours et les aigles, la forme du bec qui ne se recourbe pas immédiatement à sa naissance et se maintient droit jusqu'à deux pouces de distance de son origine; mais je dois observer que ce caractère n'est pas bien indiqué, car le bec des aigles ne se recourbe pas non plus dès sa naissance, il se maintient d'abord droit, et la seule différence est que dans le vautour cette partie droite du bec est plus longue que dans l'aigle : d'autres naturalistes donnent aussi comme différence caractéristique la proéminence du jabot, plus grand dans les vautours que dans les aigles, mais ce caractère est équivoque et n'appartient pas à toutes les espèces de vautours; le griffon, qui est l'une des principales, bien loin d'avoir le jabot proéminent, l'a si rentré en dedans, qu'il y a au-dessous de son cou et à la place du jabot un creux assez grand pour y mettre le poing.

(*) Le percnoptère de Buffon est le *Vultur fulvus* Gmel. de la famille des Accipitridés, sous-famille des *Vulturidés.*

tour, ou, si l'on veut suivre le sentiment des anciens, il fera le dernier degré des nuances entre ces deux genres d'oiseaux, tenant d'infiniment plus près aux vautours qu'aux aigles. Aristote (a), qui l'a placé parmi les aigles, avoue lui-même qu'il est plutôt du genre des vautours, ayant, dit-il, tous les vices de l'aigle sans avoir aucune de ses bonnes qualités, se laissant chasser et battre par les corbeaux, étant paresseux à la chasse, pesant au vol, toujours criant, lamentant, toujours affamé et cherchant les cadavres. Il a aussi les ailes plus courtes et la queue plus longue que les aigles; la tête d'un bleu clair, le cou blanc et nu, c'est-à-dire couvert comme la tête d'un simple duvet blanc, avec un collier de petites plumes blanches et raides au-dessous du cou en forme de fraise; l'iris des yeux est d'un jaune rougeâtre; le bec et la peau nue qui en recouvre la base sont noirs; l'extrémité crochue du bec est blanchâtre; le bas des jambes et les pieds sont nus et de couleur plombée; les ongles sont noirs, moins longs et moins courbés que ceux des aigles. Il est, de plus, fort remarquable par une tache brune en forme de cœur qu'il porte sur la poitrine au-dessous de sa fraise, et cette tache brune paraît entourée ou plutôt lisérée d'une ligne étroite et blanche. En général, cet oiseau est d'une vilaine figure et mal proportionnée; il est même dégoûtant par l'écoulement continuel d'une humeur qui sort de ses narines, et de deux autres trous qui se trouvent dans son bec par lesquels s'écoule la salive. Il a le jabot proéminent, et lorsqu'il est à terre, il tient toujours les ailes étendues (b); enfin il ne ressemble à l'aigle que par la grandeur, car il surpasse l'aigle commun, et il approche du grand aigle pour la grosseur du corps, mais il n'a pas la même étendue de vol. L'espèce du percnoptère paraît être plus rare que celles des autres vautours; on la trouve néanmoins dans les Pyrénées, dans les Alpes et dans les montagnes de la Grèce, mais toujours en assez petit nombre.

(a) Aristote en fait la quatrième espèce de ses aigles, sous le nom de περκνόπτερος; et il lui donne ensuite pour surnom Ὑπαίετος, que Théodore Gaza a bien rendu par *subaquila*; mais d'autres auteurs, et particulièrement Aldrovande, ont pensé qu'on devait lire Γυπαίετος au lieu de Ὑπαίετος, c'est-à-dire *vulturina aquila* au lieu de *subaquila* : ce qu'il y a de vrai, c'est que l'une et l'autre de ces deux dénominations conviennent également à cet oiseau.

(b) Cette habitude de tenir les ailes étendues appartient non-seulement à cette espèce, mais encore à la plupart des vautours et à quelques autres oiseaux de proie.

LE GRIFFON

C'est le nom que MM. de l'Académie des Sciences ont donné à cet oiseau (*) pour le distinguer des autres vautours (a). D'autres naturalistes l'ont appelé le *vautour rouge* (b), le *vautour jaune* (c), le *vautour fauve* (d); et comme aucune de ces dénominations n'est univoque ni exacte, nous avons préféré le nom simple de griffon. Cet oiseau est encore plus grand que le percnoptère; il a huit pieds de vol ou d'envergure; le corps plus gros et plus long que le grand aigle, surtout en y comprenant les jambes, qu'il a longues de plus d'un pied, et le cou qui a sept pouces de longueur; il a, comme le percnoptère, au bas du cou un collier de plumes blanches; sa tête est couverte de pareilles plumes qui font une petite aigrette par derrière, au bas de laquelle on voit à découvert les trous des oreilles; le cou est presque entièrement dénué de plumes; il a les yeux à fleur de tête avec de grandes paupières, toutes deux également mobiles et garnies de cils, et l'iris d'un bel orangé; le bec long et crochu, noirâtre à son extrémité ainsi qu'à son origine et bleuâtre dans son milieu; il est encore remarquable par son jabot rentré, c'est-à-dire par un grand creux qui est au haut de l'estomac, et dont toute la cavité est garnie de poils, qui tendent de la circonférence au centre. Ce creux est la place du jabot, qui n'est ni proéminent ni pendant, comme celui du percnoptère; la peau du corps qui paraît à nu sur le cou et autour des yeux, des oreilles, etc., est d'un gris brun et bleuâtre; les plus grandes plumes de l'aile ont jusqu'à deux pieds de longueur, et le tuyau plus d'un pouce de circonférence; les ongles sont noirâtres, mais moins grands et moins courbés que ceux des aigles.

Je crois, comme l'ont dit MM. de l'Académie des Sciences, que le griffon est en effet le grand vautour d'Aristote (e); mais, comme ils ne donnent aucune raison de leur opinion à cet égard, et que d'abord il paraîtrait qu'Aristote ne faisant que deux espèces, ou plutôt deux genres de vautours, le petit plus blanchâtre que le grand, qui varie pour la forme (f), il paraî-

---

(a) *Mémoires pour servir à l'histoire des animaux*, part. III, p. 209, avec une assez bonne figure.

(b) «Vultur ruber seu lateritii coloris, magnitudinis mediæ, interdum comparet in Prussia.» Rzaczynsky, *Auct. Hist. nat. Pol.*, p. 430.

(c) « Vultur fulvus noster, Bætico Bellonii congener.» Willugh. *Ornithol.*, p. 36; et Ray, *Synops. avium*, p. 10, n° 7.

(d) Le vautour fauve. Brisson, *Ornithol.*, t. I, p. 462.

(e) Il se peut faire que l'oiseau que nous décrivons, *qui est le grand vautour d'Aristote*, soit vulgairement appelé *griffon*, parce que c'est un oiseau fort grand, etc. *Mémoires pour servir à l'histoire des animaux*, part. III, p. 59.

(f) « Vulturum duo genera sunt : alterum parvum et albicantius, alterum majus, ac multiformius.» Arist., *Hist. anim.*, lib. VIII, cap. III.

(*) Le griffon de Buffon paraît n'être qu'une variété du *Vultur fulvus*.

trait, dis-je, que ce genre du grand vautour est composé de plus d'une
espèce que l'on peut également y rapporter; car il n'y a que le percnoptère
dont il ait indiqué l'espèce en particulier; et comme il ne décrit aucun des
autres grands vautours, on pourrait douter avec raison que le griffon fût le
même que son grand vautour; le vautour commun, qui est tout aussi
grand et peut-être moins rare que le griffon, pourrait être également pris
pour ce grand vautour : en sorte qu'on doit penser que MM. de l'Académie
des Sciences ont eu tort d'affirmer comme certaine une chose aussi équivoque et aussi douteuse, sans avoir même indiqué la raison ou le fondement de leur assertion, qui ne peut se trouver vraie que par hasard, et,
ne peut être prouvée que par des réflexions et des comparaisons qu'ils
n'avaient pas faites : j'ai tâché d'y suppléer, et voici les raisons qui m'ont
déterminé à croire que notre griffon est en effet le grand vautour des anciens.

Il me paraît que l'espèce du griffon est composée de deux variétés : la
première, qui a été appelée *vautour fauve*, et la seconde *vautour doré* par
les naturalistes (*a*). Les différences entre ces deux oiseaux, dont le premier est
le griffon, ne sont pas assez grandes pour en faire deux espèces distinctes
et séparées, car tous deux sont de la même grandeur, et en général à peu
près de la même couleur; tous deux ont la queue courte, relativement aux
ailes, qui sont très longues (*b*) ; et, par ce caractère qui leur est commun, ils
diffèrent des autres vautours : ces ressemblances ont même frappé d'autres
naturalistes avant moi (*c*), au point qu'ils l'ont appelé le vautour fauve,
congener du vautour doré : je suis même très porté à croire que l'oiseau
indiqué par Belon sous le nom de *vautour noir* est encore de la même
espèce que le griffon et le vautour doré; car ce vautour est de la même
grandeur, et a le dos et les ailes de la même couleur que le vautour doré.
Or, en réunissant en une seule espèce ces trois variétés, le griffon sera le
moins rare des grands vautours, et celui par conséquent qu'Aristote aura
principalement indiqué : et ce qui rend cette présomption encore plus
vraisemblable, c'est que, selon Belon, ce grand vautour noir se trouve fréquemment en Égypte, en Arabie et dans les îles de l'Archipel, et que dès
lors il doit être assez commun en Grèce. Quoi qu'il en soit, il me semble
qu'on peut réduire les grands vautours qui se trouvent en Europe à quatre

(*a*) « Vuttur aureus Alberti Magni, Gessneri, Raii, Willughbei. » Klein, *Ord. avium*,
p. 43, n° 1. — « Vultur bæticus, sive castaneus. » Aldrov., *Avi.*, t. I, p. 273. — Le vautour
doré. Brisson, *Ornithol.*, t. I, p. 458.

(*b*) M. Brisson donne à son vautour doré une queue de deux pieds trois pouces de longueur, et trois pieds à la plus grande plume de l'aile, ce qui me ferait douter que ce soit le
même oiseau que le vautour doré des autres auteurs, qui a la queue courte en comparaison
des ailes.

(*c*) « Vultur fulvus bætico congener. » Ray, *Synops. avi.*, p. 10, n° 4; et Willughby,
Ornithol., p. 36.

espèces, savoir : le percnoptère, le griffon, le vautour proprement dit, dont nous parlerons dans l'article suivant, et le vautour huppé, qui diffèrent assez les uns des autres pour faire des espèces distinctes et séparées.

MM. de l'Académie des Sciences, qui ont disséqué deux griffons femelles, ont très bien observé que le bec est plus long à proportion qu'aux aigles, et moins recourbé ; qu'il n'est noir qu'au commencement et à la pointe, le milieu étant d'un gris bleuâtre ; que la mandibule supérieure du bec a en dedans comme une rainure de chaque côté ; que ces rainures retiennent les bords tranchants de la mandibule inférieure lorsque le bec est fermé ; que vers le bout du bec il y a une petite éminence ronde aux côtés de laquelle sont deux petits trous par où les canaux salivaires se déchargent ; que dans la base du bec sont les trous des narines, longs de six lignes sur deux de large, en allant du haut en bas, ce qui donne une grande amplitude aux parties extérieures de l'organe de l'odorat dans cet oiseau ; que la langue est dure et cartilagineuse, faisant par le bout comme un demi-canal, et ses deux côtés étant relevés en haut ; ces côtés ayant un rebord encore plus dur que le reste de la langue, qui fait comme une scie composée de pointes tournées vers le gosier ; que l'œsophage se dilate vers le bas, et forme une grosse bosse qui prend un peu au-dessous du rétrécissement de l'œsophage ; que cette bosse n'est différente du jabot des poules qu'en ce qu'elle est parsemée d'une grande quantité de vaisseaux fort visibles, à cause que la membrane de cette poche est fort blanche et fort transparente (a) ; que le gésier n'est ni aussi dur ni aussi épais qu'il l'est dans les gallinacés, et que sa partie charnue n'est pas rouge comme aux gésiers des autres oiseaux, mais blanche comme sont les autres ventricules ; que les intestins et les *cæcums* sont petits comme dans les autres oiseaux de proie ; qu'enfin l'ovaire est à l'ordinaire, et l'*oviductus* un peu anfractueux comme celui des poules, et qu'il ne forme pas un conduit droit et égal, ainsi qu'il l'est dans plusieurs autres oiseaux (b).

Si nous comparons ces observations sur les parties intérieures des vautours avec celles que les mêmes anatomistes de l'Académie ont faites sur les aigles, nous remarquerons aisément que, quoique les vautours se nourrissent de chair comme les aigles, ils n'ont pas néanmoins la même conformation dans les parties qui servent à la digestion, et qu'ils sont à cet égard beaucoup plus près des poules et des autres oiseaux qui se nourrissent de grain, puisqu'ils ont un jabot et un estomac qu'on peut regarder comme un

---

(a) Il paraîtrait par ce que disent ici MM. de l'Académie, que le griffon a le jabot proéminent au dehors ; cependant je me suis assuré par mes yeux du contraire : il n'y a qu'un grand creux à la place du jabot, à l'extérieur ; mais cela n'empêche pas qu'à l'intérieur il n'y ait une bosse et un grand élargissement dans cette partie de l'œsophage qui soulève la peau du creux et le remplit lorsque l'animal est bien repu.

(b) *Mémoires pour servir à l'histoire des animaux*, partie III, article du griffon.

demi-gésier, par une épaisseur à la partie du fond : en sorte que les vautours paraissent être conformés non seulement pour être carnivores, mais granivores et même omnivores.

LE VAUTOUR OU GRAND VAUTOUR

Le vautour simplement dit (*), ou le grand vautour, est l'oiseau que Belon a improprement appelé le *grand vautour cendré* (a), et que la plupart des naturalistes après lui ont aussi nommé *vautour cendré*, quoiqu'il soit beaucoup plus noir que cendré : il est plus gros et plus grand que l'aigle commun, mais un peu moindre que le griffon, duquel il n'est pas difficile de le distinguer : 1° par le cou qu'il a couvert d'un duvet beaucoup plus long et plus fourni, et qui est de la même couleur que celle des plumes du dos ; 2° par une espèce de cravate blanche qui part des deux côtés de la tête, s'étend en deux branches jusqu'au bas du cou, et borde de chaque côté un assez large espace d'une couleur noire, et au-dessous duquel il se trouve un collier étroit et blanc ; 3° par les pieds, qui sont dans le vautour couverts de plumes brunes, tandis que dans le griffon les pieds sont jaunâtres ou blanchâtres ; et, enfin, par les doigts qui sont jaunes, tandis que ceux du griffon sont bruns ou cendrés.

LE VAUTOUR A AIGRETTE

Ce vautour **, qui est moins grand que les trois premiers, l'est cependant encore assez pour être mis au nombre des grands vautours : nous ne pouvons en rien dire de mieux que ce qu'en a dit Gessner (b), qui de tous les naturalistes est le seul qui ait vu plusieurs de ces oiseaux. Le vautour, dit-il, que les Allemands appellent *hasengeier* (*vautour aux lièvres*), a le bec noir et crochu par le bout, de vilains yeux, le corps grand et fort, les ailes larges, la queue longue et droite ; le plumage d'un roux noirâtre, les pieds jaunes. Lorsqu'il est en repos, à terre ou perché, il redresse les plumes de la tête qui lui font alors comme deux cornes, que l'on n'aperçoit plus quand il vole. Il a près de six pieds de vol ou d'envergure ; il marche

(a) Le grand vautour cendré. Belon, *Hist. nat. des oiseaux*, p. 83, avec une figure.
(b) Gessner, *Avi.*, p. 782.

(*) C'est le *Vultur cinereus* GM. (*Vultur Monachus* L.).
(**) Le vautour à aigrette de Buffon est un animal très douteux. Ce n'est peut être qu'une variété d'aigle.

bien et fait des pas de quinze pouces d'étendue : il poursuit les oiseaux de toute espèce et il en fait sa proie ; il chasse aussi les lièvres, les lapins, les jeunes renards et les petits faons, et n'épargne pas même le poisson ; il est d'une telle férocité qu'on ne peut l'apprivoiser ; non seulement il poursuit sa proie au vol en s'élançant du sommet d'un arbre ou de quelque rocher élevé, mais encore à la course ; il vole avec grand bruit : il niche dans les forêts épaisses et désertes sur les arbres les plus élevés ; il mange la chair, les entrailles des animaux vivants, et même les cadavres : quoique très vorace il peut supporter l'abstinence pendant quatorze jours. On prit deux de ces oiseaux en Alsace au mois de janvier 1513, et l'année suivante on en trouva d'autres dans un nid qui était construit sur un gros chêne très élevé, à quelque distance de la ville de Misen.

Tous les grands vautours, c'est-à-dire le percnoptère, le griffon, le vautour proprement dit, et le vautour à aigrette, ne produisent qu'en petit nombre et une seule fois l'année. Aristote dit qu'ordinairement ils ne pondent qu'un œuf ou deux (a) : ils font leurs nids dans des lieux si hauts et d'un accès si difficile qu'il est très rare d'en trouver ; ce n'est que dans les montagnes élevées et désertes que l'on doit les chercher (b) ; les vautours habitent ces lieux de préférence pendant toute la belle saison, et ce n'est que quand les neiges et les glaces commencent à couvrir ces sommets de montagnes qu'on les voit descendre dans les plaines et voyager en hiver du côté des pays chauds ; car il paraît que les vautours craignent plus le froid que la plupart des aigles ; ils sont moins communs dans le Nord ; il semblerait même qu'il n'y en a point du tout en Suède ni dans les pays au delà ; puisque M. Linnæus, dans l'énumération qu'il fait de tous les oiseaux de la Suède (c), ne fait aucune mention des vautours : cependant nous parlerons dans l'article suivant d'un vautour qu'on nous a envoyé de Norvège, mais cela n'empêche pas qu'ils ne soient plus nombreux dans les climats chauds, en Égypte (d), en Arabie, dans les îles de l'Archipel et dans plusieurs autres provinces de l'Afrique et de l'Asie : on y fait même grand usage de la peau des vautours ;

(a) « Rupibus inaccessis parit, neque locorum plurium incola avis hæc est, edit non plus » quam unum aut duo complurimum. » Arist., *Hist. anim.*, lib. ix, cap. 11.

(b) En général, les vautours et les aigles qui habitent les îles et les autres terres voisines de la mer ne bâtissent pas leurs nids sur des arbres, mais contre des rochers escarpés et dans des lieux inaccessibles, de sorte qu'on ne peut les voir que de la mer lorsqu'on est sur un vaisseau. Voyez les *Observations* de Belon, depuis la page 10 jusqu'à 14. — Dapper dit la même chose et ajoute que, quand on veut prendre leurs petits ou leurs œufs, on attache une longue corde à un gros pieu profondément enfoncé et bien affermi en terre au haut de la montagne, et qu'un homme se laisse glisser le long de la corde, en descendant jusqu'au nid de l'oiseau, dans une corbeille où il met les petits et les œufs, et qu'ensuite on le tire en haut avec sa prise. Voyez *Description des îles de l'Archipel*, par Dapper, p. 460.

(c) Linn., *Fauna Suecica*, p. 16 et seq. usque ad p. 24.

(d) Étant en Égypte et ès plaines de l'Arabie déserte, avons observé que les vautours y sont fréquents et grands. Belon, *Hist. nat. des Oiseaux*, p. 84.

le cuir en est presque aussi épais que celui d'un chevreau, il est recouvert d'un duvet très fin, très serré et très chaud, et l'on en fait d'excellentes fourrures (a).

Au reste, il me paraît que le *vautour noir* (*) que Belon dit être commun en Égypte, est de la même espèce que le vautour proprement dit, qu'il appelle *vautour cendré*, et qu'on ne doit pas les séparer comme l'ont fait quelques naturalistes (b), puisque Belon lui-même, qui est le seul qui les ait indiqués, ne les sépare pas, et parle des cendrés et des noirs comme faisant tous deux l'espèce du grand vautour, ou vautour proprement dit; en sorte qu'il est probable qu'il en existe en effet de noirs, et d'autres qui sont cendrés, mais que nous n'avons pas vus. Il en est du vautour noir comme de l'aigle noir, qui tous deux sont de l'espèce commune du vautour ou de l'aigle. Aristote a eu raison de dire que le genre du grand vautour était multiforme, puisque ce genre est en effet composé des trois espèces du griffon, du grand vautour et du vautour à aigrette, sans y comprendre le percnoptère, qu'Aristote avait cru devoir séparer des vautours et associer aux aigles. Il n'en est pas de même du petit vautour dont nous allons parler, et qui ne me paraît faire qu'une seule espèce en Europe; ainsi ce philosophe a eu encore raison de dire que le genre du grand vautour était plus multiforme, c'est-à-dire contenait plus d'espèces que celui du petit vautour.

(a) Les paysans de Crète et les autres qui habitent les montagnes de divers pays, en Égypte et dans l'Arabie Déserte, s'étudient de prendre les vautours en diverses manières; ils les écorchent et vendent les peaux aux pelletiers..... Leur peau est quasi aussi épaisse que celle d'un chevreau... Les pelletiers savent tirer les plus grosses plumes de la peau des vautours, laissant le duvet qui est au-dessous, et ainsi la corroyent faisant pelisses qui valent grande somme d'argent; mais en France s'en servent le plus à faire pièces à mettre sur l'estomac..... Qui serait au Caire et irait voir les marchandises qui sont exposées en vente, trouverait des vêtements de fine soie fourrés de peaux de vautours, tant de noirs que de blancs. *Id.*, *ibid.*, p. 83 et 84. — Il y a une grande quantité de vautours dans l'île de Chypre; ces oiseaux sont de la grosseur d'un cygne, fort semblables à l'aigle en ce que leurs ailes et leur dos sont couverts de mêmes plumes; leur cou est plein de duvet, doux comme la plus fine fourrure, et toute leur peau en est si couverte que les insulaires la portent sur la poitrine et devant leur estomac pour aider à la digestion : ces oiseaux ont une touffe de plumes au-dessous du cou; leurs jambes sont grosses et fortes..... Ils ne vivent que de charognes et ils s'en remplissent si fort qu'ils en dévorent en une fois autant qu'il leur en faut pour quinze jours..... Et lorsqu'ils sont ainsi remplis ils ne peuvent s'élever de terre facilement; c'est alors qu'on les tire et tue fort à l'aise; ils sont même alors quelquefois si pesants qu'on les prend avec des chiens ou qu'on les tue à coups de pierres et de bâtons. *Description de l'Archipel*, par Dapper, p. 50.

(b) Le vautour noir. Brisson, t. I, p. 457.

(*) Variété du *Vultur cinereus* GMEL.

LE PETIT VAUTOUR

Il nous reste maintenant à parler des petits vautours, qui me paraissent différer des grands, que nous venons d'indiquer sous les noms de *percnoptère, griffon, grand vautour* et *vautour à aigrette*, non seulement par la grandeur, mais encore par d'autres caractères particuliers. Aristote, comme je l'ai dit, n'en a fait qu'une espèce, et nos nomenclateurs en comptent trois, savoir : le vautour brun (*), le vautour d'Égypte et le vautour à tête blanche. Ce dernier, qui est un des plus petits (*a*), paraît être en effet d'une espèce différente des deux premiers, car il en diffère en ce qu'il a le bas des jambes et les pieds nus, tandis que les deux autres les ont couverts de plumes. Ce vautour à tête blanche est vraisemblablement le petit vautour blanc des anciens, qui se trouve communément en Arabie, en Égypte, en Grèce, en Allemagne et jusqu'en Norvège, d'où il nous a été envoyé. On peut remarquer qu'il a la tête et le dessous du cou dégarnis de plumes et d'une couleur rougeâtre, et qu'il est blanc presque en entier, à l'exception des grandes plumes des ailes, qui sont noires (*b*) : ces caractères sont plus que suffisants pour le faire reconnaître.

Des autres espèces de petits vautours indiqués par M. Brisson, sous les noms de *vautour brun* et de *vautour d'Égypte*, il me paraît qu'il faut en retrancher ou plutôt séparer le second, c'est-à-dire le vautour d'Égypte, qui, par la description que Belon seul en a donnée (*c*), n'est point un vautour, mais un oiseau d'un autre genre, et auquel il a cru devoir donner le nom de *sacre égyptien;* il ne nous reste donc plus que le vautour brun, au sujet duquel je remarquerai seulement que je ne vois pas les raisons qui ont déterminé M. Brisson à rapporter cet oiseau à l'*aquila hétéropode* de Gessner; il me paraît, au contraire, qu'au lieu de faire de cet aigle hétéropode un vautour, on devait le supprimer de la liste des oiseaux, car son existence n'est nullement prouvée; aucun des naturalistes ne l'a vu; Gessner (*d*), qui seul en a parlé et que tous les autres n'ont fait que

(*a*) « Vultur leucocephalos. » Schwenckfeld, *Avi. Sil.*, p. 375. — Le vautour à tête blanche. Brisson, *Ornithol.*, t. I, p. 466.

(*b*) Cet oiseau, dit M. Schwenckfeld, qui se nomme en Silésie *grimmer*, a la langue assez large, l'estomac épais et ridé, la vésicule du fiel grande. Schwenckfeld, *Avi. Sil.*, p. 376.

(*c*) Sacre égyptien. *Hierax* en grec, *accipiter Ægyptius* en latin, *sacre d'Égypte* ou français. Belon, *Hist. nat. des Ois.*, p. 110 et 111.

(*d*) « Aquila Heteropos. » Gessner, *Avi.*, p. 207.

(*) C'est le *Neophron Percnopterus* Sav. Le plumage de cet oiseau est blanc; les plumes de la tête et de la partie postérieure du cou sont longues, très étroites et dressées; la gorge est nue et colorée en jaune safran. Chez la femelle et chez les jeunes, le plumage est brunâtre et la gorge est livide. Les *Neophron* appartiennent à la famille des Vulturidés; ils se distinguent des *Vultur* par un bec large et grêle, pourvu d'une cire très développée, par la tête et le cou entièrement nus et par la queue étagée.

copier (a), n'en avait eu qu'un dessin qu'il a fait graver, et dont il a rapporté la figure au genre des aigles, et non pas à celui des vautours, et la dénomination d'*aigle hétéropode* qu'il lui donne est prise du dessin dans lequel l'une des jambes de cet oiseau était bleue, et l'autre d'un brun blanchâtre; et il avoue qu'il n'a pu rien apprendre de certain sur cette espèce, et qu'il n'en parle et ne lui donne ce nom d'*aigle hétéropode* qu'en supposant la vérité de ce même dessin. Or, un oiseau dessiné par un homme inconnu, nommé d'après un dessin incorrect, et que la seule différence de la couleur des deux jambes doit faire regarder comme infidèle; un oiseau qui n'a jamais été vu d'aucun de ceux qui en ont voulu parler, est-il un vautour ou un aigle? est-il même un oiseau réellement existant? Il me paraît donc que c'est très gratuitement que l'on a voulu y rapporter le vautour brun.

Au reste, l'oiseau qui existe réellement et qui ne doit point être rapporté à l'aigle hétéropode qui n'existe pas, nous a été envoyé d'Afrique aussi bien que de l'île de Malte (b); nous le renvoyons à l'article suivant, où nous traiterons des oiseaux étrangers qui ont rapport aux vautours.

OISEAUX ÉTRANGERS

QUI ONT RAPPORT AUX VAUTOURS

I. — L'oiseau envoyé d'Afrique et de l'île de Malte sous le nom de *vautour brun*, dont nous avons parlé dans l'article précédent, qui est une espèce ou une variété particulière dans le genre des vautours, et qui, ne se trouvant point en Europe, doit être regardée comme appartenant au climat de l'Afrique et surtout aux terres voisines de la mer Méditerranée (*).

II. — L'oiseau appelé par Belon le *sacre d'Égypte*, et que le docteur Shaw indique sous le nom *achbobba*. Cet oiseau se voit par troupes dans les terres stériles et sablonneuses qui avoisinent les pyramides d'Égypte; il se tient presque toujours à terre et se repaît, comme les vautours, de toute viande et de chair corrompue. « Il est, dit Belon, oiseau sordide et non gentil, et qui-

---

(a) « Aquila Heteropos. » Aldrov., *Avi.*, t. I, p. 232. — « Heteropos. Gessner. » Charleton. *Exerc.*, p. 71. — « Falco capite nudo fuscus. » Linn., *Syst. nat.*, édit. VI, gen. 36, sp. 2.

(b) Le vautour brun. Brisson, *Ornithol.*, t. I, p. 455.

(*) Le *Neophron Percnopterus* Sav., que Buffon nomme vautour brun, est beaucoup plus répandu qu'il ne le dit. On le trouve dans diverses régions de l'Europe, notamment en Suède et en Norvège, en Espagne, en Sardaigne, à Malte, en Grèce, etc., mais il existe aussi dans diverses parties de l'Asie et de l'Afrique. On le trouve en France, dans les environs d'Arles et de Nîmes.

» conque feindra voir un oiseau ayant la corpulence d'un milan, le bec entre
» le corbeau et l'oiseau de proie, crochu par le fin bout, et les jambes et pieds,
» et marcher comme le corbeau, aura l'idée de cet oiseau, qui est fréquent en
» Égypte, mais rare ailleurs, quoiqu'il y en ait quelques-uns en Syrie, et que
» j'en aie, ajoute-t-il, vu quelques-uns dans la Caramanie. » Au reste, cet
oiseau varie pour les couleurs; c'est, à ce que croit Belon, l'*hierax* ou *accipiter Ægyptius* d'Hérodote, qui, comme l'ibis, était en vénération chez les
anciens Égyptiens, parce que tous deux tuent et mangent les serpents et
autres bêtes immondes qui infestent l'Égypte (*a*). « Auprès du Caire, dit le
» docteur Shaw, nous rencontrâmes plusieurs troupes d'achbobbas, qui,
» comme nos corbeaux, vivent de charogne... C'est peut-être l'épervier
» d'Égypte, dont Strabon dit que, contre le naturel de ces sortes d'oiseaux,
» il n'est pas fort sauvage, car l'achbobba est un oiseau qui ne fait pas de
» mal et que les mahométans regardent comme sacré; c'est pourquoi le
» Bacha donne tous les jours deux bœufs pour les nourrir, ce qui paraît être
» un reste de l'ancienne superstition des Égyptiens (*b*). » C'est de ce même
oiseau dont parle Paul Lucas. « On rencontre en Égypte, dit-il, de ces éper-
» viers à qui on rendait, ainsi qu'à l'ibis, un autre culte religieux; c'est un
» oiseau de proie de la grosseur d'un corbeau, dont la tête ressemble à celle
» d'un vautour et les plumes à celles d'un faucon; les prêtres de ce pays
» représentaient de grands mystères sous le symbole de cet oiseau; ils le
» faisaient graver sur leurs obélisques et sur les murailles de leurs temples
» pour représenter le soleil; la vivacité de ses yeux qu'il tourne incessam-
» ment vers cet astre, la rapidité de son vol, sa longue vie, tout leur parut
» propre à marquer la nature du soleil, etc. (*c*). » Au reste, cet oiseau, qui,
comme l'on voit, n'est pas assez décrit, pourrait bien être le même que le
galinache ou *marchand*, dont nous ferons mention article IV.

III. — L'oiseau de L'Amérique méridionale, que les Européens qui habitent les colonies ont appelé *roi des vautours* (*), et qui est en effet le plus
bel oiseau de ce genre. C'est d'après celui qui est au Cabinet du roi que
M. Brisson en a donné une bonne et ample description. M. Edwards, qui a
vu plusieurs de ces oiseaux à Londres, l'a aussi très bien décrit et dessiné.

(*a*) Belon, *Hist. nat. des Oiseaux*, p. 110 et 111, avec figure, dans laquelle on peut
remarquer que le bec ressemble beaucoup plus à celui d'un aigle ou d'un épervier qu'à celui
d'un vautour; mais on doit présumer que cette partie est mal représentée dans la figure,
puisque l'auteur dit dans sa description que le bec est entre celui du corbeau et celui d'un
oiseau de proie, et crochu par l'extrémité, ce qui exprime assez bien la forme du bec d'un
vautour.

(*b*) *Voyage de M. Shaw*, t. II, p. 9 et 92.

(*c*) *Voyage de Paul Lucas*, t. III, p. 204.

(*) C'est le *Sarcorhamphus Papa* Dum. Les *Sarcorhamphus* Dum. se distinguent des
Vultur par la présence, à la base du bec, d'une cire et d'un lobe cutané souvent très
développés.

Nous réunirons ici les remarques de ces deux auteurs et de ceux qui les ont précédés avec celles que nous avons faites nous-mêmes sur la forme et la nature de cet oiseau ; c'est certainement un vautour, car il a la tête et le cou dénués de plumes, ce qui est le caractère le plus distinctif de ce genre ; mais il n'est pas des plus grands, n'ayant que deux pieds deux ou trois pouces de longueur de corps, depuis le bout du bec jusqu'à celui des pieds ou de la queue, n'étant pas plus gros qu'un dindon femelle, et n'ayant pas les ailes à proportion si grandes que les autres vautours, quoiqu'elles s'étendent, lorsqu'elles sont pliées, jusqu'à l'extrémité de la queue, qui n'a pas huit pouces de longueur ; le bec, qui est assez fort et épais, est d'abord droit et direct et ne devient crochu qu'au bout ; dans quelques-uns, il est entièrement rouge, et dans d'autres il ne l'est qu'à son extrémité, et noir dans son milieu ; la base du bec est environnée et couverte d'une peau de couleur orangée, large, et s'élevant de chaque côté jusqu'au haut de la tête, et c'est dans cette peau que sont placées les narines, de forme oblongue, et entre lesquelles cette peau s'élève comme une crête dentelée et mobile, et qui tombe indifféremment d'un côté ou de l'autre, selon le mouvement de tête que fait l'oiseau ; les yeux sont entourés d'une peau rouge écarlate, et l'iris a la couleur et l'éclat des perles ; la tête et le cou sont dénués de plumes et couverts d'une peau de couleur de chair sur le haut de la tête, et d'un rouge plus vif sur le derrière et plus terne sur le devant ; au-dessous du derrière de la tête s'élève une petite touffe de duvet noir, de laquelle sort et s'étend de chaque côté, sous la gorge, une peau ridée, de couleur brunâtre, mêlée de bleu et de rouge dans sa partie postérieure. Cette peau est rayée de petites lignes de duvet noir ; les joues ou côtés de la tête sont couverts d'un duvet noir, et entre le bec et les yeux, derrière les coins du bec, il y a de chaque côté une tache d'un pourpre brun ; à la partie supérieure du haut du cou, il y a de chaque côté une petite ligne longitudinale de duvet noir, et l'espace contenu entre ces deux lignes est d'un jaune terne ; les côtés du haut du cou sont d'une couleur rouge, qui se change en descendant par nuances en jaune ; au-dessous de la partie nue du cou est une espèce de collier ou de fraise, formée par des plumes douces assez longues et d'un cendré foncé ; ce collier, qui entoure le cou entier et descend sur la poitrine, est assez ample pour que l'oiseau puisse, en se resserrant, y cacher son cou et partie de sa tête, comme dans un capuchon, et c'est ce qui a fait donner à cet oiseau le nom de *moine* (a) par quelques naturalistes ; les plumes de la poitrine, du ventre, des cuisses, des jambes, et celles du dessous de la queue sont blanches et teintes d'un peu d'aurore ; celles du croupion et du dessus de la queue varient, étant noires dans quelques individus et blanches dans d'autres ; les autres plumes de

---

(a) « Vultur monachus. Mönch. Rex Warwarum. Avem Moritzburgi vidi cujus figura in » aviario picto Bareithano. Calvitium quasi rasum habet. Collum nudum in vaginâ cutaneâ, » plumis cinereis lanatis simbriatâ recondere potest. » Klein, *Ordo Avi.*, p. 46.

la queue sont toujours noires, aussi bien que les grandes plumes des ailes, lesquelles sont ordinairement bordées de gris; la couleur des pieds et des ongles n'est pas la même dans tous ces oiseaux; les uns ont les pieds d'un blanc sale ou jaunâtre et les ongles noirâtres; d'autres ont les pieds et les ongles rougeâtres, les ongles sont fort courts et peu crochus.

Cet oiseau est de l'Amérique méridionale, et non pas des Indes orientales, comme quelques auteurs l'ont écrit (a): celui que nous avons au Cabinet du roi a été envoyé de Cayenne. Navarette, en parlant de cet oiseau, dit (b): « J'ai vu à Acapulco le roi des *zopilotes* ou *vautours;* c'est un des plus beaux « oiseaux qu'on puisse voir, etc. » Le sieur Perry, qui fait à Londres commerce d'animaux étrangers, a assuré à M. Edwards que cet oiseau vient uniquement de l'Amérique : Hernandès, dans son *Histoire de la Nouvelle-Espagne,* le décrit de manière à ne pouvoir s'y méprendre; Fernandès, Nieremberg et de Laët (c), qui tous ont copié la description de Hernandès, s'accordent à dire que cet oiseau est commun dans les terres du Mexique et de la Nouvelle-Espagne; et comme, dans le dépouillement que j'ai fait des ouvrages des voyageurs, je n'ai pas trouvé la plus légère indication de cet oiseau dans ceux de l'Afrique et de l'Asie, je pense qu'on peut assurer qu'il est propre et particulier aux terres méridionales du nouveau continent, et qu'il ne se trouve pas dans l'ancien; on pourrait m'objecter que puisque l'ouroutaran ou aigle du Brésil se trouve, de mon aveu, également en Afrique et en Amérique, je ne dois pas assurer que le roi des vautours ne s'y trouve pas aussi; la distance entre les deux continents est égale pour ces deux oiseaux, mais probablement la puissance du vol est inégale (d), et les aigles en général vo-

(a) Albin dit que celui qu'il a dessiné était venu des Indes orientales par un vaisseau hollandais appelé le *Pallampanck*, part. III, p. 2, n° 4. M. Edwards dit aussi que les gens qui montraient ces oiseaux à la foire de Londres assuraient qu'ils venaient des Indes orientales; mais que néanmoins il croit qu'ils sont de l'Amérique.

(b) Voyez le *Recueil des voyages,* par Purchas, p. 753.

(c) Il y a dans la Nouvelle-Espagne une incroyable abondance et variété de beaux oiseaux, entre lesquels on estime exceller le *cosquauhtli* ou *aura,* comme les Mexicains le nomment, de la grandeur d'une poule d'Égypte, qui a les plumes noires par tout le corps, excepté au cou et autour de la poitrine où elles sont d'un noir rougissant; les ailes sont noires et mêlées de couleur cendrée, pourpre et fauve au reste; les ongles sont recourbés, le bec, semblable au papagais, rouge au bout, les trous des narines ouverts, les yeux noirs, les prunelles fauves, les paupières de couleur rouge, et le front d'un rouge de sang et rempli de plusieurs rides, lesquelles il fronce et ouvre à la façon des coqs d'Inde, où il y a quelque peu de poil crépu comme celui des nègres; la queue est semblable à celle d'un aigle, noire dessus et cendrée dessous..... Il y a un autre oiseau de même espèce que les Mexicains nomment *tzopilotl,* De Laët, *Hist. du Nouveau-Monde,* liv. v, chap. IV, p. 143 et 144. — *Nota.* Ce second oiseau, appelé *tzopilotl* par les Mexicains, est un vautour; car celui qu'on appelle *roi des vautours* a été aussi nommé *roi des zopilotls.*

(d) Hernandès dit néanmoins que cet oiseau s'élève fort haut, en tenant les ailes très étendues, et que son vol est si ferme qu'il résiste aux plus grands vents. On pourrait croire que Nieremberg l'a appelé *regina aurarum* parce qu'il surmonte la force du vent par celle de son vol; mais ce nom *aura* n'est pas dérivé du latin; il vient par contraction d'*ouroua,* qui est le nom indien d'un autre vautour dont nous parlerons dans l'article suivant.

v.   7

lent beaucoup mieux que les vautours : quoi qu'il en soit, il paraît que celui-ci est confiné dans les terres où il est né, et qui s'étendent du Brésil à la Nouvelle-Espagne, car on ne le trouve plus dans les pays moins chauds, il craint le froid ; ainsi, ne pouvant traverser la mer au vol entre le Brésil et la Guinée, et ne pouvant passer par les terres du Nord, cette espèce est demeurée en propre au nouveau monde et doit être ajoutée à la liste de celles qui n'appartiennent point à l'ancien continent.

Au reste, ce bel oiseau n'est ni propre, ni noble, ni généreux ; il n'attaque que les animaux les plus faibles, et ne se nourrit que de rats, de lézards, de serpents et même des excréments des animaux et des hommes : aussi a-t-il une très mauvaise odeur, et les sauvages mêmes ne peuvent manger de sa chair.

IV. — L'oiseau appelé *ouroua* ou *aura* (*) par les Indiens de Cayenne, *urubu* (**) (ouroubou) par ceux du Brésil, *zopilotl* par ceux du Mexique, et auquel nos Français de Saint-Domingue et nos voyageurs ont donné le surnom de *marchand*. C'est encore une espèce qu'on doit rapporter au genre des vautours, parce qu'il est du même naturel, et qu'il a, comme eux, le bec crochu et la tête et le cou dénués de plumes ; quoique par d'autres caractères il ressemble au dindon, ce qui lui a fait donner par les Espagnols et les Portugais le nom de *gallinaça* ou *gallinaço ;* il n'est guère que de la grandeur d'une oie sauvage ; il paraît avoir la tête petite, parce qu'elle n'est couverte, ainsi que le cou, que de la peau nue, et semée seulement de quelques poils noirs assez rares ; cette peau est raboteuse et variée de bleu, de blanc et de rougeâtre ; les ailes, lorsqu'elles sont pliées, s'étendent au delà de la queue, qui cependant est elle-même assez longue : le bec est d'un blanc jaunâtre, et n'est crochu qu'à l'extrémité ; la peau nue qui en recouvre la base s'étend presque au milieu du bec, et elle est d'un jaune rougeâtre ; l'iris de l'œil est orangé, et les paupières sont blanches ; les plumes de tout le corps sont brunes et noirâtres, avec un reflet de couleur changeante de vert et de pourpre obscurs ; les pieds sont d'une couleur livide, et les ongles sont noirs ; cet oiseau a les narines encore plus longues à proportion que les autres vautours (a) ; il est aussi plus lâche, plus sale et plus vorace qu'aucun d'eux, se nourrissant plutôt de chair morte et de vidanges que de chair vivante ; il a néanmoins le vol élevé et assez rapide pour poursuivre une proie s'il en avait le

(a) J'ai cru devoir donner une courte description de cet oiseau, parce que j'ai trouvé que celles des autres auteurs ne s'accordent pas parfaitement avec ce que j'ai vu ; cependant, comme il n'y a que de légères différences, il est à présumer que ce sont des variétés individuelles, et par conséquent leurs descriptions peuvent être aussi bonnes que la mienne.

(*) C'est le *Vultur aura* L.

(**) Buffon confond à tort l'Aura et l'Urubu ; ce dernier est le *Vultur jota* de Ch. Bonaparte.

courage, mais il n'attaque guère que les cadavres ; et s'il chasse quelquefois, c'est, en se réunissant en grandes troupes, pour tomber en grand nombre sur quelque animal endormi ou blessé.

Le marchand est le même oiseau que celui qu'a décrit Kolbe sous le nom d'*aigle du Cap* (*); il se trouve donc également dans le continent de l'Afrique et dans celui de l'Amérique méridionale, et comme on ne le voit pas fréquenter les terres du Nord, il paraît qu'il a traversé la mer entre le Brésil et la Guinée. Hans Sloane, qui a vu et observé plusieurs de ces oiseaux en Amérique, dit qu'ils volent comme les milans, qu'ils sont toujours maigres. Il est donc très possible qu'étant aussi légers de vol et de corps, ils aient franchi l'intervalle de mer qui sépare les deux continents. Hernandès dit qu'ils ne se nourrissent que de cadavres d'animaux et même d'excréments humains ; qu'ils se rassemblent sur de grands arbres d'où ils descendent en troupes pour dévorer les charognes ; il ajoute que leur chair a une mauvaise odeur, plus forte que celle de la chair du corbeau. Nieremberg dit aussi qu'ils volent très haut et en grandes troupes ; qu'ils passent la nuit sur des arbres ou des rochers très élevés d'où ils partent le matin pour venir autour des lieux habités ; qu'ils ont la vue très perçante, et qu'ils voient de très haut et de très loin les animaux morts qui peuvent leur servir de pâture ; qu'ils sont très silencieux, ne criant ni ne chantant jamais, et qu'on ne les entend que par un murmure peu fréquent ; qu'ils sont très communs dans les terres de l'Amérique méridionale, et que leurs petits sont blancs dans le premier âge, et deviennent ensuite bruns ou noirâtres en grandissant. Marcgrave, dans la description qu'il donne de cet oiseau, dit qu'il a les pieds blanchâtres, les yeux beaux, et pour ainsi dire couleur de rubis ; la langue en gouttière et en scie sur les côtés. Ximenès assure que ces oiseaux ne volent jamais qu'en grandes troupes et toujours très haut ; qu'ils tombent tous ensemble sur la même proie qu'ils dévorent jusqu'aux os, et sans aucun débat entre eux, et qu'ils se remplissent au point de ne pouvoir reprendre leur vol : ce sont de ces mêmes oiseaux dont Acosta fait mention sous le nom de *poullazes* (a), « qui sont, dit-il, d'une » admirable légèreté, ont la vue très perçante, et qui sont fort propres » pour nettoyer les cités, d'autant qu'ils n'y laissent aucunes charognes ni » choses mortes ; ils passent la nuit sur les arbres ou sur les rochers, et au » matin viennent aux cités, se mettent sur le sommet des plus hauts édi- » fices, d'où ils épient et attendent leur prise ; leurs petits ont le plumage » blanc, qui change ensuite en noir avec l'âge. » « Je crois, dit Desmar- » chais, que ces oiseaux, appelés *gallinaches* par les Portugais, et *marchands*

(a) *Histoire des Indes*, par Joseph Acosta, p. 196.

(*) L'aigle du Cap est le *Vultur* ou *Gyps Kolbii* de Daudin, nommé vulgairement chasse-fiente.

» par les·Français de Saint-Domingue, sont une espèce de coqs d'Inde (a),
» qui au lieu de vivre de grains, de fruits et d'herbes comme les autres, se
» sont accoutumés à être nourris de corps morts et de charognes; ils suivent
» les chasseurs, surtout ceux qui ne vont à la chasse que pour la peau des
» bêtes; ces gens abandonnent les chairs, qui pourriraient sur les lieux et
» infecteraient l'air sans le secours de ces oiseaux, qui ne voient pas plus tôt
» un corps écorché, qu'ils s'appellent les uns les autres, et fondent dessus
» comme des vautours, et en moins de rien en dévorent la chair et laissent
» les os aussi nets que s'ils avaient été raclés avec un couteau. Les Espa-
» gnols des grandes îles et de la terre ferme, aussi bien que les Portugais,
» habitants des lieux où l'on fait des cuirs, ont un soin tout particulier de
» ces oiseaux, à cause du service qu'ils leur rendent en dévorant les
» corps morts et empêchant ainsi qu'ils ne corrompent l'air; ils condam-
» nent à une amende les chasseurs qui tombent dans cette méprise; cette
» protection a extrêmement multiplié cette vilaine espèce de coqs d'Inde :
» on en trouve en bien des endroits de la Guyane, aussi bien que du Brésil,
» de la Nouvelle-Espagne et des grandes îles; ils ont une odeur de cha-
» rogne que rien ne peut ôter; on a beau leur arracher le croupion dès
» qu'on les a tués, leur ôter les entrailles, tous ces soins sont inutiles : leur
» chair dure, coriace, filasseuse, a contracté une mauvaise odeur insuppor-
» table. »

« Ces oiseaux, dit Kolbe, se nourrissent d'animaux morts; j'ai moi-
» même vu plusieurs fois des squelettes de vaches, de bœufs et d'animaux
» sauvages qu'ils avaient dévorés; j'appelle ces restes des squelettes, et ce
» n'est pas sans fondement, puisque ces oiseaux séparent avec tant d'art
» les chairs d'avec les os et la peau, que ce qui reste est un squelette par-
» fait, couvert encore de la peau, sans qu'il y ait rien de dérangé; on ne
» saurait même s'apercevoir que ce cadavre est vide que lorsqu'on en est
» tout près; pour cela, voici comment ils s'y prennent : d'abord ils font une
» ouverture au ventre de l'animal, d'où ils arrachent les entrailles, qu'ils
» mangent, et entrant dans le vide qu'ils viennent de faire ils séparent les
» chairs; les Hollandais du Cap appellent ces aigles *stront-vogels* ou *stront-*
» *jagers* (b), c'est-à-dire *oiseaux de fiente*, ou qui vont à la chasse de la fiente;
» il arrive souvent qu'un bœuf qu'on laisse retourner seul à son étable,
» après l'avoir ôté de la charrue, se couche sur le chemin pour se reposer;
» si ces aigles l'aperçoivent elles tombent immanquablement sur lui et le
» dévorent; lorsqu'elles veulent attaquer une vache ou un bœuf, elles se

---

(a) Quoique cet oiseau ressemble au coq d'Inde par la tête, le cou et la grandeur du corps,
il n'est pas de ce genre; mais de celui du vautour, dont il a non seulement le naturel et les
mœurs, mais encore le bec crochu et les serres.

(b) Cette espèce d'aigle est appelée *turkey buzzard*, *dindon-buse*, par Catesby, *Hist. nat.
Carol.*, tab. VI; et par Hans Sloane, *Hist. nat. Jamaïc*, etc. Note de l'éditeur de Kolbe.

» rassemblent et viennent fondre dessus au nombre de cent, et quelquefois
» même davantage ; elles ont l'œil si excellent qu'elles découvrent leur
» proie à une extrême hauteur, et dans le temps qu'elles-mêmes échappent
» à la vue la plus perçante, et aussitôt qu'elles voient le moment favorable,
» elles tombent perpendiculairement sur l'animal qu'elles guettent ; ces
» aigles sont un peu plus grosses que les oies sauvages, leurs plumes sont
» en partie noires, et en partie d'un gris clair, mais la partie noire est la
» plus grande ; elles ont le bec gros, crochu et fort pointu ; leurs serres
» sont grosses et aiguës (a). »

« Cet oiseau, dit Catesby, pèse quatre livres et demie ; il a la tête et une
» partie du cou rouges, chauves et charnues comme celui d'un dindon, clai-
» rement semées de poils noirs ; le bec de deux pouces et demi de long,
» moitié couvert de chair, et dont le bout, qui est blanc, est crochu comme
» celui d'un faucon ; mais il n'a point de crochets aux côtés de la mandi-
» bule supérieure ; les narines sont très grandes et très ouvertes, placées
» en avant à une distance extraordinaire des yeux ; les plumes de tout le
» corps ont un mélange de pourpre foncé et de vert ; ses jambes sont
» courtes et de couleur de chair, ses doigts longs comme ceux des coqs
» domestiques, et ses ongles, qui sont noirs, ne sont pas si crochus que
» ceux des faucons ; ils se nourrissent de charognes et volent sans cesse
» pour tâcher d'en découvrir ; ils se tiennent longtemps sur l'aile, et mon-
» tent et descendent d'un vol aisé, sans qu'on puisse s'apercevoir du mou-
» vement de leurs ailes ; une charogne attire un grand nombre de ces
» oiseaux, et il y a du plaisir à être présent aux disputes qu'ils ont entre
» eux en mangeant (b) : un aigle préside souvent au festin et les fait tenir à
» l'écart pendant qu'il se repaît ; ces oiseaux ont un odorat merveilleux :
» il n'y a pas plus tôt une charogne, qu'on les voit venir de toutes parts en
» tournant toujours, et descendant peu à peu jusqu'à ce qu'ils tombent
» sur leur proie ; on croit généralement qu'ils ne mangent rien qui ait vie,
» mais je sais qu'il y en a qui ont tué des agneaux, et que les serpents sont
» leur nourriture ordinaire. La coutume de ces oiseaux est de se jucher
» plusieurs ensemble sur des vieux pins et des cyprès, où ils restent le
» matin pendant plusieurs heures les ailes déployées (c) : ils ne craignent
» guère le danger et se laissent approcher de près, surtout lorsqu'ils man-
» gent. »

Nous avons cru devoir rapporter au long tout ce que l'on sait d'historique
au sujet de cet oiseau, parce que c'est souvent des pays étrangers, et sur-

(a) Description du cap de Bonne-Espérance, par Kolbe, t. III, p. 158 et 159.
(b) Ce fait est contraire à ce que disent Nieremberg, Marcgrave et Desmarchais, du silence
et de la concorde de ces oiseaux en mangeant.
(c) Par cette habitude des ailes déployées, il paraît encore que ces oiseaux sont du genre
des vautours, qui tous tiennent leurs ailes étendues lorsqu'ils sont posés.

tout des déserts, qu'il faut tirer les mœurs de la nature : nos animaux, et même nos oiseaux, continuellement fugitifs devant nous, n'ont pu conserver leurs véritables habitudes naturelles, et c'est dans celles de ce vautour des déserts de l'Amérique que nous devons voir ce que seraient celles de nos vautours s'ils n'étaient pas sans cesse inquiétés dans nos contrées, trop habitées pour les laisser se rassembler, se multiplier et se nourrir en si grand nombre ; ce sont là leurs mœurs primitives : partout ils sont voraces, lâches, dégoûtants, odieux, et, comme les loups, aussi nuisibles pendant leur vie qu'inutiles après leur mort.

LE CONDOR

Si la faculté de voler est un attribut essentiel à l'oiseau, le condor (*) doit être regardé comme le plus grand de tous ; l'autruche, le casoar, le dronte, dont les ailes et les plumes ne sont pas conformées pour le vol, et qui par cette raison ne peuvent quitter la terre, ne doivent pas lui être comparés : ce sont, pour ainsi dire, des oiseaux imparfaits, des espèces d'animaux terrestres, bipèdes, qui font une nuance mitoyenne entre les oiseaux et les quadrupèdes dans un sens, tandis que les roussettes, les rougettes et les chauves-souris font une semblable nuance, mais en sens contraire, entre les quadrupèdes et les oiseaux. Le condor possède même à un plus haut degré que l'aigle toutes les qualités, toutes les puissances que la nature a départies aux espèces les plus parfaites de cette classe d'êtres; il a jusqu'à dix-huit pieds de vol ou d'envergure, le corps, le bec et les serres à proportion aussi grandes et aussi fortes, le courage égal à la force, etc. Nous ne pouvons mieux faire, pour donner une idée juste de la forme et des proportions de son corps, que de rapporter ce qu'en dit le P. Feuillée, le seul de tous les naturalistes et voyageurs qui en ait donné une description détaillée. « Le condor est un oiseau de proie de la vallée d'Ylo au Pérou.....
» J'en découvris un qui était perché sur un grand rocher; je l'approchai à
» portée de fusil et le tirai; mais comme mon fusil n'était chargé que de
» gros plomb, le coup ne put entièrement percer la plume de son pare-
» ment; je m'aperçus cependant à son vol qu'il était blessé, car, s'étant
» levé fort lourdement, il eut assez de peine à arriver sur un autre grand
» rocher à cinq cents pas de là, sur le bord de la mer; c'est pourquoi je
» chargeai de nouveau mon fusil d'une balle et perçai l'oiseau au-dessous

(*) *Sarcorhamphus Gryphus* GEOFF. Les *Sarcorhamphus* sont des Rapaces de la famille des Vulturidés, caractérisés par une grande taille; un bec long, droit, muni à la base d'une cire et d'un lobe cutané, recourbé seulement à l'extrémité; un cou muni d'une collerette; des ailes grandes, larges, arrondies; des pieds forts, terminés par des ongles courts et émoussés.

» de la gorge; je m'en vis pour lors le maître et courus pour l'enlever :
» cependant il disputait encore avec la mort, et, s'étant mis sur son dos,
» il se défendait contre moi avec ses serres toutes ouvertes, en sorte que
» je ne savais de quel côté le saisir; je crois même que s'il n'eût pas été
» blessé à mort, j'aurais eu beaucoup de peine à en venir à bout; enfin
» je le traînai du haut du rocher en bas, et avec le secours d'un matelot je
» le portai dans ma tente pour le dessiner et mettre le dessin en couleur.

» Les ailes du condor, que je mesurai fort exactement, avaient, d'une
» extrémité à l'autre, onze pieds quatre pouces, et les grandes plumes, qui
» étaient d'un beau noir luisant, avaient deux pieds deux pouces de lon-
» gueur; la grosseur de son bec était proportionnée à celle de son corps,
» la longueur du bec était de trois pouces et sept lignes, sa partie supé-
» rieure était pointue, crochue et blanche à son extrémité, et tout le reste
» était noir; un petit duvet court, de couleur minime, couvrait toute la
» tête de cet oiseau; ses yeux étaient noirs et entourés d'un cercle brun
» rouge; tout son parement et le dessous du ventre, jusqu'à l'extrémité de
» la queue, était d'un brun clair; son manteau, de la même couleur, était
» un peu plus obscur; les cuisses étaient couvertes jusqu'au genou de
» plumes brunes, ainsi que celles du parement; le fémur avait dix pouces
» et une ligne de longueur, et le tibia cinq pouces et deux lignes; le pied
» était composé de trois serres antérieures et d'une postérieure; celle-ci
» avait un pouce et demi de longueur et une seule articulation ; cette serre
» était terminée par un ongle noir et long de neuf lignes; la serre anté-
» rieure du milieu du pied, ou la grande serre, avait cinq pouces huit
» lignes et trois articulations, et l'ongle qui la terminait avait un pouce
» neuf lignes et était noir comme sont les autres; la serre intérieure avait
» trois pouces deux lignes et deux articulations, et était terminée par un
» ongle de la même grandeur que celui de la grande serre; la serre exté-
» rieure avait trois pouces et quatre articulations, et l'ongle était d'un
» pouce; le tibia était couvert de petites écailles noires, les serres étaient
» de même, mais les écailles en étaient plus grandes.

» Ces animaux gîtent ordinairement sur les montagnes où ils trouvent
» de quoi se nourrir; ils ne descendent sur le rivage que dans la saison
» des pluies; sensibles au froid, ils y viennent chercher la chaleur. Au
» reste, quoique ces montagnes soient situées sous la zone torride, le froid
» ne laisse pas de s'y faire sentir; elles sont presque toute l'année couvertes
» de neiges, mais beaucoup plus en hiver, où nous étions entrés depuis le
» 21 de ce mois.

» Le peu de nourriture que ces animaux trouvent sur le bord de la mer,
» excepté lorsque quelque tempête y jette quelques gros poissons, les
» oblige à n'y pas faire de longs séjours; ils y viennent ordinairement le
» soir, y passent toute la nuit et s'en retournent le matin. »

Frézier, dans son voyage de la mer du Sud, parle de cet oiseau dans les termes suivants : « Nous tuâmes un jour un oiseau de proie appelé *condor*, » qui avait neuf pieds de vol et une crête brune qui n'est point déchiquetée » comme celle du coq ; il a le devant du gosier rouge, sans plumes, comme » le coq d'Inde ; il est ordinairement gros et fort à pouvoir emporter un » agneau. Garcilasso dit qu'il s'en est trouvé au Pérou qui avaient seize » pieds d'envergure. »

En effet, il paraît que ces deux condors, indiqués par Feuillée et par Frézier, étaient des plus petits et des jeunes de l'espèce ; car tous les autres voyageurs leur donnent plus de grandeur (a). Le P. d'Abbeville et de Laët assurent que le condor est deux fois plus grand que l'aigle, et qu'il est d'une telle force qu'il ravit et dévore une brebis entière, qu'il n'épargne pas même les cerfs et qu'il renverse aisément un homme (b). Il s'en est vu, disent Acosta (c) et Garcilasso (d), qui, ayant les ailes étendues, avaient quinze et même seize pieds d'un bout de l'aile à l'autre ; ils ont le bec si fort qu'ils percent la peau d'une vache, et deux de ces oiseaux en peuvent tuer et manger une, et même ils ne s'abstiennent pas des hommes ; heureusement il y en a peu, car, s'ils étaient en grande quantité, ils détruiraient tout le bétail (e). Desmarchais dit que ces oiseaux ont plus de dix-huit pieds de vol ou d'envergure (*), qu'ils ont les serres grosses, fortes et crochues, et que les Indiens de l'Amérique assurent qu'ils empoignent et emportent une biche ou une jeune vache comme ils feraient un lapin (**), qu'ils sont de la grosseur

(a) « Ad oram (inquit D. Strong) maritimam chilensem non procul a Mochâ insulâ alitem » hanc (cuntur) offendimus, clivo maritimo excelso prope littus insidentem. Glande plumbea » trajectæ et occisæ spatium et magnitudinem socii navales attoniti, mirabantur : quippe ab » extremo ad extremum alarum extensarum commensurata tredecim pedes latitudine æquabat. » Hispani regionis istius incolæ interrogati affirmabant se ab illis valde timere ne liberos » suos raperent et dilaniarent. » Ray, *Synops. Avi.*, p. 11.

(b) *Histoire du nouveau monde*, par de Laët, p. 553.

(c) Les oiseaux que les habitants du Pérou appellent *condores* sont d'une grandeur extrême et d'une telle force, que non seulement ils ouvrent et dépècent un mouton, mais aussi un veau tout entier. *Hist. des Indes*, par Jos. Acosta, p. 197.

(d) Ceux qui ont mesuré la grandeur des conturs, que les Espagnols appellent *condors*, ont trouvé seize pieds de la pointe d'une aile à l'autre..... Ils ont le bec si fort et si dur qu'ils percent aisément le cuir des bœufs. Deux de ces oiseaux attaquent une vache ou un taureau, et en viennent à bout : ils ont même attaqué de jeunes garçons de dix ou douze ans, dont ils ont fait leur proie. Leur plumage est semblable à celui des pies ; ils ont une crête sur le front, différente de celle des coqs, en ce qu'elle n'est point dentelée ; leur vol, au reste, est effroyable, et quand ils fondent à terre ils étourdissent par leur grand bruit. *Histoire des Incas*, t. II, page 201.

(e) *Histoire du nouveau monde*, par de Laët, p. 330.

(*) D'après Humboldt, les plus grands condors qu'on trouve près de Quito, dans les Andes, ont une envergure de 14 pieds.

(**) Il est aujourd'hui démontré que les condors sont impuissants à emporter un animal un peu volumineux. Leurs serres sont faibles comme chez tous les vautours, et ils mangent sur le sol. Ils se nourrissent surtout de jeunes mammifères dont ils s'emparent au moment même où les femelles mettent bas.

d'un mouton; que leur chair est coriace et sent la charogne; qu'ils ont la vue perçante, le regard assuré et même cruel; qu'ils ne fréquentent guère les forêts; qu'il leur faut trop d'espace pour remuer leurs grandes ailes; mais qu'on les trouve sur les bords de la mer et des rivières, dans les savanes ou prairies naturelles (a).

M. Ray (b), et presque tous les naturalistes après lui (c), ont pensé que le condor était du genre des vautours, à cause de sa tête et de son cou dénués de plumes; cependant on pourrait en douter encore, parce qu'il paraît que son naturel tient plus de celui des aigles; il est, disent les voyageurs, courageux et très fier; il attaque seul un homme et tue aisément un enfant de dix ou douze ans (d); il arrête un troupeau de moutons et choisit à son aise celui qu'il veut enlever; il emporte les chevreuils, tue les biches et les vaches, et prend aussi de gros poissons. Il vit donc, comme les aigles, du produit de sa chasse; il se nourrit de proies vivantes et non pas de cadavres; toutes ces habitudes sont plus de l'aigle que du vautour (*). Quoi qu'il en soit, il me paraît que cet oiseau, qui est encore peu connu, parce qu'il est rare partout, n'est cependant pas confiné aux seules terres méridionales

(a) *Voyage de Desmarchais*, t. III, p. 321 et 322. — C'est aussi au condor qu'il faut rapporter les passages suivants. Nos matelots, dit G. Spilberg, prirent dans l'île de Loubet, aux côtes du Pérou, deux oiseaux d'une grandeur extraordinaire qui avaient un bec, des ailes et des griffes comme en ont les aigles, un cou comme celui d'une brebis et une tête comme celle d'un coq, si bien que leur figure était aussi extraordinaire que leur grandeur. *Recueil des voyages de la Compagnie des Indes de Hollande*, t. IV, p. 528. — Il y avait, dit Ant. de Solis, dans la ménagerie de l'empereur du Mexique, des oiseaux d'une grandeur et d'une fierté si extraordinaire, qu'ils paraissaient des monstres... d'une taille surprenante et d'une prodigieuse voracité, jusque-là, qu'on trouve un auteur qui avance qu'un de ces oiseaux mangeait un mouton à chaque repas. *Hist. de la conquête du Mexique*, t. Ier, p. 5.

(b) « Hujus generis (*vulturini*) esse videtur avis illa ingens chilensis *contur* dicta; avis
» ista ex descriptione rudi qualem extorquere potui, quin vultur fuerit ex *aurarum* dictarum
» genere minime dubito; a nautis ob caput calvum seu implume pro gallopavone per errorem
» initio habita est, ut et *aura* a primis nostræ gentis (*Anglicæ*) Americæ colonis. » Ray,
» *Synops. Avi.*, p. 11 et 12.

(c) *Vultur* Gryps, *Gryphus*, Greif-Geier. Klein, *Ord. Avi.*, p. 45. — Le condor. Brisson, *Ornithol.*, t. I, p. 473.

(d) Il est souvent arrivé qu'un seul de ces oiseaux a tué et mangé des enfants de dix ou douze ans. *Trans. philos.*, nº 208. Sloane. — Le fameux oiseau, appelé au Pérou *cuntur*, et par corruption *condor*, que j'ai vu en plusieurs endroits des montagnes de la province de Quito, se trouve aussi, si ce qu'on m'a assuré est vrai, dans les pays bas des bords du Maragnon : j'en ai vu planer au-dessus d'un troupeau de moutons; il y a apparence que la vue du berger les empêchait de rien entreprendre; c'est une opinion universellement répandue, que cet oiseau enlève un chevreuil, et qu'il a quelquefois fait sa proie d'un enfant : on prétend que les Indiens lui présentent pour appât une figure d'enfant d'une argile très visqueuse, sur laquelle il fond d'un vol rapide, et qu'il y engage ses serres, de manière qu'il ne lui est plus possible de s'en dépêtrer. *Voyage de la rivière des Amazones*, par M. de La Condamine, p. 172.

(*) Le condor est beaucoup moins délicat que ne le dit Buffon. Il se précipite fort bien sur les animaux morts et en putréfaction, et l'on se sert souvent, d'après Humboldt, pour le chasser, de quartiers de bœuf à demi putréfiés que l'on place dans une enceinte fermée par une palissade. Lorsque le condor est repu, il ne s'envole qu'avec la plus grande difficulté, et les Indiens le tuent à coups de bâton avant qu'il ait pu franchir la palissade.

de l'Amérique; je suis persuadé qu'il se trouve également en Afrique, en Asie et peut-être même en Europe. Garcilasso a eu raison de dire que le condor du Pérou et du Chili (a) est le même oiseau que le *ruch* ou *roc* des Orientaux, si fameux dans les contes arabes, et dont Marc Paul a parlé; et il a eu encore raison de citer Marc Paul avec les contes arabes, parce qu'il y a dans sa relation presque autant d'exagération. « Il se trouve, dit-il, » dans l'île de Madagascar, une merveilleuse espèce d'oiseau qu'ils appellent » *roc*, qui a la ressemblance de l'aigle, mais qui est, sans comparaison, » beaucoup plus grand... les plumes des ailes étant de six toises de lon- » gueur et le corps grand à proportion; il est de telle force et puissance » que, seul et sans aucune aide, il prend et arrête un éléphant qu'il » enlève en l'air et laisse tomber à terre pour le tuer, et se repaître ensuite » de sa chair (b). » Il n'est pas nécessaire de faire sur cela des réflexions cri- tiques; il suffit d'y opposer des faits plus vrais, tels que ceux qui viennent de précéder et ceux qui vont suivre. Il me paraît que l'oiseau, presque grand comme une autruche, dont il est parlé dans l'*Histoire des naviga- tions aux terres australes* (c), ouvrage que M. le président de Brosses a rédigé avec autant de discernement que de soin, doit être le même que le condor des Américains et le roc des Orientaux; de même, il me paraît que l'oiseau de proie des environs de Tarnasar (d), ville des Indes orientales, qui est bien plus grand que l'aigle, et dont le bec sert à faire une poignée d'épée, est encore le condor, ainsi que le vautour du Sénégal (e), qui ravit et enlève des enfants; que l'oiseau sauvage de Laponie (f), gros et grand comme un

(a) *Hist. des Incas*, t. Ier, p. 27.

(b) *Description géographique*, etc., par Marc Paul, liv. III, chap. XL.

(c) Aux branches de l'arbre qui produit les fruits appelés *pains de singe* étaient suspendus des nids qui ressemblaient à de grands paniers ovales, ouverts par en bas et tissus confusé- ment de branches d'arbre assez grosses; je n'eus pas la satisfaction de voir les oiseaux qui les avaient construits; mais les habitants du voisinage m'assurèrent qu'ils avaient assez la figure de cette espèce d'aigle qu'ils appellent *ntann*. A juger de la grandeur de ces oiseaux par celle de leurs nids, elle ne devait pas être beaucoup inférieure à celle de l'autruche. *Hist. des navigations aux terres Australes*, t. II, p. 104.

(d) « In regione circa Tarnasar urbem Indiæ complura avium genera sunt, raptu præ- » sertim vivendi, longe aquilis proceriora; nam ex superiore rostri parte ensium capituli » fabricantur. Id rostri fulvum cæruleo colore distinctum... Aliti vero color est nige et item » purpureus intercursantibus pennis nonnullis » *Lud. Patritius apud Gesnerum, Avi.*, p. 206.

(e) Il y a au Sénégal des vautours aussi gros que des aigles, qui dévorent les petits enfants quand ils en peuvent attraper à l'écart. *Voyage de Le Maire*, p. 106.

(f) Il se trouve aussi dans la Laponie moscovite un oiseau sauvage de couleur d'un gris de perle, gros et grand comme un mouton, ayant la tête faite comme un chat, les yeux fort étincelants et rouges; le bec comme un aigle, les pieds et les griffes de même. *Voyage des pays septentrionaux*, par La Martinière, p. 76, avec une figure. — Il n'y a guère moins d'oiseaux que de bêtes à quatre pieds en Laponie; les aigles s'y rencontrent en abondance; il s'en trouve d'une grosseur si prodigieuse qu'elles peuvent, comme je l'ai déjà dit ailleurs, emporter des faons de rennes lorsqu'ils sont jeunes, dans leurs nids qu'ils font au sommet des plus hauts arbres; ce qui fait qu'il y a toujours quelqu'un pour les garder. Regnard, *Voyage de Laponie*, p. 181.

mouton, dont parlent Regnard et La Martinière, et dont Olaüs Magnus a fait graver le nid, pourrait bien encore être le même. Mais, sans aller prendre nos comparaisons si loin, à quelle autre espèce peut-on rapporter le *laemmer geyer* des Allemands? Ce vautour des agneaux ou des moutons, qui a souvent été vu en Allemagne et en Suisse en différents temps, et qui est beaucoup plus grand que l'aigle, ne peut être que le condor. Gessner rapporte, d'après un auteur digne de foi, Georges Fabricius, les faits suivants : Des paysans d'entre Miesen et Brisa, villes d'Allemagne, perdant tous les jours quelques pièces de bétail qu'ils cherchaient vainement dans les forêts, aperçurent un très grand nid posé sur trois chênes, construit de perches et de branches d'arbres, et si étendu qu'un char pouvait être à l'abri dessous; ils trouvèrent dans ce nid trois jeunes oiseaux déjà si grands, que leurs ailes étendues avaient sept aunes d'envergure; leurs jambes étaient plus grosses que celles d'un lion, leurs ongles aussi grands et aussi gros que les doigts d'un homme; il y avait dans ce nid plusieurs peaux de veaux et de brebis (*a*). M. Valmont de Bomare et M. Salerne ont pensé comme moi, que le *laemmer geyer* des Alpes devait être le condor du Pérou. Il a, dit M. de Bomare, quatorze pieds de vol, et fait une guerre cruelle aux chèvres, aux brebis, aux chamois, aux lièvres et aux marmottes. M. Salerne rapporte aussi un fait très positif à ce sujet, et qui est assez important pour le citer ici tout au long. « En 1719, M. Déradin, beau-père de M. du Lac, tua à » son château de Mylourdin, paroisse de Saint-Martin-d'Abat, un oiseau » qui pesait dix-huit livres, et qui avait dix-huit pieds de vol; il volait » depuis quelques jours autour d'un étang; il fut percé de deux balles sous » l'aile. Il avait le dessus du corps bigarré de noir, de gris et de blanc, et » le dessus du ventre rouge comme de l'écarlate, et ses plumes étaient » frisées; on le mangea tant au château de Mylourdin qu'à Châteauneuf- » sur-Loire; il fut trouvé dur, et sa chair sentait un peu le marécage; » j'ai vu et examiné une des moindres plumes de ses ailes; elle est plus » grosse que la plus grosse plume de cygne. Cet oiseau singulier sem- » blerait être le contur ou condor (*b*). » En effet, l'attribut de grandeur excessive doit être regardé comme un caractère décisif, et quoique le *laemmer geyer* des Alpes diffère du condor du Pérou, par les couleurs du plumage, on ne peut s'empêcher de les rapporter à la même espèce, du moins jusqu'à ce que l'on ait une description plus exacte de l'un et de l'autre (*).

Il paraît, par les indications des voyageurs, que le condor du Pérou a le plumage comme une pie, c'est-à-dire mêlé de blanc et de noir; et ce grand

(*a*) *Diction. d'Hist. nat.*, par M. Valmont de Bomare, article de l'aigle.
(*b*) *Ornithol.* de Salerne, p. 10.

(*) Buffon commet ici une erreur. Le Læmmer geyer des Alpes est une espèce très différente, le *Gypaetus barbatus* Cuv.

oiseau tué en France, au château de Mylourdin, lui ressemble donc, non seulement par la grandeur, puisqu'il avait dix-huit pieds d'envergure, et qu'il pesait dix-huit livres, mais encore par les couleurs, étant aussi mêlé de noir et de blanc. On peut donc croire avec toute apparence de raison, que cette espèce principale et première dans les oiseaux, quoique très peu nombreuse, est néanmoins répandue dans les deux continents, et que pouvant se nourrir de toute espèce de proie (a), et n'ayant à craindre que les hommes, ces oiseaux fuient les lieux habités et ne se trouvent que dans les grands déserts ou les hautes montagnes.

LE MILAN ET LES BUSES

Les milans (*) et les buses (**), oiseaux ignobles, immondes et lâches, doivent suivre les vautours, auxquels ils ressemblent par le naturel et les mœurs : ceux-ci, malgré leur peu de générosité, tiennent par leur grandeur et leur force l'un des premiers rangs parmi les oiseaux. Les milans et les buses, qui n'ont pas ce même avantage, et qui leur sont inférieurs en grandeur, y suppléent et les surpassent par le nombre ; partout ils sont beaucoup plus communs, plus incommodes que les vautours ; ils fréquentent plus souvent et de plus près les lieux habités ; ils font leur nid dans des endroits plus accessibles ; ils restent rarement dans les déserts ; ils préfèrent les plaines et les collines fertiles aux montagnes stériles : comme toute proie leur est bonne, que toute nourriture leur convient, et que plus la terre produit de végétaux, plus elle est en même temps peuplée d'insectes, de reptiles, d'oiseaux et de petits animaux, ils établissent ordinairement leur domicile au pied des montagnes, dans les terres les plus vivantes, les plus abondantes en gibier, en volaille, en poisson ; sans être courageux, ils ne sont pas timides ; ils ont une sorte de stupidité féroce qui leur donne l'air de l'audace tranquille, et semble leur ôter la connaissance du danger : on les approche, on

(a) Les déserts de la province de Pachacama, au Pérou, inspirent une secrète horreur ; on n'y entend le chant d'aucun oiseau, et dans toutes ces montagnes je n'en vis qu'un, nommé *condur*, qui est de la grosseur d'un mouton, et qui se perche sur les montagnes les plus arides et se nourrit des vers qui naissent dans ces sables. *Nouveau voyage autour du monde,* par Le Gentil, t. Ier, p. 129.

(*) Ils forment le genre *Milvus* Briss., de la famille des Accipitridés et de la sous-famille des Milviens. Les milans sont caractérisés par une queue longue et fourchue ou étagée ; par un bec peu fort, comprimé latéralement, avec une arête vive, des bords festonnés, et une extrémité très crochue, non échancrée ; par des tarses et des doigts courts, le doigt médian uni à l'externe par un repli membraneux ; et par des ongles longs, pointus, faibles.

(**) Genre *Buteo* Cuv., de la famille des Accipitridés et de la sous-famille des Butéoniens. Les buses ont le corps lourd, une tête épaisse, avec un bec comprimé, court et gros, recourbé, non denté ; une queue droite, courte et tronquée.

Imp. R. Panel

MILAN ROYAL

les tue bien plus aisément que les aigles et les vautours : détenus en captivité, ils sont encore moins susceptibles d'éducation ; de tout temps, on les a
proscrits, rayés de la liste des oiseaux nobles, et rejetés de l'école de la fauconnerie ; de tout temps, on a comparé l'homme grossièrement impudent au
milan, et la femme tristement bête à la buse.

Quoique ces oiseaux se ressemblent par le naturel, par la grandeur du
corps (a), par la forme du bec et par plusieurs autres attributs, le milan est
néanmoins aisé à distinguer, non seulement des buses, mais de tous les
autres oiseaux de proie, par un seul caractère facile à saisir ; il a la queue
fourchue ; les plumes du milieu, étant beaucoup plus courtes que les autres,
laissent paraître un intervalle qui s'aperçoit de loin, et lui a fait improprement donner le surnom d'*aigle à queue fourchue ;* il a aussi les ailes proportionnellement plus longues que les buses, et le vol bien plus aisé : aussi
passe-t-il sa vie dans l'air ; il ne se repose presque jamais, et parcourt
chaque jour des espaces immenses : et ce grand mouvement n'est point un
exercice de chasse, ni de poursuite de proie, ni même de découverte, car
il ne chasse pas ; mais il semble que le vol soit son état naturel, sa situation favorite : l'on ne peut s'empêcher d'admirer la manière dont il l'exécute, ses ailes longues et étroites paraissent immobiles ; c'est la queue qui
semble diriger toutes ses évolutions, et elle agit sans cesse ; il s'élève sans
effort, il s'abaisse comme s'il glissait sur un plan incliné ; il semble plutôt
nager que voler ; il précipite sa course, il la ralentit, s'arrête et reste comme
suspendu ou fixé à la même place pendant des heures entières, sans qu'on
puisse s'apercevoir d'aucun mouvement dans ses ailes.

Il n'y a, dans notre climat, qu'une seule espèce de milan (*), que nos
Français ont appelé *milan royal* (b), parce qu'il servait aux plaisirs des
princes, qui lui faisaient donner la chasse et livrer combat par le faucon ou
l'épervier ; on voit en effet, avec plaisir, cet oiseau lâche, quoique doué de
toutes les facultés qui devraient lui donner du courage, ne manquant ni
d'armes, ni de force, ni de légèreté, refuser de combattre et fuir devant
l'épervier, beaucoup plus petit que lui, toujours en tournoyant et s'élevant
comme pour se cacher dans les nues, jusqu'à ce que celui-ci l'atteigne,
le rabatte à coups d'ailes, de serres et de bec, et le ramène à terre

---

(a) « Milvus regalis magnitudine et habitu buteoni conformis est..... crura illi sunt crocea
» humiliora, buteonis ultrà poplites propendentibus plumis similiter ferrugineis dilatis obte-
» guntur. » Schwenckfeld, *Avi. Sil.,* p. 303.

(b) Les Grecs appelaient ἰκτῖς le putois ; et il est probable qu'ils ont donné au milan le
même nom, parce que le milan attaque et tue les volailles comme le putois. — Les Latins
l'ont appelé *milvus, quasi mollis avis,* oiseau lâche ; les noms *huau* ou *huo* en vieux français,
et *wowe* en hollandais semblent être des dénominations empruntées de son cri *hu-o.*— *Glead*
en anglais et *glada* en suédois sont tirés de ce qu'il paraît glisser en volant. — *Milion* est un
mot corrompu de milan.

(*) C'est le *Milvus regalis* Briss.

moins blessé que battu, et plus vaincu par la peur que par la force de son ennemi.

Le milan, dont le corps entier ne pèse guère que deux livres et demie, qui n'a que seize ou dix-sept pouces de longueur depuis le bout du bec jusqu'à l'extrémité des pieds, a néanmoins près de cinq pieds de vol ou d'envergure : la peau nue qui couvre la base du bec est jaune, aussi bien que l'iris des yeux et les pieds ; le bec est de couleur de corne et noirâtre vers le bout, et les ongles sont noirs ; sa vue est aussi perçante que son vol est rapide ; il se tient souvent à une si grande hauteur qu'il échappe à nos yeux, et c'est de là qu'il vise et découvre sa proie ou sa pâture, et se laisse tomber sur tout ce qu'il peut dévorer ou enlever sans résistance ; il n'attaque que les plus petits animaux et les oiseaux les plus faibles : c'est surtout aux jeunes poussins qu'il en veut ; mais la seule colère de la mère poule suffit pour le repousser et l'éloigner. « Les milans sont des animaux tout à fait » lâches, m'écrit un de mes amis (a), je les ai vus poursuivre à deux un » oiseau de proie pour lui dérober celle qu'il tenait, plutôt que de fondre sur » lui, et encore ne purent-ils y réussir : les corbeaux les insultent et les » chassent ; ils sont aussi voraces, aussi gourmands que lâches : je les ai » vus prendre, à la superficie de l'eau, de petits poissons morts et à demi » corrompus ; j'en ai vu emporter une longue couleuvre dans leurs serres ; » d'autres se poser sur des cadavres de chevaux et de bœufs ; j'en ai vu » fondre sur des tripailles que des femmes lavaient le long d'un petit ruis- » seau, et les enlever presque à côté d'elles : je m'avisai une fois de pré- » senter à un jeune milan, que des enfants nourrissaient dans la maison » que j'habitais, un assez gros pigeonneau : il l'avala tout entier avec les » plumes. »

Cette espèce de milan est commune en France, surtout dans les provinces de Franche-Comté, du Dauphiné, du Bugey, de l'Auvergne, et dans toutes les autres qui sont voisines des montagnes : ce ne sont pas des oiseaux de passage, car ils font leur nid dans le pays et l'établissent dans des creux de rochers. Les auteurs de la *Zoologie britannique* (b) disent de même qu'ils nichent en Angleterre et qu'ils y restent pendant toute l'année ; la femelle pond deux ou trois œufs qui, comme ceux de tous les oiseaux carnassiers, sont plus ronds que les œufs de poule ; ceux du milan sont blanchâtres, avec des taches d'un jaune sale. Quelques auteurs ont dit qu'il faisait son nid, dans les forêts, sur de vieux chênes ou de vieux sapins ; sans nier absolument le fait, nous pouvons assurer que c'est dans des trous de rochers qu'on les trouve communément.

(a) M. Hébert, que j'ai déjà cité comme ayant bien observé plusieurs faits relatifs à l'histoire des oiseaux.

(b) « Some have supposed these to be birds of passage ; but in England they certainly » continue the whole year. » *British Zoologie*, Species VI, the kite.

L'espèce paraît être répandue, dans tout l'ancien continent, depuis la Suède jusqu'au Sénégal (a), mais je ne sais si elle se trouve aussi dans le nouveau, car les relations d'Amérique n'en font aucune mention (*) : il y a seulement un oiseau qu'on dit être naturel au Pérou, et qu'on ne voit dans la Caroline qu'en été, qui ressemble au milan à quelques égards, et qui a comme lui la queue fourchue. M. Catesby en a donné la description et la figure (b) sous le nom d'*épervier à queue d'hirondelle*, et M. Brisson l'a appelé *milan de la Caroline* (c). Je serais assez porté à croire que c'est une espèce voisine de celle de notre milan, et qui la remplace dans le nouveau continent.

Mais il y a une autre espèce encore plus voisine, et qui se trouve dans nos climats comme oiseau de passage, que l'on a appelé le *milan noir* (**). Aristote distingue cet oiseau du précédent, qu'il appelle simplement *milan*, et il donne à celui-ci l'épithète de milan étolien (d), parce que probablement il était, de son temps, plus commun en Étolie qu'ailleurs. Belon (e) fait aussi mention de ces deux milans ; mais il se trompe lorsqu'il dit que le premier, qui est le milan royal, est plus noir que le second, qu'il appelle néanmoins *milan noir ;* ce n'est peut-être qu'une faute d'impression ; car il est certain que le milan royal est moins noir que l'autre ; au reste, aucun des naturalistes anciens et modernes n'a fait mention de la différence la plus apparente entre ces deux oiseaux, et qui consiste en ce que le milan royal a la queue fourchue, et que le milan noir l'a égale ou presque égale dans toute sa largeur, ce qui néanmoins n'empêche pas que ces deux oiseaux ne soient d'espèce très voisine, puisqu'à l'exception de cette forme de la queue ils se ressemblent par tous les autres caractères, car le milan noir, quoique

---

(a) Il paraît que le milan royal se trouve dans le Nord, puisque M. Linnæus l'a compris dans sa liste des oiseaux de Suède, sous la dénomination de *falco cerâ flavâ, caudâ forcipatâ; corpore ferrugineo, capite albidiore.* Faun. Suec., n° 59 ; et l'on voit aussi, par les témoignages des voyageurs, qu'il se trouve dans les provinces les plus chaudes de l'Afrique ; on rencontre encore ici (en Guinée), dit Bosman, une espèce d'oiseau de proie ; ce sont les milans : ils enlèvent, outre les poulets dont ils tirent leur nom, tout ce qu'ils peuvent découvrir et attraper, soit viande, soit poisson, et cela avec tant de hardiesse qu'ils arrachent aux femmes nègres les poissons qu'elles portent vendre au marché ou qu'elles crient dans les rues. *Voyage de Guinée,* p. 278. Près du désert, au long du Sénégal, dit un autre voyageur, on trouve un oiseau de proie de l'espèce du milan, auquel les Français ont donné le nom d'écouffe..... Toute nourriture convient à sa faim dévorante ; il n'est point épouvanté des armes à feu ; la chair cuite ou crue le tente si vivement qu'il enlève aux matelots leurs morceaux dans le temps qu'ils les portent à leur bouche. *Hist. générale des voyages,* par M. l'abbé Prévost, t. III, p. 306.

(b) *Hist. nat. de la Caroline,* par Catesby, t. Ier, p. 4, pl. IV, avec une bonne figure coloriée.

(c) Le milan de la Caroline. Brisson, *Ornith.,* t. Ier, p. 418.

(d) « Pariunt milvi ova bina magna ex parte, interdum tamen et terna, totidemque excludunt pullos; sed qui Ætolius nuncupatur, vel quaternos aliquandò excludit. » Arist., *Hist. anim.,* lib. VI, cap. VI.

(e) Milan noir. Belon, *Hist. nat. des Oiseaux,* p. 131.

(*) Cette espèce n'existe pas en Amérique ; elle paraît être confinée en Europe.
(**) *Milvus niger* BRISS.

un peu plus petit et plus noir que le milan royal, à néanmoins les couleurs du plumage distribuées de même, les ailes proportionnellement aussi étroites et aussi longues, le bec de la même forme, les plumes aussi étroites et aussi allongées, et les habitudes naturelles entièrement conformes à celles du milan royal.

Aldrovande dit que les Hollandais appellent ce milan *kukenduf;* que, quoiqu'il soit plus petit que le milan royal, il est néanmoins plus fort et plus agile; Schwenckfeld assure au contraire qu'il est plus faible et encore plus lâche, et qu'il ne chasse que les mulots, les sauterelles et les petits oiseaux qui sortent de leurs nids; il ajoute que l'espèce en est très commune en Allemagne : cela peut être, mais nous sommes certains qu'en France et en Angleterre elle est beaucoup plus rare que celle du milan royal; celui-ci est un oiseau du pays, et qui y demeure toute l'année; l'autre, au contraire, est un oiseau de passage qui quitte notre climat en automne pour se rendre dans des pays plus chauds; Belon a été témoin oculaire de leur passage d'Europe en Égypte; ils s'attroupent et passent en files nombreuses sur le Pont-Euxin, en automne, et repassent dans le même ordre au commencement d'avril; ils restent pendant tout l'hiver en Égypte, et sont si familiers qu'ils viennent dans les villes et se tiennent sur les fenêtres des maisons; ils ont la vue et le vol si sûrs, qu'ils saisissent en l'air les morceaux de viande qu'on leur jette.

LA BUSE

La buse (*) est un oiseau assez commun, assez connu pour n'avoir pas besoin d'une ample description : elle n'a guère que quatre pieds et demi de vol, sur vingt ou vingt et un pouces de longueur de corps; sa queue n'a que huit pouces, et ses ailes, lorsqu'elles sont pliées, s'étendent un peu au delà de son extrémité; l'iris de ses yeux est d'un jaune pâle et presque blanchâtre; les pieds sont jaunes aussi bien que la membrane qui couvre la base du bec, et les ongles sont noirs.

Cet oiseau demeure pendant toute l'année dans nos forêts; il paraît assez stupide, soit dans l'état de domesticité, soit dans celui de liberté; il est assez sédentaire et même paresseux; il reste souvent plusieurs heures de suite perché sur le même arbre; son nid est construit avec de petites branches, et garni en dedans de laine ou d'autres petits matériaux légers et mollets; la buse pond deux ou trois œufs qui sont blanchâtres, tachetés de jaune; elle

---

(*) *Buteo vulgaris* L. Les *Buteo* sont des Rapaces de la famille des Accipitridés, de la sous-famille des Butéoniens, caractérisés par un corps lourd; une tête épaisse; une queue droite, tronquée; un bec recourbé et dépourvu de dents.

élève et soigne ses petits plus longtemps que les autres oiseaux de proie qui, presque tous, les chassent du nid avant qu'ils soient en état de se pourvoir aisément : M. Ray (a) assure même que le mâle de la buse nourrit et soigne ses petits lorsqu'on a tué la mère.

Cet oiseau de rapine ne saisit pas sa proie au vol, il reste sur un arbre, un buisson ou une motte de terre, et de là se jette sur tout le petit gibier qui passe à sa portée ; il prend les levrauts et les jeunes lapins aussi bien que les perdrix et les cailles ; il dévaste les nids de la plupart des oiseaux ; il se nourrit aussi de grenouilles, de lézards, de serpents, de sauterelles, etc., lorsque le gibier lui manque.

Cette espèce est sujette à varier, au point que si l'on compare cinq ou six buses ensemble, on en trouve à peine deux bien semblables. Il y en a de presque entièrement blanches, d'autres qui n'ont que la tête blanche, d'autres enfin qui sont mélangées différemment les unes des autres, de brun et de blanc. Ces différences dépendent principalement de l'âge et du sexe, car on les trouve toutes dans notre climat.

LA BONDRÉE

Comme la bondrée (*) diffère peu de la buse, elle n'en a été distinguée que par ceux qui les ont soigneusement comparées. Elles ont, à la vérité, beaucoup plus de caractères communs que de caractères différents ; mais ces différences extérieures, jointes à celles de quelques habitudes naturelles, suffisent pour constituer deux espèces qui, quoique voisines, sont néanmoins distinctes et séparées. La bondrée est aussi grosse que la buse et pèse environ deux livres ; elle a vingt-deux pouces de longueur, depuis le bout du bec jusqu'à celui de la queue, et dix-huit pouces jusqu'à celui des pieds ; ses ailes, lorsqu'elles sont pliées, s'étendent au delà des trois quarts de la queue ; elle a quatre pieds deux pouces de vol ou d'envergure. Son bec est un peu plus long que celui de la buse ; la peau nue qui en couvre la base est jaune (b), épaisse et inégale ; les narines sont longues et courbées ; lorsqu'elle ouvre le bec, elle montre une bouche très large et de couleur jaune ; l'iris des yeux est d'un beau jaune ; les jambes et les pieds sont de la même couleur, et les

(a) *Ray's Letters*, LIII. — Voyez aussi *British Zoology*, Species VII.
(b) Quelques naturalistes ont dit que cette peau de la base du bec était noire ; mais on peut présumer que cette différence vient de l'âge, puisque cette peau qui couvre la base du bec est blanche dans le premier âge de ces oiseaux ; elle peut passer par le jaune et devenir enfin brune et noirâtre.

(*) *Pernis apivorus* Cuv. Les *Pernis* appartiennent à la même sous-famille que les *Buteo*. Ils se distinguent de ces derniers par une queue allongée et un bec long, à pointe très recourbée.

ongles, qui ne sont pas fort crochus, sont forts et noirâtres ; le sommet de la tête paraît large et aplati ; il est d'un gris cendré. On trouve une ample description de cet oiseau dans l'ouvrage de M. Brisson et dans celui d'Albin. Ce dernier auteur, après avoir décrit les parties extérieures de la bondrée, dit qu'elle a les boyaux plus courts que la buse ; et il ajoute qu'on a trouvé daas l'estomac d'une bondrée plusieurs chenilles vertes, comme aussi plusieurs chenilles communes et autres insectes (*).

Ces oiseaux, ainsi que les buses, composent leur nid avec des bûchettes, et le tapissent de laine à l'intérieur, sur laquelle ils déposent leurs œufs, qui sont d'une couleur cendrée et marquetée de petites taches brunes. Quelquefois ils occupent des nids étrangers ; on en a trouvé dans un vieux nid de milan. Ils nourrissent leurs petits de chrysalides, et particulièrement de celles des guêpes. On a trouvé des têtes et des morceaux de guêpes dans un nid où il y avait deux petites bondrées. Elles sont, dans ce premier âge, couvertes d'un duvet blanc, tacheté de noir ; elles ont alors les pieds d'un jaune pâle, et la peau qui est sur la base du bec, blanche. On a aussi trouvé dans l'estomac de ces oiseaux, qui est fort large, des grenouilles et des lézards entiers. La femelle est dans cette espèce, comme dans toutes celles des grands oiseaux de proie, plus grosse que le mâle ; et tous deux piettent et courent, sans s'aider de leurs ailes, aussi vite que nos coqs de basse-cour.

Quoique Belon dise qu'il n'y a petit berger, dans la Limagne d'Auvergne, qui ne sache connaître la bondrée, et la prendre par engin avec des grenouilles, quelquefois aussi aux gluaux, et souvent au lacet, il est cependant très vrai qu'elle est aujourd'hui beaucoup plus rare en France que la buse commune. Dans plus de vingt buses qu'on m'a apportées en différents temps, en Bourgogne, il ne s'est pas trouvé une seule bondrée ; et je ne sais de quelle province est venue celle que nous avons au cabinet du roi. M. Salerne dit que, dans le pays d'Orléans, c'est la buse ordinaire qu'on appelle *bondrée ;* mais cela n'empêche pas que ce ne soient deux oiseaux différents.

La bondrée se tient ordinairement sur les arbres en plaine, pour épier sa proie. Elle prend les mulots, les grenouilles, les lézards, les chenilles et les autres insectes. Elle ne vole guère que d'arbre en arbre et de buissons en buissons, toujours bas et sans s'élever comme le milan, auquel du reste elle ressemble assez par le naturel, mais dont on pourra toujours la distinguer de loin et de près, tant par son vol que par sa queue, qui n'est pas fourchue comme celle du milan. On tend des pièges à la bondrée, parce qu'en hiver elle est très grasse et assez bonne à manger.

(*) La bondrée se nourrit de petits mammifères, tels que rats, surmulots, etc., de petits oiseaux, de lézards, d'insectes, particulièrement de guêpes, ainsi que l'indique son nom ; mais, d'après Brehm, elle ne mange que les guêpes encore incomplètement développées et dont elle n'a pas à redouter l'aiguillon. Pendant l'été, elle se nourrit de fruits de myrtille, de framboises, etc.

L'OISEAU SAINT-MARTIN

Les naturalistes modernes ont donné à cet oiseau (a) le nom de *faucon-lanier* ou *lanier cendré* (*); mais il nous paraît être non seulement d'une espèce, mais d'un genre différent de ceux du faucon et du lanier. Il est un peu plus gros qu'une corneille ordinaire, et il a proportionnellement le corps plus mince et plus dégagé; il a les jambes longues et menues, en quoi il diffère des faucons qui les ont robustes et courtes, et encore du lanier que Belon dit être plus court *empiété* qu'aucun faucon; mais, par ce caractère des longues jambes, il ressemble au jean-le-blanc et à la soubuse; il n'a donc d'autre rapport au lanier que l'habitude de déchirer avec le bec tous les petits animaux qu'il saisit, et qu'il n'avale pas entiers, comme le font les autres gros oiseaux de proie. Il faut, dit M. Edwards, le ranger dans la classe des faucons à longues ailes : ce serait, à mon avis, plutôt avec les buses qu'avec les faucons que cet oiseau devrait être rangé, ou plutôt il faut lui laisser sa place auprès de la soubuse, à laquelle il ressemble par un grand nombre de caractères et par les habitudes naturelles.

Au reste, cet oiseau se trouve assez communément en France, aussi bien qu'en Allemagne et en Angleterre. M. Frisch a donné deux planches de ce même oiseau, nos 79 et 80, qui ne diffèrent pas assez l'une de l'autre pour qu'on doive les regarder avec lui comme étant d'espèce différente; car les variétés qu'il remarque entre ces deux oiseaux sont trop légères, pour ne les pas attribuer au sexe ou à l'âge. M. Edwards, qui a aussi donné la figure de cet oiseau, dit que celui de sa planche enluminée a été tué près de Londres, et il ajoute que, quand on l'aperçut, il voltigeait autour du pied de quelques vieux arbres, dont il paraissait quelquefois frapper le tronc avec le bec et les serres, en continuant cependant à voltiger, ce dont on ne put découvrir la raison qu'après l'avoir tué et ouvert; car on lui trouva dans l'estomac une vingtaine de petits lézards, déchirés ou coupés en deux ou trois morceaux.

En comparant cet oiseau avec ce que dit Belon de son second oiseau saint-

---

(a) Belon n'hésite pas à dire qu'il est de la même espèce que le jean-le-blanc, et en même temps il convient qu'il approche beaucoup du milan : « Il est, dit-il, encore une autre espèce » de jean-le-blanc ou oiseau saint-martin, semblablement nommée *blanche queue*, de même » espèce que le susdit; mais il ressemble beaucoup mieux à la couleur d'un milan royal, » n'était qu'il est de moindre corpulence..... Il ressemble au milan royal de si près qu'on n'y » trouverait différence, n'était qu'il est plus petit et plus blanc sous le ventre, ayant les » plumes qui touchent le croupion en la queue, tant dessus que dessous, de couleur blanche; » aussi est-ce de cela qu'il est nommé *queue blanche*. » *Hist. nat. des Oiseaux*, p. 104.

(*) C'est le *Strigiceps cineraceus*. La variété décrite ici par Buffon ne serait, d'après Cuvier, que le mâle de la seconde année. Voyez l'article suivant : la Soubuse. Les *Strigiceps* sont des Rapaces de la famille des Accipitridés et de la sous-famille des Circiens. Certains auteurs les confondent avec les *Circus*.

martin, on ne pourra douter que ce ne soit le même, et indépendamment des rapports de grandeur, de figure et de couleur, ces habitudes naturelles de voler bas et de chercher avec avidité et constance les petits reptiles, appartiennent moins aux faucons et aux autres oiseaux nobles qu'à la buse, à la harpaye et aux autres oiseaux de ce genre, dont les mœurs sont plus ignobles et approchent de celles des milans. Cet oiseau, bien décrit et très bien représenté par M. Edwards, n'est pas, comme le disent les auteurs de la *Zoologie britannique*, le *henharrier*, dont ils ont donné la figure. Ce sont des oiseaux différents, dont le premier, que nous appelons, d'après Belon, l'*oiseau saint-martin*, a, comme je l'ai dit, été indiqué par MM. Frisch et Brisson, sous le nom de *faucon-lanier* et *lanier cendré; le second de ces oiseaux, qui est le *subbuteo* de Gessner, et que nous appelons *soubuse*, a été nommé *aigle à queue blanche* par Albin, et *faucon à collier* par M. Brisson. Au reste, les fauconniers nomment cet oiseau saint-martin : la *harpaye-épervier. Harpaye* est parmi eux un nom générique qu'ils donnent non seulement à l'oiseau saint-martin, mais encore à la soubuse et au busard roux ou rousseau, dont nous parlerons dans la suite.

LA SOUBUSE

La soubuse (*) ressemble à l'oiseau saint-martin par le naturel et les mœurs : tous deux volent bas pour saisir des mulots et des reptiles ; tous deux entrent dans les basses-cours, fréquentent les colombiers pour prendre les jeunes pigeons, les poulets ; tous deux sont oiseaux ignobles, qui n'attaquent que les faibles, et dès lors on ne doit les appeler ni faucons ni laniers comme l'ont fait nos nomenclateurs. Je voudrais donc retrancher de la liste des faucons ce faucon à collier, et ne lui laisser que le nom de *soubuse*, comme au lanier cendré celui d'*oiseau saint-martin*.

Le mâle dans la soubuse est, comme dans les autres oiseaux de proie, considérablement plus petit que la femelle ; mais l'on peut remarquer en les comparant qu'il n'a point comme elle de collier, c'est-à-dire de petites plumes hérissées autour du cou : cette différence, qui paraîtrait être un caractère spécifique, nous portait à croire que l'oiseau qui n'a pas ce collier n'était pas le mâle de la soubuse femelle ; mais de très habiles fauconniers nous ont assuré la chose comme certaine, et, en y regardant de près, nous avons en effet trouvé les mêmes proportions entre la queue et les ailes, la

---

(*) Les deux animaux décrits par Buffon sous le nom d'oiseau saint-martin et de soubuse appartiennent, d'après Cuvier, à une même espèce, à laquelle on donne aujourd'hui le nom de *Strigiceps cineraceus*, et vulgairement celui d'*oiseau saint-martin*.

même distribution dans les couleurs, la même forme de cou, de tête et de bec, etc. ; en sorte que nous n'avons pu résister à leur avis : ce qui sur cela nous rendait plus difficiles, c'est que presque tous les naturalistes ont donné à la soubuse un mâle tout différent, et qui est celui que nous avons appelé oiseau *saint-martin;* et ce n'est qu'après mille et mille comparaisons, que nous avons cru pouvoir nous déterminer avec fondement contre leur autorité. Nous observerons que la soubuse se trouve en France aussi bien qu'en Angleterre ; qu'elle a les jambes longues et menues comme l'oiseau saint-martin ; qu'elle pond trois ou quatre œufs rougeâtres dans des nids qu'elle construit sur des buissons épais ; qu'enfin ces deux oiseaux, avec celui dont nous parlerons dans l'article suivant sous le nom de *harpaye,* semblent former un petit genre à part plus voisin de celui des milans et des buses que de celui des faucons.

LA HARPAYE

Harpaye (*) est un ancien nom générique que l'on donnait aux oiseaux du genre des busards ou busards de marais, et à quelques autres espèces voisines, telles que la soubuse et l'oiseau saint-martin, qu'on appelait *harpaye-épervier :* nous avons rendu ce nom spécifique en l'appliquant à l'espèce dont il est ici question, à laquelle les fauconniers d'aujourd'hui donnent le nom de *harpaye rousseau;* nos nomenclateurs l'ont nommé *busard roux,* et M. Frisch l'a appelé improprement *vautour-lanier moyen,* comme il a de même, et tout aussi improprement, appelé le busard de marais *grand vautour-lanier :* nous avons préféré le nom simple de *harpaye,* parce qu'il est certain que cet oiseau n'est ni un vautour ni un busard : il a les mêmes habitudes naturelles que les deux oiseaux dont nous avons parlé dans les deux articles précédents ; il prend le poisson comme le jean-le-blanc, et le tire vivant hors de l'eau ; il paraît, dit M. Frisch, avoir la vue plus perçante que tous les autres oiseaux de rapine, ayant les sourcils plus avancés sur les yeux. Il se trouve en France comme en Allemagne, et fréquente de préférence les lieux bas et les bords des fleuves et des étangs ; et comme pour le reste de ses habitudes naturelles il ressemble aux précédents, nous n'entrerons pas à son sujet dans un plus grand détail.

(*) C'est le *Circus rufus* des ornithologistes modernes. Les *Circus* sont des Rapaces de la famille des Accipitridés et de la sous-famille des Circiens. Cet animal appartient, sans nul doute, à la même espèce que la suivante.

LE BUSARD

On appelle communément cet oiseau le *busard de marais* (*); mais, comme il n'existe réellement dans notre climat que cette seule espèce de busard, nous lui avons conservé ce nom simple : on l'appelait autrefois *fau-per-drieux,* et quelques fauconniers le nomment aussi *harpaye à tête blanche;* cet oiseau est plus vorace et moins paresseux que la buse, et c'est peut-être par cette seule raison qu'il paraît moins stupide et plus méchant : il fait une cruelle guerre aux lapins, et il est aussi avide de poisson que de gibier; au lieu d'habiter, comme la buse, les forêts en montagne, il ne se tient que dans les buissons, les haies, les joncs, et à portée des étangs, des marais et des rivières poissonneuses : il niche dans les terres basses, et fait son nid à peu de hauteur de terre, dans des buissons, ou même sur des mottes couvertes d'herbes épaisses : il pond trois œufs, quelquefois quatre, et, quoiqu'il paraisse produire en plus grand nombre que la buse, qu'il soit, comme elle, oiseau sédentaire et naturel en France, et qu'il y demeure toute l'année, il est néanmoins bien plus rare ou bien plus difficile à trouver.

On ne confondra pas le busard avec le milan noir, quoiqu'il lui ressemble à plusieurs égards, parce que le busard a, comme la buse, la bondrée, etc., le cou gros et court, au lieu que les milans l'ont beaucoup plus long; et on distingue aisément le busard de la buse : 1° par les lieux qu'il habite; 2° par le vol qu'il a plus rapide et plus ferme; 3° parce qu'il ne se perche pas sur de grands arbres, et que communément il se tient à terre ou dans des buissons; 4° on le reconnaît à la longueur de ses jambes, qui, comme celles de l'oiseau saint-martin et de la soubuse, sont à proportion plus hautes et plus menues que celles des autres oiseaux de rapine.

Le busard chasse de préférence les poules d'eau, les plongeons, les canards et les autres oiseaux d'eau; il prend les poissons vivants et les enlève dans ses serres : au défaut de gibier ou de poisson, il se nourrit de reptiles, de crapauds, de grenouilles et d'insectes aquatiques (**) : quoiqu'il soit plus petit que la buse, il lui faut une plus ample pâture, et c'est vrai-semblablement parce qu'il est plus vif et qu'il se donne plus de mouvement qu'il a plus d'appétit; il est aussi bien plus vaillant. Belon assure en avoir vu qu'on avait élevés à chasser et prendre des lapins, des perdrix et des

---

(*) C'est le *Circus rufus.*

(**) D'après Brehm, il détruit une grande quantité d'oiseaux de marais. « Il chasse les » petits oiseaux de dessus leurs nids pour s'emparer de leurs œufs. C'est à cause de lui, sans » doute, que tous les oiseaux aquatiques cachent soigneusement leurs œufs dans les matériaux » du nid. »

cailles ; il vole plus pesamment que le milan, et, lorsqu'on veut le faire chasser par des faucons, il ne s'élève pas comme celui-ci, mais fuit horizontalement : un seul faucon ne suffit pas pour le prendre, il saurait s'en débarrasser et même l'abattre ; il descend au duc comme le milan, mais il se défend mieux, et il a plus de force et de courage ; en sorte qu'au lieu d'un seul faucon, il en faut lâcher deux ou trois pour en venir à bout. Les hobereaux et les cresserelles le redoutent, évitent sa rencontre, et même fuient lorsqu'il les approche.

OISEAUX ÉTRANGERS

QUI ONT RAPPORT AU MILAN, AUX BUSES ET SOUBUSES

I. — L'oiseau appelé par Castesby (a) l'*épervier à queue d'hirondelle* (*), et par M. Brisson le *milan de la Caroline*. « Cet oiseau, dit Castesby, pèse
» quatorze onces ; il a le bec noir et crochu ; mais il n'a point de crochets
» aux côtés de la mandibule supérieure comme les autres éperviers. Il a les
» yeux fort grands et noirs et l'iris rouge ; la tête, le cou, la poitrine et le
» ventre sont blancs, le haut de l'aile et le dos d'un pourpre foncé, mais
» plus brunâtre vers le bas, avec une teinture de vert ; les ailes sont lon-
» gues à proportion du corps et ont quatre pieds, lorsqu'elles sont déployées.
» La queue est d'un pourpre foncé, mêlé de vert et très fourchue, la plus
» longue plume des côtés ayant huit pouces de long de plus que la plus
» courte du milieu. Ces oiseaux volent longtemps, comme les hirondelles,
» et prennent en volant les escarbots, les mouches et autres insectes sur les
» arbres et sur les buissons. On dit qu'ils font leur proie de lézards et de
» serpents, ce qui fait que quelques-uns les ont appelés *éperviers à serpents*.
» Je crois, ajoute M. Catesby, que ce sont des oiseaux de passage (en Caro-
» line), n'en ayant jamais vu aucun pendant l'hiver. »

Nous remarquerons, au sujet de ce que dit ici cet auteur, que l'oiseau dont il est question n'est point un épervier, n'en ayant ni la forme ni les mœurs ; il approche beaucoup plus, par ces deux caractères, de l'espèce du milan ;

(a) *Hist. nat. de la Caroline*, t. Ier, p. 4, pl. IV, avec une bonne figure coloriée.

(*) C'est le *Nauclerus furcatus* VIG., de la famille des Accipitridés et de la sous-famille des Milviens. Le milan de la Caroline, ou Naucler Martinet, est répandu dans toute l'Amérique méridionale ; on le trouve aussi dans le sud de l'Amérique du Nord. Les Nauclers sont remarquables parce qu'ils vivent toujours en troupes très considérables. Ils se nourrissent surtout d'insectes. Ils chassent les insectes à la manière des hirondelles, mais ils les saisissent avec les pattes et non avec le bec, comme font les hirondelles. Audubon raconte que, quand on tue un Naucler, toute la bande se précipite autour du cadavre comme pour l'emporter. On peut ainsi en tuer plusieurs consécutivement.

et si on ne veut pas le regarder comme une variété de l'espèce du milan d'Europe, on peut au moins assurer que c'est le genre dont il approche le plus, et que son espèce est infiniment plus voisine de celle du milan que de celle de l'épervier.

II. — L'oiseau appelé *caracara* par les Indiens du Brésil, et dont Marcgrave a donné la figure et une assez courte indication (*a*), puisqu'il se contente de dire que le *caracara* du Brésil, nommé *gavion* par les Portugais, est une espèce d'épervier (*) ou de petit aigle (*nisus*) de la grandeur d'un milan ; qu'il a la queue longue de neuf pouces, les ailes de quatorze, qui ne s'étendent pas lorsqu'elles sont pliées jusqu'à l'extrémité de la queue ; le plumage roux et taché de points blancs et jaunes ; la queue variée de blanc et de brun ; la tête comme celle d'un épervier ; le bec noir, crochu et médiocrement grand ; les pieds jaunes, les serres semblables à celles des éperviers, avec des ongles semi-lunaires, longs, noirs et très aigus, et les yeux d'un beau jaune ; il ajoute que cet oiseau est le grand ennemi des poules et qu'il varie dans son espèce, en ayant vu d'autres dont la poitrine et le ventre étaient blancs.

III. — L'oiseau des terres de la baie d'Hudson, auquel M. Edwards a donné le nom de *buse cendrée* (*b*) (**), et qu'il a décrit à peu près dans les termes suivants. Cet oiseau est de la grandeur d'un coq ou d'une poule de moyenne grosseur : il ressemble par la figure, et en partie par les couleurs, à la buse commune ; le bec et la peau qui en couvre la base sont d'une couleur plombée bleuâtre ; la tête et la partie supérieure du cou sont couvertes de plumes blanches, tachées de brun foncé dans leur milieu. La poitrine est blanche comme la tête, mais marquée de taches brunes plus grandes. Le ventre et les côtés sont couverts de plumes brunes, marquées de taches blanches, rondes ou ovales ; les jambes sont couvertes de plumes douces et blanches, irrégulièrement tachées de brun ; les couvertures du dessous de la queue sont

(*a*) Marcgrave, *Hist. nat. Brasil.*, p. 211.
(*b*) « The ash coloured Buzzard. » Edwards, *Hist. of Birds*, t. II, p. 53, pl. LIII, avec une figure bien coloriée.

(*) C'est le *Polyborus brasiliensis* des ornithologistes modernes, de la famille des Falconiens. Il est répandu dans toute l'Amérique du Sud, où il vit dans les forêts clairsemées, les steppes et surtout les marais. Il se nourrit de toutes sortes d'animaux et même de cadavres putréfiés. « Que le berger attentif, dit A. d'Orbigny, ne perde pas un instant de vue sa brebis prête à mettre bas ; car le caracara la guette, et la moindre négligence peut coûter la vie au jeune agneau bientôt déchiré par le cordon ombilical ; aussi avons-nous vu le chien de berger de la province de Corrientes, actif autant que judicieux, s'empressant autour du troupeau que seul il conduit, surveille et ramène, n'en laisser jamais impunément approcher un caracara. »
(**) D'après Cuvier, l'oiseau décrit ici par Buffon représenterait le jeune âge du gerfaut cendré (*Falco atrocapillus*).

rayées transversalement de blanc et de noir ; toutes les parties supérieures du cou, du dos, des ailes et de la queue, sont couvertes de plumes d'un brun cendré, plus foncé dans leur milieu et plus clair sur les bords ; les couvertures du dessous des ailes sont d'un brun sombre avec des taches blanches ; les plumes de la queue sont croisées par-dessus de lignes étroites et de couleur obscure, et par-dessous croisées de lignes blanches ; les jambes et les pieds sont d'une couleur cendrée bleuâtre ; les ongles sont noirs et les jambes sont couvertes, jusqu'à la moitié de leur longueur, de plumes d'une couleur obscure. Cet oiseau, ajoute M. Edwards, qui se trouve dans les terres de la baie d'Hudson, fait principalement sa proie des gelinottes blanches. Après avoir comparé cet oiseau, décrit par M. Edwards, avec les buses, soubuses, harpayes et busards, il nous a paru différer de tous par la forme de son corps et par ses jambes courtes. Il a le port de l'aigle et les jambes courtes comme le faucon, et bleues comme le lanier. Il semble donc qu'il vaudrait mieux le rapporter au genre du faucon ou à celui du lanier, qu'au genre de la buse. Mais comme M. Edwards est un des hommes du monde qui connaissent le mieux les oiseaux, et qu'il a rapporté celui-ci aux buses, nous avons cru devoir ne pas tenir à notre opinion et suivre la sienne : c'est par cette raison que nous plaçons ici cet oiseau à la suite des buses.

L'ÉPERVIER

Quoique les nomenclateurs aient compté plusieurs espèces d'éperviers, nous croyons qu'on doit les réduire à une seule (*). M. Brisson fait mention de quatre espèces ou variétés, savoir : l'épervier commun, l'épervier tacheté, le petit épervier et l'épervier des alouettes ; mais nous avons reconnu que cet épervier des alouettes n'est que la cresserelle femelle. Nous avons trouvé de même que le petit épervier n'est que le tiercelet ou mâle de l'épervier commun, en sorte qu'il ne reste plus que l'épervier tacheté, qui n'est qu'une variété accidentelle de l'espèce commune de l'épervier. M. Klein (a) est le premier qui ait indiqué cette variété ; il dit que cet oiseau lui fut envoyé du pays de Marienbourg. Il faut donc réduire à l'espèce commune le petit épervier aussi bien que l'épervier tacheté, et séparer de cette espèce l'épervier des alouettes, qui n'est que la femelle de la cresserelle.

(a) Klein, *Ordo Avium*, p. 53.

(*) *Accipiter nisus* Briss., ou *Nisus communis* Cuv. de la famille des Accipitridés, sous-famille des Accipitriens. Les *Nisus* ont le bec court, fort, festonné sur les bords ; des ailes atteignant à peine la queue, qui est longue ; des tarses beaucoup plus longs que le doigt médian ; des griffes pointues.

On observera que le tiercelet-sors d'épervier diffère du tiercelet-hagard, en ce que le sors a la poitrine et le ventre beaucoup plus blancs et avec beaucoup moins de mélange de roux que le tiercelet-hagard, qui a ces parties presque entièrement rousses et traversées de bandes brunes; au lieu que l'autre n'a sur la poitrine que des taches ou des bandes beaucoup plus irrégulières. Le tiercelet d'épervier s'appelle *mouchet* par les fauconniers; il est d'autant plus brun sur le dos qu'il est plus âgé, et les bandes transversales de la poitrine ne sont bien régulières que quand il a passé sa première ou sa seconde mue. Il en est de même de la femelle, qui n'a des bandes régulières que lorsqu'elle a passé sa seconde mue; et, pour donner une idée plus détaillée de ces différences et de ces changements dans la distribution des couleurs, nous remarquerons que sur le tiercelet-sors ces taches de la poitrine et du ventre sont presque toutes séparées les unes des autres, et qu'elles présentent plutôt la figure d'un cœur ou d'un triangle émoussé qu'une suite continue et uniforme de couleur brune, telle qu'on la voit dans les bandes transversales de la poitrine et du ventre du tiercelet-hagard d'épervier, c'est-à-dire du tiercelet qui a subi ses deux premières mues. Les mêmes changements arrivent dans la femelle; ces bandes transversales brunes ne sont dans la première année que des taches séparées; et l'on verra, dans l'article de l'autour, que ce changement est encore plus considérable que dans l'épervier; rien ne prouve mieux combien sont fautives les indications que nos nomenclateurs ont voulu tirer de la distribution des couleurs, que de voir le même oiseau porter la première année des taches ou des bandes longitudinales brunes, descendant du haut en bas, et présenter, au contraire, dans la seconde année, des bandes transversales de la même couleur. Ce changement, quoique très singulier, est plus sensible dans l'autour et dans les éperviers, mais il se trouve aussi plus ou moins dans plusieurs autres espèces d'oiseaux; de sorte que toutes les méthodes fondées sur l'énonciation des différences de couleur et de la distribution des taches se trouvent ici entièrement démenties.

L'épervier reste toute l'année dans notre pays; l'espèce en est assez nombreuse: on m'en a apporté plusieurs dans la plus mauvaise saison de l'hiver, qu'on avait tués dans les bois; ils sont alors très maigres et ne pèsent que six onces: le volume de leur corps est à peu près le même que celui du corps d'une pie; la femelle est beaucoup plus grosse que le mâle; elle fait son nid sur les arbres les plus élevés des forêts; elle pond ordinairement quatre ou cinq œufs, qui sont tachés d'un jaune rougeâtre vers leurs bouts. Au reste l'épervier, tant mâle que femelle, est assez docile: on l'apprivoise aisément, et l'on peut le dresser pour la chasse des perdreaux et des cailles; il prend aussi des pigeons séparés de leur compagne et fait une prodigieuse destruction des pinsons et des autres petits oiseaux qui se mettent en troupes pendant l'hiver (*). Il faut que l'espèce de l'épervier soit encore plus nombreuse qu'elle ne le paraît; car, indépendamment de ceux qui restent toute l'année dans notre climat, il paraît que dans certaines saisons il en passe en grande quantité dans d'autres pays (a), et qu'en général l'espèce se trouve répandue dans l'ancien continent (b), depuis la Suède (c) jusqu'au cap de Bonne-Espérance (d).

(a) Je crois devoir rapporter ici en entier un assez long récit de Belon, qui prouve le passage de ces oiseaux et indique en même temps la manière dont on les prend. « Nous » étions, dit-il, à la bouche du Pont-Euxin, où commence le détroit du Propontide; nous » étions montés sur la plus haute montagne, nous trouvâmes un oiseleur qui prenait des » éperviers de belle manière; et comme c'était vers la fin d'avril, lorsque tous oiseaux sont » empêchés à faire leurs nids, il nous semblait étrange voir tant de milans et d'éperviers » venir de la part de devers le côté dextre de la mer Majeure : l'oiseleur les prenait avec » grande industrie et n'en faillait pas un; il en prenait plus d'une douzaine à chaque heure; » il était caché derrière un buisson, au-devant duquel il avait fait une aire unie et carrée » qui avait deux pas en diamètre, distante environ de deux ou trois pas du buisson; il y avait » six bâtons fichés autour de l'aire, qui étaient de la grosseur d'un pouce et de la hauteur » d'un homme, trois de chaque côté, à le sommité desquels il y avait en chacun une coche » entaillée du côté de la place, tenant un rets de fil vert délié, qui était attaché aux » coches des bâtons, tendus à la hauteur d'un homme, et au milieu de la place il y avait un » piquet de la hauteur d'une coudée, au faîte duquel il y avait une cordelette attachée qui » répondait à l'homme caché derrière le buisson; il y avait aussi plusieurs oiseaux attachés » à la cordelette qui paissaient le grain dedans l'aire, lesquels l'oiseleur faisait voler lorsqu'il » avait advisé l'épervier de loin venant du côté de la mer; et l'épervier ayant si bonne vue, » dès qu'il les voyait d'une demi-lieue, lors prenait son vol à ailes déployées, et venait si » roidement donner dans le filet, pensant prendre les petits oiseaux, qu'il demeurait encré » léans enseveli dedans les rets; alors l'oiseleur le prenait et lui fichait les ailes jusqu'au pli » dedans un linge qui était là tout prêt expressément cousu, duquel il lui liait le bas des » ailes avec les cuisses et la queue, et l'ayant cillé, laissait l'épervier contre terre qui ne » pouvait ne se remuer ne se débattre. Nul ne saurait penser de quelle part venaient tant » d'éperviers, car étant arrêté deux heures, il en print plus de trente; tellement qu'en un » jour un homme seul en prenait bien près d'une centaine. Les milans et les éperviers » venaient à la file qu'on advisait d'aussi loin que la vue se pouvait étendre. « Belon, Hist. nat. des Oiseaux, p. 124.

(b) Les éperviers sont communs au Japon, de même que partout ailleurs dans les Indes orientales. Kæmpfer, Hist. du Japon, t. Ier, p. 113.

(c) Linnæus, Fauna Suecica, no 68.

(d) Kolbe, Descript. du cap de Bonne-Espérance, t. III, p. 167 et 168.

(*) L'épervier est le plus redoutable ennemi des petits oiseaux. Il se livre à la chasse avec une hardiesse et une habileté remarquables; mais les oiseaux dont il se nourrit rivalisent de ruse avec lui et parfois échappent ainsi à ses serres. « Je vis un jour, dit Brehm » père, un épervier poursuivre un moineau le long d'une haie. Celui-ci, sachant bien qu'au » vol il serait perdu, courait constamment au travers de la haie d'un côté à l'autre. L'épervier » le suivait de son mieux : à la fin, fatigué de cette chasse infructueuse, il alla se percher » sur un prunier voisin où je le tirai. Beaucoup d'oiseaux décrivent, pour l'éviter, des cercles » très serrés autour des branches d'arbres. L'épervier ne pouvant les suivre assez vite, ils » prennent sur lui une certaine avance, puis disparaissent au plus épais du fourré. D'autres » se laissent tomber à terre, y demeurent immobiles et échappent souvent par cette manœuvre. » Les plus agiles le poursuivent en poussant des cris et avertissent ainsi leurs compagnons. » Les hirondelles de cheminées, notamment, troublent ses chasses, et il paraît en avoir » conscience. Lorsqu'elles commencent à le pourchasser, il s'élève dans les airs, décrit quel- » ques cercles, puis s'enfuit vers la forêt, furieux, sans doute, contre ces oiseaux trop agiles. »

L'AUTOUR

L'autour (*) est un bel oiseau beaucoup plus grand que l'épervier, auquel il ressemble néanmoins par les habitudes naturelles et par un caractère qui leur est commun, et qui, dans les oiseaux de proie, n'appartient qu'à eux et aux pies-grièches : c'est d'avoir les ailes courtes ; en sorte que, quand elles sont pliées, elles ne s'étendent pas à beaucoup près à l'extrémité de la queue ; il ressemble encore à l'épervier, parce qu'il a, comme lui, la première plume de l'aile courte, arrondie par son extrémité, et que la quatrième plume de l'aile est la plus longue de toutes. Les fauconniers distinguent les oiseaux de chasse en deux classes ; savoir : ceux de la fauconnerie proprement dite, et ceux qu'ils appellent de l'*autourserie* ; et dans cette seconde classe ils comprennent non seulement l'autour, mais encore l'épervier, les harpayes, les buses, etc.

L'autour, avant sa première mue, c'est-à-dire pendant la première année de son âge, porte sur la poitrine et sur le ventre des taches brunes, perpendiculairement longitudinales ; mais lorsqu'il a subi ses deux premières mues, ces taches longitudinales disparaissent et il s'en forme de transversales qui durent ensuite pour tout le reste de la vie : en sorte qu'il est très facile de se tromper sur la connaissance de cet oiseau qui, dans deux âges différents, est marqué si différemment.

Au reste, l'autour a les jambes plus longues que les autres oiseaux qu'on pourrait lui comparer et prendre pour lui (a), comme le gerfaut, qui est à très peu près de sa grandeur ; le mâle autour est, comme la plupart des oiseaux de proie, beaucoup plus petit que la femelle : tous deux sont des oiseaux de poing et non de leurre ; ils ne volent pas aussi haut que ceux qui ont les ailes plus longues à proportion du corps ; ils ont, comme je l'ai dit, plusieurs habitudes communes avec l'épervier ; jamais ils ne tombent à plomb sur leur proie : ils la prennent de côté. On a vu par le récit de Belon, que nous avons cité, comment on peut prendre les éperviers : on peut prendre les autours de la même manière ; on met un pigeon blanc, pour qu'il soit vu de plus loin, entre quatre filets de neuf ou dix pieds de hauteur, et qui renferment autour du pigeon, qui est au centre, un espace de neuf ou dix pieds de longueur sur autant de largeur ; l'autour arrive obliquement, et la manière

---

(a) M. Linnæus a pris le gerfaut pour l'autour, *gyrfalco*. Linn., *Hist. nat.*, édition VI, gen. 36, sp. 10. Il est néanmoins très aisé de les distinguer, car ordinairement l'autour a les pieds d'un beau jaune, et le gerfaut les a pâles et bleuâtres.

(*) *Astur palumbarius* TEMM. Les *Astur* sont des Rapaces de la famille des Accipitridés et de la sous-famille des Accipitriens. Ils ont le bec fort, recourbé ; la queue courte, arrondie ; des pattes fortes.

dont il s'empêtre dans les filets indique qu'ils ne se précipitent point sur leur proie, mais qu'ils l'attaquent de côté pour s'en saisir ; les entraves du filet ne l'empêchent pas de dévorer le pigeon, et il ne fait de grands efforts pour s'en débarrasser que quand il est repu.

L'autour se trouve dans les montagnes de Franche-Comté, du Dauphiné, du Bugey, et même dans les forêts de la province de Bourgogne et aux environs de Paris ; mais il est encore plus commun en Allemagne qu'en France, et l'espèce paraît s'être répandue dans les pays du Nord jusqu'en Suède ; et dans ceux de l'Orient et du Midi, jusqu'en Perse et en Barbarie ; ceux de Grèce sont les meilleurs de tous pour la fauconnerie, selon Belon : « Ils ont, » dit-il, la tête grande, le cou gros et beaucoup de plumes ; ceux d'Arménie, » ajoute-t-il, ont les yeux verts ; ceux de Perse les ont clairs, concaves et » enfoncés ; ceux d'Afrique, qui sont les moins estimés, ont les yeux noirs » dans le premier âge et rouges après la première mue ; » mais ce caractère n'est pas particulier aux autours d'Afrique ; ceux de notre climat ont les yeux d'autant plus rouges qu'ils sont plus âgés ; il y a même dans les autours de France une différence ou variété de plumage et de couleur qui a induit les naturalistes en une espèce d'erreur (a) ; on a appelé *busard* un autour dont le plumage est blond et dont le naturel, plus lâche que celui de l'autour brun et moins susceptible d'une bonne éducation, l'a fait regarder comme une espèce de buse ou busard, et lui en a fait donner le nom : c'est néanmoins très certainement un autour, mais que les fauconniers rejettent de leur école. Il y a encore une variété assez légère dans cet autour blond, qui consiste en ce qu'il s'en trouve dont les ailes sont tachées de blanc, et ce caractère lui a fait donner le nom de *busard varié ;* mais cet oiseau varié, aussi bien que celui qui est blond, sont également des autours, et non pas des busards.

J'ai fait nourrir longtemps un mâle et une femelle de l'espèce de l'autour brun ; la femelle était au moins d'un tiers plus grosse que le mâle ; il s'en fallait plus de six pouces que les ailes, lorsqu'elles étaient pliées, ne s'étendissent jusqu'à l'extrémité de la queue ; elle était plus grosse dès l'âge de quatre mois, qui m'a paru être le terme de l'accroissement de ces oiseaux, qu'un gros chapon. Dans le premier âge, jusqu'à cinq ou six semaines, ces oiseaux sont d'un gris blanc ; ils prennent ensuite du brun sur tout le dos, le cou et les ailes ; le ventre et le dessous de la gorge changent moins et sont ordinairement blancs ou blanc jaunâtre, avec des taches longitudinales brunes dans la première année, et des bandes transversales brunes

(a) M. Brisson a donné sous le nom de *gros busard* (t. Ier, p. 398) cet autour blond, dont il fait une espèce particulière, non seulement différente de celle de l'autour, mais encore de toutes les autres espèces de busards ; cependant il est très certain que ce n'est qu'une variété, même légère, dans l'espèce de l'autour, car il n'en diffère en rien que par la couleur du plumage.

dans les années suivantes. Le bec est d'un bleu sale, et la membrane qui en couvre la base est d'un bleu livide ; les jambes sont dénuées de plumes, et les doigts des pieds sont d'un jaune foncé ; les ongles sont noirâtres, et les plumes de la queue, qui sont brunes, sont marquées par des raies transversales fort larges, de couleur d'un gris sale. Le mâle a sous la gorge, dans cette première année d'âge, les plumes mêlées d'une couleur roussâtre, ce que n'a pas la femelle, à laquelle il ressemble sur tout le reste, à l'exception de la grosseur, qui, comme nous l'avons dit, est de plus d'un tiers au-dessous.

On a remarqué que, quoique le mâle fût beaucoup plus petit que la femelle, il était plus féroce et plus méchant ; ils sont tous deux assez difficiles à priver ; ils se battaient souvent, mais plus des griffes que du bec, dont ils ne se servent guère que pour dépecer les oiseaux ou autres petits animaux, ou pour blesser et mordre ceux qui les veulent saisir : ils commencent par se défendre de la griffe, se renversent sur le dos en ouvrant le bec et cherchent beaucoup plus à déchirer avec les serres qu'à mordre avec le bec. Jamais on ne s'est aperçu que ces oiseaux, quoique seuls dans la même volière, aient pris de l'affection l'un pour l'autre (*) ; ils y ont cependant passé la saison entière de l'été, depuis le commencement de mai jusqu'à la fin de novembre, où la femelle, dans un accès de fureur, tua le mâle dans le silence de la nuit, à neuf ou dix heures du soir, tandis que tous les autres oiseaux étaient endormis : leur naturel est si sanguinaire que, quand on laisse un autour en liberté avec plusieurs faucons, il les égorge tous les uns après les autres ; cependant il semble manger de préférence les souris, les mulots et les petits oiseaux ; il se jette avidement sur la chair saignante et refuse assez constamment la viande cuite ; mais, en le faisant jeûner, on peut le forcer de s'en nourrir ; il plume les oiseaux fort proprement et ensuite les dépèce avant de les manger, au lieu qu'il avale les souris tout entières. Ses excréments sont blanchâtres et humides : il rejette souvent par le vomissement

---

(*) L'autour est un oiseau extrêmement sauvage et solitaire ; il ne vit avec sa femelle que pendant l'époque des amours. La vie solitaire des autours est due, sans nul doute, à leur voracité. Toutes les fois qu'on met ensemble des autours dans une volière, ils s'entre-dévorent, alors même qu'on leur fournit une alimentation paraissant suffisamment abondante. A l'état libre, ils se jettent sur tous les animaux qu'ils rencontrent et chassent pendant toute la journée, même en plein midi, alors que tous les autres rapaces se livrent au repos. Leur vol est extrêmement rapide. Ils usent aussi de ruse et déploient parfois une très grande ingéniosité. Le comte Wodzicki, cité par Brehm, raconte qu'un autour, afin de surprendre des pigeons très défiants, restait des heures entières immobile sous un toit de chaume, les plumes hérissées et le cou rentré. « Ainsi posé, il ressemblait tout à fait à » un hibou. Les pigeons devinrent plus confiants, se perchèrent sur le toit ; l'oiseau de » proie ne bougea pas ; mais, quand ils se mirent à sortir sans crainte du pigeonnier et à » y rentrer, il fondit sur eux et en saisit un. » Un autre autour, chassant au voisinage du même pigeonnier, se montrait encore plus rusé. Il arrivait tous les jours à la même heure et chassait les pigeons dans leur pigeonnier ; puis il se posait sur le toit et le frappait à coups d'aile jusqu'à ce qu'un pigeon effrayé sortît ; il fondait alors aussitôt sur lui et s'en emparait.

les peaux roulées des souris qu'il a avalées. Son cri est fort rauque et finit toujours par des sons aigus, d'autant plus désagréables qu'il les répète plus souvent ; il marque aussi une inquiétude continuelle dès qu'on l'approche et semble s'effaroucher de tout : en sorte qu'on ne peut passer auprès de la volière où il est détenu, sans le voir s'agiter violemment et l'entendre jeter plusieurs cris répétés.

———

OISEAUX ÉTRANGERS

QUI ONT RAPPORT A L'ÉPERVIER ET A L'AUTOUR

I. — L'oiseau qui nous a été envoyé de Cayenne sans aucun nom, et que nous avons désigné sous la dénomination d'*épervier à gros bec de Cayenne* (*), parce qu'en effet il a plus de rapport à l'épervier qu'à tout autre oiseau de proie ; il est seulement un peu plus gros et d'une forme de corps un peu plus arrondie que l'épervier ; il a aussi le bec plus gros et plus long, les jambes un peu plus courtes ; le dessous de la gorge d'une couleur uniforme et vineuse ; au lieu que l'épervier a cette même partie blanche ou blanchâtre ; mais, du reste, il ressemble assez à l'épervier d'Europe pour qu'on puisse le regarder comme étant d'une espèce voisine, et qui peut-être ne doit son origine qu'à l'influence du climat.

II. — L'oiseau qui nous a été envoyé de Cayenne sans nom, et auquel nous avons cru devoir donner celui de petit *autour de Cayenne* (**), parce qu'il a été jugé du genre de l'autour par de très habiles fauconniers. J'avoue qu'il nous a paru avoir plus de rapport avec le lanier, tel qu'il a été décrit par Belon, qu'avec l'autour ; car il a les jambes fort courtes et de couleur bleue, ce qui fait deux caractères du lanier, mais peut-être n'est-il réellement ni lanier ni autour. Il arrive tous les jours qu'en voulant rapporter des oiseaux ou des animaux étrangers aux espèces de notre climat, on leur donne des noms qui ne leur conviennent pas, et il est très possible que cet oiseau de Cayenne soit d'une espèce particulière et différente de celle de l'autour et du lanier.

III. — L'oiseau de la Caroline, donné par Castesby (*a*) sous le nom d'*épervier des pigeons* (***), qui a le corps plus mince que l'épervier ordinaire, l'iris

(*a*) Pigeon hawk. *Hist. nat. of Carol.*, by Marc Catesby, t. Ier, page 3, pl. III, avec une figure coloriée.

(*) *Falco magnirostris* GMEL.
(**) *Morphnus cayennensis* CUV.
(***) *Astur columbarius* CUV.

des yeux jaune, ainsi que la peau qui couvre la base du bec, les pieds de la même couleur, le bec blanchâtre à son origine et noir avec son crochet; le dessus de la tête, du cou, du dos, du croupion, des ailes et de la queue, couvert de plumes blanches mêlées de quelques plumes brunes; les jambes couvertes de longues plumes blanches, mêlées d'une légère teinte rouge, et variées de taches longitudinales brunes.....; les plumes de la queue brunes comme celles des aigles, mais rayées de quatre bandes transversales blanches.

LE GERFAUT

Le gerfaut (*), tant par sa figure que par le naturel, doit être regardé comme le premier de tous les oiseaux de la fauconnerie, car il les surpasse de beaucoup en grandeur : il est au moins de la taille de l'autour; mais il en diffère par des caractères généraux et constants, qui distinguent tous les oiseaux propres à être élevés pour la fauconnerie, de ceux auxquels on ne peut pas donner la même éducation. Ces oiseaux de chasse noble sont les gerfauts, les faucons, les sacres, les laniers, les hobereaux, les émerillons et les cresserelles. Ils ont tous les ailes presque aussi longues que la queue; la première plume de l'aile, appelée *le cerecau*, presque aussi longue que celle qui la suit, le bout de cette plume en penne ou en forme de tranchant ou de lame de couteau, sur une longueur d'environ un pouce à son extrémité; au lieu que, dans les autours, les éperviers, les milans et les buses, qui ne sont pas oiseaux aussi nobles ni propres aux mêmes exercices, la queue est plus longue que les ailes, et cette première plume de l'aile est beaucoup plus courte et arrondie par son extrémité; et ils diffèrent encore en ce que la quatrième plume de l'aile est dans ces derniers oiseaux la plus longue, au lieu que c'est la seconde dans les premiers. On peut ajouter que le gerfaut diffère spécifiquement de l'autour par le bec et les pieds qu'il a bleuâtres, et par son plumage qui est brun sur toutes les parties supérieures du corps, blanc taché de brun sur toutes les parties inférieures, avec la queue grise, traversée de lignes brunes. Cet oiseau se trouve assez communément en Islande, et il paraît qu'il y a variété dans l'espèce; car il nous a été envoyé de Norvège un gerfaut qui se trouve également dans les pays les plus septentrionaux, qui diffère un peu de l'autre par les nuances et par

(*) *Hierofalco islandicus*. Les *Hierofalco* appartiennent à la famille des Falconidés et ont été longtemps confondus avec les faucons véritables, dans le genre Falco. Ils sont caractérisés par une grande taille, un bec renflé, très recourbé, fort; une queue longue, presque rectiligne, ne dépassant que peu les ailes. A mesure qu'ils vieillissent leur plumage blanchit. A. E. Brehm admet trois espèces de *Hierofalco* : l'*H. candicans*, de l'Islande, l'*H. arcticus*, du Groenland, et l'*H. gyrfalco*, de Norvège.

la distribution des couleurs, et qui est plus estimé des fauconniers que celui d'Islande, parce qu'ils lui trouvent plus de courage, plus d'activité et plus de docilité; et indépendamment de cette première variété, qui paraît être variété de l'espèce, il y en a une seconde qu'on pourrait attribuer au climat, si tous n'étaient pas également des pays froids; cette seconde variété est le gerfaut blanc, qui diffère beaucoup des deux premiers, et nous présumons que dans ceux de Norvège aussi bien que dans ceux d'Islande il s'en trouve de blancs; en sorte qu'il est probable que c'est une seconde variété commune aux deux premières, et qu'il existe en effet dans l'espèce du gerfaut trois races constantes et distinctes, dont la première est le gerfaut d'Islande, la seconde le gerfaut de Norvège, et la troisième le gerfaut blanc; car d'habiles fauconniers nous ont assuré que ces derniers étaient blancs dès la première année, et conservaient leur blancheur dans les années suivantes : en sorte qu'on ne peut attribuer cette couleur à la vieillesse de l'animal ou au climat plus froid, les bruns se trouvant également dans le même climat. Ces oiseaux sont naturels aux pays froids du Nord, de l'Europe et de l'Asie; ils habitent en Russie, en Norvège, en Islande, en Tartarie, et ne se trouvent point dans les climats chauds, ni même dans nos pays tempérés. C'est, après l'aigle, le plus puissant, le plus vif, le plus courageux de tous les oiseaux de la fauconnerie; on les transporte d'Islande et de Russie en France (a), en Italie et jusqu'en Perse et en Turquie (b), et il ne paraît pas que la chaleur plus grande de ces climats leur ôte rien de leur force et de leur vivacité; ils attaquent les plus grands oiseaux, et font aisément leur proie de la cigogne, du héron et de la grue; ils tuent les lièvres en se laissant tomber à plomb dessus; la femelle est, comme dans les autres oiseaux de proie, beaucoup plus grande et plus forte que le mâle; on appelle celui-ci *tiercelet de gerfaut,* qui ne sert dans la fauconnerie que pour voler le milan, le héron et les corneilles.

(a) Nous ne verrions point le gerfaut, s'il ne nous était apporté d'étrange pays; on dit qu'il vient de Russie, où il fait son aire, et qu'il ne hante ne l'Italie ne France, et qu'il est oiseau passager en Al'emagne... C'est un oiseau bon à tous vols; car il ne refuse jamais rien, et il est plus hardi que nul autre oiseau de proie. Belon, *Hist. nat. des Oiseaux,* p. 94 et 95.

(b) C'est au gerfaut qu'il faut rapporter le passage suivant : « Il ne faut pas oublier de
» faire mention d'un oiseau de proie qui vient de Moscovie, d'où on le transporte en Perse,
» et qui est presque aussi gros qu'un aigle; ces oiseaux sont rares, et il n'y a que le roi
» seul qui puisse en avoir. Comme c'est la coutume en Perse d'évaluer les présents que
» l'on fait au roi, sans en rien excepter, ces oiseaux sont mis à cent tomans la pièce, qui
» font quinze cents écus; et s'il en meurt quelques-uns en chemin, l'ambassadeur en apporte
» à Sa Majesté la tête et les ailes, et on lui tient compte de l'oiseau comme s'il était vivant :
» on dit que cet oiseau fait son nid dans la neige, qu'il perce jusqu'à terre par la chaleur
» de son corps, et quelquefois jusqu'à une toise de hauteur, etc.,... » *Voyage de Chardin,*
t. II, p. 31.

LE LANIER (a)

Cet oiseau (*), qu'Aldrovande appelle *laniarius Gallorum*, et que Belon dit être naturel en France et plus employé par les fauconniers qu'aucun autre, est devenu si rare que nous n'avons pu nous le procurer : il n'est dans aucun de nos Cabinets, ni dans les suites d'oiseaux coloriés par MM. Edwards, Frisch et les auteurs de la *Zoologie britannique;* Belon lui-même, qui en fait une description assez détaillée, n'en donne pas la figure; il en est de même de Gessner, d'Aldrovande et des autres naturalistes modernes. MM. Brisson et Salerne avouent ne l'avoir jamais vu : la seule représentation qu'on en ait est dans Albin, dont on sait que les planches sont très mal coloriées. Il paraît donc que le lanier, qui est aujourd'hui si rare en France, l'a également et toujours été en Allemagne, en Angleterre, en Suisse, en Italie, puisque aucun des auteurs de ces différents pays n'en a parlé que d'après Belon; cependant il se retrouve en Suède, puisque M. Linnæus le met dans la liste des oiseaux de ce pays (*), mais il n'en donne qu'une légère description, et point du tout l'histoire : ne le connaissant donc que par les indications de Belon, nous ne pouvons rien faire de plus que de les rapporter ici par extrait. « Le lanier ou faucon-lanier, dit-il, fait » ordinairement son aire en France sur les plus hauts arbres des forêts, ou » dans les rochers les plus élevés : comme il est d'un naturel plus doux et » de mœurs plus faciles que les faucons ordinaires, on s'en sert communé- » ment *à tous propos*. Il est de plus petite corpulence que le faucon-gentil, » et de plus beau plumage que le sacre, surtout après la mue; il est aussi » plus court *empiété* que nul des autres faucons. Les fauconniers choisissent » le lanier ayant grosse tête, les pieds bleus et orés; le lanier vole tant » pour rivière que pour les champs; il supporte mieux la nourriture de » grosses viandes qu'aucun autre faucon; on le reconnaît sans pouvoir s'y » méprendre, car il a le bec et les pieds bleus; les plumes de devant mêlées » de noir sur le blanc, avec des taches droites le long des plumes, et non » pas traversées comme au faucon..... ; quand il étend ses ailes, qu'on les » regarde par-dessous, les taches paraissent différentes de celles des autres » oiseaux de proie, car elles sont semées et rondes *comme petits deniers.* » Son cou est court et assez gros, aussi bien que son bec : on appelle la » femelle *lanier;* elle est plus grosse que le mâle, qu'on nomme *lanneret:*

(a) Lanier vient du latin *laniare*, déchirer, parce que cet oiseau déchire cruellement les poules et les autres animaux dont il fait sa proie. Lanneret est le diminutif de lanier, et c'est pour cela qu'on appelle le mâle *lanneret*, qui est considérablement plus petit que la femelle.

(*) *Falco lanarius* L. Cette espèce habite surtout les régions orientales et septentrionales de l'Europe. Il existe en Hongrie, en Pologne et en Russie.

» tous deux sont assez semblables par les couleurs du plumage ; il n'est
» aucun oiseau de proie qui tienne plus constamment sa perche, et il reste
» au pays pendant toute l'année ; on l'instruit aisément à voler et prendre
» la grue ; la saison où il chasse le mieux est après la mue, depuis la mi-
» juillet jusqu'à la fin d'octobre ; mais en hiver il n'est pas bon à l'exercice
» de la chasse. »

LE SACRE

Je crois devoir séparer cet oiseau (*) de la liste des faucons, et le mettre
à la suite du lanier, quoique quelques-uns de nos nomenclateurs (a) ne
regardent le sacre que comme une variété de l'espèce du faucon, parce
qu'en le considérant comme variété, elle appartiendrait bien plutôt à l'espèce
du lanier qu'à celle du faucon : en effet, le sacre a, comme le lanier, le bec
et les pieds bleus, tandis que les faucons ont les pieds jaunes. Ce caractère,
qui paraît spécifique, pourrait même faire croire que le sacre ne serait réellement qu'une variété du lanier ; mais il en diffère beaucoup par les couleurs, et constamment par la grandeur ; il paraît que ce sont deux espèces
distinctes et voisines qu'on ne doit pas mêler avec celles des faucons : ce
qu'il y a de singulier ici, c'est que Belon est encore le seul qui nous ait
donné des indications de cet oiseau ; sans lui, les naturalistes ne connaî-
traient que peu ou point du tout le sacre et le lanier : tous deux sont devenus
également rares, et c'est ce qui doit faire présumer encore qu'ils ont les
mêmes habitudes naturelles, et que par conséquent ils sont d'espèces très
voisines. Mais Belon les ayant décrits, comme les ayant vus tous deux,
et les donnant comme des oiseaux réellement différents l'un de l'autre, il
est juste de s'en rapporter à lui, et de citer ce qu'il dit du sacre, comme
nous avons cité ce qu'il dit du lanier. « Le sacre est de plus laid pennage
» que nul des oiseaux de fauconnerie, car il est de couleur comme entre
» roux et enfumé, semblable à un milan ; il est court empiété, ayant lès
» jambes et les doigts bleus, ressemblant en ce quelque chose au lanier ; il
» serait quasi pareil au faucon en grandeur, n'était qu'il est compassé plus
» rond. Il est oiseau de moult hardi courage, comparé en force au faucon
» pèlerin : aussi est oiseau de passage, et il est rare de trouver homme qui
» se puisse vanter d'avoir oncques vu l'endroit où il fait ses petits ; il y a
» quelques fauconniers qui sont d'opinion qu'il vient de Tartarie et Russie,
» et de devers la mer Majeure, et que faisant son chemin pour aller vivre
» certaine partie de l'an vers la partie du midi, est prins au passage par les

(a) *Falco sacer*. Le sacre. Brisson, *Ornithologie*, t. Ier, p. 337. — *Nota.* Cet auteur en fait
la douzième variété de l'espèce du faucon.

(*) *Falco sacer* L.

» fauconniers, qui les aguettent en diverses îles de la mer Égée, Rhodes,
» Chypre, etc. Et combien qu'on fasse de hauts vols avec le sacre pour le
» milan, toutefois on le peut aussi dresser pour le gibier et pour la campagne
» à prendre oies sauvages, ostardes, olives, faisans, perdrix, lièvres, et à
» toute autre manière de gibier..... Le sacret est le mâle, et le sacre la
» femelle, entre lesquels il n'y a d'autre différence sinon du grand au petit. »

En comparant cette description du sacre avec celle que le même auteur
a donnée du lanier, on se persuadera aisément : 1° que ces deux oiseaux
sont plus voisins l'un de l'autre que d'aucune autre espèce ; 2° que tous
deux sont oiseaux passagers ; quoique Belon dise que le lanier était, de son
temps, naturel en France, il est presque sûr qu'on ne l'y trouve plus aujour-
d'hui ; 3° que ces deux oiseaux paraissent différer essentiellement des faucons
en ce qu'ils ont le corps plus arrondi, les jambes plus courtes, le bec et les
pieds bleus ; et c'est à cause de toutes ces différences que nous avons cru
devoir les en séparer.

Il y a plusieurs années que nous avons fait dessiner à la Ménagerie du roi
un oiseau de proie qu'on nous dit être le *sacre ;* mais la description qui en
fut faite alors ayant été égarée, nous n'en pouvons rien dire de plus.

LE FAUCON

Lorsqu'on jette les yeux sur les listes de nos nomenclateurs d'histoire
naturelle (a), on serait porté à croire qu'il y a dans l'espèce du faucon (*)
autant de variétés que dans celle du pigeon, de la poule ou des autres oiseaux

---

(a) M. Brisson compte treize variétés dans cette première espèce, savoir : le faucon-sors,
le faucon-hagard ou bossu, le faucon à tête blanche, le faucon blanc, le faucon noir, le
faucon tacheté, le faucon brun, le faucon rouge, le faucon rouge des Indes, le faucon d'Italie,
le faucon d'Islande et le sacre ; et en même temps il compte douze autres espèces ou
variétés de faucons différentes de la première, savoir : le faucon-gentil, le faucon-pèlerin,
dont le faucon de Barbarie et le faucon de Tartarie sont des variétés ; le faucon à collier,
le faucon de roche ou rochier ; le faucon de montagne ou montagner, dont le faucon de
montagne cendré est une variété ; le faucon de la baie d'Hudson, le faucon étoilé, le faucon
huppé des Indes, le faucon des Antilles et le faucon pêcheur de la Caroline. M. Linnæus
comprend sous l'indication générique de faucon vingt-six espèces différentes ; mais il est
vrai qu'il confond sous ce même nom, comme il fait en tout, les espèces éloignées aussi
bien que les espèces voisines, car on trouve dans cette liste de faucons les aigles, les
pygargues, les orfraies, les cresserelles, les buses, etc. Au moins la liste de M. Brisson,
quoique d'un tiers trop nombreuse, est faite avec plus de circonspection et de discernement.

(*) *Falco communis* GMEL. ou *Falco peregrinus* L. Les faucons sont des Rapaces de la
famille des Accipitridés, de la sous-famille des Falconiens. Ils sont caractérisés par un bec
court, très recourbé, armé d'une dent très proéminente ; par des ailes longues, atteignant
ou même dépassant l'extrémité de la queue. Les faucons sont les plus rapides voiliers de
tous les Rapaces. Le faucon commun est répandu à peu près sur toute la surface du globe
et se déplace sans cesse.

Imp. R. Tantur.

Fournier sc.

FAUCON

domestiques : cependant rien n'est moins vrai ; l'homme n'a point influé sur la nature de ces animaux ; quelque utiles aux plaisirs, quelque agréables qu'il soient pour le faste des princes chasseurs, jamais on n'a pu en élever, en multiplier l'espèce ; on dompte à la vérité le naturel féroce de ces oiseaux par la force de l'art et des privations (a) ; on leur fait acheter leur vie par des mouvements qu'on leur commande ; chaque morceau de leur subsistance ne leur est accordé que pour un service rendu ; on les attache, on les garrotte, on les affuble, on les prive même de la lumière et de toute nourriture pour les rendre plus dépendants, plus dociles, et ajouter à leur vivacité naturelle l'impétuosité du besoin (b) ; mais ils servent par nécessité, par

(a) Pour dresser le faucon, l'on commence par l'armer d'entraves appelées *jets*, au bout desquelles on met un anneau sur lequel est écrit le nom du maître ; on y ajoute des sonnettes qui servent à indiquer le lieu où il est lorsqu'il s'écarte de la chasse ; on le porte continuellement sur le poing ; on l'oblige de veiller : s'il est méchant et qu'il cherche à se défendre, on lui plonge la tête dans l'eau ; enfin on le contraint par la faim et par la lassitude à se laisser couvrir la tête d'un chaperon qui lui enveloppe les yeux ; cet exercice dure souvent trois jours et trois nuits de suite : il est rare qu'au bout de ce temps les besoins qui le tourmentent et la privation de la lumière ne lui fassent pas perdre toute idée de liberté ; on juge qu'il a oublié sa fierté naturelle lorsqu'il se laisse aisément couvrir la tête, et que découvert il saisit le pât ou la viande qu'on a soin de lui présenter de temps en temps ; la répétition de ces leçons en assure peu à peu le succès : les besoins étant le principe de la dépendance, on cherche à les augmenter en lui nettoyant l'estomac par des cures ; ce sont de petites pelotes de filasse qu'on lui fait avaler et qui augmentent son appétit ; on le satisfait après l'avoir excité, et la reconnaissance attache l'oiseau à celui même qui l'a tourmenté. *Encyclopédie*, à l'article de la Fauconnerie.

(b) Lorsque les premières leçons ont réussi et que l'oiseau montre de la docilité, on le porte sur le gazon dans un jardin : là on le découvre, et, avec l'aide de la viande, on le fait sauter de lui-même sur le poing ; quand il est assuré à cet exercice, on juge qu'il est temps de lui donner le vif et de lui faire connaître le leurre ; c'est une représentation de proie, un assemblage de pieds et d'ailes dont les fauconniers se servent pour réclamer les oiseaux et sur lequel on attache leur viande ; il est important qu'ils soient non seulement accoutumés, mais affriandés à ce leurre ; dès que l'oiseau a fondu dessus et qu'il a pris seulement une beccade, quelques fauconniers sont dans l'usage de retirer le leurre, mais par cette méthode on court risque de rebuter l'oiseau ; il est plus sûr, lorsqu'il a fait ce qu'on attend de lui, de le paître tout à fait, et ce doit être la récompense de sa docilité ; le leurre est l'appât qui doit le faire revenir lorsqu'il sera élevé dans les airs, mais il ne serait pas suffisant sans la voix du fauconnier qui l'avertit de se tourner de ce côté-là ; il faut que ces leçons soient souvent répétées..... Il faut chercher à bien connaître le caractère de l'oiseau, parler souvent à celui qui paraît moins attentif à la voix, laisser jeûner celui qui revient le moins avidement au leurre ; laisser aussi veiller plus longtemps celui qui n'est pas assez familier, couvrir souvent du chaperon celui qui craint ce genre d'assujettissement : lorsque la familiarité et la docilité de l'oiseau sont suffisamment confirmées dans un jardin, on le porte en pleine campagne, mais toujours attaché à la filière, qui est une ficelle longue d'une dizaine de toises ; on le découvre, et, en l'appelant à quelques pas de distance, on lui montre le leurre ; lorsqu'il fond dessus, on se sert de la viande et on lui en laisse prendre bonne gorge ; pour continuer de l'assurer, le lendemain on la lui montre d'un peu plus loin, et il parvient enfin à fondre dessus du bout de la filière ; c'est alors qu'il faut faire connaître et manier plusieurs fois à l'oiseau le gibier auquel on le destine ; on en conserve de privés pour cet usage : cela s'appelle *donner l'escap* ; c'est la dernière leçon, mais elle doit se répéter jusqu'à ce qu'on soit parfaitement assuré de l'oiseau : alors on le met hors de filière, et on le vole pour lors. *Encyclopédie*, article de la *Fauconnerie*.

habitude et sans attachement; ils demeurent captifs sans devenir domestiques; l'individu seul est esclave, l'espèce est toujours libre, toujours également éloignée de l'empire de l'homme. Ce n'est même qu'avec des peines infinies qu'on en fait quelques-uns prisonniers, et rien n'est plus difficile que d'étudier leurs mœurs dans l'état de nature; comme ils habitent les rochers les plus escarpés des plus hautes montagnes, qu'ils s'approchent très rarement de terre, qu'ils volent d'une hauteur et d'une rapidité sans égale, on ne peut avoir que peu de faits sur leurs habitudes naturelles. On a seulement remarqué qu'ils choisissent toujours pour élever leurs petits les rochers exposés au midi; qu'ils se placent dans les *trous et les anfractures* les plus inaccessibles (*); qu'ils font ordinairement quatre œufs dans les derniers mois de l'hiver; qu'ils ne couvent pas longtemps, car les petits sont adultes vers le 15 de mai; qu'ils changent de couleur suivant le sexe, l'âge et la mue; que les femelles sont considérablement plus grosses que les mâles; que tous deux jettent des cris perçants, désagréables et presque continuels dans le temps qu'ils chassent leurs petits pour les dépayser : ce qui se fait, comme chez les aigles, par la dure nécessité, qui rompt les liens des familles et de toute société dès qu'il n'y a pas assez pour partager, ou qu'il y a impossibilité de trouver assez de vivres pour subsister ensemble dans les mêmes terres.

Le faucon est peut-être l'oiseau dont le courage est le plus franc, le plus grand, relativement à ses forces; il fond sans détour et perpendiculairement sur sa proie, au lieu que l'autour et la plupart des autres arrivent de côté : aussi prend-on l'autour avec des filets dans lesquels le faucon ne s'empêtre jamais; il tombe à plomb sur l'oiseau victime exposé au milieu de l'enceinte des filets, le tue, le mange sur le lieu s'il est gros, ou l'emporte s'il n'est pas trop lourd, en se relevant à plomb (**); s'il y a quelque faisanderie dans son voisinage, il choisit cette proie de préférence; on le voit tout à coup fondre sur un troupeau de faisans comme s'il tombait des nues, parce qu'il arrive de si haut, et en si peu temps, que son apparition est toujours imprévue et souvent inopinée : on le voit fréquemment attaquer le milan, soit pour exercer son courage, soit pour lui enlever une proie; mais il lui fait plutôt

(*) Le faucon habite les grandes forêts, particulièrement celles qui possèdent des rochers très escarpés. On le trouve aussi très fréquemment dans les villes, où il niche dans les tours et les clochers. Dans les forêts dépourvues de rochers il construit, sur le haut des arbres, des nids grossiers, formés de branches ou bien il s'empare des nids des corneilles.

(**) Le faucon commun ne se nourrit guère que d'oiseaux qu'il chasse, surtout au vol, et poursuit avec une rapidité telle que l'œil ne peut le suivre. « L'impétuosité de cette » attaque, dit Brehm, est la cause, sans doute, pour laquelle le faucon ne s'en prend pas » volontiers aux oiseaux perchés ou arrêtés sur le sol, car il est exposé à se tuer en se » heurtant contre un objet résistant. On a des exemples de faucons qui se sont ainsi » assommés contre des branches d'arbres. Pallas assure même qu'ils se noient souvent en » poursuivant des canards; leur vitesse acquise est telle, qu'ils plongent fort avant dans » l'eau et ne peuvent revenir à la surface. »

la honte que la guerre ; il le traite comme un lâche, le chasse, le frappe avec dédain, et ne le met point à mort, parce que le milan se défend mal, et que probablement sa chair répugne au faucon encore plus que sa lâcheté ne lui déplaît (*).

Les gens qui habitent dans le voisinage de nos grandes montagnes, en Dauphiné, Bugey, Auvergne et au pied des Alpes, peuvent s'assurer de tous ces faits (a). On a envoyé de Genève à la fauconnerie du roi de jeunes faucons pris dans les montagnes voisines au mois d'avril, et qui paraissent avoir acquis toutes les dimensions de leur taille et toutes leurs forces avant le mois de juin. Lorsqu'ils sont jeunes, on les appelle *faucons-sors*, comme l'on dit *harengs sors*, parce qu'ils sont alors plus bruns que dans les années suivantes ; et l'on appelle les vieux faucons *hagards,* qui ont beaucoup plus de blanc que les jeunes (b) ; le faucon qui est de la seconde année a encore un assez grand nombre de taches brunes sur la poitrine et sur le ventre ; à la troisième année, ces taches diminuent, et la quantité du blanc sur le plumage augmente.

Comme ces oiseaux cherchent partout les rochers les plus hauts, et que la plupart des îles ne sont que des groupes et des pointes de montagnes, il y en a beaucoup à Rhodes, en Chypre, à Malte et dans les autres îles de la Méditerranée, aussi bien qu'aux Orcades et en Islande ; mais on peut croire que, suivant les différents climats, ils paraissent subir des variétés différentes dont il est nécessaire que nous fassions quelque mention.

Le faucon qui est naturel en France est gros comme une poule : il a dixhuit pouces de longueur, depuis le bout du bec jusqu'à celui de la queue, et autant jusqu'à celui des pieds ; la queue a un peu plus de cinq pouces de longueur, et il a près de trois pieds et demi de vol ou d'envergure ; ses ailes, lorsqu'elles sont pliées, s'étendent presque jusqu'au bout de la queue ; je ne dirai rien des couleurs, parce qu'elles changent aux différentes mues, à mesure que l'oiseau avance en âge. J'observerai seulement que la couleur

(a) Ils m'ont été rendus par des témoins oculaires, et particulièrement par M. Hébert, que j'ai déjà cité plus d'une fois, et qui a chassé pendant cinq ans dans les montagnes du Bugey.

(b) Puisque le faucon-sors et le faucon-hagard ou bossu ne sont que le même faucon, jeune et vieux, on ne doit pas en faire des variétés dans l'espèce.

(*) Le faucon détruit un nombre d'oiseaux d'autant plus considérable que, d'après divers observateurs, il ne chasse pas seulement pour lui-même, mais entretient un certain nombre d'autres espèces de Rapaces et surtout des milans. « Ces oiseaux paresseux et inhabiles, dit » Naumann, cité par Brehm, se tiennent perchés sur les tours, les points culminants du » terrain ; ils observent le faucon, et dès qu'ils lui voient une proie, ils accourent et la lui » enlèvent. Le faucon, d'ordinaire si courageux, si hardi, lorsqu'il voit venir ces hôtes indis- » crets abandonne sa proie, et, répétant son cri *kiah, kiah,* remonte dans les airs. Le milan » noir (*Hydroictinia atra*) lui-même, que met en fuite une poule défendant ses poussins, lui » ravit sa capture. » Brehm ajoute qu'il a vu lui-même un faucon voyageur capturer successivement trois oies dans l'espace de quelques minutes, et les abandonner toutes trois à des milans parasites (*Hydroictinia parasitica*).

la plus ordinaire des pieds du faucon est verdâtre, et que quand il s'en trouve qui ont les pieds et la membrane du bec jaunes, les fauconniers les appellent *faucons bec jaune* et les regardent comme les plus laids et les moins nobles de tous les faucons, en sorte qu'ils les rejettent de l'école de la fauconnerie; j'observerai encore qu'ils se servent du tiercelet de faucon, c'est-à-dire du mâle, lequel est d'un tiers plus petit que la femelle, pour voler les perdrix, pies, geais, merles et autres oiseaux de cette espèce, au lieu qu'on emploie la femelle au vol du lièvre, du milan, de la grue et des autres grands oiseaux.

Il paraît que cette espèce de faucon, qui est assez commune en France, se trouve aussi en Allemagne. M. Frisch (a) a donné la figure coloriée d'un faucon-sors à pieds et à membrane du bec jaunes, sous le nom de *entenstosser* ou *schwartz-braune habigt,* et il s'est trompé en lui donnant le nom d'*autour brun,* car il diffère de l'autour par la grandeur et par le naturel. Il paraît qu'on trouve aussi en Allemagne, et quelquefois en France, une espèce différente de celle-ci, qui est le faucon pattu à tête blanche, que M. Frisch appelle mal à propos *vautour.* « Ce vautour à pieds velus ou à
» culotte de plume est, dit-il, de tous les oiseaux de proie diurnes à bec
» crochu le seul qui ait des plumes jusqu'à la partie inférieure des pieds,
» auxquels elles s'appliquent exactement; l'aigle des rochers a aussi des
» plumes semblables, mais qui ne vont que jusqu'à la moitié des pieds; les
» oiseaux de proie nocturnes, comme les chouettes, en ont jusqu'aux
» ongles, mais ces plumes sont une espèce de duvet; ce *vautour* poursuit
» toute sorte de proie, et on ne le trouve jamais auprès des cadavres (b). »
C'est parce que ce n'est pas un vautour, mais un faucon (*), qu'il ne se nourrit pas de cadavres, et ce faucon a paru à quelques-uns de nos naturalistes assez semblable à notre faucon de France (c) pour n'en faire qu'une variété; s'il ne différait, en effet, de notre faucon que par la blancheur de la tête, tout le reste est assez semblable pour qu'on ne dût le considérer que comme variété; mais le caractère des pieds couverts de plumes jusqu'aux ongles me paraît être spécifique, ou tout au moins l'indice d'une variété constante, et qui fait race à part dans l'espèce du faucon.

Une seconde variété est le faucon blanc, qui se trouve en Russie et peut-être dans les autres pays du Nord; il y en a de tout à fait blancs et sans taches, à l'exception de l'extrémité des grandes plumes des ailes, qui sont

(a) Voici ce que M. Frisch dit de cet oiseau, qu'il appelle l'*ennemi des canards* ou l'*autour d'un brun noir* : « Il a été pourvu par la nature de longues ailes et de plumes serrées
» les unes sur les autres... C'est des oiseaux de proie l'un des plus vigoureux; il poursuit
» de préférence les canards, les poules d'eau et autres oiseaux d'eau. » Pl. LXXIV.

(b) Frisch, pl. LXXV, avec une figure coloriée. — Le faucon à tête blanche. Brisson, t. Ier,
p. 325, et t. VI, *Supplément,* p. 22, pl. I.

(c) Voyez l'*Ornithologie* de M. Brisson, p. 323.

(*) C'est le *Falco lagopus* GMEL.

noirâtres ; il y en a d'autres de cette espèce, qui sont aussi tout blancs, à l'exception de quelques taches brunes sur le dos et sur les ailes et de quelques raies brunes sur la queue (a) ; comme ce faucon blanc est de la même grandeur que notre faucon et qu'il n'en diffère que par la blancheur, qui est la couleur que les oiseaux, comme les autres animaux, prennent assez généralement dans les pays du Nord, on peut présumer avec fondement que ce n'est qu'une variété de l'espèce commune, produite par l'influence du climat ; cependant il paraît qu'en Islande il y a aussi des faucons de la même couleur que les nôtres, mais qui sont un peu plus gros et qui ont les ailes et la queue plus longues ; comme ils ressemblent presque en tout à notre faucon et qu'ils n'en diffèrent que par ces légers caractères, on ne doit pas les séparer de l'espèce commune. Il en est de même de celui qu'on appelle *faucon gentil*, que presque tous les naturalistes ont donné comme différent du faucon commun, tandis que c'est le même, et que le nom de *gentil* ne leur est appliqué que lorsqu'ils sont bien élevés, bien faits et d'une jolie figure ; aussi nos anciens auteurs de fauconnerie ne comptaient que deux espèces principales de faucons, le faucon gentil, ou faucon de notre pays, et le faucon pèlerin, ou étranger, et regardaient tous les autres comme de simples variétés de l'une ou de l'autre de ces deux espèces. Il arrive, en effet, quelques faucons des pays étrangers qui ne font que se montrer sans s'arrêter et qu'on prend au passage ; il en vient surtout du côté du Midi, que l'on prend à Malte, et qui sont beaucoup plus noirs que nos faucons d'Europe ; on en a pris même quelquefois de cette espèce en France ; c'est par cette raison que nous avons cru pouvoir l'appeler *faucon passager;* il paraît que ce faucon noir passe en Allemagne comme en France, car c'est le même que M. Frisch a donné sous le nom de *falco fuscus, faucon brun,* et qu'il voyage beaucoup plus loin ; car c'est encore le même faucon que M. Edwards à décrit et représenté tome 1er, page 4, sous le nom de *faucon noir de la baie d'Hudson,* et qui, en effet, lui avait été envoyé de ce climat. J'observerai à ce sujet que le faucon passager ou pèlerin, décrit par M. Brisson, page 341, n'est point du tout un faucon étranger ni passager, et que c'est absolument le même que notre faucon-hagard ; en sorte que l'espèce du faucon commun ou passager ne nous est connue jusqu'à présent que par le faucon d'Islande, qui n'est qu'une variété de l'espèce commune, et par le *faucon noir d'Afrique,* qui en diffère assez, surtout par la couleur, pour pouvoir être regardé comme formant une espèce différente.

On pourrait peut-être rapporter à cette espèce le faucon tunisien ou punicien dont parle Belon (b), « et qu'il dit être un peu plus petit que le faucon » pèlerin, qui a la tête plus grosse et ronde, et qui ressemble, par la gran-

(a) Brisson, t. Ier, p. 326.
(b) Belon, *Hist. nat. des Oiseaux,* p. 117.

» deur et le plumage, au lanier ; » peut-être aussi le faucon de Tartarie (a), qui, au contraire, est un peu plus grand que le faucon pèlerin, et que Belon dit en différer encore en ce que le dessous de ses ailes est roux et que ses doigts sont plus allongés.

En rassemblant et resserrant les différents objets que nous venons de présenter en détail, il paraît : 1° qu'il n'y a en France qu'une seule espèce de faucon bien connue pour y faire son aire dans nos provinces monta-gneuses ; que cette même espèce se trouve en Suisse, en Allemagne, en Pologne et jusqu'en Islande vers le Nord, en Italie (b), en Espagne et dans les îles de la Méditerranée, et peut-être jusqu'en Égypte (c) vers le Midi ; 2° que le faucon blanc n'est dans cette même espèce qu'une variété pro-duite par l'influence du climat du Nord ; 3° que le faucon gentil n'est pas d'une espèce différente de notre faucon commun (d) ; 4° que le faucon pèlerin ou passager est d'une espèce différente qu'on doit regarder comme étrangère et qui peut-être renferme quelques variétés, telles que le faucon de Barbarie, le faucon tunisien, etc. Il n'y a donc, quoi qu'en disent les nomenclateurs, que deux espèces réelles de faucons en Europe, dont la pre-mière est naturelle à notre climat et se multiplie chez nous, et l'autre qui ne fait qu'y passer et qu'on doit regarder comme étrangère. En rappelant donc à l'examen la liste la plus nombreuse de nos nomenclateurs, au sujet des faucons, et suivant article par article celle de M. Brisson, nous trouve-rons : 1° que le faucon-sors n'est que le jeune de l'espèce commune ; 2° que le faucon-hagard n'en est que le vieux ; 3° que le faucon à tête blanche et à pieds pattus est une variété ou race constante dans cette même espèce ; 4° sous le nom de *faucon blanc*, M. Brisson indique deux différentes espèces d'oiseaux, et peut-être trois, car le premier et le troisième pourraient être, absolument parlant, des faucons qui auraient subi la variété commune aux oiseaux du Nord, qui est le blanc ; mais pour le second, dont M. Brisson ne paraît parler que d'après M. Frisch, dont il cite la planche LXXX, ce n'est cer-tainement pas un faucon, mais un oiseau de rapine, commun en France, auquel on donne le nom de *harpaye* ; 5° que le faucon noir est le véritable faucon pèlerin ou passager, qu'on doit regarder comme étranger ; 6° que

(a) Belon, p. 116.
(b) Aldrov., *Avi.*, t. Ier, p. 429.
(c) Prosper Alpin, *Ægypt.*, t. Ier, p. 200.
(d) Jean de Franchières, qui est l'un des plus anciens et peut-être le meilleur de nos auteurs sur la fauconnerie, ne compte que sept espèces d'oiseaux auxquels il donne le nom de *faucon*, savoir : le faucon gentil, le faucon pèlerin, le faucon tartaret, le gerfaut, le sacre, le lanier et le faucon tunisien ou tunicien : en retranchant de cette liste le gerfaut, le sacre et le lanier, qui ne sont pas proprement des faucons, il ne reste que le faucon-gentil et le faucon pèlerin, dont le tartaret et le tunisien sont deux variétés. Cet auteur ne connaissait donc qu'une seule espèce de faucon naturelle en France, qu'il indique sous le nom de *faucon gentil*, et cela prouve encore ce que j'ai avancé, que le faucon gentil et le faucon commun ne font tous deux qu'une seule et même espèce.

le faucon tacheté n'est que le jeune de ce même faucon étranger; 7° que le faucon brun est moins un faucon qu'un busard (*); M. Frisch est le seul qui en ait donné la représentation (a), et cet auteur nous dit que cet oiseau attrape quelquefois en volant les pigeons sauvages; que son vol est très haut et qu'on le tire rarement, mais que néanmoins il guette les oiseaux aquatiques sur les étangs et dans les autres lieux marécageux; ces indices réunis nous portent à croire que ce faucon brun de M. Brisson n'est vraisemblablement qu'une variété dans l'espèce des busards, quoiqu'il n'ait pas la queue aussi longue que les autres busards; 8° que le faucon rouge n'est qu'une variété dans notre espèce commune du faucon, que Belon dit, avec quelques anciens fauconniers, se trouver dans les lieux marécageux, qu'il fréquente de préférence; 9° que le faucon rouge des Indes est un oiseau étranger, dont nous parlerons dans la suite; 10° que le faucon d'Italie, dont M. Brisson ne parle que d'après Jonston, peut encore être sans scrupule regardé comme une variété de l'espèce commune de notre faucon des Alpes; 11° que le faucon d'Islande est, comme nous l'avons dit, une autre variété de l'espèce commune, dont il ne diffère que par un peu plus de grandeur; 12° que le sacre n'est point, comme le dit M. Brisson, une variété du faucon, mais une espèce différente qu'il faut considérer à part; 13° que le faucon gentil n'est point une espèce différente de celle de notre faucon commun, et que ce n'est que le faucon-sors de cette espèce commune que M. Brisson a décrit sous le nom de *faucon gentil*, mais dans un temps de mue, différent de celui qu'il a décrit sous le simple nom de *faucon;* 14° que le faucon appelé *pèlerin* par M. Brisson n'est que notre même faucon commun, devenu par l'âge faucon-hagard, et que, par conséquent, ce n'est qu'une variété de l'âge et non pas une diversité d'espèce; 15° que le faucon de Barbarie n'est qu'une variété dans l'espèce du faucon étranger, que nous avons nommé *faucon passager;* 16° qu'il en est de même du faucon de Tartarie; 17° que le faucon à collier n'est point un faucon, mais un oiseau d'un tout autre genre, auquel nous avons donné le nom de *soubuse;* 18° que le faucon de roche n'est point encore un faucon, puisqu'il approche beaucoup plus du hobereau et de la cresserelle, et que, par conséquent, c'est un oiseau qu'il faut considérer à part; 19° que le faucon de montagne n'est qu'une variété du rochier; 20° que le faucon de montagne cendré n'est qu'une variété de l'espèce commune du faucon; 21° que le faucon de la baie d'Hudson est un oiseau étranger, d'une espèce différente de celle d'Europe, et dont nous parlerons dans l'article suivant; 22° que le faucon étoilé est un oiseau d'un autre genre que le faucon; 23° que le faucon huppé des Indes, le faucon des Antilles, le faucon pêcheur des Antilles et le faucon pêcheur de la Caro-

(a) Frisch, t. I, pl. LXXVI.

(*) C'est la buse commune (*Buteo communis*).

line sont encore des oiseaux étrangers, dont il sera fait mention dans la suite. On peut voir par cette longue énumération qu'en séparant même les oiseaux étrangers, et qui ne sont pas précisément des faucons, et en ôtant encore le faucon pattu, qui n'est peut-être qu'une variété ou une espèce très voisine de celle du faucon commun, il y en a dix-neuf que nous réduisons à quatre espèces, savoir : le faucon commun, le faucon passager, le sacre et le busard, dont il n'y en a plus que deux qui soient en effet des faucons.

Après cette réduction faite de tous les prétendus faucons aux deux espèces du faucon commun ou gentil, et du faucon passager ou pèlerin (*), voici les différences que nos anciens fauconniers trouvaient dans leur nature et mettaient dans leur éducation. Le faucon gentil mue dès le mois de mars, et même plus tôt ; le faucon pèlerin ne mue qu'au mois d'août ; il est plus plein sur les épaules et il a les yeux plus grands, plus enfoncés, le bec plus gros, les pieds plus longs et mieux fendus que le faucon gentil (a) ; ceux qu'on prend au nid s'appellent faucons niais ; lorsqu'ils sont pris trop jeunes, ils sont souvent criards et difficiles à élever ; il ne faut donc pas les dénicher avant qu'ils soient un peu grands, ou, si l'on est obligé de les ôter de leur nid, il ne faut point les manier, mais les mettre dans un nid le plus sem- blable au leur qu'on pourra, et les nourrir de chair d'ours, qui est une viande assez commune dans les montagnes où l'on prend ces oiseaux ; et, au défaut de cette nourriture, on leur donnera de la chair de poulet ; si l'on ne prend pas ces précautions, les ailes ne leur croissent pas (b), et leurs jambes se cassent ou se déboîtent aisément ; les faucons-sors, qui sont les jeunes, et qui ont été pris en septembre, octobre et novembre, sont les meilleurs et les plus aisés à élever ; ceux qui ont été pris plus tard, en hiver et au prin- temps suivant, et qui par conséquent ont neuf ou dix mois d'âge, sont déjà trop accoutumés à leur liberté pour subir aisément la servitude, et demeurer en captivité sans regret, et l'on n'est jamais sûr de leur obéissance et de leur fidélité dans le service ; ils trompent souvent leur maître, et quittent lorsqu'il s'y attend le moins. On prend tous les ans les faucons pèlerins au mois de septembre, à leur passage dans les îles ou sur les falaises de la mer. Ils sont, de leur naturel, prompts, propres à tout faire, dociles et fort aisés à instruire (c) ; on peut les faire voler pendant tout le mois de mai et celui de juin, parce qu'ils sont tardifs à muer ; mais aussi, dès que la mue commence, ils se dépouillent en peu de temps. Les lieux où l'on prend le plus de faucons pèlerins sont non seulement les côtes de Barbarie, mais

(a) *Fauconnerie d'Artelouche*, imprimée à la suite de la *Vénerie* de du Fouilloux, et des *Fauconneries* de Jean de Franchières et de Guillaume Tardif. Paris, 1614, p. 89.
(b) *Recueil de tous les oiseaux de proie qui servent à la fauconnerie*, par G. B., imprimé à la suite des *Fauconneries* citées dans la note précédente, p. 114, verso.
(c) *Fauconnerie de Jean de Franchières*, p. 2, recto.

(*) Ces deux oiseaux appartiennent en réalité à la même espèce.

toutes les îles de la Méditerranée, et particulièrement celle de Candie, d'où nous venaient autrefois les meilleurs faucons.

Comme les arts n'appartiennent point à l'histoire naturelle, nous n'entrerons point ici dans les détails de l'art de la fauconnerie : on les trouvera dans l'*Encyclopédie* (a), dont nous avons déjà emprunté deux notes. « Un » bon faucon, dit M. Leroy, auteur de l'article *Fauconnerie*, doit avoir la » tête ronde, le bec court et gros, le cou fort long, la poitrine nerveuse, les » mahutes larges, les cuisses longues, les jambes courtes, la main large, » les doigts déliés, allongés et nerveux aux articles, les ongles fermes et » recourbés, les ailes longues; les signes de force et de courage sont les » mêmes pour le gerfaut et pour le tiercelet, qui est le mâle dans toutes les » espèces d'oiseaux de proie, et qu'on appelle ainsi, parce qu'il est d'un » tiers plus petit que la femelle; une marque de bonté moins équivoque » dans un oiseau est de chevaucher contre le vent, c'est-à-dire de se roidir » contre, et se tenir ferme sur le poing lorsqu'on l'y expose : le pennage » d'un faucon doit être brun et tout d'une pièce, c'est-à-dire de même » couleur; la bonne couleur des mains est de vert d'eau; ceux dont les mains » et le bec sont jaunes, ceux dont le plumage est semé de taches sont moins » estimés que les autres : on fait cas des faucons noirs; mais, quel que soit » leur plumage, ce sont toujours les plus forts en courage qui sont les meil- » leurs..... Il y a des faucons lâches et paresseux; il y en a d'autres si fiers » qu'ils s'irritent contre tous moyens de les apprivoiser; il faut abandonner » les uns et les autres, etc. »

M. Forget, capitaine du vol à Versailles, a bien voulu me communiquer la notice suivante :

« Il n'y a, dit-il, de différence essentielle entre les faucons de différents » pays que par la grosseur; ceux qui viennent du Nord sont ordinairement » plus grands que ceux des montagnes, des Alpes et des Pyrénées; ceux-ci » se prennent, mais dans leurs nids; les autres se prennent au passage » dans tous les pays; ils passent en octobre et en novembre, et repassent » en février et mars... L'âge des faucons se désigne très distinctement la » seconde année, c'est-à-dire à la première mue; mais dans la suite les » connaissances deviennent bien plus difficiles; indépendamment des chan- » gements de couleur, on peut les distinguer jusqu'à la troisième mue, » c'est-à-dire par la couleur des pieds et celle de la membrane du bec. »

(a) Voyez cet article, *Fauconnerie*, au sujet de l'éducation des faucons, de ses maladies et des soins propres à les prévenir, ou des remèdes nécessaires pour les guérir, par M. Leroy, lieutenant des chasses de S. M., à Versailles.

OISEAUX ÉTRANGERS

QUI ONT RAPPORT AU GERFAUT ET AUX FAUCONS

I. — Le faucon d'Islande, que nous avons dit être une variété dans l'espèce de notre faucon commun, et qui n'en diffère en effet qu'en ce qu'il est un peu plus grand et plus fort.

II. — Le faucon noir, qui se prend au passage à Malte, en France, en Allemagne, dont nous avons parlé, et que MM. Frisch (a) et Edwards (b) ont indiqué et décrit, qui nous paraît être d'une espèce étrangère et différente de celle de notre faucon commun (*); j'observerai que la description qu'en donne M. Edwards est exacte, mais que M. Frisch n'est pas fondé à prononcer que ce faucon doit être sans doute le plus fort des oiseaux de proie de sa grandeur, parce que près de l'extrémité du bec supérieur il y a une espèce de dent triangulaire ou de pointe tranchante, et que les jambes sont garnies de plus grands doigts et ongles qu'aux autres faucons; car en comparant les doigts et les ongles de ce faucon noir, que nous avons en nature, avec ceux de notre faucon, nous n'avons pas trouvé qu'il y eût de différence ni pour la grandeur ni pour la force de ces parties; et, en comparant de même le bec de ce faucon noir avec le bec de nos faucons, nous avons trouvé que dans la plupart de ceux-ci il y avait une pareille dent triangulaire vers l'extrémité de la mandibule supérieure; en sorte qu'il ne diffère point à ces deux égards du faucon commun, comme M. Frisch semble l'insinuer; au reste, le faucon tacheté dont M. Edwards donne la description et la figure (c), et qu'il dit être du même climat que le faucon noir, c'est-à-dire des terres de la baie d'Hudson, ne nous paraît être en effet que le faucon-sors ou jeune de cette même espèce, et par conséquent ce n'est qu'une variété produite dans les couleurs par la différence de l'âge, et non pas une variété réelle ou variété de race dans cette espèce. On nous a assuré que la plupart de ces faucons noirs arrivent du côté du midi; cependant nous en avons vu un qui avait été pris sur les côtes de l'Amérique septentrionale, près du banc de Terre-Neuve; et comme M. Edwards dit qu'il se trouve aussi dans les terres voisines de la baie d'Hudson, on peut croire que l'espèce est fort répandue, et qu'elle fréquente également les climats chauds, tempérés ou froids.

(a) Frisch, t. Ier, pl. LXXXIII.
(b) Edwards, t. Ier, p. 4, pl. IV.
(c) Edwards, t. Ier, p. 3, pl. III.

(*) Le faucon noir n'est que l'état jeune du faucon commun, remarquable par sa couleur qui est beaucoup plus foncée que celle de l'adulte.

Nous observerons que cet oiseau, que nous avons eu en nature, avait les pieds d'un bleu bien décidé, et que ceux que l'on trouve représentés dans les planches enluminées de MM. Edwards et Frisch avaient les pieds jaunes; cependant il n'est pas douteux que ce ne soient les mêmes oiseaux : nous avons déjà reconnu, en examinant les balbuzards, qu'il y en avait à pieds bleus et d'autres à pieds jaunes; ce caractère est donc beaucoup moins fixe qu'on ne l'imaginait; il en est de la couleur des pieds à peu près comme de celle du plumage, elle varie souvent avec l'âge ou par d'autres circonstances.

III. — L'oiseau qu'on peut appeler le *faucon rouge des Indes orientales*, très bien décrit par Aldrovande (*a*), et à peu près dans les termes suivants : La femelle, qui est d'un tiers plus grosse que le mâle, a le dessus de la tête large et presque plat : la couleur de la tête, du cou, de tout le dos et du dessus des ailes est d'un cendré tirant sur le brun; le bec est très gros, quoique le crochet en soit assez petit; la base du bec est jaune, et le reste jusqu'au crochet est de couleur cendrée; la pupille des yeux est très noire, l'iris brune, la poitrine entière, la partie supérieure du dessus des ailes, le ventre, le croupion et les cuisses sont d'un orangé presque rouge : il y a cependant au-dessus de la poitrine, sous le menton, une tache longue de couleur cendrée, et quelques petites taches de cette même couleur sur la poitrine : la queue est rayée de bandes en demi-cercle, alternativement brunes et cendrées; les jambes et les pieds sont jaunes, et les ongles noirs. Dans le mâle toutes les parties rouges sont plus rouges, et toutes les parties cendrées sont plus brunes; le bec est plus bleu et les pieds sont plus jaunes. Ces faucons, ajoute Aldrovande, avaient été envoyés des Indes orientales au grand-duc Ferdinand, qui les fit dessiner vivants. Nous devons observer ici que Tardif (*b*), Albert (*c*) et Crescent (*d*) ont parlé du faucon rouge comme d'une espèce ou d'une variété qu'on connaissait en Europe, et qui se trouve dans les pays de plaines et de marécages; mais ce faucon rouge n'est pas assez bien décrit pour qu'on puisse dire si c'est le même que le faucon rouge des Indes, qui pourrait bien voyager et venir en Europe comme le faucon passager.

IV. — L'oiseau (*) indiqué par Willughby (*e*) sous la dénomination de *falco indicus cirrhatus*, qui est plus gros que le faucon, et presque égal à l'autour; qui a sur la tête une houppe dont l'extrémité se divise en deux parties

---

(*a*) « Falco rubeus indicus. » Aldrov., *Avi.*, ♭. 494, fig. p. 495 et 496.
(*b*) Rouge faucon est souvent trouvé ès lieux pleins et en marais; il est hardi, mais difficile à gouverner. *Fauconnerie de Tardif*, première partie, ch. III.
(*c*) Albert, verso 23, cap. XII.
(*d*) Petr. Crescentius, lib. X, cap. IV.
(*e*) Willughby, *Ornithol.*, p. 48.

(*) C'est le *Falco cirrhatus* LATH.

qui pendent sur le cou. Cet oiseau est noir sur toutes les parties supérieures de la tête et du corps ; mais sur la poitrine et le ventre son plumage est traversé de lignes noires et blanches alternativement noires et cendrées ; les pieds sont couverts de plumes jusqu'à l'origine des doigts ; l'iris des yeux, la peau qui couvre la base du bec, et les pieds, sont jaunes ; le bec est d'un bleu noirâtre, et les ongles sont d'un beau noir.

Au reste, il paraît, par le témoignage des voyageurs, que le genre des faucons est l'un des plus universellement répandus ; nous avons dit qu'on en trouve partout en Europe, du nord au midi, qu'on en prend en quantité dans les îles de la Méditerranée, qu'ils sont communs sur la côte de Barbarie. M. Shaw (a), dont j'ai trouvé les relations presque toujours fidèles, dit qu'au royaume de Tunis il y a des faucons et des éperviers en assez grande abondance, et que la chasse à l'oiseau est un des plus grands plaisirs des Arabes et des gens un peu au-dessus du commun : on les trouve encore plus fréquemment au Mogol (b) et en Perse (c), où l'on prétend que l'art de la

(a) *Voyage de M. Shaw*, t. Ier, p. 389.

(b) On se sert du faucon, au Mogol, pour la chasse du daim et des gazelles. *Voyage de Jean Ovington*, t. Ier, p. 277.

(c) Les Persans entendent tout à fait bien à enseigner les oiseaux de chasse, et ordinairement ils dressent les faucons à voler sur toutes sortes d'oiseaux, et pour cela ils prennent des grues et d'autres oiseaux qu'ils laissent aller, après leur avoir bouché les yeux ; aussitôt ils font voler le faucon, qui les prend fort aisément..... Il y a des faucons pour la chasse de la gazelle, qu'ils instruisent de la manière qui suit : ils ont des gazelles contrefaites (empaillées), sur le nez desquelles ils donnent toujours à manger à ces faucons, et jamais ailleurs : après qu'ils les ont ainsi élevés ils les mènent à la campagne ; et lorsqu'ils ont découvert une gazelle ils lâchent deux de ces oiseaux, dont l'un va fondre sur le nez de la gazelle, et lui donne en arrière des coups de pieds : la gazelle s'arrête et se secoue pour s'en délivrer ; l'oiseau bat des ailes pour se retenir, ce qui empêche encore la gazelle de bien courir, et même de voir devant elle ; enfin, lorsqu'avec bien de la peine elle s'en est défaite, l'autre faucon qui est en l'air prend la place de celui qui est à bas, lequel se relève pour succéder à son compagnon quand il sera tombé ; et de cette sorte ils retardent tellement la course de la gazelle que les chiens ont le temps de l'attraper. Il y a d'autant plus de plaisir à ces chasses que le pays est plat et découvert, y ayant fort peu de bois. *Relation de Thévenot*, t. II, p. 200 ; *Voyage de Jean Ovington*, t. Ier, p. 279. — La manière dont les Persans dressent les faucons à la chasse des bêtes fauves est d'en écorcher une et d'en remplir la peau de paille, et d'attacher toujours la viande dont on repait les faucons sur la tête de cette peau bourrée, que l'on fait mouvoir sur quatre roues par une machine, tant que l'oiseau mange, afin de l'y accoutumer..... Si la bête est grande, on lâche plusieurs oiseaux après elle qui la tourmentent l'un après l'autre..... Ils se servent aussi de ces oiseaux pour les rivières et les marais, dans lesquels ils vont, comme les chiens, chercher le gibier..... Comme tous les gens d'épée sont chasseurs, ils portent d'ordinaire à l'arçon de la selle une petite timbale de huit à neuf pouces de diamètre, qui leur sert à rappeler l'oiseau en frappant dessus. *Voyage de Chardin*, t. II, p. 32 et 33. — La Perse ne manque pas d'oiseaux de proie ; il s'y trouve quantité de faucons, d'éperviers et de lannerets, et autres semblables oiseaux de chasse, dont la vénerie du roi est très bien pourvue, et on y en compte plus de huit cents : les uns sont pour le sanglier, l'âne sauvage et la gazelle ; les autres pour voler les grues, les hérons, les oies et les perdrix. Une grande partie de ces oiseaux de chasse s'apporte de Russie ; mais les plus grands et les plus beaux viennent des montagnes qui s'étendent vers le midi depuis Schiraz jusqu'au golfe Persique. *Voyage de Dampierre*, t. II, p. 23 et suiv.

fauconnerie est plus cultivé que partout ailleurs (a); on en trouve jusqu'au Japon, où Kæmpfer (b) dit qu'on les tient plutôt par faste que pour l'utilité de la chasse, et ces faucons du Japon viennent des parties septentrionales de cette île. Kolbe (c) fait aussi mention des faucons du cap de Bonne-Espérance, et Bosman de ceux de Guinée (d); en sorte qu'il n'y a, pour ainsi dire, aucune terre, aucun climat dans l'ancien continent où l'on ne trouve l'espèce du faucon; et comme ces oiseaux supportent très bien le froid, et qu'ils volent facilement et très rapidement, on ne doit pas être surpris de les retrouver dans le nouveau continent; il y en a dans le Groenland (e), dans les parties montagneuses de l'Amérique septentrionale et méridionale (f), et jusque dans les îles de le mer du Sud (g).

V. — L'oiseau appelé *tanás* par les nègres du Sénégal, et qui nous a été donné par M. Adanson sous le nom de *faucon pêcheur*, ressemble presque en tout à notre faucon par les couleurs du plumage (*); il est néanmoins un peu plus petit; il a sur la tête de longues plumes éminentes qui se rabattent en arrière et qui forment une espèce de huppe par laquelle on pourra toujours distinguer cet oiseau des autres du même genre; il a aussi le bec jaune, moins courbé et plus gros que le faucon; il en diffère encore en ce que les deux mandibules ont des dentelures très sensibles; et son naturel est aussi différent, car il pêche plutôt qu'il ne chasse; je crois que c'est à cette espèce qu'on doit rapporter l'oiseau duquel Dampierre (h) fait mention sous ce même nom de *faucon pêcheur* : « Il ressemble, dit-il, à nos plus » petits faucons pour la couleur et la figure : il a le bec et les ergots faits

(a) Les Persans, qui sont fort patients, prennent aussi plaisir à dresser un corbeau de la même manière qu'ils dressent un épervier. *Voyage de Dampierre*, t. II, p. 25.

(b) Kæmpfer, *Hist. du Japon*, t. Ier, p. 115.

(c) Kolbe, *Description du cap de Bonne-Espérance*, t. III, p. 146.

(d) Sur cette côte de Guinée, on voit encore un autre oiseau de proie qui ressemble fort à un faucon, et qui, quoiqu'un peu plus gros qu'un pigeon, est si hardi et si fort qu'il se jette sur les plus grosses poules et les emporte. *Voyage de Guillaume Bosman*, lettre 15e, p. 268.

(e) On trouve dans le Groenland des faucons blancs et gris en très grand nombre, et plus qu'en autre lieu du monde. On portait anciennement de ces oiseaux pour grande rareté aux rois de Danemark à cause de leur bonté merveilleuse, et les rois de Danemark en faisaient des présents aux rois et princes leurs voisins ou amis, parce que la chasse de l'oiseau n'est du tout point en usage dans le Danemark, non plus qu'aux autres endroits du Septentrion. *Recueil des voyages du Nord*, t. Ier, p. 99.

(f) On a envoyé plusieurs et diverses sortes de faucons de la Neuve-Espagne et du Pérou aux seigneurs d'Espagne, d'autant qu'on en fait grande estime. Il y a même des hérons et des aigles de diverses sortes, et il n'y a point de doute que ces espèces d'oiseaux, et autres semblables, n'y aient passé bien plus tôt que les lions et les tigres. *Hist. naturelle des Indes occidentales*, par Acosta, p. 193. — *Nota*. L'oiseau que les Mexicains appelaient *hotli*, indiqué par Fernandès, paraît être le même que le faucon noir dont nous avons parlé.

(g) *Hist. des navigations aux terres australes*, t. III, p. 197.

(h) *Nouveau Voyage autour du monde*, par Guillaume Dampierre, t. III, p. 318.

(*) C'est le *Falco piscator* de Gmelin.

» tout de même ; il se perche sur les troncs des arbres et sur les branches
» sèches qui donnent sur l'eau dans les criques, les rivières ou au bord
» de la mer ; et dès que ces oiseaux voient quelques petits poissons auprès
» d'eux, ils volent à fleur d'eau, les enfilent avec leurs griffes, et s'élèvent
» aussitôt en l'air sans toucher l'eau de leurs ailes. » Il ajoute « qu'ils
» n'avalent pas le poisson tout entier, comme font les autres oiseaux qui
» en vivent, mais qu'ils le déchirent avec leur bec, et le mangent par mor-
» ceaux. »

LE HOBEREAU

Le hobereau (a) (*) est bien plus petit que le faucon, et en diffère aussi
par les habitudes naturelles : le faucon est plus fier, plus vif et plus courageux ; il attaque des oiseaux beaucoup plus gros que lui. Le hobereau est
plus lâche de son naturel, car, à moins qu'il ne soit dressé, il ne prend que
les alouettes et les cailles ; mais il sait compenser le défaut de courage et
d'ardeur par son industrie : dès qu'il aperçoit un chasseur et son chien, il
les suit d'assez près ou plane au-dessus de leur tête, et tâche de saisir les
petits oiseaux qui s'élèvent devant eux ; si le chien fait lever une alouette,
une caille, et que le chasseur la manque, il ne la manque pas : il a l'air de
ne pas craindre le bruit et de ne pas connaître l'effet des armes à feu, car il
s'approche de très près du chasseur, qui le tue souvent lorsqu'il ravit sa
proie ; il fréquente les plaines voisines des bois, et surtout celles où les
alouettes abondent ; il en détruit un très grand nombre, et elles connaissent
si bien ce mortel ennemi, qu'elles ne l'aperçoivent jamais sans le plus grand
effroi, et qu'elles se précipitent du haut des airs pour se cacher sous l'herbe
ou dans des buissons : c'est la seule manière dont elles puissent échapper ;
car quoique l'alouette s'élève beaucoup, le hobereau vole encore plus haut
qu'elle, et on peut le dresser au leurre comme le faucon et les autres oiseaux
du plus haut vol ; il demeure et niche dans les forêts, où il se perche sur
les arbres les plus élevés. Dans quelques-unes de nos provinces, on donne
le nom de *hobereau* aux petits seigneurs qui tyrannisent nos paysans, et
plus particulièrement au gentilhomme à lièvre, qui va chasser chez ses
voisins sans en être prié, et qui chasse moins pour son plaisir que pour son
profit.

(a) Ce nom de *hobereau*, appliqué aux gentilshommes de campagne, peut venir aussi de
ce qu'autrefois tous ceux qui n'étaient point assez riches pour entretenir une fauconnerie se
contentaient d'élever des hobereaux pour la chasse.

(*) Le hobereau commun est l'*Hypotriorchis Subbuteo* des ornithologistes modernes
(*Falco Subbuteo* de Linné). Les hobereaux ou faucons des arbres se distinguent des faucons
par une taille moindre, des formes plus allongées, des ailes en faucille.

On peut observer que dans cette espèce le plumage de l'oiseau est plus noir dans la première année qu'il ne l'est dans les années suivantes; il y a aussi dans notre climat une variété de cet oiseau qui nous a paru assez singulière pour mériter d'être indiquée (*); les différences consistent en ce que la gorge, le dessous du cou, la poitrine, une partie du ventre et les grandes plumes des ailes sont cendrées et sans taches, tandis que dans le hobereau commun la gorge et le dessous du cou sont blancs, la poitrine et le dessus du ventre blancs aussi, avec des taches longitudinales brunes, et que les grandes plumes des ailes sont presque noirâtres : il y a de même d'assez grandes différences dans les couleurs de la queue, qui, dans le hobereau commun, est blanchâtre par-dessous, traversée de brun, et qui dans l'autre est absolument brune. Mais ces différences n'empêchent pas que ces deux oiseaux ne puissent être regardés comme de la même espèce, car ils ont la même grandeur, le même port, et se trouvent de même en France; et d'ailleurs ils se ressemblent par un caractère spécifique très particulier, c'est qu'ils ont tout deux le bas du ventre et les cuisses garnis de plumes d'un roux vif, et qui tranche beaucoup sur les autres couleurs de cet oiseau; il n'est pas même impossible que cette variété, dont toutes les différences se réduisent à des nuances de couleurs, ne proviennent de l'âge ou des différents temps de la mue de cet oiseau; et c'est encore une raison de plus pour ne le pas séparer de l'espèce commune. Au reste, le hobereau se porte sur le poing, découvert et sans chaperon, comme l'émerillon, l'épervier et l'autour; et l'on en faisait autrefois un grand usage pour la chasse des perdrix et des cailles.

LA CRESSERELLE

La cresserelle (**) est l'oiseau de proie le plus commun dans la plupart de nos provinces de France, et surtout en Bourgogne (***) : il n'y a point d'ancien château ou de tour abandonnée qu'elle ne fréquente ou qu'elle n'habite; c'est surtout le matin et le soir qu'on la voit voler autour de ces vieux bâtiments, et on l'entend encore plus souvent qu'on ne la voit; elle a un cri précipité, *pli, pli, pli*, ou *pri, pri, pri*, qu'elle ne cesse de répéter en volant et qui effraye tous les petits oiseaux, sur lesquels elle fond comme

(*) C'est le *Falco vespertinus* GMEL.

(**) *Tinnunculus alaudarius* GRAY (*Falco Tinnunculus* L.). Les *Tinnunculus* appartiennent à la sous-famille des *Fauconiens*. Ils se distinguent des *Falco* par un plumage plus tacheté, des ailes à pennes plus résistantes, une queue plus longue, des pattes plus fortes et des doigts plus courts.

(***) La cresserelle est répandue dans presque toute l'Europe et l'Asie, surtout dans les montagnes; elle est plus commune dans le sud que dans le nord. C'est un oiseau migrateur.

une flèche, et qu'elle saisit avec ses serres; si par hasard elle les manque du premier coup, elle les poursuit sans crainte du danger, jusque dans les maisons; j'ai vu plus d'une fois mes gens prendre une cresserelle et le petit oiseau qu'elle poursuivait, en fermant la fenêtre d'une chambre ou la porte d'une galerie, qui étaient éloignées de plus de cent toises des vieilles tours d'où elle était partie : lorsqu'elle a saisi et emporté l'oiseau, elle le tue et le plume très proprement avant de le manger; elle ne prend pas tant de peine pour les souris et les mulots; elle avale les plus petits tout entiers, et dépèce les autres (*). Toutes les parties molles du corps de la souris se digèrent dans l'estomac de cet oiseau; mais la peau se roule et forme une petite pelote qu'il rend par le bec, et non par le bas, car ses excréments sont presque liquides et blanchâtres; en mettant ces pelotes, qu'elle vomit, dans l'eau chaude pour les ramollir et les étendre, on retrouve la peau entière de la souris comme si on l'eût écorchée. Les ducs, les chouettes, les buses, et peut-être beaucoup d'oiseaux de proie, rendent de pareilles pelotes, dans lesquelles, outre la peau roulée, il se trouve quelquefois des portions les plus dures des os; il en est de même des oiseaux pêcheurs : les arêtes et les écailles des poissons se roulent dans leur estomac, et ils les rejettent par le bec.

La cresserelle est un assez bel oiseau; elle a l'œil vif et la vue très perçante, le vol aisé et soutenu; elle est diligente et courageuse; elle approche, par le naturel, des oiseaux nobles et généreux; on peut même la dresser, comme les émerillons, pour la fauconnerie. La femelle est plus grande que le mâle, et elle en diffère en ce qu'elle a la tête rousse, le dessus du dos, des ailes et de la queue, rayé de bandes transversales brunes, et qu'en même temps toutes les plumes de la queue sont d'un brun roux, plus ou moins foncé : au lieu que dans le mâle la tête et la queue sont grises, et que les parties supérieures du dos et des ailes sont d'un roux vineux, semé de quelques petites taches noires.

Nous ne pouvons nous dispenser d'observer que quelques-uns de nos nomenclateurs modernes (a) ont appelé *épervier des alouettes* la cresserelle femelle, et qu'ils en ont fait une espèce particulière et différente de celle de la cresserelle.

Quoique cet oiseau fréquente habituellement les vieux bâtiments, il y niche plus rarement que dans les bois, et lorsqu'il ne dépose pas ses œufs dans des trous de murailles ou d'arbres creux, il fait une espèce de nid très négligé, composé de bûchettes et de racines, et assez semblable à celui des geais, sur les arbres les plus élevés des forêts; quelquefois il occupe aussi les nids que les corneilles ont abandonnés; il pond plus souvent cinq œufs

(a) Brisson, t. Ier, p. 379.

(*) La cresserelle détruit beaucoup plus d'animaux nuisibles que d'oiseaux. On peut donc la considérer comme utile.

que quatre, et quelquefois six et même sept, dont les deux bouts sont teints d'une couleur rougeâtre ou jaunâtre, assez semblable à celle de son plumage. Ses petits, dans le premier âge, ne sont couverts que d'un duvet blanc; d'abord il les nourrit avec des insectes, et ensuite il leur apporte des mulots en quantité qu'il aperçoit sur terre et du plus haut des airs, où il tourne lentement, et demeure souvent stationnaire pour épier son gibier, sur lequel il fond en un instant; il enlève quelquefois une perdrix rouge beaucoup plus pesante que lui; souvent aussi il prend des pigeons qui s'écartent de leur compagnie; mais sa proie la plus ordinaire, après les mulots et les reptiles, sont les moineaux, les pinsons et les autres petits oiseaux : comme il produit en plus grand nombre que la plupart des autres oiseaux de proie, l'espèce est plus nombreuse et plus répandue; on la trouve dans toute l'Europe, depuis la Suède (a) jusqu'en Italie et en Espagne (b); on la retrouve même dans les pays tempérés de l'Amérique septentrionale (c); plusieurs de ces oiseaux restent pendant toute l'année dans nos provinces de France; cependant j'ai remarqué qu'il y en avait beaucoup moins en hiver qu'en été, ce qui me fait croire que plusieurs quittent le pays pour aller passer ailleurs la mauvaise saison.

J'ai fait élever plusieurs de ces oiseaux dans de grandes volières; ils sont, comme je l'ai dit, d'un très beau blanc pendant le premier mois de leur vie, après quoi les plumes du dos deviennent roussâtres et brunes en peu de jours; ils sont robustes et aisés à nourrir; ils mangent la viande crue qu'on leur présente à quinze jours ou trois semaines d'âge; ils connaissent bientôt la personne qui les soigne et s'apprivoisent assez pour ne jamais l'offenser ; ils font entendre leur voix de très bonne heure, et, quoique enfermés, ils répètent le même cri qu'ils font en liberté; j'en ai vu s'échapper et revenir d'eux-mêmes à la volière après un jour ou deux d'absence, et peut-être d'abstinence forcée.

Je ne connais point de variétés dans cette espèce que quelques individus qui ont la tête et les deux plumes du milieu de la queue grises, tels qu'ils nous sont représentés par M. Frisch (pl. LXXXV); mais M. Salerne fait mention d'une cresserelle jaune qui se trouve en Sologne et dont les œufs sont de cette même couleur jaune. « Cette cresselle, dit-il, est rare, et » quelquefois elle se bat généreusement contre le jean-le-blanc, qui, quoi- » que plus fort, est souvent obligé de lui céder; on les a vus, ajoute-t-il, » s'accrocher ensemble en l'air et tomber de la sorte par terre comme une » motte ou une pierre. » Ce fait me paraît bien suspect, car l'oiseau jean-le-blanc est non seulement très supérieur à la cresserelle par la force, mais il a le vol et toutes les allures si différentes, qu'ils ne doivent guère se rencontrer

(a) Linn., *Faun. Suec.*, n° 67.
(b) Aldrov., *Avi.*, t. Ier, p. 356.
(c) Hans Sloane, *Jamaïc.*, p. 294.

LE ROCHIER

L'oiseau qu'on a nommé *faucon de roche*, ou *rochier*, n'est pas si gros que la cresserelle et me paraît fort semblable à l'émerillon (*), dont on se sert dans la fauconnerie ; il fait, disent les auteurs, sa retraite et son nid dans les rochers. M. Frisch est le seul avant nous qui ait donné une bonne indication de cet oiseau. En considérant attentivement sa forme et ses caractères, et en les comparant avec la forme et les caractères de l'espèce d'émerillon dont on se sert dans la fauconnerie, nous sommes très porté à croire que le rochier et cet émerillon sont de la même espèce, ou du moins d'une espèce encore plus voisine l'une de l'autre que de celle de la cresserelle. On verra, dans l'article suivant, qu'il y a deux espèces d'émerillons, dont la première approche beaucoup de celle du rochier et la seconde de celle de la cresserelle ; comme tous ces oiseaux sont à peu près de la même taille, du même naturel, et qu'ils varient autant et plus par le sexe et par l'âge que par la différence des espèces, il est très difficile de les bien reconnaître, et ce n'est qu'à force de comparaisons faites d'après nature que nous sommes parvenu à les distinguer les uns des autres.

L'ÉMERILLON

L'oiseau dont il est question n'est point l'émerillon des naturalistes, mais l'émerillon des fauconniers (**), qui n'a été indiqué ni bien décrit par aucun de nos nomenclateurs ; cependant c'est le véritable émerillon dont on se sert tous les jours dans la fauconnerie et que l'on dresse au vol pour la chasse ; cet oiseau est, à l'exception des pies-grièches, le plus petit de tous les oiseaux de proie, n'étant que de la grandeur d'une grosse grive ; néanmoins, on doit le regarder comme un oiseau noble et qui tient de plus près qu'un autre à l'espèce du faucon ; il en a le plumage (a), la forme et l'attitude ; il a le même naturel, la même docilité, et tout autant d'ardeur et de courage ; on peut en faire un bon oiseau de chasse pour les alouettes, les cailles et même les perdrix, qu'il prend et transporte, quoique beaucoup plus pesantes que lui ; souvent il les tue d'un seul coup et en les frappant de l'estomac sur la tête ou sur le cou.

Cette petite espèce, si voisine d'ailleurs de celle du faucon par le courage

(a) Il ressemble, en effet, par les nuances et la distribution des couleurs, au *faucon sors*.

(*) D'après Cuvier, le Rochier n'est que le mâle vieux de l'Émerillon.
(**) C'est le *Falco æsalon* L.

et le naturel (a), ressemble néanmoins plus au hobereau par la figure et encore plus au rochier ; on le distinguera cependant du hobereau en ce qu'il a les ailes beaucoup plus courtes et qu'elles ne s'étendent pas à beaucoup près jusqu'à l'extrémité de la queue, au lieu que celles du hobereau s'étendent un peu au delà de cette extrémité ; mais, comme nous l'avons déjà fait sentir dans l'article précédent, ses ressemblances avec le rochier sont si grandes, tant pour la grosseur et la longueur du corps, la forme du bec, des pieds et des serres, les couleurs du plumage, la distribution des taches, etc., qu'on serait très bien fondé à regarder le rochier comme une variété de l'émerillon, ou du moins comme une espèce si voisine qu'on doit suspendre son jugement sur la diversité de ces deux espèces ; au reste, l'émerillon s'éloigne de l'espèce du faucon et de celle de tous les autres oiseaux de proie par un attribut qui le rapproche de la classe commune des autres oiseaux : c'est que le mâle et la femelle sont dans l'émerillon de la même grandeur, au lieu que, dans tous les autres oiseaux de proie, le mâle est bien plus petit que la femelle ; cette singularité ne tient donc point à leur manière de vivre, ni à rien de tout ce qui distingue les oiseaux de proie des autres oiseaux ; elle semblerait d'abord appartenir à la grandeur, parce que dans les pies-grièches, qui sont encore plus petites que les émerillons, le mâle et la femelle sont aussi de la même grosseur, tandis que dans les aigles, les vautours, les gerfauts, les autours, les faucons et les éperviers, le mâle est d'un tiers ou d'un quart plus petit que la femelle. Après avoir réfléchi sur cette singularité et reconnu qu'elle ne pouvait pas dépendre des causes générales, j'ai recherché s'il n'y en avait pas de particulières auxquelles on pût attribuer cet effet, et j'ai trouvé, en comparant les passages de ceux qui ont disséqué des oiseaux de proie, qu'il y a dans la plupart des femelles un double *cæcum* assez gros et assez étendu, tandis que dans les mâles il n'y a qu'un *cæcum*, et quelquefois point du tout ; cette différence de la conformation intérieure, qui se trouve toujours en plus dans les femelles que dans les mâles, peut être la vraie cause physique de leur excès en grandeur. Je laisse aux gens qui s'occupent d'anatomie à vérifier plus exactement ce fait, qui seul m'a paru propre à rendre raison de la supériorité de grandeur de la femelle sur le mâle dans presque toutes les espèces des grands oiseaux de proie (*).

L'émerillon vole bas, quoique très vite et très légèrement ; il fréquente les

(a) Plusieurs auteurs, ayant fait la remarque de la conformité de l'émerillon avec le faucon, l'ont appelé *petit faucon, falco parvus merlinus.* Schwenckfeld, *Avi. Sil.*, p. 349. — *Falconellus*, Rzac., *Auct. Hist. nat. Pol.*, p. 354.

(*) L'hypothèse qu'émet ici Buffon pour expliquer la différence de taille qui existe chez tous les oiseaux de proie entre le mâle et la femelle, et les dimensions plus grandes de la femelle, nous paraît fort contestable. C'est, sans nul doute, dans un autre ordre de causes qu'il faut chercher celle de cette différence.

bois et les buissons pour y saisir les petits oiseaux, et chasse seul sans être accompagné de sa femelle ; elle niche dans les forêts en montagnes et produit cinq ou six petits.

Mais, indépendamment de cet émerillon dont nous venons de donner l'histoire, il existe une autre espèce d'émerillon mieux connue des naturalistes, dont M. Frisch a donné la figure (pl. LXXXIX), et qui a été décrit d'après nature par M. Brisson, tome Ier, page 382. Cet émerillon diffère, en effet, par un assez grand nombre de caractères de l'émerillon des fauconniers ; il paraît même approcher beaucoup plus de l'espèce de la cresserelle, du moins autant qu'il nous est permis d'en juger par la représentation, n'ayant pu nous le procurer en nature ; mais ce qui semble appuyer notre conjecture, c'est que les oisaeux d'Amérique qui nous ont été envoyés sous les noms d'*émerillon de Cayenne* et *émerillon de Saint-Domingue* ne nous paraissent être que des variétés d'une seule espèce, et peut-être l'un de ces oiseaux n'est-il que le mâle ou la femelle de l'autre ; mais tous deux ressemblent si fort à l'émerillon donné par M. Frisch, qu'on doit les regarder comme étant d'espèce très voisine, et cet émerillon d'Europe, aussi bien que ces émerillons d'Amérique, dont les espèces sont si voisines, paraîtront à tous ceux qui les considéreront attentivement beaucoup plus près de la cresserelle que de l'émerillon des fauconniers ; il se peut donc que cette espèce ait passé d'un continent à l'autre, et, en effet, M. Linnæus fait mention des cresserelles en Suède et ne dit pas que les émerillons s'y trouvent : ceci semble confirmer encore notre opinion que ce prétendu émerillon des naturalistes n'est qu'une variété, ou tout au plus une espèce très voisine de celle de la cresserelle ; on pourrait même lui donner un nom particulier, si on voulait la distinguer soit de l'émerillon des fauconniers, soit de la cresserelle, et ce nom serait celui qu'on lui donne dans les îles Antilles. « L'éme- » rillon, dit le P. du Tertre, que nos habitants appellent *gry-gry*, à cause » qu'en volant il jette un cri qu'ils expriment par ces syllabes *gry gry*, est » un autre petit oiseau de proie qui n'est guère plus gros qu'une grive ; il a » toutes les plumes de dessus le dos et des ailes rousses, tachées de noir, » et le dessous du ventre blanc, moucheté d'hermine ; il est armé de bec et » de griffes à proportion de sa grandeur ; il ne fait la chasse qu'aux petits » lézards et aux sauterelles, et quelquefois aux petits poulets quand ils sont » nouvellement éclos ; je leur en ai fait lâcher plusieurs fois, ajoute-t-il ; la » poule se défend contre lui et lui donne la chasse ; les habitants en man- » gent, mais il n'est pas bien gras (*a*). »

La ressemblance du cri de cet émerillon du P. du Tertre (*b*) avec le cri de notre cresserelle est encore un autre indice du voisinage de ces espèces ; et

(*a*) *Hist. nat. des Antilles*, par du Tertre, t. II, p. 253 et 254.
(*b*) Le cri de la cresserelle est *pri, pri*, ce qui approche beaucoup de *gry, gry* qui est le nom qu'on donne aux Antilles à cet oiseau à cause de son cri.

il me paraît qu'on peut conclure assez positivement que tous ces oiseaux donnés par les naturalistes sous les noms d'*émerillon d'Europe, émerillon de la Caroline* ou *de Cayenne*, et *émerillon de Saint-Domingue* ou *des Antilles*, ne font qu'une variété dans l'espèce de la cresserelle, à laquelle on pourrait donner le nom de *gry-gry* pour la distinguer de la cresserelle commune.

LES PIES-GRIÈCHES

Ces oiseaux (*), quoique petits, quoique délicats de corps et de membres, doivent néanmoins par leur courage, par leur large bec fort et crochu, et par leur appétit pour la chair, être mis au rang des oiseaux de proie, même des plus fiers et des plus sanguinaires ; on est toujours étonné de voir l'intrépidité avec laquelle une petite pie-grièche combat contre les pies, les corneilles, les cresserelles, tous oiseaux beaucoup plus grands et plus forts qu'elle ; non seulement elle combat pour se défendre, mais souvent elle attaque, et toujours avec avantage, surtout lorsque le couple se réunit pour éloigner de leurs petits les oiseaux de rapine ; elles n'attendent pas qu'ils approchent : il suffit qu'ils passent à leur portée pour qu'elles aillent au-devant ; elles les attaquent à grands cris, leur font des blessures cruelles, et les chassent avec tant de fureur qu'ils fuient souvent sans oser revenir : et, dans ce combat inégal contre d'aussi grands ennemis, il est rare de les voir succomber sous la force, ou se laisser emporter ; il arrive seulement qu'elles tombent quelquefois avec l'oiseau contre lequel elles se se sont accrochées avec tant d'acharnement, que le combat ne finit que par la chute et la mort de tous deux : aussi les oiseaux de proie les plus braves les respectent ; les milans, les buses, les corbeaux, paraissent les craindre et les fuir plutôt que les chercher ; rien dans la nature ne peint mieux la puissance et les droits du courage que de voir ce petit oiseau, qui n'est guère plus gros qu'une alouette, voler de pair avec les éperviers, les faucons et tous les autres tyrans de l'air, sans les redouter, et chasser dans leur domaine, sans craindre d'être puni ; car, quoique les pies-grièches se nourrissent communément d'insectes, elles aiment la chair de préférence ; elles poursuivent au vol tous les petits oiseaux : on en a vu prendre des perdreaux et de jeunes levrauts ; les grives, les merles et les autres oiseaux pris au lacet ou au piège deviennent leur proie la plus ordinaire, elles les saisissent avec les ongles, leur crèvent la tête avec le bec, leur serrent et déchiquètent le cou, et, après les avoir étran-

___

(*) Les pies-grièches appartiennent à un ordre différent de celui qui comprend tous les oiseaux dont il a été précédemment question. Ce sont des Passereaux du groupe des Dentirostres, de la famille des Laniadés. Elles constituent le genre *Lanius* L. Ce sont des oiseaux chanteurs, grands et forts, à bec recourbé en crochet et dentelé, entouré de soies raides, à pieds grands et armés de griffes tranchantes, à queue longue, étagée.

1. PIE-GRIÈCHE BLEUE. — 2. PIE-GRIÈCHE PERRIN

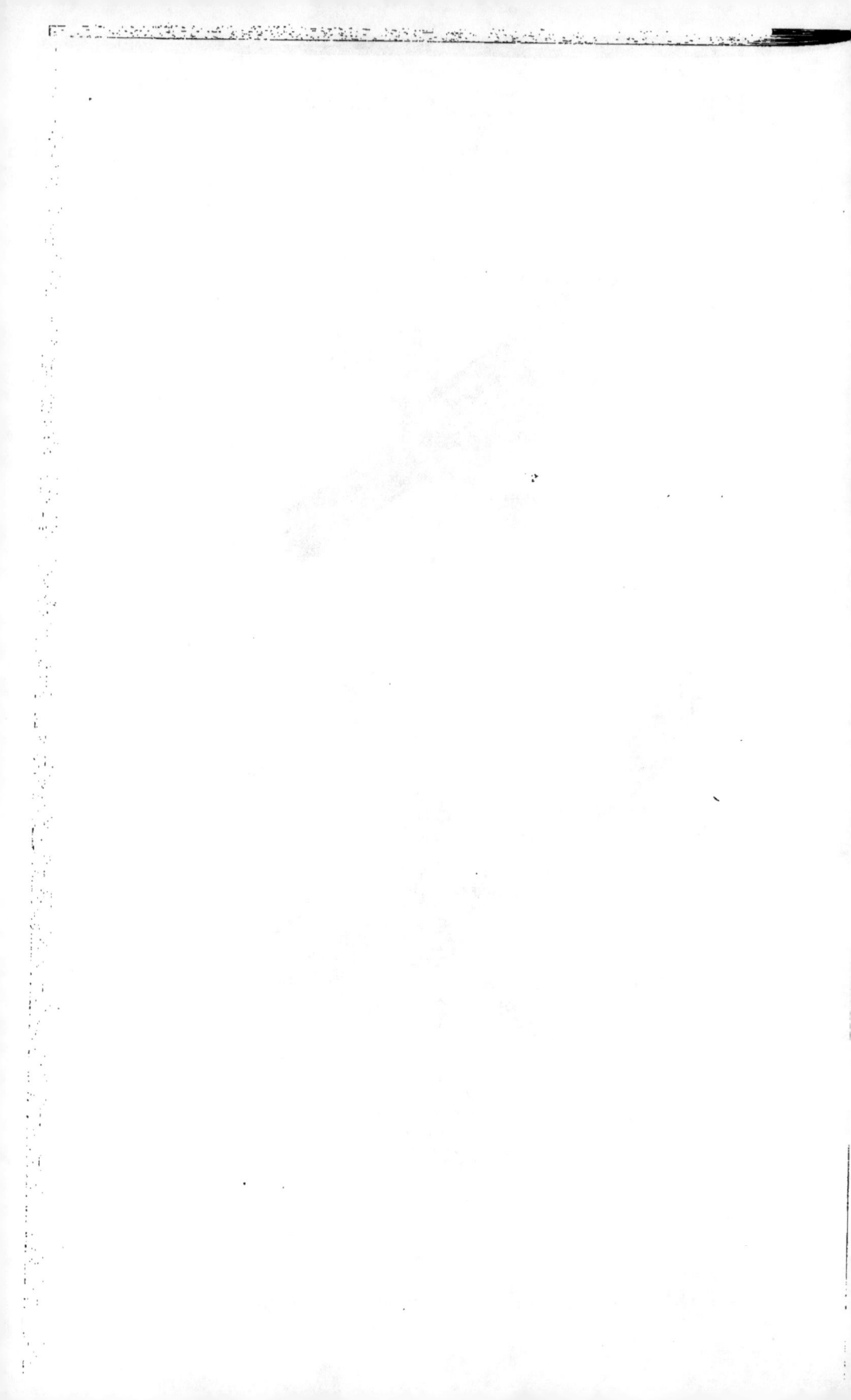

glés ou tués, elles les plument pour les manger, les dépecer à leur aise et en emporter dans leur nid les débris en lambeaux.

Le genre de ces oiseaux est composé d'un assez grand nombre d'espèces ; mais nous pouvons réduire à trois principales ceux de notre climat : la première est celle de la pie-grièche grise, la seconde celle de la pie-grièche rousse, et la troisième celle de la pie-grièche appelée vulgairement l'*écorcheur*. Chacune de ces trois espèces mérite une description particulière et contient quelques variétés que nous allons indiquer.

LA PIE-GRIÈCHE GRISE

Cette pie-grièche grise (*) est très commune dans nos provinces de France et paraît être naturelle à notre climat, car elle y passe l'hiver et ne le quitte en aucun temps (**) ; elle habite les bois et les montagnes en été, et vient dans les plaines et près des habitations en hiver ; elle fait son nid sur les arbres les plus élevés des bois ou des terres en montagnes : ce nid est composé au dehors de mousse blanche entrelacée d'herbes longues, et au dedans il est bien doublé et tapissé de laine ; ordinairement il est appuyé sur une branche à double et triple fourche ; la femelle, qui ne diffère pas du mâle par la grosseur, mais seulement par la teinte des couleurs, plus claires que celles du mâle, pond ordinairement cinq ou six et quelquefois sept ou même huit œufs gros comme ceux d'une grive ; elle nourrit ses petits de chenilles et d'autres insectes dans les premiers jours, et bientôt elle leur fait manger de petits morceaux de viande que leur père leur apporte avec un soin et une diligence admirables : bien différente des autres oiseaux de proie qui chassent leurs petits avant qu'ils soient en état de se pourvoir d'eux-mêmes, la pie-grièche garde et soigne les siens tout le temps du premier âge, et quand ils sont adultes elle les soigne encore ; la famille ne se sépare pas : on les voit voler ensemble pendant l'automne entier, et encore en hiver, sans qu'ils se réunissent en grandes troupes : chaque famille fait une petite bande à part, ordinairement composée du père, de la mère et de cinq ou six petits, qui tous prennent un intérêt commun à ce qui leur arrive, vivent en paix et chassent de concert, jusqu'à ce que le sentiment ou le besoin d'amour, plus fort que tout autre sentiment, détruise les liens de cet attachement et

(*) *Lanius excubitor* L.
(**) La pie-grièche est répandue à peu près dans toute l'Europe ; elle existe aussi dans une grande partie de l'Asie, dans le nord de l'Afrique, où elle est de passage, et dans l'Amérique du Nord. En France, on la voit surtout en abondance pendant les mois de septembre à novembre, et de février en avril.

enlève les enfants à leurs parents; la famille ne se sépare que pour en former de nouvelles.

Il est aisé de reconnaître les pies-grièches de loin, non seulement à cause de cette petite troupe qu'elles forment après le temps des nichées, mais encore à leur vol, qui n'est ni direct, ni oblique à la même hauteur, et qui se fait toujours de bas en haut et de haut en bas, alternativement et précipitamment; on peut aussi les reconnaître, sans les voir, à leur cri aigu, *trouî, trouî*, qu'on entend de fort loin, et qu'elles ne cessent de répéter lorsqu'elles sont perchées au sommet des arbres.

Il y a, dans cette première espèce, variété pour la grandeur et variété pour la couleur : nous avons au Cabinet une pie-grièche qui nous a été envoyée d'Italie, et qui ne diffère de la pie-grièche commune que par une teinte de roux sur la poitrine et le ventre (*); on en trouve d'absolument blanches dans les Alpes (*a*), et ces pies-grièches blanches, aussi bien que celles qui ont une teinte de roux sur le ventre, sont de la même grandeur que la pie-grièche grise, qui n'est elle-même pas plus grosse que le *mauvis* (*b*), autrement la *grive-mauviette* (*c*); mais il s'en trouve d'autres en Allemagne et en Suisse qui sont un peu plus grandes, et dont quelques naturalistes ont voulu faire une espèce particulière, quoiqu'il n'y ait aucune autre différence entre ces oiseaux que celle d'un peu plus de grandeur, ce qui pourrait bien provenir de la nourriture, c'est-à-dire de l'abondance ou de la disette des pays qu'ils habitent : ainsi la pie-grièche grise varie, même dans nos climats d'Europe, par la grandeur et par les couleurs; on ne doit donc pas être surpris si elle varie encore davantage dans des climats plus éloignés, tels que ceux de l'Amérique, de l'Afrique et des Indes; la pie-grièche grise de la Louisiane est le même oiseau que la pie-grièche grise d'Europe, de laquelle elle paraît différer aussi peu que la pie-grièche d'Italie; on n'y remarquerait même aucune différence bien sensible, si elle n'était pas un peu plus petite et un peu plus foncée de couleur sur les parties supérieures du corps.

La pie-grièche du cap de Bonne-Espérance (*d*), la pie-grièche grise du

(*a*) « Lanius albus. » Aldrov., *Avi.*, t. Ier, p. 387. *Cum icone.*

(*b*) « Lanius major. » Gessner, *Avi.*, p. 581. *Cum icone.* — « Pica cinerea seu lanius major. » Frisch, tab. LIX, avec des figures coloriées du mâle et de la femelle.

(*c*) Elle diffère de la première en ce qu'elle est plus grande et plus grosse, et en ce qu'elle a les plumes scapulaires et les petites couvertures du dessus des ailes d'une couleur roussâtre; mais comme elle ressemble pour tout le reste à la pie-grièche commune, ces différences, qui peut-être ne sont pas générales ni bien constantes, ne nous paraissent pas suffisantes pour établir une espèce distincte et séparée de la première.

(*d*) C'est à cette espèce qu'on doit aussi rapporter l'oiseau des Indes orientales, que les Anglais qui fréquentent les côtes du Bengale ont appelé *dial-bird* (l'horloge ou le cadran), et qui a été indiqué par Albin, t. III, p. 8, avec des figures coloriées du mâle (pl. XVII), et de la femelle (pl. XVIII) : « Cette pie-grièche, dit-il, est grande à peu près comme notre

(*) Elle constitue cependant une espèce distincte, à laquelle on a donné le nom de *Lanius minor*.

Sénégal, et la pie-grièche bleue de Madagascar, sont encore trois variétés très voisines l'une de l'autre, et appartiennent également à l'espèce commune de la pie-grièche grise d'Europe; celle du Cap ne diffère de celle d'Europe qu'en ce qu'elle a toutes les parties supérieures du corps d'un brun noirâtre; celle du Sénégal les a d'un brun plus clair, et celle de Madagascar a ces mêmes parties d'un beau bleu; mais ces différences dans la couleur du plumage, tout le reste étant égal et semblable d'ailleurs, ne suffisent pas à beaucoup près pour en faire des espèces distinctes et séparées de la pie-grièche commune. Nous donnerons plusieurs exemples de changements de couleur tout aussi grands dans d'autres oiseaux, même dans notre climat; à plus forte raison, ces changements doivent-ils arriver dans des climats différents et aussi éloignés les uns des autres : l'influence de la température se marque par des rapports que des gens attentifs ne doivent pas laisser échapper : par exemple, nous trouvons ici que la pie-grièche étrangère, qui ressemble le plus à notre pie-grièche d'Italie, est celle de la Louisiane (*); or la température de ces deux climats n'est pas fort inégale; et nous trouvons au contraire que celle du Cap (**), du Sénégal et de Madagascar (***) ressemble moins, parce que ces climats sont en effet d'une température très différente de celle d'Italie.

Il en est de même du climat de Cayenne, où la pie-grièche (****) prend un plumage varié ou rayé de longues taches brunes; mais, comme elle est de la même grandeur que notre pie-grièche grise et qu'elle lui ressemble à tous autres égards, nous avons cru pouvoir la rapporter avec fondement à cette espèce commune.

LA PIE-GRIÈCHE ROUSSE

Cette pie-grièche rousse (*****) est un peu plus petite que la grise, et très aisée à reconnaître par le roux qu'elle a sur la tête, qui est quelquefois rouge et ordinairement d'un roux vif; on peut aussi remarquer qu'elle a les

» pie-grièche grise, avec le bec noir, les coins de la bouche jaunes, l'iris des yeux de la
» même couleur, les jambes et les pieds bruns; le mâle a la tête, le cou, le dos, le croupion,
» les couvertures du dessus de la queue, les plumes scapulaires, la gorge et la poitrine
» noires; le ventre, les côtés et les couvertures du dessous de la queue blanches; toutes les
» plumes de la queue également longues, noires en dessus et blanches en dessous : la femelle
» ne diffère du mâle qu'en ce que les couleurs sont moins foncées. »

(*) *Lanius americanus* Cuv.
(**) *Lanius collaris* Gmel. et *L. capensis* Sh., deux espèces distinctes.
(***) *Lanius madagascariensis* Gmel. Il existe encore à Madagascar deux ou trois autres espèces de pies-grièches.
(****) *Lanius radiatus* Cuv.
(*****) *Lanius rufus* Naum.

yeux d'un gris blanchâtre ou jaunâtre, au lieu que la pie-grièche grise les a bruns; elle a aussi le bec et les jambes plus noires : le naturel de cette pie-grièche rousse est à peu très près le même que celui de la pie-grièche grise : toutes deux sont aussi hardies, aussi méchantes l'une que l'autre; mais ce qui prouve que ce sont néanmoins deux espèces différentes, c'est que la première reste au pays toute l'année, au lieu que celle-ci le quitte en automne et ne revient qu'au printemps; la famille, qui ne se sépare pas à la sortie du nid et qui demeure toujours rassemblée, part vers le commencement de septembre, sans se réunir avec d'autres familles et sans faire de longs vols : ces oiseaux ne vont que d'arbre en arbre et ne volent pas de suite, même dans le temps de leur départ; ils restent pendant l'été dans nos campagnes et font leur nid sur quelque arbre touffu; au lieu que la pie-grièche grise habite les bois dans cette même saison, et ne vient guère dans nos plaines que quand la pie-grièche rousse est partie : on prétend aussi que, de toutes les pies-grièches, celle-ci est la meilleure, ou, si l'on veut, la seule qui soit bonne à manger (a).

Le mâle et la femelle sont à très peu près de la même grosseur; mais ils diffèrent par les couleurs assez pour paraître des oiseaux de différente espèce : nous observerons seulement au sujet de cette espèce et de la suivante, appelée l'*écorcheur*, que ces oiseaux font leur nid avec beaucoup d'art et de propreté, à peu près avec les mêmes matériaux qu'emploie la pie-grièche grise; la mousse et la laine y sont si bien entrelacées avec les petites racines souples, les herbes fines et longues, les branches pliantes des petits arbustes, que cet ouvrage paraît avoir été tissu : ils produisent ordinairement cinq ou six œufs, et quelquefois davantage; et ces œufs, dont le fond est de couleur blanchâtre, sont en tout ou en partie tachés de brun ou de fauve.

L'ÉCORCHEUR

L'écorcheur (*) est un peu plus petit que la pie-grièche rousse, et lui ressemble assez par les habitudes naturelles : comme elle, il arrive au printemps, fait son nid sur des arbres ou même dans des buissons en pleine campagne et non pas dans les bois, part avec sa famille vers le mois de septembre, se nourrit communément d'insectes, et fait aussi la guerre aux petits oiseaux; en sorte qu'on ne peut trouver aucune différence essentielle entre eux, sinon la grandeur, la distribution et les nuances des couleurs, qui paraissent être constamment différentes dans chacune de ces espèces.

(a) « Lanius minor rutilus ad cibum aptior reliquis, delicatus et salubris. » Schwenckfeld. *Theriotrop. Sil.*, p. 292.

(*) *Lanius collurio* GMEL.

tant celles du mâle que celles de la femelle; néanmoins, comme entre le mâle et la femelle de chacune de ces deux espèces il y a dans ce même caractère de la couleur encore plus de différence que d'une espèce à l'autre, on serait très bien fondé à ne les regarder que comme des variétés, et à réunir sous la même espèce la pie-grièche rousse, l'écorcheur et l'écorcheur varié (a), dont quelques naturalistes ont encore fait une espèce distincte, et qui cependant pourrait bien être la femelle de celui dont il est ici question.

Au reste, ces deux espèces de pies-grièches, avec leurs variétés, nichent dans nos climats, et se trouvent en Suède comme en France; en sorte qu'elles ont pu passer d'un continent à l'autre : il est donc à présumer que les espèces étrangères de ce même genre, et qui ont des couleurs rousses, ne sont que des variétés de l'écorcheur, d'autant qu'ayant l'usage de passer tous les ans d'un climat à l'autre elles ont pu se naturaliser dans des climats éloignés encore plus aisément que la pie-grièche, qui reste constamment dans notre pays.

Rien ne prouve mieux le passage de ces oiseaux de notre pays dans des climats plus chauds, pour y passer l'hiver, que de les retrouver au Sénégal; la pie-grièche rousse nous a été envoyée par M. Adanson, et c'est absolument le même oiseau que notre pie-grièche rousse d'Europe; il y en a une autre qui nous a été également envoyée du Sénégal, et qui doit n'être regardée que comme une simple variété dans l'espèce, puisqu'elle ne diffère des autres que par la couleur de la tête qu'elle a noire, et par un peu plus de longueur de queue, ce qui ne fait pas, à beaucoup près, une assez grande différence pour en former une espèce distincte et séparée.

Il en est de même de l'oiseau que nous avons appelé l'*écorcheur des Philippines* (b), et encore de celui que nous avons appelé *pie-grièche de la*

(a) « Collurionis parvi secundum genus. » Aldrov., *Avi.*, t. Ier, p. 390. *Cum icone.* « Cullorio » varius. » L'écorcheur varié. Brisson, t. II, p. 154. « An præcedentis fœmina ? » *Idem, ibidem*, p. 158.

(b) Il nous paraît que cet oiseau est le même que celui que M. Edwards a donné sous le nom de *pie-grièche rouge* ou *rousse huppée*. « Cet oiseau, dit-il, s'appelle *charah* dans le » pays de Bengale, et diffère de nos pies-grièches par une huppe qu'il porte sur la tête; » mais cette différence est bien légère, car cette huppe n'en est pas une, c'est seulement une disposition de plumes qui paraissent hérissées comme celles du geai lorsqu'il est en colère, et que M. Edwards avoue lui-même qu'il n'a vue que dans l'oiseau mort; en sorte qu'on ne peut pas assurer si ces plumes n'avaient pas été redressées par quelque froissement avant ou après la mort de l'oiseau, ce qui est bien différent d'une huppe naturelle. La preuve de ce que je viens de dire, c'est qu'on voit une semblable huppe sur la tête de la pie-grièche blanche et noire de Surinam, dont le même M. Edwards a donné la figure dans la première partie de ses *Glanures* (*Glanures* d'Edwards, part. I, p. 35, pl. ccxxvi) : or nous avons cette espèce au Cabinet du Roi, et il est certain qu'elle n'a point de huppe; dès lors nous ne pouvons nous empêcher de présumer que cette apparence de huppe, ou plutôt de plumes hérissées sur la tête, qui se trouve dans ces deux pies-grièches de M. Edwards, ne soit une disposition accidentelle ou momentanée, et qui probablement ne se manifeste que quand l'oiseau est en colère : ainsi nous persistons à croire que cette pie-grièche du Bengale n'est qu'une variété de l'espèce de la pie-grièche rousse ou de l'écorcheur d'Europe.

Louisiane, qui nous ont été envoyés de ces deux climats si éloignés l'un de l'autre, et qui néanmoins se ressemblent assez pour ne paraître que le même oiseau, et qui dans le réel ne font ensemble qu'une variété de notre écorcheur, à la femelle duquel cette variété ressemble presque en tout.

OISEAUX ÉTRANGERS

QUI ONT RAPPORT A LA PIE-GRIÈCHE GRISE ET A L'ÉCORCHEUR

I. — LE FINGAH.

L'oiseau des Indes orientales appelé au Bengale *fingah* (*), dont M. Edwards a donné la description sous le nom de *pie-grièche des Indes*, à queue fourchue, qui est certainement une espèce différente de toutes les autres pies-grièches. Voici la traduction de ce que dit M. Edwards à ce sujet : la forme du bec, les moustaches ou poils qui en surmontent la base, la force des jambes, m'ont déterminé à donner à cet oiseau le nom de *pie-grièche*, quoique sa queue soit faite tout autrement que celle des pies-grièches, dont les plumes du milieu sont les plus longues; au lieu que dans celle-ci elles sont beaucoup plus courtes que les plumes extérieures; en sorte que la queue paraît fourchue, c'est-à-dire vide au milieu vers son extrémité : il a le bec épais et fort, voûté en arc à peu près comme celui de l'épervier, plus long à proportion de sa grosseur, et moins crochu, avec des narines assez grandes; la base de la mandibule supérieure est environnée de poils raides..... La tête entière, le cou, le dos et les couvertures des ailes sont d'un noir brillant, avec un reflet de bleu, de pourpre et de vert, et qui se décide ou varie suivant l'incidence de la lumière..... La poitrine est d'une couleur cendrée, sombre et noirâtre : tout le ventre et les couvertures du dessous de la queue sont blanches; les jambes, les pieds et les ongles sont d'un brun noirâtre : je doutais, ajoute M. Edwards, si je devais ranger cet oiseau avec les pies-grièches ou avec les pies, car il me paraissait également voisin de chacun de ces deux genres, et je pense que tous deux pourraient n'en faire qu'un, les pies convenant en beaucoup de choses avec les pies-grièches; quoique personne en Angleterre ne l'ait remarqué, il paraît qu'en France on y a fait attention, et qu'on a observé cette conformité de nature dans ces deux oiseaux, puisqu'on les a tous deux appelés *pies* (a).

(a) Edwards, *Hist. nat. of birds*, t. II, p. 56, pl. LVI, avec une figure bien coloriée.

(*) *Lanius cærulescens* GMEL.

II. — ROUGE-QUEUE.

L'oiseau des Indes orientales, indiqué et décrit par Albin sous le nom de *rouge-queue du Bengale* (*); il est de la même grandeur que la pie-grièche grise d'Europe : le bec est d'un cendré brun; l'iris des yeux est blanchâtre, le dessus et le derrière de la tête noirs; il y a au-dessous des yeux une tache d'un rouge vif terminée de blanc, et sur le cou quatre taches noires en portion de cercle; le dessous du cou, le dos, le croupion, les couvertures du dessus de la queue, celles du dessous des ailes et les plumes scapulaires, sont brunes; la gorge, le dessous du cou, la poitrine, le haut du ventre, les côtés et les jambes, sont blancs; le bas du ventre et les couvertures du dessous de la queue sont rouges, la queue est d'un brun clair; les pieds et les ongles sont noirs (*a*).

III. — LANGRAIEN ET TCHA-CHERT.

Les oiseaux envoyés de Manille et de Madagascar, le premier sous le nom de *langraien* (**), et le second sous le nom de *tcha-chert* (***), que l'on a rapportés peut-être mal à propos au genre des pies-grièches (*b*), parce qu'ils en diffèrent par un caractère essentiel, ayant les ailes, lorsqu'elles sont pliées, aussi longues que la queue, tandis que toutes les autres pies-grièches, ainsi que les oiseaux étrangers, que nous y rapporterons, ont les ailes beaucoup plus courtes à proportion, ce qui pourrait faire croire que ce sont des oiseaux d'un autre genre : néanmoins, comme celui de Madagascar approche assez de l'espèce de notre pie-grièche grise, à cette différence près de la longueur des ailes, on pourrait le regarder comme faisant la nuance entre notre pie-grièche et cet oiseau de Manille auquel il ressemble encore plus qu'à notre pie-grièche; et comme nous ne connaissons aucun genre d'oiseaux auquel on puisse rapporter directement cet oiseau de Manille, nous avons suivi le sentiment des autres naturalistes, en lui donnant le nom de *pie-grièche*, aussi bien qu'à celui de Madagascar; mais nous avons cru devoir ici marquer nos doutes sur la justesse de cette dénomination.

(*a*) Rouge-queue de Bengale. Albin, t. III, p. 24, pl. LVI, avec une figure coloriée. — La pie-grièche de Bengale. Brisson, t. II, p. 175.

(*b*) Brisson, t. II, p. 180 et 195.

(*) *Lanius Emeria* L.
(**) *Lanius leucorhynchos* GMEL.
(***) *Lanius viridis* L.

IV. — BÉCARDES.

Les oiseaux envoyés de Cayenne, le premier, sous le nom de *pie-grièche grise* (*); et le second sous celui de pie-grièche tachetée (**), qui sont d'une espèce différente de nos pies-grièches d'Europe, et que nous avons cru devoir appeler *bécardes*, à cause de la grosseur et de la longueur de leur bec, qu'ils ont aussi de couleur rouge ; ces bécardes diffèrent encore de nos pies-grièches en ce qu'elles ont la tête toute noire, et l'habitude du corps plus épaisse et plus longue ; mais d'ailleurs elles leur ressemblent plus qu'à tout autre oiseau. Au reste, l'une nous paraît être le mâle, et l'autre la femelle de la même espèce, sur laquelle nous observerons qu'il se trouve encore d'autres espèces semblables par la grosseur du bec dans ce même climat de Cayenne, et dans d'autres climats très éloignés, comme on le va voir dans les articles suivants.

V. — BÉCARDE A VENTRE JAUNE.

L'oiseau envoyé de Cayenne sous le nom de *pie-grièche jaune* (***), qui par son long bec nous paraît être d'une espèce assez voisine de la précédente, et que, par cette raison, nous avons appelé la *bécarde à ventre jaune,* car elles ne diffèrent guère que par les couleurs.

VI. — LE VANGA OU BÉCARDE A VENTRE BLANC.

L'oiseau envoyé de Madagascar par M. Poivre, sous le nom de *vanga* (****), et qui quoique différent par l'espèce de nos pies-grièches et de nos écorcheurs, peut-être même étant d'un autre genre, a néanmoins plus de rapport avec ces oiseaux qu'avec aucun autre ; c'est pour cette raison que nous l'avons nommé *pie-grièche* ou *écorcheur de Madagascar*. Mais on pourrait, à plus juste titre, le rapporter au genre des bécardes dont nous venons de parler, et l'appeler *bécarde à ventre blanc*.

VII. — LE SCHET-BÉ.

L'oiseau envoyé de Madagascar par M. Poivre, sous le non de *schet-bé* (*****), et dont l'espèce nous paraît si voisine de la précédente qu'on pourrait les regarder toutes deux comme n'en faisant qu'une si le climat de

(*) *Lanius cyanus* GMEL.
(**) C'est le jeune du *Lanius cyanus*. Gmelin en a fait une espèce distincte sous le nom de *Lanius nævius*.
(***) *Lanius sulfuratus* GMEL.
(****) *Lanius curvirostris* GMEL.
(*****) *Lanius rufus* GMEL.

Cayenne n'était pas aussi éloigné qu'il est de celui de Madagascar. Nous avons appelé cet oiseau *pie-grièche rousse de Madagascar*, par la même raison que nous avons appelé le précédent *pie-grièche jaune de Cayenne*; et il faut avouer que cette pie-grièche rousse de Madagascar approche un peu plus que celle de Cayenne de nos pies-grièches d'Europe, parce qu'elle a le bec plus court, et par conséquent différent de celui de nos pies-grièches d'Europe; au reste, ces deux espèces étrangères sont plus voisines l'une de l'autre que de nos pies-grièches d'Europe.

VIII. — LE TCHA-CHERT-BÉ.

L'oiseau envoyé de Madagascar par M. Poivre, sous le nom de *tcha-chert-bé* (*), et que nous avons nommé *grande pie-grièche verdâtre*, et qui ne nous paraît être qu'une espèce très voisine ou même une variété d'âge ou de sexe dans l'espèce précédente, dont elle ne diffère guère que parce qu'elle a le bec un peu plus court et moins crochu, et les couleurs un peu différemment distribuées. Au reste, ces cinq oiseaux étrangers et à gros bec, savoir, la pie-grièche grise et la pie-grièche jaune de Cayenne, la pie-grièche rousse, l'écorcheur et la pie-grièche verdâtre de Madagascar, pourraient bien faire un petit genre à part auquel nous avons donné le nom de *bécardes*, à cause de la grandeur et de la grosseur de leur bec, parce que dans le réel tous ces oiseaux diffèrent assez des pies-grièches pour devoir en être séparés.

IX. — LE GONOLEK.

L'oiseau qui nous a été envoyé du Sénégal par M. Adanson, sous le nom de *pie-grièche rouge du Sénégal*, et que les nègres, dit-il, appellent *gonolek* (**), c'est-à-dire mangeur d'insectes. C'est un oiseau remarquable par les couleurs vives dont il est peint; il est à très peu près de la même grandeur que la pie-grièche d'Europe, et n'en diffère, pour ainsi dire, que par les couleurs, qui néanmoins suivent dans leur distribution à peu près le même ordre que sur la pie-grièche grise d'Europe; mais comme les couleurs en elles-mêmes sont très différentes, nous avons cru devoir regarder cet oiseau comme étant d'une espèce différente.

X. — LE CALI-CALIC ET LE BRUIA.

L'oiseau envoyé de Madagascar par M. Poivre, tant le mâle que la femelle, le premier sous le nom de *cali-calic*, et le second sous celui de *bruia*, que

(*) *Lanius leucocephalus* GMEL.
(**) *Lanius barbarus* GMEL.

l'on peut rapporter au genre de notre écorcheur d'Europe à cause de sa petitesse ; mais qui du reste en diffère assez pour être regardé comme un oiseau
d'espèce différente (*).

XI. — PIE-GRIÈCHE HUPPÉE.

L'oiseau envoyé du Canada sous le nom de *pie-grièche huppée* (**), et qui
porte en effet sur le sommet de la tête une huppe molle et de plumes longuettes qui retombent en arrière, mais qui du reste est une vraie pie-grièche,
et assez semblable à notre pie-grièche rousse par la disposition des couleurs pour qu'on puisse la regarder comme une espèce voisine, qui n'en
diffère guère que par les caractères de cette huppe et du bec qui est un peu
plus gros.

(*) *Lanius madagascariensis* GMEL.
(**) *Lanius canadensis* GMEL.

LES OISEAUX DE PROIE NOCTURNES

Les yeux de ces oiseaux sont d'une sensibilité si grande qu'ils paraissent être éblouis par la clarté du jour, et entièrement offusqués par les rayons du soleil : il leur faut une lumière plus douce, telle que celle de l'aurore naissante ou du crépuscule tombant; c'est alors qu'ils sortent de leurs retraites pour chasser, ou plutôt pour chercher leur proie, et ils font cette quête avec grand avantage; car ils trouvent dans ce temps les autres oiseaux et les petits animaux endormis ou prêts à l'être : les nuits où la lune brille sont pour eux les beaux jours, les jours de plaisir, les jours d'abondance, pendant lesquels ils chassent plusieurs heures de suite et se pourvoient d'amples provisions; les nuits où la lune fait défaut son beaucoup moins heureuses, ils n'ont guère qu'une heure le soir et une heure le matin pour chercher leur subsistance; car il ne faut pas croire que la vue de ces oiseaux, qui s'exerce si parfaitement à une faible lumière, puisse se passer de toute lumière, et qu'elle perce en effet dans l'obscurité la plus profonde; dès que la nuit est bien close ils cessent de voir, et ne diffèrent pas à cet égard des autres animaux, tels que les lièvres, les loups, les cerfs, qui sortent le soir des bois pour repaître ou chasser pendant la nuit : seulement ces animaux voient encore mieux le jour que la nuit; au lieu que la vue des oiseaux nocturnes est si fort offusquée pendant le jour qu'ils sont obligés de se tenir dans le même lieu sans bouger, et que, quand on les force à en sortir, ils ne peuvent faire que de très petites courses, des vols courts et lents de peur de se heurter; les autres oiseaux, qui s'aperçoivent de leur crainte ou de la gêne de leur situation, viennent à l'envi les insulter : les mésanges, les pinsons, les rouges-gorges, les merles, les geais, les grives, etc., arrivent à la file : l'oiseau de nuit perché sur une branche, immobile, étonné, entend leurs mouvements, leurs cris qui redoublent sans cesse, parce qu'ils n'y répond que par des gestes bas, en tournant sa tête, ses yeux et son corps d'un air ridicule; il se laisse même assaillir et frapper sans se défendre; les plus petits, les plus faibles de ses ennemis sont les plus ardents à le tourmenter, les plus opiniâtres à le huer : c'est sur cette espèce de jeu de moquerie ou d'antipathie naturelle qu'est fondé le petit art de la pipée; il suffit de placer un oiseau nocturne ou même d'en contrefaire la voix pour faire arriver les oiseaux à l'endroit où l'on a tendu les gluaux (a) : il faut s'y prendre une heure avant la fin du jour pour que cette chasse soit heureuse ; car si l'on attend plus tard, ces mêmes petits oiseaux qui viennent pendant le jour provoquer l'oiseau de nuit avec autant d'audace que d'opiniâtreté, le fuient et le redoutent dès que l'obscurité lui permet de se mettre en mouvement et de déployer ses facultés.

Tout cela doit néanmoins s'entendre avec certaines restrictions qu'il est bon d'indiquer : 1° toutes les espèces de hiboux et de chouettes ne sont pas également offusquées par la lumière du jour ; le grand duc voit assez clair pour voler et fuir à d'assez grandes distances en plein jour ; la chevêche, ou la plus petite espèce de chouettes, chasse, poursuit et prend des petits oiseaux longtemps avant le coucher et après le lever du soleil. Les voyageurs nous assurent que le grand duc ou hibou de l'Amérique septentrionale (b) prend les gélinottes blanches en plein jour, et même lorsque la neige en augmente encore la lumière ; Belon dit très bien dans son vieux langage (c) que *quiconque prendra garde à la vue de ces oiseaux, ne la trouvera pas si imbécile qu'on la crie ;* 2° il paraît que le hibou commun ou moyen duc voit plus mal que le scops ou petit duc, et que c'est de tous les hiboux celui qui est le plus offusqué par la lumière du jour, comme le sont aussi le chat-huant, l'effraie et la hulotte ; car on voit les oiseaux s'attrouper également pour les insulter à la pipée ; mais avant de donner les faits qui ont rapport à chaque espèce en particulier, il faut en présenter les distinctions générales.

On peut diviser en deux genres principaux les oiseaux de proie nocturnes, le genre du hibou et celui de la chouette, qui contiennent chacun plusieurs espèces différentes ; le caractère distinctif de ces deux genres, c'est que tous les hiboux ont deux aigrettes de plumes en forme d'oreilles, droites de chaque côté de la tête (d), tandis que les chouettes ont la tête arrondie sans aigrettes et sans aucunes plumes proéminentes (e) ; nous réduirons à trois les espèces contenues dans le genre du hibou. Ces trois espèces sont : 1° le

(a) Cette espèce de chasse était connue des anciens ; car Aristote l'indique clairement dans les termes suivants : « Die cæteræ aviculæ omnes noctuam circumvolant, quod mirari » vocatur, advolantesque percutiunt. Qua propter eâ constitutâ avicularum genera et varia » multa capiunt. » *Hist. anim.*, lib. IX, cap. I.

(b) *Voyage à la baie d'Hudson*, t. Ier, p. 56.

(c) Belon, *Hist. nat. des oiseaux*, p. 133. — *Nota.* C'est en effet avec cette restriction qu'on doit entendre ce que disent à cet égard la plupart des écrivains, et entre autres Schwenckfeld : « Noctu perspicacissimè videntes, diu cœcutientes. » *Theriotrop. Sil.*, p. 308.

(d) Ces oiseaux peuvent remuer et faire baisser ou élever ces aigrettes de plumes à volonté.

(e) Il paraît que Pline avait remarqué cette différence générique, lorsqu'il dit : « Penna- » torum animalium buboni tantùm et oto plumæ velut aures. » Lib. XI, cap. XXXVII. Et ailleurs : « Otus bubone minor est, noctuis major, auribus plumeis eminentibus, unde et » nomen illi ; quidam latinè asionem vocant. » Lib. X, cap. XXIII. — *Nota* qu'il y a trois espèces de hiboux qui ont en effet des aigrettes de plumes, et que ces trois espèces sont le grand duc, *bubo* ; le moyen duc, *otus* ; et le petit duc, *asio,* que Pline confond avec l'*otus.*

duc ou grand duc; 2° le hibou ou moyen duc; 3° le scops ou petit duc; mais nous ne pouvons réduire à moins de cinq les espèces du genre de la chouette, et ces espèces sont : 1° la hulotte ou huette; 2° le chat-huant; 3° l'effraie ou fresaie; 4° la chouette ou grande chevêche; 5° la chevêche ou petite chouette : ces huit espèces se trouvent toutes en Europe et même en France; quelques-unes ont des variétés qui paraissent dépendre de la différence des climats; d'autres ont des représentants dans le nouveau continent; la plupart des hiboux et des chouettes de l'Amérique ne diffèrent pas assez de celles de l'Europe, pour qu'on ne puisse leur supposer une même origine.

Aristote fait mention de douze espèces d'oiseaux qui voient dans l'obscurité et volent pendant la nuit; et comme dans ces douze espèces il comprend l'orfraie et le tête-chèvre ou crapaud-volant sous les noms de *phinis* et d'*œgotilas*, et trois autres sous les noms de *capriceps*, de *chalcis* et de *charadrios*, qui sont du nombre des oiseaux pêcheurs et habitants des marais ou des rives des eaux et des torrents, il paraît qu'il a réduit à sept espèces tous les hiboux et toutes les chouettes qui étaient connus en Grèce de son temps; le hibou ou moyen duc, qu'il appelle ὦτος, *otus*, précède et conduit, dit-il, les cailles lorsqu'elles partent pour changer de climat (*a*), et c'est par cette raison qu'on appelle cet oiseau *dux* ou *duc* : l'étymologie me paraît sûre, mais le fait est plus qu'incertain; il est vrai que les cailles, qui, lorsqu'elles partent en automne, sont surchargées de graisse, ne volent guère que la nuit, et qu'elles se reposent pendant le jour à l'ombre pour éviter la chaleur, et que par conséquent on a pu s'apercevoir que le hibou accompagnait ou précédait quelquefois ces troupes de cailles; mais il ne paraît par aucune observation, par aucun témoignage bien constaté, que le hibou soit, comme la caille, un oiseau de passage; le seul fait que j'aie trouvé dans les voyageurs qui aille à l'appui de cette opinion, est dans la préface de l'*Histoire naturelle de la Caroline* par Catesby; il dit : « qu'à » vingt-six degrés de latitude nord, à peu près entre les deux continents » d'Afrique et d'Amérique, c'est-à-dire à six cents lieues environ de l'un et » de l'autre, il vit en allant à la Caroline un hibou au-dessus du vaisseau où » il était, ce qui le surprit d'autant plus, que ces oiseaux ayant des ailes » courtes ne peuvent voler fort loin, et sont aisément lassés par les enfants, » ce qui arrive tout au plus à la troisième volée; il ajoute que ce hibou » disparut après avoir fait des tentatives pour se reposer sur le vais- » seau (*b*). »

On peut dire en faveur du fait que tous les hiboux et toutes les chouettes n'ont pas les ailes courtes, puisque dans la plupart de ces oiseaux elles

(*a*) « Cùm coturnices adeunt loca, sine ducibus pergunt; at cùm hinc abeunt, ducibus lingulaca, oto et matrice proficiscuntur. » Aristote, *Hist. anim.*, lib. VIII, cap. XII.

(*b*) *Hist. nat. de la Caroline*, par M. Catesby. Préface, p. 7.

s'étendent au delà de l'extrémité de la queue, et qu'il n'y a que le grand duc et le *scops* ou petit duc, dont les ailes, lorsqu'elles sont pliées, n'arrivent pas jusqu'au bout de la queue; d'ailleurs on voit, ou plutôt on entend tous ces oiseaux faire d'assez longs vols en criant; dès lors il semble que la puissance de voler au loin pendant la nuit leur appartient aussi bien qu'aux autres, mais que n'ayant pas d'aussi bons yeux, et ne voyant pas de loin, ils ne peuvent se former un tableau d'une grande étendue de pays, et que c'est par cette raison qu'ils n'ont pas, comme la plupart des autres oiseaux, l'instinct des migrations, qui suppose ce tableau pour se déterminer à faire de grands voyages; quoi qu'il en soit, il paraît qu'en général nos hiboux et nos chouettes sont assez sédentaires : on m'en a apporté de presque toutes les espèces, non seulement en été, au printemps, en automne, mais même dans les temps les plus rigoureux de l'hiver; il n'y a que le *scops* ou petit duc qui ne se trouve pas dans cette saison; et j'ai été en effet informé que cette petite espèce de hibou part en automne et arrive au printemps : ainsi ce serait plutôt au petit duc qu'au moyen duc qu'on pourrait attribuer la fonction de conduire les cailles; mais encore une fois, ce fait n'est pas prouvé, et de même je ne sais pas sur quoi peut être fondé un autre fait avancé par Aristote, qui dit que le chat-huant (*glaux*, *noctua*, selon son interprète Gaza) (*a*), se cache pendant quelques jours de suite, car on m'en a apporté, dans la plus mauvaise saison de l'année, qu'on avait pris dans les bois; et si l'on prétendait que le mot *glaux*, *noctua* indique ici l'effraie, le fait serait encore moins vrai; car à l'exception des soirées très sombres et pluvieuses, on l'entend tous les jours de l'année souffler et crier à l'heure du crépuscule.

Les douze oiseaux de nuit, indiqués par Aristote, sont : *byas, otos, scops, phinis, œgolilas, eleos, nycticorax, œgolios, glaux, charadrios, chalcis, œgocephalos;* traduits en latin par Théodore Gaza :

Bubo, otus, asio, ossifraga, caprimulgus, aluco, cicunia (ou *cicuma* ou *ulula*), *ulula, noctua, charadrius, chalcis, capriceps;* j'ai cru devoir interpréter en français les neuf premiers comme il suit :

Le *duc* ou *grand duc*, le *hibou* ou *moyen duc*, le *petit duc*, l'*orfraie*, le *tête-chèvre* ou *crapaud-volant*, l'*effraie* ou *fresaie*, la *hulotte*, la *chouette* ou *grande chevêche*, le *chat-huant*.

Tous les naturalistes et les littérateurs conviendront aisément avec moi : 1° que le *byas* des Grecs, *bubo* des Latins, est notre duc ou grand duc; 2° que l'*otos* des Grecs, *otus* des Latins, est notre hibou ou moyen duc; 3° que le *scops* des Grecs, *asio* des Latins, est notre petit-duc; 4° que le *phinis* des Grecs, *ossifraga* des Latins, est notre orfraie ou grand aigle de mer; 5° que l'*œgolilas* des Grecs, *caprimulgus* des Latins, est notre tette-

---

(*a*) « Paucis quibusdam diebus (*glaux*) noctua latet. » Aristote, *Hist. anim.*, lib. VIII cap. XVI.

chèvre ou crapaud volant; 6° que l'*eleos* des Grecs, *aluco* des Latins, est notre effraie ou fresaie; mais ils me demanderont en même temps par quelle raison je prétends que le *glaux* est notre chat-huant, le *nycticorax* notre hulotte, et l'*œgolios* notre chouette ou grande chevêche, tandis que tous les interprètes et tous les naturalistes qui m'ont précédé ont attribué le nom *œgolios* à la hulotte, et qu'ils sont forcés d'avouer qu'ils ne savent à quel oiseau rapporter celui de *nycticorax*, non plus que ceux du *chara-drios*, du *chalcis* et du *capriceps*, et qu'on ignore absolument quels peuvent être les oiseaux désignés par ces noms; et, enfin, ils me reprocheront que c'est mal à propos que je transporte aujourd'hui le nom de *glaux* au chat-huant, tandis qu'il appartient de tout temps, c'est-à-dire du consentement de tous ceux qui m'ont précédé, à la chouette ou grande chevêche, et même à la petite chouette ou chevêche proprement dite, comme à la grande.

Je vais leur exposer les raisons qui m'ont déterminé, et je les crois assez fondées pour les satisfaire et pour éclaircir l'obscurité qui résulte de leurs doutes et de leurs fausses interprétations. De tous les oiseaux de nuit dont nous avons fait l'énumération, le chat-huant est le seul qui ait les yeux bleuâtres, et la hulotte la seule qui les ait noirâtres; tous les autres ont l'iris des yeux d'un jaune couleur d'or, ou du moins couleur de safran. Or les Grecs, dont j'ai souvent admiré la justesse de discernement et la pré-cision des idées par les noms qu'ils ont imposés aux objets de la nature, et qui sont toujours relatifs à leurs caractères distinctifs et frappants, n'au-raient eu aucune raison de donner le nom *glaux* (*glaucus*), vert de mer ou bleuâtre, à ceux de ces oiseaux qui n'ont rien de bleuâtre, et dont les yeux sont noirs ou orangés ou jaunes; et ils auront avec fondement imposé ce nom à l'espèce de ces oiseaux, qui, parmi toutes les autres, est la seule en effet qui ait les yeux de cette couleur bleuâtre; de même ils n'auront pas appelé *nycticorax*, c'est-à-dire corbeau de nuit, des oiseaux qui ayant les yeux jaunes ou bleus, et le plumage blanc ou gris, n'ont aucun rapport au corbeau, et ils auront donné avec juste raison ce nom à la hulotte, qui est la seule de tous ces oiseaux nocturnes qui ait les yeux noirs et le plumage aussi presque noir, et qui de plus approche du corbeau plus qu'aucun autre par sa grosseur.

Il y a encore une raison de convenance qui ajoute à la vraisemblance de mon interprétation, c'est que le nycticorax chez les Grecs, et même chez les Hébreux, était un oiseau commun et connu, puisqu'ils en empruntaient des comparaisons (*sicut nycticorax in domicilio*); il ne faut pas s'imaginer, comme le croient la plupart de ces littérateurs, que ce fût un oiseau si soli-taire et si rare qu'on ne puisse aujourd'hui en retrouver l'espèce : la hulotte est partout assez commune; c'est de toutes les chouettes la plus grosse, la plus noire et la plus semblable au corbeau; toutes les autres espèces en sont absolument différentes; je crois donc que cette observation, tirée de la chose même, doit avoir plus de poids que l'autorité de ces commentateurs, qui ne connaissent pas assez la nature pour en bien interpréter l'histoire.

Or le *glaux* étant le chat-huant, ou, si l'on veut, la chouette aux yeux bleuâtres, et le *nycticorax* étant la hulotte ou chouette aux yeux noirs, l'*ægolios* ne peut être autre que la chouette aux yeux jaunes : ceci mérite encore quelque discussion.

Théodore Gaza traduit le mot *nycticorax*, d'abord par *cicuma*, ensuite par *ulula*, et enfin par *cicunia;* cette dernière interprétation n'est vraisemblablement qu'une faute des copistes, qui de *cicuma* ont fait *cicunia;* car Festus, avant Gaza, avait également traduit *nycticorax* par *cicuma*, et Isidore par *cecuma*, et quelques autres par *cecua* : c'est même à ces noms qu'on pourrait rapporter l'étymologie des mots *zueta* en italien, *chouette* en français : si Gaza eût fait attention aux caractères du *nycticorax*, il s'en serait tenu à sa seconde interprétation *ulula*, et il n'eût pas fait double emploi de ce terme, car il eût alors traduit *ægolios* par *cicuma;* il me paraît donc, par cet examen comparé de ces différents objets et par ces raisons critiques, que le *glaux* est le chat-huant, le *nycticorax* la hulotte, et l'*ægolios* la chouette ou grande chevêche.

Il reste le *charadrios,* le *chalcis* et le *capriceps.* Gaza ne leur donne point de noms latins particuliers, et se contente de copier le mot grec et de les indiquer par *charadrius, chalcis* et *capriceps :* comme ces oiseaux sont d'un genre différent de ceux dont nous traitons, et que tous trois paraissent être des oiseaux de marais, et habitant le bord des eaux, nous n'en ferons pas ici plus ample mention ; nous nous réservons d'en parler lorsqu'il sera question des oiseaux pêcheurs, parmi lesquels il y a, comme dans les oiseaux de proie, des espèces qui ne voient pas bien pendant le jour, et qui ne pêchent que dans le temps où les hiboux et les chouettes chassent, c'est-à-dire lorsque la lumière du jour ne les offusque plus; en nous renfermant donc dans le sujet que nous traitons, et ne considérant à présent que les oiseaux du genre des hiboux et des chouettes, je crois avoir donné la juste interprétation des mots grecs qui les désignent tous; il n'y a que la seule chevêche ou petite chouette dont je ne trouve pas le nom dans cette langue. Aristote n'en fait aucune mention nulle part, et il y a grande apparence qu'il n'a pas distingué cette petite espèce de chouette de celle du *scops* ou petit duc, parce qu'elles se ressemblent en effet par la grandeur, la forme, la couleur des yeux, et qu'elles ne diffèrent essentiellement que par la petite plume proéminente que le scops porte de chaque côté de la tête, et dont la chevêche ou petite chouette est dénuée; mais toutes ces différences particulières seront exposées plus au long dans les articles suivants.

Aldrovande remarque avec raison que la plupart des erreurs en histoire naturelle sont venues de la confusion des noms, et que dans celle des oiseaux nocturnes on trouve l'obscurité et les ténèbres de la nuit : je crois que ce que nous venons de dire pourra les dissiper en grande partie. Nous ajouterons, pour achever d'éclaircir cette matière, quelques autres remarques : le nom *ule, eule* en allemand, *owl, houlet* en anglais, *huette, hulote* en français, vient du latin *ulula*, et celui-ci vient du cri de ces oiseaux nocturnes de la grande espèce ; il est très vraisemblable, comme le dit M. Frisch, qu'on n'a d'abord nommé ainsi que les grandes espèces de chouettes, mais que les petites leur ressemblant par la forme et par le naturel, on leur a donné le même nom, qui dès lors est devenu un nom général et commun à tous ces oiseaux : de là la confusion à laquelle on n'a qu'imparfaitement remédié en ajoutant à ce nom général une épithète prise du lieu de leur demeure, ou de leur forme particulière, ou de leurs différents cris ; par exemple, *stein-eule* en allemand, chouette des rochers, qui est notre chouette ou grande chevêche ; *kirch-eule* en allemand, *churehowl* en anglais, chouette des églises ou des clochers en français, qui est notre effraie, qu'on a aussi appelée *schleyer-eule*, chouette voilée, *perl-eule*, chouette perlée ou marquée de petites taches rondes ; *ohr-eule* en allemand, *horn-owl* en anglais, chouette ou hibou à oreilles en français, qui est notre hibou ou moyen duc ; *knapp-eule*, chouette qui fait avec son bec le bruit que l'on fait en cassant une noisette, ce qui néanmoins ne peut désigner aucune espèce particulière, puisque toutes les grosses espèces de hiboux et de chouettes font ce même bruit avec leur bec ; le nom *bubo* que les Latins ont donné à la plus grande espèce de hibou, c'est-à-dire au grand duc, vient du rapport de son cri avec le mugissement du bœuf ; et les Allemands ont désigné le nom de l'animal par le cri même, *uhu* (*ouhou*), *puhu* (*pouhou*).

Les trois espèces de hiboux et les cinq espèces de chouettes, que nous venons d'indiquer par des dénominations précises et par des caractères aussi précis, composent le genre entier des oiseaux de proie nocturnes ; ils diffèrent des oiseaux de proie diurnes : 1° par le sens de la vue, qui est excellent dans ceux-ci, et qui paraît fort obtus dans ceux-là, parce qu'il est trop sensible et trop affecté de l'éclat de la lumière ; on voit leur pupille, qui est très large, se rétrécir au grand jour d'une manière différente de celle des chats ; la pupille des oiseaux de nuit reste toujours ronde en se rétrécissant concentriquement, au lieu que celle des chats devient perpendiculairement étroite et longue ; 2° par le sens de l'ouïe ; il paraît que ces oiseaux de proie nocturnes ont ce sens supérieur à tous les autres oiseaux, et peut-être même à tous les animaux, car ils ont, toute proportion gardée, les conques des oreilles bien plus grandes qu'aucun des animaux ; il y a aussi plus d'appareil et de mouvement dans cet organe, qu'ils sont maîtres de fermer et d'ouvrir à volonté, ce qui n'est donné à aucun animal ; 3° par le bec, dont la base n'est pas, comme dans les oiseaux de proie diurnes, couverte d'une peau lisse et nue, mais est au contraire garnie de plumes tournées en devant ; et de plus ils ont le bec court et mobile dans ses deux parties comme le bec des perroquets (*a*), et c'est par la facilité de ces deux mouvements qu'ils font si souvent craquer leur bec, et qu'ils peuvent aussi l'ouvrir assez pour prendre de très gros morceaux que leur gosier aussi ample, aussi large que l'ouverture de leur bec, leur permet d'avaler tout entiers; 4° par les serres, dont ils ont un doigt antérieur de mobile, et qu'ils peuvent à volonté retourner en arrière, ce qui leur donne plus de fermeté et de facilité qu'aux autres pour se tenir perchés sur un seul pied; 5° par leur vol, qui se fait en culbutant lorsqu'ils sortent de leur trou, et toujours de travers et sans aucun bruit, comme si le vent les emportait : ce sont là les différences générales entre ces oiseaux de proie nocturnes et les oiseaux de proie diurnes, qui, comme l'on voit, n'ont, pour ainsi dire, rien de semblable que leurs armes, rien de commun que leur appétit pour la chair et leur goût pour la rapine.

LE DUC OU GRAND DUC

Les poètes ont dédié l'aigle à Jupiter, et le duc (*) à Junon : c'est en effet l'aigle de la nuit et le roi de cette tribu d'oiseaux qui craignent la lumière du jour, et ne volent que quand elle s'éteint: le duc paraît être, au premier coup d'œil, aussi gros, aussi fort que l'aigle commun; cependant il est

(*a*) « Utrumque rostrum sive mandibulæ ambæ mobiles sunt; insignesque superiori muscul » ab utrâque parte dati qui illud removeant adducantque ad inferius rostrum, relictus adduc- » torum alter in uno latere ab occipite veniens tendinosâ expansione in palato desinit. » Klein, *de Avib.*, p. 54.

(*) Le grand-duc est désigné par les ornithologistes modernes sous le nom scientifique de *Bubo maximus* Sibb. Il appartient à l'ordre des Rapaces et à la famille des Strigidés. Les oiseaux de cette famille sont tous nocturnes, c'est-à-dire qu'ils sortent surtout au crépuscule. Leurs yeux sont très grands, arrondis, dirigés en avant et très rapprochés l'un de l'autre, ce qui leur donne une assez grande ressemblance avec ceux des chats; ils sont souvent entourés d'un cercle de plumes rigides, disposées de façon à former en avant de l'œil une sorte de voile. Leur bec est très recourbé dès la base, de façon à prendre l'aspect d'une sorte de nez pointu qui, avec les oreilles, achève de donner à la face de ces oiseaux une certaine ressemblance avec celle des chats; la pointe du bec est aiguë et bien organisée pour déchirer les petits animaux, oiseaux ou mammifères qui servent à la nourriture des Strigidés. Les oreilles sont très développées, elles sont habituellement pourvues d'une valvule membraneuse externe et d'un repli cutané, sorte de pavillon sur lequel s'insère un bouquet de plumes rigides. Les jambes sont courtes; les pieds sont souvent emplumés jusqu'au bout des doigts et pourvus de griffes fortes; le doigt externe peut être dirigé en arrière. Les ailes sont longues, larges, arrondies, dentées en scie. Tout le corps est couvert de plumes longues et très souples. Le vol est silencieux. La voix est sonore et plaintive. C'est, sans nul doute, à l'aspect de leur face, qui est fort intelligente, à leur voix plaintive, à leur vol silencieux et à l'heure où ils battent la campagne, que les Strigidés doivent les préjugés funèbres dont ils sont l'objet parmi les habitants des campagnes.

Le grand duc est habituellement désigné par le nom vulgaire de chat-huant, qu'il doit à sa physionomie et à sa voix.

réellement plus petit, les proportions de son corps sont toutes différentes ; il a les jambes, le corps et la queue plus courtes que l'aigle, la tête beaucoup plus grande, les ailes bien moins longues, l'étendue du vol ou l'envergure n'étant que d'environ cinq pieds ; on distingue aisément le duc à sa grosse figure, à son énorme tête, aux larges et profondes cavernes de ses oreilles, aux deux aigrettes qui surmontent sa tête et qui sont élevées de plus de deux pouces et demi ; à son bec court, noir et crochu ; à ses grands yeux fixes et transparents ; à ses larges prunelles noires et environnées d'un cercle de couleur orangée ; à sa face, entourée de poils, ou plutôt de petites plumes blanches et décomposées qui aboutissent à une circonférence d'autres petites plumes frisées ; à ses ongles noirs, très forts et très crochus ; à son cou très court, à son plumage d'un roux brun, taché de noir et de jaune sur le dos, et de jaune sur le ventre, marqué de taches noires et traversé de quelques bandes brunes mêlées assez confusément ; à ses pieds, couverts d'un duvet épais et de plumes roussâtres jusqu'aux ongles (a) ; enfin à son cri effrayant (b) *huihou, houhou, bouhou, pouhou,* qu'il fait retentir dans le silence de la nuit, lorsque tous les autres animaux se taisent ; et c'est alors qu'il les éveille, les inquiète, les poursuit et les enlève ou les met à mort pour les dépecer et les emporter dans les cavernes qui lui servent de retraite : aussi n'habite-t-il que les rochers ou les vieilles tours abandonnées et situées au-dessus des montagnes ; il descend rarement dans les plaines, et ne se perche pas volontiers sur les arbres, mais sur les églises écartées et sur les vieux châteaux (*). Sa chasse la plus ordinaire sont les jeunes lièvres, les lapins, les taupes, les mulots, les souris qu'il avale tout entières et dont il digère la substance charnue, vomit le poil (c), les os et

---

(a) La femelle ne diffère du mâle qu'en ce que les plumes sur le corps, les ailes et la queue, sont d'une couleur plus sombre.

(b) Voici ce que rapporte M. Frisch au sujet des différents cris du *puhu, schuffut* ou *grand duc,* qu'il a longtemps gardé vivant. Lorsqu'il avait faim, dit cet auteur, il formait un son assez semblable à celui qui exprime son nom (en allemand, *puhu) pouhou;* lorsqu'il entendait tousser ou cracher un vieillard, il commençait très haut et très fort, à peu près du ton d'un paysan ivre qui éclate en riant, et il faisait durer son cri *ouhou* ou *pouhou* autant qu'il pouvait être de temps sans reprendre haleine ; il m'a paru, ajoute M. Frisch, que cela arrivait lorsqu'il était en amour, et qu'il prenait ce bruit qu'un homme fait en toussant pour le cri de sa femelle : mais quand il crie par angoisse ou de peur, c'est un cri très désagréable, très fort, et cependant assez semblable à celui des oiseaux de proie diurnes. (Traduit de l'allemand de Frisch, article du bubo ou grand duc.)

(c) J'ai eu deux fois, dit M. Frisch, des grands ducs vivants, et je les ai conservés longtemps ; je les nourrissais de chair et de foie de bœuf, dont ils avalaient souvent de fort gros

---

(*) « Il est, dit Brehm, telles localités qui sont connues depuis des siècles pour loger » des grands ducs. Lorsqu'une paire de ces oiseaux a été détruite à un endroit, il arrive sou- » vent qu'on n'y aperçoit plus un seul individu pendant plusieurs années ; puis, un beau jour, » une nouvelle paire vient occuper la même place qu'habitait l'ancienne et y reste jusqu'à » ce qu'elle soit tuée à son tour ; car, dans nos contrées du nord, bien peu de grands ducs » meurent de leur mort naturelle. »

la peau en pelotes arrondies ; il mange aussi les chauves-souris, les serpents, les lézards, les crapauds, les grenouilles, et en nourrit ses petits ; il chasse alors avec tant d'activité que son nid regorge de provisions ; il en rassemble plus qu'aucun autre oiseau de proie (*).

On garde ces oiseaux dans les ménageries à cause de leur figure singulière (**) ; l'espèce n'en est pas aussi nombreuse en France que celle des autres hiboux, et il n'est pas sûr qu'ils restent au pays toute l'année ; ils y nichent cependant quelquefois sur des arbres creux, et plus souvent dans des cavernes de rochers ou dans des trous de hautes et vieilles murailles ; leur nid a près de trois pieds de diamètre, et est composé de petites branches de bois sec entrelacées de racines souples et garni de feuilles en dedans : on ne trouve souvent qu'un œuf ou deux dans ce nid, et rarement trois ; la couleur de ces œufs tire un peu sur celle du plumage de l'oiseau ; leur grosseur excède celle des œufs de poule : les petits sont très voraces, et les pères et mères très habiles à la chasse qu'ils font dans le silence et avec beaucoup plus de légèreté que leur grosse corpulence ne paraît le permettre ; souvent ils se battent avec les buses, et sont ordinairement les plus forts et les maîtres de la proie qu'ils leur enlèvent ; ils supportent plus aisément la lumière du jour que les autres oiseaux de nuit, car ils sortent de meilleure heure le soir et rentrent plus tard le matin. On voit quelquefois le duc assailli par des troupes de corneilles qui le suivent au vol et l'environnent par milliers ; il soutient leur choc (a), pousse des cris plus forts qu'elles et finit par les disperser, et souvent par en prendre quelqu'une lorsque la lumière du jour baisse : quoiqu'ils aient les ailes plus courtes que la plupart des oiseaux de haut vol ils ne laissent pas de s'élever assez haut,

morceaux ; lorsqu'on jetait des souris à cet oiseau, il leur brisait les côtes et les autres os avec son bec, puis il les avalait l'une après l'autre, quelquefois jusqu'à cinq de suite ; au bout de quelques heures, les poils et les os se rassemblaient, se pelotonnaient dans son estomac par petites masses, après quoi il les ramenait en haut et les rejetait par le bec ; au défaut d'autre pâture, il mangeait toute sorte de poissons de rivière, petits et moyens, et après avoir de même brisé et pelotonné les arêtes dans son estomac, il les ramenait le long de son cou et les rejetait par le bec : il ne voulait point du tout boire, ce que j'ai observé de même de quelques oiseaux de proie diurnes. — *Nota* qu'à la vérité ces oiseaux peuvent se passer de boire, mais que cependant, quand ils sont à portée, ils boivent en se cachant. Voyez, sur cela, l'article du jean-le-blanc.

(a) « Fortissima avis sæpius valde tumultuatur inter millenarii numeri cornices. » Klein, *Avi.*, p. 54 et suiv.

(*) D'après Wodzicki, une famille de paysans put se nourrir, pendant plusieurs jours, des restes d'animaux tués par un couple de grands ducs, qui avait établi son nid au milieu des roseaux d'un marais.

(**) Le grand duc d'Afrique s'attache, paraît-il, assez facilement à l'homme. Le grand duc d'Europe est plus sauvage et ne s'apprivoise jamais complétement. Cependant Brehm dit : « J'en ai vu un chez mon ami Meves, à Stockholm, que l'on peut prendre et caresser ; » il arrive quand on l'appelle par son nom ; on peut même le laisser en liberté ; il fait de » petites excursions, mais rentre toujours régulièrement. »

surtout à l'heure du crépuscule ; mais ordinairement ils ne volent que bas et à de petites distances dans les autres heures du jour. On se sert du duc dans la fauconnerie pour attirer le milan ; on attache au duc une queue de renard pour rendre sa figure encore plus extraordinaire ; il vole à fleur de terre et se pose dans la campagne sans se percher sur aucun arbre ; le milan, qui l'aperçoit de loin, arrive et s'approche du duc, non pas pour le combattre ou l'attaquer, mais comme pour l'admirer, et il se tient auprès de lui assez longtemps pour se laisser tirer par le chasseur, ou prendre par les oiseaux de proie qu'on lâche à sa poursuite : la plupart des faisandiers tiennent aussi dans leur faisanderie un duc qu'ils mettent toujours en cage sur des juchoirs dans un lieu découvert, afin que les corbeaux et les corneilles s'assemblent autour de lui, et qu'on puisse tirer et tuer un plus grand nombre de ces oiseaux criards qui inquiètent beaucoup les jeunes faisans ; et pour ne pas effrayer les faisans on tire les corneilles avec une sarbacane (a).

On a observé, à l'égard des parties intérieures de cet oiseau, qu'il a la langue courte et assez large, l'estomac très ample, l'œil enfermé dans une tunique cartilagineuse en forme de capsule, et le cerveau recouvert d'une simple tunique (*) plus épaisse que celle des autres oiseaux, qui, comme les animaux quadrupèdes, ont deux membranes qui recouvrent la cervelle (b).

Il paraît qu'il y a dans cette espèce une première variété qui semble en renfermer une seconde : toutes deux se trouvent en Italie et ont été indiquées par Aldrovande ; on peut appeler l'un le *duc aux ailes noires* (c), et le second le *duc aux pieds nus* (d) ; le premier ne diffère en effet du grand duc commun que par les couleurs qu'il a plus brunes ou plus noires sur les ailes, le dos et la queue ; et le second (**), qui ressemble en entier à celui-ci par ces couleurs plus noires, n'en diffère que par la nudité des jambes et des pieds qui sont très peu fournis de plumes ; ils ont aussi tous deux les jambes plus menues et moins fortes que le duc commun.

Indépendamment de ces deux variétés qui se trouvent dans nos climats, il y en a d'autres dans des climats plus éloignés : le duc blanc de La-

(a) Voyez Frisch, à l'article du grand duc.
(b) *Vide* Schwenckfeld, *Theriotrop. sil.*, p. 308. — Ceux qui voudront avoir des connaissances exactes sur la structure des parties intérieures des oiseaux de ce genre les trouveront dans les observations 51 et 52 de Jean de Muralto : *Éphémérides des curieux de la nature*, ann. 1682 ; et *Coll. Acad.*, part. étrangère, t. III, p. 474 et 475.
(c) *Bubo noster.* Aldrov., *Avi.*, t. 1er, p. 508. — Grand duc aux ailes noires. Albin, t. III, p. 3. — Le grand duc d'Italie. Brisson, t. 1er, p. 482. — Le grand hibou cornu d'Athènes. Edwards, *Glanures*, p. 37, pl. ccxxvii.
(d) *Bubo noster.* Aldrov. *Avi.*, t. 1er, p. 508. — Le grand duc déchaussé. Brisson, t. 1er, p. 483.

(*) Buffon commet ici une erreur. Le cerveau du grand duc est pourvu, comme celui de tous les autres oiseaux, de trois membranes qui sont de dehors en dedans : la dure-mère, l'arachnoïde et la pie-mère.
(**) Gmelin a fait de celui-ci une espèce véritable sous le nom de *Strix ceylanensis,* qui doit devenir : *Bubo ceylanensis.*

ponie (*), marqué de taches noires, qu'indique Linnæus (*a*), ne paraît être qu'une variété produite par le froid du Nord; on sait que la plupart des animaux quadrupèdes sont naturellement blancs ou le deviennent dans les pays très froids; il en est de même d'un grand nombre d'oiseaux : celui-ci qu'on trouve dans les montagnes de Laponie est blanc, taché de noir, et ne diffère que par cette couleur du grand duc commun; ainsi on le peut rapporter à cette espèce comme simple variété (**).

Comme cet oiseau craint peu le chaud et ne craint pas le froid, on le trouve également, dans les deux continents, au nord et au midi, et non seulement on y trouve l'espèce même, mais encore les variétés de l'espèce : le jacurutu du Brésil (*b*), décrit par Marcgrave, est absolument le même oiseau que notre grand duc commun; celui qui nous a été apporté des terres Magellaniques ne diffère pas assez du grand duc d'Europe pour en faire une espèce séparée (***); celui qui est indiqué par l'auteur du Voyage à la baie d'Hudson, sous le nom de *hibou couronné* (*c*), et par M. Edwards sous le nom de *duc de Virginie* (*d*) (****), sont des variétés qui se trouvent en Amérique les mêmes qu'en Europe; car la différence la plus remarquable qu'il y ait entre le duc commun et le duc de la baie d'Hudson et de Virginie, c'est

(*a*) « Strix capite aurito, corpore albido. » Linnæus, *Faun. Succ.*, nº 46. — Le grand duc de Laponie. Brisson, t. I, p. 486.

(*b*) « Jacurutu *Brasiliensibus*, Bufo Lusitanis, noctua est; magnitudine æquat anseres : » caput habet rotundum instar felis : rostrum aduncum nigrum, superiori parte longius : » oculos magnos, elatos, rotundos et splendentes instar crystalli, in quibus interius circulus » flavus versus extrema apparet; latitudo oculorum aliquantò major grosso misnico; prope » aurium foramina plumas habet duos digitos longas, quæ instar aurium in acutum desinunt » et attolluntur : cauda lata est, neque alæ pertingunt ad illius extremitatem; crura pennis » vestita usque ad pedes, in quibus quatuor digiti, tres anterius, unus posterius versus, atque » in quolibet unguis incurvatus, niger, plusquam digitum longus et acutissimus; pennæ » totius corporis variegantur e flavo, albo et nigricante pereleganter. » Marcg. *Hist. nat. Brasil.*, p. 199.

(*c*) Le grand hibou couronné est fort commun dans les terres voisines de la baie d'Hudson; c'est un oiseau fort singulier, et dont la tête n'est guère plus petite que celle d'un chat; ce qu'on appelle ses cornes sont des plumes qui s'élèvent précisément au-dessus du bec, où elles sont mêlées de blanc, devenant peu à peu d'un rouge brun marqueté de noir. *Voyage de la baie d'Hudson*, t. I, p. 55.

(*d*) « Cet oiseau, dit M. Edwards, est de la plus grande espèce des hiboux, et très approchant de la grandeur du hibou cornu, que nous appelons *hibou aigle* (grand duc); sa tête » est aussi grosse que celle d'un chat..... le bec est noir, la mandibule supérieure en est

(*) C'est le *Strix scandiaca* L., simple variété du *Bubo maximus*.

(**) Le grand duc commun de notre pays (*Bubo maximus*) est remplacé, d'après E. Brehm, dans le nord de l'Afrique par l'Ascalaphe (*Bubo Ascalaphus*), dans le centre de l'Afrique par les *Bubo lacteus* et *cinereus*, dans l'Amérique du Nord par le *Bubo virginianus*, qui est plus petit. Toutes ces espèces ont exactement les mêmes mœurs.

(***) Cuvier en a fait une espèce distincte, sous le nom de *Strix* (*Bubo*) *magellani a*.

(****) Cuvier en a fait son *Strix* (*Bubo*) *virginiana*, espèce fort douteuse, car, de l'avis même de Cuvier, elle ne se distingue du *Bubo magellanica* « que par des teintes plus douces. » Or le lecteur a déjà pu se convaincre du peu d'importance que les couleurs ont, chez les oiseaux, au point de vue de la classification.

que les aigrettes partent du bec au lieu de partir des oreilles. Or on peut voir de même dans les figures des trois ducs, données par Aldrovande, qu'il n'y a que le premier, c'est-à-dire le duc commun, dont les aigrettes partent des oreilles; et que dans les autres, qui néanmoins sont des variétés qui se trouvent en Italie, les plumes des aigrettes ne partent pas des oreilles, mais de la base du bec, comme dans le duc de Virginie décrit par M. Edwards : il me paraît donc que M. Klein a prononcé trop légèrement lorsqu'il a dit que ce grand duc de Virginie était d'une espèce toute différente de l'espèce d'Europe, parce que les aigrettes partent du bec, au lieu que celles de notre duc partent des oreilles; s'il eût comparé les figures d'Aldrovande et celles de M. Edwards, il eût reconnu que cette même différence, qui ne fait qu'une variété, se trouve en Italie comme en Virginie, et qu'en général les aigrettes dans ces oiseaux ne partent pas précisément du bord des oreilles, mais plutôt du dessus des yeux et des parties supérieures à la base du bec.

LE HIBOU OU MOYEN DUC

Le hibou (*), *otus* ou moyen duc, a, comme le grand duc, les oreilles fort ouvertes et surmontées d'une aigrette composée de six plumes tournées en

» crochue et surpasse la mandibule inférieure comme dans les aigles; il est recouvert d'une
» peau dans laquelle sont placées les narines, et qui est recouverte à la base par des plumes
» grises qui environnent le bec; les yeux sont grands et l'iris en est brillant et couleur d'or.....
» *Les plumes qui composent les cornes prennent leur naissance immédiatement au-dessus du*
» *bec*, où elles sont mélangées d'un peu de blanc; mais à mesure qu'elles s'élèvent au-dessus
» de la tête, elles deviennent d'un rouge brun et se terminent par du noir au dehors; le
» dessus de la tête, du cou, du dos, des ailes et de la queue, est d'un brun obscur, taché et
» entremêlé assez confusément de petites lignes transversales rougeâtres et cendrées..... le
» haut de la gorge, sous le bec, est blanc; un peu plus bas, jaune orangé, taché de noir; le
» bas de la poitrine, le ventre, les jambes et le dessous de la queue sont blancs ou d'un gris
» pâle, assez régulièrement traversé de barres brunes; le dedans des ailes est varié et coloré
» de la même façon; les pieds sont couverts, jusqu'aux ongles, de plumes d'un gris blanc, et
» les ongles sont d'une couleur de corne brune et foncée : j'ai dessiné, ajoute M. Edwards,
» cet oiseau vivant à Londres, où il était venu de Virginie : j'ai chez moi la dépouille d'un
» autre qui est empaillé, et qui a été apporté de la baie d'Hudson; il m'a paru qu'il était de
» la même espèce que le premier, étant de la même grandeur et n'en différant que par quel-
» ques nuances de couleur. » Je ne ferai qu'une réflexion sur cette description dont je viens
de donner la traduction par extrait, c'est qu'il n'y a que le caractère des aigrettes partant du
bec, et non pas des oreilles, qui puisse faire regarder cet oiseau d'Amérique comme faisant
une variété constante dans l'espèce du grand duc; et que cette variété se trouvant en Europe
aussi bien qu'en Amérique, elle est non seulement constante, mais générale, et fait une
branche particulière, une famille différente dans cette espèce.

(*) *Otus vulgaris* L. Les *Otus* se distinguent des *Bubo* par leur taille moins considérable,
par un cercle complet, mais irrégulier, de plumes autour de l'œil, par des conques auditives
plus grandes, étendues en demi-cercle du bec au sommet de la tête et par des ailes plus
longues, atteignant ou même dépassant l'extrémité de la queue.

avant (*a*); mais ces aigrettes sont plus courtes que celles du grand duc, et n'ont guère plus d'un pouce de longueur; elles paraissent proportionnées à sa taille, car il ne pèse qu'environ dix onces, et n'est pas plus gros qu'une corneille; il forme donc une espèce évidemment différente de celle du grand duc, qui est gros comme une oie, et de celle du scops ou petit duc, qui n'est pas plus grand qu'un merle, et qui n'a au-dessus des oreilles que des aigrettes très courtes. Je fais cette remarque parce qu'il y a des naturalistes qui n'ont regardé le moyen et le petit duc que comme de simples variétés d'une seule et même espèce : le moyen duc a environ un pied de longueur de corps depuis le bout du bec jusqu'aux ongles, trois pieds de vol ou d'envergure, et cinq ou six pouces de longueur de queue; il a le dessus de la tête, du cou, du dos et des ailes rayé de gris, de roux et de brun; la poitrine et le ventre sont roux, avec des bandes brunes irrégulières et étroites; le bec est court et noirâtre, les yeux sont d'un beau jaune, les pieds sont couverts de plumes rousses jusqu'à l'origine des ongles, qui sont assez grands et d'un brun noirâtre; on peut observer de plus qu'il a la langue charnue et un peu fourchue, les ongles très aigus et très tranchants, le doigt extérieur mobile et pouvant se tourner en arrière, l'estomac assez ample, la vésicule du fiel très grande, les boyaux longs d'environ vingt pouces, les deux *cæcums* de deux pouces et demi de profondeur, et plus gros à proportion que dans les autres oiseaux de proie. L'espèce en est commune et beaucoup plus nombreuse dans nos climats (*b*) que celle du grand duc, qu'on n'y rencontre que rarement en hiver, au lieu que le moyen duc y reste toute l'année, et se trouve même plus aisément en hiver qu'en été : il habite ordinairement dans les anciens bâtiments ruinés, dans les cavernes des rochers (*c*), dans le creux des vieux arbres, dans les forêts en montagne, et ne descend guère dans les plaines (*); lorsque d'autres oiseaux l'attaquent, il se sert très bien et des griffes et du bec; il se retourne aussi sur le dos pour se défendre quand il est assailli par un ennemi trop fort.

(*a*) Aldrovande dit avoir observé que chaque plume auriculaire qui compose l'aigrette peut se mouvoir séparément, et que la peau qui recouvre la cavité des oreilles naît de la partie intérieure la plus voisine de l'œil.

(*b*) Il est plus commun en France et en Italie qu'en Angleterre. On le trouve très fréquemment en Bourgogne, en Champagne, en Sologne et dans les montagnes de l'Auvergne.

(*c*) « Sta il gufo nelle grotte, per le buche degli alberi, nell' antriaglie o crepature di » muri e tetti di case disabitate, ne dirupi e luaghi cremi. » Olina, *Ucceller.*, fog. 56.

(*) Le hibou habite de préférence les forêts. Il ne se rapproche qu'accidentellement des villages, où on le trouve surtout dans les vergers. Il est, du reste, très peu craintif. Il ne vit par paires qu'au moment des amours. Pendant le reste de l'année il forme souvent des bandes de dix, quinze ou vingt individus. Il ne mange que peu d'oiseaux; il fait surtout sa nourriture de rats, de mulots et autres petits mammifères. Il peut donc être classé parmi les oiseaux utiles et que l'on doit protéger. D'après Brehm, « lorsqu'on prend de jeunes hiboux » encore couverts de leur duvet, et que l'on s'occupe d'eux, ils deviennent bientôt très » privés et sont très plaisants. »

Il paraît que cet oiseau, qui est commun dans nos provinces d'Europe, se trouve aussi en Asie, car Belon dit en avoir rencontré un dans les plaines de Cilicie.

Il y a dans cette espèce plusieurs variétés dont la première se trouve en Italie, et a été indiquée par Aldrovande; ce hibou d'Italie est plus gros que le hibou commun, et en diffère aussi par les couleurs : voyez et comparez les descriptions qu'il a faites de l'un et de l'autre (a).

Ces oiseaux se donnent rarement la peine de faire un nid, ou se l'épargnent en entier, car tous les œufs et les petits qu'on m'a apportés ont toujours été trouvés dans des nids étrangers, souvent dans des nids de pies, qui, comme l'on sait, abandonnent chaque année leur nid pour en faire un nouveau, quelquefois dans des nids de buses, mais jamais on n'a pu me trouver un nid construit par un hibou; ils pondent ordinairement quatre ou cinq œufs, et leurs petits, qui sont blancs en naissant, prennent des couleurs au bout de quinze jours.

Comme ce hibou n'est pas fort sensible au froid, qu'il passe l'hiver dans notre pays, et qu'on le trouve en Suède comme en France (b), il a pu passer d'un continent à l'autre; il paraît qu'on le retrouve en Canada et dans plusieurs autres endroits de l'Amérique septentrionale (c); il se pourrait même que le hibou de la Caroline (*), décrit par Catesby (d), et celui de l'Amérique méridionale, indiqué par le P. Feuillée (e), ne fussent que des variétés de notre hibou, produites par la différence des climats, d'autant

---

(a) Aldrov., *Avi.*, t. Ier, p. 519.

(b) « Strix capite aurito, pennis sex. » Linn., *Faun. Suec.*, no 47.

(c) C'est au hibou commun ou moyen duc qu'il faut appliquer le passage suivant. « On » entend durant la nuit, presque dans toutes nos îles, une sorte de chat-huant qu'on appelle » *canot*, qui jette un cri lugubre comme qui crierait *au canot*, ce qui lui a fait porter ce » nom; ces oiseaux ne sont pas plus gros que des tourterelles, mais ils sont tout semblables » en leur plumage aux hiboux que nous voyons communément en France; ils ont deux ou » trois petites plumes aux deux côtés de la tête, qui semblent être des oreilles : il se ras- » semble quelquefois sept ou huit de ces oiseaux au-dessus des toits, où ils ne cessent de » crier pendant toute la nuit. » — Par la comparaison de la grandeur de ce hibou avec une tourterelle, il semblerait que c'est le scops ou petit duc; mais s'il a, comme le dit l'auteur, plusieurs plumes éminentes aux côtés de la tête, ce ne peut être qu'une variété de l'espèce du moyen duc. Ce même auteur ajoute que le chat-huant canadien n'a de différence du français qu'une petite fraise blanche autour du cou et un cri particulier. *Histoire de la Nouvelle-France*, par Charlevoix, t. III, p. 56.

(d) Voyez la description et la figure coloriée de cet oiseau dans l'*Histoire naturelle de la Caroline*, par Catesby, p. 7, pl. vii.

(e) « Bubo ocro-cinereus pectore maculoso. » Feuillée, *Obser. physiq.*, p. 59, avec une figure. — Il paraît qu'on peut rapporter à ce hibou de l'Amérique méridionale, indiqué par le P. Feuillée, celui dont Fernandès fait mention sous le nom de *tecolott*, qui se trouve au Mexique et à la Nouvelle-Espagne; mais ceci n'est qu'une vraisemblance fondée sur les rapports de grandeur et de climat, car Fernandès n'a donné non seulement aucune figure des oiseaux dont il parle, mais même aucune description assez détaillée pour qu'on puisse les reconnaître.

(*) *Strix* (*Otus*) *nævia* LATH.

qu'ils sont à très peu près de la même grandeur, et qu'ils ne diffèrent que par les nuances et la distribution des couleurs.

On se sert du hibou et du chat-huant (a) pour attirer les oiseaux à la pipée, et l'on a remarqué que les gros oiseaux viennent plus volontiers à la voix du hibou, qui est une espèce de cri plaintif ou de gémissement grave et allongé, *clow, cloud*, qu'il ne cesse de répéter pendant la nuit, et que les petits oiseaux viennent en plus grand nombre à celle du chat-huant, qui est une voix haute, une espèce d'appel, *hoho, hoho :* tous deux font pendant le jour des gestes ridicules et bouffons en présence des hommes et des autres oiseaux. Aristote n'attribue cette espèce de talent ou de propriété qu'au hibou ou moyen duc, *otus;* Pline la donne au scops, et appelle ces gestes bizarres *motus satyricos;* mais ce scops de Pline est le même oiseau que l'*otos* d'Aristote, car les Latins confondaient sous le même nom, scops, l'*otos* et le *scops* des Grecs, le moyen duc et le petit duc, qu'ils réunissaient sous une seule espèce et sous le même nom, en se contentant d'avertir qu'il existait néanmoins de grands scops et de petits.

C'est en effet au hibou, *otus,* ou moyen duc, qu'il faut principalement appliquer ce que disent les anciens de ces gestes bouffons et mouvements satyriques ; et comme de très habiles physiciens et naturalistes ont prétendu que ce n'était point au hibou, mais à un autre oiseau d'un genre tout différent, qu'on appelle la *demoiselle de Numidie* (*), qu'il faut rapporter ces passages des anciens, nous ne pouvons nous dispenser de discuter ici cette question et de relever cette erreur.

Ce sont MM. les anatomistes de l'Académie des sciences, qui, dans la description qu'il nous ont donnée de la demoiselle de Numidie, ont voulu établir cette opinion, et s'expriment dans les termes suivants : « L'oiseau » (disent-ils) que nous décrivons est appelé *demoiselle de Numidie* parce » qu'il vient de cette province d'Afrique, et qu'il a certaines façons par » lesquelles on a trouvé qu'il semblait imiter les gestes d'une femme qui » affecte de la grâce dans son port et dans son marcher, qui semble tenir » souvent quelque chose de la danse : il y a plus de deux mille ans que les » naturalistes qui ont parlé de cet oiseau l'ont désigné par cette particularité » de l'imitation des gestes et des contenances de la femme. Aristote lui a » donné le nom de *bateleur*, de *danseur* et de *bouffon*, contrefaisant ce qu'il » voit faire..... Il y a apparence que cet oiseau danseur et bouffon était rare » parmi les anciens, parce que Pline croit qu'il est fabuleux, en mettant cet » animal, qu'il appelle *satyrique*, au rang des pégases, des griffons et des

---

(a) « Il gufo altramente barbagianni uccellaccio notturno in forma di civetta (*chat-huant*), » grosso quanto una gallina, con le penne dal lato del capo che paion due cornicine, di color » giallo, mesticato con profilatura di nero. Con questo succella a animali grossi come culto » cornachie et nibbii con la civetta a uccelletti d'ogni sorte. » Olina, *Uccceller.*, fog. 36.

(*) C'est un héron, *Ardea virgo* L., oiseau de l'ordre des Échassiers.

» syrènes ; il est encore croyable qu'il a été jusqu'à présent inconnu aux
» modernes, puisqu'ils n'en ont point parlé comme l'ayant vu, mais seule-
» ment comme ayant lu dans les écrits des anciens la description d'un
» oiseau appelé *scops* et *otus* par les Grecs, et *asio* par les Latins, à qui ils
» avaient donné le nom de *danseur*, de *bateleur* et de *comédien*, de sorte
» qu'il s'agit de voir si notre demoiselle de Numidie peut passer pour le
» *scops* et pour l'*otus* des anciens ; la description qu'ils nous ont laissée de
» l'*otus* ou *scops* consiste en trois particularités remarquables..... la pre-
» mière est d'imiter les gestes,..... la seconde est d'avoir des éminences de
» plumes aux deux côtés de la tête en forme d'oreilles,.... et la troisième
» est la couleur du plumage, qu'Alexandre Myndien, dans Athénée, dit être
» de couleur de plomb : or la demoiselle de Numidie a ces trois attributs, et
» Aristote semble avoir voulu exprimer leur manière de danser, qui est de
» sauter l'une devant l'autre, lorsqu'il dit qu'on les prend quand elles dansent
» l'une contre l'autre. Belon croit néanmoins que l'*otus* d'Aristote est le
» hibou, par la seule raison que cet oiseau, à ce qu'il dit, fait beaucoup de
» mines avec la tête ; la plupart des interprètes d'Aristote, qui sont aussi de
» notre opinion, se fondent sur le nom d'*otus*, qui signifie ayant des oreilles ;
» mais ces espèces d'oreilles dans ces oiseaux ne sont pas tout à fait parti-
» culières au hibou, et Aristote fait assez voir que l'*otus* n'est pas le hibou,
» quand il dit que l'*otus* ressemble au hibou, et il y a apparence que cette
» ressemblance ne consiste que dans ces oreilles : toutes les demoiselles de
» Numidie que nous avons disséquées avaient aux côtés des oreilles ces
» plumes qui ont donné le nom à l'*otus* des anciens..... Leur plumage était
» d'un gris cendré, tel qu'il est décrit par Alexandre Myndien dans l'*otus*. »

Comparons maintenant ce qu'Aristote dit de l'*otus* avec ce qu'en disent ici
MM. de l'Académie : « Otus noctuæ similis est, pinnulis circiter aures emi-
» nentibus prædítus, unde nomen accepit, quasi auritum dicas ; nonnulli
» eum ululam appellant, alii asionem. Blatero hic est, et hallucinator et
» planipes, saltantes enim imitatur. Capitur intentus in altero aucupe, altero
» circumeunte ut noctua. » L'*otus*, c'est-à-dire le hibou ou moyen duc, est
semblable au *noctua*, c'est-à-dire au chat-huant ; ils sont, en effet, semblables soit par la grandeur, soit par le plumage, soit par toutes les habitudes
naturelles : tous deux ils sont oiseaux de nuit, tous deux du même genre et
d'une espèce très voisine, au lieu que la demoiselle de Numidie est six fois
plus grosse et plus grande, d'une forme toute différente et d'un genre très
éloigné, et qu'elle n'est point du nombre des oiseaux de nuit ; l'*otus* ne diffère, pour ainsi dire, du *noctua* que par les aigrettes de plumes qu'il porte
sur la tête, auprès des oreilles, et c'est pour distinguer l'un de l'autre
qu'Aristote dit : « pinnulis circiter aures eminentibus prædítus, unde nomen
» accepit quasi auritum dicas. » Ce sont de petites plumes, *pinnulæ*, qui
s'élèvent droites et en aigrette auprès des oreilles, *circiter aures eminen-*

tibus, et non pas de longues plumes qui se rabattent et qui pendent de chaque côté de la tête, comme dans la demoiselle de Numidie ; ce n'est donc pas de cet oiseau, qui n'a point d'aigrettes de plumes relevées et en forme d'oreilles, qu'a été tiré le nom de *otus*, quasi *auritus;* c'est, au contraire, du hibou, qu'on pourrait appeler *noctua aurita,* que vient évidemment ce nom, et ce qui achève de le démontrer, c'est ce qui suit immédiatement dans Aristote : *nonnulli eum (otum) ululam appellant, alii asionem.* C'est donc un oiseau du genre des hiboux et des chouettes, puisque quelques-uns lui donnaient ces noms ; ce n'est donc point la demoiselle de Numidie, aussi différente de tous ces oiseaux qu'un dindon peut l'être d'un épervier. Rien, à mon avis, n'est donc plus mal fondé que tous ces prétendus rapports que l'on a voulu établir entre l'*otus* des anciens et l'oiseau appelé *demoiselle de Numidie,* et l'on voit bien que tout cela ne porte que sur les gestes et les mouvements ridicules que se donne la demoiselle de Numidie ; elle a, en effet, ces gestes bien supérieurement au hibou ; mais cela n'empêche pas que celui-ci, aussi bien que la plupart des oiseaux de nuit, ne soit *blatero,* bavard ou criard (*a*) ; *hallucinator,* se contrefaisant ; *planipes,* bouffon. Ce n'est encore qu'au hibou qu'on peut attribuer de se laisser prendre aussi aisément que les autres chouettes, comme le dit Aristote, etc. Je pourrais m'étendre encore plus sur cette critique en exposant et comparant ce que dit Pline à ce sujet ; mais en voilà plus qu'il n'en faut pour mettre la chose hors de doute et pour assurer que l'*otos* des Grecs n'a jamais pu désigner la demoiselle de Numidie et ne peut s'appliquer qu'à l'oiseau de nuit auquel nous donnons le nom de *hibou* ou *moyen duc;* j'observerai seulement que tous ces mouvements bouffons ou *satyriques* attribués au hibou par les anciens appartiennent aussi à presque tous les oiseaux de nuit (*b*), et que dans le fait ils se réduisent à une contenance étonnée, à de fréquents tournements de cou, à des mouvements de tête en haut, en bas et de tous côtés, à des craquements de bec, à des trépidations de jambes et des mouvements de pieds, dont ils portent un doigt tantôt en arrière et tantôt en avant, et qu'on peut aisément remarquer tout cela en gardant quelques-uns de ces oiseaux en captivité ; mais j'observerai encore qu'il faut les prendre très jeunes lorsqu'on veut les nourrir ; les autres refusent toute la nourriture qu'on leur présente dès qu'ils sont enfermés.

(*a*) M. Frisch, en parlant de ce hibou, dit que son cri est très fréquent et fort, qu'il ressemble aux huées des enfants lorsqu'ils poursuivent quelqu'un dont ils se moquent, que cependant ce cri est commun à plusieurs espèces de chouettes. (Voyez Frisch, à l'article des oiseaux nocturnes.)

(*b*) Tous les hiboux peuvent tourner leur tête comme l'oiseau appelé *torcol.* Si quelque chose d'extraordinaire arrive, ils ouvrent de grands yeux, dressent leurs plumes et paraissent une fois plus gros ; ils étendent aussi les ailes, se baissent ou s'accroupissent, mais ils se relèvent promptement, comme étonnés ; ils font craquer deux ou trois fois leur bec. *Idem, ibidem.*

LE SCOPS OU PETIT DUC (a)

Voici la troisième et dernière espèce du genre des hiboux (*), c'est-à-dire des oiseaux de nuit qui portent des plumes élevées au-dessus de la tête, et elle est aisée à distinguer des deux autres, d'abord par la petitesse même du corps de l'oiseau, qui n'est pas plus gros qu'un merle, et ensuite par le raccourcissement très marqué de ces aigrettes qui surmontent les oreilles, lesquelles, dans cette espèce, ne s'élèvent pas d'un demi-pouce et ne sont composées que d'une seule petite plume (b); ces deux caractères suffisent pour distinguer le petit duc du moyen et du grand duc, et on le reconnaîtra encore aisément à la tête, qui est proportionnellement plus petite par rapport au corps que celle des deux autres, et encore à son plumage plus élégamment bigarré et plus distinctement tacheté que celui des autres, car tout son corps est très joliment varié de gris, de roux, de brun et de noir, et ses jambes sont couvertes jusqu'à l'origine des ongles de plumes d'un gris roussâtre mêlé de taches brunes ; il diffère aussi des deux autres par le naturel, car il se réunit en troupe en automne et au printemps pour passer dans d'autres climats; il n'en reste que très peu ou point du tout en hiver

(a) The short eared owl, le hibou à oreilles courtes : *British zoology*, pl. B 3 et pl. B 4, fig. 2. C'est pour ne rien omettre et pour tout indiquer que je cite ici la *Zoologie britannique;* car cet ouvrage, dont le principal mérite consiste dans les planches, est même à cet égard encore très défectueux : par exemple les aigrettes des hiboux, qui ne sont composées que de plumes, y sont représentées comme si c'étaient de vraies oreilles de chair, etc... De même il est dit, dans le texte, que le hibou à oreilles courtes a treize pouces et demi anglais de longueur, ce qui fait plus de douze pouces et demi de France : or ce même oiseau n'a que sept pouces et demi tout au plus; ainsi c'est probablement le moyen duc que l'auteur aura pris pour le petit duc; et ce qui prouve encore son peu de connaissance et d'exactitude, c'est d'avoir également indiqué ce même oiseau dans les pl. B 3 et B 4, fig. 2. On voit, au premier coup d'œil, que ce ne doit pas être le même oiseau, puisque la figure représentée dans la pl. B 4, fig. 2, est d'un tiers plus petite que celle qui est représentée dans la pl. B 3, et que le moyen duc qui est représenté dans la pl. B 4, fig. 1, n'est pas plus grand que le petit duc, B 4, fig. 2 : or le moyen duc ayant, comme le dit Willughby, quatorze pouces et demi, si le petit duc en avait treize et demi, comme le dit l'auteur de la *Zoologie britannique,* pourquoi ne pas appuyer sur ce fait et relever l'erreur de ceux qui ne lui donnent que sept pouces, ou bien dire qu'en Angleterre les petits ducs sont plus gros qu'ailleurs, ou bien encore que c'est une espèce particulière à la Grande-Bretagne? Cela valait bien la peine d'être discuté; mais cet auteur ne discute rien, ne dit rien de nouveau, ni même rien de moderne, car il paraît ignorer beaucoup de choses qui ont été dites avant lui sur les sujets qu'il traite. L'ouvrage de M. Edwards est infiniment meilleur; car indépendamment de ce que les dessins et les planches coloriées sont plus correctes, c'est que ses descriptions sont plus exactes, ses comparaisons plus justes, et que partout il paraît avoir une pleine connaissance de ce qui a été fait avant lui sur les objets qui ont rapport à ceux qu'il nous présente.

(b) « Aures, vel plumulæ in aurium modum surrectæ, in mortuo vix apparent, in vivo » manifestiores, ex unâ tantùm pinnulâ constantes. » Aldrov., *Avi.*, t, I, p. 531.

(*) *Scops carniolica* ou *Ephialtes Scops* L. Les *Scops* sont, comme les *Otus* et les *Bubo*, des Rapaces de la famille des Strigidés. Ils se distinguent par un bec recourbé seulement au niveau de la pointe.

dans nos provinces, et on les voit partir après les hirondelles et arriver à peu près en même temps ; quoiqu'ils habitent de préférence les terrains élevés, ils se rassemblent volontiers dans ceux où les mulots se sont le plus multipliés et y font un grand bien pour la destruction de ces animaux, qui se multiplient toujours trop, et qui, dans de certaines années, pullulent à un tel point qu'ils dévorent toutes les graines et toutes les racines des plantes les plus nécessaires à la nourriture et à l'usage de l'homme. On a souvent vu, dans les temps de cette espèce de fléau, les petits ducs arriver en troupe et faire si bonne guerre aux mulots qu'en peu de jours ils en purgent la terre (a). Les hiboux, ou moyens ducs, se réunissent aussi quelquefois en troupe de plus de cent ; nous en avons été informés deux fois par des témoins oculaires, mais ces assemblées sont rares, au lieu que celles des scops ou petits ducs se font tous les ans ; d'ailleurs c'est pour voyager qu'ils semblent se rassembler, et il n'en reste point au pays, au lieu qu'on y trouve des hiboux ou moyens ducs en tout temps ; il est même à présumer que les petits ducs font des voyages de long cours et qu'il passent d'un continent à l'autre. L'oiseau de la Nouvelle-Espagne, indiqué par Nieremberg sous le nom de *talchicuatli*, est ou de la même espèce, ou d'une espèce très voisine de celle du scops ou du petit duc (b) ; au reste, quoiqu'il voyage par troupes nombreuses, il est assez rare partout et difficile à prendre ; on n'a jamais pu m'en procurer ni les œufs, ni les petits, et on a même de la peine à l'indiquer aux chasseurs, qui le confondent toujours avec la chevêche, parce que ces deux oiseaux sont à peu près de la même grosseur et que les petites plumes éminentes qui distinguent le petit duc sont très courtes et trop peu apparentes pour faire un caractère qu'on puisse reconnaître de loin.

Au reste, la couleur de ces oiseaux varie beaucoup suivant l'âge et le climat, et peut-être le sexe ; ils sont tous gris dans le premier âge ; il y en a de plus bruns les uns que les autres quand ils sont adultes ; la couleur des yeux paraît suivre celle du plumage, les gris n'ont les yeux que d'un jaune très pâle, les autres les ont plus jaunes ou d'une couleur de noisette plus brune ; mais ces légères différences ne suffisent pas pour en faire des espèces distinctes et séparées.

(a) 1° Samuel Dale en cite deux exemples d'après Childrey, et il les rapporte dans les termes suivants : « In the year 1580 at hallontide an army of mices so overrun the marshes » near South-Minster that the eat up the grass to the very roots... But at lenght a great » number of *strange painted* owls came and devoured all the *mice*. The like happened again » in Essex anno 1648. » Childrey, *Britannia botanica*, p. 100. — Dale's, *Appendix tho the history of Harwich*. London, 1732, p. 397. — 2° Quoique Dale rapporte ces faits à l'*otus* ou *moyen duc*, je crois qu'il faut les attribuer au scops ou petit duc, à cause de l'indication *strange painted owls*, qui suffit pour faire reconnaître ici le scops ou petit duc.

(b) « Exoticum oti henus talchicuatli videtur : cornuta avis est sive auriculata, parva » corpore, resima, rostro brevi, nigra lumine, luteâ erubescens iride, fusca et cinerea » plumis usque ad crura, atra et incurva unguibus. Cætera similis nostrati oto. » Euseb. Nieremberg, *Hist. nat.*, lib. x, cap. xxxix, p. 221.

LA HULOTTE

La hulotte (*a*), qu'on peut appeler aussi la *chouette noire*, et que les Grecs appelaient *nycticorax* ou le *corbeau de nuit*, est la plus grande de toutes les chouettes (*); elle a près de quinze pouces de longueur depuis le bout du bec à l'extrémité des ongles; elle a la tête très grosse, bien arrondie et sans aigrettes, la face enfoncée et comme encavée dans sa plume, les yeux aussi enfoncés et environnés de plumes grisâtres et décomposées, l'iris des yeux noirâtre ou plutôt d'un brun foncé, ou couleur de noisette obscure, le bec d'un blanc jaunâtre ou verdâtre, le dessus du corps couleur de gris de fer foncé, marqué de taches noires et de taches blanchâtres; le dessous du corps blanc, croisé de bandes noires transversales et longitudinales (**); la queue d'un peu plus de six pouces, les ailes s'étendant un peu au delà de son extrémité, l'étendue du vol de trois pieds, les jambes couvertes jusqu'à l'origine des doigts des plumes blanches tachetées de points noirs (*b*); ces caractères sont plus que suffisants pour faire distinguer la hulotte de toutes les autres chouettes; elle vole légèrement et sans faire de bruit avec ses ailes, et toujours de côté comme toutes les autres chouettes (***); c'est son cri (*c*) *houû oû oû oû ou ou ou*, qui ressemble assez au hurlement du loup,

---

(*a*) Hibou, chat-huant, appelé aussi *dame*. Belon : *Portraits d'oiseaux*, page 26. Cette dénomination *dame* vient probablement de ce que cet oiseau a la face environnée d'un collier et d'une espèce de chaperon assez semblable à ceux que portent les femmes pour se couvrir la tête; mais on peut dire la même chose de l'effraie et du chat-huant. — *Ulula*. Aldrov., *Avi.*, t. Ier, page 538... *Aluco, idem*, t. Ier, page 534. — Chouette noire. Albin, t. III, page 4, planche VIII, avec une figure mal coloriée. — Albin me paraît avoir fait une faute en disant dans sa description que cet oiseau a l'iris des yeux jaune, à moins qu'il n'appelle jaune le brun couleur de noisette, couleur où il entre en effet un peu de jaune obscur. — *Noctua major*. Frisch, pl. XCIV, avec une figure bien coloriée. — La Hulotte, Brisson, *Ornithol.*, t. Ier, p. 507.

(*b*) On peut encore ajouter à ces caractères un signe distinctif, c'est que la plume la plus extérieure de l'aile est plus courte de deux ou trois pouces que la seconde, qui est elle-même plus courte d'un pouce que la troisième, et que les plus longues de toutes sont la quatrième et la cinquième, au lieu que dans l'effraie la seconde et la troisième sont les plus longues, et l'extérieure n'est plus courte que d'un demi-pouce.

(*c*) Cet oiseau pousse la nuit, surtout quand il gèle, une voix terrible, qui fait peur aux femmes et aux enfants. Salerne, *Ornithol.*, p. 53.

(*) C'est le *Syrnium Aluco* Sav. Les *Syrnium* sont des Rapaces nocturnes, de la famille des Strigidés, à bec médiocre, court, large à la base, comprimé sur les côtés, courbé dès l'origine et très pointu, à demi couvert par les plumes du front; à oreilles dépourvues d'aigrettes; à queue longue et large, à doigts revêtus de plumes pressées, à ongles longs, minces, crochus.

(**) La coloration de la hulotte est extrêmement variable et a servi de point de départ à la création d'un certain nombre d'espèces qui doivent être complètement abandonnées. C'est sur ce caractère que Buffon a fondé l'espèce qu'il étudie, immédiatement après la hulotte, sous le nom de chat-huant, et qui n'est que la femelle de la hulotte.

(***) Le vol de la hulotte est vacillant et peu rapide; quand elle chasse, elle rase le sol ou ne s'élève que de quelques pieds. Elle redoute beaucoup la lumière.

qui lui a fait donner par les Latins le nom d'*ulula*, qui vient d'*ululare*, hurler ou crier comme le loup, et c'est par cette même analogie que les Allemands l'appellent *hû hû* ou plutôt *hôu hôu* (*a*) (*).

La hulotte se tient pendant l'été dans les bois, toujours dans des arbres creux ; quelquefois elle s'approche en hiver de nos habitations, elle chasse et prend les petits oiseaux, et plus encore les mulots et les campagnols ; elle les avale tout entiers et en rend aussi par le bec les peaux roulées en pelotons ; lorsque la chasse de la campagne ne lui produit rien, elle vient dans les granges pour y chercher des souris et des rats ; elle retourne au bois de grand matin à l'heure de la rentrée des lièvres, et elle se fourre dans les taillis les plus épais ou sur les arbres les plus feuillés, et y passe tout le jour sans changer de lieu : dans la mauvaise saison, elle demeure dans des arbres creux pendant le jour et n'en sort qu'à la nuit ; ces habitudes lui sont communes avec le hibou ou moyen duc, aussi bien que celle de pondre leurs œufs dans des nids étrangers, surtout dans ceux des buses, des cresserelles, des corneilles et des pies ; elle fait ordinairement quatre œufs d'un gris sale, de forme arrondie, et à peu près aussi gros que ceux d'une petite poule (**).

LE CHAT-HUANT

Après la hulotte, qui est la plus grande de toutes les chouettes, et qui a les yeux noirâtres, se trouvent le chat-huant (***), qui les a bleuâtres, et l'effraie qui les a jaunes : tous deux sont à peu près de la même grandeur ;

(*a*) C'est d'après Gessner que je dis ici que les Allemands appellent cette chouette, *hu. hu;* cependant c'est le grand duc auquel appartient ce nom : il dit aussi qu'ils l'appellent *ul* et *eul*. M. Frisch ne lui donne que le nom générique *eule*, et dit que les autres surnoms qu'on lui donne en allemand sont sans fondement, comme celui de *knapp eule*, par exemple, qui exprime le craquement que cet oiseau fait avec son bec, mais que toutes les espèces de chouettes font également ; et *nacht eul* qui signifie *chouette de nuit*, puisque toutes les chouettes sont également des oiseaux de nuit.

(*) D'après Brehm elle crie d'autrefois sur un ton atroce : *raï*, et quelquefois elle ajoute, sur un mode plus agréable : *kouwit* ou *kiwiz*.

(**) La hulotte se laisse facilement apprivoiser. D'abord timide, elle ne tarde pas à connaître son maître, le reçoit par de petits cris joyeux et mange dans sa main. Brehm dit que la hulotte vit en bonne harmonie avec ses semblables et même avec le hibou. « Nous » en avons, dit-il, sept au jardin zoologique de Hambourg qui vivent très paisiblement l'une » à côté de l'autre sans jamais se disputer, même quand il s'agit de leur nourriture. Pendant » que l'une mange, les autres la regardent. Une paire a pondu quatre œufs, les a longtemps » couvés, et a été aidée dans cette tâche par deux ou trois de ses compagnes. » Ce dernier trait de mœurs est très caractéristique.

(***) D'après Cuvier, l'oiseau décrit ici par Buffon, sous le nom de chat-huant, n'est que la femelle de la Hulotte. Il dit à cet égard : « Le fond du plumage est grisâtre dans le mâle, » roussâtre dans la femelle, ce qui les avait fait longtemps considérer comme deux espèces. »

ils ont environ douze à treize pouces de longueur depuis le bout du bec jusqu'à l'extrémité des pieds, ainsi ils n'ont guère que deux pouces de moins que la hulotte, mais ils paraissent sensiblement moins gros en proportion. On reconnaîtra le chat-huant d'abord à ses yeux bleuâtres, et ensuite à la beauté et à la variété de son plumage (a); et enfin à son cri *hohô, hohô, hohohoho*, par lequel il semble huer, hôler ou appeler à haute voix.

Gessner, Aldrovande, et plusieurs autres naturalistes après eux, ont employé le mot *strix* pour désigner cette espèce, mais je crois qu'ils se sont trompés, et que c'est à l'effraie qu'il faut le rapporter : *strix*, pris dans cette acception, c'est-à-dire comme nom d'un oiseau de nuit, est un mot plutôt latin que grec. Ovide nous en donne l'étymologie, et indique assez clairement quel est l'oiseau nocturne auquel il appartient, par le passage suivant :

> . . . . Strigum
> Grande caput, stantes oculi, rostra apta rapinæ;
> Canities pennis, unguibus hamus inest.
> Est illis strigibus nomen, sed nominis hujus
> Causa quod horrenda stridere nocte solent.

La tête grosse, les yeux fixes, le bec propre à la rapine, les ongles en hameçon, sont des caractères communs à tous ces oiseaux; mais la blancheur du plumage, *canities pennis*, appartient plus à l'effraie qu'à aucun autre; et ce qui détermine sur cela mon sentiment, c'est que le mot *stridor,* qui signifie en latin un craquement, un grincement, un bruit désagréablement entrecoupé et semblable à celui d'une scie, est précisément le cri, *gre, grei,* de l'effraie; au lieu que le cri du chat-huant est plutôt une voix haute, un hôlement, qu'un grincement.

On ne trouve guère les chats-huants ailleurs que dans les bois : en Bourgogne ils sont bien plus communs que les hulottes, ils se tiennent dans des arbres creux, et l'on m'en a apporté quelques-uns dans le temps le plus rigoureux de l'hiver, ce qui me fait présumer qu'ils restent toujours dans le pays, et qu'ils ne s'approchent que rarement de nos habitations. M. Frisch donne le chat-huant comme une variété de l'espèce de la hulotte, et prend encore pour une seconde variété de cette même espèce le mâle du chat-huant : sa planche cotée xciv est la hulotte; la planche xcv la femelle du chat-huant, et la planche xcvi le chat-huant mâle : ainsi, au lieu de trois variétés qu'il indique, ce sont deux espèces différentes, ou si l'on voulait que le chat-huant ne fût qu'une variété de l'espèce de la hulotte, il faudrait

(a) Voyez-en la description très détaillée et très exacte dans l'*Ornithologie* de M. Brisson, t. 1er, p. 500 et suivantes : il suffit de dire ici que les couleurs du chat-huant sont bien plus claires que celles de la hulotte; le mâle chat-huant est à la vérité plus brun que la femelle, mais il n'a que très peu de noir en comparaison de la hulotte, qui de toutes les chouettes est la plus grande et la plus brune.

pouvoir nier les différences constantes et les caractères qui les distinguent l'un de l'autre, et qui me paraissent assez sensibles et assez multipliés pour constituer deux espèces distinctes et séparées.

Comme le chat-huant se trouve en Suède et dans les autres terres du Nord (a), il a pu passer d'un continent à l'autre : aussi le retrouve-t-on en Amérique jusque dans les pays chauds. Il y a au cabinet de M. Mauduyt un chat-huant qui lui a été envoyé de Saint-Domingue, qui ne nous paraît être qu'une variété de l'espèce d'Europe, dont il ne diffère que par l'uniformité des couleurs sur la poitrine et sur le ventre, qui sont rousses et presque sans taches, et encore par les couleurs plus foncées des parties supérieures du corps.

L'EFFRAIE OU LA FRESAIE

L'effraie (*), qu'on appelle communément la chouette des clochers, effraie en effet par ses soufflements, *che, chei, cheu, chiou*, ses cris âcres et lugubres, *grei, gre, crei*, et sa voix entrecoupée, qu'elle fait souvent retentir dans le silence de la nuit; elle est pour ainsi dire domestique, et habite au milieu des villes les mieux peuplées; les tours, les clochers, les toits des églises et des autres bâtiments élevés lui servent de retraite pendant le jour, et elle en sort à l'heure du crépuscule; son soufflement, qu'elle réitère sans cesse, ressemble à celui d'un homme qui dort la bouche ouverte; elle pousse aussi, en volant et en se reposant, différents sons aigres tous si désagréables, que cela, joint à l'idée du voisinage des cimetières et des églises, et encore à l'obscurité de la nuit, inspire de l'horreur et de la crainte aux enfants, aux femmes, et même aux hommes soumis aux mêmes préjugés, et qui croient aux revenants, aux sorciers, aux augures; ils regardent l'effraie comme l'oiseau funèbre, comme le messager de la mort; ils croient que, quand il se fixe sur une maison et qu'il y fait retentir une voix différente de ses cris ordinaires, c'est pour appeler quelqu'un au cimetière (**).

On la distingue aisément des autres chouettes par la beauté de son plu-

---

(a) « Strix capite lævi, corpore ferrugineo, remige tertiâ longiore. » Linn., *Faun. Suec.,* n° 55.

(*) C'est le *Strix flammea* L. Les *Strix* sont des Rapaces nocturnes de la famille des Strigidés, à corps allongé, à cou long, à tête grande et large, à queue de moyenne taille, à bec droit à la base, recourbé seulement près de l'extrémité, à doigts couverts de plumes, à ongles longs, minces et aigus, à oreilles vastes et pourvues d'une valvule, à disque périophthalmiques complets.

(**) En Espagne, on croit que l'effraie entre dans les églises pour y boire l'huile des lampes qui brûlent auprès de l'autel. Dans certains pays on admet qu'en faisant avaler à une personne un œuf d'effraie délayé dans de l'eau-de-vie, on donne à cette personne une aversion désormais invincible pour le vin.

1. EFFRAIE. — 2. ENGOULEVENT.

mage; elle est à peu près de la même grandeur que le chaut-huant, plus petite que la hulotte, et plus grande que la chouette proprement dite, dont nous parlerons dans l'article suivant; elle a un pied ou treize pouces de longueur depuis le bout du bec jusqu'à l'extrémité de la queue, qui n'a que cinq pouces de longueur; elle a le dessus du corps jaune, ondé de gris et de brun et taché de points blancs; le dessous du corps blanc, marqué de points noirs; les yeux environnés très régulièrement d'un cercle de plumes blanches et si fines, qu'on les prendrait pour des poils; l'iris d'un beau jaune, le bec blanc, excepté le bout du crochet, qui est brun; les pieds couverts de duvet blanc, les doigts blancs et les ongles noirâtres; il y en a d'autres qui, quoique de la même espèce, paraissent au premier coup d'œil être assez différentes; elles sont d'un beau jaune sur la poitrine et sur le ventre, marquées de même de points noirs; d'autres sont parfaitement blanches sur ces mêmes parties, sans la plus petite tache noire; d'autres enfin sont parfaitement jaunes et sans aucune tache (*).

J'ai eu plusieurs de ces chouettes vivantes : il est fort aisé de les prendre en opposant un petit filet, une trouble à poissons, aux trous qu'elles occupent dans les vieux bâtiments; elles vivent dix ou douze jours dans les volières où elles sont renfermées, mais elles refusent toute nourriture, et meurent d'inanition au bout de ce temps (**). Le jour elles se tiennent sans bouger au bas de la volière; le soir elles montent au sommet des juchoirs, où elles font entendre leur soufflement, *che*, *chei*, par lequel elles semblent appeler les autres : j'ai vu plusieurs fois, en effet, d'autres effraies arriver au soufflement de l'effraie prisonnière, se poser au-dessus de la volière, y faire le même soufflement, et s'y laisser prendre au filet. Je n'ai jamais entendu leur cri âcre (*stridor*), *crei*, *grei* dans les volières; elles ne poussent ce cri qu'en volant et lorsqu'elles sont en pleine liberté; la femelle est un peu plus grosse que le mâle, et a les couleurs plus claires et plus distinctes; c'est de tous les oiseaux nocturnes celui dont le plumage est le plus agréablement varié.

L'espèce de l'effraie est nombreuse (***), et partout très commune en Europe; comme on la voit en Suède aussi bien qu'en France (a), elle a pu

---

(a) « Strix capite lævi, corpore luteo. » Linn. *Faun. Suec.*, n° 49. — *Nota*: M. Salerne s'est trompé lorsqu'il a dit que Linnæus n'en parle point, et qu'apparemment la fresaie ne se trouve point en Suède. Voyez Salerne, *Ornithol.*, p. 50.

(*) L'effraie est rendue très remarquable par sa face en forme de cœur allongé.
(**) Pendant le jour l'effraie vit absolument immobile dans son trou et ne se laisse distraire par aucun bruit.
(***) Elle paraît être répandue à peu près dans le monde entier. Dans notre pays elle habite les clochers, les vieux châteaux; dans le nord elle habite surtout les grandes forêts; dans les montagnes elle ne s'élève pas au-dessus de la région des arbres. Pendant l'hiver elle émigre parfois par petites troupes, composées de jeunes et de femelles qui descendent vers le midi.

passer d'un continent à l'autre; aussi la trouve-t-on en Amérique depuis les terres du nord jusqu'à celles du midi. Marcgrave l'a vue et reconnue au Brésil, où les naturels du pays l'appellent *tuidara* (a).

L'effraie ne va pas, comme la hulotte et le chat-huant, pondre dans des nids étrangers; elle dépose ses œufs à cru dans des trous de muraille ou sur des solives sous les toits, et aussi dans des creux d'arbres; elle n'y met ni herbes ni racines, ni feuilles pour les recevoir; elles pond de très bonne heure au printemps, c'est-à-dire dès la fin de mars ou le commencement d'avril; elle fait ordinairement cinq œufs et quelquefois six et même sept, d'une forme allongée et de couleur blanchâtre; elle nourrit ses petits d'in-sectes et de morceaux de chair de souris; ils sont tout blancs dans le pre-mier âge, et ne sont pas mauvais à manger au bout de trois semaines, car ils sont gras et bien nourris; les pères et mères purgent les églises de souris; ils boivent aussi assez souvent ou plutôt mangent l'huile des lampes, surtout si elle vient à se figer. Ils avalent les souris et les mulots, les petits oiseaux tout entiers, et en rendent par le bec les os, les plumes et les peaux roulées; leurs excréments sont blancs et liquides comme ceux de tous les autres oiseaux de proie; dans la belle saison la plupart de ces oiseaux vont le soir dans les bois voisins, mais ils reviennent tous les matins à leur retraite ordinaire, où ils dorment et ronflent jusqu'aux heures du soir; et quand la nuit arrive ils se laissent tomber de leur trou et volent en cul-butant presque jusqu'à terre (*). Lorsque le froid est rigoureux on les trouve quelquefois cinq ou six dans le même trou, ou cachées dans les fourrages; elles y cherchent l'abri, l'air tempéré et la nourriture; les souris sont en effet alors en plus grand nombre dans les granges que dans les lieux où l'on a tendu des *rejettoires* (b) et des lacets pour prendre des bécasses et des grives; elles tuent les bécasses qu'elles trouvent suspendues et les mangent sur le lieu, mais elles emportent quelquefois les grives et les

---

(a) « Tuidara Brasiliensibus; ululœ est species, Germanis *Schleier eule*, Belgis *kerkuyle...* » Describitur et à Gesnero. » Marcgr., *Hist. nat. Brasil.*, p. 205.

(b) *Rejettoire*, baguette de bois vert courbée, au bout de laquelle on attache un lacet, et qui par son ressort en serre le nœud coulant et enlève l'oiseau.

(*) D'après Naumann l'effraie vit souvent en bonne intelligence avec les pigeons dont le colombier lui sert de retraite. « Maintes fois, dit-il, je l'ai vue voler au milieu de mes » pigeons. Habitués bientôt à sa présence, ceux-ci ne perdirent jamais ni un de leurs œufs, » ni un de leurs petits; jamais je ne la vis attaquer un pigeon adulte. Au printemps, on » remarqua dans ma cour une paire d'effraies, qui y arrivaient presque chaque soir et qui » finirent par s'établir dans le colombier. Dès que la nuit commençait à se faire, elles » volaient tout autour; elles entraient et sortaient sans qu'un seul pigeon bougeât. Le jour, » en s'approchant avec précaution, on pouvait les voir dans un coin du colombier, dormant » tranquillement parmi les pigeons et au milieu d'un tas de souris. Quand elles ont fait une » chasse heureuse, elles transportent, en effet, leur proie dans leur demeure. Peut-être, » amassent-elles ainsi des provisions pour avoir de quoi se nourrir pendant le mauvais » temps, lorsque, par exemple, les nuits sombres et les tempêtes les empêchent de chasser. »

autres petits oiseaux qui sont pris aux lacets; elles les avalent souvent entiers et avec la plume, mais elles déplument ordinairement avant de les manger ceux qui sont un peu plus gros. Ces dernières habitudes, aussi bien que celle de voler de travers, c'est-à-dire comme si le vent les emportait, et sans faire aucun bruit des ailes, sont communes à l'effraie, au chat-huant, à la hulotte, et à la chouette proprement dite dont nous allons parler (*).

LA CHOUETTE OU GRANDE CHEVÈCHE

Cette espèce (**), qui est la chouette proprement dite et qu'on peut appeler la *chouette des rochers* ou la *grande chevèche*, est assez commune, mais elle n'approche pas aussi souvent de nos habitations que l'effraie; elle se tient plus volontiers dans les carrières, dans les rochers, dans les bâtiments ruinés et éloignés des lieux habités (***) : il semble qu'elle préfère les pays de montagnes et qu'elle cherche les précipices escarpés et les endroits solitaires; cependant on ne la trouve pas dans les bois et elle ne se loge pas dans des arbres creux (a); on la distinguera aisément de la hulotte et du chat-huant par la couleur des yeux, qui sont d'un très beau jaune, au lieu que ceux de la hulotte sont d'un brun presque noir, et ceux du chat-huant d'une couleur bleuâtre; on la distinguera plus difficilement de l'effraie, parce que tous deux ont l'iris des yeux jaunes, environnés de même d'un grand cercle de petites plumes blanches, que toutes deux ont du jaune sous le ventre et qu'elles sont à peu près de la même grandeur; mais la chouette

(a) Nous laisserons (dit M. Frisch) à cette chouette son nom distinctif *stein-eule*, parce que je ne l'ai jamais trouvée dans des arbres creux, mais seulement dans des bâtiments en ruines ou du moins abandonnés depuis longtemps, et dans les rochers. (Frisch, *article des oiseaux nocturnes.*)

(*) L'effraie est un oiseau très utile parce qu'il détruit une grande quantité de rats, de souris et autres petits animaux nuisibles. Dans le Holstein, on ménage dans les pignons des granges, des trous obscurs pour les effraies. Ces oiseaux s'y établissent en toute liberté, chassent les rats dans la grange et vivent en bonne intelligence avec les paysans et même avec les chats.

(**) *Surnia Ulula* L. — Les *Surnia* sont des Rapaces nocturnes de la famille des Stri-gidés. Leur taille est petite, leurs ailes courtes, recouvrent à peine les deux tiers de la queue qui est courte, large, tronquée à angle droit. Le bec est recourbé dès la base, comprimé latéralement, couvert presque entièrement par les plumes, dépourvu de dents sur les bords. L'oreille externe est peu développée, dépourvue de touffe de plumes. Les pattes sont assez élevées, avec des doigts couverts de soies raides.

(***) La chevèche ne fréquente pas les grandes forêts; elle préfère les petits bois, les bos-quets, les vergers voisins des habitations, les toits, les tombeaux; elle reste au repos pendant le jour. Elle est peu craintive, va au devant des feux, s'approche des fenêtres éclairées. Elle se laisse très facilement apprivoiser.

des rochers est, en général, plus brune, marquée de taches plus grandes et longues comme de petites flammes, au lieu que les taches de l'effraie, lorsqu'elle en a, ne sont pour ainsi dire que des points ou des gouttes, et c'est par cette raison qu'on a appelé l'effraie *noctua guttata*, et la chouette des rochers dont il est ici question *noctua flammeata;* elle a aussi les pieds bien plus garnis de plumes et le bec tout brun, tandis que celui de l'effraie est blanchâtre et n'a de brun qu'à son extrémité. Au reste, la femelle, dans cette espèce, a les couleurs plus claires et les taches plus petites que le mâle, comme nous l'avons aussi remarqué sur la femelle du chat-huant.

Belon dit que cette espèce s'appelle la *grande chevêche;* ce nom n'est pas impropre, car cet oiseau ressemble assez par son plumage et par ses pieds bien garnis de duvet à la petite chevêche, que nous appelons simplement *chevêche*. Il paraît être aussi du même naturel, ne se tenant tous deux que dans les rochers, les carrières, et très peu dans les bois. Ces deux espèces ont aussi un nom particulier, *hautz* ou *hautz-lein* en allemand, qui répond au nom particulier chevêche en français. M. Salerne dit que la chouette du pays d'Orléans est certainement la grande chevêche de Belon; qu'en Sologne on l'appelle *chevêche*, et plus communément *chavoche* ou *caboche;* que les laboureurs font grand cas de cet oiseau, en ce qu'il détruit quantité de mulots; que dans le mois d'avril on l'entend crier jour et nuit *gout*, mais d'un ton assez doux, et que, quand il doit pleuvoir, elle change de cri et semble dire *goyon;* qu'elle ne fait point de nid, ne pond que trois œufs tout blancs, parfaitement ronds et gros comme ceux d'un pigeon ramier; il dit aussi qu'elle loge dans les arbres creux, et qu'Olina se trompe lourdement quand il avance qu'elle couve les deux derniers mois de l'hiver; cependant ce dernier fait n'est pas éloigné du vrai : non seulement cette chouette, mais même toutes les autres, pondent au commencement de mars et couvent par conséquent dans ce même temps; et à l'égard de la demeure habituelle de la chouette ou grande chevêche dont il est ici question, nous avons observé qu'elle ne la prend pas dans des arbres creux, comme l'assure M. Salerne, mais dans des trous de rochers et dans les carrières, habitude qui lui est commune avec la petite chevêche dont nous allons parler dans l'article suivant; elle est aussi considérablement plus petite que la hulotte et même plus petite que le chat-huant, n'ayant guère que onze pouces de longueur depuis le bout du bec jusqu'aux ongles.

Il paraît que cette grande chevêche, qui est assez commune en Europe [*], surtout dans les pays de montagnes, se trouve en Amérique dans celles du Chili, et que l'espèce indiquée par le P. Feuillée sous le nom de *chevêche-*

[*] La grande chevêche est répandue dans toute l'Europe centrale et dans une grande partie de l'Asie. Elle est très commune en Italie. C'est une de ces variétés qui constituait l'oiseau de Minerve des Grecs.

lapin (*a*), et à laquelle il a donné ce surnom de *lapin* parce qu'il l'a trouvée dans un trou fait dans la terre; que cette espèce, dis-je, n'est qu'une variété de notre grande chevêche ou chouette des rochers d'Europe (*), car elle est de la même grandeur et n'en diffère que par la distribution des couleurs, ce qui n'est pas suffisant pour en faire une espèce distincte et séparée. Si cet oiseau creusait lui-même son trou, comme le P. Feuillée paraît le croire, ce serait une raison pour le juger d'une autre espèce que notre chevêche (*b*) et même que toutes nos autres chouettes; mais il ne s'ensuit pas de ce qu'il a trouvé cet oiseau au fond d'un terrier, que ce soit l'oiseau qui l'ait creusé, et ce qu'on en peut seulement induire, c'est qu'il est du même naturel que nos chevêches d'Europe, qui préfèrent constamment les trous soit dans les pierres, soit dans les terres, à ceux qu'elles pourraient trouver dans les arbres creux (**).

LA CHEVÈCHE OU PETITE CHOUETTE (*c*)

La chevêche (***) et le scops ou petit duc sont à peu près de la même grandeur : ce sont les plus petits oiseaux du genre des hiboux et des chouettes;

(*a*) Espèce de chevêche-lapin ou *ulula cunicularia*. Feuillée, *Journal des observations physiques*, p. 562.— La chouette de Coquimbo. Brisson, *Ornithol.*, t. Ier, p. 525, où l'on peut en voir la description aussi bien que dans l'ouvrage du P. Feuillée.

(*b*) Le P. du Tertre, en parlant de l'oiseau nocturne appelé *diable* dans nos îles de l'Amérique, dit qu'il est gros comme un canard, qu'il a la vue affreuse, le plumage mêlé de blanc et de noir, qu'il repaire sur les plus hautes montagnes, qu'il *territ comme le lapin dans les trous qu'il fait dans la terre*, où il pond ses œufs, les y couve et élève ses petits..., qu'il ne descend jamais de la montagne que de nuit, et qu'en volant il fait un cri fort lugubre et effroyable. *Hist. des Antilles*, t. II, page 257. — Cet oiseau est certainement le même que celui du P. Feuillée, et quelques-uns des habitants de nos îles se trouveront peut-être à portée de vérifier s'il creuse en effet un terrier pour se loger et y élever ses petits. Tout le reste des indications que nous donnent ces deux auteurs, s'accorde à ce que cet oiseau soit de la même espèce que notre chevêche ou chouette des rochers.

(*c*) M. Edwards, M. Frisch et l'auteur de la *Zoologie britannique* ont chacun donné une planche coloriée de cet oiseau : la meilleure et la plus ressemblante à la nature est celle de M. Edwards; elle représente la femelle de cette espèce. La planche de la *Zoologie britannique* et celle de M. Frisch représentent le mâle; mais ce dernier auteur a fait une faute en donnant des yeux d'un bleu noirâtre à cet oiseau, car il les a d'un jaune pâle.

(*) Vieillard en a fait une espèce distincte sous le nom de *Strix cunicularia* qui doit se changer en *Surnia cunicularia*.

(**) La grande chevêche est un oiseau utile; elle se nourrit surtout de souris et autres petits mammifères destructeurs, d'insectes, et, dans une moindre proportion, de petits oiseaux. En Italie on la met, d'après Lévy, dans les jardins où elle détruit les limaces, les chenilles, les rongeurs. D'après Lévy, une chevêche peut détruire jusqu'à 1,460 rongeurs par an. Elle était autrefois employée pour la chasse à la pipée; elle sert, paraît-il, encore à cet usage dans certaines parties de l'Italie, au moment du passage des alouettes.

(***) *Surnia passerina* KEYS.

ils ont sept ou huit pouces de longueur depuis le bout du bec jusqu'à l'extrémité des ongles, et ne sont que de la grosseur d'un merle ; mais on ne les prendra pas l'un pour l'autre, si l'on se souvient que le petit duc a des aigrettes qui sont, à la vérité, très courtes et composées d'une seule plume, et que la chevêche a la tête dénuée de ces deux plumes éminentes ; d'ailleurs elle a l'iris des yeux d'un jaune plus pâle, le bec brun à la base et jaune vers le bout, au lieu que le petit duc a tout le bec noir ; elle en diffère aussi beaucoup par les couleurs, et peut aisément être reconnue par la régularité des taches blanches qu'elle a sur les ailes et sur le corps, et aussi par sa queue courte comme celle d'une perdrix ; elle a encore les ailes beaucoup plus courtes à proportion, plus courtes même que la grande chevêche ; elle a un cri ordinaire *poupou poupou* qu'elle pousse et répète en volant, et un autre cri qu'elle ne fait entendre que quand elle est posée, qui ressemble beaucoup à la voix d'un jeune homme qui s'écrierait *aîme, hême, êsme* plusieurs fois de suite (a) ; elle se tient rarement dans les bois ; son domicile ordinaire est dans les masures écartées des lieux peuplés, dans les carrières, dans les ruines des anciens édifices abandonnés ; elle ne s'établit pas dans les arbres creux, et ressemble par toutes ces habitudes à la grande chevêche ; elle n'est pas absolument oiseau de nuit, elle voit pendant le jour beaucoup mieux que les autres oiseaux nocturnes, et souvent elle s'exerce à la chasse des hirondelles et des autres petits oiseaux, quoique assez infructueusement, car il est rare qu'elle en prenne ; elle réussit mieux avec les souris et les petits mulots qu'elle ne peut avaler entiers et qu'elle déchire avec le bec et les ongles ; elle plume aussi très proprement les oiseaux avant de les manger, au lieu que les hiboux, la hulotte et les autres chouettes les avalent avec la plume, qu'elles vomissent ensuite sans pouvoir la digérer ; elle pond cinq œufs qui sont tachetés de blanc et de jaunâtre, et fait son nid presque à cru dans des trous de rochers ou de vieilles murailles. M. Frisch dit que comme cette petite chouette cherche la solitude, qu'elle habite communément les églises, les voûtes, les cimetières où l'on construit des tombeaux, quelques-uns l'on nommée *oiseau d'église* ou *de cadavre, kirchen-vogel, leichen-huhn,* et que comme on a remarqué aussi qu'elle voltigeait quelquefois autour des maisons où il y avait des mourants..., le peuple superstitieux l'a appelée *oiseau de mort* ou *de cadavre,* s'imaginant qu'elle présageait la mort des

---

(a) Étant couché dans une des vieilles tours du château de Montbard, une chevêche vint se poser un peu avant le jour, à trois heures du matin, sur la tablette de la fenêtre de ma chambre, et m'éveilla par son cri *heme, edme* ; comme je prêtais l'oreille à cette voix, qui me parut d'autant plus singulière qu'elle était tout près de moi, j'entendis un de mes gens, qui était couché dans la chambre au-dessus de la mienne, ouvrir sa fenêtre, et trompé par la ressemblance du son bien articulé *edme,* répondre à l'oiseau : *Qui es-tu là-bas ? je ne m'appelle pas Edme, je m'appelle Pierre.* Ce domestique croyait, en effet, que c'était un homme qui en appelait un autre, tant la voix de la chevêche ressemble à la voix humaine et articule distinctement ce mot.

malades. M. Frisch n'a pas fait attention que c'est à l'effraie, et non pas à la chevèche, qu'appartiennent toutes ces imputations, car cette petite chouette est très rare en comparaison de l'effraie; elle ne se tient pas comme celle-ci dans les clochers, dans les toits des églises, elle n'a pas le soufflement lugubre ni le cri âcre et effrayant de l'autre, et ce qu'il y a de certain c'est que si cette petite chouette ou chevèche est regardée en Allemagne comme l'oiseau de la mort, en France c'est à l'effraie qu'on donne ce nom sinistre. Au reste, la chevèche ou petite chouette dont M. Frisch a donné la figure, et qui se trouve en Allemagne, paraît être une variété dans l'espèce de notre chevèche; elle est beaucoup plus noire par le plumage, et a aussi l'iris des yeux noir, au lieu que notre chevèche est beaucoup moins brune, et a l'iris des yeux jaune : nous avons aussi au Cabinet une variété de l'espèce de la chevèche qui nous a été envoyée de Saint-Domingue, et qui ne diffère de notre chevèche de France qu'en ce qu'elle a un peu moins de blanc sous la gorge, et que la poitrine et le ventre sont rayés transversalement de bandes brunes assez régulières; au lieu que dans notre chevèche il n'y a que des taches brunes semées irrégulièrement sur ces mêmes parties.

Pour présenter en raccourci, et d'une manière plus facile à saisir, les caractères qui distinguent les cinq espèces de chouettes dont nous venons de parler, nous dirons : 1° que la hulotte est la plus grande et la plus grosse, qu'elle a les yeux noirs, le plumage noirâtre, et le bec d'un blanc jaunâtre, qu'on peut la nommer *grosse chouette noire aux yeux noirs;* 2° que le chat-huant est moins grand et beaucoup moins gros que la hulotte, qu'il a les yeux bleuâtres, le plumage roux, mêlé de gris de fer, le bec d'un blanc verdâtre, et qu'on peut l'appeler la *chouette rousse et gris de fer aux yeux bleus;* 3° que l'effraie est à peu près de la même grandeur que le chat-huant, qu'elle a les yeux jaunes, le plumage d'un jaune blanchâtre, varié de taches bien distinctes, et le bec blanc avec le bout du crochet brun, et qu'on peut l'appeler la *chouette blanche* ou *jaune aux yeux orangés;* 4° que la grande chevèche ou chouette des rochers n'est pas si grande que le chat-huant ni l'effraie, quoiqu'elle soit à peu près aussi grosse, qu'elle a le plumage brun, les yeux d'un beau jaune et le bec brun, et qu'on peut l'appeler la *chouette brune aux yeux jaunes et au bec brun;* 5° que la petite chouette ou chevèche est beaucoup plus petite qu'aucune des autres, qu'elle a le plumage brun, régulièrement taché de blanc, les yeux d'un jaune pâle et le bec brun à la base, et jaune vers le bout, et qu'on peut l'appeler la *petite chouette brune aux yeux jaunâtres, au bec brun et orangé.* Ces caractères se trouveront vrais en général, les femelles et les mâles de toutes ces espèces se ressemblant assez par les couleurs pour que les différences ne soient pas fort sensibles; cependant il y a ici, comme dans toute la nature, des variétés assez considérables, surtout dans les couleurs;

il se trouve des hulottes plus noires les unes que les autres, des chats-huants plutôt couleur de plomb que gris-de-fer foncé, des effraies plus blanches ou plus jaunes les unes que les autres, des chouettes ou chevêches grandes et petites, plutôt fauves que brunes; mais, en réunissant ensemble et comparant les caractères que nous venons d'indiquer, je crois que tout le monde pourra les reconnaître, c'est-à-dire les distinguer les unes des autres sans s'y méprendre.

OISEAUX ÉTRANGERS

QUI ONT RAPPORT AUX HIBOUX ET AUX CHOUETTES

I. — LE CABURE OU CABOURE.

L'oiseau appelé *cabure* ou *caboure* par les Indiens du Brésil, qui a des aigrettes de plumes sur la tête, et qui n'est pas plus gros qu'une litorne ou grive des genévriers : ces deux caractères suffisent pour indiquer qu'il tient de très près à l'espèce du scops ou petit duc, si même il n'est pas une variété de cette espèce (*). Marcgrave est le seul qui ait décrit cet oiseau (a); il n'en donne pas la figure : c'est, dit-il, une espèce de hibou de la grandeur d'une litorne (*turdela*); il a la tête ronde, le bec court, jaune et crochu, avec deux trous pour narines; les yeux beaux, grands, ronds, jaunes, avec la pupille noire; sous les yeux, et à côté du bec, il y a des poils longuets et bruns; les jambes sont courtes et entièrement couvertes, aussi bien que les pieds, de plumes jaunes; quatre doigts à l'ordinaire, avec des ongles semi-lunaires, noirs et aigus; la queue large, et à l'origine de laquelle se terminent les ailes; le corps, le dos, les ailes et la queue sont de couleur d'ombre pâle, marquée sur la tête et le cou de très petites taches blanches, et sur les ailes de plus grandes taches de cette même couleur; la queue est ondée de blanc, la poitrine et le ventre sont d'un gris blanchâtre, marqué d'ombre pâle (c'est-à-dire d'un brun clair). Marcgrave ajoute que cet oiseau s'apprivoise aisément, qu'il peut tourner la tête et allonger le cou, de manière que l'extrémité de son bec touche au milieu de son dos; qu'il joue avec les hommes comme un singe, et fait à leur aspect diverses bouffonneries et craquements de bec; qu'il peut outre cela remuer les plumes qui sont des deux côtés de la tête, de manière qu'elles se dressent et représentent de petites cornes ou des oreilles; enfin qu'il vit de chair crue. On

(a) Marcgrave, *Hist. Brasil.*, page 212.

(*) C'est le *Strix Brasiliensis* de Gmelin.

voit, par cette description, combien ce hibou approche de notre scops ou petit duc d'Europe, et je ne serais pas éloigné de croire que cette même espèce du Brésil se retrouve au cap de Bonne-Espérance. Kolbe dit que les chouettes qu'on trouve en quantité au Cap sont de la même taille que celles d'Europe, que leurs plumes sont partie rouges et partie noires, avec un mélange de taches grises qui les rendent très belles, et qu'il y a plusieurs Européens au Cap qui gardent des chouettes apprivoisées qu'on voit courir autour de leurs maisons, et qu'elles servent à nettoyer leurs chambres de souris (a) : quoique cette description ne soit pas assez détaillée pour en faire une bonne comparaison avec celle de Marcgrave, ont peut croire que ces chouettes du Cap, qui s'apprivoisent aisément comme les hiboux du Brésil, sont plutôt de cette même espèce que de celles d'Europe, parce que les influences du climat sont à peu près les mêmes au Brésil et au Cap, et que les différences et les variétés des espèces sont toujours analogues aux influences du climat.

II.—LE CAPARACOCH OU HAWK-OWL.

L'oiseau de la baie d'Hudson (*), appelé dans cette partie de l'Amérique *caparacoch*, très bien décrit, dessiné, gravé et colorié par M. Edwards, qui l'a nommé *hawk-owl* (b), chouette-épervier, parce qu'il participe des deux, et qu'il semble faire, en effet, la nuance entre ses deux genres d'oiseaux. Il n'est guère plus gros qu'un épervier de la petite espèce, *sparrow hawk*, épervier des moineaux ; la longueur de ces ailes et de sa queue lui donne l'air d'un épervier ; mais la forme de sa tête et de ses pieds démontre qu'il touche de plus près au genre des chouettes : cependant il vole, chasse et prend sa proie en plein jour, comme les autres oiseaux de proie diurnes ; son bec est semblable à celui de l'épervier, mais sans angles sur les côtés ; il est luisant et de couleur orangée, couvert presque en entier de poils, ou plutôt de petites plumes décomposées et grises, comme dans la plupart des espèces de chouettes ; l'iris des yeux est de la même couleur que le bec, c'est-à-dire orangée ; ils sont entourés de blanc, ombragés d'un peu de brun moucheté de petites taches longuettes et de couleur obscure, un cercle noir environne cet espace blanchâtre, et s'étend autour de la face jusqu'auprès des oreilles ; au delà de ce cercle noir se trouve encore un peu de blanc ; le sommet de la tête est d'un brun foncé, marqueté de petites taches blanches et rondes ; le tour du cou et les plumes, jusqu'au milieu du dos, sont d'un brun obscur et bordées de blanc ; les ailes

(a) *Description du cap de Bonne-Espérance*, t. III, p. 198 et 199.
(b) *The Little Hawk-owl.* Edwards, *Hist. of Birds.* t. II, p. 62, pl. LXII, avec une bonne figure coloriée.

(*) C'est le *Strix* (*Surnia*) *hudsonia* de Gmelin.

sont brunes et élégamment tachées de blanc, les plumes scapulaires sont rayées transversalement de blanc et de brun; les trois plumes les plus voisines du corps ne sont pas tachées, mais seulement bordées de blanc; la partie inférieure du dos, le croupion et les couvertures du dessus de la queue sont d'un brun foncé, avec des raies transversales d'un brun plus léger; la partie inférieure de la gorge, la poitrine, le ventre, les côtés, les jambes, la couverture du dessous de la queue et les petites ouvertures du dessous des ailes sont blanches, avec des raies transversales brunes; les grandes sont d'un cendré obscur, avec des taches sur les deux bords; la première des grandes plumes de l'aile est toute brune, sans taches ni bordure blanche, et il n'y a rien de semblable aux autres plumes de l'aile, comme on peut aussi le remarquer dans les autres chouettes; les plumes de la queue sont au nombre de douze, d'une couleur cendrée en dessous, d'un brun obscur en dessus, avec des raies transversales étroites et blanches; les jambes et les pieds sont couverts de plumes fines, douces et blanches comme celles du ventre, traversées de lignes brunes plus étroites et plus courtes; les ongles sont crochus, aigus et d'un brun foncé.

Un autre individu de la même espèce était un peu plus gros et avait les couleurs plus claires, ce qui fait présumer que celui qu'on vient de décrire est le mâle, et ce second-ci la femelle : tous deux ont été apportés de la baie d'Hudson en Angleterre par M. Light à M. Edwards.

III. — LE HARFANG.

L'oiseau qui se trouve dans les terres septentrionales des deux continents, que nous appellerons *harfang* (*), du nom *harfaong* (a) qu'il porte en Suède, et qui, par sa grandeur, est à l'égard des chouettes ce que le grand duc est à l'égard des hiboux; car ce harfang n'a point d'aigrettes sur la tête, et il est encore plus grand et plus gros que le grand duc. Comme la plupart des oiseaux du Nord, il est presque partout d'un très beau blanc (**); mais nous ne pouvons rien faire de mieux ici que de traduire de l'anglais la bonne description que M. Edwards nous a donnée de cet oiseau rare, et que nous n'avons pu nous procurer : « La grande chouette blanche, dit

---

(a) « Strix capite lævi, corpore albido. Harfaong. » Linn. *Faun. Suec.*, n° 54... « Nyctea. » Strix capite lævi, corpore albido, maculis lunatis distantibus fuscis. » *Idem. Syst. nat.*, édit. X... « Noctua scandiana maxima ex albo et cinereo variegata. » Rudbeck cité par Linnæus. *Ibid.*

(*) *Nyctea nivea* DAUD. — Les *Nyctea* sont des Rapaces de la famille des Strigidés, à tête petite et étroite; à ailes obtuses; à queue assez longue, arrondie; à bec fort, terminé par un crochet court; à tarses et à doigts courts, couverts de plumes très serrées; à oreilles externes petites, et à cercle auriculaire peu développé.

(**) Les vieux sont blancs, avec de rares taches brunes. Ces taches sont d'autant plus nombreuses et larges que l'oiseau est plus jeune.

» cet auteur, est de la première grandeur dans le genre des oiseaux de
» proie nocturnes, et c'est en même temps l'espèce la plus belle à cause
» de son plumage qui est blanc comme neige ; sa tête n'est pas si grosse, à
» proportion, que celle des autres chouettes ; ses ailes, lorsqu'elles sont
» pliées, ont seize pouces anglais depuis l'épaule jusqu'à l'extrémité de la
» plus longue plume, ce qui peut faire juger de sa grandeur ; on dit que
» c'est un oiseau diurne, et qu'il prend en plein jour les perdrix blanches
» dans les terres de la baie d'Hudson (a), où il demeure pendant toute
» l'année ; son bec est crochu comme celui d'un épervier, n'ayant point
» d'angles sur les côtés ; il est noir et percé de larges ouvertures ou narines ;
» il est de plus presque entièrement couvert de plumes raides, semblables
» à des poils plantés dans la base du bec, et se retournant en dehors ; la
» pupille des yeux est environnée d'un iris brillant et jaune ; la tête aussi
» bien que le corps, les ailes et la queue sont d'un blanc pur ; le dessus
» de la tête est seulement marqué de petites taches brunes ; la partie supé-
» rieure du dos est rayée transversalement de quelques lignes brunes ; les
» côtés sous les ailes sont aussi rayés de même, mais par des lignes plus
» étroites et plus claires ; les grandes plumes des ailes sont tachées de brun
» sur les bords extérieurs ; il y a aussi des taches brunes sur les couver-
» tures des ailes, mais leurs couvertures en dessous sont purement blan-
» ches, le bas du dos et le croupion sont blancs et sans taches ; les jambes
» et les pieds sont couverts de plumes blanches, les ongles sont longs,
» forts, d'une couleur noire et très aigus : j'ai eu un autre individu de
» cette espèce, ajoute M. Edwards, qui ne différait de celui-ci qu'en ce
» qu'il avait des taches plus fréquentes et d'une couleur plus foncée (b). »
Cet oiseau, qui est commun dans les terres de la baie d'Hudson, est apparemment confiné dans les pays du Nord, car il est très rare en Pensylvanie,
dans le nouveau continent, et, en Europe, on ne le trouve plus en deçà de
la Suède et du pays de Dantzick ; il est presque blanc et sans taches dans
les montagnes de Laponie. M. Klein dit que cet oiseau, qu'on appelle *hûrfang* en Suède, se nomme *weissebunte schlictete-eule* en Allemagne, qu'il
a eu à Dantzick le mâle et la femelle vivants, pendant plusieurs mois (c),
en 1747. M. Ellis rapporte que le grand hibou blanc sans oreilles (c'est-
à-dire cette grande chouette blanche) abonde aussi bien que le hibou

(a) Ces perdrix blanches des terres du nord de l'Amérique ne sont pas des perdrix, mais
des gelinottes.

(b) Edwards, *Hist. of Birds*, t. II, p. 61, pl. LXI, avec une bonne figure coloriée.

(c) « Ulula alba maculis terrei coloris. Hûrfang : Suec. Weissebunte Schlictete-eule. »
— « Ejusmodi avem anno 1747, 3 jan. infarctam inter curiosa societatis Gûar reposui. Pondus
» æquabat 3 ½ libras : posteâ marem et fœminam vivos obtinui ; post menses sex fœminâ
» mortuâ, marem libertate donavi. » Eadem apud Edwardum, t. II, p. 61. — « Ab unco
» rostri ad exitum caudæ 1 1/16 ulnæ dant alis expansis 2 3/8, rostrum et ungues nigri ; genæ,
» alæ infernæ, uropygium, pedes, pilosa, lactea ; truncus supernè super albo ex cinereo
» marmoratus. » Klein, *Avi.*, p. 54.

couronné (c'est-à-dire le grand duc) dans les terres qui avoisinent la baie d'Hudson : il est, dit cet auteur, d'un blanc éblouissant, et l'on a peine à le distinguer de la neige; il y paraît pendant toute l'année, il vole souvent en plein jour et donne la chasse aux perdrix blanches (a). On voit, par tous ces témoignages, que le harfang, qui est sans comparaison la plus grande de toutes les chouettes, se trouve assez communément dans les terres septentrionales des deux continents (b), mais qu'apparemment cet oiseau craint le chaud, puisqu'on ne le trouve dans aucun pays du Midi (*).

IV. — LE CHAT-HUANT DE CAYENNE.

L'oiseau que nous avons cru devoir appeler le *chat-huant de Cayenne* (**), qui n'a été indiqué par aucun naturaliste, est, en effet, de la grandeur du chat-huant, dont cependant il diffère par la couleur des yeux qu'il a jaunes, en sorte qu'on pourrait peut-être le rapporter également à l'espèce de l'effraie; mais, dans le vrai, il ne ressemble ni à l'un ni à l'autre, et nous paraît être un oiseau différent de tous ceux que nous avons indiqués : il est particulièrement remarquable par son plumage roux, rayé transversalement de lignes en ondes brunes et très étroites, non seulement sur la poitrine et le ventre, mais même sur le dos; il a aussi le bec couleur de chair et les ongles noirs. Cette courte description suffira pour faire distinguer cette espèce nouvelle de toutes les autres chouettes.

V. — LA CHOUETTE OU GRANDE CHEVÊCHE DE CANADA.

Cet oiseae, qui a été indiqué par M. Brisson (c), sous le nom de *chat-huant de Canada* (***), nous a paru approcher beaucoup plus de l'espèce de

---

(a) *Voyage de la baie d'Hudson*, t. Ier, pages 55 et 56. — *Nota*. J'ai déjà averti que ces perdrix étaient des gelinottes.

(b) On le trouve, comme on voit, en Laponie, en Suède et dans le Nord de l'Allemagne; on le trouve à la baie d'Hudson et en Pensylvanie; on le trouve aussi en Islande, car Anderson l'a fait dessiner et graver. Voyez la *Description de l'Islande*, par Anderson, t. Ier, p. 85, pl. 1; et quoique Horrobous, qui a fait la critique de l'ouvrage d'Anderson, assure qu'il n'y a aucun hibou ni chouette en Islande, ce fait négatif et général ne doit pas être admis sur la parole d'un seul garant, dont il paraît que le but principal était de contredire Anderson.

(c) Brisson, *Ornithol.*, t. Ier, p. 518, pl. XXXVII, fig. 2.

(*) Le Harfang des neiges paraît dépasser en hardiesse tous les autres oiseaux de la famille des Strigidés. On raconte qu'il attaque les chiens et que, quand il est blessé, il se retourne contre le chasseur lui-même. Le nom suédois, *Haarfang*, donné à cet oiseau signifie « preneur de lièvres », ce qui indique qu'il se livre à la chasse des gros mammifères. D'après Radde, sur les hauts plateaux déboisés de la Transbeikalie il se nourrit surtout de marmottes, dont il fait une très grande consommation. En Europe, il se nourrit habituellement de petits rongeurs, notamment de lemmings. Audubon l'a vu, sur les bords de l'Ohio, faire la chasse aux poissons.

(**) C'est le *Strix cayennensis* GMEL.

(***) *Strix canadensis*.

la grande chevêche, et c'est par cette raison que nous lui en avons donné le nom; elle en diffère néanmoins en ce qu'elle a sur la poitrine et sur le ventre des bandes brunes transversales régulièrement disposées; et c'est chose assez singulière, qui se trouve également dans la petite chevêche d'Amérique dont nous avons parlé à l'article de la chevêche ou petite chouette, et que nous n'avons considérée que comme une variété de cette petite espèce.

VI. — LA CHOUETTE OU GRANDE CHEVÊCHE DE SAINT-DOMINGUE.

Cet oiseau (*) nous a été envoyé de Saint-Domingue, et nous paraît être une espèce nouvelle différente de toutes celles qui ont été indiquées par tous les naturalistes; nous avons cru devoir la rapporter par le nom à celle de la chouette ou grande chevêche d'Europe, parce qu'elle s'en éloigne moins que d'aucune autre; mais dans le réel elle nous paraît faire une espèce à part et qui mériterait un nom particulier; elle a le bec plus grand, plus fort et plus crochu qu'aucune espèce de chouette, et elle diffère encore de notre grande chevêche en ce qu'elle a le ventre d'une couleur roussâtre, uniforme, et qu'elle n'a sur la poitrine que quelques taches longitudinales; au lieu que la chouette ou grande chevêche d'Europe a sur la poitrine et sur le ventre de grandes taches brunes, oblongues et pointues qui lui ont fait donner le nom de chouette flambée, *noctua flammeata*.

(*) *Strix dominicensis*. L.

OISEAUX QUI NE PEUVENT VOLER

Des oiseaux les plus légers et qui percent les nues, nous passons aux plus pesants, qui ne peuvent quitter la terre (*) : le pas est brusque, mais la comparaison est la voie de toutes nos connaissances, et le contraste étant ce qu'il y a de plus frappant dans la comparaison, nous ne saisissons jamais mieux que par l'opposition les points principaux de la nature des êtres que nous considérons. De même, ce n'est que par un coup d'œil ferme sur les extrèmes que nous pouvons juger les milieux. La nature, déployée dans toute son étendue, nous présente un immense tableau dans lequel tous les ordres des êtres sont chacun représentés par une chaîne qui soutient une suite continue d'objets assez voisins, assez semblables pour que leurs différences soient difficiles à saisir; cette chaîne n'est pas un simple fil qui ne s'étend qu'en longueur, c'est une large trame ou plutôt un faisceau qui, d'intervalle en intervalle, jette des branches de côté pour se réunir avec les faisceaux d'un autre ordre; et c'est surtout aux deux extrémités que ces faisceaux se plient, se ramifient pour en atteindre d'autres. Nous avons vu dans l'ordre des quadrupède l'une des extrémités de la chaîne s'élever vers l'ordre des oiseaux par les polatouches, les roussettes, les chauves-souris, qui, comme eux, ont la faculté de voler. Nous avons vu cette même chaîne, par son autre extrémité, se rabaisser jusqu'à l'ordre des cétacés par les phoques, les morses, les lamantins. Nous avons vu, dans le milieu de cette chaîne, une branche s'étendre du singe à l'homme par le magot, le gibbon, le pithèque et l'orang-outang. Nous l'avons vue, dans un autre point, jeter un double et triple rameau, d'un côté vers les reptiles par les fourmilliers, les phatagins, les pangolins, dont la forme approche de celle des crocodiles, des iguanes, des lézards; et, d'autre côté, vers les crustacés par les tatous, dont le corps en entier est revêtu d'une cuirasse osseuse. Il en sera de même du faisceau qui soutient l'ordre très nombreux des oiseaux : si nous plaçons au premier point en haut les oiseaux aériens les plus légers, les mieux volants, nous descendrons par degrés et même par nuances presque insensibles aux oiseaux

(*) Sous le nom « d'oiseaux qui ne peuvent voler » Buffon décrit des oiseaux qui sont actuellement groupés sous le nom de Coureurs. Nous avons déjà indiqué les caractères de ce groupe.

les plus pesants, les moins agiles, et qui dénués des instruments nécessaires
à l'exercice du vol, ne peuvent ni s'élever ni se soutenir dans l'air; et nous
trouverons que cette extrémité inférieure du faisceau se divise en deux branches, dont l'une contient les oiseaux terrestres, tels que l'autruche, le touyou,
le casoar, le dronte, etc., qui ne peuvent quitter la terre; et l'autre se projette
de côté sur les pingoins et autres oiseaux aquatiques, auxquels l'usage ou plutôt le séjour de la terre et de l'air sont également interdits, et qui ne peuvent
s'élever au-dessus de la surface de l'eau, qui paraît être leur élément particulier. Ce sont là les deux extrêmes de la chaine que nous avons raison de
considérer avant de vouloir saisir les milieux, qui tous s'éloignent plus ou
moins, ou participent inégalement de la nature de ces extrêmes, et sur lesquels milieux nous ne pourrions jeter en effet que des regards incertains, si
nous ne connaissions pas les limites de la nature par la considération attentive des points où elles sont placées pour donner à cette vue métaphysique
toute son étendue, et en réaliser les idées par de justes applications, nous
aurions dû, après avoir donné l'histoire des animaux quadrupèdes, commencer celle des oiseaux par ceux dont la nature approche le plus de celle des
ces animaux. L'autruche, qui tient d'une part au chameau par la forme de
ses jambes, et au porc-épic par les tuyaux ou piquants dont ses ailes sont
armées, devait donc suivre les quadrupèdes; mais la philosophie est souvent obligée d'avoir l'air de céder aux opinions populaires, et le peuple des
naturalistes, qui est fort nombreux, souffre impatiemment qu'on dérange ses
méthodes, et n'aurait regardé cette disposition que comme une nouveauté
déplacée, produite par l'envie de contredire, ou le désir de faire autrement que
les autres : cependant on verra qu'indépendamment des deux rapports extérieurs dont je viens de parler, indépendamment de l'attribut de la grandeur,
qui seul suffirait pour faire placer l'autruche à la tête de tous les oiseaux, elle
a encore beaucoup d'autres conformités par l'organisation intérieure avec les
animaux quadrupèdes, et que tenant presque autant à cet ordre qu'à celui des
oiseaux, elle doit être donnée comme faisant la nuance entre l'un et l'autre.

Dans chacune de ces suites ou chaînes, qui soutiennent un ordre entier
de la nature vivante, les rameaux qui s'étendent vers d'autres ordres sont
toujours assez courts et ne forment que de très petits genres. Les oiseaux
qui ne peuvent voler se réduisent à sept ou huit espèces; les quadrupèdes qui
volent à cinq ou six; et il en est de même de toutes les autres branches qni
s'échappent de leur ordre ou du faisceau principal; elles y tiennent toujours
par le plus grand nombre de conformités, de ressemblances, d'analogies, et
n'ont que quelques rapports et quelques convenances avec les autres ordres:
ce sont, pour ainsi dire, des traits fugitifs que la nature paraît n'avoir tracés
que pour nous indiquer toute l'étendue de sa puissance et faire sentir
au philosophe qu'elle ne peut être contrainte par les entraves de nos
méthodes, ni renfermée dans les bornes étroites du cercle de nos idées.

L'AUTRUCHE

L'autruche (*) est un oiseau très anciennement connu, puisqu'il en est fait mention dans le plus ancien des livres ; il fallait même qu'il fût très connu, car il fournit aux écrivains sacrés plusieurs comparaisons tirées de ses mœurs et de ses habitudes ; et plus anciennement encore sa chair était, selon toute apparence, une viande commune au moins parmi le peuple, puisque le législateur des juifs la leur interdit comme une nourriture immonde (b) ; enfin il en est question dans Hérodote, le plus ancien des historiens profanes (c), et dans

---

(a) « Habitabunt ibi struthiones. » Isaïe, ch. xiii, v. 21. — « Filia populi mei crudelis » quasi struthio in deserto. » Jérém., *Thren.*, cap. iv, v. 3. — « Luctum quasi struthionum. » Mich., cap. i, v. 8.

(b) *Levitic.*, cap. xi, v. 16. — *Deutéron.*, cap. xiv, v, 15.

(c) Hérodote, si l'on en croit M. de Salerne (*Ornithol.*, p. 79), parle de trois sortes d'autruches : le *struthos aquatique* ou *marin*, qui est le poisson plat nommé *plie*; l'*aérien*, qui est notre moineau, et le terrestre (*katagaios*), qui est notre autruche. De ces trois espèces, la dernière est la seule dont j'aie trouvé l'indication dans Hérodote (*in Melpomene, versus finem*); encore ne puis-je être de l'avis de M. Salerne sur la manière d'entendre le *struthos katagaios*, qui, selon moi, doit être ici traduit par *autruche se creusant des trous dans la terre*, non que j'admette de telles autruches, mais parce qu'Hérodote parle en cet endroit des productions singulières et propres à une certaine région de l'Afrique, et non de celles qui lui étaient communes avec d'autres contrées (*Hæ sunt illic feræ, et item quæ alibi*). Or, l'autruche ordinaire étant très répandue et par conséquent très connue dans toute l'Afrique, où bien il n'en aurait pas fait mention en ce lieu, puisqu'elle n'était pas une production propre au pays dont il parlait, ou du moins, s'il en eût fait mention, il aurait omis l'épithète de terrestre, qui n'ajoutait rien à l'idée que tout le monde en avait; et en cela cet historien n'eût fait que suivre ses propres principes, puisqu'il dit ailleurs (*in Thalia*), en parlant du chameau : « Græcis utpote scientibus non puto describendum. » Il faut donc, pour donner au passage ci-dessus un sens conforme à l'esprit de l'auteur, rendre le *katagaios* comme je l'ai rendu, d'autant plus qu'il existe réellement des oiseaux qui ont l'instinct de se cacher dans le sable, et qu'il est question dans le même passage de choses encore plus étranges,

(*) *Struthio Camelus* L. — Les Autruches sont des oiseaux de l'ordre des Coureurs, de la famille des Struthionidés. Ce sont des animaux de très grande taille, à tête et à cou nus; à bec droit; à ceinture pelvienne complète; à pattes pourvues de deux doigts dont l'interne, plus gros que l'autre, est seul armé d'un ongle large et émoussé; les ailes et la queue sont dépourvues de rémiges; celles-ci sont remplacées par des plumes molles et décomposées, tombantes. Cette petite famille ne se compose que seul du genre *Struthio* qui est caractérisé par un bec droit, obtus, flexible, arrondi et aplati à l'extrémité; fendu jusqu'en arrière de l'œil; des narines oblongues prolongées jusqu'au milieu du bec; des yeux grands, très beaux, munis de cils au niveau du bord de la paupière supérieure; des oreilles nues et larges; un cou long, grêle, presque nu; un espace calleux, nu, au milieu de la poitrine; des jambes longues, fortes; des ailes pourvues d'un double ergot; des tarses couverts de larges écailles.

les écrits des premiers philosophes qui ont traité des choses naturelles ; en effet, comment un animal si considérable par sa grandeur, si remarquable par sa forme, si étonnant par sa fécondité, attaché d'ailleurs par sa nature à un certain climat, qui est l'Afrique et une partie de l'Asie, aurait-il pu demeurer inconnu dans des pays si anciennement peuplés, où il se trouve à la vérité des déserts, mais où il ne s'en trouve point que l'homme n'ait pénétrés et parcourus (*) ?

La race de l'autruche est donc une race très ancienne, puisqu'elle prouve jusqu'aux premiers temps, mais elle n'est pas moins pure qu'elle est ancienne ; elle a su se conserver pendant cette longue suite de siècles, et toujours dans la même terre (**), sans altération comme sans mésalliance : en sorte qu'elle est dans les oiseaux, comme l'éléphant dans les quadrupèdes, une espèce entièrement isolée et distinguée de toutes les autres espèces par des caractères aussi frappants qu'invariables.

L'autruche passe pour être le plus grand des oiseaux, mais elle est privée par sa grandeur même de la principale prérogative des oiseaux, je veux dire la puissance de voler : l'une de celles sur qui Vallisnieri a fait ses observations pesait, quoique très maigre, cinquante-cinq livres tout écorchée et vidée de ses parties intérieures ; en sorte que passant vingt à vingt-cinq livres pour ces parties et pour la graisse qui lui manquait (a), on peut, sans rien outrer, fixer

comme de serpents et d'ânes cornus, d'acéphales, etc., et l'on sait que ce père de l'histoire n'était pas toujours ennemi des fables ni du merveilleux.

A l'égard des deux autres espèces de *strouthos*, l'aérien et l'aquatique, je ne puis non plus accorder à M. Salerne que ce soit notre moineau et le poisson nommé *plie*, ni imputer avec lui à la langue grecque, si riche, si belle, si sage, l'énorme disparate de comprendre sous un même nom des êtres aussi dissemblables que l'autruche, le moineau et une espèce de poisson. S'il fallait prendre un parti sur les deux dernières sortes de *strouthos*, l'aérien et l'aquatique, je dirais que le premier est cette outarde à long cou, qui porte encore aujourd'hui dans plus d'un endroit de l'Afrique le nom *d'autruche volante*, et que le second est quelque gros oiseau aquatique à qui sa pesanteur ou la faiblesse de ses ailes ne permet pas de voler.

(a) Ses deux ventricules, bien nettoyés, pesaient seuls six livres ; le foie, une livre huit onces ; le cœur, avec ses oreillettes et les troncs des gros vaisseaux, une livre sept onces ; les deux pancréas, une livre ; et il faut remarquer que les intestins, qui sont très longs et très gros, doivent être d'un poids considérable. Voyez *Notomia dello Struzzo*, t. Ier des œuvres de Vallisnieri, p. 239 et suiv.

(*) L'Autruche habite toutes les parties des déserts de l'Afrique dans lesquelles se trouvent des oasis. Son extension géographique était probablement plus considérable autrefois qu'elle ne l'est actuellement. C'est, sans nul doute, l'homme qui l'a détruite dans certaines parties de l'Afrique où l'on sait qu'elle existait dans des temps plus ou moins reculés et d'où elle a complètement disparu. Les régions dans lesquelles on la trouve encore à l'état sauvage sont : le Sahara, depuis le versant méridional de l'Atlas jusqu'au Nil ; le désert de Lybie, les steppes de l'Afrique centrale et celles du sud de ce continent. Elle vit toujours en troupeaux considérables.

(**) C'est probablement parce que l'Autruche s'est toujours maintenue « dans la même terre », c'est-à-dire dans le même milieu qu'elle a, depuis les temps historiques, conservé les mêmes caractères.

le poids moyen moyen d'une autruche vivante et médiocrement grasse à soixante et quinze ou quatre-vingts livres : or quelle force ne faudrait-il pas dans les ailes et dans les muscles moteurs de ces ailes, pour soulever et soutenir au milieu des airs une masse aussi pesante! Les forces de la nature paraissent infinies lorsqu'on la comtemple en gros et d'une vue générale ; mais lorsqu'on la considère de près et en détail, on trouve que tout est limité; et c'est à bien saisir les limites que s'est prescrites la nature par sagesse, et non par impuissance (*), que consiste la bonne méthode d'étudier et ses ouvrages et ses opérations. Ici un poids de soixante et quinze livres est supérieur par sa seule résistance à tous les moyens que la nature sait employer pour élever et faire voguer dans le fluide de l'atmosphère des corps dont la gravité spécifique est un millier de fois plus grande que celle de ce fluide; et c'est par cette raison qu'aucun des oiseaux dont la masse approche de celle de l'autruche, tels que le thouiou, le casoar, le dronte, n'on ni ne peuvent avoir la faculté de voler; il est vrai que la pesanteur n'est pas le seul obstacle qui s'y oppose; la force des muscles pectoraux, la grandeur des ailes, leur situation avantageuse, la fermeté de leurs pennes (a), etc., seraient ici des conditions d'autant plus nécessaires, que la résistance à vaincre est plus grande : or toutes ces conditions leur manquent absolument; car pour me renfermer dans ce qui regarde l'autruche, cet oiseau, à vrai dire, n'a point d'ailes, puisque les plumes qui sortent de ses ailerons sont toutes effilées, décomposées, et que leurs barbes sont de longues soies détachées les unes des autres, et ne peuvent faire corps ensemble pour frapper l'air avec avantage, ce qui est la principale fonction des pennes de l'aile; celles de la queue sont aussi de la même structure, et ne peuvent par conséquent opposer à l'air une résistance convenable; elles ne sont pas même disposées pour pouvoir gouverner le vol en s'étalant ou se resserrant à propos, et en prenant différentes inclinaisons; et ce qu'il y a de remarquable, c'est que toutes les plumes qui recouvrent le corps sont encore faites de même; l'autruche n'a pas, comme la plupart des autres oiseaux, des plumes de plusieurs sortes, les unes lanugineuses et duvetées, qui sont immédiatement sur la peau, les autres d'une consistance plus ferme et plus serrée qui recouvrent les premières, et d'autres encore plus longues qui servent au mouvement, et répondent à ce qu'on appelle les *œuvres vives* dans un vaisseau : toutes les plumes de l'autruche sont de la même espèce, toutes ont pour barbes des filets détachés, sans

(a) J'appelle et dans la suite j'appellerai toujours ainsi les grandes plumes de l'aile et de la queue qui servent, soit à l'action du vol, soit à sa direction, me conformant en cela à l'analogie de la langue latine et à l'usage des écrivains des bons siècles, lesquels n'ont jamais employé le mot *penna* dans un autre sens. *Rapidis secat pennis.* Virgil.

(*) Il est facile de voir que Buffon n'emploie ici le mot nature que dans un sens figuré. La « sagesse » de la nature c'est, en réalité, l'avantage qui découle pour un animal de la possession de tel ou tel caractère.

consistance, sans adhérence réciproque, en un mot, toutes sont inutiles pour voler ou pour diriger le vol : aussi l'autruche est attachée à la terre comme par une double chaîne, son excessive pesanteur et la conformation de ses ailes ; et elle est condamnée à en parcourir laborieusement la surface, comme les quadrupèdes, sans pouvoir jamais s'élever dans l'air. Aussi a-t-elle, soit au dedans, soit au dehors, beaucoup de traits de ressemblance avec ces animaux : comme eux, elle a sur la plus grande partie du corps du poil plutôt que des plumes ; sa tête et ses flancs n'ont même que peu ou point de poil, non plus que ses cuisses, qui sont très grosses, très musculeuses, et où réside sa principale force ; ses grands pieds nerveux et charnus, qui n'ont que deux doigts, ont beaucoup de rapport avec les pieds du chameau, qui lui-même est un animal singulier entre les quadrupèdes par la forme de ses pieds ; ses ailes, armées de deux piquants semblables à ceux du porc-épic, sont moins des ailes que des espèces de bras qui lui ont été donnés pour se défendre ; l'orifice des oreilles est à découvert, et seulement garni de poil dans la partie intérieure où est le canal auditif ; sa paupière supérieure est mobile comme dans presque tous les quadrupèdes, et bordée de longs cils comme dans l'homme et l'éléphant ; la forme totale de ses yeux a plus de rapport avec les yeux humains qu'avec ceux des oiseaux, et ils sont disposés de manière qu'ils peuvent voir tous deux à la fois le même objet (a) ; enfin les espaces calleux et dénués de plumes et de poils qu'elle a, comme le chameau, au bas du *sternum*, et à l'endroit des os *pubis*, en déposant de sa grande pesanteur, la mettent de niveau avec les bêtes de somme les plus terrestres, les plus lourdes par elles-mêmes, et qu'on a coutume de surcharger des plus rudes fardeaux. Thévenot était si frappé de la ressemblance de l'autruche avec le chameau dromadaire (b), qu'il a cru lui voir une bosse sur le dos (c) ; mais quoiqu'elle ait le dos arqué, on n'y trouve rien de pareil à cette éminence charnue des chameaux et des dromadaires.

Si de l'examen de la forme extérieure nous passons à celui de la conformation interne, nous trouverons à l'autruche de nouvelles dissemblances avec les oiseaux, et de nouveaux rapports avec les quadrupèdes.

Une tête fort petite (d), aplatie et composée d'os très tendres et très faibles (e), mais fortifiée à son sommet par une plaque de corne, est soutenue

(a) Voyez *Mémoires de l'Académie*, année 1735, p. 146.
(b) Il faut que les rapports de ressemblance qu'a l'autruche avec le chameau soient en effet bien frappants, puisque les Grecs modernes, les Turcs, les Persans, etc., l'ont nommée, chacun dans leur langue, *oiseau chameau* : son ancien nom grec, *strouthos*, est la racine de tous les noms, sans exception, qu'elle a dans les différentes langues de l'Europe.
(c) *Voyage de Thévenot*, t. 1er, p. 313.
(d) Scaliger a remarqué que plusieurs autres oiseaux pesants, tels que le coq, le paon, le dindon, etc., avaient aussi la tête petite ; au lieu que la plupart des oiseaux qui volent bien, petits et grands, ont la tête plus grosse à proportion. *Exercit. in cardanum*, fol. 308, verso.
(e) MM. de l'Académie ont trouvé une fracture au crâne de l'un des sujets qu'ils ont disséqués. *Mémoires pour servir à l'histoire naturelle des animaux*, partie III, p. 151.

dans une situation horizontale sur une colonne osseuse d'environ trois pieds de haut, et composée de dix-sept vertèbres : la situation ordinaire du corps est aussi parallèle à l'horizon ; le dos a deux pieds de long et sept vertèbres, auxquelles s'articulent sept paires de côtes, dont deux de fausses et cinq de vraies : ces dernières sont doubles à leur origine, puis se réunissent en une seule branche. La clavicule est formée d'une troisième paire de fausses côtes(*); les cinq véritables vont s'attacher par des appendices cartilagineux au *sternum*, qui ne descend point jusqu'au bas du ventre, comme dans la plupart des oiseaux ; il est aussi beaucoup moins saillant au dehors ; sa forme a du rapport avec celle d'un bouclier, et il a plus de largeur que dans l'homme même. De l'os sacrum naît une espèce de queue composée de sept vertèbres semblables aux vertèbres humaines ; le fémur a un pied de long, le tibia et le tarse un pied et demi chacun, et chaque doigt est composé de trois phalanges (**) comme dans l'homme, et contre ce qui se voit ordinairement dans les doigts des oiseaux, lesquels ont très rarement un nombre égal de phalanges (*a*).

Si nous pénétrons plus à l'intérieur, et que nous observions les organes de la digestion, nous verrons d'abord un bec assez médiocre (*b*), capable d'une très grande ouverture, une langue fort courte et sans aucun vestige de papilles ; plus loin s'ouvre un ample pharynx proportionné à l'ouverture du bec, et qui peut admettre un corps de la grosseur du poing ; l'œsophage est aussi très large et très fort, et aboutit au premier ventricule qui fait ici trois fonctions : celle de jabot parce qu'il est le premier ; celle de ventricule parce qu'il est en partie musculeux et en partie muni de fibres musculeuses, longitudinales et circulaires (*c*); enfin, celle du bulbe glanduleux qui se trouve ordinairement dans la partie inférieure de l'œsophage la plus voisine du gésier, puisqu'il est en effet garni d'un grand nombre de glandes, et ces glandes sont conglomérées et non conglobées comme dans la plupart des oiseaux (*d*) : ce premier ventricule est situé plus bas que le second, en sorte que l'entrée de celui-ci, que l'on nomme communément l'*orifice supérieur*, est réellement l'orifice inférieur par sa situation ; ce

(*a*) Voyez Ambr. Paré, lib. xxiv, cap. xxii; et Vallisnieri, t. Ier, p. 246 et seqq.

(*b*) M. Brisson dit que le bec est unguiculé ; Vallisnieri, que la pointe en est obtuse et sans crochet : la langue n'est point non plus d'une forme ni d'une grandeur constante dans tous les individus. Voyez *Animaux de Perrault*, partie ii, p. 125 ; et Vallisnieri, *ubi supra*.

(*c*) Vallisnieri, *ubi supra*. — Ramby, nos 386 et 413 des *Trans. philosophiques de Londres*.

(*d*) *Mémoires pour servir à l'histoire des animaux*, p. 129.

(*) Il existe, chez la plupart des oiseaux, une clavicule véritable, connue sous le nom de *fourchette* et des *os coracoïdiens* constituant une fausse clavicule. C'est cette dernière que Buffon désigne sous le nom de « troisième paire de fausses côtes. » Chez l'Autruche, la clavicule véritable manque, d'après Cuvier ; la fausse clavicule, formée par les os coracoïdiens, existe seule.

(**) Le doigt interne est formé de quatre phalanges, l'externe de cinq (Flourens).

second ventricule n'est souvent distingué du premier que par un léger étranglement, et quelquefois il est séparé lui-même en deux cavités distinctes par un étranglement semblable, mais qui ne paraît point au dehors ; il est parsemé de glandes et revêtu intérieurement d'une tunique villeuse presque semblable à la flanelle, sans beaucoup d'adhérence, et criblée d'une infinité de petits trous répondant aux orifices des glandes ; il n est pas aussi fort que le sont communément les gésiers des oiseaux, mais il est fortifié par dehors de muscles très puissants, dont quelques-uns sont épais de trois pouces ; sa forme extérieure approche beaucoup de celle du ventricule de l'homme.

M. Duverney a prétendu que le canal hépatique se terminait dans ce second ventricule (a) comme cela a lieu dans la tanche et plusieurs autres poissons, et même quelquefois dans l'homme, selon l'observation de Galien (b); mais Ramby (c) et Vallisnieri (d) assurent avoir vu constamment dans plusieurs autruches l'insertion de ce canal dans le *duodenum*, deux pouces, un pouce, quelquefois même un demi-pouce seulement au-dessous du pylore ; et Vallisnieri indique ce qui aurait pu occasionner cette méprise, si c'en est une, en ajoutant plus bas qu'il avait vu dans deux autruches une veine allant du second ventricule au foie, laquelle veine il prit d'abord pour un rameau du canal hépatique, mais qu'il reconnut ensuite dans les deux sujets pour un vaisseau sanguin portant du sang au foie et non de la bile au ventricule (e).

Le pylore est plus ou moins large dans différents sujets, ordinairement teint en jaune et imbibé d'un suc amer, ainsi que le fond du second ventricule, ce qui est facile à comprendre, vu l'insertion du canal hépatique tout au commencement du *duodenum*, et sa direction de bas en haut.

Le pylore dégorge dans le *duodenum*, qui est le plus étroit des intestins, et où s'insèrent encore les deux canaux pancréatiques, un pied et quelquefois deux et trois pieds au-dessous de l'insertion de l'hépatique, au lieu qu'ils s'insèrent ordinairement dans les oiseaux tout près du cholédoque.

Le *duodenum* est sans valvules, ainsi que le *jejunum* ; l'*iléon* en a quelques-unes aux approches de sa jonction avec le colon : ces trois intestins grêles sont à peu près la moitié de la longueur de tout le tube intestinal, et cette longueur est fort sujette à varier, même dans les sujets d'égale grandeur, étant de soixante pieds dans les uns (f) et de vingt-neuf dans les autres (g).

(a) *Hist. de l'Académie des Sciences*, année 1694, p. 213.
(b) Vallisnieri, *ubi supra*.
(c) *Transactions philosophiques*, n° 386.
(d) Vallisnieri, t. Ier, p. 241.
(e) Vallisnieri, t. Ier, p. 245.
(f) Voyez *Collections philosophiques*, n° 5, art. VIII.
(g) *Mémoires pour servir à l'histoire des animaux*, partie II, p. 132.

Les deux *cœcums* naissent ou du commencement du colon, selon les anatomistes de l'Académie, ou de la fin de l'iléon, selon le docteur Ramby (*a*); chaque *cœcum* forme une espèce de cône creux, long de deux ou trois pieds, large d'un pouce à sa base, garni à l'intérieur d'une valvule en forme de lame spirale, faisant environ vingt tours de la base au sommet, comme dans le lièvre, le lapin et dans le renard marin, la raie, la torpille, l'anguille de mer, etc.

Le colon a aussi ses valvules en feuillet, mais au lieu de tourner en spirale comme dans le *cœcum*, la lame ou feuillet de chaque valvule forme un croissant qui occupe un peu plus que la demi-circonférence du colon; en sorteque les extrémités des croissants opposés empiètent un peu les unes sur les autres, et se croisent de toute la quantité dont elles surpassent le demi-cercle, structure qui se retrouve dans le colon du singe et dans le *jejunum* de l'homme, et qui se marque au dehors de l'intestin par des cannelures transversales, parallèles, espacées d'un demi-pouce, et répondant aux feuillets inférieurs; mais ce qu'il y a de remarquable, c'est que ces feuillets ne se trouvent pas dans toute la longueur du colon, ou plutôt c'est que l'autruche a deux colons bien distincts, l'un plus large et garni de ces feuillets intérieurs en forme de croissants, sur une longueur d'environ huit pieds, l'autre plus étroit et plus long, qui n'a ni feuillets ni valvules, et s'étend jusqu'au *rectum*. C'est dans ce second colon que les excréments commencent à se figurer, selon Vallisnieri.

Le *rectum* est fort large, long d'environ un pied, et muni à son extrémité de fibres charnues : il s'ouvre dans une grande poche ou vessie composée des mêmes membranes que les intestins, mais plus épaisse, et dans laquelle on a trouvé quelquefois jusqu'à huit pouces d'urine (*b*), car les uretères s'y rendent aussi par une insertion très oblique, telle qu'elle a lieu dans la vessie des animaux terrestres; et non seulement ils y charrient l'urine, mais encore une certaine pâte blanche qui accompagne les excréments de tous les oiseaux.

Cette première poche, à qui il ne manque qu'un col pour être une véritable vessie, communique, par un orifice muni d'une espèce de sphincter, à une seconde et dernière poche plus petite, qui sert de passage à l'urine et aux excréments solides, et qui est presque remplie par une sorte de noyau cartilagineux, adhérant par sa base à la jonction des os pubis, et refendu par le milieu à la manière des abricots.

(*a*) *Transactions philosophiques*, n° 386.

(*b*) L'urine d'autruche enlève les taches d'encre, selon Hermolaüs; ce fait peut n'être point vrai, mais Gessner a eu tort de le nier sur le fondement unique qu'aucun oiseau n'avait d'urine; car tous les oiseaux ont des reins, des uretères, et par conséquent de l'urine, et ils ne diffèrent des quadrupèdes, sur ce point, qu'en ce que chez eux le *rectum* s'ouvre dans la vessie.

Les excréments solides ressemblent beaucoup à ceux des brebis et des chèvres ; ils sont divisés en petites masses, dont le volume n'a aucun rapport avec la capacité des intestins où ils se sont formés : dans les intestins grêles, ils se présentent sous la forme d'une bouillie, tantôt verte et tantôt noire, selon la quantité des aliments, qui prennent de la consistance en approchant des gros intestins, mais qui ne se figurent, comme je l'ai déjà dit, que dans le second colon (a).

On trouve quelquefois, aux environs de l'*anus*, de petits sacs à peu près pareils à ceux que les lions et les tigres ont au même endroit.

Le mésentère est transparent dans toute son étendue, et large d'un pied en de certains endroits. Vallisnieri prétend y avoir vu des vestiges non obscurs de vaisseaux lymphatiques ; Ramby dit aussi que les vaisseaux du mésentère sont fort apparents, et il ajoute que les glandes en sont à peine visibles (b); mais il faut avouer qu'elles ont été absolument invisibles pour la plupart des autres observateurs.

Le foie est divisé en deux grands lobes, comme dans l'homme, mais il est situé plus au milieu de la région des hypocondres, et n'a point de vésicule du fiel : la rate est contiguë au premier estomac, et pèse au moins deux onces.

Les reins sont fort grands, rarement découpés en plusieurs lobes, comme dans les oiseaux, mais le plus souvent en forme de guitare, avec un bassin assez ample.

Les uretères ne sont point non plus comme dans la plupart des autres oiseaux, couchés sur les reins, mais renfermés dans leur substance (c).

L'épiploon et très petit, et ne recouvre qu'en partie le ventricule; mais à la place de l'épiploon, on trouve quelquefois sur les intestins et sur tout le ventre, une couche de graisse ou de suif, renfermée entre les aponévroses des muscles du bas-ventre, épaisse depuis deux doigts jusqu'à six pouces (d); et c'est de cette graisse mêlée avec le sang que se forme la *mantèque*, comme nous le verrons plus bas : cette graisse était fort estimée et fort chère chez les Romains, qui, selon le témoignage de Pline, la croyaient plus efficace que celle de l'oie, contre les douleurs de rhumatisme, les tumeurs froides, la para-lysie; et encore aujourd'hui les Arabes l'emploient aux mêmes usages (e). Vallisnieri est peut-être le seul qui, ayant apparemment disséqué des autru-ches fort maigres, doute de l'existence de cette graisse, d'autant plus qu'en Italie la maigreur de l'autruche a passé en proverbe, *magro come uno*

(a) Vallisnieri, *ubi supra*.
(b) *Transactions philosophiques*, n° 386.
(c) *Mémoires pour servir à l'histoire des animaux*, partie II, p. 142.
(d) Ramby, *Transactions philosophiques*, n° 386. — G. Warren, *ibid*, n° 394. — *Mémoires pour servir à l'histoire des animaux*, partie II, p. 129.
(e) *The World displayed*, t. XIII, p. 15.

struzzo ; il ajoute que les deux qu'il a observées paraissaient, étant disséquées, des squelettes décharnés, ce qui doit être vrai de toutes les autruches qui n'ont point de graisse, ou même à qui on l'a enlevée, attendu qu'elles n'ont point de chair sur la poitrine ni sur le ventre, les muscles du bas-ventre ne commençant à devenir charnus que sur les flancs (*a*).

Si des organes de la digestion je passe à ceux de la génération, je trouve de nouveaux rapports avec l'organisation des quadrupèdes ; le plus grand nombre des oiseaux n'a point de verge apparente, l'autruche en a une assez considérable, composée de deux ligaments blancs, solides et nerveux, ayant quatre lignes de diamètre, revêtus d'une membrane épaisse, et qui ne s'unissent qu'à deux doigts près de l'extrémité ; dans quelques sujets, on a aperçu de plus, dans cette partie, une substance rouge, spongieuse, garnie d'une multitude de vaisseaux, en un mot, fort approchante des corps caverneux qu'on observe dans la verge des animaux terrestres ; le tout est renfermé dans une membrane commune, de même substance que les ligaments, quoique cependant moins épaisse et moins dure ; cette verge n'a ni gland, ni prépuce, ni même de cavité qui pût donner issue à la matière séminale, selon MM. les anatomistes de l'Académie (*b*), mais G. Warren prétend avoir disséqué une autruche dont la verge, longue de cinq pouces et demi, était creusée longitudinalement dans sa partie supérieure, d'une espèce de sillon ou gouttière, qui lui parut être le conduit de la semence (*c*). Soit que cette gouttière fût formée par la jonction des deux ligaments, soit que G. Warren se soit mépris, en prenant pour la verge ce noyau cartilagineux de la seconde poche du *rectum*, qui est en effet fendu, comme je l'ai remarqué plus haut, soit que la structure et la forme de cette partie soit sujette à varier en différents sujets, il paraît que cette verge est adhérente par sa base à ce noyau cartilagineux, d'où se repliant en dessous elle passe par la petite poche et sort par son orifice externe, qui est l'*anus* et qui étant bordé d'un repli membraneux forme à cette partie un faux prépuce que le docteur Browne a pris sans doute pour un prépuce véritable, car il est le seul qui en donne un à l'autruche (*d*).

Il y a quatre muscles qui appartiennent à l'*anus* et à la verge, et de là résulte entre ces parties une correspondance de mouvement, en vertu de laquelle, lorsque l'animal fiente, la verge sort de plusieurs pouces (*e*).

Les testicules sont de différentes grosseurs en différents sujets, et varient à cet égard dans la proportion de quarante-huit à un, sans doute selon l'âge,

(*a*) *Mémoires pour servir à l'histoire des animaux*, partie II, p. 127.— Vallisnieri, t. Ier, p. 251 et 252.

(*b*) Partie II, p. 133.

(*c*) *Transactions philosophiques*, n° 394, art. v.

(*d*) *Collections philosophiques*, n° 5, art. VIII.

(*e*) Warren a appris ce fait de ceux qui étaient chargés du soin de plusieurs autruches en Angleterre. Voyez *Trans. philos.*, n° 394.

L'AUTRUCHE.

A. Le Vasseur, Éditeur

Imp. R. Tardieu

la saison, le genre de maladie qui a précédé la mort, etc. Ils varient aussi pour la configuration extérieure, mais la structure interne est toujours la même ; leur place est sur les reins, un peu plus à gauche qu'à droite : G. Warren croit avoir aperçu des vésicules séminales.

Les femelles ont aussi des testicules (*) ; car je pense qu'on doit nommer ainsi ces corps glanduleux de quatre lignes de diamètre sur dix-huit de longueur que l'on trouve dans les femelles au-dessus de l'ovaire, adhérents à l'aorte et à la veine-cave, et qu'on ne peut avoir pris pour des glandes surrénales que par la prévention résultant de quelque système adopté précédemment. Les canes-petières femelles ont aussi des testicules semblables à ceux des mâles (a), et il y a lieu de croire que les outardes femelles en ont pareillement, et que si MM. les anatomistes de l'Académie, dans leurs nombreuses dissections, ont cru n'avoir jamais rencontré que des mâles (b), c'est qu'ils ne voulaient point reconnaître comme femelle un animal à qui ils voyaient des testicules. Or, tout le monde sait que l'outarde est parmi les oiseaux d'Europe celui qui a le plus de rapport avec l'autruche, et que la cane-petière n'est qu'une petite outarde ; en sorte que tout ce que j'ai dit dans le traité de la génération sur les testicules des femelles des quadrupèdes (**) s'applique ici de soi-même à toute cette classe d'oiseaux, et trouvera peut-être dans la suite des applications encore plus étendues.

Au-dessous de ces deux corps glanduleux est placé l'ovaire, adhérant aussi aux gros vaisseaux sanguins ; on le trouve ordinairement garni d'œufs de différentes grosseurs, renfermés dans leur calice comme un petit gland l'est dans le sien et attachés à l'ovaire par leurs pédicules ; M. Perrault en a vu qui étaient gros comme des pois, d'autres comme des noix, un seul comme les deux poings (c).

Cet ovaire est unique comme dans presque tous les oiseaux, et c'est, pour le dire en passant, un préjugé de plus contre l'idée de ceux qui veulent que les deux corps glanduleux qui se trouvent dans toutes les femelles des quadrupèdes représentent cet ovaire, qui est une partie simple (d), au lieu

(a) Hist. de l'Académie des Sciences, année 1756, p. 44.
(b) Mémoires pour servir à l'histoire des animaux, partie II, p. 108.
(c) Mémoires pour servir à l'histoire des animaux, p. 138.
(d) Le bécharu est le seul oiseau dans lequel MM. les anatomistes de l'Académie aient cru trouver deux ovaires. Mais ces prétendus ovaires étaient, selon eux, deux corps glanduleux d'une substance dure et solide, dont l'un (c'est le gauche) se divisait en plusieurs grains de grosseurs inégales ; mais sans m'arrêter à la différente structure de ces deux corps, et en tirer des conséquences contre l'identité de leurs fonctions, je remarquerai seulement que c'est une observation unique et dont on ne doit rien conclure jusqu'à ce qu'elle ait été confirmée ; d'ailleurs, j'aperçois dans cette observation même une tendance à l'unité, puisque l'oviductus, qui est certainement une dépendance de l'ovaire, était unique.

(*) Les organes que Buffon désigne ici sous le nom de testicules sont, en réalité, les glandes surrénales.
(**) Les femelles des mammifères, comme celles des oiseaux, n'ont jamais de testicules.

d'avouer qu'ils représentent en effet les testicules (*), qui sont au nombre des parties doubles, dans les mâles des oiseaux comme dans les quadrupèdes.

L'entonnoir de l'*oviductus* s'ouvre au-dessous de l'ovaire, et jette à droite et à gauche deux appendices membraneux en forme d'aileron, lesquels ont du rapport à ceux qui se trouvent à l'extrémité de la trompe dans les animaux terrestres (*a*). Les œufs qui se détachent de l'ovaire sont reçus dans cet entonnoir et conduits le long de l'*oviductus* dans la dernière poche intestinale, où ce canal débouche par un orifice de quatre lignes de diamètre, mais qui paraît capable d'une dilatation proportionnée au volume des œufs, étant plissé ou ridé dans toute sa circonférence ; l'intérieur de l'*oviductus* était aussi ridé, ou plutôt feuilleté comme le troisième et le quatrième ventricule des ruminants (*b*).

Enfin la seconde et dernière poche intestinale, dont je viens de parler, a aussi dans la femelle son noyau cartilagineux, comme dans le mâle ; et ce noyau, qui sort quelquefois de plus d'un demi-pouce hors de l'*anus*, a un petit appendice de la longueur de trois lignes, mince et recourbé, que MM. les anatomistes de l'Académie regardent comme un clitoris (*c*), avec d'autant plus de fondement que les deux mêmes muscles qui s'insèrent à la base de la verge dans les mâles s'insèrent à la base de cet appendice dans les femelles.

Je ne m'arrêterai point à décrire en détail les organes de la respiration, vu qu'ils ressemblent presque entièrement à ce qu'on voit dans tous les oiseaux, étant composés de deux poumons de substance spongieuse et de dix cellules à air, cinq de chaque côté, dont la quatrième est plus petite ici comme dans tous les autres oiseaux pesants : ces cellules reçoivent l'air des poumons avec lesquels elles ont des communications fort sensibles ; mais il faut qu'elles en aient aussi de moins apparentes avec d'autres parties, puisque Vallisnieri, en soufflant dans la trachée-artère, a vu un gonflement le long des cuisses et sous les ailes (*d*), ce qui suppose une conformation semblable à celle du pélican, dans lequel M. Méry a aperçu, sous l'aisselle, et entre la cuisse et le ventre, des poches membraneuses qui se remplissaient d'air au temps de l'expiration, ou lorsqu'on soufflait avec force dans la trachée-artère, et qui en fournissaient apparement au tissu cellulaire (*e*).

Le docteur Browne dit positivement que l'autruche n'a point d'épiglotte (*f*) ;

(*a*) *Mémoires pour servir à l'histoire des animaux*, partie II, p. 136.
(*b*) *Ibidem*, page 137.
(*c*) *Mémoires pour servir à l'Histoire des animaux*, partie II, p. 135.
(*d*) Vallisnieri, t. 1er, page 249.
(*e*) *Mémoires de l'Académie des sciences*, année 1693, t. X, p. 436.
(*f*) *Collections philosophiques*, n° 5, art. VIII.

(*) Buffon insiste sur l'erreur commise plus haut. Les mammifères femelles ont réellement toujours deux ovaires, tandis que chez les oiseaux l'un de ces organes, ordinairement le droit, est presque toujours avorté.

M. Perrault le suppose, puisqu'il attribue à un certain muscle la fonction de fermer la glotte en rapprochant les cartilages du larynx (a) : G. Warren prétend avoir vu une épiglotte dans le sujet qu'il a disséqué (b) ; et Vallisnieri concilie toutes ces contrariétés en disant qu'en effet il n'y a pas précisément une épiglotte (*), mais que la partie postérieure de la langue en tient lieu, en s'appliquant sur la glotte dans la déglutition (c).

Il y a aussi diversité d'avis sur le nombre et la forme des anneaux cartilagineux du larynx : Vallisnieri n'en compte que deux cent dix-huit, et soutient avec M. Perrault qu'ils sont tous entiers : Warren en a trouvé deux cent vingt-six entiers, sans compter les premiers qui ne le sont point, non plus que ceux qui sont immédiatement au-dessous de la bifurcation de la trachée. Tout cela peut être vrai, attendu les grandes variétés auxquelles est sujette la structure des parties internes ; mais tout cela prouve en même temps combien il est téméraire de vouloir décrire une espèce entière d'après un petit nombre d'individus, et combien il est dangereux, par cette méthode, de prendre ou de donner des variétés individuelles pour des caractères constants. M. Perrault a observé que chacune des deux branches de la trachée-artère se divise, en entrant dans le poumon, en plusieurs rameaux membraneux, comme dans l'éléphant (d).

Le cerveau, avec le cervelet, forme une masse d'environ deux pouces et demi de long sur vingt lignes de large : Vallisnieri assure que celui qu'il a examiné ne pesait qu'une once, ce qui ne ferait pas la douze centième partie du poids de l'animal ; il ajoute que la structure en était semblable à celle du cerveau des oiseaux, et telle précisément qu'elle est décrite par Willis ; je remarquerai néanmoins, avec MM. les anatomistes de l'Académie, que les dix paires de nerfs prennent leur origine et sortent hors du crâne de la même manière que dans les animaux terrestres (**) ; que la partie corticale et la partie moelleuse du cervelet sont disposées comme dans ces mêmes animaux ; qu'on y trouve quelquefois les deux apophyses vermiformes qui se voient dans l'homme, et un ventricule, de la forme d'une plume à écrire, comme dans la plupart des quadrupèdes (e).

Je ne dirai qu'un mot sur les organes de la circulation, c'est que le cœur est presque rond, au lieu que les oiseaux l'ont ordinairement plus allongé.

A l'égard des sens externes, j'ai déjà parlé de la langue, de l'oreille et de

(a) *Mémoires pour servir à l'histoire des animaux*, partie II, p. 142.
(b) *Transactions philosophiques*, n° 394.
(c) Vallisnieri, t. Ier, p. 249.
(d) *Mémoires pour servir à l'histoire des animaux*, partie II, p. 144.
(e) *Mémoires pour servir à l'histoire des animaux*, partie II, p. 153.

(*) Chez les oiseaux il n'y a pas de véritable épiglotte.
(**) On admet aujourd'hui, chez les oiseaux comme chez les mammifères, douze paires de nerfs crâniens.

la forme extérieure de l'œil; j'ajouterai seulement ici que sa structure interne est celle qu'on observe ordinairement dans les oiseaux. M. Ramby prétend que le globe tiré de son orbite prend de lui-même une forme presque triangulaire (a); il a aussi trouvé l'humeur aqueuse en plus grande quantité, et l'humeur vitrée en moindre quantité qu'à l'ordinaire (b).

Les narines sont dans le bec supérieur, non loin de sa base; il s'élève du milieu de chacune des deux ouvertures une protubérance cartilagineuse revêtue d'une membrane très fine, et ces ouvertures communiquent avec le palais par deux conduits qui y aboutissent dans une fente assez considérable; on se tromperait si l'on voulait conclure de la structure un peu compliquée de cet organe que l'autruche excelle par le sens de l'odorat; les faits les mieux constatés nous apprendront bientôt tout le contraire, et il paraît en général que les sensations principales et dominantes de cet animal sont celles de la vue et du sixième sens.

Cet exposé succinct de l'organisation intérieure de l'autruche est plus que suffisant pour confirmer l'idée que j'ai donnée d'abord de cet animal singulier qui doit être regardé comme un être de nature équivoque, et faisant la nuance entre le quadrupède et l'oiseau (c); sa place, dans une méthode où l'on se proposerait de représenter le vrai système de la nature, ne serait ni dans la classe des oiseaux, ni dans celle des quadrupèdes, mais sur le passage de l'une à l'autre (*); en effet, quel autre rang assigner à un animal dont le corps, mi-parti d'oiseau et de quadrupède, est porté sur des pieds de quadrupède et surmonté par une tête d'oiseau, dont le mâle a une verge, et la femelle un clitoris, comme les quadrupèdes, et qui néanmoins est ovipare, qui a un gésier comme les oiseaux, et en même temps plusieurs estomacs et des intestins qui, par leur capacité et leur structure, répondent en partie à ceux des ruminants, en partie à ceux d'autres quadrupèdes?

Dans l'ordre de la fécondité, l'autruche semble encore appartenir de plus près à la classe des quadrupèdes qu'à celle des oiseaux, car elle est très féconde et produit beaucoup. Aristote dit qu'après l'autruche, l'oiseau qu'il nomme *atricapilla* (**) est celui qui pond le plus; et il ajoute que cet oiseau, *atricapilla*, pond vingt œufs et davantage : d'où il suivrait que l'autruche en pond au moins vingt-cinq; d'ailleurs, selon les historiens modernes et les voyageurs les plus instruits, elle fait plusieurs couvées de douze ou

(a) *Transactions philosophiques*, n° 413.

(b) *Ibidem*, n° 386.

(c) « Partim avis, partim quadrupes, » dit très bien Aristote, lib. IV, *de partibus animalium*, cap. ultimo.

(*) L'autruche n'est pas le moins du monde un animal de passage entre les oiseaux et les mammifères. Sa grande taille, ses ailes rudimentaires, peuvent seules servir de prétexte aux vues très superficielles émises ici par Buffon; il se laisse souvent entraîner à établir des analogies entre des animaux qui n'ont aucune ressemblance.

(**) D'après Cuvier, l'Atricapilla d'Aristote serait le Gobe-mouche à collier.

quinze œufs chacune. Or, si on la rapportait à la classe des oiseaux, elle serait la plus grande, et par conséquent devrait produire le moins, suivant l'ordre qui suit constamment la nature dans la multiplication des animaux, dont elle paraît avoir fixé la proportion en raison inverse de la grandeur des individus; au lieu qu'étant rapportée à la classe des animaux terrestres, elle se trouve très petite, relativement aux plus grands, et plus petite que ceux de grandeur médiocre, tels que le cochon, et sa grande fécondité rentre dans l'ordre naturel et général (*).

Oppien, qui croyait mal à propos que les chameaux de la Bactriane s'accouplaient à rebours et en se tournant le derrière, a cru par une seconde erreur qu'un *oiseau-chameau* (car c'est le nom qu'on donnait dès lors à l'autruche) ne pourrait manquer de s'accoupler de la même façon; et il l'a avancé comme un fait certain; mais cela n'est pas plus vrai de l'oiseau-chameau que du chameau lui-même, comme je l'ai dit ailleurs: et quoique, selon toute apparence, peu d'observateurs aient été témoins de cet accouplement, et qu'aucun n'en ait rendu compte, on est en droit de supposer qu'il se fait à la manière accoutumée, jusqu'à ce qu'il y ait preuve du contraire (**).

(*) A l'époque des amours les autruches vivent en petites sociétés formées d'un seul mâle et de trois ou quatre femelles. Le mâle se montre très jaloux, et l'on prétend que ses femelles lui restent très fidèles; mais ce dernier point paraît fort contestable. Toutes les femelles d'un groupe pondent dans un même nid formé par une simple cavité circulaire, autour de laquelle l'oiseau élève une sorte de remblai. Les œufs reposent sur la pointe; ils sont soutenus par le remblai. Dès que le nid contient dix ou douze œufs, le mâle commence à couver. C'est lui seul qui se charge de ce soin. D'après Lichtenstein, les œufs pondus après le commencement de la ponte seraient destinés à l'alimentation des jeunes, mais ce fait n'est pas démontré. Le mâle ne couve que pendant la nuit; le jour il abandonne les œufs à eux-mêmes, après les avoir recouverts de sable, et laisse au soleil le soin de continuer l'incubation.

(*) On sait aujourd'hui que l'autruche coïte comme les autres oiseaux. Hardy a observé, en Algérie, chez des autruches élevées en captivité, les phénomènes qui se produisent, au moment du rut, chez le mâle. « La peau de son cou et de ses cuisses prend une couleur » rouge vif. Il chante alors, ou plutôt il fait sortir du fond de sa poitrine et du gosier des » sons rauques, concentrés, étranges. Pour les produire, il ramasse son cou sur lui-même, » ferme le bec, et, par des mouvements spasmodiques qu'il produit à volonté par tout son » corps, pousse en avant l'air contenu dans sa poitrine, donne à son gosier une dilatation » extraordinaire et fait entendre trois sortes de dilatations gutturales, dont la deuxième est » de quelques tons plus élevée que la première, et la troisième, d'un ton beaucoup plus » grave, se prolonge en s'éteignant. Il fait ainsi des salves composées de trois fortes déto- » nations et qu'il répète à plusieurs reprises. Ce chant sauvage, qui a de l'analogie avec le » rugissement du lion, se fait entendre le jour et la nuit, mais principalement le matin.
» Le rut se manifeste encore par des gestes chez l'autruche mâle; il exécute une sorte » de danse. Il s'accroupit devant sa femelle, sur les jarrets, puis balance, pendant huit ou » dix minutes, d'une manière cadencée, la tête et le cou, se frappe alternativement avec le » derrière de sa tête le corps de chaque côté en avant des ailes; ses ailes s'agitent en mesure » par des mouvements fébriles; tout son corps frémit; il fait entendre une sorte de roucou- » lement sourd et saccadé; tout son être paraît en proie à un délire hystérique. Ces symptômes » précèdent plutôt qu'ils ne suivent l'accouplement. Il couvre sa femelle plusieurs fois par » jour, mais principalement le matin. Pendant l'acte, il fait entendre un grondement sourd » et concentré qui indique la violence de sa passion. »

Les autruches passent pour être fort lascives et s'accoupler souvent ; et si l'on se rappelle ce que j'ai dit ci-dessus des dimensions de la verge du mâle, on concevra que ces accouplements ne se passent point en simples compressions, comme dans presque tous les oiseaux, mais qu'il y a une intromission réelle des parties sexuelles du mâle dans celles de la femelle. Thévenot est le seul qui dise qu'elles s'assortissent par paires, et que chaque mâle n'a qu'une femelle, contre l'usage des oiseaux pesants (*a*).

Le temps de la ponte dépend du climat qu'elles habitent, et c'est toujours aux environs du solstice d'été, c'est-à-dire au commencement de juillet, dans l'Afrique septentrionale (*b*), et sur la fin de décembre dans l'Afrique méridionale (*c*). La température du climat influe aussi beaucoup sur leur manière de couver ; dans la zone torride, elles se contentent de déposer leurs œufs sur un amas de sable qu'elles ont formé grossièrement avec leurs pieds, et où la seule chaleur du soleil les fait éclore ; à peine les couvent-elles pendant la nuit, et cela même n'est pas toujours nécessaire, puisqu'on en a vu éclore qui n'avaient point été couvés par la mère, ni même exposés aux rayons du soleil (*d*) ; mais quoique les autruches ne couvent point ou que très peu leurs œufs, il s'en faut beaucoup qu'elles les abandonnent : au contraire, elles veillent assidûment à leur conservation, et ne les perdent guère de vue ; c'est de là qu'on a pris occasion de dire qu'elles les couvaient des yeux, à la lettre, et Diodore rapporte une façon de prendre ces animaux, fondée sur leur grand attachement pour leur couvée : c'est de planter en terre, aux environs du nid et à une juste hauteur, des pieux armés de pointes bien acérées, dans lesquelles la mère s'enferre d'elle-même lorsqu'elle revient avec empressement se poser sur ses œufs (*e*).

Quoique le climat de la France soit beaucoup moins chaud que celui de la Barbarie, on a vu des autruches pondre à la ménagerie de Versailles ; mais MM. de l'Académie ont tenté inutilement de faire éclore ces œufs par une incubation artificielle, soit en employant la chaleur du soleil ou celle d'un feu gradué et ménagé avec art ; ils n'ont jamais pu parvenir à découvrir dans les uns ni dans les autres aucune organisation commencée, ni même aucune disposition apparente à la génération d'un nouvel être ; le jaune et le blanc de celui qui avait été exposé au feu s'étaient un peu épaissis ; celui qui avait été mis au soleil avait contracté une très mauvaise odeur, et aucun ne présentait la moindre apparence d'un fœtus ébauché (*f*), en sorte que cette

(*a*) *Voyages de Thévenot*, t. Iᵉʳ, p. 313.
(*b*) Albert, *De animal.*, lib. xxiii.
(*c*) *Voyage de Dampierre autour du monde*, t. II, p. 251.
(*d*) Jannequin, étant au Sénégal, mit dans sa cassette deux œufs d'autruche bien enveloppés d'étoupes ; quelque temps après il trouva que l'un de ces œufs était près d'éclore. Voyez *Histoire générale des voyages*, t. II, p. 458.
(*e*) *De fabulosis antiquorum gestis.*
(*f*) *Mémoires pour servir à l'histoire des animaux*, partie ii, p. 138.

incubation philosophique (*) n'eut aucun succès. M. de Réaumur n'existait pas encore.

Ces œufs sont très durs, très pesants et très gros; mais on se les représente quelquefois encore plus gros qu'ils ne sont en effet (**), en prenant des œufs de crocodile pour des œufs d'autruche (a) : on a dit qu'ils étaient comme la tête d'un enfant (b), qu'ils pouvaient contenir jusqu'à une pinte de liqueur (c), qu'ils pesaient quinze livres (d), et qu'une autruche en pondait cinquante dans une année (e) : Élien a dit jusqu'à quatre-vingts; mais la plupart de ces faits me paraissent évidemment exagérés; car, 1° comment se peut-il faire qu'un œuf dont la coque ne pèse pas plus d'une livre, et qui contient au plus une pinte de liqueur, soit du poids total de quinze livres? il faudrait pour cela que le blanc et le jaune de cet œuf fussent sept fois plus denses que l'eau, trois fois plus que le marbre, et à peu près autant que l'étain, ce qui est dur à supposer.

2° En admettant, avec Willughby, que l'autruche pond dans une année cinquante œufs pesant quinze livres chacun, il s'ensuivrait que le poids total de la ponte serait de sept cent cinquante livres, ce qui est beaucoup pour un animal qui n'en pèse que quatre-vingts.

Il me paraît donc qu'il y a une réduction considérable à faire, tant sur le poids des œufs que sur leur nombre, et il est fâcheux qu'on n'ait pas de mémoires assez sûrs pour déterminer avec justesse la quantité de cette réduction; on pourrait, en attendant, fixer le nombre des œufs, d'après Aristote, à vingt-cinq ou trente; et, d'après les modernes qui ont parlé le plus sagement, à trente-six; en admettant deux ou trois couvées, et douze œufs par chaque couvée, on pourrait encore déterminer le poids de chaque œuf à trois ou quatre livres, en passant une livre plus ou moins pour la coque, et deux ou trois livres pour la pinte de blanc et de jaune qu'elle contient; mais il y a bien loin de cette fixation conjecturale à une observation précise. Beaucoup de gens écrivent, mais il en est peu qui mesurent, qui pèsent, qui comparent; de quinze ou seize autruches dont on a fait la dissection en différents pays, il n'y en a qu'une seule qui ait été pesée, et

(a) Belon, Hist. nat. des oiseaux, p. 239.
(b) Willughby, Ornithologia, p. 105.
(c) Belon, Hist. nat. des oiseaux, p. 233.
(d) Léon l'Africain, Description de l'Afrique, lib. ix. — Willughby, ubi supra.
(e) Willughby, ibidem.

(*) Buffon raille, sous le nom « d'incubation philosophique, » un procédé d'incubation des œufs qui a, depuis son époque, rendu les plus grands services à la science et à l'industrie sous le nom « d'incubation artificielle. »

(**) Buffon commet une erreur en disant que l'on a pris des œufs de crocodile pour des œufs d'autruche. Les œufs du crocodile sont beaucoup moins volumineux que ceux de l'autruche. Ces derniers pèsent, en réalité, jusqu'à 1,442 grammes, c'est-à-dire environ 24 fois plus que ceux de la poule. Ils sont ovoïdes, arrondis aux deux bouts, pourvus d'une coquille brillante, très dure et très épaisse, colorée en blanc jaunâtre et marbrée de jaunâtre clair.

c'est celle dont nous devons la description à Vallisnieri (*). On ne sait pas mieux le temps qui est nécessaire pour l'incubation des œufs (**) : tout ce qu'on sait, ou plutôt tout ce qu'on assure, c'est qu'aussitôt que les jeunes autruches sont écloses elles sont en état de marcher, et même de courir et de chercher leur nourriture (*a*), en sorte que dans la zone torride, où elles trouvent le degré de chaleur qui leur convient et la nourriture qui leur est propre, elles sont émancipées en naissant, et sont abandonnées de leur mère, dont les soins leur sont inutiles ; mais dans les pays moins chauds, par exemple au cap de Bonne-Espérance, la mère veille à ses petits tant que ses secours leur sont nécessaires (*b*), et partout les soins sont proportionnés aux besoins.

Les jeunes autruches sont d'un gris cendré la première année, et ont des plumes partout, mais ce sont de fausses plumes qui tombent bientôt d'elles-mêmes pour ne plus revenir sur les parties qui doivent être nues, comme la tête, le haut du cou, les cuisses, les flancs et le dessous des ailes (***) ; elles sont remplacées sur le reste du corps par des plumes alternativement blanches et noires, et quelquefois grises par le mélange de ces deux couleurs fondues ensemble ; les plus courtes sont sur la partie inférieure du cou, la seule qui en soit revêtue ; elles deviennent plus longues sur le ventre et sur le dos ; les plus longues de toutes sont à l'extrémité de la queue et des ailes, et ce sont les plus recherchées. M. Klein dit, d'après Albert, que les plumes du dos sont très noires dans les mâles, et brunes dans les femelles (*c*) : cependant MM. de l'Académie, qui ont disséqué huit autruches, dont cinq mâles et trois femelles, ont trouvé le plumage à peu près semblable dans les unes et les autres (*d*) ; mais on n'en a jamais vu qui eussent des plumes rouges, vertes, bleues et jaunes, comme Cardan

(*a*) Léon l'Africain, *Description de l'Afrique*, lib. ix.
(*b*) Kolbe, *Description du Cap.*
(*c*) Klein, *Hist. Avium*, p. 16. — Albert, *apud Gesnerum de Avibus*, p. 742.
(*d*) *Mémoires pour servir à l'histoire des animaux*, partie ii, p. 113.

(*) L'autruche adulte pèse environ 75 à 80 kilogrammes. Le mâle atteint $2^m,60$ de haut et mesure environ 2 mètres depuis la pointe du bec jusqu'au bout de la queue.

(**) La durée de l'incubation est de six à sept semaines.

(***) Brehm décrit de la façon suivante des petites autruches d'un jour, recueillies dans le Soudan et qui lui furent apportées par des Arabes : « Ce sont de petites créatures très » intéressantes, qui ressemblent plus à un hérisson qu'à un oiseau. Elles ont le corps couvert » d'appendices cornés, comme les piquants des hérissons. Leurs allures sont celles des » poussins ou des jeunes outardes. Elles courent avec agilité et cherchent elles-mêmes leur » nourriture. A quinze jours, elles se montrèrent tellement indépendantes qu'elles parais- » saient ne plus avoir besoin de leurs parents. Nous savons cependant que ceux-ci, du » moins le père, leur donnent des soins très assidus. Déjà, pendant l'incubation, l'autruche » veille sur ses œufs avec la plus grande sollicitude ; elle marche hardiment contre de faibles » ennemis et a recours à mille ruses pour chercher à se débarrasser d'un adversaire trop » fort. »

semble l'avoir cru, par une méprise bien déplacée dans un ouvrage *sur la subtilité*.

Redi a reconnu, par de nombreuses observations, que presque tous les oiseaux étaient sujets à avoir de la vermine dans leurs plumes, et même de plusieurs espèces, et que la plupart avaient leurs insectes particuliers qui ne se rencontraient point ailleurs; mais il n'en a jamais trouvé en aucune saison dans les autruches, quoiqu'il ait fait ses observations sur douze de ces animaux, dont quelques-uns étaient récemment arrivés de Barbarie (a).

D'un autre côté Vallisnieri, qui en a disséqué deux, n'a trouvé dans leur intérieur ni lombrics, ni vers, ni insectes quelconques (b); il semble qu'aucun de ces animaux n'ait d'appétit pour la chair de l'autruche, qu'ils l'évitent même et la craignent, et que cette chair ait quelque qualité contraire à leur multiplication, à moins qu'on ne veuille attribuer cet effet, du moins pour l'intérieur, à la force de l'estomac et de tous les organes digestifs, car l'autruche a une grande réputation à cet égard; il y a bien des gens encore qui croient qu'elle digère le fer, comme la volaille commune digère les grains d'orge; quelques auteurs ont même avancé qu'elle digérait le fer rouge (c), mais on me dispensera sans doute de réfuter sérieusement cette dernière assertion; ce sera bien assez de déterminer d'après les faits dans quel sens on peut dire que l'autruche digère le fer à froid (*).

Il est certain que les animaux vivent principalement de matières végétales (**), qu'ils ont le gésier muni de muscles très forts, comme tous les granivores (d), et qu'ils avalent fort souvent du fer (e), du cuivre, des pierres, du verre, du bois et tout ce qui se présente; je ne nierais pas même

(a) *Collection Acad.*, t. Ier de l'*Histoire naturelle*, p. 464.

(b) OEuvres de Vallisnieri, t. Ier, p. 246.

(c) Marmol, *Description de l'Afrique*, t. Ier, p. 64.

(d) Quoique l'autruche soit omnivore, dans le fait, il semble néanmoins qu'on doit la ranger parmi les granivores, puisque dans ses déserts elle vit de dattes et autres fruits ou matières végétales, et que dans les ménageries on la nourrit de ces matières : d'ailleurs, Strabon nous dit, liv. VI, que lorsque les chasseurs veulent l'attirer dans le piège qu'ils lui ont préparé ils lui présentent du grain pour appât.

(e) Je dis fort souvent, car Albert assure très positivement qu'il n'a jamais pu faire avaler du fer à plusieurs autruches, quoiqu'elles dévorassent avidement des os fort durs et même des pierres. Voyez Gessner, *de Avibus*, p. 742, C.

(*) Il est inutile de dire que l'autruche ne digère pas le moins du monde le fer; celui-ci se borne à s'oxyder sous l'influence des liquides de l'estomac.

(**) Les autruches se nourrissent surtout, comme le dit Buffon, de matières végétales : jeunes herbes, graines, etc.; mais elles mangent aussi des mollusques, et peut-être des serpents, des lézards, des grenouilles, des coléoptères, et même de petits vertébrés. En captivité, on en a vu manger de jeunes canards ou des poussins. Elle est très sobre mais boit de grandes quantités d'eau.

qu'ils n'avalassent quelquefois du fer rouge (*), pourvu que ce fût en petite quantité, et je ne pense pas avec cela que ce fût impunément; il paraît qu'ils avalent tout ce qu'ils trouvent, jusqu'à ce que leurs grands estomacs soient entièrement pleins, et que le besoin de les lester par un volume suffisant de matière est l'une des principales causes de leur voracité. Dans les sujets disséqués par Waren (a) et par Ramby (b), les ventricules étaient tellement remplis et distendus que la première idée qui vint à ces deux anatomistes fut de douter que ces animaux eussent jamais pu digérer une telle surcharge de nourriture. Ramby ajoute que les matières contenues dans ces ventricules paraissent n'avoir subi qu'une légère altération. Vallisnieri trouva aussi le premier ventricule entièrement plein d'herbes, de fruits, de légumes, de noix, de cordes, de pierres, de verre, de cuivre jaune et rouge, de fer, d'étain, de plomb et de bois; il y en avait entre autres un morceau, c'était le dernier avalé, puisqu'il était tout au-dessus, lequel ne pesait pas loin d'une livre (c). MM. de l'Académie assurent que les ventricules des huit autruches qu'ils ont observées se sont toujours trouvés remplis de foin, d'herbes, d'orge, de fèves, d'os, de monnaies de cuivre et de cailloux, dont quelques-uns avaient la grosseur d'un œuf (d); l'autruche entasse donc les matières dans ses estomacs à raison de leur capacité et par la nécessité de les remplir; et comme elle digère avec facilité et promptitude il est aisé de comprendre pourquoi elle est insatiable.

Mais quelque insatiable qu'elle soit, on me demandera toujours, non pas pourquoi elle consomme tant de nourriture (**), mais pourquoi elle avale des matières qui ne peuvent point la nourrir, et qui peuvent même lui faire beaucoup de mal; je répondrai que c'est parce qu'elle est privée du sens du goût, et cela est d'autant plus vraisemblable que sa langue étant bien examinée par d'habiles anatomistes, leur a paru dépourvue de toutes ces papilles sensibles et nerveuses, dans lesquelles on croit, avec assez de fondement, que réside la sensation du goût (e); je croirais même qu'elle aurait le sens de l'odorat fort obtus, car ce sens est celui qui sert le plus aux animaux

(a) *Transactions philosophiques*, n° 394.
(b) *Ibidem*, n° 386.
(c) *Opere di Vallisnieri*, t. Iᵉʳ, p. 240.
(d) *Mémoires pour servir à l'histoire des animaux*, partie II, p. 129.
(e) Vallisnieri, t. Iᵉʳ, p. 249.

(*) On ne voit pas trop pourquoi Buffon suppose que l'autruche peut avaler du fer rouge; si obtus que soit, chez cet oiseau, le sens du toucher, il n'est guère permis d'admettre qu'il soit assez nul pour que l'animal n'ait pas la notion des températures très élevées. Mais la tendance de l'autruche à avaler tous les objets qu'elle trouve est poussée tellement loin qu'il doit lui arriver souvent d'ingérer des corps capables de la tuer mécaniquement. Cuvier dit avoir vu des autruches dont l'estomac était percé par des clous et déchiré par du verre, et Brehm « admet parfaitement que des autruches se soient tuées en avalant un morceau de » chaux vive. »

(**) L'autruche n'absorbe, en réalité, pas plus de nourriture, proportionnellement à sa taille, que tout autre animal herbivore.

pour le discernement de leur nourriture, et l'autruche a si peu de ce discernement qu'elle avale non seulement le fer, les cailloux, le verre, mais même le cuivre qui a une si mauvaise odeur, et que Vallisnieri en a vu une qui était morte pour avoir dévoré une grande quantité de chaux vive (a) : les gallinacés et autres granivores, qui n'ont pas les organes du goût fort sensibles, avalent bien de petites pierres, qu'ils prennent apparemment pour de petites graines (*), lorsqu'elles sont mêlées ensemble; mais si on leur présente pour toute nourriture un nombre connu de ces petites pierres ils mourront de faim sans en avaler une seule (b); à plus forte raison ne toucheraient-ils point à la chaux vive : et l'on peut conclure de là, ce me semble, que l'autruche est un des oiseaux dont les sens du goût et de l'odorat, et même celui du toucher dans les parties internes de la bouche, sont les plus émoussés et les plus obtus; en quoi il faut convenir qu'elle s'éloigne beaucoup de la nature des quadrupèdes.

Mais enfin que deviennent les substances dures, réfractaires et nuisibles que l'autruche avale sans choix et dans la seule intention de se remplir? que deviennent surtout le cuivre, le verre, le fer? sur cela les avis sont partagés, et chacun cite des faits à l'appui de son opinion. M. Perrault ayant trouvé soixante et dix doubles dans l'estomac d'un de ces animaux, remarqua qu'ils étaient la plupart usés et consumés presque aux trois quarts; mais il jugea que c'était plutôt par leur frottement mutuel et celui des cailloux que par l'action d'aucun acide, vu que quelques-uns de ces doubles, qui étaient bossus, se trouvèrent fort usés du côté convexe, qui était aussi le plus exposé aux frottements, et nullement endommagés du côté concave; d'où il conclut que dans les oiseaux la dissolution de la nourriture ne se fait pas seulement par des esprits subtils et pénétrants, mais encore par l'action organique du ventricule qui comprime et bat incessamment les aliments avec les corps durs que ces mêmes animaux ont l'instinct d'avaler; et comme toutes les matières contenues dans cet estomac étaient teintes en vert, il conclut encore que la dissolution du cuivre s'y était faite non par un dissolvant particulier, ni par voie de digestion, mais de la même manière quelle se ferait si l'on broyait ce métal avec des herbes ou avec quelque liqueur acide ou salée : il ajoute que le cuivre, bien loin de se tourner en nourriture dans l'estomac de l'autruche, y agissait au contraire comme poison, et que toutes celles qui en avalaient beaucoup mouraient bientôt après (c).

(a) Vallisnieri, t. Ier, p. 239.
(b) Collection Académique, t. Ier de l'Histoire naturelle, p. 498.
(c) Mémoires pour servir à l'histoire des animaux, partie II, p. 129.

(*) Il est possible que les gallinacés aient le goût assez obtus pour ne pas distinguer nettement un petit caillou d'une graine. Les cailloux leur sont, dans tous les cas, utiles, parce qu'ils facilitent la trituration des graines dans le gésier.

Vallisnieri pense au contraire que l'autruche digère ou dissout les corps durs, principalement par l'action du dissolvant de l'estomac, sans exclure celle des chocs et frottements qui peuvent aider à cette action principale ; voici ses preuves :

1° Les morceaux de bois, de fer ou de verre qui ont séjourné quelque temps dans les ventricules de l'autruche ne sont point lisses et luisants comme ils devraient l'être s'ils eussent été usés par le frottement, mais ils sont raboteux, sillonnés, criblés comme ils doivent l'être, en supposant qu'ils aient été rongés par un dissolvant actif;

2° Ce dissolvant réduit les corps les plus durs, de même que les herbes, les grains et les os en molécules impalpables qu'on peut apercevoir au microscope et même à l'œil nu;

3° Il a trouvé dans un estomac d'autruche un clou implanté dans l'une de ses parois, et qui traversait cet estomac de façon que les parois opposées ne pouvaient s'approcher ni par conséquent comprimer les matières contenues autant qu'elles le font d'ordinaire; cependant les aliments étaient aussi bien dissous dans ce ventricule que dans un autre qui n'était traversé d'aucun clou, ce qui prouve au moins que la digestion ne se fait pas dans l'autruche uniquement par trituration;

4° Il a vu un dé à coudre, de cuivre, trouvé dans l'estomac d'un chapon, lequel n'était rongé que dans le seul endroit par où il touchait au gésier, et qui par conséquent était le moins exposé aux chocs des autres corps durs: preuve que la dissolution des métaux, dans l'estomac des chapons, se fait plutôt par l'action d'un dissolvant, quel qu'il soit, que par celle des chocs et des frottements; et cette conséquence s'étend assez naturellement aux autruches;

5° Il a vu une pièce de monnaie rongée si profondément que son poids était réduit à trois grains;

6° Les glandes du premier estomac donnent, étant pressées, une liqueur visqueuse, jaunâtre, insipide, et qui néanmoins imprime très promptement sur le fer une tache obscure;

7° Enfin l'activité de ces sucs, la force des muscles du gésier, et la couleur noire qui teint les excréments des autruches qui ont avalé du fer, comme elle teint ceux des personnes qui font usage des martiaux et les digèrent bien, venant à l'appui des faits précédents, autorisent Vallisnieri à conjecturer, non pas tout à fait que les autruches digèrent le fer et s'en nourrissent, comme divers insectes ou reptiles se nourrissent de terre et de pierres, mais que les pierres, les métaux et surtout le fer, dissous par le suc des glandes, servent à tempérer, comme absorbants, les ferments trop actifs de l'estomac; qu'ils peuvent se mêler à la nourriture comme éléments utiles, l'assaisonner, augmenter la force des solides, et d'autant plus que le fer entre, comme on sait, dans la composition des êtres vivants; et que, lorsqu'il est suffisamment atténué par des acides convenables, il se volatilise et acquiert une tendance à végéter, pour ainsi dire, et à prendre des formes analogues à celles des plantes, comme on le voit dans l'arbre de mars (a) ; et c'est en effet le seul sens raisonnable dans lequel on puisse dire que l'autruche digère le fer, et quand elle aurait l'estomac assez fort pour le digérer véritablement, ce n'est que par une erreur bien ridicule qu'on aurait pu attribuer à ce gésier, comme on a fait, la qualité d'un remède et la vertu d'aider la digestion, puisqu'on ne peut nier qu'il ne soit par lui-même un morceau tout à fait indigeste ; mais telle est la nature de l'esprit humain, lorsqu'il est une fois frappé de quelque objet rare et singulier, il se plaît à le rendre plus singulier encore, en lui attribuant des propriétés chimériques et souvent absurdes : c'est ainsi qu'on a prétendu que les pierres les plus transparentes qu'on trouve dans les ventricules de l'autruche avaient aussi la vertu, étant portées au cou, de faire de bonnes digestions ; que la tunique intérieure de son gésier avait celle de ranimer un tempérament affaibli et d'inspirer de l'amour ; son foie celle de guérir le mal caduc ; son sang celle de rétablir la vue ; la coque de ses œufs réduite en poudre celle de soulager les douleurs de la goutte et de la gravelle, etc. Vallisnieri a eu occasion de constater par ses expériences la fausseté de la plupart de ces prétendues vertus, et ses expériences sont d'autant plus décisives qu'il les a faites sur les personnes les plus crédules et les plus prévenues (b).

L'autruche est un oiseau propre et particulier à l'Afrique, aux îles voisines de ce continent (c), et à la partie de l'Asie qui confine à l'Afrique ; ces régions, qui sont le pays natal du chameau, du rhinocéros, de l'éléphant et de plusieurs autres grands animaux, devaient aussi être la patrie de l'autruche, qui est l'éléphant des oiseaux ; elles sont très fréquentes dans les montagnes situées au sud-ouest d'Alexandrie, suivant le docteur Pococke. Un missionnaire dit qu'on en trouve à Goa, mais beaucoup moins qu'en Arabie (d) ; Philostrate prétend même qu'Apollonius en trouva jusqu'au delà du Gange (e), mais c'était sans doute dans un temps où ce pays était moins peuplé qu'aujourd'hui : les voyageurs modernes n'en ont point aperçu dans ce même pays, sinon celles qu'on y avait menées d'ailleurs (f), et tous con-

(a) *Mémoires de l'Académie des Sciences*, années 1705, 1706 et suivantes. — Vallisnieri, t. Ier, p. 242 ; et il confirme encore son sentiment par les observations de Santorini sur des pièces de monnaie et des clous trouvés dans l'estomac d'une autruche qu'il avait disséquée à Venise, et par les expériences de l'Académie *del Cimento* sur la digestion des oiseaux.

(b) Vallisnieri, t. Ier, p. 253.

(c) Le vorou-patra de Madagascar est une espèce d'autruche qui se retire dans les lieux déserts et pond des œufs d'une singulière grosseur. *Hist. générale des voyages*, t. VIII, p. 606, citant Flacourt.

(d) *Voyage du Fr. Philippe*, carme déchaussé, p. 378.

(e) *Vita Apollonii*, lib. III.

(f) On en nourrit dans les ménageries du roi de Perse, selon Thévenot (t. II, p. 200), ce qui suppose qu'elles ne sont pas communes dans ce pays. — Sur la route d'Ispahan à Schiras on amena dans le caravansérail quatre autruches, dit Gemelli Carreri, t. II, p. 238.

viennent qu'elles ne s'écartent guère au delà du trente-cinquième degré de latitude, de part et d'autre de la ligne; et comme l'autruche ne vole point, elle est dans le cas de tous les quadrupèdes des parties méridionales de l'ancien continent, c'est-à-dire qu'elle n'a pu passer dans le nouveau : aussi n'en a-t-on point trouvé en Amérique, quoiqu'on ait donné son nom au thouyou, qui lui ressemble en effet en ce qu'il ne vole point, et par quelques autres rapports, mais qui est d'une espèce différente, comme nous le verrons bientôt dans son histoire : par la même raison on ne l'a jamais rencontrée en Europe, où elle aurait cependant pu trouver un climat convenable à sa nature dans la Morée et au midi de l'Espagne et de l'Italie; mais pour se rendre dans ces contrées il eût fallu ou franchir les mers qui l'en séparaient, ce qui lui était impossible, ou faire le tour de ces mers et remonter jusqu'au cinquantième degré de latitude pour revenir par le nord en traversant des régions très peuplées, nouvel obstacle doublement insurmontable à la migration d'un animal qui ne se plaît que dans les pays chauds et les déserts; les autruches habitent en effet, par préférence, les lieux les plus solitaires et les plus arides, où il ne pleut presque jamais (a), et cela confirme ce que disent les Arabes, qu'elles ne boivent point (*); elles se réunissent dans ces déserts en troupes nombreuses, qui de loin ressemblent à des escadrons de cavalerie, et ont jeté l'alarme dans plus d'une caravane: leur vie doit être un peu dure dans ces solitudes vastes et stériles, mais elles y trouvent la liberté et l'amour; et quel désert, à ce prix, ne serait un lieu de délices? C'est pour jouir, au sein de la nature, de ces biens inestimables qu'elles fuient l'homme; mais l'homme, qui sait le profit qu'il en peut tirer, les va chercher dans leurs retraites les plus sauvages; il se nourrit de leurs œufs, de leur sang, de leur graisse, de leur chair, il se pare de leurs plumes; il conserve peut-être l'espérance de les subjuguer tout à fait et de les mettre

(a) « Struthum generari in parte Africæ quâ non pluit, inquit Theophrastus, » de Hist. plant. 44, apud Gesnerum, p. 74. Tous les voyageurs et les naturalistes sont d'accord sur ce point; G. Warren est le seul qui ait fait un oiseau aquatique de l'autruche, l'animal le plus antiaquatique qu'il y ait : il convient qu'elle ne sait point nager; mais elle a les jambes hautes et le cou long, ce qui lui donne le moyen de marcher dans l'eau et d'y saisir sa proie; d'ailleurs, on a remarqué que sa tête avait quelque ressemblance avec celle de l'oie; en faut-il davantage pour prouver que l'autruche est un oiseau de rivière? Voyez Transact. philos., no 394. Un autre ayant ouï dire qu'on voyait en Abyssinie des autruches de la grosseur d'un âne, et ayant appris, d'ailleurs, qu'elles avaient le cou et les pieds d'un quadrupède, en a conclu et écrit qu'elles avaient le cou et les pieds d'un âne (Suidas). Il n'y a guère de sujet d'histoire naturelle qui ait fait dire autant d'absurdités que l'autruche.

(*) Les autruches boivent, au contraire, beaucoup. Brehm et Anderson disent que quand elles boivent on peut les approcher de très près sans les mettre en fuite. D'après Anderson, « quand les autruches sont en train de boire à une source, elles semblent ne rien voir, ne » rien entendre. Nous pûmes ainsi tuer, en peu de temps, huit de ces superbes oiseaux; ils » arrivaient à la source vers midi; je ne pouvais les approcher sans en être vu, et cependant » elles me laissaient avancer à portée de fusil, et s'en allaient à petits pas. »

au nombre de ses esclaves. L'autruche promet trop d'avantages à l'homme pour qu'elle puisse être en sûreté dans ses déserts.

Des peuples entiers ont mérité le nom de *struthophages* par l'usage où ils étaient de manger de l'autruche (*a*), et ces peuples étaient voisins des éléphantophages, qui ne faisaient pas meilleure chère. Apicius prescrit, et avec grande raison, une sauce un peu vive pour cette viande (*b*), ce qui prouve au moins qu'elle était en usage chez les Romains ; mais nous en avons d'autres preuves. L'empereur Héliogabale fit un jour servir la cervelle de six cents autruches dans un seul repas (*c*) ; cet empereur avait, comme on sait, la fantaisie de ne manger chaque jour que d'une seule viande, comme faisans, cochons, poulets, et l'autruche était du nombre (*d*), mais apprêtée sans doute à la manière d'Apicius ; encore aujourd'hui les habitants de la Libye, de la Numidie, etc., en nourrissent de privées, dont ils mangent la chair et vendent les plumes (*e*) ; cependant les chiens ni les chats ne voulurent pas même sentir la chair d'une autruche que Vallisnieri avait disséquée, quoique cette chair fût encore fraîche et vermeille : à la vérité, l'autruche était d'une très grande maigreur (*f*) ; de plus, elle pouvait être vieille ; et Léon l'Africain, qui en avait goûté sur les lieux, nous apprend qu'on ne mangeait guère que les jeunes, et même après les avoir engraissées (*g*) ; le rabbin David Kimbi ajoute qu'on préférait les femelles (*h*), et peut-être en eût-on fait un mets passable en les soumettant à la castration.

Cadamosto et quelques autres voyageurs disent avoir goûté des œufs d'autruche et ne les avoir point trouvés mauvais ; de Brue et Le Maire assurent que dans un seul de ces œufs il y a de quoi nourrir huit hommes (*i*) ; d'autres qui pèsent autant que trente œufs de poule (*j*) ; mais il y a bien loin de là à quinze livres.

On fait avec la coque de ces œufs des espèces de coupes qui durcissent avec le temps, et ressemblent en quelque sorte à de l'ivoire.

Lorsque les Arabes ont tué une autruche, ils lui ouvrent la gorge, font une ligature au-dessous du trou, et, la prenant ensuite à trois ou quatre, ils la secouent et la ressassent comme on ressasserait une outre pour la rincer ; après quoi, la ligature étant défaite, il sort par le trou fait à la gorge une quantité considérable de mantèque en consistance d'huile figée ; on en tire

(*a*) Strabon, lib. xvi. — Diod. Sic. *de Fabul. Antiq. gestis*, lib. iv.
(*b*) Apicius, lib. vi, cap. i.
(*c*) Lamp. *in vita Heliogabali.*
(*d*) Idem, *ibidem.*
(*e*) Belon, *Hist. natur. des oiseaux*, p. 231. — Marmol, *Description de l'Afrique*, t. III, page 25.
(*f*) *Opere di Vallisnieri*, t. Ier, p. 253.
(*g*) *Description de l'Afr.*, lib. ix.
(*h*) Gesner, *de Avibus*, p. 741.
(*i*) *Voyage au Sénégal*, etc., p. 104.
(*j*) Kolbe, *Description du cap de Bonne-Espérance.*

quelquefois jusqu'à vingt livres d'une seule autruche ; cette mantèque n'est autre chose que le sang de l'animal mêlé, non avec sa chair, comme on l'a dit, puisqu'on ne lui en trouvait point sur le ventre et la poitrine, où en effet il n'y en a jamais ; mais avec cette graisse, qui, dans les autruches grasses, forme, comme nous avons dit, une couche de plusieurs pouces sur les intestins ; les habitants du pays prétendent que la mantèque est un très bon manger, mais qu'elle donne le cours de ventre (a).

Les Éthiopiens écorchent les autruches et vendent leurs peaux aux marchands d'Alexandrie ; le cuir en est très épais (b), et les Arabes s'en faisaient autrefois des espèces de soubrevestes qui leur tenaient lieu de cuirasse et de bouclier (c). Belon a vu une grande quantité de ces peaux toutes emplumées dans les boutiques d'Alexandrie (d) ; les longues plumes blanches de la queue et des ailes ont été recherchées dans tous les temps ; les anciens les employaient comme ornement et comme distinction militaire, et elles avaient succédé aux plumes de cygne ; car les oiseaux ont toujours été en possession de fournir aux peuples policés comme aux peuples sauvages une partie de leur parure. Aldrovande nous apprend qu'on voit encore à Rome deux statues anciennes, l'une de Minerve et l'autre de Pyrrhus, dont le casque est orné de plumes d'autruche (e) ; c'est apparemment de ces mêmes plumes qu'était composé le panache des soldats romains dont parle Polybe (f), et qui consistait en trois plumes noires ou rouges d'environ une coudée de haut ; c'est précisément la longueur des grandes plumes d'autruche. En Turquie, aujourd'hui, un janissaire (g), qui s'est signalé par quelques faits d'armes (h), a le droit d'en décorer son turban, et la sultane, dans le sérail, projetant de plus douces victoires, les admet dans sa parure avec complaisance. Au royaume de Congo, on mêle ces plumes avec celles du paon pour en faire des enseignes de guerre (i), et les dames d'Angleterre et d'Italie s'en font des espèces d'éventails (j) ; on sait assez quelle prodigieuse consommation il s'en fait en Europe pour les chapeaux, les casques, les habillements de théâtre, les ameublements, les dais, les cérémonies funèbres, et même pour la parure des femmes ; et il faut avouer quelles font un bon effet, soit par leurs couleurs naturelles ou artificielles, soit par leur mouvement doux et

---

(a) *Voyage de Thévenot*, t. Ier, p. 313.
(b) Schwenckfeld prétend que ce cuir épais est fait pour garantir l'autruche contre la rigueur du froid ; il n'a pas pris garde qu'elle n'habitait que les pays chauds. Voyez *Aviarum Silesiæ*, p. 350.
(c) Pollux, *apud Gesnerum de Avibus*, p. 744.
(d) Belon, *Observat.*, fol. 96.
(e) Aldrov. *de Avibus*, t. Ier, p. 596.
(f) Polybe, *Hist.*, lib. vi.
(g) Belon, *Observat.*, fol. 96.
(h) Aldrov. *de Avibus*, t. Ier, p. 596.
(i) *Histoire générale des Voyages*, t. V, p. 76.
(j) Aldrov. *ubi supra*. — Willughby, p. 105.

ondoyant ; mais il est bon de savoir que les plumes dont on fait le plus de cas sont celles qui s'arrachent à l'animal vivant, et on les reconnaît en ce que leur tuyau étant pressé dans les doigts donne un suc sanguinolent ; celles au contraire qui ont été arrachées après la mort sont sèches, légères et fort sujettes aux vers (a).

Les autruches, quoique habitantes du désert, ne sont pas aussi sauvages qu'on l'imaginerait : tous les voyageurs s'accordent à dire qu'elles s'apprivoisent facilement, surtout lorsqu'elles sont jeunes. Les habitants de Dara, ceux de Libye, etc., en nourrissent des troupeaux (b), dont ils tirent sans doute ces plumes de première qualité, qui ne se prennent que sur les autruches vivantes ; elles s'apprivoisent même sans qu'on y mette de soin, et par la seule habitude de voir des hommes et d'en recevoir la nourriture et de bons traitements. Brue, en ayant acheté deux à Serinpate sur la côte d'Afrique, les trouva tout apprivoisées lorsqu'il arriva au fort Saint-Louis (c).

On fait plus que de les apprivoiser ; on en a dompté quelques-unes au point de les monter comme on monte un cheval ; et ce n'est pas une invention moderne, car le tyran Firmius, qui régnait en Égypte sur la fin du m^e siècle, se faisait porter, dit-on, par de grandes autruches (d). Moore, Anglais, dit avoir vu à Joar, en Afrique, un homme voyageant sur une autruche (e). Vallisnieri parle d'un jeune homme qui s'était fait voir à Venise monté sur une autruche, et lui faisant faire des espèces de voltes devant le menu peuple (f) ; enfin, M. Adanson a vu au comptoir de Podor deux autruches, encore jeunes, dont la plus forte courait plus vite que le meilleur coureur anglais (*), quoiqu'elle eût deux nègres sur son dos (g) ; tout cela

(a) *Histoire générale des voyages*, t. II, p. 632.
(b) Marmol, *Description de l'Afrique*, t. III, p. 11.
(c) *Histoire générale des Voyages*, t. II, p. 608.
(d) « Firmius imperator vectus est ingentibus struthionibus. » Textor, *Off.*, *apud Gesnerum*, p. 573.
(e) *Histoire générale des Voyages*, t. III, p. 84.
(f) Vallisnieri, t. Ier, p. 251.
(g) « Deux autruches qu'on élevait depuis près de deux ans au comptoir de Podor, sur
» le Niger, quoique jeunes encore, égalaient, à très peu près, la grosseur des plus grosses
» de celles que je n'avais aperçues qu'en passant dans les campagnes brûlées et sablonneuses
» de la gauche du Niger : celles-ci étaient si privées, que deux petits noirs montèrent ensemble
» la plus grande des deux ; celle-ci n'eut pas plutôt senti ce poids, qu'elle se mit à courir de
» toutes ses forces et leur fit faire plusieurs fois le tour du village, sans qu'il fût possible de

(*) D'après Cuvier « la rapidité de sa course surpasse celle de tous les animaux connus ;
» elle est telle que ceux qui la montent, sans en avoir pris petit à petit l'habitude, sont
» bientôt suffoqués, faute de pouvoir reprendre leur haleine. Les ailes lui servent à accélérer
» cette course en frappant l'air ; mais elles ne sont pas à beaucoup près assez grandes pour
» élever la masse de son corps au-dessus du sol. »
D'après Gosse, une autruche peut faire « en une heure, 28 kilomètres 394 mètres, et
» comme, suivant certains auteurs, ce n'est qu'au bout de huit à dix heures d'une course
» pareille qu'elle succombe par la fatigue, elle franchirait, dans ce court espace de temps,
» de 227 à 481 kilomètres. »

prouve que ces animaux, sans être absolument farouches, sont néanmoins d'une nature rétive, et que si on peut les apprivoiser jusqu'à se laisser mener en troupeaux, revenir au bercail et même à souffrir qu'on les monte, il est difficile et peut-être impossible de les réduire à obéir à la main du cavalier, à sentir ses demandes, comprendre ses volontés et s'y soumettre : nous voyons, par la relation même de M. Adanson, que l'autruche de Podor ne s'éloigna pas beaucoup, mais qu'elle fit plusieurs fois le tour de la bourgade, et qu'on ne put l'arrêter en lui barrant le passage ; docile à un certain point par stupidité, elle paraît intraitable par son naturel ; et il faut bien que cela soit puisque l'Arabe, qui a dompté le cheval et subjugé le chameau, n'a pu encore maîtriser entièrement l'autruche : cependant jusque-là on ne pourra tirer parti de sa vitesse et de sa force, car la force d'un domestique indocile se tourne presque toujours contre son maître (*).

Au reste, quoique les autruches courent plus vite que le cheval, c'est cependant avec le cheval qu'on les court et qu'on les prend, mais on voit bien qu'il y faut un peu d'industrie ; celle des Arabes consiste à les suivre à vue, sans les trop presser, et surtout à les inquiéter assez pour les empêcher de prendre de la nourriture, mais point assez pour les déterminer à s'échapper par une fuite prompte ; cela est d'autant plus facile qu'elles ne vont guère sur une ligne droite, et qu'elles décrivent presque toujours dans leur course un cercle plus ou moins étendu ; les Arabes peuvent donc diriger leur marche sur un cercle concentrique intérieur, par conséquent plus étroit, et les suivre toujours à une juste distance en faisant beaucoup moins de chemin qu'elles ; lorsqu'ils les ont ainsi fatiguées et affamées pendant un ou deux jours, ils prennent leur moment, fondent sur elles au grand galop en les menant contre le vent autant qu'il est possible (a), et les tuent à coups de bâton pour que leur sang ne gâte point le beau blanc de leurs plumes. On dit que, lorsqu'elles se sentent forcées et hors d'état d'échapper aux chasseurs, elles cachent leur tête et croient qu'on ne les voit plus (b) ; mais il pourrait se faire

---

» l'arrêter autrement qu'en lui barrant le passage... Pour essayer la force de ces animaux, » je fis monter un nègre de taille sur la plus petite, et deux autres sur la plus grosse : cette » charge ne parut pas disproportionnée à leur vigueur ; d'abord elles trottèrent un petit galop » des plus serrés ; ensuite, lorsqu'on les eut un peu excitées, elles étendirent leurs ailes comme » pour prendre le vent, et s'abandonnèrent à une telle vitesse, qu'elles semblaient perdre » terre... Je suis persuadé qu'elles auraient laissé bien loin derrière elles les plus fiers che- » vaux anglais... Il est vrai qu'elles ne fourniraient pas une course aussi longue qu'eux ; » mais à coup sûr elles pourraient l'exécuter plus promptement. J'ai été plusieurs fois témoin » de ce spectacle, qui doit donner une idée de la force prodigieuse de l'autruche, et faire » connaître de quel usage elle pourrait être si on trouvait moyen de la maîtriser et de » l'instruire comme on dresse un cheval. » *Voyage au Sénégal*, p. 48.

(a) Klein, *Hist. Avium*, p. 16. — *Histoire générale des Voyages*, t. II, p. 632.

(b) Pline, lib. x, cap. 1. — Kolbe, *Description du cap de Bonne-Espérance*, etc.

(*) Depuis quelques années on élève, au Cap et en Algérie, des autruches, dans le but de recueillir leurs plumes.

que l'absurdité de cette intention retombât sur ceux qui ont voulu s'en rendre les interprètes, et qu'elles n'eussent d'autre but en cachant leur tête que de mettre du moins en sûreté la partie qui est en même temps la plus importante et la plus faible.

Les struthophages avaient une autre façon de prendre ces animaux; ils se couvraient d'une peau d'autruche; passant leur bras dans le cou, ils lui faisaient faire tous les mouvements que fait ordinairement l'autruche elle-même; et par ce moyen ils pouvaient aisément les approcher et les surprendre (a) : c'est ainsi que les sauvages d'Amérique se déguisent en chevreuils pour prendre les chevreuils.

On s'est encore servi de chiens et de filets pour cette chasse, mais il paraît qu'on la fait plus communément à cheval; et cela seul suffit pour expliquer l'antipathie qu'on a cru remarquer entre le cheval et l'autruche (*).

Lorsque celle-ci court, elle déploie ses ailes et les grandes plumes de sa queue (b), non pas qu'elle en tire aucun secours pour aller plus vite, comme je l'ai déjà dit, mais par un effet très ordinaire de la correspondance des muscles, et de la manière qu'un homme qui court agite ses bras, ou qu'un éléphant qui revient sur le chasseur dresse et déploie ses grandes oreilles (c); la preuve, sans réplique, que ce n'est point pour accélérer son mouvement que l'autruche relève ainsi ses ailes, c'est qu'elle les relève lors même qu'elle va contre le vent, quoique dans ce cas elles ne puissent être qu'un obstacle: la vitesse d'un animal n'est que l'effet de sa force, employée contre sa pesanteur; et comme l'autruche est en même temps très pesante et très vite à la course, il s'ensuit qu'elle doit avoir beaucoup de force; cependant, malgré sa force, elle conserve les mœurs des granivores; elle n'attaque point les animaux plus faibles, rarement même se met-elle en défense contre ceux qui l'attaquent; bordée sur tout le corps d'un cuir épais et dur, pourvue d'un

---

(a) Diod. Sicul. *de Fabul. Antiq. gestis*, lib. IV.
(b) Léon Afric., *Description*, lib. IX.
(c) Élien, *Hist. animal.*

(*) Les autruches déploient, pour éviter le chasseur, des ruses de toutes sortes. Le fait suivant, raconté par Anderson, est fort remarquable à cet égard. Une famille d'autruches ayant aperçu Anderson et ses hommes, « les vieux de la troupe commencèrent à fuir, les » femelles en tête, puis les jeunes et, à quelque distance en arrière, le mâle. Il y avait » quelque chose de touchant dans la sollicitude des parents pour leurs petits. Quand ils » virent que nous les approchions, le mâle changea tout à coup de direction; mais nous ne » nous laissâmes pas détourner; il activa sa course, laissa pendre ses ailes qui touchaient » presque le sol, tourna autour de nous en cercles qui allaient se rétrécissant toujours, et » finit par arriver à portée de pistolet. Alors il se jeta à terre, imita les allures d'un oiseau » grièvement blessé, et fit semblant d'avoir besoin de toutes ses forces pour se relever. J'avais » tiré sur lui; je le crus blessé et je m'avançai; mais sa manœuvre n'était qu'une ruse; à » mesure que je m'approchais, il se relevait lentement; à la fin, il prit la fuite et alla » rejoindre les femelles, qui, avec les jeunes, avaient déjà gagné une belle avance. »

large *sternum* qui lui tient lieu de cuirasse, munie d'une seconde cuirasse d'insensibilité, elle s'aperçoit à peine des petites atteintes du dehors, et elle sait se soustraire aux grands dangers par la rapidité de sa fuite; si quelquefois elle se défend, c'est avec le bec, avec les piquants de ses ailes (*a*), et surtout avec les pieds. Thévenot en a vu une qui, d'un coup de pied, renversa un chien (*b*). Belon dit, dans son vieux langage, qu'elle pourrait ainsi *ruer par terre* un homme qui fuirait devant elle (*c*), mais qu'elle jette, en fuyant, des pierres à ceux qui la poursuivent (*d*); j'en doute beaucoup, et d'autant plus que la vitesse de sa course en avant serait autant de retranché sur celle des pierres qu'elle lancerait en arrière, et que ces deux vitesses opposées étant à peu près égales, puisqu'elles ont toutes deux pour principe le mouvement des pieds, elles se détruiraient nécessairement : d'ailleurs, ce fait, avancé par Pline et répété par beaucoup d'autres, ne me paraît point avoir été confirmé par aucun moderne digne de foi, et l'on sait que Pline avait beaucoup plus de génie que de critique.

Léon l'Africain a dit que l'autruche était privée du sens de l'ouïe (*e*); cependant nous avons vu plus haut qu'elle paraissait avoir tous les organes d'où dépendent les sensations de ce genre, l'ouverture des oreilles est même fort grande, et n'est point ombragée par les plumes; ainsi il est probable ou qu'elle n'est sourde qu'en certaines circonstances, comme le tetras, c'est-à-dire dans la saison de l'amour, ou qu'on a imputé quelquefois à surdité ce qui n'était que l'effet de la stupidité (*).

C'est aussi dans la même saison, selon toute apparence, qu'elle fait entendre sa voix; elle la fait rarement entendre, car très peu de personnes en ont

(*a*) Albert, *de animal. apud Gesn.*, p. 742.
(*b*) *Voyages de Thévenot*, t. Ier, p. 313.
(*c*) Belon, *Hist. nat. des oiseaux*, p. 233.
(*d*) « Ungulæ iis... bisulcæ, comprehendendis lapidibus utileos, quos in fugâ contra » sequentes *ingerunt.* » Lib. x, cap. I.
(*e*) *Descriptio Africæ*, lib. IX.

(*) D'après Brehm, l'ouïe de l'autruche est très fine. Quant à sa vue, on prétend qu'elle s'étend à plus de deux milles. L'odorat, le goût et le toucher sont très obtus. Brehm écrit, à propos de son intelligence : « A mon avis, l'autruche est un des oiseaux les plus stupides qui » existent. Elle est très défiante; ce point ne fait aucun doute. A chaque apparition inaccou- » tumée, elle fuit à toutes jambes, mais elle ne sait pas juger le danger, et un animal inof- » fensif peut la jeter dans le plus grand trouble. Elle vit au milieu des zèbres, si prudents et » si rusés, et tire bénéfice de leur prudence; mais ce n'est pas elle qui se réunit aux zèbres, » ce sont plutôt les zèbres qui se joignent à elle pour profiter du signal de fuite que leur » donne un oiseau aussi craintif, et que sa haute taille prédispose déjà au rôle de sentinelle. » La conduite des autruches captives indique aussi combien peu elles sont intelligentes. Elles » s'habituent, il est vrai, à leur maître, et plus encore à une certaine localité; mais elles » n'apprennent rien et suivent aveuglément toutes les idées qui ont pu éclore dans leur faible » cerveau. Des corrections les effrayent pour le moment mais ne servent pas pour l'avenir; » au bout de quelques minutes, elles recommencent ce qui les a fait châtier; elles craignent » le fouet tant qu'elles le sentent. »

parlé; les écrivains sacrés comparent son cri à un gémissement(a), et on prétend même que son nom hébreu *jacnah* est formé d'*ianah*, qui signifie hurler. Le docteur Browne dit que ce cri ressemble à la voix d'un enfant enroué, et qu'il est plus triste encore (b) : comment donc, avec cela, ne paraîtrait-il pas lugubre et même terrible, selon l'expression de M. Sandys, à des voyageurs qui ne s'enfoncent qu'avec inquiétude dans l'immensité de ces déserts, et pour qui tout être animé, sans en excepter l'homme, est un objet à craindre, et une rencontre dangereuse ?

LE TOUYOU

L'autruche de l'Amérique méridionale, appelée aussi *autruche d'Occident*, *autruche de Magellan* et *de la Guiane*, n'est point une autruche (*) : je crois que Le Maire est le premier voyageur qui, trompé par quelques traits de ressemblance avec l'autruche d'Afrique, lui ait appliqué ce nom (c). Klein, qui a bien vu que l'espèce était différente, s'est contenté de l'appeler *autruche bâtarde* (d). M. Barrère la nomme tantôt un *héron* (e), tantôt une *grue ferrivore* (f), tantôt un *émeu à long cou* (g); d'autres ont cru beaucoup mieux faire en lui appliquant d'après des rapports, à la vérité mieux saisis, cette dénomination composée, *casoar gris à bec d'autruche;* Moehring (h) et M. Brisson (i) lui donnent le nom latin de *rhea*, auquel le dernier ajoute le nom *américain de touyou*, formé de celui de *touyouyou*, qu'il porte communément dans la Guiane (j); d'autres sauvages lui ont donné d'autres noms : *yardu, yandu, andu* et *nandu-guacu*, au Brésil (k); *sallian*, dans l'île de Maragnan (l); *suri,* au Chili (m), etc. Voilà bien des noms pour un oiseau si nouvellement connu; pour moi j'adopterai volontiers celui de touyou, que lui a

(a) Michée, cap. i : « Luctum quasi struthionum. »
(b) *Collections philosophiques,* n° 5, art. viii.
(c) Voyez ses *Navigations australes,* p. 129, dans le sommaire du n° 22.
(d) *Avium. Hist.,* p. 17.
(e) *Ornithologia,* p. 67.
(f) *France équinoxiale,* p. 133.
(g) *Ornithologia,* p. 64.
(h) Meth., *Avi. Gen.,* 65.
(i) Brisson, t. V, p, 8.
(j) Barrère, *France équinoxiale,* p. 133.
(k) Nieremberg, p. 217; Marcgrave, p. 190; Pison, p. 84; de Laët, etc.
(l) *Histoire générale des Voyages,* t. XIV, p. 316.
(m) Nieremberg, p. 217.

(*) C'est le *Rhea americana* Lam. Les *Rhea* appartiennent à l'ordre des Coureurs et à la famille des Rhéidés, qui se distingue de celle des Struthionidés par des pieds à trois doigts, la tête et le cou en partie emplumés. On désigne souvent les *Rhea* sous le nom de Nandous.

donné, ou plutôt que lui a conservé M. Brisson, et je préférerai sans hésiter ce nom barbare, qui vraisemblablement a quelque rapport à la voix ou au cri de l'oiseau; je le préférerai, dis-je, aux dénominations scientifiques, qui trop souvent ne sont propres qu'à donner de fausses idées, et aux noms nouveaux, qui n'indiquent aucun caractère, aucun attribut essentiel de l'être auquel on les applique.

M. Brisson paraît croire qu'Aldrovande a voulu désigner le touyou sous le nom d'*avis eme* (*a*), et il est très vrai qu'au tome III de l'*Ornithologie* de ce dernier, page 541, il se trouve une planche qui représente le touyou et le casoar, d'après les deux planches de Nieremberg, page 218; et qu'au-dessus de la planche d'Aldrovande est écrit en gros caractère AVIS EME, de même que la figure du touyou, dans Nieremberg, porte en tête le nom d'*émeu;* mais il est visible que ces deux titres ont été ajoutés par les graveurs ou les imprimeurs, peu instruits de l'intention des auteurs, car Aldrovande ne dit pas un mot du touyou, Nieremberg n'en parle que sous les noms d'*yardou,* de *suri* et d'*autruche d'Occident,* et tous deux, dans leur description, appliquent les noms d'*eme* et d'*émeu* au seul casoar de Java : en sorte que, pour prévenir la confusion des noms, l'eme d'Aldrovande et l'émeu de Nieremberg ne doivent plus désormais reparaître dans la liste des dénominations du touyou. Marcgrave dit que les Portugais l'appellent *ema* dans leur langue (*b*); mais les Portugais, qui avaient beaucoup de relations dans les Indes orientales, connaissaient l'émeu de Java, et ils ont donné son nom au touyou d'Amérique, qui lui ressemblait plus qu'à aucun autre oiseau, de même que nous avons donné le nom d'*autruche* à ce même touyou; et il doit demeurer pour constant que le nom d'émeu est propre au casoar des Indes orientales, et ne convient ni au touyou ni à aucun autre oiseau d'Amérique.

En détaillant les différents noms du touyou, j'ai indiqué en partie les différentes contrées où il se trouve : c'est un oiseau propre à l'Amérique méridionale, mais qui n'est pas également répandu dans toutes les provinces de ce continent. Marcgrave nous apprend qu'il est rare d'en voir aux environs de Fernambouc; il ne l'est pas moins au Pérou et le long des côtes les plus fréquentées, mais il est plus commun dans la Guiane (*c*), dans les capitaineries de Sérégippe et de Rio-Grande (*d*), dans les provinces intérieures du Brésil (*e*), au Chili (*f*), dans les vastes forêts qui sont au nord de l'embouchure de la Plata (*g*), dans les savanes immenses qui s'étendent au sud de cette

(*a*) Brisson, t. V de son *Ornithologie*, p. 8.
(*b*) Marcgrave, *Hist. nat. Bras.*, p. 190.
(*c*) Barrère, *France équinoxiale*, p. 133.
(*d*) Marcgrave, *Hist. nat. Bras.*, p. 190.
(*e*) *Histoire générale des Voyages*, t. XIV, p. 299.
(*f*) *Histoire des Incas*, t. II, p. 274 et suivantes.
(*g*) Wafer, *Nouveaux voyages de Dampier*, t. V, p. 308.

rivière (*a*), et dans toute la terre magellanique (*b*), jusqu'au port Désiré, et même jusqu'à la côte qui borde le détroit de Magellan (*c*) : autrefois il y avait des cantons dans le Paraguay qui en étaient remplis, surtout les campagnes arrosées par l'Uruguay ; mais à mesure que les hommes s'y sont multipliés, ils en ont tué un grand nombre, et le reste s'est éloigné (*d*) : le capitaine Vood assure que, bien qu'ils abondent sur la côte septentrionale du détroit de Magellan, on n'en voit point du tout sur la côte méridionale (*e*) ; et quoique Coréal dise qu'il en a aperçu dans les îles de la mer du Sud (*f*), ce détroit paraît être la borne du climat qui convient au touyou, comme le cap de Bonne-Espérance est la borne du climat qui convient aux autruches ; et ces îles de la mer du Sud où Coréal dit avoir vu des touyous seront apparemment quelques-unes de celles qui avoisinent les côtes orientales de l'Amérique au delà du détroit : il paraît de plus que le touyou, qui se plaît, comme l'autruche, sous la zone torride, s'habitue plus facilement à des pays moins chauds, puisque la pointe de l'Amérique méridionale, qui est terminée par le détroit de Magellan, s'approche bien plus du pôle que le cap de Bonne-Espérance ou qu'aucun autre climat habité volontairement par les autruches ; mais, comme selon toutes les relations, le touyou n'a pas plus que l'autruche la puissance de voler, qu'il est, comme elle, un oiseau tout à fait terrestre, et que l'Amérique méridionale est séparée de l'ancien continent par des mers immenses, il s'ensuit qu'on ne doit pas plus trouver de touyous dans ce continent qu'on ne trouve d'autruches en Amérique, et cela est en effet conforme au témoignage de tous les voyageurs.

Le touyou, sans être tout à fait aussi gros que l'autruche, est le plus gros oiseau du nouveau monde ; les vieux ont jusqu'à six pieds de haut (*g*), et Wafer, qui a mesuré la cuisse d'un des plus grands, l'a trouvée presque égale à celle d'un homme (*h*) ; il a le long cou, la petite tête et le bec aplati de l'autruche (*i*), mais pour tout le reste il a plus de rapport avec le casoar je trouve même dans l'histoire du Brésil par M. l'abbé Prevost (*j*), mais point ailleurs, l'indication d'une espèce de corne que cet oiseau a sur le bec, et qui, si elle existait en effet, serait un trait de ressemblance de plus avec le casoar.

(*a*) *Ibidem*, p. 68.
(*b*) *Ibidem*, t. IV, p. 69, et t. V, p. 181.
(*c*) *Ibidem*, p. 192.
(*d*) *Histoire du Paraguai*, du P. Charlevoix, t. Ier, p. 33. et t. II, p. 172.
(*e*) *Suite des Voyages de Dampier*, t. V, p. 192.
(*f*) *Voyages de Coréal*, t. II, p. 208.
(*g*) Barrère, *France équinoxiale*, p. 133.
(*h*) *Suite des Voyages de Dampier*, t. IV, p. 308.
(*i*) On voit dans la figure de Nieremberg, p. 218, une espèce de calotte sur le sommet de la tête qui a du rapport à la plaque dure et calleuse que l'autruche a au même endroit, selon le docteur Browne (voyez l'*Histoire de l'Autruche*) ; mais il n'est question de cette calotte ni dans la description de Nieremberg, ni dans aucune autre.
(*j*) *Histoire générale des Voyages*, t. XIV. p. 299.

Son corps est de forme ovoïde et paraît presque entièrement rond, lorsqu'il est revêtu de toutes ses plumes : ses ailes sont très courtes et inutiles pour le vol, quoiqu'on prétende qu'elles ne sont pas inutiles pour la course ; il a sur le dos et aux environs du croupion de longues plumes qui lui tombent en arrière et recouvrent l'anus, il n'a point d'autre queue ; tout ce plumage est gris sur le dos et blanc sur le ventre : c'est un oiseau très haut monté, ayant trois doigts à chaque pied, et tous trois en avant, car on ne doit pas regarder comme un doigt ce tubercule calleux et arrondi qu'il a en arrière, et sur lequel le pied se repose comme sur une espèce de talon ; on attribue à cette conformation la difficulté qu'il a de se tenir sur un terrain glissant et d'y marcher sans tomber ; en récompense il court très légèrement en pleine campagne, élevant tantôt une aile, tantôt une autre, mais avec des intentions qui ne sont pas encore bien éclaircies ; Marcgrave prétend que c'est afin de s'en servir comme d'une voile pour prendre le vent ; Nieremberg, que c'est pour rendre le vent contraire aux chiens qui le poursuivent ; Pison et Klein, pour changer souvent la direction de sa course, afin d'éviter par ces zigzags les flèches des sauvages ; d'autres enfin qu'il cherche à s'exciter à courir plus vite, en se piquant lui-même avec une espèce d'aiguillon dont ses ailes sont armées (a) : mais, quoi qu'il en soit des intentions des touyous, il est certain qu'ils courent avec une très grande vitesse, et qu'il est difficile à aucun chien de chasse de pouvoir les atteindre (*) ; on en cite un qui, se voyant coupé, s'élança avec une telle rapidité qu'il en imposa aux chiens et s'échappa vers les montagnes (b) : dans l'impossibilité de les forcer, les sauvages sont réduits à user d'adresse et à leur tendre des pièges pour les prendre (c). Marcgrave dit qu'ils vivent de chair et de

(a) Voyez tous ces auteurs aux endroits indiqués ci-dessus ; mais il faut remarquer que Pison, Marcgrave, ni aucun autre qui ait vu le touyou, ne parle de cet aiguillon de l'aile, et qu'il pourrait bien avoir été donné à cet oiseau seulement par analogie ou parce qu'on a cru pouvoir lui attribuer, en sa qualité d'autruche, les propriétés de l'autruche d'Afrique, suite inévitable de la confusion des noms.

(b) *Navigations aux terres australes*, p. 20 et 27.

(c) *Histoire générale des Voyages*, t. XIV, p. 346.

(*) Afin d'approcher les Naudous, on emploie, paraît-il, souvent, un moyen que Brehm décrit de la façon suivante : « Le chasseur se tient sous le vent, avance en rampant sur les » pieds et sur les mains, et agite un morceau d'étoffe dans le but d'attirer l'attention de ces » oiseaux qui sont fort curieux et ne peuvent résister à la tentation de voir quelque chose de » nouveau. Les Naudous, dont l'attention est éveillée par cette manœuvre, gardent d'abord » quelque défiance ; mais la curiosité l'emporte, et bientôt le chasseur voit la bande arriver, » le mâle en tête, marchant tous le cou tendu, craignant, dirait-on, de faire du bruit. Ils » vont, en même temps, de côté et d'autre, s'arrêtent, reculent ; mais si le chasseur n'a pas » perdu toute patience, ils finissent par venir à quelques pas de lui. Lorsqu'on a pu approcher » d'un troupeau de ces oiseaux, que l'un d'eux est tombé, les autres l'entourent aussi long- » temps qu'il s'agite et en exécutant les bonds les plus singuliers : on dirait que leurs ailes » et leurs pattes sont atteintes de convulsions. Le chasseur a tout le temps de tirer un » second coup. La détonation ne les effraye pas ; lorsqu'on les manque, au lieu de s'enfuir, » ils s'avancent pour voir la cause du bruit qui les a frappés. »

fruits (*a*), mais si on les eût mieux observés, on eût reconnu, sans doute, pour laquelle de ces deux sortes de nourriture ils ont un appétit de préférence ; au défaut des faits on peut conjecturer que ces oiseaux, ayant le même instinct que celui des autruches et des frugivores, qui est d'avaler des pierres, du fer et autres corps durs (*b*), ils sont aussi frugivores, et que s'ils mangent quelquefois de la chair (*), c'est, ou parce qu'ils sont pressés par la faim, ou qu'ayant les sens du goût et de l'odorat obtus comme l'autruche, ils avalent indistinctement tout ce qui se présente.

Nieremberg conte des choses fort étranges au sujet de leur propagation : selon lui, c'est le mâle qui se charge de couver les œufs ; pour cela il fait en sorte de rassembler vingt ou trente femelles, afin qu'elles pondent dans un même nid ; dès qu'elles ont pondu, il les chasse à grands coups de bec, et vient se poser sur leurs œufs, avec la singulière précaution d'en laisser deux à l'écart qu'il ne couve point ; lorsque les autres commencent à éclore, ces deux-là se trouvent gâtés, et le mâle prévoyant ne manque pas d'en casser un, qui attire une multitude de mouches, de scarabées et d'autres insectes dont les petits se nourrissent ; lorsque le premier est consommé, le couveur entame le second et s'en sert au même usage (*c*) : il est certain que tout cela a pu arriver naturellement ; il a pu se faire que des œufs inféconds se soient cassés par accident, qu'ils aient attiré des insectes, lesquels aient servi de pâture aux jeunes touyous ; il n'y a que l'intention du père qui soit suspecte ici, car ce sont toujours ces intentions qu'on prête assez légèrement aux bêtes, qui font le roman de l'histoire naturelle.

A l'égard de ce mâle qui se charge, dit-on, de couver à l'exclusion des femelles, je serais fort porté à douter du fait, et comme peu avéré et comme contraire à l'ordre de la nature (**) : mais ce n'est pas assez d'indiquer une erreur, il faut, autant qu'on peut, en découvrir les causes, qui remontent quelquefois jusqu'à la vérité ; je croirais donc volontiers que celle-ci est fondée sur ce qu'on aura trouvé à quelques couveuses des testicules (***), et peut-être une apparence de verge comme on en voit à l'autruche

---

(*a*) Marcgrave, *Hist. nat. Bras.*, *ubi suprà.*

(*b*) *Idem*, *ubi suprà.* — Wafer, *Suite des Voyages de Dampier*, t. XIV, p. 308.

(*c*) Nieremberg, *Hist. nat. Peregr.*, p. 217.

(*) L'autruche d'Amérique se nourrit surtout d'herbes ; elle mange aussi des graines et rend de grands services en consommant une énorme quantité de graines épineuses. On sait que ces dernières sont très préjudiciables aux troupeaux et surtout aux moutons ; elles s'empêtrent dans la laine et la rende impropre à tous usages. Les Naudous mangent aussi des insectes et même des lézards et des serpents.

(**) Il est exact que chez les Naudous, comme chez les autruches, c'est le mâle qui couve les œufs.

(***) Buffon retombe sans cesse dans son erreur relative à la présence de testicules chez les femelles.

femelle, et qu'on se sera cru en droit d'en conclure que c'était autant de mâles (*).

Wafer dit avoir aperçu dans une terre déserte, au nord de la Plata, vers le trente-quatrième degré de latitude méridionale, une quantité d'œufs de touyou dans le sable, où, selon lui, ces oiseaux les laissent couver (a); si ce fait est vrai, les détails que donne Nieremberg sur l'incubation de ces mêmes œufs ne peuvent l'être que dans un climat moins chaud et plus voisin du pôle; en effet, les Hollandais trouvèrent aux environs du port Désiré, qui est au quarante-septième degré de latitude, un touyou qui couvait et qu'ils firent envoler, ils comptèrent dix-neuf œufs dans le nid (b); c'est ainsi que les autruches ne couvent point ou presque point leurs œufs sous la zone torride, et qu'elles les couvent au cap de Bonne-Espérance, où la chaleur du climat ne serait pas suffisante pour les faire éclore.

Lorsque les jeunes touyous viennent de naître ils sont familiers et suivent la première personne qu'ils rencontrent (c); mais, en vieillissant, ils acquiè- rent de l'expérience et deviennent sauvages (d). Il paraît qu'en général leur chair est assez bonne à manger (e), non cependant celle des vieux qui est dure et de mauvais goût (f); on pourrait perfectionner cette viande en éle- vant des troupeaux de jeunes touyous, ce qui serait facile, vu les grandes dispositions qu'ils ont à s'apprivoiser, les engraissant et employant tous les moyens qui nous ont réussi à l'égard des dindons, qui viennent également des climats chauds et tempérés du continent de l'Amérique.

(a) Tome IV de la *Suite des Voyages de Dampier*, p. 308.

(b) *Voyages des Hollandais aux Indes orientales*, t. II, p. 17.

(c) « J'ai été suivi moi-même, dit Wafer, par plusieurs de ces jeunes autruches (*il appelle ainsi les touyous*), qui sont fort simples et innocentes. » *Voyages de Dampier*, t. IV. p. 308.

(d) « Il y a un très grand nombre d'autruches dans cette île du port Désiré, lesquelles sont fort farouches. » *Voyages des Hollandais aux Indes orientales*, t. II, p. 17. — « Je vis au port Désiré trois autruches sans pouvoir les approcher assez pour les tirer; dès qu'elles m'aperçurent, elles s'enfuirent. » *Navig. aux terres australes*, p. 20 et 27.

(e) Marcgrave, *Hist. nat. Bras.*, p. 190.

(f) Wafer, *ubi suprà*.

(*) Les habitudes des Naudous, relativement à la reproduction, sont assez remarquables. Brehm la décrit de la façon suivante : « Au commencement du printemps, c'est-à-dire en » octobre, le naudou mâle qui a deux ans révolus est capable de se reproduire. Il réunit de » trois à sept femelles, rarement plus; puis il chasse à coups de bec et d'ailes les autres » mâles de son domaine. Il exécute devant les femelles des danses tout à fait singulières; il » va à droite et à gauche, les ailes écartées, pendantes; il se met à courir très rapidement; » décrit avec une agilité incroyable trois ou quatre crochets; ralentit sa course, s'avance » majestueusement, se baisse et recommence le même manège. En même temps il fait entendre » un cri, une sorte de sourd mugissement, et donne tous les signes de la plus grande exci- » tation. En liberté, il dépense son courage et son ardeur en attaquant ses rivaux; en captivité, » il attaque aussi bien son gardien que toute personne qui se présente, et cherche à les » frapper avec le bec, avec les pieds. » Le mâle creuse dans le sol un nid arrondi, dans lequel les femelles pondent une vingtaine d'œufs ou davantage : on trouve aussi d'autres œufs épars aux environs du nid. On croit généralement que le mâle casse ces œufs, soit pour qu'ils servent d'aliments aux jeunes, soit afin d'attirer les mouches dont les jeunes se nourriraient.

CASOAR A CASQUE.

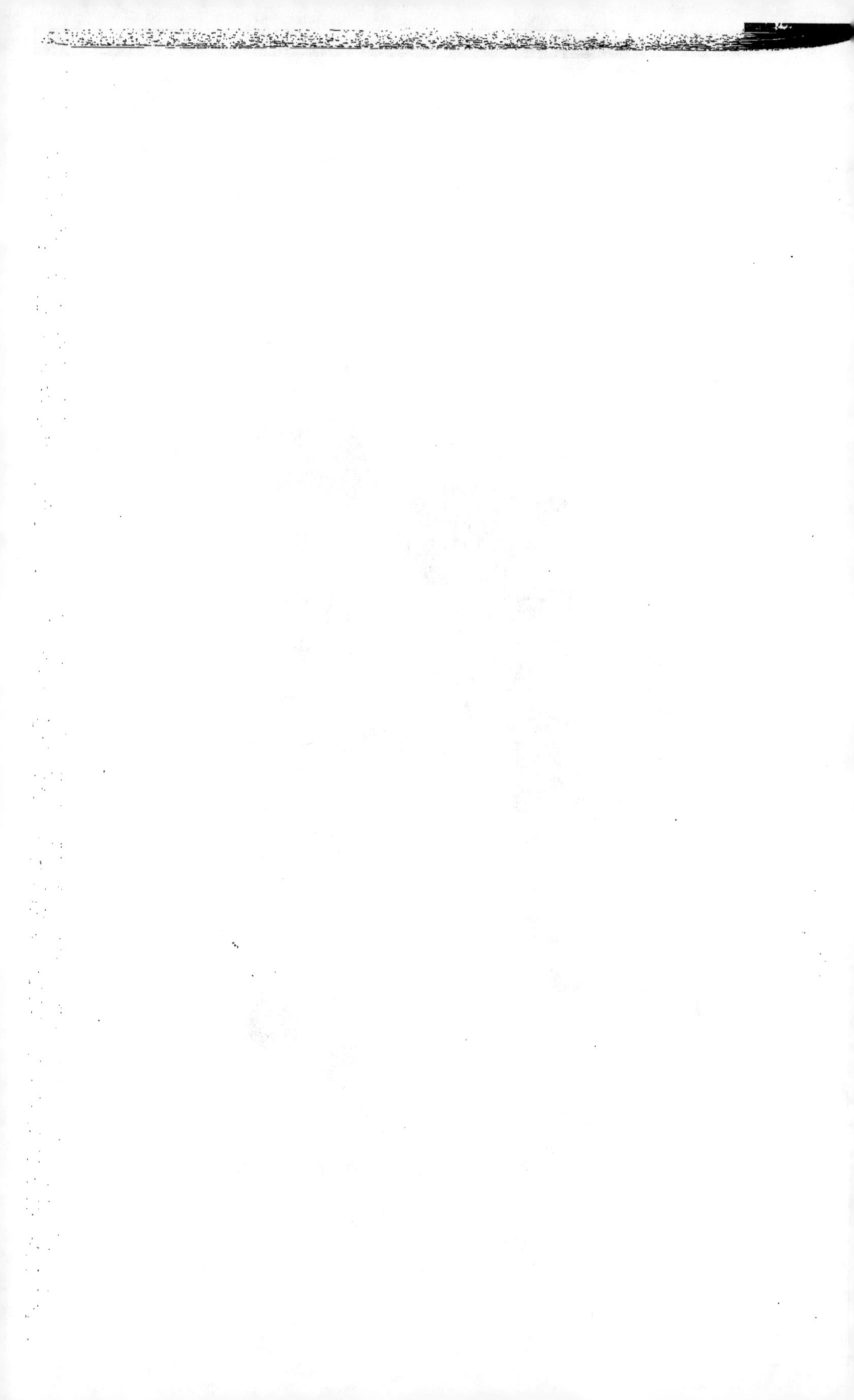

Leurs plumes ne sont pas, à beaucoup près, aussi belles que celles de l'autruche (a); Coréal dit même qu'elles ne peuvent servir à rien (b); il serait à désirer qu'au lieu de nous parler de leur peu de valeur, les voyageurs nous eussent donné une idée juste de leur structure : on a trop écrit de l'autruche et pas assez du touyou; pour faire l'histoire de la première, la plus grande difficulté a été de rassembler tous les faits, de comparer tous les exposés, de discuter toutes les opinions, de saisir la vérité égarée dans le labyrinthe des avis divers ou noyée dans l'abondance des paroles; mais pour parler du touyou, nous avons été souvent obligés de deviner ce qui est d'après ce qui doit être; de commenter un mot échappé par hasard, d'interpréter jusqu'au silence; au défaut du vrai, de nous contenter du vraisemblable; en un mot, de nous résoudre à douter de la plus grande partie des faits principaux et à ignorer presque tout le reste, jusqu'à ce que les observations futures nous mettent en état de remplir les lacunes que, faute de mémoires suffisants, nous laissons aujourd'hui dans son histoire.

LE CASOAR

Les Hollandais sont les premiers qui ont fait voir cet oiseau à l'Europe; ils le rapportèrent de l'île de Java en 1577, à leur retour du premier voyage qu'ils avaient fait aux Indes orientales (c); les habitants du pays l'appellent *eme*, dont nous avons fait *émeu*; ceux qui l'ont apporté lui ont aussi donné le nom de *cassoware* (d), que nous prononçons casoar, et que j'ai adopté, parce qu'il n'a jamais été appliqué à aucun autre oiseau; au lieu que celui d'émeu a été appliqué, quoique mal à propos, au touyou, comme nous l'avons vu ci-dessus dans l'histoire de cet oiseau.

Le casoar (*), sans être aussi grand ni même aussi gros que l'autruche, paraît plus massif aux yeux, parce qu'avec un corps d'un volume presque égal, il a le cou et les pieds moins longs et beaucoup plus gros à proportion, et la partie du corps plus renflée, ce qui lui donne un air plus lourd.

(a) *Hist. des Incas*, t. II, p. 276.
(b) *Voyages de Coréal*, t. II, p. 208.
(c) *Hist. générale des Voyages*, t. VIII, p. 112. — Clusius, *Exotic.*, lib. v, cap. III, p. 97, édit. fol. 1605, *ex Off. Plantin.*
(d) Bontius. — Frisch, *ad tabulam*, p. 105.

(*) *Casuarius galeatus* VIEILL. — Les *Casuarius* sont des Coureurs de la famille des Casuaridés qui se distinguent par un cou relativement court; des pieds à trois doigts; un bec élevé, presque comprimé; la tête ordinairement pourvue d'un appendice osseux. Les ailes portent chacune cinq baguettes rigides, sans barbe, qui servent d'armes de combat.

Celui qui a été décrit par MM. de l'Académie des sciences avait cinq pieds et demi, du bout du bec au bout des ongles (a) : celui que Clusius a observé était d'un quart plus petit (b). Houtman lui donne une grosseur double de celle du cygne (c), et d'autres Hollandais celle d'un mouton : cette variété de mesures, loin de nuire à la vérité, est au contraire la seule chose qui puisse nous donner une connaissance approchée de la véritable grandeur du casoar ; car la taille d'un seul individu n'est point la grandeur de l'espèce, et l'on ne peut se former une idée juste de celle-ci qu'en la considérant comme une quantité variable entre certaines limites ; d'où il suit qu'un naturaliste qui aurait comparé avec une bonne critique toutes les dimensions et les descriptions des observateurs, aurait des notions plus exactes et plus sûres de l'espèce que chacun de ces observateurs, qui n'aurait connu que l'individu qu'il aura mesuré et décrit.

Le trait le plus remarquable dans la figure du casoar est cette espèce de casque conique, noir par devant, jaune dans tout le reste, qui s'élève sur le front, depuis la base du bec jusqu'au milieu du sommet de la tête, et quelquefois au delà ; ce casque est formé par le renflement des os du crâne en cet endroit, et il est recouvert d'une enveloppe dure, composée de plusieurs couches concentriques, et analogues à la substance de la corne de bœuf ; sa forme totale est à peu près celle d'un cône tronqué, qui a trois pouces de haut, un pouce de diamètre à sa base et trois lignes à son sommet. Clusius pensait que ce casque tombait tous les ans avec les plumes lorsque l'oiseau était en mue (d) ; mais MM. de l'Académie des sciences ont remarqué, avec raison, que c'était tout au plus l'enveloppe extérieure qui pouvait tomber ainsi, et non le noyau intérieur, qui, comme nous l'avons dit, fait partie des os du crâne, et même ils ajoutent qu'on ne s'est point aperçu de la chute de cette enveloppe à la ménagerie de Versailles pendant les quatre années que le casoar qu'ils décrivaient y avait passées (e) ; néanmoins il peut se faire qu'elle tombe en effet, mais en détail, et par une espèce d'exfoliation successive, comme le bec de plusieurs oiseaux, et que cette particularité ait échappé aux gardes de la ménagerie.

L'iris des yeux est d'un jaune de topaze, et la cornée singulièrement petite relativement au globe de l'œil (f), ce qui donne à l'animal un regard également farouche et extraordinaire ; la paupière inférieure est la plus

(a) *Mémoires pour servir à l'histoire des animaux*, partie II, p. 157.

(b) *Ibidem.* — Et Clusius, *ubi suprà*.

(c) *Voyage d'Houtman* dans le *Recueil des voyages de la Compagnie hollandaise aux Indes orientales*, année 1596.

(d) Clusius, *Exotic.*, *ubi suprà*, p. 98.

(e) *Mémoires pour servir à l'histoire des animaux*, partie II, p. 161.

(f) Le globe de l'œil avait un pouce et demi de diamètre, le cristallin quatre lignes, et la cornée trois lignes seulement. (*Mémoires pour servir à l'histoire des animaux*, partie II, p. 167.).

grande, et celle du dessus est garnie dans sa partie moyenne d'un rang de petits poils noirs, lequel s'arrondit au-dessus de l'œil en manière de sourcil, et forme au casoar (a) une sorte de physionomie que la grande ouverture du bec achève de rendre menaçante ; les orifices extérieurs des narines sont fort près de la pointe du bec supérieur.

Dans le bec, il faut distinguer la charpente du tégument qui la recouvre : cette charpente consiste en trois pièces très solides, deux desquelles forment le pourtour, et la troisième l'arête supérieure, qui est beaucoup plus relevée que dans l'autruche ; toutes les trois sont recouvertes par une membrane qui remplit les entre-deux.

Les mandibules supérieure et inférieure du bec ont leurs bords un peu échancrés vers le bout, et paraissent avoir chacune trois pointes.

La tête et le haut du cou n'ont que quelques petites plumes, ou plutôt quelques poils noirs et clair-semés, en sorte que dans ces endroits la peau paraît à découvert ; elle est de différentes couleurs, bleue sur les côtés, d'un violet ardoisé sous la gorge, rouge par derrière en plusieurs places, mais principalement vers le milieu ; et ces places rouges sont un peu plus relevées que le reste par des espèces de rides ou de hachures obliques dont le cou est sillonné ; mais il faut avouer qu'il y a variété dans la disposition de ces couleurs.

Les trous des oreilles étaient fort grands dans le casoar décrit par MM. de l'Académie (b), fort petits dans celui décrit par Clusius (c) ; mais découverts dans tous deux et environnés, comme les paupières, de petits poils noirs.

Vers le milieu de la partie antérieure du cou, à l'endroit où commencent les grandes plumes, naissent deux barbillons rouges et bleus, arrondis par le bout, que Bontius met dans la figure immédiatement au-dessus du bec, comme dans les poules. Frisch en a représenté quatre, deux plus longs sur les côtés du cou, et deux en devant, plus petits et plus courts ; le casque paraît aussi plus large dans sa figure, et approche de la forme d'un turban (d). Il y a au Cabinet du Roi une tête qui paraît être celle d'un casoar, et qui porte un tubercule différent du tubercule du casoar ordinaire ; c'est au temps et à l'observation à nous apprendre si ces variétés, et celles que nous remarquerons dans la suite, sont constantes ou non ; si quelques-unes ne viendraient pas du peu d'exactitude des dessinateurs, ou si elles ne tiendraient pas à la différence du sexe ou à quelque autre circonstance. Frisch prétend avoir reconnu, dans deux casoars empaillés, des variétés qui distinguaient le mâle de la femelle ; mais il ne dit pas quelles sont ces différences.

(a) *Mémoires pour servir à l'histoire des animaux*, partie II, p. 161.
(b) *Ibidem*, p. 161.
(c) Clusius, *Exotic.*, lib. V, cap. III, p. 98.
(d) Frisch, p. 103.

Le casoar a les ailes encore plus petites que l'autruche, et tout aussi inutiles pour le vol ; elles sont armées de piquants et même en plus grand nombre que celles de l'autruche. Clusius en a trouvé quatre à chaque aile, MM. de l'Académie cinq, et on en compte sept bien distincts dans la figure de Frisch, planche 105 : ce sont comme des tuyaux de plumes qui paraissent rouges à leur extrémité et sont creux dans toute leur longueur ; ils contiennent dans leur cavité une espèce de moelle semblable à celle des plumes naissantes des autres oiseaux ; celui du milieu a près d'un pied de longueur et environ trois lignes de diamètre, c'est le plus long de tous ; les latéraux vont en décroissant de part et d'autre comme les doigts de la main, et à peu près dans le même ordre. Swammerdam s'en servait en guise de chalumeau pour souffler des parties très délicates, comme les trachées des insectes, etc. (a). On a dit que ces ailes avaient été données au casoar pour l'aider à aller plus vite (b) ; d'autres qu'il pouvait s'en servir pour frapper comme avec des houssines (c) ; mais personne ne dit avoir vu quel usage il en fait réellement ; le casoar a encore cela de commun avec l'autruche, qu'il n'a qu'une seule espèce de plumes sur tout le corps, aux ailes, autour du croupion, etc. ; mais la plupart de ces plumes sont doubles, chaque tuyau donnant ordinairement naissance à deux tiges plus ou moins longues et souvent inégales entre elles ; elles ne sont pas d'une structure uniforme dans toute leur longueur, les tiges sont plates, noires et luisantes, divisées par nœuds en dessous, et chaque nœud produit une barbe ou un filet, avec cette différence que depuis la racine au milieu de la tige ces filets sont plus courts, plus souples, plus branchus, et pour ainsi dire duvetés et d'une couleur de gris tanné, au lieu que depuis le milieu de la même tige à son extrémité, ils sont plus longs, plus durs et de couleur noire ; et comme ces derniers recouvrent les autres et sont les seuls qui paraissent, le casoar, vu de quelque distance, semble être un animal velu et du même poil que l'ours ou le sanglier : les plumes les plus courtes sont au cou, les plus longues autour du croupion, et les moyennes dans l'espace intermédiaire ; celles du croupion ont jusqu'à quatorze pouces, et retombent sur la partie postérieure du corps, elles tiennent lieu de la queue, qui manque absolument (d).

Il y a, comme à l'autruche, un espace calleux et nu sur le *sternum*, à l'endroit où porte le poids du corps lorsque l'oiseau est couché ; et cette partie est plus saillante et plus relevée dans le casoar que dans l'autruche (e).

(a) *Collect. acad. étrangère*. t. II de l'*Histoire naturelle*, p. 217.
(b) Clusius, *Exotic.*, lib. v, cap. III, p. 98.
(c) *Mémoires pour servir à l'histoire des animaux*, partie II, p. 160.
(d) *Idem*, partie II, p. 158.
(e) *Voyages de la Compagnie hollandaise*, t. VII, p. 349.

Les cuisses et les jambes sont revêtues de plumes presque jusqu'auprès du genou, et ces plumes tiraient au gris de cendre dans le sujet observé par Clusius ; les pieds, qui sont très gros et très nerveux, ont trois doigts et non pas quatre, comme le dit Bontius, tous trois dirigés en avant ; les Hollandais racontent que le casoar se sert de ses pieds pour sa défense, ruant et frappant par derrière comme un cheval (a), selon les uns, et, selon les autres, s'élançant en avant contre celui qui l'attaque, et le renversant avec les pieds, dont il lui frappe rudement la poitrine (b). Clusius, qui en a vu un vivant dans les jardins du comte de Solms à La Haye, dit qu'il ne se sert point de son bec pour se défendre, mais qu'il se porte obliquement sur son adversaire et qu'il le frappe en ruant ; il ajoute que le même comte de Solms lui montra un arbre gros comme la cuisse, que cet oiseau avait fort maltraité et entièrement écorché avec ses pieds et ses ongles (c) ; il est vrai qu'on n'a pas remarqué à la ménagerie de Versailles que les casoars qu'on y a gardés fussent si méchants et si forts ; mais peut-être étaient-ils plus apprivoisés que celui de Clusius : d'ailleurs ils vivaient dans l'abondance et dans une plus étroite captivité, toutes circonstances qui adoucissent à la longue les mœurs des animaux qui ne sont pas absolument féroces, énervent leur courage, abâtardissent leur naturel et les rendent méconnaissables au travers des habitudes nouvellement acquises.

Les ongles du casoar sont très durs, noirs au dehors et blancs en dedans (d). Linnæus dit qu'il frappe avec l'ongle du milieu, qui est le plus grand (e) : cependant, les descriptions et les figures de MM. de l'Académie et de M. Brisson représentent l'ongle du doigt intérieur comme le plus grand, et il l'est en effet (f).

Son allure est bizarre ; il semble qu'il rue du derrière, faisant en même temps un demi-saut en avant (g) ; mais malgré la mauvaise grâce de sa démarche, on prétend qu'il court plus vite que le meilleur coureur (h) ; la vitesse est tellement l'attribut des oiseaux, que les plus pesants de cette famille sont encore plus légers à la course que les plus légers d'entre les animaux terrestres.

Le casoar a la langue dentelée sur les bords, et si courte, qu'on a dit de lui, comme du coq de bruyère, qu'il n'en avait point : celle qu'a observée M. Perrault avait seulement un pouce de long et huit lignes de large (i) ; il

(a) Histoire générale des Voyages, t. VIII, p. 112.
(b) Histoire générale des Voyages, t. VIII, p. 112.
(c) Clusius, Exotic., lib. v, cap. iii.
(d) Mémoires pour servir à l'histoire des animaux, partie ii, p. 162.
(e) Gen., 86, édit. X. « Ungue intermedio majore ferit. »
(f) Mémoires pour servir à l'histoire des animaux, partie ii, p. 158. — Ornithologie de Brisson, t. V, p. 11.
(g) Voyages des Hollandais, t. VII, p. 349.
(h) Ibidem.
(i) Mémoires pour servir à l'histoire des animaux, partie ii, p. 167.

avale tout ce qu'on lui jette, c'est-à-dire tout corps dont le volume est proportionné à l'ouverture de son bec. Frisch ne voit avec raison, dans cette habitude, qu'un trait de conformité avec les gallinacés, qui avalent leurs aliments tout entiers et sans les briser dans leur bec (a); mais les Hollandais, qui paraissent avoir voulu rendre plus intéressante l'histoire de cet oiseau, déjà si singulier, en y ajoutant du merveilleux, n'ont pas manqué de dire, comme on l'a dit de l'autruche, qu'il avalait non seulement les pierres, le fer, les glaçons, etc., mais encore des charbons ardents, et sans même en paraître incommodé (b).

On dit aussi qu'il rend très promptement ce qu'il a pris (c), et quelquefois des pommes de la grosseur du poing, aussi entières qu'il les avait avalées (d); et, en effet, le tube instestinal est si court, que les aliments doivent passer très vite; et ceux qui, par leur dureté, sont capables de quelque résistance, doivent éprouver peu d'altération dans un si petit trajet, surtout lorsque les fonctions de l'estomac sont dérangées par quelque maladie : on a assuré à Clusius que, dans ce cas, il rendait quelquefois les œufs de poule, dont il était fort friand, tels qu'il les avait pris, c'est-à-dire bien entiers avec la coque, et que les avalant une seconde fois il les digérait bien (e). Le fond de nourriture de ce même casoar, qui était celui du comte de Solms, était du pain blanc coupé par gros morceaux, ce qui prouve qu'il est frugivore, ou plutôt il est omnivore, puisqu'il dévore, en effet, tout ce qu'on lui présente, et que s'il a le jabot et le double estomac des animaux qui vivent de matières végétales (f), il a les courts intestins des animaux carnassiers; le tube intestinal de celui qui a été disséqué par MM. de l'Académie avait quatre pieds huit pouces de long et deux pouces de diamètre dans toute son étendue; le *cæcum* était double et n'avait pas plus d'une ligne de diamètre sur trois, quatre et cinq pouces de longueur (g) : à ce compte, le casoar a les intestins treize fois plus courts que l'autruche, ou du moins de celles qui les ont le plus longs; et, par cette raison, il doit être encore plus vorace et avoir plus de disposition à manger de la chair (*); c'est ce dont on

(a) Frisch, p. et fig. 105.
(b) *Histoire générale des Voyages*, t. VIII, p. 112.
(c) *Voyages des Hollandais*, t. VII, p. 349.
(d) *Histoire générale des Voyages*, t. VIII, p. 112.
(e) Clusius, *Exotic.*, lib. v, cap. iii, p. 99.
(f) *Mémoires pour servir à l'histoire des animaux*, partie ii, p. 155, 156, 157 et 170. Il y a dans ce dernier endroit une ligne omise au bas de la page qui indiquait la différence qui se trouve entre les ventricules dans divers individus; cette différence consiste, si je ne me trompe, en ce qu'ils sont tantôt musculeux et tantôt membraneux, structure indécise et qui convient assez à la nature équivoque d'un animal qui n'est proprement ni oiseau, ni quadrupède, et qui réunit les estomacs des granivores avec les intestins des carnassiers.
(g) *Animaux de Perrault*, p. 163.

(*) Le casoar mange, en effet, volontiers de la viande. Il avale fréquemment les petits poulets ou les canetons que l'on met à sa portée.

pourra s'assurer, lorsqu'au lieu de se contenter d'examiner des cadavres, les observateurs s'attacheront à étudier la nature vivante.

Le casoar a une vésicule du fiel, et son canal, qui se croise avec le canal hépatique, va s'insérer plus haut que celui-ci dans le *duodenum*, et le pancréatique s'insère encore au-dessus du cystique (*a*), conformation absolument différente de ce qu'on voit dans l'autruche. Celle des parties de la génération du mâle s'en éloigne beaucoup moins; la verge a sa racine dans la partie supérieure du *rectum*, sa forme est celle d'une pyramide triangulaire, large de deux pouces à sa base et de deux lignes à son sommet; elle est composée de deux ligaments cartilagineux très solides, fortement attachés l'un à l'autre en dessus, mais séparés en dessous, et laissant entre eux un demi-canal qui est revêtu de la peau; les vaisseaux déférents et les uretères n'ont aucune communication apparente avec le canal de la verge (*b*), en sorte que cette partie, qui paraît avoir quatre fonctions principales dans les animaux quadrupèdes, la première de servir de conduit à l'urine, la seconde de porter la liqueur séminale du mâle dans la matrice de la femelle, la troisième de contribuer, par sa sensibilité, à l'émission de cette liqueur, la quatrième d'exciter la femelle, par son action, à répandre la sienne, semble être réduite dans le casoar et l'autruche aux deux dernières fonctions, qui sont de produire dans les réservoirs de la liqueur séminale du mâle et de la femelle les mouvements de correspondance nécessaires pour l'émission de cette liqueur.

On a rapporté à Clusius que l'animal étant vivant, on avait vu quelquefois sa verge sortir par l'anus (*c*), nouveau trait de ressemblance avec l'autruche.

Les œufs de la femelle sont d'un gris de cendre tirant au verdâtre, moins gros et plus allongés que ceux de l'autruche, et semés d'une multitude de petits tubercules d'un vert foncé; la coque n'en est pas fort épaisse, selon Clusius, qui en a vu plusieurs; le plus grand de tous ceux qu'il a observés avait quinze pouces de tour d'un sens, et un peu plus de douze de l'autre (*d*).

Le casoar a les poumons et les dix cellules à air comme les autres oiseaux, et particulièrement comme les oiseaux pesants, cette bourse ou membrane noire propre aux yeux des oiseaux, et cette paupière interne qui, comme on sait, est retenue dans le grand angle de l'œil des oiseaux par deux muscles ordinaires (*e*), et qui est ramenée par instants sur la cornée par l'action d'une espèce de poulie musculaire qui mérite toute la curiosité des anatomistes (*f*).

(*a*) *Mémoires pour servir à l'histoire des animaux*, p. 163.
(*b*) *Idem, ibidem.*
(*c*) Clusius, *Exotic.*, *ubi suprà*, p. 99.
(*d*) *Ibidem.* « Ova punctis excavatis, » dit Linnæus : cela ne ressemble point à ceux que Clusius a observés.
(*e*) *Hist. de l'Acad. royale des sciences de Paris*, t. II, p. 279.
(*f*) *Mém. pour servir à l'hist. des animaux*, partie II, p. 167.

Le midi de la partie orientale de l'Asie paraît être le vrai climat du casoar; son domaine commence, pour ainsi dire, où finit celui de l'autruche, qui n'a jamais beaucoup dépassé le Gange, comme nous l'avons vu dans son histoire; au lieu que celui-ci se trouve dans les îles Moluques, dans celles de Banda, de Java, de Sumatra, et dans les parties correspondantes du continent (a) : mais il s'en faut bien que cette espèce soit aussi multipliée dans son district que l'autruche l'est dans le sien, puisque nous voyons un roi de Joardam, dans l'île de Java, faire présent d'un casoar à Scellinger, capitaine de vaisseau hollandais, comme d'un oiseau rare (b); la raison en est, ce me semble, que les Indes orientales sont beaucoup plus peuplées que l'Afrique; et l'on sait qu'à mesure que l'homme se multiplie dans une contrée il détruit ou fait fuir devant lui les animaux sauvages qui vont toujours cherchant des asiles plus paisibles, des terres moins habitées ou occupées par des peuples moins policés, et, par conséquent, moins destructeurs.

Il est remarquable que le casoar, l'autruche et le touyou, les trois plus gros oiseaux que l'on connaisse, sont tous trois attachés au climat de la zone torride, qu'ils semblent s'être partagée entre eux, et où ils se maintiennent chacun dans leur terrain, sans se mêler ni se surmarcher; tous trois véritablement terrestres, incapables de voler, mais courant d'une très grande vitesse; tous trois avalent à peu près tout ce qu'on leur jette, grains, herbes, chairs, os, pierres, cailloux, fer, glaçons, etc.; tous trois ont le cou plus ou moins long, les pieds hauts et très forts, moins de doigts que la plupart des oiseaux, et l'autruche encore moins que les deux autres; tous trois n'ont de plumes que d'une seule sorte, différentes des plumes des autres oiseaux, et différentes dans chacune de ces trois espèces; tous trois n'en ont point du tout sur la tête et le haut du cou, manquent de queue proprement dite, et n'ont que des ailes imparfaites, garnies de quelques tuyaux sans aucune barbe, comme nous avons remarqué que les quadrupèdes des pays chauds avaient moins de poil que ceux des régions du Nord; tous trois, en un mot, paraissent être la production naturelle et propre de la zone torride : mais, malgré tant de rapports, ces trois espèces sont différenciées par des caractères trop frappants pour qu'on puisse les confondre : l'autruche se distingue du casoar et du touyou par sa grandeur, par ses pieds de chameau et par la nature de ses plumes; elle diffère du casoar en particulier par la nudité de ses cuisses et de ses flancs, par la longueur et la capacité de ses intestins, et parce qu'elle n'a point de vésicule du fiel; et le casoar diffère du touyou et de l'autruche par ses cuisses couvertes de plumes, presque jusqu'au tarse, par des barbillons rouges qui lui tombent sur le cou et par le casque qu'il a sur la tête.

(a) *Voyages des Hollandais*, t. VII, p. 349. — Clusius, *Exotic.*, lib. v, cap. iii, p. 99.
(b) *Histoire générale des Voyages*, t. VIII, p. 112.

Mais j'aperçois encore dans ce dernier caractère distinctif une analogie avec les deux autres espèces; car ce casque n'est autre chose, comme on sait, qu'un renflement des os du crâne, lequel est recouvert d'une enveloppe de corne; et nous avons vu dans l'histoire de l'autruche et du touyou que la partie supérieure du crâne de ces deux animaux était pareillement munie d'une plaque dure et calleuse.

LE DRONTE

On regarde communément la légèreté comme un attribut propre aux oiseaux, mais si l'on voulait en faire le caractère essentiel de cette classe, le dronte (*) n'aurait aucun titre pour y être admis, car, loin d'annoncer la légèreté par ses proportions ou par ses mouvements, il paraît fait exprès pour nous donner l'idée du plus lourd des êtres organisés: représentez-vous un corps massif et presque cubique, à peine soutenu sur deux piliers très gros et très courts, surmonté d'une tête si extraordinaire qu'on la prendrait pour la fantaisie d'un peintre de grotesques; cette tête, portée sur un cou renfoncé et goîtreux, consiste presque tout entière dans un bec énorme où sont deux gros yeux noirs entourés d'un cercle blanc, et dont l'ouverture des mandibules se prolonge bien au delà des yeux, et presque jusqu'aux oreilles; ces deux mandibules, concaves dans le milieu de leur longueur, renflées par les deux bouts et recourbées à la pointe en sens contraire, ressemblent à deux cuillers pointues qui s'appliquent l'une à l'autre, la convexité en dehors : de tout cela il résulte une physionomie stupide et vorace, et qui, pour comble de difformité est accompagnée d'un bord de plume, lequel, suivant le contour de la base du bec, s'avance en pointe sur le front, puis s'arrondit autour de la face en manière de capuchon, d'où lui est venu le nom de *cygne encapuchonné* (*cycnus cucullatus*).

La grosseur qui, dans les animaux, suppose la force, ne produit ici que la pesanteur; l'autruche, le touyou, le casoar, ne sont pas plus en état de voler que le dronte, mais du moins ils sont très vites à la course; au lieu que le dronte paraît accablé de son propre poids, et avoir à peine la force de se

(*) *Didus ineptus* Linn. Cuvier dit de cet oiseau, qui n'existe plus à notre époque : « Le » dronte n'est connu que par une description faite par les premiers navigateurs hollandais, » et conservée par Clusius, *Exotic.*, p. 99, et par un tableau à l'huile, de la même époque, » copié par Edwards, pl. 294; car la description d'Herbert est puérile, et toutes les autres » sont copiées de Clusius et d'Edwards. Il paraît que l'espèce entière a disparu, et l'on n'en » possède plus aujourd'hui qu'un pied conservé au Muséum britannique et une tête en assez » mauvais état au Muséum Asmoléen d'Oxford. Le bec ne paraît pas sans quelque rapport » avec celui des pingouins, et le pied ressemblerait assez à celui des manchots, s'il était » palmé. »

traîner : c'est dans les oiseaux ce que le paresseux est dans les quadrupèdes ; on dirait qu'il est composé d'une manière brute, inactive, où les molécules vivantes ont été trop épargnées ; il a des ailes, mais ces ailes sont trop courtes et trop faibles pour l'élever dans les airs ; il a une queue, mais cette queue est disproportionnée et hors de sa place ; on le prendrait pour une tortue qui se serait affublée de la dépouille d'un oiseau, et la nature, en lui accordant ces ornements inutiles, semble avoir voulu ajouter l'embarras à la pesanteur, la gaucherie des mouvements à l'inertie de la masse, et rendre sa lourde épaisseur encore plus choquante, en faisant souvenir qu'il est un oiseau.

Les premiers Hollandais qui le virent dans l'île Maurice, aujourd'hui l'île de France (a), l'appelèrent *walg-vogel*, oiseau de dégoût, autant à cause de sa figure rebutante que du mauvais goût de sa chair ; cet oiseau bizarre est très gros, et n'est surpassé à cet égard que par les trois précédents, car il surpasse le cygne et le dindon.

M. Brisson donne pour un de ses caractères, d'avoir la partie inférieure des jambes dénuée de plumes ; cependant la planche ccxciv d'Edwards le représente avec des plumes, non seulement jusqu'au bas de la jambe, mais encore jusqu'au-dessous de son articulation avec le tarse ; le bec supérieur est noirâtre dans toute son étendue, excepté sur la courbure de son crochet où il y a une tache rouge ; les ouvertures des narines sont à peu près dans sa partie moyenne, tout proche de deux replis transversaux qui s'élèvent en cet endroit sur sa surface.

Les plumes du dronte sont en général fort douces ; le gris est leur couleur dominante, mais plus foncé sur toute la partie supérieure et au bas des jambes, et plus clair sur l'estomac, le ventre et tout le dessous du corps ; il y a du jaune et du blanc dans les plumes des ailes et dans celles de la queue, qui paraissent frisées et sont en fort petit nombre. Clusius n'en compte que quatre ou cinq.

Les pieds et les doigts sont jaunes, et les ongles noirs ; chaque pied a quatre doigts, dont trois dirigés en avant et le quatrième en arrière ; c'est celui-ci qui a l'ongle le plus long (b).

Quelques-uns ont prétendu que le dronte avait ordinairement dans l'estomac une pierre aussi grosse que le poing (c), et à laquelle on n'a pas manqué d'attribuer la même origine et les mêmes vertus qu'aux bézoards ; mais Clusius, qui a vu deux de ces pierres de forme et de grandeur différentes (d), pense que l'oiseau les avait avalées comme font les granivores, et qu'elles ne s'étaient point formées dans son estomac.

(a) Les Portugais avaient auparavant nommé cette île *Ilha do Cirne*, c'est-à-dire *Ile aux Cygnes*, apparemment parce qu'ils y avaient aperçu des drontes qu'ils prirent pour des cygnes. Clusius, *Exotic.*, p. 101.
(b) Voyez Clusius, *Exotic.*, p. 100. — Edwards, fig. ccxciv.
(c) *Voyages des Hollandais aux Indes orientales*, t. III, p. 214.
(d) Clusius, *ubi suprà*.

Le dronte paraît propre et particulier aux îles de France et de Bourbon, et probablement aux terres de ce continent qui en sont les moins éloignées; mais je ne sache pas qu'aucun voyageur ait dit l'avoir vu ailleurs que dans ces deux îles.

Quelques Hollandais l'ont nommé *dodarse* ou *dodaers;* les Portugais et les Anglais, *dodo;* dronte est son nom original, je veux dire celui sous lequel il est connu dans le lieu de son origine; et c'est par cette raison que j'ai cru devoir le lui conserver, et parce qu'ordinairement les noms imposés par les peuples simples ont rapport aux propriétés de la chose nommée : on lui a encore appliqué les dénominations de *cygne à capuchon* (a), d'*autruche encapuchonnée* (b), de *coq étranger* (c), de *walg-vogel;* et M. Moehring, qui n'a trouvé aucun de ces noms à son goût, a imaginé celui de *ruphus*, que M. Brisson a adopté pour son nom latin, comme s'il y avait quelque avantage à donner au même animal un nom différent dans chaque langue, et comme si l'effet de cette multitude de synonymes n'était pas d'embarrasser la science et de jeter de la confusion dans les choses : ne multiplions pas les êtres, disaient autrefois les philosophes; mais aujourd'hui on doit dire et répéter sans cesse aux naturalistes, ne multipliez pas les noms sans nécessité.

LE SOLITAIRE ET L'OISEAU DE NAZARE

Le solitaire (*), dont parlent Leguat (d) et Carré (e), et l'oiseau de Nazareth, dont parle Fr. Cauche (f), paraissent avoir beaucoup de rapport avec le dronte, mais ils en diffèrent aussi en plusieurs points; et j'ai cru devoir rapporter ce qu'en disent ces voyageurs, parce que si ces trois noms ne désignent qu'une seule et unique espèce, les relations diverses ne pourront qu'en compléter l'histoire; et si au contraire ils désignent trois espèces différentes, ce que j'ai à dire pourra être regardé comme un commencement d'histoire de chacune, ou du moins comme une notice de nouvelles espèces à examiner, de même que l'on voit dans les cartes géographiques une indication des terres inconnues; dans tous les cas ce sera un avis aux naturalistes qui se

(a) Nieremberg, *Hist. nat. maximè peregrinæ*, p. 232.
(b) Linnæus, *Gen.*, 86; *spec.*, 4.
(c) Clusius, *Exotic.*, p. 100.
(d) *Voyage en deux îles désertes des Indes orientales*, t. Ier, p. 98 et 102.
(e) *Voyage de Carré*, cité dans l'*Hist. gén. des Voyages*, t. IX, p. 3.
(f) *Description... de l'île de Madagascar*, p. 130 et suivantes.

(*) Le solitaire, *Didus solitarius* L. et l'oiseau de Nazare, *Didus nazarenus* L., n'ont été vus par personne depuis que Leguat et François Cauche les ont décrits. Leur existence est fort problématique.

trouveront à portée d'observer ces oiseaux de plus près, de les comparer, s'il est possible, et de nous en donner une connaissance plus distincte et plus précise. Les seules questions que l'on a faites sur des choses ignorées, ont valu souvent plus d'une découverte.

Le solitaire de l'île Rodrigue est un très gros oiseau, puisqu'il y a des mâles qui pèsent jusqu'à quarante-cinq livres : le plumage de ceux-ci est ordinairement mêlé de gris et de brun, mais, dans les femelles, c'est tantôt le brun et tantôt le jaune-blond qui domine. Carré dit que le plumage de ces oiseaux est d'une couleur changeante, tirant sur le jaune, ce qui convient à celui de la femelle; et il ajoute qu'il lui a paru d'une beauté admirable.

Les femelles ont au-dessus du bec comme un bandeau de veuve; leurs plumes se renflent des deux côtés de la poitrine en deux touffes blanches, qui représentent imparfaitement le sein d'une femme; les plumes des cuisses s'arrondissent par le bout en forme de coquilles, ce qui fait un fort bon effet; et comme si ces femelles sentaient leurs avantages, elles ont grand soin d'arranger leur plumage, de le polir avec le bec et de l'ajuster presque continuellement, en sorte qu'une plume ne passe pas l'autre; elles ont, selon Leguat, l'air noble et gracieux tout ensemble; et ce voyageur assure que souvent leur bonne mine leur a sauvé la vie (a). Si cela est ainsi, et que le solitaire et le dronte soient de la même espèce, il faut admettre une très grande différence entre le mâle et la femelle quant à la bonne mine.

Cet oiseau a quelque rapport avec le dindon; il en aurait les pieds et le bec, si ses pieds n'étaient pas plus élevés et son bec plus crochu; il a aussi le cou plus long proportionnellement, l'œil noir et vif, la tête sans crête ni huppe et presque point de queue; son derrière, qui est arrondi à peu près comme la croupe d'un cheval, est revêtu de ces plumes qu'on appelle couvertures.

Le solitaire ne peut se servir de ses ailes pour voler, mais elles ne lui sont pas inutiles à d'autres égards; l'os de l'aileron se renfle à son extrémité en une espèce de bouton sphérique qui se cache dans les plumes et lui sert à deux usages; premièrement pour se défendre, comme il fait aussi avec le bec; en second lieu pour faire une espèce de battement ou de moulinet en pirouettant vingt ou trente fois du même côté dans l'espace de quatre à cinq minutes; c'est ainsi, dit-on, que le mâle rappelle sa compagne avec un bruit qui a du rapport à celui d'une crécelle et s'entend de deux cents pas.

On voit rarement ces oiseaux en troupes, quoique l'espèce soit assez nombreuse; quelques-uns disent même qu'on n'en voit guère deux ensemble (b).

Ils cherchent les lieux écartés pour faire leur ponte, ils construisent leur

(a) Voyez la fig. (p. 98) du *Voyage de Leguat*.
(b) *Hist. gén. des Voyages*. t. IX, p. 3, citant le *Voyage de Carré*.

nid de feuilles de palmier amoncelées à la hauteur d'un pied et demi ; la femelle pond dans ce nid un œuf beaucoup plus gros qu'un œuf d'oie, et le mâle partage avec elle la fonction de couver.

Pendant tout le temps de l'incubation, et même celui de l'éducation, ils ne souffrent aucun oiseau de leur espèce à plus de deux cents pas à la ronde ; et l'on prétend avoir remarqué que c'est le mâle qui chasse les mâles, et la femelle qui chasse les femelles ; remarque difficile à faire sur un oiseau qui passe sa vie dans les lieux les plus sauvages et les plus écartés.

L'œuf, car il parait que ces oiseaux n'en pondent qu'un, ou plutôt n'en couvent qu'un à la fois ; l'œuf, dis-je, ne vient à éclore qu'au bout de sept semaines (a), et le petit n'est en état de pourvoir à ses besoins que plusieurs mois après : pendant tout ce temps le père et la mère en ont soin, et cette seule circonstance doit lui procurer un instinct plus perfectionné que celui de l'autruche, laquelle peut en naissant subsister par elle-même, et qui n'ayant jamais besoin du secours de ses père et mère, vit isolée, sans aucune habitude intime avec eux, et se prive ainsi des avantages de leur société qui, comme je l'ai dit ailleurs, est la première éducation des animaux et celle qui développe le plus leurs qualités naturelles ; aussi l'autruche passe-t-elle pour le plus stupide des oiseaux.

Lorsque l'éducation du jeune solitaire est finie, le père et la mère demeurent toujours unis et fidèles l'un à l'autre, quoiqu'ils aillent quelquefois se mêler parmi d'autres oiseaux de leur espèce : les soins qu'ils ont donnés en commun au fruit de leur union semblent en avoir resserré les liens, et lorsque la saison les y invite ils recommencent une nouvelle ponte.

On assure qu'à tout âge on leur trouve une pierre dans le gosier, comme au dronte ; cette pierre est grosse comme un œuf de poule, plate d'un côté, convexe de l'autre, un peu raboteuse et assez dure pour servir de pierre à aiguiser ; on ajoute que cette pierre est toujours seule dans leur estomac, et qu'elle est trop grosse pour pouvoir passer par le canal intermédiaire qui fait la seule communication du jabot au gésier, d'où l'on voudrait conclure que cette pierre se forme naturellement, et à la manière des bézoards, dans le gésier du solitaire ; mais pour moi j'en conclus seulement que cet oiseau est granivore, qu'il avale des pierres et des cailloux comme tous les oiseaux de cette classe, notamment comme l'autruche, le touyou, le casoar et le dronte, et que le canal de communication du jabot au gésier est susceptible d'une dilatation plus grande que ne l'a cru Leguat.

Le seul nom de solitaire indique un naturel sauvage ; et comment ne le serait-il pas ? comment un oiseau qui compose lui seul toute la couvée, et

---

(a) Aristote fixe au trentième jour le terme de l'incubation pour les plus gros oiseaux, tels que l'aigle, l'outarde, l'oie. Il est vrai qu'il ne cite point l'autruche en cet endroit. *Hist. Anim.*, lib. VI, cap. VI.

qui par conséquent passe les premiers temps de sa vie sans aucune société avec d'autres oiseaux de son âge, et n'ayant qu'un commerce de nécessité avec ses père et mère, sauvages eux-mêmes, ne serait-il pas maintenu par l'exemple et par l'habitude? On sait combien les habitudes premières ont d'influences sur les premières inclinations qui forment le naturel; et il est à présumer que toute espèce où la femelle ne couvera qu'un œuf à la fois sera sauvage comme notre solitaire; cependant il paraît encore plus timide que sauvage, car il se laisse approcher et s'approche même assez familiè-rement, surtout lorsqu'on ne court pas après lui, et qu'il n'a pas encore beaucoup d'expérience; mais il est impossible de l'apprivoiser. On l'attrape difficilement dans les bois, où il peut échapper aux chasseurs par la ruse et par son adresse à se cacher; mais comme il ne court pas fort vite, on le prend aisément dans les plaines et dans les lieux ouverts; quand on l'a arrêté il ne jette aucun cri, mais il laisse tomber des larmes et refuse opinia-trément toute nourriture. M. Caron, directeur de la compagnie des Indes, à Madagascar, en ayant fait embarquer deux venant de l'île de Bourbon pour les envoyer au Roi, ils moururent dans le vaisseau sans avoir voulu boire ni manger (a).

Le temps de leur donner la chasse est depuis le mois de mars au mois de septembre, qui est l'hiver des contrées qu'ils habitent, et qui est aussi le temps où ils sont le plus gras : la chair des jeunes surtout est d'un goût excellent.

Telle est l'idée que Leguat nous donne du solitaire (b); il en parle non seulement comme témoin oculaire, mais comme un observateur qui s'était attaché particulièrement et longtemps à étudier les mœurs et les habitudes de cet oiseau; et en effet, sa relation, quoique gâtée en quelques endroits par des idées fabuleuses (c), contient néanmoins plus de détails historiques sur le solitaire que je n'en trouve dans une foule d'écrits sur des oiseaux plus généralement et plus anciennement connus. On parle de l'autruche depuis trente siècles, et l'on ignore encore aujourd'hui combien elle pond d'œufs, et combien elle est de temps à les couver.

L'oiseau de Nazareth, appelé sans doute ainsi par corruption pour avoir été trouvé dans l'île de Nazare (d), a été observé par Fr. Cauche dans l'île Maurice, aujourd'hui l'île Française; c'est un très gros oiseau, et plus gros qu'un cygne : au lieu de plumes il a tout le corps couvert d'un duvet noir, et cependant il n'est pas absolument sans plumes, car il en a de noires aux

(a) *Voyage de Carré aux Indes.*

(b) *Voyage de Leguat*, t. Ier, p. 98-102.

(c) Par exemple, au sujet du premier accouplement des jeunes solitaires, où son imagi-nation prévenue lui a fait voir les formalités d'une espèce de mariage, au sujet de la pierre de l'estomac, etc.

(d) L'île de Nazare est plus haute que l'île Maurice à 17 degrés de latitude sud. Voyez la *Description... de Madagascar*, par Fr. Cauche, p. 130 et suivantes.

ailes et de frisées sur le croupion, qui lui tiennent lieu de queue ; il a le bec gros, recourbé un peu par-dessous, les jambes (c'est-à-dire les pieds) hautes et couvertes d'écailles, trois doigts à chaque pied, le cri de l'oison, et sa chair est médiocrement bonne.

La femelle ne pond qu'un œuf, et cet œuf est blanc et gros comme un pain d'un sou ; on trouve ordinairement à côté une pierre blanche de la grosseur d'un œuf de poule, et peut-être cette pierre fait-elle ici le même effet que les œufs de craie blanche que les fermières ont coutume de mettre dans le nid où elles veulent faire pondre leurs poules : celle de Nazare pond à terre dans les forêts, sur de petits tas d'herbes et de feuilles qu'elle a formés ; si on tue le petit, on trouve une pierre grise dans son gésier ; la figure de cet oiseau, est-il dit dans une note (a), se trouve dans le *Journal de la seconde navigation des Hollandais aux Indes orientales*, et ils l'appellent *Oiseau de Nausée :* ces dernières paroles semblent décider la question de l'identité de l'espèce entre le dronte et l'oiseau de Nazare, et la prouveraient en effet si leurs descriptions ne présentaient des différences essentielles, notamment dans le nombre des doigts ; mais sans entrer dans cette discussion particulière, et sans prétendre résoudre un problème où il n'y a pas encore assez de données, je me contenterai d'indiquer ici les rapports et les différences qui résultent de la comparaison des trois descriptions.

Je vois d'abord, en comparant ces trois oiseaux à la fois, qu'ils appartiennent au même climat et presque aux mêmes contrées, car le dronte habite l'île de Bourbon et l'île Française, à laquelle il semble avoir donné son nom *d'île aux Cygnes*, comme je l'ai remarqué plus haut ; le solitaire habitait l'île Rodrigue dans le temps qu'elle était entièrement déserte, et on l'a vu dans l'île Bourbon ; l'oiseau de Nazare se trouve dans l'île de Nazare, d'où il a tiré son nom, et dans l'île Française (b) : or ces quatre îles sont voisines les unes des autres, et il est à remarquer qu'aucun de ces oiseaux n'a été aperçu dans le continent.

Ils se ressemblent aussi tous trois, plus ou moins, par la grosseur, par l'impuissance de voler, par la forme des ailes, de la queue et du corps entier ; et on leur a trouvé à tous une ou plusieurs pierres dans le gésier, ce qui les suppose tous trois granivores ; outre cela ils ont tous trois une allure fort lente, car, quoique Leguat ne dise rien de celle du solitaire, on peut juger, par la figure qu'il donne de la femelle (c), que c'est un oiseau très pesant.

Comparant ensuite ces mêmes oiseaux, pris deux à deux, je vois que le plumage du dronte se rapproche de celui du solitaire pour la couleur, et de celui de l'oiseau de Nazare pour la qualité de la plume, qui n'est que du

(a) Voyez la *Description... de Madagascar*, par Fr. Cauche, p. 130 et suivantes.
(b) Voyez ci-dessus l'histoire de ces oiseaux.
(c) *Voyage de Leguat*, t. Ier, p. 98.

duvet ; et que ces deux derniers oiseaux conviennent encore, en ce qu'ils ne pondent et ne couvent qu'un œuf.

Je vois de plus qu'on a appliqué au dronte et à l'oiseau de Nazare le même nom d'oiseau de dégoût.

Voilà les rapports et voici les différences :

Le solitaire a les plumes de la cuisse arrondies par le bout en coquilles, ce qui suppose de véritables plumes comme en ont ordinairement les oiseaux, et non du duvet comme en ont le dronte et l'oiseau de Nazare.

La femelle du solitaire a deux touffes de plumes blanches sur la poitrine : on ne dit rien de pareil de la femelle des deux autres.

Le dronte a les plumes qui bordent la base du bec disposées en manière de capuchon, et cette disposition est si frappante qu'on en a fait le trait caractéristique de sa dénomination (*cycnus cucullatus*) : de plus, il a les yeux dans le bec, ce qui n'est pas moins frappant ; et l'on peut croire que Leguat n'a rien vu de pareil dans le solitaire, puisqu'il se contente de dire de cet oiseau, qu'il avait tant observé, que sa tête était sans crête et sans huppe ; et Cauche ne dit rien du tout de celle de l'oiseau de Nazare.

- Les deux derniers sont haut montés, au lieu que le dronte a les pieds très gros et très courts.

Celui-ci et le solitaire, qu'on dit avoir à peu près les pieds du dindon, ont quatre doigts, et l'oiseau de Nazare n'en a que trois, selon le témoignage de Cauche.

Le solitaire a un battement d'ailes très remarquable, et qui n'a point été remarqué dans les deux autres.

Enfin il paraît que la chair des solitaires, et surtout des jeunes, est excellente, que celle de l'oiseau de Nazare est médiocre, et celle du dronte mauvaise.

Si cette comparaison, qui a été faite avec la plus grande exactitude, ne nous met pas en état de prendre un parti sur la question proposée, c'est parce que les observations ne sont ni assez multipliées, ni assez sûres ; il serait donc à désirer que les voyageurs, et surtout les naturalistes qui se trouveront à portée, examinassent ces trois oiseaux, et qu'ils en fissent une description exacte, qui porterait principalement :

Sur la forme de la tête et du bec ;

Sur la qualité des plumes ;

Sur la forme et les dimensions des pieds ;

Sur le nombre des doigts ;

Sur les différences qui se trouvent entre le mâle et la femelle ;

Entre les poussins et les adultes ;

Sur leur façon de marcher et de courir ;

En ajoutant, autant qu'il serait possible, ce que l'on sait dans le pays sur leur génération, c'est-à-dire sur leur manière de se rappeler, de s'accoupler, de faire leur nid et de couver;

Sur le nombre, la forme, la couleur, le poids et le volume de leurs œufs;

Sur le temps de l'incubation;

Sur leur manière d'élever leurs petits;

Sur la façon dont ils se nourrissent eux-mêmes;

Enfin, sur la forme et les dimensions de leur estomac, de leurs intestins et de leurs parties sexuelles.

L'OUTARDE

La première chose que l'on doit se proposer lorsqu'on entreprend d'éclaircir l'histoire d'un animal, c'est de faire une critique sévère de sa nomenclature, de démêler exactement les différents noms qui lui ont été donnés dans toutes les langues et dans tous les temps, et de distinguer, autant qu'il est possible, les espèces différentes auxquelles les mêmes noms ont été appliqués; c'est le seul moyen de tirer parti des connaissances des anciens, et de les lier utilement aux découvertes des modernes, et par conséquent le seul moyen de faire de véritables progrès en histoire naturelle; en effet, comment, je ne dis pas un seul homme, mais une génération entière, plusieurs générations de suite, pourraient-elles faire complètement l'histoire d'un seul animal? presque tous les animaux craignent l'homme et le fuient; le caractère de supériorité que la main du Très-Haut a gravé sur son front leur inspire plus de frayeur que de respect; ils ne soutiennent point ses regards, ils se défient de ses embûches, ils redoutent ses armes; ceux même qui pourraient se défendre par la force ou résister par leur masse se retirent dans des déserts que nous ne daignons pas leur disputer, ou se retranchent dans des forêts impénétrables; les petits, sûrs de nous échapper par leur petitesse, et rendus plus hardis par leur faiblesse même, vivent chez nous malgré nous, se nourrissent à nos dépens, quelquefois même de notre propre substance, sans nous être mieux connus; et parmi le grand nombre de classes intermédiaires renfermées entre ces deux classes extrêmes, les uns se creusent des retraites souterraines, les autres s'enfoncent dans la profondeur des eaux, d'autres se perdent dans le vague des airs, et tous disparaissent devant le tyran de la nature : comment donc pourrions-nous dans un court espace de temps voir tous les animaux dans toutes les situations où il faut les avoir vus pour connaître à fond leur naturel, leurs mœurs, leur instinct, en un mot, les principaux faits de leur histoire? On a beau rassembler à grands frais des suites nombreuses de ces animaux, conserver avec soin leur dépouille extérieure, y joindre leurs squelettes artistement montés, donner à chaque individu son attitude propre et son air naturel, tout cela ne représente que la nature morte, inanimée, superficielle; et si quelque souverain concevait l'idée vraiment grande de concourir à l'avancement de cette belle partie de la science, en formant de vastes ménageries, et réunissant sous les yeux des observateurs un grand nombre d'espèces vivantes, on y prendrait encore des idées imparfaites de la nature; la plupart des animaux intimidés par la présence de l'homme, importunés par ses observations, tourmentés d'ailleurs par l'inquiétude inséparable de la captivité, ne montreraient que des mœurs altérées, contraintes et peu dignes des regards d'un philosophe, pour qui la nature libre, indépendante, et si l'on veut sauvage, est la seule belle nature.

Il faut donc, pour connaître les animaux avec quelque exactitude, les observer dans l'état sauvage, les suivre jusque dans les retraites qu'ils se sont choisies eux-mêmes, jusque dans ces antres profonds, et sur ces rochers escarpés où ils vivent en pleine liberté; il faut même, en les étudiant, faire en sorte de n'en être point aperçu : car ici l'œil de l'observateur, s'il n'est en quelque façon invisible, agit sur le sujet observé et l'altère réellement; mais comme il est fort peu d'animaux, surtout parmi ceux qui sont ailés, qu'il soit facile d'étudier ainsi, et que les occasions de les voir agir d'après leur naturel véritable, et montrer leurs mœurs franches et pures de toute contrainte, ne se présentent que de loin en loin, il s'ensuit qu'il faut des siècles et beaucoup de hasards heureux pour amasser tous les faits nécessaires, une grande attention pour rapporter chaque observation à son véritable objet, et conséquemment pour éviter la confusion des noms qui de toute nécessité entraînerait celle des choses; sans ces précautions l'ignorance la plus absolue serait préférable à une prétendue science, qui ne serait au fond qu'un tissu d'incertitudes et d'erreurs; l'outarde (*) nous en offre un exemple frappant. Les Grecs lui avaient donné le nom d'*otis*; Aristote en parle en trois endroits sous ce nom (a), et tout ce qu'il en dit convient exactement à notre outarde; mais les Latins, trompés apparemment par la ressemblance des mots, l'ont confondue avec l'*otus*, qui est un oiseau de nuit. Pline ayant dit, avec raison, que l'oiseau appelé *otis* par les

---

(a) *Historia animalium*, lib. II, cap. XVII; lib. VI, cap. VI, et lib. IX. cap. XXXIII.

(*) *Otis tarda* L. Les *Otis* sont des oiseaux de l'ordre des Échassiers, de la famille des Alectoridés. Les oiseaux qui composent cette famille ne peuvent guère être considérés comme des Échassiers véritables; ils sont, en réalité, intermédiaires aux Échassiers et aux Palmipèdes. Ils se rattachent aux premiers par la longueur de leurs pattes, et aux seconds par la forme de leur bec et par le genre de vie. Chez les outardes le bec est un peu plus court que la tête, élevé et large au niveau de la racine, puis déprimé dans le point où s'ouvrent les fosses nasales, enfin renflé et convexe jusqu'à la pointe, qui est échancrée. Les bords de la mandibule supérieure dépassent ceux de la mandibule inférieure. Les ailes sont fortes, pointues, mais courtes et incapables de soutenir un vol de longue durée ou rapide; elles servent à l'oiseau d'armes défensives et sont munies, dans beaucoup d'espèces de la famille, d'un fort ergot situé à l'extrémité du pouce. Les pattes sont relativement longues, fortes, adaptées à la course. Les doigts sont courts; ils sont réunis soit tous ensemble, soit seulement les deux externes par une courte membrane. Les tarses sont couverts d'un réseau de petites écailles hexagonales. On considère souvent comme un caractère générique essentiel des *Otis* la présence, chez les mâles adultes, de touffes de plumes étroites et allongées, situées de chaque côté de la racine de la mandibule inférieure.

Grecs se nommait *avis tarda* en Espagne, ce qui convient à l'outarde, ajoute que la chair en est mauvaise (*a*), ce qui convient à l'*otus*, selon Aristote et la vérité, mais nullement à l'outarde; et cette méprise est d'autant plus facile à supposer que Pline, dans le chapitre suivant, confond évidemment l'*otis* avec l'*otus* (*b*), c'est-à-dire l'outarde avec le hibou.

Alexandre Myndien, dans Athénée (*c*), tombe aussi dans la même erreur, en attribuant à l'*otus* ou à l'*otis* qu'il prend pour un seul et même oiseau, d'avoir les pieds de lièvre, c'est-à-dire velus, ce qui est vrai de l'*otus*, hibou qui, comme la plupart des oiseaux de nuit, a les jambes et les pieds velus ou plutôt couverts jusque sur les ongles de plumes effilées, et non de l'*otis*, qui est notre outarde, et qui a non seulement le pied, mais encore la partie inférieure de la jambe immédiatement au-dessus du tarse, sans plumes.

Sigismond Galenius ayant trouvé dans Hésychius le nom de ῥάφος, dont l'application n'était point déterminée, l'appropria de son bon plaisir à l'outarde (*d*); et, depuis, MM. Moering et Brisson l'ont appliqué au dronte, sans rendre compte des raisons qui les y ont engagés.

Les Juifs modernes ont détourné arbitrairement l'ancienne acception du mot hébreu *anapha*, qui signifiait une espèce de milan, et par lequel ils désignent aujourd'hui l'outarde (*e*).

M. Brisson, après avoir donné le mot ὠτὶς comme le nom grec de l'outarde, selon Belon, donne ensuite le mot ὠτὶδα pour son nom grec, selon Aldrovande (*f*), ne prenant pas garde que ὠτὶδα est l'accusatif de ὠτὶσ, et par conséquent un seul et même nom; c'est comme s'il eût dit que les uns l'appellent *tarda*, et les autres *tardam*.

Schwenckfeld prétend que le *tetrix* dont parle Aristote (*g*), et qui était l'*ourax* des Athéniens, est aussi notre outarde (*h*); cependant le peu que dit Aristote du *tetrix* ne convient point à l'outarde; le *tetrix* niche parmi les plantes basses, et l'outarde parmi les blés, les orges, etc., que probablement Aristote n'a point voulu désigner par l'expression générique de plantes basses; en second lieu, voici comment s'explique ce grand philosophe : « Les » oiseaux qui volent peu, comme les perdrix et les cailles, ne font point de » nids, mais pondent à terre sur de petits tas de feuilles qu'elles ont amon- » celées; l'alouette et le *tetrix* font aussi de même. » Pour peu qu'on fasse

---

(*a*) *Hist, nat.*, lib. x, cap. xxII.

(*b*) « Otis bubone minor est, noctuis major, auribus plumeis eminentibus, unde nomen illi. » *Ibid.*, cap. xxIII.

(*c*) *Hist. nat.*, lib. IX.

(*d*) *In Lexico symphono.*

(*e*) Paul Fagius, *apud Gesnerum, de Avibus*, page 489.

(*f*) *Ornithologie*, t. V, page 18.

(*g*) *Hist. animal.*, lib. VI, cap. I.

(*h*) *Aviarium Silesiæ*, page 355.

d'attention à ce passage, on voit qu'il est d'abord question des oiseaux pesants et qui volent peu, qu'Aristote parle ensuite de l'alouette et du *tetrix* qui nichent à terre comme ces oiseaux qui volent peu, quoique apparemment ils soient moins pesants, puisque l'alouette est du nombre; et que si Aristote eût voulu parler de notre outarde sous le nom de *tetrix*, il l'eût rangée sans doute comme oiseau pesant, avec les perdrix et les cailles, et non avec les alouettes, qui par leur vol élevé ont mérité, selon Schwenckfeld lui-même, le nom de *celipètes* (*a*).

Longolius (*b*) et Gessner (*c*) pensent l'un et l'autre que le *tetrax* du poëte Nemesianus n'est autre chose que l'outarde, et il faut avouer qu'il en a à peu près la grosseur (*d*) et le plumage (*e*); mais ces rapports ne sont pas suffisants pour emporter l'identité de l'espèce, et d'autant moins suffisants, qu'en comparant ce que dit Nemesianus de son *tetrax* avec ce que nous savons de notre outarde, j'y trouve deux différences marquées : la première, c'est que le *tetrax* paraît familier par stupidité, et qu'il va se précipiter dans les pièges qu'il a vus qu'on dressait contre lui (*f*), au lieu que l'outarde ne soutient pas l'aspect de l'homme et qu'elle s'enfuit fort vite du plus loin qu'elle l'aperçoit (*g*); en second lieu, le *tetrax* faisait son nid au pied du mont Apennin, au lieu qu'Aldrovande, qui était italien, nous assure positivement qu'on ne voit d'outardes en Italie que celles qui y ont été apportées par quelque coup de vent (*h*); il est vrai que Willughby soupçonne qu'elles ne sont point rares dans ces contrées, et cela sur ce qu'en passant par Modène il en vit une au marché; mais il me semble que cette outarde unique, aperçue au marché d'une ville comme Modène, s'accorde encore mieux avec le dire d'Aldrovande qu'avec la conjecture de Willughby.

M. Perrault impute à Aristote d'avoir avancé que l'*otis*, en Scythie (*i*), ne couve point ses œufs comme les autres oiseaux, mais qu'elle les enveloppe dans une peau de lièvre ou de renard, et les cache au pied d'un arbre au haut duquel elle se perche : cependant Aristote n'attribue rien de tout cela à l'outarde, mais à un certain oiseau de Scythie, probablement un oiseau de proie, puisqu'il savait écorcher les lièvres et les renards, et qui seule-

(*a*) *Aviarium Silesiæ*, page 191.
(*b*) *Dialog. de Avibus.*
(*c*) *De Avibus*, lib. III, page 489.
(*d*)
(*e*) Tarpeiæ est custos arcis non corpore major.

Persimilis cineri dorsum (*collum forte*) maculosaque terga
(*f*) Inficiunt pullæ cacabantis (*perdicis*) imagine notæ.

Cùm pedicas necti sibi contemplaverit adstans,
Immemor ipse sui tamen in dispendia currit.

(*g*) « Neque hominem ad se appropinquantem sustinent, sed cùm cum longinquo cernunt » statim fugam capessunt. » Willughby, *Ornithol.*, p. 129.
(*h*) « Italia nostra has aves nisi forte ventorum turbine advectas non habet. » Aldrov., *Ornithol.*, t. II, page 92.
(*i*) *Mémoires pour servir à l'histoire des animaux*, partie II, p. 104.

ment était de la grosseur d'une outarde, ainsi que Pline (a) et Gaza le traduisent (b); d'ailleurs, pour peu qu'Aristote connût l'outarde, il ne pouvait ignorer qu'elle ne se perche point.

Le nom composé de *trapp-gansz*, que les Allemands ont appliqué à cet oiseau, a donné lieu à d'autres erreurs : *trappen* signifie marcher, et l'usage a attaché à ses dérivés une idée accessoire de lenteur, de même qu'au *gradatim* des Latins et à l'*andante* des Italiens; et en cela le mot *trapp* peut très bien être appliqué à l'outarde, qui, lorsqu'elle n'est point poursuivie, marche lentement et pesamment; il lui conviendrait encore, quand cette idée accessoire de lenteur n'y serait point attachée, parce qu'en caractérisant un oiseau par l'habitude de marcher, c'est dire assez qu'il vole peu.

A l'égard du mot *gansz*, il est susceptible d'équivoque; ici il doit peut-être s'écrire, comme je l'ai écrit, avec un Z final, et de cette manière il signifie *beaucoup*, et annonce un superlatif; au lieu que lorsqu'on l'écrit par un *S*, *gans*, il signifie une oie : quelques auteurs l'ayant pris dans ce dernier sens l'ont traduit en latin par *anser trappus*, et cette erreur de nom influant sur la chose, on n'a pas manqué de dire que l'outarde était un oiseau aquatique qui se plaisait dans les marécages (c), et Aldrovande lui-même, qui avait été averti de cette équivoque de noms par un médecin hollandais, et qui penchait à prendre le mot *gansz* dans le même sens que moi (d), fait cependant dire à Belon, en le traduisant en latin, que l'outarde aime les marécages (e), quoique Belon dise précisément le contraire (f); et cette erreur en produisant une autre, on a donné le nom d'*outarde* à un oiseau véritablement aquatique, à une espèce d'oie noire et blanche que l'on trouve en Canada et dans plusieurs endroits de l'Amérique septentrionale (g). C'est sans doute par une suite de cette méprise qu'on envoya d'Écosse, à Gessner, la figure d'un oiseau palmipède sous le nom de *gustarde* (h), qui est le nom que l'on donne dans ce pays à l'outarde véritable, et que Gessner fait dériver de *tarde*, lent, tardif, et de *guss* et *gooss*, qni, en hollandais et en anglais, signifie une oie (i) : voilà donc l'outarde, qui est un oiseau tout

---

(a) *Nat. Historia*, lib. x, cap. xxxiii.

(b) *Hist. animalium*, lib. ix, cap. xxxiii.

(c) *Sylvaticus apud Gesnerum*, page 488.

(d) *Ornitholog.*, t. II, page 86.

(e) *Ibidem*, page 92.

(f) « La nature de l'outarde est de vivre par les spacieuses campagnes, comme l'autruche, » fuyant l'eau sur toutes choses... ne hanter les eaux, n'était de celle qui reste entre les » seillons, après avoir plû, ou bien qu'elle hantât les marres pour en boire. » Belon, *Nature des oiseaux*, lib. v, cap. iii.

(g) Voyez *Histoire et description de la Nouvelle-France*, par le P. Charlevoix, t. III, p. 156. — *Voyage du capitaine Robert Lade*, t. II, p. 202. — *Voyage du P. Théodat*, p. 300. — Lettres Édifiantes, XIe Recueil, p. 310; et XXIIIe Recueil, p. 238, etc.

(h) Gessner, *de Avibus*, pages 164 et 489.

(i) *Ibidem*, p. 142.

à fait terrestre, travestie en un oiseau aquatique avec lequel elle n'a cependant presque rien de commun, et cette bizarre métamorphose a été produite évidemment par une équivoque de mots ; ceux qui ont voulu justifier ou excuser le nom d'*anser trappus* ou *trapp-gans*, ont été réduits à dire, les uns que les outardes volaient par troupes comme les oies (*a*), les autres qu'elles étaient de la même grosseur (*b*), comme si la grosseur ou l'habitude de voler par troupes pouvaient seules caractériser une espèce : à ce compte les vautours et les coqs de bruyère pourraient être rangés avec l'oie ; mais c'est trop insister sur une absurdité, je me hâte de terminer cette liste d'erreurs, et cette critique, peut-être un peu longue, mais que j'ai crue nécessaire.

Belon a prétendu que le *tetrao alter* de Pline (*c*) était l'outarde (*d*), mais c'est sans fondement, puisque Pline parle au même endroit de l'*avis tarda :* il est vrai que Belon, défendant son erreur par une autre, avance que l'*avis tarda* des Espagnols et l'*otis* des Grecs désignent le duc ; mais il faudrait prouver auparavant : 1° que l'outarde se tient sur les hautes montagnes, comme Pline l'assure du *tetrao alter* (*gignunt eos Alpes*) (*e*), ce qui est contraire à ce qui a été dit de cet oiseau par tous les naturalistes, excepté M. Barrère (*f*) ; 2° que le duc, et non l'outarde, a été en effet connu en Espagne sous le nom d'*avis tarda*, et, en grec, sous celui d'*otis* : assertion insoutenable et combattue par le témoignagne de presque tous les écrivains.

Ce qui peut avoir trompé Belon, c'est que Pline donne son second *tetrao* comme un des plus beaux oiseaux après l'autruche, ce qui, suivant Belon, ne peut convenir qu'à l'outarde ; mais nous verrons dans la suite que le grand tetras ou coq de bruyère surpasse quelquefois l'outarde en grosseur : et si Pline ajoute que la chair de cette *avis tarda* est un mauvais manger, ce qui convient beaucoup mieux à l'*otus* hibou, ou moyen duc, qu'à l'*otis* outarde, Belon aurait pu soupçonner que ce naturaliste confond ici l'*otis* avec l'*otus,* comme je l'ai remarqué plus haut, et qu'il attribue à une seule espèce les propriétés de deux espèces très différentes, désignées dans ses recueils par des noms presque semblables ; mais il n'aurait pas dû conclure que l'*avis tarda* est en effet un duc.

Le même Belon penchait à croire que son *ædicnemus* était un *ostardeau* (*g*) ; et, en effet, cet oiseau n'a que trois doigts, et tous antérieurs comme l'outarde ; mais il a le bec très différent, le tarse plus gros, le cou plus court,

---

(*a*) Longolius, *apud Gesn.,* page 486.
(*b*) Frisch, planche cvi.
(*c*) *Nat. Hist.,* lib. x, cap. xxii.
(*d*) *Histoire naturelle des oiseaux,* lib. v, cap. iii.
(*e*) Plin., *Nat. Hist.,* lib. x, cap. xxii.
(*f*) M. Barrère reconnaît deux outardes d'Europe, mais il est le seul qui les donne pour des oiseaux des Pyrénées ; et l'on sait que cet auteur, né en Roussillon, rapportait aux montagnes des Pyrénées tous les animaux des provinces adjacentes.
(*g*) *Histoire naturelle des oiseaux,* lib. v, cap. v,

et il paraît avoir plus de rapport avec le pluvier qu'avec l'outarde : c'est ce que nous examinerons de plus près dans la suite.

Enfin il faut être averti que quelques auteurs, trompés apparemment par la ressemblance des mots, ont confondu le nom de *starda*, qui, en italien, signifie une outarde, avec le nom de *starna*, qui dans la même langue signifie perdrix (*a*).

Il résulte de toutes ces discussions que l'*otis* des Grecs, et non l'*otus*, est notre outarde ; que le nom de ῥάφος lui a été appliqué au hasard comme il l'a été ensuite au dronte : que celui d'*anapha*, que lui donnent les juifs modernes, appartenait autrefois au milan ; que c'est l'*avis tarda* de Pline, ou plutôt des Espagnols au temps de Pline, ainsi appelée à cause de sa lenteur, et non, comme le veut Nyphus, parce qu'elle n'aurait été connue à Rome que fort tard ; qu'elle n'est ni le *tetrix* d'Aristote, ni le *tetrax* du poëte Nemesianus, ni cet oiseau de Scythie dont parle Aristote dans son *Histoire des Animaux* (*b*), ni le *tetrao alter* de Pline, ni un oiseau aquatique, et enfin que c'est la *starda* et non la *starna* des Italiens.

Pour sentir combien cette discussion préliminaire était importante, il ne faut que se représenter la bizarre et ridicule idée que se ferait de l'outarde un commençant qui aurait recueilli, sans choix et avec une confiance aveugle, tout ce qui a été attribué par les auteurs à cet oiseau, ou plutôt aux différents noms par lesquels il l'aurait trouvé désigné dans leurs ouvrages ; il serait obligé d'en faire à la fois un oiseau de jour et de nuit, un oiseau de montagne et de vallée, un oiseau d'Europe et d'Amérique, un oiseau aquatique et terrestre, un oiseau granivore et carnassier, un oiseau très gros et très petit ; en un mot un monstre, et même un monstre impossible : ou s'il voulait opter entre ces attributs contradictoires, ce ne pourrait être qu'en rectifiant la nomenclature comme nous avons fait par la comparaison de ce que l'on sait de cet oiseau avec ce qu'en ont dit les naturalistes qui nous ont précédé.

Mais c'est assez nous arrêter sur le nom, il est temps de nous occuper de la chose. Gessner s'est félicité d'avoir fait le premier la remarque que l'outarde pouvait se rapporter au genre des gallinacés (*c*), et il est vrai qu'elle en a le bec et la pesanteur, mais elle en diffère par sa grosseur, par ses pieds à trois doigts, par la forme de la queue, par la nudité du bas de la jambe, par la grande ouverture des oreilles, par les barbes de plumes qui lui tombent sous le menton, au lieu de ces membranes charnues qu'ont les gallinacés, sans parler des différences intérieures.

(*a*) Petrus Apponensis, Patavinus, seu Conciliator, *apud Aldrovand. Ornithol.*, lib. XIII, cap. XII.

(*b*) Lib. IX, cap. XXXIII.

(*c*) « Quanquam gallinaceorum generi otidem adscribendam nemo adhuc monuerit, mihi » tamen recte ad id referri videtur. » Gesn. *de Avibus*, p. 484.

Aldrovande n'est pas plus heureux dans ses conjectures, lorsqu'il prend pour une outarde cet aigle frugivore dont parle Élien (a), à cause de sa grandeur (b), comme si le seul attribut de la grandeur suffisait pour faire naître l'idée d'un aigle; il me paraît bien plus vraisemblable qu'Élien voulait parler du grand vautour, qui est un oiseau de proie comme l'aigle, et même plus puissant que l'aigle commun, et qui devient frugivore dans les cas de nécessité : j'ai ouvert un de ces oiseaux qui avait été démonté par un coup de fusil et qui avait passé plusieurs jours dans les champs semés de blé; je ne lui trouvai dans les intestins qu'une bouillie verte, qui était évidemment de l'herbe à demi digérée.

On retrouverait bien plutôt les caractères de l'outarde dans le *tetrax* d'Athénée, plus grand que les plus gros coqs (et on sait qu'il y en a de très gros en Asie) n'ayant que trois doigts aux pieds, des barbes qui lui tombent de chaque côté du bec, le plumage émaillé, la voix grave, et dont la chair a le goût de celle de l'autruche, avec qui l'outarde a tant d'autres rapports (c); mais ce *tetrax* ne peut être l'outarde, puisque c'est un oiseau dont, selon Athénée, il n'est fait aucune mention dans les livres d'Aristote, au lieu que ce philosophe parle de l'outarde en plusieurs endroits.

On pourrait encore soupçonner, avec M. Perrault (d), que ces perdrix des Indes dont parle Strabon, qui ne sont pas moins grosses que des oies, sont des espèces d'outardes; le mâle diffère de la femelle par les couleurs du plumage qu'il a autrement distribuées et plus vives, par ces barbes de plumes qui lui tombent des deux côtés sur le cou, dont il est surprenant que M. Perrault n'ait point parlé et dont mal à propos Albin a orné la figure de la femelle, par sa grosseur presque double de celle de la femelle, ce qui est une des plus grandes disproportions qui aient été observées en aucune autre espèce de la taille de la femelle à celle du mâle (e).

Belon (f) et quelques autres, qui ne connaissaient ni le casoar, ni le touyou, ni le dronte, ni peut-être le griffon ou grand vautour, regardaient l'outarde comme un oiseau de la seconde grandeur, et le plus gros après l'autruche : cependant le pélican, qui ne leur était pas inconnu (g), est beaucoup plus grand selon M. Perrault; mais il peut se faire que Belon ait vu une grosse outarde et un petit pélican, et dans ce cas tout son tort sera,

(a) Lib. ix, *de Nat. Animal.*, cap. x. Cet aigle, selon Élien, s'appelait *aigle de Jupiter*, et était encore plus frugivore que l'outarde, qui mange des vers de terre; au lieu que l'aigle dont il s'agit ne mange aucun animal.

(b) *Ornithologie*, t. II, page 93.

(c) Gesner, *de Avibus*, p. 487. « Otis avis fidipes est, tribus insistens digitis, magnitudine gallinacei majoris, capite oblongo, oculis amplis, rostro acuto, linguâ osseâ, gracili collo. »

(d) *Mémoires pour servir à l'histoire des animaux*, partie ii, p. 102.

(e) Edwards, *Hist. nat. of Birds*, pl. lxxiv.

(f) *Kidem*, p. 236.

(g) *Ibidem*, page 153.

comme celui de bien d'autres, d'avoir assuré de l'espèce ce qui n'était vrai que de l'individu.

M. Edwards reproche à Willughby de s'être trompé grossièrement, et d'avoir induit en erreur Albin, qui l'a copié en disant que l'outarde avait soixante pouces anglais de longueur du bout du bec au bout de la queue : en effet, celles que j'ai mesurées n'avaient guère plus de trois pieds, ainsi que celle de M. Brisson ; et la plus grande qui ait été mesurée par M. Edwards avait trois pieds et demi dans ce sens, et trois pieds neuf pouces et demi du bout du bec au bout des ongles (a) : les auteurs de la *Zoologie britannique* la fixent à près de quatre pieds anglais, ce qui revient à un peu moins de trois pieds neuf pouces de France (b) : l'étendue du vol varie de plus de moitié en différents sujets ; elle a été trouvée de sept pieds quatre pouces par M. Edwards, de neuf pieds par les auteurs de la *Zoologie britannique*, et de quatre pieds de France par M. Perrault, qui assure n'avoir jamais observé que des mâles, toujours plus gros que les femelles.

Le poids de cet oiseau varie aussi considérablement : les uns l'ont trouvé de dix livres (c), et d'autres de vingt-sept (d) et même de trente (e) ; mais, outre ces variétés dans le poids et la grandeur, on en a aussi remarqué dans les proportions ; tous les individus de cette espèce ne paraissent pas avoir été formés sur le même modèle. M. Perrault en a observé dont le cou était plus long, et d'autres dont le cou était plus court proportionnellement aux jambes ; et d'autres dont le bec était plus pointu ; d'autres dont les oreilles étaient recouvertes par des plumes plus longues (f) ; tous avaient le cou et les jambes beaucoup plus longs que ceux que Gessner et Aldrovande ont examinés. Dans les sujets décrits par M. Edwards, il y avait de chaque côté du cou deux places nues, de couleur violette, et qui paraissaient garnies de plumes lorsque le cou était fort étendu (g) ; ce qui n'a point été indiqué par les autres observateurs. Enfin M. Klein a remarqué que les outardes de Pologne ne ressemblaient pas exactement à celles de France et d'Angleterre (h) ; et en effet on trouve, en comparant les descriptions, quelques différences de couleurs dans le plumage, le bec, etc.

En général l'outarde se distingue de l'autruche, du touyou, du casoar et du dronte par ses ailes, qui, quoique peu proportionnées au poids de son corps, peuvent cependant l'élever et la soutenir quelque temps en l'air, au lieu que celles des quatre autres oiseaux que j'ai nommés sont absolu-

(a) Edwards, *Hist. nat. of Birds*, pl. LXXIII.
(b) On sait que le pied de Paris est plus long que celui de Londres de près de neuf lignes.
(c) Gesner, *de Avibus*, p. 488.
(d) *Britisch Zoology*, page 87.
(e) Rzaczynski, *Auctuarium*, page 401.
(f) *Mémoires pour servir à l'histoire des animaux*, partie II, p. 99 et 102.
(g) Edwards, *Hist. nat. of Birds*, pl. LXXIV.
(h) *Hist. Avium*, p. 18.

ment inutiles pour le vol : elle se distingue de presque tous les autres par sa grosseur, ses pieds à trois doigts isolés et sans membranes, son bec de dindon, son duvet couleur de rose, et la nudité du bas de la jambe : non point par chacun de ces caractères, mais par la réunion de tous (*).

L'aile est composée de vingt-six pennes, selon M. Brisson, et de trente-deux ou trente-trois, suivant M. Edwards, qui peut-être compte celles de l'aile bâtarde. La seule chose que j'aie à faire remarquer dans ces pennes, c'est qu'aux troisième, quatrième, cinquième et sixième plumes de chaque aile, les barbes extérieures deviennent tout à coup plus courtes, et ces pennes conséquemment plus étroites à l'endroit où elles sortent de dessous leurs couvertures (a).

Les pennes de la queue sont au nombre de vingt, et les deux du milieu sont différentes de toutes les autres.

M. Perrault (b) impute à Belon comme une erreur d'avoir dit que le dessus des ailes de l'outarde était blanc (c), contre ce qu'avaient observé MM. de l'Académie, et contre ce qui se voit dans les oiseaux qui ont communément plus de blanc sous le ventre et dans toute la partie inférieure du corps, et plus de brun et d'autres couleurs sur le dos et les ailes ; mais il me semble que sur cela Belon peut être aisément justifié, car il a dit exactement, comme MM. de l'Académie, que l'outarde était *blanche par-dessous le ventre et dessous les ailes* ; et lorsqu'il a avancé que le dessus des ailes était blanc, il a sans doute entendu parler des pennes de l'aile qui approchent du corps et qui se trouvent en effet au-dessus de l'aile, celle-ci étant supposée pliée et l'oiseau debout : or, dans ce sens, ce qu'il a dit se trouve vrai et conforme à la description de M. Edwards, où la vingt-sixième penne de l'aile et les suivantes, jusqu'à la trentième, sont parfaitement blanches (d).

(a) Voyez *Ornithologie de M. Brisson*, t. V, p. 22.
(b) *Mémoires pour servir à l'histoire des animaux*, partie II, p. 102.
(c) Belon, *Nature des oiseaux*, page 235.
(d) Edwards, *Hist. nat. of Birds*, pl. LXXIII.

(*) A. E. Brehm donne de la grande outarde, la description suivante : « Le mâle a la » tête, le haut de la poitrine, une partie de la face supérieure de l'aile d'un gris cendré clair ; » les plumes du dos d'un jaune roux, rayées de noir en travers ; celles de la nuque rousses, » celles du ventre d'un blanc sale ou d'un blanc jaunâtre ; les rectrices externes presque » entièrement blanches, les autres d'un rouge roux, marquées à leur pointe d'une tache » blanche, précédée d'une bande noire ; les rémiges d'un gris foncé, avec les barbes externes » et l'extrémité d'un brun noir, et les tiges d'un blanc jaunâtre ; les plumes de l'avant-bras » blanches à leur racine, noires dans le reste de leur étendue, les dernières étant presque » entièrement blanches ; la barbe formée d'une trentaine de plumes ébarbées, longues, étroites, » d'un blanc gris ; l'œil brun foncé ; le bec noirâtre ; les pattes grises. Il mesure 1ᵐ,08 à 1ᵐ,16 » de long, et 2ᵐ,47 à 2ᵐ,64 d'envergure ; la longueur de l'aile est de 75 centimètres, celle de » la queue de 30. Son poids est de 15 kilogrammes et plus. La femelle a une taille plus faible, » un plumage moins vif et n'a pas de barbe. Elle a au plus 80 centimètres de long et 2 mètres » d'envergure. »

M. Perrault a fait une observation plus juste : c'est que quelques plumes de l'outarde ont du duvet, non seulement à leur base, mais encore à leur extrémité, en sorte que la partie moyenne de la plume, qui est composée de barbes fermes et accrochées les unes aux autres, se trouve entre deux parties où il n'y a que du duvet ; mais ce qui est très remarquable, c'est que le duvet de la base de toutes les plumes, à l'exception des pennes du bout de l'aile, est d'un rouge vif approchant de la couleur rose, ce qui est un caractère commun à la grande et à la petite outarde ; le bout du tuyau est aussi de la même couleur (a).

Le pied ou plutôt le tarse, et la partie inférieure de la jambe qui s'articule avec le tarse sont revêtus d'écailles très petites ; celles des doigts sont en tables longues et étroites ; elles sont toutes de couleur grise, et recouvertes d'une petite peau qui s'enlève comme la dépouille d'un serpent (b).

Les ongles sont courts et convexes par-dessous comme par-dessus, ainsi que ceux de l'aigle que Belon appelle *haliœtos* (c), en sorte qu'en les coupant perpendiculairement à leur axe, la coupe en serait à peu près circulaire (d).

M. Salerne s'est trompé, en imprimant que l'outarde avait au contraire les ongles caves en dessous (e).

Sous les pieds, on voit en arrière un tubercule calleux qui tient lieu de talon (f).

La poitrine est grosse et ronde (g) ; la grandeur de l'ouverture de l'oreille est apparemment sujette à varier, car Belon a trouvé cette ouverture plus grande dans l'outarde que dans aucun autre oiseau terrestre (h) ; et MM. de l'Académie n'y ont rien vu d'extraordinaire (i). Ces ouvertures sont cachées sous les plumes ; on aperçoit dans leur intérieur deux conduits, dont l'un se dirige au bec et l'autre au cerveau (j).

Dans le palais et la partie inférieure du bec, il y a, sous la membrane qui revêt ces parties, plusieurs corps glanduleux qui s'ouvrent dans la cavité du bec par plusieurs tuyaux fort visibles (k).

La langue est charnue en dehors ; elle a au dedans un noyau cartilagineux qui s'attache à l'os hyoïde, comme dans la plupart des oiseaux ; ses

---

(a) *Mémoires pour servir à l'histoire des animaux*, partie II, page 103.
(b) *Animaux de Perrault*, partie II, p. 104.
(c) Belon, *Nature des oiseaux*, liv. II, chap. VII.
(d) *Animaux de Perrault*, partie II, page 104.
(e) *Ornithologie*, p. 153.
(f) Belon, *Nature des oiseaux*, p. 235. — Gesner, *de Avibus*, p. 488, etc.
(g) Belon, page 235.
(h) On mettrait bien le bout du doigt dans le conduit. *Belon*, p. 235.
(i) *Animaux de Perrault*, page 102.
(j) Belon, *Nature des oiseaux*, p. 235.
(k) *Animaux de Perrault*, p. 109.

côtés sont hérissés de pointes d'une substance moyenne entre la membrane et le cartilage (a) : cette langue est dure et pointue par le bout, mais elle n'est pas fourchue comme l'a dit M. Linnæus, trompé sans doute par une faute de ponctuation qui se trouve dans Aldrovande, et qui a été copiée par quelques autres (b).

Sous la langue se présente l'orifice d'une espèce de poche tenant environ sept pintes anglaises, et que le docteur Douglas, qui l'a découverte le premier, regarde comme un réservoir que l'outarde remplit d'eau pour s'en servir au besoin lorsqu'elle se trouve au milieu des plaines vastes et arides où elle se tient par préférence ; ce singulier réservoir est propre au mâle (c), et je soupçonne qu'il a donné lieu à une méprise d'Aristote. Ce grand naturaliste avance que l'œsophage de l'outarde est large dans toute sa longueur (d) ; cependant les modernes, et notamment MM. de l'Académie, ont observé qu'il s'élargissait seulement en s'approchant du gésier (e). Ces deux assertions, qui paraissent contradictoires, peuvent néanmoins se concilier, en supposant qu'Aristote ou les observateurs chargés de recueillir les faits dont il composait son histoire des animaux, ont pris pour l'œsophage cette poche ou réservoir qui est en effet fort ample et fort large dans toute son étendue.

Le véritable œsophage, à l'endroit où il s'épaissit, est garni de glandes régulièrement arrangées ; le gésier, qui vient ensuite (car il n'y a point de jabot), est long d'environ quatre pouces, large de trois ; il a la dureté de celui des poules communes, et cette dureté ne vient point, comme dans les poules, de l'épaisseur de la partie charnue, qui est fort mince ici, mais de la membrane interne, laquelle est très dure, très épaisse, et de plus godronnée, plissée et repliée en différents sens, ce qui grossit beaucoup le volume du gésier.

Cette membrane interne paraît n'être point continue, mais seulement contiguë et jointe bout à bout à la membrane interne de l'œsophage : d'ailleurs celle-ci est blanche, au lieu que celle du gésier est d'un jaune doré (f).

La longueur des intestins est d'environ quatre pieds, non compris les cœcums ; la tunique interne de l'iléon est plissée selon sa longueur, et elle a quelques rides transversales à son extrémité (g).

(a) Animaux de Perrault, p. 109.

(b) Lingua serrata, utrimque acuta, au lieu de lingua serrata utrimque, acuta. Cette phrase n'est qu'une traduction de celle-ci de Belon : sa langue est dentelée de chaque côté, pointue et dure par le bout ; d'où l'on voit que l'utrimque doit se rapporter à serrata, et non au mot acuta.

(c) Edwards, Hist. nat. of Birds, pl. LXXIII.

(d) Hist. animal., lib. II, cap. ultimo.

(e) Gesner, de Avibus, p. 488. — Aldrov., Ornithologie, t. II, p. 92. — Animaux de Perrault, partie II, p. 106.

(f) Animaux de Perrault, partie II, p. 107.

(g) Ibidem.

Les deux *cœcums* sortent de l'intestin à environ sept pouces de l'*anus*, se dirigeant d'arrière en avant. Suivant Gessner, ils sont inégaux selon toutes leurs dimensions, et c'est le plus étroit qui est le plus long dans la raison de six à cinq (*a*). M. Perrault dit seulement que le droit, qui a un pied plus ou moins, est ordinairement un peu plus long que le gauche (*b*).

A un pouce à peu près de l'*anus*, l'intestin se rétrécit; puis, se dilatant, forme une poche capable de contenir un œuf, et dans laquelle s'insèrent les uretères et le canal déférent; cette poche intestinale, appelée bourse de Fabrice (*c*), a aussi son *cœcum* long de deux pouces, large de trois lignes, et le trou qui communique de l'un à l'autre est surmonté d'un repli de la membrane interne, lequel peut servir de valvule (*d*).

Il résulte de ces observations que l'outarde, bien loin d'avoir plusieurs estomacs et de longs intestins, comme les ruminants, a au contraire le tube intestinal fort court et d'une petit capacité, et qu'il n'a qu'un seul ventricule; en sorte que l'opinion de ceux qui prétendent que cet oiseau rumine (*e*) serait réfutée par cela seul : mais il ne faut pas non plus se persuader, avec Albert, que l'outarde soit carnassière, qu'elle se nourrisse de cadavres, que même elle fasse la guerre au petit gibier, et qu'elle ne mange de l'herbe et du grain que dans le cas de grande disette; il faut encore moins conclure de ces suppositions qu'elle a le bec et les ongles crochus, toutes erreurs accumulées par Albert (*f*) d'après un passage d'Aristote mal entendu (*g*), admises par Gessner avec quelques modifications (*h*), mais rejetées par tous les autres naturalistes.

L'outarde est un oiseau granivore (*) : elle vit d'herbes, de grains et de toutes sortes de semences; de feuilles de choux, de dent-de-lion, de navets, de myosotis ou oreille de souris, de vesce, d'ache, de *daucus* et même de foin, et de ces gros vers de terre que pendant l'été l'on voit fourmiller sur

(*a*) Gesner, *de Avibus*, page 486.

(*b*) *Animaux de Perrault*, partie II, p. 107.

(*c*) Du nom de *Fabricius ab Aquapendente*, qui l'a le premier observée. *Animaux de Perrault*, partie II, page 107.

(*d*) *Ibidem.*

(*e*) Athénée, Eustache; voyez Gesner, page 484.

(*f*) Voyez Gesner, *de Avibus*, page 485.

(*g*) Aldrovande prétend que l'idée de faire de l'outarde un oiseau de proie a pu venir à Albert de ce passage d'Aristote : *Avis Schythica quædam.....* que j'ai discuté plus haut. Voyez Aldrovande, *Ornitholog.*, t. II, p. 90. Ce qu'il y a de certain, c'est que ce n'est pas d'après l'inspection de l'animal qu'Albert s'est formé cette idée.

(*h*) Gesner, *de Avibus*, page 485.

(*) A l'état jeune, l'outarde ne mange que des insectes; plus tard, elle se nourrit de plantes vertes et de graines. L'hiver elle déterre ses aliments avec les pattes; il paraît que la rosée bue, le matin, goutte à goutte, suffit pour apaiser sa soif. C'est la mère qui recueille les insectes destinés à la nourriture des jeunes. Dès que ceux-ci commencent à chercher eux-mêmes leurs aliments, ils se nourrissent d'herbes et de graines.

les dunes tous les matins avant le lever du soleil (a) : dans le fort de l'hiver et par les temps de neige elle mange l'écorce des arbres (b) ; en tout temps elle avale de petites pierres, même des pièces de métal comme l'autruche, et quelquefois en plus grande quantité. MM. de l'Académie, ayant ouvert le ventricule de l'une des six outardes qu'ils avaient observées, le trouvèrent rempli en partie de pierres, dont quelques-unes étaient de la grosseur d'une noix, et en partie de doubles, au nombre de quatre-vingt-dix, tous usés et polis dans les endroits exposés aux frottements, mais sans aucune apparence d'érosion (c).

Willughby a trouvé dans l'estomac de ces oiseaux, au temps de la moisson, trois ou quatre grains d'orge, avec une grande quantité de graine de ciguë (d), ce qui indique un appétit de préférence pour cette graine, et par conséquent le meilleur appât pour l'attirer dans les pièges.

Le foie est très-grand ; la vésicule du fiel, le pancréas, le nombre des canaux pancréatiques, leurs insertions, ainsi que celle des conduits hépatiques et cystiques, sont sujets à quelque variation dans les différents sujets (e).

Les testicules ont la forme d'une petite amande blanche, d'une substance assez ferme ; le canal déférent va s'insérer à la partie inférieure de la poche du *rectum*, comme je l'ai dit plus haut, et l'on trouve au bord supérieur de l'*anus* un petit appendice qui tient lieu de verge.

M. Perrault ajoute à ces observations anatomiques la remarque suivante : c'est qu'entre tant de sujets qu'avaient disséqués MM. de l'Académie, il ne s'était pas rencontré une seule femelle ; mais nous avons dit à l'article de l'autruche ce que nous pensions de cette remarque.

Dans la saison des amours, le mâle va piaffant autour de la femelle et fait une espèce de roue avec sa queue (f) (*).

Les œufs ne sont que de la grosseur de ceux d'une oie ; ils sont d'un brun olivâtre pâle, marqués de petites taches plus foncées, en quoi leur couleur a une analogie évidente avec celle du plumage.

Cet oiseau ne construit point de nid, mais il creuse seulement un trou en grattant la terre (g), et y dépose ses deux œufs qu'il couve pendant trente jours, comme font presque tous les gros oiseaux, selon Aristote (h). Lorsque

---

(a) *Britisch Zoology*, p. 88, et presque tous les autres naturalistes que j'ai cités dans cet article.

(b) Gesner, *de Avibus*, page 488.

(c) *Animaux de Perrault*, partie II, page 107.

(d) *Ornithologia*, p. 129.

(e) *Animaux de Perrault*, page 105.

(f) Klein. *Hist. Avium*, p. 18. — Merula *apud. Gesn. de Avibus*, p. 487.

(g) *Britisch Zoology*, page 88.

(h) *Hist. anim.*, lib. VI, cap. VI.

(*) L'outarde paraît être monogame, mais Naumann pense, qu'à l'exemple de la caille, le mâle peut prendre une seconde femelle pendant la première couvée des œufs.

cette mère inquiète se défie des chasseurs, et qu'elle craint qu'on n'en veuille à ses œufs, elle les prend sous ses ailes (*) (on ne dit pas comment) et les transporte en lieu sûr (a). Elle s'établit ordinairement dans les blés qui approchent de la maturité pour y faire sa ponte, suivant en cela l'instinct commun à tous les animaux de mettre leurs petits à portée de trouver en naissant une nourriture convenable. M. Klein prétend qu'elle préfère les avoines comme plus basses, en sorte qu'étant posée sur ses œufs sa tête domine sur la campagne, et qu'elle puisse avoir l'œil sur ce qui se passe autour d'elle ; mais ce fait, avancé par M. Klein (b), ne s'accorde ni avec le sentiment général des naturalistes, ni avec le naturel de l'outarde, qui, sauvage et défiante comme elle l'est, doit chercher sa sûreté plutôt en se cachant dans les grands blés qu'en se tenant à portée de voir les chasseurs de loin, au risque d'en être elle-même aperçue (**).

Elle quitte quelquefois ses œufs pour aller chercher sa nourriture ; mais si, pendant ses courtes absences, quelqu'un les touche ou les frappe seulement de son haleine, on prétend qu'elle s'en aperçoit à son retour et qu'elle les abandonne (c).

L'outarde, quoique fort grosse, est un animal très craintif et qui paraît n'avoir ni le sentiment de sa propre force, ni l'instinct de l'employer ; elles s'assemblent quelquefois par troupes de cinquante ou soixante, et ne sont pas plus rassurées par leur nombre que par leur force et leur grandeur ; la moindre apparence de danger, ou plutôt la moindre nouveauté les effraie, et elles ne pourvoient guère à leur conservation que par la fuite ; elles craignent surtout les chiens, et cela doit être, puisqu'on se sert communément des chiens pour leur donner la chasse ; mais elles doivent craindre aussi le renard, la fouine et tout autre animal, si petit qu'il soit, qui sera assez hardi pour les attaquer ; à plus forte raison les animaux féroces et même les oiseaux de proie, contre lesquels elles oseraient bien moins se défendre : leur pusillanimité est telle, que, pour peu qu'on les blesse, elles meurent plutôt de la peur que de leurs blessures (d). M. Klein prétend néanmoins qu'elles se mettent quelquefois en colère, et qu'alors on voit s'enfler une

(a) Klein, *Hist. Avium*, page 18.
(b) *Ibidem.*
(c) *Hector Boeth apud Gesn.*, page 488.
(d) Gesner, *de Avibus*, page 488.

(*) Cette assertion est très probablement erronée.
(**) D'après A. E. Brehm, l'outarde creuse un trou dans le sol au milieu des hautes céréales ; elle tapisse cette cavité de quelques chaumes et pond seulement deux ou trois œufs ovales, courts, à coquille épaisse, rugueuse, semée de taches d'un cuivré foncé sur un fond vert olivâtre clair ou vert gris mat. L'outarde ne va à son nid qu'avec de très grandes précautions ; si l'on touche ses œufs ou si l'on marche beaucoup autour du nid, elle n'y revient plus. L'incubation est d'environ trente jours ; à un mois, les jeunes commencent à voleter, à un mois et demi, ils suivent les parents.

peau lâche qu'elles ont sous le cou. Si l'on en croit les anciens, l'outarde n'a pas moins d'amitié pour le cheval qu'elle a d'antipathie pour le chien ; dès qu'elle aperçoit celui-là, elle, qui craint tout, vole à sa rencontre et se met presque sous ses pieds (a). En supposant bien constatée cette singulière sympathie entre des animaux si différents, on pourrait, ce me semble, en rendre raison en disant que l'outarde trouve dans la fiente du cheval des grains qui ne sont qu'à demi digérés, et lui sont une ressource dans la disette (b).

Lorsqu'elle est chassée, elle court fort vite, en battant des ailes, et va quelquefois plusieurs milles de suite, et sans s'arrêter (c) ; mais comme elle ne prend son vol que difficilement et lorsqu'elle est aidée, ou si l'on veut portée par un vent favorable, et que d'ailleurs elle ne se perche ni ne peut se percher sur les arbres, soit à cause de sa pesanteur, soit faute de doigt postérieur dont elle puisse saisir la branche et s'y soutenir, on peut croire, sur le témoignage des anciens et des modernes (d), que les lévriers et les chiens courants la peuvent forcer : on la chasse aussi avec l'oiseau de proie (e), ou enfin on lui tend des filets et on l'attire où l'on veut en faisant paraître un cheval à propos, ou seulement en s'affublant de la peau d'un de ces animaux (f). Il n'est point de piège, si grossier qu'il soit, qui ne doive réussir, s'il est vrai, comme le dit Élien, que dans le royaume de Pont les renards viennent à bout de les attirer à eux en se couchant contre terre et relevant leur queue, à laquelle ils donnent, autant qu'ils peuvent, l'apparence et les mouvements du cou d'un oiseau ; les outardes, qui prennent, dit-on, cet objet pour un oiseau de leur espèce, s'approchent sans défiance et deviennent la proie de l'animal rusé (g) ; mais cela suppose bien de la subtilité dans le renard, bien de la stupidité dans l'outarde, et peut-être encore plus de crédulité dans l'écrivain.

J'ai dit que ces oiseaux allaient quelquefois par troupes de cinquante ou soixante (*) ; cela arrive surtout en automne dans les plaines de la Grande-

(a) Oppien, *de Aucupio*, lib. III,

(b) « Otidibus amicitia cum equis quibus appropinquare et fimum dejicere gaudent. » Plutarque, *de Soc. animal.*

(c) *Britisch Zoology*, page 88.

(d) Xénophon, Élien, Albin, Frisch, etc.

(e) Aldrov., *Ornithològ.*, t. II, page 92.

(f) Athénée.

(g) Ælian, *Nat. animal.*, lib. VI, cap. XXIV.

(*) A l'approche de l'époque des amours, vers le mois de février, Naumann dit « qu'elles » cessent de venir visiter régulièrement leurs pâturages habituels et de vivre réunies. Elles » sont plus vives, inquiètes jusqu'à un certain point ; on dirait qu'elles sont comme contraintes » d'errer tout le jour d'un endroit à l'autre. Les mâles commencent à poursuivre les femelles ; » celles-ci se dispersent. La société se relâche, sans se dissoudre encore. » Puis, quand les mâles ont choisi leurs femelles et ont été agréés, la société est définitivement désagrégée ; elle ne se reconstitue que quand les jeunes sont grands. Ce fait de la dissolution des sociétés animales, au moment de la constitution de la famille, est offert par un grand nombre d'oiseaux et de mammifères. Il offre une grande importance.

Bretagne; ils se répandent alors dans les terres semées de *turnipes* (*), et y font de très grands dégâts (*a*). En France, on les voit passer régulièrement au printemps et en automne, mais par plus petites troupes, et elles ne se posent guère que sur les lieux les plus élevés. On a observé leur passage en Bourgogne, en Champagne et en Lorraine.

L'outarde se trouve dans la Libye, aux environs d'Alexandrie, selon Plutarque (*b*); dans la Syrie (*c*), dans la Grèce (*d*), en Espagne (*e*); en France, dans les plaines du Poitou et de la Champagne pouilleuse (*f*); dans les contrées ouvertes de l'est et du sud de la Grande-Bretagne, depuis la province de Dorset jusqu'à celle de Mercie et de la Lothiane en Écosse (*g*); dans les Pays-Bas, en Allemagne (*h*); en Ukraine et en Pologne, où, selon Rzaczynski, elle passe quelquefois l'hiver au milieu des neiges. Les auteurs de la *Zoologie britannique* assurent que ces oiseaux ne s'éloignent guère du pays qui les a vus naître, et que leurs plus grandes excursions ne vont pas au delà de vingt à trente milles (*i*); mais Aldrovande prétend que, sur la fin de l'automne, ils arrivent par troupes en Hollande et se tiennent par préférence dans les campagnes éloignées des villes et des lieux habités (*j*). M. Linnæus dit qu'ils passent en Hollande et en Angleterre. Aristote parle aussi de leur migration (*k*); mais c'est un point qui demande à être éclairci par des observations plus exactes.

Aldrovande reproche à Gessner d'être tombé dans quelque contradiction à cet égard, sur ce qu'il dit que l'outarde s'en va avec les cailles (*l*), ayant dit plus haut qu'elle ne quittait point la Suisse, où elle est rare, et qu'on y en prenait quelquefois l'hiver (*m*); mais cela peut se concilier, ce me semble, en admettant la migration des outardes, et la resserrant dans des

---

(*a*) *Britisch Zoology*, p. 88. — « Nec ullam pestem odere magis olitores, nam rapis ven» trem fulcit, nec mediocri præda contentus esse solet. » *Longolius apud Aldrov. Ornitholog.*, t. II, page 93.

(*b*) Si toutefois on n'a pas ici confondu l'*otis* avec l'*otus*, comme on a fait si souvent.

(*c*) Gesner, *de Avibus*, page 484.

(*d*) Pausanias *in Phocicis*.

(*e*) Plin., lib. x, cap. xxii. — « Hispania otides producit. » Strabon.

(*f*) *Ornithologie de Salerne*, page 153.

(*g*) *Britisch Zoology*, p. 88. — Aldrov., *Ornitholog.*, t. II, p. 92.

(*h*) Frisch l'appelle la plus grosse de toutes les poules sauvages naturelles à l'Allemagne; cela ne prouve pas que l'outarde soit une poule, mais bien qu'elle se trouve en Allemagne.

(*i*) *Britisch Zoology*, p. 88.

(*j*) *Ornithologia*, page 92.

(*k*) *Hist. animal.*, lib. viii.

(*l*) Gesner, *de Avibus*, page 484. « Otidem de quâ scribo avolare puto cum coturnicibus, » sed corporis gravitate impeditam, perseverare non posse, et in locis proximis remanere. »

(*m*) « Otis magna, si ea est quam vulgo Trappum vocant, non avolat, nisi fallor, ex nostris » regionibus (etsi Helvetiæ rara est), et hieme etiam interdum capitur apud nos. » Gesner, *ibidem*.

(*) C'est le *turneps* des anglais ou rave (*Brassica Rapa*).

limites, comme les auteurs de la *Zoologie britannique ;* d'ailleurs, celles qui se trouvent en Suisse sont des outardes égarées, dépaysées, en petit nombre, et dont les mœurs ne peuvent représenter celles de l'espèce : ne pourrait-on pas dire aussi que l'on n'a point de preuves que celles qu'on prend quelquefois à Zurich, pendant l'hiver, soient les mêmes qui y ont passé l'été précédent ?

Ce qui paraît de plus certain, c'est que l'outarde ne se trouve que rarement dans les contrées montagneuses ou bien peuplées, comme la Suisse, le Tyrol, l'Italie, plusieurs provinces d'Espagne, de France, d'Angleterre et d'Allemagne ; et que, lorsqu'elle s'y rencontre, c'est presque toujours en hiver (*a*) ; mais quoiqu'elle puisse subsister dans les pays froids et qu'elle soit, selon quelques auteurs, un oiseau de passage, il ne paraît pas néanmoins qu'elle ait jamais passé en Amérique par le Nord ; car, bien que les relations des voyageurs soient remplies d'outardes trouvées dans ce nouveau continent, il est aisé de reconnaître que ces prétendues outardes sont des oiseaux aquatiques, comme je l'ai déjà remarqué plus haut, et absolument différents de la véritable outarde dont il est ici question. M. Barrère parle bien d'une outarde cendrée d'Amérique dans son *Essai d'ornithologie* (page 33), qu'il dit avoir observée ; mais, 1° il ne paraît pas l'avoir vue en Amérique, puisqu'il n'en fait aucune mention dans sa *France équinoxiale ;* 2° il est le seul, avec M. Klein, qui parle d'une outarde américaine : or celle de M. Klein, qui est le *macucagua* de Marcgrave, n'a point les caractères propres à ce genre, puisqu'elle a quatre doigts à chaque pied (*b*), et le bas de la jambe garni de plumes jusqu'à son articulation avec le tarse, qu'elle est sans queue, et qu'elle n'a d'autre rapport avec l'outarde que d'être un oiseau pesant qui ne se perche ni ne vole presque point (*c*). A l'égard de M. Barrère, son autorité n'est pas d'un assez grand poids en histoire naturelle pour que son témoignage doive prévaloir contre celui de tous les autres ; 3° enfin, son outarde cendrée d'Amérique a bien l'air d'être la femelle de l'outarde d'Afrique, laquelle est en effet toute couleur de cendre, selon M. Linnæus (*d*).

(*a*) « Memini ter quaterque apud nos captum, et in Rhætiâ circa Curiam, decembri et januario mensibus, nec apud nos, nec illic à quoquam agnitum. » Gesner, *de Avibus*, p. 486.

« L'outarde se voit rarement dans l'Orléanais, et seulement en hiver, dans les temps de neige. » Salerne, *Ornithologie*, p. 153. « Un particulier incapable d'en imposer, ajoute le même M. Salerne, m'a raconté qu'un jour que la campagne était couverte de neige et de frimas, un de ses domestiques trouva le matin une trentaine d'outardes à moitié gelées, qu'il amena à la maison, les prenant pour des dindons qu'on avait laissés coucher dehors, et qu'on ne reconnut pour ce qu'elles étaient que lorsqu'elles furent dégelées. » *Ibidem*.

Je me souviens moi-même d'en avoir vu deux, à deux différentes fois, dans une partie de la Bourgogne fertile en blé, et cependant montagneuse ; mais ç'a toujours été en hiver et par un temps de neige.

(*b*) Klein, *Ordo Avium*, p. 18.

(*c*) Marcgrav., *Hist. nat. Brasil.*, p. 213.

(*d*) *Hist. nat.*, édit. X, p. 155.

On me demandera peut-être pourquoi un oiseau qui, quoique pesant, a cependant des ailes, et qui s'en sert quelquefois, n'est point passé en Amérique par le nord, comme ont fait plusieurs quadrupèdes : je répondrai que l'outarde n'y est point passée parce que, quoiqu'elle vole en effet, ce n'est guère que lorsqu'elle est poursuivie ; parce qu'elle ne vole jamais bien loin, et que d'ailleurs elle évite surtout les eaux, selon la remarque de Belon, d'où il suit qu'elle n'a pas dû se hasarder à franchir de grandes étendues de mer ; je dis de grandes étendues, car, quoique celles qui séparent les deux continents du côté du nord soient bien moindres que celles qui les séparent entre les tropiques, elles sont néanmoins considérables par rapport à l'espace que l'outarde peut parcourir d'un seul vol.

On peut donc regarder l'outarde comme un oiseau propre et naturel à l'ancien continent, et qui dans ce continent ne paraît point attaché à un climat particulier, puisqu'il peut vivre en Libye, sur les côtes de la mer Baltique et dans tous les pays intermédiaires.

C'est un très bon gibier : la chair des jeunes, un peu gardée, est surtout excellente ; et si quelques écrivains ont dit le contraire, c'est pour avoir confondu l'*otis* avec l'*otus,* comme je l'ai remarqué plus haut. Je ne sais pourquoi Hippocrate l'interdisait aux personnes qui tombaient du mal caduc (*a*). Pline reconnaît dans la graisse d'outarde la vertu de soulager les maux de mamelles qui surviennent aux nouvelles accouchées. On se sert des pennes de cet oiseau, comme on fait de celles d'oie et de cygne, pour écrire, et les pêcheurs les recherchent pour les attacher à leurs hameçons, parce qu'ils croient que les petites taches noires dont elles sont émaillées paraissent autant de petites mouches aux poissons qu'elles attirent par cette fausse apparence (*b*).

LA PETITE OUTARDE

VULGAIREMENT LA CANEPETIÈRE (*c*)

Cet oiseau (*) ne diffère de l'outarde que parce qu'il est beaucoup plus petit, et par quelque variété dans le plumage : il a aussi cela de commun avec

(*a*) *Vide* Aldrovand., *Ornithologia,* p. 95.

(*b*) Gesner, *de Avibus,* p. 488.

(*c*) « Quant à l'étymologie (dit M. Salerne, *Hist. nat. des oiseaux,* p. 155), on le nomme » (cet oiseau) *canepetière* ou *canepetrace :* 1° parce qu'il ressemble en quelque chose à un » canard sauvage et qu'il vole comme lui ; 2° parce qu'il se plaît parmi les pierres. Il y en a

(*) *Otis Tetrax* L. On a, dans ces derniers temps, créé pour cette espèce un genre *Tetrax* distinct du genre *Otis* par l'absence des barbes à la base de la mandibule inférieure chez le mâle, par des narines plus allongées et la présence, au bas du cou, d'une collerette de plumes que l'oiseau élargit à volonté. L'*Otis Tetrax* prend, dans cette nomenclature, le nom de *Tetrax campestris.*

l'outarde, qu'on lui a donné le nom de cane et de canard, quoiqu'il n'ait pas plus d'affinité qu'elle avec les oiseaux aquatiques, et qu'on ne le voie jamais autour des eaux (a). Belon prétend qu'on l'a ainsi nommé parce qu'il se tapit contre terre comme font les canes dans l'eau (b), et M. Salerne, parce qu'il ressemble en quelque chose à un canard sauvage, et qu'il vole comme lui (c) : mais l'incertitude et le peu d'accord de ces conjectures étymologiques font voir qu'un rapport aussi vague et surtout un rapport unique, n'est point une raison suffisante pour appliquer à un oiseau le nom d'un autre oiseau ; car, si un lecteur qui trouve ce nom ne saisit point le rapport qu'on a voulu indiquer, il prendra nécessairement une fausse idée : or, il y a beaucoup à parier que ce rapport, étant unique, ne sera saisi que très rarement.

La dénomination de petite outarde que j'ai préférée n'est point sujette à cet inconvénient, car l'oiseau dont il s'agit ayant tous les principaux caractères de l'outarde, à l'exception de la grandeur, le nom composé de petite outarde lui convient dans presque toute la plénitude de sa signification, et ne peut guère produire d'erreurs.

Belon a soupçonné que cet oiseau était le *tetrax* d'Athénée, se fondant sur un passage de cet auteur où il le compare pour la grandeur au *spermologus* (d), que Belon prend pour un *freux*, espèce de grosse corneille; mais Aldrovande assure au contraire que le *spermologus* est une espèce de moineau, et que, par conséquent, le *tetrax* auquel Athénée le compare pour la grandeur ne saurait être la petite outarde (e) : aussi Willughby prétend-il que cet oiseau n'a point été nommé par les anciens (f).

Le même Aldrovande nous dit que les pêcheurs de Rome ont donné, sans qu'on sache pourquoi, le nom de *stella*, à un oiseau qu'il avait pris d'abord pour la petite outarde, mais qu'ensuite il a jugé différent en y regardant de

---

» qui pensent que ce nom lui vient de ce qu'il pétrit son aire ou son repaire; d'autres disent
» que c'est parce qu'il pète; mais je préfère la première étymologie, d'autant plus que les
» Orléanais appellent le petit moineau de muraille, dit friquet, un *petrac* ou *petrat*. »

Cette étymologie de canepetière, parce que cet oiseau pète, dit-on, ne paraît uniquement fondée que sur l'analogie du mot, car aucun naturaliste n'a rien dit de pareil dans l'histoire de cet oiseau, notamment Belon, qui a été copié par presque tous les autres.

D'ailleurs, je remarque que le proyer, dont le même M. Salerne parle aux pages 291 et 292, est appelé *péteux*, quoiqu'il ne soit point dit dans son histoire qu'il pète, mais bien qu'il se plaît dans les prés, les sainfoins et les luzernes. Or, la canepetière est aussi appelée *anas pratensis*.

(a) Salerne, *Hist. nat. des oiseaux*, p. 155.
(b) Belon, *Hist. nat. des oiseaux*, p. 237.
(c) Salerne, *loco citato*.
(d) « Tetrax, inquit Alexander Myndius, avis est magnitudine spermologi, colore figlino,
» sordidis quibusdam maculis lineisque magnis variegato : frugibus vescitur, et quando peperit,
» quadruplicem emittit vocem. » Athénée, lib. ix.
(e) *Ornithologia*, lib. xiii, p. 64.
(f) *Idem*, p. 130. « Veteribus indicta videtur. »

plus près (a) ; cependant, malgré un aveu aussi formel, Ray, et d'après lui M. Salerne, disent que la canepetière et le *stella avis* d'Aldrovande paraissent être de la même espèce (b), et M. Brisson place sans difficulté le *stella* d'Aldrovande parmi les synonymes de la petite outarde ; il semble même imputer à Charleton et à Willughby d'avoir pensé de même (c), quoique ces deux auteurs aient été fort attentifs à ne point confondre ces deux sortes d'oiseaux, que, selon toute apparence, ils n'avaient point vus (d).

D'un autre côté, M. Barrère, brouillant la petite outarde avec le râle, lui a imposé le nom d'*ortygometra melina*, et lui donne un quatrième doigt à chaque pied (e) ; tant il est vrai que la multiplicité des méthodes ne fait que donner lieu à de nouvelles erreurs, sans rien ajouter aux connaissances réelles.

Cet oiseau est une véritable outarde comme j'ai dit, mais construite sur une plus petite échelle, d'où M. Klein a pris occasion de l'appeler *outarde naine* (f) : sa longueur, prise du bout du bec au bout des ongles, est de dix-huit pouces, c'est-à-dire plus d'une fois moindre que la même dimension prise dans la grande outarde. Cette seule mesure donne toutes les autres, et il n'en faut pas conclure, avec M. Ray, que la petite outarde soit à la grande comme un est à deux (g), mais comme un est à huit, puisque les volumes des corps semblables sont entre eux comme les cubes de celles de leurs dimensions simples qui se correspondent ; sa grosseur est à peu près celle d'un faisan (h) ; elle a, comme la grande outarde, trois doigts seulement à chaque pied, le bas de la jambe sans plumes, le bec des gallinacés, et un duvet couleur de rose sous toutes les plumes du corps ; mais elle a deux pennes de moins à la queue, une penne de plus à chaque aile, dont les dernières pennes vont, l'aile étant pliée, presque aussi loin que les premières, par lesquelles on entend les plus éloignées du corps : outre cela, le mâle n'a point ces barbes de plumes qu'a le mâle de la grande espèce, et M. Klein

(a) *Ornithol.* Aldrov., t. II, p. 98. « Arbitrabar cum Belloniana *canepetière* eadem esse, » sed ex collata utriusque descriptione, diversam esse judicavi. »

(b) Voyez Ray, *Synopsis meth. Avium*, p. 59 ; et Salerne, *Hist. nat. des oiseaux*, p. 154.

(c) *Ornithologia*, p. 25.

(d) Charleton en fait deux espèces différentes, dont l'une, qui est la neuvième de ses *phytivores*, est la canepetière, et l'autre, qui est la dixième espèce du même genre, est l'*avis stella* : sur celle-ci, il renvoie à Jonston, et il ne parle de l'autre que d'après Belon. A l'égard de Willughby, il ne donne nulle part le nom de *stella* à la canepetière (voyez son *Ornithologie*, p. 129), ni le nom de canepetière à l'*avis stella* (voyez la figure qui est au bas de la pl. xxxii et qui paraît copiée d'après celle de l'*avis stella* d'Aldrovande ; voyez aussi la table au mot *stella*).

(e) *Specimen Ornitholog.*, class. iii. gen. xxxv, p. 62.

(f) « Tarda nana, an otis uti videtur, seu tarda aquatica. » *Ordo Avium*, p. 18, n° 11. Voilà encore la petite outarde transformée expressément en oiseau aquatique.

(g) « Tardæ persimilis est, sed duplo minor. » Ray, *Synopsis meth. Avium*, p. 59.

(h) Qui voudra avoir la perspective d'une canepetière s'imagine voir une caille beaucoup madrée (*tachetée*) aussi grande comme une moyenne faisane. Belon, *Hist. nat. des oiseaux*, p. 233.

ajoute que son plumage est moins beau que celui de la femelle (a), contre ce qui se voit le plus souvent dans les oiseaux : mais à ces différences près, qui sont assez légères, on retrouve dans la petite espèce tous les attributs extérieurs de la grande, et même presque toutes les qualités intérieures, le même naturel, les mêmes mœurs, les mêmes habitudes ; il semble que la petite soit éclose d'un œuf de la grande, dont le germe aurait eu une moindre force de développement.

Le mâle se distingue de la femelle par un double collier blanc et par quelques autres variétés dans les couleurs ; mais celles de la partie supérieure du corps sont presque les mêmes dans les deux sexes, et sont beaucoup moins sujettes à varier dans les différents individus, ainsi que Belon l'avait remarqué.

Selon M. Salerne, ces oiseaux ont un cri particulier d'amour qui commence au mois de mai ; ce cri est *brout* ou *prout ;* ils le répètent surtout la nuit, et on l'entend de fort loin ; alors les mâles se battent entre eux avec acharnement, et tâchent de se rendre maîtres chacun d'un certain district ; un seul suffit à plusieurs femelles, et la place du rendez-vous d'amour est battue comme l'aire d'une grange (*).

La femelle pond, au mois de juin, trois, quatre, et jusqu'à cinq œufs fort beaux, d'un vert luisant ; lorsque ses petits sont éclos, elle les mène comme la poule mène les siens. Ils ne commencent à voler que vers le milieu du mois d'août ; et quand ils entendent du bruit, ils se tapissent contre terre et se laisseraient plutôt écraser que de remuer de la place (b).

(a) Klein, *Ordo Avium*, p. 18.
(b) Salerne, *Hist. nat. des oiseaux*, p. 155. L'auteur n'indique point les sources où il a puisé tous ces faits ; ils ressemblent beaucoup à ce qu'on dit du coq de bruyère, qui s'appelle

(*) Nordmann décrit de la façon suivante les relations sexuelles des canepetières :
« A l'entrée de la saison des amours, au mois d'avril, ces oiseaux se rassemblent dans
» quelque endroit de la steppe pour se disputer la possession des femelles. La bizarrerie des
» différents gestes et mouvements de ces mâles amoureux offre un spectacle divertissant.
» Le cou s'enfle ; parmi les plumes dont cette partie est revêtue, les plus longues forment,
» en se retroussant, un collier proéminent ; les pennes de la queue, écartées en éventail, se
» dressent, tandis que la queue traîne par terre. Parés de la sorte et la tête tantôt levée,
» tantôt baissée, ils avancent en sautant les uns contre les autres et cherchent à se blesser
» mutuellement à coups de bec. Après avoir chassé les individus jeunes et faibles, les vain-
» queurs, glorieux, se promènent d'un air majestueux en dessinant des cercles devant les
» femelles : cette scène est immédiatement suivie de l'accouplement. Durant ces combats,
» l'attention des combattants et de ceux qui en sont l'objet est tellement absorbée, qu'ils ne
» songent guère au danger ; ils laissent approcher le chasseur assis dans une voiture, et ne
» se dispersent même qu'après qu'il a tiré plusieurs coups de fusil. Il est constant que sur
» ces champs de bataille un mâle s'allie à plusieurs femelles ; et, à défaut d'autres preuves,
» une seule circonstance le démontrerait, c'est que les plus faibles d'entre les mâles ayant
» été obligés de quitter la place, il y reste toujours plus de femelles que de mâles ; mais il
» faut dire aussi que plus tard, quand la femelle couve, on trouve toujours près d'elle un
» mâle : il paraît donc que les femelles surnuméraires, après s'être éloignées du champ de
» bataille, sont recherchées par les autres mâles qui restent avec elles pendant le temps de
» l'incubation. »

On prend les mâles au piège, en les attirant avec une femelle empaillée dont on imite le cri; on les chasse aussi avec l'oiseau de proie; mais, en général, ces oiseaux sont fort difficiles à approcher, étant toujours aux aguets sur quelque hauteur, dans les avoines, mais jamais, dit-on, dans les seigles et dans les blés : lorsque sur la fin de la belle saison ils se disposent à quitter le pays pour passer dans un autre, on les voit se rassembler par troupes; et pour lors il n'y a plus de différence entre les jeunes et les vieux (a).

Ils se nourrissent, selon Belon (b), comme ceux de la grande espèce, c'est-à-dire d'herbes et de graines, et outre cela de fourmis, de scarabées et de petites mouches; mais, selon M. Salerne, les insectes sont leur nourriture principale (*) : seulement ils mangent quelquefois au printemps les feuilles les plus tendres du laitron (c).

La petite outarde est moins répandue que la grande, et paraît confinée dans une zone beaucoup plus étroite. M. Linnæus dit qu'elle se trouve en Europe, et particulièrement en France (d); cela est un peu vague, car il y a des pays très considérables en Europe, et même de grandes provinces en France où elle est inconnue : on peut mettre les climats de la Suède et de la Pologne au nombre de ceux où elle ne se plaît point, car M. Linnæus lui-même n'en fait aucune mention dans sa *Fauna suecica*, ni le P. Rzaczynski dans son *Histoire naturelle de Pologne;* et M. Klein n'en a vu qu'une seule à Dantzick, laquelle venait de la ménagerie du margrave de Bareith (e).

Il faut qu'elle ne soit pas non plus bien commune en Allemagne, puisque Frisch, qui s'attache à décrire et représenter les oiseaux de cette région, et qui parle assez au long de la grande outarde, ne dit pas un mot de celle-ci, et que Schwenckfeld ne la nomme seulement pas.

Gesner se contente de donner son nom dans la liste des oiseaux qu'il n'avait jamais vus, et il est bien prouvé qu'en effet il n'avait jamais vu celui-ci, puisqu'il lui suppose les pieds velus comme à l'attagas (f), ce qui donne lieu de croire qu'il est au moins fort rare en Suisse.

tetrix (voyez *ibidem*, p. 136); et comme on a donné le nom de *tetrax* à la petite outarde, on pourrait craindre qu'il n'y eût ici quelque méprise fondée sur une équivoque de nom, d'autant plus que M. Salerne est le seul naturaliste qui entre dans d'aussi grands détails sur la génération de la petite outarde sans citer ses garants.

(a) Voyez Salerne, *Hist. nat. des oiseaux*, p. 155.

(b) Belon, *Hist. nat. des oiseaux*, p. 237.

(c) Salerne, *Hist. nat. des oiseaux*, p. 155.

(d) Linnæus, *Syst. nat.*, édit. X, p. 154.

(e) Klein, *Ordo Avium*, p. 18.

(f) Gesner, *de Avium naturâ*, p. 715 et 795.

(*) D'après Brehm, « la canepetière champêtre adulte a un régime à la fois animal et » végétal; cependant elle se nourrit principalement de vers, d'insectes, surtout de sauterelles, » de larves, etc. Il est probable que les jeunes sont nourris exclusivement d'insectes. »

Les auteurs de la *Zoologie britannique,* qui se sont voués à ne décrire aucun animal qui ne fût breton, ou du moins d'origine bretonne, auraient cru manquer à leur vœu s'ils eussent décrit une petite outarde qui avait été cependant tuée dans la province de Cornouailles, mais qu'ils ont regardée comme un oiseau égaré, et tout à fait étranger à la Grande-Bretagne (*a*) ; elle l'est en effet à un tel point qu'un individu de cette espèce ayant été présenté à la Société royale, aucun des membres qui étaient présents ce jour-là ne le reconnut, et qu'on fut obligé de députer à M. Edwards pour savoir ce que c'était (*b*).

D'un autre côté, Belon nous assure que de son temps les ambassadeurs de Venise, de Ferrare et du pape, à qui il en montra une, ne la reconnurent pas mieux, ni personne de leur suite, et que quelques-uns la prirent pour une faisane : d'où il conclut avec raison qu'elle doit être fort rare en Italie (*c*) ; et cela est vraisemblable, quoique M. Ray, passant par Modène, en ait vu une au marché (*d*) : voilà donc la Pologne, la Suède, la Grande-Bretagne, l'Allemagne, la Suisse et l'Italie à excepter du nombre des pays de l'Europe où se trouve la petite outarde ; et ce qui pourrait faire croire que ces exceptions sont encore trop limitées, et que la France est le seul climat propre, le seul pays naturel de cet oiseau, c'est que les naturalistes français sont ceux qui paraissent le connaître mieux, et presque les seuls qui en parlent d'après leurs propres observations, et que tous les autres, excepté M. Klein, qui n'en avait vu qu'un, n'en parlent que d'après Belon.

Mais il ne faut pas même croire que la petite outarde soit également commune dans tous les cantons de la France ; je connais de très grandes provinces de ce royaume où elle ne se voit point.

M. Salerne dit qu'on la trouve assez communément dans la Beauce (où cependant elle n'est que passagère), qu'on la voit arriver vers le milieu d'avril, et s'en aller aux approches de l'hiver ; il ajoute qu'elle se plaît dans les terres maigres et pierreuses, raison pourquoi on l'appelle *canepetrace*, et ses petits *petraceaux*. On la voit aussi dans le Berri, où elle est connue sous le nom de *canepetrotte* (*e*) ; enfin elle doit être commune dans le Maine et la Normandie, puisque Belon, jugeant de toutes les autres provinces de France par celle-ci, qu'il connaissait le mieux, avance qu'*il n'y a paysan dans ce royaume qui ne la sache nommer* (*f*).

La petite outarde est naturellement rusée et soupçonneuse, au point que

(*a*) *Britisch Zoology,* p. 288.
(*b*) Edwards, *Glanures,* pl. ccli.
(*c*) Belon, *Hist. nat. des oiseaux,* p. 237.
(*d*) Ray, *Synopsis method. Avium,* p. 59.
(*e*) Salerne, *Hist. nat. des oiseaux,* p. 155.
(*f*) Belon, *Hist. nat. des oiseaux,* p. 237.

cela a passé en proverbe, et que l'on dit des personnes qui montrent ce caractère *qu'ils font de la canepetière* (a).

Lorsque ces oiseaux soupçonnent quelque danger, ils partent et font un vol de deux ou trois cents pas, très raide et fort près de terre; puis, lorsqu'ils sont posés, ils courent si vite qu'à peine un homme les pourrait atteindre (b).

La chair de la petite outarde est noire et d'un goût exquis; M. Klein nous assure que les œufs de la femelle qu'il a eue étaient très bons à manger, et il ajoute que la chair de cette femelle était meilleure que celle de la femelle du petit coq de bruyère (c), ce dont il pouvait juger par comparaison.

Quant à l'organisation intérieure, elle est à peu près la même, suivant Belon, que dans le commun des granivores (d).

OISEAUX ÉTRANGERS

QUI ONT RAPPORT AUX OUTARDES

I. — LE LOHONG OU L'OUTARDE HUPPÉE D'ARABIE.

L'oiseau que les Arabes appellent *lohong* (*), et que M. Edwards a dessiné et décrit le premier, est à peu près de la grosseur de notre grande outarde; il a, comme elle, trois doigts à chaque pied, dirigés de même, seulement un peu plus courts; les pieds, le bec et le cou plus longs, et paraît en général modelé sur des proportions plus légères.

Le plumage de la partie supérieure du corps est plus brun, et semblable à celui de la bécasse, c'est-à-dire fauve, rayé de brun foncé, avec des taches blanches en forme de croissant sur les ailes; le dessous du corps est blanc, ainsi que le contour de la partie supérieure de l'aile; le sommet de la tête, la gorge et le devant du cou, ont des raies transversales d'un brun obscur sur un fond cendré; le bas de la jambe, le bec et les pieds sont d'un brun clair et jaunâtre; la queue est tombante comme celle de la perdrix et traversée par une bande noire: les grandes pennes de l'aile et la huppe sont de cette même couleur.

Cette huppe est un trait fort remarquable dans l'outarde d'Arabie; elle est

(a) *Idem, ibidem.*
(b) *Idem, ibidem.*
(c) Klein, *Ordo Avium*, p. 18.
(d) Belon, *Hist. nat. des oiseaux*, p. 238.

(*) *Otis arabs* L.

pointue, dirigée en arrière, et fort inclinée à l'horizon; de sa base, elle jette en avant deux lignes noires, dont l'une, plus longue, passe sur l'œil et lui forme une espèce de sourcil; l'autre, beaucoup plus courte, se dirige comme pour embrasser l'œil par-dessous, mais n'arrive point jusqu'à l'œil, lequel est noir et placé au milieu d'un espace blanc.

En regardant cette huppe de profil et d'un peu loin, on croirait voir des oreilles un peu couchées et qui se portent en arrière; et comme l'outarde d'Arabie a été sans doute plus connue des Grecs que la nôtre, il est vraisemblable qu'ils l'ont nommée *otis* à cause de ces espèces d'oreilles, de même qu'ils ont nommé le duc *otus* ou *otos* à cause de deux aigrettes semblables qui le distinguent des chouettes.

Un individu de cette espèce, qui venait de Moka, dans l'Arabie Heureuse, a vécu plusieurs années à Londres dans les volières de M. Hans Sloane; et M. Edwards, qui nous en a donné la figure coloriée, ne nous a conservé aucun détail sur ses mœurs, ses habitudes, ni même sur sa façon de se nourrir (*a*); mais du moins il n'aurait pas dû la confondre avec les gallinacés, dont elle diffère par des traits si frappants, ainsi que je l'ai fait voir à l'article de l'outarde.

II. — L'OUTARDE D'AFRIQUE.

C'est celle dont M. Linnæus fait sa quatrième espèce * : elle diffère de l'outarde d'Arabie par les couleurs du plumage; le noir y domine, mais le dos est cendré et les oreilles blanches.

Le mâle a le bec et les pieds jaunes, le sommet de la tête cendré, et le bord extérieur des ailes blanc; mais la femelle est partout de couleur cendrée, à l'exception du ventre et des cuisses, qui sont noires, comme l'outarde des Indes (*b*).

Cet oiseau se trouve en Éthiopie, selon M. Linnæus, et il y a grande apparence que celui dont le voyageur Le Maire parle sous le nom d'*autruche volante* du Sénégal (*c*) n'est pas un oiseau différent; car, quoique ce voyageur en dise peu de chose, ce peu s'accorde en partie, et ne disconvient en rien avec la description ci-dessus : selon lui, son plumage est gris et noir, sa chair délicieuse, et sa grosseur à peu près de celle du cygne; mais cette conjecture tire une nouvelle force du témoignage de M. Adanson. Cet habile

(*a*) M. Edwards l'appelle *Arabian Bustard*, pl. xii. — M. Linnæus, *Otis arabs, auribus erecto cristatis, Syst. nat.*, édit. X, gen. lxxv, spéc. ii. — M. Klein, *Tarda Mochaensis Arabica. Ordo Avium*, p. 18, nº 3. — Les Arabes lui donnent le nom de *lohong*, selon M. Edwards, nom qui ne se trouve point dans le texte anglais relatif à la planche xii, mais dans la traduction française, laquelle est avouée de l'auteur.

(*b*) Linnæus, *Syst. nat.*, édit. X, p. 155.

(*c*) *Voyage de Le Maire aux îles Canaries, cap Vert, Sénégal*, etc. Paris, 1695, p. 106.

(*) *Otis afra* L.

naturaliste ayant tué au Sénégal et, par conséquent, examiné de près une de ces autruches volantes, nous assure qu'elle ressemble à bien des égards à notre outarde d'Europe, mais qu'elle en diffère par la couleur du plumage, qui est généralement d'un gris cendré, par son cou, qui est beaucoup plus long, et par une espèce de huppe qu'elle a derrière la tête (a).

Cette huppe est sans doute ce que M. Linnæus appelle les *oreilles*, et cette couleur gris cendré est précisément celle de la femelle; et comme ce sont là les principaux traits par lesquels l'outarde d'Afrique de M. Linnæus et l'autruche volante du Sénégal diffèrent de notre outarde d'Europe, on peut en induire, ce me semble, que ces deux oiseaux se ressemblent beaucoup, et par la même raison on peut encore étendre à tous deux ce qui a été observé sur chacun en particulier; par exemple, qu'ils ont à peu près la grosseur de notre outarde, et le cou plus long : cette longueur du cou, dont parle M. Adanson, est un trait de ressemblance avec l'outarde d'Arabie, qui habite à peu près le même climat; et l'on ne peut tirer aucune conséquence contraire du silence de M. Linnæus, puisqu'il n'indique pas une seule dimension de son outarde d'Afrique. A l'égard de la grosseur, Le Maire fait celle de l'autruche volante égale à celle du cygne (b), et M. Adanson à celle de l'outarde d'Europe, puisque ayant dit qu'elle lui ressemblait à bien des égards, et ayant indiqué les principales différences il n'en établit aucune à cet égard (c); et comme d'ailleurs l'Éthiopie ou l'Abyssinie, qui est le pays de l'outarde d'Afrique, et le Sénégal, qui est celui de l'autruche volante, quoique fort éloignés en longitude, sont néanmoins du même climat, je vois beaucoup de probabilité à dire que ces deux oiseaux appartiennent à une seule et même espèce.

III. — LE CHURGE OU L'OUTARDE MOYENNE DES INDES.

Cette outarde * est non seulement plus petite que celles d'Europe, d'Afrique et d'Arabie, mais elle est encore plus menue à proportion, et plus haut montée qu'aucune autre outarde : elle a vingt pouces de haut depuis le plan de position jusqu'au sommet de la tête; son cou paraît plus court, relativement à la longueur de ses pieds; du reste, elle a tous les caractères de l'outarde : trois doigts seulement à chaque pied, et ces doigts isolés; le bas de la jambe sans plumes; le bec un peu courbé, mais plus allongé; et je ne vois point par quelles raisons M. Brisson l'a renvoyée au genre des pluviers.

(a) *Voyage au Sénégal*, par M. Adanson. Paris, 1757, in-4°, p. 160.
(b) *Voyage de Le Maire aux îles Canaries*, p. 72.
(c) *Voyage au Sénégal*, loco citato.

(*) *Otis bengalensis* Lath. L'outarde churge.

Le caractère distinctif par lequel les pluviers diffèrent des outardes consiste, selon lui, dans la forme du bec, que celles-ci ont en cône courbé, et ceux-là droit et renflé par le bout. Or l'outarde des Indes, dont il s'agit ici, a le bec plutôt courbé que droit, et ne l'a point renflé par le bout comme les pluviers; du moins c'est ainsi que l'a représenté M. Edwards (a) dans une figure que M. Brisson avoue comme exacte (b); je puis même ajouter qu'elle a le bec plus courbé et moins renflé par le bout que l'outarde d'Arabie de M. Edwards (c), dont la figure a paru aussi très exacte à M. Brisson (d), et qu'il a rangée sans difficulté parmi les outardes.

D'ailleurs il ne faut que jeter les yeux sur la figure de l'outarde des Indes, et la comparer avec celles des pluviers, pour reconnaître qu'elle en diffère beaucoup par le port total et par les proportions, ayant le cou plus long, les ailes plus courtes, et la forme du corps plus développée : ajoutez à cela qu'elle est quatre fois plus grosse que le plus gros pluvier, lequel n'a que seize pouces de long du bout du bec au bout des ongles (e), au lieu qu'elle en a vingt-six (f).

Le noir, le fauve, le blanc et le gris sont les principales couleurs du plumage, comme dans l'outarde d'Europe, mais elles sont distribuées différemment : le noir sur le sommet de la tête, le cou, les cuisses et tout le dessous du corps; le fauve, plus clair sur les côtés de la tête et autour des yeux, plus brun et mêlé avec du noir sur le dos, la queue, la partie des ailes la plus proche du dos, et au haut de la poitrine, où il forme comme une large ceinture sur un fond noir; le blanc sur les couvertures des ailes les plus éloignées du dos, le blanc mêlé de noir sur leur partie moyenne; le gris plus foncé sur les paupières, l'extrémité des plus longues pennes de l'aile (g), de quelques-unes des moyennes et des plus courtes, et sur quelques-unes de leurs couvertures; enfin, le gris plus clair et presque blanchâtre sur le bec et les pieds.

Cet oiseau est originaire de Bengale, où on l'appelle *churge,* et où il a été dessiné d'après nature (h) : il est à remarquer que le climat de Bengale est à peu près le même que celui d'Arabie, d'Abyssinie et du Sénégal, où se trouvent les deux outardes précédentes : on peut appeler celle-ci *outarde moyenne,* parce qu'elle tient le milieu, pour la grosseur, entre les grandes et les petites espèces.

(a) Edwards, *Glanures,* pl. ccl.

(b) Brisson, *Ornithologie,* t. V, p. 82.

(c) Edwards, *Natural history of un common Birds,* pl. xii.

(d) Brisson, *Ornithologie,* t. V, p. 30.

(e) Brisson, *Ornithologie,* t. V, p. 76.

(f) *Ibidem,* p. 82. Cela ne contredit pas ce que j'ai dit ci-dessus, qu'elle avait vingt pouces de haut depuis le plan de position jusqu'au sommet de la tête, parce qu'en mesurant ainsi la hauteur on ne tient compte ni de la longueur du bec, ni de celle des doigts.

(g) Comme à quelques outardes d'Europe. Voyez *Animaux de Perrault,* partie ii, p. 103.

(h) Edwards, *Glanures,* pl. ccl, t. I, chap. xv.

IV. — LE HOUBARA OU PETITE OUTARDE HUPPÉE D'AFRIQUE.

Nous avons vu que, parmi les grandes outardes, il y en avait de huppées, et d'autres qui ne l'étaient point, et nous allons retrouver la même différence entre les petites outardes; car la nôtre n'a point de huppe, ni même de ces barbes de plumes qu'on voit à la grande outarde d'Europe, tandis que celles-ci ont non seulement des huppes, mais encore des fraises; et il est à remarquer que c'est en Afrique que se trouvent toutes les huppées, soit de la grande, soit de la petite espèce.

Celle que les Barbaresques appellent *houbaara* (*) est, en effet, huppée et fraisée; M. Shaw, qui en donne la figure (a), dit positivement qu'elle a la forme et le plumage de l'outarde, mais qu'elle est beaucoup plus petite, n'ayant guère que la grosseur d'un chapon; et par cette raison seule, ce voyageur, d'ailleurs habile, mais qui, sans doute, ne connaissait point notre petite outarde de France, blâme Golius d'avoir traduit le mot *houbaary* par outarde.

Elle vit, comme la nôtre, de substances végétales et d'insectes, et elle se tient le plus communément sur les confins du désert.

Quoique M. Shaw ne lui donne point de huppe dans sa description, il lui en donne une dans la figure qui y est relative, et cette huppe paraît renversée en arrière et comme tombante; sa fraise est formée par de longues plumes qui naissent du cou, et qui se relèvent un peu et se renflent, comme il arrive à notre coq domestique lorsqu'il est en colère.

C'est, dit M. Shaw, une chose curieuse de voir, quand elle se sent menacée par un oiseau de proie, de voir, dis-je, par combien d'allées et de venues, de tours et de détours, de marches et de contre-marches, en un mot, par combien de ruses et de souplesses elle cherche à échapper à son ennemi.

Ce savant voyageur ajoute qu'on regarde comme un excellent remède contre le mal des yeux, et que, par cette raison, l'on paie quelquefois très cher son fiel et une certaine matière qui se trouve dans son estomac.

V. — LE RHAAD, AUTRE PETITE OUTARDE HUPPÉE D'AFRIQUE.

Le rhaad (**) est distingué de notre petite outarde de France par sa huppe, et du houbaara d'Afrique en ce qu'il n'a pas, comme lui, le cou orné d'une

---

(a) *Travels or observations relating to several parts of Barbary and the Levant*, by Thomas Shaw, p. 252.

(*) *Otis Houbara* GMEL.

(**) *Otis Rhaad* LATH. D'après Temminck, le rhaad ne serait qu'une simple variété d'âge ou de sexe de l'*Otis Houbara*.

fraise ; du reste, il est de la même grosseur que celui-ci ; il a la tête noire, la huppe d'un bleu foncé, le dessus du corps et des ailes jaune, tacheté de brun, la queue d'une couleur plus claire, rayée transversalement de noir, le ventre blanc et le bec fort, ainsi que les jambes.

Le petit rhaad ne diffère du grand que par sa petitesse (n'étant pas plus gros qu'un poulet ordinaire), par quelques variétés dans le plumage, et parce qu'il est sans huppe ; mais, avec tout cela, il serait possible qu'il fût de la même espèce que le grand, et qu'il n'en différât que par le sexe. Je fonde cette conjecture : 1° sur ce qu'habitant le même climat il n'a point d'autre nom ; 2° sur ce que dans presque toutes les espèces d'oiseaux, excepté les carnassiers, le mâle paraît avoir une plus grande puissance de développement, qui se marque au dehors par la hauteur de la taille, par la force des muscles, par l'excès de certaines parties, telles que les membranes charnues, les éperons, etc., par les huppes, les aigrettes et les fraises qui sont, pour ainsi dire, une surabondance d'organisation, et même par la vivacité des couleurs du plumage.

Quoi qu'il en soit, on a donné au grand et au petit rhaad le nom de saf-saf. Rhaad signifie le tonnerre en langage africain, et exprime le bruit que font tous ces oiseaux en s'élevant de terre ; et saf-saf celui qu'ils font avec leurs ailes lorsqu'ils sont en plein vol (a).

(a) Voyez Thomas Shaw, Travels, etc., p. 252.

LE COQ

Cet oiseau(*), quoique domestique, quoique le plus commun de tous, n'est peut-être pas encore assez connu : excepté le petit nombre de personnes qui font une étude particulière des productions de la nature, il en est peu qui n'aient quelque chose à apprendre sur les détails de sa forme extérieure, sur la structure de ses parties internes, sur ses habitudes naturelles ou acquises, sur les différences qu'entraînent celles du sexe, du climat, des aliments; enfin, sur les variétés des races diverses qui se sont séparées plus tôt ou plus tard de la souche primitive.

Mais si le coq est trop peu connu de la plupart des hommes, il n'est pas moins embarrassant pour un naturaliste à méthode, qui ne croit connaître un objet que lorsqu'il a su lui trouver une place dans ses classes et dans ses genres; car si, prenant les caractères généraux de ses divisions méthodiques dans le nombre des doigts, il le met au rang des oiseaux qui en ont quatre, que fera-t-il de la poule à cinq doigts qui est certainement une poule, et même fort ancienne, puisqu'elle remonte jusqu'au temps de Columelle, qui en parle comme d'une race de distinction (a)? Que s'il fait du coq une classe à part, caractérisée par la forme singulière de sa queue, où placera-t-il le coq sans croupion et par conséquent sans queue, et qui n'en est pas moins un coq? Que s'il admet pour caractère de cette espèce d'avoir les jambes garnies de plumes jusqu'au talon, ne sera-t-il pas embarrassé du coq pattu qui a des plumes jusqu'à l'origine des doigts, et du coq du Japon

(a) « Generosissimæ creduntur quæ quinos habent digitos. » Columelle, lib. VIII, cap. II.

(*) La description de Buffon se rapporte incontestablement à plusieurs espèces du genre *Gallus* Briss. Les *Gallus* sont des oiseaux de l'ordre des Gallinacés et de la famille des Phasianidés, dans laquelle ils se distinguent par la présence d'une crête dentelée sur la tête, et d'un ou deux lobes charnus sous le bec; par une queue possédant quatorze grandes rectrices, et chez le mâle de grandes plumes nommées *couvertures*, recourbées en faucille et retombant en arrière du corps. Dans tous les Phasianidés le bec est de longueur moyenne, courbé et déprimé à la pointe; les ailes sont moyennes, arrondies, pourvues de rémiges secondaires souvent allongées. La queue est longue, large, pourvue d'un grand nombre de rémiges et, chez le mâle, de couvertures plus ou moins nombreuses et diversement disposées. Les pattes sont fortes, formées de trois doigts antérieurs réunis par une courte membrane et armés de griffes fortes, et d'un doigt postérieur faible, placé assez haut, surmonté, chez le mâle, d'un ergot fort et plus ou moins allongé.

COQ DOMESTIQUE
A LA MAISON PATERNELLE

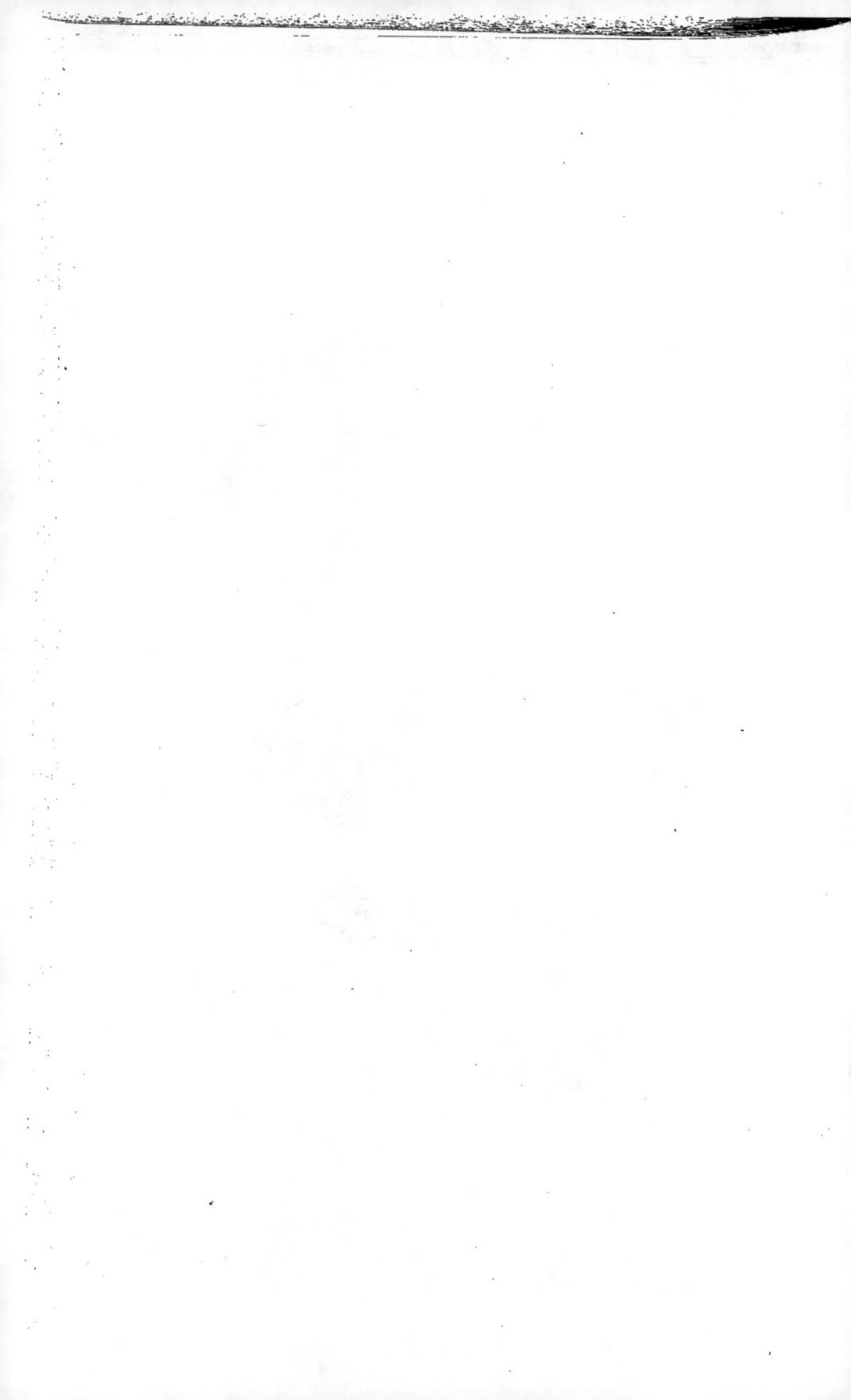

qui en a jusqu'aux ongles (*)? Enfin, s'il veut ranger les gallinacés à la classe des granivores, et que, dans le nombre et la structure de leurs estomacs et de leurs intestins il croie voir clairement qu'ils sont en effet destinés à se nourrir de graines et d'autres matières végétales, comment s'expliquera-t-il à lui-même cet appétit de préférence qu'ils montrent constamment pour les vers de terre, et même pour toute chair hachée, cuite ou crue, à moins qu'il ne se persuade que la nature, ayant fait la poule granivore par ses longs intestins et son double estomac, l'a faite aussi vermivore, et même carnivore par son bec un tant soit peu crochu; ou plutôt ne conviendra-t-il pas, s'il est de bonne foi, que les conjectures que l'on se permet ainsi sur les intentions de la nature, et les efforts que l'on tente pour renfermer l'iné-puisable variété de ses ouvrages dans les limites étroites d'une méthode particulière, ne paraissent être faits que pour donner essor aux idées vagues et aux petites spéculations d'un esprit qui ne peut en concevoir de grnades, et qui s'éloigne d'autant plus de la vraie marche de la nature et de la con-naissance réelle de ses productions? Ainsi, sans prétendre assujettir la nombreuse famille des oiseaux à une méthode rigoureuse, ni la renfermer tout entière dans cette espèce de filet scientifique dont, malgré toutes nos précautions, il s'en échapperait toujours quelques-uns, nous nous conten-terons de rapprocher ceux qui nous paraîtront avoir plus de rapport entre eux, et nous tâcherons de les faire connaître par les traits les plus caracté-risés de leur conformation intérieure, et surtout par les principaux faits de leur histoire.

Le coq est un oiseau pesant, dont la démarche est grave et lente, et qui ayant les ailes fort courtes, ne vole que rarement, et quelquefois avec des cris qui expriment l'effort; il chante indifféremment la nuit et le jour, mais non pas régulièrement à certaines heures, et son chant est fort différent de celui de sa femelle, quoiqu'il y ait aussi quelques femelles qui ont le même cri du coq, c'est-à-dire qui font le même effort du gosier avec un moindre effet; car leur voix n'est pas si forte et ce cri n'est pas si bien articulé; il gratte la terre pour chercher sa nourriture, il avale autant de petits cail-loux que de grains, et n'en digère que mieux; il boit en prenant de l'eau dans son bec et levant la tête à chaque fois pour l'avaler; il dort le plus souvent un pied en l'air (a) et en cachant sa tête sous l'aile du même côté; son corps, dans sa situation naturelle, se soutient à peu près parallèle au plan de position, le bec de même, le cou s'élève verticalement, le front est orné

(a) Par une suite de cette attitude habituelle, la cuisse qui porte ordinairement le corps est la plus charnue, et nos gourmands savent bien la distinguer de l'autre dans les chapons et les poulardes.

(*) Le lecteur trouvera profit à rapprocher ce passage de celui qui est relatif aux méthodes de classification, dans le *Discours* de Buffon sur la manière d'étudier l'histoire naturelle. Ces considérations sont de la plus grande justesse.

d'une crête rouge et charnue, et le dessous du bec d'une double membrane de même couleur et de même nature : ce n'est cependant ni de la chair ni des membranes, mais une substance particulière, et qui ne ressemble à aucune autre.

Dans les deux sexes, les narines sont placées de part et d'autre du bec supérieur, et les oreilles de chaque côté de la tête, avec une peau blanche au-dessous de chaque oreille ; les pieds ont ordinairement quatre doigts, quelquefois cinq, mais toujours trois en avant et le reste en arrière ; les plumes sortent deux à deux de chaque tuyau, caractère assez singulier, qui n'a été saisi que par très peu de naturalistes ; la queue est à peu près droite, et néanmoins capable de s'incliner du côté du cou et du côté opposé ; cette queue, dans les races de gallinacés qui en ont une, est composée de quatorze grandes plumes qui se partagent en deux plans égaux, inclinés l'un à l'autre, et qui se rencontrent par leur bord supérieur sous un angle plus ou moins aigu ; mais ce qui distingue le mâle, c'est que les deux plumes du milieu de la queue sont beaucoup plus longues que les autres, et se recourbent en arc ; que les plumes du cou et du croupion sont longues et étroites, et que leurs pieds sont armés d'éperons ; il est vrai qu'il se trouve aussi des poules qui ont des éperons, mais cela est rare, et les poules ainsi éperonnées ont beaucoup d'autres rapports avec le mâle ; leur crête se relève ainsi que leur queue, elles imitent le chant du coq et cherchent à l'imiter en choses plus essentielles (a) ; mais on aurait tort de les regarder pour cela comme hermaphrodites, puisque étant incapables des véritables fonctions du mâle, et n'ayant que du dégoût pour celles qui leur conviendraient mieux, ce sont, à vrai dire, des individus viciés, indécis, privés de l'usage du sexe et même des attributs essentiels de l'espèce, puisqu'ils ne peuvent en perpétuer aucune.

Un bon coq est celui qui a du feu dans les yeux, de la fierté dans la démarche, de la liberté dans ses mouvements, et toutes les proportions qui annoncent la force ; un coq, ainsi fait, n'imprimerait pas la terreur à un lion, comme on l'a dit et écrit tant de fois, mais il inspirera de l'amour à un grand nombre de poules ; si on veut le ménager, on ne lui en laissera que douze ou quinze. Columelle voulait qu'on ne lui en donnât pas plus de cinq ; mais quand il en aurait cinquante chaque jour, on prétend qu'il ne manquerait à aucune (b) ; à la vérité, personne ne peut assurer que toutes ses approches soient réelles, efficaces et capables de féconder les œufs de sa femelle. Ses désirs ne sont pas moins impétueux que ses besoins paraissent être fréquents. Le matin, lorsqu'on lui ouvre la porte du poulailler où il a été renfermé pendant la nuit, le premier usage qu'il fait de sa liberté est de se joindre à ses poules ; il semble que chez lui le besoin de manger ne soit que le second ; et lorsqu'il

(a) Aristot., *Historia animalium*, lib. ix, cap. xlix.
(b) Aldrovande, t. II, lib. xiv.

a été privé de poules pendant du temps, il s'adresse à la première femelle qui se présente, fût-elle d'une espèce fort éloignée (a), et même il s'en fait une du premier mâle qu'il trouve en son chemin; le premier fait est cité par Aristote, et le second est attesté par l'observation de M. Edwards (b), et par une loi dont parle Plutarque (c), laquelle condamnait au feu tout coq convaincu de cet excès de nature.

Les poules doivent être assorties au coq, si l'on veut une race pure; mais si l'on cherche à varier et même à perfectionner l'espèce, il faut croiser les races. Cette observation n'avait point échappé aux anciens : Columelle dit positivement que les meilleurs poulets sont ceux qui proviennent du mélange d'un coq de race étrangère avec les poules communes; et nous voyons dans Athénée que l'on avait encore enchéri sur cette idée en donnant un coq faisan aux poules ordinaires (d) (*).

Dans tous les cas, on doit choisir celles qui ont l'œil éveillé, la crête flottante et rouge, et qui n'ont point d'éperons; les proportions de leur corps sont en général plus légères que celles du mâle, cependant elles ont les plumes plus larges et les jambes plus basses; les bonnes fermières donnent la préférence aux poules noires, comme étant plus fécondes que les blanches, et pouvant échapper plus facilement à la vue perçante de l'oiseau de proie qui plane sur les basses-cours.

Le coq a beaucoup de soin, et même d'inquiétude et de souci pour ses poules; il ne les perd guère de vue, il les conduit, les défend, les menace, va chercher celles qui s'écartent, les ramène, et ne se livre au plaisir de manger que lorsqu'il les voit toutes manger autour de lui : à juger par les différentes inflexions de sa voix et par les différentes expressions de sa mine, on ne peut guère douter qu'il ne leur parle différents langages; quand il les perd, il donne des signes de regrets; quoique aussi jaloux qu'amoureux, il n'en maltraite aucune, sa jalousie ne l'irrite que contre ses concurrents; s'il se présente un autre coq, sans lui donner le temps de rien entreprendre, il accourt l'œil en feu, les plumes hérissées, se jette sur son rival, et lui livre un combat opiniâtre jusqu'à ce que l'un ou l'autre succombe, ou que le nouveau

(a) « Ex perdice et gallinaceo tertium generatur, quod, procedente, tempore feminæ assimilatur. » Aristot., *Hist, animal.*, lib. IX, cap. XLIX.

(b) Ayant renfermé trois ou quatre jeunes coqs dans un lieu où ils ne pouvaient avoir de communication avec aucune poule, bientôt ils déposèrent leur animosité précédente, et au lieu de se battre, chacun tâchait de cocher son camarade, quoique aucun ne parût bien aise d'être coché. Voyez *Préface des Glanures*, t. II.

(c) Tractatus : *Num bruta ratione utantur.*

(d) *De Rusticâ*, lib. VIII, cap. II. — Longolius indique la façon de faire réussir cette union du coq faisan avec les poules communes. Gesner, *de Avibus*, p. 445. Et l'on m'a assuré que ces poules se mêlent aussi avec le coq peintade lorsqu'on les a élevés de jeunesse ensemble; mais que les mulets qui proviennent de ce mélange sont peu féconds.

(*) La poule s'hybride très bien avec le faisan; il en est de même du coq avec la peintade.

venu lui cède le champ de bataille; le désir de jouir, toujours trop violent, le porte non seulement à écarter tout rival, mais même tout obstacle innocent; il bat et tue quelquefois les poussins pour jouir plus à son aise de la mère; mais ce seul désir est-il la cause de sa fureur jalouse? Au milieu d'un sérail nombreux et avec toutes les ressources qu'il sait se faire, comment pourrait-il craindre le besoin ou la disette? Quelque véhéments que soient ses appétits, il semble craindre encore plus le partage qu'il ne désire la jouissance : et comme il peut beaucoup, sa jalousie est au moins plus excusable et mieux sentie que celle des autres sultans : d'ailleurs, il a, comme eux, une poule favorite qu'il cherche de préférence, et à laquelle il revient presque aussi souvent qu'il va vers les autres.

Et ce qui paraît prouver que sa jalousie ne laisse pas d'être une passion réfléchie, quoiqu'elle ne porte pas contre l'objet de ses amours, c'est que plusieurs coqs dans une basse-cour ne cessent de se battre, au lieu qu'ils ne battent jamais les chapons, à moins que ceux-ci ne prennent l'habitude de suivre quelque poule.

Les hommes, qui tirent parti de tout pour leur amusement, ont bien su mettre en œuvre cette antipathie invincible que la nature a établie entre un coq et un coq; ils ont cultivé cette haine innée avec tant d'art, que les combats de deux oiseaux de basse-cour sont devenus des spectacles dignes d'intéresser la curiosité des peuples, même des peuples polis, et en même temps des moyens de développer ou entretenir dans les âmes cette précieuse férocité qui est, dit-on, le germe de l'héroïsme; on a vu, on voit encore tous les jours, dans plus d'une contrée, des hommes de tous états accourir en foule à ces grotesques tournois, se diviser en deux partis, chacun de ces partis s'échauffer pour son combattant, joindre la fureur des gageures les plus outrées à l'intérêt d'un si beau spectacle, et le dernier coup de bec de l'oiseau vainqueur renverser la fortune de plusieurs familles : c'était autrefois la folie des Rhodiens, des Tangriens, de ceux de Pergame (a); c'est aujourd'hui celle des Chinois (b), des habitants des Philippines, de Java, de l'isthme de l'Amérique et de quelques autres nations des deux continents (c).

Au reste, les coqs ne sont pas les seuls oiseaux dont on ait ainsi abusé : les Athéniens, qui avaient un jour dans l'année (d) consacré à ces combats

---

(a) Pline, *Hist. nat.*, lib. x, cap. xxi.

(b) Gemelli Careri, t. V, p. 36, *Anciennes relations des Indes et de la Chine.* Traduction de l'arabe, p. 105.

(c) Navarete, *Description de la Chine*, p. 40.

(d) Thémistocle, allant combattre les Perses et voyant que ses soldats montraient peu d'ardeur, leur fit remarquer l'acharnement avec lequel des coqs se battaient : « Voyez, leur » dit-il, le courage indomptable de ces animaux; cependant ils n'ont d'autre motif que le » désir de vaincre; et vous, qui combattez pour vos foyers, pour les tombeaux de vos pères, » pour la liberté... » Ce peu de mots ranima le courage de l'armée, et Thémistocle remporta la victoire. Ce fut en mémoire de cet événement que les Athéniens instituèrent une espèce de fête qui se célébrait par des combats de coqs. Voyez Élien, *De variá Historiá*, lib. ii.

de coqs, employaient aussi les cailles au même usage ; et les Chinois élèvent encore aujourd'hui pour le combat certains petits oiseaux ressemblant à des cailles ou à des linottes ; et partout la manière dont ces oiseaux se battent est différente, selon les diverses écoles où ils ont été formés, et selon la diversité des armes offensives ou défensives dont on les affuble : mais ce qu'il y a de remarquable, c'est que les coqs de Rhodes qui étaient plus grands, plus forts que les autres, et beaucoup plus ardents au combat, l'étaient au contraire beaucoup moins pour leurs femelles ; il ne leur fallait que trois poules au lieu de quinze ou vingt, soit que leur feu se fût éteint dans la solitude forcée où ils avaient coutume de vivre, soit que leur colère, trop souvent excitée, eût étouffé en eux des passions plus douces, et qui cependant étaient, dans l'origine, le principe de leur courage et la source de leurs dispositions guerrières : les mâles de cette race étaient donc moins mâles que les autres, et les femelles, qui souvent ne sont que ce qu'on les fait, étaient moins fécondes et plus paresseuses, soit à couver leurs œufs, soit à mener leurs poussins (*), tant l'art avait bien réussi à dépraver la nature ! tant l'exercice des talents de la guerre est opposé à ceux de la propagation !

Les poules n'ont pas besoin du coq pour produire des œufs : il en naît sans cesse de la grappe commune de l'ovaire, lesquels, indépendamment de toute communication avec le mâle, peuvent y grossir, et en grossissant acquièrent leur maturité, se détachent de leur calice et de leur pédicule, parcourent l'*oviductus* dans toute sa longueur, chemin faisant s'assimilent par une force qui leur est propre la lymphe dont la cavité de cet *oviductus* est remplie, en composent leur blanc, leurs membranes, leurs coquilles, et ne restent dans ce viscère que jusqu'à ce que ses fibres élastiques et sensibles étant gênées, irritées par la présence de ces corps devenus désormais des corps étrangers, entrent en contraction, et les poussent au dehors le gros bout le premier, selon Aristote.

Ces œufs sont tout ce que peut faire la nature prolifique de la femelle, seule et abandonnée à elle-même ; elle produit bien un corps organisé capable d'une sorte de vie, mais non un animal vivant semblable à sa mère, et capable lui-même de produire d'autres animaux semblables à lui ; il faut pour cela le concours du coq et le mélange intime des liqueurs séminales des deux sexes ; mais lorsqu'une fois ce mélange a eu lieu, les effets en sont durables. Harvey a observé que l'œuf d'une poule séparée du coq depuis vingt jours n'était pas moins fécond que ceux qu'elle avait pondus peu après l'accouplement, mais l'embryon qu'il contenait n'était pas plus avancé pour cela, et il ne fallait pas le tenir sous la poule moins de temps qu'aucun autre pour le faire éclore : preuve certaine que la chaleur seule ne suffit pas

(*) Cette page est très remarquable relativement à l'influence exercée par les conditions de la vie sur les caractères des animaux.

pour opérer ou avancer le développement du poulet, mais qu'il faut encore que l'œuf soit formé, ou bien qu'il se trouve en lieu où il puisse transpirer, pour que l'embryon qu'il renferme soit susceptible d'incubation, autrement tous les œufs qui resteraient dans l'*oviductus* vingt et un jours après avoir été fécondés ne manqueraient pas d'y éclore, puisqu'ils auraient le temps et la chaleur nécessaires pour cela, et les poules seraient tantôt ovipares et tantôt vivipares (*a*).

Le poids moyen d'un œuf de poule ordinaire est d'environ une once six gros : si on ouvre un de ces œufs avec précaution on trouvera d'abord, sous la coque, une membrane commune qui en tapisse toute la cavité, ensuite le blanc externe qui a la forme de cette cavité; puis le blanc interne qui est plus arrondi que le précédent, et enfin, au centre de ce blanc, le jaune qui est sphérique : ces différentes parties sont contenues chacune dans sa membrane propre, et toutes ces membranes sont attachées ensemble à l'endroit de ces *chalazæ* ou cordons, qui forment comme les deux pôles du jaune; la petite vésicule lenticulaire, appelée *cicatricule*, se trouve à peu près sur son équateur, et fixée solidement à sa surface (*b*).

A l'égard de sa forme extérieure, elle est trop connue pour qu'il soit besoin de la décrire; mais elle est assez souvent altérée par des accidents dont il est facile, ce me semble, de rendre raison, d'après l'histoire de l'œuf même et de sa formation.

Il n'est pas rare de trouver deux jaunes dans une seule coque : cela arrive lorsque deux œufs également mûrs se détachent en même temps de l'ovaire, parcourent ensemble l'*oviductus* et, formant leur blanc sans se séparer, se trouvent réunis sous la même enveloppe.

Si, par quelque accident facile à supposer, un œuf détaché depuis quelque temps de l'ovaire se trouve arrêté dans son accroissement, et qu'étant formé autant qu'il peut l'être, il se rencontre dans la sphère d'activité d'un autre œuf qui aura toute sa force, celui-ci l'entraînera avec lui, et ce sera un œuf dans un œuf (*c*).

On comprendra de même comment on y trouve quelquefois une épingle

(*a*) Je ne vois que le docteur Michel Lyzeruts qui ait parlé d'une poule vivipare; mais les exemples en seraient plus fréquents s'il ne fallait que de la chaleur à un œuf fécondé pour éclore. Voyez *Éphémérides d'Allemagne*, déc. II, ann. 4, append. observ. XXVIII.

(*b*) Bellini, trompé par ses expériences, ou plutôt par les conséquences qu'il en avait tirées, croyait et avait fait croire à beaucoup de monde que, dans les œufs frais durcis à l'eau bouillante, la cicatricule quittait la surface du jaune pour se retirer au centre, mais que, dans les œufs couvés durcis de même, la cicatricule restait constamment attachée à la surface. Les savants de Turin, en répétant et variant les mêmes expériences, se sont assurés que, dans tous les œufs couvés ou non couvés, la cicatricule restait toujours adhérente à la surface du jaune durci, et que le corps blanc que Bellini avait vu au centre et qu'il avait pris pour la cicatricule n'était rien moins que cela et ne paraissait, en effet, au centre du jaune que lorsqu'il était ni trop ni trop peu cuit.

(*c*) *Collection académique*, partie française, t. I, p. 388, et t. II, p. 327; et partie étrangère, t. IV, p. 337.

ou tout autre corps étranger qui aura pu pénétrer jusque dans l'*oviductus* (*a*).

Il y a des poules qui donnent des œufs hardés ou sans coque, soit par le défaut de la matière propre dont se forme la coque, soit parce qu'ils sont chassés de l'*oviductus* avant leur entière maturité; aussi n'en voit-on jamais éclore de poulet, et cela arrive, dit-on, aux poules qui sont trop grasses : des causes directement contraires produisent les œufs à coque trop épaisse, et même des œufs à double coque; on en a vu qui avaient conservé le pédicule par lequel ils étaient attachés à l'ovaire, d'autres qui étaient contournés en manière de croissant, d'autres qui avaient la forme d'une poire; d'autres, enfin, qui portaient sur leur coquille l'empreinte d'un soleil, d'une comète (*b*), d'une éclipse ou de tel autre objet dont on avait l'imagination frappée : on en a même vu quelques-uns de lumineux : ce qu'il y avait de réel dans ces premiers phénomènes, c'est-à-dire les altérations de la forme de l'œuf, ou les empreintes à sa surface, ne doit s'attribuer qu'aux différentes compressions qu'il avait éprouvées dans le temps que sa coque était encore assez souple pour céder à l'effort, et néanmoins assez ferme pour en conserver l'impression : il ne serait pas tout à fait si facile de rendre raison des œufs lumineux (*c*); un docteur allemand en a observé de tels, qui étaient actuellement sous une poule blanche, fécondée, ajoute-t-il, par un coq très ardent. On ne peut honnêtement nier la possibilité du fait; mais, comme il est unique, il est prudent de répéter l'observation avant de l'expliquer (*).

A l'égard de ces prétendus œufs de coq qui sont sans jaunes et contiennent, à ce que croit le peuple, un serpent (*d*), ce n'est autre chose, dans la vérité, que le premier produit d'une poule trop jeune, ou le dernier effort d'une poule épuisée par sa fécondité même, ou enfin ce ne sont que des œufs imparfaits dont le jaune aura été crevé dans l'*oviductus* de la poule, soit par quelque accident, soit par un vice de conformation, mais qui auront toujours conservé leurs cordons ou *chalazæ*, que les amis du merveilleux n'auront pas manqué de prendre pour un serpent; c'est ce que M. de la Peyronie a mis hors de doute par la dissection d'une poule qui pondait de ces œufs; mais ni M. de la Peyronie, ni Thomas Bartholin, qui ont disséqué de prétendus coqs ovipares (*e*), ne leur ont trouvé d'œufs, ni d'ovaires, ni aucune partie équivalente (**).

(*a*) *Ibidem*, partie française, t. I, p. 388.
(*b*) *Ibidem*, partie étrangère, t. IV, p. 160.
(*c*) *Éphémérides des Curieux de la nature*, déc. ii, ann. 6, append. observc. xxv.
(*d*) *Collection académique*, partie française, t. III.
(*e*) *Collection académique*, partie étrangère, t. IV, p. 225.

(*) Buffon accueille parfois avec grande facilité des racontars indignes de figurer dans une œuvre aussi magistrale que l'est la sienne; telle est la légende de l'œuf lumineux.
(**) Les œufs désignés vulgairement sous le nom « d'œufs de coq » sont des œufs de jeunes poules dans lesquels le jaune, incomplètement formé, n'est que très peu abondant.

Les poules pondent indifféremment pendant toute l'année, excepté pendant la mue, qui dure ordinairement six semaines ou deux mois, sur la fin de l'automne et au commencement de l'hiver : cette mue n'est autre chose que la chute des vieilles plumes qui se détachent comme les vieilles feuilles des arbres, et comme les vieux bois des cerfs, étant poussées par les nouvelles ; les coqs y sont sujets comme les poules : mais ce qu'il y a de remarquable, c'est que les nouvelles plumes prennent quelquefois une couleur différente de celle des anciennes. Un de nos observateurs a fait cette remarque sur une poule et sur un coq, et tout le monde la peut faire sur plusieurs autres espèces d'oiseaux, et particulièrement sur les bengalis dont le plumage varie presque à chaque mue ; et, en général, presque tous les oiseaux ont leurs premières plumes, en naissant, d'une couleur différente de celle dont elles doivent revenir dans la suite.

La fécondité ordinaire des poules consiste à pondre presque tous les jours ; on dit qu'il y en a en Samogitie (a), à Malacca et ailleurs (b), qui pondent deux fois par jour. Aristote parle de certaines poules d'Illyrie qui pondaient jusqu'à trois fois, et il y a apparence que ce sont les mêmes que ces petites poules adrièmes ou adriatiques dont il parle dans un autre endroit, et qui étaient renommées pour leur fécondité : quelques-uns ajoutent qu'il y a telle manière de nourrir les poules communes qui leur donne cette fécondité extraordinaire ; la chaleur y contribue beaucoup ; on peut faire pondre les poules en hiver en les tenant dans une écurie où il y a toujours du fumier chaud sur lequel elles puissent séjourner.

Dès qu'un œuf est pondu, il commence à transpirer et perd chaque jour quelques grains de son poids par l'évaporation des parties les plus volatiles de ses sucs ; à mesure que cette opération se fait, ou bien il s'épaissit, se durcit et se dessèche, ou bien il contracte un mauvais goût, et il se gâte enfin totalement au point qu'il devient incapable de rien produire : l'art de lui conserver longtemps toutes ses qualités se réduit à mettre obstacle à cette transpiration (c) par une couche de matière grasse quelconque dont on enduit exactement sa coque peu de moments après qu'il a été pondu ; avec cette seule précaution on gardera pendant plusieurs mois et même pendant des années des œufs bons à manger, susceptibles d'incubation, et qui auront en un mot toutes les propriétés des œufs frais (d) : les habitants de Tonquin

---

(a) Rzaczynski, *Hist. nat. Polon.*, p. 432.

(b) Bontekoe, *Voyage aux Indes orientales*, p. 234.

(c) Le *Journal économique* du mois de mars 1755 fait mention de trois œufs, bons à manger, trouvés en Italie dans l'épaisseur d'un mur construit il y avait trois cents ans ; ce fait est d'autant plus difficile à croire qu'un enduit de mortier ne serait pas suffisant pour conserver un œuf, et que les murs les plus épais étant sujets à l'évaporation dans tous les points de leur épaisseur, puisque les mortiers de l'intérieur se sèchent à la longue, ils ne peuvent empêcher la transpiration des œufs cachés dans leur épaisseur, ni par conséquent les conserver.

(d) *Pratique de l'Art de faire éclore les poulets*, p. 138.

les conservent dans une espèce de pâte faite avec de la cendre tamisée et de la saumure; d'autres Indiens dans l'huile (a) : le vernis peut aussi servir à conserver les œufs que l'on veut manger ; mais la graisse n'est pas moins bonne pour cet usage, et vaut mieux pour conserver les œufs que l'on veut faire couver, parce qu'elle s'enlève plus facilement que le vernis, et qu'il faut nettoyer de tout enduit les œufs dont on veut que l'incubation réussisse; car tout ce qui nuit à la transpiration nuit aussi au succès de l'incubation (*).

J'ai dit que le concours du coq était nécessaire pour la fécondation des œufs, et c'est un fait acquis par une longue et constante expérience; mais les détails de cet acte si essentiel dans l'histoire des animaux sont trop peu connus; on sait, à la vérité, que la verge du mâle est double, et n'est autre chose que les deux mamelons par lesquels se terminent les vaisseaux spermatiques à l'endroit de leur insertion dans le cloaque; on sait que la vulve de la femelle est placée au-dessus de l'anus, et non au-dessous comme dans les quadrupèdes (b); on sait que le coq s'approche de la poule par une espèce de pas oblique, accéléré, baissant les ailes comme un coq d'Inde qui fait la roue, étalant même sa queue à demi, et accompagnant son action d'un certain murmure expressif, d'un mouvement de trépidation et de tous les signes du désir pressant; on sait qu'il s'élance sur la poule qui le reçoit en pliant les jambes, se mettant ventre à terre, et écartant les deux plans de longues plumes dont sa queue est composée; on sait que le mâle saisit avec son bec la crête ou les plumes du sommet de la tête de la femelle, soit par manière de caresse, soit pour garder l'équilibre; qu'il ramène la partie postérieure de son corps où est sa double verge, et l'applique vivement sur la partie postérieure du corps de la poule où est l'orifice correspondant; que cet accouplement dure d'autant moins qu'il est plus souvent répété, et que le coq semble s'applaudir après par un battement d'ailes et par une espèce de chant de joie ou de victoire; on sait que le coq a des testicules, que sa liqueur séminale réside, comme celle des quadrupèdes, dans des vaisseaux spermatiques; on sait, par mes observations, que celle de la poule réside dans la cicatricule de chaque œuf(**), comme celle des femelles quadrupèdes

(a) Suite du Voyage de Tavernier, t. V, p. 225 et 226.
(b) Redi, Degli animali viventi, etc. Collection académique, partie étrangère, t. IV, p. 520, et Regnier Graaf, p. 243.

(*) On doit en dire autant de tout ce qui nuit à la respiration. Celle-ci s'effectue par les pores de la coquille.
(**) La cicatricule de l'œuf, c'est-à-dire cette tache blanche, de la grosseur d'une lentille, que l'on voit en un point de la surface du jaune, n'est nullement, comme le dit Buffon, la liqueur séminale de la poule. La poule n'a, d'ailleurs, pas plus de liqueur séminale qu'aucune autre femelle d'oiseau ou de mammifère. Quant à la cicatricule, elle représente la portion de l'œuf qui, après sa fécondation, c'est-à-dire après la fusion d'un ou plusieurs spermatozoïdes du mâle avec sa substance, se divise pour produire un nouvel animal.

Puisque l'occasion favorable s'en présente, le lecteur nous saura peut-être gré d'entrer ici

dans le corps glanduleux des testicules (*); mais on ignore si la double verge du coq ou seulement l'une des deux pénètre dans l'orifice de la femelle, et même s'il y a intromission réelle ou une compression forte ou un simple contact; on ne sait pas encore quelle doit être précisément la condition d'un œuf pour qu'il puisse être fécondé, ni jusqu'à quelle distance l'action du mâle peut s'étendre; en un mot, malgré le nombre infini d'expériences et d'observations que l'on a faites sur ce sujet, on ignore encore quelques-unes des principales circonstances de la fécondation.

Son premier effet connu est la dilatation de la cicatricule et la formation du poulet dans sa cavité, car c'est la cicatricule qui contient le véritable germe, et elle se trouve dans les œufs fécondés ou non, même dans ces prétendus œufs de coq dont j'ai parlé plus haut (a); mais elle est plus petite dans les œufs inféconds. Malpighi l'ayant examinée dans des œufs féconds nouvellement pondus, et avant qu'ils eussent été couvés, vit au centre de la cicatricule une bulle nageant dans une liqueur, et reconnut au milieu de cette bulle l'embryon du poulet bien formé, au lieu que la cicatricule des œufs inféconds et produits par la poule seule, sans communication avec le mâle, ne lui présenta qu'un petit globule informe muni d'appendices remplis d'un suc épais, quoique transparent et environné de plusieurs cercles con-

---

(a) M. de la Peyronnie a observé dans un de ces œufs une tache ronde, jaune, d'une ligne de diamètre, sans épaisseur, située sur la membrane qu'on trouve sous la coque : on peut croire que cette tache, qui devrait être blanche, n'était jaune ici que parce que le jaune de l'œuf s'était épanché de toutes parts, comme on l'a reconnu par la dissection de la poule, et si elle était située sur la membrane qu'on trouve sous la coque, c'est qu'après l'épanchement du jaune la membrane qui contenait ce jaune était restée adhérente à celle de la coque.

---

dans quelques détails au sujet de l'organisation de l'œuf des oiseaux, en prenant celui de la poule pour exemple et en comparant cet œuf avec celui des mammifères. Comme ce dernier est beaucoup plus simple, rappelons d'abord sa constitution. Un œuf de mammifère, celui de la femme, par exemple, est une cellule simple, formée d'un protoplasma que l'on désigne sous le nom de *vitellus*, d'un noyau qui porte le nom de *vésicule germinative* et d'un nucléole ou *tache germinative*. Il est entouré d'une enveloppe très mince, la *membrane vitelline*. Après la fécondation, l'œuf tout entier se divise pour produire l'embryon.

L'œuf de la poule, aussitôt après sa formation dans l'ovaire de cet oiseau, est tout à fait semblable à celui de la femme, et son volume est également très minime. Mais il ne tarde pas à absorber des matériaux nutritifs qui lui sont fournis par l'ovaire et augmente considérablement de taille, en même temps qu'il prend une coloration jaune caractéristique. Quand il a atteint son volume définitif, il se compose d'une masse arrondie, très volumineuse, jaune, que l'on nomme *vitellus nutritif*, et d'une portion blanche, formée de protoplasma, la cicatricule, qui a reçu le nom de vitellus germinatif. Ainsi que je l'ai dit plus haut, c'est sur la cicatricule seule que porte la fécondation; c'est elle seule qui se divise pour produire l'embryon. La cicatricule de l'œuf de la poule représente donc, en réalité, l'œuf de la femme. Quant au vitellus, il est formé principalement de matières grasses et sert à la nutrition du jeune poulet tant que ce dernier est contenu dans la coquille de l'œuf. C'est grâce à l'abondance de cette provision alimentaire que l'oiseau peut atteindre, avant de sortir de l'œuf, le degré de développement que tout le monde connaît.

(*) Nous avons rencontré déjà plusieurs fois cette erreur. Nous ne nous lasserons pas de la combattre en répétant que les femelles des mammifères n'ont pas de testicules.

centriques (a) ; on n'y aperçoit aucune ébauche d'animal : l'organisation intime et complète d'une matière informe n'est que l'effet instantané du mélange des deux liqueurs séminales ; mais s'il ne faut qu'un moment à la nature pour donner la forme première à cette glaire transparente, et pour la pénétrer du principe de vie dans tous ses points, il lui faut beaucoup de temps et de secours pour perfectionner cette première ébauche. Ce sont principalement les mères qu'elle semble avoir chargées du soin de ce développement, en leur inspirant le désir ou le besoin de couver : dans la plupart des poules ce désir se fait sentir aussi vivement, se marque au dehors par des signes aussi énergiques que celui de l'accouplement auquel il succède dans l'ordre de la nature, sans même qu'il soit excité par la présence d'aucun œuf. Une poule qui vient de pondre éprouve une sorte de transport que partagent les autres poules qui n'en sont que témoins, et qu'elles expriment toutes par des cris de joie répétés (b), soit que la cessation subite des douleurs de l'accouchement soit toujours accompagnée d'une joie vive, soit que cette mère prévoie dès lors tous les plaisirs que ce premier plaisir lui prépare. Quoi qu'il en soit, lorsqu'elle aura pondu vingt-cinq ou trente œufs, elle se mettra tout de bon à les couver : si on les lui ôte à mesure, elle en pondra peut-être deux ou trois fois davantage, et s'épuisera par sa fécondité même ; mais enfin il viendra un temps où, par la force de l'instinct, elle demandera à couver par un gloussement particulier et par des mouvements et des attitudes non équivoques. Si elle n'a pas ses propres œufs, elle couvera ceux d'une autre poule, et, à défaut de ceux-là, ceux d'une femelle d'une autre espèce, et même des œufs de pierre ou de craie ; elle couvera encore après que tout lui aura été enlevé, et elle se consumera en regrets et en vains mouvements (c) : si ses recherches sont heureuses et qu'elle trouve des œufs vrais ou feints dans un lieu retiré et convenable, elle se pose aussitôt dessus, les environne de ses ailes, les échauffe de sa chaleur, les remue doucement les uns après les autres comme pour en jouir plus en détail et leur communiquer à tous un égal degré de chaleur ; elle se livre tellement à cette occupation, qu'elle en oublie le boire et le manger : on dirait qu'elle comprend toute l'importance de la fonction qu'elle exerce, aucun soin n'est omis, aucune précaution n'est oubliée pour achever l'existence de ces petits êtres commencés, et pour écarter les dangers qui les

(a) Malpighi, *Pullus in ovo.*

(b) Nous n'avons point dans notre langue de termes propres pour exprimer les différents cris de la poule, du coq, des poulets. Les Latins, qui se plaignaient de leur pauvreté, étaient beaucoup plus riches que nous et avaient des expressions pour rendre toutes ces différences. Voyez Gesner, *de Avibus*, p. 431. « Gallus cucurit, pulli pipiunt, gallina canturit, gracillat, » pipat, singultit ; glociunt eæ quæ volunt incubare, » d'où vient le mot français *glousser*, le seul que nous ayons dans ce genre.

(c) On vient à bout d'éteindre le besoin de couver en trempant souvent dans l'eau froide les parties postérieures de la poule.

environnent (a). Ce qu'il y a de plus digne de remarque, c'est que la situation d'une couveuse, quelque insipide qu'elle nous paraisse, est peut-être moins une situation d'ennui qu'un état de jouissance continuelle, d'autant plus délicieuse qu'elle est plus recueillie, tant la nature semble avoir mis d'attraits à tout ce qui a rapport à la multiplication des êtres.

L'effet de l'incubation se borne au développement de l'embryon du poulet, qui, comme nous l'avons déjà dit, existe tout formé dans la cicatricule de l'œuf fécondé : voici à peu près l'ordre dans lequel se fait ce développement, ou plutôt comme il se présente à l'observateur ; et comme j'ai déjà donné dans un assez grand détail tous les faits qui ont rapport au développement du poulet dans l'œuf, je me contenterai d'en rappeler ici les circonstances essentielles.

Dès que l'œuf a été couvé pendant cinq ou six heures, on voit déjà distinctement la tête du poulet jointe à l'épine du dos, nageant dans la liqueur, dont la bulle qui est au centre de la cicatricule est remplie : sur la fin du premier jour la tête s'est déjà recourbée en grossissant.

Dès le second jour, on voit les premières ébauches des vertèbres qui sont comme de petits globules disposés des deux côtés du milieu de l'épine ; on voit aussi paraître le commencement des ailes et les vaisseaux ombilicaux, remarquables par leur couleur obscure ; le cou et la poitrine se débrouillent, la tête grossit toujours ; on y aperçoit les premiers linéaments des yeux et trois vésicules entourées, ainsi que l'épine, de membranes transparentes : la vie du fœtus devient plus manifeste ; déjà l'on voit son cœur battre et son sang circuler.

Le troisième jour tout est plus distinct, parce que tout a grossi : ce qu'il y a de plus remarquable, c'est le cœur, qui pend hors de la poitrine et bat trois fois de suite, une fois en recevant par l'oreillette le sang contenu dans les veines, une seconde fois en le renvoyant aux artères, et la troisième fois en le poussant dans les vaisseaux ombilicaux ; et ce mouvement continue encore vingt-quatre heures après que l'embryon a été séparé du blanc de son œuf. On aperçoit aussi des veines et des artères sur les vésicules du cerveau ; les rudiments de la moelle de l'épine commencent à s'étendre le long des vertèbres ; enfin on voit tout le corps du fœtus comme enveloppé d'une partie de la liqueur environnante, qui a pris plus de consistance que le reste.

Les yeux sont déjà fort avancés le quatrième jour ; on y reconnaît fort bien la prunelle, le cristallin, l'humeur vitrée ; on voit outre cela, dans la tête, cinq vésicules remplies d'humeur, lesquelles, se rapprochant et se recouvrant peu à peu les jours suivants, formeront enfin le cerveau, enveloppé de toutes

(a) Il n'y a pas jusqu'au bruit qui ne leur soit contraire : on a remarqué qu'une couvée entière de poulets, éclos dans la boutique d'un serrurier, fut attaquée de vertiges. Voyez Collection académique, partie étrangère, t. III, p. 25.

ses membranes ; les ailes croissent, les cuisses commencent à paraître et le corps à prendre de la chair.

Les progrès du cinquième jour consistent, outre ce qui vient d'être dit, en ce que le corps se recouvre d'une chair onctueuse ; que le cœur est retenu au dedans par une membrane fort mince qui s'étend sur la capacité de la poitrine, et que l'on voit les vaisseaux ombilicaux sortir de l'abdomen (a).

Le sixième jour, la moelle de l'épine, s'étant divisée en deux parties, continue de s'avancer le long du tronc ; le foie, qui était blanchâtre auparavant, est devenu de couleur obscure, le cœur bat dans ses deux ventricules, le corps du poulet est recouvert de la peau, et sur cette peau l'on voit déjà poindre les plumes.

Le bec est facile à distinguer le septième jour ; le cerveau, les ailes, les cuisses et les pieds ont acquis leur figure parfaite ; les deux ventricules du cœur paraissent comme deux bulles contiguës et réunies par leur partie supérieure avec le corps des oreillettes : on remarque deux mouvements successifs dans les ventricules aussi bien que dans les oreillettes ; ce sont comme deux cœurs séparés.

Le poumon paraît à la fin du neuvième jour, et sa couleur est blanchâtre ; le dixième jour les muscles des ailes achèvent de se former, les plumes continuent de sortir, et ce n'est que le onzième jour qu'on voit des artères, qui auparavant étaient éloignées du cœur, s'y attacher, et que cet organe se trouve parfaitement conformé et réuni en deux ventricules.

Le reste n'est qu'un développement plus grand des parties, qui se fait jusqu'à ce que le poulet casse sa coquille après avoir pipé, ce qui arrive ordinairement le vingt et unième jour, quelquefois le dix-huitième, d'autres fois le vingt-septième.

Toute cette suite de phénomènes, qui forme un spectacle si intéressant pour un observateur, est l'effet de l'incubation opérée par une poule, et l'industrie humaine n'a pas trouvé qu'il fût au-dessous d'elle d'en imiter les procédés : d'abord de simples villageois d'Égypte, et ensuite des physiciens de nos jours, sont venus à bout de faire éclore des œufs aussi bien que la meilleure couveuse, et d'en faire éclore un très grand nombre à la fois ; tout le secret consiste à tenir ces œufs dans une température qui réponde à peu près au degré de la chaleur de la poule, et à les garantir de toute humidité et de toute exhalaison nuisible, telle que celle du charbon, de la braise, même de celle des œufs gâtés : en remplissant ces deux conditions essentielles, et en y joignant l'attention de retourner souvent les œufs et de faire circuler dans le four ou l'étuve les corbeilles qui les contiendront, en sorte que non seulement chaque œuf, mais chaque partie du même œuf participe

(a) Les vaisseaux qui se répandent dans le jaune de l'œuf, et qui par conséquent se trouvent hors de l'abdomen du poulet, rentrent peu à peu dans cette cavité, selon la remarque de Stenon. Voyez Collection académique, partie étrangère, t. V, p. 572.

à peu près également à la chaleur requise, on réussira toujours à faire éclore des milliers de poulets.

Toute chaleur est bonne pour cela ; celle de la mère poule n'a pas plus de privilège que celle de tout autre animal, sans en excepter l'homme (a), ni celle du feu solaire ou terrestre, ni celle d'une couche de tan ou de fumier : le point essentiel est de savoir s'en rendre maître, c'est-à-dire d'être toujours en état de l'augmenter ou de la diminuer à son gré : or il sera toujours possible, au moyen de bons thermomètres distribués avec intelligence dans l'intérieur du four ou de l'étuve, de savoir le degré de chaleur de ses différentes régions ; de la conserver en étoupant les ouvertures et en fermant tous les registres du couvercle, de l'augmenter, soit avec des cendres chaudes, si c'est un four, soit en ajoutant du bois dans le poêle, si c'est une étuve à poêle, soit en faisant des réchauds si c'est une couche, et enfin de la diminuer en ouvrant les registres pour donner accès à l'air extérieur, ou bien en introduisant dans le four un ou plusieurs corps froids, etc.

Au reste, quelque attention que l'on donne à la conduite d'un four d'incubation, il n'est guère possible d'y entretenir constamment et sans interruption le trente-deuxième degré, qui est celui de la poule ; heureusement ce terme n'est point indivisible, et l'on a vu la chaleur varier du trente-huitième au vingt-quatrième degré sans qu'il en résultât d'inconvénient pour la couvée ; mais il faut remarquer qu'ici l'excès est beaucoup plus à craindre que le défaut, et que quelques heures du trente-huitième et même du trente-sixième degré feraient plus de mal que quelques jours du vingt-quatrième ; et la preuve que cette quantité de moindre chaleur peut encore être diminuée sans inconvénient, c'est qu'ayant trouvé, dans une prairie qu'on fauchait, le nid d'une perdrix, et ayant gardé et tenu à l'ombre les œufs pendant trente-six heures qu'on ne put trouver de poule pour les couver, ils éclôrent néanmoins tous au bout de trois jours, excepté ceux qui avaient été ouverts pour voir où en étaient les perdreaux ; à la vérité, ils étaient très avancés, et sans doute il faut un degré de chaleur plus fort dans les commencements de l'incubation que sur la fin de ce même temps, où la chaleur du petit oiseau suffit presque seule à son développement.

A l'égard de son humidité, comme elle est fort contraire au succès de l'incubation, il faut avoir des moyens sûrs pour reconnaître si elle a pénétré dans le four, pour la dissiper lorsqu'elle y a pénétré et pour empêcher qu'il n'en vienne de nouvelle.

(a) On sait que Livie, étant grosse, imagina de couver et faire éclore un œuf dans son sein, voulant augurer du sexe de son enfant par le sexe du poussin qui viendrait ; ce poussin fut mâle, et son enfant aussi. Les augures ne manquèrent pas de se prévaloir du fait pour montrer aux plus incrédules la vérité de leur art ; mais ce qui reste le mieux prouvé, c'est que la chaleur humaine est suffisante pour l'incubation des œufs.

L'hygromètre le plus simple et le plus approprié pour juger de l'humidité de l'air de ces sortes de fours, c'est un œuf froid qu'on y introduit et qu'on y tient pendant quelque temps, lorsque le juste degré de chaleur y est établi ; si, au bout d'un demi-quart d'heure au plus, cet œuf se couvre d'un nuage léger, semblable à celui que l'haleine produit sur une glace polie, ou bien à celui qui se forme l'été sur la surface extérieure d'un verre où l'on verse des liqueurs à la glace, c'est une preuve que l'air du four est trop humide, et il l'est d'autant plus que ce nuage est plus longtemps à se dissiper, ce qui arrive principalement dans les fours à tan et à fumier, que l'on a voulu renfermer en un lieu clos : le meilleur remède à cet inconvénient est de renouveler l'air de ces endroits fermés, en y établissant plusieurs courants par le moyen des fenêtres opposées, et, à défaut de fenêtre, en y plaçant et agitant un ventilateur proportionné à l'espace. Quelquefois la seule transpiration du grand nombre d'œufs produit dans le four même une humidité trop grande et, dans ce cas, il faut, tous les deux ou trois jours, retirer pour quelques instants les corbeilles d'œufs hors du four, et l'éventer simplement avec un chapeau qu'on y agitera en différents sens.

Mais ce n'est pas assez de dissiper l'humidité qui s'est accumulée dans les fours, il faut encore, autant qu'il est possible, lui interdire tout accès par dehors, en revêtissant leurs parois extérieures de plomb laminé ou de bon ciment, ou de plâtre, ou de goudron bien cuit, ou du moins en leur donnant plusieurs couches à l'huile qu'on laissera bien sécher, et en collant sur leurs parois intérieures des bandes de vessies ou de fort papier gris.

C'est à ce peu de pratiques aisées que se réduit tout l'art de l'incubation artificielle, et il faut y assujettir la structure et les dimensions des fours ou étuves, le nombre, la forme et la distribution des corbeilles, et toutes les petites manœuvres que la circonstance prescrit, que le moment inspire, et qui nous ont été détaillées avec une immensité de paroles, et que nous réduirons ici dans quelques lignes, sans cependant rien omettre (a).

Le four le plus simple est un tonneau revêtu par dedans de papier collé, bouché par le haut d'un couvercle qui l'emboîte, lequel est percé dans son milieu d'une grande ouverture fermant à coulisse, pour regarder dans le four et de plusieurs autres petites autour de celle-là servant de registre pour le ménagement de la chaleur, et fermant aussi à coulisse : on noie ce tonneau plus qu'aux trois quarts de sa hauteur dans du fumier chaud ; on place dans son intérieur, les unes au-dessus des autres et à de justes intervalles, deux ou trois corbeilles à claire-voie, dans chacune desquelles on arrange deux couches d'œufs, en observant que la couche supérieure soit moins fournie que l'inférieure, afin que l'on puisse aussi avoir l'œil sur celle-ci ; on ménage, si l'on veut, une ouverture dans le centre de chaque

(a) Voyez l'*Art de faire éclore les poulets*, par M. de Réaumur, 2 vol. in-12.

corbeille, et dans l'espèce de petit puits formé par la rencontre de ces ouvertures, qui répondent toutes à l'axe du tonneau, on y suspend un thermomètre bien gradué; on en place d'autres en différents points de la circonférence, on entretient partout la chaleur au degré requis, et on a des poulets.

On peut aussi, en économisant la chaleur et tirant parti de celle qu'ordinairement on laisse perdre, employer à l'incubation artificielle celle des fours de pâtissiers et de boulangers, celle des forges et des verreries, celle même d'un poêle ou d'une plaque de cheminée, en se souvenant toujours que le succès de la couvée est attaché principalement à une juste distribution de la chaleur, et à l'exclusion de toute humidité.

Lorsque les fournées sont considérables et qu'elles vont bien, elles produisent des milliers de poulets à la fois; et cette abondance même ne serait pas sans inconvénient dans un climat comme le nôtre, si l'on n'eût trouvé moyen de se passer de poule pour élever les poulets, comme on savait s'en passer pour les faire éclore; et ces moyens se réduisent à une imitation plus ou moins parfaite des procédés de la poule lorsque ses poussins sont éclos (*).

On juge bien que cette mère qui a montré tant d'ardeur pour couver, qui a couvé avec tant d'assiduité, qui a soigné avec tant d'intérêt des embryons qui n'existaient point encore pour elle, ne se refroidit pas lorsque ses poussins sont éclos; son attachement, fortifié par la vue de ces petits êtres qui lui doivent la naissance, s'accroît encore tous les jours par les nouveaux soins qu'exige leur faiblesse : sans cesse occupée d'eux, elle ne cherche de la nourriture que pour eux; si elle n'en trouve point, elle gratte la terre avec ses ongles pour lui arracher les aliments qu'elle recèle dans son sein, et elle s'en prive en leur faveur; elle les rappelle lorsqu'ils s'égarent, les met sous ses ailes à l'abri des intempéries et les couve une seconde fois; elle se livre à ces tendres soins avec tant d'ardeur et de souci que sa constitution en est sensiblement altérée, et qu'il est facile de distinguer de toute autre poule une mère qui mène ses petits, soit à ses plumes hérissées et à ses ailes traînantes, soit au son enroué de sa voix et à ses différentes inflexions toutes expressives, et ayant toutes une forte empreinte de sollicitude et d'affection maternelle.

Mais si elle s'oublie elle-même pour conserver ses petits, elle s'expose à tout pour les défendre : paraît-il un épervier dans l'air, cette mère si faible, si timide, et qui en toute autre circonstance chercherait son salut dans la fuite, devient intrépide par tendresse, elle s'élance au-devant de la serre redoutable, et par ses cris redoublés, ses battements d'ailes et son audace, elle en impose souvent à l'oiseau carnassier, qui, rebuté d'une résistance

(*) Depuis l'époque de Buffon, les procédés d'incubation artificielle ont fait de très grands progrès.

imprévue, s'éloigne et va chercher une proie plus facile; elle paraît avoir toutes les qualités du bon cœur, mais, ce qui ne fait pas autant d'honneur au surplus de son instinct, c'est que si par hasard on lui a donné à couver des œufs de cane ou de tout autre oiseau de rivière, son affection n'est pas moindre pour ces étrangers qu'elle le serait pour ses propres poussins; elle ne voit pas qu'elle n'est que leur nourrice ou leur bonne et non pas leur mère, et lorsqu'ils vont, guidés par la nature, s'ébattre ou se plonger dans la rivière voisine, c'est un spectacle singulier de voir la surprise, les inquiétudes, les transes de cette pauvre nourrice qui se croit encore mère, et qui, pressée du désir de les suivre au milieu des eaux, mais retenue par une répugnance invincible pour cet élément, s'agite incertaine sur le rivage, tremble et se désole, voyant toute sa couvée dans un péril évident, sans oser lui donner de secours.

Il serait impossible de suppléer à tous les soins de la poule pour élever ses petits, si ces soins supposaient nécessairement un degré d'attention et d'affection égal à celui de la mère elle-même; il suffit, pour réussir, de remarquer les principales circonstances de la conduite de la poule et ses procédés à l'égard de ses petits, et de les imiter autant qu'il est possible. Par exemple, ayant observé que le principal but des soins de la mère est de conduire ses poussins dans des lieux où ils puissent trouver à se nourrir, et de les garantir du froid et de toutes les injures de l'air, on a imaginé le moyen de leur procurer tout cela, avec encore plus d'avantage que la mère ne peut le faire. S'ils naissent en hiver, on les tient pendant un mois ou six semaines dans une étuve échauffée au même degré que les fours d'incubation; seulement on les en tire cinq ou six fois par jour pour leur donner à manger au grand air, et surtout au soleil; la chaleur de l'étuve favorise leur développement, l'air extérieur les fortifie et ils prospèrent : de la mie de pain, des jaunes d'œufs, de la soupe, du millet sont leur première nourriture; si c'est en été, on ne les tient dans l'étuve que trois ou quatre jours, et dans tous les temps on ne les tire de l'étuve que pour les faire passer dans la *poussinière*. C'est une espèce de cage carrée, fermée par devant d'un grillage en fil de fer ou d'un simple filet, et par-dessus d'un couvercle à charnière; c'est dans cette cage que les poussins trouvent à manger; mais lorsqu'ils ont mangé et couru suffisamment, il leur faut un abri où ils puissent se réchauffer et se reposer, et c'est pour cela que les poulets qui sont menés par une mère ont coutume de se rassembler alors sous ses ailes. M. de Réaumur a imaginé pour ce même usage une *mère artificielle* : c'est une boîte doublée de peau de mouton dont la base est carrée et le dessus incliné comme le dessus d'un pupitre; il place cette boîte à l'un des bouts de sa poussinière, de manière que les poulets puissent y entrer de plain-pied et en faire le tour au moins de trois côtés, et il l'échauffe par dessous au moyen d'une chaufferette qu'on renouvelle selon le besoin; l'inclinaison du couvercle de cette espèce de pupitre offre des hauteurs différentes pour les poulets de différentes tailles ; mais comme ils ont coutume, surtout lorsqu'ils ont froid, de se presser et même de s'entasser en montant les uns sur les autres, et que dans cette foule les petits et les faibles courent risque d'être étouffés, on tient cette boîte ou *mère artificielle* ouverte par les deux bouts, ou plutôt on ne la ferme aux deux bouts que par un rideau que le plus petit poulet puisse soulever facilement, afin qu'il ait toujours la facilité de sortir lorsqu'il se sent trop pressé ; après quoi il peut, en faisant le tour, revenir par l'autre bout et choisir une place moins dangereuse. M. de Réaumur tâche encore de prévenir ce même inconvénient par une autre précaution, c'est de tenir le couvercle de la *mère artificielle* incliné assez bas pour que les poulets ne puissent pas monter les uns sur les autres ; et à mesure que les poulets croissent, il élève le couvercle, en ajoutant sur le côté de la boîte des hausses proportionnées. Il renchérit encore sur tout cela en divisant ses plus grandes *poussinières* en deux par une cloison transversale, afin de pouvoir séparer les poulets de différentes grandeurs ; il les fait mettre aussi sur des roulettes pour la facilité du transport, car il faut absolument les rentrer dans la chambre toutes les nuits, et même pendant le jour lorsque le temps est rude ; et il faut que cette chambre soit échauffée en temps d'hiver : mais, au reste, il est bon, dans les temps qui ne sont ni froids ni pluvieux, d'exposer les poussinières au grand air et au soleil, avec la seule précaution de les garantir du vent ; on peut même en tenir les portes ouvertes, les poulets apprendront bientôt à sortir pour aller gratter le fumier ou becqueter l'herbe tendre, et à rentrer pour prendre leur repas ou s'échauffer sous la mère artificielle. Si l'on ne veut pas courir le risque de les laisser ainsi vaguer en liberté, on ajoute au bout de la poussinière une cage à poulets ordinaire qui, communiquant avec la première, leur fournira un plus grand espace pour s'ébattre et une promenade close où ils seront en sûreté.

Mais plus on les tient en captivité, plus il faut être exact à leur fournir une nourriture qui leur convienne : outre le millet, les jaunes d'œufs, la soupe et la mie de pain, les jeunes poulets aiment aussi la navette, le chènevis et autres menus grains de ce genre, les pois, les fèves, les lentilles, le riz, l'orge et l'avoine mondés, le turquis écrasé et le blé noir. Il convient, et c'est même une économie, de faire crever dans l'eau bouillante la plupart de ces graines avant de les leur donner ; cette économie va à un cinquième sur le froment, à deux cinquièmes sur l'orge, à une moitié sur le turquis, à rien sur l'avoine et le blé noir ; il y aurait de la perte à faire crever le seigle, mais c'est de toutes ces graines celle que les poulets aiment le moins. Enfin on peut leur donner, à mesure qu'ils deviennent grands, de tout ce que nous mangeons nous-mêmes, excepté les amandes amères (a)

_____

(a) Voyez *Éphémérides des Curieux de la nature*, déc. 1, ann. 8, observ. 99.

et les grains de café (a); toute viande hachée, cuite ou crue, leur est bonne, surtout les vers de terre; c'est le mets dont ces oiseaux, qu'on croit si peu carnassiers, paraissent être le plus friands, et peut-être ne leur manque-t-il, comme à bien d'autres, qu'un bec crochu et des serres pour être de véritables oiseaux de proie.

Cependant il faut avouer qu'ils ne diffèrent pas moins des oiseaux de proie par la façon de digérer et par la structure de l'estomac que par le bec et par les ongles : l'estomac de ceux-ci est membraneux, et leur digestion s'opère par le moyen d'un dissolvant qui varie dans les différentes espèces, mais dont l'action est bien constatée (b); au lieu que les gallinacés peuvent être regardés comme ayant trois estomacs, savoir : 1° le jabot, qui est une espèce de poche membraneuse, où les grains sont d'abord macérés et commencent à se ramollir; 2° la partie la plus évasée du canal intermédiaire entre le jabot et le gésier, et la plus voisine de celui-ci; elle est tapissée d'une quantité de petites glandes qui fournissent un suc dont les aliments peuvent aussi se pénétrer à leur passage; 3° enfin, le gésier qui fournit un suc manifestement acide, puisque de l'eau, dans laquelle on a broyé sa membrane interne, devient une bonne présure pour faire cailler les crèmes; c'est ce troisième estomac qui achève, par l'action puissante de ses muscles, la digestion qui n'avait été que préparée dans les deux premiers. La force de ses muscles est plus grande qu'on ne le croirait; en moins de quatre heures elle réduit en poudre impalpable une boule d'un verre assez épais pour porter un poids d'environ quatre livres; en quarante-huit heures elle divise longitudinalement, en deux espèces de gouttières, plusieurs tubes de verre de quatre lignes de diamètre et d'une ligne d'épaisseur, dont, au bout de ce temps, toutes les parties aiguës et tranchantes se trouvent émoussées et le poli détruit, surtout celui de la partie convexe; elle est aussi capable d'aplatir des tubes de fer-blanc, et de broyer jusqu'à dix-sept noisettes dans l'espace de vingt-quatre heures, et cela par des compressions multipliées, par une alternative de frottement dont il est difficile de voir la mécanique. M. de Réaumur ayant fait nombre de tentatives pour la découvrir, n'a aperçu qu'une seule fois des mouvements un peu sensibles dans cette partie; il vit dans un chapon, dont il avait mis le gésier à découvert, des portions de ce viscère se contracter, s'aplatir et se relever ensuite; il observa des espèces de cordons charnus qui se formaient à sa surface, ou plutôt qui paraissaient s'y former, parce qu'il se faisait entre deux des enfoncements qui les séparaient, et

(a) Deux poulets ayant été nourris, l'un avec du café des îles rôti, l'autre avec le même café non rôti, devinrent tous deux étiques et moururent, l'un le huitième jour et l'autre le dixième, après avoir consommé chacun trois onces de café; les pieds et les jambes étaient fort enflés, et la vésicule du fiel se trouva aussi grosse que celle d'une poule d'Inde. *Mémoires de l'Académie royale des Sciences*, ann. 1746, p. 101.

(b) Voyez *Mém. de l'Acad. royale des Sciences*, ann. 1752, p. 266.

tous ces mouvements semblaient se propager comme par ondes et très lentement.

Ce qui prouve que, dans les gallinacés, la digestion se fait principalement par l'action des muscles du gésier (*), et non par celle d'un dissolvant quelconque, c'est que, si l'on fait avaler à l'un de ces oiseaux un petit tube de plomb ouvert par les deux bouts, mais assez épais pour n'être point aplati par l'effort du gésier, et dans lequel on aura introduit un grain d'orge, le tube de plomb aura perdu sensiblement de son poids dans l'espace de deux jours, et le grain d'orge qu'il renferme, fût-il cuit et même mondé, se retrouvera au bout de deux jours un peu renflé, mais aussi peu altéré que si on l'eût laissé pendant le même temps dans tout autre endroit également humide; au lieu que ce même grain et d'autres beaucoup plus durs, qui ne seraient pas garantis par un tube, seraient digérés en beaucoup moins de temps.

Une chose qui peut aider encore à l'action du gésier, c'est que les oiseaux en tiennent la cavité remplie, autant qu'il est possible, et par là mettent en jeu les quatre muscles dont il est composé : à défaut de grains ils le lestent avec de l'herbe et même avec de petits cailloux, lesquels, par leur dureté et leurs inégalités, sont des instruments propres à broyer les grains avec lesquels ils sont continuellement froissés; je dis par leurs inégalités, car lorsqu'ils sont polis ils passent fort vite, il n'y a que les raboteux qui restent; ils abondent d'autant plus dans le gésier qu'il s'y trouve moins d'aliments; et ils y séjournent beaucoup plus de temps qu'aucune autre matière digestible ou non digestible.

Et l'on se sera point surpris que la membrane intérieure de cet estomac soit assez forte pour résister à la réaction de tant de corps durs sur lesquels elle agit sans relâche, si l'on fait attention que cette membrane est en effet fort épaisse et d'une substance analogue à celle de la corne; d'ailleurs, ne sait-on pas que les morceaux de bois et les cuirs, dont on se sert pour frotter avec une poudre extrêmement dure les corps auxquels on veut donner le poli, résistent fort longtemps ? On peut encore supposer que cette membrane dure se répare de la même manière que la peau calleuse des mains de ceux qui travaillent à des ouvrages de force.

Au reste, quoique les petites pierres puissent contribuer à la digestion, il n'est pas bien avéré que les oiseaux granivores aient une intention bien décidée en les avalant. Redi ayant renfermé deux chapons avec de l'eau et de ces petites pierres pour toute nourriture, ils burent beaucoup d'eau et moururent, l'un au bout de vingt jours, l'autre au bout de vingt-quatre, et

---

(*) C'est une erreur. Le gésier agit simplement comme organe masticateur. Il broie les graines entre ses muscles puissants, aidé dans cette opération par le frottement des graines les unes contre les autres, et contre les petits cailloux que les granivores avalent toujours en assez forte quantité. Après que les aliments ont été broyés par le gésier, ils sont digérés par les liquides que secrètent le ventricule succinturié d'une part, l'intestin de l'autre.

tous deux sans avoir avalé une seule pierre. M. Redi en trouva bien quelques-unes dans leur gésier, mais c'était de celles qu'ils avaient avalées précédemment (a).

Les organes servant à la respiration consistent en un poumon semblable à celui des animaux terrestres, et dix cellules aériennes, dont il y en a huit dans la poitrine qui communiquent immédiatement avec le poumon, et deux plus grandes dans le bas-ventre, qui communiquent avec les huit précédentes; lorsque dans l'inspiration le thorax est dilaté, l'air entre par le larynx dans le poumon, passe du poumon dans les huit cellules aériennes supérieures, qui attirent aussi, en se dilatant, celui des deux cellules du bas-ventre, et celles-ci s'affaissent à proportion; lorsque, au contraire, le poumon et les cellules supérieures, s'affaissant dans l'expiration, pressent l'air contenu dans leur cavité, cet air sort en partie par le larynx, et repasse en partie des huit cellules de la poitrine dans les deux cellules du bas-ventre, lesquelles se dilatent alors par une mécanique assez analogue à celle d'un soufflet à deux âmes : mais ce n'est point ici le lieu de développer tous les ressorts de cette mécanique; il suffira de remarquer que, dans les oiseaux qui ne volent point, comme l'autruche, le casoar, et dans ceux qui volent pesamment, tels que les gallinacés, la quatrième cellule de chaque côté est plus petite (b).

Toutes ces différences d'organisation en entraînent nécessairement beaucoup d'autres, sans parler des hanches membraneuses observées dans quelques oiseaux. M. Duverney a fait voir, sur un coq vivant, que la voix, dans ces oiseaux, ne se formait pas vers le larynx comme dans les quadrupèdes, mais au bas de la trachée-artère, vers la bifurcation (c), où M. Perrault a vu un larynx interne. Outre cela, M. Hérissant a observé dans les principales bronches du poumon des membranes semi-lunaires posées transversalement les unes au-dessus des autres, de façon qu'elles n'occupent que la moitié de la cavité de ces bronches, laissant à l'air un libre cours par l'autre demi-cavité; et il a jugé, avec raison, que ces membranes devaient concourir à la formation de la voix des oiseaux, mais moins essentiellement encore que la membrane de l'os de la lunette, laquelle termine une cavité assez considérable, qui se trouve au-dessus de la partie supérieure et interne de la poitrine, et qui a aussi quelque communication avec les cellules aériennes supérieures; cet anatomiste dit s'être assuré, par des expériences réitérées, que, lorsque cette membrane est percée, la voix se perd aussi et que, pour la faire entendre de nouveau, il faut boucher exactement l'ouverture de la membrane, et empêcher que l'air ne puisse sortir (d).

(a) Redi, *des Animaux vivants qui se trouvent dans les animaux vivants.*
(b) *Mém. pour servir à l'hist. des animaux*, partie II, p. 142 et 164.
(c) *Anciens Mém. de l'Acad. royale des Sciences*, t. XI, p. 7.
(d) *Mém. de l'Acad. royale des Sciences*, ann. 1753, p. 291.

D'après de si grandes différences observées dans l'appareil des organes de la voix, ne paraîtra-t-il pas singulier que les oiseaux, avec leur langue cartilagineuse et leurs lèvres de corne, aient plus de facilité à imiter nos chants et même notre parole, que ceux d'entre les quadrupèdes qui ressemblent le plus à l'homme? tant il est difficile de juger de l'usage des parties par leur simple structure, et tant il est vrai que la modification de la voix et des sons dépend presque en entier de la sensibilité de l'ouïe!

Le tube intestinal est fort long dans les gallinacés, et surpasse environ cinq fois la longueur de l'animal, prise de l'extrémité du bec jusqu'à l'anus; on y trouve deux *cœcums* d'environ six pouces, qui prennent naissance à l'endroit où le colon se joint à l'iléon; le *rectum* s'élargit à son extrémité, et forme un réceptacle commun, qu'on a appelé *cloaque*, où se rendent séparément les excréments solides et liquides, et d'où ils sortent à la fois sans être néanmoins entièrement mêlés. Les parties caractéristiques des sexes s'y trouvent aussi, savoir: dans les poules, la vulve ou l'orifice de l'*oviductus;* et, dans les coqs, les deux verges, c'est-à-dire les mamelons des deux vaisseaux spermatiques; la vulve est placée, comme nous l'avons dit plus haut, au-dessus de l'anus, et par conséquent tout au rebours de ce qu'elle est dans les quadrupèdes.

On savait, dès le temps d'Aristote, que tout oiseau mâle avait des testicules, et qu'ils étaient cachés dans l'intérieur du corps; on attribuait même à cette situation la véhémence de l'appétit du mâle pour la femelle, qui a, disait-on, moins d'ardeur, parce que l'ovaire est plus près du diaphragme, et par conséquent plus à portée d'être rafraîchi par l'air de la respiration (*a*): au reste, les testicules ne sont pas tellement propres au mâle, que l'on n'en trouve aussi dans la femelle de quelques espèces d'oiseaux, comme dans la canepetière et peut-être l'outarde (*b* *). Quelquefois les mâles n'en ont qu'un, mais le plus souvent ils en ont deux; et il s'en faut beaucoup que la grosseur de ces espèces de glandes soit proportionnée à celle de l'oiseau. L'aigle les a comme des pois, et un poulet de quatre mois les a déjà comme des olives; en général leur grosseur varie non seulement d'une espèce à l'autre, mais encore dans la même espèce, et n'est jamais plus remarquable que dans le temps des amours. Au reste, quelque peu considérable qu'en soit le volume, ils jouent un grand rôle dans l'économie animale, et cela se voit

(*a*) Aristot., *de Partibus Animalium*, lib. IV, cap. V.
(*b*) *Hist. de l'Acad. royale des Sciences*, ann. 1756, p. 44.

(*) Ce passage est criblé d'erreurs. D'abord, ainsi que nous l'avons déjà dit, les femelles des oiseaux n'ont jamais de testicule; en second lieu, la respiration ne sert pas à rafraîchir le sang, mais à lui rendre l'oxygène qu'il a cédé aux tissus et à dégager l'acide carbonique qui provient de ces derniers; pour mieux dire encore, le phénomène intime de la respiration consiste dans une oxydation incessante des principes constituants des cellules; enfin, la situation des testicules n'est pour rien dans l'ardeur génésique des oiseaux.

clairement par les changements qui arrivent à la suite de leur extirpation. Cette opération se fait communément aux poulets qui ont trois ou quatre mois; celui qui la subit prend désormais plus de chair, et sa chair, qui devient plus succulente et plus délicate, donne au chimiste des produits différents de ceux qu'elle eût donnés avant la castration (a); il n'est presque plus sujet à la mue, de même que le cerf, qui est dans le même cas, ne quitte plus son bois; il n'a plus le même chant, sa voix devient enrouée, et il ne la fait entendre que rarement: traité durement par les coqs, avec dédain par les poules, privé de tous les appétits qui ont rapport à la reproduction, il est non seulement exclu de la société de ses semblables, il est encore, pour ainsi dire, séparé de son espèce; c'est un être isolé, hors d'œuvre, dont toutes les facultés se replient sur lui-même, et n'ont pour but que sa conservation individuelle; manger, dormir et s'engraisser, voilà désormais ses principales fonctions et tout ce qu'on peut lui demander. Cependant, avec un peu d'industrie, on peut tirer parti de sa faiblesse même et de sa docilité qui en est la suite, en lui donnant des habitudes utiles, celle, par exemple, de conduire et d'élever les jeunes poulets; il ne faut pour cela que le tenir pendant quelques jours dans une prison obscure, ne l'en tirant qu'à des heures réglées pour lui donner à manger, et l'accoutumant peu à peu à la vue et à la compagnie de quelques poulets un peu forts; il prendra bientôt ces poulets en amitié, et les conduira avec autant d'affection et d'assiduité que le ferait leur mère; il en conduira même plus que la mère, parce qu'il en peut réchauffer sous ses ailes un plus grand nombre à la fois. La mère poule, débarrassée de ce soin, se remettra plus tôt à pondre (b), et de cette manière les chapons, quoique voués à la stérilité, contribueront encore indirectement à la conservation et à la multiplication de leur espèce.

Un si grand changement dans les mœurs du chapon, produit par une cause si petite et si peu suffisante en apparence, est un fait d'autant plus remarquable qu'il est confirmé par un très grand nombre d'expériences que les hommes ont tentées sur d'autres espèces, et qu'ils ont osé étendre jusque sur leurs semblables.

On a fait sur les poulets un essai beaucoup moins cruel, et qui n'est peut-être pas moins intéressant pour la physique : c'est, après leur avoir emporté la crête (c), comme on fait ordinairement, d'y substituer un de leurs éperons

(a) L'extrait tiré de la chair du chapon dégraissé est un peu moins du quatorzième du poids total, au lieu qu'il en fait un dixième dans le poulet et un peu plus du septième dans le coq; de plus, l'extrait de la chair du coq est très sec, au lieu que celle du chapon est difficile à sécher. Voyez Mém. de l'Acad. royale des Sciences, ann. 1730, p. 231.

(b) Voyez Pratique de faire éclore les œufs, etc., p. 98.

(c) La raison qui semble avoir déterminé à couper la crête aux poulets qu'on fait devenir chapons, c'est qu'après cette opération, qui ne l'empêche pas de croître, elle cesse de se tenir droite, elle devient pendante comme celle des poules, et, si on la laissait, elle les incommoderait en leur couvrant un œil.

naissants, qui ne sont encore que de petits boutons; ces éperons, ainsi entés, prennent peu à peu racine dans les chairs, en tirent de la nourriture, et croissent souvent plus qu'ils n'eussent fait dans le lieu de leur origine : ou en a vu qui avaient deux pouces et demi de longueur et plus de trois lignes et demie de diamètre à la base; quelquefois, en croissant, ils se recourbent comme les cornes de bélier, d'autres fois ils se renversent comme celles des boucs (a).

C'est une espèce de greffe animale dont le succès a dû paraître fort douteux la première fois qu'on l'a tentée, et dont il est surprenant qu'on n'ait tiré, depuis qu'elle a réussi, aucune connaissance pratique. En général, les expériences destructives sont plus cultivées, suivies plus vivement que celles qui tendent à la conservation, parce que l'homme aime mieux jouir et consommer, que faire du bien et s'instruire.

Les poulets ne naissent point avec cette crête et ces membranes rougeâtres qui les distinguent des autres oiseaux; ce n'est qu'un mois après leur naissance que ces parties commencent à se développer: à deux mois les jeunes mâles chantent déjà comme les coqs, et se battent les uns contre les autres; ils sentent qu'ils doivent se haïr, quoique le fondement de leur haine n'existe pas encore. Ce n'est guère qu'à cinq ou six mois qu'ils commencent à rechercher les poules, et que celles-ci commencent à pondre; dans les deux sexes, le terme de l'accroissement complet est à un an ou quinze mois; les jeunes poules pondent plus, à ce qu'on dit, mais les vieilles couvent mieux; ce temps nécessaire à leur accroissement indiquerait que la durée de leur vie naturelle ne devrait être que de sept ou huit ans, si, dans les oiseaux, cette durée suivait la même proportion que dans les animaux quadrupèdes; mais nous avons vu qu'elle est beaucoup plus longue : un coq peut vivre jusqu'à vingt ans dans l'état de domesticité, et peut-être trente dans celui de liberté : malheureusement pour eux, nous n'avons nul intérêt de les laisser vivre longtemps; les poulets et les chapons qui sont destinés à paraître sur nos tables ne passent jamais l'année, et la plupart ne vivent qu'une saison; les coqs et les poules qu'on emploie à la multiplication de l'espèce sont épuisés assez promptement, et nous ne donnons le temps à aucun de parcourir la période entière de celui qui leur a été assigné par la nature; en sorte que ce n'est que par des hasards singuliers que l'on a vu des coqs mourir de vieillesse.

Les poules peuvent subsister partout avec la protection de l'homme : aussi sont-elles répandues dans tout le monde habité; les gens aisés en élèvent en Islande, où elles pondent comme ailleurs (b), et les pays chauds en sont pleins; mais la Perse est le climat primitif des coqs, selon le docteur

(a) Voyez *Anciens Mém. de l'Acad. royale des Sciences*, t. XI, p. 48. — *Le Journal économique*, mars 1764, p. 120.

(b) Horrebow, *Description de l'Islande*, t. I, p. 199.

Thomas Hyde (a); ces oiseaux y sont en abondance et en grande considération, surtout parmi certains dervis, qui les regardent comme des horloges vivantes; et l'on sait qu'une horloge est l'âme de toute communauté de dervis (*).

Dampier dit qu'il a vu et tué, dans les îles de Poulocondor, des coqs sauvages qui ne surpassaient pas nos corneilles en grosseur, et dont le chant, assez semblable à celui des coqs de nos basses-cours, était seulement plus aigu (b); il ajoute ailleurs qu'il y en a dans l'île Timor et à Sant-Iago, l'une des îles du cap Vert (c). Gemelli Carreri rapporte qu'il en avait aperçu dans les îles Philippines; et Merolla prétend qu'il y a des poules sauvages au royaume de Congo, qui sont plus belles et de meilleur goût que les poules domestiques, mais que les nègres estiment peu ces sortes d'oiseaux.

De leur climat naturel, quel qu'il soit, ces oiseaux se sont répandus facilement dans le vieux continent, depuis la Chine jusqu'au cap Vert, et depuis l'Océan méridional jusqu'aux mers du nord : ces migrations sont fort anciennes et remontent au delà de toute tradition historique; mais leur établissement dans le Nouveau-Monde paraît être beaucoup plus récent. L'historien des Incas (d) assure qu'il n'y en avait point au Pérou avant la conquête, et même que les poules ont été plus de trente ans sans pouvoir s'accoutumer à couver dans la vallée de Cusco. Coréal dit positivement que les poules ont été apportées au Brésil par les Espagnols, et que les Brésiliens les connaissaient si peu qu'ils n'en mangeaient d'aucune sorte, et qu'ils regardaient leurs œufs comme une espèce de poison : les habitants de l'île de Saint-Domingue n'en avaient point non plus, selon le témoignage du P. Charlevoix; et Oviedo donne comme un fait avéré qu'elles ont été transportées d'Europe en Amérique. Il est vrai qu'Acosta avance tout le contraire : il soutient que les poules existaient au Pérou avant l'arrivée des Espagnols; il en donne pour preuve qu'elles s'appellent dans la langue du pays *gualpa*, et leurs œufs *ponto;* et de l'ancienneté du mot il croit pouvoir conclure celle de la chose, comme s'il n'était pas fort simple de penser que des sauvages, voyant pour la première fois un oiseau étranger, auront songé

(a) *Historia religionis veterum Persarum*, etc., p. 163. Remarquez cependant que l'art d'engraisser les chapons a été porté d'Europe en Perse par des marchands arméniens. Voyez *Tavernier*, t. II, p. 24.

(b) *Nouveau Voyage autour du monde*, t. II, p. 82.

(c) Dampier, *Suite du Voyage de la Nouvelle-Hollande*, t. V, p. 61.

(d) *Histoire des Incas*, t. II, p. 239.

(*) Les *Gallus* vivent à l'état indigène dans d'autres pays que la Perse. Il en existe notamment dans l'Indo-Chine, à Java et dans l'Hindoustan. Le *Gallus Sonneratii* TEMM. provient des montagnes de Gates, dans l'Hindoustan. Le *Gallus Bankiva* TEMM. et le *Gallus furcatus* TEMM. proviennent de Java. C'est le *Gallus Bankiva* qui est généralement considéré comme la souche de nos coqs domestiques.

d'abord à le nommer, soit d'après sa ressemblance avec quelque oiseau de leur pays, soit d'après quelque autre analogie; mais ce qui doit, ce me semble, faire préférer absolument la première opinion, c'est qu'elle est conforme à la loi du climat; cette loi, quoiqu'elle ne puisse avoir lieu en général à l'égard des oiseaux, surtout à l'égard de ceux qui ont l'aile forte, et à qui toutes les contrées sont ouvertes, est néanmoins suivie nécessairement par ceux qui, comme la poule, étant pesants et ennemis de l'eau, ne peuvent ni traverser les airs comme les oiseaux qui ont le vol élevé, ni passer les mers ou même les grands fleuves comme les quadrupèdes qui savent nager, et sont par conséquent exclus pour jamais de tout pays séparé du leur par de grands amas d'eau, à moins que l'homme, qui va partout, ne s'avise de les transporter avec lui : ainsi le coq est un animal qui appartient en propre à l'ancien continent, et qu'il faut ajouter à la liste que j'ai donnée de tous les animaux qui n'existaient pas dans le Nouveau-Monde lorsqu'on en a fait la découverte.

A mesure que les poules se sont éloignées de leur pays natal, qu'elles se sont accoutumées à un autre climat, à d'autres aliments, elles ont dû éprouver quelque altération dans leur forme, ou plutôt dans celles de leurs parties qui en étaient le plus susceptibles; et de là sans doute ces variétés qui constituent les différentes races dont je vais parler, variétés qui se perpétuent constamment dans chaque climat, soit par l'action continuée des mêmes causes qui les ont produites d'abord, soit par l'attention que l'on a d'assortir les individus destinés à la propagation.

Il serait bon de dresser pour le coq, comme je l'ai fait pour le chien, une espèce d'arbre généalogique de toutes ses races, dans lequel on verrait la souche primitive et ses différentes branches, qui représenteraient les divers ordres d'altérations et de changements relatifs à ses différents états; mais il faudrait avoir pour cela des mémoires plus exacts, plus détaillés que ceux que l'on trouve dans la plupart des relations ; ainsi je me contenterai de donner ici mon opinion sur la poule de notre climat, et de rechercher son origine après avoir fait le dénombrement des races étrangères qui ont été décrites par les naturalistes, ou seulement indiquées par les voyageurs.

1° Le *coq commun*, le coq de notre climat.

2° Le *coq huppé :* il ne diffère du coq commun que par une touffe de plumes qui s'élève sur sa tête, et il a ordinairement la crête plus petite, vraisemblablement parce que la nourriture, au lieu d'être portée toute à la crête, est en partie employée à l'accroissement des plumes. Quelques voyageurs assurent que toutes les poules du Mexique sont huppées : ces poules, comme toutes les autres de l'Amérique, y ont été transportées par les hommes, et viennent originairement de l'ancien continent. Au reste, la race des poules huppées est celle que les curieux ont le plus cultivée; et, comme il arrive à toutes les choses qu'on regarde de très près, ils y ont remarqué un grand nombre de différences, surtout dans les couleurs du plumage, d'après lesquelles ils ont formé une multitude de races diverses, qu'ils estiment d'autant plus que leurs couleurs sont plus belles ou plus rares, telles que les dorées et les argentées; la blanche à huppe noire, et la noire à huppe blanche; les agates et les chamois; les ardoisées ou périnettes; celles à écailles de poisson et les herminées; la poule veuve, qui a de petites larmes blanches semées sur un fond rembruni; la poule couleur de feu; la poule pierrée, dont le plumage fond blanc est marqueté de noir ou de chamois, ou d'ardoise ou de doré, etc.; mais je doute fort que ces différences soient assez constantes et assez profondes pour constituer des espèces vraiment différentes, comme le prétendent quelques curieux, qui assurent que plusieurs des races ci-dessus ne propagent point ensemble.

3° Le *coq sauvage de l'Asie :* c'est sans doute celui qui approche le plus de la souche originaire des coqs de ce climat; car n'ayant jamais été gêné par l'homme ni dans le choix de sa nourriture, ni dans sa manière de vivre, qu'est-ce qui aurait pu altérer en lui la pureté de la première empreinte? Il n'est ni des plus grands, ni des plus petits de l'espèce, mais sa taille est moyenne entre les différentes races. Il se trouve, comme nous l'avons dit ci-devant, en plusieurs contrées de l'Asie, en Afrique et dans les îles du cap Vert : nous n'en avons pas de description assez exacte pour pouvoir le comparer à notre coq. Je dois recommander ici aux voyageurs qui se trouveront à portée de voir ces coqs et poules sauvages, de tâcher de savoir si elles font des nids, et comment elles les font. M. Lottinger, médecin à Sarrebourg, qui a fait de nombreuses et très bonnes observations sur les oiseaux, m'a assuré que nos poules, lorsqu'elles sont en pleine liberté, font des nids, et qu'elles y mettent autant de soin que les perdrix.

4° L'*acoho* ou *coq de Madagascar :* les poules de cette espèce sont très petites, et cependant leurs œufs sont encore plus petits à proportion, puisqu'elles en peuvent couver jusqu'à trente à la fois (*a*).

5° *Poule naine de Java*, de la grosseur d'un pigeon (*b*) : il y a quelque apparence que la petite poule anglaise pourrait bien être de la même race que cette poule de Java dont parlent les voyageurs; car cette poule anglaise est encore plus petite que notre poule naine de France, n'étant en effet pas plus grosse qu'un pigeon de moyenne grosseur. On pourrait peut-être encore ajouter à cette race la petite poule du Pégu, que les voyageurs disent n'être pas plus grosse qu'une tourterelle, et avoir les pieds rogneux, mais le plumage très beau.

6° *Poule de l'isthme de Darien*, plus petite que la poule commune; elle a

(*a*) *Hist. gén. des Voyages*, t. VIII, p. 603-606.
(*b*) *Collection académique*, partie étrangère, t. III, p. 452.

un cercle de plumes autour des jambes, une queue fort épaisse qu'elle porte droite, et le bout des ailes noir ; elle chante avant le jour (a).

7° *Poules de Camboge*, transportées de ce royaume aux Philippines par les Espagnols ; elles ont les pieds si courts que leurs ailes traînent à terre ; cette race ressemble beaucoup à celle de la poule naine de France, ou peut-être à cette poule naine qu'on nourrit en Bretagne à cause de sa fécondité, et qui marche toujours en sautant : au reste, ces poules sont de la grosseur des poules ordinaires, et ne sont naines que par les jambes, qu'elles ont très courtes.

8° Le *coq de Bantam* a beaucoup de rapport avec le coq pattu de France ; il a de même les pieds couverts de plumes, mais seulement en dehors ; celles des jambes sont très longues et lui forment des espèces de bottes qui descendent beaucoup plus bas que le talon ; il est courageux et se bat hardiment contre des coqs beaucoup plus forts que lui ; il a l'iris des yeux rouge. On m'a assuré que la plupart des races pattues n'ont point de huppe. Il y a une grosse race de poules pattues qui vient d'Angleterre, et une plus petite que l'on appelle le *coq nain d'Angleterre*, qui est bien doré et à crête double.

Il y a encore une race naine, qui ne surpasse pas le pigeon commun en grosseur, et dont le plumage est tantôt blanc, tantôt blanc et doré. On comprend aussi dans les poules pattues la poule de Siam, qui est blanche et plus petite que nos poules communes.

9° Les Hollandais parlent d'une autre espèce de coqs propre à l'île de Java, où on ne les élève guère que pour la joute ; ils l'appellent *demi-poule d'Inde*. Selon Willughby, il porte sa queue à peu près comme le dindon. C'est sans doute à cette race que l'on doit rapporter celle de ces poules singulières de Java, dont parle Mandeslo (b), lesquelles tiennent de la poule ordinaire et de la poule d'Inde, et qui se battent entre elles à outrance comme les coqs. Le sieur Fournier m'a assuré que cette espèce a été vivante à Paris (c) ; elle n'a, selon lui, ni crête, ni cravate ; la tête est unie comme celle du faisan ; cette poule est très haute sur ses jambes ; sa queue est longue et pointue, les plumes étant d'inégale longueur ; et, en général, la couleur des plumes est rembrunie comme celle des plumes du vautour.

10° Le *coq d'Angleterre* ne surpasse pas le coq nain en grosseur, mais il est beaucoup plus haut monté que notre coq commun, et c'est la principale chose qui l'en distingue : on peut donc rapporter à cette race le *xolo*,

(a) *Hist. gén. des Voyages*, t. VIII, p. 151.
(b) *Idem*, t. II, p. 350.
(c) M. Fournier est un curieux qui a élevé pendant plusieurs années pour lui-même, pour S. A. S. M. le comte de Clermont et pour plusieurs seigneurs, des poules et des pigeons de toute espèce.

espèce de coq des Philippines, qui a de très longues jambes (a). Au reste, le coq d'Angleterre est supérieur à celui de France pour le combat ; il a plutôt une aigrette qu'une huppe ; son cou et son bec sont plus dégagés, et il a au-dessus des narines deux tubercules de chair, rouges comme sa crête.

11° Le *coq de Turquie* n'est remarquable que par son beau plumage.

12° Le *coq de Hambourg* (b), appelé aussi *culotte de velours*, parce qu'il a les cuisses et le ventre d'un noir velouté : sa démarche est grave et majestueuse ; son bec très pointu, l'iris de ses yeux jaunes, et ses yeux mêmes sont entourés d'un cercle de plumes brunes, d'où part une touffe de plumes noires qui couvrent les oreilles ; il y a des plumes à peu près semblables derrière la crête et au-dessous des barbes, et des taches noires, rondes et larges sur la poitrine ; les jambes et les pieds sont de couleur de plomb, excepté la plante des pieds qui est jaunâtre.

13° Le *coq frisé* dont les plumes se renversent en dei ors : on en trouve à Java, au Japon et dans toute l'Asie méridionale ; sans ute que ce coq appartient plus particulièrement aux pays chauds, car les   sins de cette race sont extrêmement sensibles au froid, et n'y résistent g e dans notre climat. Le sieur Fournier m'a assuré que leur plumage prend toutes sortes de couleurs, et qu'on en voit de blancs, de noirs, d'argentés, de dorés, d'ardoisés, etc.

14° La *poule à duvet du Japon :* ses plumes sont blanches, et les barbes des plumes sont détachées et ressemblent assez à du poil ; ses pieds ont des plumes en dehors jusqu'à l'ongle du doigt extérieur : cette race se trouve au Japon, à la Chine et dans quelques autres contrées de l'Asie. Pour la propager dans toute sa pureté, il faut que le père et la mère soient tous deux à duvet.

15° Le *coq nègre* a la crête, les barbes, l'épiderme et le périoste absolument noirs ; ses plumes le sont aussi le plus souvent, mais quelquefois elles sont blanches. On en trouve aux Philippines, à Java, à Delhi, à Santlago, l'une des îles du cap Vert. Becman prétend que la plupart des oiseaux de cette dernière île ont les os aussi noirs que du jais, et la peau de la couleur de celle des nègres (c) : si ce fait est vrai, on ne peut guère attribuer cette teinture noire qu'aux aliments que ces oiseaux trouvent dans cette île. On connaît les effets de la garance, des caille-lait, des graterons, etc., et l'on sait qu'en Angleterre on rend blanche la chair des veaux en les nourrissant de farineux et autres aliments doux, mêlés avec une certaine terre ou craie que l'on trouve dans la province de Bedford (d). Il serait donc

(a) Gemelli Carreri, t. V, p. 272.
(b) Coq de Hambourg. *Albin*, t. III, p. 13, avec une figure.
(c) Dampier, t. III, p. 23.
(d) *Journal économique*, mai 1754.

curieux d'observer à Sant-Iago, parmi les différentes substances dont les oiseaux s'y nourrissent, quelle est celle qui teint leur périoste en noir : au reste, cette poule nègre est connue en France et pourrait s'y propager ; mais comme la chair, lorsqu'elle est cuite, est noire et dégoûtante, il est probable qu'on ne cherchera pas à multiplier cette race : lorsqu'elle se mêle avec les autres, il en résulte des métis de différentes couleurs, mais qui conservent ordinairement la crête et les cravates ou barbes noires, et qui ont même la membrane qui forme l'oreillon teinte de bleu noirâtre à l'extérieur.

16° Le *coq sans croupion* ou *coq de Perse* de quelques auteurs : la plupart des poulets et des coqs de Virginie n'ont point de croupion ; et cependant ils sont certainement de race anglaise. Les habitants de cette colonie assurent que, lorsqu'on y transporte de ces oiseaux, ils perdent bientôt leur croupion (a). Si cela est ainsi, il faudrait les appeler *coqs de Virginie* et non de Perse, d'autant plus que les anciens ne les ont point connus, et que les naturalistes n'ont commencé à en parler qu'après la découverte de l'Amérique. Nous avons dit que les chiens d'Europe à oreilles pendantes perdent leur voix et prennent des oreilles droites lorsqu'on les transporte dans le climat du tropique ; cette singulière altération produite par l'influence du climat n'est cependant pas aussi grande que la perte du croupion et de la queue dans l'espèce du coq : mais ce qui nous paraît être une bien plus grande singularité, c'est que dans le chien, comme dans le coq, qui, de tous les animaux de deux ordres très différents, sont le plus domestiques, c'est-à-dire le plus dénaturés par l'homme, il se trouve également une race de chiens sans queue comme une race de coqs sans croupion. On me montra, il y a plusieurs années, un de ces chiens né sans queue ; je crus alors que ce n'était qu'un individu vicié, un monstre, et c'est pour cela que je n'en fis aucune mention dans l'histoire du chien : ce n'est que depuis ce temps que j'ai revu ces chiens sans queue, et que je me suis assuré qu'ils forment une race constante et particulière comme celle des coqs sans croupion. Cette race de coqs a le bec et les pieds bleus ; une crête simple ou double, et point de huppe ; le plumage est de toutes couleurs ; et le sieur Fournier m'a assuré que lorsqu'elle se mêle avec la race ordinaire il en provient des métis qui n'ont qu'un demi-croupion, et six plumes à la queue au lieu de douze : cela peut être, mais j'ai de la peine à le croire.

17° La *poule à cinq doigts* est, comme nous avons dit, une forte exception à la méthode dont les principaux caractères se prennent du nombre des doigts : celle-ci en a cinq à chaque pied, trois en avant et deux en arrière ; et il y a même quelques individus dans cette race qui ont six doigts (*).

(a) *Transactions philosophiques*, n° 206, ann. 1693, p. 992.

(*) Cette race provient d'une monstruosité qui a été conservée par l'hérédité et par la sélection.

18° Les *poules de Sansevare* : ce sont celles qui donnent ces œufs qui se vendent en Perse trois ou quatre écus la pièce, et que les Persans s'amusent à choquer les uns contre les autres par manière de jeu : dans le même pays il y a des coqs beaucoup plus beaux et plus grands, et qui coûtent jusqu'à trois cents livres (*a*).

19° Le *coq de Caux* ou *de Padoué* : son attribut distinctif est la grosseur ; il a souvent la crête double en forme de couronne, et une espèce de huppe qui est plus marquée dans les poules ; leur voix est beaucoup plus forte, plus grave et plus rauque, et leur poids va jusqu'à huit à dix livres. On peut rapporter à cette belle race les grands coqs de Rhodes, de Perse (*b*), du Pégu (*c*), ces grosses poules de Bahia, qui ne commencent à se couvrir de plumes que lorsqu'elles ont atteint la moitié de leur grosseur (*d*) : on sait que les poussins de Caux prennent leurs plumes plus tard que les poussins ordinaires.

Au reste, il faut remarquer qu'un grand nombre d'oiseaux, dont parlent les voyageurs sous le nom de coqs ou de poules, sont de toute autre espèce : telles sont les poules *patourdes* ou *palourdes* qui se trouvent au Grand-Banc, et sont très friandes de foie de morue (*e*) ; le coq et la poule noire de Moscovie, qui sont coqs et poules de bruyère ; la poule rouge du Pérou, qui a beaucoup de rapport avec les faisans ; cette grosse poule à huppe de la Nouvelle-Guinée, dont le plumage est bleu céleste, qui a le bec de pigeon, les pieds de poule commune, qui niche sur les arbres (*f*), et qui est probablement le faisan de Banda ; la poule de Damiette, qui a le bec et les pieds rouges, une petite marque sur la tête de la même couleur, et le plumage d'un bleu violet, ce qui pourrait se rapporter à la grande poule d'eau ; la poule du Delta, dont Thévenot vante les belles couleurs, mais qui diffère des gallinacés, non seulement par la forme du bec et de la queue, mais encore par les habitudes naturelles, puisqu'elle se plaît dans les marécages ; la poule de Pharaon, que le même Thévenot dit ne le point céder à la gelinotte ; les poules de Corée, qui ont une queue de trois pieds de longueur, etc.

Dans ce grand nombre de races différentes que nous présente l'espèce du coq, comment pourrons-nous démêler quelle en est la souche primitive ? Tant de circonstances ont influé sur ces variétés, tant de hasards ont concouru pour les produire ! Les soins et même les caprices de l'homme les ont si fort multipliées, qu'il paraît bien difficile de remonter à leur pre-

(*a*) *Voyage de Tavernier*, t. II, p. 43 et 44.
(*b*) Chardin, t. II, p. 24.
(*c*) *Recueil des Voyages qui ont servi à l'établissement de la Compagnie des Indes*, t. III, p. 71.
(*d*) *Nouveau Voyage de Dampier*, t. III, p. 68.
(*e*) *Recueil des Voyages du Nord*, t. III, p. 15.
(*f*) *Hist. générale des Voyages*, t. XI, p. 230.

mière origine, et de reconnaître dans nos basses-cours la poule de la nature, ni même la poule de notre climat. Les coqs sauvages, qui se trouvent dans les pays chauds de l'Asie, pourront être regardés comme la tige primordiale de tous les coqs de ces contrées. Mais, comme il n'existe dans nos pays tempérés aucun oiseau sauvage qui ressemble parfaitement à nos poules domestiques, on ne sait à laquelle des races ou des variétés l'on doit donner la primauté; car, en supposant que le faisan, le coq de bruyère ou la gelinotte, qui sont les seuls oiseaux sauvages de ce pays qu'on puisse rapprocher de nos poules par la comparaison en soient les races primitives (*), et en supposant encore que ces oiseaux peuvent produire, avec nos poules, des métis féconds, ce qui n'est pas bien avéré, ils seront alors de la même espèce; mais les races se seront très anciennement séparées et toujours maintenues par elles-mêmes, sans chercher à se réunir avec les races domestiques, dont elles diffèrent par des caractères constants, tels que le défaut de crêtes, de membranes pendantes dans les deux sexes, et d'éperons dans les mâles et, par conséquent, ces races sauvages ne sont représentées par aucune de nos races domestiques, qui, quoique très variées et très différentes entre elles à beaucoup d'égards, ont toutes néanmoins ces crêtes, ces membranes et ces éperons qui manquent aux faisans, à la gelinotte et au coq de bruyère. D'où l'on doit conclure qu'il faut regarder le faisan, le coq de bruyère et la gelinotte comme des espèces voisines, et néanmoins différentes de celle de la poule, jusqu'à ce qu'on se soit bien assuré, par des expériences réitérées, que ces oiseaux sauvages peuvent produire avec nos poules domestiques, non seulement des mulets stériles, mais des métis féconds; car c'est à cet effet qu'est attachée l'idée de l'identité d'espèce : les races singulières, telles que la poule naine, la poule frisée, la poule nègre, la poule sans croupion, viennent toutes originairement des pays étrangers; et, quoiqu'elles se mêlent et produisent avec nos poules communes, elles ne sont ni de la même race ni du même climat. En séparant donc notre poule commune de toutes les espèces sauvages qui peuvent se mêler avec elle, telles que la gelinotte, le coq de bruyère, le faisan, etc., en la séparant aussi de toutes les poules étrangères avec lesquelles elle se mêle et produit des individus féconds, nous diminuerons de beaucoup le nombre de ses variétés, et nous n'y trouverons plus que des différences assez légères : les unes pour la grandeur du corps; les poules de Caux sont presque doubles, pour la grosseur, de nos poules ordinaires : les autres pour la hauteur des jambes; le coq d'Angleterre, quoique parfaitement ressemblant à celui de France, a les jambes et les pieds bien plus longs : d'autres pour la longueur des plumes, comme le coq huppé, qui ne

(*) Nos poules domestiques ne proviennent ni du faisan, ni du coq de bruyère, ni de la gelinotte, mais bien de l'une ou de plusieurs des espèces sauvages que nous avons signalées plus haut.

diffère du coq commun que par la hauteur des plumes du sommet de la
tête : d'autres par le nombre des doigts, tels que les poules et coqs à cinq
doigts : d'autres enfin par la beauté et la singularité des couleurs, comme
la poule de Turquie et celle de Hambourg. Or, de ces six variétés auxquelles nous pouvons réduire la race de nos poules communes, trois appartiennent, comme l'on voit, à l'influence du climat de Hambourg, de la Turquie et de l'Angleterre, et peut-être encore la quatrième et la cinquième,
car la poule de Caux vient vraisemblablement d'Italie, puisqu'on l'appelle
aussi *poule de Padoue*, et la poule à cinq doigts était connue en Italie dès
le temps de Columelle. Ainsi il ne nous restera que le coq commun et le
coq huppé, qu'on doive regarder comme les races naturelles de notre
pays; mais, dans ces deux races, les poules et les coqs sont également de
toutes couleurs; le caractère constant de la huppe paraît indiquer une
espèce perfectionnée, c'est-à-dire plus soignée et mieux nourrie et, par
conséquent, la race commune du coq et de la poule sans huppe doit être la
vraie tige de nos poules; et si l'on veut chercher dans cette race commune
quelle est la couleur qu'on peut attribuer à la race primitive, il paraît que
c'est la poule blanche (*); car, en supposant les poules originairement blanches, elles auront varié du blanc au noir, et pris successivement toutes les
couleurs intermédiaires : un rapport très éloigné, et que personne n'a
saisi, vient directement à l'appui de cette supposition, et semble indiquer
que la poule blanche est en effet la première de son espèce, et que c'est
d'elle que toutes les autres races sont issues; ce rapport consiste dans la
ressemblance qui se trouve assez généralement entre la couleur des œufs
et celle du plumage; les œufs du corbeau sont d'un vert brun taché de
noir; ceux de la cresserelle sont rouges; ceux du casoar sont d'un vert
noir; ceux de la corneille noire sont d'un brun plus obscur encore que ceux
du corbeau; ceux du pic varié sont de même variés et tachetés; la pie-
grièche grise a ses œufs tachés de gris, et la pie-grièche rouge les a tachés
de rouge; le crapaud volant les a marbrés de taches bleuâtres et brunes,
sur un fond nuageux blanchâtre; l'œuf du moineau est cendré, tout couvert de taches brunes marron, sur un fond gris; ceux du merle sont bleu
noirâtre; ceux de la poule de bruyère sont blanchâtres, marquetés de
jaune; ceux des pintades sont marqués, comme leurs plumes, de taches
blanches et rondes, etc., en sorte qu'il paraît y avoir un rapport assez
constant entre la couleur du plumage des oiseaux et la couleur de leurs
œufs; seulement on voit que les teintes en sont beaucoup plus faibles sur
les œufs, et que le blanc domine dans plusieurs, parce que dans le plumage
de plusieurs oiseaux il y a aussi plus de blanc que de toute autre couleur,
surtout dans les femelles, dont les couleurs sont toujours moins fortes que

(*) Aucune espèce sauvage de *Gallus* n'est blanche. Les poules blanches ont dû être
produites par sélection artificielle de poules domestiques.

celles du mâle. Or, nos poules blanches, noires, grises, fauves et de couleurs mêlées, produisent toutes des œufs parfaitement blancs : donc, si toutes ces poules étaient demeurées dans leur état de nature, elles seraient blanches, ou du moins auraient dans leur plumage beaucoup plus de blanc que de toute autre couleur; les influences de la domesticité, qui ont changé la couleur de leurs plumes, n'ont pas assez pénétré pour altérer celle de leurs œufs. Ce changement de la couleur des plumes n'est qu'un effet superficiel et accidentel, qui ne se trouve que dans les pigeons, les poules et les autres oiseaux de nos basses-cours; car tous ceux qui sont libres et dans l'état de nature conservent leurs couleurs, sans altération et sans autres variétés que celles de l'âge, du sexe ou du climat, qui sont toujours plus brusques, moins nuancées, plus aisées à reconnaître, et beaucoup moins nombreuses que celles de la domesticité (*).

(*) Je crois utile, pour compléter cette remarquable histoire du coq, d'indiquer brièvement les caractères des espèces sauvages de *Gallus* et ceux des principales variétés domestiques. J'emprunte une grande partie de ces détails à l'*Histoire des oiseaux* de M. A. E. Brehm.

Gallus Bankiva Temm. Le coq a « la tête, le cou, les longues plumes pendantes de » cette dernière région d'un jaune doré brillant; les plumes du dos d'un brun pourpre, d'un » rouge brillant au milieu, bordées de brun jaune; les longues couvertures supérieures et » pendantes de la queue de même couleur que les plumes du cou; les couvertures moyennes » des ailes d'un brun châtain vif; les grandes à reflet vert noir; les plumes de la poitrine » noires, à reflets vert doré; les rémiges primaires d'un gris noir foncé, bordées d'un liséré » plus clair; les rémiges secondaires rouges sur les barbes externes; les internes noires; les » plumes de la queue noires, les médianes brillantes, les autres ternes; l'œil rouge orange; » la crête rouge; le bec brunâtre; les pattes d'un noir ardoisé. Ce coq a 64 centimètres et » demi de long; la longueur de l'aile est de 23 centimètres et demi, celle de la queue de » 38 centimètres. »

La femelle est plus petite, et se distingue par une crête et des appendices rostraux rudimentaires; « les longues plumes du cou noires, bordées de blanc jaunâtre; celles du manteau » tachetées de brun noir; celles du ventre isabelle; les rémiges et les rectrices d'un brun noir. »

Le *Gallus Bankiva* paraît être l'espèce souche de nos coqs domestiques. Il habite les îles de la Sonde où il est connu sous le nom de *Kasintu*, et est très répandu sur le continent indien. Rare dans l'Inde centrale, il se trouve en abondance dans l'est et le nord; il s'étend au nord jusqu'à la frontière sud du Kachemire; à l'ouest, jusqu'aux montagnes du Rhat; à l'est jusqu'au sud-ouest de la Chine; au sud jusqu'à Java. C'est, si je ne me trompe, cette espèce qui habite la Cochinchine où elle est très abondante dans les régions boisées et montagneuses. On la rencontre fréquemment sur la lisière des forêts ou dans les champs de riz entourés de bois. Toutes les troupes que j'ai vues se composaient d'un mâle et de sept ou huit femelles, parfois davantage, avec leurs poussins. Le mâle se tient d'habitude sur une élévation quelconque, une motte de terre, un tronc d'arbre, et exerce de là une surveillance très active sur le troupeau. Les femelles, confiantes dans le coq, paraissent très peu soucieuses des dangers qui sont susceptibles de les menacer. Dès que le coq aperçoit le chasseur, il pousse un cri et s'envole jusqu'à la forêt; les femelles se sauvent en courant. Dès que la bande a atteint les fourrés, il est impossible de la revoir, mais on peut assez facilement s'en approcher tant qu'elle est dans la plaine, et c'est d'ordinaire le mâle que l'on tire le plus facilement, parce qu'il est le plus en vue. Dans certaines parties de la Cochinchine, par exemple, à quelques lieues de Bien-hon, les coqs sauvages s'avancent très souvent jusqu'au voisinage des habitations et s'y croisent avec les poules domestiques. Aussi n'est-il pas rare de voir, dans ces localités, des poules ou des coqs domestiques offrant la plupart des caractères de l'espèce sauvage. A. E. Brehm dit qu'« on chasse peu les coqs sauvages, leur ᵇ chair n'étant pas très bonne. » C'est là une grave erreur. En Cochinchine, notamment, le coq sauvage est réputé pour le meilleur gibier du pays; sa chair est plus foncée que celle des coqs domestiques, mais le léger goût de sauvage qu'elle possède la rend beaucoup plus agréable. Comme saveur, je n'hésite pas à placer le coq sauvage, surtout jeune, au-dessus du faisan.

Gallus Stanleyi. Cette espèce paraît être limitée à l'île de Ceylan. Elle dérive probablement de la précédente. Le mâle ne diffère que par sa poitrine brun rougeâtre, rayée de noir foncé. La poule est encore plus ressemblante à celle de l'espèce précédente.

Gallus furcatus TEMM. C'est le *Ayam-alas* ou *Gangégar* des Javanais. « Il a les plumes
» de la collerette longues, mais non pointues, d'un vert foncé, à éclat métallique et entourées
» d'un liséré étroit d'un noir de satin; les plumes longues et étroites de l'épaule et des cou-
» vertures supérieures des ailes d'un vert noir brillant, bordées d'une bande large d'un jaune
» doré foncé, très vif; les plumes du croupion très longues, d'un vert noir brillant au milieu,
» et bordées de jaune clair; les grandes couvertures et toutes les plumes de la face inférieure
» du corps d'un noir foncé, très brillant; les rémiges primaires d'un noir brun, les secon-
» daires brunes, bordées en dehors de jaune fauve; les plumes de la queue d'un vert métal-
» lique, à reflets superbes; l'œil jaune clair; les parties nues des joues rouges, bordées en
» dehors et en bas de jaune doré; la crête bleue à sa base, violette à sa pointe; la mandibule
» supérieure noire, l'inférieure jaune; les pattes d'un gris bleuâtre clair. »

La poule est dépourvue de crête et d'appendices gutturaux; ses joues sont couvertes de
plumes; « la tête et le cou sont gris brun; les plumes du manteau vert doré, bordées de
» gris brun, avec la tige rayée de jaune d'or; les grandes couvertures et les rémiges secon-
» daires sont d'un gris foncé, brillant, moirées de jaune; les rémiges primaires sont bru-
» nâtres, les rectrices brunes, à reflets verdâtres et bordées de noir. La gorge est blanche; la
» poitrine et le ventre sont couleur isabelle. »

Le coq de Java est plus petit que le coq de Bankiva, mais il est beaucoup plus beau. On
ne le trouve qu'à Java et à Sumatra. Il vit dans la profondeur des forêts et est entièrement
sauvage. D'après Berstein, au moindre bruit qui lui est suspect il se sauve en courant dans
la profondeur des fourrés, sans s'envoler. On l'entend, mais on ne le voit que rarement.
« C'est le matin qu'on y réussit le mieux. A ce moment, l'oiseau, se croyant le plus en
» sûreté, quitte les fourrés et va chercher dans des endroits découverts les graines, les bour-
» geons, les insectes dont il se nourrit. On le voit souvent en quête de termites, dont il est
» très friand. » Le coq de Java est très difficile à apprivoiser; d'après Berstein, « quand on
» fait couver ses œufs par des poules domestiques, les jeunes, à peine grands, profitent de la
» première occasion pour s'échapper. » D'après Brehm, le coq de Java ne s'est jamais
reproduit en Europe, « malgré toutes les tentatives qu'on a faites. »

Gallus Sonnerati. Cette espèce est répandue sur le continent indien où elle est connue sous
le nom de *Katukoli.* Elle « diffère des autres espèces par la forme de sa collerette. Les
» plumes en sont longues, étroites, mais arrondies et non pointues à leur extrémité; leur
» tige s'élargit, forme un disque corné, puis s'amincit pour s'élargir de nouveau. Les barbes
» en sont gris foncé, les tiges et leur première dilatation d'un blond brillant; la dilatation
» terminale est d'un jaune roux vif. Il a les plumes longues et étroites du dos d'un brun
» noir, semées de taches plus claires; les petites couvertures des ailes dépourvues de barbes
» et d'un brun châtain brillant sur les tiges qui sont aplaties; les plumes du croupion,
» grises, à tiges et à liséré plus clairs; les plus externes rouges, à tiges et à liséré jaunes;
» les rémiges d'un gris sale, à tige et à liséré plus clairs; les couvertures supérieures de la
» queue d'un vert foncé, brillant; les plumes de la face inférieure du corps d'un gris noir;
» celles des flancs jaunes ou brun rouge sur le milieu et les bords; l'œil jaune brun clair; la
» crête rouge; le bec jaunâtre; les pattes d'un jaune clair. Ce coq a 66 centimètres de long;
» la longueur de l'aile est de 26 centimètres, celle de la queue de 41. La poule a le dos d'un
» brun foncé, assez uniforme, les lisérés et les raies foncées des plumes y étant très peu
» visibles; la gorge blanche; les plumes du ventre et de la poitrine d'un gris jaunâtre clair,
» bordées de noir; les rémiges primaires d'un brun foncé; les secondaires rayées de brun
» et de noir; les rectrices d'un brun noir, ponctuées et moirées de brun foncé. »

Les coqs domestiques présentent un grand nombre de races et de variétés, dans la description desquelles il est impossible que nous entrions ici. Nous nous bornerons à passer rapidement en revue les principales races.

Race de Crèvecœur. On la croit d'origine picarde ou normande; elle est très répandue dans l'ouest de la France. Le coq est remarquable par sa crête affectant la forme de deux cornes et par la présence d'une houppe de plumes qui retombent sur le derrière de la tête. Son plumage est d'habitude entièrement noir, mais il existe des variétés à plumage gris ou blanc. Cette race est très recommandable par le peu de volume du squelette, la rapidité du développement et de l'engraissement, la qualité de sa chair et par la facilité avec laquelle elle se croise à d'autres races pour donner de très bons produits.

Race de Houdan. Elle tire son nom d'un chef-lieu de canton (Houdan) du département de Seine-et-Oise; on suppose qu'elle a été obtenue par le croisement de la race Crèvecœur avec la race Dorking. Elle a, comme cette dernière race, cinq doigts, c'est-à-dire un de plus que toutes les autres races de coqs. La crête du coq affecte la forme de cornes disposées transversalement sur trois rangs. Le coq et la poule portent une houppe de plumes rejetées sur le derrière de la tête. Le plumage est papilloté, noir, blanc et jaune paille; les ailes sont noires, vertes et blanches; les plumes de la queue sont noires et d'un vert émeraude, bordé de blanc; celles de la poitrine sont d'un brun noir, avec des taches noires et blanches aux extrémités.

Cette race est fort bonne comme produits; les petits se développent très vite; les mâles s'engraissent sans être chaponnés; les femelles donnent de très belles poulardes; les pontes sont précoces, abondantes et prolongées, mais la poule est mauvaise couveuse.

Race de la Flèche. D'abord élevée en grand, près du Mans, elle l'est surtout aujourd'hui aux environs de la Flèche. On pense généralement qu'elle descend de la race Bréda ou de la race espagnole. Elle est remarquable par son port élevé et la fierté de sa démarche. Le coq porte sur la tête un épi de plumes et, en avant, une crête transversale en forme de cornes, précédée d'un petit crétillon placé à la base du bec. Le plumage est noir, avec des reflets verts et violets. Cette race est surtout remarquable par le goût délicat de sa chair, mais son développement est lent; il faut de neuf à onze mois à un poulet pour qu'il devienne apte à être mangé; on tire avantage de ce fait; les poulets passant l'hiver à s'engraisser, on les vend au début du printemps, c'est-à-dire à une époque où les volailles manquent.

Race de Bréda ou *Race à bec de Corneille.* On la considère comme originaire de la Hollande. Le coq est remarquable par l'absence de crête véritable. Le plumage est noir avec des reflets métalliques. La chair de cette race est excellente.

Race de Gueldre. Elle paraît n'être qu'une variété dite *coucou* de la précédente, c'est-à-dire que chaque plume est coupée par des bandes grises sur fond blanc.

Race de Dorking. C'est une race anglaise très estimée. La forme est massive et robuste. Le coq porte une crête simple, haute, large, prolongée en arrière, dentée sur son bord supérieur. Son cou est très large et muni d'un beau camail, ordinairement coloré en jaune paille. Le plumage et très variable. Les pattes ont cinq doigts. La chair de cette race est excellente.

Race espagnole. Originaire de l'Espagne, elle est répandue depuis longtemps en Angleterre; elle n'est entrée en France que récemment. La crête est simple, très haute et très prolongée en arrière, dentée; les barbillons se confondent avec des joues blanches et ridées qui donnent à la tête un aspect spécial; le plumage est noir, avec des reflets métalliques. Cette race paraît fournir de très bons produits.

Race cochinchinoise. Elle est originaire non de la Cochinchine comme son nom semble l'indiquer, mais de la Chine. Elle a été envoyée de Shangaï en France par l'amiral Cécile, en 1846. Elle est remarquable par son corps court, trapu, ramassé, la brièveté de ses ailes, ses cuisses et ses jambes courtes, mais très fortes. La couleur de son plumage est fauve clair avec des reflets dorés. Il en existe des variétés blanches et noires, rousses, etc. C'est une bonne race de production.

Race de Bruges. Cette race, originaire de la Hollande, est remarquable par ses jambes épaisses, longues, fortement éperonnées, sa crête noirâtre, simple et petite. Son plumage est gris bleu ou ardoise, avec les plumes du dos, du cou et du croupion jaune paille. Le coq est très hardi, féroce même, et sert comme coq de combat. La lutte entre deux coqs, dressés à cet effet, se termine toujours par la mort de l'un d'eux.

Race malaise. Elle est très remarquable par son corps conique, dressé, porté par des jambes longues et épaisses. Les Anglais s'en servent dans les croisements pour donner du poids aux races qu'ils élèvent en vue de la consommation. Elle donne d'excellents coqs de combat.

Un certain nombre d'autres races sont élevées surtout en vue de l'agrément; telles sont : la *race de Padoue*, remarquable par sa huppe; la *Hollandaise huppée*; la *race de Ham-bourg* qui est dépourvue de huppe; la *race de combat anglaise* qui a beaucoup d'analogie avec la race malaise; la *race de Bantam*, etc.

LE DINDON (a)

Si le coq ordinaire est l'oiseau le plus utile de la basse-cour, le dindon (*) domestique est le plus remarquable, soit par la grandeur de sa taille, soit par la forme de sa tête, soit par certaines habitudes naturelles qui ne lui sont communes qu'avec un petit nombre d'autres espèces : sa tête, qui est fort petite à proportion du corps, manque de la parure ordinaire aux oiseaux ; car elle est presque entièrement dénuée de plumes, et seulement recouverte, ainsi qu'une partie du cou, d'une peau bleuâtre, chargée de mamelons rouges dans la partie antérieure du cou, et de mamelons blanchâtres sur la partie postérieure de la tête, avec quelques petits poils noirs, clairsemés entre les mamelons, et de petites plumes plus rares au haut du cou, et qui deviennent plus fréquentes dans la partie inférieure, chose qui n'avait pas été remarquée par les naturalistes : de la base du bec descend sur le cou, jusqu'à environ le tiers de sa longueur, une espèce de barbillon charnu, rouge et flottant qui paraît simple aux yeux, quoiqu'il soit en effet composé d'une double membrane, ainsi qu'il est facile de s'en assurer en le touchant ; sur la base du bec supérieur s'élève une caroncule charnue, de forme conique, et sillonnée par des rides transversales assez profondes ; cette caroncule n'a guère plus d'un pouce de hauteur dans son état de contraction ou de repos, c'est-à-dire lorsque le dindon ne voyant autour de lui que les objets auxquels il est accoutumé, et n'éprouvant aucune agitation intérieure, se promène tranquillement en prenant sa pâture ; mais si quelque

(a) Comme cet oiseau n'est connu que depuis la découverte de l'Amérique, il n'a de nom ni en grec ni en latin. Les Espagnols lui donnèrent le nom de *pavon de las Indias*, c'est-à-dire *paon des Indes occidentales*; et ce nom ne lui était pas mal appliqué d'abord, parce qu'il étend sa queue comme le paon, et qu'il n'y avait point de paons en Amérique. Les Catalans l'ont nommé *indiot, gall-d'indi*; les Italiens, *gallo-d'india*; les Allemands, *indianisch han*, etc.

(*) *Meleagris Gallo-pavo*, L. — Les *Meleagris* sont des Gallinacés; de la famille des Pénélopidés. Cette famille comprend des Gallinacés de grande taille, à pattes hautes, à rémiges bien développées; à queue longue et arrondie; à tarses très longs, revêtus antérieurement de doubles rangées de scutelles et dépourvues d'ergot; à doigt postérieur bien développé et articulé au même niveau que les trois antérieurs dont le médian dépasse les autres; à course rapide; à vol lourd, pesant; à pénis exsertile. Les *Meleagris* se distinguent particulièrement par un bec court, bombé au-dessus; par la présence de fanons membraneux au niveau de la gorge et à la base de la mâchoire supérieure; par une queue large, que le mâle étale à volonté.

objet étranger se présente inopinément, surtout dans la saison des amours, cet oiseau, qui n'a rien dans son port ordinaire que d'humble et de simple, se rengorge tout à coup avec fierté; sa tête et son cou se gonflent, la caroncule conique se déploie, s'allonge et descend deux ou trois pouces plus bas que le bec, qu'elle recouvre entièrement; toutes ces parties charnues se colorent d'un rouge plus vif; en même temps les plumes du cou et du dos se hérissent, et la queue se relève en éventail tandis que les ailes s'abaissent en se déployant jusqu'à traîner par terre. Dans cette attitude, tantôt il va piaffant autour de sa femelle, accompagnant son action d'un bruit sourd que produit l'air de la poitrine s'échappant par le bec, et qui est suivi d'un long bourdonnement; tantôt il quitte sa femelle comme pour menacer ceux qui viennent le troubler; dans ces deux cas sa démarche est grave, et s'accélère seulement dans le moment où il fait entendre ce bruit sourd dont j'ai parlé : de temps en temps il interrompt cette manœuvre pour jeter un autre cri plus perçant, que tout le monde connaît, et qu'on peut lui faire répéter tant que l'on veut, soit en sifflant, soit en lui faisant entendre des sons aigus quelconques; il recommence ensuite à faire la roue qui, suivant qu'elle s'adresse à sa femelle ou aux objets qui lui font ombrage, exprime tantôt son amour et tantôt sa colère; et ces espèces d'accès seront beaucoup plus violents si on paraît devant lui avec un habit rouge; c'est alors qu'il s'irrite et devient furieux ; il s'élance, il attaque à coups de bec, et fait tous ses efforts pour éloigner un objet dont la présence semble lui être insupportable.

Il est remarquable et très singulier que cette caroncule conique, qui s'allonge et se relâche lorsque l'animal est agité d'une passion vive, se relâche de même après sa mort.

Il y a des dindons blancs, d'autres variés de noir et de blanc, d'autres de blanc et d'un jaune roussâtre, et d'autres d'un gris uniforme, qui sont les plus rares de tous; mais le plus grand nombre a le plumage tirant sur le noir, avec un peu de blanc à l'extrémité des plumes : celles qui couvrent le dos et le dessus des ailes sont carrées par le bout ; et parmi celles du croupion, et même de la poitrine, il y en a quelques-unes de couleurs changeantes, et qui ont différents reflets, selon les différentes incidences de la lumière; et plus ils vieillissent, plus leurs couleurs paraissent être changeantes et avoir des reflets différents. Bien des gens croient que les dindons blancs sont les plus robustes ; et c'est par cette raison que dans quelques provinces on les élève de préférence : on en voit de nombreux troupeaux dans le Perthois en Champagne.

Les naturalistes ont compté vingt-huit pennes ou grandes plumes à chaque aile, et dix-huit à la queue. Mais un caractère bien plus frappant, et qui empêchera à jamais de confondre cette espèce avec une autre espèce actuellement connue, c'est un bouquet de crins durs et noirs, long de cinq à six pouces, lequel, dans nos climats tempérés, sort de la partie inférieure du cou au dindon mâle adulte dans la seconde année, quelquefois même dès la fin de la première ; et, avant que ce bouquet paraisse, l'endroit d'où il doit sortir est marqué par un tubercule charnu. M. Linnæus dit que ces crins ne commencent à paraître qu'à la troisième année dans les dindons qu'on élève en Suède : si ce fait est bien avéré, il s'ensuivrait que cette espèce de production se ferait d'autant plus tard que la température du pays est plus rigoureuse ; et, à la vérité, l'un des principaux effets du froid est de ralentir toute sorte de développements. C'est cette touffe de crins qui a valu au dindon le titre de barbu (*pectore barbato*) (*a*), expression impropre à tous égards, puisque ce n'est pas de la poitrine mais de la partie inférieure du cou que ces crins prennent naissance, et que d'ailleurs ce n'est pas assez d'avoir des crins ou des poils pour avoir une barbe, il faut encore qu'ils soient autour du menton ou de ce qui en tient lieu, comme dans le vautour barbu d'Edwards, planche cvi.

On se ferait une fausse idée de la queue du coq d'Inde, si l'on s'imaginait que toutes les plumes dont elle est formée fussent susceptibles de se relever en éventail. A proprement parler, le dindon a deux queues, l'une supérieure et l'autre inférieure ; la première est composée de dix-huit grandes plumes implantées autour du croupion, et que l'animal relève lorsqu'il piaffe, la seconde ou l'inférieure consiste en d'autres plumes moins grandes, et reste toujours dans la situation horizontale : c'est encore un attribut propre au mâle d'avoir un éperon à chaque pied ; ces éperons sont plus ou moins longs, mais ils sont toujours beaucoup plus courts et plus mous que dans le coq ordinaire.

La poule d'Inde diffère du coq non seulement en ce qu'elle n'a pas d'éperons aux pieds, ni de bouquet de crins dans la partie inférieure du cou ; en ce que la caroncule conique du bec supérieur est plus courte et incapable de s'allonger ; que cette caroncule, le barbillon de dessous le bec et la chair glanduleuse qui recouvre la tête sont d'un rouge plus pâle ; mais elle en diffère encore par les attributs propres au sexe le plus faible dans la plupart des espèces, elle est plus petite, elle a moins de caractère dans la physionomie, moins de ressort à l'intérieur, moins d'action au dehors, son cri n'est qu'un accent plaintif, elle n'a de mouvement que pour chercher sa nourriture ou pour fuir le danger ; enfin la faculté de faire la roue lui a été refusée : ce n'est pas qu'elle n'ait la queue double comme le mâle, mais elle manque apparemment des muscles releveurs propres à redresser les plus grandes plumes dont la queue supérieure est composée.

Dans le mâle, comme dans la femelle, les orifices des narines sont dans le

---

(*a*) Linn. *Faun. Suecica*, et *Systema nat.*, édit. X.

bec supérieur; et ceux des oreilles sont en arrière des yeux, fort couverts et comme ombragés par une multitude de petites plumes décomposées qui ont différentes directions.

On comprend bien que le meilleur mâle sera celui qui aura plus de force, plus de vivacité, plus d'énergie dans toute son action : on pourra lui donner cinq ou six poules d'Inde. S'il y a plusieurs mâles ils se battront, mais non pas avec l'acharnement des coqs ordinaires : ceux-ci, ayant plus d'ardeur pour leurs femelles, sont aussi plus animés contre leurs rivaux, et la guerre qu'ils se font entre eux est ordinairement un combat à outrance ; on en a vu même attaquer des coqs d'Inde deux fois plus gros qu'eux, et les mettre à mort ; les sujets de guerre ne manquent pas entre les coqs des deux espèces, si, comme le dit Sperling, le coq d'Inde privé de ses femelles s'adresse aux poules ordinaires, et que les poules d'Inde, dans l'absence de leur mâle, s'offrent au coq ordinaire, et le sollicitent même assez vivement (a).

La guerre que les coqs d'Inde se font entre eux est beaucoup moins violente ; le vaincu ne cède pas toujours le champ de bataille, quelquefois même il est préféré par les femelles : on a remarqué qu'un dindon blanc ayant été battu par un dindon noir, presque tous les dindonneaux de la couvée furent blancs.

L'accouplement des dindons se fait à peu près de la même manière que celui des coqs, mais il dure plus longtemps ; et c'est peut-être par cette raison qu'il faut moins de femelles au mâle, et qu'il s'use beaucoup plus vite : j'ai dit plus haut, sur la foi de Sperling, qu'il se mêlait quelquefois avec les poules ordinaires ; le même auteur prétend que, quand il est privé de ses femelles, il s'accouple aussi, non seulement avec la femelle du paon (ce qui peut être), mais encore avec les canes (ce qui me paraît moins vraisemblable).

La poule d'Inde n'est pas aussi féconde que la poule ordinaire : il faut lui donner de temps en temps du chènevis, de l'avoine, du sarrasin, pour l'exciter à pondre ; et avec cela elle ne fait guère qu'une seule ponte par an d'environ quinze œufs ; lorsqu'elle en fait deux, ce qui est très rare, elle commence la première sur la fin de l'hiver, et la seconde dans le mois d'août. Ces œufs sont blancs, avec quelques petites taches d'un jaune rougeâtre ; et du reste, ils sont organisés à peu près comme ceux de la poule ordinaire ; la poule d'Inde couve aussi les œufs de toutes sortes d'oiseaux : on juge qu'elle demande à couver lorsque, après avoir fait sa ponte, elle reste dans le nid ; pour que ce nid lui plaise il faut qu'il soit en lieu sec, à une bonne exposition selon la saison, et point trop en vue, car son instinct la porte ordinairement à se cacher avec grand soin lorsqu'elle couve.

Ce sont les poules de l'année précédente qui, d'ordinaire, sont les

(a) *Zoologia Physica*, p. 367.

meilleures couveuses; elles se dévouent à cette occupation avec tant d'ardeur et d'assiduité, qu'elles mourraient d'inanition sur leurs œufs, si l'on n'avait le soin de les lever une fois tous les jours pour leur donner à boire et à manger; cette passion de couver est si forte et si durable, qu'elles font quelquefois deux couvées de suite et sans aucune interruption; mais, dans ce cas, il faut les soutenir par une meilleure nourriture : le mâle a un instinct bien contraire; car s'il aperçoit sa femelle couvant, il casse ses œufs, qu'il voit apparemment comme un obstacle à ses plaisirs (a), et c'est peut-être la raison pourquoi la femelle se cache alors avec tant de soin.

Le temps venu où ces œufs doivent éclore, les dindonneaux percent avec leur bec la coquille de l'œuf qui les renferme; mais cette coquille est quelquefois si dure ou les dindonneaux si faibles, qu'ils périraient si on ne les aidait à la briser, ce que néanmoins il ne faut faire qu'avec beaucoup de circonspection, et en suivant autant qu'il est possible les procédés de la nature; ils périraient encore bientôt, pour peu que dans ces commencements on les maniât avec rudesse, qu'on leur laissât endurer la faim, ou qu'on les exposât aux intempéries de l'air; le froid, la pluie, et même la rosée, les morfond; le grand soleil les tue presque subitement, quelquefois même ils sont écrasés sous les pieds de leur mère : voilà bien des dangers pour un animal si délicat; et c'est pour cette raison, et à cause de la moindre fécondité des poules d'Inde en Europe, que cette espèce est beaucoup moins nombreuse que celle des poules ordinaires.

Dans les premiers temps il faut tenir les jeunes dindons dans un lieu chaud et sec où l'on aura étendu une litière de fumier long, bien battue; et lorsque dans la suite on voudra les faire sortir en plein air, ce ne sera que par degrés et en choisissant les plus beaux jours.

L'instinct des jeunes dindonneaux est d'aimer mieux à prendre leur nourriture dans la main que de toute autre manière : on juge qu'ils ont besoin d'en prendre lorsqu'on les entend *piauler*, et cela leur arrive fréquemment; il faut leur donner à manger quatre ou cinq fois par jour; leur premier aliment sera du vin et de l'eau qu'on leur soufflera dans le bec; on y mêlera ensuite un peu de mie de pain; vers le quatrième jour, on leur donnera les œufs gâtés de la couvée, cuits et hachés d'abord avec de la mie de pain, et ensuite avec des orties; ces œufs gâtés, soit de dindes, soit de poules, seront pour eux une nourriture très salutaire (b); au bout de dix à douze jours on supprime les œufs, et on mêle les orties hachées avec du millet ou avec la farine de turquis, d'orge, de froment ou de blé sarrasin, ou bien, pour épargner le grain sans faire tort aux dindonneaux, avec le lait caillé, la bardane, un peu de camomille puante, de graine d'ortie et du son :

(a) Sperling, *loco citato*.
(b) Voyez *Journal économique*, août 1757, p. 69 et 73.

dans la suite on pourra se contenter de leur donner toute sorte de fruits pourris coupés par morceaux (a), et surtout des fruits de ronces ou de mûriers blancs, etc. Lorsqu'on leur verra un air languissant, on leur mettra le bec dans du vin pour leur en faire boire un peu, et on leur fera avaler aussi un grain de poivre ; quelquefois ils paraissent engourdis et sans mouvement, lorsqu'ils ont été surpris par une pluie froide, et ils mourraient certainement, si on n'avait le soin de les envelopper de linges chauds, et de leur souffler à plusieurs reprises un air chaud par le bec : il ne faut pas manquer de les visiter de temps en temps, et de leur percer les petites vessies qui leur viennent sous la langue et autour du croupion, et de leur donner de l'eau de rouille ; on conseille même de leur laver la tête avec cette eau pour prévenir certaines maladies auxquelles ils sont sujets (b) ; mais, dans ce cas, il faut donc les essuyer et les sécher bien exactement, car on sait combien toute humidité est contraire aux dindons du premier âge.

La mère les mène avec la même sollicitude que la poule mène ses poussins ; elle les réchauffe sous ses ailes avec la même affection, elle les défend avec le même courage ; il semble que sa tendresse pour ses petits rende sa vue plus perçante ; elle découvre l'oiseau de proie d'une distance prodigieuse, et lorsqu'il est encore invisible à tous les autres yeux : dès qu'elle l'a aperçu, elle jette un cri d'effroi qui répand la consternation dans toute la couvée ; chaque dindonneau se réfugie dans les buissons ou se tapit dans l'herbe, et la mère les y retient en répétant le même cri d'effroi autant de temps que l'ennemi est à portée ; mais le voit-elle prendre son vol d'un autre côté, elle les en avertit aussitôt par un autre cri bien différent du premier, et qui est pour tous le signal de sortir du lieu où ils se sont cachés, et de se rassembler autour d'elle.

Lorsque les jeunes dindons viennent d'éclore, ils ont la tête garnie d'une espèce de duvet, et n'ont encore ni chair glanduleuse ni barbillons ; ce n'est qu'à six semaines ou deux mois que ces parties se développent, et, comme on le dit vulgairement, que les dindons commencent à pousser le rouge. Le temps de ce développement est un temps critique pour eux, comme celui de la dentition pour les enfants, et c'est alors surtout qu'il faut mêler du vin à leur nourriture pour les fortifier : quelque temps avant de pousser le rouge il commencent déjà à se percher.

Il est rare que l'on soumette les dindonneaux à la castration comme les poulets ; ils engraissent fort bien sans cela, et leur chair n'est pas moins bonne : nouvelle preuve qu'ils sont d'un tempérament moins chaud que les coqs ordinaires.

Lorsqu'ils sont devenus forts, ils quittent leur mère, ou plutôt ils en sont

(a) Journal économique, loco citato.
(b. La figère et les ourles, selon la Maison Rustique, t. I, p. 117.

abandonnés, parce qu'elle cherche à faire une seconde ponte ou une seconde couvée. Plus les dindonneaux étaient faibles et délicats dans le premier âge, plus ils deviennent avec le temps robustes et capables de soutenir toutes les injures du temps : ils aiment à se percher en plain air, et passent ainsi les nuits les plus fraîches de l'hiver, tantôt se soutenant sur un seul pied, et retirant l'autre dans les plumes de leur ventre comme pour le réchauffer, tantôt, au contraire, s'accroupissant sur leur bâton et s'y tenant en équilibre : ils se mettent la tête sous l'aile pour dormir, et pendant leur sommeil ils ont le mouvement de la respiration sensible et très marqué.

La meilleure façon de conduire les dindons devenus forts, c'est de les mener paître par la campagne, dans les lieux où abondent les orties et autres plantes de leur goût, dans les vergers lorsque les fruits commencent à tomber, etc. ; mais il faut éviter soigneusement les pâturages où croissent les plantes qui leur sont contraires, telles que la grande digitale à fleurs rouges : cette plante est un véritable poison pour les dindons ; ceux qui en ont mangé éprouvent une sorte d'ivresse, des vertiges, des convulsions ; et, lorsque la dose a été un peu forte, ils finissent par mourir étiques. On ne peut donc apporter trop de soin à détruire cette plante nuisible dans les lieux où l'on élève des dindons (a).

On doit aussi avoir attention, surtout dans les commencements, de ne les faire sortir le matin qu'après que le soleil a commencé de sécher la rosée, de les faire rentrer avant la chute du serein, et de les mettre à l'abri pendant la plus grande chaleur des jours d'été : tous les soirs, lorsqu'ils reviennent, on leur donne de la pâtée, du grain ou quelque autre nourriture, excepté seulement au temps des moissons où ils trouvent suffisamment à manger par la campagne. Comme ils sont fort craintifs, ils se laissent aisément conduire ; il ne faut que l'ombre d'une baguette pour en mener des troupeaux même très considérables, et souvent ils prendront la fuite devant un animal beaucoup plus petit et plus faible qu'eux : cependant il est des occasions où ils montrent du courage, surtout lorsqu'il s'agit de se défendre contre les fouines et autres ennemis de la volaille ; on en a vu même quelquefois entourer en troupe un lièvre au gîte, et chercher à le tuer à coups de bec (b).

Ils ont différents tons, différentes inflexions de voix, selon l'âge, le sexe, et suivant les passions qu'ils veulent exprimer : leur démarche est lente et leur vol pesant ; ils boivent, mangent, avalent de petits cailloux, et digèrent à peu près comme les coqs ; et, comme eux, ils ont double estomac, c'est-à-dire un jabot et un gésier (*) ; mais, comme ils sont plus gros, les muscles de leur gésier ont aussi plus de force.

(a) Voyez *Histoire de l'Académie royale des sciences de Paris*, année 1748, p. 84.
(b) *Ornithologie* de Salerne, p. 132.

(*) Les dindons ont un jabot comme tous les Gallinacés.

La longueur du tube intestinal est à peu près quadruple de la longueur de l'animal, prise depuis la pointe du bec jusqu'à l'extrémité du croupion ; ils ont deux *cœcums*, dirigés l'un et l'autre d'arrière en avant, et qui, pris ensemble, font plus du quart de tout le conduit intestinal ; ils prennent naissance assez près de l'extrémité de ce conduit, et les excréments contenus dans leur cavité ne diffèrent guère de ceux que renferme la cavité du *colon* et du *rectum :* ces excréments ne séjournent point dans le cloaque commun, comme l'urine et ce sédiment blanc qui se trouve plus ou moins abondamment partout où passe l'urine, et ils ont assez de consistance pour se mouler en sortant par l'*anus*.

Les parties de la génération se présentent dans les dindons à peu près comme dans les autres gallinacés ; mais, à l'égard de l'usage qu'ils en font, ils paraissent avoir beaucoup moins de puissance réelle, les mâles étant moins ardents pour leurs femelles, moins prompts dans l'acte de la fécondation, et leurs approches étant beaucoup plus rares ; et, d'autre côté, les femelles pondent plus tard et bien plus rarement, du moins dans nos climats.

Comme les yeux des oiseaux sont, dans quelques parties, organisés différemment de ceux de l'homme et des animaux quadrupèdes, je crois devoir indiquer ici ces principales différences : outre les deux paupières supérieure et inférieure, les dindons, ainsi que la plupart des autres oiseaux, en ont encore une troisième nommée paupière interne, *membrana nictitans*, qui se retire et se plisse en forme de croissant dans le grand coin de l'œil, et dont les cillements fréquents et rapides s'exécutent par une mécanique musculaire curieuse : la paupière supérieure est presque entièrement immobile, mais l'inférieure est capable de fermer l'œil en s'élevant vers la supérieure, ce qui n'arrive guère que lorsque l'animal dort ou lorsqu'il ne vit plus. Ces deux paupières ont chacune un point lacrymal, et n'ont pas de rebords cartilagineux ; la cornée transparente est environnée d'un cercle osseux, composé de quinze pièces, plus ou moins, posées l'une sur l'autre en recouvrement comme les tuiles ou les ardoises d'un couvert ; le cristallin est plus dur que celui de l'homme, mais moins dur que celui des quadrupèdes et des poissons (*a*), et sa plus grande courbure est en arrière (*b*) ; enfin il sort du nerf optique, entre la rétine et la choroïde, une membrane noire de figure rhomboïde et composée de fibres parallèles, laquelle traverse l'humeur vitrée, et va s'attacher quelquefois immédiatement par son angle antérieur, quelquefois par un filet qui part de cet angle, à la capsule du cristallin ; c'est à cette membrane subtile et transparente que MM. les anatomistes de l'Académie des Sciences ont donné le nom de *bourse* (*), quoiqu'elle n'en ait guère la

(*a*) *Mémoires de l'Académie royale des sciences,* année 1726, **p. 83.**
(*b*) *Ibidem,* année 1730, p. 10.

(*) C'est le *peigne.* dont nous avons parlé plus haut.

figure dans le dindon non plus que dans la poule, l'oie, le canard, le pigeon, etc. : son usage est, selon M. Petit, d'absorber les rayons de lumière qui partent des objets qui sont à côté de la tête et qui entrent directement dans les yeux (a) ; mais, quoi qu'il en soit de cette idée, il est certain que l'organe de la vue est plus composé dans les oiseaux que dans les quadrupèdes ; et comme nous avons prouvé ailleurs que les oiseaux l'emportaient par ce sens sur les autres animaux, et que nous avons même eu occasion de remarquer plus haut combien la poule d'Inde avait la vue perçante, on ne peut guère se refuser à cette conjecture si naturelle que la supériorité de l'organe de la vue, dans les oiseaux, est due à la différence de la structure de leurs yeux et à l'artifice particulier de leur organisation : conjecture très vraisemblable, mais de laquelle néanmoins la valeur précise ne pourra être déterminée que par l'étude approfondie de l'anatomie comparée et de la mécanique animale.

Si l'on compare les témoignages des voyageurs, on ne peut s'empêcher de reconnaître que les dindons sont originaires d'Amérique et des îles adjacentes, et qu'avant la découverte de ce nouveau continent ils n'existaient point dans l'ancien.

Le P. du Tertre remarque qu'ils sont dans les Antilles comme dans leur pays naturel, et que, pourvu qu'on en ait un peu de soin, ils couvent trois à quatre fois l'année (b) : or, c'est une règle générale pour tous les animaux, qu'ils multiplient plus dans le climat qui leur est propre que partout ailleurs ; ils y deviennent aussi plus grands et plus forts, et c'est précisément ce que l'on observe dans les dindons d'Amérique. On en trouve une multitude prodigieuse chez les Illinois, disent les missionnaires jésuites ; ils y vont par troupes de cent, quelquefois même de deux cents ; ils sont beaucoup plus gros que ceux que l'on voit en France, et pèsent jusqu'à trente-six livres (c) ; Josselin dit jusqu'à soixante livres (d) : ils ne se trouvent pas en moindre quantité dans le Canada (où, selon le P. Théodat, récollet, les sauvages les appelaient *ondettoutaques*), dans le Mexique, dans la Nouvelle-Angleterre, dans cette vaste contrée qu'arrose le Mississipi, et chez les Brésiliens où ils sont connus sous le nom de *arignanoussou* (e). Le docteur Hans Sloane en a vu à la Jamaïque : il est à remarquer que dans presque tous ces pays les dindons sont dans l'état de sauvages, et qu'ils y fourmillent partout, à quelque distance néanmoins des habitations, comme s'ils ne cédaient le terrain que pied à pied aux colons européens.

Mais si la plupart des voyageurs et témoins oculaires s'accordent à

(a) *Ibidem*, année 1735, p. 123.
(b) *Histoire générale des Antilles*, t. II, p. 266.
(c) Lettres édifiantes, XXIII° Recueil, p. 237.
(d) *Raretés de la Nouvelle-Angleterre*.
(e) *Voyage au Brésil*, recueilli par de Léry, p. 171.

regarder cet oiseau comme naturel, appartenant en propre au continent de l'Amérique, surtout de l'Amérique septentrionale, ils ne s'accordent pas moins à déposer qu'il ne s'en trouve point, ou que très peu, dans toute l'Asie.

Gemelli Careri nous apprend que non seulement il n'y en a point aux Philippines, mais que ceux même que les Espagnols y avaient apportés de la Nouvelle-Espagne n'avaient pu y prospérer (a).

Le P. du Halde assure qu'on ne trouve à la Chine que ceux qui y ont été transportés d'ailleurs : il est vrai que dans le même endroit ce jésuite suppose qu'ils sont fort communs dans les Indes orientales ; mais il paraît que ce n'est en effet qu'une supposition fondée sur des ouï-dire, au lieu qu'il était témoin oculaire de ce qu'il dit de la Chine (b).

Le P. de Bourzes, autre jésuite, raconte qu'il n'y en a point dans le royaume de Maduré, situé en la presqu'île en deçà du Gange ; d'où il conclut avec raison que ce sont apparemment les Indes occidentales qui ont donné leur nom à cet oiseau (c).

Dampier n'en a point vu non plus à Mindanao (d) ; Chardin (e) et Tavernier, qui ont parcouru l'Asie (f), disent positivement qu'il n'y a point de dindons dans tout ce vaste pays : selon le dernier de ces voyageurs, ce sont les Arméniens qui les ont portés en Perse, où ils ont mal réussi, comme ce sont les Hollandais qui les ont portés à Batavia, où ils ont beaucoup mieux prospéré.

Enfin Bosman et quelques autres voyageurs nous disent que, si l'on voit les dindons au pays de Congo, à la côte d'Or, au Sénégal et autres lieux de l'Afrique, ce n'est que dans les comptoirs et chez les étrangers, les naturels du pays en faisant peu d'usage ; et, selon les mêmes voyageurs, il est visible que ces dindons sont provenus de ceux que les Portugais et autres Européens avaient apportés dans les commencements avec la volaille ordinaire (g).

Je ne dissimulerai pas que Aldrovande, Gesner, Belon et Ray ont prétendu que les dindons étaient originaires d'Afrique ou des Indes orientales ; et, quoique leur sentiment soit peu suivi aujourd'hui, je crois devoir à de si grands noms de ne point le rejeter sans quelque discussion.

Aldrovande a voulu prouver fort au long que les dindons étaient les véritables méléagrides des anciens, autrement les poules d'Afrique ou de Numidie, dont le plumage est couvert de taches rondes en forme de gouttes

(a) *Voyages*, t. V, p. 271 et 272.
(b) *Histoire générale des voyages*, t. VI, p. 487.
(c) Lettre du 21 septembre 1713, parmi les Lettres édifiantes.
(d) *Nouveau voyage*, t. I, p. 406.
(e) *Voyages de Chardin*, t. II, p. 29.
(f) *Voyages de Tavernier*, t. II, p. 22.
(g) *Voyages de Bosman*, p. 242.

(*gallinæ Numidicæ guttatæ*) ; mais il est évident, et tout le monde convient aujourd'hui, que ces poules africaines ne sont autre chose que nos peintades, qui en effet nous viennent d'Afrique et sont très différentes des dindons ; ainsi il serait inutile de discuter plus en détail cette opinion d'Aldrovande, qui porte avec elle sa réfutation, et que néanmoins M. Linnæus semble avoir voulu perpétuer ou renouveler en appliquant au dindon le nom de *meleagris*.

Ray, qui fait venir les dindons d'Afrique ou des Indes orientales, semble s'être laissé tromper par les noms : celui d'oiseau de Numidie, qu'il adopte, suppose une origine africaine, et ceux de *turkey* et d'oiseau de Calicut, une origine asiatique ; mais un nom n'est pas toujours une preuve, surtout un nom populaire appliqué par des gens peu instruits, et même un nom scientifique appliqué par des savants, qui ne sont pas toujours exempts de préjugés : d'ailleurs, Ray lui-même avoue, d'après Hans Sloane, que ces oiseaux se plaisent beaucoup dans les pays chauds de l'Amérique, et qu'ils y multiplient prodigieusement (*a*).

A l'égard de Gesner, il dit, à la vérité, que la plupart des anciens, et entre autres Aristote et Pline, n'ont pas connu les dindons ; mais il prétend que Élien les a eus en vue dans le passage suivant : *In India gallinacei nascuntur maximi ; non rubram habent cristam, ut nostri, sed ita variam et floridam veluti coronam floribus contextam ; caudæ pennas non inflexas habent, neque revolutas in orbem, sed latas ; quas cum non erigunt, ut pavones trahunt : eorum pennæ smaragdi colorem ferunt.* « Les Indes produisent » de très gros coqs dont la crête n'est point rouge comme celle des nôtres, » mais de couleurs variées, comme serait une couronne de fleurs ; leur » queue n'a pas non plus de plumes recourbées en arc ; lorsqu'ils ne la » relèvent pas, ils la portent comme des paons (c'est-à-dire horizontale- » ment) ; leurs pennes sont de la couleur de l'émeraude. » Mais je ne vois pas que ce passage soit applicable aux dindons : 1° la grosseur de ces coqs ne prouve point que ce soient des dindons, car on sait qu'il y a en effet dans l'Asie, et notamment en Perse et au Pégu, de véritables coqs qui sont très gros ;

2° Cette crête, de couleurs variées, suffirait seule pour exclure les dindons qui n'eurent jamais de crête ; car il s'agit ici non d'une aigrette de plumes, mais d'une crête véritable analogue à celle du coq, quoique de couleur différente ;

3° Le port de la queue, semblable à celui du paon, ne prouve rien non plus, parce que Élien dit positivement que l'oiseau dont il s'agit porte sa queue comme le paon, *lorsqu'il ne la relève point ;* et s'il l'eût relevée comme le paon, en faisant la roue, Élien n'aurait pu oublier de faire men-

(*a*) *Synopsis avium*, Appendix, p. 182.

tion d'un caractère aussi singulier, et d'un trait de ressemblance si marqué avec le paon, auquel il le comparait dans ce moment même ;

4° Enfin les pennes, couleur d'émeraude, ne sont rien moins que suffisantes pour déterminer ici l'espèce des dindons, bien que quelques-unes de leurs plumes aient des reflets smaragdins ; car on sait que le plumage de plusieurs autres oiseaux a la même couleur et les mêmes reflets.

Belon ne me paraît pas mieux fondé que Gesner à retrouver les dindons dans les ouvrages des anciens ; Columelle avait dit dans son livre *De re rusticâ* (a) : *Africana est meleagridi similis, nisi quod rutilam galeam et cristam capite gerit, quæ utraque in meleagride sunt cærulea.* « La poule » d'Afrique ressemble à la méléagride, excepté qu'elle a la crête et le casque » rouges, *rutila*, au lieu que ces mêmes parties sont bleues dans la méléa-» gride. » Belon a pris cette *poule africaine* pour la peintade, et la méléagride pour le dindon ; mais il est évident, par le passage même, que Columelle parle ici de deux variétés de la même espèce, puisque les deux oiseaux dont il s'agit se ressemblent de tout point, excepté par la couleur, laquelle est en effet sujette à varier dans la même espèce, et notamment dans celle de la peintade, où les mâles ont les appendices membraneux qui leur pendent aux deux côtés des joues, de couleur bleue, tandis que les femelles ont ces mêmes appendices de couleur rouge : d'ailleurs, comment supposer que Columelle, ayant à désigner deux espèces aussi différentes que celles de la peintade et du dindon, se fût contenté de les distinguer par une variété aussi superficielle que celle de la couleur d'une petite partie, au lieu d'employer des caractères tranchés qui lui sautaient aux yeux ?

C'est donc mal à propos que Belon a cru pouvoir s'appuyer de l'autorité de Columelle pour donner aux dindons une origine africaine ; et ce n'est pas avec plus de succès qu'il a cherché à se prévaloir du passage suivant de Ptolémée pour leur donner une origine asiatique : *Triglyphon Regia in quâ galli gallinacei barbati esse dicuntur* (b). Cette Triglyphe est en effet située dans la presqu'île au delà du Gange ; mais on n'a aucune raison de croire que ces coqs barbus soient des dindons, car : 1° il n'y a pas jusqu'à l'existence de ces coqs qui ne soit incertaine, puisqu'elle n'est alléguée que sur la foi d'un on dit (*dicuntur*) ; 2° on ne peut donner aux dindons le nom de coqs barbus ; comme je l'ai dit plus haut, ce mot de barbe appliqué à un oiseau ne pouvant signifier qu'une touffe de plumes ou de poils placés sous le bec, et non ce bouquet de crins durs que les dindons ont au bas du cou ; 3° Ptolémée était astronome et géographe, mais point du tout naturaliste ; et il est visible qu'il cherchait à jeter quelque intérêt dans ses Tables géographiques, en y mêlant sans beaucoup de critique les singularités de chaque pays ; dans la même page où il fait mention de ces coqs barbus, il parle des trois

(a) Lib. viii, cap. ii.
(b) *Geographia*, lib. viii, cap. ii, tabula xi, Asiæ.

îles des Satyres, dont les habitants avaient des queues, et de certaines îles Manioles au nombre de dix, situées à peu près dans le même climat, où l'aimant abonde au point que l'on n'ose y employer le fer dans la construction des navires de peur qu'ils ne soient attirés et retenus par la force magnétique ; mais ces queues humaines, quoique attestées par des voyageurs et par les missionnaires jésuites, selon Gemelli Careri (a), sont au moins fort douteuses ; ces montagnes d'aimant ou plutôt leurs effets sur la ferrure des vaisseaux ne le sont pas moins, et l'on ne peut guère compter sur des faits qui se trouvent mêlés avec de pareilles incertitudes ; 4° enfin Ptolémée, à l'endroit cité, parle positivement des coqs ordinaires (*galli gallinacei*), qui ne peuvent être confondus avec les coqs d'Inde ni pour la forme extérieure, ni pour le plumage, ni pour le chant, ni pour les habitudes naturelles, ni pour la couleur des œufs, ni pour le temps de l'incubation, etc. Il est vrai que Scaliger, tout en avouant que la méléagride d'Athénée ou plutôt de Clytus, cité par Athénée, était un oiseau d'Étolie, aimant les lieux aquatiques, peu attaché à sa couvée, et dont la chair sentait le marécage, tous caractères qui ne conviennent point au dindon, qui ne se trouve point en Étolie, fuit les lieux aquatiques, a le plus grand attachement pour ses petits, et la chair de bon goût, n'en prétend pas moins que la méléagride est un dindon (b) ; mais les anatomistes de l'Académie des Sciences, qui d'abord, étaient du même avis lorsqu'ils firent la description du coq indien, ayant examiné les choses de plus près, ont reconnu et prouvé ailleurs que la pintade était la vraie méléagride des anciens ; en sorte qu'il doit demeurer pour constant qu'Athénée ou Clytus, Élien, Columelle et Ptolémée, n'ont pas plus parlé des dindons qu'Aristote et Pline, et que ces oiseaux ont été inconnus aux anciens.

Nous ne voyons pas même qu'il en soit fait mention dans aucun ouvrage moderne, écrit avant la découverte de l'Amérique : une tradition populaire fixe dans le XVIᵉ siècle, sous François Iᵉʳ, l'époque de leur première apparition en France ; car c'est dans ce temps que vivait l'amiral Chabot. Les auteurs de la *Zoologie britannique* avancent, comme un fait notoire, qu'ils ont été apportés en Angleterre sous le règne de Henri VIII, contemporain de François Iᵉʳ (c), ce qui s'accorde très bien avec notre sentiment ; car l'Amérique ayant été découverte par Christophe Colomb, sur la fin du XVᵉ siècle, et les rois François Iᵉʳ et Henri VIII étant montés sur le trône au commencement du XVIᵉ siècle, il est tout naturel que ces oiseaux apportés d'Amérique aient été introduits comme nouveautés soit en France, soit en Angleterre, sous le règne de ces princes ; et cela est confirmé par le témoignage précis de J. Sperling, qui écrivait avant 1660, et qui assure expres-

(a) *Voyage*, t. V, p. 68.
(b) *In Cardanum exercit.*, 238.
(c) *Britisch Zoology*, p. 87.

sément qu'ils avaient été transportés des Nouvelles-Indes en Europe plus d'un siècle auparavant (a).

Tout concourt donc à prouver que l'Amérique est le pays natal des dindons; et comme ces sortes d'oiseaux sont pesants, qu'ils n'ont pas le vol élevé et qu'ils ne nagent point, ils n'ont pu en aucune manière traverser l'espace qui sépare les deux continents pour aborder en Afrique, en Europe ou en Asie : ils se trouvent donc dens le cas des quadrupèdes, qui, n'ayant pu sans le secours de l'homme passer d'un continent à l'autre, appartiennent exclusivement à l'un des deux ; et cette considération donne une nouvelle force au témoignage de tant de voyageurs qui assurent n'avoir jamais vu de dindons sauvages, soit en Asie, soit en Afrique, et n'y en avoir vu de domestiques que ceux qui y avaient été apportés d'ailleurs.

Cette détermination du pays naturel des dindons influe beaucoup sur la solution d'une autre question qui, au premier coup d'œil, ne semble pas y avoir du rapport. J. Sperling, dans sa *Zoologia physica*, page 369, prétend que le dindon est un monstre (il aurait dû dire un mulet), provenant du mélange de deux espèces, celles du paon et du coq ordinaire ; mais s'il est bien prouvé, comme je le crois, que les dindons soient d'origine américaine, il n'est pas possible qu'ils aient été produits par le mélange de deux espèces asiatiques telles que le coq et le paon ; et ce qui achève de démontrer qu'en effet cela n'est pas, c'est que dans toute l'Asie on ne trouve point de dindons sauvages, tandis qu'ils fourmillent en Amérique ; mais, dira-t-on, que signifie donc ce nom de *gallo-pavus* (coq-paon), si anciennement appliqué au dindon? Rien de plus simple : le dindon était un oiseau étranger, qui n'avait point de nom dans nos langues européennes ; et comme on lui a trouvé des rapports assez marqués avec le coq et le paon, on a voulu indiquer ces rapports par le nom composé de *gallo-pavus*, d'après lequel Sperling et quelques autres auront cru que le dindon était réellement le produit du mélange de l'espèce du paon avec celle du coq, tandis qu'il n'y avait que les noms de mêlés; tant il est dangereux de conclure du mot à la chose ; tant il est important de ne point appliquer aux animaux de ces noms composés qui sont presque toujours susceptibles d'équivoque.

M. Edwards parle d'un autre mulet qu'il dit être le mélange de l'espèce du dindon avec celle du faisan ; l'individu sur lequel il a fait sa description (b) avait été tué d'un coup de fusil dans les bois voisins de Handford, dans la province de Dorset, où il fut aperçu, au mois d'octobre 1759, avec deux ou trois autres oiseaux de la même espèce : il était en effet d'une grosseur moyenne entre le faisan et le dindon, ayant trente-deux pouces de vol; une petite aigrette de plumes noires assez longues, s'élevait sur la base du

(a) *Zoologia physica*, p. 366.
(b) *Glanures*, planche cccxxxvii.

bec supérieur; la tête n'était point nue comme celle du dindon, mais couverte de petites plumes fort courtes; les yeux étaient entourés d'un cercle de peau rouge, mais moins large que dans le faisan : on ne dit point si cet oiseau relevait les grandes plumes de la queue pour faire la roue; il paraît seulement par la figure qu'il la portait ordinairement comme la porte le dindon lorsqu'il est tranquille : au reste, il est à remarquer qu'il n'avait la queue composée que de seize plumes comme celle du coq de bruyère; tandis que celle des dindons et des faisans en a dix-huit : d'ailleurs chaque plume du corps était double sur une même racine, l'une ferme et plus grande, l'autre petite et duvetée, caractère qui ne convient ni au faisan ni au dindon, mais bien au coq de bruyère et au coq commun. Si cependant l'oiseau dont il s'agit tirait son origine du mélange du faisan avec le dindon, il semble qu'on aurait dû retrouver en lui comme dans les autres mulets : premièrement les caractères communs aux deux espèces primitives; en second lieu, des qualités moyennes entre leurs qualités opposées, ce qui n'a point lieu ici, puisque le prétendu mulet de M. Edwards avait des caractères qui manquaient absolument aux deux espèces primitives (les plumes doubles), et qu'il manquait d'autres caractères qui se trouvaient dans ces deux espèces (les dix-huit plumes de la queue); et si l'on voulait absolument une espèce métive, il y aurait plus de fondement à croire qu'elle dérive du mélange du coq de bruyère et du dindon, qui, comme je l'ai remarqué, n'a que seize pennes à la queue, et qui a les plumes doubles comme notre prétendu mulet.

Les dindons sauvages ne diffèrent des domestiques qu'en ce qu'ils sont beaucoup plus gros et plus noirs(*) : du reste, ils ont les mêmes mœurs, les mêmes habitudes naturelles, la même stupidité; ils se perchent dans les bois sur les branches sèches, et lorsqu'on en fait tomber quelqu'un d'un coup d'arme à feu, les autres restent toujours perchés, et pas un seul ne s'envole. Selon Fernandès, leur chair, quoique bonne, est plus dure et moins agréable que celle des dindons domestiques, mais ils sont deux fois plus gros: *huexolotl* est le nom mexicain du mâle, et *cihuatotolin* le nom de la femelle (*a*). Albin nous apprend qu'un grand nombre de seigneurs anglais se plaisent à élever des dindons sauvages, et que ces oiseaux réussissent assez bien partout où il y a de petits bois, des parcs ou autres enclos (*b*).

(*a*) Fr. Fernandès, *Historia avium novæ Hispaniæ*, p. 27.
(*b*) Albin, liv. II, n° XXXIII.

(*) La coloration du dindon sauvage de Virginie diffère beaucoup de celle de notre dindon domestique; elle est d'un brun verdâtre glacé de cuivre. C'est bien cette couleur qui fait le fond du plumage des dindons domestiques, mais la coloration de ces derniers varie beaucoup; elle est tantôt noire, tantôt grise, souvent blanchâtre; il existe souvent des bandes alternativement blanches et grises avec des reflets brillants. Il s'est produit, chez le dindon, le même fait que dans tous les oiseaux domestiques, la coloration est devenue très variable, tandis que dans les formes sauvages elle reste fixe.

Le dindon huppé n'est qu'une variété du dindon commun, semblable à celle du coq huppé dans l'espèce du coq ordinaire; la huppe est quelquefois noire et d'autres fois blanche, telle que celle du dindon décrit par Albin (a) : il était de la grosseur des dindons ordinaires; il avait les pieds couleur de chair, la partie supérieure du corps d'un brun foncé, la poitrine, le ventre, les cuisses et la queue blanches, ainsi que les plumes qui formaient son aigrette; du reste, il ressemblait exactement à nos dindons communs, et par la chair spongieuse et glanduleuse qui recouvrait la tête et la partie supérieure du cou, et par le bouquet de crins durs naissant (en apparence) de la poitrine, et par les éperons courts qu'il avait à chaque pied, et par son antipathie singulière pour le rouge, etc.

LA PEINTADE

Il ne faut pas confondre la peintade (*) avec le *pintado*, comme a fait M. Ray, du moins avec le *pintado* dont parle Dampier (b), lequel est un oiseau de mer de la grosseur d'un canard, ayant les ailes fort longues, et qui rase la surface de l'eau en volant ; tous caractères fort étrangers à la peintade, qui est un oiseau terrestre à ailes courtes, et dont le vol est fort pesant.

Celle-ci a été connue et très bien désignée par les anciens. Aristote n'en parle qu'une seule fois dans tous ses ouvrages sur les animaux; il la nomme *méléagride*, et dit que ses œufs sont marquetés de petites taches (c).

Varron en fait mention sous le nom de poule d'Afrique : c'est, selon lui, un oiseau de grande taille à plumage varié, dont le dos est rond, et qui était fort rare à Rome (d).

Pline dit les mêmes choses que Varron, et semble n'avoir fait que le copier (e), à moins qu'on ne veuille attribuer la ressemblance des descriptions à l'identité de l'objet décrit; il répète aussi ce que Aristote avait dit de la couleur des œufs (f), et il ajoute que les peintades de Numidie étaient les

(a) *Idem, ibidem.*
(b) Voyez son *Voyage aux terres australes*, t. IV de son *Nouveau voyage autour du monde*, p. 23, édit. de Rouen.
(c) Voyez *Historia animalium*, lib. VI, cap. II.
(d) « Grandes, variæ, gibberæ quas meleagrides appellant Græci. » Varro, *De re rusticâ*, lib. III, cap. IX.
(e) « Africæ Gallinarum genus, gibberum, variis sparsum plumis. » *Hist. nat.*, lib. X, cap. XXVI.
(f) *Ibidem*, cap. LII.

(*) *Numida Meleagris* L.—Les *Numida* appartiennent, comme les *Gallus*, à la famille des Phasianidés. Les *Numida* se distinguent des *Gallus* par l'absence de crête.

plus estimées (a) : d'où on a donné à l'espèce le nom de poule numidique par excellence.

Columelle en reconnaissait de deux sortes qui se ressemblaient en tout point, excepté que l'une avait les barbillons bleus, et que l'autre les avait rouges ; et cette différence avait paru assez considérable aux anciens pour constituer deux espèces ou races désignées par deux noms distincts : ils appelaient *méléagride* la poule aux barbillons rouges, et *poule africaine* celle aux barbillons bleus (b), n'ayant pas observé ces oiseaux d'assez près pour s'apercevoir que la première était la femelle, et la seconde le mâle d'une seule et même espèce, comme l'ont remarqué MM. de l'Académie (c).

Quoi qu'il en soit, il paraît que la peintade, élevée autrefois à Rome avec tant de soin, s'était perdue en Europe, puisqu'on n'en retrouve plus aucune trace chez les écrivains du moyen âge, et qu'on n'a recommencé à en parler que depuis que les Européens ont fréquenté les côtes occidentales de l'Afrique, en allant aux Indes par le cap de Bonne-Espérance (d) : non seulement ils l'ont répandue en Europe, mais ils l'ont encore transportée en Amérique, et cet oiseau ayant éprouvé diverses altérations dans ses qualités extérieures par les influences des divers climats, il ne faut pas s'étonner si les modernes, soit naturalistes, soit voyageurs, en ont encore plus multiplié les races que les anciens.

Frisch distingue, comme Columelle, la peintade à barbillons rouges de celle à barbillons bleus (e), mais il reconnaît entre elles plusieurs autres différences ; selon lui, cette dernière, qui ne se trouve guère qu'en Italie, n'est point bonne à manger, elle est plus petite, elle se tient volontiers dans les endroits marécageux, et prend peu de soin de ses petits : ces deux derniers traits se retrouvent dans la méléagride de Clytus de Milet : « On » les tient, dit-il, dans un lieu aquatique, et elles montrent si peu d'atta- » chement pour leurs petits, que les prêtres commis à leur garde sont » obligés de prendre soin de la couvée ; » mais il ajoute que leur grosseur est celle d'une poule de belle race (f) : il paraît aussi, par un passage de

(a) *Ibidem*, cap. xlviii. « Quam plerique numidicam dicunt. » Columelle.

(b) « Africana gallina est meleagridi similis nisi quod rutilam paleam et cristam capite » gerit, quæ utraque sunt in meleagride cærulea. » Voyez Columelle, *De re rusticâ*, lib. xiii, cap. ii.

(c) Voyez *Mémoires pour servir à l'histoire naturelle des animaux*, dressés par M. Perrault, deuxième partie, p. 82.

(d) « Tout ainsi comme la Guinée est un pays dont les marchands ont commencé à » apporter plusieurs marchandises qui étaient auparavant inconnues à nos Français, aussi, » sans leurs navigations, les poules de ce pays-là étaient inconnues, n'eût été qu'ils leur ont » fait passer la mer, qui maintenant sont j'a si fréquentes ès maisons des grands seigneurs en » nos contrées, qu'elles nous en sont communes. » Voyez Belon, *Hist. nat. des oiseaux*, p. 246.

(e) Voyez le Discours relatif à la planche cxxvi de Frisch.

(f) « Locus ubi aluntur, palustris est ; pullos suos nullo amoris affectu hæc ales prose- » quitur, et teneros adhuc negligit, quare à sacerdotibus curam eorum geri oportet. » Voyez Athénée, liv. xiv, cap. xxvi.

Pline, que ce naturaliste regardait la méléagride comme un oiseau aquatique (a); celle à barbillons rouges est au contraire, selon M. Frisch, plus grosse qu'un faisan, se plaît dans les lieux secs, élève soigneusement ses petits, etc.

Dampier assure que dans l'île de May, l'une de celles du cap Vert, il y a des peintades dont la chair est extraordinairement blanche, d'autres dont la chair est noire, et que toutes l'ont tendre et délicate (b); le P. Labat en dit autant (c) : cette différence, si elle est vraie, me paraîtrait d'autant plus considérable qu'elle ne pourrait être attribuée au changement de climat, puisque dans cette île, qui avoisine l'Afrique, les peintades sont comme dans leur pays natal, à moins qu'on ne veuille dire que les mêmes causes particulières qui teignent en noir la peau et le périoste de la plupart des oiseaux de l'île de Sant-Iago, voisine de l'île de May, noircissent aussi dans cette dernière la chair des peintades.

Le P. Charlevoix prétend qu'il y en a une espèce à Saint-Domingue, plus petite que l'espèce ordinaire (d); mais ce sont apparemment ces peintades marronnes, provenant de celles qui y furent transportées par les Castillans peu après la conquête de l'île : cette race étant devenue sauvage, et s'étant comme naturalisée dans le pays, aura éprouvé l'influence naturelle de ce climat, laquelle tend à affaiblir, amoindrir, détériorer les espèces, comme je l'ai fait voir ailleurs; et ce qui est digne de remarque, c'est que cette race, originaire de Guinée, et qui, transportée en Amérique, y avait subi l'état de domesticité, n'a pu dans la suite être ramenée à cet état, et que les colons de Saint-Domingue ont été obligés d'en faire venir de moins farouches d'Afrique pour les élever et les multiplier dans les basses-cours (e). Est-ce pour avoir vécu dans un pays plus désert, plus agreste, et dont les habitants étaient sauvages, que ces peintades marronnes sont devenues plus sauvages elles-mêmes? ou ne serait-ce pas aussi pour avoir été effarouchées par les chasseurs européens, et surtout par les Français, qui en ont détruit un grand nombre, selon le P. Margat, jésuite (f)?

Marcgrave en a vu de huppées qui venaient de Sierra-Leone, et qui avaient autour du cou une espèce de collier membraneux, d'un cendré bleuâtre (g); et c'est encore ici une de ces variétés que j'appelle primitives, et qui méritent

---

(a) « Menesias Africæ locum Sicyonem appellat, et Crathim amnem in oceanum effluentem, lacu in quo aves quas meleagridas et penelopas vocat, vivere. » *Hist. naturalis*, lib. xxxvii, cap. 11.

(b) Voyez *Nouveau voyage autour du monde*, t. IV, p. 23.

(c) *Ibidem*, t. II, p. 326.

(d) Voyez *Histoire de l'île espagnole de Saint-Domingue*, p. 28 et 29.

(e) Voyez *Lettres édifiantes*, XXᵉ Recueil, *loco citato*.

(f) *Ibidem*.

(g) « Earum collum circumligatum seu circumvolutum quasi linteamine membranaceo coloris cinerei cærulescentis : caput tegit crista obrotunda, multiplex, constans pennis eleganter nigris. » Marcgrave. *Hist. naturalis Brasiliensis*, p. 192.

d'autant plus d'attention qu'elles sont antérieures à tout changement de climat.

Le jésuite Margat, qui n'admet point de différence spécifique entre la poule africaine et la méléagride des anciens, dit qu'il y en a de deux couleurs à Saint-Domingue, les unes ayant des taches noires et blanches disposées par compartiments en forme de rhomboïdes, et les autres étant d'un gris plus cendré; il ajoute qu'elles ont toutes du blanc sous le ventre, au-dessous et aux extrémités des ailes (a).

Enfin, M. Brisson regarde comme une variété constante la blancheur du plumage de la poitrine, observée sur les peintades de la Jamaïque, et en a fait une race distincte, caractérisée par cet attribut (b), qui, comme nous venons de le voir, n'appartient pas moins aux peintades de Saint-Domingue qu'à celles de la Jamaïque.

Mais, indépendamment des dissemblances qui ont paru suffisantes aux naturalistes pour admettre plusieurs races de peintades, j'en trouve beaucoup d'autres, en comparant les descriptions et les figures publiées par différents auteurs, lesquelles indiquent assez peu de fermeté, soit dans le moule intérieur de cet oiseau, soit dans l'empreinte de sa forme extérieure, et une très grande disposition à recevoir les influences du dehors.

La peintade de Frisch et de quelques autres (c) a le casque et les pieds blanchâtres, le front, le tour des yeux, les côtés de la tête et du cou, dans sa partie supérieure, blancs, marquetés de gris cendré; celle de Frisch a de plus, sous la gorge, une tache rouge en forme de croissant, plus bas un collier noir fort large, les soies ou filets de l'*occiput* en petit nombre, et pas une seule penne blanche aux ailes : ce qui fait autant de variétés par lesquelles les peintades de ces auteurs diffèrent de la nôtre.

Celle de Marcgrave avait de plus le bec jaune (d); celle de M. Brisson l'avait rouge à la base; et de couleur de corne vers le bout (e). MM. de l'Académie ont trouvé à quelques-unes une petite huppe à la base du bec, composée de douze ou quinze soies ou filets raides longs de quatre lignes (f), laquelle ne se retrouve que dans celles de Sierra-Leone, dont j'ai parlé plus haut.

Le docteur Caï dit que la femelle a la tête toute noire, et que c'est la seule différence qui la distingue du mâle (g).

<hr />

(a) Lettres édifiantes, au lieu cité.

(b) Voyez l'*Ornithologie* de M. Brisson, t. Ier, p. 180. *Meleagris pectore albo.*

(c) « Le mâle et la femelle, dit Belon, ont même madrure en plumes et blancheur autour » des yeux, et rougeur par dessous. » Voyez *Hist. nat. des oiseaux.* p. 247. — « Ad latera » capitis albo, » dit Marcgrave, *Historia nat. Brasil.*, p. 192. — « La tête est revêtue, dit le » jésuite Margat, d'une peau spongieuse, rude et ridée, dont la couleur est d'un blanc » bleuâtre. » Voyez Lettres édifiantes, *Recueil XX*, p. 362 et suiv.

(d) « Rostrum flavum. » Voyez *Historia nat. Brasil.*, p. 192.

(e) Voyez *Ornithologie*, t. Ier, p. 180.

(f) Voyez *Mémoires sur les animaux*, partie II, p. 82.

(g) *Caius apud Gesnerum, de Avibus*, p. 481.

Aldrovande prétend au contraire que la tête de la femelle a les mêmes couleurs que celle du mâle, mais que son casque est seulement moins élevé et plus obtus (a).

Roberts assure qu'elle n'a pas même de casque (b).

Dampier et Labat, qu'on ne lui voit point ces barbillons rouges et ces caroncules de même couleur, qui, dans le mâle, bordent l'ouverture des narines (c).

M. Barrère dit que tout cela est plus pâle que dans le mâle (d), et que les soies de l'*occiput* sont plus rares, et telles apparemment qu'elles paraissent dans la pl. cxxvi de Frisch.

Enfin, MM. de l'Académie ont trouvé dans quelques individus ces soies ou filets de l'*occiput* élevés d'un pouce, en sorte qu'ils formaient comme une petite huppe derrière la tête (e).

Il serait difficile de démêler parmi toutes ces variétés celles qui sont assez profondes, et, pour ainsi dire, assez fixes pour constituer des races distinctes (*); et comme on ne peut douter qu'elles ne soient toutes fort récentes, il serait peut-être plus raisonnable de les regarder comme des effets qui s'opèrent encore journellement par la domesticité, par le changement de climat, par la nature des aliments, etc., et de ne les employer dans la description que pour assigner les limites des variations auxquelles sont sujettes certaines qualités de la peintade; et pour remonter autant qu'il est possible aux causes qui les ont produites, jusqu'à ce que ces variétés, ayant subi l'épreuve du temps et ayant pris la consistance dont elles sont susceptibles, puissent servir de caractère à des races réellement distinctes.

La peintade a un trait marqué de ressemblance avec le dindon, c'est de n'avoir point de plumes à la tête ni à la partie supérieure du cou; et cela a donné lieu à plusieurs ornithologistes, tels que Belon (f), Gesner (g), Aldrovande (h) et Klein (i), de prendre le dindon pour la méléagride des anciens, mais outre les différences nombreuses et tranchées qui se trouvent, soit

(a) Voyez *Ornithologia Aldrov.*, t. II, p. 336.
(b) *Voyages de Roberts au Cap Vert et aux îles*, etc., p. 402.
(c) *Nouveau voyage de Dampier*, t. VI, p. 23. — Il est probable que la crête courte et d'un rouge très vif, dont parle le P. Charlevoix, n'est autre chose que ces caroncules. Voyez son *Histoire de l'île Espagnole*, t. Ier, p. 28, etc.
(d) Barrère, *Ornithologiæ specimen*, class. IV, gen. III, species 6.
(e) Voyez *Mémoires sur les animaux*, partie II, p. 80.
(f) Voyez *Histoire naturelle des oiseaux*, p. 248.
(g) Voyez *De avibus*, p. 480 et suiv.
(h) Voyez *Ornithologiæ*, lib. XIII, p. 36.
(i) *Prodromus Historiæ avium*, p. 112.

(*) Indépendamment de l'espèce commune, on en distingue trois autres : le *N. cristata*, dont la tête est ornée d'une crête de plumes; le *N. mitrata*, dont la tête porte une sorte de casque conique; le *N. loryncha*, qui porte sur la tête un casque plus petit, et dont le bec est muni, à la base, d'une petite touffe de tiges courtes, à peu près dépourvues de taches.

entre ces deux espèces, soit entre ce que l'on voit dans le dindon, et ce que les anciens ont dit de la méléagride (a), il suffit, pour mettre en évidence la fausseté de cette conjecture, de se rappeler les preuves par lesquelles j'ai établi à l'article du dindon que cet oiseau est propre et particulier à l'Amérique, qu'il vole pesamment, ne nage point du tout, et que par conséquent il n'a pu franchir le vaste étendue de mers qui sépare l'Amérique de notre continent : d'où il suit qu'avant la découverte de l'Amérique il était entièrement inconnu dans notre continent, et que les anciens n'ont pu en parler sous le nom de méléagride.

Il paraît que c'est aussi par erreur que le nom de *knor-haan* s'est glissé dans la liste des noms de la peintade donnée par M. Brisson (b) citant Kolbe (c). Je ne nie pas que la figure par laquelle le *knor-haan* a été désigné dans le voyage de Kolbe n'ait été faite d'après celle de la poule africaine de Marc-grave, comme le dit M. Brisson; mais il avouera aussi qu'il est difficile de reconnaître, dans un oiseau propre au cap de Bonne-Espérance, la peintade qui est répandue dans toute l'Afrique, mais moins au Cap que partout ailleurs, et qu'il est encore plus difficile d'adapter à celle-ci ce bec court et noir, cette couronne de plumes, ce rouge mêlé dans les couleurs des ailes et du corps, et cette ponte de deux œufs seulement que Kolbe attribue à son *knor-haan*.

Le plumage de la peintade, sans avoir des couleurs riches et éclatantes, est cependant très distingué; c'est un fond gris bleuâtre plus ou moins foncé, sur lequel sont semées assez régulièrement des taches blanches plus ou moins rondes, représentant assez bien des perles; d'où quelques modernes ont donné à cet oiseau le nom de *poules perlées* (d), et les anciens, ceux de *varia* et de *guttata* (e) : tel était du moins le plumage de la peintade dans son climat natal; mais depuis qu'elle a été transportée dans

(a) La méléagride était de la grosseur d'une poule de bonne race, avait sur la tête un tubercule calleux, le plumage marqueté de taches blanches, semblables à des lentilles, mais plus grandes; deux barbillons adhérents au bec supérieur, la queue pendante, le dos rond, des membranes entre les doigts, point d'éperons aux pieds, aimait les marécages, n'avait point d'attachement pour ses petits, tous caractères qu'on chercherait vainement dans le dindon, lequel en a d'ailleurs deux très frappants, qui ne se retrouvent point dans la description de la méléagride, ce bouquet de crins durs qui lui sort au bas du cou, et sa manière d'étaler sa queue et de faire la roue autour de sa femelle.

(b) *Ornithologie*, t. Ier, p. 177.

(c) *Description du cap de Bonne-Espérance*, t. III, p. 169. « Un oiseau qui appartient » proprement au Cap, dit ce voyageur, est le *knor-hahu* ou *coq-knor*, c'est la sentinelle des » autres oiseaux; il les avertit lorsqu'il voit approcher un homme, par un cri qui ressemble » au son du mot *crac*, et qu'il répète fort haut : sa grandeur est celle d'une poule; il a le » bec court et noir comme les plumes de sa couronne; le plumage des ailes et du corps mêlé » de rouge, de blanc et de cendré; les jambes jaunes, les ailes petites : il fréquente les lieux » solitaires et fait son nid dans les buissons; sa ponte est de deux œufs; on estime peu sa » chair, quoiqu'elle soit bonne. »

(d) Voyez Frisch, planche cxxvi. — Klein, *Historiæ Animalium prodromus*, p. 3.

(e) Martial, *Epigramm*.

d'autres régions, elle a pris plus de blanc, témoin les peintades à poitrine blanche de la Jamaïque et de Saint-Domingue, et ces peintades parfaitement blanches dont parle M. Edwards (a); en sorte que la blancheur de la poitrine, dont M. Brisson a fait le caractère d'une variété, n'est qu'une altération commencée de la couleur naturelle, ou plutôt n'est que le passage de cette couleur à la blancheur parfaite.

Les plumes de la partie moyenne du cou sont fort courtes à l'endroit qui joint sa partie supérieure, où il n'y en a point du tout ; puisqu'elles vont toujours croissant de longueur jusqu'à la poitrine où elles ont près de trois pouces.

Ces plumes sont duvetées depuis leur racine jusqu'à environ la moitié de leur longueur ; et cette partie duvetée est recouverte par l'extrémité des plumes du rang précédent, laquelle est composée de barbes fermes et accrochées les unes aux autres (b).

La peintade a les ailes courtes et la queue pendante comme la perdrix, ce qui, joint à la disposition de ses plumes, la fait paraître bossue (*genus gibberum*, Pline) ; mais cette bosse n'est qu'une fausse apparence, et il n'en reste plus aucun vestige lorsque l'oiseau est plumé (c).

Sa grosseur est à peu près celle de la poule commune ; mais elle a la forme de la perdrix, d'où lui est venu le nom de perdrix de Terre-Neuve (d) : seulement elle a les pieds plus élevés et le cou plus long et plus menu dans le haut.

Les barbillons qui prennent naissance du bec supérieur n'ont point de forme constante, étant ovales dans les unes et carrées ou triangulaires dans les autres : ils sont rouges dans la femelle et bleuâtres dans le mâle ; et c'est, selon MM. de l'Académie (e) et M. Brisson (f), la seule chose qui distingue les deux sexes ; mais d'autres auteurs ont assigné, comme nous l'avons vu ci-dessus, d'autres différences tirées des couleurs du plumage (g), des barbillons (h), du tubercule calleux de la tête (i), des caroncules des narines (j), de la grosseur du corps (k), des soies ou filets de l'*occiput* (l), etc. ;

(a) « Depuis que les peintades se sont multipliées (en Angleterre), leur couleur s'est altérée, il s'y est mêlé du blanc dans plusieurs ; d'autres sont d'un gris de perle clair, en conservant leurs mouchetures ; d'autres sont parfaitement blanches. » Voyez *Glanures* d'*Edwards*, troisième partie, p. 269.

(b) Voyez *Mémoires pour servir à l'histoire des animaux*, partie II, p. 81.

(c) Voyez *Lettres édifiantes*, *Recueil XX*, loco citato.

(d) Voyez Belon, *Hist. nat. des oiseaux*, p. 247.

(e) Voyez *Mémoires pour servir à l'histoire des animaux*, partie II, p. 83

(f) *Ornithologie*, t. Ier, p. 179.

(g) *Caius apud Gesnerum, de Avibus*, p. 481.

(h) Co'umelle, Frisch, Dampier, etc.

(i) Aldrovande, Roberts, Barrère, Dalechamp, etc.

(j) Barrère, Labat, Dampier, etc.

(k) Frisch.

(l) Frisch, Barrère, etc.

soit que ces variétés dépendent en effet de la différence du sexe, soit que, par un vice de logique trop commun, on les ait regardées comme propres au sexe de l'individu où elles se trouvaient accidentellement, et par des causes toutes différentes.

En arrière des barbillons on voit, sur les côtés de la tête, la très petite ouverture des oreilles qui, dans la plupart des oiseaux, est ombragée par des plumes, et se trouve ici à découvert ; mais, ce qui est propre à la peintade, c'est ce tubercule calleux, cette espèce de casque qui s'élève sur sa tête, et que Belon compare assez mal à propos au tubercule ou plutôt à la corne de la girafe (a) ; il est semblable par sa forme à la contre-épreuve du bonnet ducal du doge de Venise, ou, si l'on veut, à ce bonnet mis sens devant derrière (b) ; sa couleur varie dans les différents sujets du blanc au rougeâtre, en passant par le jaune et le brun (c) ; sa substance intérieure est comme celle d'une chair endurcie et calleuse ; ce noyau est recouvert d'une peau sèche et ridée qui s'étend sur l'*occiput* et sur les côtés de la tête, mais qui est échancrée à l'endroit des yeux (d). Les physiciens à causes finales n'ont pas manqué de dire que cette callosité était un casque véritable, une arme défensive donnée aux peintades pour les munir contre leurs atteintes réciproques, attendu que ce sont des oiseaux querelleurs, qui ont le bec très fort et le crâne très faible (e).

Les yeux sont grands et couverts, la paupière supérieure a de longs poils noirs relevés en haut, et le cristallin est plus convexe en dedans qu'en dehors (f).

M. Perrault assure que le bec est semblable à celui de la poule ; le jésuite Margat le fait trois fois plus gros, très dur et très pointu ; les ongles sont aussi plus aigus, selon le P. Labat ; mais tous s'accordent, anciens et modernes, à dire que les pieds n'ont point d'éperons.

Une différence considérable qui se trouve entre la poule commune et la peintade, c'est que le tube intestinal est beaucoup plus court, à proportion, dans cette dernière, n'ayant que trois pieds, selon MM. de l'Académie, sans compter les *cœcums* qui ont chacun six pouces, vont en s'élargissant depuis leur origine, et reçoivent des vaisseaux du mésentère comme les autres intestins. Le plus gros de tous est le *duodenum*, qui a plus de huit lignes de diamètre ; le gésier est comme celui de la poule ; on y trouve aussi beaucoup de petits graviers, quelquefois même rien autre chose, apparemment

---

(a) Belon, *Nature des oiseaux*, p. 247.

(b) C'est à cause de ce tubercule que M. Linnæus a nommé la peintade, tantôt « gallus » vertice corneo, » *Syst. nat.*, édit. VI, tantôt « phasianus vertice calloso, » édit. X.

(c) Il est blanchâtre dans la planche cxxvi de Frisch ; couleur de cire, suivant Belon, p. 247 ; brun, selon Marcgrave ; fauve brun, selon M. Perrault, etc.

(d) *Mémoires sur les animaux*, partie ii, p. 82.

(e) Voyez *Miss. Aldrovandi Ornithologia*, t. II, p. 37.

(f) *Mémoires sur les animaux*, partie ii, p. 87.

lorsque l'animal étant mort de langueur a passé les derniers temps de sa vie sans manger ; la membrane interne du gésier est très ridée, peu adhérente à la tunique nerveuse, et d'une substance analogue à celle de la corne.

Le jabot, lorsqu'il est soufflé, est de la grosseur d'une balle de paume ; le canal intermédiaire entre le jabot et le gésier est d'une substance plus dure et plus blanche que la partie du conduit intestinal qui précède le jabot, et ne présente pas, à beaucoup près, un si grand nombre de vaisseaux apparents.

L'œsophage descend le long du cou, à droite de la trachée-artère (a), sans doute parce que le cou qui, comme je l'ai dit, est fort long, se pliant plus souvent en avant que sur les côtés, l'œsophage, pressé par la trachée-artère dont les anneaux sont entièrement osseux ici, comme dans la plupart des oiseaux, a été poussé du côté où il y avait le moins de résistance.

Ces oiseaux sont sujets à avoir dans le foie, et même dans la rate, des concrétions squirreuses ; on en a vu qui n'avaient point de vésicule du fiel ; mais, dans ce cas, le rameau hépatique était fort gros ; on en a vu d'autres qui n'avaient qu'un seul testicule (b) : en général, il paraît que les parties internes ne sont pas moins susceptibles de variétés que les parties extérieures et superficielles.

Le cœur est plus pointu qu'il ne l'est communément dans les oiseaux (c) ; les poumons sont à l'ordinaire ; mais on a remarqué dans quelques sujets qu'en soufflant dans la trachée-artère pour mettre en mouvement les poumons et les cellules à air, on a remarqué, dis-je, que le péricarde, qui paraissait plus lâche qu'à l'ordinaire, se gonflait comme les poumons (d).

J'ajouterai encore une observation anatomique, qui peut avoir quelque rapport avec l'habitude de crier, et à la force de la voix de la peintade ; c'est que la trachée-artère reçoit dans la cavité du thorax deux petits cordons musculeux longs d'un pouce, larges de deux tiers de ligne, lesquels s'y implantent de chaque côté (e).

La peintade est en effet un oiseau très criard, et ce n'est pas sans raison que Browne l'a appelée *gallus clamosus* (f) ; son cri est aigre et perçant, et à la longue il devient tellement incommode que, quoique la chair de la peintade soit un excellent manger et bien supérieur à la volaille ordinaire, la plupart des colons d'Amérique ont renoncé à en élever (g). Les Grecs avaient un mot particulier pour exprimer ce cri (h) ; Élien dit que la méléa-

(a) Voyez les *Mémoires pour servir à l'hist. nat. des animaux*, partie II, p. 84, etc.
(b) Voyez idem, ibidem, p. 84.
(c) Voyez idem, ibidem, p. 86, etc.
(d) *Histoire de l'Académie des sciences*, t. Ier, p. 153.
(e) *Mémoires pour servir à l'histoire des animaux*, loco citato.
(f) *Natural history of Jamaïc.*, p. 470.
(g) *Lettres édifiantes*, Recueil XX, loco citato.
(h) Καγχάζειν, selon Pollux. Gesner, *de Avibus*, p. 479.

gride prononce à peu près son nom (a) ; le docteur Cai, que son cri approche de celui de la perdrix, sans être néanmoins aussi éclatant (b) ; Belon, *qu'il est quasi comme celui des petits poussins nouvellement éclos ;* mais il assure positivement qu'il est dissemblable à celui des poules communes (c) ; et je ne sais pourquoi Aldrovande (d) et M. Salerne (e) lui font dire le contraire.

C'est un oiseau vif, inquiet et turbulent, qui n'aime point à se tenir en place, et qui sait se rendre maître dans la basse-cour ; il se fait craindre des dindons même, et, quoique beaucoup plus petit, il leur en impose par sa pétulance : « La peintade, dit le P. Margat, a plutôt fait dix tours et donné » vingt coups de bec que ces gros oiseaux n'ont pensé à se mettre en » défense. » Ces poules de Numidie semblent avoir la même façon de combattre que l'historien Salluste attribue aux cavaliers numides : « Leur » charge, dit-il, est brusque et irrégulière ; trouvent-ils de la résistance ils » tournent le dos, et un instant après ils sont sur l'ennemi (f). » On pourrait à cet exemple en joindre beaucoup d'autres qui attestent l'influence du climat sur le naturel des animaux, ainsi que sur le génie national des habitants : l'éléphant joint à beaucoup de force et d'industrie une disposition à l'esclavage ; le chameau est laborieux, patient et sobre ; le dogue ne démord point.

Élien raconte que, dans une certaine île, la méléagride est respectée des oiseaux de proie (g) ; mais je crois que dans tous les pays du monde les oiseaux de proie attaqueront par préférence toute autre volaille qui aura le bec moins fort, point de casque sur la tête, et qui ne saura pas si bien se défendre.

La peintade est du nombre des oiseaux pulvérateurs qui cherchent dans la poussière où ils se vautrent un remède contre l'incommodité des insectes ; elle gratte aussi la terre comme nos poules communes, et va par troupes très nombreuses : on en voit dans l'île de May des volées de deux ou trois cents ; les insulaires les chassent au chien courant, sans autres armes que des bâtons (h) ; comme elles ont les ailes fort courtes, elles volent pesamment mais elles courent très vite, et, selon Belon, en tenant la tête élevée comme la girafe (i) ; elles se perchent la nuit pour dormir, et quelquefois la journée sur les murs de clôture, sur les haies, et même sur les toits des maisons et sur les arbres ; elles sont soigneuses, dit encore Belon, en pourchassant

(a) *De natura animalium*, lib. IV, cap. XLII.
(b) Voyez Gesner, *de Avibus*, p. 481.
(c) *Histoire des oiseaux*, p. 248.
(d) *Ornithologia*, t. II, p. 338.
(e) *Histoire naturelle des oiseaux*, p. 134.
(f) Voyez Lettres édifiantes, XXᵉ *Recueil*, *loco citato*.
(g) Voyez *Historia animalium*, lib. v, cap. XXVII.
(h) Voyez Dampier, *Nouveau voyage autour du monde*, t. IV, p. 23 ; et le Voyage de Brue dans la *Nouvelle relation de l'Afrique occidentale*, par Labat.
(i) *Histoire des oiseaux*, p. 248.

leur vivre (a); et en effet elles doivent consommer beaucoup et avoir plus de besoins que les poules domestiques, vu le peu de longueur de leurs intestins.

Il paraît, par le témoignage des anciens (b) et des modernes (c), et par les demi-membranes qui unissent les doigts des pieds, que la peintade est un oiseau demi-aquatique : aussi celles de Guinée, qui ont recouvré leur liberté à Saint-Domingue, ne suivant plus que l'impulsion du naturel, cherchent de préférence les lieux aquatiques et marécageux (d).

Si on les élève de jeunesse, elles s'apprivoisent très bien. Brue raconte qu'étant sur la côte du Sénégal, il reçut en présent d'une princesse du pays deux peintades, l'une mâle et l'autre femelle, toutes deux si familières qu'elles venaient manger sur son assiette, et qu'ayant la liberté de voler au rivage, elles se rendaient régulièrement sur la barque au son de la cloche qui annonçait le dîner et le souper (e). Moore dit qu'elles sont aussi farouches que le sont les faisans en Angleterre (f); mais je doute qu'on ait vu des faisans aussi privés que les deux peintades de Brue; et ce qui prouve que les peintades ne sont pas fort farouches, c'est qu'elles reçoivent la nourriture qu'on leur présente au moment même où elles viennent d'être prises (g). Tout bien considéré, il me semble que leur naturel approche beaucoup plus de celui de la perdrix que de celui du faisan.

La poule peintade pond et couve à peu près comme la poule commune; mais il paraît que sa fécondité n'est pas la même en différents climats, ou du moins qu'elle est beaucoup plus grande dans l'état de domesticité, où elle regorge de nourriture, que dans l'état de sauvage, où, étant nourrie moins largement, elle abonde moins en molécules organiques superflues.

On m'a assuré qu'elle est sauvage à l'île de France, et qu'elle y pond huit, dix et douze œufs à terre dans les bois, au lieu que celles qui sont domestiques à Saint-Domingue, et qui cherchent aussi le plus épais des haies et des broussailles pour y déposer leurs œufs, en pondent jusqu'à cent et cent cinquante, pourvu qu'il en reste toujours quelqu'un dans le nid (h).

Ces œufs sont plus petits à proportion que ceux de la poule ordinaire,

(a) M. de Sève a observé, en jetant du pain à des peintades, que lorsqu'une d'entre elles prenait un morceau de pain plus gros qu'elle ne pouvait l'avaler tout de suite, elle l'emportait en fuyant les paons et les autres volailles qui ne voulaient pas la quitter; et que, pour s'en débarrasser, elle cachait le morceau de pain dans du fumier ou dans la terre, où elle venait le chercher et le manger quelque temps après.

(b) Pline, *Historia naturalis*, lib. xxxvii, cap. ii. — Clitus de Milet dans *Athénée*, lib. xiv, cap. xxvi.

(c) Gesner, *de Avibus*, p. 478. — Frisch, pl. cxxvi. — *Lettres édifiantes*, *Recueil* XX, etc.

(d) *Lettres édifiantes*, *ibidem*. — J'entrai dans un petit bosquet, auprès d'un marais, qui attirait des compagnies de peintades, dit M. Adanson, p. 76 de son *Voyage au Sénégal*.

(e) Troisième voyage de Brue, publié par Labat.

(f) Voyez *Histoire générale des voyages*, t. III, p. 310.

(g) *Longolius apud Gesnerum*, p. 479.

(h) *Lettres édifiantes*, *Recueil* XX.

et ils ont aussi la coquille beaucoup plus dure ; mais il y a une différence remarquable entre ceux de la peintade domestique et ceux de la peintade sauvage : ceux-ci ont de petites taches rondes comme celles du plumage, et qui n'avaient point échappé à Aristote (a), au lieu que ceux de la peintade domestique sont d'abord d'un rouge assez vif, qui devient ensuite plus sombre, et enfin couleur de rose sèche, en se refroidissant. Si ce fait est vrai, comme me l'a assuré M. Fournier, qui en a beaucoup élevé, il faudrait en conclure que les influences de la domesticité sont ici assez profondes pour altérer non seulement les couleurs du plumage, comme nous l'avons vu ci-dessus, mais encore celle de la matière dont se forme la coquille des œufs ; et comme cela n'arrive pas dans les autres espèces, c'est encore une raison de plus pour regarder la nature de la peintade comme moins fixe et plus sujette à varier que celle des autres oiseaux.

La peintade a-t-elle soin ou non de sa couvée? c'est un problème qui n'est pas encore résolu : Belon dit oui, sans restriction (b) ; Frisch est aussi pour l'affirmative à l'égard de sa grande espèce, qui aime les lieux secs, et il assure que le contraire est vrai de la petite espèce, qui se plaît dans les marécages ; mais le plus grand nombre des témoignages lui attribue de l'indifférence sur cet article ; et le jésuite Margat nous apprend qu'à Saint-Domingue on ne lui permet pas de couver elle-même ses œufs, par la raison qu'elle ne s'y attache point, et qu'elle abandonne souvent ses petits : on préfère, dit-il, de les faire couver par des poules d'Inde ou par des poules communes (c).

Je ne trouve rien sur la durée de l'incubation ; mais, à juger par la grosseur de l'oiseau et par ce que l'on sait des espèces auxquelles il a le plus de rapport, on peut la supposer de trois semaines, plus ou moins, selon la chaleur de la saison ou du climat, l'assiduité de la couveuse, etc. (*).

Au commencement, les jeunes peintadeaux n'ont encore ni barbillons, ni sans doute de casque ; ils ressemblent alors par le plumage, par la couleur des pieds et du bec, à des perdreaux rouges ; et il n'est pas aisé de distinguer les jeunes mâles des vieilles femelles (d) ; car c'est dans toutes les espèces que la maturité des femelles ressemble à l'enfance des mâles.

Les peintadeaux sont fort délicats et très difficiles à élever dans nos pays septentrionaux, comme étant originaires des climats brûlants de l'Afrique ; ils se nourrissent ainsi que les vieux, à Saint-Domingue, avec

---

(a) *Historia animalium*, lib. VI, cap. II.

(b) « Sont moult fécondes et soigneuses de bien nourrir leurs petits. » *Histoire des oiseaux*, p. 248.

(c) Lettres édifiantes, *Recueil XX, loco citato.*

(d) Ceci nous a été assuré par le sieur Fournier, que nous avons cité ci-devant.

(*) L'incubation dure de vingt-quatre à vingt-six jours.

du millet, selon le P. Margat (*a*); dans l'île de May, avec des cigales et des vers qu'ils trouvent eux-mêmes en grattant la terre avec leurs ongles (*b*); et, selon Frisch, ils vivent de toutes sortes de graines et d'insectes (*c*).

Le coq peintade produit aussi avec la poule domestique; mais c'est une espèce de génération artificielle qui demande des précautions : la principale est de les élever ensemble de jeunesse, et les oiseaux métis qui résultent de ce mélange forment une race bâtarde, imparfaite, désavouée, pour ainsi dire, de la nature, et qui, ne pondant guère que des œufs clairs, n'a pu jusqu'ici se perpétuer régulièrement (*d*).

Les peintadeaux des basses-cours sont d'un fort bon goût, et nullement inférieurs aux perdreaux; mais les sauvages ou marrons de Saint-Domingue sont un mets exquis et au-dessus du faisan.

Les œufs de peintade sont aussi fort bons à manger.

Nous avons vu que cet oiseau était d'origine africaine, et de là tous les noms qui lui ont été donnés de poule africaine, numidique, étrangère, de poule de Barbarie, de Tunis, de Mauritanie, de Libye, de Guinée (d'où s'est formé le nom de guinette), d'Égypte, de Pharaon et même de Jérusalem : quelques mahométans s'étant avisés de les annoncer sous le nom de poules de Jérusalem, les vendirent aux chrétiens tout ce qu'ils voulurent (*e*); mais ceux-ci, s'étant aperçus de la fraude, les revendirent à profit à de bons musulmans, sous le nom de poules de la Mecque.

On en trouve à l'île de France et à l'île de Bourbon (*f*), où elles ont été transplantées assez récemment, et où elles se sont fort bien multipliées (*g*); elles sont connues à Madagascar sous le nom d'*acanques* (*h*), et au Congo sous celui de *quetèles* (*i*); elles sont fort communes dans la Guinée (*j*), à la côte d'Or, où il ne s'en nourrit de privées que dans le canton d'Acra (*k*), à Sierra-Leone (*l*), au Sénégal (*m*), dans l'île de Gorée, dans celle du cap Vert (*n*), en Barbarie, en Égypte, en Arabie (*o*) et en Syrie (*p*); on ne dit point s'il y

(*a*) Lettres édifiantes, *Recueil* XX, *loco citato*.
(*b*) *Nouveau voyage autour du monde*, de Dampier, t. IV, p. 22. — Labat, t. II, p. 326; et t. III, p. 139.
(*c*) Frisch, planche CXXVI.
(*d*) Selon le sieur Fournier.
(*e*) *Longolius apud Gesnerum, de Avibus*, p. 479.
(*f*) M. Aublet.
(*g*) *Voyage autour du monde* de La Barbinais Le Gentil, t. XI, p. 608.
(*h*) François Cauche, *Relation de Madagascar*, p. 133.
(*i*) Marcgrave, *Hist. nat. Brasil.*, p. 192.
(*j*) Margat; Lettres édifiantes, *loco citato*.
(*k*) *Voyage de Barbot*, p. 217.
(*l*) Marcgrave, *Hist. nat. Brasil.*, *loco citato*.
(*m*) *Voyage au Sénégal*, de M. Adanson, p. 7.
(*n*) Dampier, *Voyage autour du monde*, t. IV, p. 23.
(*o*) Strabon, lib. XVI.
(*p*) « Meleagrides fert ultima Syriæ regio. » Diodor. Sicul.

en a dans les îles Canaries, ni dans celle de Madère. Le Gentil rapporte qu'il a vu à Java des poules peintades (a), mais on ignore si elles étaient domestiques ou sauvages : je croirais plus volontiers qu'elles étaient domestiques et qu'elles avaient été transportées d'Afrique en Asie, de même qu'on en a transporté en Amérique et en Europe; mais comme ces oiseaux étaient accoutumés à un climat très chaud, ils n'ont pu s'habituer dans les pays glacés qui bordent la mer Baltique : aussi n'en est-il pas question dans la *Fauna suecica* de M. Linnæus. M. Klein paraît n'en parler que sur le rapport d'autrui, et nous voyons même qu'au commencement du siècle ils étaient encore fort rares en Angleterre (b).

Varron nous apprend que de son temps les poules africaines (c'est ainsi qu'il appelle les peintades), se vendaient fort cher à Rome à cause de leur rareté (c); elles étaient beaucoup plus communes en Grèce du temps de Pausanias, puisque cet auteur dit positivement que la méléagride était, avec l'oie commune, l'offrande ordinaire des personnes peu aisées dans les mystères solennels d'Isis (d) : malgré cela, on ne doit point se persuader que les peintades fussent naturelles à la Grèce, puisque, selon Athénée, les Étoliens passaient pour être les premiers des Grecs qui eussent eu de ces oiseaux dans leur pays. D'un autre côté, j'aperçois quelque trace de migration régulière dans les combats que ces oiseaux venaient se livrer tous les ans, en Béotie, sur le tombeau de Méléagre (e), et qui ne sont pas moins cités par les naturalistes que par les mythologistes : c'est de là que leur est venu le nom de méléagrides (f), comme celui de peintades leur a été donné, moins à cause de la beauté que de l'agréable distribution des couleurs dont leur plumage est peint.

(a) *Nouveau voyage autour du monde*, t. III, p. 74.
(b) Voyez *Glanures d'Edwards*, troisième partie, p. 269.
(c) *De re rustica*, lib. III, cap. IX.
(d) *Vid.* Gesnerum, *de Avibus*, p. 479 : « quorum tenuior est res familiaris in celebribus » Isidis conventibus, anseres atque aves meleagrides immolant. »
(e) « Simili modo (nempe ut memnonides aves), pugnant meleagrides in Bæotia. » Plin., *Hist. nat.*, lib. X, cap. XXVI.
(f) La fable dit que les sœurs de Méléagre, désespérées de la mort de leur frère, furent changées en ces oiseaux qui portent encore leurs larmes semées sur leur plumage.

LE TÉTRAS OU GRAND COQ DE BRUYÈRE

Si l'on ne jugeait des choses que par les noms, on pourrait prendre cet oiseau (*) ou pour un coq sauvage ou pour un faisan; car on lui donne en plusieurs pays, et surtout en Italie, le nom de coq sauvage, *gallo alpestre* (a), *selvatico*; tandis qu'en d'autres pays on lui donne celui de faisan bruyant et de faisan sauvage : cependant il diffère du faisan par sa queue qui est une fois plus courte à proportion et d'une tout autre forme ; par le nombre des grandes plumes qui la composent, par l'étendue de son vol, relativement à ses autres dimensions, par ses pieds pattus et dénués d'éperons, etc. D'ailleurs, quoique ces deux espèces d'oiseaux se plaisent également dans les bois, on ne les rencontre presque jamais dans les mêmes lieux, parce que le faisan, qui craint le froid, se tient dans les bois en plaines, au lieu que le coq de bruyère cherche le froid et habite les bois qui couronnent le sommet des hautes montagnes, d'où lui sont venus les noms de *coq de montagne* et de *coq de bois*.

Ceux qui, à l'exemple de Gesner et de quelques autres, voudraient le regarder comme un coq sauvage, pourraient, à la vérité, se fonder sur quelques analogies; car il y a en effet plusieurs traits de ressemblance avec le coq ordinaire, soit dans la forme totale du corps, soit dans la configuration particulière du bec, soit par cette peau rouge plus ou moins saillante dont les yeux sont surmontés, soit par la singularité de ses plumes qui sont presque toutes doubles, et sortent deux à deux de chaque tuyau, ce qui, suivant Belon, est propre aux coqs de nos basses-cours (b). Enfin, ces oiseaux

(a) Albin décrit le mâle et la femelle sous le nom de *coq* et *poule noire* des montagnes de Moscovie; plusieurs auteurs l'appellent *Gallus sylvestris*.

(b) Belon, *Nature des oiseaux*, p. 251.

(*) *Tetrao urogallus* L. — Les *Tetrao* sont des Gallinacés de la famille des Tétraonidés et de la sous-famille des Tétraoniens. Ils ont, comme tous les Tétraonidés, le corps ramassé, le cou court, la tête petite, couverte de plumes, dépourvue de crête, présentant tout au plus une bande nue au-dessus des yeux; un bec court, gros, fort; des pattes courtes, couvertes de plumes jusqu'au niveau des doigts; le doigt postérieur rudimentaire et placé très haut, parfois même tout à fait nul, l'absence à peu près complète d'ergot; la queue courte. Dans les *Tetrao*, le bec est très bombé et recourbé, élargi à la base; les fossettes nasales sont remplies de petites plumes; les yeux sont surmontés d'une bande calleuse, rouge; les tarses sont emplumés; les doigts sont garnis de scutelles cornées et de plumes.

V.   23

ont aussi des habitudes communes : dans les deux espèces il faut plusieurs femelles au mâle; les femelles ne font point de nids, elles couvent leurs œufs avec beaucoup d'assiduité, et montrent une grande affection pour leurs petits quand ils sont éclos. Mais si l'on fait attention que le coq de bruyère n'a point de membranes sous le bec et point d'éperons aux pieds, que ses pieds sont couverts de plumes, et ses doigts bordés d'une espèce de dentelure; qu'il a dans la queue deux pennes de plus que le coq; que cette queue ne se divise point en deux plans comme celle du coq, mais qu'il la relève en éventail comme le dindon; que la grandeur totale de cet oiseau est quadruple de celle des coqs ordinaires (*a*); qu'il se plaît dans les pays froids, tandis que les coqs prospèrent beaucoup mieux dans les pays tempérés; qu'il n'y a point d'exemple avéré du mélange de ces deux espèces; que leurs œufs ne sont pas de la même couleur; enfin, si l'on se souvient des preuves par lesquelles je crois avoir établi que l'espèce du coq est originaire des contrées tempérées de l'Asie, où les voyageurs n'ont presque jamais vu de coqs de bruyère, on ne pourra guère se persuader que ceux-ci soient la souche de ceux-là, et l'on reviendra bientôt d'une erreur occasionnée, comme tant d'autres, par une fausse dénomination.

Pour moi, afin d'éviter toute équivoque, je donnerai dans cet article au coq de bruyère le nom de *tétras*, formé de celui de *tetrao*, qui me paraît être son plus ancien nom latin, et qu'il conserve encore aujourd'hui dans la Sclavonie, où il s'appelle *tetrez*. On pourrait aussi lui donner celui de *cedron* tiré de *cedrone*, nom sous lequel il est connu en plusieurs contrées d'Italie : les Grisons l'appellent *stolzo*, du mot allemand *stolz*, qui signifie quelque chose de superbe ou d'imposant, et qui est applicable au coq de bruyère à cause de sa grandeur et de sa beauté; par la même raison, les habitants des Pyrénées lui donnent le nom de paon sauvage; celui d'*urogallus*, sous lequel il est souvent désigné par les modernes qui ont écrit en latin, vient de *ur*, *our*, *urus*, qui veut dire sauvage, et dont s'est formé en allemand le mot *auer-hahn* ou *ourh-hahn*, lequel, selon Frisch, désigne un oiseau qui se tient dans les lieux peu fréquentés et de difficile accès; il signifie aussi un oiseau de marais (*b*), et c'est de là que lui est venu le nom *riet-hahn*, coq de marais, qu'on lui donne dans la Souabe et même en Écosse (*c*).

Aristote ne dit que deux mots d'un oiseau qu'il appelle *tetrix*, et que les Athéniens appelaient *ourax*; cet oiseau, dit-il, ne niche point sur les arbres ni sur la terre, mais parmi les plantes basses et rampantes. *Tetrix quam Athenienses vocant* οὔραχα, *nec arbori, nec terræ nidum suum committit, sed frutici* (*d*). Sur quoi il est à propos de remarquer que l'expression

(*a*) Aldrovande, *Ornithologie*, t. II, p. 61.
(*b*) *Aue* désigne, selon Frisch, une grande place humide et basse.
(*c*) Gesner, *de Avibus*, p. 231 et 477.
(*d*) *Historia animalium*, lib. VI, cap. 1.

grecque n'a pas été fidèlement rendue en latin par Gaza, car : 1° Aristote ne parle point ici d'arbrisseau (*frutici*), mais seulement de plantes basses (*a*), ce qui ressemble plus au *gramen* et à la mousse qu'à des arbrisseaux ; 2° Aristote ne dit point que le *tetrix* fasse de nid sur ces plantes basses, il dit seulement qu'il y niche, ce qui peut paraître la même chose à un littérateur, mais non à un naturaliste, vu qu'un oiseau peut nicher, c'est-à-dire pondre et couver ses œufs sans faire de nid ; et c'est précisément le cas du *tetrix*, selon Aristote lui-même, qui dit quelques lignes plus haut que l'alouette et le *tetrix* ne déposent point leurs œufs dans des nids, mais qu'ils pondent sur la terre, ainsi que tous les oiseaux pesants, et qu'ils cachent leurs œufs dans l'herbe drue (*b*).

Or, ce qu'a dit Aristote du *tetrix* dans ces deux passages, ainsi rectifiés l'un par l'autre, présente plusieurs indications qui conviennent à notre *tetras*, dont la femelle ne fait point de nid, mais dépose ses œufs sur la mousse et les couvre de feuilles avec grand soin lorsqu'elle est obligée de les quitter : d'ailleurs le nom latin *tetrao*, par lequel Pline désigne le coq de bruyère, a un rapport évident avec le nom grec *tetrix*, sans compter l'analogie qui se trouve entre le nom athénien *ourax* et le nom composé *ourhahn*, que les Allemands appliquent au même oiseau, analogie qui probablement n'est qu'un effet du hasard.

Mais ce qui pourrait jeter quelques doutes sur l'identité du *tetrix* d'Aristote avec le *tetrao* de Pline, c'est que ce dernier, parlant de son *tetrao* avec quelque détail, ne cite point ce que Aristote avait dit du *tetrix*, ce que vraisemblablement il n'eût pas manqué de faire selon sa coutume, s'il eût regardé son tetrao comme étant le même oiseau que le *tetrix* d'Aristote, à moins qu'on ne veuille dire que Aristote ayant parlé fort superficiellement du *tetrix*, Pline n'a pas dû faire grande attention au peu qu'il en avait dit.

A l'égard du *grand tetrax* dont parle Athénée (lib. IX), ce n'est certainement pas notre tétras, puisqu'il a des espèces de barbillons charnus et semblables à ceux du coq, lesquels prennent naissance auprès des oreilles et descendent au-dessous du bec, caractère absolument étranger au tétras, et qui désigne bien plutôt la méléagride ou poule de Numidie, qui est notre peintade.

Le *petit tetrax*, dont parle le même auteur, n'est, selon lui, qu'un très petit oiseau, et par sa petitesse même exclu de toute comparaison avec notre *tétras*, qui est un oiseau de la première grandeur.

A l'égard du *tetrax* du poète Nemesianus, qui insiste sur sa stupidité, Gesner le regarde comme une espèce d'outarde ; mais je lui trouve encore

(*a*) Ἐν τοῖς χαμαιζήλοις φυτοῖς, *in humilibus plantis.*
(*b*) Οὐκ ἐν νεοττίαις.... ἀλλ' ἐν τῇ γῇ ἐπηλυγαζόμενα ὕλην « non in nudis..... sed in terra obum-
» brantes plantis. » Gesner dit précisément : « nidum ejus congestum potius quam con-
» structum vidimus. » *De Avibus*, lib. III, p. 487.

un trait caractérisé de ressemblance avec la méléagride ; ce sont les couleurs de son plumage, dont le fond est gris cendré, semé de taches en forme de gouttes (a) : c'est bien là le plumage de la peintade, appelée par quelques-uns *gallina guttata* (b).

Mais, quoi qu'il en soit de toutes ces conjectures, il est hors de doute que les deux espèces de *tetrao* de Pline sont de vrais tétras ou coqs de bruyère (c) : le beau noir lustré de leur plumage, leurs sourcils couleur de feu, qui représentent des espèces de flammes dont leurs yeux sont surmontés, leur séjour dans les pays froids et sur les hautes montagnes, la délicatesse de leur chair, sont autant de propriétés qui se rencontrent dans le grand et le petit tétras, et qui ne se trouvent réunies dans aucun autre oiseau. Nous apercevons même, dans la description de Pline, les traces d'une singularité qui n'a été connue que par très peu de modernes : *moriuntur contumaciâ*, dit cet auteur, *spiritu revocato* (d), ce qui se rapporte à une observation remarquable que Frisch a insérée dans l'histoire de cet oiseau (e) ; ce naturaliste n'ayant point trouvé de langue dans le bec d'un coq de bruyère mort, et lui ayant ouvert le gosier, y retrouva la langue, qui s'y était retirée avec toutes ses dépendances ; et il faut que cela arrive le plus ordinairement, puisque c'est une opinion commune parmi les chasseurs que les coqs de bruyère n'ont point de langue : peut-être en est-il de même de cet aigle noir dont Pline fait mention (f), et de cet oiseau du Brésil dont parle Scaliger (g), lequel passait aussi pour n'avoir point de langue, sans doute sur le rapport de quelques voyageurs crédules ou de chasseurs peu attentifs, qui ne voient presque jamais les animaux que morts ou mourants, et surtout parce qu'aucun observateur ne leur avait regardé dans le gosier.

L'autre espèce de tetrao dont Pline parle au même endroit est beaucoup plus grande, puisqu'elle surpasse l'outarde et même le vautour, dont elle a le plumage, et qu'elle ne le cède qu'à l'autruche ; du reste, c'est un oiseau si pesant qu'il se laisse quelquefois prendre à la main (h). Belon prétend que cette espèce de *tetrao* n'est point connue des modernes, qui, selon lui,

---

(a) *Fragmenta librorum de Aucupio*, attribués par quelques-uns au poète Nemesianus, qui vivait dans le IIIᵉ siècle.

(b) « Et picta perdix, Numidicæque guttatæ. » Martial. C'est aussi très exactement le plumage de ces deux poules du duc de Ferrare, dont Gesner parle à l'article de la peintade, « totas cinereo colore, eoque albicante, cum nigris rotundisque maculis. » *De Avibus*, p. 481.

(c) « Decet tetraonas suus nitor, absolutaque nigritia, in superciliis cocci rubor... gignunt » eos Alpes et septentrionalis regio. » Pline, lib. x, cap. XXII : Le tetrao des hautes montagnes de Crète, vu par Belon, ressemble fort à celui de Pline : il a, dit l'observateur français, une tache rouge de chaque côté joignant les yeux, et de force qu'il est noir devant l'estomac, ses plumes en reluisent. *Observations de plusieurs singularités*, etc., p. 11.

(d) « Capti animum despondent, » dit Longolius.

(e) Frisch, *Distribution méthodique des oiseaux*, etc., fig. CVIII.

(f) Plin., lib. x, cap. III.

(g) J.-C. Scaliger, *in Cardanum, exercit.* 228.

(h) Cela est vrai à la lettre du petit tétras, comme on le verra dans l'article suivant.

n'ont jamais vu de tétras ou coqs de bruyère plus grands, ni même aussi grands que l'outarde : d'ailleurs, on pourrait douter que l'oiseau désigné dans ce passage de Pline par les noms d'*otis* et d'*avis-tarda* fût notre outarde, dont la chair est d'un fort bon goût, au lieu que l'*avis-tarda* de Pline était un mauvais manger : *damnatas in cibis;* mais on ne doit pas conclure pour cela, avec Belon, que le grand *tétras* n'est autre chose que l'*avis-tarda*, puisque Pline, dans ce même passage, nomme le *tetras* et l'*avis-tarda*, et qu'il les compare comme des oiseaux d'espèces différentes.

Pour moi, après avoir tout bien pesé, j'aimerais mieux dire : 1° que le premier tetrao dont parle Pline est le tétras de la petite espèce, à qui tout ce qu'il dit en cet endroit est encore plus applicable qu'au grand ;

2° Que son grand tetrao est notre grand tétras, et qu'il n'en exagère pas la grosseur en disant qu'il surpasse l'outarde ; car j'ai pesé moi-même une grande outarde qui avait trois pieds trois pouces de l'extrémité du bec à celle des ongles, six pieds et demi de vol, et qui s'est trouvée du poids de douze livres ; or, l'on sait et l'on verra bientôt que, parmi les tétras de la grande espèce, il y en a qui pèsent davantage.

Le tétras (*) ou grand coq de bruyère a près de quatre pieds de vol : son poids est communément de douze à quinze livres ; Aldrovande dit qu'il en avait vu un qui pesait vingt-trois livres, mais ce sont des livres de Bologne, qui sont seulement de dix onces ; en sorte que les vingt-trois ne font pas quinze livres de seize onces. Le coq noir des montagnes de Moscovie, décrit par Albin, et qui n'est autre chose qu'un tétras de la grande espèce, pesait dix livres sans plumes et tout vidé ; et le même auteur dit que les *lieures* de Norwège, qui sont de vrais tétras, sont de la grandeur d'une outarde (a).

Cet oiseau gratte la terre comme tous les frugivores ; il a le bec fort et tranchant (b), la langue pointue, et dans le palais un enfoncement propor-

(a) Albin, t. Ier, p. 24.
(b) Je ne sais ce que veut dire Longolius, en avançant que cet oiseau a des vestiges de barbillons. Voyez Gesner, p, 487 : y aurait-il, parmi les grands tétras, une race ou une espèce qui aurait des barbillons, comme cela a lieu à l'égard des petits tétras ; ou bien Lon-

(*) Le Coq de bruyère a « le sommet de la tête et la gorge noirâtres ; la nuque d'un gris » cendré foncé, moirée de noir ; le devant du cou moiré de cendré noirâtre ; le dos noirâtre, » comme saupoudré de cendre et de brun roux, le dessus de l'aile brun noir, fortement » moiré de brun roux ; les plumes de la queue noires avec quelques taches blanches ; la poi- » trine d'un vert brillant, presque métallique ; le ventre tacheté de blanc et de noir, surtout » vers la région anale ; l'œil brun, entouré d'un cercle nu rouge-laque vif ; le bec couleur de » corne. Cet oiseau a de 71 à 80 centimètres de long, et de 1m,43 à 1m,51 d'envergure ; la » longueur de l'aile est de 44 à 47 centimètres, celle de la queue de 36 à 39. Il pèse en » moyenne, d'après Geyer, de 5 à 6 kilogrammes. La femelle est d'un tiers plus petite que » le mâle. Elle a la tête et le dessus du cou noirâtres, rayés en travers de jaune roux et de » brun noir ; le reste du plumage mêlé de brun noir, de jaune roux et de gris roussâtre ; les » rectrices roux marron, à raies transversales noires ; la gorge et le pli de l'aile d'un jaune » marron ; la poitrine marron ; le ventre roux jaunâtre, varié de raies transversales inter- » rompues, blanches et noires. » (BREHM.)

tionné au volume de la langue ; les pieds sont aussi très forts et garnis de plumes par devant ; le jabot est excessivement grand, mais du reste fait, ainsi que le gésier, à peu près comme dans le coq domestique (a) : la peau du gésier est veloutée à l'endroit de l'adhérence des muscles.

Le tétras vit de feuilles ou de sommités de sapin, de genévrier, de cèdre (b), de saule, de bouleau, de peuplier blanc, de coudrier, de myrtille, de ronces, de chardons, de pommes de pin, des feuilles et des fleurs du blé sarrasin, de la gesse, du mille-feuilles, du pissenlit, du trèfle, de la vesce et de l'orobe, principalement lorsque ces plantes sont encore tendres ; car lorsque les graines commencent à se former, il ne touche plus aux fleurs, et il se contente des feuilles ; il mange aussi, surtout la première année, des mûres sauvages, de la faîne, des œufs de fourmis, etc. On a remarqué, au contraire, que plusieurs autres plantes ne convenaient point à cet oiseau, entre autres la livêche, l'éclaire, l'hièble, l'extramoine, le muguet, le froment, l'ortie, etc. (c).

On a observé, dans le gésier des tétras que l'on a ouverts, de petits cailloux semblables à ceux que l'on voit dans le gésier de la volaille ordinaire, preuve certaine qu'ils ne se contentent point des feuilles et des fleurs qu'ils prennent sur les arbres, mais qu'ils vivent encore des grains qu'ils trouvent en grattant la terre. Lorsqu'ils mangent trop de baies de genièvre, leur chair, qui est excellente, contracte un mauvais goût ; et, suivant la remarque de Pline, elle ne conserve pas longtemps sa bonne qualité dans les cages et les volières où l'on veut quelquefois les nourrir par curiosité (d).

La femelle ne diffère du mâle que par la taille et par le plumage, étant plus petite et moins noire ; au reste, elle l'emporte sur le mâle par l'agréable variété des couleurs, ce qui n'est point l'ordinaire dans les oiseaux, ni même dans les autres animaux, comme nous l'avons remarqué en faisant l'histoire des quadrupèdes ; et, selon Willughby, c'est faute d'avoir connu cette exception que Gesner a fait de la femelle une autre espèce de tétras sous le nom de *grygallus major* (e), formé de l'allemand *grugel-hahn* ; de même qu'il a fait aussi une espèce de la femelle du petit tétras, à laquelle il a donné le nom de *grygallus minor* (f) : cependant Gesner prétend n'avoir

gollus ne veut-il parler que d'une certaine disposition de plumes, représentant imparfaitement des barbillons, comme il a fait à l'article de la gelinotte ? Voyez Gesner, *de Avibus*, **p.** 229.

(a) Belon, *Nature des oiseaux*, p. 251.

(b) *Ibidem.*

(c) *Journal économique.* Mai 1765.

(d) « In aviariis saporem perdunt. » Plin., lib. x, cap. xxii.

(e) Gesner trouve que le nom de grand francolin des Alpes conviendrait assez au *grygallus major*, vu qu'il ne diffère du francolin que par sa taille, étant trois fois plus gros, p. 495.

(f) En effet, Gesner dit positivement que, parmi tous les animaux, il n'est pas une seule espèce où les mâles ne l'emportent sur la femelle par la beauté des couleurs : à quoi Aldrovande oppose, avec beaucoup de raison, l'exemple des oiseaux de proie, et surtout des

établi ses espèces qu'après avoir observé avec grand soin tous les individus, excepté le *grygallus minor*, et s'être assuré qu'ils avaient des différences bien caractérisées (a) : d'un autre côté, Schwenckfeld, qui était à portée des montagnes, et qui avait examiné souvent et avec beaucoup d'attention le *grygallus*, assure que c'est la femelle du tétras (b); mais il faut avouer que dans cette espèce, et peut-être dans beaucoup d'autres, les couleurs du plumage sont sujettes à de grandes variétés, selon le sexe, l'âge, le climat et diverses autres circonstances. M. Brisson ne parle point de huppe dans sa description; et des deux figures données par Aldrovande, l'une est huppée et l'autre ne l'est point. Quelques-uns prétendent que le tétras, lorsqu'il est jeune, a beaucoup de blanc dans son plumage (c), et que ce blanc se perd à mesure qu'il vieillit, au point que c'est un moyen de connaître l'âge de l'oiseau (d); il semble même que le nombre des pennes de la queue ne soit pas toujours égal; car Linnæus le fixe à dix-huit dans sa *Fauna suecica*, et M. Brisson à seize dans son *Ornithologie;* et, ce qu'il y a de plus singulier, Schwenckfeld, qui avait vu et examiné beaucoup de ces oiseaux, prétend que, soit dans la grande, soit dans la petite espèce, les femelles ont dix-huit pennes à la queue, et les mâles douze seulement : d'où il suit que toute méthode qui prendra pour caractères spécifiques des différences aussi variables que le sont les couleurs des plumes et même leur nombre, sera sujette au grand inconvénient de multiplier les espèces; je veux dire les espèces nominales, ou plutôt les nouvelles phrases, de surcharger la mémoire des commençants, de leur donner de fausses idées des choses, et par conséquent de rendre l'étude de la nature plus difficile.

Il n'est pas vrai, comme l'a dit Encelius, que le tétras mâle étant perché sur un arbre jette sa semence par le bec, que ses femelles, qu'il appelle à grands cris, viennent la recueillir, l'avaler, la rejeter ensuite, et que leurs œufs soient ainsi fécondés; il n'est pas plus vrai que de la partie de cette semence qui n'est point recueillie par les poules il se forme des serpents, des pierres précieuses, des espèces de perles : il est humiliant pour l'esprit humain qu'il se présente de pareilles erreurs à réfuter. Le tétras s'accouple comme les autres oiseaux; et ce qu'il y a de plus singulier, c'est que Encelius lui-même, qui raconte cette étrange fécondation par le bec, n'ignorait pas que le coq couvrait ensuite ses poules, et que celles qu'il n'avait point couvertes pondaient des œufs inféconds : il savait cela, et n'en persista pas

éperviers et des faucons, parmi lesquels les femelles non seulement ont le plumage plus beau que les mâles, mais encore surpassent ceux-ci en force et en grosseur, comme il a été remarqué ci-dessus, dans l'histoire de ces oiseaux. Voyez Aldrovande, *de Avibus*, t. II, p. 72.

(a) Gesner, *de Avibus*, lib. III, p. 493.
(b) Schwenckfeld, *Aviarium Silesiæ*, p. 371.
(c) Le blanc qui est dans la queue forme, avec celui des ailes et du dos, lorsque l'oiseau fait la roue, un cercle de cette couleur. *Journal économique*. Avril 1753.
(d) Schwenckfeld, *Aviarium Silesiæ*, p. 371.

moins dans son opinion ; il disait, pour la défendre, que cet accouplement n'était qu'un jeu, un badinage, qui mettait bien le sceau à la fécondation, mais qui ne l'opérait point, vu qu'elle était l'effet immédiat de la déglutition de la semence... En vérité c'est s'arrêter trop longtemps sur de telles absurdités.

Les tétras mâles commencent à entrer en chaleur dans les premiers jours de février : cette chaleur est dans toute sa force vers les derniers jours de mars, et continue jusqu'à la pousse des feuilles. Chaque coq, pendant sa chaleur, se tient dans un certain canton d'où il ne s'éloigne pas ; on le voit alors soir et matin se promenant sur le tronc d'un gros pin ou d'un autre arbre, ayant la queue étalée en rond, les ailes traînantes, le cou porté en avant, la tête enflée, sans doute par le redressement de ses plumes, et prenant toutes sortes de postures extraordinaires, tant il est tourmenté par le besoin de répandre ses molécules organiques superflues : il a un cri particulier pour appeler ses femelles, qui lui répondent et accourent sous l'arbre où il se tient, et d'où il descend bientôt pour les cocher et les féconder ; c'est probablement à cause de ce cri singulier, qui est très fort et se fait entendre de loin, qu'on lui a donné le nom de *faisan bruyant*. Ce cri commence par une espèce d'explosion suivie d'une voix aigre et perçante, semblable au bruit d'une faux qu'on aiguise : cette voix cesse et recommence alternativement, et après avoir ainsi continué à plusieurs reprises pendant une heure environ, elle finit par une explosion semblable à la première (*a*).

Le tétras, qui dans tout autre temps est fort difficile à approcher, se laisse surprendre très aisément lorsqu'il est en amour, et surtout tandis qu'il fait entendre son cri de rappel ; il est alors si étourdi du bruit qu'il fait lui-même, ou, si l'on veut, tellement enivré, que ni la vue d'un homme, ni même les coups de fusil ne le déterminent à prendre sa volée ; il semble qu'il ne voie ni n'entende, et qu'il soit dans une espèce d'extase (*b*) ; c'est pour cela que l'on dit communément, et que l'on a même écrit que le tétras est alors sourd et aveugle ; cependant il ne l'est guère que comme le sont, en pareille circonstance, presque tous les animaux, sans en excepter l'homme : tous éprouvent plus ou moins cette extase d'amour, mais apparemment qu'elle est plus marquée dans le tétras ; car en Allemagne on donne le nom d'*auerhahn* aux amoureux qui paraissent avoir oublié tout autre soin pour s'occuper uniquement de l'objet de leur passion (*c*), et même à toute personne qui montre une insensibilité stupide pour ses plus grands intérêts (*).

(*a*) *Journal économique*. Avril 1753.

(*b*) « In tantum aucta ut in terrâ quoque immobilis prehendatur. » Ce que Pline attribue ici à la grosseur du tétras n'est peut-être qu'un effet de sa chaleur et de l'espèce d'ivresse qui l'accompagne.

(*c*) J.-L. Frisch, *sur les oiseaux*; discours relatif à la fig. cvii.

(*) Brehm père raconte un fait qui met bien en relief l'excitation singulière à laquelle se trouve soumis le Coq de bruyère mâle pendant la période des amours. « Il y a quelques

On juge bien que c'est cette saison où les tétras sont en amour que l'on choisit pour leur donner la chasse ou pour leur tendre des pièges. Je donnerai, en parlant de la petite espèce à queue fourchue, quelques détails sur cette chasse, surtout ceux qui seront les plus propres à faire connaître les mœurs et le naturel de ces oiseaux : je me bornerai à dire ici que l'on fait très bien, même pour favoriser la multiplication de l'espèce, de détruire les vieux coqs, parce qu'ils ne souffrent point d'autres coqs sur leurs plaisirs, et cela dans une étendue de terrain assez considérable ; en sorte que ne pouvant suffire à toutes les poules de leur district, plusieurs d'entre elles sont privées de mâles et ne produisent que des œufs inféconds.

Quelques oiseleurs prétendent qu'avant de s'accoupler, ces animaux se préparent une place bien nette et bien unie (a), et je ne doute pas qu'en effet on n'ait vu des places ; mais je doute fort que les tétras aient eu la prévoyance de les préparer : il est bien plus simple de penser que ces places sont les endroits du rendez-vous habituel du coq avec ses poules, lesquels endroits doivent être, au bout d'un mois ou deux de fréquentation journalière, certainement plus battus que le reste du terrain.

La femelle du tétras pond ordinairement cinq ou six œufs au moins, et huit ou neuf au plus. Schwenckfeld prétend que la première ponte est de huit, et les suivantes de douze, quatorze et jusqu'à seize (b) ; ces œufs sont blancs, marquetés de jaune, et, selon le même Schwenckfeld, plus gros que ceux des poules ordinaires ; elle les dépose sur la mousse en un lieu sec, où elle les couve seule et sans être aidée par le mâle (c) : lorsqu'elle est obligée de les quitter pour aller chercher sa nourriture, elle les cache sous les feuilles avec grand soin ; et, quoiqu'elle soit d'un naturel très sauvage, si on l'approche tandis qu'elle est sur ses œufs, elle reste et ne les abandonne que

---

(a) Gesner, de Avibus, p. 492.

(b) Aviarium Silesiæ, p. 372. Cette gradation est conforme à l'observation d'Aristote : « Ex primo coitu aves ova edunt pauciora. » Hist. animal., lib. v, cap. xiv. Il me paraît seulement que le nombre des œufs est trop grand.

(c) Je crois avoir lu quelque part qu'elle couvait pendant environ vingt-huit jours, ce qui est assez probable vu la grosseur de l'oiseau.

» années, dit-il, vivait non loin de chez moi un coq de bruyère qui avait attiré sur lui l'attention générale. Pendant la saison des amours il se tenait tout auprès d'un chemin assez » fréquenté, et montrait qu'il n'avait, à ce moment, aucune peur des hommes. Au lieu de » s'enfuir, il s'approchait d'eux, leur courait après, leur mordait les jambes, leur donnait des » coups d'aile : il était difficile de l'éloigner. Un chasseur s'en empara et le porta à deux » lieues plus loin : le lendemain il était revenu à son ancienne place. Un homme l'enleva et » le prit sous son bras pour le porter au forestier ; il se laissa prendre très tranquillement ; » mais dès qu'il vit sa liberté en danger, il commença à se défendre avec ses pattes ; et » déchira les vêtements de son ravisseur, qui dut se résoudre à le lâcher. Pour les gens » crédules, il était devenu un animal extraordinaire. Il surprit souvent des voleurs de bois ; » aussi, dans toute la contrée courait la légende que les forestiers avaient fait entrer en lui » un mauvais esprit, et le contraignaient d'apparaître là où ils ne pouvaient aller eux-mêmes. » Ce fut cette croyance superstitieuse qui sauva cet oiseau pendant plusieurs mois. »

très difficilement, l'amour de la couvée l'emportant en cette occasion sur la crainte du danger.

Dès que les petits sont éclos, ils se mettent à courir avec beaucoup de légèreté; ils courent même avant qu'ils soient tout à fait éclos, puisqu'on en voit qui vont et viennent ayant encore une partie de leur coquille adhérente à leur corps : la mère les conduit avec beaucoup de sollicitude et d'affection; elle les promène dans les bois, où ils se nourrissent d'œufs de fourmis, de mûres sauvages, etc. La famille demeure unie tout le reste de l'année, et jusqu'à ce que la saison de l'amour, leur donnant de nouveaux besoins et de nouveaux intérêts, les disperse, et surtout les mâles qui aiment à vivre séparément; car, comme nous l'avons vu, ils ne se souffrent pas les uns les autres, et ils ne vivent guère avec leurs femelles que lorsque le besoin les leur rend nécessaires.

Les tétras, comme je l'ai dit, se plaisent sur les hautes montagnes; mais cela n'est vrai que pour les climats tempérés, car dans les pays très froids, comme à la baie d'Hudson, ils préfèrent la plaine et les lieux bas, où ils trouvent apparemment la même température que sur nos plus hautes montagnes (a). Il y en a dans les Alpes, dans les Pyrénées, sur les montagnes d'Auvergne, de Savoie, de Suisse, de Westphalie, de Souabe, de Moscovie, d'Écosse, sur celles de Grèce et d'Italie, en Norvège et même au nord de l'Amérique. On croit que la race s'en est perdue en Irlande (b), où elle existait autrefois.

On dit que les oiseaux de proie en détruisent beaucoup, soit qu'ils choisissent pour les attaquer le temps où l'ivresse de l'amour les rend si faciles à surprendre, soit que, trouvant leur chair de meilleur goût, ils leur donnent la chasse par préférence.

LE PETIT TÉTRAS

OU COQ DE BRUYÈRE A QUEUE FOURCHUE

Voici encore un coq et un faisan, qui n'est ni coq ni faisan : on l'a appelé *petit coq sauvage, coq de bruyère, coq de bouleau* (*), etc., *faisan noir, faisan de montagne;* on lui a même donné le nom de *perdrix*, de *gelinotte;* mais, dans le vrai, c'est le petit tétras, c'est le premier *tetrao* de Pline, c'est le

---

(a) *Histoire générale des Voyages*, t. XIV, p. 663.
(b) *Zoologie britannique*, p. 84.

(*) *Tetrao tetrix* L. — Beaucoup d'ornithologistes modernes donnent à cet oiseau le nom de *Lyrurus Tetrix;* ils distinguent le genre *Lyrurus* du genre *Tetrao* à cause de la forme fourchue de la queue des *Lyrurus.*

tetrao ou l'*urogallus minor* de la plupart des modernes : quelques naturalistes, tels que Rzaczynski, l'ont pris pour le *tetrax* du poète Nemesianus ; mais c'est sans doute faute d'avoir remarqué que la grosseur de ce *tetrax* est, selon Nemesianus même, égale à celle de l'oie et de la grue (*a*), au lieu que, selon Gesner, Schwenckfeld, Aldrovande et quelques autres observateurs qui ont vu par eux-mêmes, le petit tétras n'est guère plus gros qu'un coq ordinaire, mais seulement d'une forme un peu plus allongée, et que sa femelle, selon M. Ray, n'est pas tout à fait aussi grosse que notre poule commune.

Turner, en parlant de sa poule moresque, ainsi appelée, dit-il, non pas à cause de son plumage, qui ressemble à celui de la perdrix, mais à cause de la couleur du mâle, qui est noir, lui donne une crête rouge et charnue, et deux espèces de barbillons de même substance et de même couleur (*b*) ; en quoi Willughby prétend qu'il se trompe ; mais cela est d'autant plus difficile à croire que Turner parle d'un oiseau de son pays (*apud nos est*), et qu'il s'agit d'un caractère trop frappant pour que l'on puisse s'y méprendre : or, en supposant que Turner ne s'est point trompé en effet sur cette crête et sur ces barbillons, et, d'autre part, considérant qu'il ne dit point que sa poule moresque ait la queue fourchue, je serais porté à la regarder comme une autre espèce, ou, si l'on veut, comme une autre race de petits tétras, semblable à la première par la grosseur, par le différent plumage du mâle et de la femelle, par les mœurs, le naturel, le goût des mêmes nourritures, etc.; mais qui s'en distingue par ses barbillons charnus et par sa queue non fourchue ; et ce qui me confirme dans cette idée, c'est que je trouve dans Gesner un oiseau sous le nom de *gallus sylvestris* (*c*), lequel a aussi des barbillons et la queue non fourchue, du reste fort ressemblant au petit tétras ; en sorte qu'on peut et qu'on doit, ce me semble, le regarder comme un individu de la même espèce que la poule moresque de Turner, d'autant plus que, dans cette espèce, le mâle porte en Écosse (d'où l'on avait envoyé à Gesner la figure de l'oiseau), le nom de *coq noir*, et la femelle celui de *poule grise*, ce qui indique précisément la différence du plumage qui, dans les espèces de tétras, se trouve entre les deux sexes.

Le petit tétras dont il s'agit ici n'est petit que parce qu'on le compare avec le grand tétras ; il pèse trois à quatre livres, et il est encore, après celui-là, le plus grand de tous les oiseaux qu'on appelle *coqs de bois* (*d*).

Il a beaucoup de choses communes avec le grand tétras : sourcils rouges, pieds pattus et sans éperons, doigts dentelés, tache blanche à l'aile, etc.;

(*a*)
Tarpeiæ est custos arcis non corpore major
Nec qui te volucres docuit, Palamede, figuras.
Vide M. Aurelii Olympii Nemesiani, *fragmenta de Aucupio.*

(*b*) Voyez Gesner, *de Avibus*, p. 477.
(*c*) Voyez Gesner, *de Avibus*, p. 477.
(*d*) *Ibidem*, p. 493.

mais il en diffère par deux caractères très apparents : il est beaucoup moins gros et il a la queue fourchue, non seulement parce que les pennes ou grandes plumes du milieu sont plus courtes que les extérieures, mais encore parce que celles-ci se recourbent en dehors; de plus, le mâle de cette petite espèce a plus de noir, et un noir plus décidé que le mâle de la grande espèce, et a de plus grands sourcils : j'appelle ainsi cette peau rouge et glanduleuse qu'il a au-dessus des yeux ; mais la grandeur de ces sourcils est sujette à quelque variation dans les mêmes individus, en différents temps, comme nous le verrons plus bas.

La femelle est une fois plus petite que le mâle (a); elle a la queue moins fourchue, et les couleurs de son plumage sont si différentes que Gesner s'est cru en droit d'en former une espèce séparée qu'il a désignée par le nom de *grygallus minor*, comme je l'ai remarqué ci-dessus dans l'histoire du grand tétras. Au reste, cette différence de plumage entre les deux sexes ne se décide qu'au bout d'un certain temps : les jeunes mâles sont d'abord de la couleur de leur mère, et conservent cette couleur jusqu'au premier automne; sur la fin de cette saison, et pendant l'hiver, ils prennent des nuances de plus en plus foncées jusqu'à ce qu'ils soient d'un noir bleuâtre, et ils retiennent cette dernière couleur toute leur vie, sans autres changements que ceux que je vais indiquer : 1° ils prennent plus de bleu à mesure qu'ils avancent en âge; 2° à trois ans, et non plus tôt, ils prennent une tache blanche sous le bec; 3° lorsqu'ils sont très vieux, il paraît une autre tache d'un noir varié sous la queue, où auparavant les plumes étaient toutes blanches (b). Charleton et quelques autres ajoutent qu'il y a d'autant moins de taches blanches à la queue que l'oiseau est plus vieux; en sorte que le nombre plus ou moins grand de ces taches est un indice pour reconnaître son âge (c).

Les naturalistes, qui ont compté assez unanimement vingt-six pennes dans l'aile du petit tétras, ne s'accordent point entre eux sur le nombre des pennes de la queue, et l'on retrouve ici à peu près les mêmes variations dont j'ai parlé au sujet du grand tétras. Schwenckfeld, qui donne dix-huit pennes à la femelle, n'en accorde que douze au mâle. Willughby, Albin, M. Brisson, en assignent seize aux mâles comme aux femelles ; les deux mâles que nous conservons au cabinet du Roi en ont tous deux dix-huit; savoir, sept grandes de chaque côté, et quatre dans le milieu beaucoup plus courtes; ces différences viendraient-elles de ce que le nombre de ces grandes plumes est sujet à varier réellement, ou de ce que ceux qui les ont comptées ont négligé de s'assurer auparavant s'il n'en manquait aucune dans les sujets soumis à leurs observations? Au reste, le tétras a les ailes courtes, et par conséquent le vol pesant, et on ne le voit jamais s'élever bien haut ni aller bien loin.

(a) *Britisch Zoology.*
(b) *Actes de Breslaw.* Novembre 1725.
(c) Charleton, *Exercitationes,* p. 82.

Les mâles et les femelles ont l'ouverture des oreilles fort grande, les doigts unis par une membrane jusqu'à la première articulation, et bordés de dentelures (a), la chair blanche et de facile digestion, la langue molle, un peu hérissée de petites pointes et non divisée ; sous la langue une substance glanduleuse, dans le palais une cavité qui répond exactement aux dimensions de la langue, le jabot très grand, le tube intestinal long de cinquante et un pouces, et les appendices ou *cæcums* de vingt-quatre ; ces appendices sont sillonnés de six stries ou cannelures (b).

La différence qui se trouve entre les femelles et les mâles ne se borne pas à la superficie, elle pénètre jusqu'à l'organisation intérieure. Le docteur Waygand a observé que l'os du *sternum* dans les mâles, étant regardé à la lumière, paraissait semé d'un nombre prodigieux de petites ramifications de couleur rouge, lesquelles se croisant et recroisant en mille manières et dans toutes sortes de directions, formaient un réseau très curieux et très singulier ; au lieu que dans les femelles le même os n'a que peu ou point de ces ramifications ; il est aussi plus petit et d'une couleur blanchâtre (c).

Cet oiseau vole le plus souvent en troupe, et se perche sur les arbres à peu près comme le faisan (d) : il mue en été, et il se cache alors dans des lieux fourrés ou dans des endroits marécageux (e) ; il se nourrit principalement de feuilles et de boutons de bouleau et de baies de bruyère, d'où lui est venu son nom français : *coq de bruyère*, et son nom allemand *birch-han*, qui signifie coq de bouleau ; il vit aussi de chatons de coudrier, de blé et d'autres graines : l'automne il se rabat sur les glands, les mûres de ronces, les boutons d'aune, les pommes de pin, les baies de myrtille (*vitis idæa*), de fusain ou bonnet de prêtre ; enfin, l'hiver il se réfugie dans les grands bois où il est réduit aux baies de genièvre, ou à chercher sous la neige celles de l'*oxycoccum* ou *canneberge*, appelée vulgairement *coussinets de marais* (f) ; quelquefois même il ne mange rien du tout pendant les deux ou trois mois du plus grand hiver ; car on prétend qu'en Norvège il passe cette saison rigoureuse sous la neige, engourdi, sans mouvement et sans prendre aucune nourriture (g), comme font dans nos pays plus tempérés les

(a) « Unguis medii digiti ex parte interiore in aciem tenuatus : » expression un peu louche de Willughby ; car si cela signifie que l'ongle du doigt du milieu est tranchant du côté intérieur, nous avons vérifié sur l'oiseau même que le côté extérieur et le côté intérieur de cet ongle sont également tranchants ; et de plus, cet ongle ne diffère que très peu et même point du tout des autres par ce caractère tranchant, ainsi cette observation de Willughby nous paraît mal fondée.

(b) Willughby, p. 124. Schwenckfeld, p. 375.

(c) Voyez *Actes de Breslaw*, mois de novembre 1725.

(d) *Britisch Zoology*.

(e) *Actes de Breslaw*, mois de novembre 1725.

(f) Voyez Schwenckfeld, *Aviarium Silesiæ*, p. 375. — Rzaczynski, *Auctuarium Polon.*, p. 422. — Willughby, p. 125. — *Britisch Zoology*, p. 85.

(g) Linnæus. *Syst. nat.*, édit. X, p. 159. — Gesner, *de Avibus*, p. 495. Les auteurs de la *Zoologie britannique* avaient remarqué que les perdrix blanches, qui passent l'hiver dans la

chauves-souris, les loirs, les lérots, les muscadins, les hérissons et les marmottes, et (si le fait est vrai) sans doute à peu près pour les mêmes causes (a).

On trouve de ces oiseaux au nord de l'Angleterre et de l'Écosse dans les parties montueuses, en Norvège et dans les provinces septentrionales de la Suède, aux environs de Cologne, dans les Alpes suisses, dans le Bugey, où ils s'appellent *grianots*, selon M. Hébert ; en Podolie, en Lithuanie, en Samogitie, et surtout en Volhynie et dans l'Ukraine, qui comprend les palatinats de Kiovie et de Braslaw, où un noble Polonais en prit un jour cent trente paires d'un seul coup de filet, dit Rzaczynski, près du village de Kusmince (b). Nous verrons plus bas la manière dont la chasse du tétras se fait en Courlande ; ces oiseaux ne s'accoutument pas facilement à un autre climat, ni à l'état de domesticité ; presque tous ceux que M. le maréchal de Saxe avait fait venir de Suède dans sa ménagerie de Chambord y sont morts de langueur et sans se perpétuer (c).

Le tétras entre en amour dans le temps où les saules commencent à pousser, c'est-à-dire à la fin de l'hiver, ce que les chasseurs savent bien reconnaître à la liquidité de ses excréments (d). C'est alors qu'on voit chaque jour les mâles se rassembler dès le matin au nombre de cent ou plus, dans quelque lieu élevé, tranquille, environné de marais, couvert de bruyère, etc., qu'ils ont choisi pour le lieu de leur rendez-vous habituel ; là ils s'attaquent, ils s'entre-battent avec fureur jusqu'à ce que les plus faibles aient été mis en fuite ; après quoi les vainqueurs se promènent sur un tronc d'arbre ou sur l'endroit le plus élevé du terrain, l'œil en feu, les sourcils gonflés, les plumes hérissées, la queue étalée en éventail, faisant la roue, battant des ailes, bondissant assez fréquemment (e), et rappelant les femelles par un cri qui s'entend d'un demi-mille. Son cri naturel, par lequel il semble articuler le mot allemand *frau* (f), monte de tierce dans cette circonstance, et il y joint un autre cri particulier, une espèce de roulement de gosier très

---

neige, avaient les pieds mieux garnis de plumes que les deux espèces de tétras qui savent se mettre à l'abri dans les forêts épaisses ; mais si les tétras passent aussi l'hiver sous la neige, que devient cette belle cause finale, ou plutôt que deviennent tous les raisonnements de ce genre lorsqu'on les examine avec les yeux de la philosophie ?

(a) Voyez l'*Histoire naturelle du loir*, où j'indique la vraie cause de l'engourdissement de ces animaux. Celui du tétras pendant l'hiver me rappelle ce que l'on trouve dans le livre de *Mirabilibus*, attribué à Aristote, au sujet de certains oiseaux du royaume de Pont, qui étaient en hiver dans un tel état de torpeur, qu'on pouvait les plumer, les dresser et même les mettre à la broche sans qu'ils le sentissent, et qu'on ne pouvait les réveiller qu'en les faisant rôtir : en retranchant de ce fait ce qu'on y a ajouté de ridicule pour le rendre merveilleux, il se réduit à un engourdissement semblable à celui des tétras et des marmottes, qui suspend toutes les fonctions des sens externes et ne cesse que par l'action de la chaleur.

(b) *Auctuarium Polon.*, p. 422.

(c) Voyez Salerne, *Ornithologie*, p. 137.

(d) *Actes de Breslaw*. Novembre 1725.

(e) Frisch, planche CIX. — *Britisch Zoology*, p. 85.

(f) *Ornithologie de Salerne, loco citato*.

éclatant (a); les femelles qui sont à portée répondent à la voix des mâles par un cri qui leur est propre ; elles se rassemblent autour d'eux et reviennent très exactement les jours suivants au même rendez-vous. Selon le docteur Waygand, chaque coq a deux ou trois poules auxquelles il est plus spécialement affectionné (b).

Lorsque les femelles sont fécondées, elles vont chacune de leur côté faire leur ponte dans des taillis épais et un peu élevés ; elles pondent par terre et sans se donner beaucoup de peine pour la construction d'un nid, comme font tous les oiseaux pesants : elles pondent six ou sept œufs, selon les uns (c), de douze à seize, selon les autres (d), et de douze à vingt, selon quelques autres (e); les œufs sont moins gros que ceux des poules domestiques et un peu plus longuets. M. Linnæus assure que ces poules de bruyère perdent leur fumet dans le temps de l'incubation (f). Schwenckfeld semble insinuer que le temps de leur ponte est dérangé depuis que ces oiseaux ont été tourmentés par les chasseurs et effrayés par les coups de fusil ; et il attribue aux mêmes causes la perte qu'a faite l'Allemagne de plusieurs autres belles espèces d'oiseaux.

Dès que les petits ont douze ou quinze jours, ils commencent déjà à battre des ailes et à s'essayer à voltiger ; mais ce n'est qu'au bout de cinq ou six semaines qu'ils sont en état de prendre leur essor, et d'aller se percher sur les arbres avec leurs mères : c'est alors qu'on les attire avec un appeau (g), soit pour les prendre au filet, soit pour les tuer à coups de fusils ; la mère, prenant le son contrefait de cet appeau pour le piaulement de quelqu'un de ses petits qui s'est égaré, accourt et le rappelle par un cri particulier qu'elle répète souvent, comme font en pareil cas nos poules domestiques, et elle amène à sa suite le reste de la couvée qu'elle livre ainsi à la merci des chasseurs.

Quand les jeunes tétras sont un peu plus grands et qu'ils commencent à prendre du noir dans leur plumage, ils ne se laissent pas amorcer si aisément de cette manière ; mais alors, jusqu'à ce qu'ils aient pris la moitié de leur accroissement, on les chasse avec l'oiseau de proie. Le vrai temps de cette chasse est l'arrière-saison, lorsque les arbres ont quitté leur feuilles ; dans ce temps les vieux mâles choisissent un certain endroit où ils se rendent tous les matins, au lever du soleil, en rappelant par un certain cri (surtout quand il doit geler ou faire beau temps) tous les autres oiseaux de leur espèce,

(a) Frisch, ibidem.
(b) Actes de Breslaw, ibidem.
(c) Britisch Zoology, ibidem.
(d) Schwenckfeld, Aviarium Silesiæ, p. 373.
(e) Actes de Breslaw, ibidem.
(f) Syst. nat., édit. X, p. 159.
(g) Cet appeau se fait avec un os de l'aile de l'autour, qu'on remplit en partie de cire, en ménageant des ouvertures propres à rendre le son demandé. Voyez Actes de Breslaw. Novembre 1725.

jeunes et vieux, mâles et femelles : lorsqu'ils sont rassemblés ils volent en troupes sur les bouleaux, ou bien, s'il n'y a point de neige sur la terre, ils se répandent dans les champs qui ont porté l'été précédent du seigle, de l'avoine ou d'autres grains de ce genre ; et c'est alors que les oiseaux de proie dressés pour cela ont beau jeu.

On a en Courlande, en Livonie et en Lithuanie, une autre manière de faire cette chasse : on se sert d'un tétras empaillé, ou bien on fait un tétras artificiel avec de l'étoffe de couleur convenable, bourrée de foin ou d'étoupe, ce qui s'appelle dans le pays une *balvane* ; on attache cette balvane au bout d'un bâton, et l'on fixe ce bâton sur un bouleau, à portée du lieu que ces oiseaux ont choisi pour leur rendez-vous d'amour ; car c'est le mois d'avril, c'est-à-dire le temps où ils sont en amour, que l'on prend pour faire cette chasse ; dès qu'ils aperçoivent la *balvane*, ils se rassemblent autour d'elle, s'attaquent et se défendent d'abord comme par jeu, mais bientôt ils s'animent et s'entre-battent réellement, et avec tant de fureur qu'ils ne voient ni n'entendent plus rien, et que le chasseur, qui est caché près de là dans sa hutte, peut aisément les prendre, même sans coup férir. Ceux qu'il a pris ainsi, il les apprivoise dans l'espace de cinq ou six jours, au point de venir manger dans la main (a). L'année suivante, au printemps, on se sert de ces animaux apprivoisés, au lieu de *balvanes*, pour attirer les tétras sauvages, qui viennent les attaquer et se battent avec eux avec tant d'acharnement qu'ils ne s'éloignent point pour un coup de fusil : ils reviennent tous les jours, de très grand matin, au lieu du rendez-vous, ils y restent jusqu'au lever du soleil, après quoi ils s'envolent et se dispersent dans les bois et les bruyères pour chercher leur nourriture ; sur les trois heures après midi, ils reviennent au même lieu et ils y restent jusqu'au soir assez tard ; ils se rassemblent ainsi tous les jours, surtout lorsqu'il fait beau, tant que dure la saison de l'amour, c'est-à-dire environ trois ou quatre semaines ; mais lorsqu'il fait mauvais temps, ils sont un peu plus retirés.

Les jeunes tétras ont aussi leur assemblée particulière et leur rendez-vous séparé, où ils se rassemblent par troupes de quarante ou cinquante, et où ils s'exercent à peu près comme les vieux : seulement ils ont la voix plus grêle, plus enrouée, et le son en est plus coupé ; ils paraissent aussi sauter avec moins de liberté. Le temps de leur assemblée ne dure guère que huit jours, après quoi ils vont rejoindre les vieux.

Lorsque la saison de l'amour est passée, comme ils s'assemblent moins régulièrement, il faut une nouvelle industrie pour les diriger du côté de la hutte du tireur de ces balvanes. Plusieurs chasseurs à cheval forment une enceinte plus ou moins étendue, dont cette hutte est le centre, et en se rap-

---

(a) Le naturel des petits tétras diffère beaucoup en ce point de celui des grands tétras, qui, loin de s'apprivoiser, lorsqu'ils sont pris, refusent même de prendre de la nourriture, et s'étouffent quelquefois en avalant leur langue, comme on l'a vu dans leur histoire.

prochant insensiblement, et faisant claquer leur fouet à propos, ils font lever les tétras et les poussent d'arbre en arbre du côté du tireur, qu'ils avertissent par des coups de voix, s'ils sont loin, ou par un coup de sifflet s'ils sont plus près; mais on conçoit bien que cette chasse ne peut réussir qu'autant que le tireur a disposé toutes choses d'après la connaissance des mœurs et des habitudes de ces oiseaux. Les tétras, en volant d'un arbre sur un autre, choisissent d'un coup d'œil prompt et sûr les branches assez fortes pour les porter, sans même en excepter les branches verticales qu'ils font plier par le poids de leur corps, et ramènent en se posant dessus à une situation à peu près horizontale, en sorte qu'ils peuvent très bien s'y soutenir, quelque mobiles quelles soient : lorsqu'ils sont posés, leur sûreté est leur premier soin ; ils regardent de tous côtés, prêtant l'oreille, allongeant le cou pour reconnaître s'il n'y a point d'ennemis ; et lorsqu'ils se croient bien à l'abri des oiseaux de proie et des chasseurs, ils se mettent à manger les boutons des arbres. D'après cela, un tireur intelligent a soin de placer ses balvanes sur des rameaux flexibles auxquels il attache un cordon qu'il tire de temps en temps pour faire imiter aux balvanes les mouvements et les oscillations du tétras sur sa branche.

De plus, il a appris par l'expérience que, lorsqu'il fait un vent violent, on peut diriger la tête de ces balvanes contre le vent, mais que par un temps calme on doit les mettre les unes vis-à-vis des autres. Lorsque les tétras, poussés par les chasseurs de la manière que j'ai dit, viennent droit à la hutte du tireur, celui-ci peut juger, par une observation facile, s'ils s'y poseront ou non à portée de lui : si leur vol est inégal, s'ils s'approchent et s'éloignent alternativement en battant des ailes, il peut compter que, sinon toute la troupe, au moins quelques-uns, s'abattront près de lui; si, au contraire, en prenant leur essor non loin de sa hutte, ils partent d'un vol rapide et soutenu, il peut conclure qu'ils iront en avant sans s'arrêter.

Lorsque les tétras se sont posés à portée du tireur, il en est averti par leurs cris réitérés jusqu'à trois fois ou même davantage : alors il se gardera bien de les tirer trop brusquement; au contraire, il se tiendra immobile et sans faire le moindre bruit, dans sa hutte, pour leur donner le temps de faire toutes leurs observations et la reconnaissance du terrain; après quoi, lorsqu'ils se seront bien établis sur leurs branches, et qu'ils commenceront à manger, il les tirera et les choisira à son aise; mais quelque nombreuse que soit la troupe, fût-elle de cinquante et même de cent, on ne peut guère espérer d'en tuer plus d'un ou deux d'un seul coup; car ces oiseaux se séparent en se perchant, et chacun choisit ordinairement son arbre pour se poser. Les arbres isolés sont plus avantageux qu'une forêt pleine ; et cette chasse est beaucoup plus facile lorsqu'ils se perchent que lorsqu'ils se tiennent à terre : cependant, quand il n'y a point de neige, on établit quelquefois les balvanes et la hutte dans les champs qui ont porté, la même année, de l'avoine, du seigle, du blé sarrasin, où on couvre la hutte de paille, et on fait d'assez bonnes chasses, pourvu toutefois que le temps soit au beau; car le mauvais temps disperse ces oiseaux, les oblige à se cacher, et en rend la chasse impossible; mais le premier beau jour qui succède la rend d'autant plus facile, et un tireur bien posté les rassemble aisément avec ses seuls appeaux, et sans qu'il soit besoin de chasseurs pour les pousser du côté de la hutte.

On prétend que lorsque ces oiseaux volent en troupe ils ont à leur tête un vieux coq qui les mène en chef expérimenté, et qui leur fait éviter tous les pièges des chasseurs, en sorte qu'il est fort difficile, dans ce cas, de les pousser vers la balvane, et que l'on n'a d'autres ressources que de détourner quelques traîneurs.

L'heure de cette chasse est, chaque jour, depuis le soleil levant jusqu'à dix heures; et, l'après-midi, depuis une heure jusqu'à quatre : mais en automne, lorsque le temps est calme et couvert, la chasse dure toute la journée sans interruption, parce que dans ce cas les tétras ne changent guère de lieu. On peut les chasser de cette manière, c'est-à-dire en les poussant d'arbre en arbre, jusqu'aux environs du solstice d'hiver, mais après ce temps ils deviennent plus sauvages, plus défiants, plus rusés; ils changent leur demeure accoutumée, à moins qu'ils n'y soient retenus par la rigueur du froid ou par l'abondance des neiges.

On prétend avoir remarqué que, lorsque les tétras se posent sur la cime des arbres et sur leurs nouvelles pousses, c'est signe du beau temps; mais que lorsqu'on les voit se rabattre sur les branches inférieures et s'y tapir, c'est un signe de mauvais temps; je ne ferais pas mention de ces remarques des chasseurs, si elles ne s'accordaient avec le naturel de ces oiseaux, qui, selon ce que nous avons vu ci-dessus, paraissent fort susceptibles des influences du beau et du mauvais temps, et dont la grande sensibilité à cet égard pourrait être supposée, sans blesser la vraisemblance, au degré nécessaire pour leur faire pressentir la température du lendemain.

Dans les temps de grande pluie, ils se retirent dans les forêts les plus touffues pour y chercher un abri; et, comme ils sont fort pesants et qu'ils volent difficilement, on peut les chasser avec des chiens courants, qui les forcent souvent et les prennent même à la course (a).

Dans d'autres pays on prend les tétras au lacet, selon Aldrovande (b); on les prend aussi au filet, comme nous l'avons vu ci-dessus; mais il serait curieux de savoir quelle était la forme, l'étendue et la disposition de ce filet sous lequel le noble Polonais dont parle Rzaczynski en prit un jour deux cent soixante à la fois.

<hr />

(a) Actes de Breslaw, novembre 1725, p. 527 et suivantes, et p. 538 et suivantes. Cette pesanteur des tétras a été remarquée par Pline : il est vrai qu'il paraît l'attribuer à la grande espèce, et je ne doute pas qu'elle ne lui convienne aussi bien qu'à la petite.

(b) Aldrov., de Avibus, t. II, p. 69.

LE PETIT TÉTRAS A QUEUE PLEINE

J'ai exposé, à l'article précédent, les raisons que j'avais de faire de ce petit tétras une espèce ou plutôt une race séparée (*). Gesner en parle, sous le nom de *coq de bois* (*gallus sylvestris*) (*a*), comme d'un oiseau qui a des barbillons rouges, et une queue pleine et non fourchue ; il ajoute que le mâle s'appelle *coq noir* en Écosse, et la femelle *poule grise* (*greyhen*). Il est vrai que cet auteur, prévenu de l'idée que le mâle et la femelle ne devaient pas différer, à un certain point, par la couleur des plumes, traduit ici le greyhen par *gallina fusca*, poule rembrunie, afin de rapprocher de son mieux la couleur des plumages ; et qu'ensuite il se prévaut de sa version infidèle pour établir que cette espèce est tout autre que celle de la poule moresque de Turner (*b*), par la raison que le plumage de cette poule moresque diffère tellement de celui du mâle qu'une personne peu au fait pourrait s'y méprendre, et regarder ce mâle et cette femelle comme appartenant à deux espèces différentes. En effet, le mâle est presque tout noir, et la femelle de la même couleur à peu près que la perdrix grise ; mais, au fond, c'est un nouveau trait de conformité qui rend plus complète la ressemblance de cette espèce avec celle du coq noir d'Écosse, car Gesner prétend en effet que ces deux espèces se ressemblent dans tout le reste. Pour moi, la seule différence que j'y trouve c'est que le coq noir d'Écosse a de petites taches rouges sur la poitrine, les ailes et les cuisses ; mais nous avons vu dans l'histoire du petit tétras à queue fourchue que dans les six premiers mois les jeunes mâles, qui doivent devenir tout noirs dans la suite, ont le plumage de leurs mères, c'est-à-dire de la femelle ; et il pourrait se faire que les petites taches rouges dont parle Gesner ne fussent qu'un reste de cette première livrée avant qu'elle se fût changée entièrement en un noir pur et sans mélange.

Je ne sais pourquoi M. Brisson confond cette race ou variété, comme il l'appelle, avec le *tetrao* pointillé de blanc de M. Linnæus (*c*), puisqu'un des caractères de ce *tetrao*, nommé en suédois *racklehane*, est d'avoir la queue fourchue ; et que d'ailleurs M. Linnæus ne lui attribue point de barbillons, tandis que le tétras dont il s'agit ici a la queue pleine, selon la figure donnée par Gesner, et que, selon sa description, il a des barbillons rouges à côté du bec.

(*a*) Gesner, *de Avibus*, p. 477.
(*b*) Gesner, *de Avibus*, p. 477.
(*c*) Linnæus, *Fauna suecica*, n° 167.

(*) Les ornithologistes modernes lui donnent le nom de *Lyrurus medius*. On le considère comme un métis du Tétras urogalle et du Lyrure des bouleaux. Le *petit Tétras à plumage variable* dont parle ensuite Buffon est le même que son petit Tétras à queue pleine.

Je ne vois pas non plus pourquoi M. Brisson, confondant ces deux races en une seule, n'en fait qu'une variété du petit tétras à queue fourchue, puisque, indépendamment des deux différences que je viens d'indiquer, M. Linnæus dit positivement que son tétras pointillé de blanc est plus rare, plus sauvage, et qu'il a un cri tout autre, ce qui suppose, ce me semble, des différences plus caractérisées, plus profondes que celles qui d'ordinaire constituent une simple variété.

Il me paraîtrait plus raisonnable de séparer ces deux races ou espèces de petit tétras, dont l'une caractérisée par la queue pleine et les barbillons rouges, comprend le coq noir d'Écosse et la poule moresque de Turner; et l'autre, ayant pour attributs ses petites taches blanches sur la poitrine, et son cri différent, serait formée du *racklehane* des Suédois.

Ainsi l'on doit compter, ce me semble, quatre espèces différentes dans le genre des tétras ou coqs de bruyère : 1° le grand tétras ou grand coq de bruyère; 2° le petit tétras ou coq de bruyère à queue fourchue; 3° le *racklan* ou *racklehane* de Suède, indiqué par M. Linnæus; 4° la poule moresque de Turner ou coq noir d'Écosse, avec des barbillons charnus des deux côtés du bec, et la queue pleine.

Et ces quatre espèces sont toutes originaires et naturelles aux climats du Nord, et habitent également dans les forêts de pins et de bouleaux; il n'y a que la troisième, c'est-à-dire le *racklehane* de Suède, qu'on pourrait regarder comme une variété du petit tétras, si M. Linnæus n'assurait pas qu'il jette un cri tout différent.

LE PETIT TÉTRAS A PLUMAGE VARIABLE

Les grands tétras sont communs en Laponie, surtout lorsque la disette des fruits dont ils se nourrissent ou bien l'excessive multiplication de l'espèce les oblige de quitter les forêts de la Suède et de la Scandinavie pour se réfugier vers le nord (a) : cependant on n'a jamais dit qu'on eût vu dans ces climats glacés de grands tétras blancs; les couleurs de leur plumage sont, par leur fixité et leur consistance, à l'épreuve de la rigueur du froid; il en est de même des petits tétras noirs, qui sont aussi communs en Courlande et dans le nord de la Pologne que les grands le sont en Laponie; mais le docteur Waygand (b), le jésuite Rzaczynski (c) et M. Klein (d), assurent qu'il y a en Courlande une autre espèce de petit tétras qu'ils appellent *tétras blanc*, quoiqu'il ne soit blanc qu'en hiver, et dont le plumage devient tous les ans

---

(a) Klein, *Hist. avium*, p. 173.
(b) Waygand, *Actes de Breslaw*, mois de novembre, année 1725.
(c) Rzaczynski, *Auctuarium Hist. nat. Poloniæ*, p. 422.
(d) Klein, *Hist. Avium prodromus*, p. 173.

en été d'un brun rougeâtre, selon le docteur Waygand (a), et d'un gris bleuâtre, selon Rzaczynski (b). Ces variations ont lieu pour les mâles comme pour les femelles, en sorte que dans tous les temps les individus des deux sexes ont exactement les mêmes couleurs : ils ne se perchent point sur les arbres comme les autres tétras, et ils se plaisent surtout dans les taillis épais et les bruyères, où ils ont coutume de choisir chaque année un certain espace de terrain, où ils s'assemblent ordinairement, s'ils ont été dispersés par les chasseurs, ou par l'oiseau de proie, ou par un orage ; c'est là qu'ils se réunissent bientôt après en se rappelant les uns les autres. Si on leur donne la chasse, il faut, la première fois qu'on les fait partir, remarquer soigneusement la remise ; car ce sera à coup sûr le lieu de leur rendez-vous de l'année, et ils ne partiront pas si facilement une seconde fois, surtout s'ils aperçoivent les chasseurs ; au contraire, ils se tapiront contre terre et se cacheront de leur mieux, mais c'est alors qu'il est facile de les tirer.

On voit qu'ils diffèrent des tétras noirs non seulement par la couleur et par l'uniformité de plumage du mâle et de la femelle, mais encore par leurs habitudes, puisqu'ils ne se perchent point ; ils diffèrent aussi des lagopèdes, vulgairement perdrix blanches, en ce qu'ils se tiennent non sur les hautes montagnes, mais dans les bois et les bruyères ; d'ailleurs, on ne dit point qu'ils aient les pieds velus jusque sous les doigts, comme les lagopèdes ; et j'avoue que je les aurais rangés plus volontiers parmi les francolins ou attagas que parmi les tétras, si je n'avais cru devoir soumettre mes conjectures à l'autorité de trois écrivains instruits, et parlant d'un oiseau de leur pays.

LA GELINOTTE

Nous avons vu ci-dessus que, dans toutes les espèces de tétras, la femelle différait du mâle par les couleurs du plumage, au point que plusieurs naturalistes n'ont pu croire qu'ils fussent oiseaux de même espèce. Schwenckfeld (c), et, d'après lui, Rzaczynski (d), est tombé dans un défaut tout opposé en confondant dans une seule et même espèce la gelinotte (*) ou poule des coudriers, et le francolin, ce qu'il n'a pu faire que par une induction forcée et mal entendue, vu les nombreuses différences qui se trouvent entre ces deux espèces. Frisch est tombé dans une méprise de même genre, en ne

(a) Waygand, *loco citato.*
(b) Rzaczynski, *loco citato.*
(c) Schwenckfeld, *Aviarium Silesiæ,* p. 279.
(d) Rzaczynski, *Auctuarium Poloniæ,* p. 366.

(*) *Tetrao Bonasia* L. ou *Bonasia sylvestris* des ornithologistes modernes.

faisant qu'un seul oiseau de l'*attagen* et de l'*hasel-huhn*, qui est la poule des coudriers ou gelinotte, et en ne donnant sous cette double dénomination que l'histoire de la gelinotte, tirée presque mot à mot de Gesner, erreur dont il aurait dû, ce me semble, être préservé par une autre qui lui avait fait confondre, d'après Charleton (*a*), le petit tétras avec la gelinotte, laquelle n'est autre que cette même poule des coudriers : à l'égard du francolin, nous verrons, à son article, à quelle autre espèce il pourrait se rapporter beaucoup plus naturellement.

Tout ce que dit Varron de sa poule rustique ou sauvage (*b*) convient très bien à la gelinotte, et Belon ne doute pas que ce ne soit la même espèce (*c*). C'était, selon Varron, un oiseau d'une très grande rareté à Rome, qu'on ne pouvait élever que dans des cages tant il était difficile à apprivoiser, et qui ne pondait presque jamais dans l'état de captivité ; et c'est ce que Belon et Schwenckveld disent de la gelinotte : le premier donne en deux mots une idée fort juste de cet oiseau, et plus complète qu'on ne pourrait faire par la description la plus détaillée. « Qui se feindra, dit-il, voir quelque espèce de » perdrix métive entre la rouge et la grise, et tenir je ne sais quoi des » plumes du faisan, aura la perspective de la gelinotte de bois (*d*). »

Le mâle se distingue de la femelle par une tache noire très marquée qu'il a sous la gorge, et par ses flammes ou sourcils, qui sont d'un rouge beaucoup plus vif : la grosseur de ces oiseaux est celle d'une bartavelle ; ils ont environ vingt et un pouces d'envergure, les ailes courtes, et par conséquent le vol pesant, et ce n'est qu'avec beaucoup d'efforts et du bruit qu'ils prennent leur volée ; en récompense ils courent très vite (*e*). Il y a dans chaque aile vingt-quatre pennes presque toutes égales, et seize à la queue ; Schwenckveld dit quinze (*f*) ; mais c'est une erreur d'autant plus grossière, qu'il n'est peut-être pas un seul oiseau qui ait le nombre des pennes de la queue impair ; celle de la gelinotte est traversée vers son extrémité par une large bande noirâtre, interrompue seulement par les deux pennes du milieu. Je n'insiste sur cette circonstance que parce que, selon la remarque de Willughby, dans la plupart des oiseaux ces deux mêmes pennes du milieu n'observent point l'éloignement des pennes latérales, et sortent un peu plus bas (*g*), en sorte qu'ici la différente couleur de ces pennes semblerait dépendre de la différence de leur position. Les gelinottes ont, comme les tétras, les sourcils rouges, les doigts bordés de petites dentelures, mais plus courtes ; l'ongle du doigt du milieu tranchant, et les pieds garnis de plumes

(*a*) Charleton, *Exercitationes*, p. 82, n° 7.
(*b*) Varron, *De re rustica*, lib. III, cap. IX.
(*c*) Belon, *Nature des oiseaux*, p. 253.
(*d*) Idem, ibidem.
(*e*) Voyez Gesner, p. 229.
(*f*) Schwenckfeld, *Aviarium Silesiæ*, p. 278.
(*g*) Willughby, *Ornithologia*, p. 3.

par devant, mais seulement jusqu'au milieu du tarse; le ventricule ou gésier musculeux; le tube intestinal long de trente et quelques pouces; les appendices ou *cœcums* de treize à quatorze, et sillonnés par des cannelures (a); leur chair est blanche lorsqu'elle est cuite, mais cependant plus au dedans qu'au dehors; et ceux qui l'ont examinée de plus près prétendent y avoir reconnu quatre couleurs différentes, comme on a trouvé trois goûts différents dans celle des outardes et des tétras : quoi qu'il en soit, celle des gelinottes est exquise, et c'est de là que lui vient, dit-on, son nom latin *bonasa*, et son nom hongrois *tschasarmadar*, qui veut dire *oiseau de César*, comme si un bon morceau devait être réservé exclusivement pour l'empereur : c'est en effet un morceau fort estimé, et Gesner remarque que c'est le seul qu'on se permettait de faire reparaître deux fois sur la table des princes (b).

Dans le royaume de Bohême on en mange beaucoup au temps de Pâques, comme on mange de l'agneau en France, et l'on s'en envoie en présent les uns aux autres (c).

Leur nourriture, soit en été, soit en hiver, est à peu près la même que celle des tétras : on trouve en été dans leur ventricule des baies de sorbier, de myrtille et de bruyère, des mûres de ronces, des graines de sureau des Alpes, des siliques de *saltarella*, des chatons de bouleau et de coudrier, etc., et en hiver des baies de genièvre, des boutons de bouleau, des sommités de bruyère, de sapin, de genévrier et de quelques autres plantes toujours vertes (d) : on nourrit aussi les gelinottes qu'on tient captives dans les volières avec du blé, de l'orge, d'autres grains, mais elles ont encore cela de commun avec les tétras, qu'elles ne survivent pas longtemps à la perte de leur liberté (e), soit qu'on les renferme dans des prisons trop étroites et peu convenables, soit que leur naturel sauvage, ou plutôt généreux, ne puisse s'accoutumer à aucune sorte de prison.

La chasse s'en fait en deux temps de l'année, au printemps et en automne; mais elle réussit surtout dans cette dernière saison : les oiseleurs et même les chasseurs les attirent avec des appeaux qui imitent leur cri, et ils ne manquent pas d'amener des chevaux avec eux, parce que c'est une opinion commune que les gelinottes aiment beaucoup ces sortes d'animaux (f). Autre remarque de chasseurs : si l'on prend d'abord un mâle, la femelle, qui le cherche constamment, revient plusieurs fois, amenant d'autres mâles à sa suite; au lieu que si c'est la femelle qui est prise la première, le

(a) *Idem, ibidem*, p. 126.
(b) Gesner, *Ornithologia*, p. 231.
(c) Schwenckfeld, *Aviarium*, p. 279.
(d) Voyez Ray, *Sinopsis avium*, p. 55; Schwenckfeld, p. 278; et Rzaczynski, *Auctuarium*, p. 366.
(e) Gesner, Schwenckfeld, etc., aux endroits cités.
(f) Gesner, p. 230.

mâle s'attache tout de suite à une autre femelle et ne reparaît plus (a) : ce qu'il y a de plus certain, c'est que si on surprend un de ces oiseaux mâle ou femelle et qu'on le fasse lever, c'est toujours avec grand bruit qu'il part, et son instinct le porte à se jeter dans un sapin touffu, où il reste immobile avec une patience singulière pendant tout le temps que le chasseur le guette : ordinairement ces oiseaux ne se posent qu'au centre de l'arbre, c'est-à-dire dans l'endroit où les branches sortent du tronc.

Comme on a beaucoup parlé de la gelinotte, on a aussi débité beaucoup de fables à son sujet, et les plus absurdes sont celles qui ont rapport à la façon dont elle se perpétue. Encelius et quelques autres ont avancé que ces oiseaux s'accouplaient par le bec, que les coqs eux-mêmes pondaient, lorsqu'ils étaient vieux, des œufs qui, étant couvés par des crapauds, produisaient des basilics sauvages, de même que les œufs de nos coqs de basses-cours, couvés aussi par des crapauds, produisent, selon les mêmes auteurs, des basilics domestiques ; et de peur qu'on ne doutât de ces basilics, Encelius en décrit un qu'il avait vu (b) ; mais heureusement il ne dit pas qu'il l'eût vu sortir d'un œuf de gelinotte, ni qu'il eût vu un mâle de cette espèce pondre cet œuf ; et l'on sait à quoi s'en tenir sur ces prétendus œufs de coq ; mais comme les contes les plus ridicules sont souvent fondés sur une vérité mal vue ou mal rendue, il pourrait se faire que des ignorants, toujours amis du merveilleux, ayant vu les gelinottes, en amour, faire de leur bec le même usage qu'en font d'autres oiseaux en pareil cas, et préluder au véritable accouplement par des baisers de tourterelles, aient cru de bonne foi les avoir vu s'accoupler par le bec. Il y a dans l'histoire naturelle beaucoup de faits de ce genre qui paraissent ridiculement absurdes, et qui cependant renferment une vérité cachée ; il ne faut, pour la dégager, que savoir distinguer ce que l'homme a vu de ce qu'il a cru.

Selon l'opinon des chasseurs, les gelinottes entrent en amour et se couplent dès les mois d'octobre et de novembre ; et il est vrai que dans ce temps l'on ne tue que des mâles qu'on appelle avec une espèce de sifflet qui imite le cri très aigu de la femelle ; les mâles arrivent à l'appeau en agitant les ailes d'une façon fort bruyante, et on les tire dès qu'ils se sont posés.

Les gelinottes femelles, en leur qualité d'oiseaux pesants, font leur nid à terre, et le cachent d'ordinaire sous des coudriers ou sous la grande fougère de montagne : elles pondent ordinairement douze ou quinze œufs, et même jusqu'à vingt, un peu plus gros que des œufs de pigeons (c); elles les couvent pendant trois semaines, et n'amènent guère à bien que sept ou huit

(a) Gesner, *Ornithologia*, p. 230.
(b) Gesner, *Ornithologia*, p. 230.
(c) Schwenckfe!d, p. 278.

petits (a) qui courent dès qu'ils sont éclos, comme font la plupart des oiseaux brachyptères ou à *ailes courtes* (b).

Dès que ces petits sont élevés et qu'ils se trouvent en état de voler, les père et mère les éloignent du canton qu'ils se sont approprié, et ces petits, s'assortissant par paires, vont chercher chacun de leur côté un asile où ils puissent former leur établissement (c), pondre, couver et élever aussi des petits qu'ils traiteront ensuite de la même manière.

Les gelinottes se plaisent dans les forêts, où elles trouvent une nourriture convenable et leur sûreté contre les oiseaux de proie qu'elles redoutent extrêmement, et dont elles se garantissent en se perchant sur les basses branches (d). Quelques-uns ont dit qu'elles préféraient les forêts en montagnes ; mais elles habitent aussi les forêts en plaines, puisqu'on en voit beaucoup aux environs de Nuremberg : elles abondent aussi dans les bois qui sont aux pieds des Alpes, de l'Apennin et de la montagne des Géants en Silésie, en Pologne, etc. Autrefois elles étaient en si grande quantité, selon Varron, dans une petite île de la mer Ligustique, aujourd'hui le golfe de Gênes, qu'on l'appelait pour cette raison l'*île aux Gelinottes*.

LA GELINOTTE D'ÉCOSSE

Si cet oiseau (*) est le même que le *gallus palustris* de Gesner, comme le croit M. Brisson, on peut assurer que la figure qu'en donne Gesner n'est rien moins qu'exacte, puisqu'on n'y voit point de plumes sur les pieds, et qu'on y voit au contraire des barbillons rouges sous le bec : mais aussi ne serait-il pas plus naturel de soupçonner que cette figure est celle d'un autre oiseau ? Quoi qu'il en soit, ce *gallus palustris* ou *coq de marais*, est un excellent manger ; et tout ce qu'on sait de son histoire, c'est qu'il se plaît dans les lieux marécageux, comme son nom de coq de marais le fait assez entendre (e). Les auteurs de la *Zoologie britannique* prétendent que la gelinotte d'Écosse de M. Brisson n'est autre que le *ptarmigan* dans son habit

(a) Léonard Frisch, planche cxii.

(b) M. de Bomare, qui d'ailleurs extrait et copie si fidèlement, dit que les gelinottes ne font que deux petits, l'un mâle et l'autre femelle. Voyez le *Dictionnaire d'histoire naturelle*, à l'article *Gelinotte*. Rien n'est moins vrai, ni même moins vraisemblable : cette erreur ne peut venir que de celle des nomenclateurs peu instruits, qui ont confondu la gelinotte avec l'oiseau œnas d'Aristote (*vinago* de Gaza), quoique ce soient des espèces très éloignées, l'œnas étant du genre des pigeons et ne pondant en effet que deux œufs.

(c) Gesner, *Ornithologia*, p. 23.

(d) *Idem, ibidem*, p. 229 et 230.

(e) Gesner, *De naturâ Avium*, p. 23.

(*) *Tetrao scoticus* Lath.

d'été, et que son plumage devient presque tout blanc en hiver (a); mais il faut donc qu'il perde aussi en été les plumes qui lui couvrent les doigts, car M. Brisson dit positivement qu'elle n'a de plumes que jusqu'à l'origine des doigts, et le ptarmigan de la *Zoologie britannique* en a jusqu'aux ongles : d'ailleurs ces deux animaux, tels qu'ils sont représentés dans la *Zoologie* et dans M. Brisson, ne se ressemblent ni par le port, ni par la physionomie, ni par la conformation totale. Quoi qu'il en soit, la gelinotte d'Écosse de M. Brisson est un peu plus grosse que la nôtre, et a la queue plus courte; elle tient de la gelinotte des Pyrénées par la longueur de ses ailes, par ses pieds garnis antérieurement de plumes jusqu'à l'origine des doigts, par la longueur du doigt du milieu, relativement aux deux latéraux, et par la brièveté du doigt de derrière; elle en diffère en ce que ses doigts sont sans dentelures, et sa queue sans ses deux plumes longues et étroites, qui sont le caractère le plus frappant de la gelinotte des Pyrénées. Je ne dis rien des couleurs du plumage; les figures les représenteront plus exactement aux yeux que ma description ne pourrait les peindre à l'esprit : d'ailleurs rien de plus incertain ici pour caractériser les espèces que les couleurs du plumage, puisque ces couleurs varient considérablement d'une saison à l'autre dans le même individu.

LE GANGA

VULGAIREMENT LA GELINOTTE DES PYRÉNÉES (*)

Quoique les noms ne soient pas les choses, cependant il arrive si souvent, et surtout en histoire naturelle, qu'une erreur nominale entraîne une erreur réelle, qu'on ne peut, ce me semble, apporter trop d'exactitude à appliquer toujours à chaque objet les noms qui lui ont été imposés; et c'est par cette raison que nous nous sommes fait une loi de rectifier, autant qu'il serait en nous, la discordance ou le mauvais emploi des noms.

M. Brisson, qui regarde la perdrix de Damas ou de Syrie de Belon (b) comme étant de la même espèce que sa gelinotte des Pyrénées, range parmi les noms donnés en différentes langues à cette espèce le nom grec συροπέρδιξ, et cite Belon, en quoi il se trompe doublement, car : 1° Belon nous apprend lui-même que l'oiseau qu'il a nommé *perdrix de Damas* est une espèce différente de celle que les auteurs ont appelée *syroperdix*,

(a) *Britisch Zoology*, p. 86.
(b) Brisson, t. Ier, p. 195. Genre v, espèce 4.

(*) *Tetrao alchata* L.

laquelle a le plumage noir et le bec rouge (*a*); 2° en écrivant ce nom *syro-perdix* en caractères grecs, M. Brisson paraît vouloir lui donner une origine grecque; et cependant Belon dit expressément que c'est un nom latin (*b*); enfin, il est difficile de comprendre les raisons qui ont porté M. Brisson à regarder l'*œnas* d'Aristote comme étant de la même espèce que la gelinotte des Pyrénées; car Aristote met son *œnas*, qui est le *vinago* de Gaza, au nombre des pigeons, des tourterelles, des ramiers (en quoi il a été suivi par tous les Arabes), et il assure positivement qu'elle ne pond, comme ces oiseaux, que deux œufs à la fois (*c*) : or, nous avons vu ci-dessus que les gelinottes pondaient un beaucoup plus grand nombre d'œufs; par conséquent l'*œnas* d'Aristote ne peut être regardé comme une gelinotte des Pyrénées; ou, si l'on veut absolument qu'il en soit une, il faudra convenir que la gelinotte des Pyrénées n'est point une gelinotte.

Rondelet avait prétendu qu'il y avait erreur dans le mot grec οἴνας, et qu'il fallait lire *inas*, dont la racine signifie *fibre, filet*, et cela parce que cet oiseau a, dit-il, la chair, ou plutôt la peau si fibreuse et si dure, que pour la pouvoir manger il faut l'écorcher (*d*); mais s'il était véritablement de la même espèce que la gelinotte des Pyrénées, en adoptant la correction de Rondelet, on pourrait donner au mot *inas* une explication plus heureuse et plus analogue au génie de la langue grecque, qui peint tout ce qu'elle exprime, en lui faisant désigner des filets ou plumes étroites que les gelinottes des Pyrénées ont à la queue, et qui font son attribut caractéristique; mais malheureusement Aristote ne dit pas un mot de ces filets qui ne lui auraient pas échappé, et Belon n'en parle pas non plus dans la description qu'il fait de sa perdrix de Damas : d'ailleurs le nom d'*oinas* ou *vinago* convient d'autant mieux à cet oiseau que, selon la remarque d'Aristote, il arrivait tous les ans en Grèce au commencement de l'automne (*e*), qui est le temps de la maturité des raisins, comme font en Bourgogne certaines grives, que par cette raison on appelle dans le pays des *vinettes*.

Il suit de ce que je viens de dire que le *syroperdix* de Belon et l'*œnas* d'Aristote ne sont point des gangas ou gelinottes des Pyrénées, non plus que l'*alchata,* l'*alfuachat,* la *filacotona,* qui paraissent être autant de noms arabes de l'*œnas*, et qui certainement désignent un oiseau du genre des pigeons (*f*).

Au contraire, l'oiseau de Syrie que M. Edwards appelle *petit coq de bruyère ayant deux filets à la queue* (*g*), et que les Turcs nomment *cata,* est

(*a*) Belon, *Nature des oiseaux*, p. 258.
(*b*) *Idem, ibidem.*
(*c*) Aristote, *Hist. animal.*, lib. VI, cap. I.
(*d*) Gesner, *De naturâ Avium*, p. 307.
(*e*) Aristote, *Hist. animal.*, lib. VIII, cap. III.
(*f*) Voyez Gesner, *De naturâ Avium*, p. 307 et 311.
(*g*) Edwards, *Glanures*, planche XLIX.

exactement le même que la gelinotte des Pyrénées : cet auteur dit que M. Shaw l'appelle *kittaviah*, et qu'il ne lui donne que trois doigts à chaque pied; mais il excuse cette erreur, en ajoutant que le doigt postérieur avait pu échapper à M. Shaw à cause des plumes qui couvrent les jambes; cependant il venait de dire plus haut dans sa description, et on voit, par sa figure, que c'est le devant des jambes seulement qui est couvert de plumes blanches semblables à du poil. Or, il est difficile de comprendre comment le doigt de derrière aurait pu se perdre dans ces plumes de devant : il était plus naturel de dire qu'il s'était dérobé à M. Shaw par sa petitesse, car il n'a pas en effet plus de deux lignes de longueur; les deux doigts latéraux sont aussi fort courts, relativement au doigt du milieu, et tous sont bordés de petites dentelures comme dans le tétras. Le ganga ou la gelinotte des Pyrénées paraît avoir un naturel tout différent de celui de la vraie gelinotte : car, 1° il a les ailes beaucoup plus longues, relativement à ses autres dimensions ; il doit avoir le vol rapide ou léger, et conséquemment avoir d'autres habitudes, d'autres mœurs qu'un oiseau pesant; car l'on sait combien les mœurs et le naturel d'un animal dépendent de ses facultés ; 2° nous voyons par les observations du docteur Roussel, citées dans la description de M. Edwards, que cet oiseau, qui vole par troupes, se tient la plus grande partie de l'année dans les déserts de la Syrie, et ne se rapproche de la ville d'Alep que dans les mois de mai et de juin, et lorsqu'il est contraint par la soif de chercher les lieux où il y a de l'eau : or, nous avons vu dans l'histoire de la gelinotte que c'est un oiseau fort peureux, et qui ne se croit en sûreté contre la serre de l'autour que lorsqu'il est dans les bois les plus épais ; autre différence qui n'est peut-être qu'une suite de la première, et qui, jointe à plusieurs autres différences de détail faciles à saisir par la comparaison des figures et des descriptions, pourrait faire douter avec fondement si l'on a eu raison de rapporter à un même genre des natures aussi diverses. Le *ganga*, que les Catalans appellent aussi *perdrix de Garrira* (*a*), est à peu près de la grosseur d'une perdrix grise ; elle a le tour des yeux noir, et point de flammes ou sourcils rouges au-dessus des yeux; le bec presque droit, l'ouverture des narines à la base du bec supérieur et joignant les plumes du front, le devant des pieds couvert de plumes jusqu'à l'origine des doigts, les ailes assez longues, la tige des grandes plumes des ailes noire; les deux pennes du milieu de la queue une fois plus longues que les autres, et fort étroites dans la partie excédante ; les pennes latérales vont toujours en s'accourcissant de part et d'autre jusqu'à la dernière (*b*). Il est à remarquer que de tous ces traits qui caractérisent cette prétendue gelinotte des Pyrénées, il n'y en a

(*a*) Barrère, *Ornithol.* Class. IV, genre XV, espèce 5.
(*b*) Voyez les descriptions de MM. Edwards et Brisson, tant pour ce qui précède que pour ce qui suit.

peut-être pas un seul qui convienne exactement à la gelinotte proprement dite.

La femelle est de la même grosseur que le mâle ; mais elle en diffère par son plumage, dont les couleurs sont moins belles, et par les filets de sa queue, qui sont moins longs : il paraît que le mâle a une tache noire sous la gorge, et que la femelle, au lieu de cette tache, a trois bandes de la même couleur qui lui embrassent le cou en forme de collier.

Je n'entre pas dans le détail des couleurs du plumage : elles se rapportent assez avec celles de l'oiseau connu à Montpellier sous le nom d'*angel*, et dont Jean Culmann avait communiqué la description à Gesner (*a*) ; mais les deux longues plumes de la queue ne paraissent point dans cette description, non plus que dans la figure, que Rondelet avait envoyée à Gesner, de ce même *angel* de Montpellier, qu'il prenait pour l'*œnas* d'Aristote (*b*) : en sorte qu'on est fondé à douter de l'identité de ces deux espèces (l'angel et le ganga), malgré la convenance du lieu et celle du plumage, à moins qu'on ne suppose que les sujets décrits par Culmann, et dessinés par Rondelet, étaient des femelles qui ont les filets de la queue beaucoup plus courts et par conséquent moins remarquables.

Cette espèce se trouve dans la plupart des pays chauds de l'ancien continent : en Espagne, dans les parties méridionales de la France, en Italie, en Syrie, en Turquie et Arabie, en Barbarie et même au Sénégal ; car l'oiseau représenté sous le nom de *gelinotte de Sénégal* (*) n'est qu'une variété du ganga ou gelinotte des Pyrénées : il est seulement un peu plus petit, mais il a de même les deux longues plumes ou filets à la queue, les plumes latérales toujours plus courtes par degrés, à mesure qu'elles s'éloignent de celles du milieu, les ailes fort longues, les pieds couverts par devant d'un duvet blanc, le doigt du milieu beaucoup plus long que les latéraux, et celui de derrière extrêmement court ; enfin point de peau rouge au-dessus des yeux, et il ne diffère du ganga d'Europe que par un peu moins de grosseur et un peu plus de rougeâtre dans le plumage : ce n'est donc qu'une variété dans la même espèce, produite par l'influence du climat ; et ce qui prouve que cet oiseau est très différent de la gelinotte et doit par conséquent porter un autre nom, c'est que, indépendamment des caractères distinctifs de sa figure, il habite partout les pays chauds, et ne se trouve ni dans les climats froids, ni même dans les tempérés ; au lieu que la gelinotte ne se trouve en nombre que dans les climats froids.

C'est ici le lieu de rapporter ce que M. Shaw nous apprend du kittaviah (**)

(*a*) « Plumis ex fusco colore in nigrum vergentibus, et luteis in rufum, » dit Gesner, en parlant de l'angel, p. 307. — « Olivaceo, flavicante nigro, et rufo varia, » dit M. Brisson, en parlant de la gelinotte des Pyrénées.

(*b*) Voyez Gesner, *De naturâ Avium*, p. 307.

(*) *Tetrao senegalus* et *Tetrao Namaqua* Lath.
(**) Le *kittaviah* est le même oiseau que le *ganga*.

ou gelinotte de Barbarie (a), et qui est tout ce qu'on en sait, afin que le lecteur puisse comparer ses qualités avec celles du ganga ou gelinotte des Pyrénées, et juger si ce sont en effet deux individus de la même espèce.

« Le kittaviah, dit-il, est un oiseau carnivore et qui vole par troupe : il a
» la forme et la taille d'un pigeon ordinaire, les pieds couverts de petites
» plumes, et point de doigt postérieur ; il se plaît dans les terrains incultes
» et stériles ; la couleur de son corps est un brun bleuâtre tacheté de noir ;
» il a le ventre noirâtre et un croissant jaune sous la gorge ; chaque plume
» de la queue a une tache blanche à son extrémité, et celles du milieu sont
» longues et pointues comme dans le *merops* ou *guespier :* du reste, sa chair
» est rouge sur la poitrine ; mais celle des cuisses est blanche, elle est
» bonne à manger et de facile digestion. »

<hr>

L'ATTAGAS

Cet oiseau (*) est le francolin de Belon, qu'il ne faut pas confondre, comme ont fait quelques ornithologistes, avec le francolin qu'a décrit Olina (b) : ce sont deux oiseaux très différents, soit par la forme du corps, soit par les habitudes naturelles. Le dernier se tient dans les plaines et les lieux bas ; il n'a point ces beaux sourcils couleur de feu qui donnent à l'autre une physionomie si distinguée ; il a le cou plus court, le corps plus ramassé, les pieds rougeâtres garnis d'éperons et sans plumes, comme les doigts sans dentelures, c'est-à-dire qu'il n'a presque rien de commun avec le francolin dont il s'agit ici, et auquel, pour prévenir toute équivoque, je conserverai le nom d'*attagas,* qui lui a été donné, dit-on, par onomatopée, et d'après son propre cri.

Les anciens ont beaucoup parlé de l'*attagas* ou *attagen* (car ils emploient indifféremment ces deux noms). Alexandre Myndien nous apprend, dans Athénée (c), qu'il était un peu plus gros qu'une perdrix, et que son plumage, dont le fond tirait au rougeâtre, était émaillé de plusieurs couleurs. Aristo-

(a) M. Shaw a cru qu'on pouvait lui donner le nom de *lagopus d'Afrique,* quoiqu'il n'ait pas les pieds velus par-dessous comme le véritable lagopède. *Travels... of Barbary and the Levant,* p. 253.

(b) Olina, *Uccellaria,* p. 33.

(c) Athénée, lib. IX.

(*) Cuvier dit de cet oiseau : « L'*attagas* de Buffon, *attagen* d'Aldrovande, gelinotte
» *huppée* de Brisson, ne me paraît, après de longues recherches, faites même en Italie, qu'une
» gelinotte jeune ou femelle... Le *tetrao canus* GMEL. n'est qu'une variété albine de la geli-
» notte. Je ne crois pas non plus à l'authenticité du *Tetrao nemesianus* ni du *Tetrao betulinus*
» de Scopoli. Ce ne sont que des femelles ou des jeunes du *Tetrao Tetrix,* ou des gelinottes
» défigurées. »

phane avait dit à peu près la même chose ; mais Aristote, selon son excellente coutume de faire connaître un objet ignoré par sa comparaison avec des objets communs, comparait le plumage de l'attagen avec celui de la bécasse, σκόλοπαξ (a). Alexandre Myndien ajoute qu'il a les ailes courtes et le vol pesant, et Théophraste observe qu'il a la propriété qu'ont tous les oiseaux pesants, tels que la perdrix, le coq, le faisan, etc., de naître avec des plumes, et d'être en état de courir au moment qu'il vient d'éclore : de plus, en sa même qualité d'oiseau pesant, il est encore pulvérateur et frugivore (b), vivant de baies et de grains qu'il trouve tantôt sur les plantes mêmes, tantôt en grattant la terre avec ses ongles (c); et, comme il court plus qu'il ne vole, on s'est avisé de le chasser au chien courant, et on y a réussi (d).

Pline, Élien et quelques autres, disent que ces oiseaux perdent la voix en perdant la liberté, et que la même raideur de naturel qui les rend muets dans l'état de captivité, les rend aussi très difficiles à apprivoiser (e). Varron donne cependant la manière de les élever, et qui est à peu près la même que celle dont on élevait les paons, les faisans, les poules de Numidie, les perdrix, etc. (f).

Pline assure que cet oiseau, qui avait été fort rare, était devenu plus commun de son temps, qu'on en trouvait en Espagne, dans la Gaule et sur les Alpes, mais que ceux d'Ionie étaient les plus estimés (g) : il dit ailleurs qu'il n'y en avait point dans l'île de Crète (h). Aristophane parle de ceux qui se trouvaient aux environs de Mégare, dans l'Achaïe (i). Clément d'Alexandrie nous apprend que ceux d'Égypte étaient ceux dont les gourmands faisaient le plus de cas : il y en avait aussi en Phrygie, selon Aulu-Gelle, qui dit que c'est un oiseau asiatique. Apicius donne la manière d'apprêter le francolin, qu'il joint à la perdrix (j); et saint Jérôme en parle dans ses lettres comme d'un morceau fort recherché (k).

Maintenant, pour juger si l'*attagen* des anciens est notre attagas ou fran-

---

(a) Aristote, *Hist. animal.*, lib. IX, cap. XXVI.

(b) Les anciens ont appelé *pulvératrices* les oiseaux qui ont l'instinct de gratter la terre, d'élever la poussière avec leurs ailes; et en se poudrant, pour ainsi dire, avec cette poussière, de se délivrer de la piqûre des insectes qui les tourmentent, de même que les oiseaux aquatiques s'en délivrent en arrosant leurs plumes avec de l'eau.

(c) Aristote, *Hist. animal.*, lib. IX, cap. XLIX.

(d) Oppien, *In Ixenticis.* Cet auteur ajoute qu'ils aiment les cerfs, et qu'ils ont au contraire de l'antipathie pour les coqs.

(e) Pline, *Hist. nat.*, lib. X, cap. XLVIII. Socrate et Élien, dans Athénée.

(f) Varron, *Geopon. Græc.* à l'article du faisan.

(g) Pline, *Hist. nat.*, lib. X, cap. XLIX.

(h) *Idem*, lib. VIII, cap. LVIII.

(i) Aristophane, *in Acharnensibus.*

(j) Apicius, VI, 3.

(k) « Attagenem eructas et comesto ansere gloriaris, » disait saint Jérôme à un hypocrite qui faisait gloire de vivre simplement, et qui se rassasiait en secret de bons morceaux.

colin, il ne s'agit que de faire l'histoire de cet oiseau d'après les mémoires des modernes et de comparer.

Je remarque d'abord que le nom d'*attagen,* tantôt bien conservé, tantôt corrompu (*a*), est le nom le plus généralement en usage parmi les auteurs modernes qui ont écrit en latin pour désigner cet oiseau. Il est vrai que quelques ornithologistes, tels que Sibbald, Ray, Willughby, Klein, ont voulu le retrouver dans la *lagopus altera* de Pline (*b*); mais outre que Pline n'en a parlé qu'en passant, et n'en a dit que deux mots, d'après lesquels il serait fort difficile de déterminer précisément l'espèce qu'il avait en vue, comment peut-on supposer que ce grand naturaliste, qui venait de traiter assez au long de l'*attagen* dans ce même chapitre, en parle quelques lignes plus bas sous un autre nom sans en avertir? Cette seule réflexion démontre, ce me semble, que l'*attagen* de Pline et son *lagopus altera* sont deux oiseaux différents, et nous verrons plus bas quels ils sont.

Gesner avait ouï dire qu'à Bologne il s'appelait vulgairement *franguello* (*c*); mais Aldrovande, qui était de Bologne, nous assure que ce nom de *franguello* (*hinguello,* selon Olina), était celui qu'on y donnait au pinson, et qui dérive assez clairement de son nom latin *fringilla* (*d*). Olina ajoute qu'en Italie son francolin, que nous avons dit être différent du nôtre, se nommait communément *franguellina,* mot corrompu de *frangolino,* et auquel on avait donné une terminaison féminine pour le distinguer du *fringuello* (*e*).

Je ne sais pourquoi Albin, qui a copié la description que Willughby a donnée du *lagopus altera Plinii* (*f*), a changé le nom de l'oiseau décrit par Willughby en celui de coq de marais, si ce n'est parce que Tournefort a dit du francolin de Samos qu'il fréquentait les marais; mais il est facile de voir, en comparant les figures et les descriptions, que ce francolin de Samos est tout à fait différent de l'oiseau qu'il a plu à Albin ou à son traducteur d'appeler *coq de marais* (*g*), comme il avait déjà donné le nom de francolin au petit tétras à queue fourchue (*h*). L'attagas se nomme chez les Arabes *duraz* ou *alduragi,* et chez les Anglais *red game,* à cause du rouge qu'il a soit à ses sourcils, soit dans son plumage; on lui a encore donné le nom de *perdix asclepica* (*i*).

(*a*) « ATTAGO, ACTAGO, ATAGO, ATCHEMIGI, ATACUIGI, TAGENARIOS, TAGINARI, voces cor-
» ruptæ ab ATTAGENE, quæ leguntur apud Sylvaticum. » Voyez Gesner, p. 226; et les observations de Belon, fol. 2.

(*b*) Pline, *Hist. nat.,* lib. x, cap. XLVIII.

(*c*) Gesner, *De naturâ Avium,* p. 225.

(*d*) Aldrovande, *de Avibus,* t. II, p. 73.

(*e*) Olina, *Uccellaria,* p. 33.

(*f*) Albin, *Ornithologia,* p. 128.

(*g*) Idem, *Hist. nat. des oiseaux,* t. Ier, p. 22.

(*h*) Ibidem, p. 21.

(*i*) Jonston, Charleton, etc.

Cet oiseau est plus gros que la bartavelle, et pèse environ dix-neuf onces; ses yeux sont surmontés par deux sourcils rouges fort grands, lesquels sont formés d'une membrane charnue, arrondie et découpée par le dessus, et qui s'élève plus haut que le sommet de la tête; les ouvertures des narines sont revêtues de petites plumes qui font un effet assez agréable; le plumage est mêlé de roux, de noir et de blanc; mais la femelle a moins de roux et plus de blanc que le mâle; la membrane de ses sourcils est moins saillante et beaucoup moins découpée, d'un rouge moins vif, et, en général, les couleurs de son plumage sont plus faibles (a); de plus, elle est dénuée de ces plumes noires pointillées de blanc qui forment au mâle une huppe sur la tête, et sous le bec une espèce de barbe (b).

Le mâle et la femelle ont la queue à peu près comme la perdrix, mais un peu plus longue; elle est composée de seize pennes, et les deux du milieu sont variées des mêmes couleurs que celles du dos, tandis que toutes les latérales sont noires; les ailes sont fort courtes, elles ont chacune vingt-quatre pennes, et c'est la troisième à compter du bout de l'aile qui est la plus longue de toutes; les pieds sont revêtus de plumes jusqu'aux doigts, selon M. Brisson, et jusqu'aux ongles, selon Willughby: ces ongles sont noirâtres, ainsi que le bec; les doigts gris bruns, et bordés d'une bande membraneuse étroite et dentelée. Belon assure avoir vu dans le même temps, à Venise, des francolins (c'est ainsi qu'il nomme nos *attagas*) dont le plumage était tel qu'il vient d'être dit, et d'autres qui étaient tout blancs, et que les Italiens appelaient du même nom de *francolins : ceux-ci ressemblaient exactement aux premiers, à l'exception de la couleur; et, d'un autre côté, ils avaient tant de rapport avec la perdrix blanche de Savoie, que Belon les regarde comme appartenant à l'espèce que Pline a désignée sous le nom de *lagopus altera* (c). Selon cette opinion, qui me paraît fondée, l'*attagen* de Pline serait notre *attagas à plumage varié;* et la seconde espèce de *lagopus* serait notre *attagas blanc* (*), qui diffère de l'autre attagas par la blancheur de son plumage, et de la première espèce de lagopus, appelée vulgairement *perdrix blanche,* soit par sa grandeur, soit par ses pieds, qui ne sont pas velus en dessous.

Tous ces oiseaux, selon Belon, vivent de grains et d'insectes : la *Zoologie britannique* ajoute les sommités de bruyère (d) et les baies des plantes qui croissent sur les montagnes.

L'attagas est en effet un oiseau de montagne; Willughby assure qu'il des-

(a) *Britisch Zoology,* p. 85.
(b) Aldrovande, *de Avibus,* t. II, p. 76.
(c) Belon, *Nature des oiseaux,* p. 242.
(d) *Britisch Zoology,* p. 85.

(*) Cuvier considère le *Lagopus* de Pline comme représentant notre Lagopède, et son *Attagen* comme répondant à notre Ganga.

cend rarement dans les plaines et même sur le penchant des coteaux (*a*), et qu'il ne se plaît que sur les sommets les plus élevés ; on le trouve sur les Pyrénées, les Alpes, les montagnes d'Auvergne, de Dauphiné, de Suisse, du pays de Foix, d'Espagne, d'Angleterre, de Sicile, du pays de Vicence, dans la Laponie (*b*) ; enfin sur l'Olympe, en Phrygie, où les Grecs modernes l'appellent en langue vulgaire *taginari* (*c*), mot évidemment formé de ταγευάριος que l'on trouve dans Suidas, et qui vient lui-même de *attagen* ou *attagas*, lequel est le nom primitif.

Quoique cet oiseau soit d'un naturel très sauvage, on a trouvé dans l'île de Chypre, comme autrefois à Rome, le secret de le nourrir dans des volières (*d*), si toutefois l'oiseau dont parle Alexander Benedictus est notre attagas : ce qui m'en ferait douter, c'est que le francolin représenté planche ccxlvi d'Edwards, et qui venait certainement de l'île de Chypre, a beaucoup moins de rapport au nôtre qu'à celui d'Olina, et que nous savons d'ailleurs que celui-ci pouvait s'élever et se nourrir dans les volières (*e*).

Ces attagas domestiques peuvent être plus gros que les sauvages ; mais ceux-ci sont toujours préférés pour le bon goût de leur chair ; on les met au-dessus de la perdrix ; à Rome, un *francolino* s'appelle par excellence un morceau de cardinal (*f*) : au reste, c'est une viande qui se corrompt très promptement et qu'il est difficile d'envoyer au loin ; aussi les chasseurs ne manquent-ils pas, dès qu'ils les ont tués, de les vider et de leur remplir le ventre de bruyère verte (*g*). Pline dit la même chose du *lagopus* (*h*), et il faut avouer que tous ces oiseaux ont beaucoup de rapports les uns avec les autres.

Les attagas se recherchent et s'accouplent au printemps : la femelle pond sur la terre comme tous les oiseaux pesants ; sa ponte est de huit ou dix œufs, aigus par l'un des bouts, longs de dix-huit ou vingt lignes, pointillés de rouge brun, excepté en une ou deux places aux environs du petit bout. Le temps de l'incubation est d'une vingtaine de jours ; la couvée reste attachée à la mère et la suit tout l'été ; l'hiver, les petits, ayant pris la plus grande partie de leur accroissement, se forment en troupes de quarante ou cinquante et deviennent singulièrement sauvages : tant qu'ils sont jeunes, ils sont fort sujets à avoir les intestins farcis de vers ou lombrics ; quelquefois on les voit voltiger ayant de ces sortes de vers qui leur pendent de l'anus de la longueur d'un pied (*i*).

(*a*) Willughby, *Ornithologia*, p. 128.
(*b*) Voyez Klein, *Hist. avium*, p. 173.
(*c*) Belon, *Nature des oiseaux*, p. 242.
(*d*) Gesner, *de Naturâ Avium*, p. 227.
(*e*) Olina, *Uccellaria*, p. 33.
(*f*) Gesner, p. 228.
(*g*) Willughby, p. 128.
(*h*) Pline, lib. x, cap. xlviii.
(*i*) Willughby, à l'endroit cité ; et *Britisch Zoology*, p. 86. Mais ne serait-ce pas la verge de ces oiseaux qu'on aurait prise pour un ver, comme j'ai vu des poulets s'y méprendre à l'égard de la verge des canards ?

Présentement, si l'on compare ce que les modernes ont dit de notre *atta-gas* avec ce que les anciens en avaient remarqué, on s'apercevra que les premiers ont été plus exacts à tout dire ; mais en même temps on reconnaîtra que les principaux caractères avaient été très bien indiqués par les anciens ; et l'on conclura de la conformité de ces caractères que l'*attagen* des anciens et notre *attagas* sont un seul et même oiseau.

Au reste, quelque peine que j'aie prise pour démêler les propriétés qui ont été attribuées pêle-mêle aux différentes espèces d'oiseaux auxquelles on a donné le nom de *francolin* et pour ne donner à notre attagas que celles qui lui convenaient réellement, je dois avouer que je ne suis pas sûr d'avoir toujours également réussi à débrouiller ce chaos ; et mon incertitude à cet égard ne vient que de la licence que se sont donnée plusieurs naturalistes d'appliquer un même nom à des espèces différentes, et plusieurs noms à la même espèce ; licence tout à fait déraisonnable et contre laquelle on ne peut trop s'élever, puisqu'elle ne tend qu'à obscurcir les matières et à préparer des tortures infinies à quiconque voudra lier ses propres connaissances et celles de son siècle avec les découvertes des siècles précédents.

L'ATTAGAS BLANC

Cet oiseau (*) se trouve sur les montagnes de Suisse et sur celles qui sont autour de Vicence : je n'ai rien à ajouter à ce que j'en ai dit dans l'histoire de l'attagas ordinaire, sinon que l'oiseau dont Gesner a fait la seconde espèce de *lagopus* (a) me semble être un de ces attagas blancs, quoique dans son plumage le blanc ne soit pur que sur le ventre et sur les ailes, et qu'il soit mêlé plus ou moins de brun et de noir sur le reste du corps ; mais nous avons vu ci-dessus que, parmi les attagas, les mâles avaient moins de blanc que les femelles ; de plus, on sait que la couleur des jeunes oiseaux, et surtout des oiseaux de ce genre, ne prend guère sa consistance qu'après la première année ; et comme, d'ailleurs, tout le reste de la description de Gesner semble fait pour caractériser un attagas : sourcils rouges, nus, arrondis et saillants, pieds velus jusqu'aux ongles, mais non par-dessous, bec court et noir, queue courte aussi, habitation sur les montagnes de Suisse, etc., je pense que l'oiseau décrit par Gesner était un attagas blanc, et que c'était un mâle encore jeune qui n'avait pas pris tout son accroissement, d'autant qu'il ne pesait que quatorze onces au lieu de dix-neuf, qui est le poids des attagas ordinaires.

(a) Gesner, *Alterum Lagopodis genus. De Avibus*, p. 579.

(*) Cet oiseau paraît n'être qu'une variété du Lagopède.

J'en dis autant, et pour les mêmes raisons, de la troisième espèce de *lagopus* de Gesner (*a*), et qui paraît être le même |oiseau que celui dont le jésuite Rzaczynski parle sous le nom polonais de *parowa* (*b*). Ils ont tous deux une partie des ailes et le ventre blancs, le dos et le reste du corps de couleur variée ; tous deux ont les pieds velus, le vol pesant, la chair excellente, et sont de la grosseur d'une jeune poule. Rzaczynski en reconnaît deux espèces : l'une plus petite que j'ai ici en vue ; l'autre plus grosse, et qui pourrait bien être une espèce de gelinotte. Cet auteur ajoute qu'on trouve de ces oiseaux parfaitement blancs dans le palatinat de Novogorod. Je ne range pas ces oiseaux parmi les lagopèdes, comme a fait M. Brisson de la seconde et de la troisième espèce de *lagopus* de Gesner, parce qu'ils ne sont pas en effet lagopèdes, c'est-à-dire qu'ils n'ont point les pieds velus par-dessous, et que ce caractère est d'autant plus décisif qu'il est plus anciennement reconnu et que, par conséquent, il paraît avoir plus de consistance.

LE LAGOPÈDE

Cet oiseau (*) est celui auquel on a donné le nom de *perdrix blanche*, mais très improprement, puisque ce n'est point une perdrix, et qu'il n'est blanc que pendant l'hiver, et à cause du grand froid auquel il est exposé pendant cette saison sur les hautes montagnes des pays du nord, où il se tient ordinairement. Aristote, qui ne connaissait point le lagopède, savait que les perdrix, les cailles, les hirondelles, les moineaux, les corbeaux et même les lièvres, les cerfs et les ours, éprouvent dans les mêmes circonstances le même changement de couleur (*c*). Scaliger y ajoute les aigles, les vautours, les éperviers, les milans, les tourterelles, les renards (*d*) ; et il serait facile d'allonger cette liste du nom de plusieurs oiseaux et quadrupèdes, sur lesquels le froid produit ou pourrait produire de semblables effets ; d'où il suit que la couleur blanche est ici un attribut variable, et qui ne doit pas être employé comme un caractère distinctif de l'espèce dont il s'agit ; et d'autant moins que plusieurs espèces du même genre, telles que celles du petit tétras blanc, selon le docteur Waygand (*e*) et Rzaczynski (*f*),

(*a*) Gesner, *Alterum Lagopodis genus. De Avibus*, p. 579.
(*b*) Rzaczynski, *Auctuarium Poloniæ*, p. 410 et 411.
(*c*) Aristote, *de Coloribus*, cap. VI ; et *Hist. animal.*, lib. III, cap, XII.
(*d*) Scaliger, *Exercitationes in Cardanum*, fol. 88 et 89.
(*e*) Voyez *Actes de Breslaw*, novembre 1725, classe IV, art. VII, p. 30 et suiv.
(*f*) Rzaczynski, *Auctuarium Poloniæ*, p. 421.

(*) *Lagopus albus* VIEILL. Les *Lagopus* sont des Tétraoniens remarquables par les mues qu'ils subissent à chaque saison et qui sont accompagnées de changements de coloration du plumage.

et de l'attagas blanc selon Belon (a), sont sujettes aux mêmes variations dans la couleur de leur plumage; et il est étonnant que Frisch ait ignoré que son francolin blanc de montagne, qui est notre lagopède, y fût aussi sujet; ou que, l'ayant su, il n'en ait point parlé : il dit seulement qu'on lui avait rapporté qu'on ne voyait point en été des francolins blancs; et plus bas il ajoute qu'on en avait quelquefois tiré (sans doute en été) qui avaient les ailes et le dos bruns, mais qu'il n'en avait jamais vu; c'était bien le lieu de dire que ces oiseaux n'étaient blancs que l'hiver, etc. (b).

J'ai dit que Aristote ne connaissait pas notre lagopède; et, quoique ce soit un fait négatif, j'en ai la preuve positive dans ce passage de son *Histoire des animaux*, où il assure que le lièvre est le seul animal qui ait du poil sous les pieds (c) : certainement, s'il eût connu un oiseau qui eût eu aussi du poil sous les pieds, il n'aurait pas manqué d'en faire mention dans cet endroit, où il s'occupait en général, selon sa manière, de la comparaison des parties correspondantes des animaux et, par conséquent, des plumes des oiseaux, ainsi que des poils des quadrupèdes.

Le nom de lagopède, que je donne à cet oiseau, n'est rien moins qu'un nouveau nom; c'est, au contraire, celui que Pline et les anciens lui ont donné (d), qu'on a mal à propos appliqué à quelques oiseaux de nuit, lesquels ont le dessus et non le dessous des pieds garni de plumes (e), mais qui doit être conservé exclusivement à l'espèce dont il s'agit ici, avec d'autant plus de raison qu'il exprime un attribut unique parmi les oiseaux, qui est d'avoir, comme le lièvre, le dessous des pieds velu (f).

Pline ajoute à ce caractère distinctif du *lagopus* ou *lagopède*, sa grosseur, qui est celle d'un pigeon, sa couleur, qui est blanche, la qualité de sa chair, qui est excellente, son séjour de préférence, qui est le sommet des Alpes, enfin sa nature, qui est d'être très sauvage et peu susceptible d'être apprivoisé; il finit par dire que sa chair se corrompt fort promptement.

L'exactitude laborieuse des modernes a complété cette description à l'antique, qui ne présente que les masses principales; le premier trait qu'ils ont ajouté au tableau, et qui n'eût point échappé à Pline s'il eût vu l'oiseau par lui-même, c'est cette peau glanduleuse qui lui forme au-dessus des yeux des espèces de sourcils rouges, mais d'un rouge plus vif dans le mâle que dans la femelle : celle-ci est aussi plus petite, et n'a point sur la

(a) Belon, *Nature des oiseaux*, p. 242.
(b) Léonard Frisch, planches cx et cxi.
(c) Aristote, lib. iii, cap. xii.
(d) Pline, *Hist. nat.*, lib. x, cap. xlviii.
(e) « Si mens aurità gaudet Lagope flacens. » Martial.— Il est visible que le poète entend parler du duc dans ce passage; mais le duc n'a pas le pied velu par dessous.
(f) Voyez Belon, *Nature des oiseaux*, p. 259; Willughby, p. 127; et Klein, *Prodrom. Hist. Avium*, p. 173.

tête les deux traits noirs qui, dans le mâle, vont de la base du bec aux yeux, et même au delà des yeux en se dirigeant vers les oreilles : à cela près, le mâle et la femelle se ressemblent dans tout le reste quant à la forme extérieure, et tout ce que j'en dirai dans la suite sera commun à l'un et à l'autre.

La blancheur des lagopèdes n'est pas universelle et sans aucun mélange dans le temps même où ils sont le plus blancs, c'est-à-dire au milieu de l'hiver : la principale exception est dans les pennes de la queue, dont la plupart sont noires, avec un peu de blanc à la pointe ; mais il paraît, par les descriptions, que ce ne sont pas constamment les mêmes pennes qui sont de cette couleur. Linnæus, dans sa *Fauna suecica*, dit que ce sont les pennes du milieu qui sont noires (a) ; et, dans son *Systema naturæ*, il dit (b), avec MM. Brisson et Willughby (c), que ces mêmes pennes sont blanches et les latérales noires ; tous ces naturalistes n'y ont pas regardé d'assez près. Dans les sujets que nous avons examinés, nous avons trouvé la queue composée de deux rangs de plumes l'un sur l'autre ; celui de dessus blanc en entier, et celui de dessous noir, ayant chacun quatorze plumes (d). Klein parle d'un oiseau de cette espèce qu'il avait reçu de Prusse le 20 janvier 1747, et qui était entièrement blanc, excepté le bec, la partie inférieure de la queue et la tige de six pennes de l'aile. Le pasteur lapon Samuel Rhéen, qu'il cite, assure que sa poule de neige, qui est notre lagopède, n'avait pas une seule plume noire, excepté la femelle, qui en avait une de cette couleur à chaque aile (e) ; et la perdrix blanche dont parle Gesner (f) était en effet toute blanche, excepté autour des oreilles, où elle avait quelques marques noires ; les couvertures de la queue, qui sont blanches et s'étendent par toute sa longueur et recouvrent les plumes noires, ont donné lieu à la plupart de ces méprises. M. Brisson compte dix-huit pennes dans la queue, tandis que Willughby et la plupart des autres ornithologistes n'en comptent que seize, et qu'il n'y en a réellement que quatorze ; il semble que le plumage de cet oiseau, tout variable qu'il est, est sujet à moins de variétés que l'on n'en trouve dans les descriptions des naturalistes (g). Les ailes ont

(a) « Tetrao rectricibus albis, intermediis nigris, apice albis. » *Faun. suec.*, n° 169.
(b) « Tetrao pedibus lanatis, remigibus albis, rectricibus nigris, apice albis, intermediis » totis albis. » *Syst. nat.*, édit. X, p. 159, n° 91, art. IV.
(c) Willughby, p. 127, n° 5.
(d) On ne peut compter exactement le nombre de ces plumes qu'en déplumant, comme nous l'avons fait, le dessus et le dessous du croupion de ces oiseaux ; et c'est ainsi que nous nous sommes assuré qu'il y en a quatorze blanches en dessus et quatorze noires en dessous.
(e) Klein, p. 173.
(f) Gesner, p. 577.
(g) Il n'est pas étonnant que les auteurs diffèrent du blanc au noir sur la couleur des plumes latérales de la queue de cet oiseau ; car en déployant et étendant cette queue avec la main, on est absolument le maître de terminer les côtés par des plumes noires ou par des plumes blanches, parce qu'on peut les étendre et les placer également de côté. M. Daubenton le jeune a très bien remarqué qu'il y aurait encore une autre manière de se décider ici sur

vingt-quatre pennes, dont la troisième, à compter de la plus extérieure, est la plus longue ; et ces trois pennes, ainsi que les trois suivantes de chaque côté, ont la tige noire lors même qu'elles sont blanches ; le duvet qui environne les pieds et les doigts jusqu'aux ongles est fort doux et fort épais, et l'on n'a pas manqué de dire que c'étaient des espèces de gants fourrés que la nature avait accordés à ces oiseaux pour les garantir des grands froids auxquels ils sont exposés ; leurs ongles sont fort longs, même celui du petit doigt de derrière ; celui du doigt du milieu est creusé par-dessous, selon sa longueur, et les bords en sont tranchants, ce qui lui donne de la facilité pour se creuser des trous dans la neige.

Le lagopède est au moins de la grosseur d'un pigeon privé, selon Willughby ; il a quatorze à quinze pouces de long, vingt et un à vingt-deux pouces de vol, et pèse quatorze onces ; le nôtre est un peu moins gros ; mais M. Linnæus a remarqué qu'il y en avait de différentes grandeurs, et que le plus petit de tous était celui des Alpes (a). Il est vrai qu'il ajoute au même endroit que cet oiseau se trouve dans les forêts des provinces du nord, et surtout de la Laponie, ce qui me ferait douter que ce fût la même espèce que notre lagopède des Alpes, qui a des habitudes toutes différentes, puisqu'il ne se plaît que sur les plus hautes montagnes : à moins qu'on ne veuille dire que la température qui règne sur la cime de nos Alpes est à peu près la même que celle des vallées et des forêts de Laponie. Mais ce qui achève de me persuader qu'il y a ici confusion d'espèces, c'est le peu d'accord des écrivains sur le cri du lagopède. Belon dit qu'il chante comme la perdrix (b); Gesner, que sa voix a quelque chose de celle du cerf (c) : Linnæus compare son ramage à un caquet babillard et à un rire moqueur. Enfin, Willughby parle des plumes des pieds comme d'un duvet doux (plumulis mollibus), et Frisch les compare à des soies de cochon (d). Or, comment rapporter à la même espèce des oiseaux qui diffèrent par la grandeur, par les habitudes nouvelles, par la voix, par la qualité de leurs plumes? je pourrais encore ajouter par leurs couleurs, car nous avons vu que celle des pennes de la queue n'est rien moins que constante ; mais ici les couleurs du plumage sont si variables dans le même individu, qu'il ne

la contradiction des auteurs, et de reconnaître évidemment que la queue n'est composée que de quatorze plumes toutes noires, à l'exception de la plus extérieure qui est bordée de blanc près de son origine, et de la pointe qui est blanche dans toutes, parce que les tuyaux de ces quatorze plumes noires sont plus gros, du double, que les tuyaux des quatorze plumes blanches, et que ceux-ci sont moins avancés, ne recouvrant pas même en entier les tuyaux des plumes noires; en sorte qu'on peut croire que ces plumes blanches ne servent que de couvertures, quoique les quatre du milieu soient aussi grandes que les noires, lesquelles sont à très peu près toutes également longues.

(a) Linnæus, *Fauna succica*, p. 169.
(b) Belon, *Nature des oiseaux*, p. 239.
(c) Gesner, p. 578.
(d) Frisch, *Nature des oiseaux*, planche cx.

serait pas raisonnable d'en faire le caractère de l'espèce. Je me crois donc fondé à séparer le lagopède des Alpes, des Pyrénées et autres montagnes semblables, d'avec les oiseaux de même genre qui se trouvent dans les forêts et même dans les plaines des pays septentrionaux, et qui paraissent être plutôt des tétras, des gelinottes ou des attagas; et en cela je ne fais que me rapprocher de l'opinion de Pline, qui parle de son *lagopus* comme d'un oiseau propre aux Alpes.

Nous avons vu ci-dessus que le blanc était sa livrée d'hiver; celle d'été consiste en des taches brunes, semées sans ordre sur un fond blanc : on peut dire néanmoins qu'il n'y a point d'été pour lui, et qu'il est déterminé par sa singulière organisation à ne se plaire que dans une température glaciale; car, à mesure que la neige fond sur le penchant des montagnes, il monte et va chercher sur les sommets les plus élevés celle qui ne fond jamais; non seulement il s'en approche, mais il s'y creuse des trous, des espèces de clapiers, où il se met à l'abri des rayons du soleil qui paraissent l'offusquer ou l'incommoder (*a*). Il serait curieux d'observer de près cet oiseau, d'étudier sa conformation intérieure, la structure de ses organes, de démêler pourquoi le froid lui est si nécessaire, pourquoi il évite le soleil avec tant de soin, tandis que presque tous les êtres animés le désirent, le cherchent, le saluent comme le père de la nature, et reçoivent avec délices les douces influences de sa chaleur féconde et bienfaisante : serait-ce par les mêmes causes qui obligent les oiseaux de nuit à fuir la lumière? ou les lagopèdes seraient-ils les chacrelas de la famille des oiseaux?

Quoi qu'il en soit, on comprend bien qu'un oiseau de cette nature est difficile à apprivoiser, et Pline le dit expressément, comme nous l'avons vu : cependant Redi parle de deux lagopèdes qu'il nomme *perdrix blanches des Pyrénées*, et qu'on avait nourries dans la volière du jardin de Baboli, appartenant au grand-duc (*b*).

Les lagopèdes volent par troupes, et ne volent jamais bien haut, car ce sont des oiseaux pesants : lorsqu'ils voient un homme, ils restent immobiles sur la neige pour n'être point aperçus; mais ils sont souvent trahis par leur blancheur, qui a plus d'éclat que la neige même. Au reste, soit stupidité, soit inexpérience, ils se familiarisent assez aisément avec l'homme; souvent, pour les prendre, il ne faut que leur présenter du pain, ou même faire tourner un chapeau devant eux et saisir le moment où ils s'occupent de ce nouvel objet pour leur passer un lacet dans le cou ou pour les tuer par derrière à coups de perches (*c*); on dit même qu'ils n'oseraient jamais franchir une rangée de pierres alignées grossièrement, comme pour faire la première assise d'une muraille, et qu'ils iront constamment tout le long

(*a*) Belon, p. 239.
(*b*) Voyez *Collect. Acad.*, partie étrangère, t. Ier, p. 520.
(*c*) Gesner, p. 573.

de cette humble barrière jusqu'aux pièges que les chasseurs leur ont préparés (*).

Ils vivent des chatons des feuilles et des jeunes pousses de pin, de bouleau, de bruyère, de myrtille et d'autres plantes qui croissent ordinairement sur les montagnes (a); et c'est sans doute à la qualité de leur nourriture qu'on doit imputer cette légère amertume qu'on reproche à leur chair (b), laquelle est d'ailleurs un bon manger : on la regarde comme viande noire, et c'est un gibier très commun, tant sur le mont Cenis que dans toutes les villes et villages à portée des montagnes de Savoie (c); j'en ai mangé, et je lui trouve beaucoup de ressemblance pour le goût avec la chair du lièvre.

Les femelles pondent et couvent leurs œufs à terre, ou plutôt sur les rochers (d); c'est tout ce qu'on sait de leur façon de se multiplier : il faudrait avoir des ailes pour étudier à fond les mœurs et les habitudes des oiseaux, et surtout de ceux qui ne veulent point se plier au joug de la domesticité, et qui ne se plaisent que dans des lieux inhabitables.

Le lagopède a un très gros jabot, un gésier musculeux où l'on trouve de petites pierres mêlées avec les aliments; les intestins longs de trente-six à trente-sept pouces ; de gros *cæcums* cannelés et fort longs, mais de longueur inégale, selon Redi, et qui sont souvent pleins de très petits vers (e); les tuniques de l'intestin grêle présentent un réseau très curieux formé par une multitude de petits vaisseaux, ou plutôt de petites rides disposées avec ordre et symétrie (f) : on a remarqué qu'il avait le cœur un peu plus petit, et la rate beaucoup plus petite que l'attagas (g), et que le canal cystique et le conduit hépatique allaient se rendre dans les intestins séparément, et même à une assez grande distance l'un de l'autre (h).

Je ne puis finir cet article sans remarquer, avec Aldrovande, que, parmi les noms divers qui ont été donnés au lagopède, Gesner place celui d'*urblan* comme un mot italien en usage dans la Lombardie, mais que ce mot est tout à fait étranger et à la Lombardie et à toute oreille italienne : il pourrait bien en être de même de *rhoncas* et de *herbey*, autres noms que, selon le même Gesner, les Grisons, qui parlent italien, donnent aux lagopèdes. Dans la partie de la Savoie qui avoisine le Valais on les nomme *arbenne*, et ce mot différemment altéré par différents patois, moitié suisse, moitié grison, aura pu produire quelques-uns de ceux dont je viens de parler.

(a) Willughby, p. 127; Klein, p. 116.
(b) Gesner, p. 578.
(c) Belon, p. 239.
(d) Gesner, p. 578; Rzaczynski, p. 411.
(e) Collect. Acad., partie étrangère, t. 1er, p. 520.
(f) Voyez Klein, p. 117; et Willughby, p. 127, n° 5.
(g) Roberg. apud Kleinum Hist. Avi., p. 117.
(h) Redi, Collect. Acad., partie étrangère, t. 1er, p. 467.

(*) Les chasseurs norvégiens appellent le mâle en imitant le cri de la femelle.

LE LAGOPÈDE DE LA BAIE D'HUDSON

Les auteurs de la *Zoologie britannique* (a) font à M. Brisson un juste reproche de ce qu'il joint, dans une même liste (b), le ptarmigan avec la perdrix blanche de M. Edwards, planche LXXII, comme ne faisant qu'un seul et même oiseau, tandis que ce sont en effet deux espèces différentes; car la perdrix blanche de M. Edwards est plus de deux fois plus grosse que le ptarmigan, et les couleurs de leur plumage d'été sont aussi fort différentes, celle-là ayant de larges taches de blanc et d'orangé foncé, et le ptarmigan ayant des mouchetures d'un brun obscur sur un brun clair : du reste, ces mêmes auteurs avouent que la livrée d'hiver de ces oiseaux est la même, c'est-à-dire presque entièrement blanche. M. Edwards dit que les pennes latérales de la queue sont noires, même en hiver, avec du blanc au bout; et cependant il ajoute plus bas qu'un de ces oiseaux qui avait été tué en hiver, et apporté de la baie d'Hudson par M. Light, était parfaitement blanc, ce qui prouve de plus en plus combien, dans cette espèce, les couleurs du plumage sont variables.

La perdrix blanche, dont il s'agit ici (*), est de grosseur moyenne entre la perdrix et le faisan, et elle aurait assez la forme de la perdrix si elle n'avait pas la queue un peu longue. Le sujet représenté dans la planche LXXII d'Edwards est un coq, tel qu'il est au printemps lorsqu'il commence à prendre sa livrée d'été, et lorsque, éprouvant les influences de cette saison d'amour, il a ses sourcils membraneux plus rouges et plus saillants, plus élevés, tels en un mot que ceux de l'attagas; il a en outre de petites plumes blanches autour des yeux et d'autres à la base du bec, lesquelles recouvrent les orifices des narines; les deux pennes du milieu sont variées comme celles du cou, les deux suivantes sont blanches, et toutes les autres noirâtres avec du blanc à la pointe en été comme en hiver.

La livrée d'été ne s'étend que sur la partie supérieure du corps; le ventre reste toujours blanc; les pieds et les doigts sont entièrement couverts de plumes, ou plutôt de poils blancs; les ongles sont moins courbés qu'ils ne le sont ordinairement dans les oiseaux (c). Cette perdrix blanche se tient toute l'année à la baie d'Hudson, elle y passe les nuits dans des trous qu'elle sait

(a) *Britisch Zoology*, p. 86.

(b) Brisson, *Ornithologie*, t. Ier, p. 216 et 217.

(c) Nous avons vu deux oiseaux envoyés de Sibérie, sous le nom de *lagopèdes*, qui sont vraisemblablement de la même espèce que le lagopède de la baie d'Hudson, et qui ont en effet les ongles si plats, qu'ils ressemblaient plutôt à des ongles de singe qu'à des griffes d'oiseaux.

(*) C'est le *Tetrao saliceti* TEMM.

se creuser sous la neige, dont la consistance en ces contrées est comme celle d'un sable très fin : le matin elle prend son essor et s'élève droit en haut en secouant la neige de dessus ses ailes; elle mange le matin et le soir, et ne paraît pas craindre le soleil comme notre lagopède des Alpes, puisqu'elle se tient tous les jours exposée à l'action de ses rayons dans le temps de la journée où ils ont le plus de force. M. Edwards a reçu ce même oiseau de Norvège, qui me paraît faire la nuance entre le lagopède, dont il a les pieds, et l'attagas, dont il a les grands sourcils rouges.

OISEAUX ÉTRANGERS

QUI ONT RAPPORT AUX COQS DE BRUYÈRE, AUX GELINOTTES, AUX ATTAGAS, ETC.

I. — LA GELINOTTE DE CANADA.

Il me paraît que M. Brisson a fait un double emploi en donnant la gelinotte de Canada (*) qu'il a vue, pour une espèce différente de la gelinotte de la baie d'Hudson, qu'à la vérité il n'avait pas vue; mais il suffisait de comparer la gelinotte de Canada en nature avec les planches enluminées d'Edwards de la gelinotte de la baie d'Hudson, pour reconnaître que c'était le même oiseau. Voilà donc une espèce nominale de moins, et l'on doit attribuer à la gelinotte de Canada tout ce que MM. Ellis et Edwards disent de la gelinotte de la baie d'Hudson.

Elle abonde toute l'année dans les terres voisines de la baie d'Hudson; elle y habite par préférence les plaines et les lieux bas, au lieu que, sous un autre ciel, la même espèce, dit M. Ellis, ne se trouve que dans des terres fort élevées, et même au sommet des montagnes : en Canada elle porte le nom de perdrix.

Le mâle est plus petit que la gelinotte ordinaire; il a les sourcils rouges, les narines couvertes de petites plumes noires, les ailes courtes, les pieds velus jusqu'au bas du tarse, les doigts et les ongles gris, le bec noir; en général il est d'une couleur fort rembrunie, et qui n'est égayée que par quelques taches blanches autour des yeux, sur les flancs et en quelques autres endroits.

La femelle est plus petite que le mâle, et elle a les couleurs de son plumage moins sombres et plus variées; elle lui ressemble dans tout le reste.

(*) *Tetrao canadensis* L.

L'un et l'autre mangent des pignons de pin, des baies de genévrier, etc. On les trouve dans le nord de l'Amérique en très grande quantité, et on en fait des provisions aux approches de l'hiver ; la gelée les saisit et les conserve, et, à mesure qu'on en veut manger, on les fait dégeler dans l'eau froide.

II. — LE COQ DE BRUYÈRE A FRAISE OU LA GROSSE GELINOTTE DE CANADA.

Je soupçonne encore ici un double emploi, et je suis bien tenté de croire que cette grosse gelinotte de Canada (*) que M. Brisson donne comme une espèce nouvelle et différente de sa gelinotte huppée de Pensylvanie, est néanmoins la même, c'est-à-dire la même aussi que celle du coq de bruyère à fraise de M. Edwards : il est vrai qu'en comparant cet oiseau en nature, ou même notre planche enluminée, avec celle de M. Edwards, n° 248, il paraîtra au premier coup d'œil des différences très considérables entre ces deux oiseaux ; mais si l'on fait attention aux ressemblances, et en même temps aux différentes vues des dessinateurs, dont l'un, M. Edwards, a voulu représenter les plumes au-dessus des ailes et de la tête, relevées comme si l'oiseau était non seulement vivant, mais en action d'amour, et dont l'autre, M. Martinet, n'a dessiné cet oiseau que mort et sans plumes érigées ou redressées, la disconvenance des dessins se réduira à peu de chose, ou plutôt s'évanouira tout à fait par une présomption bien fondée, c'est que notre oiseau est la femelle de celui d'Edwards : d'ailleurs, cet habile naturaliste dit positivement qu'il ne fait que supposer la huppe à son oiseau, parce que, ayant les plumes du sommet de la tête plus longues que les autres, il présume qu'il peut les redresser à sa volonté, comme celles qui sont au-dessus de ses ailes. Et du reste, la grandeur, la figure, les mœurs et le climat étant ici les mêmes, je pense être fondé à présumer que la grosse gelinotte de Canada, la gelinotte huppée de Pensylvanie de M. Brisson, et le coq de bruyère à fraise de M. Edwards, ne font qu'une seule et même espèce, à laquelle on doit encore rapporter le coq de bois d'Amérique, décrit et représenté par Catesby (a).

Elle est un peu plus grosse que la gelinotte ordinaire, et lui ressemble par ses ailes courtes, et en ce que les plumes qui couvrent ses pieds ne descendent pas jusqu'aux doigts ; mais elle n'a ni sourcils rouges, ni cercles de cette couleur autour des yeux : ce qui la caractérise, ce sont deux touffes de plumes plus longues que les autres et recourbées en bas, qu'elle a au

(a) Catesby, *Appendix*, fig. 1.

(*) *Tetrao umbellus* et *togatus* GMEL.

haut de la poitrine, une de chaque côté; les plumes de ces touffes sont d'un beau noir, ayant sur leurs bords des reflets brillants qui jouent entre la couleur d'or et le vert; l'oiseau peut relever, quand il veut, ces espèces de fausses ailes, qui, lorsqu'elles sont pliées, tombent de part et d'autre sur la partie supérieure des ailes véritables; le bec, les doigts et les ongles sont d'un brun rougeâtre.

Cet oiseau, selon M. Edwards, est fort commun dans le Maryland et la Pensylvanie, où on lui donne le nom de *faisan :* cependant il a, par son naturel et ses habitudes, beaucoup plus d'affinité avec le tétras ou coq de bruyère; il tient le milieu pour la grosseur entre le faisan et la perdrix; ses pieds sont garnis de plumes, et ses doigts dentelés sur les bords comme ceux des tétras; son bec est semblable à celui du coq ordinaire; l'ouverture des narines est recouverte par de petites plumes qui naissent de la base du bec et se dirigent en avant; tout le dessus du corps, compris la tête, la queue et les ailes, est émaillé de différentes couleurs brunes, plus ou moins claires, d'orangé et de noir; la gorge est d'un orangé brillant, quoique un peu foncé; l'estomac, le ventre et les cuisses ont des taches noires en forme de croissant, distribuées avec régularité sur un fond blanc; il a sur la tête et autour du cou de longues plumes, dont il peut, en les redressant à son gré, se former une huppe et une sorte de fraise, ce qu'il fait principalement lorsqu'il est en amour; il relève en même temps les plumes de sa queue en faisant la roue, gonflant son jabot, traînant les ailes et accompagnant son action d'un bruit sourd et d'un bourdonnement semblable à celui du coq d'Inde; et il a de plus, pour rappeler ses femelles, un battement d'ailes très singulier et assez fort pour se faire entendre à un demi-mille de distance par un temps calme; il se plaît à cet exercice au printemps et en automne, qui sont le temps de sa chaleur, et il le répète tous les jours à des heures réglées, savoir, à neuf heures du matin et sur les quatre hures du soir, mais toujours étant posé sur un tronc sec : lorsqu'il commence, il met d'abord un intervalle d'environ deux secondes entre chaque battement, puis accélérant la vitesse par degrés, les coups se succèdent à la fin avec tant de rapidité qu'ils ne font plus qu'un bruit continu, semblable à celui d'un tambour, d'autres disent d'un tonnerre éloigné; ce bruit dure environ une minute, et recommence par les mêmes gradations après sept ou huit minutes de repos; tout ce bruit n'est qu'une invitation d'amour que le mâle adresse à ses femelles, que celles-ci entendent de loin, et qui devient l'annonce d'une génération nouvelle, mais qui ne devient aussi que trop souvent un signal de destruction; car les chasseurs, avertis par ce bruit qui n'est point pour eux, s'approchent de l'oiseau sans en être aperçus et saisissent le moment de cette espèce de convulsion pour le tirer à coup sûr. Je dis sans en être aperçus, car, dès que cet oiseau voit un homme il s'arrête aussitôt, fût-il dans la plus grande violence de son mouvement, et il s'envole à trois ou quatre cents pas : ce sont bien là les habitudes de nos tétras d'Europe et leurs mœurs, quoiqu'un peu outrées.

La nourriture ordinaire de ceux de Pensylvanie sont les grains, les fruits, les raisins, et surtout les baies de lierre, ce qui est remarquable parce que ces baies sont un poison pour plusieurs animaux.

Ils ne couvent que deux fois l'année, apparemment au printemps et en automne, qui sont les deux saisons où le mâle bat des ailes; ils font leurs nids à terre avec des feuilles, ou à côté d'un tronc sec couché par terre, ou au pied d'un arbre debout, ce qui dénote un oiseau pesant; ils pondent de douze à seize œufs, et les couvent environ trois semaines; la mère a fort à cœur la conservation de ses petits; elle s'expose à tout pour les défendre, et cherche à attirer sur elle-même les dangers qui les menacent; ses petits, de leur côté, savent se cacher très finement dans les feuilles; mais tout cela n'empêche pas que les oiseaux de proie n'en détruisent beaucoup : la couvée forme une compagnie qui ne se divise qu'au printemps de l'année suivante.

Ces oiseaux sont fort sauvages, et rien ne peut les apprivoiser; si on en fait couver par des poules ordinaires, ils s'échapperont et s'enfuiront dans les bois presque aussitôt qu'ils seront éclos.

Leur chair est blanche et très bonne à manger : serait-ce par cette raison que les oiseaux de proie leur donnent la chasse avec tant d'acharnement? Nous avons déjà eu ce soupçon à l'occasion des tétras d'Europe; s'il était confirmé par un nombre suffisant d'observations, il s'ensuivrait non seulement que la voracité n'exclut pas toujours un appétit de préférence, mais que l'oiseau de proie est à peu près de même goût que l'homme, et ce serait une analogie de plus entre les deux espèces.

III. — LA GELINOTTE A LONGUE QUEUE.

L'oiseau d'Amérique, qu'on peut appeler gelinotte à longue queue (*), dessiné et décrit par M. Edwards sous le nom de *heath cock* ou *grous*, coq de bruyère de la baie d'Hudson, et qui me paraît être plus voisin des gelinottes que des coqs de bruyère, ou des faisans dont on lui a aussi donné le nom. Cette gelinotte à longue queue, représentée dans la planche cxvii de M. Edwards, est une femelle; elle a la grosseur, la couleur et la longue queue du faisan; le plumage du mâle est plus rembruni, plus lustré, et il a des reflets à l'endroit du cou; ce mâle se tient aussi très droit, et il a la démarche fière : différences qui se retrouvent constamment entre le mâle et la femelle dans toutes les espèces qui appartiennent à ce genre d'oiseau. M. Edwards n'a pas osé donner des sourcils rouges à cette femelle, parce qu'il n'a vu que l'oiseau empaillé, sur lequel ce caractère n'était point assez

(*) *Tetrao phasianellus* GMEL.

apparent; les pieds étaient pattus, les doigts dentelés sur les bords; le doigt postérieur fort court.

A la baie d'Hudson, on donne à ces gelinottes le nom de *faisan;* en effet ils font, par leur longue queue, la nuance entre les gelinottes et les faisans; les deux pennes du milieu de cette queue excèdent d'environ deux pouces les deux suivantes de part et d'autre, et ainsi de suite : ces oiseaux se trouvent aussi en Virginie, dans les bois et lieux inhabités.

LE PAON

Si l'empire appartenait à la beauté et non à la force, le paon (*) serait, sans contredit, le roi des oiseaux; il n'en est point sur qui la nature ait versé ses trésors avec plus de profusion : la taille grande, le port imposant, la démarche fière, la figure noble, les proportions du corps élégantes et sveltes, tout ce qui annonce un être de distinction lui a été donné; une aigrette mobile et légère, peinte des plus riches couleurs, orne sa tête et l'élève sans la charger; son incomparable plumage semble réunir tout ce qui flatte nos yeux dans le coloris tendre et frais des plus belles fleurs, tout ce qui les éblouit dans les reflets pétillants des pierreries, tout ce qui les étonne dans l'éclat majestueux de l'arc-en-ciel; non seulement la nature a réuni sur le plumage du paon toutes les couleurs du ciel et de la terre pour en faire le chef-d'œuvre de sa magnificence, elle les a encore mêlées, assorties, nuancées, fondues de son inimitable pinceau et en a fait un tableau unique, où elles tirent de leur mélange avec des nuances plus sombres, et de leurs oppositions entre elles, un nouveau lustre et des effets de lumière si sublimes que notre art ne peut ni les imiter ni les décrire.

Tel paraît à nos yeux le plumage du paon, lorsqu'il se promène paisible et seul dans un beau jour de printemps; mais si sa femelle vient tout à coup à paraître, si les feux de l'amour, se joignant aux secrètes influences de la saison, le tirent de son repos, lui inspirent une nouvelle ardeur et de nouveaux désirs, alors toutes ses beautés se multiplient, ses yeux s'animent et prennent de l'expression, son aigrette s'agite sur sa tête et annonce l'émotion intérieure; les longues plumes de sa queue déploient, en se relevant, leurs richesses éblouissantes; sa tête et son cou, se renversant noblement en arrière, se dessinent avec grâce sur ce fond radieux, où la lumière du soleil se joue en mille manières, se perd et se reproduit sans cesse, et semble prendre un nouvel éclat plus doux et plus moelleux, de nouvelles couleurs plus variées et plus harmonieuses; chaque mouvement de l'oiseau produit des milliers de nuances nouvelles, des gerbes de reflets ondoyants et fugitifs,

---

(*) *Pavo cristatus* L. — Les Paons sont des Gallinacés de la famille des Phasianidés. Ils se distinguent des Coqs, qui appartiennent à la même famille, par une tête dépourvue de lobes cutanés et ornée d'une aigrette, et, chez le mâle, par une queue à couvertures longues et ornées de dessins en forme d'yeux.

sans cesse remplacés par d'autres reflets et d'autres nuances toujours diverses et toujours admirables.

Le paon ne semble alors connaître ses avantages que pour en faire hommage à sa compagne, qui en est privée sans en être moins chérie, et la vivacité que l'ardeur de l'amour mêle à son action ne fait qu'ajouter de nouvelles grâces à ses mouvements, qui sont naturellement nobles, fiers et majestueux, et qui, dans ces moments, sont accompagnés d'un murmure énergique et sourd qui exprime le désir (a).

Mais ces plumes brillantes, qui surpassent en éclat les plus belles fleurs, se flétrissent aussi comme elles, et tombent chaque année (b); le paon, comme s'il sentait la honte de sa perte, craint de se faire voir dans cet état humiliant, et cherche les retraites les plus sombres pour s'y cacher à tous les yeux, jusqu'à ce qu'un nouveau printemps, lui rendant sa parure accoutumée, le ramène sur la scène pour y jouir des hommages dus à sa beauté : car on prétend qu'il en jouit en effet, qu'il est sensible à l'admiration, que le vrai moyen de l'engager à étaler ses belles plumes, c'est de lui donner des regards d'attention et des louanges et que, au contraire, lorsqu'on paraît le regarder froidement et sans beaucoup d'intérêt, il replie tous ses trésors et les cache à qui ne sait point les admirer.

Quoique le paon soit depuis longtemps comme naturalisé en Europe, cependant il n'en est pas plus originaire : ce sont les Indes orientales, c'est le climat qui produit le saphir, le rubis, la topaze, qui doit être regardé comme son pays natal; c'est de là qu'il a passé dans la partie occidentale de l'Asie, où, selon le témoignage positif de Théophraste, cité par Pline, il avait été apporté d'ailleurs (c), au lieu qu'il ne paraît pas avoir passé de la partie la plus orientale de l'Asie, qui est la Chine, dans les Indes ; car les voyageurs s'accordent à dire que, quoique les paons soient fort communs aux Indes orientales, on ne voit à la Chine que ceux qu'on y transporte des autres pays (d), ce qui prouve au moins qu'ils sont très rares à la Chine.

Élien assure que ce sont les barbares qui ont fait présent à la Grèce de ce bel oiseau (e); et ces barbares ne peuvent guère être que les Indiens, puisque c'est aux Indes que Alexandre, qui avait parcouru l'Asie, et qui connaissait bien la Grèce, en a vu pour la première fois (f) : d'ailleurs, il n'est point de pays où ils soient plus généralement répandus et en aussi grande

---

(a) « Cum stridore procurrens. » Palladius, de Re rusticâ, lib. i, cap. xxviii.

(b) « Amittit pennas cum primis arborum frondibus, recipit cum germine earumdem. » Aristote, Hist. animal., lib. vi, cap. ix.

(c) « Quippe cùm Theophrastus tradat invectitias esse in Asiâ etiam columbas et pavones. » Plinii Hist. nat., lib. x, cap. xxix.

(d) Navarrette, Description de la Chine, p. 40 et 42.

(e) « Ex Barbaris ad Græcos exportatus esse dicitur, primum autem diu rarus. » Élien, Hist. animal., lib. v, cap. xxi.

(f) Idem, ibidem.

abondance que dans les Indes. Mandeslo (a) et Thévenot (b) en ont trouvé en grand nombre dans la province de Guzarate ; Tavernier dans toutes les Indes, mais particulièrement dans les territoires de Baroche, de Cambaya et de Broudra (c) ; François Pyrard aux environs de Calicut (d) ; les Hollandais sur toute la côte de Malabar (e) ; Lintscot dans l'île de Ceylan (f) ; l'auteur du second *Voyage de Siam*, dans les forêts sur les frontières de ce royaume, du côté de Cambodge (g), et aux environs de la rivière de Meinam (h) ; Le Gentil à Java, Gemelli Careri dans les îles Calamianes (i), situées entre les Philippines et Bornéo. Si on ajoute à cela que dans presque toutes ces contrées les paons vivent dans l'état de sauvages, qu'ils ne sont nulle part ni si grands (j) ni si féconds (k), on ne pourra s'empêcher de regarder les Indes comme leur climat naturel (l) ; et, en effet, un si bel oiseau ne pouvait guère manquer d'appartenir à ce pays si riche, si abondant en choses précieuses, où se trouvent la beauté, la richesse en tout genre, l'or, les perles, les pierreries, et qui doit être regardé comme le climat du luxe de la nature. Cette opinion est confirmée en quelque sorte par le texte sacré ; car nous voyons que les paons sont comptés parmi les choses précieuses que la flotte de Salomon rapportait tous les trois ans ; et il est clair que c'est ou des Indes ou de la côte d'Afrique la plus voisine des Indes, que cette flotte, formée et équipée sur la mer Rouge (m), et qui ne pouvait s'éloigner des côtes, tirait ses richesses : or, il y a de fortes raisons de croire que ce n'était point des côtes d'Afrique, car jamais voyageur n'a dit avoir aperçu dans toute l'Afrique, ni même dans les îles adjacentes, des paons sauvages qui pussent être regardés comme propres et naturels à ces pays, si ce n'est dans l'île de Sainte-Hélène, où l'amiral Verhowen trouva des paons qu'on ne pouvait prendre qu'en les tuant à coups de fusil (n) ; mais on ne se persuadera pas apparemment que la flotte de Salomon, qui n'avait point de boussole, se

(a) Mandeslo, *Voyage des Indes*, t. II, liv. I, p. 147.

(b) Thévenot, *Voyage au Levant*, t. III, p. 18.

(c) *Voyages de Tavernier*, t. III, liv. I, p. 57 et 58.

(d) *Voyages de François Pyrard*, t. Ier, p. 426.

(e) *Recueil des voyages qui ont servi à l'établissement de la Compagnie des Indes*, t. IV, p. 16.

(f) J. Hugonis Lintscot, *Navigatio in Orientem*, p. 39.

(g) *Second voyage de Siam*, p. 75.

(h) *Idem*, p. 248.

(i) Gemelli Careri, *Voyage autour du monde*, t. V, p. 270.

(j) « Sunt et pavones in Indiâ maximi omnium. » Ælian, *de Naturâ animal.*, lib. XVI, cap. II.

(k) Petrus Martyr, *de Rebus Oceani*, dit que les paons pondent aux Indes de vingt à trente œufs.

(l) Voyez *Seconde relation des Hollandais*, p. 370.

(m) Voyez le troisième livre des Rois, chap. IX, v. 26.

(n) *Recueil des voyages qui ont servi à l'établissement de la Compagnie des Indes*, t. IV, p. 161.

rendit tous les trois ans à l'île de Sainte-Hélène, où, d'ailleurs, elle n'aurait trouvé ni or, ni argent, ni ivoire, ni presque rien de tout ce qu'elle cherchait (a) : de plus, il me paraît vraisemblable que cette île, éloignée de plus de trois cents lieues du continent, n'avait pas même de paons du temps de Salomon, mais que ceux qu'y trouvèrent les Hollandais y avaient été lâchés par les Portugais, à qui elle avait appartenu, ou par d'autres, et qu'ils s'y étaient multipliés d'autant plus facilement que l'île de Sainte-Hélène n'a, dit-on, ni bête venimeuse ni animal vorace.

On ne peut guère douter que les paons que Kolbe a vus au cap de Bonne-Espérance, et qu'il dit être parfaitement semblables à ceux d'Europe, quoique la figure qu'il en donne s'en éloigne beaucoup (b), n'eussent la même origine que ceux de Sainte-Hélène, et qu'ils n'y eussent été apportés par quelques-uns des vaisseaux européens qui arrivent en foule sur cette côte.

On peut dire la même chose de ceux que les voyageurs ont aperçus au royaume de Congo (c) avec des dindons qui certainement n'étaient point des oiseaux d'Afrique, et encore de ceux que l'on trouve sur les confins d'Angola, dans un bois environné de murs, où on les entretient pour le roi du pays (d) : cette conjecture est fortifiée par le témoignage de Bosman, qui dit en termes formels qu'il n'y a point de paons sur la côte d'Or, et que l'oiseau pris par M. de Foquembrog et par d'autres pour un paon est un oiseau tout différent, appelé *kroon-vogel* (e).

De plus, la dénomination de paon d'Afrique, donnée par la plupart des voyageurs aux demoiselles de Numidie (f), est encore une preuve directe que l'Afrique ne produit point de paons ; et si l'on en a vu anciennement en Libye, comme le rapporte Eustathe, c'en était sans doute qui avaient passé ou qu'on avait portés dans cette contrée de l'Afrique, l'une des plus voisines de la Judée, où Salomon en avait mis longtemps auparavant ; mais il ne paraît pas qu'ils l'eussent adoptée pour leur patrie et qu'ils s'y fussent beaucoup multipliés, puisqu'il y avait des lois très sévères contre ceux qui en avaient tué ou seulement blessé quelqu'un (g).

Il est donc à présumer que ce n'était point des côtes d'Afrique que la flotte de Salomon rapportait les paons, des côtes d'Afrique, dis-je, où ils sont fort

---

(a) « Aurum, argentum, dentes elephantorum, et simias et pavos. » Reg., lib. III, cap. x, v. 22.

(b) Voyez l'*Histoire générale des Voyages*, t. V, pl. XXIV.

(c) Voyage de P. Van den Broeck, dans le *Recueil des voyages qui ont servi à l'établissement de la Compagnie des Indes*, t. IV, p. 321.

(d) Relation de Pigafetta, p. 92 et suivantes.

(e) *Voyage de Guinée*, Lettre XVᵉ, p. 268.

(f) Voyez Labat, volume III, p. 141 ; et la *Relation du voyage de M. de Gênes au détroit de Magellan*, par le sieur Froger, p. 41.

(g) Aldrovande, *de Avibus*, t. II, p. 5.

rares, et où l'on n'en trouve point dans l'état de sauvages, mais bien des côtes d'Asie où ils abondent, où ils vivent presque partout en liberté, où ils subsistent et se multiplient sans le secours de l'homme, où ils ont plus de grosseur, plus de fécondité que partout ailleurs, où ils sont, en un mot, comme tous les animaux dans leur climat naturel.

Des Indes ils auront facilement passé dans la partie occidentale de l'Asie : aussi voyons-nous, dans Diodore de Sicile, qu'il y en avait beaucoup dans la Babylonie; la Médie en nourrissait aussi de très beaux et en si grande quantité que cet oiseau en a eu le surnom d'*avis medica* (a). Philostrate parle de ceux du Phase, qui avaient une huppe bleue (b), et les voyageurs en ont vu en Perse (c).

De l'Asie ils ont passé dans la Grèce, où ils furent d'abord si rares qu'à Athènes on les montra pendant trente ans à chaque néoménie comme un objet de curiosité, et qu'on accourait en foule des villes voisines pour les voir (d).

On ne trouve pas l'époque certaine de cette migration du paon de l'Asie dans la Grèce; mais il y a preuve qu'il n'a commencé à paraître dans ce dernier pays que depuis le temps d'Alexandre, et que sa première station au sortir de l'Asie a été l'île de Samos.

Les paons n'ont donc paru dans la Grèce que depuis Alexandre; car ce conquérant n'en vit pour la première fois que dans les Indes, comme je l'ai déjà remarqué, et il fut tellement frappé de leur beauté qu'il défendit de les tuer sous des peines très sévères; mais il y a toute apparence que peu de temps après Alexandre, et même avant la fin de son règne, ils devinrent fort communs; car nous voyons dans le poëte Antiphanes, contemporain de ce prince, et qui lui a survécu, qu'une seule paire de paons apportée en Grèce s'y était multipliée à un tel point qu'il y en avait autant que de cailles (e) : et d'ailleurs Aristote, qui ne survécut que deux ans à son élève, parle en plusieurs endroits des paons comme d'oiseaux fort connus.

En second lieu, que l'île de Samos ait été leur première station à leur passage d'Asie en Europe, c'est ce qui est probable par la position même de cette île, qui est très voisine du continent de l'Asie; et, de plus, cela est prouvé par un passage formel de Menodotus (f) : quelques-uns même, forçant

(a) *Idem, Ornithol.*, t. II, p. 12.

(b) *Ibidem*, p. 6.

(c) Thévenot, *Voyage du Levant*, t. II, p. 200.

(d) « Tanta fuit in urbibus pavonis prærogativa, ut Athenis tam a viris quàm a mulie- » ribus statuto pretio spectatus fuerit; ubi singulis noviluniis et viros et mulieres admittentes » ad hujusmodi spectaculum, ex eo fecere questum non mediocrem, multique e Lacedemone » ac Thessaliâ videndi causâ eò confluxerint. » Ælian., *Hist. anim.*, lib. v, cap. xxi.

(e) « Pavonum tantummodo per unum adduxit quispiam raram tunc avem, nunc vero » plures sunt quam coturnices. »

(f) « Sunt ibi pavones Junoni sacri, primi quidem in Samo editi ac educati, indeque deducti » ac in alias regiones devecti, veluti Galli e Perside et quas meleagridas vocant ex Ætolia » (seu Ætolia). » *Vide* Atheneus, lib. iv, cap. xxv.

le sens de ce passage, et se prévalant de certaines médailles samiennes fort antiques, où était représentée Junon avec un paon à ses pieds (a), ont prétendu que Samos était la patrie première du paon, le vrai lieu de son origine, d'où il s'était répandu dans l'Orient comme dans l'Occident ; mais il est aisé de voir, en pesant les paroles de Menodotus, qu'il n'a voulu dire autre chose sinon qu'on avait vu des paons à Samos avant d'en avoir vu dans aucune autre contrée située hors du continent de l'Asie, de même qu'on avait vu dans l'Éolie (ou l'Étolie), des méléagrides qui sont bien connues pour être des oiseaux d'Afrique avant d'en voir en aucun autre lieu de la Grèce (*Veluti.... quas meleagridas vocant ex Ætholiâ*) : d'ailleurs, l'île de Samos offrait aux paons un climat qui leur convenait, puisqu'ils y subsistaient dans l'état de sauvages (b), et que Aulu-Gelle regarde ceux de cette île comme les plus beaux de tous (c).

Ces raisons étaient plus que suffisantes pour servir de fondement à la dénomination d'oiseau de Samos, que quelques auteurs ont donnée au paon ; mais on ne pourrait pas la lui appliquer aujourd'hui, puisque M. de Tournefort ne fait aucune mention du paon dans la description de cette île, qu'il dit être pleine de perdrix, de bécasses, de bécassines, de grives, de pigeons sauvages, de tourterelles, de bec-figues et d'une volaille excellente (d) ; et il n'y a pas d'apparence que M. de Tournefort ait voulu comprendre sous la dénomination générique de volaille un oiseau aussi considérable et aussi distingué.

Les paons, ayant passé de l'Asie dans la Grèce, se sont ensuite avancés dans les parties méridionales de l'Europe, et de proche en proche en France, en Allemagne, en Suisse et jusque dans la Suède (e), où, à la vérité, ils ne subsistent qu'en petit nombre, à force de soins (f), et non sans une altération considérable de leur plumage, comme nous le verrons dans la suite.

Enfin les Européens qui, par l'étendue de leur commerce et de leur navigation, embrassent le globe entier, les ont répandus d'abord sur les côtes d'Afrique et dans quelques îles adjacentes ; ensuite dans le Mexique et de là dans le Pérou et dans quelques-unes des Antilles (g), comme Saint-Domingue

(a) On en voit encore aujourd'hui quelques-unes, et même des médaillons qui représentent le temple de Samos avec Junon et ses paons. *Voyage du Levant* de M. de Tournefort, t. Ier, p. 425.

(b) « Pavonum greges agrestes transmarini esse dicuntur in insulis Sami in luco Junonis... » Varro, *de Re rusticâ*, lib. III, p. VI.

(c) Aulu-Gelle, *Noct. Atticæ*, lib. VII, cap. XVI.

(d) M. de Tournefort, *Voyage du Levant*, t. Ier, p. 412.

(e) Les Suisses sont la seule nation qui se soit appliquée à détruire, dans leur pays, cette belle espèce d'oiseau avec autant de soin que toutes les autres en ont mis à la multiplier ; et cela en haine des ducs d'Autriche contre lesquels ils s'étaient révoltés, et dont l'écu avait une queue de paon pour cimier.

(f) Linnæus, *Syst. nat.*, édit. X, p. 156.

(g) *Histoire des Incas*, t. II, p. 329.

et la Jamaïque, où l'on en voit beaucoup aujourd'hui (a) et où avant cela il n'y en avait pas un seul, par une suite de la loi générale du climat, qui exclut du nouveau monde tout animal terrestre, attaché par sa nature aux pays chauds de l'ancien continent, loi à laquelle les oiseaux pesants ne sont pas moins assujettis que les quadrupèdes : or, l'on ne peut nier que les paons ne soient des oiseaux pesants, et les anciens l'avaient fort bien remarqué (b). Il ne faut que jeter un coup d'œil sur leur conformation extérieure pour juger qu'ils ne peuvent pas voler bien haut ni bien longtemps; la grosseur du corps, la brièveté des ailes et la longueur embarrassante de la queue sont autant d'obstacles qui les empêchent de fendre l'air avec légèreté : d'ailleurs les climats septentrionaux ne conviennent point à leur nature, et ils n'y restent jamais de leur plein gré (c).

Le coq paon n'a guère moins d'ardeur pour ses femelles, ni guère moins d'acharnement à se battre avec les autres mâles que le coq ordinaire (d); il en aurait même davantage, s'il était vrai ce qu'on en dit, que, lorsqu'il n'a qu'une ou deux poules il les tourmente, les fatigue, les rend stériles à force de les féconder, et trouble l'œuvre de la génération à force d'en répéter les actes : dans ce cas, les œufs sortent de l'*oviductus* avant qu'ils aient eu le temps d'acquérir leur maturité (e). Pour mettre à profit cette violence de tempérament, il faut donner au mâle cinq ou six femelles (f); au lieu que le coq ordinaire, qui peut suffire à quinze ou vingt poules, s'il est réduit à une seule, la féconde encore utilement et la rend mère d'une multitude de petits poussins.

Les paonnes ont le tempérament fort lascif et, lorsqu'elles sont privées de mâles, elles s'excitent entre elles, et en se frottant dans la poussière (car ce sont oiseaux pulvérateurs); et, se procurant une fécondité imparfaite, elles pondent des œufs clairs et sans germe, dont il ne résulte rien de vivant; mais cela n'arrive guère qu'au printemps, lorsque le retour d'une chaleur douce et vivante réveille la nature et ajoute un nouvel aiguillon au penchant qu'ont tous les êtres animés à se reproduire; et c'est peut-être par cette

(a) Voyez l'*Histoire de Saint-Domingue* de Charlevoix, t. Ier, p. 28-32; et la *Synopsis Avium* de Ray, p. 183.

(b) « Nec sublimiter possunt nec per longa spatia volare. » Columelle, *de Re rusticâ*, lib. viii, cap. xi.

(c) « Habitat apud nostrates rarius, præsertim in avialiis magnatum, non vero sponte. » Linnæus, *Fauna suecica*, p. 60.

(d) Voyez Columelle, *de Re rusticâ*, lib. viii, cap. xi.

(e) « Quinque gallinas desiderat; nam si unam aut alteram fœtam sæpius compresserit, » vixdum concepta, in alvo vitiat ova, nec ad partum sinit perduci, quoniam immatura geni- » talibus locis excedunt. » Columelle, *de Re rusticâ*, lib. viii, cap. xi.

(f) Je donne ici l'opinion des anciens; car des personnes intelligentes que j'ai consultées, et qui ont élevé des paons en Bourgogne, m'ont assuré, d'après leur expérience, que les mâles ne se battaient jamais, et qu'il ne fallait à chacun qu'une ou deux femelles au plus; et peut-être cela n'arrive-t-il qu'à cause de la moindre chaleur du climat.

raison qu'on a donné à ces œufs le nom de zéphyriens (*ova zephyria*), non qu'on se soit persuadé qu'un doux zéphyr suffise pour imprégner les paonnes et tous les oiseaux femelles qui pondent sans la coopération du mâle; mais parce qu'elles ne pondent guère de ces œufs que dans la nouvelle saison, annoncée ordinairement, et même désignée par les zéphyrs.

Je croirais aussi fort volontiers que la vue de leur mâle, piaffant autour d'elles, étalant sa belle queue, faisant la roue et leur montrant toute l'expression du désir, peut les animer encore davantage et leur faire produire un plus grand nombre de ces œufs stériles; mais ce que je ne croirai jamais, c'est que ce manège agréable, ces caresses superficielles, et, si j'ose ainsi parler, toutes ces courbettes de petit-maître, puissent opérer une fécondation véritable tant qu'il ne s'y joindra pas une union plus intime et des approches plus efficaces; et si quelques personnes ont cru que des paonnes avaient été fécondées ainsi par les yeux, c'est qu'apparemment ces paonnes avaient été couvertes réellement sans qu'on s'en fût aperçu (*a*).

L'âge de la pleine fécondité pour ces oiseaux est à trois ans, selon Aristote (*b*) et Columelle (*c*), et même selon Pline (*d*), qui, en répétant ce qu'a dit Aristote, y fait quelques changements; Varron fixe cet âge à deux ans (*e*), et des personnes qui ont observé ces oiseaux m'assurent que les femelles commencent déjà à pondre dans notre climat, à un an, sans doute des œufs stériles; mais presque tous s'accordent à dire que l'âge de trois ans est celui où les mâles ont pris leur entier accroissement, où ils sont en état de cocher leur poule, et où la puissance d'engendrer s'annonce en eux par une production nouvelle très considérable (*f*), celle des longues et belles plumes de leur queue, et par l'habitude qu'ils prennent aussitôt de les déployer en se pavanant et faisant la roue (*g*) : le superflu de la nourriture, n'ayant plus rien à produire dans l'individu, va s'employer désormais à la reproduction de l'espèce.

C'est au printemps que ces oiseaux se recherchent et se joignent (*h*) : si

---

(*a*) « L'on ne peut bonnement accorder ce que quelques pères de famille racontent; c'est que les paons ne couvrent leurs femelles, ains qu'ils les emplissent en faisant la roue devant elles, etc. » Belon, *Nature des oiseaux*, p. 234.

(*b*) « Parit maxime a trimatu. » *Hist. animal.*, lib. VI, cap. IX.

(*c*) *De Re rusticâ*, lib. VIII, cap. XI. « Hoc genus Avium cum trimatum explevit, optime progenerat; si quidem tenerior ætas aut sterilisant parum fœcunda. »

(*d*) « A trimatu parit : primo anno unum aut alterum ovum, sequenti quaterna quinave, cæteris duodena non amplius. » Plin., lib. X, cap. LIX.

(*e*) « Ad admissuram hæ minores bimæ non idoneæ, nec jam majores natu. » Varro, *de Re rusticâ*, lib. III, cap. VI.

(*f*) « Colores incipit fundere in trimata. » Plin., lib. X, cap. XX.

(*g*) « Ab idibus februariis ante mensem martium. » Columelle, *de Re rusticâ*, lib. VIII, cap. XI.

(*h*) *Ibidem.*

on veut les avancer, on leur donnera le matin à jeun, tous les cinq jours, des fèves légèrement grillées, selon le précepte de Columelle (a).

La femelle pond ses œufs peu de temps après qu'elle a été fécondée ; elle ne pond pas tous les jours, mais seulement de trois ou quatre jours l'un. Elle ne fait qu'une ponte par an, selon Aristote (b), et cette ponte est de huit œufs la première année, et de douze les années suivantes ; mais cela doit s'entendre des paonnes à qui on laisse le soin de couver elles-mêmes leurs œufs et de mener leurs petits, au lieu que, si on leur enlève leurs œufs à mesure qu'elle pondent pour les faire couver par des poules vulgaires, elles feront trois pontes, selon Columelle (c) : la première de cinq œufs, la seconde de quatre, et la troisième de deux ou trois. Il paraît qu'elles sont moins fécondes dans ce pays-ci, où elles ne pondent guère que quatre ou cinq œufs par an ; et qu'au contraire elles sont beaucoup plus fécondes aux Indes, où, selon Pierre Martyr, elles en pondent de vingt à trente, comme je l'ai remarqué plus haut. C'est que, en général, la température du climat a beaucoup d'influence sur tout ce qui a rapport à la génération, et c'est la clef de plusieurs contradictions apparentes qui se trouvent entre ce que disent les anciens et ce qui se passe sous nos yeux. Dans un pays plus chaud les mâles seront plus ardents, ils se battront entre eux, il leur faudra un plus grand nombre de femelles, et celles-ci pondront un plus grand nombre d'œufs ; au lieu que dans un pays plus froid elles seront moins fécondes, et les mâles moins chauds et plus paisibles.

Si on laisse à la paonne la liberté d'agir selon son instinct, elle déposera ses œufs dans un lieu secret et retiré : ses œufs sont blancs et tachetés comme ceux de dinde, et à peu près de la même grosseur ; lorsque sa ponte est finie, elle se met à couver.

On prétend qu'elle est sujette à pondre pendant la nuit, ou plutôt à laisser échapper ses œufs de dessus le juchoir où elle est perchée (d) : c'est pour-

(a) « Semel tantum modo ova parit duodecim aut paulo pauciora, nec continuatis diebus » sed binis ternisve interpositis. » *Hist. animal.*, lib. vi, cap. ix. — « Primiparæ octona » maxime edunt. » *Ibidem.*

(b) Aristote dit qu'une poule ordinaire ne peut guère faire éclore que deux œufs de paon ; mais Columelle lui en donnait jusqu'à cinq, et outre cela quatre œufs de poule ordinaire, plus ou moins cependant, selon que la couveuse était plus ou moins grande : il recommandait de retirer ces œufs de poule le dixième jour, et d'en substituer un pareil nombre de même espèce, récemment pondus, afin qu'ils vinssent à éclore en même temps que les œufs de paon, qui ont besoin de dix jours d'incubation de plus : enfin, il prescrivait de retourner ceux-ci tous les jours si la couveuse n'avait pu le faire à cause de leur grosseur ; ce qu'il est toujours aisé de reconnaître, si l'on a eu la précaution de marquer ces œufs d'un côté. Voyez Columelle, *de Re rusticá*, loco citato.

(c) « Feminæ Pavones quæ non incubant, ter anno partus edunt : primus est partus » quinque fere ovorum, secundus quatuor, tertius trium aut duorum. » Columelle, *de Re rusticá*, lib. viii, cap. xi.

(d) « Pluribus stramentis exagerandum est aviarium quo tutius integri fœtus excipiantur, » nam pavones cùm ad nocturnam requiem venerunt... perticis insistentes enituntur ova... » Columelle, lib. viii, cap. xi.

quoi on recommande d'étendre de la paille au-dessous pour empêcher qu'ils ne se brisent.

Pendant tout le temps de l'incubation, la paonne évite soigneusement le mâle, et tâche surtout de lui dérober sa marche lorsqu'elle retourne à ses œufs ; car dans cette espèce, comme dans celle du coq et de bien d'autres (a), le mâle, plus ardent et moins fidèle au vœu de la nature, est plus occupé de son plaisir particulier que de la multiplication de son espèce ; et s'il peut surprendre la couveuse sur ses œufs, il les casse en s'approchant d'elle, et peut-être y met-il de l'intention, et cherche-t-il à se délivrer d'un obstacle qui l'empêche de jouir : quelques-uns ont cru qu'il ne les cassait que par son empressement à les couver lui-même (b) ; ce serait un motif bien différent. L'histoire naturelle aura toujours beaucoup d'incertitudes ; il faudrait, pour les lui ôter, observer tout par soi-même : mais, qui peut tout observer ?

La paonne couve de vingt-sept à trente jours, plus ou moins, selon la température du climat et de la saison (c) : pendant ce temps on a soin de lui mettre à portée une quantité suffisante de nourriture, de peur qu'étant obligée d'aller se repaître au loin, elle ne quittât ses œufs trop longtemps et ne les laissât refroidir. Il faut aussi prendre garde de la troubler dans son nid et de lui donner de l'ombrage ; car, par une suite de son naturel inquiet et défiant, si elle se voit découverte, elle abandonnera ses œufs et recommencera une nouvelle ponte qui ne vaudra pas la première, à cause de la proximité de l'hiver.

On prétend que la paonne ne fait jamais éclore tous ses œufs à la fois ; mais dès qu'elle voit quelques poussins éclos, elle quitte tout pour les conduire : dans ce cas il faudra prendre les œufs qui ne seront point encore ouverts et les mettre éclore sous une autre couveuse, ou dans un four d'incubation (d).

Élien nous dit que la paonne ne reste pas constamment sur ses œufs, et qu'elle passe quelquefois deux jours sans y revenir, ce qui nuit à la réussite de la couvée (e). Mais je soupçonne quelque méprise dans ce passage d'Élien, qui aura appliqué à l'incubation ce que Aristote et Pline ont dit de la ponte, laquelle en effet est interrompue par deux ou trois jours de repos ; au lieu que de pareilles interruptions dans l'action de couver paraissent contraires à l'ordre de la nature, et à ce qui s'observe dans toutes les espèces connues des oiseaux, si ce n'est dans les pays où la chaleur de l'air et du sol approche du degré nécessaire pour l'incubation (f).

(a) « Quam ob causam aves nonnullæ sylvestres pariunt, fugientes marem et incubant. » Aristote, *Hist. animal.*, lib. VI, cap. IX.

(b) Voyez Aldrovande, *Avi.*, t. II, p. 14.

(c) « Excludit diebus triginta aut paulo tardius. » Aristote, *Historia animalium*, lib. VI, cap. IX. — « Partus excluditur ter novenis aut tardius tricesimo. » Plin., lib. X, cap. LIX.

(d) *Maison rustique*, t. Ier, p. 138.

(e) Ælian., *Hist. animal.*, lib. V, cap. XXXII.

(f) Voyez ci-dessus l'histoire de l'Autruche.

Quand les petits sont éclos, il faut les laisser sous la mère pendant vingt-quatre heures, après quoi on pourra les transporter sous une mue (a); Frisch veut qu'on ne les rende à la mère que quelques jours après (b).

Leur première nourriture sera la farine d'orge détrempée dans du vin, du froment ramolli dans l'eau, ou même de la bouillie cuite et refroidie; dans la suite on pourra leur donner du fromage blanc bien pressé et sans aucun petit-lait, mêlé avec des poireaux hachés, et même des sauterelles, dont on dit qu'ils sont très friands; mais il faut auparavant ôter les pieds à ces insectes (c). Quand ils auront six mois, ils mangeront du froment, de l'orge, du marc de cidre et de poiré, et même ils pinceront l'herbe tendre; mais cette nourriture seule ne suffirait point, quoique Athénée les appelle *graminivores*.

On a observé que les premiers jours la mère ne revenait jamais coucher avec sa couvée dans le nid ordinaire, ni même deux fois dans un même endroit; et comme cette couvée si tendre, et qui ne peut encore monter sur les arbres, est exposée à beaucoup de risques, on doit y veiller de près pendant ces premiers jours, épier l'endroit que la mère aura choisi pour son gîte, et mettre ses petits en sûreté sous une mue ou dans une enceinte formée en plein champ avec des claies préparées, etc. (d).

Les paonneaux, jusqu'à ce qu'ils soient un peu forts, portent mal leurs ailes, les ont traînantes (e), et ne savent pas encore s'en servir: dans ces commencements, la mère les prend tous les soirs sur son dos et les porte l'un après l'autre sur la branche où ils doivent passer la nuit; le lendemain matin elle saute devant eux du haut de l'arbre en bas, et les accoutume à en faire autant pour la suivre, et à faire usage de leurs ailes (f).

Une mère paonne, et même une poule ordinaire, peut mener jusqu'à vingt-cinq petits paonneaux, selon Columelle, mais seulement quinze selon Palladius; et ce dernier nombre est plus que suffisant dans les pays froids, où les petits ont besoin de se réchauffer de temps en temps et de se mettre à l'abri sous les ailes de la mère, qui ne pourrait pas en garantir vingt-cinq à la fois.

On dit que si une poule ordinaire, qui mène ses poussins, voit une couvée de petits paonneaux, elle est tellement frappée de leur beauté qu'elle se dégoûte de ses petits et les abandonne pour s'attacher à ces étrangers (g);

(a) « Similiter ut gallinacei primo die non amoveantur, postero die cum educatrice trans-
» ferantur in caveam. » Columelle, lib. viii, cap. xi.
(b) Frisch, planche cxix.
(c) Columelle, de Re rusticâ, lib. viii, cap. xi.
(d) *Maison rustique*, t. Ier, p. 138.
(e) Belon, *Nature des oiseaux*, p. 234.
(f) *Maison rustique*, t. Ier, p. 139.
(g) Columelle, lib. viii, cap. xi. « Satis convenit inter autores non debere alias gallinas
» quæ pullos sui generis educant, in eodem loco pasci; nam cùm conspexerunt pavoninam
» prolem, suo pullos diligere desinunt..... perosæ videlicet quod nec magnitudine nec specie
» pavoni pares sint. »

ce que je rapporte ici non comme un fait vrai, mais comme un fait à vérifier, d'autant plus qu'il me paraît s'écarter du cours ordinaire de la nature, et que dans les premiers temps les petits paonneaux ne sont pas beaucoup plus beaux que les poussins.

A mesure que les jeunes paonneaux se fortifient, ils commencent à se battre (surtout dans les pays chauds) ; et c'est pour cela que les anciens, qui paraissent s'être beaucoup plus occupés que nous de l'éducation de ces oiseaux (a), les tenaient dans de petites cases séparées (b) : mais les meilleurs endroits pour les élever, c'étaient, selon eux, ces petites îles qui se trouvent en quantité sur les côtes d'Italie (c), telle, par exemple, que celle de Planasie appartenante aux Pisans (d) : ce sont en effet les seuls endroits où l'on puisse les laisser en liberté, et presque dans l'état de sauvages, sans craindre qu'ils s'échappent, attendu qu'ils volent peu et ne nagent point du tout, et sans craindre qu'ils deviennent la proie de leurs ennemis, dont la petite île doit être purgée. Ils peuvent y vivre selon leur naturel et leurs appétits, sans contrainte, sans inquiétude ; ils y prospéraient mieux, et, ce qui n'était pas négligé par les Romains, leur chair avait un meilleur goût : seulement, pour avoir l'œil dessus et reconnaître si leur nombre augmentait ou diminuait, on les accoutumait à se rendre tous les jours, à une heure marquée et à un certain signal, autour de la maison, où on leur jetait quelques poignées de grain pour les attirer (e).

Lorsque les petits ont un mois d'âge, ou un peu plus, l'aigrette commence à leur pousser, et alors ils sont malades comme les dindonneaux lorsqu'ils poussent *le rouge* : ce n'est que de ce moment que le coq paon les reconnaît pour les siens ; car tant qu'ils n'ont point d'aigrette il les poursuit comme étrangers (f) ; on ne doit néanmoins les mettre avec les grands que lorsqu'ils ont sept mois, et s'ils ne se perchaient pas d'eux-mêmes sur le juchoir il faut les y accoutumer, et ne point souffrir qu'ils dorment à terre, à cause du froid et de l'humidité (g).

L'aigrette est composée de petites plumes, dont la tige est garnie depuis la base jusqu'auprès du sommet, non de barbes, mais de petits filets rares et détachés ; le sommet est formé de barbes ordinaires unies ensemble et peintes des plus belles couleurs.

Le nombre de ces petites plumes est variable ; j'en ai compté vingt-cinq dans un mâle et trente dans une femelle ; mais je n'ai pas observé un assez

(a) « Pavonis educatio magis urbani patris familiæ quam tetrici rustici curam poscit... » Columelle, lib. VIII, cap. XI.
(b) Varro, *de Re rusticâ*, lib. III, cap. VI.
(c) Columelle, *loco citato*.
(d) Varro, *loco citato*.
(e) Columelle, lib. VIII, cap. XI.
(f) Palladius, *de Re rusticâ*, lib. I, cap. XXVIII.
(g) Columelle, *loco citato*.

grand nombre d'individus pour assurer qu'il ne puisse pas y en avoir plus ou moins.

L'aigrette n'est pas un cône renversé comme on le pourrait croire; sa base, qui est en haut, forme une ellipse fort allongée, dont le grand axe est posé selon la longueur de la tête : toutes les plumes qui la composent ont un mouvement particulier assez sensible par lequel elles s'approchent ou s'écartent les unes des autres, au gré de l'oiseau, et un mouvement général par lequel l'aigrette entière tantôt se renverse en arrière et tantôt se relève sur la tête.

Les sommets de cette aigrette ont, ainsi que tout le reste du plumage, des couleurs bien plus éclatantes dans le mâle que dans la femelle : outre cela, le coq paon se distingue de sa poule, dès l'âge de trois mois, par un peu de jaune qui paraît au bout de l'aile; dans la suite il s'en distingue par la grosseur, par un éperon à chaque pied, par la longueur de sa queue, et par la faculté de la relever et d'en étaler les belles plumes, ce qui s'appelle *faire la roue*. Willughby croit que le paon ne partage qu'avec le dindon cette faculté remarquable (a) : cependant on verra, dans le cours de cette histoire, qu'elle leur est commune avec quelques tétras ou coqs de bruyère, quelques pigeons, etc.

Les plumes de la queue, ou plutôt ces longues couvertures qui naissent de dessus le dos auprès du croupion, sont en grand ce que celles de l'aigrette sont en petit; leur tige est pareillement garnie, depuis sa base jusque près de l'extrémité, de filets détachés de couleur changeante, et elle se termine par une plaque de barbes réunies, ornée de ce qu'on appelle l'*œil* ou le *miroir*. C'est une tache brillante, émaillée des plus belles couleurs : jaune doré de plusieurs nuances, vert changeant en bleu et en violet éclatant, selon les différents aspects, et tout cela empruntant encore un nouveau lustre de la couleur du centre qui est un beau noir velouté.

Les deux plumes du milieu ont environ quatre pieds et demi, et sont les plus longues de toutes, les latérales allant toujours en diminuant de longueur jusqu'à la plus extérieure; l'aigrette ne tombe point, mais la queue tombe chaque année, en tout ou en partie, vers la fin de juillet, et repousse au printemps; et pendant cet intervalle l'oiseau est triste et se cache.

La couleur la plus permanente de la tête, de la gorge, du cou et de la poitrine, c'est le bleu avec différents reflets de violet, d'or et de vert éclatant; tous ces reflets, qui renaissent et se multiplient sans cesse sur son plumage, sont une ressource que la nature semble s'être ménagée pour y faire paraître successivement, et sans confusion, un nombre de couleurs beaucoup plus grand que son étendue ne semblait le comporter : ce n'est qu'à la faveur de cette heureuse industrie que le paon pouvait suffire à recevoir tous les dons qu'elle lui destinait.

(a) Willughby, *Ornithologia*, p. 112.

De chaque côté de la tête on voit un renflement formé par les petites plumes qui recouvrent le trou de l'oreille.

Les paons paraissent se caresser réciproquement avec le bec ; mais, en y regardant de plus près, j'ai reconnu qu'ils se grattaient les uns les autres autour de la tête, où ils ont des poux très vifs et très agiles ; on les voit courir sur la peau blanche qui entoure leurs yeux, et cela ne peut manquer de leur causer une sensation incommode ; aussi se prêtent-ils avec beaucoup de complaisance lorsqu'un autre les gratte.

Ces oiseaux se rendent les maîtres dans la basse-cour, et se font respecter de l'autre volaille, qui n'ose prendre sa pâture qu'après qu'ils ont fini leur repas : leur façon de manger est à peu près celle des gallinacés, ils saisissent le grain de la pointe du bec et l'avalent sans le broyer.

Pour boire ils plongent le bec dans l'eau, où ils font cinq ou six mouvements assez prompts de la mâchoire inférieure, puis, en se relevant et tenant leur tête dans une situation horizontale, ils avalent l'eau dont leur bouche s'était remplie sans faire aucun mouvement du bec.

Les aliments sont reçus dans l'œsophage, où l'on a observé un peu au-dessus de l'orifice antérieur de l'estomac un bulbe glanduleux, rempli de petits tuyaux qui donnent en abondance une liqueur limpide.

L'estomac est revêtu à l'extérieur d'un grand nombre de fibres motrices.

Dans un de ces oiseaux, qui a été disséqué par Gaspard Bartholin, il y avait bien deux conduits biliaires, mais il ne se trouva qu'un seul canal pancréatique, quoique d'ordinaire il y en ait deux dans les oiseaux.

Le *cæcum* était double, et dirigé d'arrière en avant ; il égalait en longueur tous les autres intestins ensemble, et les surpassait en capacité (*a*).

Le croupion est très gros, parce qu'il est chargé des muscles qui servent à redresser la queue et à l'épanouir.

Les excréments sont ordinairement moulés et chargés d'un peu de cette matière blanche qui se trouve sur les excréments de tous les gallinacés et de beaucoup d'autres oiseaux.

On m'assure qu'ils dorment, tantôt en cachant la tête sous l'aile, tantôt en faisant rentrer leur cou en eux-mêmes et ayant le bec au vent.

Les paons aiment la propreté, et c'est par cette raison qu'ils tâchent de recouvrir et d'enfouir leurs ordures, et non parce qu'ils envient à l'homme les avantages qu'il pourrait retirer de leurs excréments (*b*), qu'on dit être bons pour le mal des yeux, pour améliorer la terre, etc., mais dont apparemment ils ne connaissent pas toutes les propriétés.

Quoiqu'ils ne puissent pas voler beaucoup, ils aiment à grimper ; ils passent ordinairement la nuit sur les combles des maisons, où ils causent

---

(*a*) Voyez *Acta Hafniensia*, année 1673, observ. 114.

(*b*) « Fimum suum resorbere traduntur, invidentes hominum utilitatibus. » Plin., lib. xxix, cap. vi. C'est sur ce fondement qu'on impute au paon d'être envieux.

beaucoup de dommage, et sur les arbres les plus élevés : c'est de là qu'ils font souvent entendre leur voix, qu'on s'accorde à trouver désagréable, peut-être parce qu'elle trouble le sommeil, et d'après laquelle on prétend que s'est formé leur nom dans presque toutes les langues (a).

On prétend que la femelle n'a qu'un seul cri, qu'elle ne fait guère entendre qu'au printemps, mais que le mâle en a trois; pour moi, j'ai reconnu qu'il avait deux tons, l'un plus grave, qui tient plus du hautbois, l'autre plus aigu, précisément à l'octave du premier, et qui tient plus des sons perçants de la trompette; et j'avoue qu'à mon oreille ces deux tons n'ont rien de choquant, de même que je n'ai rien pu voir de difforme dans ses pieds; et ce n'est qu'en prêtant aux paons nos mauvais raisonnements et même nos vices, qu'on a pu supposer que leur cri n'était autre chose qu'un gémissement arraché à leur vanité toutes les fois qu'ils aperçoivent la laideur de leurs pieds.

Théophraste avance que leurs cris, souvent répétés, sont un présage de pluie; d'autres, qu'ils l'annoncent aussi lorsqu'ils grimpent plus haut que de coutume (b); d'autres, que ces mêmes cris pronostiquaient la mort à quelque voisin; d'autres, enfin, que ces oiseaux portaient toujours sous l'aile un morceau de racine de lin comme une amulette naturelle pour se préserver des fascinations..... (c), tant il est vrai que toute chose dont on a beaucoup parlé a fait dire beaucoup d'inepties !

Outre les différents cris dont j'ai fait mention, le mâle et la femelle produisent encore un certain bruit sourd, un craquement étouffé, une voix intérieure et renfermée qu'ils répètent souvent et quand ils sont inquiets, et quand ils paraissent tranquilles ou même contents.

Pline dit qu'on a remarqué de la sympathie entre les pigeons et les paons (d); et Cléarque parle d'un de ces derniers, qui avait pris un tel attachement pour une jeune personne, que, l'ayant vue mourir, il ne put lui survivre (e). Mais une sympathie plus naturelle et mieux fondée, c'est celle qui a été observée entre les paons et les dindons : ces deux oiseaux sont du petit nombre des oiseaux qui redressent leur queue et font la roue, ce qui suppose bien des qualités communes, aussi s'accordent-ils mieux ensemble qu'avec tout le reste de la volaille; et l'on prétend même qu'on a vu un coq paon couvrir une poule dinde (f), ce qui indiquerait une grande analogie entre les deux espèces.

(a) « Volucres pleræque à suis vocibus appellatæ, ut hæ... upupa, cuculus, ulula... pavo. » Varro, de Linguâ latinâ, lib. iv.

(b) Voyez le livre De naturâ rerum.

(c) Ælian., Hist. animal., lib. xi, cap. xviii.

(d) Pline, Hist. nat., lib. x, cap. xx.

(e) Voyez Athénée, Deipnosoph., lib. xiii, cap. xxx.

(f) Voyez Belon, Nature des oiseaux, p. 234.

La durée de la vie du paon est de vingt-cinq ans, selon les anciens (a) ; et cette détermination me paraît bien fondée, puisqu'on sait que le paon est entièrement formé avant trois ans, et que les oiseaux en général vivent plus longtemps que les quadrupèdes, parce que leurs os sont plus ductiles ; mais je suis surpris que M. Willughby ait cru, sur l'autorité d'Élien, que cet oiseau vivait jusqu'à cent ans, d'autant plus que le récit d'Élien est mêlé de plusieurs circonstances visiblement fabuleuses (b).

J'ai déjà dit que le paon se nourrissait de toutes sortes de grains comme les gallinacés ; les anciens lui donnaient ordinairement, par mois, un boisseau de froment pesant environ vingt livres (c). Il est bon de savoir que la fleur de sureau leur est contraire (d), et que la feuille d'ortie est mortelle aux jeunes paonneaux, selon Franzius (e).

Comme les paons vivent aux Indes dans l'état de sauvages, c'est aussi dans ce pays qu'on a inventé l'art de leur donner la chasse : on ne peut guère les approcher de jour, quoiqu'ils se répandent dans les champs par troupes assez nombreuses, parce que, dès qu'ils découvrent le chasseur, ils fuient devant lui plus vite que la perdrix, et s'enfoncent dans des broussailles où il n'est guère possible de les suivre ; ce n'est donc que la nuit qu'on parvient à les prendre, et voici de quelle manière se fait cette chasse aux environs de Cambaie.

On s'approche de l'arbre sur lequel ils sont perchés, on leur présente une espèce de bannière qui porte deux chandelles allumées, et où l'on a peint des paons au naturel : le paon, ébloui par cette lumière, ou bien occupé à considérer les paons en peinture qui sont sur la bannière, avance le cou, le retire, l'allonge encore, et lorsqu'il se trouve dans un nœud coulant qui y a été placé exprès, on tire la corde et on se rend maître de l'oiseau (f).

Nous avons vu que les Grecs faisaient grand cas du paon, mais ce n'était que pour rassasier leurs yeux de la beauté de son plumage, au lieu que les Romains, qui ont poussé plus loin tous les excès du luxe parce qu'ils étaient plus puissants, se sont rassasiés réellement de sa chair ; ce fut l'orateur Hortensius qui imagina le premier d'en faire servir sa table (g), et son exemple ayant été suivi, cet oiseau devint très cher à Rome, et les empereurs renchérissant sur le luxe des particuliers, on vit un Vitellius, un Héliogabale mettre leur gloire à remplir des plats immenses (h) de têtes ou de cervelles de paons, de langues de phénicoptères, de foies de

---

(a) Aristot., *Hist. animal.*, lib. vi, cap. ix. — Plin., lib. x, cap. xx.
(b) Voyez Ælian., *de Naturâ animal.*, lib. xi, cap. xxxiii.
(c) Varro, *de Re rusticâ*, lib. iii, cap. vi.
(d) Linnæus, *Syst. nat.*, édit. X, p. 156.
(e) Franzius, *Hist. animal.*, p. 318.
(f) *Voyage de J.-B. Tavernier*, t. III, p. 57.
(g) Varro, *de Re rusticâ*, lib. iii, cap. vi.
(h) Entre autres dans celui que Vitellius se plaisait à nommer l'*Égide de Pallas*.

scares (*a*), et à en composer des mets insipides, qui n'avaient d'autre mérite que de supposer une dépense prodigieuse et un luxe excessivement destructeur.

Dans ces temps-là un troupeau de cent de ces oiseaux pouvait rendre soixante mille sesterces, en n'exigeant de celui à qui on en confiait le soin que trois paons par couvée (*b*); ces soixante mille sesterces reviennent, selon l'évaluation de Gassendi, à dix ou douze mille francs; chez les Grecs, le mâle et la femelle se vendaient mille drachmes (*c*), ce qui revient à huit cent quatre-vingt-sept livres dix sous, selon la plus forte évaluation, et à vingt-quatre livres, selon la plus faible; mais il paraît que cette dernière est beaucoup trop faible, sans quoi le passage suivant d'Athénée ne signifierait rien : « N'y a-t-il pas de la fureur à nourrir des paons dont le prix n'est pas » moindre que celui des statues (*d*)? » Ce prix était bien tombé au commencement du XVI⁰ siècle, puisque dans la Nouvelle Coutume du Bourbonnais, qui est de 1521, un paon n'était estimé que deux sous six deniers de ce temps-là, que M. Dupré de Saint-Maur évalue à trois livres quinze sous d'aujourd'hui; mais il paraît que, peu après cette époque, le prix de ces oiseaux se releva; car Bruyer nous apprend qu'aux environs de Lisieux, où on avait la facilité de les nourrir avec du marc de cidre, on en élevait des troupeaux dont on tirait beaucoup de profit, parce que, comme ils étaient fort rares dans le reste du royaume, on en envoyait de là dans toutes les grandes villes pour les repas d'appareil (*e*) : au reste, il n'y a guère que les jeunes que l'on puisse manger, les vieux sont trop durs, et d'autant plus durs que leur chair est naturellement fort sèche; et c'est sans doute à cette qualité qu'elle doit la propriété singulière, et qui paraît assez avérée, de se conserver sans corruption pendant plusieurs années (*f*). On en sert cependant quelquefois de vieux, mais c'est plus pour l'appareil que pour l'usage, car on les sert revêtus de leurs belles plumes; et c'est une recherche de luxe assez bien entendue, que l'élégance industrieuse des modernes a ajoutée à la magnificence effrénée des anciens : c'était sur un paon ainsi préparé que nos anciens chevaliers faisaient, dans les grandes occasions, leur vœu appelé le *vœu du paon* (*g*).

On employait autrefois les plumes du paon à faire des espèces d'éventails (*h*); on en formait des couronnes, en guise de laurier, pour les poètes appelés *troubadours* (*i*); Gesner a vu une étoffe dont la chaîne était de soie

---

(*a*) Suétone, dans la Vie de ces empereurs.
(*b*) Varro, *de Re rusticâ*, lib. III, cap. VI.
(*c*) Ælian., *Hist. animal.*, lib. V, cap. XXI.
(*d*) « An non furiosum est alere domi pavones, cùm eorum pretio queant emi statuæ? » Anaxandrides *apud Athenæum*, lib. XIV, cap. XXV.
(*e*) J. Bruyer, *de Re cibariâ*, lib. XV, cap. XXVIII.
(*f*) Voyez S. August., *de Civitate Dei*, lib. XXI, cap. IV. — Aldrov. *Avi.*, t. II, p. 27.
(*g*) Voyez *Mém. de l'Acad. des Inscriptions*, t. XX, p. 636.
(*h*) Frisch, planche CXVIII.
(*i*) *Traité des tournois*, par le P. Ménestrier, p. 40.

et de fil d'or, et la traine de ces mêmes plumes (a) : tel était sans doute le manteau tissu de plumes de paon qu'envoya le pape Paul III au roi Pépin (b).

Selon Aldrovande, les œufs de paon sont regardés par tous les modernes comme une mauvaise nourriture, tandis que les anciens les mettaient au premier rang, et avant ceux d'oie et de poule commune (c) ; il explique cette contradiction en disant qu'ils sont bons au goût et mauvais à la santé (d) : reste à examiner si la température du climat n'aurait pas encore ici quelque influence.

LE PAON BLANC

Le climat n'influe pas moins sur le plumage des oiseaux que sur le pelage des quadrupèdes : nous avons vu, dans les volumes précédents, que le lièvre, l'hermine et la plupart des autres animaux, étaient sujets à devenir blancs dans les pays froids, surtout pendant l'hiver ; et voici une espèce de paons, ou, si l'on veut, une variété (*) qui paraît avoir éprouvé les mêmes effets par la même cause, et plus grands encore, puisqu'elle a produit une race constante dans cette espèce, et qu'elle semble avoir agi plus fortement sur les plumes de cet oiseau ; car la blancheur des lièvres et des hermines n'est que passagère et n'a lieu que pendant l'hiver, ainsi que celle de la gelinotte blanche ou du lagopède, au lieu que le paon blanc est toujours blanc, et dans tous les pays, l'été comme l'hiver, à Rome comme à Torneo ; et cette couleur nouvelle est même si fixe que des œufs de cet oiseau pondus et éclos en Italie donnent encore des paons blancs. Celui qu'Aldrovande a fait dessiner était né à Bologne, d'où il avait pris occasion de douter que cette variété fût propre aux pays froids (e) : cependant la plupart des naturalistes s'accordent à regarder la Norvège et les autres contrées du nord comme son pays natal (f) ; et il paraît qu'il y vit dans l'état de sauvage, car il se répand pendant l'hiver dans l'Allemagne, où on en prend assez communément dans cette saison (g) ; on en trouve même dans des contrées beaucoup plus méridionales, telles que la France et l'Italie (h), mais dans l'état de domesticité seulement.

(a) Gesner, de Avibus.
(b) Généalogie de Montmorency, p. 29.
(c) Athénée, Deipnosoph., lib. ii, cap. xvii.
(d) Aldrovande, Avi., t. II, p. 29.
(e) Aldrovande, Ornithologia, t. II, p. 31.
(f) Frisch, planche cxx. — Willughby, Ornithologia, p. 113.
(g) Frisch, planche cxx.
(h) Aldrovande, Ornithologia, t. II, p. 31. Il ajoute aussi les îles Madères, en citant Cadamosto, de Navigatione. Je n'ai point la relation de ce voyageur pour vérifier la citation;

(*) Le paon blanc n'est, en effet, qu'une simple variété du Pavo cristatus.

v.   27

M. Linnæus assure en général, comme je l'ai dit plus haut, que les paons ne restent pas même en Suède de leur plein gré, et il n'en excepte point les paons blancs (a).

Ce n'est pas sans un laps de temps considérable, et sans des circonstances singulières qu'un oiseau, né dans les climats si doux de l'Inde et de l'Asie, a pu s'accoutumer à l'âpreté des pays septentrionaux : s'il n'y a pas été transporté par les hommes, il a pu y passer soit par le nord de l'Asie, soit par le nord de l'Europe. Quoiqu'on ne sache pas précisément l'époque de cette migration, je soupçonne qu'elle n'est pas fort ancienne ; car je vois d'un côté dans Aldrovande (b), Longolius, Scaliger (c) et Schwenckfeld (d), que les paons blancs n'ont cessé d'être rares que depuis fort peu de temps ; et, d'un autre côté, je suis fondé à croire que les Grecs ne les ont point connus, puisque Aristote ayant parlé, dans son *Traité de la génération des animaux* (e), des couleurs variées du paon, et ensuite des perdrix blanches, des corbeaux blancs, des moineaux blancs, ne dit pas un mot des paons blancs.

Les modernes ne disent rien non plus de l'histoire de ces oiseaux, si ce n'est que leurs petits sont fort délicats à élever (f) : cependant il est vraisemblable que l'influence du climat ne s'est point bornée à leur plumage, et qu'elle se sera étendue plus ou moins jusque sur leur tempérament, leurs habitudes, leurs mœurs ; et je m'étonne qu'aucun naturaliste ne se soit encore avisé d'observer les progrès, ou du moins le résultat de ces observations plus intérieures et plus profondes ; il me semble qu'une seule observation de ce genre serait plus intéressante, ferait plus pour l'histoire naturelle que d'aller compter scrupuleusement toutes les plumes des oiseaux, et décrire laborieusement toutes les teintes et demi-teintes de chacune de leurs barbes dans les quatre parties du monde.

Au reste, quoique leur plumage soit entièrement blanc, et particulièrement les longues plumes de leur queue, cependant on y distingue encore à l'extrémité des vestiges marqués de ces miroirs qui en faisaient le plus bel ornement (g), tant l'empreinte des couleurs primitives était profonde. Il serait curieux de chercher à ressusciter ces couleurs, et de déterminer par l'expérience combien de temps et quel nombre de générations il faudrait dans un climat convenable, tel que les Indes, pour leur rendre leur premier éclat.

mais je vois dans l'*Histoire générale des Voyages*, t. II, p. 270, qu'on trouve des paons blancs à l'île de Madère, et cela est dit d'après Nicols et Cadamosto.

(a) « Habitat apud nostrates rarius præsertim in aviariis magnatum, non verò sponte. » Linnæus, *Fauna suecica*, p. 60 et 120.

(b) Aldrovande, *Ornithologia*, t. II, p. 31.

(c) *Exercitatio* LIX, et CCXXXVIII.

(d) Schwenckfeld, *Aviarium Silesiæ*, p. 327.

(e) Aristote, lib. v, cap. VI.

(f) Schwenckfeld, *Aviarium Silesiæ*, p. 327.

(g) Frisch, planche CXX.

LE PAON PANACHÉ

Frisch croit que le paon panaché (*) n'est autre chose que le produit du mélange des deux précédents, je veux dire du paon ordinaire et du paon blanc ; et il porte en effet sur son plumage l'empreinte de cette double origine ; car il a du blanc sur le ventre, sur les ailes et sur les joues, et dans tout le reste il est comme le paon ordinaire, si ce n'est que les miroirs de la queue ne sont ni si larges, ni si ronds, ni si bien terminés : tout ce que je trouve dans les auteurs sur l'histoire particulière de cet oiseau se réduit à ceci, que leurs petits ne sont pas aussi délicats à élever que ceux du paon blanc.

(*) Le paon panaché n'est également qu'une variété du *Pavo cristatus*.

LE FAISAN

Il suffit de nommer cet oiseau pour se rappeler le lieu de son origine : le faisan (*), c'est-à-dire l'oiseau du Phase, était, dit-on, confiné dans la Colchide avant l'expédition des Argonautes (a) : ce sont ces Grecs qui, en remontant le Phase pour arriver à Colchos, virent ces beaux oiseaux répandus sur les bords du fleuve, et qui, en les rapportant dans leur patrie, lui firent un présent plus riche que celui de la Toison d'or.

Encore aujourd'hui, les faisans de la Colchide ou Mingrélie, et de quelques autres contrées voisines, sont les plus beaux et les plus gros que l'on connaisse (b) : c'est de là qu'ils se sont répandus d'un côté par la Grèce à l'Occident, depuis la mer Baltique (c) jusqu'au cap de Bonne-Espérance (d) et à Madagascar (e) ; et de l'autre par la Médie dans l'Orient, jusqu'à l'extrémité de la Chine (f) et au Japon (g), et même dans la Tartarie ; je dis par la Médie, car il paraît que cette contrée si favorable aux oiseaux, et où l'on trouve les plus beaux paons, les plus belles poules, etc., a été aussi une nouvelle patrie pour les faisans, qui s'y sont multipliés au point que ce pays seul en a fourni à beaucoup d'autres pays (h). Ils sont en fort grande abon-

(a)
　　　Argivâ primùm sum transportata carinâ
　　　Ante mihi notum nil, nisi Phasis, erat.
　　　　　　　　MARTIAL.

(b) Marco Paolo assure que c'est dans les pays soumis aux Tartares qu'on trouve les plus gros faisans, et ceux qui ont la plus longue queue.

(c) Regnard tua, dans les forêts de la Botnie, deux faisans. Voyez son *Voyage de Laponie*, p. 105.

(d) On ne remarque aucune différence entre les faisans du cap de Bonne-Espérance et les nôtres. Voyez Kolbe, t. Ier, p. 152.

(e) Voyez *Description de Madagascar*, par Rennefort, p. 120. Il y a à Madagascar quantité de gros faisans, tels que les nôtres. Voyez Flacourt, *Histoire de Madagascar*, p. 165.

(f) Voyez les Voyages de Gerbillon, de la Chine dans la Tartarie occidentale, à la suite de l'empereur ou par ses ordres, *passim*. — Dans la Corée on voit en abondance des faisans, des poules, des alouettes, etc. Hamel, *Relation de la Corée*, p. 587.

(g) Il y a aussi au Japon des faisans d'une grande beauté. Kæmpfer, *Histoire du Japon*, t. Ier, p. 112.

(h) « Athenæus olim hasce volucres ex Mediâ, quasi ibi copiosiores aut meliores essent, » accersiri solitas tradit. » Aldrovand., *Ornithol.*, t. II, p. 50.

(*) *Phasianus colchicus* L. — Les faisans sont des Gallinacés de la famille des Phasianidés. Ils se distinguent des Coqs par l'absence de crête et de lobes cutanés à la tête, et des Paons par l'absence d'aigrette. Ils ont des joues dénudées, verruqueuses ; une queue longue, munie de dix-huit rectrices qui se rétrécissent à l'extrémité.

Travies pinx.

Imp. R. Tenevr.

FAISAN DE AMHERST

Fournier sc.

dance en Afrique, surtout sur la côte des Esclaves (a), la côte d'Or (b), la côte d'Ivoire, au pays d'Issini (c), et dans les royaumes de Congo et d'Angola (d), où les Nègres les appellent *galignoles*. On en trouve assez communément dans les différentes parties de l'Europe, en Espagne, en Italie, surtout dans la campagne de Rome, le Milanais (e) et quelques îles du golfe de Naples ; en Allemagne, en France, en Angleterre (f) : dans ces dernières contrées ils ne sont pas généralement répandus. Les auteurs de la *Zoologie britannique* assurent positivement que dans toute la Grande-Bretagne (g) on ne trouve aucun faisan dans l'état de sauvage. Sibbald s'accorde avec les zoologistes en disant qu'en Écosse quelques gentilshommes élèvent de ces oiseaux dans leurs maisons (h). Boter dit encore plus formellement que l'Irlande n'a point de faisans (i). M. Linnæus n'en fait aucune mention dans le dénombrement des oiseaux de Suède (j) ; ils étaient encore très rares en Silésie du temps de Schwenckfeld (k) : on ne faisait que commencer à en avoir en Prusse il y a vingt ans (l), quoique la Bohême en ait une très grande quantité (m) ; et, s'ils se sont multipliés en Saxe, ce n'a été que par les soins du duc Frédéric qui en lâcha deux cents dans le pays, avec défense de les prendre ou de les tuer (n). Gesner, qui avait parcouru les montagnes de Suisse, assure n'y en avoir jamais vu (o) : il est vrai que Stumpfius assure, au contraire, qu'on en trouve dans ces mêmes montagnes ; mais cela peut se concilier, car il est fort possible qu'il s'en trouve en effet dans un certain canton que Gesner n'aurait point parcouru, tel, par exemple, que la partie qui confine au Milanais, où Olina dit qu'ils sont fort communs (p). Il s'en faut bien qu'ils soient généralement répandus en France : on n'en voit que très rarement dans nos provinces septentrionales, et probablement on n'y en verrait point du tout si un oiseau de cette distinction ne devait être le principal ornement des plaisirs de nos rois ; mais ce n'est que

(a) Bosman, *Description de la Guinée*, p. 390.
(b) Villault de Bellefond, *Relation des côtes d'Afrique*. Londres, 1670, p. 270.
(c) *Histoire générale des Voyages*, t. III, p. 422, citant le P. Loyer.
(d) Pigafete, p. 92.
(e) Olina, *Uccellaria*, p. 49. — Aldrovande, *Ornithologia*, t. II, p. 50 et 51. « Hieme per » sylvas vagari phasianos, et sæpius Coloniæ in horto suo inter salviam et rutam latitantem » observasse se tradit Albertus. »
(f) *History of Harwich*, append., p. 397.
(g) *Britisch Zoology*, p. 87.
(h) *Prodromus Historiæ naturalis Scotiæ*, part. II, lib. III, cap. III, p. 16.
(i) Willughby, *Ornithologia*, p. 118.
(j) Voyez Linnæus, *Fauna suecica*.
(k) « Rarissima avis in Silesiâ nostrâ, nec nisi magnatibus familiaris, qui cum magno et » singulari studio alere solent. » Schwenckfeld, *Aviarium Silesiæ*, p. 332.
(l) « Modo et in Prussiâ colitur. » Klein, *Ordo Avium*, p. 114.
(m) « In Bohemiâ magna eorum copia. » *Ibidem.*
(n) Aldrovande, *Ornithologia*, t. II, p. 51.
(o) Gesner, *de Avibus.*
(p) Olina, *Uccellaria*, p. 49.

par des soins continuels, dirigés avec la plus grande intelligence, qu'on peut les y fixer en leur faisant, pour ainsi dire, un climat artificiel convenable à leur nature, et cela est si vrai qu'on ne voit pas qu'ils se soient multipliés dans la Brie, où il s'en échappe toujours quelques-uns des capitaineries voisines, et où même ils s'apparient quelquefois, parce qu'il est arrivé à M. Leroy, lieutenant des chasses de Versailles (a), d'en trouver le nid et les œufs dans les grands bois de cette province. Cependant ils y vivent dans l'état de liberté, état si favorable à la multiplication des animaux, et néanmoins insuffisant pour ceux même qui, comme les faisans, paraissent en mieux sentir le prix, lorsque le climat est contraire. Nous avons vu, en Bourgogne, un homme riche faire tous ses efforts et ne rien épargner pour en peupler sa terre, située dans l'Auxois, sans en pouvoir venir à bout : tout cela me donne des doutes sur les deux faisans que Regnard prétend avoir tués en Botnie (b), ainsi que sur ceux qu'Olaus Magnus dit se trouver dans la Scandinavie, et y passer l'hiver sous la neige sans prendre de nourriture (c). Cette façon de passer l'hiver sous la neige a plus de rapport avec les habitudes des coqs de bruyère et des gelinottes qu'avec celles des faisans ; de même que le nom de *gallæ sylvestres*, qu'Olaus donne à ces prétendus faisans, convient beaucoup mieux aux tétras ou coqs de bruyère ; et ma conjecture a d'autant plus de force que ni M. Linnæus, ni aucun bon observateur, n'a dit avoir vu de véritables faisans dans les pays septentrionaux ; en sorte qu'on peut croire que ce nom de faisan aura été d'abord appliqué par les habitants de ces pays à des tétras ou des gelinottes, qui sont en effet très répandus dans le Nord, et qu'ensuite ce nom aura été adopté sans beaucoup d'examen par les voyageurs et même par les compilateurs, tous gens peu attentifs à distinguer les espèces.

Cela supposé, il suffit de remarquer que le faisan a l'aile courte, et conséquemment le vol pesant et peu élevé, pour conclure qu'il n'aura pu franchir de lui-même les mers interposées entre les pays chauds ou même tempérés de l'ancien continent et l'Amérique ; et cette conclusion est confirmée par l'expérience, car dans tout le nouveau monde il ne s'est point trouvé de vrais faisans, mais seulement des oiseaux qui peuvent à toute force être regardés comme leurs représentants ; car je ne parle point de ces faisans véritables qui abondent aujourd'hui dans les habitations de Saint-Domingue, et qui y ont été transportés par les Européens, ainsi que les paons et les peintades (d).

(a) C'est à lui que je dois la plupart de ces faits : il est peu d'hommes qui aient si bien observé les animaux qui sont à sa disposition, et qui ait communiqué ses observations avec plus de zèle.

(b) Regnard, *Voyage de Laponie*, p. 105.

(c) « Olaus Magnus non solum phasianos sive gallos sylvestres in quibusdam Scandinaviæ » locis reperiri scribit, at, quod mirum est, sub nive absque cibo latitare. » Voyez Aldrovande, *Ornithologia*, t. II, p. 51.

(d) *Histoire de l'île espagnole de Saint-Domingue*, p. 39.

Le faisan est de la grosseur du coq ordinaire (*a*), et peut en quelque sorte le disputer au paon pour la beauté ; il a le port aussi noble, la démarche aussi fière, et le plumage presque aussi distingué ; celui de la Chine a même les couleurs plus éclatantes, mais il n'a pas, comme le paon, la faculté d'étaler son beau plumage, ni de relever les longues plumes de sa queue, faculté qui suppose un appareil particulier de muscles moteurs dont le paon est pourvu, qui manquent au faisan, et qui établissent une différence assez considérable entre les deux espèces. D'ailleurs, ce dernier n'a ni l'aigrette du paon, ni sa double queue, dont l'une, plus courte, est composée des véritables pennes directrices, et l'autre, plus longue, n'est formée que des couvertures de celles-là : en général, le faisan paraît modelé sur des proportions moins légères et moins élégantes, ayant le corps plus ramassé, le cou plus raccourci, la tête plus grosse, etc.

Ce qu'il y a de plus remarquable dans sa physionomie, ce sont deux pièces de couleur écarlate au milieu desquelles sont placés les yeux, et deux bouquets de plumes d'un vert doré, qui, dans le temps des amours, s'élèvent de chaque côté au-dessus des oreilles ; car, dans les animaux, il y a presque toujours, ainsi que je l'ai remarqué, une production nouvelle plus ou moins sensible, qui est comme le signal d'une nouvelle génération : ces bouquets de plumes sont apparemment ce que Pline appelait tantôt des oreilles (*b*), tantôt de petites cornes (*c*) ; on sent à leur base une élévation formée par leur muscle releveur (*d*). Le faisan a outre cela, à chaque oreille, des plumes dont il se sert pour en fermer à son gré l'ouverture, qui est fort grande (*e*).

Les plumes du cou et du croupion ont le bout échancré en cœur, comme certaines plumes de la queue du paon (*f*).

Je n'entrerai point ici dans le détail des couleurs du plumage ; je dirai seulement qu'elles ont beaucoup moins d'éclat dans la femelle que dans le mâle, et que, dans celui-ci même, les reflets en sont encore plus fugitifs que dans le paon, et qu'ils dépendent non seulement de l'incidence de la lumière, mais encore de la réunion et de la position respective de ces plumes ; car si on en prend une seule à part, les reflets verts s'évanouissent et l'on ne voit à leur place que du brun ou du noir (*g*) : les tiges des plumes

---

(*a*) Aldrovande, qui a observé et décrit cet oiseau avec soin, dit qu'il en a examiné un qui pesait trois livres de douze onces (*libras tres duodecim unciarum*), ce que quelques-uns ont rendu par trois livres douze onces : c'est une différence de vingt-quatre onces sur trente-six.

(*b*) « Geminas ex plumâ aures submittunt subriguntque. » Plin., *Hist. nat.*, lib. x, cap. XLVIII.

(*c*) « Phasianæ corniculis. » *Ibid.*, lib. XI, cap. XXXVII.

(*d*) Aldrovande, *Ornithologia*, t. II, p. 50.

(*e*) *Idem*, au lieu cité.

(*f*) Voyez Brisson, *Ornithologie*, t. II, p. 263.

(*g*) Voyez Aldrovande, *Ornithologia*, t. II, p. 50.

du cou et du dos sont d'un beau jaune doré, et font l'effet d'autant de lames d'or (a) ; les couvertures du dessus de la queue vont en diminuant, et finissent en espèces de filets ; la queue est composée de dix-huit pennes, quoique Schwenckfeld n'en compte que seize (b) ; les deux du milieu sont les plus longues de toutes, et ensuite les plus voisines de celles-là ; chaque pied est muni d'un éperon court et pointu qui a échappé à quelques descripteurs ; les doigts sont joints par une membrane plus large qu'elle n'est ordinairement dans les oiseaux pulvérateurs (c) ; cette membrane interdigitale, plus grande, semble être une première nuance par laquelle les oiseaux de ce genre se rapprochent des oiseaux de rivière : et, en effet, Aldrovande remarque que le faisan se plaît dans les lieux marécageux ; et il ajoute qu'on en prend quelquefois dans les marais qui sont aux environs de Bologne (d) : Olina, autre Italien (e), et M. Leroy, lieutenant des chasses de Versailles, ont fait la même observation : ce dernier assure que c'est toujours dans les lieux les plus humides, et le long des mares qui se trouvent dans les grands bois de la Brie, que se tiennent les faisans échappés des capitaineries voisines. Quoique accoutumés à la société de l'homme, quoique comblés de ses bienfaits, ces faisans s'éloignent le plus qu'il est possible de toute habitation humaine ; car ce sont des oiseaux très sauvages, et qu'il est extrêmement difficile d'apprivoiser. On prétend néanmoins qu'on les accoutume à revenir au coup de sifflet (f), c'est-à-dire qu'ils s'accoutument à venir prendre la nourriture que ce coup de sifflet leur annonce toujours ; mais, dès que leur besoin est satisfait, ils reviennent à leur naturel et ne connaissent plus la main qui les a nourris : ce sont des esclaves indomptables qui ne peuvent se plier à la servitude, qui ne connaissent aucun bien qui puisse entrer en comparaison avec la liberté, qui cherchent continuellement à la recouvrer, et qui n'en manquent jamais l'occasion (g). Les sauvages qui viennent de la perdre sont furieux ; ils fondent à grands coups de bec sur les compagnons de leur captivité, et n'épargnent pas même le paon (h).

Ces oiseaux se plaisent dans les bois en plaine, différant en cela des tétras ou coqs de bruyère, qui se plaisent dans les bois en montagne ; pendant la

(a) *Ibidem.*

(b) Schwenckfeld, *Aviarium Silesiæ*, p. 332.

(c) Aldrovande, *Ornithologia*, t. II, p. 50.

(d) Aldrovande, *Ornithologia*, t. II, p. 51.

(e) Olina, *Uccellaria*, p. 49.

(f) Voyez le *Journal économique*, mois de septembre 1753. Il y a grande apparence que c'était là tout le savoir-faire de ces faisans apprivoisés qu'on nourrissait, selon Élien, dans la ménagerie du roi des Indes. *De Naturâ animalium*, lib. XIII, cap. XVIII.

(g) « Non ostante che venghin' allevati nella casa, et che siino nati sotto la gallina, non » s'addomesticano mai, anzi ritengono la salvatichezza loro. » Olina, *Uccellaria*, p. 49. Cela est conforme à ce que j'ai vu moi-même.

(h) Voyez Longolius *apud Aldrovandum, Ornithologia*, t. II, p. 52.

nuit ils se perchent au haut des arbres (a), où ils dorment la tête sous l'aile : leur cri, c'est-à-dire le cri du mâle, car la femelle n'en a presque point, est entre celui du paon et celui de la peintade, mais plus près de celui-ci, et par conséquent très peu agréable.

Leur naturel est si farouche que, non seulement ils évitent l'homme, mais qu'ils s'évitent les uns les autres, si ce n'est au mois de mars ou d'avril, qui est le temps où le mâle recherche sa femelle ; et il est facile alors de les trouver dans les bois, parce qu'ils se trahissent eux-mêmes par un battement d'ailes qui se fait entendre de fort loin (b). Les coqs faisans sont moins ardents que les coqs ordinaires : Frisch prétend que dans l'état de sauvages ils n'ont chacun qu'une seule femelle ; mais l'homme, qui fait gloire de soumettre l'ordre de la nature à son intérêt ou à ses fantaisies, a changé, pour ainsi dire, le naturel de cet oiseau, en accoutumant chaque coq à avoir jusqu'à sept poules, et ces sept poules à se contenter d'un seul mâle pour elles toutes ; car on a eu la patience de faire toutes les observations nécessaires pour déterminer cette combinaison, comme la plus avantageuse pour tirer parti de la fécondité de cet oiseau (c). Cependant quelques économistes ne donnent que deux femelles à chaque mâle (d), et j'avoue que c'est la méthode qui a le mieux réussi dans la conduite d'une petite faisanderie que j'ai eue quelque temps sous les yeux. Mais ces différentes combinaisons peuvent être toutes bonnes selon les circonstances, la température du climat, la nature du sol, la qualité et la quantité de la nourriture, l'étendue et l'exposition de la faisanderie, les soins du faisandier, comme serait celui de retirer chaque poule aussitôt après qu'elle est fécondée par le coq, de ne les lui présenter qu'une à une, en observant les intervalles convenables, de lui donner pendant ce temps du blé sarrasin et autres nourritures échauffantes, comme on lui en donne sur la fin de l'hiver, lorsqu'on veut avancer la saison de l'amour.

La faisane fait son nid à elle seule ; elle choisit pour cela le recoin le plus obscur de son habitation ; elle y emploie la paille, les feuilles et autres choses semblables ; et, quoiqu'elle le fasse fort grossièrement en apparence, elle le préfère, ainsi fait, à tout autre mieux construit, mais qui ne le serait point par elle-même : cela est au point que, si on lui en prépare un tout fait et bien fait, elle commence par le détruire et en éparpiller tous les matériaux, qu'elle arrange ensuite à sa manière. Elle ne fait qu'une ponte chaque année, du moins dans nos climats : cette ponte est de vingt œufs, selon les uns (e), et de quarante à cinquante selon les autres, surtout quand on

(a) Voyez Frisch, planche cxxiii.
(b) Olina, *Uccellaria*, p. 49.
(c) Voyez *Journal économique*, septembre 1753. — Le mot *faisanderie* dans l'*Encyclopédie*.
(d) Voyez Frisch, planche cxxiii. — *Maison rustique*, t. Ier, p. 135.
(e) Palladius, *de Re rusticâ*, lib. i. cap. xxix.

exempte la faisane du soin de couver (a); mais celles que j'ai eu occasion de voir n'ont jamais pondu plus de douze œufs, et quelquefois moins, quoiqu'on eût l'attention de faire couver leurs œufs par des poules communes. Elle pond ordinairement de deux ou trois jours l'un : ses œufs sont beaucoup moins gros que ceux de poule, et la coquille en est plus mince que ceux même de pigeons; leur couleur est un gris verdâtre, marqueté de petites taches brunes, comme le dit très bien Aristote (b), arrangées en zones circulaires autour de l'œuf; chaque faisane en peut couver jusqu'à dix-huit.

Si l'on veut entreprendre en grand une éducation de faisans, il faut y destiner un parc d'une étendue proportionnée, qui soit en partie gazonné et en partie semé de buissons, où ces oiseaux puissent trouver un abri contre la pluie et la trop grande chaleur, et même contre l'oiseau de proie; une partie de ce parc sera divisée en plusieurs petits parquets de cinq ou six toises en carré, faits pour recevoir chacun un coq avec ses femelles; on les retient dans ces parquets soit en les éjointant, c'est-à-dire en leur coupant le fouet de l'aile à l'endroit de la jointure, ou bien en couvrant les parquets avec un filet. On se gardera bien de renfermer plusieurs mâles dans la même enceinte, car ils se battraient certainement, et finiraient peut-être par se tuer (c); il faut même faire en sorte qu'ils ne puissent ni se voir ni s'entendre, autrement les mouvements d'inquiétude ou de jalousie que s'inspireraient les uns les autres ces mâles si peu ardents pour leurs femelles, et cependant si ombrageux pour leurs rivaux, ne manqueraient pas d'étouffer ou d'affaiblir des mouvements plus doux, et sans lesquels il n'est point de génération. Ainsi, dans quelques animaux, comme dans l'homme, le degré de la jalousie n'est pas toujours proportionné au besoin de jouir.

Palladius veut que les coqs soient de l'année précédente (d), et tous les naturalistes s'accordent à dire qu'il ne faut pas que les poules aient plus de trois ans. Quelquefois, dans les endroits qui sont bien peuplés de faisans, on ne met que des femelles dans chaque parquet, et on laisse aux coqs sauvages le soin de les féconder.

Ces oiseaux vivent de toutes sortes de grains et d'herbages, et l'on conseille même de mettre une partie du parc en jardin potager, et de cultiver dans ce jardin des fèves, des carottes, des pommes de terre, des oignons, des laitues et des panais, surtout des deux dernières plantes, dont ils sont très friands; on dit qu'ils aiment aussi beaucoup le gland, les baies d'aubé-

---

(a) Voyez Journal économique, septembre 1753.
(b) « Punctis distincta sunt ova meleagridum et phasianarum. Rubrum tinunculi est modo » minii. » Historia animalium, lib. VI, cap. II. Pline, altérant apparemment ce passage, a dit : « Alia punctis distincta ut meleagridi; alia rubri coloris, ut phasianis, cenchridi. » Historia naturalis, lib. X, cap. LII.
(c) Voyez le Journal économique, septembre 1753.
(d) Ibidem.

pine et la graine d'absinthe (a) ; mais le froment est la meilleure nourriture qu'on puisse leur donner, en y joignant les œufs de fourmis. Quelques-uns recommandent de bien prendre garde qu'il n'y ait des fourmis mêlées, de peur que les faisans ne se dégoûtent des œufs ; mais Edmond King veut qu'on leur donne des fourmis même, et prétend que c'est pour eux une nourriture très salutaire et seule capable de les rétablir, lorsqu'ils sont faibles et abattus ; dans la disette on y substitue avec succès des sauterelles, des perce-oreille, des mille-pieds. L'auteur anglais que je viens de citer assure qu'il avait perdu beaucoup de faisans avant qu'il connût la propriété de ces insectes, et que depuis qu'il avait appris à en faire usage, il ne lui en était pas mort un seul de ceux qu'il avait élevés (b). Mais quelque nourriture qu'on leur donne, il faut la leur mesurer avec prudence et ne point trop les engraisser, car les coqs trop gras sont moins chauds, et les poules trop grasses sont moins fécondes et pondent des œufs à coquille molle et faciles à écraser.

La durée de l'incubation est de vingt à vingt-cinq jours, suivant la plupart des auteurs (c) et ma propre observation. Palladius la fixe à trente (d), mais c'est une erreur qui n'aurait pas dû reparaître dans la *Maison rustique* (e) ; car le pays où Palladius écrivait étant plus chaud que le nôtre, les œufs de faisans n'y devaient pas être plus de temps à éclore que dans le nôtre, où ils éclosent au bout d'environ trois semaines : d'où il suit que le mot *trigesimus* a été substitué par les copistes au mot *vigesimus*.

Il faut tenir la couveuse dans un endroit éloigné du bruit et un peu enterré, afin qu'elle y soit plus à l'abri des inégalités de la température et des impressions du tonnerre.

Dès que les petits faisans sont éclos, ils commencent à courir comme font tous les gallinacés : on les laisse ordinairement vingt-quatre heures sans leur rien donner ; au bout de ce temps on met la mère et les petits dans une boîte que l'on porte tous les jours aux champs dans un lieu semé de blé, d'orge, de gazon, et surtout abondant en œufs de fourmis. Cette boîte doit avoir pour couvercle une espèce de petit toit fermé de planches légères qu'on puisse ôter et remettre à volonté, selon les circonstances ; elle doit aussi avoir à l'une de ses extrémités un retranchement où l'on tient la mère renfermée par des cloisons à claire-voie, qui donnent passage aux faisandeaux : du reste, on leur laisse toute liberté de sortir de la boîte et d'y rentrer à leur gré ; les gloussements de la mère prisonnière et le besoin de se réchauffer de temps en temps sous ses ailes les rappelleront sans cesse et les empêche-

---

(a) Gerbillon, *Voyage de la Chine et de la Tartarie.*
(b) Voyez les *Transactions philosophiques*, n° 23, art. VI.
(c) Gesner. — Schwenckfeld. — *Journal économique.* — M. Leroy, etc., aux endroits cités.
(d) Palladius, *de Re rusticâ*, lib. I, cap. XXIX.
(e) Voyez t. Iᵉʳ, p. 135.

ront de s'écarter beaucoup. On a coutume de réunir trois ou quatre couvées à peu près de même âge pour n'en former qu'une seule bande capable d'occuper la mère, et à laquelle elle puisse suffire.

On les nourrit d'abord, comme on nourrit tous les jeunes poussins, avec un mélange d'œufs durs, de mie de pain et de feuilles de laitue, hachés ensemble, et avec des œufs de fourmis de prés ; mais il y a deux attentions essentielles dans ces premiers temps : la première est de ne les point laisser boire du tout, et de ne les lâcher chaque jour que lorsque la rosée est évaporée, vu qu'à cet âge toute humidité leur est contraire ; et c'est, pour le dire en passant, une des raisons pourquoi les couvées des faisans sauvages ne réussissent guère dans notre pays ; car ces faisans, comme je l'ai remarqué plus haut, se tenant par préférence dans les lieux les plus frais et les plus humides, il est difficile que les jeunes faisandeaux n'y périssent : la seconde attention qu'il faut avoir, c'est de leur donner peu et souvent, et dès le matin, en entremêlant toujours les œufs de fourmis avec les autres aliments.

Le second mois, on peut déjà leur donner une nourriture plus substantielle : des œufs de fourmis de bois, du turquis, du blé, de l'orge, du millet, des fèves moulues, en augmentant insensiblement la distance des repas.

Ce temps est celui où ils commencent à être sujets à la vermine : la plupart des modernes recommandent, pour les en délivrer, de nettoyer la boîte et même de la supprimer entièrement, à l'exception de son petit toit, que l'on conserve pour leur servir d'abri ; mais Olina donne un conseil qui avait été indiqué par Aristote, et qui me paraît mieux réfléchi et plus conforme à la nature de ces oiseaux ; ils sont du nombre des pulvérateurs, et ils périssent lorsqu'ils ne se poudrent point (a). Olina veut donc qu'on mette à leur portée de petits tas de terre sèche ou de sablon très fin, dans lesquels ils puissent se vautrer et se délivrer ainsi des piqûres incommodes des insectes (b).

Il faut aussi être très exact à leur donner de l'eau nette et à la leur renouveler souvent : autrement ils courraient risque de la pépie, à laquelle il y aurait peu de remède, suivant les modernes, quoique Palladius ordonne tout uniment de la leur ôter comme on l'ôte aux poulets, et de leur frotter le bec avec de l'ail broyé dans de la poix liquide.

Le troisième mois amène de nouveaux dangers : les plumes de leur queue tombent alors, et il leur en pousse de nouvelles ; c'est une espèce de crise pour eux comme pour les paons : mais les œufs de fourmis sont encore ici une ressource, car ils hâtent le moment critique et en diminuent le danger, pourvu qu'on ne leur en donne pas trop, car l'excès en serait pernicieux.

A mesure que les jeunes faisandeaux deviennent grands, leur régime approche davantage de celui des vieux et, dès la fin du troisième mois, on peut les lâcher dans l'endroit que l'on veut peupler ; mais tel est l'effet de

(a) Aristote, *Historia animalium*, lib. v, cap. xxxi.
(b) Olina, *Uccellaria*, p. 49.

la domesticité sur les animaux qui y ont vécu quelque temps, que ceux même qui, comme les faisans, ont le penchant le plus invincible pour la liberté, ne peuvent y être rendus tout d'un coup et sans observer des gradations, de même qu'un bon estomac, affaibli par des aliments trop légers, ne peut s'accoutumer que peu à peu à une nourriture plus forte. Il faut d'abord transporter la boîte qui contient la couvée dans l'endroit où l'on veut les lâcher; on aura soin de leur donner la nourriture qu'ils aiment le mieux, mais jamais dans le même endroit, et en en diminuant la quantité chaque jour, afin de les obliger à chercher eux-mêmes ce qui leur convient, et à faire connaissance avec la campagne : lorsqu'ils seront en état de trouver leur subsistance, ce sera le moment de leur donner la liberté et de les rendre à la naure; ils deviendront bientôt aussi sauvages que ceux qui sont nés dans les bois, à cela près qu'ils conserveront une sorte d'affection pour les lieux où ils auront été bien traités dans leur premier âge.

L'homme, ayant réussi à forcer le naturel du faisan en l'accoutumant à se joindre à plusieurs femelles, a tenté de lui faire encore une nouvelle violence en l'obligeant de se mêler avec une espèce étrangère, et ses tentatives ont eu quelques succès; mais ce n'a pas été sans beaucoup de soins et de précautions (a). On a pris un jeune coq faisan qui ne s'était encore accouplé avec aucune faisane, on l'a renfermé dans un lieu étroit et faiblement éclairé par en haut; on lui a choisi de jeunes poules dont le plumage approchait de celui de la faisane; on a mis ces jeunes poules dans une case attenante à celle du coq faisan, et qui n'en était séparée que par une espèce de grille dont les mailles étaient assez grandes pour laisser passer la tête et le cou, mais non le corps de ces oiseaux ; on a ainsi accoutumé le coq faisan à voir ces poules et même à vivre avec elles, parce qu'on ne lui a donné de nourriture que dans leur case, joignant la grille de séparation; lorsque la connaissance a été faite et qu'on a vu la saison de l'amour approcher, on a nourri ce jeune coq et ses poules de la manière la plus propre à les échauffer et à leur faire éprouver le besoin de se joindre, et, quand ce besoin a été bien marqué, on a ouvert la communication : il est arrivé quelquefois que le faisan, fidèle à sa nature, comme indigné de la mésalliance à laquelle on voulait le contraindre, a maltraité et même mis à mort les premières poules qu'on lui avait données; s'il ne s'adoucissait point, on le domptait en lui touchant le bec avec un fer rouge d'une part, et de l'autre en excitant son tempérament par des fomentations appropriées; enfin, le besoin de s'unir augmentant tous les jours, et la nature travaillant sans cesse contre elle-

(a) Jamais les faisans libres ne cochent les poules qu'ils rencontrent; ce n'est pas que le coq ne fasse quelquefois des avances, mais la poule ne les souffre point. — C'est à M. Leroy, lieutenant des chasses de Versailles, que je dois cette observation et beaucoup d'autres que j'ai insérées dans cet article : il serait à souhaiter que, sur l'histoire de chaque oiseau, on eût à consulter quelqu'un qui eût autant de connaissances, de lumières et d'empressement à les communiquer.

même, le faisan s'est accouplé avec les poules ordinaires, et il en a résulté des œufs pointillés de noir comme ceux de la faisane, mais beaucoup plus gros, lesquels ont produit des bâtards qui participaient des deux espèces, et qui étaient même, selon quelques-uns, plus délicats et meilleurs au goût que les légitimes, mais incapables, à ce qu'on dit, de perpétuer leur race, quoique, selon Longolius, les femelles de ces mulets, jointes avec leur père, donnent de véritables faisans. On a encore observé de ne donner au coq faisan que des poules qui n'avaient jamais été cochées, et même de les renouveler à chaque couvée, soit pour exciter davantage le faisan (car l'homme juge toujours des autres êtres par lui-même), soit parce qu'on a prétendu remarquer que, lorsque les mêmes poules étaient fécondées une seconde fois par le même faisan, il en résultait une race dégénérée (a).

On dit que le faisan est un oiseau stupide, qui se croit bien en sûreté lorsque sa tête est cachée, comme on l'a dit de tant d'autres, et qui se laisse prendre à tous les pièges. Lorsqu'on le chasse au chien courant, et qu'il a été rencontré, il regarde fixement le chien tant qu'il est en arrêt, et donne tout le temps au chasseur de le tirer à son aise (b) : il suffit de lui présenter sa propre image, ou seulement un morceau d'étoffe rouge sur une toile blanche, pour l'attirer dans le piège ; on le prend encore en tendant des lacets ou des filets sur les chemins où il passe le soir et le matin pour aller boire ; enfin on le chasse à l'oiseau de proie, et l'on prétend que ceux qui sont pris de cette manière sont plus tendres et de meilleur goût (c). L'automne est le temps de l'année où ils sont le plus gras : on peut engraisser les jeunes dans l'épinette ou avec la pompe, comme toute autre volaille ; mais il faut bien prendre garde, en leur introduisant la petite boulette dans le gosier, de ne leur pas renverser la langue, car ils mourraient sur-le-champ.

Un faisandeau bien gras est un morceau exquis, et en même temps une nourriture très saine : aussi ce mets a-t-il été de tout temps réservé pour la table des riches ; et l'on a regardé comme une prodigalité insensée la fantaisie qu'eut Héliogabale d'en nourrir les lions de sa ménagerie.

Suivant Olina et M. Leroy, cet oiseau vit comme les poules communes, environ six à sept ans (d) ; et c'est sans aucun fondement qu'on a prétendu connaître son âge par le nombre des bandes transversales de sa queue.

(a) Voyez Longolius, *Dialog. de Avibus.* — *Journal économique*, septembre 1753. — *Maison rustique*, t. Ier, p. 135.
(b) Olina, *Uccellaria*, p. 77.
(c) Aldrovande, *Ornithologia*, t. II, p. 57.
(d) Olina, *Uccellaria*, p. 49.

LE FAISAN BLANC

On ne connaît point assez l'histoire de cette variété de l'espèce du faisan pour savoir à quelle cause on doit rapporter la blancheur de son plumage : l'analogie nous conduirait à croire qu'elle est un effet du froid, comme dans le paon blanc. Il est vrai que le faisan ne s'est point enfoncé dans les pays septentrionaux autant que le paon; mais aussi sa blancheur n'est point parfaite, puisqu'il a, selon M. Brisson (a), des taches d'un violet foncé sur le cou, et d'autres taches roussâtres sur le dos; et que, selon Olina, les mâles montrent quelquefois les couleurs franches des faisans ordinaires sur la tête et sur le cou. Ce dernier auteur dit que les faisans blancs viennent de Flandre; mais sans doute qu'en Flandre on dit qu'ils viennent encore de plus loin du côté du nord : il ajoute que les femelles sont d'une blancheur plus parfaite que les mâles (b); et je remarque que la femelle du faisan ordinaire a aussi plus de blanc dans son plumage que n'en a le mâle.

LE FAISAN VARIÉ

Comme le paon blanc, mêlé avec le paon ordinaire, a produit le paon varié ou panaché, ainsi l'on peut croire que le faisan blanc, se mêlant avec le faisan ordinaire, a produit le faisan varié dont il s'agit ici, d'autant plus que ce dernier a exactement la même forme et la même grosseur que l'espèce ordinaire, et que son plumage, dont le fond est blanc, se trouve semé de taches qui réunissent toutes les couleurs de notre faisan (c).

Frisch remarque que le faisan varié n'est point bon pour la propagation (d).

LE COCQUAR OU FAISAN BATARD

Le nom de *faisan-huneru*, que Frisch donne à cette variété du faisan, indique qu'il le regarde comme le produit du mélange du faisan avec la poule ordinaire; et, en effet, le faisan bâtard représente l'espèce du faisan par son cercle rouge autour des yeux et par sa longue queue; il se rapproche du coq ordinaire par les couleurs communes et obscures de son

(a) Brisson, *Ornithologie*, t. Ier, p. 268.
(b) Voyez Olina, *Uccellaria*, p. 49.
(c) Voyez Brisson, *Ornithologie*, t. Ier, p. 267.
(d) Frisch, article de la planche cxxiv.

plumage, qui a beaucoup de gris plus ou moins foncé : le faisan bâtard est aussi plus petit que le faisan ordinaire, et il ne vaut rien pour perpétuer l'espèce, ce qui convient assez à un métis, ou, si l'on veut, à un mulet.

Frisch nous apprend qu'on en élève beaucoup en Allemagne à cause du profit qu'on en retire, et c'est en effet un très bon manger (a).

OISEAUX ÉTRANGERS

QUI ONT RAPPORT AU FAISAN

Je ne placerai point sous ce titre plusieurs oiseaux auxquels la plupart des voyageurs et des naturalistes ont donné le nom de *faisans*, mais que nous avons reconnus, après un plus mûr examen, pour des oiseaux d'espèces fort différentes.

De ce nombre sont : 1° le faisan des Antilles de M. Brisson (b), qui est le faisan de l'île Kayriouacou du P. du Tertre (c), lequel a les jambes plus longues et la queue plus courte que le faisan ;

2° Le faisan couronné des Indes (*) de M. Brisson (d), qui est représenté sous le même nom, et qui diffère du faisan par sa conformation totale, par la forme particulière du bec, par ses mœurs, par ses habitudes, par ses ailes qui sont plus longues, par sa queue plus courte et qui, à sa grosseur près, paraît avoir beaucoup plus de rapport avec le genre du pigeon ;

3° L'oiseau d'Amérique, que nous avons fait représenter sous le nom de *faisan huppé de Cayenne* (**), parce qu'il nous avait été envoyé sous ce nom, mais qui nous paraît différer du faisan par sa grosseur, par le port de son corps, par son cou long et menu, sa tête petite, ses longues ailes, etc.;

4° Le hocco-faisan de la Guiane (***), qui n'est rien moins qu'un faisan ;

5° Tous les autres hoccos d'Amérique que MM. Brisson et Barrère, et plusieurs autres, entraînés par leurs méthodes, ont rapportés au genre du faisan, quoiqu'ils en diffèrent par un grand nombre d'attributs, et par quelques-uns même de ceux qui avaient été choisis pour en faire les caractères de ce genre.

(a) Voyez Frisch, planche cxxv. — Ce serait ici le lieu de parler du faisan-dindon qui a été vu en Angleterre, et dont M. Edwards a donné la description et la figure, pl. cccxxxvii; mais j'en ai dit mon avis ci-dessus à l'article du dindon.
(b) Brisson, *Ornithologie*, t. Ier, p. 269.
(c) Voyez le P. du Tertre, *Histoire générale des Antilles*, t. Ier, p. 255.
(d) Brisson, *Ornithologie*, t. Ier, p. 279.

(*) *Columba coronata* L.
(**) *Phasianus cristatus* L.
(***) *Crax globicera* L.

I. — LE FAISAN DORÉ OU LE TRICOLOR HUPPÉ DE LA CHINE.

Quelques auteurs ont donné à cet oiseau (*) le nom de *faisan rouge* (a); on eût été presque aussi bien fondé à lui donner celui de *faisan bleu*, et ces deux dénominations auraient été aussi imparfaites que celle de faisan doré, puisque toutes les trois, n'indiquant que l'une des trois couleurs éclatantes qui brillent sur son plumage, semblent exclure les deux autres : c'est ce qui m'a donné l'idée de lui imposer un nouveau nom, et j'ai cru que celui de tricolor huppé de la Chine le caractériserait mieux, puisqu'il présente à l'esprit ses attributs les plus apparents.

On peut regarder ce faisan comme une variété (**) du faisan ordinaire, qui s'est embelli sous un ciel plus beau : ce sont deux branches d'une même famille qui se sont séparées depuis longtemps, qui même ont formé deux races distinctes, et qui cependant se reconnaissent encore ; car elles s'allient, se mêlent et produisent ensemble ; mais il faut avouer que leur produit tient un peu de la stérilité des mulets, comme nous le verrons plus bas ; ce qui prouve de plus en plus l'ancienneté de la séparation des deux races.

Le tricolor huppé de la Chine est plus petit que notre faisan.

La beauté frappante de cet oiseau lui a valu d'être cultivé et multiplié dans nos faisanderies, où il est assez commun aujourd'hui : son nom de tricolor huppé indique le rouge, le jaune doré et le bleu qui dominent dans son plumage, et les longues et belles plumes qu'il a sur la tête, et qu'il relève quand il veut en manière de huppe ; il a l'iris, le bec, les pieds et les ongles jaunes, la queue plus longue à proportion que notre faisan, plus émaillée, et, en général, le plumage plus brillant : au-dessus des plumes de la queue sortent d'autres plumes longues et étroites, de couleur écarlate, dont la tige est jaune ; il n'a point les yeux entourés d'une peau rouge comme le faisan d'Europe ; en un mot, il paraît avoir subi fortement l'influence du climat.

La femelle du faisan doré est un peu plus petite que le mâle ; elle a la queue moins longue; les couleurs de son plumage sont fort ordinaires, et encore moins agréables que celles de notre faisane ; mais quelquefois elle devient avec le temps aussi belle que le mâle : on en a vu une en Angleterre, chez milady Essex, qui, dans l'espace de six ans, avait graduellement changé sa couleur ignoble de bécasse en la belle couleur du mâle, duquel elle ne se distinguait plus que par les yeux et par la longueur de la queue (b):

(a) Klein, *Ordo Avium*, p. 114. — Albin, t. III, p. 15.
(b) Voyez Edwards, planche LXVII.

(*) *Phasianus pictus* L.
(**) Le *Phasianus pictus* L. constitue, contrairement à l'opinion de Buffon, une espèce véritable.

des personnes intelligentes, qui ont été à portée d'observer ces oiseaux, m'ont aussi assuré que ce changement de couleur avait lieu dans la plupart des femelles, qu'il commençait lorsqu'elles avaient quatre ans, temps où le mâle commençait aussi à prendre du dégoût pour elles et à les maltraiter; qu'il leur venait alors de ces plumes longues et étroites, qui, dans le mâle, accompagnent les plumes de la queue; en un mot, que plus elles avançaient en âge, plus elles devenaient semblables aux mâles, comme cela a lieu plus ou moins dans presque tous les animaux.

M. Edwards assure qu'on a vu pareillement chez le duc de Leeds une faisane commune dont le plumage était devenu semblable à celui du faisan mâle; et il ajoute que de tels changements de couleurs n'ont guère lieu que parmi les oiseaux qui vivent dans la domesticité (a).

Les œufs de la faisane dorée ressemblent beaucoup à ceux de la peintade, et sont plus petits à proportion que ceux de la poule domestique, et plus rougeâtres que ceux de nos faisans.

Le docteur Hans Sloane a conservé un mâle environ quinze ans : il paraît que c'est un oiseau robuste, puisqu'il vit si longtemps hors de son pays; il s'accoutume fort bien au nôtre (b), et y multiplie assez facilement; il multiplie même avec notre faisane d'Europe. M. Leroy, lieutenant des chasses de Versailles, ayant mis une de ces faisanes de la Chine avec un coq faisan de ce pays-ci, il en a résulté deux faisans mâles fort ressemblants aux nôtres, cependant avec le plumage mal teint, et n'ayant que quelques plumes jaunes sur la tête comme le faisan de la Chine : ces deux jeunes mâles métis ayant été mis avec les faisanes d'Europe, l'un d'eux féconda la sienne la seconde année, et il en a résulté une poule faisane qui n'a jamais pu devenir féconde; et les deux coqs métis n'ont rien produit de plus jusqu'à la quatrième année, temps où ils trouvèrent le moyen de s'échapper à travers leurs filets.

Il y a grande apparence que le tricolor huppé, dont il s'agit dans cet article, est ce beau faisan dont on dit que les plumes se vendent à la Chine plus cher que l'oiseau même (c); et que c'est aussi celui que Marco-Paolo admira dans un de ses voyages de la Chine, et dont la queue avait deux à trois pieds de long.

II. — LE FAISAN NOIR ET BLANC DE LA CHINE.

La figure de nos planches enluminées n'a été dessinée que d'après l'oiseau empaillé, et je ne doute pas que celle de M. Edwards (d), qui a été faite et retouchée à loisir d'après le vivant, et recherchée pour les plus petits

(a) Edwards, *Glanures*, partie IIIe, p. 268.
(b) *Ibidem*, planche LXVIII.
(c) *Histoire générale des Voyages*, t. VI, p. 487.
(d) Voyez Edwards, *Hist. nat. des oiseaux*, planche LXVI.

détails d'après l'oiseau mort, ne représente plus exactement ce faisan, et ne donne une idée plus juste de son port, de son air, etc.

Il est aisé de juger, par la seule inspection de la figure, que c'est une variété du faisan (*), modelée pour la forme totale sur les proportions du tricolor huppé de la Chine, mais beaucoup plus gros, puisqu'il surpasse même le faisan d'Europe : il a avec ce dernier un trait de ressemblance bien remarquable, c'est la bordure rouge des yeux qu'il a même plus large et plus étendue ; car elle lui tombe de chaque côté au-dessous du bec inférieur, en forme de barbillons, et d'autre part elle s'élève comme une double crête au-dessus du bec supérieur.

La femelle est un peu plus petite que le mâle, dont elle diffère beaucoup par la couleur ; elle n'a ni le dessus du corps blanc comme lui, ni le dessous d'un beau noir, avec des reflets de pourpre ; on n'aperçoit dans tout son plumage qu'une échappée de blanc au-dessous des yeux ; le reste est d'un rouge brun plus ou moins foncé, excepté sous le ventre et dans les plumes latérales de la queue, où l'on voit des bandes noires transversales sur un fond gris : à tous autres égards, la femelle diffère moins du mâle dans cette race que dans toutes les autres races de faisans ; elle a, comme lui, une huppe sur la tête, les yeux entourés d'une bordure rouge, et les pieds de même couleur.

Comme aucun naturaliste, ni même aucun voyageur, ne nous a donné le plus léger indice sur l'origine du faisan noir et blanc, nous sommes réduits sur cela aux seules conjectures : la mienne serait que, de même que le faisan de Géorgie, s'étant avancé vers l'Orient et ayant fixé son séjour dans les provinces méridionales ou tempérées de la Chine, est devenu le tricolor huppé, ainsi le faisan blanc de nos pays froids, ou de la Tartarie, ayant passé dans les provinces septentrionales de la Chine, est devenu le faisan noir et blanc de cet article, lequel aura pris plus de grosseur que le faisan primitif ou de Géorgie, parce qu'il aura trouvé dans ces provinces une nourriture plus abondante ou plus analogue à son tempérament, mais qui porte l'empreinte du nouveau climat dans son port, son air, sa forme extérieure, semblable au port, à l'air, à la forme extérieure du tricolor huppé de la Chine, et qui a conservé du faisan primitif la bordure rouge des yeux, laquelle même a pris en lui plus d'étendue et de volume, sans doute par les mêmes causes qui l'ont rendu lui-même plus gros et plus grand que le faisan ordinaire.

(*) On en a fait une espèce distincte, sous le nom de *Phasianus nycthemerus* L. Quelques ornithologistes considèrent même cette espèce comme le type d'un nouveau genre, auquel ils donnent le nom de *Thaumalea*, et le faisan doré devient le *Thaumalea picta*.

III. — L'ARGUS OU LE LUEN.

On trouve au nord de la Chine une espèce de faisan (*) dont les ailes et la queue sont semées d'un très grand nombre de taches rondes semblables à des yeux, d'où on lui a donné le nom d'*argus ;* les deux plumes du milieu de la queue sont très longues et excèdent de beaucoup toutes les autres : cet oiseau est de la grosseur du dindon ; il a sur la tête une double huppe qui se couche en arrière (*a*).

IV. — LE NAPAUL OU FAISAN CORNU (*b*).

M. Edwards, à qui nous devons la connaissance de cet oiseau rare (**), le range parmi les dindons, comme ayant autour de la tête des excroissances charnues (*c*), et cependant il lui donne le nom de *faisan cornu.* Je crois en effet qu'il approche plus du faisan que du dindon ; car les excroissances charnues ne sont rien moins que propres à ce dernier : le coq, la peintade, l'oiseau royal, le casoar et bien d'autres oiseaux des deux continents en ont aussi ; elles ne sont pas même étrangères au faisan, puisqu'on peut regarder ce large cercle de peau rouge dont ses yeux sont entourés comme étant à peu près de même nature, et que dans le faisan noir et blanc de la Chine cette peau forme réellement une double crête sur le bec, et des barbillons au-dessous. Ajoutez à cela que le napaul est du climat des faisans, puisqu'il a été envoyé de Bengale à M. Mead ; qu'il a le bec, les pieds, les éperons, les ailes, et la forme totale du faisan ; et l'on conviendra qu'il est plus naturel de le rapporter au faisan qu'à un oiseau d'Amérique, tel que le dindon.

Le napaul ou faisan cornu est ainsi appelé parce qu'il a en effet deux cornes à la tête ; ces cornes sont de couleur bleue, de forme cylindrique, obtuses à leur extrémité, couchées en arrière, et d'une substance analogue à de la chair calléuse : il n'a point autour des yeux ce cercle de peau rouge, quelquefois pointillée de noir, qu'ont les faisans ; mais il a tout cet espace garni de poils noirs en guise de plumes ; au-dessous de cet espace et de la base du bec inférieur prend naissance une sorte de gorgerette formée d'une peau lâche, laquelle tombe et flotte librement sur la gorge et la partie supérieure du cou : cette gorgerette est noire dans son milieu, semée de quelques poils de même couleur, et sillonnée par des rides plus ou moins profondes,

(*a*) Voyez les *Transactions philosophiques,* t. LV, p. 88, planche III.
(*b*) Voyez Edwards, *Hist. nat. des oiseaux,* planche CXVI.
(*c*) Voyez Gleanings, etc., t. III, p. 331.

(*) *Phasianus Argus* L.
(**) *Penelope satyra* GMEL. *Meleagris satyra* LATH.

en sorte qu'elle paraît capable d'extension dans l'oiseau vivant, et l'on peut croire qu'il sait la gonfler ou la resserrer à sa volonté ; les parties latérales en sont bleues avec quelques taches orangées, et sans aucun poil en dehors ; mais la face intérieure qui s'applique sur le cou est garnie de petites plumes noires, ainsi que la partie du cou qu'elle recouvre ; le sommet de la tête est rouge, la partie antérieure du corps rougeâtre, la partie postérieure plus rembrunie : sur le tout, y compris la queue et les ailes, on voit des taches blanches entourées de noir, semées près à près assez régulièrement ; ces taches sont rondes sur l'avant, oblongues ou en forme de larmes sur l'arrière, et celles-ci tournées de manière que la pointe regarde la tête ; les ailes ne passent guère l'origine de la queue, d'où l'on peut conclure que c'est un oiseau pesant ; la longueur de la queue n'a pu être déterminée par M. Edwards, vu qu'elle est représentée dans le dessin original comme ayant été usée par quelque frottement.

V. — LE KATRACA.

Quoiqu'à vrai dire il ne se soit point trouvé de véritables faisans dans l'Amérique, comme nous l'avons établi ci-dessus, néanmoins, parmi la multitude d'oiseaux différents qui peuplent ces vastes contrées, on en voit qui ont plus ou moins de rapports avec le faisan ; et celui dont il s'agit dans cet article en approche plus qu'aucun autre, et doit être regardé comme son représentant dans le nouveau monde (*). Il le représente en effet par sa forme totale, par son bec un peu crochu, par ses yeux bordés de rouge et par sa longue queue ; néanmoins, comme il appartient à un climat et même à un monde différent, et qu'il est incertain s'il se mêle avec nos faisans d'Europe, je le place ici après ceux de la Chine, qui s'accouplent certainement, et produisent avec les nôtres.

L'histoire du katraca nous est totalement inconnue : tout ce que je puis dire d'après l'inspection de sa forme extérieure, c'est que le sujet représenté nous paraît être le mâle, à cause de sa longue queue et de la forme de son corps, moins arrondie qu'allongée.

Nous lui conserverons le nom de *katraca*, qu'il porte au Mexique, suivant le P. Feuillée.

(*) C'est le *Phasianus motmot* GMEL. (*Phasianus parraqua* LATH.)

OISEAUX ÉTRANGERS

QUI PARAISSENT AVOIR RAPPORT AVEC LE PAON ET AVEC LE FAISAN

(Je range sous ce titre indécis quelques oiseaux étrangers, trop peu connus
pour qu'on puisse leur assigner une place plus fixe.)

I. — LE CHINQUIS.

Dans l'incertitude où je suis si cet oiseau est un véritable paon ou non, je lui donne, ou plutôt je lui conserve le nom de *chinquis* (*), formé de son nom chinois *chin-tchien-khi :* c'est la dixième espèce du genre des faisans de M. Brisson (*a*); il se trouve au Thibet, d'où cet auteur a pris occasion de le nommer *paon du Thibet :* sa grosseur est celle de la peintade; il a l'iris des yeux jaune, le bec cendré, les pieds gris, le fond du plumage cendré, varié de lignes noires et de points blancs; mais ce qui en fait l'ornement principal et distinctif, ce sont de belles et grandes taches rondes d'un bleu éclatant, changeant en violet et en or, répandues une à une sur les plumes du dos et les couvertures des ailes, deux à deux sur les pennes des ailes, et quatre à quatre sur les longues couvertures de la queue, dont les deux du milieu sont les plus longues de toutes, les latérales allant toujours en se raccourcissant de chaque côté.

On ne sait, ou plutôt on ne dit rien de son histoire, pas même s'il fait la roue en relevant en éventail ses belles plumes chargées de miroirs.

Il ne faut pas confondre le chinquis avec le kinki, ou poule dorée de la Chine, dont il est parlé dans les relations de Navarette, Trigault, du Halde, et qui, autant qu'on en peut juger par des descriptions imparfaites, n'est autre chose que notre tricolor huppé *(b)*.

II. — LE SPICIFÈRE.

J'appelle ainsi le huitième faisan de M. Brisson (*c*), qu'Aldrovande a nommé *paon du Japon,* tout en avouant qu'il ne ressemblait à notre paon que par les pieds et la queue (*d*).

Je lui ai donné le nom de *spicifère* à cause de l'aigrette en forme d'épi qui s'élève sur sa tête (**) : cette aigrette est haute de quatre pouces, et paraît émaillée de vert et de bleu ; le bec est de couleur cendrée, plus long et plus

(*a*) Voyez Brisson, *Ornithologie,* t. Ier, p. 294.
(*b*) Voyez M. l'abbé Prevost, *Hist. générale des Voyages,* t. VI, p. 487.
(*c*) Brisson, *Ornithologie,* t. Ier, p. 289.
(*d*) Aldrovande, *Ornithologia,* t. II, p. 35.

(*) C'est probablement le *Pavo bicalcaratus* Gm.
(**) C'est le *Pavo muticus* L.

menu que celui du paon ; l'iris est jaune, et le tour des yeux rouge comme dans le faisan : les plumes de la queue sont en plus petit nombre, le fond en est plus rembruni et les miroirs plus grands, mais brillant des mêmes couleurs que dans notre paon d'Europe ; la distribution des couleurs forme sur la poitrine, le dos et la partie des ailes la plus proche du dos, des espèces d'écailles qui ont différents reflets en différents endroits, bleus sur la partie des ailes la plus proche du dos, bleus et verts sur le dos, bleus, verts et dorés sur la poitrine ; les autres pennes de l'aile sont vertes dans le milieu de leur longueur, ensuite jaunâtres, et finissent par être noires à leur extrémité : le sommet de la tête et le haut du cou ont des taches bleues mêlées de blanc sur un fond verdâtre.

Telle est à peu près la description qu'Aldrovande a faite du mâle, d'après une figure peinte que l'empereur du Japon avait envoyée au pape ; il ne dit point s'il étale sa queue comme notre paon ; ce qu'il y a de certain, c'est qu'il ne l'étale point dans la figure d'Aldrovande, et qu'il y est même représenté sans éperons aux pieds, quoique Aldrovande n'ait pas oublié d'en faire paraître dans la figure du paon ordinaire, qu'il a placée vis-à-vis pour servir d'objet de comparaison.

Selon cet auteur, la femelle est plus petite que le mâle ; elle a les mêmes couleurs que lui sur la tête, le cou, la poitrine, le dos et les ailes ; mais elle en diffère en ce qu'elle a le dessus du corps noir, et en ce que les couvertures du croupion, qui sont beaucoup plus courtes que les pennes de la queue, sont ornées de quatre ou cinq miroirs assez larges relativement à la grandeur des plumes : le vert est la couleur dominante de la queue, les pennes en sont bordées de bleu, et les tiges de ces pennes sont blanches.

Cet oiseau paraît avoir beaucoup de rapport avec celui dont parle Kæmpfer, dans son *Histoire du Japon*, sous le nom de *faisan* (a) : ce que j'en ai dit suffit pour faire voir qu'il a plusieurs traits de conformité et plusieurs traits de dissemblance, soit avec le paon, soit avec le faisan, et que, par conséquent, il ne devait point avoir d'autre place que celle que je lui donne ici.

III. — L'ÉPERONNIER.

Cet oiseau n'est guère connu que par la figure et la description que M. Edwards a publiées du mâle et de la femelle (b) et qu'il avait faites sur le vivant (*).

(a) « Il y a au Japon une espèce de faisans qui se distinguent par la diversité de leurs couleurs, par l'éclat de leurs plumes et par la beauté de leur queue, qui égale en longueur la moitié de la hauteur d'un homme, et qui par ce mélange et par une variété charmante des plus belles couleurs, particulièrement de l'or et de l'azur, ne cède en rien à celle du paon. » Kæmpfer, *Histoire du Japon*, t. Ier, p. 112.

(b) Edwards, *Hist. nat. of Birds*, planches LXVII et LXIX.

(*) D'après Cuvier, l'Éperonnier et le Chinquis de Buffon répondent à une même espèce qui est soit le *Pavo bicalcaratus*, soit le *Pavo thibetanus* de Gmelin.

Au premier coup d'œil, le mâle paraît avoir quelque rapport avec le faisan et le paon ; comme eux il a la queue longue, il l'a semée de miroirs comme le paon, et quelques naturalistes, s'en tenant à ce premier coup d'œil, l'ont admis dans le genre du faisan (a) ; mais quoique, d'après ces rapports superficiels, M. Edwards ait cru pouvoir lui donner ou lui conserver le nom de faisan-paon, néanmoins, en y regardant de plus près, il a bien jugé qu'il ne pouvait appartenir au genre du faisan : 1° parce que les longues plumes de sa queue sont arrondies et non pointues par le bout ; 2° parce qu'elles sont droites dans toute leur longueur, et non recourbées en bas ; 3° parce qu'elles ne font pas la gouttière renversée par le renversement de leurs barbes, comme dans le faisan ; 4° enfin, parce qu'en marchant il ne recourbe point sa queue en haut comme cet oiseau.

Mais il appartient encore bien moins à l'espèce du paon, dont il diffère non seulement par le port de la queue, par la configuration et le nombre des pennes dont elle est composée, mais encore par les proportions de sa forme extérieure, par la grosseur de la tête et du cou, et en ce qu'il ne redresse et n'épanouit point sa queue comme le paon (b), qu'il n'a, au lieu d'aigrette, qu'une espèce de huppe plate, formée par les plumes du sommet de la tête qui se relèvent, et dont la pointe revient un peu en avant ; enfin, le mâle diffère du coq paon et du coq faisan par un double éperon qu'il a à chaque pied, caractère presque unique d'après lequel je lui ai donné le nom d'*éperonnier*.

Ces différences extérieures, qui certainement en supposent beaucoup d'autres plus cachées, paraîtront assez considérables à tout homme de sens, et qui ne sera préoccupé d'aucune méthode, pour exclure l'éperonnier du nombre des paons et des faisans, encore qu'il ait comme eux les doigts séparés, les pieds nus, les jambes revêtues de plumes jusqu'au talon, le bec en cône courbé, la queue longue et la tête sans crête ni membrane : à la vérité, je sais tel méthodiste qui ne pourrait, sans inconséquence, ne pas le reconnaître pour un paon ou pour un faisan, puisqu'il a tous les attributs par lesquels ce genre est caractérisé dans sa méthode ; mais aussi un naturaliste sans méthode et sans préjugé ne pourra le reconnaître pour le paon de la nature ; et que s'ensuivra-t-il de là, sinon que l'ordre de la nature est bien loin de la méthode du naturaliste ?

En vain me dira-t-on que, puisque l'oiseau dont il s'agit ici a les principaux caractères du genre du faisan, les petites variétés par lesquelles il en diffère ne doivent point empêcher qu'on ne le rapporte à ce genre ; car je demanderai toujours qui donc ose se croire en droit de déterminer ces carac-

(a) Klein, *Ordo Avium*, p. 114. — Brisson, *Ornithol.*, t. Ier, p. 291, genre VII, espèce IX.
(b) M. Edwards ne dit point que cet oiseau fasse la roue ; et de cela seul je me crois en droit de conclure qu'il ne la fait point : un fait aussi considérable n'aurait pu échapper à M. Edwards ; et, s'il l'eût observé, il ne l'aurait point omis.

tères principaux ; de décider, par exemple, que l'attribut négatif de n'avoir ni crête ni membrane soit plus essentiel que celui d'avoir la tête de telle ou telle forme, de telle ou telle grosseur, et de prononcer que tous les oiseaux qui se ressemblent par des caractères choisis arbitrairement doivent aussi se ressembler dans leurs véritables propriétés ?

Au reste, en refusant à l'éperonnier le nom de paon de la Chine, je ne fais que me conformer au témoignage des voyageurs, qui assurent que, dans ce vaste pays, on ne voit de paons que ceux qu'on y apporte des autres contrées (a).

L'éperonnier a l'iris des yeux jaune, ainsi que l'espace entre la base du bec et l'œil, le bec supérieur rouge, l'inférieur brun foncé et les pieds d'un brun sale : son plumage est d'une beauté admirable ; la queue est, comme je l'ai dit, semée de miroirs ou de taches brillantes de forme ovale, et d'une belle couleur de pourpre avec des reflets bleus, vert et or ; ces miroirs font d'autant plus d'effet qu'ils sont terminés et détachés du fond par un double cercle, l'un noir et l'autre orangé obscur ; chaque penne de la queue a deux de ces miroirs accolés l'un à l'autre, la tige entre deux, et malgré cela, comme cette queue a infiniment moins de plumes que celle du paon, elle est beaucoup moins chargée de miroirs ; mais, en récompense, l'éperonnier en a une très grande quantité sur le dos et sur les ailes, où le paon n'en a point du tout ; ces miroirs des ailes sont ronds, et comme le fond du plumage est brun, on croirait voir une belle peau de marte zibeline enrichie de saphirs, d'opales, d'émeraudes et de topazes.

Les plus grandes pennes de l'aile n'ont point de miroirs ; toutes les autres en ont chacune un, et quel qu'en soit l'éclat, leurs couleurs, soit dans les ailes, soit dans la queue, ne pénètrent point jusqu'à l'autre surface de la penne, dont le dessous est d'un sombre uniforme.

Le mâle surpasse en grosseur le faisan ordinaire ; la femelle est d'un tiers plus petite que le mâle, et paraît plus leste et plus éveillée ; elle a, comme lui, l'iris jaune, mais point de rouge dans le bec, et la queue beaucoup plus petite : quoique ses couleurs approchent plus de celles du mâle que dans l'espèce des paons et des faisans, cependant elles sont plus mates, plus éteintes, et n'ont point ce lustre, ce jeu, ces ondulations de lumière qui font un si bel effet dans les miroirs du mâle (b).

Cet oiseau était vivant à Londres l'année dernière, d'où M. le chevalier Codrington en a envoyé des dessins coloriés à M. Daubenton le jeune.

(a) Navarette, *Description de la Chine*, p. 40 et 42.
(b) Voyez Edwards, planches LXVII et LXIX.

LES HOCCOS

Tous les oiseaux que l'on désigne ordinairement sous cette dénomination, prise dans une acception générique, sont étrangers à l'Europe, et appartiennent aux pays chauds de l'Amérique : les divers noms que les différentes tribus de sauvages leur ont donnés, chacune en son jargon, n'ont pas moins contribué à en enfler la liste que les phrases multipliées de nos nomenclateurs ; et je vais tâcher, autant que la disette d'observations me le permettra, de réduire ces espèces nominales aux espèces réelles.

I. — LE HOCCO PROPREMENT DIT.

Je comprends sous cette espèce (*), non seulement le mitou et le mitouporanga de Marcgrave, que cet auteur regarde en effet comme étant de la même espèce (a), le coq indien de MM. de l'Académie (b) et de plusieurs autres (c), le mutou ou moytou de Laët (d) et de Léry (e), le temocholli des Mexicains, et leur tepetototl ou oiseau de montagne (f), le quirizao ou curasso de la Jamaïque (g), le pocs de Frisch (h), le hocco de Cayenne de

(a) Marcgrave, *Historia naturalis Brasiliensis*, lib. v, cap. III, p. 195.
(b) *Mémoires de l'Académie royale des Sciences*, t. III, part. I, p. 221.
(c) Longolius, *Dialogus de Avibus*. — Gesner, *de Avibus*, lib. III. — Aldrovande, *Ornithologia*, lib. XIV, cap. XL, etc.
(d) Laët, *Novus orbis*, p. 615.
(e) Léry, *Voyage au Brésil*, p. 173.
(f) Voyez Fernandez, *Hist. Avi. nov. Hisp.*, cap. CI, p. 35.
(g) *Histoire naturelle de la Jamaïque*, par le chevalier Hans Sloane, p. 302.
(h) Frisch, planche CXXI.

(*) *Crax Alector* L. — Les *Crax* ou Hoccos sont des Gallinacés de la famille des Pénéloplidés. Les oiseaux de cette famille ont tous de grandes pattes et des rémiges bien développées ; une queue longue et arrondie ; un bec de Gallinacé, souvent recourbé en crochet à l'extrémité ; une tête en partie nue, pourvue d'une huppe, de lobes cutanés ou d'autres appendices ; des tarses très longs, dépourvus d'ergot, couverts de deux rangées de scutelles ; un doigt postérieur très développé, articulé au même niveau que les trois doigts antérieurs dont le médian est beaucoup plus long que les autres ; un pénis exsertile. Les Pénéloplidés sont de bons coureurs, mais ils se tiennent volontiers sur les arbres ; leur vol est lourd ; ils sont tous monogames. Tous habitent l'Amérique du Sud.
Les *Crax* ou Hoccos se distinguent, dans cette famille, par un bec presque aussi long que la tête, comprimé latéralement, crochu à la pointe, muni à la base d'une corne qui couvre la moitié de la longueur des deux mandibules ; par une sorte de huppe formée de plumes minces et raides, d'abord inclinées en arrière, puis rejetées en avant et couvrant le sommet de la tête et l'occiput.

M. Barrère (a), le hocco de la Guiane ou douzième faisan de M. Brisson (b) mais j'y rapporte encore comme variétés le hocco du Brésil ou onzième faisan de M. Brisson (c), son hocco de Curassou, qui est son treizième faisan (d), le hocco du Pérou, et même la poule rouge du Pérou d'Albin (e), le coxolissi de Fernandez (f), et le seizième faisan de M. Brisson (g). Je me fonde sur ce que cette multitude de noms désigne des oiseaux qui ont beaucoup de qualités communes, et qui ne diffèrent entre eux que par la distribution des couleurs, par quelque diversité dans la forme et les accessoires du bec, et par d'autres accidents qui peuvent varier dans la même espèce à raison de l'âge, du sexe, du climat, et surtout dans une espèce aussi facile à apprivoiser que celle-ci, qui même l'a été en plusieurs cantons et qui, par conséquent, doit participer aux variétés auxquelles les oiseaux domestiques sont si sujets (h).

MM. de l'Académie avaient ouï dire que leur coq indien avait été apporté d'Afrique, où il s'appelait *ano* (i) : mais, comme Marcgrave et plusieurs autres observateurs nous apprennent que c'est un oiseau du Brésil, et que d'ailleurs on voit clairement, en comparant les descriptions et les figures les plus exactes, qu'il a les ailes courtes et le vol pesant, il est difficile de se persuader qu'il ait pu traverser d'un seul vol la vaste étendue des mers qui séparent les côtes d'Afrique de celles du Brésil, et il paraît beaucoup plus naturel de supposer que les sujets observés par MM. de l'Académie, s'ils étaient réellement venus d'Afrique, y avaient été portés précédemment du Brésil ou de quelque autre contrée du nouveau monde. On peut juger, d'après les mêmes raisons, si la dénomination de coq de Perse, employée par Jonston, est applicable à l'oiseau dont il s'agit ici (j).

Le hocco approche de la grosseur du dindon : l'un de ses plus remarquables attributs, c'est une huppe noire, et quelquefois noire et blanche, haute de deux à trois pouces, qui s'étend depuis l'origine du bec jusque derrière la tête, et que l'oiseau peut coucher en arrière et relever à son gré, selon qu'il est affecté différemment. Cette huppe est composée de plumes étroites et comme étagées, un peu inclinées en arrière, mais dont la pointe revient et se courbe en avant. Parmi ces plumes, MM. de l'Académie en ont

---

(a) Barrère, *Ornithologiæ specimen*, p. 82 et 83; et *France équinoxiale*, p. 140.
(b) Brisson, *Ornithologie*, t. Ier, p. 298.
(c) *Ibidem*, p. 296.
(d) *Ibidem*, p. 300.
(e) Albin, *Hist. nat. des oiseaux*, t. III, pl. XL. « Elle est de la même grandeur et figure » que la poule de Carasou (t. II, planches XXXI et XXXII), et paraît être de la même espèce ; » c'est ainsi que parle Albin, qui a eu l'avantage de dessiner ces deux oiseaux vivants.
(f) Fernandez, *Hist. Avium*, cap. XL, p. 23.
(g) Brisson, *Ornithologie*, t. Ier, p. 305.
(h) Le chevalier Hans Sloane dit précisément que leur plumage varie de différentes manières, comme celui de notre volaille ordinaire, t. II, p. 302, pl. CCLX.
(i) *Mémoires de l'Académie*, t. III, partie I, p. 223.
(j) Jonston l'appelle *coq de Perse*, disent MM. de l'Académie, t. III, partie I, p. 223.

remarqué plusieurs dont les barbes étaient renfermées jusqu'à la moitié de la longueur de la côte, dans une espèce d'étui membraneux (a).

La couleur dominante du plumage est le noir, qui, le plus souvent, est pur et comme velouté sur la tête et sur le cou, et quelquefois semé de mouchetures blanches ; sur le reste du corps il a des reflets verdâtres, et dans quelques sujets ils se change en marron foncé. L'oiseau représenté dans cette planche (*) n'a point du tout de blanc sous le ventre ni dans la queue, au lieu que celui de la planche n° 86 en a sous le ventre et au bout de la queue ; enfin d'autres en ont sous le ventre et point à la queue, et d'autres en ont à la queue et point sous le ventre, et il faut se souvenir que ces couleurs sont sujettes à varier, soit dans leurs teintes, soit dans leur distribution, selon la différence du sexe.

Le bec a la forme de celui des gallinacés, mais il est un peu plus fort : dans les uns, il est couleur de chair et blanchâtre vers la pointe, comme dans le hocco du Brésil de M. Brisson ; dans les autres, le bout du bec supérieur est échancré des deux côtés, ce qui le fait paraître comme armé de trois pointes, la principale au milieu, et les deux latérales formées par les deux échancrures un peu reculées en arrière, comme dans l'un des coqs indiens de MM. de l'Académie (b) ; dans d'autres, il est recouvert à sa base d'une peau jaune, où sont placées les ouvertures des narines, comme dans le hocco de la Guiane de M. Brisson (c) ; dans d'autres, cette peau jaune, se prolongeant des deux côtés de la tête, va former autour des yeux un cercle de même couleur, comme dans le mitou-poranga de Marcgrave (d) ; dans d'autres, cette peau se renfle sur la base du bec supérieur en une espèce de tubercule ou de bouton arrondi assez dur, et gros comme une petite noix. On croit communément que les femelles n'ont point ce bouton, et M. Edwards ajoute qu'il ne vient aux mâles qu'après la première année (e), ce qui me paraît d'autant plus vraisemblable que Fernandez a observé dans son tepetototl une espèce de tumeur sur le bec, laquelle n'était sans doute autre chose que ce même tubercule qui commençait à se former (f) ; quelques individus, comme le mitou de Marcgrave, ont une peau blanche derrière l'oreille comme les poules communes ; les pieds ressembleraient pour la forme à ceux des gallinacés s'ils avaient l'éperon, et s'ils n'étaient pas un peu plus gros à proportion : du reste ils varient, pour la couleur, depuis le brun noirâtre jusqu'au couleur de chair (g).

(a) *Mémoires de l'Académie*, t. III, partie I, p. 221.
(b) *Mémoires de l'Académie*, t. III, partie I, p. 225 ; et dans la figure (c) de la pl. xxxiv.
(c) Brisson, *Ornithologie*, p. 298.
(d) Marcgrave, *Historia Avium Brasil.*, p. 195.
(e) Voyez Edwards, *Histoire naturelle des oiseaux rares*, planche ccxcv.
(f) Fernandez, *Hist. Avi. nov. Hispaniæ*, cap. ci, p. 35.
(g) Voyez la planche ccxcv d'Edwards.

(*) Buffon fait allusion à la planche 125 de ses *planches enluminées.*

Quelques naturalistes ont voulu rapporter le hocco au genre du dindon, mais il est facile, d'après la description ci-dessus, de recueillir les différences nombreuses et tranchées qui séparent ces deux espèces ; le dindon a la tête petite et sans plumes, ainsi que le haut du cou, le bec surmonté d'une caroncule conique et musculeuse, capable d'extension et de contraction, les pieds armés d'éperons, et il relève les plumes de sa queue en faisant la roue, etc., au lieu que le hocco a la tête grosse, le cou renfoncé, l'un et l'autre garnis de plumes, sur le bec un tubercule rond, dur et presque osseux, et sur le sommet de la tête une huppe mobile, qui paraît propre à cet oiseau, qu'il baisse et redresse à son gré ; mais personne n'a jamais dit qu'il relevât les pennes de la queue en faisant la roue.

Ajoutez à ces différences, qui sont toutes extérieures, les différences plus profondes et tout aussi nombreuses que nous découvre la dissection.

Le canal intestinal du hocco est beaucoup plus long, et les deux *cæcums* beaucoup plus courts que dans le dindon ; son jabot est aussi beaucoup moins ample, n'ayant que quatre pouces de tour, au lieu que j'ai vu tirer du jabot d'un dindon, qui ne paraissait avoir rien de singulier dans sa conformation, ce qu'il fallait d'avoine pour remplir une demi-pinte de Paris : outre cela, dans le hocco, la substance charnue du gésier est le plus souvent fort mince, et sa membrane interne, au contraire, fort épaisse et dure au point d'être cassante ; enfin la trachée-artère se dilate et se replie sur elle-même, plus ou moins, vers le milieu de la fourchette (*a*), comme dans quelques oiseaux aquatiques, toutes choses fort différentes de ce qui se voit dans le dindon.

Mais, si le hocco n'est point un dindon, les nomenclateurs modernes étaient encore moins fondés à en faire un faisan ; car, outre les différences qu'il est facile de remarquer tant au dehors qu'au dedans, d'après ce que je viens de dire, j'en vois une décisive dans le naturel de ces animaux. Le faisan est toujours sauvage, et quoique élevé de jeunesse, quoique toujours bien traité, bien nourri, il ne peut jamais se faire à la domesticité ; ce n'est point un domestique, c'est un prisonnier toujours inquiet, toujours cherchant les moyens d'échapper, et qui maltraite même ses compagnons d'esclavage sans jamais faire aucune société avec eux : que s'il recouvre sa liberté et qu'il soit rendu à l'état de sauvage, pour lequel il semble être fait, rien n'est encore plus défiant et plus ombrageux, tout objet nouveau lui est suspect, le moindre bruit l'effraie, le moindre mouvement l'inquiète ; l'ombre d'une branche agitée suffit pour lui faire prendre sa volée, tant il est attentif à sa conservation. Au contraire, le hocco est un oiseau paisible, sans défiance, et même stupide, qui ne voit point le danger, ou du moins qui ne fait rien pour l'éviter ; il semble s'oublier lui-même, et s'intéresser à

(*a*) Voyez *Mémoires de l'Académie*, t. III, p. 226 et suiv.

peine à sa propre existence. M. Aublet en a tué jusqu'à neuf de la même bande, avec le même fusil qu'il rechargea autant de fois qu'il fut nécessaire : ils eurent cette patience. On conçoit bien qu'un pareil oiseau est sociable, qu'il s'accommode sans peine avec les autres oiseaux domestiques, et qu'il s'apprivoise aisément : quoique apprivoisé, il s'écarte pendant le jour, et va même fort loin ; mais il revient toujours pour coucher, ce que m'assure le même M. Aublet ; il devient même familier au point de heurter à la porte avec son bec pour se faire ouvrir, dé tirer les domestiques par l'habit lorsqu'ils l'oublient, de suivre son maître partout, et s'il en est empêché, de l'attendre avec inquiétude et de lui donner à son retour des marques de la joie la plus vive (a).

Il est difficile d'imaginer des mœurs plus opposées ; et je doute qu'aucun naturaliste, et même qu'aucun nomenclateur, s'il les eût connus, eût entrepris de ranger ces deux oiseaux sous un même genre.

Le hocco se tient volontiers sur les montagnes, si l'on s'en rapporte à la signification de son nom mexicain *tepetototl*, qui veut dire oiseau de montagne (b) : on le nourrit dans la volière de pain, de pâtée et autres choses semblables (c) ; dans l'état de sauvage, les fruits sont le fonds de sa subsistance : il aime à se percher sur les arbres, surtout pour y passer la nuit ; il vole pesamment, comme je l'ai remarqué plus haut, mais il a la démarche fière (d) : sa chair est blanche, un peu sèche ; cependant lorsqu'elle est gardée suffisamment, c'est un fort bon manger (e).

Le chevalier Hans Sloane dit, en parlant de cet oiseau, que sa queue n'a que deux pouces de long (f) : sur quoi M. Edwards le relève et prétend qu'en disant dix pouces au lieu de deux M. Hans Sloane aurait plus approché du vrai (g) ; mais je crois cette censure trop générale et trop absolue ; car je vois Aldrovande qui, d'après le portrait d'un oiseau de cette espèce, assure qu'il n'a point de queue (h), et de l'autre, M. Barrère, qui rapporte d'après ses propres observations faites sur les lieux, que la femelle de son hocco des Amazones, qui est le hocco de Curassou de M. Brisson, à la queue très peu longue (i) ; d'où il s'ensuivrait que ce que le chevalier Hans Sloane dit trop généralement du hocco, doit être restreint à la seule femelle, du moins dans certaines races.

(a) Fernandez, *Hist. Avi. nov. Hispaniæ*, cap. ci.
(b) *Idem, ibidem.*
(c) *Ibidem.*
(d) Voyez Barrère, *France équinoxiale*, p. 139.
(e) Fernandez, Marcgrave, et les autres.
(f) Hans Sloane, *Hist. nat. de la Jamaïque*, t. II, p. 302.
(g) Edwards, *Glanures*, p. 182.
(h) Aldrovande, *Ornithologia*, t. II, p. 332.
(i) Barrère, *Novum Ornithol. specimen*, p. 82.

II. — LE PAUXI OU LE PIERRE.

Nous avons fait représenter cet oiseau (*) dans nos planches enluminées sous le nom de *pierre de Cayenne;* et c'est en effet le nom qu'il portait à la ménagerie du Roi, où nous l'avons fait dessiner d'après le vivant : mais comme il porte dans son pays, qui est le Mexique, le nom de *pauxi,* selon Fernandez (a), nous avons cru devoir l'indiquer sous ces deux noms ; c'est le quatorzième faisan de M. Brisson, qu'il appelle *hocco du Mexique.*

Cet oiseau ressemble à plusieurs égards au hocco précédent, mais il en diffère aussi en plusieurs points : il n'a point, comme lui, la tête surmontée d'une huppe, le tubercule qu'il a sur le bec est plus gros, fait en forme de poire et de couleur bleue. Fernandez dit que ce tubercule a la dureté de la pierre, et je soupçonne que c'est de là qu'est venu au pauxi le nom d'oiseau à pierre, ensuite celui de pierre, comme il a pris le nom de *cusco* ou de *cushew bird,* et celui de *poule numidique* de ce même tubercule, à qui les uns ont trouvé de la ressemblance avec la noix d'Amérique appelée *cusco* ou *cushew* (b), et d'autres avec le casque de la peintade (c).

Quoiqu'il en soit, ce ne sont pas là les seules différences qui distinguent le pauxi des hoccos précédents : il est plus petit de taille, son bec est plus fort, plus courbé et presque autant que celui d'un perroquet ; d'ailleurs, il nous est beaucoup plus rarement apporté que le hocco ; M. Edwards, qui a vu ce dernier dans presque toutes les ménageries, n'a jamais rencontré qu'un seul cusco ou pauxi dans le cours de ses recherches (d).

Le beau noir de son plumage a des reflets bleus et couleur de pourpre, qui ne paraissent ni ne pourraient guère paraître dans la figure.

Cet oiseau se perche sur les arbres ; mais il pond à terre comme les faisans, mène ses petits et les rappelle de même : les petits vivent d'abord d'insectes, et ensuite, quand ils sont grands, de fruits, de grains et de tout ce qui convient à la volaille (e).

Le pauxi est aussi doux, et si l'on veut aussi stupide que les autres hoccos, car il se laissera tirer jusqu'à six coups de fusil sans se sauver : avec cela il ne se laisse ni prendre ni toucher, selon Fernandez (f) ; et M. Aublet

(a) Fernandez, *Hist. Avi. nov. Hispaniæ,* cap. ccxxii.
(b) Voyez Edwards, planche ccxxv.
(c) Voyez Aldrovande, *Ornithologia,* t. II, p. 234.
(d) Voyez Edwards, *Histoire naturelle des oiseaux rares,* pl. ccxcv.
(e) M. Aublet. — Fernandez, p. 56.
(f) Fernandez, *ibidem.*

(*) C'est le *Crax Pauxi* L. Les ornithologistes modernes en ont fait le type d'un genre *Pauxi* qui se distingue du genre *Crax* par un bec beaucoup plus court, plus élevé, plus comprimé latéralement, surmonté au niveau de sa base par une callosité osseuse, piriforme, très volumineuse et obliquement dirigée en arrière; par l'absence de huppe; par des joues emplumées; par une membrane qui recouvre de vastes fosses nasales.

m'assure qu'il ne se trouve que dans les lieux inhabités ; c'est probablement l'une des causes de sa rareté en Europe.

M. Brisson dit que la femelle ne diffère du mâle que par les couleurs, ayant du brun partout où celui-ci a du noir, et qu'il lui est semblable dans tout le reste (a). Mais Aldrovande, en reconnaissant que le fond de son plumage est brun, remarque qu'elle a du cendré aux ailes et au cou, le bec moins crochu et point de queue (b), ce qui serait un trait de conformité avec le hocco des Amazones de Barrère, dont la femelle, comme nous l'avons vu, a la queue beaucoup moins longue que le mâle (c) ; et ce ne sont pas les seuls oiseaux d'Amérique qui n'aient point de queue : il y a même tel canton de ce continent où les poules, transportées d'Europe, ne peuvent vivre longtemps sans perdre leur queue et même leur croupion, comme nous l'avons vu dans l'histoire du coq.

III. — L'HOAZIN.

Cet oiseau (*) est représenté, dans nos planches enluminées, sous le nom de *faisan huppé de Cayenne*, du moins il n'en diffère que très peu, comme on peut en juger en comparant notre planche cccxxxvii à la description de Hernandez.

Selon cet auteur, l'hoazin n'est pas tout à fait aussi gros qu'une poule d'Inde ; il a le bec courbé, la poitrine d'un blanc jaunâtre, les ailes et la queue marquées de taches ou raies blanches à un pouce de distance les unes des autres, le dos, le dessus du cou, les côtés de la tête, d'un fauve brun ; les pieds de couleur obscure : il porte une huppe composée de plumes blanchâtres d'un côté et noirés de l'autre ; cette huppe est plus haute et d'une autre forme que celle des hoccos, et il ne paraît pas qu'il puisse la baisser et la relever à son gré ; il a aussi la tête plus petite et le cou plus grêle.

Sa voix est très forte, et c'est moins un cri qu'un hurlement : on dit qu'il prononce son nom, apparemment d'un ton lugubre et effrayant ; il n'en fallait pas davantage pour le faire passer chez des peuple grossiers pour un oiseau de mauvais augure ; et comme partout on suppose beaucoup de puissance à ce que l'on craint, ces mêmes peuples ont cru trouver en lui des remèdes aux maladies les plus graves ; mais on ne dit pas qu'ils s'en nourrissent ; ils s'en abstiennent en effet, peut-être par une suite de cette même crainte, ou par répugnance, fondée sur ce qu'il fait sa pâture ordinaire de serpents : il

(a) Brisson, *Ornithologie*, t. Ier, p. 303.
(b) Voyez Aldrovande, *Ornithologia*, t. II, p. 334.
(c) Barrère, *Novum Ornithologiæ specimen*, p. 82.

(*) *Phasianus cristatus* L. Cuvier dit de cet oiseau : « Le nom d'Hoazin a été appliqué » sans preuve à cet oiseau par Buffon, d'après une indication de Fernandez. »

se tient communément dans les grandes forêts, perché sur les arbres le long des eaux, pour guetter et surprendre ces reptiles. Il se trouve dans les contrées les plus chaudes du Mexique : Hernandez ajoute qu'il paraît en automne, ce qui ferait soupçonner que c'est un oiseau de passage (*a*).

M. Aublet m'assure que cet oiseau, qu'il a reconnu facilement sur notre planche enluminée, n° 337, s'apprivoise, qu'on en voit parfois de domestiques chez les Indiens, et que les Français les appellent des paons : ils nourrissent leurs petits de fourmis, de vers et d'autres insectes.

IV. — L'YACOU.

Cet oiseau (*) s'est nommé lui-même ; car son cri, selon Marcgrave, est *yacou*, d'où lui est venu le nom d'*iacupema* : pour moi, j'ai préféré celui d'yacou, comme plus propre à le faire reconnaître toutes les fois qu'on pourra le voir et l'entendre.

Marcgrave est le premier qui ait parlé de cet oiseau (*b*) : quelques naturalistes, d'après lui, l'ont mis au nombre des faisans (*c*) ; et d'autres, tels que MM. Brisson (*d*) et Edwards (*e*), l'ont rangé parmi les dindons ; mais il n'est ni l'un ni l'autre. Il n'est point un dindon, quoiqu'il ait une peau rouge sous le cou, car il en diffère à beaucoup d'autres égards : et par sa taille, qui est à peine égale à celle d'une poule ordinaire, et par sa tête, qui est en partie revêtue de plumes, et par sa huppe, qui approche beaucoup plus de celle des hoccos que de celle du dindon huppé, et par ses pieds, qui n'ont point d'éperons. D'ailleurs, on ne lui voit pas au bas du cou ce bouquet de crins durs, ni sur le bec cette caroncule musculeuse qu'a le coq d'Inde, et il ne fait point la roue en relevant les plumes de sa queue ; d'autre part, il n'est point un faisan, car il a le bec grêle et allongé, la huppe des hoccos, le cou menu, une membrane charnue sous la gorge, les pennes de la queue

---

(*a*) Voyez Hernandez, lib. IX, cap. X, p. 320. — Fernandez parle d'un autre oiseau auquel il donne le nom d'*hoazin*, quoique par son récit même il soit très différent de celui dont nous venons de parler ; car, outre qu'il est plus petit, son chant est fort agréable et ressemble quelquefois à l'éclat de rire d'un homme, et même à un rire moqueur ; et l'on mange sa chair, quoiqu'elle ne soit ni tendre ni de bon goût : au reste, c'est un oiseau qui ne s'apprivoise point. Voyez *Hist. Avi. nov. Hisp.*, cap. LXI, p. 27.

Je retrouverais bien plutôt l'hoazin dans un autre oiseau dont parle le même auteur au chapitre CCXXIII, p. 57, à la suite du pauxi ; voici ses termes : « Alia avis pauxi annectenda..... » Ciconiæ magnitudine, colore cinereo, cristâ octo uncias longâ e multis aggeratâ plumis..... » in amplitudinem orbicularum præcipue circa summum dilatatis. » Voilà bien la huppe de l'hoazin et sa taille.

(*b*) Voyez Marcgrave, *Historia Avium Brasil.*, lib. V, cap. V, p. 198.

(*c*) Klein, *Ordo Avium*, p. 114, n° 2. — Ray, *Synops. Avi.*, p. 56, etc.

(*d*) Brisson, *Ornithologie*, t. Ier, p. 162.

(*e*) Edwards, *Hist. nat. des oiseaux rares*, pl. XIII.

(*) *Penelope cristata* L.

V.

toutes égales, et le naturel doux et tranquille, tous attributs par lesquels il diffère des faisans ; et il diffère par son cri du faisan et du dindon. Mais que sera-t-il donc ? Il sera un yacou qui aura quelques rapports avec le dindon (la membrane charnue sous la gorge, et la queue composée de pennes toutes égales), avec les faisans (l'œil entouré d'une peau noire, les ailes courtes et la queue longue), avec les hoccos (cette longue queue, la huppe et le naturel doux), mais qui s'éloignera de tous par des différences assez caractérisées, et en assez grand nombre pour constituer une espèce à part, et empêcher qu'on ne puisse le confondre avec aucun oiseau.

On ne peut douter que le *guan* ou le *quan* de M. Edwards (pl. XIII), ainsi appelé, selon lui, dans les Indes occidentales apparemment par quelque autre tribu de sauvages, ne soit au moins une variété dans l'espèce de notre yacou, dont il ne diffère que parce qu'il est moins haut monté (a), et que ses yeux sont d'une autre couleur (b) ; mais on sait que ces petites différences peuvent avoir lieu dans la même espèce, et surtout parmi les races diverses d'une espèce apprivoisée.

Le noir mêlé de brun est la couleur principale du plumage, avec différents reflets et quelques mouchetures blanches sur le cou, la poitrine, le ventre, etc. ; les pieds sont d'un rouge assez vif.

La chair de l'yacou est bonne à manger : tout ce que l'on sait de ses autres propriétés se trouve indiqué dans l'exposé que j'ai fait, au commencement de cet article, des différences qui le distinguent des oiseaux auxquels on a voulu le comparer.

M. Ray le regarde comme étant de la même espèce que le coxolitli de Fernandez (c) ; cependant celui-ci est beaucoup plus gros, et il n'a point sous la gorge cette membrane charnue qui caractérise l'yacou : c'est pourquoi je l'ai laissé avec les hoccos proprement dits.

V. — LE MARAIL.

Les auteurs ne nous disent rien de la femelle de l'yacou, excepté M. Edwards, qui conjecture qu'elle n'a point de huppe (d) : d'après cette indication unique, et d'après la comparaison des figures les plus exactes, et des oiseaux eux-mêmes conservés, je soupçonne que celui qu'on nous avait fait représenter sous le nom de *faisan verdâtre de Cayenne*, et qu'on appelle communément *marail* (*) dans cette île, pourrait être la femelle, ou du moins une variété de l'espèce de l'yacou, car j'y retrouve plusieurs rapports marqués avec le

(a) Marcgrave dit positivement *crura longa*, à l'endroit cité.
(b) *Oculi nigrescentes,* dit Marcgrave ; *Of a dark dirty orange colour*, dit M. Edwards.
(c) Voyez Ray, *Synopsis avium,* p. 57.
(d) Edwards, *Hist. nat. des oiseaux rares*, p. 13.

(*) *Penelope Marail* L.

guan de M. Edwards (pl. xiii), dans la grosseur, la couleur du plumage, la forme totale, à la huppe près, que la femelle ne doit point avoir, dans le port du corps, la longueur de la queue, le cercle de peau rousse autour des yeux (a), l'espace rouge et nu sous la gorge, la conformation des pieds et du bec, etc. J'avoue que j'y ai aussi aperçu quelques différences : les pennes de la queue sont en tuyaux d'orgue comme dans le faisan, et non point toutes égales comme dans le guan d'Edwards, et les ouvertures des narines ne sont pas si près de l'origine du bec ; mais on ne serait pas embarrassé de citer nombre d'espèces où la femelle diffère encore plus du mâle, et où il y a des variétés encore plus éloignées les unes des autres.

M. Aublet, qui a vu cet oiseau dans son pays natal, m'assure qu'il s'apprivoise très aisément, et que sa chair est délicate et meilleure que celle du faisan, en ce qu'elle est plus succulente : il ajoute que c'est un véritable dindon, mais seulement plus petit que celui qui s'est naturalisé en Europe, et c'est un trait de conformité de plus qu'il a avec l'yacou d'avoir été pris pour un dindon.

Cet oiseau se trouve non seulement à Cayenne, mais encore dans les pays qu'arrose la rivière des Amazones, du moins à en juger par l'identité de nom ; car M. Barrère parle d'un marail des Amazones comme d'un oiseau dont le plumage est noir, le bec vert, et qui n'a point de queue (b). Nous avons déjà vu, dans l'histoire du hocco proprement dit et du pierre de Cayenne, qu'il y avait dans ces espèces des individus sans queue, qu'on avait pris pour des femelles : cela serait-il vrai aussi des marails ? Sur la plupart de ces oiseaux et si peu connus, on ne peut, si l'on est de bonne foi, parler qu'en hésitant et par conjectures.

VI. — LE CARACARA.

J'appelle ainsi (*), d'après son propre cri, ce bel oiseau des Antilles dont le P. du Tertre a donné la description (c). Si tous les oiseaux d'Amérique qui ont été pris pour des faisans doivent se rapporter aux hoccos, le caracara doit avoir place parmi ces derniers, car les Français des Antilles, et d'après eux le P. du Tertre, lui ont donné le nom de *faisan :* « Ce faisan, dit-il, est

(a) Cette peau nue est bleue dans l'yacou et rouge dans le marail ; mais nous avons déjà observé la même variation de couleur d'un sexe à l'autre dans les membranes charnues de la peintade.

(b) « Phasianus, niger, aburus, viridi rostro. » *France équin.*, p. 139. Je crois que cet auteur a entendu par le mot latin barbare, *aburus*, sans queue ; ou qu'il aura écrit *aburus* au lieu de *abrutus*, qui, comme *erutus*, pourrait signifier arraché, tronqué.

(c) Le P. du Tertre, *Histoire générale des Antilles*, t. II, traité v, § viii.

(*) D'après Cuvier, « le *Caracara* de Buffon et de du Tertre est l'*Agami* (*Psophia crepitans* Linn.) »

» un fort bel oiseau, gros comme un chapon (a), plus haut monté, sur des
» pieds de paon ; il a le cou beaucoup plus long que celui d'un coq, et le
» bec et la tête approchant de ceux du corbeau ; il a toutes les plumes du
» cou et du poitrail d'un beau bleu luisant, et aussi agréable que les plumes
» des paons ; tout le dos est d'un gris brun, et les ailes et la queue, qu'il a
» assez courtes, sont noires.

« Quand cet oiseau est apprivoisé, il fait le maître dans la maison et en
» chasse à coups de bec les poules d'Inde et les poules communes, et les
» tue quelquefois ; il en veut même aux chiens, qu'il becque en traître.....
» J'en ai vu un..... qui était ennemi mortel des nègres, et n'en pouvait souf-
» frir un seul dans la case qu'il ne becquât par les jambes ou par les pieds,
» jusqu'à en faire sortir le sang. » Ceux qui en ont mangé m'ont assuré que
sa chair est aussi bonne que celle des faisans de France.

Comment M. Ray a-t-il pu soupçonner qu'un tel oiseau fût l'oiseau de
proie dont parle Marcgrave sous le même nom de caracara (b) ? Il est vrai
qu'il fait la guerre aux poules, mais c'est seulement lorsqu'il est apprivoisé
et pour les chasser, en un mot, comme il fait aux chiens et aux nègres : on
reconnaît plutôt à cela le naturel jaloux d'un animal domestique qui ne
souffre point ceux qui peuvent partager avec lui la faveur du maître, que
les mœurs féroces d'un oiseau de proie qui se jette sur les autres oiseaux
pour les déchirer et s'en nourrir : d'ailleurs, il n'est point ordinaire que la
chair d'un oiseau de proie soit bonne à manger comme l'est celle de notre
caracara ; enfin, il paraît que le caracara de Marcgrave a la queue et les
ailes beaucoup plus longues à proportion que celui du P. du Tertre (*).

VII. — LE CHACAMEL.

Fernandez parle d'un oiseau qui est du même pays, et à peu près de la
même grosseur que les précédents, et qui se nomme en langue mexicaine
chachalacamelt, d'où j'ai formé le nom de chacamel (**), afin que du moins
on puisse le prononcer : sa principale propriété est d'avoir le cri comme la
poule ordinaire, ou plutôt comme plusieurs poules ; car il est, dit-on, si fort
et si continuel, qu'un seul de ces oiseaux fait autant de bruit qu'une basse-
cour entière ; et c'est de là que lui vient son nom mexicain, qui signifie

(a) Comment le P. du Tertre, en parlant des oiseaux de cette grosseur, a-t-il pu les
désigner sous le nom de certains petits oiseaux, comme il le fait à l'endroit cité, p. 255 ?
(b) Marcgrave, *Historia Avium Brasil.*, p. 211.

(*) Le Caracara de Marcgrave est un oiseau très différent du Caracara de du Tertre ; il
appartient au groupe des Rapaces.
(**) *Crax vociferans* L.—D'après Cuvier « le *Chacamel* de Buffon, fondé sur une indication
vague de Fernandez, n'a rien d'assez authentique. Sonnini croit que ce pourrait être le
Falco vulturinus. »

oiseau criard : il est brun sur le dos, blanc tirant au brun sous le ventre, et le bec et les pieds sont bleuâtres.

Le chacamel se tient ordinairement sur les montagnes, comme la plupart des hoccos, et y élève ses petits (a).

VIII. — LE PARRAKA ET L'HOITLALLOTL.

Autant qu'on peut en juger par les indications incomplètes de Fernandez et de Barrère, on peut, ce me semble, rapporter ici : 1° le parraka (*) du dernier qu'il appelle *faisan*, et dont il dit que les plumes de la tête sont de couleur fauve, et lui forment une espèce de huppe (b) ; 2° l'hoitlallotl (**) ou oiseau long du premier (c), lequel habite les plus chaudes contrées du Mexique : cet oiseau a la queue longue, les ailes courtes et le vol pesant, comme la plupart des précédents, mais il devance à la course les chevaux les plus vites ; il est moins grand que les hoccos, n'ayant que dix-huit pouces de longueur du bout du bec au bout de la queue ; sa couleur générale est le blanc tirant au fauve ; les environs de la queue ont du noir mêlé de quelques taches blanches ; mais la queue elle-même est d'un vert changeant, et qui a des reflets à peu près comme les plumes du paon.

Au fond, ces oiseaux sont trop peu connus pour qu'on puisse les rapporter sûrement à leur véritable espèce ; je ne les place ici que parce que le peu que l'on sait de leurs qualités les rapproche plus des oiseaux dont nous venons de parler que de tous les autres ; c'est à l'observation à fixer leur véritable place : en attendant, je croirai avoir assez fait si ce que j'en dis ici peut inspirer aux personnes qui se trouveront à portée l'envie de les connaître mieux, et d'en donner une histoire plus complète.

(a) Voyez Fernandez, *Hist. Avi. nov. Hispaniæ*, cap. XLI.
(b) Barrère, « Phasianus vertice fulvo, cirrato. » *France équinoxiale*, p. 140.
(c) Fernandez, *Hist. Avi. nov. Hispaniæ*, cap. LII, p. 25.

(*) *Phasianus Parraqua* LATH.
(**) *Phasianus mexicanus* L.

LES PERDRIX

Les espèces les plus généralement connues sont souvent celles dont l'histoire est le plus difficile à débrouiller, parce que ce sont celles auxquelles chacun rapporte naturellement les espèces inconnues qui se présentent la première fois, pour peu qu'on y aperçoive quelques traits de conformité, et sans faire beaucoup d'attention aux traits de dissemblance souvent plus nombreux ; en sorte que de ce bizarre assemblage d'êtres qui se rapprochent par quelques rapports superficiels, mais qui se repoussent par des différences plus considérables, il ne peut résulter qu'un chaos de contradictions d'autant plus révoltantes que l'on citera plus de faits particuliers de l'histoire de chacun, la plupart de ces faits étant contraires entre eux, et d'une absurde incompatibilité lorsqu'on veut les appliquer à une seule espèce, ou même à un seul genre : nous avons vu plus d'un exemple de cet inconvénient dans les articles que nous avons traités ci-dessus, et il y a grande apparence que celui qui va nous fournir l'article de la perdrix ne sera pas le dernier.

Je prends pour base de ce que j'ai à dire des perdrix, et pour première espèce de ce genre, celle de notre perdrix grise, comme étant la plus connue, et par conséquent la plus propre à servir d'objet de comparaison pour bien juger de tous les autres oiseaux dont on a voulu faire des perdrix : j'y reconnais une variété et trois races constantes.

Je regarde comme races constantes : 1° la perdrix grise ordinaire, et comme variété de cette race celle que M. Brisson appelle *perdrix grise blanche* (a) ; 2° la perdrix de Damas, non celle de Belon (b), qui est une gelinotte, mais celle d'Aldrovande (c), qui est plus petite que notre perdrix grise, et qui me paraît être la même que la petite perdrix de passage qui est bien connue de nos chasseurs ; 3° la perdrix de montagne, qui semble faire la nuance entre les perdrix grises et les rouges.

J'admets pour seconde espèce celle de la perdrix rouge, dans laquelle je reconnais deux races constantes répandues en France, une variété et deux races étrangères.

(a) Brisson, *Ornithologie*, t. Iᵉʳ, p. 223.
(b) Belon, *Nature des oiseaux*, p. 258.
(c) Aldrovande, *Ornithologia*, t. II, p. 143.

Les deux races constantes de perdrix rouges du pays sont : 1° la perdrix rouge proprement dite ;

2° La bartavelle.

Et les deux races ou espèces étrangères sont : 1° la perdrix rouge de Barbarie d'Edwards.

2° La perdrix de roche qu'on trouve sur les bords de la Gambia.

Et comme le plumage de la perdrix rouge est sujet à prendre du blanc de même que celui de la perdrix grise, il en résulte dans cette espèce une variété parfaitement analogue à celle que j'ai reconnue dans l'espèce grise ordinaire.

J'exclus de ce genre plusieurs espèces qui ont été rapportées mal à propos :

1° Le francolin, que nous avons cru devoir séparer de la perdrix, parce qu'il en diffère non seulement par la forme totale, mais encore par quelques caractères particuliers, tels que les éperons, etc.

2° L'oiseau appelé par M. Brisson *perdrix du Sénégal*, et dont il a fait sa huitième perdrix (a) : cet oiseau nous paraît avoir plus de rapport avec les francolins qu'avec les perdrix, et comme c'est une espèce particulière qui a deux ergots à chaque jambe, nous lui donnerons le nom de *bis-ergot*.

3° La perdrix rouge d'Afrique.

4° La troisième espèce étrangère donnée par M. Brisson sous le nom de *grosse perdrix du Brésil* (b), qu'il croit être le *macucagua* de Marcgrave (c), puisqu'il en copie la description, et qu'il confond mal à propos avec l'agami de Cayenne, lequel est un oiseau tout différent, et du macucagua et de la perdrix.

5° L'yambou de Marcgrave (d), qui est la perdrix du Brésil de M. Brisson, et qui n'a ni la forme, ni les habitudes, ni les propriétés des perdrix, puisque, selon M. Brisson lui-même (e), il a le bec allongé, qu'il se perche sur les arbres et que ses œufs sont bleus.

6° La perdrix d'Amérique de Catesby (f) et de M. Brisson (g), laquelle se perche aussi et fréquente les bois plus que les pays découverts, ce qui ne convient guère aux perdrix que nous connaissons.

7° Une multitude d'oiseaux d'Amérique que le peuple ou les voyageurs ont jugé à propos d'appeler *perdrix*, d'après des ressemblances très légères, et encore plus légèrement observées : tels sont les oiseaux qu'on appelle à la Guadeloupe *perdrix rousses*, *perdrix noires* et *perdrix grises*, quoique,

(a) Brisson, *Ornithologie*, t. Ier, p. 231.
(b) *Idem, ibidem*, p. 227, espèce v.
(c) Marcgrave, *Historia Avium Brasil.*, p. 213.
(d) *Idem, ibidem*, p. 192.
(e) Brisson, *Ornithologie*, t. Ier, p. 227.
(f) Catesby, *Appendix*, planche xii, avec une figure coloriée.
(g) Brisson, *Ornithologie*, t. Ier, p. 230.

selon le témoignage des personnes plus instruites, ce soient des pigeons ou des tourterelles, puisqu'ils n'ont ni le bec, ni la chair des perdrix, qu'ils se perchent sur les arbres, qu'ils y font leur nid, qu'ils ne pondent que deux œufs, que leurs petits ne courent point dès qu'ils sont éclos, mais que les père et mère les nourrissent dans le nid, comme font les tourterelles (a); telles sont encore, selon toute apparence, ces perdrix à tête bleue que Careri a vues dans les montagnes de la Havane (b); tels sont les *manbouris*, les *pégassous*, les *pégacans* de Léry, et peut-être quelques-unes des perdrix d'Amérique, que j'ai rapportées au genre des perdrix sur la foi des auteurs, lorsque leur témoignage n'était point contredit par les faits, quoiqu'il le soit, à mon avis, par la loi du climat, à laquelle un oiseau aussi pesant que la perdrix ne peut guère manquer d'être assujetti.

LA PERDRIX GRISE

Quoique Aldrovande, jugeant des autres pays par celui qu'il habitait, dise que les perdrix grises (*) sont communes partout, il est certain néanmoins qu'il n'y en a point dans l'île de Crète (c), et il est probable qu'il n'y en a jamais eu dans la Grèce, puisque Athénée marque de la surprise de ce que toutes les perdrix d'Italie n'avaient pas le bec rouge, comme elles l'avaient en Grèce (d) : elles ne sont pas même également communes dans toutes les parties de l'Europe ; et il paraît, en général, qu'elles fuient la grande chaleur comme le grand froid, car on n'en voit point en Afrique, ni en Laponie (e) ; et les provinces les plus tempérées de la France et de l'Allemagne sont celles où elles abondent le plus ; il est vrai que Boterius a dit qu'il n'y avait point de perdrix en Irlande (f) ; mais cela doit s'entendre des perdrix rouges, qui ne se trouvent pas même en Angleterre (selon les meilleurs

(a) Voyez le P. du Tertre, *Histoire générale des Antilles*, t. II, p. 254.
(b) Gemelli Careri, *Voyages.....*, t. VI, p. 326.
(c) Voyez les *Observations* de Belon, liv. I, chap. x.
(d) Voyez Gesner, *de Avibus*, p. 680.
(e) La Barbinais Le Gentil nous apprend qu'on a tenté inutilement de peupler l'île Bourbon de perdrix. *Voyage autour du monde*, t. II, p. 104.
(f) Voyez Aldrovande, *Ornithologia*, t. II, p. 110.

(*) La Perdrix grise est considérée, par les ornithologistes modernes, comme le type d'un genre *Starna* distinct de celui qui comprend la Perdrix rouge (*Perdix*). Les Starnes sont des Gallinacés de la famille des Tétraonidés et de la sous-famille des Perdiciens. Ils se distinguent des *Perdix* non seulement par la coloration du plumage, mais encore par quelques autres caractères plus importants. Chez les mâles, comme chez les femelles, les tarses sont dépourvus du tubercule qui remplace l'ergot, et ils sont pourvus sur les deux faces d'écailles disposées sur deux rangées ; les troisième, quatrième et cinquième rémiges des ailes sont plus longues que les autres ; la queue est formée de 16 à 18 rectrices.

auteurs de cette nation), et qui ne se sont pas encore avancées de ce côté-là au delà des îles de Jersey et de Guernesey. La perdrix grise est assez répandue en Suède, où M. Linnæus dit qu'elle passe l'hiver sous la neige dans des espèces de clapiers qui ont deux ouvertures (a) : cette manière d'hiverner sous la neige ressemble fort à la perdrix blanche dont nous avons donné l'histoire sous le nom de *lagopède ;* et si ce fait n'était point attesté par un homme de la réputation de M. Linnæus, j'y soupçonnerais quelque méprise, d'autant plus qu'en France les longs hivers, et surtout ceux où il tombe beaucoup de neige, détruisent une grande quantité de perdrix ; enfin, comme c'est un oiseau fort pesant, je doute qu'il ait passé en Amérique, et je soupçonne que les oiseaux du nouveau monde, qu'on a voulu rapporter au genre des perdrix, en seront séparés dès qu'ils seront mieux connus.

La perdrix grise diffère à bien des égards de la rouge (*) ; mais ce qui m'autorise principalement à en faire deux espèces distinctes, c'est que, selon la remarque du petit nombre des chasseurs qui savent observer, quoiqu'elles se tiennent quelquefois dans les mêmes endroits, elles ne se mêlent point l'une avec l'autre, et que si l'on a vu quelquefois un mâle vacant de l'une des deux espèces s'attacher à une paire de l'autre espèce, la suivre et donner des marques d'empressement et même de jalousie, jamais on ne l'a vu s'accoupler avec la femelle, quoiqu'il éprouvât tout ce qu'une privation forcée et le spectacle perpétuel d'un couple heureux pouvaient ajouter au penchant de la nature et aux influences du printemps.

La perdrix grise est aussi d'un naturel plus doux que la rouge (b) et n'est point difficile à apprivoiser : lorsqu'elle n'est point tourmentée, elle se fami-

---

(a) Voyez Linnæus, *Systema naturæ,* édit. X, p. 160.

(b) M. Ray dit le contraire, p. 57 de son *Synopsis ;* mais comme il avoue qu'il n'y a point de perdrix rouges en Angleterre, il n'a pas été à portée de faire la comparaison par lui-même, comme l'ont faite les observateurs d'après qui je parle.

(*) Voici, d'après Brehm, les caractères de la Perdrix grise : « Elle a sur le front une large bande qui s'étend au-dessus et en arrière de l'œil ; les côtés de la tête, la gorge d'un rouge roux clair ; le dessus de la tête brun, rayé longitudinalement de jaunâtre ; le dos gris, marqué de raies transversales rouge roux, de petites lignes en zigzag noires, et de lignes claires le long des tiges des plumes ; une large bande gris cendré, moirée de noir sur la poitrine, se prolongeant sur les côtés du ventre, où elle est entrecoupée de raies transversales rouge roux, bordées de blanc ; le ventre blanc, marqué d'une grande tache brun châtain en forme de fer à cheval ; les plumes de la queue d'un rouge roux, les médianes ainsi que celles du croupion rayées transversalement de brun roux et de brun rouge ; les rémiges primaires d'un brun noir mat, tachetées et rayées transversalement de roux jaunâtre ; l'œil brun entouré d'un cercle nu, étroit et rouge ; une bande de même couleur partant de l'œil et se dirigeant en arrière ; le bec gris bleuâtre ; les pattes d'un gris blanc, rougeâtre ou brunâtre. La Starne grise a 33 centimètres de long et 55 centimètres d'envergure ; la longueur de l'aile est de 16 centimètres, celle de la queue de 8. La femelle est plus petite que le mâle ; la tache du ventre est, chez elle, moins nette et moins grande, et le dos est foncé. »

liarise aisément avec l'homme ; cependant on n'en a jamais formé de troupeaux qui sussent se laisser conduire comme font les perdrix rouges ; car Olina nous avertit que c'est de cette dernière espèce qu'on doit entendre ce que les voyageurs nous disent en général de ces nombreux troupeaux de perdrix qu'on élève dans quelques îles de la Méditerranée (a). Les perdrix grises ont aussi l'instinct plus social entre elles, car chaque famille vit toujours réunie en une seule bande, qu'on appelle *volée* ou *compagnie*, jusqu'au temps où l'amour, qui l'avait formée, la divise pour en unir les membres plus étroitement deux à deux : celles même, dont par quelque accident les pontes n'ont point réussi, se rejoignant ensemble et aux débris des compagnies qui ont le plus souffert, forment sur la fin de l'été de nouvelles compagnies souvent plus nombreuses que les premières et qui subsistent jusqu'à la pariade de l'année suivante.

Ces oiseaux se plaisent dans les pays à blé et surtout dans ceux où les terres sont bien cultivées et marnées, sans doute parce qu'ils y trouvent une nourriture plus abondante soit en grains, soit en insectes, ou peut-être aussi parce que les sels de la marne, qui contribuent si fort à la fécondité du sol, sont analogues à leur tempérament ou à leur goût ; les perdrix grises aiment la pleine campagne et ne se réfugient dans les taillis et les vignes que lorsqu'elles sont poursuivies par le chasseur ou par l'oiseau de proie ; mais jamais elles ne s'enfoncent dans les forêts, et l'on dit même assez communément qu'elles ne passent jamais la nuit dans les buissons ni dans les vignes : cependant on a trouvé un nid de perdrix dans un buisson, au pied d'une vigne (*). Elles commencent à s'apparier dès la fin de l'hiver, après les grandes gelées, c'est-à-dire que chaque mâle cherche alors à s'assortir avec une femelle ; mais ce nouvel arrangement ne se fait pas sans qu'il y ait entre les mâles, et quelquefois entre les femelles, des combats fort vifs. Faire la guerre et l'amour ne sont presque qu'une même chose pour la plupart des animaux, et surtout pour ceux en qui l'amour est un besoin aussi pressant qu'il l'est pour la perdrix : aussi les femelles de cette espèce pondent-elles sans avoir eu de commerce avec le mâle, comme les poules ordinaires. Lorsque les perdrix sont une fois appariées, elles ne se quittent plus et vivent dans une union et une fidélité à toute épreuve. Quelquefois, lorsque

(a) Olina, p. 57.

(*) La Perdrix grise vit dans les champs cultivés, mais elle a besoin de buissons pour se cacher, et on la trouve surtout dans les localités où les champs sont coupés de haies, de buissons, de petits bois. La même famille reste très fidèle à la localité dans laquelle elle s'est établie. Certaines perdrix grises paraissent être voyageuses. Dans le nord de l'Allemagne il arrive chaque année, à l'automne, de grandes bandes de perdrix grises que certains ornithologistes tendent à considérer comme formant une espèce distincte de la nôtre. Cette dernière, en effet, est sédentaire. Brehm pense que les perdrix grises migratrices « sont des Starnes de marais, et il faudrait considérer le moindre nombre de leurs rectrices comme un caractère essentiel et non comme un fait accidentel. »

après la pariade il survient des froids un peu vifs, toutes ces paires se réunissent et se reforment en compagnie (*).

Les perdrix grises ne s'accouplent guère, du moins en France, que sur la fin de mars, plus d'un mois après qu'elles ont commencé de s'apparier, et elles ne se mettent à pondre que dans les mois de mai et même de juin, lorsque l'hiver a été long : en général, elles font leur nid sans beaucoup de soins et d'apprêts ; un peu d'herbe et de paille grossièrement arrangées dans le pas d'un bœuf ou d'un cheval, quelquefois même celle qui s'y trouve naturellement, il ne leur en faut pas davantage : cependant on a remarqué que les femelles un peu âgées, et déjà instruites par l'expérience des pontes précédentes, apportaient plus de précaution que les toutes jeunes, soit pour garantir le nid des eaux qui pourraient le submerger, soit pour le mettre en sûreté contre leurs ennemis, en choisissant un endroit un peu élevé, et défendu naturellement par des broussailles. Elles pondent ordinairement de quinze à vingt œufs, et quelquefois jusqu'à vingt-cinq ; mais les couvées des toutes jeunes et celles des vieilles sont beaucoup moins nombreuses, ainsi que les secondes couvées que des perdrix de bon âge recommencent lorsque la première n'a pas réussi, et qu'on appelle en certains pays des *recoquées*. Ces œufs sont à peu près de la couleur de ceux de pigeon (**) : Pline dit qu'ils sont blancs (*a*). La durée de l'incubation est d'environ trois semaines, un peu plus, un peu moins, suivant les degrés de chaleur.

La femelle se charge seule de couver, et pendant ce temps elle éprouve une mue considérable, car presque toutes les plumes du ventre lui tombent : elle couve avec beaucoup d'assiduité, et on prétend qu'elle ne quitte jamais ses œufs sans les couvrir de feuilles. Le mâle se tient ordinairement à portée du nid, attentif à sa femelle et toujours prêt à l'accompagner lorsqu'elle se lève pour aller chercher de la nourriture, et son attachement est si fidèle et si pur, qu'il préfère ces devoirs pénibles à des plaisirs faciles que lui annoncent les cris répétés des autres perdrix, auxquels il répond quelquefois, mais qui ne lui font jamais abandonner sa femelle pour suivre l'étrangère. Au bout du temps marqué, lorsque la saison est favorable et que la couvée va bien, les petits percent leur coque assez facilement, courent au moment même qu'ils éclosent, et souvent emportent avec eux une partie de leur coquille ; mais il arrive aussi quelquefois qu'ils ne peuvent forcer leur prison, et qu'ils meurent à la peine : dans ce cas, on trouve les plumes du jeune oiseau collées contre les parois intérieures de l'œuf, et cela doit arriver

(*a*) Pline, lib. x, cap. lii.

(*) Nous voyons, dans ce trait de mœurs des perdrix, bien saisi par Buffon, un exemple frappant de l'antagonisme qui existe, chez la plupart des animaux, à un degré plus ou moins prononcé, entre la famille et la société. (Voyez J.-L. de Lanessan, *La lutte pour l'existence et l'association pour la lutte.*

(**) Les œufs de la perdrix grise sont piriformes, lisses, colorés en jaune verdâtre.

nécessairement toutes les fois que l'œuf a éprouvé une chaleur trop forte. Pour remédier à cet inconvénient, on met les œufs dans l'eau pendant cinq ou six minutes ; l'œuf pompe à travers sa coquille les parties les plus ténues de l'eau, et l'effet de cette humidité est de disposer les plumes qui sont collées à la coquille à s'en détacher plus facilement : peut-être aussi que cette espèce de bain rafraîchit le jeune oiseau, et lui donne assez de force pour briser sa coquille avec le bec. Il en est de même des pigeons, et probablement de plusieurs oiseaux utiles dont on pourra sauver un grand nombre par le procédé que je viens d'indiquer, ou par quelque autre procédé analogue.

Le mâle, qui n'a point pris de part au soin de couver les œufs, partage avec la mère celui d'élever les petits ; ils les mènent en commun, les appellent sans cesse, leur montrent la nourriture qui leur convient, et leur apprennent à se la procurer en grattant la terre avec leurs ongles. Il n'est pas rare de les trouver accroupis l'un auprès de l'autre, et couvrant de leurs ailes leurs petits poussins, dont les têtes sortent de tous côtés avec des yeux fort vifs : dans ce cas, le père et la mère se déterminent difficilement à partir, et un chasseur qui aime la conservation du gibier se détermine encore plus difficilement à les troubler dans une fonction si intéressante ; mais enfin si un chien s'emporte et qu'il les approche de trop près, c'est toujours le mâle qui part le premier en poussant des cris particuliers, réservés pour cette seule circonstance ; il ne manque guère de se poser à trente ou quarante pas, et on en a vu plusieurs fois revenir sur le chien en battant des ailes, tant l'amour paternel inspire de courage aux animaux les plus timides. Mais quelquefois il inspire encore à ceux-ci une sorte de prudence, et des moyens combinés pour sauver leur couvée : on a vu le mâle, après s'être présenté, prendre la fuite, mais fuir pesamment et en traînant l'aile, comme pour attirer l'ennemi par l'espérance d'une proie facile ; et, fuyant toujours assez pour n'être point pris, mais assez pour décourager le chasseur, il l'écarte de plus en plus de la couvée : d'autre côté, la femelle, qui part un instant après le mâle, s'éloigne beaucoup plus, et toujours dans une autre direction ; à peine s'est-elle abattue, qu'elle revient sur le champ en courant le long des sillons, et s'approche de ses petits, qui se sont blottis chacun de son côté dans les herbes et dans les feuilles ; elle les rassemble promptement, et avant que le chien qui s'est emporté après le mâle ait eu le temps de revenir, elle les a déjà emmenés fort loin, sans que le chasseur ait entendu le moindre bruit. C'est une remarque assez généralement vraie parmi les animaux, que l'ardeur qu'ils éprouvent pour l'acte de la génération est la mesure des soins qu'ils prennent pour le produit de cet acte : tout est conséquent dans la nature, et la perdrix en est un exemple ; car il y a peu d'oiseaux aussi lascifs, comme il en est peu qui soignent leurs petits avec une vigilance plus assidue et plus courageuse. Cet amour de la couvée dégénère quelquefois en fureur contre les couvées étrangères, que la mère poursuit souvent et maltraite à grands coups de bec.

Les perdreaux ont les pieds jaunes en naissant; cette couleur s'éclaircit ensuite et devient blanchâtre, puis elle brunit, et enfin devient tout à fait noire dans les perdrix de trois ou quatre ans : c'est un moyen de connaître toujours leur âge; on le connaît encore à la forme de la dernière plume de l'aile, laquelle est pointue après la première mue, et qui l'année suivante est entièrement arrondie.

La première nourriture des perdreaux ce sont les œufs de fourmis, les petits insectes qu'ils trouvent sur la terre et les herbes : ceux qu'on nourrit dans les maisons refusent la graine assez longtemps, et il y a apparence que c'est leur dernière nourriture; à tout âge ils préfèrent la laitue, la chicorée, le mouron, le laitron, le seneçon et même la pointe des blés verts; dès le mois de novembre on leur en trouve le jabot rempli, et pendant l'hiver ils savent bien l'aller chercher sous la neige : lorsqu'elle est endurcie par la gelée, ils sont réduits à aller auprès des fontaines chaudes, qui ne sont point glacées, et à vivre des herbes qui croissent sur leurs bords et qui leur sont très contraires; en été on ne les voit pas boire.

Ce n'est qu'après trois mois passés que les jeunes perdreaux poussent le rouge; car les perdrix grises ont aussi du rouge à côté des tempes entre l'œil et l'oreille, et le moment où ce rouge commence à paraître est un temps de crise pour ces oiseaux comme pour tous les autres qui sont dans ce cas : cette crise annonce l'âge adulte. Avant ce temps ils sont délicats, ont peu d'aile et craignent beaucoup l'humidité; mais après qu'il est passé ils deviennent robustes, commencent à avoir de l'aile, à partir tous ensemble, à ne se plus quitter, et, si l'on est parvenu à disperser la compagnie, ils savent se réunir malgré toutes les précautions du chasseur.

C'est en se rappelant qu'ils se réunissent. Tout le monde connaît le chant des perdrix, qui est fort peu agréable; c'est moins un chant ou un ramage qu'un cri aigre imitant assez bien le bruit d'une scie; et ce n'est pas sans intention que les mythologistes ont métamorphosé en perdrix l'inventeur de cet instrument (a) : le chant du mâle ne diffère de celui de la femelle qu'en ce qu'il est plus fort et plus traînant; le mâle se distingue encore de la femelle par un éperon obtus qu'il a à chaque pied, et par une marque noire en forme de fer à cheval, qu'il a sous le ventre, et que la femelle n'a pas.

Dans cette espèce, comme dans beaucoup d'autres, il naît plus de mâles que de femelles (b); et il importe, pour la réussite des couvées, de détruire les mâles surnuméraires, qui ne font que troubler les paires assorties et nuire à la propagation. La manière la plus usitée de les prendre, c'est de les faire rappeler au temps de la pariade par une femelle à qui, dans cette

(a) Ovide, *Métamorphoses*, liv. VIII.
(b) Cela va à environ un tiers de plus, selon M. Leroy.

circonstance, on donne le nom de *chanterelle :* la meilleure, pour cet usage, est celle qui a été prise vieille ; les mâles accourent à sa voix et se livrent aux chasseurs, ou donnent dans les pièges qu'on leur a tendus : cet appeau naturel les attire si puissamment, qu'on en a vu venir sur le toit des maisons et jusque sur l'épaule de l'oiseleur. Parmi les pièges qu'on peut leur tendre pour s'en rendre maître, le plus sûr et le moins sujet à inconvénients, c'est la tonnelle, espèce de grande nasse où sont poussées les perdrix par un homme déguisé à peu près en vache, et, pour que l'illusion soit plus complète, tenant en sa main une de ces petites clochettes qu'on met au cou du bétail (*a*) : lorsqu'elles sont engagées dans les filets, on choisit à la main les mâles superflus, quelquefois même tous les mâles, et on donne la liberté aux femelles.

Les perdrix grises sont oiseaux sédentaires, qui non seulement restent dans le même pays, mais qui s'écartent le moins qu'ils peuvent du canton où ils ont passé leur jeunesse, et qui y reviennent toujours : elles craignent beaucoup l'oiseau de proie ; lorsqu'elles l'ont aperçu, elles se mettent en tas les unes contre les autres et tiennent ferme, quoique l'oiseau, qui les voit aussi fort bien, les approche de très près en rasant la terre pour tâcher d'en faire partir quelqu'une et de la prendre au vol. Au milieu de tant d'ennemis et de dangers, on sent bien qu'il en est peu qui vivent âge de perdrix : quelques-uns fixent la durée de leur vie à sept années et prétendent que la force de l'âge et le temps de la pleine ponte est de deux à trois ans, et qu'à six elles ne pondent plus. Olina dit qu'elles vivent douze ou quinze ans.

On a tenté avec succès de les multiplier dans les parcs pour en peupler ensuite les terres qui en étaient dénuées, et l'on a reconnu qu'on pouvait les élever à très peu près comme nous avons dit qu'on élevait les faisans : seulement il ne faut pas compter sur les œufs des perdrix domestiques. Il est rare qu'elles pondent dans cet état, encore plus rare qu'elles s'apparient et s'accouplent, mais on ne les a jamais vues couver en prison, je veux dire renfermées dans ces parquets où les faisans multiplient si aisément. On est donc réduit à faire chercher par la campagne des œufs de perdrix sauvages, et à les faire couver par des poules ordinaires : chaque poule peut en faire éclore environ deux douzaines, et mener pareil nombre de petits après qu'ils sont éclos ; ils suivront cette étrangère comme ils auraient suivi leur propre mère, mais ils ne reconnaissent pas si bien sa voix : ils la reconnaissent cependant jusqu'à un certain point, et une perdrix ainsi élevée en conserve toute sa vie l'habitude de chanter aussitôt qu'elle entend des poules (*).

(*a*) Voyez Olina, p. 57.

(*) Les perdrix grises paraissent être susceptibles non seulement de s'apprivoiser, mais encore de manifester une très vive affection pour les personnes qui leur donnent des soins. Brucklacher en raconte un exemple très frappant. « Une starne grise, dit-il, s'était très attachée à un jeune garçon. Quand celui-ci revenait à la maison après une absence de quelques

Les perdreaux gris sont beaucoup moins délicats à élever que les rouges et moins sujets aux maladies, au moins dans notre pays, ce qui ferait croire que c'est leur climat naturel. Il n'est pas même nécessaire de leur donner des œufs de fourmis, et l'on peut les nourrir, comme les poulets ordinaires, avec la mie de pain, les œufs durs, etc. Lorsqu'ils sont assez forts et qu'ils commencent à trouver par eux-mêmes leur subsistance, on les lâche dans l'endroit même où on les a élevés, et dont, comme je l'ai dit, ils ne s'éloignent jamais beaucoup.

La chair de la perdrix grise est connue depuis très longtemps pour être une nourriture exquise et salutaire ; elle a deux bonnes qualités qui sont rarement réunies, c'est d'être succulente sans être grasse. Ces oiseaux ont vingt-deux pennes à chaque aile, et dix-huit à la queue, dont les quatre du milieu sont de la couleur du dos (a).

Les ouvertures des narines, qui se trouvent à la base du bec, sont plus qu'à demi recouvertes par un opercule de même couleur que le bec, mais d'une substance plus molle, comme dans les poules. L'espace sans plumes qui est entre l'œil et l'oreille est d'un rouge plus vif dans le mâle que dans la femelle.

Le tube intestinal a environ deux pieds et demi de long, les deux *cæcums* cinq à six pouces chacun. Le jabot est fort petit (b), et le gésier se trouve plein de graviers mêlés avec la nourriture, comme c'est l'ordinaire dans les granivores.

LA PERDRIX GRISE BLANCHE

Cette perdrix (c) a été connue d'Aristote (d) et observée par Scaliger (e), puisque tous deux parlent de perdrix blanche (*), et on ne peut point soup-

(a) Willughby, p. 120.
(b) « Ingluvies ampla, » dit Willughby. p. 120 ; mais les perdrix que j'ai fait ouvrir l'avaient fort petit.
(c) Voyez Brisson, *Ornithologie*, t. Iᵉʳ. p. 223.
(d) « Jam enim perdix visa est alba, et corvus, et passer. » Aristote, *de Generatione animalium*, lib. v, cap. vi.
(e) Scaliger, *Exercitat. in Cardanum*, Exercit. 59. « Perdices albas ut lepores citavimus. »

» heures, elle courait à lui, le tirait par ses habits ; quand il sortait elle l'accompagnait jusqu'à
» la porte, s'élançait contre celle-ci, criait, revenait inquiète ; pendant un quart d'heure elle
» était inconsolable, et quand on croyait que tout était oublié, elle recommençait ses plaintes,
» écoutait tous les pas, était attentive au grincement de la porte ; et dès qu'elle avait reconnu
» que son ami approchait, elle s'élançait joyeuse vers la porte pour le recevoir. Un jour qu'elle
» se roulait dans le sable, elle entendit l'enfant pleurer ; aussitôt elle se précipita vers lui,
» lui sauta sur le bras, le regarda en agitant la tête et en poussant un cri très doux, *tak*, dans
» l'intention évidente de le consoler. Cet attachement était né sans aucune provocation de la
» part de l'enfant. » (Brehm.)
(*) La *Perdrix grise blanche* de Buffon n'est qu'une simple variété de la perdrix grise (*Starna cinerea*).

çonner que ni l'un ni l'autre ait voulu parler du lagopède appelé mal à propos *perdrix blanche* par quelques-uns ; car, pour ce qui regarde Aristote, il ne pouvait avoir en vue le lagopède, qui est étranger à la Grèce, à l'Asie et à tous les pays où il avait des correspondances ; et, ce qui le prouve, c'est qu'il n'a jamais parlé de la propriété caractéristique de cet oiseau, qui est d'avoir les pieds velus jusque sous les doigts ; et à l'égard de Scaliger, il n'a pu confondre ces deux espèces, puisque, dans le même chapitre où il parle de la perdrix blanche qu'il a mangée, il parle un peu plus bas et fort au long du *lagopus* de Pline, qui a les pieds couverts de plumes et qui est notre vrai lagopède (*a*).

Au reste, il s'en faut bien que la perdrix grise blanche soit aussi blanche que le lagopède : il n'y a que le fond de son plumage qui soit de cette couleur, et l'on voit sur ce fond blanc les mêmes mouchetures que dans la perdrix grise, et distribuées dans le même ordre ; mais ce qui achève de démontrer que cette différence dans la couleur du plumage n'est qu'une altération accidentelle, un effet particulier, en un mot une variété proprement dite et qui n'empêche point qu'on ne doive regarder la perdrix blanche comme appartenant à l'espèce de la perdrix grise, c'est que selon les naturalistes, et même selon les chasseurs, elle se mêle et va de compagnie avec elle. Un de mes amis (*b*) en a vu une compagnie de dix ou douze qui étaient toutes blanches, et les a aussi vues se mêler avec les grises au temps de la pariade ; ces perdrix blanches avaient les yeux ou plutôt les prunelles rouges, comme les ont les lapins blancs, les souris blanches, etc. ; leur bec et leurs pieds étaient de couleur de plomb.

LA PETITE PERDRIX GRISE

J'appelle ainsi la perdrix de Damas d'Aldrovande, qui est probablement la même que la petite perdrix de passage qui se montre de temps en temps en différentes provinces de France (*).

Elle ne diffère pas seulement de la perdrix grise par sa taille, qui est constamment plus petite, mais encore par son bec qui est plus allongé, par la couleur jaune de ses pieds, et surtout par l'habitude qu'elle a de changer de lieu et de voyager. On en voit quelquefois dans la Brie et ailleurs passer par bandes très nombreuses et poursuivre leur chemin sans s'arrêter. Un

(*a*) Scaliger, *Exercitationes in Cardanum,* Exercit. 59.
(*b*) M. Leroy, lieutenant des chasses de Versailles.

(*) La *Petite perdrix grise* de Buffon n'est, comme sa *Perdrix grise blanche,* qu'une variété du *Starna cinerea.*

chasseur des environs de Montbard, qui chassait à la chanterelle au mois de mars dernier (1770), en vit une volée de cent cinquante ou deux cents qui parut se détourner, attirée par le cri de la chanterelle; mais qui, dès le lendemain, avait entièrement disparu. Ce seul fait, qui est très certain, annonce et les rapports et les différences qu'il y a entre ces deux perdrix : les rapports, puisque ces perdrix étrangères furent attirées par le chant d'une perdrix grise ; les différences, puisque ces étrangères traversèrent si rapidement un pays qui convient aux perdrix grises et même aux rouges, les unes et les autres y demeurant toute l'année; et ces différences supposent un autre instinct, et par conséquent une autre organisation, et au moins une autre race.

Il ne faut pas confondre cette perdrix de Damas ou de Syrie avec la *syroperdix* d'Élien (*a*), que l'on trouvait aux environs d'Antioche, qui avait le plumage noir, le bec de couleur fauve, la chair plus compacte et de meilleur goût, et le naturel plus sauvage que les autres perdrix; car les couleurs, comme l'on voit, ne se rapportent point; et Élien ne dit pas que sa *syroperdix* soit un oiseau de passage; il ajoute, comme une singularité, qu'elle mangeait des pierres, ce qui cependant est assez ordinaire dans les granivores. Scaliger rapporte, comme témoin oculaire, un fait beaucoup plus singulier qui a rapport à celui-ci ; c'est que dans un canton de la Gascogne, où le terrain est fort sablonneux, la chair des perdrix était remplie d'une quantité de petits grains de sable fort incommodes (*b*).

LA PERDRIX DE MONTAGNE

Je fais une race distincte de cette perdrix (*), parce qu'elle ne ressemble ni à l'espèce grise ni à la rouge; mais il serait difficile d'assigner celle de ces deux espèces à laquelle elle doit se rapporter; car, si d'un côté l'on assure qu'elle se mêle quelquefois avec les perdrix grises (*c*), d'un autre côté, sa demeure ordinaire sur les montagnes et la couleur rouge de son bec et de ses pieds la rapprochent aussi beaucoup des perdrix rouges, avec qui je soupçonne fort qu'elle se mêle comme avec les grises; et par ces raisons je suis porté à la regarder comme une race intermédiaire entre ces deux espèces principales; elle est à peu près de la grosseur de la perdrix grise, et elle a vingt pennes à la queue.

(*a*) Élien, *de Naturâ animalium*, lib. XVI, cap. VII.
(*b*) Scaliger, *Comm. in P. L. ari. de Plant*.
(*c*) Voyez Brisson, *Ornithologie*, t. 1er, p. 226.

(*) Elle paraît n'être qu'une simple variété du *Starna cinerea*.

LES PERDRIX ROUGES

LA BARTAVELLE OU PERDRIX GRECQUE

C'est aux perdrix rouges (*), et principalement à la bartavelle (**), que doit se rapporter tout ce que les anciens ont dit de la perdrix. Aristote devait mieux connaître la perdrix grecque qu'aucune autre, et ne pouvait guère connaître que des perdrix rouges, puisque ce sont les seules qui se trouvent dans la Grèce, dans les îles de la Méditerranée (a), et, selon toute apparence, dans la partie de l'Asie conquise par Alexandre, laquelle est à peu près située sous le même climat que la Grèce et la Méditerranée (b), et qui était probablement celle où Aristote avait ses principales correspondances. A l'égard des naturalistes qui sont venus depuis, tels que Pline, Athénée, etc., on voit assez clairement que, quoiqu'ils connussent en Italie des perdrix autres que des rouges (c), ils se sont contentés de copier ce que Aristote avait dit des perdrix rouges. Il est vrai que ce dernier reconnaît une différence

(a) Voyez Belon, *Nature des oiseaux*, p. 257.

(b) Il paraît que la perdrix des pays habités ou connus par les Juifs (depuis l'Égypte jusqu'à Babylone) était la perdrix rouge, ou du moins n'était pas la grise, puisqu'elle se tenait sur les montagnes. « Sicut persequitur perdix in montibus. » Reg., lib. I, cap. xxvi.

(c) « Perdicum in Italiâ genus alterum est, corpore minus, colore obscurius, rostro non » cinnabarino. » Athen.

(*) Les perdrix rouges constituent seules, pour la plupart des ornithologistes modernes, l'ancien genre *Perdix*. Ce sont des Gallinacés de la famille des Tétraonidés et de la sous-famille des Perdiciens. Elles ont le corps court et massif, le cou court, la tête relativement assez grosse, les ailes obtuses, avec les troisième et quatrième rémiges plus longues que les autres; la queue longue, formée de douze à seize pennes complètement recouvertes par les sous-caudales; le bec fort, mais allongé; les pattes armées, chez le mâle, d'ergots moussus ou d'un tubercule corné; le plumage abondant, serré, coloré sur le dos en gris rougeâtre ou ardoisé, et en rouge plus vif sur le devant du cou, la poitrine et les flancs. Ce sont des oiseaux monogames, vivant en société, répandus dans le sud de l'Europe, l'ouest et le centre de l'Asie, le nord et l'ouest de l'Afrique.

(**) *Perdix græca* Briss. (*Perdix saxatilis* Mey.). Cette espèce est actuellement commune en Grèce, en Turquie, en Asie Mineure, en Arabie; on la trouve dans les Alpes, dans la haute Autriche, la haute Bavière, le Tyrol, la Suisse, la France et l'Italie. Elle existe encore en Afrique, dans les montagnes qui s'élèvent entre le Nil et la mer Rouge; elle est représentée dans l'Indo-Chine, le sud de la Chine et l'Inde par une variété dont quelques auteurs ont fait une espèce distincte.

La Perdrix grecque a « le dos et la poitrine gris bleu, à reflets rougeâtres, la gorge » blanche, entourée d'une bande noire; une bande noire sur le front; une tache noire au » menton; les plumes des flancs alternativement rayées de roux, de jaunâtre et de noir; le » ventre jaune roux; les rémiges d'un brun noir avec la tige blanc jaunâtre et les barbes » internes rayées de jaune roux; les rectrices externes d'un rouge roux; l'œil brun roux; le » bec rouge corail; les pattes rouge pâle. Elle a de 36 à 39 centimètres de long, et de 52 » à 55 centimètres d'envergure; la longueur de l'aile est de 17 centimètres, celle de la queue » de 11. La femelle est plus petite. » (Brehm.)

dans le chant des perdrix (a); mais on ne peut en conclure légitimement une différence dans l'espèce. Car la diversité du chant dépend souvent de celle de l'âge et du sexe; elle a lieu quelquefois dans le même individu, et elle peut être l'effet de quelque cause particulière, et même de l'influence du climat, selon les anciens eux-mêmes, puisque Athénée prétend que les perdrix qui passaient de l'Attique dans la Béotie se reconnaissaient à ce qu'elles avaient changé de cri (b). D'ailleurs Théophraste, qui remarque aussi quelques variétés dans la voix des perdrix, relativement aux pays qu'elles habitent, suppose expressément que toutes ces perdrix ne sont point d'espèces différentes, puisqu'il parle de leurs différentes voix dans son livre *De varia voce Avium ejusdem generis* (c).

En examinant ce que les anciens ont dit ou répété de cet oiseau, j'y ai trouvé un assez grand nombre de faits vrais et d'observations exactes, mêlés d'exagérations et de fables, dont quelques modernes se sont moqués (d), ce qui n'était pas difficile, mais dont je me propose ici de rechercher le fondement dans les mœurs et le naturel même de la perdrix.

Aristote, après avoir dit que c'est un oiseau pulvérateur, qui a un jabot, un gésier et de très petits *cæcums* (e), qui vit quinze ans et davantage (f), qui, de même que tous les autres oiseaux qui ont le vol pesant, ne construit point de nid, mais pond ses œufs à plate terre, sur un peu d'herbe ou de feuilles arrangées négligemment (g), et cependant en un lieu bien exposé et défendu contre les oiseaux de proie; que dans cette espèce, qui est très lascive, les mâles se battent entre eux avec acharnement dans la saison de l'amour et ont alors les testicules très apparents, tandis qu'ils sont à peine visibles en hiver (h); que les femelles pondent des œufs sans avoir eu commerce avec le mâle (i); que le mâle et la femelle s'accouplent en ouvrant le bec et tirant la langue (j); que leur ponte ordinaire est de douze ou quinze œufs; qu'elles sont quelquefois si pressées de pondre que leurs œufs leur échappent partout où elles se trouvent (k); Aristote, dis-je, après avoir dit

---

(a) « Aliæ Κακκαβίζουσι, aliæ Τρίζουσι. » Aristote, *Historia animalium*, lib. IV, cap. IX.
(b) Voyez Gesner, *de Avibus*, p. 671.
(c) Il est aisé de voir que ces mots, *ejusdem generis*, signifient ici de la même espèce.
(d) Voyez Willughby, *Ornithologia*, p. 120.
(e) Aristote, *Historia animalium*, lib. II, cap. ultimo; et lib. VI, cap. IV.
(f) *Idem, ibidem*, lib. IX, cap. VII. Gaza a mis mal à propos *vingt-cinq ans* dans sa traduction, erreur qui a été copiée par Aldrovande, *Ornithologia*, lib. XIII, p. 116, t. II. Athénée fait dire à Aristote que la femelle vit plus longtemps que le mâle, comme c'est l'ordinaire parmi les oiseaux. Voyez Gesner, *de Avibus*, p. 674.
(g) Aristote, *Historia animalium*, lib. VI, cap. I.
(h) *Idem, ibidem*, lib. III, cap. I.
(i) *Idem, ibidem*.
(j) *Idem, ibidem*, lib. V, cap. V. Avicenne a pris de là l'occasion de dire que les perdrix se préparaient par des baisers à des caresses plus intimes, comme les pigeons; mais c'est une erreur.
(k) Aristote, *Historia animalium*, lib. IX, cap. VIII.

toutes ces choses, qui sont incontestables et confirmées par le témoignage de nos observateurs, ajoute plusieurs circonstances où le vrai paraît être mêlé avec le faux, et qu'il suffit d'analyser pour en tirer la vérité, pure de tout mélange.

Il dit donc : 1° que les perdrix femelles déposent la plus grande partie de leurs œufs dans un lieu caché pour les garantir de la pétulance du mâle, qui cherche à les détruire comme faisant obstacle à ses plaisirs (a), ce qui a été traité de fable par Willughby (b) ; mais, à mon avis, un peu trop absolument, puisqu'en distinguant le physique du moral, et séparant le fait observé de l'intention supposée, ce que Aristote a dit se trouve vrai à la lettre et se réduit à ceci : que la perdrix a, comme presque toutes les autres femelles parmi les oiseaux, l'instinct de cacher son nid, et que les mâles, surtout les surnuméraires, cherchant à s'accoupler au temps de l'incubation, ont porté plus d'une fois un préjudice notable à la couvée, sans autre intention que celle de jouir de la couveuse ; c'est par cette raison que de tout temps on a recommandé la destruction de ces mâles surnuméraires comme un des moyens les plus efficaces de favoriser la multiplication de l'espèce, non seulement des perdrix, mais de plusieurs autres oiseaux sauvages.

Aristote ajoute, en second lieu, que la perdrix femelle partage les œufs d'une seule ponte en deux couvées, qu'elle se charge de l'une et le mâle de l'autre jusqu'à la fin de l'éducation des petits qui en proviennent (c) ; et cela contredit positivement l'instinct qu'il suppose au mâle, comme nous venons de le voir, de chercher à casser les œufs de sa femelle ; mais en conciliant Aristote avec lui-même et avec la vérité, on peut dire que, comme la perdrix femelle ne pond pas tous ses œufs dans le même endroit, puisqu'ils lui échappent souvent malgré elle partout où elle se trouve, et comme le mâle partage apparemment dans cette espèce, ou du moins dans quelques races de cette espèce, ainsi que dans la grise, le soin de l'éducation des petits, on aura pu croire qu'il partageait aussi ceux de l'incubation, et qu'il couvait à part tous les œufs qui n'étaient point sous la femelle.

Aristote dit, en troisième lieu, que les mâles se cochent les uns les autres, et même qu'ils cochent leurs petits aussitôt qu'ils sont en état de marcher (d), et l'on a mis cette assertion au rang des absurdités : cependant, j'ai eu occasion de citer plus d'un exemple avéré de cet excès de nature, par lequel un mâle se sert d'un autre mâle et même de tout autre meuble (e)

(a) *Idem, ibidem*.
(b) Willughby, *Ornithologia*, p. 120.
(c) Aristote, *Historia animalium*, lib. VI, cap. VIII.
(d) Aristote, *Historia animalium*, lib. IX, cap. VIII.
(e) Voyez ci-dessus l'histoire du coq, celle du lapin, et les *Glanures d'Edwards*, partie II, p. 21.

comme d'une femelle; et ce désordre doit avoir lieu, à plus forte raison, parmi des oiseaux aussi lascifs que les perdrix, dont les mâles, lorsqu'ils sont bien animés, ne peuvent entendre le cri de leurs femelles sans répandre leur liqueur séminale (a), et qui sont tellement transportés, et comme enivrés dans cette saison d'amour, que, malgré leur naturel sauvage, ils viennent quelquefois se poser jusque sur l'oiseleur; et combien leur ardeur n'est-elle pas plus vive dans un climat aussi chaud que celui de la Grèce, et lorsqu'ils ont été privés longtemps de femelles comme cela arrive au temps de l'incubation (b)!

Aristote dit, en quatrième lieu, que les perdrix femelles conçoivent et produisent des œufs lorsqu'elles se trouvent sous le vent de leurs mâles, ou lorsque ceux-ci passent au-dessus d'elles en volant, et même lorsqu'elles entendent leur voix (c); et on a répandu du ridicule sur les paroles du philosophe grec, comme si elles eussent signifié qu'un courant d'air imprégné par les corpuscules fécondants du mâle, ou seulement mis en vibration par le son de sa voix, suffisait pour féconder réellement une femelle; tandis qu'elles ne veulent dire autre chose, sinon que les perdrix femelles ayant le tempérament assez chaud pour produire des œufs d'elles-mêmes et sans commerce avec le mâle, comme je l'ai remarqué ci-dessus, tout ce qui peut exciter leur tempérament doit augmenter encore en elles cette puissance; et l'on ne niera point que ce qui leur annonce la présence du mâle ne puisse et ne doive avoir cet effet, lequel d'ailleurs peut être produit par un simple moyen mécanique qu'Aristote nous enseigne (d), ou par le seul frottement qu'elles éprouvent en se vautrant dans la poussière.

D'après ces faits, il est aisé de concevoir que, quelque passion qu'ait la perdrix pour couver, elle en a quelquefois encore plus pour jouir, et que, dans certaines circonstances, elle préférera le plaisir de se joindre à son mâle au devoir de faire éclore ses petits; il peut même arriver qu'elle quitte la couvée par amour pour la couvée même : ce sera lorsque, voyant son mâle attentif à la voix d'une autre perdrix qui le rappelle, et prêt à l'aller trouver, elle vient s'offrir à ses désirs pour prévenir une inconstance qui serait nuisible à la famille; elle tâche de le rendre fidèle en le rendant heureux (e).

Élien a dit encore que, lorsqu'on voulait faire combattre les mâles avec

(a) Eustath apud Gesner, de Avibus, p. 673.
(b) Voyez Aristote, Historia animalium, loco citato.
(c) Ibidem, lib. v, cap. v.
(d) « Sed idem faciunt (nempe ova hypenemia seu zephyria pariunt), si digito genitale palpetur. » Aristote, Historia animalium, lib. VI, cap. II.
(e) « Sæpe et femina incubans exurgit, cùm marem feminæ venatrici attendere senserit, occurrensque se ipsam præbet libidini maris, ut satiatus negligat venatricem. » Aristote, Historia animalium, lib. IX, cap. VIII. « Adeoque vincit libido etiam fœtûs caritatem, » ajoute Pline, lib. x, cap. XXXIII.

plus d'ardeur, c'était toujours en présence de leurs femelles, parce qu'un mâle, ajoute-t-il, aimerait mieux mourir que de montrer de la lâcheté en présence de sa femelle, ou que de paraître devant elle après avoir été vaincu (a). Mais c'est encore ici le cas de séparer le fait de l'intention : il est certain que la présence de la femelle anime les mâles au combat, non pas en leur inspirant un certain point d'honneur, mais parce qu'elle exalte en eux la jalousie, toujours proportionnée, dans les animaux, au besoin de jouir ; et nous venons de voir combien ce besoin est pressant dans les perdrix.

C'est ainsi qu'en distinguant le physique du moral, et les faits réels des suppositions précaires, on retrouve la vérité, trop souvent défigurée, dans l'histoire des animaux, par les fictions de l'homme et par la manie qu'il a de prêter à tous les autres êtres sa nature propre et sa manière de voir et de sentir.

Comme les bartavelles ont beaucoup de choses communes avec les perdrix grises, il suffira, pour achever leur histoire, d'ajouter ici les principales différences par lesquelles elles se distinguent des dernières. Belon, qui avait voyagé dans leur pays natal, nous apprend qu'elles ont le double de grosseur de nos perdrix, qu'elles sont fort communes, et plus communes qu'aucun autre oiseau dans la Grèce, les îles Cyclades, et principalement sur les côtes de l'île de Crète (aujourd'hui Candie) ; qu'elles chantent au temps de l'amour, qu'elles prononcent à peu près le mot *chacabis*, d'où les Latins ont fait sans doute le mot *cacabare* pour exprimer ce cri, et qui peut-être a eu quelque influence sur la formation des noms *cubeth*, *cubata*, *cubeji*, etc., par lesquels on a désigné la perdrix rouge dans les langues orientales.

Belon nous apprend encore que les bartavelles se tiennent ordinairement parmi les rochers, mais qu'elles ont l'instinct de descendre dans la plaine pour y faire leur nid, afin que leurs petits trouvent en naissant une subsistance facile ; qu'elles pondent de huit jusqu'à seize œufs, de la grosseur d'un petit œuf de poule, blancs, marqués de petits points rougeâtres, et dont le jaune, qu'il appelle moyeu, ne peut se durcir. Enfin, ce qui persuade à notre observateur que sa perdrix de Grèce est d'autre espèce que notre perdrix rouge, c'est qu'il y a en Italie des lieux où elles sont connues l'une et l'autre, et ont chacune un nom différent : la perdrix de Grèce, celui de *cothurno*, et l'autre celui de *perdice* (b), comme si le peuple qui impose les noms n'avait pu se méprendre, ou même distinguer par deux dénominations différentes deux races distinctes appartenant à une seule et même espèce ! Enfin il conjecture, et non sans fondement, que c'est cette grosse

(a) Élien, *de Naturâ animalium*, lib. iv, cap. i.
(b) Voyez Belon, *Nature des oiseaux*, p. 255.

perdrix qui, suivant Aristote, s'est mêlée avec la poule ordinaire et a produit avec elle des individus féconds, ce qui n'arrive que rarement selon le philosophe grec, et n'a lieu que dans les espèces les plus lascives, telles que celles du coq et de la perdrix (a), ou de la bartavelle, qui est la perdrix d'Aristote. Celle-ci a encore une nouvelle analogie avec la poule ordinaire, c'est de couver des œufs étrangers à défaut des siens ; et il y a longtemps que cette remarque a été faite, puisqu'il en est question dans les livres sacrés (b).

Aristote a remarqué que les perdrix mâles chantaient ou criaient principalement dans la saison de l'amour, lorsqu'ils se battent entre eux, et même avant de se battre (c) : l'ardeur qu'ils ont pour la femelle se tourne alors en rage contre leurs rivaux, et de là tous ces cris, ces combats, cette espèce d'ivresse, cet oubli d'eux-mêmes, cet abandon de leur propre conservation qui les a précipités plus d'une fois, je ne dis pas dans les pièges, mais jusque dans les mains de l'oiseleur (d).

On a profité de la connaissance de leur naturel pour les attirer dans le piège, soit en leur présentant une femelle vers laquelle ils accourent pour en jouir, soit en leur présentant un mâle sur lequel ils fondent pour le combattre (e) ; et l'on a encore tiré parti de cette haine violente des mâles contre les mâles pour en faire une sorte de spectacle où ces animaux, ordinairement si timides et si pacifiques, se battent entre eux avec acharnement ; et on n'a pas manqué de les exciter, comme je l'ai dit, par la présence de leurs femelles (f) : cet usage est encore très commun aujourd'hui dans l'île de Chypre (g), et nous voyons, dans Lampridius, que l'empereur Alexandre-Sévère s'amusait beaucoup de ce genre de combats (*).

(a) Je rapporte en entier le passage d'Aristote, parce qu'il présente des vues très saines et très philosophiques. « Et ideo quæ non unigena coeunt (quod ea faciunt, quorum tempus » par, et uteri gestatio proxima, et corporis magnitudo non multò discrepans), hæc primos » partus similes sibi edunt, communi generis utriusque specie : quales... (ex perdice et » gallinaceo) ; sed tempore procedente diversi ex diversis provenientes, demum formâ feminæ » instituti evadunt, quomodo semina peregrina ad postremum pro terræ naturâ redduntur : » hæc enim materiam corpusque seminibus præstat. » *De Generatione animalium*, lib. II, cap. IV.

(b) « Perdix fovit ova quæ non peperit. » Jerem. proph., cap. XVII, v. 11.

(c) Aristote, *Historia animalium*, lib. IV, cap. IX.

(d) Idem, ibidem, lib. IX, cap. VIII.

(e) Ibidem, lib. IV, cap. I.

(f) Élien, *de Naturâ animalium*, lib. IV. cap. I.

(g) Voyez l'*Histoire de Chypre* de François Stephano Lusignano.

(*) La Perdrix grecque s'apprivoise très volontiers ; on prétend même que, dans l'Inde, elle se domestique au point de pouvoir être laissée en liberté, comme la poule.

LA PERDRIX ROUGE D'EUROPE

Cette perdrix (*) tient le milieu pour la grosseur entre la bartavelle et la perdrix grise : elle n'est pas aussi répandue que cette dernière, et tout climat ne lui est pas bon. On la trouve dans la plupart des pays montagneux et tempérés de l'Europe, de l'Asie et de l'Afrique, mais elle est rare dans les Pays-Bas (a), dans plusieurs parties de l'Allemagne et de la Bohême, où l'on a tenté inutilement de la multiplier, quoique les faisans y eussent bien réussi (b). On n'en voit point du tout en Angleterre (c) ni dans certaines îles des environs de Lemnos (d), tandis qu'une seule paire, portée dans la petite île d'Anaphe (aujourd'hui Nanfio), y pullula tellement, que les habitants furent sur le point de leur céder la place (e); ce séjour leur est si favorable que, encore aujourd'hui, l'on est obligé d'y détruire leurs œufs par milliers vers les fêtes de Pâques, de peur que les perdrix qui en viendraient ne détruisissent entièrement les moissons; et ces œufs, accommodés à toutes sauces, nourrissent les insulaires pendant plusieurs jours (f).

Les perdrix rouges se tiennent sur les montagnes qui produisent beaucoup de bruyères et de broussailles, et quelquefois sur les mêmes montagnes où se trouvent certaines gelinottes, mal à propos appelées *perdrix blanches*, mais dans des parties moins élevées, et par conséquent moins froides et

(a) Voyez Aldrovande, *Ornithologia*, t. II, p. 110.

(b) *Idem, ibidem*, p. 106.

(c) Voyez Ray, *Synopsis Avium*, p. 57. — *Histoire naturelle des oiseaux* d'Edwards, pl. LXX.

(d) Anton. Liberalis *apud Aldrov.*, t. II, p. 110.

(e) Athénée, *Deipnosoph.*, lib. IX.

(f) Voyez Tournefort, *Voyages du Levant*, t. Ier, p. 275.

(*) *Perdix rubra* TEMM. — Cette espèce n'habite actuellement que le sud-ouest de l'Europe et une partie de l'Afrique. Elle est commune dans le Midi de la France, en Espagne, en Portugal et en Barbarie; elle a été introduite, il y a une centaine d'années, en Angleterre, où elle est aujourd'hui assez nombreuse dans les comtés de l'Ouest.

La coloration de la Perdrix rouge d'Europe est d'un rouge plus vif que celle de la Perdrix grecque; son collier est plus large. « La teinte rouge gris de la partie supérieure du corps est principalement prononcée à l'occiput et à la nuque, où elle devient presque rouge roux : le sommet de la tête est gris, la poitrine et le haut du ventre sont d'un gris cendré brunâtre; le bas-ventre et les rectrices inférieures de la queue sont jaune sale; les plumes des flancs, d'un gris cendré clair, sont coupées par des raies transversales d'un blanc roux, d'un brun châtain, limitées par des lisérés noir foncé. Une bande blanche part du front et se prolonge vers la région sourcilière. La gorge, entourée par le collier qui la délimite nettement, est d'un blanc net et brillant. L'œil est brun clair, entouré d'un cercle rouge vermillon; le bec est rouge de sang, les pattes sont rouge carmin pâle. Cet oiseau a 29 centimètres de long et 55 centimètres d'envergure; la longueur de l'aile est de 16 centimètres, celle de la queue de 12. La femelle est plus petite que le mâle; la partie postérieure de ses tarses est dépourvue du tubercule corné qui, chez le mâle, tient lieu d'ergot. » (Brehm.)

moins sauvages (a) : pendant l'hiver, elles se recèlent sous des abris de rochers bien exposés et se répandent peu ; le reste de l'année elles se tiennent dans les broussailles, s'y font chercher longtemps par les chasseurs, et partent difficilement. On m'assure qu'elles résistent souvent mieux que les grises aux rigueurs de l'hiver, et que, bien qu'elles soient plus aisées à prendre dans les différents pièges que les grises, il s'en trouve toujours à peu près le même nombre au printemps dans les endroits qui leur conviennent ; elles vivent de grain, d'herbes, de limaces, de chenilles, d'œufs de fourmis et d'autres insectes ; mais leur chair se sent quelquefois des aliments dont elles vivent. Élien rapporte que les perdrix de Cyrrha, ville maritime de la Phocide, sur le golfe de Corinthe, sont de mauvais goût parce qu'elles se nourrissent d'ail (b).

Elles volent pesamment et avec effort, comme font les grises, et on peut les reconnaître de même, sans les voir, au seul bruit qu'elles font avec leurs ailes en prenant leur volée. Leur instinct est de plonger dans les précipices lorsqu'on les surprend sur les montagnes, et de regagner le sommet lorsqu'on va à la remise : dans les plaines elles filent droit et avec raideur ; lorsqu'elles sont suivies de près et poussées vivement, elles se réfugient dans les bois, se perchent même sur les arbres, et se terrent quelquefois, ce que ne font point les perdrix grises.

Les perdrix rouges diffèrent encore des grises par le naturel et les mœurs, elles sont moins sociables : à la vérité, elles vont par compagnies, mais il ne règne pas dans ces compagnies une union aussi parfaite ; quoique nées, quoique élevées ensemble, les perdrix rouges se tiennent plus éloignées les unes des autres ; elles ne partent point ensemble, ne vont pas toutes du même côté, et ne se rappellent pas ensuite avec le même empressement, si ce n'est au temps de l'amour, et alors même chaque paire se réunit séparément (*) ; enfin, lorsque cette saison est passée et que la femelle est occupée à couver, le mâle la quitte et la laisse seule chargée du soin de la famille, en quoi nos perdrix rouges paraissent aussi différer des perdrix rouges de l'Égypte, puisque les prêtres égyptiens avaient choisi pour l'emblème d'un

---

(a) Stumpfius apud Gesner, de Avibus, p. 682.
(b) Élien, de Naturâ avium, lib. iv, cap. xiii.

(*) Pendant la majeure partie de l'année, les perdrix rouges vivent en troupes composées de dix à vingt individus et formées par l'union de plusieurs familles ; mais, à l'époque des amours, la société se dissout. En Espagne, dès le mois de février, le jour de la fête de saint Antoine, disent les bonnes gens du pays, les sociétés de perdrix rouges se dispersent par couples, d'où le proverbe espagnol :

Al dia de san Anton
Cada perdiz con su perdicon.

Les mâles ne sont, du reste, que fort peu fidèles à la première femelle qu'ils ont choisie. Dès que celle-ci commence à couver, le mâle l'abandonne et court à la recherche de nouvelles amours.

bon ménage deux perdrix, l'une mâle et l'autre femelle, couvant chacune de son côté (a).

Par une suite de leur naturel sauvage, les perdrix rouges que l'on tâche de multiplier dans les parcs, et que l'on élève à peu près comme les faisans, sont encore plus difficiles à élever, exigent plus de soins et de précautions pour les accoutumer à la captivité, ou, pour mieux dire, elles ne s'y accoutument jamais, puisque les petits perdreaux rouges qui sont éclos dans la faisanderie, et qui n'ont jamais connu la liberté, languissent dans cette prison qu'on cherche à leur rendre agréable de toutes manières, et meurent bientôt d'ennui et d'une maladie qui en est la suite, si on ne les lâche dans le temps où ils commencent à avoir la tête garnie de plumes.

Ces faits, qui m'ont été fournis par M. Leroy, paraissent contredire ce qu'on rapporte des perdrix d'Asie (b) et de quelques îles de l'Archipel (c), et même de Provence, où on en a vu des troupes nombreuses (d) qui obéissaient à la voix de leur conducteur avec une docilité singulière. Porphyre parle d'une perdrix privée venant de Carthage, qui accourait à la voix de son maître, le caressait et exprimait son attachement par des inflexions de voix que le sentiment semblait produire, et qui étaient toutes différentes de son cri ordinaire (e). Mundella et Gesner en ont élevé eux-mêmes qui étaient devenues très familières (f) : il paraît même, par plusieurs passages des anciens, qu'on en était venu jusqu'à leur apprendre à chanter ou à perfectionner leur chant naturel, qui, du moins dans certaines races, passait pour un ramage agréable (g).

Mais tout cela peut se concilier en disant que cet oiseau est moins ennemi de l'homme que de l'esclavage, qu'il est des moyens d'apprivoiser et de subjuguer l'animal le plus sauvage, c'est-à-dire le plus amoureux de sa liberté, et que ce moyen est de le traiter selon sa nature, en lui laissant autant

(a) Voyez Aldrovande, *Ornithologia*, t. II, p. 120.

(b) « In regione circa Trapezuntem..... vidi hominem ducentem secum supra quatuor millia » perdicum. Is iter faciebat per terram; perdices per aerem volabant, quas ducebat ad quod-- » dam castrum... quod a Trapezunte distat trium dierum itinere : cùm huic homini quiescere... » libebat, perdices omnes quiescebant circa eum, et capiebat de ipsis quantum volebat nu-- » merum. » Odoricus (*De foro Julii*), apud Gesner, *de Avibus*, p. 675.

(c) Il y a des gens du côté de Vessa et d'Élata (dans l'île de Scio), qui élèvent les perdrix avec soin : on les mène..... à la campagne chercher leur nourriture comme des troupeaux de moutons : chaque famille confie les siennes au gardien commun, qui les ramène le soir; et on les rappelle chez soi avec un coup de sifflet, même pendant la journée. Voyez le *Voyage au Levant* de M. de Tournefort, t. Ier, p. 386.

(d) J'ai vu un homme en Provence, du côté de Grasse, qui conduisait des compagnies de perdrix à la campagne, et qui les faisait venir à lui quand il voulait : il les prenait avec la main, les mettait dans son sein, et les renvoyait ensuite... avec les autres. *Ibidem*.

(e) Porphyre, *de Abstinentiâ a carnibus*, lib. III.

(f) Voyez Gesner, *de Avibus*, p. 682.

(g) Athénée, *Deipnosoph.* — Plutarque, *Utra animalium*, etc. — Élien, *de Naturâ animalium*, lib. IV, cap. XIII.

de liberté qu'il est possible : sous ce point de vue, la société de la perdrix apprivoisée avec l'homme qui sait s'en faire obéir est du genre le plus intéressant et le plus noble; elle n'est fondée ni sur le besoin, ni sur l'intérêt, ni sur une douceur stupide, mais sur la sympathie, le goût réciproque, le choix volontaire; il faut même, pour bien réussir, qu'elle soit absolument volontaire et libre. La perdrix ne s'attache à l'homme, ne se soumet à ses volontés qu'autant que l'homme lui laisse perpétuellement le pouvoir de le quitter; et, lorsqu'on veut lui imposer une loi trop dure, une contrainte au delà de ce qu'exige toute société; en un mot, lorsqu'on veut la réduire à l'esclavage domestique, son naturel si doux se révolte, et le regret profond de sa liberté étouffe en elle les plus forts penchants de la nature : celui de se conserver; on l'a vue souvent se tourmenter dans sa prison jusqu'à se casser la tête et mourir : celui de se reproduire; elle y montre une répugnance invincible, et si quelquefois on la vit, cédant à l'ardeur du tempérament et à l'influence de la saison, s'accoupler et pondre en cage, jamais on ne l'a vue s'occuper efficacement, dans la volière la plus commode et la plus spacieuse, à perpétuer une race esclave.

LA PERDRIX ROUGE BLANCHE (a)

Dans la race de la perdrix rouge, la blancheur du plumage est, comme dans la race de la perdrix grise, un effet accidentel de quelque cause particulière, et qui prouve l'analogie des deux races : cette blancheur n'est cependant point universelle, car la tête conserve ordinairement sa couleur; le bec et les pieds restent rouges, et comme d'ailleurs on la trouve ordinairement avec les perdrix rouges, on est fondé à la regarder comme une variété individuelle de cette race de perdrix.

LE FRANCOLIN

Ce nom de francolin (*) est encore un de ceux qui ont été appliqués à des oiseaux fort différents : nous avons déjà vu ci-dessus qu'il avait été donné à

(a) Voyez Brisson, *Ornithologie*, t. 1er, p. 238.

(*) D'après Cuvier, le nom de Francolin vient du mot italien Francolino « qui désigne la défense faite de tuer l'oiseau qui le porte, » et il est par suite donné, en Italie, « à plusieurs espèces réputées bons gibiers, telles que la Gelinotte et cet oiseau-ci. »
Le Francolin décrit ici par Buffon est le *Perdix Francolinus* L. (*Francolinus vulgaris* STEPH.), oiseau de la sous-famille des Perdiciens. Les Francolins se distinguent des Perdrix véritables par un bec plus long, une queue plus longue, des pattes plus hautes, armées d'un ou parfois de deux ergots, un plumage plus épais et souvent très bigarré.

l'attagas; et il paraît, par un passage de Gesner, que l'oiseau connu à Venise sous le nom de *francolin* est une espèce de gelinotte (*hazel-huhu*) (*a*).

Le francolin de Naples est plus gros qu'une poule ordinaire; et, à vrai dire, la longueur de ses pieds, de son bec et de son cou, ne permettent point d'en faire ni une gelinotte ni un francolin (*b*).

Tout ce qu'on dit du francolin de Ferrare, c'est qu'il a les pieds rouges et vit de poissons (*c*) : l'oiseau du Spitzberg auquel on a donné le nom de *francolin* s'appelle aussi *coureur de rivage*, parce qu'il ne s'éloigne jamais beaucoup de la côte où il trouve la nourriture qui lui convient, savoir, des vers gris et des chevrettes, mais il n'est pas plus gros qu'une alouette (*d*). Le francolin dont Olina donne la description et la figure (*e*) est celui dont il s'agit ici : celui de M. Edwards en diffère en quelques points (*f*), et paraît être exactement le même oiseau que le francolin de M. de Tournefort (*g*), qui se rapproche aussi de celui de Ferrare, en ce qu'il se plaît sur les côtes de la mer et dans les lieux marécageux.

Enfin le nôtre paraît différer de ces trois derniers, et même de celui de M. Brisson (*h*), soit par la couleur du plumage et même du bec, soit par les dimensions et le port de la queue, qui est plus longue dans la figure de M. Brisson, plus épanouie dans la nôtre, et tombante dans celles de M. Edwards et d'Olina; mais, malgré cela, je crois que le francolin d'Olina, celui de M. Tournefort, celui d'Edwards, celui de M. Brisson et le mien sont tous de la même espèce, attendu qu'ils ont beaucoup de choses communes, et que les petites différences qu'on a observées entre eux ne sont pas assez caractérisées pour constituer des espèces diverses, et peuvent d'ailleurs être relatives à l'âge, au sexe, au climat, ou à d'autres causes particulières.

Il est certain que le francolin a beaucoup de rapports avec la perdrix, et c'est ce qui a porté Olina, Linnæus et Brisson, à les ranger parmi les perdrix. Pour moi, après avoir examiné de près et comparé ces deux sortes d'oiseaux, j'ai cru avoir observé entre eux assez de différences pour les séparer; en effet, le francolin diffère des perdrix non seulement par les couleurs du plumage, par la forme totale, par le port de la queue et par son cri,

(*a*) « Est autem (francolinus) eadem Germanorum *hazel-huhu*, ut ex icone francolini » Venetiis dicti, quam doctissimus medicus Aloysius Mundella ad me misit, citra ullam dubi-» tationem cognovi. » Gesner, *de Avibus*, p. 225.

(*b*) Gesner, *ibidem*.

(*c*) « Alii alium quemdam francolinum faciunt, cruribus rubris, piscibus viventem, Fer-» rariæ, ut audio, notum. » Gesner, *ibidem*.

(*d*) *Voyages de M. l'abbé Prévost*, t. XV, p. 276.

(*e*) Olina, p. 33.

(*f*) Edwards, planche CCXLVI.

(*g*) Tournefort, t. Ier, p. 412; et t. II. p. 103.

(*h*) Brisson, *Ornithologie*, t. Ier, p. 245.

mais encore parce qu'il a un éperon à chaque jambe (a), tandis que la perdrix mâle n'a qu'un tubercule calleux au lieu d'éperon.

Le francolin est aussi beaucoup moins répandu que la perdrix : il paraît qu'il ne peut guère subsister que dans les pays chauds; l'Espagne, l'Italie et la Sicile sont presque les seuls pays de l'Europe où il se trouve; on en voit aussi à Rhodes (b), dans l'île de Chypre (c), à Samos (d), dans la Barbarie, et surtout aux environs de Tunis (e), en Égypte, sur les côtes d'Asie (f) et au Bengale (g). Dans tous ces pays, on trouve des francolins et des perdrix qui ont chacun leurs noms distincts et leur espèce séparée.

La rareté de ces oiseaux en Europe, jointe au bon goût de leur chair, ont donné lieu aux défenses rigoureuses qui ont été faites en plusieurs pays de les tuer; et de là on prétend qu'ils ont eu le nom de *francolin*, comme jouissant d'une sorte de franchise sous la sauvegarde de ces défenses.

On sait peu de chose de cet oiseau : son plumage est fort beau; il a un collier très remarquable de couleur orangée; sa grosseur surpasse un peu celle de la perdrix grise; la femelle est un peu plus petite que le mâle, et les couleurs de son plumage sont plus faibles et moins variées.

Ces oiseaux vivent de grains : on peut les élever dans des volières; mais il faut avoir l'attention de leur donner à chacun une petite loge où ils puissent se tapir et se cacher, et de répandre dans la volière du sable et quelques pierres de tuf.

Leur cri est moins un chant qu'un sifflement très fort qui se fait entendre de fort loin (h).

Les francolins vivent à peu près autant que les perdrix (i); leur chair est exquise, et elle est quelquefois préférée à celle des perdrix et des faisans.

M. Linnæus (j) prend la perdrix de Damas de Willughby pour le francolin (k) : sur quoi il y a deux remarques à faire; la première, que cette perdrix de Damas est plutôt celle de Belon, qui en a parlé le premier (l), que

(a) Celui d'Olina n'en a point; mais il y a apparence qu'il a fait dessiner la femelle.

(b) Olina.

(c) Tournefort.

(d) Edwards..... M. Edwards dit qu'il n'est pas question du francolin dans le texte du *Voyage au Levant* de M. de Tournefort, quoiqu'il y ait une figure de cet oiseau sous le nom de *francolin, sorte d'oiseau qui fréquente les marais*. Cette assertion est fautive; voici ce que je trouve, t. 1er de ce voyage, p. 412, édition du Louvre : « Les francolins n'y sont pas » communs (dans l'île de Samos), et ne quittent pas la marine, entre le petit Boghas et » Cora, auprès d'un étang marécageux...; on les appelle *perdrix des prairies*. » La figure de l'oiseau porte simplement en tête le nom de francolin.

(e) Olina, p. 33.

(f) Tournefort, *Voyage au Levant*, t. II, p. 103.

(g) Edwards.

(h) Olina.

(i) *Ibidem.*

(j) Linnæus, *Syst. nat.*, édit. X, p. 161.

(k) Willughby, *Ornithologie*, p. 128.

(l) Belon, *Observ.*, p. 152.

celle de Willughby, qui n'en a parlé que d'après Belon ; la seconde, que cette perdrix de Damas diffère du francolin et par sa petitesse, puisqu'elle est moins grosse que la perdrix grise, selon Belon, et par son plumage, et par ses pieds velus, qui ont empêché Belon de la ranger parmi les râles de genêt ou les pluviers.

M. Linnæus aurait dû reconnaître le francolin de Tournefort dans celui d'Olina, dont Willughby fait mention (a) ; enfin, le naturaliste suédois se trompe encore en fixant exclusivement l'Orient pour le climat du francolin, puisque cet oiseau se trouve, comme je l'ai déjà remarqué, en Sicile, en Italie, en Espagne, en Barbarie, et dans quelques autres contrées qui n'appartiennent point à l'Orient.

Aristote met l'attagen, que Belon regarde comme le francolin, au rang des oiseaux pulvérateurs et frugivores (b) : Belon lui fait dire de plus que cet oiseau pond un grand nombre d'œufs (c), quoique cela ne se trouve point à l'endroit cité ; mais c'est une conséquence que l'on peut tirer, dans les principes d'Aristote, de ce que cet oiseau est frugivore et pulvérateur. Belon dit encore, d'après les anciens, que le francolin est fréquent dans la campagne de Marathon, parce qu'il se plaît dans les lieux marécageux ; et cela s'accorde très bien avec ce que M. de Tournefort rapporte des francolins de Samos (d).

LE BIS-ERGOT

La première espèce qui nous paraît voisine du francolin, c'est l'oiseau qui nous a été donné sous le nom de *perdrix du Sénégal* (*) : cet oiseau a à chaque pied deux ergots, ou plutôt deux tubercules de chair dure et calleuse ; et comme c'est une espèce ou race particulière, nous lui avons donné le nom de *bis-ergot*, à cause de ce caractère de deux ergots qu'il a à chaque pied. Je le place à la suite des francolins, parce qu'il me paraît avoir plus de rapports avec eux qu'avec les perdrix, soit par sa grosseur, soit par la longueur du bec et des ailes, soit par ses éperons.

(a) Willughby, *Ornithologie*, p. 125.
(b) Aristote, *Historia animalium*, lib. IX, cap. XLIX.
(c) « Avis multipara est attagen. » Belon, *Nat. des oiseaux*, p. 241.
(d) Tournefort, t. Ier, p. 412.

(*) *Pternistes bicalcaratus* (*Tetrao bicalcaratus* L.). — Les Pternistes se distinguent des Francolins par la présence, à la gorge, d'un espace nu, vivement coloré.

LE GORGE-NUE ET LA PERDRIX ROUGE D'AFRIQUE

Cet oiseau, que nous avons vu vivant à Paris, chez feu M. le marquis de Montmirail, a le dessous du cou et de la gorge dénué de plumes et simplement couvert d'une peau rouge : le reste du plumage est beaucoup moins varié et moins agréable que celui du francolin. Le gorge-nue (*) se rapproche de cette espèce par ses pieds rouges et sa queue épanouie, et de l'espèce précédente, qui est celle du bis-ergot, par le double éperon qu'il a pareillement à chaque pied.

Le défaut d'observations nous met hors d'état de juger à laquelle de ces deux espèces elle ressemble le plus par ses mœurs ou par ses habitudes. M. Aublet m'assure que c'est un oiseau qui se perche.

La perdrix rouge d'Afrique (**) est plus rouge que nos perdrix rouges, à cause d'une large tache de cette couleur qu'elle a sous la gorge ; mais le reste de son plumage est beaucoup moins agréable. Elle diffère des trois espèces précédentes par deux caractères fort apparents, ses éperons plus longs et plus pointus, et sa queue plus épanouie que ne l'ont ordinairement les perdrix : le défaut d'observations nous met hors d'état de juger si elle en diffère aussi par ses mœurs ou par ses habitudes.

OISEAUX ÉTRANGERS

QUI ONT RAPPORT AUX PERDRIX

I. — LA PERDRIX ROUGE DE BARBARIE.

La perdrix rouge de Barbarie, donnée par M. Edwards planche LXX, nous paraît être une espèce différente de notre perdrix rouge d'Europe (***) : elle est plus petite que notre perdrix grise ; elle a le bec, le tour des yeux et les pieds rouges comme la bartavelle, mais elle a sur le haut des ailes des plumes d'un beau bleu bordé de rouge brun, et autour du cou une espèce de collier formé par des taches blanches répandues sur un fond brun, ce qui, joint à sa petitesse, distingue cette espèce des deux races de perdrix rouges qui sont connues en Europe.

(*) *Pternistes nudicollis* (*Tetrao nudicollis* L.).
(**) *Pternistes rubricollis* (*Tetrao rubricollis* L.).
(***) C'est sans doute le *Tetrao petrosus* de Gmelin.

II. — LA PERDRIX DE ROCHE OU DE LA GAMBRA.

Cette perdrix (*) prend son nom des lieux où elle a coutume de se tenir par préférence : elle se plaît, comme les perdrix rouges, parmi les rochers et les précipices ; sa couleur générale est un brun obscur, et elle a sur la poitrine une tache couleur de tabac d'Espagne. Au reste, ces perdrix se rapprochent encore de la perdrix rouge par la couleur des pieds, du bec et du tour des yeux ; elles sont moins grosses que les nôtres et retroussent la queue en courant ; mais, comme elles, elles courent très vite et ont en gros la même forme (a) ; leur chair est excellente.

III. — LA PERDRIX PERLÉE DE LA CHINE.

Cette perdrix (**), qui n'est connue que par la description de M. Brisson (b), paraît propre à l'extrémité orientale de l'ancien continent : elle est un peu plus grosse que notre perdrix rouge ; elle a la forme, le port de la queue, la brièveté des ailes et toute la tournure de la perdrix ; elle a, de notre rouge ordinaire, la gorge blanche, et, de celle d'Afrique, les éperons plus longs et plus pointus ; mais elle n'a pas, comme elle, le bec et les pieds rouges ; ceux-ci sont roux et le bec est noirâtre, ainsi que les ongles ; le fond de son plumage est de couleur obscure, égayée sur la poitrine et les côtés par une quantité de petites taches rondes de couleur plus claire, d'où j'ai pris occasion de la nommer *perdrix perlée;* elle a, outre cela, quatre bandes remarquables qui partent de la base du bec et se prolongent sur les côtés de la tête ; ces bandes sont alternativement de couleur claire et rembrunie.

IV. — LA PERDRIX DE LA NOUVELLE-ANGLETERRE (c).

Je mets cet oiseau d'Amérique (***) et les suivants à la suite des perdrix, non que je les regarde comme de véritables perdrix, mais tout au plus comme leurs représentants, parce que ce sont ceux des oiseaux du nouveau monde qui ont le plus de rapport avec les perdrix, lesquelles certainement n'ont pas l'aile assez forte ni le vol assez élevé pour avoir pu traverser les mers qui séparent le vieux continent du nouveau.

(a) Voyez *Journal de Stibbs*, p. 287; et *l'abbé Prévost*, t. III, p. 309.
(b) Brisson, *Ornithologie*, t. Ier, p. 234.
(c) Brisson, *Ornithologie*, t. Ier, p. 229.

(*) Elle ne constitue probablement qu'une variété de l'espèce précédente.
(**) *Tetrao perlatus* L.
(***) C'est le *Tetrao marylandicus* de Linné.

L'oiseau dont il s'agit ici est plus petit que la perdrix grise ; il a l'iris jaune, le bec noir, la gorge blanche et deux bandes de la même couleur qui vont de la base du bec jusque derrière la tête, en passant sur les yeux ; il a aussi quelques taches blanches au haut du cou ; le dessous du corps est jaunâtre rayé de noir, et le dessus d'un brun tirant au roux, à peu près comme dans la perdrix rouge, mais bigarré de noir ; cet oiseau a la queue courte comme toutes les perdrix ; il se trouve non seulement dans la Nouvelle-Angleterre, mais encore à la Jamaïque, quoique ces deux climats soient différents.

M. Albin en a nourri assez longtemps avec du blé et du chènevis (a).

(a) Albin, t. Ier, p. 25.

LA CAILLE [a]

Théophraste trouvait une si grande ressemblance entre les perdrix et les cailles (*) qu'il donnait à ces dernières le nom de *perdrix naines;* et c'est sans doute par une suite de cette méprise, ou par une erreur semblable, que les Portugais ont appelé la perdrix *codornix,* et que les Italiens ont appliqué le non de *coturnice* à la bartavelle ou perdrix grecque. Il est vrai que les perdrix et les cailles ont beaucoup de rapports entre elles : les unes et les autres sont des oiseaux pulvérateurs, à ailes et queue courtes et courant fort vite (*b*), à bec de gallinacés, à plumage gris moucheté de brun et quelquefois tout blanc (*c*) ; du reste, se nourrissant, s'accouplant, construisant leur nid, couvant leurs œufs, menant leurs petits à peu près de la même manière, et toutes deux ayant le tempérament fort lascif et les mâles une grande disposition à se battre ; mais quelque nombreux que soient ces rapports, ils se trouvent balancés par un nombre presque égal de dissemblances, qui font de l'espèce des cailles une espèce tout à fait séparée de celle des perdrix.

(*a*) Frisch prétend (planche cxvii) que du temps de Charlemagne on lui donnait le nom de *quacara;* quelques-uns lui ont aussi donné celui de *currelius,* et j'en dirai plus bas la raison : quoi qu'il en soit, ces deux noms ont été omis par M. Brisson.

(*b*) « Currit satis velociter, unde currelium vulgò dicimus. » Comestor et alii.

(*c*) Aristote, lib. *de Coloribus,* cap. vi.

(*) Les Cailles (*Coturnix*) sont des Gallinacés de la famille des Tétraonidés et de la sous-famille des Perdiciens. Elles ont le corps assez massif; le bec petit; les ailes un peu obtuses, avec les deuxième, troisième et quatrième rémiges plus longues que les autres; la queue courte, arrondie, composée de douze pennes molles; les tarses faibles; les ongles courts et grêles.

« La caille commune (*Coturnix communis*) a le dos brun, rayé transversalement et longi-
» tudinalement de jaune roux; la tête de même couleur, mais plus foncée; la gorge brun roux;
» le jabot jaune roux; le milieu du ventre blanc jaunâtre; les flancs roux, à raies longitu-
» dinales jaune clair; une ligne d'un brun jaune clair part de la racine de la mandibule
» supérieure, passe au-dessus de l'œil, descend sur les côtés du cou et entoure la gorge; là
» elle est limitée, de chaque côté, par une ligne étroite d'un brun foncé; les rémiges primaires
» sont d'un brun noirâtre, semées de taches d'un jaune roussâtre disposées en séries trans-
» versales; la première rémige est bordée en dehors d'un liséré étroit, jaunâtre; les rectrices
» sont d'un jaune roux, avec les tiges blanches et des bandes noires.

» La femelle a des couleurs plus pâles, moins nettes; la gorge est moins dessinée. L'œil
» est d'un rouge brun clair; le bec gris de corne; les pattes sont d'un jaune clair ou rou-
» geâtre. La caille a 21 centimètres de long et 30 centimètres d'envergure; la longueur de
» l'aile est de 11 centimètres, celle de la queue de 5. » (Brehm.)

En effet : 1º les cailles sont constamment plus petites que les perdrix, en comparant les plus grandes races des unes aux plus grandes races des autres, et les plus petites aux plus petites ; 2º elles n'ont point derrière les yeux cet espace nu et sans plumes qu'ont les perdrix, ni ce fer à cheval que les mâles de celles-ci ont sur la poitrine, et jamais on n'a vu de véritables cailles à bec et pieds rouges ; 3º leurs œufs sont plus petits et d'une tout autre couleur ; 4º leur voix est aussi différente, et, quoique les unes et les autres fassent entendre leur cri d'amour à peu près dans le même temps, il n'en est pas de même du cri de colère, car la perdrix le fait entendre avant de se battre, et la caille en se battant (a) ; 5º la chair de celle-ci est d'une saveur et d'une texture toute différente, et elle est beaucoup plus chargée de graisse ; 6º sa vie est plus courte ; 7º elle est moins rusée que la perdrix et plus facile à attirer dans le piège, surtout lorsqu'elle est encore jeune et sans expérience ; elle a les mœurs moins douces et le naturel plus rétif, car il est extrêmement rare d'en voir de privées : à peine peut-on les accoutumer à venir à la voix, étant renfermées de jeunesse dans une cage ; elle a les inclinations moins sociables, car elle ne se réunit guère par compagnies, si ce n'est lorsque la couvée, encore jeune, demeure attachée à la mère, dont les secours lui sont nécessaires, ou lorsqu'une même cause agissant sur toute l'espèce à la fois et dans le même temps, on en voit des troupes nombreuses traverser les mers et aborder dans le même pays ; mais cette association forcée ne dure qu'autant que la cause qui l'a produite, car dès que les cailles sont arrivées dans le pays qui leur convient et qu'elles peuvent vivre à leur gré, elles vivent solitairement. Le besoin de l'amour est le seul lien qui les réunit : encore ces sortes d'union sont-elles sans consistance pendant leur courte durée, car les mâles, qui recherchent les femelles avec tant d'ardeur, n'ont d'attachement de préférence pour aucune en particulier. Dans cette espèce, les accouplements sont fréquents, mais l'on ne voit pas un seul couple ; lorsque le désir de jouir a cessé, toute société est rompue entre les deux sexes (*) : le mâle alors non seulement quitte et semble fuir ses femelles, mais il les repousse à coups de bec et ne s'occupe en aucune

(a) Aristote, *Historia animalium*, lib. VIII, cap. XII.

(*) L'ardeur en amour de la Caille est tellement grande qu'elle est devenue proverbiale et qu'elle a servi de prétexte à une foule de légendes. Ce qui est exact, c'est que le mâle ne s'accouple pas à la femelle qu'il a fécondée, mais qu'il court aussitôt à de nouvelles amours. « Très probablement, dit Brehm, la caille commune vit en polygamie. Le mâle est un des » plus jaloux de tous les gallinacés ; il cherche à expulser de son terrain tous ses rivaux et » leur livre des combats à mort. Ainsi que nous venons de le dire, il est despote et violent » comme pas un oiseau à l'égard de la femelle ; il la maltraite si elle ne veut se soumettre » immédiatement à ses désirs : il s'accouple même avec d'autres oiseaux. Naumann a eu le » spectacle d'une caille mâle voulant s'accoupler avec un jeune coucou ; il dit qu'on a vu » des mâles en amour se précipiter sur des oiseaux morts, et il regarde comme possible cette » ancienne légende, que les cailles s'accouplent avec des crapauds. »

façon du soin de la famille ; de leur côté, les petits sont à peine adultes qu'ils se séparent, et, si on les réunit par force dans un lieu fermé, ils se battent à outrance les uns contre les autres, sans distinction de sexe, et ils finissent par se détruire (a).

L'inclination de voyager et de changer de climat dans certaines saisons de l'année est, comme je l'ai dit ailleurs, l'une des affections les plus fortes de l'instinct des cailles.

La cause de ce désir ne peut être qu'une cause très générale, puisqu'elle agit non seulement sur toute l'espèce, mais sur les individus même séparés pour-ainsi dire de leur espèce et à qui une étroite captivité ne laisse aucune communication avec leurs semblables. On a vu de jeunes cailles élevées dans des cages presque depuis leur naissance, et qui ne pouvaient ni connaître ni regretter la liberté, éprouver régulièrement deux fois par an, pendant quatre années, une inquiétude et des agitations singulières dans les temps ordinaires de la passe, savoir, au mois d'avril et au mois de septembre. Cette inquiétude durait environ trente jours à chaque fois et recommençait tous les jours une heure avant le coucher du soleil : on voyait alors ces cailles prisonnières aller et venir d'un bout de la cage à l'autre, puis s'élancer contre le filet qui lui servait de couvercle, et souvent avec une telle violence qu'elles retombaient tout étourdies; la nuit se passait presque entièrement dans ces agitations, et le jour suivant elles paraissaient tristes, abattues, fatiguées et endormies. On a remarqué que les cailles qui vivent dans l'état de liberté dorment aussi une grande partie de la journée; et si l'on ajoute à tous ces faits qu'il est très rare de les voir arriver de jour, on sera, ce me semble, fondé à conclure que c'est pendant la nuit qu'elles voyagent (b), et que ce désir de voyager est inné chez elles, soit qu'elles craignent les températures excessives, puisqu'elles se rapprochent constamment des contrées septentrionales pendant l'été et des méridionales pendant l'hiver; ou, ce qui semble plus vraisemblable, qu'elles n'abandonnent successivement les différents pays que pour passer de ceux où les récoltes sont déjà faites dans ceux où elles sont encore à faire, et qu'elles ne changent ainsi de demeure que pour trouver toujours une nourriture convenable pour elles et pour leur couvée.

Je dis que cette dernière cause est la plus vraisemblable ; car, d'un côté, il est acquis par l'observation que les cailles peuvent très bien résister au froid, puisqu'il s'en trouve en Islande, selon M. Horrebow (c), et qu'on en a conservé plusieurs années de suite dans une chambre sans feu, et qui même

(a) Les anciens savaient bien cela, puisqu'ils disaient des enfants querelleurs et mutins, qu'ils étaient querelleurs comme des cailles tenues en cage. (Aristophane.)

(b) Les cailles prennent leur volée plutôt de nuit que de jour. Belon, *Nature des oiseaux*, p. 265. *Et hoc semper noctu*, dit Pline en parlant des volées de cailles qui, fondant toutes à la fois sur un navire pour se reposer, le faisaient couler à fond par leur poids.

(c) Voyez Horrebow, *Histoire générale des voyages*, t. V. p. 203.

était tournée au nord, sans que les hivers les plus rigoureux aient paru les incommoder, ni même apporter le moindre changement à leur manière de vivre; et, d'un autre côté, il semble qu'une des choses qui les fixent dans un pays c'est l'abondance de l'herbe, puisque, selon la remarque des chasseurs, lorsque le printemps est sec et que, par conséquent, l'herbe est moins abondante, il y a aussi beaucoup moins de cailles le reste de l'année : d'ailleurs, le besoin actuel de nourriture est une cause plus déterminante, plus analogue à l'instinct borné de ces petits animaux, et suppose en eux moins de cette prévoyance que les philosophes accordent trop libéralement aux bêtes. Lorsqu'ils ne trouvent point de nourriture dans un pays, il est tout simple qu'ils en aillent chercher dans un autre : ce besoin essentiel les avertit, les presse, met en action toutes leurs facultés; ils quittent une terre qui ne produit plus rien pour eux, ils s'élèvent dans l'air, vont à la découverte d'une contrée moins dénuée, s'arrêtent où ils trouvent à vivre : et l'habitude se joignant à l'instinct qu'ont tous les animaux, et surtout les animaux ailés, d'éventer de loin leur nourriture, il n'est pas surprenant qu'il en résulte une affection pour ainsi dire innée, et que les mêmes cailles reviennent tous les ans dans les mêmes endroits; au lieu qu'il serait dur de supposer, avec Aristote (a), que c'est d'après une connaissance réfléchie des saisons qu'elles changent deux fois par an de climat pour trouver toujours la température qui leur convient, comme faisaient autrefois les rois de Perse; encore plus dur de supposer avec Catesby (b), Belon (c) et quelques autres, que lorsqu'elles changent de climat elles passent sans s'arrêter dans les lieux qui pourraient leur convenir en decà de la ligne, pour aller chercher aux antipodes précisément le même degré de latitude auquel elles étaient accoutumées de l'autre côté de l'équateur, ce qui supposerait des connaissances, ou plutôt des erreurs scientifiques auxquelles l'instinct brut est beaucoup moins sujet que la raison cultivée (*).

Quoi qu'il en soit, lorsque les cailles sont libres, elles ont un temps pour arriver et un temps pour repartir : elles quittaient la Grèce, suivant Aristote, au mois *boedromion* (d), lequel comprenait la fin d'août et le commencement de septembre. En Silésie, elles arrivent au mois de mai et s'en vont sur la fin d'août (e); nos chasseurs disent qu'elles arrivent dans notre pays vers le 10 ou le 12 de mai; Aloysius Mundella dit qu'on les voit paraître dans

(a) Aristote, lib. viii, cap. xii.
(b) Voyez Catesby, *Transactions philosophiques*, n° 486, art. vi, p. 161.
(c) Belon, *Nature des oiseaux*, p. 265.
(d) Voyez Aristote, *Historia animalium*, lib. viii, cap. xii.
(e) Voyez Schwenckfeld, *Aviarium Silesiæ*, p. 249.

(*) Quoi qu'en ait dit Flourens, dans son édition des œuvres de Buffon, cette page et les suivantes sont d'une exactitude complète, ce qui est fort remarquable pour l'époque à laquelle vivait le grand naturaliste.

les environs de Venise vers le milieu d'avril ; Olina fixe leur arrivée dans la campagne de Rome aux premiers jours d'avril ; mais presque tous conviennent qu'elles s'en vont à la première gelée d'automne (a), dont l'effet est d'altérer la qualité des herbes et de faire disparaître les insectes ; et si les gelées du mois de mai ne les déterminent point à retourner vers le sud, c'est une nouvelle preuve que ce n'est point le froid qu'elles évitent, mais qu'elles cherchent de la nourriture dont elles ne sont point privées par les gelées du mois de mai. Au reste, il ne faut pas regarder ces temps marqués par les observateurs comme des époques fixes auxquelles la nature daigne s'assujettir ; ce sont, au contraire, des termes mobiles qui varient entre certaines limites d'un pays à l'autre, suivant la température du climat, et même d'une année à l'autre, dans le même pays, suivant que le chaud et le froid commencent plus tôt ou plus tard, et que, par conséquent, la maturité des récoltes et la génération des insectes qui servent de nourriture aux cailles est plus ou moins avancée.

Les anciens et les modernes se sont beaucoup occupés de ce passage des cailles et des autres oiseaux voyageurs : les uns l'ont chargé de circonstances plus ou moins merveilleuses ; les autres, considérant combien ce petit oiseau vole difficilement et pesamment, l'ont révoqué en doute, et ont eu recours, pour expliquer la disparition régulière des cailles en certaines saisons de l'année, à des suppositions beaucoup plus révoltantes. Mais il faut avouer qu'aucun des anciens n'avait élevé ce doute ; cependant ils savaient que les cailles sont des oiseaux lourds, qui volent très peu et presque malgré eux (b) ; que, quoique très ardents pour leurs femelles, les mâles ne se servent pas toujours de leurs ailes pour accourir à leur voix, mais qu'ils font souvent plus d'un quart de lieue à travers l'herbe la plus serrée pour les venir trouver ; enfin qu'ils ne prennent l'essor que lorsqu'ils sont tout à fait pressés par les chiens ou par les chasseurs : les anciens savaient tout cela, et néanmoins il ne leur est pas venu dans l'esprit que les cailles se retirassent aux approches des froids dans des trous pour y passer l'hiver dans un état de torpeur et d'engourdissement, comme font les loirs, les hérissons, les marmottes, les chauves-souris, etc. C'était une absurdité réservée à quelques modernes (c), qui ignoraient sans doute que la chaleur intérieure des animaux sujets à l'engourdissement étant beaucoup moindre qu'elle ne l'est communément dans les autres quadrupèdes, et à plus forte raison dans les oiseaux, elle avait besoin d'être aidée par la chaleur extérieure de l'air, comme je l'ai dit ailleurs ; et que, lorsque ce secours

(a) Voyez Gesner, de Avibus, p. 354.

(b) Βαρεῖς καὶ μὴ πτητικοί, dit Aristote, Hist. animalium, lib. IX, cap. VIII.

(c) « Coturnicem multi credunt trans mare avolare, quod falsum esse convincitur quoniam » trans mare per hiemem non invenitur ; latet ergo sicut aves ceteræ quibus superflui lentique » humores concoquendi sunt. » Albert apud Gesnerum, de Avibus, p. 354.

vient à leur manquer, ils tombent dans l'engourdissement et meurent même bientôt s'ils sont exposés à un froid trop rigoureux. Or, certainement, cela n'est point applicable aux cailles, en qui l'on a même reconnu généralement plus de chaleur que dans les autres oiseaux, au point qu'en France elle a passé en proverbe (a), et qu'à la Chine on se sert de ces oiseaux pour se tenir chaud en les portant tout vivants dans les mains (b) : d'ailleurs on s'est assuré, par observation continuée pendant plusieurs années, qu'elles ne s'engourdissent point, quoique tenues pendant tout l'hiver dans une chambre exposée au nord et sans feu, ainsi que je l'ai dit ci-dessus, d'après plusieurs témoins oculaires et très dignes de foi qui me l'ont assuré. Or, si les cailles ne se cachent ni ne s'engourdissent pendant l'hiver, comme il est sûr qu'elles disparaissent dans cette saison, on ne peut douter qu'elles ne passent d'un pays dans un autre, et c'est ce qui est prouvé par un grand nombre d'autres observations.

Belon, se trouvant en automne sur un navire qui passait de Rhodes à Alexandrie, vit des cailles qui allaient du septentrion au midi; et plusieurs de ces cailles ayant été prises par les gens de l'équipage, on trouva dans leur jabot des grains de froment bien entiers. Le printemps précédent, le même observateur, passant de l'île de Zante dans la Morée, en avait vu un grand nombre qui allaient du midi au septentrion (c); et il dit qu'en Europe, comme en Asie, les cailles sont généralement oiseaux de passage.

M. le commandeur Godeheu les a vues constamment passer à Malte au mois de mai, par certains vents, et repasser au mois de septembre (d) : plusieurs chasseurs m'ont assuré que, pendant les belles nuits du printemps, on les entend arriver, et que l'on distingue très bien leur cri, quoiqu'elles soient à une très grande hauteur; ajoutez à cela qu'on ne fait nulle part une chasse aussi abondante de ce gibier que sur celles de nos côtes qui sont opposées à celles d'Afrique ou d'Asie, et dans les îles qui se trouvent entre deux : presque toutes celles de l'Archipel, et jusqu'aux écueils, en sont couvertes, selon M. de Tournefort, dans certaines saisons de l'année (e); et plus d'une des ces îles en a pris le nom d'*Ortygia* (f). Dès le siècle de Varron, l'on avait remarqué qu'au temps de l'arrivée et du départ des cailles, on en voyait une multitude prodigieuse dans les îles de Pontia, Pandataria

(a) On dit vulgairement : *chaud comme une caille.*

(b) Voyez Osborn., *Iter.* 190.

(c) Voyez les *Observations de Belon*, fol. 90, verso; et la *Nature des oiseaux*, du même auteur, p. 264 et suiv.

(d) Voyez les *Mémoires de Mathématique et de Physique*, présentés à l'Académie royale des sciences par divers savants, etc., t. III, p. 91 et 92.

(e) Voyez Tournefort, *Voyage au Levant*, t. Ier, p. 169, 281, 313, etc.

(f) Ce nom d'*Ortygia*, formé du mot grec Ὄρτυξ, qui signifie *caille*, a été donné aux deux Délos, selon Phanodémus dans Athénée : on l'a encore appliqué à une autre petite île vis-à-vis Syracuse, et même à la ville d'Éphèse, selon Étienne de Byzance et Eustathe.

et autres, qui avoisinent la partie méridionale de l'Italie (a), et où elles faisaient apparemment une station pour se reposer. Vers le commencement de l'automne, on en prend une si grande quantité dans l'île de Caprée, à l'entrée du golfe de Naples, que le produit de cette chasse fait le principal revenu de l'évêque de l'île, appelé par cette raison l'*évêque des cailles*: on en prend aussi beaucoup dans les environs de Pesaro sur le golfe Adriatique, vers la fin du printemps, qui est la saison de leur arrivée (b); enfin, il en tombe une quantité si prodigieuse sur les côtes occidentales du royaume de Naples, aux environs de Nettuno, que, sur une étendue de côte de quatre ou cinq milles, on en prend quelquefois jusqu'à cent milliers dans un jour, et qu'on les donne pour quinze jules le cent (un peu moins de huit livres de notre monnaie), à des espèces de courtiers qui les font passer à Rome, où elles sont beaucoup moins communes (c). Il en arrive aussi des nuées au printemps sur les côtes de Provence, particulièrement dans les terres de M. l'évêque de Fréjus, qui avoisinent la mer; elles sont si fatiguées, dit-on, de la traversée, que les premiers jours on les prend à la main.

Mais, dira-t-on toujours, comment un oiseau si petit, si faible, et qui a le vol si pesant et si bas, peut-il, quoique pressé par la faim, traverser de grandes étendues de mer? J'avoue que, quoique ces grandes étendues de mer soient interrompues de distance en distance par plusieurs îles où les cailles peuvent se reposer, telles que Minorque, la Corse, la Sardaigne, la Sicile, les îles de Malte, de Rhodes, toutes les îles de l'Archipel, j'avoue, dis-je, que, malgré cela, il leur faut encore du secours; et Aristote l'avait fort bien senti; il savait même quel était celui dont elles usaient le plus communément, mais il s'était trompé, ce me semble, sur la manière dont elles s'en aidaient: « Lorsque le vent du nord souffle, dit-il, les cailles » voyagent heureusement; mais si c'est le vent du midi, comme son effet » est d'appesantir et d'humecter, elles volent alors plus difficilement, et » elles expriment la peine et l'effort par les cris qu'elles font entendre en » volant (d). » Je crois en effet que c'est le vent qui aide les cailles à faire leur voyage, non pas le vent du nord, mais le vent favorable; de même que ce n'est point le vent du sud qui retarde leur course, mais le vent contraire; et cela est vrai dans tous les pays où ces oiseaux ont un trajet considérable à faire par-dessus les mers (e).

(a) Varro, *de Re rusticâ*, lib. III, cap. v.

(b) Aloysius Mundella apud Gesnerum, p. 354.

(c) Voyez Gesner, *de Avibus*, p. 356; et Aldrovande, *Ornithologia*, t. II, p. 161. Cette chasse est si lucrative, que le terrain où elle se fait par les habitants de Nettuno est d'une cherté exorbitante.

(d) Aristote, *Historia animalium*, lib. VIII, cap. XII.

(e) « Aurâ tamen vehi volunt, propter pondus corporum viresque parvas. » Pline, *Hist. nat.*, lib. x, cap. XXIII.

M. le commandeur Godeheu a très bien remarqué qu'au printemps les cailles n'abordent à Malte qu'avec le nord-ouest, qui leur est contraire pour gagner la Provence, et qu'à leur retour c'est le sud-est qui les amène dans cette île, parce qu'avec ce vent elles ne peuvent aborder en Barbarie (a) : nous voyons même que l'auteur de la nature s'est servi de ce moyen, comme le plus conforme aux lois générales qu'il avait établies, pour envoyer de nombreuses volées de cailles aux Israélites dans le désert (b) ; et ce vent, qui était le sud-ouest, passait en effet en Égypte, en Éthiopie, sur les côtes de la mer Rouge, et en un mot dans les pays où les cailles sont en abondance (c).

Des marins, que j'ai eu occasion de consulter, m'ont assuré que, quand les cailles étaient surprises dans leur passage par le vent contraire, elles s'abattaient sur les vaisseaux qui se trouvaient à leur portée, comme Pline l'a remarqué (d), et tombaient souvent dans la mer, et qu'alors on les voyait flotter et se débattre sur les vagues une aile en l'air, comme pour prendre le vent ; d'où quelques naturalistes ont pris occasion de dire qu'en partant elles se munissaient d'un petit morceau de bois qui pût leur servir d'une espèce de point d'appui ou de radeau, sur lequel elles se délassaient de temps en temps, en voguant sur les flots, de la fatigue de voguer dans l'air (e) : on leur a fait aussi porter à chacune trois petites pierres dans le bec, selon Pline (f), pour se soutenir contre le vent ; et, selon Oppien (g), pour reconnaître, en les laissant tomber une à une, si elles avaient dépassé la mer ; et tout cela se réduit à quelques petites pierres que les cailles avalent, avec leur nourriture, comme tous les granivores. En général, on leur a prêté des vues, une sagacité, un discernement, qui feraient presque douter que ceux qui leur ont fait honneur de ces qualités en aient fait beaucoup d'usage eux-mêmes. On a observé que d'autres oiseaux voyageurs, tels que le râle terrestre, accompagnaient les cailles, et que l'oiseau de proie ne manquait pas d'en attraper quelqu'une à leur arrivée : de là on a prétendu qu'elles avaient de bonnes raisons pour se choisir un guide ou chef d'une autre espèce, que l'on a appelé *roi des cailles* (*ortygometra*) ; et cela, parce

(a) Mémoires présentés à l'Académie royale des sciences par divers savants, t. III, p. 92.

(b) « Transtulit Austrum de cœlo et induxit in virtute suâ Africum, et pluit super eos sicut pulverem carnes, et sicut arenam maris volatilia pennata. » Psalm. 77.

(c) « Sinus Arabicus coturnicibus plurimum abundat. » Fl. Joseph., lib. III, cap. I.

(d) « Advolant... non sine periculo navigantium cùm appropinquavère terris, quippe velis sæpe insident, et hoc semper noctu, merguntque navigia. » Pline, *Histor. nat.*, lib. x, cap. XXIII.

(e) Voyez Aldrovande, *Ornithologia*, t. II, p. 156.

(f) « Quod si ventus agmen adverso flatu cœperit inhibere, pondusculis apprehensis, aut gutture arenâ repleto, stabiliæ volant. » Lib. x, cap. XXIII. On voit, à travers cette erreur de Pline, qu'il savait mieux qu'Aristote comment les cailles tiraient partie du vent pour passer les mers.

(g) Oppian, in *Ixeut*.

que, la première arrivante devant être la proie de l'oiseau carnassier, elles tâchaient de détourner ce malheur sur une tête étrangère (a).

Au reste, quoiqu'il soit vrai en général que les cailles changent de climat, il en reste toujours quelques-unes qui n'ont pas la force de suivre les autres, soit qu'elles aient été blessées à l'aile, soit qu'elles soient surchargées de graisse, soit que, provenant d'une seconde ponte, elles soient trop jeunes et trop faibles au temps du départ; et ces cailles traîneuses tâchent de s'établir dans les meilleures expositions du pays où elles sont contraintes de rester (b). Le nombre en est fort petit dans nos provinces; mais les auteurs de la *Zoologie britannique* assurent qu'une partie seulement de celles qu'on voit en Angleterre quitte entièrement l'île, et que l'autre partie se contente de changer de quartier, passant, vers le mois d'octobre, de l'intérieur des terres dans les provinces maritimes, et principalement dans celle d'Essex, où elles restent tout l'hiver : lorsque la gelée ou la neige les obligent de quitter les jachères et les terres cultivées, elles gagnent les côtes de la mer, où elles se tiennent parmi les plantes maritimes, cherchant les meilleurs abris, et vivant de ce qu'elles peuvent attraper sur les algues, entre les limites de la haute et basse mer. Ces mêmes auteurs ajoutent que leur première apparition dans le comté d'Essex se rencontre exactement chaque année avec leur disparition du milieu des terres (c). On dit aussi qu'il en reste un assez bon nombre en Espagne et dans le sud de l'Italie, où l'hiver n'est presque jamais assez rude pour faire périr ou disparaître entièrement les insectes ou les graines qui leur servent de nourriture (*).

(a) « Primam earum terræ appropinquantem accipiter rapit. » Pline, *Hist. nat.*, lib. x, cap. xxiii. — « Ac propterea opera est universis ut sollicitent avem generis externi per quem » frustrentur prima discrimina. » Solinus, cap. xviii.

(b) « Coturnices quoque discedunt, nisi paucæ in locis apricis remanserint. » Aristot., *Hist. animal.*, lib. viii, cap. xii.

(c) Voyez *British Zoology*, p. 87.

(*) Pour compléter ce que dit Buffon de la migration des cailles, il est utile d'ajouter quelques détails. Les cailles ne voyagent pas, comme les hirondelles, en grandes troupes comprenant tous les individus d'une même localité. Chaque individu part sans se soucier de ses semblables; en route, d'autres se joignent à lui et, peu à peu, la bande s'accroît. C'est seulement quand elles arrivent sur les côtes septentrionales de la Méditerranée que les troupes se montrent formées d'un nombre très considérable d'individus. Quelques individus ne vont pas plus loin et passent l'hiver dans le midi de l'Italie, de l'Espagne, de la Grèce et même de la France; mais le plus grand nombre traverse la Méditerranée et se rend en Afrique. Là les bandes se dispersent. Au printemps elles reviennent en Europe en suivant des routes différentes et en formant des bandes moins considérables. Brehm décrit de la façon suivante la façon dont s'effectue la traversée de la Méditerranée : « Toutes les cailles voyagent sur le » continent aussi longtemps qu'elles le peuvent; c'est pourquoi on en voit d'innombrables » quantités à l'extrémité des trois presqu'îles européennes. Si le vent est contraire, elles » s'arrêtent; s'il est favorable, elles reprennent leur vol, franchissent la mer dans la direction » du sud-ouest. Si le vent reste constant, leur traversée est heureuse; quand l'air est calme, » il est rare qu'une d'elles tombe à la mer. Les voyageuses volent tant qu'elles peuvent; sont- » elles fatiguées, au rapport de marins dignes de foi, elles s'abattent sur les flots, s'y repo-

A l'égard de celles qui passent les mers, il n'y a que celles qui sont secondées par un vent favorable qui arrivent heureusement; et si ce vent favorable souffle rarement au temps de la passe, il en arrive beaucoup moins dans les contrées où elles vont passer l'été : dans tous les cas, on peut juger assez sûrement du lieu d'où elles viennent par la direction du vent qui les apporte.

Aussitôt que les cailles sont arrivées dans nos contrées, elles se mettent à pondre : elles ne s'apparient point, comme je l'ai déjà remarqué, et cela serait difficile si le nombre des mâles est, comme on l'assure, beaucoup plus grand que celui des femelles; la fidélité, la confiance, l'attachement personnel, qui seraient des qualités estimables dans les individus, seraient nuisibles à l'espèce; la foule des mâles célibataires troublerait tous les mariages et finirait par les rendre stériles, au lieu que, n'y ayant point de mariages, ou plutôt n'y en ayant qu'un seul de tous les mâles avec toutes les femelles, il y a moins de jalousie, moins de rivalité et, si l'on veut, moins de moral dans leurs amours; mais aussi il y a beaucoup de physique. On a vu un mâle réitérer dans un jour jusqu'à douze fois ses approches avec plusieurs femelles indistinctement; ce n'est que dans ce sens qu'on a pu dire que chaque mâle suffisait à plusieurs femelles (a); et la nature, qui leur inspire cette espèce de libertinage, en tire parti pour la multiplication de l'espèce : chaque femelle dépose de quinze à vingt œufs dans un nid qu'elle sait creuser dans la terre avec ses ongles, qu'elle garnit d'herbes et de feuilles, et qu'elle dérobe autant qu'elle peut à l'œil perçant de l'oiseau de proie; ces œufs sont mouchetés de brun sur un fond grisâtre; elle les couve pendant environ trois semaines; l'ardeur des mâles est un bon garant qu'ils sont tous fécondés, et il est rare qu'il s'en trouve de stériles.

Les auteurs de la *Zoologie britannique* disent que les cailles, en Angle-

(a) Voyez Aldrovande, *Ornithologia*, t. II, p. 159; et Schwenckfeld, *Aviarium Silesiæ*, p. 248.

» sent, puis s'enlèvent et continuent leur route. Il en est autrement quand le vent change
» ou que la tempête s'élève. Bientôt épuisées, elles ne peuvent continuer leur vol, se pré-
» cipitent sur les écueils, sur les rochers, sur le pont des navires et y demeurent longtemps
» immobiles. Lors même que le calme s'est rétabli dans l'atmosphère, elles hésitent plusieurs
» jours avant de continuer leur voyage. C'est ce que l'on a observé; mais l'on ne sait combien
» d'émigrants tombent dans la mer et s'y noient.

» A cette époque, sur la côte septentrionale d'Afrique, on peut souvent assister à l'arrivée
» des cailles. Ou aperçoit un point noir glissant au-dessus de l'eau; ce point approche rapi-
» dement; enfin on voit l'oiseau fatigué se précipiter à terre, immédiatement au bord de
» l'eau. Il reste là quelques minutes et paraît incapable de faire un mouvement. Mais cet
» état ne dure pas longtemps. Les cailles qui ont atterri commencent à s'agiter, elles se
» lèvent et bientôt toutes courent rapidement sur le sable. Il faut du temps pour qu'elles
» osent se confier de nouveau à leurs ailes, et c'est dans la course qu'elles cherchent alors
» leur salut... Des cailles franchissent près de cinquante lieues en une nuit; on a trouvé
» dans le jabot de ces oiseaux, au moment de leur arrivée sur nos côtes de France, des
» graines de plantes africaines qu'ils avaient mangés la veille. »

terre, pondent rarement plus de six ou sept œufs (a) : si ce fait est général et constant, il faut en conclure qu'elles y sont moins fécondes qu'en France, en Italie, etc. ; reste à observer si cette moindre fécondité tient à la température plus froide, ou à quelque autre qualité du climat.

Les cailleteaux sont en état de courir presque en sortant de la coque, ainsi que les perdreaux ; mais ils sont plus robustes à quelques égards, puisque dans l'état de liberté ils quittent la mère beaucoup plus tôt, et que même, dès le huitième jour, on peut entreprendre de les élever sans son secours. Cela a donné lieu à quelques personnes de croire que les cailles faisaient deux couvées par été (b) ; mais j'en doute fort, si ce n'est peut-être celles qui ont été troublées et dérangées dans leur première ponte : il n'est pas même avéré qu'elles en recommencent une autre lorsqu'elles sont arrivées en Afrique au mois de septembre, quoique cela soit beaucoup plus vraisemblable, puisque, au moyen de leurs migrations régulières, elles ignorent l'automne et l'hiver et que l'année n'est composée pour elles que de deux printemps et de deux étés, comme si elles ne changeaient de climat que pour se trouver perpétuellement dans la saison de l'amour et de la fécondité.

Ce qu'il y a de sûr, c'est qu'elles quittent leurs plumes deux fois par an, à la fin de l'hiver et à la fin de l'été : chaque mue dure un mois, et, lorsque leurs plumes sont revenues, elles s'en servent aussitôt pour changer de climat si elles sont libres, et si elles sont en cage, c'est le temps où se marquent ces inquiétudes périodiques qui répondent aux temps du passage.

Il ne faut aux cailleteaux que quatre mois pour prendre leur accroissement et se trouver en état de suivre leurs pères et mères dans leurs voyages.

La femelle diffère du mâle en ce qu'elle est un peu plus grosse, selon Aldrovande (d'autres la font égale, et d'autres plus petite), qu'elle a la poitrine blanchâtre, parsemée de taches noires et presque rondes, tandis que le mâle l'a roussâtre, sans mélange d'autres couleurs : il a aussi le bec noir, ainsi que la gorge et quelques poils autour de la base du bec supérieur (c) ; enfin on a remarqué qu'il avait les testicules très gros relativement au volume de son corps (d) ; mais cette observation a sans doute été faite dans la saison de l'amour, temps où, en général, les testicules des oiseaux grossissent considérablement.

Le mâle et la femelle ont chacun deux cris, l'un plus éclatant et plus fort, l'autre plus faible : le mâle fait *ouan, ouan, ouan, ouan ;* il ne donne sa

---

(a) Voyez *British Zoology*, p. 87.

(b) Aldrovande, *Ornithologia*, t. II, p. 159, prétend que les cailles de l'année se mettent à pondre dès le mois d'août, et que cette première couvée est de dix œufs au moins.

(c) Voyez Aldrovande, *Ornithologia*, t. II, p. 154. — Quelques naturalistes ont pris le mâle pour la femelle ; j'ai suivi dans cette occasion l'avis des chasseurs, et surtout de ceux qui en chassant savent observer.

(d) Willughby, *Ornithologia*, p. 121.

voix sonore que lorsqu'il est éloigné des femelles, et il ne la fait jamais entendre en cage, pour peu qu'il ait une compagne avec lui ; la femelle a un cri que tout le monde connaît, qui ne lui sert que pour rappeler son mâle, et quoique ce cri soit faible et que nous ne puissions l'entendre qu'à une petite distance, les mâles y accourent de près d'une demi-lieue ; elle a aussi un petit son tremblotant *cri, cri*. Le mâle est plus ardent que la femelle, car celle-ci ne court point à la voix du mâle, comme le mâle accourt à la voix de la femelle dans le temps de l'amour, et souvent avec une telle précipitation, un tel abandon de lui-même, qu'il vient la chercher jusque dans la main de l'oiseleur (*a*).

La caille, ainsi que la perdrix et beaucoup d'autres animaux, ne produit que lorsqu'elle est en liberté : on a beau fournir à celles qui sont prisonnières dans des cages tous les matériaux qu'elles emploient ordinairement dans la construction de leurs nids, elles ne nichent jamais et ne prennent aucun soin des œufs qui leur échappent et qu'elles semblent pondre malgré elles.

On a débité plusieurs absurdités sur la génération des cailles ; on a dit d'elles, comme des perdrix, qu'elles étaient fécondées par le vent : cela veut dire qu'elles pondent quelquefois sans le secours du mâle (*b*) ; on a dit qu'elles s'engendraient des thons que la mer agitée rejette quelquefois sur les côtes de Libye ; qu'elles paraissaient d'abord sous la forme de vers, ensuite sous celle de mouches, et que, grossissant par degrés, elles devenaient bientôt des sauterelles et enfin des cailles (*c*), c'est-à-dire que des gens grossiers ont vu des couvées de cailles chercher dans les cadavres de ces thons laissés par la mer quelques insectes qui y étaient éclos et que, ayant quelque notion vague des métamorphoses des insectes, ils ont cru qu'une sauterelle pouvait se changer en caille comme un ver se change en un insecte ailé ; enfin on a dit que le mâle s'accouplait avec le crapaud femelle (*d*), ce qui n'a pas même d'apparence de fondement.

Les cailles se nourrissent de blé, de millet, de chènevis, d'herbe verte, d'insectes, de toutes sortes de graines, même de celle d'ellébore, ce qui avait donné aux anciens de la répugnance pour leur chair, joint à ce qu'ils croyaient que c'était le seul animal avec l'homme qui fût sujet au mal caduc (*e*) ; mais l'expérience a détruit ce préjugé.

En Hollande, où il y a beaucoup de ces oiseaux, principalement sur les côtes, on appelle les baies de brione ou couleuvrée *baies aux cailles* (*f*), ce qui suppose en elles un appétit de préférence pour cette nourriture.

(*a*) Aristote, *Histor. animal.*, lib. VIII, cap. XII.

(*b*) Aristote, *Historia animalium*, lib. VIII, cap. XII.

(*c*) Voyez Gesner, *de Avibus*, p. 355.

(*d*) Panodemus apud Gesnerum, p. 355.

(*e*) « Coturnicibus veratri (alias veneni) semen gratissimus cibus, quam ob causam eam damnavere mensæ, etc. » Pline, *Hist. nat.*, lib. X, cap. XXIII.

(*f*) « Apud Hollandos brioniæ acini *quartels beyen* dicuntur. » Hadrian. Jun., *Nomenclat.*

Il semble que le boire ne leur soit pas absolument nécessaire, car des chasseurs m'ont assuré qu'on ne les voyait jamais aller à l'eau, et d'autres, qu'ils en avaient nourri pendant une année entière avec des graines sèches et sans aucune sorte de boisson, quoiqu'elles boivent assez fréquemment lorsqu'elles en ont la commodité : ce retranchement de toute boisson est même le seul moyen de les guérir lorsqu'elles *rendent leur eau*, c'est-à-dire lorsqu'elles sont attaquées d'une espèce de maladie dans laquelle elles ont presque toujours une goutte d'eau au bout du bec.

Quelques-uns ont cru remarquer qu'elles troublaient l'eau avant que de boire, et l'on n'a pas manqué de dire que c'était par un motif d'envie, car on ne finit pas sur les motifs des bêtes. Elles se tiennent dans les champs, les prés, les vignes, mais très rarement dans les bois, et elles ne se perchent jamais sur les arbres. Quoi qu'il en soit, elles prennent beaucoup plus de graisse que les perdrix : on croit que ce qui y contribue, c'est l'habitude où elles sont de passer la plus grande partie de la chaleur du jour sans mouvement; elles se cachent alors dans l'herbe la plus serrée, et on les voit quelquefois demeurer quatre heures de suite dans la même place, couchées sur le côté et les jambes étendues; il faut que le chien tombe absolument dessus pour les faire partir.

On dit qu'elles ne vivent guère au delà de quatre ou cinq ans, et Olina regarde la brièveté de leur vie comme une suite de leur disposition à s'engraisser (a); Artémidore l'attribue à leur caractère triste et querelleur (b); et tel est en effet leur caractère, aussi n'a-t-on pas manqué de les faire battre en public pour amuser la multitude ; Solon voulait même que les enfants et les jeunes gens vissent ces sortes de combats pour y prendre des leçons de courage ; et il fallait bien que cette sorte de gymnastique, qui nous semble puérile, fût en honneur parmi les Romains, et qu'elle tînt à leur politique, puisque nous voyons que Auguste punit de mort un préfet d'Égypte pour avoir acheté et fait servir sur sa table un de ces oiseaux, qui avait acquis de la célébrité par ses victoires. Encore aujourd'hui, on voit de ces espèces de tournois dans quelques villes d'Italie : on prend deux cailles à qui on donne à manger largement ; on les met ensuite vis-à-vis l'une de l'autre, chacune au bout opposé d'une longue table, et l'on jette entre deux quelques grains de millet (car parmi les animaux il faut un sujet réel pour se battre); d'abord elles se lancent des regards menaçants, puis, partant comme un éclair, elles se joignent, s'attaquent à coups de bec et ne cessent de se battre, en dressant la tête et s'élevant sur leurs ergots, jusqu'à ce que l'une cède à l'autre le champ de bataille (c). Autrefois on a vu de ces espèces de duels se passer entre une caille et un homme : la caille étant mise dans

(a) Olina, *Uccellaria*, p. 58.
(b) Artémidore, lib. III, cap. v.
(c) Voyez Aldrovande, *Ornithologia*, t. II, p. 161.

une grande caisse, au milieu d'un cercle qui était tracé sur le fond, l'homme lui frappait la tête ou le bec avec un seul doigt, ou bien lui arrachait quelques plumes; si la caille, en se défendant, ne sortait point du cercle tracé, c'était son maître qui gagnait la gageure; mais si elle mettait un pied hors de la circonférence, c'était son digne adversaire qui était déclaré vainqueur, et les cailles qui avaient été souvent victorieuses se vendaient fort cher (a). Il est à remarquer que ces oiseaux, de même que les perdrix et plusieurs autres, ne se battent ainsi que contre ceux de leur espèce, ce qui suppose plus de jalousie que de courage, ou même de colère.

On juge bien qu'avec l'habitude de changer de climat et de s'aider du vent pour faire ses grandes traversées, la caille doit être un oiseau fort répandu; et en effet, on la trouve au cap de Bonne-Espérance (b) et dans toute l'Afrique habitable (c), en Espagne, en Italie (d), en France, en Suisse (e), dans les Pays-Bas (f) et en Allemagne (g), en Angleterre (h), en Écosse (i), en Suède (j), et jusqu'en Islande (k) et du côté de l'Est, en Pologne (l), en Russie (m), en Tartarie (n), et jusqu'à la Chine (o); il est même très probable qu'elle a pu passer en Amérique, puisqu'elle se répand chaque année assez près des cercles polaires, qui sont les points où les deux continents se rapprochent le plus; et, en effet, on en trouve dans les îles Malouines, comme nous le dirons plus bas; en général, on en voit toujours plus sur les côtes de la mer et aux environs, que dans l'intérieur des terres.

La caille se trouve donc partout, et partout on la regarde comme un fort bon gibier dont la chair est de bon goût, et aussi saine que peut l'être une chair aussi grasse. Aldrovande nous apprend même qu'on en fait fondre la graisse à part et qu'on la garde pour servir d'assaisonnement (p); et nous

(a) Voyez Jul. Pollux, de Ludis, lib, ix.
(b) Voyez Kolbe, t. ler, p. 152.
(c) Voyez Fl. Joseph, lib. iii, cap. i; Comestor, etc.
(d) Voyez Aldrovande.
(e) Stumpfius, Aldrovandi Ornithologia, t. II, p. 157.
(f) Aldrovande, ibidem.
(g) Frisch, planche cxvii.
(h) Britisch Zoology, p. 87.
(i) Sibbaldus, Historiæ animalium in Scotiâ, p. 16.
(j) Fauna suecica, p. 64.
(k) Horrebow, Nouvelle description d'Islande.
(l) Rzaczynski, Auctuarium Poloniæ, p. 376.
(m) « In campis russicis et podolicis reperiuntur coturnices... » Martin Cramer, de Polonia; et Rzaczynski, loco citato.
(n) Gerbillon, Voyages faits en Tartarie à la suite ou par ordre de l'empereur de la Chine. Voyez l'Histoire générale des voyages, t. VII, p. 465 et 503.
(o) Voyez Glanures d'Edwards, t. ler, p. 78. Les Chinois, dit-il, ont aussi notre caille commune dans leur pays, comme il paraît visiblement par leurs tableaux, où l'on retrouve son portrait d'après nature.
(p) Voyez Aldrovande, Ornithologia, t. II, p. 172.

avons vu plus haut que les Chinois se servaient de l'oiseau vivant pour s'échauffer les mains.

On se sert aussi de la femelle, ou d'un appeau qui imite son cri, pour attirer les mâles dans le piège : on dit même qu'il ne faut que leur présenter un miroir avec un filet au-devant, où ils se prennent, en accourant à leur image, qu'ils prennent pour un autre oiseau de leur espèce ; à la Chine on les prend au vol avec des troubles légères que les Chinois manient fort adroitement (a) ; en général, tous les pièges qui réussissent pour les autres oiseaux sont bons pour les cailles, surtout pour les mâles, qui sont moins défiants et plus ardents que leurs femelles, et que l'on mène partout où l'on veut en imitant la voix de celles-ci.

Cette ardeur des cailles a donné lieu d'attribuer à leurs œufs (b), à leur graisse, etc., la propriété de relever les forces abattues et d'exciter les tempéraments fatigués ; on a même été jusqu'à dire que la seule présence d'un de ces oiseaux dans une chambre procurait aux personnes qui y couchaient des songes vénériens (c) ; il faut citer les erreurs afin qu'elles se détruisent elles-mêmes.

LE CHROKIEL OU GRANDE CAILLE DE POLOGNE

Nous ne connaissons cette caille (*) que par le jésuite Rzaczynski, auteur polonais, et qui mérite d'autant plus de confiance sur cet article, qu'il parle d'un oiseau de son pays : elle paraît avoir la même forme, le même instinct que la caille ordinaire, dont elle ne diffère que par sa grandeur (d) ; c'est pourquoi je la considère simplement comme une variété de cette espèce.

Jobson dit que les cailles de la Gambra sont aussi grosses que nos bécasses (e) : si le climat n'était pas aussi différent, je croirais que ce serait le même oiseau que celui de cet article.

(a) Gemelli Careri.
(b) « Ova coturnicis inuncta testibus voluptatem inducunt, et pota libidinem augent. » Kiranides.
(c) Frisch, planche cxvii.
(d) Voyez Rzaczynski, *Hist. nat. Poloniæ*, p. 277.
(e) Voyez *Collection de Purchass*, t. II, p. 1567.

(*) On ignore quel est l'oiseau dont parle ici Buffon.

LA CAILLE BLANCHE

Aristote est le seul qui ait parlé de cette caille (a), qui doit faire variété dans l'espèce des cailles (*), comme la perdrix grise blanche et la perdrix rouge blanche font variété dans ces deux espèces de perdrix, l'alouette blanche dans celle des alouettes, etc.

Martin Cramer parle de cailles aux pieds verdâtres (*virentibus pedibus*) (b) : est-ce une variété de l'espèce, ou simplement un accident individuel ?

LA CAILLE DES ILES MALOUINES

On pourrait encore regarder cette espèce (**) comme une variété de l'espèce commune qui est répandue en Afrique et en Europe, ou du moins comme une espèce très voisine ; car elle n'en paraît différer que par la couleur plus brune de son plumage, et par son bec, qui est un peu plus fort.

Mais ce qui s'oppose à cette idée, c'est le grand intervalle de mer qui sépare les continents vers le midi ; et il faudrait que nos cailles eussent fait un très grand voyage, si l'on supposait qu'ayant passé par le nord de l'Europe en Amérique, elles se retrouvent jusqu'au détroit de Magellan ; je ne décide donc pas si cette caille des îles Malouines est de la même espèce que notre caille, ni si elle en provient originairement, ou si ce n'est pas plutôt une espèce propre et particulière au climat des îles Malouines.

LA FRAISE OU CAILLE DE LA CHINE

Cet oiseau (***) est représenté dans nos planches (****) sous le nom de *caille des Philippines*, parce qu'elle a été envoyée de ces îles au Cabinet ; mais

(a) Voyez Aristote, *de Coloribus*, cap. vi.
(b) Martin Cramer, *de Poloniá*, lib. i, p. 474.

(*) Variété de la *Caille commune*.
(**) C'est la *Perdix falklandica* LATH. Elle doit très probablement prendre le nom de *Coturnix falklandica*.
(***) *Excalefactoria chinensis* des ornithologistes modernes. Les *Excalefactoria*, ainsi nommés parce qu'on raconte que les Chinois les entretiennent pour se réchauffer les mains en hiver, se distinguent des *Coturnix* par une taille plus petite, des ailes plus courtes et plus arrondies.
(****) N° 26 des *Planches enluminées* de Buffon.

v.   32

elle se trouve aussi à la Chine, et je l'ai appelée la *fraise*, à cause de l'espèce de fraise blanche qu'elle a sous la gorge, et qui tranche d'autant plus que son plumage est d'un brun noirâtre : elle est une fois plus petite que la nôtre. M. Edwards a donné la figure du mâle, pl. ccxlvii ; il diffère de la femelle représentée dans nos planches enluminées en ce qu'il est un peu plus gros, quoiqu'il ne le soit pas plus qu'une alouette ; en ce qu'il a plus de caractère dans la physionomie, les couleurs du plumage plus vives et plus variées, et les pieds plus forts. Le sujet dessiné et décrit par M. Edwards avait été apporté vivant de Nankin en Angleterre.

Ces petites cailles ont cela de commun avec celles de nos climats, qu'elles se battent à outrance les unes contre les autres, surtout les mâles ; et que les Chinois font à cette occasion des gageures considérables, chacun pariant pour son oiseau, comme on fait en Angleterre pour les coqs (*a*) : on ne peut donc guère douter qu'elles ne soient du même genre que nos cailles, mais c'est probablement une espèce différente de l'espèce commune ; et c'est par cette raison que j'ai cru devoir lui donner un nom propre et particulier.

LE TURNIX OU CAILLE DE MADAGASCAR

Nous avons donné à cette caille le nom de *turnix* (*), par contraction de celui de *coturnix*, pour la distinguer de la caille ordinaire dont elle diffère à bien des égards ; car, premièrement, elle est plus petite ; en second lieu, elle a le plumage différent, tant pour le fond des couleurs que pour l'ordre de leur distribution ; enfin elle n'a que trois doigts antérieurs à chaque pied, comme les outardes, et n'en a point de postérieur.

LE RÉVEIL-MATIN OU CAILLE DE JAVA (*b*)

Cet oiseau (**), qui n'est pas beaucoup plus gros que notre caille, lui ressemble parfaitement par les couleurs du plumage, et chante aussi par intervalles ; mais il s'en distingue par des différences nombreuses et considérables : 1° par le son de sa voix qui est très grave, très fort, et assez semblable à cette espèce de mugissement que poussent les butors en enfonçant leur bec dans la vase des marais (*c*) ;

(*a*) Voyez George Edwards, *Gleanings*, t. Ier, p. 78.
(*b*) Voyez Bontius, *Historia naturalis et medica Indiæ orientalis*, p. 64.
(*c*) Les Hollandais appellent ce mugissement *pittoor*, selon Bontius.

(*) *Turnix nigricollis* (*Tetrao nigricollis* Gmel.).
(**) *Turnix suscitator* (*Tetrao suscitator* Gmel.).

1. COLIN DE LA CALIFORNIE — 2. COLOMBI-GALLINE POIGNARDÉE.

2° Par la douceur de son naturel, qui rend cette espèce susceptible d'être apprivoisée au même degré que nos poules domestiques;

3° Par les impressions singulières que le froid fait sur son tempérament : elle ne chante, elle ne vit que lorsqu'elle voit le soleil; dès qu'il est couché, elle se retire à l'écart dans quelque trou où elle s'enveloppe, pour ainsi dire, de ses ailes pour y passer la nuit; et dès qu'il se lève, elle sort de sa léthargie pour célébrer son retour par des cris d'allégresse qui réveillent toute la maison (a); enfin, lorsqu'on la tient en cage, si elle n'a pas continuellement le soleil, et qu'on n'ait pas l'attention de couvrir sa cage avec une couche de sable sur du linge, pour conserver la chaleur, elle languit, dépérit et meurt bientôt;

4° Par son instinct : car il paraît, par la relation de Bontius, qu'elle l'a fort sociable et qu'elle va par compagnies; Bontius ajoute qu'elle se trouve dans les forêts de l'île de Java; or nos cailles vivent isolées et ne se trouvent jamais dans les bois;

5° Enfin, par la forme de son bec qui est un peu plus allongé.

Au reste, cette espèce a néanmoins un trait de conformité avec notre caille et avec beaucoup d'autres espèces, c'est que les mâles se battent entre eux avec acharnement et jusqu'à ce que mort s'ensuive; mais on ne peut pas douter qu'elle ne soit très différente de l'espèce commune, et c'est par cette raison que je lui ai donné un nom particulier.

OISEAUX ÉTRANGERS

QUI PARAISSENT AVOIR DU RAPPORT AVEC LES PERDRIX ET AVEC LES CAILLES

I. — LES COLINS.

Les colins sont des oiseaux du Mexique qui ont été indiqués plutôt que décrits par Fernandez (b), et au sujet desquels il a échappé à ceux qui ont copié cet écrivain plus d'une méprise qu'il est à propos de rectifier avant tout.

Premièrement, Nieremberg, qui fait profession de ne parler que d'après les autres et qui ne parle ici des colins que d'après Fernandez (c), ne fait

---

(a) Bontius dit qu'il tenait de ces oiseaux en cage exprès pour servir de réveille-matin; et en effet leurs premiers cris annoncent toujours le lever du soleil.

(b) Voyez Fernandez, *Historia avium novæ Hispaniæ*, cap. XXIV, XXV, XXXIX, LXXXIX et CXXXIV.

(c) Voyez Joann. Euseb. Nierembergi *Historia naturæ maximè peregrinæ*, lib. X, cap. LXXII, p. 232.

aucune mention du cacacolin du chapitre cxxxiv, quoique ce soit un oiseau de même espèce que les colins.

En second lieu, Fernandez parle de deux acolins, ou cailles d'eau, aux chapitres x et cxxxi; Nieremberg fait mention du premier, et fort mal à propos, à la suite des colins, puisque c'est un oiseau aquatique, ainsi que celui du chapitre cxxxi, dont il ne dit rien.

Troisièmement, il ne parle point de l'ococolin du chapitre lxxxvde Fernandez, lequel est une perdrix du Mexique, et par conséquent fort approchant des colins, qui sont aussi des perdrix, suivant Fernandez, comme nous l'allons voir.

En quatrième lieu, M. Ray, copiant Nieremberg, copiste de Fernandez, au sujet du *coyolcozque*, change son expression, et altère à mon avis le sens de la phrase; car Nieremberg dit que ce coyolcozque est semblable aux cailles, ainsi appelées par nos Espagnols (a) (lesquelles sont certainement les colins), et finit par dire qu'il est une espèce de perdrix d'Espagne (b); et M. Ray lui fait dire qu'il est semblable aux cailles d'Europe, et supprime ces mots, *est enim species perdicis Hispanicæ* (c) : cependant ces derniers mots sont essentiels et renferment la véritable opinion de Fernandez sur l'espèce à laquelle ces oiseaux doivent se rapporter, puisqu'au chapitre xxxix, qui roule tout entier sur les colins, il dit que les Espagnols les appellent des *cailles*, parce qu'ils ont de la ressemblance avec les cailles d'Europe, quoique cependant ils appartiennent très certainement au genre des perdrix : il est vrai qu'il répète encore dans ce même chapitre que tous les colins sont rapportés aux cailles, mais il est aisé de voir au milieu de toutes ces incertitudes que lorsque cet auteur donne aux colins le nom de *cailles*, c'est d'après le vulgaire (d), qui dans l'imposition des noms se détermine souvent par des rapports superficiels, et que son opinion réfléchie est que ce sont des espèces de perdrix. J'aurais donc pu, m'en rapportant à Fernandez, le seul observateur qui ait vu ces oiseaux, placer les colins à la suite des perdrix ; mais j'ai mieux aimé me prêter autant qu'il était possible à l'opinion vulgaire, qui n'est pas dénuée de tout fondement, et mettre ces oiseaux à la suite des cailles, comme ayant rapport aux cailles et aux perdrix.

Suivant Fernandez, les colins sont fort communs dans la Nouvelle-Espagne ; leur chant, plus ou moins agréable, approche beaucoup de celui

(a) « Coturnicibus vocatis a nostris similis. » A l'endroit cité, p. 233.
(b) « Est enim ejus (perdicis Hispaniæ) species. » *Ibidem.*
(c) *Synopsis methodica avium appendix*, p. 158.
(d) Il dit toujours, en parlant de cette espèce, *coturnicis Mexicanæ* (cap. xxiv), *coturnicis vocatæ* (cap. xxxiv), *quam vocant coturnicem* (cap. xxxix); et quand il dit *coturnicis nostræ* (cap. xxv), il est évident qu'il veut parler de ce même oiseau appelé *caille* au Mexique, puisque ayant parlé dans le chapitre précédent de cette caille mexicaine, il dit ici (cap. xxv), *coturnicis nostræ quoque est species.*

de nos cailles ; leur chair est un manger très bon et très sain, même pour les malades, lorsqu'elle est gardée quelques jours ; ils se nourrissent de grain, et on les tient communément en cage (*a*), ce qui me ferait croire qu'ils sont d'un naturel différent de nos cailles et même de nos perdrix. Nous allons donner les indications particulières de ces oiseaux dans les articles suivants.

II. — LE ZONÉCOLIN (*b*).

Ce nom, abrégé du mot mexicain *quanhtzonecolin*, désigne un oiseau (*) de grandeur médiocre, et dont le plumage est de couleur obscure ; mais ce qui le distingue c'est son cri, qui est assez flatteur, quoique un peu plaintif, et la huppe dont sa tête est ornée.

Fernandez reconnaît dans le même chapitre un autre colin de même plumage, mais moins gros et sans huppe : ce pourrait bien être la femelle du précédent, dont il ne se distingue que par des caractères accidentels, qui sont sujets à varier d'un sexe à l'autre.

III. — LE GRAND COLIN (*c*).

C'est ici la plus grande espèce de tous ces colins (**) : Fernandez ne nous apprend point son nom ; il dit seulement que le fauve est sa couleur dominante, que la tête est variée de blanc et de noir, et qu'il y a aussi du blanc sur le dos et au bout des ailes, ce qui doit contraster agréablement avec la couleur noire des pieds et du bec.

IV. — LE CACOLIN.

Cet oiseau, appelé *cacacolin* par Fernandez, est, selon lui, une espèce de caille (*d*), c'est-à-dire de colin, de même grandeur, de même forme, ayant le même chant, se nourrissant de même, et ayant le plumage peint presque des mêmes couleurs que ces cailles mexicaines (***). Nieremberg, Ray, ni M. Brisson n'en parlent point.

V. — LE COYOLCOS.

C'est ainsi que j'adoucis le nom mexicain *coyolcozque*. Cet oiseau (****) ressemble par son chant, sa grosseur, ses mœurs, sa manière de vivre et de

---

(*a*) Fernandez, *Historia Avium*, cap. XXXIX.
(*b*) *Idem, ibidem.*
(*c*) Voyez Fernandez, cap. XXXIX; et Brisson, *Ornithologie*, t. Ier, p. 257.
(*d*) « Coturnicis vocatæ species. » Voyez Fernandez, cap. CXXXIV.

(*) *Tetrao cristatus* GMEL.
(**) Espèce mal déterminée, à laquelle Gmelin a donné le nom de *Tetrao Novæ Hispaniæ.*
(***) Probablement la même espèce que le *Zonécolin.*
(****) Probablement la même que le *Colenicui.*

voler, aux autres colins ; mais il en diffère par son plumage : le fauve mêlé de blanc est la couleur dominante du dessus du corps, et le fauve seul celle du dessous et des pieds ; le sommet de la tête est noir et blanc, et deux bandes de la même couleur descendent des yeux sur le cou : il se tient dans les terres cultivées. Voilà ce que dit Fernandez, et c'est faute de l'avoir lu avec assez d'attention, ou plutôt c'est pour avoir suivi M. Ray que M. Brisson dit que le coyolcos ressemble à notre caille par son chant, son vol, etc. (a) ; tandis que Fernandez assure positivement qu'il ressemble aux cailles, ainsi appelées par le vulgaire, c'est-à-dire aux colins, et que c'est en effet une espèce de perdrix (b).

VI. — LE COLENICUI.

Frisch donne (pl. cxiii) la figure d'un oiseau qu'il appelle *petite poule de bois d'Amérique* et qui ressemble, selon lui, aux gelinottes par le bec et les pieds, et par sa forme totale, quoique cependant elle n'ait ni les pieds garnis de plumes, ni les doigts bordés de dentelures, ni les yeux ornés de sourcils rouges, ainsi qu'il paraît par sa figure. M. Brisson, qui regarde cet oiseau comme le même que le *colenicuiltic* de Fernandez (c), l'a rangé parmi les cailles sous le nom de *caille de la Louisiane*, et en a donné la figure (d) ; mais en comparant les figures ou les descriptions de M. Brisson, de Frisch et de Fernandez, j'y trouve de trop grandes différences pour convenir qu'elles puissent se rapporter toutes au même oiseau ; car sans m'arrêter aux couleurs du plumage, si difficiles à bien peindre dans une description, et encore moins à l'attitude, qui n'est que trop arbitraire, je remarque que le bec et les pieds sont gros et jaunâtres, selon M. Frisch, rouges et de médiocre grosseur, selon M. Brisson, et que les pieds sont bleus, selon Fernandez (e).

Que si je m'arrête à l'idée que l'aspect de cet oiseau a fait naître chez ces trois naturalistes, l'embarras ne fait qu'augmenter, car M. Frisch n'y a vu qu'une poule de bois, M. Brisson qu'une caille, et Fernandez qu'une perdrix ; car, quoique celui-ci dise au commencement du chapitre xxv que c'est une espèce de caille, il est visible qu'il se conforme en cet endroit au langage vulgaire ; car il finit ce même chapitre en assurant que le *colenicuiltic* ressemble par sa grosseur, son chant, ses mœurs et par tout le reste (*ceteris cunctis*) à l'oiseau du chapitre xxiv : or, cet oiseau du chapitre xxiv

---

(a) Voyez Brisson, *Ornithologie*, t. 1er, p. 256.

(b) « Perdicis Hispanicæ... species est... » *Historia animalium Novæ Hispaniæ*, p. 19, cap. xxiv.

(c) Fernandez, *Hist. avium Novæ Hispaniæ*, cap. xxv. p. 19.

(d) Brisson, *Ornithologie*, t. 1er, p. 258 ; et planche xxii.

(e) Fernandez, à l'endroit cité, p. 20.

(*) *Perdix borealis* Temm.

est le coyolcozque, espèce de *colin ;* et Fernandez, comme nous l'avons vu, met les colins au nombre des perdrix (a).

Je n'insiste sur tout ceci que pour faire sentir et éviter, s'il est possible, un grand inconvénient de nomenclature. Un méthodiste ne veut pas qu'une seule espèce, quelque anomale qu'elle soit, échappe à sa méthode : il lui assigne donc parmi ses classes et ses genres la place qu'il croit lui convenir le mieux ; un autre, qui a imaginé un autre système, en fait autant avec le même droit ; et pour peu que l'on connaisse le procédé des méthodes et la marche de la nature, on comprendra facilement qu'un même oiseau pourra très bien être placé par trois méthodistes dans trois classes différentes, et n'être nulle part à sa place.

Lorsque nous aurons vu l'oiseau ou les oiseaux dont il s'agit ici, et surtout lorsque nous aurons l'occasion de les voir vivants, nous les rapprocherons des espèces avec lesquelles ils nous paraîtront avoir le plus de rapport soit par la forme extérieure, soit par les mœurs et les habitudes naturelles.

Au reste, le colenicui est de la grosseur de notre caille, selon M. Brisson ; mais il paraît avoir les ailes un peu plus longues : il est brun sur le corps, gris sale et noir par-dessous ; il a la gorge blanche et des espèces de sourcils blancs.

VII. — L'OCOCOLIN OU PERDRIX DE MONTAGNE DU MEXIQUE (b).

Cette espèce (*), que M. Seba a prise pour le rollier huppé du Mexique (c), s'éloigne encore plus de la caille, et même de la perdrix, que le précédent : elle est beaucoup plus grosse, et sa chair n'est pas moins bonne que celle de la caille, quoique fort au-dessous de celle de la perdrix. L'ococolin se rapproche un peu de la perdrix rouge, par la couleur de son plumage, de son bec et de ses pieds : celle du corps est un mélange de brun, de gris clair et de fauve ; celle de la partie inférieure des ailes est cendrée ; leur partie supérieure est semée de taches obscures, blanches et fauves, de même que la tête et le cou. Il se plaît dans les climats tempérés et même un peu froids, et ne saurait vivre ni se perpétuer dans les climats brûlants. Fernandez parle encore d'un autre ococolin, mais qui est un oiseau tout différent (d).

(a) « Colin genera (quas coturnices vocant Hispani, quoniam nostratibus sunt similes, » etsi ad perdicum species sint citra dubium referendæ). » Cap. xxxix.

(b) Voyez Fernandez, chap. lxxxv. Brisson, t. Ier, p. 226.

(c) Voyez l'*Ornithologie* de Brisson, t. II, p. 84. En général, les rolliers ont le bec plus droit et la queue plus longue que les perdrix.

(d) « Ococolin genus pici, rostro longo et acuto... vivit in Telzcocanarum sylvarum arbo- » ribus, ubi sobolem educat : non cantillat. » Fernandez, cap. ccxi.

(*) *Tetrao nævius* de Gmelin, espèce mal déterminée.

LE PIGEON

Il était aisé de rendre domestiques des oiseaux pesants, tels que les coqs, les dindons et les paons; mais ceux qui sont légers et dont le vol est rapide demandaient plus d'art pour être subjugués. Une chaumière basse dans un terrain clos suffit pour contenir, élever et faire multiplier nos volailles; il faut des tours, des bâtiments élevés, faits exprès, bien enduits en dehors et garnis en dedans de nombreuses cellules, pour attirer, retenir et loger les pigeons : ils ne sont réellement ni domestiques comme les chiens et les chevaux, ni prisonniers comme les poules; ce sont plutôt des captifs volontaires, des hôtes fugitifs, qui ne se tiennent dans le logement qu'on leur offre qu'autant qu'ils s'y plaisent, autant qu'ils y trouvent la nourriture abondante, le gîte agréable et toutes les commodités, toutes les aisances nécessaires à la vie. Pour peu que quelque chose leur manque ou leur déplaise, ils quittent et se dispersent pour aller ailleurs : il y en a même qui préfèrent constamment les trous poudreux des vieilles murailles aux boulins les plus propres de nos colombiers; d'autres qui se gîtent dans des fentes et des creux d'arbres; d'autres qui semblent fuir nos habitations et que rien ne peut y attirer, tandis qu'on en voit, au contraire, qui n'osent les quitter et qu'il faut nourrir autour de leur volière qu'ils n'abandonnent jamais. Ces habitudes opposées, ces différences de mœurs sembleraient indiquer qu'on comprend sous le nom de *pigeons* (*) un grand nombre d'espèces diverses dont chacune aurait son naturel propre et différent de celui des autres; et ce qui semblerait confirmer cette idée, c'est l'opinion de nos nomenclateurs modernes, qui comptent, indépendamment d'un grand nombre de variétés, cinq espèces de pigeons, sans y comprendre ni les ramiers, ni les tourterelles. Nous séparerons d'abord ces deux dernières espèces de celles des pigeons; et comme ce sont, en effet, des oiseaux qui

---

(*) Les Pigeons forment le type d'un ordre d'oiseaux ne comprenant que deux familles, les Colombidés et les Didunculidés. L'ordre des Pigeons est caractérisé par un bec faible, membraneux, renflé autour des narines; des ailes pointues, de taille moyenne; des pieds formés de quatre doigts libres, articulés au même niveau et dirigés trois en avant, un en arrière. Dans la famille des Colombidés, les bords du bec ne sont jamais dentés; le dos et l'extrémité du bec sont seuls cornés; les tarses sont assez courts et les talons sont ordinairement emplumés.

diffèrent spécifiquement les uns des autres, nous traiterons de chacun dans un article séparé.

Les cinq espèces de pigeons indiquées par nos nomenclateurs sont : 1° le pigeon domestique ; 2° le pigeon romain, sous l'espèce duquel ils comprennent seize variétés ; 3° le pigeon biset ; 4° le pigeon de roche avec une variété ; 5° le pigeon sauvage (a). Or, ces cinq espèces, à mon avis, n'en font qu'une, et voici la preuve : le pigeon domestique et le pigeon romain avec toutes ses variétés, quoique différents par la grandeur et par les couleurs, sont certainement de la même espèce, puisqu'ils produisent ensemble des individus féconds et qui se reproduisent. On ne doit donc pas regarder les pigeons de volière et les pigeons de colombier, c'est-à-dire les grands et les petits pigeons domestiques, comme deux espèces différentes, et il faut se borner à dire que ce sont deux races dans une seule espèce, dont l'une est plus domestique et plus perfectionnée que l'autre ; de même, le pigeon biset, le pigeon de roche et le pigeon sauvage sont trois espèces nominales qu'on doit réduire à une seule, qui est celle du biset, dans laquelle le pigeon de roche et le pigeon sauvage ne sont que des variétés très légères, puisque, de l'aveu même de nos nomenclateurs, ces trois oiseaux sont à peu près de la même grandeur, que tous trois sont de passage, se perchent, ont en tout les mêmes habitudes naturelles et ne diffèrent entre eux que par quelques teintes de couleurs.

Voilà donc nos cinq espèces nominales déjà réduites à deux, savoir, le biset et le pigeon, entre lesquelles deux il n'y a de différence réelle, sinon que le premier est sauvage et le second est domestique : je regarde le biset comme la souche première de laquelle tous les autres pigeons tirent leur origine (*), et duquel ils diffèrent plus ou moins, selon qu'ils ont été plus ou moins maniés par les hommes. Quoique je n'aie pas été à portée d'en faire l'épreuve, je suis persuadé que le biset et le pigeon de nos colombiers produiraient ensemble s'ils étaient unis ; car il y a moins loin de notre petit pigeon domestique au biset qu'aux gros pigeons pattus ou romains, avec lesquels néanmoins il s'unit et produit ; d'ailleurs nous voyons dans cette

---

(a) Brisson, *Ornithologie*, t. Ier, p. 68 jusqu'à 89.

(*) « Le Biset (*Columba livia* L.) ou *Pigeon de roche* a le dos bleu cendré clair, le ventre
» bleuâtre ; la tête d'un bleu d'ardoise clair ; le cou d'un bleu d'ardoise foncé, à reflets vert
» bleu clair dans sa partie supérieure, pourpre dans sa partie inférieure ; le bas du dos
» blanc ; l'aile traversée par deux bandes noires ; les rémiges d'un gris cendré ; les rectrices
» d'un bleu foncé, avec la pointe noire, et les barbes extrêmes des latérales blanches ; l'œil
» jaune soufre, le bec noir à la pointe et bleu clair à la base ; les pattes d'un rouge violet
» foncé. Les couleurs varient peu suivant les sexes. Les jeunes sont plus foncés que les
» vieux. Cet oiseau a 36 centimètres de long et 63 centimètres d'envergure ; la longueur de
» l'aile est de 22 centimètres ; celle de la queue de 12. » (Brehm.)

L'opinion émise par Buffon, d'après laquelle le Biset serait la souche de tous nos pigeons domestiques, est aujourd'hui admise par la très grande majorité des naturalistes.

espèce toutes les nuances du sauvage au domestique se présenter successivement et comme par ordre de généalogie, ou plutôt de dégénération. Le biset nous est représenté d'une manière à ne pouvoir s'y méprendre par ceux de nos pigeons fuyards qui désertent nos colombiers et prennent l'habitude de se percher sur les arbres : c'est la première et la plus forte nuance de leur retour à l'état de nature ; ces pigeons, quoique élevés dans l'état de domesticité, quoique en apparence accoutumés comme les autres à un domicile fixe, à des habitudes communes, quittent ce domicile, rompent toute société, et vont s'établir dans les bois ; ils retournent donc à leur état de nature poussés par leur seul instinct. D'autres, apparemment moins courageux, moins hardis, quoique également amoureux de leur liberté, fuient de nos colombiers pour aller habiter solitairement quelques trous de muraille, ou bien en petit nombre se réfugient dans une tour peu fréquentée ; et malgré les dangers, la disette et la solitude de ces lieux où ils manquent de tout, où ils sont exposés à la belette, aux rats, à la fouine, à la chouette, et où ils sont forcés de subvenir en tout temps à leurs besoins par leur seule industrie, ils restent néanmoins constamment dans ces habitations incommodes et les préfèrent pour toujours à leur premier domicile, où cependant ils sont nés, où ils ont été élevés, où tous les exemples de la société auraient dû les retenir : voilà la seconde nuance. Ces pigeons de murailles ne retournent pas en entier à l'état de nature, ils ne se perchent pas comme les premiers, et sont néanmoins beaucoup plus près de l'état libre que de la condition domestique. La troisième nuance est celle de nos pigeons de colombier, dont tout le monde connaît les mœurs, et qui, lorsque leur demeure convient, ne l'abandonnent pas ou ne la quittent que pour en prendre une qui convient encore mieux, et ils n'en sortent que pour aller s'égayer ou se pourvoir dans les champs voisins. Or, comme c'est parmi ces pigeons mêmes que se trouvent les fuyards et les déserteurs dont nous venons de parler, cela prouve que tous n'ont pas encore perdu leur instinct d'origine et que l'habitude de la libre domesticité dans laquelle ils vivent n'a pas entièrement effacé les traits de leur première nature, à laquelle ils pourraient encore remonter. Mais il n'en est pas de même de la quatrième et dernière nuance dans l'ordre de dégénération : ce sont les gros et les petits pigeons de volière dont les races, les variétés, les mélanges sont presque innumérables, parce que depuis un temps immémorial ils sont absolument domestiques ; et l'homme, en perfectionnant les formes extérieures, a en même temps altéré leurs qualités intérieures et détruit jusqu'au germe du sentiment de la liberté. Ces oiseaux, la plupart plus grands, plus beaux que les pigeons communs, ont encore l'avantage pour nous d'être plus féconds, plus gras, de meilleur goût, et c'est par toutes ces raisons qu'on les a soignés de plus près et qu'on a cherché à les multiplier malgré toutes les peines qu'il faut se donner pour leur éducation et pour le succès de leur nombreux produit et de leur pleine fécondité. Dans ceux-ci, aucun ne remonte à l'état de nature, aucun même ne s'élève à celui de liberté : ils ne quittent jamais les alentours de leur volière ; il faut les y nourrir en tout temps ; la faim la plus pressante ne les détermine pas à aller chercher ailleurs ; ils se laissent mourir d'inanition plutôt que de quêter leur subsistance, accoutumés à la recevoir de la main de l'homme ou à la trouver toute préparée toujours dans le même lieu ; ils ne savent vivre que pour manger, et n'ont aucunes des ressources, aucuns des petits talents que le besoin inspire à tous les animaux. On peut donc regarder cette dernière classe dans l'ordre des pigeons comme absolument domestique, captive sans retour, entièrement dépendante de l'homme ; et comme il a créé tout ce qui dépend de lui, on ne peut douter qu'il ne soit l'auteur de toutes ces races esclaves d'autant plus perfectionnées pour nous qu'elles sont plus dégénérées, plus viciées par la nature.

Supposant une fois nos colombiers établis et peuplés, ce qui était le premier point et le plus difficile à remplir pour obtenir quelque empire sur une espèce aussi fugitive, aussi volage, on se sera bientôt aperçu que, dans le grand nombre de jeunes pigeons que ces établissements nous produisent à chaque saison, il s'en trouve quelques-uns qui varient pour la grandeur, la forme et les couleurs. On aura donc choisi les plus gros, les plus singuliers, les plus beaux ; on les aura séparés de la troupe commune pour les élever à part avec des soins plus assidus et dans une captivité plus étroite ; les descendants de ces esclaves choisis auront encore présenté de nouvelles variétés, qu'on aura distinguées, séparées des autres, unissant constamment et mettant ensemble ceux qui ont paru les plus beaux ou les plus utiles. Le produit en grand nombre est la première source des variétés dans les espèces ; mais le maintien de ces variétés et même leur multiplication dépend de la main de l'homme ; il faut recueillir de celle de la nature les individus qui se ressemblent le plus, les séparer des autres, les unir ensemble, prendre les mêmes soins pour les variétés qui se trouvent dans les nombreux produits de leurs descendants, et par ces attentions suivies on peut, avec le temps, créer à nos yeux, c'est-à-dire amener à la lumière une infinité d'êtres nouveaux que la nature seule n'aurait jamais produits (*) : les semences de toute matière vivante lui appartiennent, elle en compose tous les germes des êtres organisés ; mais la combinaison, la succession, l'assortiment, la réunion ou la séparation de chacun de ces êtres dépendent souvent de la volonté de l'homme : dès lors il est le maître de forcer la nature par ses combinaisons et de la fixer par son industrie ; de deux individus singuliers qu'elle aura produits comme par hasard, il en fera une

(*) Le lecteur remarquera sans doute avec quelle netteté Buffon expose, dans ce passage, le principe de la « sélection artificielle, » dont la découverte est attribuée à Darwin. (Voy. De LANESSAN, *Le Transformisme.*)

race constante et perpétuelle, et de laquelle il tirera plusieurs autres races qui, sans ses soins, n'auraient jamais vu le jour.

Si quelqu'un voulait donc faire l'histoire complète et la description détaillée des pigeons de volière, ce serait moins l'histoire de la nature que celle de l'art de l'homme; et c'est par cette raison que nous croyons devoir nous borner ici à une simple énumération, qui contiendra l'exposition des principales variétés de cette espèce, dont le type est moins fixe et la forme plus variable que dans aucun autre animal.

Le biset, ou pigeon sauvage, est la tige primitive de tous les autres pigeons: communément il est de la même grandeur et de la même forme, mais d'une couleur plus bise que le pigeon domestique, et c'est de cette couleur que lui vient son nom; cependant il varie quelquefois pour les couleurs et la grosseur, car le pigeon dont Frisch a donné la figure sous le nom de *columba agrestis* (a) n'est qu'un biset blanc à tête et à queue rousses, et celui que le même auteur a donné sous la dénomination de *vinago, sive columba montana* (b), n'est encore qu'un biset noir bleu; c'est le même qu'Albin a décrit sous le nom de *pigeon ramier* (c), qui ne lui convient pas; et le même encore dont Belon parle sous le nom de *pigeon fuyard*, qui lui convient mieux (d), car on peut présumer que l'origine de cette variété dans les bisets vient de ces pigeons dont j'ai parlé, qui fuient et désertent nos colombiers pour se rendre sauvages, d'autant que ces bisets noirs bleus nichent non seulement dans les arbres creux, mais aussi dans les trous des bâtiments ruinés et les rochers qui sont dans les forêts, ce qui leur a fait donner par quelques naturalistes le nom de *pigeons de roche* ou *rocheraies;* et comme ils aiment aussi les terres élevées et les montagnes, d'autres les ont appelés *pigeons de montagne.* Nous remarquerons même que les anciens ne connaissaient que cette espèce de pigeon sauvage, qu'ils appelaient οἰνὰς ou *vinago*, et qu'ils ne font nulle mention de notre biset, qui néanmoins est le seul pigeon vraiment sauvage et qui n'a pas passé par l'état de domesticité. Un fait qui vient à l'appui de mon opinion sur ce point, c'est que dans tous les pays où il y a des pigeons domestiques on trouve aussi des *oenas*, depuis la Suède (e) jusque dans les climats chauds (f), au lieu que les bisets ne se trouvent pas

(a) Frisch, planche CXLIII, avec une bonne figure coloriée.

(b) Frisch, planche CXXXIX, avec une bonne figure coloriée.

(c) Albin, t. II, p. 31, avec une figure, planche XLVI.

(d) Belon, *Hist. nat. des oiseaux*, p. 312.

(e) « Columba cærulescens, collo nitido, maculâ duplici alarum nigricante. » Linn. *Faun. suecica*, n° 174.

(f) On trouve partout dans la Perse des pigeons sauvages et domestiques, mais les sauvages sont en bien plus grande quantité; et comme la fiente de pigeon est le meilleur fumier pour les melons, on élève grand nombre de pigeons, et avec soin, dans tout le royaume: c'est, je crois, le pays de tout le monde où l'on fait les plus beaux colombiers... on compte plus de trois mille colombiers autour d'Hispaham. C'est un plaisir du peuple de prendre des pigeons à la campagne... par le moyen des pigeons apprivoisés et élevés à cet usage, qu'ils

dans les pays froids et ne restent que pendant l'été dans nos pays tempérés : ils arrivent par troupes en Bourgogne, en Champagne et dans les autres provinces septentrionales de la France, vers la fin de février et au commencement de mars ; ils s'établissent dans les bois, y nichent dans des creux d'arbres, pondent deux ou trois œufs au printemps, et vraisemblablement font une seconde ponte en été ; et à chaque ponte ils n'élèvent que deux petits, et s'en retournent dans le mois de novembre ; ils prennent leur route du côté du midi, et se rendent probablement en Afrique par l'Espagne pour y passer l'hiver (*).

Le biset ou pigeon sauvage, et l'oenas ou le pigeon déserteur qui retourne à l'état de sauvage, se perchent, et par cette habitude se distinguent du pigeon de muraille, qui déserte aussi nos colombiers, mais qui semble craindre de retourner dans les bois, et ne se perche jamais sur les arbres. Après ces trois pigeons, dont les deux derniers sont plus ou moins près de l'état de nature, vient le pigeon de nos colombiers, qui, comme nous l'avons dit, n'est qu'à demi domestique, et retient encore de son premier instinct l'habitude de voler en troupe : s'il a perdu le courage intérieur, d'où dépend le sentiment de l'indépendance, il a acquis d'autres qualités qui, quoique moins nobles, paraissent plus agréables par leurs effets. Ils produisent souvent trois fois l'année, et les pigeons de volière produisent jusqu'à dix et douze fois, au lieu que le biset ne produit qu'une ou deux fois tout au plus : combien de plaisirs de plus suppose cette différence, surtout dans une espèce qui semble les goûter dans toutes leurs nuances et en jouir plus pleinement qu'aucune autre ! Ils pondent à deux jours de distance presque toujours deux œufs, rarement trois, et n'élèvent presque jamais que deux petits, dont

font voler en troupes tout le long du jour après les pigeons sauvages; ils les mettent parmi eux dans leur troupe et les amènent ainsi au colombier. *Voyage de Chardin*, t. II, p. 29 et 30; voyez aussi *Tavernier*, t. II, p. 22 et 23. — Les pigeons de l'île Rodrigue sont un peu plus petits que les nôtres, tous de couleur d'ardoise, et toujours fort gras et fort bons; ils perchent et nichent sur les arbres, et on les prend très aisément. *Voyage de Leguat*, t. Ier, p. 106.

(*) « On admettait autrefois, dit Brehm, que le Pigeon de roche habitait toute l'Europe, » la plus grande partie de l'Asie et le nord de l'Afrique. Aujourd'hui, l'on distingue, et avec » raison, deux espèces au moins : le Biset ou Pigeon de roche, qui habite le Nord, et la » Colombe, ou Pigeon de montagne (*Columba glauconotos*, comme l'a appelé mon père, *Co-* » *lumba intermedia* de Strickland), qui vit dans le Sud. Dans le midi de l'Europe, les aires » de dispersion de ces deux espèces semblent se confondre; dans la Sierra-Nevada, j'ai ren- » contré l'une et l'autre. En Égypte, le *Columba glauconotos* prédomine; c'est la seule espèce » que l'on trouve aux Indes, au dire de Jerdon. » Brehm ajoute, du reste, qu'au point de vue » des mœurs, de l'habitat et de la manière de vivre, le Pigeon de montagne et le Pigeon de » roche se ressemblent entièrement. Ils habitent l'un et l'autre les rochers et les vieux murs, » jamais les arbres. On ne les trouve également d'habitude que sur les côtes; ils sont très » rares dans l'intérieur des terres. Ils sont communs aux îles Feroë, aux îles Canaries, où ils » habitent non seulement les côtes, mais encore les cavernes des montagnes. En Égypte, » Brehm en a vu près des cataractes du Nil. Dans l'Inde, ils sont très répandus.

Le Pigeon de montagne est sédentaire dans le Sud, mais dans le Nord il émigre; à l'approche de l'hiver, par bandes composées d'un très grand nombre d'individus.

ordinairement l'un se trouve mâle et l'autre femelle : il y en a même plusieurs, et ce sont les plus jeunes, qui ne pondent qu'une fois ; car le produit du printemps est toujours plus nombreux, c'est-à-dire la quantité de pigeonneaux, dans le même colombier, plus abondante qu'en automne, du moins dans ces climats. Les meilleurs colombiers, où les pigeons se plaisent et multiplient le plus, ne sont pas ceux qui sont trop voisins de nos habitations : placez-les à quatre ou cinq cents pas de distance de la ferme, sur la partie la plus élevée de votre terrain, et ne craignez pas que cet éloignement nuise à leur multiplication ; ils aiment les lieux paisibles, la belle vue, l'exposition au levant, la situation élevée, où ils puissent jouir des premiers rayons du soleil ; j'ai souvent vu les pigeons de plusieurs colombiers, situés dans le bas d'un vallon, en sortir avant le lever du soleil pour gagner un colombier situé au-dessus de la colline, et s'y rendre en si grand nombre que le toit était entièrement couvert de ces pigeons étrangers, auxquels les domiciliés étaient obligés de faire place, et quelquefois même forcés de la céder. C'est surtout au printemps et en automne qu'ils semblent rechercher les premières influences du soleil, la pureté de l'air et les lieux élevés. Je puis ajouter à cette remarque une autre observation, c'est que le peuplement de ces colombiers isolés, élevés et situés haut, est plus facile, et le produit bien plus nombreux que dans les autres colombiers. J'ai vu tirer quatre cents paires de pigeonneaux d'un de mes colombiers, qui, par sa situation et la hauteur de sa bâtisse, était élevé d'environ deux cents pieds au-dessus des autres colombiers, tandis que ceux-ci ne produisaient que le quart ou le tiers tout au plus, c'est-à-dire cent ou cent trente paires : il faut seulement avoir soin de veiller à l'oiseau de proie, qui fréquente de préférence ces colombiers élevés et isolés, et qui ne laisse pas d'inquiéter les pigeons, sans néanmoins en détruire beaucoup, car il ne peut saisir que ceux qui se séparent de la troupe.

Après le pigeon de nos colombiers, qui n'est qu'à demi domestique, se présentent les pigeons de volière qui le sont entièrement, et dont nous avons si fort favorisé la propagation des variétés, les mélanges et la multiplication des races, qu'elles demanderaient un volume d'écriture et un autre de planches, si nous voulions les décrire et les représenter toutes ; mais, comme je l'ai déjà fait sentir, ceci est plutôt un objet de curiosité et d'art qu'un sujet d'histoire naturelle ; et nous nous bornerons à indiquer les principales branches de cette famille immense, auxquelles on pourra rapporter les rameaux et les rejetons des variétés secondaires.

Les curieux en ce genre donnent le nom de *bisets* à tous les pigeons qui vont prendre leur vie à la campagne, et qu'on met dans de grands colombiers : ceux qu'ils appellent *pigeons domestiques* ne se tiennent que dans de petits colombiers ou volières, et ne se répandent pas à la campagne. Il y en a de plus grands et de plus petits : par exemple, les pigeons culbutants et les pigeons tournants, qui sont les plus petits de tous les pigeons de volière, le sont plus que le pigeon de colombier ; ils sont aussi plus légers de vol et plus dégagés de corps, et quand ils se mêlent avec les pigeons de colombier, ils perdent l'habitude de tourner et de culbuter ; il semble que ce soit l'état de captivité forcée qui leur fait tourner la tête, et qu'elle reprend son assiette dès qu'ils recouvrent leur liberté.

Les races pures, c'est-à-dire les variétés principales de pigeons domestiques avec lesquelles on peut faire toutes les variétés secondaires de chacune de ces races, sont : 1° les pigeons appelés *grosses-gorges,* parce qu'ils ont la faculté d'enfler prodigieusement leur jabot en aspirant et retenant l'air ; 2° les pigeons mondains, qui sont les plus recommandables par leur fécondité, ainsi que les pigeons romains, les pigeons pattus et les nonains ; 3° les pigeons-paons, qui élèvent et étalent leur large queue comme le dindon ou le paon ; 4° le pigeon-cravate ou à gorge frisée ; 5° le pigeon-coquille hollandais ; 6° le pigeon-hirondelle ; 7° le pigeon-carme ; 8° le pigeon heurté ; 9° les pigeons suisses ; 10° le pigeon culbutant ; 11° le pigeon tournant.

La race du pigeon grosse-gorge (*) est composée des variétés suivantes :

1° Le pigeon grosse-gorge soupe-en-vin, dont les mâles sont très beaux parce qu'ils sont panachés, et dont les femelles ne panachent point ;

2° Le pigeon grosse-gorge chamois panaché : la femelle ne panache point ; c'est à cette variété qu'on doit rapporter le pigeon de la planche CXLVI de Frisch, que les Allemands appellent *kropf-taube* ou *kroüper,* et que cet auteur a indiqué sous la dénomination de *columba strumosa seu columba œsophago inflato ;*

3° Le pigeon grosse-gorge, blanc comme un cygne ;

4° Le pigeon grosse-gorge blanc, pattu et à longues ailes qui se croisent sur la queue, dans lequel la boule de la gorge paraît fort détachée ;

5° Le pigeon grosse-gorge gris panaché, et le gris doux, dont la couleur est douce et uniforme par tout le corps ;

6° Le pigeon grosse-gorge gris de fer, gris barré et à ruban ;

7° Le pigeon grosse-gorge gris piqué, comme argenté ;

8° Le pigeon grosse-gorge jacinthe d'une couleur bleue ouvragée en blanc ;

9° Le pigeon grosse-gorge couleur de feu : il y a sur toutes ses plumes une barre bleue et une barre rouge, et la plume est terminée par une barre noire ;

10° Le pigeon grosse-gorge couleur de bois de noyer ;

11° Le pigeon grosse-gorge couleur de marron, avec les pennes de l'aile toutes blanches ;

(*) *Columba gutturosa.*

12° Le pigeon grosse-gorge maurin, d'un beau noir velouté avec les dix plumes de l'aile blanches comme dans le grosse-gorge marron ; ils ont tous deux la bavette ou le mouchoir blanc sous le cou, et dans ces dernières races de grosses-gorges d'origine pure, c'est-à-dire de couleur uniforme, les dix pennes sont toutes blanches jusqu'à la moitié de l'aile, et on peut regarder ce caractère comme général ;

13° Le pigeon grosse-gorge ardoisé, avec le vol blanc et la cravate blanche ; la femelle est semblable au mâle. Voilà les races principales de pigeons à grosse gorge : mais il y en a encore plusieurs autres moins belles, comme les rouges, les olives, les couleurs de nuit, etc.

Tous les pigeons, en général, ont plus ou moins la faculté d'enfler leur jabot en inspirant l'air : on peut de même le faire enfler en soufflant de l'air dans leur gosier ; mais cette race de pigeons grosse-gorge ont cette même faculté d'enfler leur jabot si supérieurement qu'elle doit dépendre d'une conformation particulière dans les organes ; ce jabot presque aussi gros que tout le reste de leur corps, et qu'ils tiennent continuellement enflé, les oblige à retirer leur tête, et les empêche de voir devant eux : aussi, pendant qu'ils se rengorgent, l'oiseau de proie les saisit sans qu'ils l'aperçoivent ; on les élève donc plutôt par curiosité que pour l'utilité.

Une autre race est celle des pigeons mondains : c'est la plus commune et en même temps la plus estimée à cause de sa grande fécondité.

Le mondain est à peu près d'une moitié plus fort que le biset ; la femelle ressemble assez au mâle : ils produisent presque tous les mois de l'année, pourvu qu'ils soient en petit nombre dans la même volière, et il leur faut au moins à chacun trois ou quatre paniers ou plutôt des trous un peu profonds formés comme des cases, avec des planches, afin qu'ils ne se voient pas lorsqu'ils couvent ; car chacun de ces pigeons défend non seulement son panier et se bat contre les autres qui veulent en approcher, mais même il se bat aussi pour tous les paniers qui sont de son côté.

Par exemple, il ne faut que huit paires de ces pigeons mondains dans un espace carré de huit pieds de côté ; et les personnes qui en ont élevé assurent qu'avec six paires on pourrait avoir tout autant de produit : plus on augmente leur nombre dans un espace donné, plus il y a de combats, de tapage et d'œufs cassés. Il y a dans cette race assez souvent des mâles stériles et aussi des femelles infécondes qui ne pondent pas.

Ils sont en état de produire à huit ou neuf mois d'âge, mais ils ne sont en pleine ponte qu'à la troisième année : cette pleine ponte dure jusqu'à six ou sept ans, après quoi le nombre des pontes diminue, quoiqu'il y en ait qui pondent encore à l'âge de douze ans. La ponte des deux œufs se fait quelquefois en vingt-quatre heures, et dans l'hiver en deux jours, en sorte qu'il y a un intervalle de temps différent suivant la saison entre la ponte de chaque œuf. La femelle tient chaud son premier œuf sans néanmoins le couver assidûment ; elle ne commence à couver constamment qu'après la ponte du second œuf : l'incubation dure ordinairement dix-huit jours, quelquefois dix-sept, surtout en été, jusqu'à dix-neuf ou vingt jours en hiver. L'attachement de la femelle à ses œufs est si grand, si constant, qu'on en a vu souffrir les incommodités les plus grandes et les douleurs les plus cruelles plutôt que de les quitter : une femelle, entre autres, dont les pattes gelèrent et tombèrent, et qui malgré cette souffrance et cette perte de membres, continua sa couvée jusqu'à ce que ses petits fussent éclos ; ses pattes avaient gelé parce que son panier était tout près de la fenêtre de sa volière.

Le mâle, pendant que sa femelle couve, se tient sur le panier le plus voisin, et au moment que, pressée par le besoin de manger, elle quitte ses œufs pour aller à la trémie, le mâle, qu'elle a appelé auparavant par un petit roucoulement, prend sa place, couve ses œufs, et cette incubation du mâle dure deux ou trois heures chaque fois, et se renouvelle ordinairement deux fois en vingt-quatre heures.

On peut réduire les variétés de la race des pigeons mondains à trois pour la grandeur, qui toutes ont pour caractère commun un filet rouge autour des yeux :

1° Les premiers mondains (*) sont des oiseaux lourds et à peu près gros comme de petites poules : on ne les recherche qu'à cause de leur grandeur, car ils ne sont pas bons pour la multiplication ;

2° Les bagadais (**) sont de gros mondains avec un tubercule au-dessus du bec en forme d'une petite morille et un ruban rouge beaucoup plus large autour des yeux, c'est-à-dire une seconde paupière charnue rougeâtre qui leur tombe même sur les yeux lorsqu'ils sont vieux et les empêche alors de voir ; ces pigeons ne produisent que difficilement et en petit nombre.

Les bagadais ont le bec courbé et crochu, et ils présentent plusieurs variétés : il y en a de blancs, de noirs, de rouges, de minimes, etc.

3° Le pigeon espagnol, qui est encore un pigeon mondain, aussi gros qu'une poule et qui est très beau : il diffère du bagadais en ce qu'il n'a point de morille au-dessus du bec, que la seconde paupière charnue est moins saillante, et que le bec est droit au lieu d'être courbé ; on le mêle avec le bagadais, et le produit est un très gros et très grand pigeon ;

4° Le gigeon turc (***), qui a, comme le bagadais, une grosse excroissance au-dessus du bec avec un ruban rouge qui s'étend depuis le bec autour des yeux : ce pigeon turc est très gros, huppé, bas de cuisses, large

(*) *Columba admista* de certains ornithologistes. Le pigeon mondain est la race la plus domestiquée de toutes celles que l'homme a créées ; sa familiarité n'a pas de limites et il s'accouple avec toutes les autres races et variétés. Les pigeons mondains sont gros, robustes, très féconds et très faciles à nourrir.

(**) *Columba tuberculosa*. Le Bagadais est une race d'amateur qui coûte fort cher et n'est que peu utile.

(***) *Columba turcica*. Brehm pense que le Pigeon turc dérive du romain et du bagadais.

de corps et de vol ; il y en a de minimes ou bruns presque noirs, tels que celui qui est représenté dans la planche CXLIX de Frisch, d'autres dont la couleur est gris de fer, gris de lin, chamois et soupe-en-vin ; ces pigeons sont très lourds et ne s'écartent pas de leur volière ;

5° Les pigeons romains (*), qui ne sont pas tout à fait si grands que les turcs, mais qui ont le vol aussi étendu, n'ont point de huppe : il y en a de noirs, de minimes et de tachetés.

Ce sont là les plus gros pigeons domestiques ; il y en a d'autres de moyenne grandeur et d'autres plus petits. Dans les pigeons pattus, qui ont les pieds couverts de plumes jusque sur les ongles, on distingue le pattu sans huppe, dont Frisch a donné la figure planche CXLV sous la dénomination de *trummel taube* en allemand, et de *columba tympanisans* en latin, *pigeon tambour* en français ; et le pattu huppé, dont le même auteur a donné la figure planche CXLIV sous le nom de *mon taube* en allemand, et sous la dénomination latine *columba menstrua seu cristata pedibus plumosis* : ce pigeon pattu, que l'on appelle *pigeon tambour*, se nomme aussi *pigeon glou glou*, parce qu'il répète continuellement ce son et que sa voix imite le bruit du tambour entendu de loin ; le pigeon pattu huppé est aussi appelé *pigeon de mois*, parce qu'il produit tous les mois et qu'il n'attend pas que ses petits soient en état de manger seuls pour couver de nouveau ; c'est une race recommandable par son utilité, c'est-à-dire par sa grande fécondité, qui cependant ne doit pas se compter de douze fois par an, mais communément de huit à neuf pontes, ce qui est encore un très grand produit.

Dans les races moyennes et petites de pigeons domestiques, on distingue le pigeon nonain (**), dont il y a plusieurs variétés, savoir : le soupe-en-vin, le rouge panaché, le chamois panaché, mais dont les femelles de tous trois ne sont jamais panachées ; il y a aussi dans la race des nonains une variété qu'on appelle *pigeon maurin*, qui est tout noir avec la tête blanche et le bout des ailes aussi blanc, et c'est à cette variété qu'on doit rapporter le pigeon de la planche CL de Frisch, auquel il donne en allemand le nom de *schleyer* ou *parruquen taube*, et en latin *columba galerita*, et qu'il traduit en français par pigeon coiffé ; mais, en général, tous les nonains, soit maurins ou autres, sont coiffés, ou plutôt ils ont comme un demi-capuchon sur la tête qui descend le long du cou et s'étend sur la poitrine en forme de cravate composée de plumes redressées : cette variété est voisine de la race du pigeon grosse-gorge, car ce pigeon coiffé est de la même grandeur et fait aussi enfler un peu son jabot ; il ne produit pas autant que les autres nonains, dont les plus parfaits sont tout blancs et sont ceux qu'on regarde comme les

---

(*) *Columba romania.*

(**) *Columba cucullata.* Le Pigeon nonain ou capucin est l'une des plus jolies races de volière ; il est très fécond et ne vagabonde pas. Sa taille est petite ; son œil est bordé avec un ruban rouge.

meilleurs de la race ; tous ont le bec très court ; ceux-ci produisent beaucoup, mais les pigeonneaux sont très petits.

Le pigeon-paon (*) est un peu plus gros que le pigeon nonain ; on l'appelle pigeon-paon, parce qu'il peut redresser sa queue et l'étaler comme le paon. Les plus beaux de cette race ont jusqu'à trente-deux plumes à la queue, tandis que les pigeons d'autres races n'en ont que douze : lorsqu'ils redressent leur queue, ils la poussent en avant, et comme ils retirent en même temps la tête en arrière, elle touche à la queue. Ils tremblent aussi pendant tout le temps de cette opération, soit par la forte contraction des muscles, soit par quelque autre cause, car il y a plus d'une race de pigeons trembleurs (a) : c'est ordinairement quand ils sont en amour qu'ils étalent ainsi leur queue, mais ils le font aussi dans d'autres temps. La femelle relève et étale sa queue comme le mâle et l'a tout aussi belle : il y en a de tout blancs, d'autres blancs avec la tête et la queue noires, et c'est à cette seconde variété qu'il faut rapporter le pigeon de la planche CLI de Frisch, qu'il appelle en allemand *pfau-taube* ou *hunerschwantz*, et en latin *columba caudata*. Cet auteur remarque que, dans le même temps que le pigeon-paon étale sa queue, il agite fièrement et constamment sa tête et son cou, à peu près comme l'oiseau appelé *torcol*. Ces pigeons ne volent pas aussi bien que les autres : leur large queue est cause qu'ils sont souvent emportés par le vent et qu'ils tombent à terre ; ainsi on les élève plutôt par curiosité que pour l'utilité. Au reste, ces pigeons, qui par eux-mêmes ne peuvent faire de longs voyages, ont été transportés fort loin par les hommes : il y a aux Philippines, dit Gemelli Careri, des pigeons qui relèvent et étalent leur queue comme le paon.

Les pigeons polonais (**) sont plus gros que les pigeons-paons : ils ont pour caractère d'avoir le bec très gros et très court, les yeux bordés d'un large cercle rouge, les jambes très basses ; il y en a de différentes couleurs, beaucoup de noirs, des roux, des chamois, des gris piqués et de tout blancs.

Le pigeon-cravate (***) est l'un des plus petits pigeons : il n'est guère plus gros qu'une tourterelle, et en les appariant ensemble ils produisent des mulets ou métis. On distingue le pigeon-cravate du pigeon nonain en ce que le pigeon-cravate n'a point de demi-capuchon sur la tête et sur le cou, et qu'il n'a précisément qu'un bouquet de plumes qui semblent se rebrousser

---

(a) On connaît en effet un pigeon trembleur différent du pigeon-paon, en ce qu'il n'a pas la queue si large à beaucoup près. Le pigeon-paon a été indiqué par Willughby et Ray sous la dénomination *columba tremula laticauda*; et le pigeon trembleur sous celle de *columba tremula angusticauda seu acuticauda*; celui-ci, sans relever ou étaler sa queue, tremble (dit-on) presque continuellement.

(*) *Columba crassicauda.*
(**) *Columba polonica.*
(***) *Columba turbita.*

sur la poitrine et sous la gorge. Ce sont de très jolis pigeons, bien faits, qui ont l'air très propre, et dont il y en a de soupe-en-vin, de chamois, de panachés, de roux et de gris, de tout blancs et de tout noirs, et d'autres blancs avec des manteaux noirs : c'est à cette dernière variété qu'on peut rapporter le pigeon représenté dans la planche CXLVII de Frisch, sous le nom allemand *mowchen*, et la dénomination latine *columba collo hirsuto*. Ce pigeon ne s'apparie pas volontiers avec les autres pigeons et n'est pas d'un grand produit : d'ailleurs il est petit et se laisse aisément prendre par l'oiseau de proie ; c'est par toutes ces raisons qu'on n'en élève guère.

Les pigeons qu'on appelle coquille-hollandaise (*), parce qu'ils ont derrière la tête des plumes à rebours qui forment comme une espèce de coquille, sont aussi de petite taille ; ils ont la tête noire, le bout de la queue et le bout des ailes aussi noirs, tout le reste du corps blanc. Il y en a aussi à tête rouge, à tête bleue et à tête et queue jaunes, et ordinairement la queue est de la même couleur que la tête, mais le vol est toujours tout blanc. La première variété, qui a la tête noire, ressemble si fort à l'hirondelle de mer que quelques-uns lui ont donné ce nom avec d'autant plus d'analogie que ce pigeon n'a pas le corps rond comme la plupart des autres, mais allongé et fort dégagé.

Il y a, indépendamment des tête et queue bleues qui ont la coquille, dont nous venons de parler, d'autres pigeons qui ont simplement le nom de tête et queue bleues, d'autres de tête et queue noires, d'autres de tête et queue rouges, et d'autres encore, tête et queue jaunes, et qui tous quatre ont l'extrémité des ailes de la même couleur que la tête : ils sont à peu près gros comme les pigeons-paons ; leur plumage est très propre et bien arrangé.

Il y en a qu'on appelle aussi pigeons hirondelles (**), qui ne sont pas plus gros que des tourterelles, ayant le corps allongé de même, et le vol très léger : tout le dessous de leur corps est blanc, et ils ont toutes les parties supérieures du corps, ainsi que le cou, la tête et la queue noirs, ou rouges, ou bleus, ou jaunes, avec un petit casque de ces mêmes couleurs sur la tête, mais le dessous de la tête est toujours blanc comme le dessous du cou. C'est à cette variété qu'il faut rapporter le pigeon cuirassé de Jonston (a) et de Willughby (b), qui a pour caractère particulier d'avoir les plumes de la tête, celles de la queue et les pennes des ailes toujours de la même couleur, et le corps d'une couleur différente, par exemple le corps blanc, et la tête, la queue et les ailes noires, ou de quelque autre couleur que ce soit.

(a) « Columba galeata. » Jonston, *Avi.*, p. 63.
(b) « Columba galeata. » Willughby, *Ornithol.*, p. 132, n° 11.

(*) *Columba galeata.*
(**) *Columba hirundinina.*

Le pigeon-carme, qui fait une autre race, est peut-être le plus bas et le plus petit de tous nos pigeons : il paraît accroupi comme l'oiseau que l'on appelle le *crapaud volant;* il est aussi très pattu, ayant les pieds fort courts, et les plumes des jambes très longues. Les femelles et les mâles se ressemblent, ainsi que dans la plupart des autres races; on y compte aussi quatre variétés qui sont les mêmes que dans les races précédentes, savoir : les gris-de-fer, les chamois, les soupes-en-vin et les gris-doux; mais ils ont tous le dessous du corps et des ailes blanc, tout le dessus de leur corps étant des couleurs que nous venons d'indiquer : ils sont encore remarquables par leur bec, qui est plus petit que celui d'une tourterelle, et ils ont aussi une petite aigrette derrière la tête, qui pousse en pointe comme celle de l'alouette huppée.

Le pigeon-tambour (*) ou *glou glou*, dont nous avons parlé, que l'on appelle ainsi parce qu'il forme ce son, *glou glou*, qu'il répète fort souvent lorsqu'il est auprès de sa femelle, est aussi un pigeon fort bas et fort pattu, mais il est plus gros que le pigeon-carme, et à peu près de la taille du pigeon polonais.

Le pigeon heurté, c'est-à-dire masqué comme d'un coup de pinceau noir, bleu, jaune ou rouge, au-dessus du bec seulement, et jusqu'au milieu de la tête, avec la queue de la même couleur et tout le reste du corps blanc, est un pigeon fort recherché des curieux : il n'est point pattu, et est de la grosseur des pigeons mondains ordinaires.

Les pigeons suisses sont plus petits que les pigeons ordinaires, et pas plus gros que les pigeons bisets; ils sont de même tout aussi légers de vol. Il y en a de plusieurs sortes, savoir : des panachés de rouge, de bleu, de jaune, sur un fond blanc satiné, avec un collier qui vient former un plastron sur la poitrine, et qui est d'un rouge rembruni : ils ont souvent deux rubans sur les ailes de la même couleur que celle du plastron.

Il y a d'autres pigeons suisses qui ne sont point panachés, et qui sont ardoisés de couleur uniforme sur tout le corps, sans collier ni plastron; d'autres qu'on appelle *colliers jaunes jaspés, colliers jaunes maillés;* d'autres, *colliers jaunes fort maillés*, etc., parce qu'ils portent des colliers de cette couleur.

Il y a encore dans cette race de pigeons suisses une autre variété qu'on appelle *pigeon azuré*, parce qu'il est d'une couleur plus bleue que les ardoisés.

Le pigeon culbutant (**) est encore un des plus petits pigeons. Celui que M. Frisch a fait représenter, pl. CXLVIII, sous les noms de *tummel taube, tumler, columba gestuosa seu gesticularia*, est d'un roux brun; mais il y en a de gris et de variés de roux et de gris : il tourne sur lui-même en

(*) *Columba tympanizans.*
(**) *Columba gyratrix.*

volant, comme un corps qu'on jetterait en l'air, et c'est par cette raison qu'on l'a nommé *pigeon culbutant;* il semble que tous ses mouvements supposent des vertiges qui, comme je l'ai dit, peuvent être attribués à la captivité. Il vole très vite, s'élève le plus haut de tous, et ses mouvements sont très précipités et fort irréguliers. Frisch dit que, comme par ses mouvements il imite en quelque façon les gestes et les sauts des danseurs de corde et des voltigeurs, on lui a donné le nom de pigeon pantomime, *columba gestuosa.* Au reste, sa forme est assez semblable à celle du biset, et l'on s'en sert ordinairement pour attirer les pigeons des autres colombiers, parce qu'il vole plus haut, plus loin et plus longtemps que les autres, et échappe plus aisément à l'oiseau de proie.

Il en est de même du pigeon tournant (*), que M. Brisson (a), d'après Willughby, a appelé le *pigeon batteur.* Il tourne en rond lorsqu'il vole, et bat si fortement des ailes, qu'il fait autant de bruit qu'une claquette, et souvent il se rompt quelques plumes de l'aile par la violence de ce mouvement, qui semble tenir de la convulsion : ces pigeons tournants ou batteurs sont communément gris, avec des taches noires sur les ailes.

Je ne dirai qu'un mot de quelques autres variétés équivoques ou secondaires dont les nomenclateurs ont fait mention, et qui ressortissent sans doute aux races que nous venons d'indiquer, mais qu'on aurait quelque peine à y rapporter directement et sûrement, d'après les descriptions de ces auteurs; tels sont, par exemple : 1° le pigeon de Norvège, indiqué par Schwenckfeld (b), qui est blanc comme neige, et qui pourrait bien être un pigeon pattu huppé plus gros que les autres ;

2° Le pigeon de Crète, suivant Aldrovande (c), ou de Barbarie, selon Willughby (d), qui a le bec très court et les yeux entourés d'une large bande de peau nue, le plumage bleuâtre et marqué de deux taches noirâtres sur chaque aile ;

3° Le pigeon frisé de Schwenckfeld (e) et d'Aldrovande (f), qui est tout blanc et frisé sur tout le corps ;

4° Le pigeon messager de Willughby (g), qui ressemble beaucoup au pigeon turc, tant par son plumage brun que par ses yeux, entourés d'une peau nue, et ses narines couvertes d'une membrane épaisse : on s'est, dit-

---

(a) « Columba percussor. » Willughby, *Ornithol.*, p. 132, n° 9. — Le pigeon batteur. Brisson, *Ornithol.*, t. Ier, p. 79.

(b) Schwenckfeld, *Theriot. Sil.*, p. 239.

(c) Aldrovande, *Avi.*, t. II, p. 478.

(d) « Columba barbarica seu numidica. » Willughby, *Ornithol.*, p. 132, n° 8, pl. XXXIV, sous la dénomination de *columba numidica seu cypria.*

(e) « Columba crispa. » Schwenckfeld, *Theriot. Sil.*, p. 239.

(f) « Columba crispis pennis. » Aldrovande, *Avi.*, t. II, p. 470, avec une figure.

(g) « Columba tabellaria. » Willughby, *Ornithol.*, p. 132, n° 5, avec une figure, pl. XXXIV.

(*) *Columba percussor.*

on, servi de ces pigeons pour porter promptement des lettres au loin, ce qui leur a fait donner le nom de *messagers;*

5° Le pigeon cavalier de Willughby (*a*) et d'Albin (*b*), qui provient, dit-on, du pigeon grosse-gorge et du pigeon messager, participant de l'un et de l'autre, car il a la faculté d'enfler beaucoup son jabot comme le pigeon grosse-gorge, et il porte sur ses narines des membranes épaisses comme le pigeon messager; mais il y a apparence qu'on pourrait également se servir de tout autre pigeon pour porter de petites choses, ou plutôt les rapporter de loin (*); il suffit pour cela de les séparer de leur femelle et de les trans-porter dans le lieu d'où l'on veut recevoir des nouvelles, ils ne manque-

(*a*) « Columba eques. » Willughby, *Ornithol.*, p. 132, n° 12.
(*b*) Pigeon-cavalier. Albin, t. III, p. 30, avec une figure, planche XLV.

(*) Tout le monde sait quelle importance ont acquis depuis un certain nombre d'années les pigeons au point de vue de la transmission des dépêches, et personne n'a oublié les services que les pigeons voyageurs ont rendus pendant le siège de Paris. Un pigeon enlevé à son pigeonnier et transporté à une distance souvent très considérable y revient presque toujours. Mais pour cela il faut, d'ordinaire, qu'il ait subi une certaine éducation, du moins si l'on veut lui faire accomplir un long voyage; car c'est surtout par. la vue, qui est très puissante chez les oiseaux, que le pigeon est guidé dans son voyage. Si donc on veut qu'un pigeon voyageur accomplisse très rapidement et sans erreur un voyage un peu long, de Paris à Bruxelles, par exemple, on l'emporte de Paris et on le lâche à une station voisine de cette ville; puis on le transporte à une station un peu plus éloignée de Paris que la première, d'où on le lâche. En répétant cette opération un certain nombre de fois tout le long de la route de Paris à Bruxelles, on fait acquérir au pigeon la connaissance exacte de cette route. Dans ce cas, c'est uniquement la vue qui guide le pigeon voyageur. Il est parfois beaucoup plus difficile de se rendre compte des moyens employés par le pigeon pour reconnaître la route qu'il doit suivre afin de retourner à son pigeonnier. Tel est le cas dans lequel on emporte un pigeon dans un panier à une très grande distance; tel est le cas encore des pigeons qui, pendant le siège de Paris, étaient transportés en ballon jusqu'à Tours et qui cependant revenaient à Paris. D'après Toussenel, les pigeons seraient, dans ce cas, guidés par des impressions atmosphériques. Cet habile observateur admet qu'un pigeon habitant un pays déterminé, la France, par exemple, sait très bien distinguer les quatre points cardinaux, d'après la température et l'état hygrométrique des vents qui en viennent. « Le pigeon domes-
» tique, ajoute-t-il, transporté de Bruxelles à Toulouse dans un panier couvert, n'a pas eu le
» loisir de relever de l'œil la carte géographique du parcours; mais il n'était au pouvoir de
» personne de l'empêcher de sentir, aux chaudes impressions de l'atmosphère, qu'il suivait
» la route du Midi. Rendu à la liberté à Toulouse, il sait déjà que la ligne à suivre pour
» regagner ses pénates est la ligne du Nord. Donc, il pique droit dans cette direction et
» ne s'arrête que vers les parages du ciel dont la température moyenne est celle de la zone
» qu'il habite. S'il ne retrouve pas d'emblée son domicile, c'est qu'il a remonté perpendicu-
» lairement à l'équateur et qu'il a trop appuyé sur la gauche ou la droite, Bruxelles et Tou-
» louse ou une autre ville ne se trouvant pas exactement sur le même méridien. En tout cas,
» il n'a plus besoin que de quelques heures de recherches dans la direction de l'est à l'ouest
» pour relever ses erreurs; et c'est ce travail de rectification qui explique la différence que
» l'on observe entre les heures d'arrivée des différents courriers expédiés. »

Il est fort probable que cette explication contient une part plus ou moins considérable de vérité; mais il me semble qu'on pourrait ajouter à la connaissance des vents et de la tempé-rature une notion plus ou moins exacte de la direction de la marche du soleil ou de la lune, notion qui, ajoutée à celle de la température et de l'humidité, permettrait à l'oiseau de guider sa marche.

ront pas de revenir auprès de leur femelle dès qu'ils seront mis en liberté (a).

On voit que ces cinq races de pigeons ne sont que des variétés secondaires des premières que nous avons indiquées d'après les observations de quelques curieux qui ont passé leur vie à élever des pigeons, et particulièrement du sieur Fournier, qui en fait commerce, et qui a été chargé pendant quelques années du soin des volières et des basses-cours de S. A. S. monseigneur le comte de Clermont. Ce prince, qui de très bonne heure s'est déclaré proclamé protecteur des arts, toujours animé du goût des belles connaissances, a voulu savoir jusqu'où s'étendraient en ce genre les forces de la nature : on a rassemblé par ses ordres toutes les espèces, toutes les races connues des oiseaux domestiques, on les a multipliées et variées à l'infini; l'intelligence, les soins et la culture ont ici, comme en tout, perfectionné ce qui était connu, et développé ce qui ne l'était pas; on a fait éclore jusqu'aux arrières-germes de la nature, on a tiré de son sein toutes les productions ultérieures qu'elle seule, et sans aide, n'aurait pu amener à la lumière. En cherchant à épuiser les trésors de sa fécondité, on a reconnu qu'ils étaient inépuisables, et qu'avec un seul de ses modèles, c'est-à-dire avec une seule espèce, telle que celle du pigeon ou de la poule, on pouvait faire un peuple composé de mille familles différentes, toutes reconnaissables, toutes nouvelles, toutes plus belles que l'espèce dont elles tirent leur première origine.

Dès le temps des Grecs on connaissait les pigeons de volière, puisque Aristote dit qu'ils produisent dix et onze fois l'année, et que ceux d'Égypte produisent jusqu'à douze fois (b). L'on pourrait croire néanmoins que les grands colombiers, où les pigeons ne produisent que deux ou trois fois par an, n'étaient pas fort en usage du temps de ce philosophe : il compose le genre *columbacé* de quatre espèces (c), savoir : le ramier (*palumbes*), la tourterelle (*turtur*), le biset (*vinago*), et le pigeon (*columbus*) ; et c'est de ce dernier dont il dit que le produit est de dix pontes par an. Or, ce produit si fréquent ne se trouve que dans quelques races de nos pigeons de volière. Aristote n'en distingue pas les différences, et ne fait aucune mention des variétés de ces pigeons domestiques : peut-être ces variétés n'existaient qu'en petit nombre; mais il paraît qu'elles s'étaient bien multipliées du

---

(a) Dans les colombiers du Caire on sépare quelques mâles dont on retient les femelles, et on envoie ces mâles dans les villes dont on veut avoir des nouvelles; on écrit sur un petit morceau de papier qu'on recouvre de cire après l'avoir plié; on l'ajuste et l'attache sous l'aile du pigeon mâle, et on le lâche de grand matin après lui avoir bien donné à manger, de peur qu'il ne s'arrête; il s'en va droit au colombier où est sa femelle... il fait en un jour le trajet qu'un homme de pied ne saurait faire qu'en six. *Voyage de Pietro della Valle*, t. Ier, p. 416 et 417. — On se sert à Alep de pigeons qui portent en moins de six heures des lettres d'Alexandrette à Alep, quoiqu'il y ait vingt-deux bonnes lieues. *Voyage de Thévenot*, t. II, p. 73.

(b) Aristote, *Historia animalium*, lib. vi, cap. iv.

(c) *Idem*, lib. viii, cap. iii.

temps de Pline (a) qui parle des grands pigeons de Campanie et des curieux en ce genre, qui achetaient à un prix excessif une paire de beaux pigeons dont ils racontaient l'origine et la noblesse, et qu'ils élevaient dans des tours placées au-dessus du toit de leurs maisons. Tout ce que nous ont dit les anciens au sujet des mœurs et des habitudes des pigeons doit donc se rapporter aux pigeons de volière plutôt qu'à ceux de nos colombiers, qu'on doit regarder comme une espèce moyenne entre les pigeons domestiques et les pigeons sauvages, et qui participent en effet des mœurs des uns et des autres.

Tous ont de certaines qualités qui leur sont communes : l'amour de la société, l'attachement à leurs semblables, la douceur de mœurs, la chasteté, c'est-à-dire la fidélité réciproque et l'amour sans partage du mâle et de la femelle; la propreté, le soin de soi-même, qui supposent l'envie de plaire; l'art de se donner des grâces qui le suppose encore plus; les caresses tendres, les mouvements doux, les baisers timides qui ne deviennent intimes et pressants qu'au moment de jouir; ce moment même ramené quelques instants après par de nouveaux désirs, de nouvelles approches également nuancées, également senties; un feu toujours durable, un goût toujours constant, et pour plus grand bien encore la puissance d'y satisfaire sans cesse; nulle humeur, nul dégoût, nulle querelle; tout le temps de la vie employé au service de l'amour et au soin de ses fruits; toutes les fonctions pénibles également réparties; le mâle aimant assez pour les partager et même se charger des soins maternels, couvant régulièrement à son tour et les œufs et les petits pour en épargner la peine à sa compagne, pour mettre entre elle et lui cette égalité dont dépend le bonheur de toute union durable : quels modèles pour l'homme, s'il pouvait ou savait les imiter !

OISEAUX ÉTRANGERS

QUI ONT RAPPORT AU PIGEON

Il y a peu d'espèces qui soient aussi généralement répandues que celle du pigeon : comme il a l'aile très forte et le vol soutenu, il peut faire aisément de longs voyages; aussi la plupart des races sauvages ou domestiques se trouvent dans tous les climats. De l'Égypte jusqu'en Norvège on élève des

---

(a) « Columbarum amore insaniunt multi; super tecta exædificant turres iis; nobilitatem-» que singularum et origines narrant veteres. Jam exemplo L. Axius, eques romanus, ante » bellum civile pompeianum, denariis quadringentis singula paria vendidit, ut M. Varro » tradit; quin et patriam nobilitavère, in Campaniâ grandissimæ provenire existimatæ. » Pline, Hist. nat., lib. x, cap. xxxvii. — Les quatre cents deniers romains font soixante-dix livres de notre monnaie; la manie pour les beaux pigeons est donc encore plus grande aujourd'hui que du temps de Pline, car nos curieux les payent beaucoup plus cher.

pigeons de volière, et quoiqu'ils prospèrent mieux dans les climats chauds, ils ne laissent pas de réussir dans les pays froids, tout dépendant des soins qu'on leur donne, et ce qui prouve que l'espèce en général ne craint ni le chaud ni le froid, c'est que le pigeon sauvage ou biset se trouve également dans presque toutes les contrées des deux continents (a).

Le pigeon brun de la Nouvelle-Espagne (*), indiqué par Fernandez sous le nom mexicain cehoilotl (b), qui est brun partout, excepté la poitrine et les extrémités des ailes qui sont blanches, ne nous paraît être qu'une variété du biset : cet oiseau du Mexique a le tour des yeux d'un rouge vif, l'iris noir, et les pieds rouges ; celui que le même auteur (c) indique sous le nom de hoilotl, qui est brun, marqué de taches noires, n'est vraisemblablement qu'une variété d'âge ou de sexe du précédent ; et un autre du même pays, appelé hacahoilotl, qui est bleu sur toutes les parties supérieures, et rouge sur la poitrine et le ventre, n'est peut-être encore qu'une variété de notre pigeon sauvage (d), et tous trois me paraissent appartenir à l'espèce de notre pigeon d'Europe.

Le pigeon indiqué par M. Brisson (e) sous le nom de *pigeon violet de la Martinique* (**), et qui est représenté sous ce même nom de pigeon de la Martinique, ne nous paraît être qu'une très légère variété de notre pigeon commun. Celui que ce même auteur (f) appelle simplement pigeon de la Martinique, et qui est représenté sous la dénomination de *pigeon roux de Cayenne* (***), ne forment ni l'un ni l'autre des espèces différentes de celle

(a) Les oiseaux que les habitants de nos îles de l'Amérique appellent *ramiers* sont les vrais bisets de l'Europe : ils sont passagers et ne s'arrêtent jamais longtemps en un lieu ; ils suivent les graines qui ne mûrissent pas en même temps dans tous les endroits des îles ; ils branchent et nichent sur les plus hauts arbres deux ou trois fois l'année... il n'est pas croyable combien les chasseurs en tuent. Lorsqu'ils mangent de bonnes graines, ils sont gras et d'aussi bon goût que les pigeons d'Europe ; mais ceux qui se nourrissent de graines amères, comme de celles de l'acomat, sont amers comme de la suie. Du Tertre, *Hist. des Antilles*, t. II, p. 256. — Il y a des pigeons, sur la côte de Guinée, qui sont des plus communs, tels que nos pigeons des champs, et qui ne laissent pas d'être un fort bon manger. Bosman, *Voyage de Guinée*, p. 242. Il y a aux îles Maldives quantité de pigeons... Il y a à Calicut des pigeons fort gros et des paons sauvages. *Voyage de Pyrard*, p. 131 et 426.

(b) Fernandez, *Hist. nov. Hisp.*, cap. cxxxii, p. 42.

(c) *Ibidem*, cap. lvi, p. 26 ; et cap. lx, p. 57.

(d) *Ibidem*, cap. clix, p. 46.

(e) « Columba castaneo violacea ; ventre rufescente ; remigibus interius rufis... Columba » violacea Martinicana. » Le pigeon violet de la Martinique. Brisson, *Ornithologie*, t. Ier, p. 129, planche xii, fig. 1. — Perdrix rousse. Du Tertre, *Hist. des Antilles*, t. II, p. 254.

(f) « Columba superne fusco-rufescens, inferne dilute fulvo-vinacea ; torque violaceo aureo ; » maculis in utraque alâ nigris ; rectricibus lateralibus tæniâ transversâ nigrâ donatis, apice » albis... Columba Martinicana. » Le pigeon de la Martinique. On l'appelle à la Martinique perdrix. Brisson, *Ornithologie*, t. Ier, p. 103 et 104.

(*) *Columba mexicana* L.

(**) *Columba martinica* L.

(***) *Columba martinica* L.

de notre pigeon : il y a même toute apparence que le dernier n'est que la femelle du premier, et qu'ils tirent leur origine de nos pigeons fuyards. On les appelle improprement *perdrix* à la Martinique, où il n'y a point de vraies perdrix, mais ce sont des pigeons qui ne ressemblent à la perdrix que par la couleur du plumage, et qui ne diffèrent pas assez de nos pigeons pour qu'on doive leur donner un autre nom ; et comme l'un nous est venu de Cayenne et l'autre de la Martinique, on peut en inférer que l'espèce est répandue dans tous les climats chauds du nouveau continent.

Le pigeon décrit et dessiné par M. Edwards (pl. CLXXVI), sous la dénomination de *pigeon brun des Indes orientales*, est de la même grosseur que notre pigeon biset ; et comme il n'en diffère que par les couleurs, on peut le regarder comme une variété produite par l'influence du climat. Il est remarquable en ce que ses yeux sont entourés d'une peau d'un beau bleu, dénuée de plumes, et qu'il relève souvent et subitement sa queue, sans cependant l'étaler comme le pigeon-paon.

Il en est de même du pigeon d'Amérique, donné par Catesby (*a*) sous le nom de *pigeon de passage* (*), et par Frisch sous celui de *columba Americana* (*b*), qui ne diffère de nos pigeons fuyards, et devenus sauvages, que par les couleurs et par les plumes de la queue qu'il a plus longues, ce qui semble le rapprocher de la tourterelle ; mais ces différences ne nous paraissent pas suffisantes pour en faire une espèce distincte et séparée de celle de nos pigeons.

Il en est encore de même du pigeon indiqué par Ray (*c*), appelé par les Anglais *pigeon-perroquet*, décrit ensuite par M. Brisson (*d*), et que nous avons fait représenter (**) sous la dénomination de *pigeon vert des Philippines* (***) : comme il est de la même grandeur que notre pigeon sauvage ou fuyard, et qu'il n'en diffère que par la force des couleurs, ce qu'on peut attribuer au climat chaud, nous ne le regarderons que comme un variété dans l'espèce de notre pigeon.

Il s'est trouvé dans le Cabinet du Roi un oiseau sous le nom de *pigeon vert d'Amboine* (****), qui n'est pas celui que M. Brisson a donné sous ce nom (*e*), et que nous avons fait représenter : cet oiseau est d'une race très

---

(*a*) Catesby, *Hist. nat. de la Caroline*, t. Ier, planche XXIII, avec une figure coloriée.

(*b*) Frisch, planche CXLII, avec une figure coloriée.

(*c*) « Columba Maderas-patana variis coloribus eleganter depicta. » Ray, *Syst. Avi.*, p. 196, no 15.

(*d*) Le pigeon vert des Philippines. Brisson, *Ornitholog.*, t. Ier, p. 143, avec une figure, planche XI, fig. 2.

(*e*) Brisson, *Ornithologie*, t. Ier, p. 145.

(*) *Columba migratoria* L.

(**) No 138 des *Planches enluminées* de Buffon.

(***) *Columba vernans* L.

(****) *Columba aromatica* L.

voisine de la précédente, et pourrait bien même n'en être qu'une variété de sexe ou d'âge (*).

Le pigeon vert d'Amboine, décrit par M. Brisson (a), est de la grosseur d'une tourterelle; et quoique différent par la distribution des couleurs de celui auquel nous avons donné le même nom, il ne peut cependant être regardé que comme une autre variété de l'espèce de notre pigeon d'Europe, et il y a toute apparence que le pigeon vert de l'île Saint-Thomas (**), indiqué par Marcgrave (b), qui est de la même grandeur et figure que notre pigeon d'Europe, mais qui en diffère, ainsi que de tous les autres pigeons, par ses pieds couleur de safran, est cependant encore une variété du pigeon sauvage. En général, les pigeons ont tous les pieds rouges; il n'y a de différence que dans l'intensité ou la vivacité de cette couleur, et c'est peut-être par maladie ou par quelque autre cause accidentelle, que ce pigeon de Marcgrave les avait jaunes : du reste, il ressemble beaucoup aux pigeons verts des Philippines et d'Amboine, de nos planches enluminées. Thévenot fait mention de ces pigeons verts dans les termes suivants : « Il se trouve » aux Indes, à Agra, des pigeons tout verts, et qui ne diffèrent des nôtres » que par cette couleur. Les chasseurs les prennent aisément avec de la » glu (c). »

Le pigeon de la Jamaïque (***), indiqué par Hans Sloane (d), qui est d'un brun pourpré sur le corps, et blanc sous le ventre, et dont la grandeur est à peu près la même que celle de notre pigeon sauvage, doit être regardé comme une simple variété de cette espèce, d'autant plus qu'on ne le trouve pas à la Jamaïque en toutes saisons, et qu'il n'y est que comme oiseau de passage.

Un autre (****) qui se trouve dans le même pays de la Jamaïque, et qui n'est encore qu'une variété de notre pigeon sauvage, c'est celui qui a été indiqué par Hans Sloane (e), et ensuite par Catesby (f), sous la dénomination

(a) « Columba viridi-olivacea; dorso castaneo; remigibus supra nigris infra cinereis, oris » exterioribus flavis; pedibus nudis... Columba viridis Amboinensis. » Le pigeon vert d'Amboine. *Idem, ibidem*, avec une figure, planche x, fig. 2.

(b) « Columbæ sylvestris species ex insulâ Sancti Thomæ. » Marcgrave, *Hist. nat. Brasil.*, p. 213.

(c) *Voyages de Thévenot*, t. III, p. 73.

(d) « Columba minor ventre candido. » Sloane, *Jamaïc.*, p. 303, planche cclxii, fig. 1. — « Columba media ventre candido. » Browne, *Nat. Hist. of Jamaïc.*, p. 469.

(e) « Columba minor, capite albo. » Goritas, de Oviedo. Sloane, *Jamaïc.*, p. 303, planche cclxi, fig. 2.

(f) Pigeon à la couronne blanche. Catesby, *Hist. de la Caroline*, t. Ier, p. 25, planche xxv, avec une bonne figure coloriée.

(*) No 163 des *Planches enluminées* de Buffon.

(**) *Columba Sancti Thomæ* L.

(***) *Columba jamaïcensis* L.

(****) *Columba leucocephala* L.

de pigeon à la couronne blanche : comme il est de la même grosseur que notre pigeon sauvage, et qu'il niche et multiplie de même dans les trous des rochers, on ne peut guère douter qu'il ne soit de la même espèce.

On voit, par cette énumération, que notre pigeon sauvage d'Europe se trouve au Mexique, à la Nouvelle-Espagne, à la Martinique, à Cayenne, à la Caroline, à la Jamaïque, c'est-à-dire dans toutes les contrées chaudes et tempérées des Indes occidentales ; et qu'on le retrouve aux Indes orientales, à Amboine et jusqu'aux Philippines.

LE RAMIER

Comme cet oiseau (*) est beaucoup plus gros que le biset, et que tous deux tiennent de très près au pigeon domestique, on pourrait croire que les petites races de nos pigeons de volière sont issues des bisets et que les plus grandes viennent des ramiers, d'autant plus que les anciens étaient dans l'usage d'élever des ramiers (a), de les engraisser et de les faire multiplier · il se peut donc que nos grands pigeons de volière, et particulièrement les gros pattus, viennent originairement des ramiers ; la seule chose qui paraîtrait s'opposer à cette idée, c'est que nos petits pigeons domestiques produisent avec les grands, au lieu qu'il ne paraît pas que le ramier produise avec le biset, puisque tous deux fréquentent les mêmes lieux sans se mêler ensemble. La tourterelle, qui s'apprivoise encore plus aisément que le ramier, et que l'on peut facilement élever et nourrir dans les maisons, pourrait, à égal titre, être regardée comme la tige de quelques-unes de nos races de pigeons domestiques, si elle n'était pas, ainsi que le ramier, d'une espèce particulière et qui ne se mêle pas avec les pigeons sauvages ; mais on peut concevoir que des animaux qui ne se mêlent pas dans l'état de nature, parce que chaque mâle trouve une femelle de son espèce, doivent se mêler dans l'état de captivité, s'ils sont privés de leur femelle propre et

(a) « Palumbes antiqui cellares habebant quas pascendo saginabant. » Perrottus apud Gesnerum, de Avibus, p. 310.

(*) Le Ramier (Palumbus torquatus) « a la tête, la nuque et la gorge d'un bleu foncé ; » le haut du dos et les ailes d'un gris bleu foncé ; le bas du dos et le croupion bleu clair ; » la tête et la poitrine gris vineux ; le bas du ventre blanc, le reste de la partie inférieure » bleu clair ; la partie inférieure du cou ornée de chaque côté d'une tache blanche brillante ; » le derrière et les côtés du cou d'un vert doré, à reflets bleu et cuivre rosé ; les rémiges » gris ardoisé, avec les primaires bordées de blanc ; les rectrices d'un cendré foncé en » dessus, passant au noir vers l'extrémité, avec une large bande transversale d'un gris » bleuâtre en dessous ; l'œil jaune de soufre clair, le bec jaune pâle à la pointe, rouge à la » racine ; les pattes d'un rouge bleuâtre. Cet oiseau a 45 centimètres de long et 79 centi- » mètres d'envergure ; la longueur de l'aile est de 25 centimètres, celle de la queue 18. » La femelle est un peu plus petite que le mâle, et les jeunes ont des teintes plus mates. » (Brehm.)

quand on ne leur offre qu'une femelle étrangère. Le biset, le ramier et la tourterelle ne se mêlent pas dans les bois, parce que chacun y trouve la femelle qui lui convient le mieux, c'est-à-dire celle de son espèce propre; mais il est possible qu'étant privés de leur liberté et de leur femelle ils s'unissent avec celles qu'on leur présente; et comme ces trois espèces sont fort voisines, les individus qui résultent de leur mélange doivent se trouver féconds et produire par conséquent des races ou variétés constantes : ce ne seront pas des mulets stériles, comme ceux qui proviennent de l'ânesse et du cheval, mais des métis féconds, comme ceux que produit le bouc avec la brebis. A juger du genre *columbacé* par toutes les analogies, il paraît que dans l'état de nature il y a, comme nous l'avons dit, trois espèces principales et deux autres qu'on peut regarder comme intermédiaires. Les Grecs avaient donné à chacune de ces cinq espèces des noms différents, ce qu'ils ne faisaient jamais que dans l'idée qu'il y avait, en effet, diversité d'espèce : la première et la plus grande est le *phassa* ou *phatta*, qui est notre ramier; la seconde est le *péléias*, qui est notre biset; la troisième, le *trugon* ou la *tourterelle;* la quatrième, qui fait la première des intermédiaires, est l'*oenas*, qui, étant un peu plus grand que le biset, doit être regardé comme une variété dont l'origine peut se reporter aux pigeons fuyards ou déserteurs de nos colombiers; enfin, la cinquième est le *phaps*, qui est un ramier plus petit que le *phassa*, et qu'on a par cette raison appelé *palumbus minor*, mais qui ne nous paraît faire qu'une variété dans l'espèce du ramier; car on a observé que, suivant les climats, les ramiers sont plus ou moins grands : ainsi toutes les espèces nominales anciennes et modernes se réduisent toujours à trois, c'est-à-dire à celles du biset, du ramier et de la tourterelle, qui peut-être ont contribué toutes trois à la variété presque infinie qui se trouve dans nos pigeons domestiques.

Les ramiers arrivent dans nos provinces au printemps, un peu plus tôt que les bisets, et partent en automne un peu plus tard : c'est au mois d'août qu'on trouve en France les ramereaux en plus grande quantité, et il paraît qu'ils viennent d'une seconde ponte qui se fait sur la fin de l'été; car la première ponte, qui se fait de très bonne heure au printemps, est souvent détruite, parce que le nid, n'étant pas encore couvert par les feuilles, est trop exposé. Il reste des ramiers pendant l'hiver dans la plupart de nos provinces; ils perchent comme les bisets, mais ils n'établissent pas, comme eux, leurs nids dans des trous d'arbres : ils les placent à leur sommet et les construisent assez légèrement avec des bûchettes; ce nid est plat et assez large pour recevoir le mâle et la femelle. Je suis assuré qu'elle pond de très bonne heure au printemps deux et souvent trois œufs; car on m'a apporté plusieurs nids où il y avait deux et quelquefois trois ramereaux (a)

(a) M. Salerne dit que « les *poulaillers* d'Orléans achètent en Berri et en Sologne, dans » la saison des nids, une quantité considérable de tourtereaux qu'ils soufflent eux-mêmes déjà forts au commencement d'avril. Quelques gens ont prétendu que, dans notre climat, ils ne produisent qu'une fois l'année, à moins qu'on ne prenne leurs petits ou leurs œufs, ce qui, comme l'on sait, force tous les oiseaux à une seconde ponte. Cependant Frisch assure qu'ils couvent deux fois par an (a), ce qui nous paraît très vrai : comme il y a constance et fidélité dans l'union du mâle et de la femelle, cela suppose que le sentiment d'amour et le soin des petits dure toute l'année; or, la femelle pond quatorze jours après les approches du mâle (b); elle ne couve que pendant quatorze autres jours, et il ne faut qu'autant de temps pour que les petits puissent voler et se pourvoir d'eux-mêmes; ainsi il y a toute apparence qu'ils produisent plutôt deux fois qu'une par an : la première, comme je l'ai dit, au commencement du printemps, et la seconde au solstice d'été, comme l'ont remarqué les anciens. Il est très certain que cela est ainsi dans tous les climats chauds et tempérés, et très probable qu'il en est à peu près de même dans les pays froids. Ils ont un roucoulement plus fort que celui des pigeons, mais qui ne se fait entendre que dans la saison des amours et dans les jours sereins; car, dès qu'il pleut, ces oiseaux se taisent, et on ne les entend que très rarement en hiver; ils se nourrissent de fruits sauvages, de glands, de faînes, de fraises, dont ils sont très avides, et aussi de fèves et de grains de toute espèce; ils font un grand dégât dans les blés lorsqu'ils sont versés, et quand ces aliments leur manquent, ils mangent de l'herbe; ils boivent à la manière des pigeons, c'est-à-dire de suite et sans relever la tête qu'après avoir avalé toute l'eau dont ils ont besoin. Comme leur chair, et surtout celle des jeunes, est excellente à manger, on recherche soigneusement leurs nids, et on en détruit ainsi une grande quantité : cette dévastation, jointe au petit produit, qui n'est que de deux ou trois œufs à chaque ponte, fait que l'espèce n'est nombreuse nulle part; on en prend, à la vérité, beaucoup avec des filets dans les lieux de leur passage, surtout dans nos provinces voisines des Pyrénées; mais ce n'est que dans une saison et pendant peu de jours.

» avec la bouche, les engraissent de millet en moins de quinze jours pour les porter ensuite » à Paris; qu'ils engraissent de même les ramereaux; qu'ils y portent aussi des pigeons » bisets et d'autres pigeons qu'ils appellent des *postes;* que ces derniers sont, selon eux, » des pigeons de colombier devenus fuyards ou vagabonds, qui nichent tantôt dans un » endroit et tantôt dans un autre, dans les églises, dans des tours, dans des murailles de » vieux châteaux ou dans des rochers. » *Ornithol.,* p. 162. — Ce fait prouve que les ramiers, ainsi que tous les pigeons et tourterelles, peuvent être élevés comme les autres oiseaux domestiques, et que par conséquent ils peuvent avoir donné naissance aux plus belles variétés et aux plus grandes races de nos pigeons de volière. M. Leroy, lieutenant des chasses et inspecteur du parc de Versailles, m'a aussi assuré que les ramereaux pris au nid s'apprivoisent et s'engraissent très bien, et que même de vieux ramiers pris au filet s'accoutument aisément à vivre dans des volières, où l'on peut, en les soufflant, leur faire prendre graisse en fort peu de temps.

(a) Voyez Frisch, à l'article du Ringel-taube, planche cxxxviii.

(b) Aristote, *Hist. animal.,* lib. vi, cap. iv.

Il paraît que, quoique le ramier préfère les climats chauds et tempérés (*a*), il habite quelquefois dans les pays septentrionaux, puisque M. Linnæus le met dans la liste des oiseaux qui se trouvent en Suède (*b*); et il paraît aussi qu'ils ont passé d'un continent à l'autre (*c*), car il nous est arrivé des provinces méridionales de l'Amérique, ainsi que des contrées les plus chaudes de notre continent, plusieurs oiseaux qu'on doit regarder comme des variétés ou des espèces très voisines de celle du ramier, et dont nous allons faire mention dans l'article suivant.

OISEAUX ÉTRANGERS

QUI ONT RAPPORT AU RAMIER

I. — LE PIGEON RAMIER DES MOLUQUES.

Le pigeon ramier des Moluques (*), indiqué sous ce nom par M. Brisson (*d*), et que nous avons fait représenter (**) avec une noix muscade dans le bec parce qu'il se nourrit de ce fruit. Quelque éloigné que soit le climat des Moluques de celui de l'Europe, cet oiseau ressemble si fort à notre ramier par la grandeur et la figure, que nous ne pouvons le regarder que comme une variété produite par l'influence du climat.

Il en est de même de l'oiseau (***) indiqué et décrit par M. Edwards (*e*), et qu'il dit se trouver dans les provinces méridionales de la Guinée : comme

(*a*) Les rochers des deux îles de la Madeleine servent de retraite à un nombre infini de pigeons ramiers naturels au pays, et qui ne diffèrent de ceux d'Europe qu'en ce qu'ils sont d'une délicatesse et d'un goût plus exquis. *Voyage au Sénégal*, par M. Adanson, p. 165.

(*b*) Linn., *Faun. suec.*, n° 175.

(*c*) A la Guadeloupe, les graines de bois d'Inde qui étaient mûres avaient attiré une infinité de ramiers; car ces oiseaux aiment passionnément ces graines; ils s'en engraissent à merveille, et leur chair en contracte une odeur de girofle et de muscade tout à fait agréable... Quand ces oiseaux sont gras, ils sont extrêmement paresseux... plusieurs coups de fusil ne les obligent point de s'envoler; ils se contentent de sauter d'une branche à l'autre en criant et regardant tomber leurs compagnons. *Nouveau voyage aux îles de l'Amérique*, t. V, p. 486. — A la baie de Tous-les-Saints il y a deux sortes de pigeons ramiers : les uns, de la grosseur de nos pigeons ramiers (d'Europe), sont d'un gris obscur; les autres, plus petits, sont d'un gris clair; les uns et les autres sont un très bon manger, et il y en a de si grandes troupes depuis le mois de mai jusqu'en septembre, qu'un seul homme peut en tuer neuf ou dix douzaines dans une matinée, lorsque le ciel est couvert de brouillards et qu'ils viennent manger les baies qui croissent dans les forêts. *Voyage de Dampier*, t. IV, p. 66.

(*d*) *Ornithol.*, t. Ier, p. 148, avec une figure, planche xiii, fig. 2.

(*e*) The triangular spotted pigeon. *Hist. of Birds*, pl. lxxv.

(*) *Columba ænea* L.

(**) N° 104 des *planches enluminées* de Buffon.

(***) *Columba guinæa* L.

il est à demi pattu et à peu près de la grandeur du ramier d'Europe, nous le rapporterons à cette espèce comme simple variété, quoiqu'il en diffère par les couleurs, étant marqué de taches triangulaires sur les ailes, et qu'il ait tout le dessous du corps gris, les yeux entourés d'une peau rouge et nue, l'iris d'un beau jaune, le bec noirâtre ; mais toutes ces différences de couleur dans le plumage, le bec et les yeux, peuvent être regardées comme des variétés produites par le climat.

Une troisième variété du ramier qui se trouve dans l'autre continent, c'est le pigeon à queue annelée de la Jamaïque (*), indiqué par Hans Sloane (a) et Browne, qui, étant de la grandeur à peu près du ramier d'Europe, peut y être rapporté plutôt qu'à aucune autre espèce : il est remarquable par la bande noire qui traverse sa queue bleue, par l'iris des yeux, qui est d'un rouge plus vif que celui de l'œil du ramier, et par deux tubercules qu'il a près de la base du bec.

II. — LE FOUNINGO (**).

L'oiseau appelé à Madagascar *founingo-mena-rabou*, et auquel nous conserverons partie de ce nom parce qu'il nous paraît être d'une espèce particulière (***), et qui, quoique voisine de celle du ramier, en diffère trop par la grandeur pour qu'on puisse le regarder comme une simple variété (b). M. Brisson a indiqué le premier cet oiseau (c), et nous l'avons fait représenter sous la dénomination de *pigeon ramier bleu de Madagascar* (****) : il est beaucoup plus petit que notre ramier d'Europe et de la même grandeur à peu près qu'un autre pigeon du même climat qui paraît avoir été indiqué par Bontius (d), et qui a ensuite été décrit par M. Brisson (e) sur un individu venant de Madagascar, où il s'appelle *founingo maïtsou*, ce qui paraît prouver que, malgré la différence de couleur du vert au bleu, ces deux oiseaux sont de la même espèce, et qu'il n'y a peut-être entre eux d'autre différence

(a) « Columba caudâ torquatâ, seu fasciâ fuscâ notata. » Sloane, *Jamaïc.*, p. 302. — « Columba major, nigro cærulescens, caudâ fasciatâ. » Browne, p. 468.

(b) Ce qui nous fait présumer que le founingo est d'une autre espèce que celle de notre ramier, c'est que ce dernier se trouve dans ce même climat. « Nous vîmes (dit Bontekoe) dans l'île de Mascarenas quantité de pigeons ramiers bleus qui se laissaient prendre à la main ; nous en tuâmes ce jour-là près de deux cents... nous y trouvâmes aussi quantité de ramiers. » *Voyages aux Indes orientales*, p. 16.

(c) Le pigeon ramier bleu de Madagascar. Brisson, *Ornithol.*, t. Ier, p. 140, avec une figure, planche xiv, fig. 1.

(d) « Columba viridissimi coloris. » Bonti., *Ind. or.*, p. 62.

(e) Le pigeon ramier vert de Madagascar. *Ornithologie*, t. Ier, p. 142, avec une figure, planche xiv, fig. 2.

(*) Columba caribæa L.
(**) Columba madagascariensis L.
(***) No 11 des *planches enluminées* de Buffon.
(****) Columba australis LATH.

que celle du sexe ou de l'âge. On trouvera cet oiseau vert représenté sous la dénomination de *pigeon ramier vert de Madagascar* (*) dans nos planches enluminées (**).

III. — LE RAMIRET.

L'oiseau représenté (***) sous la dénomination de *pigeon-ramier de Cayenne*, dont l'espèce est nouvelle, et n'a été indiquée par aucun des naturalistes qui nous ont précédés : comme elle nous a paru différente de celle du ramier d'Europe et de celle du *founingo* d'Afrique, nous avons cru devoir lui donner un nom propre, et nous l'avons appelé *ramiret*, parce qu'il est plus petit que notre ramier ; c'est un des plus jolis oiseaux de ce genre, et qui tient un peu à celui de la tourterelle par la forme de son cou et l'ordonnance des couleurs, mais qui en diffère par la grandeur et par plusieurs caractères qui le rapprochent plus des ramiers que d'aucune autre espèce d'oiseaux.

IV. — LE PIGEON NINCOMBAR.

Le pigeon des îles Nincombar, ou plutôt Nicobar (****), décrit et dessiné par Albin (a), qui, selon lui, est de la grandeur de notre ramier d'Europe, dont la tête et la gorge sont d'un noir bleuâtre, le ventre d'un brun noirâtre, et les parties supérieures du corps et des ailes variées de bleu, de rouge, de pourpre, de jaune et de vert. Selon M. Edwards, qui a donné depuis Albin une très bonne description et une excellente figure de cet oiseau (b), il ne paraissait que de la grosseur d'un pigeon ordinaire... Les plumes sur le cou sont longues et pointues comme celles d'un coq de basse-cour, elles ont de très beaux reflets de couleurs variées de bleu, de rouge, d'or et de couleur de cuivre ; le dos et le dessus des ailes sont verts, avec des reflets d'or et cuivre... J'ai, ajoute M. Edwards, trouvé dans Albin des figures qu'il appelle le *coq* et la *poule de cette espèce ;* je les ai examinées ensuite chez le chevalier Sloane, et je n'ai pu y trouver aucune différence de laquelle on pourrait conclure que ces oiseaux fussent le mâle et la femelle... Albin l'appelle *Ninkcombar ;* le vrai nom de l'île d'où cet oiseau a été apporté est Nicobar... Il y a plusieurs petites îles qui portent ce nom, et qui sont situées au nord de Sumatra.

(a) « Pigeon de Nincombar. » Albin, t. III, p. 20, avec des figures, planche XLVII, le mâle; et planche XLVIII, la femelle. — Cette différence de sexe donnée par Albin n'est pas certaine : voyez ci-après ce qu'en dit M. Edwards.

(b) Edwards, *Glanures*, p. 271 et suiv., pl. CCCXXXIX.

(*) Nº 111 des *planches enluminées* de Buffon.
(**) *Columba speciosa* L.
(***) Nº 213 des *planches enluminées* de Buffon.
(****) *Columba nicobarica* L.

V. — LE CROWN-WOGEL.

L'oiseau nommé par les Hollandais *crown-wogel,* donné par M. Edwards, pl. cccxxxviii, sous le nom de *gros pigeon couronné des Indes,* et, par M. Brisson (*a*), sous celui de *faisan couronné des Indes* (*).

Quoique cet oiseau soit aussi gros qu'un dindon, il paraît certain qu'il appartient au genre du pigeon ; il en a le bec, la tête, le cou, toute la forme du corps ; les jambes, les pieds, les ongles, la voix, le roucoulement, les mœurs, etc. : c'est parce qu'on a été trompé par sa grosseur qu'on n'a pas songé à le comparer au pigeon, et que M. Brisson, et ensuite notre dessinateur, l'ont appelé *faisan.* Le dernier volume des Oiseaux de M. Edwards n'avait pas encore paru, mais voici ce qu'en dit cet habile ornithologiste : « Il est de la famille des pigeons, quoique aussi gros qu'un dindon de » médiocre grandeur... M. Loten a rapporté des Indes plusieurs de ces » oiseaux vivants... Il est natif de l'île de Banda... M. Loten m'a assuré que » c'est proprement un pigeon, et qu'il en a tous les gestes et tous les tons » ou roucoulements en caressant sa femelle : j'avoue que je n'aurais jamais » songé à trouver un pigeon dans un oiseau de cette grosseur, sans une » telle information (*b*). »

Il est arrivé à Paris, tout nouvellement, à M. le prince de Soubise, cinq de ces oiseaux vivants : ils sont tous cinq si ressemblants les uns aux autres par la grosseur et la couleur, qu'on ne peut distinguer les mâles et les femelles ; d'ailleurs, ils ne pondent pas, et M. Mauduit, très habile naturaliste, nous a assuré en avoir vu plusieurs en Hollande, où ils ne pondent pas plus qu'en France. Je me souviens d'avoir lu, dans quelques Voyages, qu'aux Grandes Indes on élève et nourrit ces oiseaux dans des basses-cours, à peu près comme les poules.

(*a*) Brisson, *Ornithol.*, t. Ier, p. 278, pl. vi, fig. 1.
(*b*) Edwards, *Glanures,* p. 269 et suiv.

(*) *Columba coronata* L.

LA TOURTERELLE

La tourterelle (*) aime, peut-être plus qu'aucun autre oiseau, la fraîcheur en été et la chaleur en hiver : elle arrive dans notre climat fort tard au printemps, et le quitte dès la fin du mois d'août, au lieu que les bisets et les ramiers arrivent un mois plut tôt, et ne partent qu'un mois plus tard, plusieurs même restent pendant l'hiver. Toutes les tourterelles, sans en excepter une, se réunissent en troupes, arrivent, partent et voyagent ensemble ; elles ne séjournent ici que quatre ou cinq mois : pendant ce court espace de temps elles s'apparient, nichent, pondent et élèvent leurs petits au point de pouvoir les emmener avec elles. Ce sont les bois les plus sombres et les plus frais qu'elles préfèrent pour s'y établir ; elles placent leur nid, qui est presque tout plat, sur les plus hauts arbres, dans les lieux les plus éloignés de nos habitations. En Suède (a), en Allemagne, en France, en Italie, en Grèce (b), et peut-être encore dans des pays plus froids et plus chauds, elles ne séjournent que pendant l'été, et quittent également avant l'automne : seulement Aristote nous apprend qu'il en reste quelques-unes en Grèce, dans les endroits les plus abrités ; cela semble prouver qu'elles cherchent les climats très chauds pour y passer l'hiver. On les trouve presque partout (c) dans l'an-

(a) Linnæus, *Faun. Suec.*, n° 175.

(b) « Nec hibernare apud nos patiuntur turtures... volant gregatim turtures, cùm accedunt » et abeunt... coturnices quoque discedunt, nisi paucæ locis apricis remanserint : quod et » turtures faciunt. » Arist., *Hist. anim.*, lib. viii, p. 12.

(c) « Nous vîmes dans le royaume de Siam deux sortes de tourterelles : la première est » semblable aux nôtres et la chair en est bonne ; la seconde a le plumage plus beau, mais la » chair en est jaunâtre et de mauvais goût. Les campagnes sont pleines de ces tourterelles. » *Second voyage de Siam*, p. 248 ; et Geronier, *Hist. nat. et polit.* de Siam, p. 35. — Les pigeons ramiers et les tourterelles viennent aux îles Canaries des côtes de Barbarie. *Hist. gén. des voyages*, t. II, p. 241. — A Fida, en Afrique, il y a une si grande quantité de tourterelles, qu'un homme, qui tirait assez bien, voulait s'engager à en tuer cent en six heures

(*) *Turtur auritus* Bp. « La Tourterelle a les plumes du dos d'un brun roux sur les bords, » tachetées en leur milieu de noir et de gris cendré ; le sommet de la tête et le derrière du » cou bleu ciel tournant au grisâtre ; le côté du cou marqué de quatre bandes transversales » noires, bordées de blanc d'argent ; la gorge et la poitrine d'un rouge vineux ; le ventre » rouge bleuâtre, tirant plus ou moins sur le grisâtre ; les rémiges primaires noirâtres, les » secondaires de même teinte, à reflets d'un bleu cendré ; les scapulaires noirâtres, largement » rayées de rouge brun ; l'œil jaune brunâtre, entouré d'un cercle rouge bleuâtre ; le bec noir ; » les pattes rouge carmin. » (Brehm.)

cien continent ; on les retrouve dans le nouveau (a) et jusque dans les îles de la mer du Sud (b) : elles sont, comme les pigeons, sujettes à varier, et quoique naturellement plus sauvages, on peut néanmoins les élever de même, et les faire multiplier dans des volières. On unit aisément ensemble les différentes variétés ; on peut même les unir au pigeon et leur faire produire des métis ou des mulets, et former ainsi de nouvelles races ou de nouvelles variétés individuelles. « J'ai vu, m'écrit un témoin digne de foi (c), dans le Bugey, » chez un chartreux, un oiseau né du mélange d'un pigeon avec une tour- » terelle ; il était de la couleur d'une tourterelle de France, il tenait plus de » la tourterelle que du pigeon ; il était inquiet, et troublait la paix dans la » volière. Le pigeon père était d'une très petite espèce, d'un blanc parfait, » avec les ailes noires. » Cette observation, qui n'a pas été suivie jusqu'au point de savoir si le métis provenant du pigeon et de la tourterelle était fécond, ou si ce n'était qu'un mulet stérile, cette observation, dis-je, prouve au moins la très grande proximité de ces deux espèces : il est donc fort pos-

de temps. Bosman, *Voyage de Guinée*, p. 416. — Il y a des tourterelles aux Philippines, aux îles de Pulo-Condor, à Sumatra. Dampier, t. I⁰ʳ, p. 406 ; t. II, p. 82, et t. III, p. 155. — Il y a ici (à la Nouvelle-Hollande) quantité de tourterelles dodues et grasses, qui sont un très bon manger. *Idem.*, t. IV, p. 139.

(a) Les campagnes du Chili sont peuplées d'une infinité d'oiseaux, particulièrement de pigeons ramiers et de beaucoup de tourterelles. *Voyage de Frézier*, p. 74... Les pigeons ramiers y sont amers, et les tourterelles n'y sont pas un grand régal. *Idem*, p. 111. — A la Nouvelle-Espagne il y a plusieurs oiseaux d'Europe, comme des pigeons, des tourterelles grandes comme celles d'Europe, et de petites comme des grives. Gemelli Careri, t. VI, p. 212. — Je n'ai vu en aucun endroit du monde une aussi grande quantité de tourterelles et de pigeons ramiers qu'à Areca, au Pérou. Le Gentil, t. I⁰ʳ, p. 94. — Il y a dans les terres de la baie de Campêche trois sortes de tourterelles ; les unes ont le jabot blanc, le reste du plumage d'un gris tirant sur le bleu, ce sont les plus grosses, et elles sont bonnes à manger. Les autres sont de couleur brune par tout le corps, moins grasses et plus petites que les premières : ces deux espèces volent par paires et vivent des baies qu'elles cueillent sur les arbres. Les troi- sièmes sont d'un gris fort sombre, on les appelle *tourterelles de terre*, elles sont beaucoup plus grosses qu'une alouette, rondes et dodues ; elles vont par couple sur la terre. *Voyage de Dampier*, t. III, p. 310. — On croit communément qu'il y a à Saint-Domingue des perdrix rouges et des ortolans ; on se trompe, ce sont différentes espèces de tourterelles ; les nôtres y sont surtout fort communes. Charlevoix, *Histoire de Saint-Domingue*, t. I⁰ʳ, p. 28 et 29. — A la Martinique et aux Antilles les tourterelles ne se trouvent guère que dans les endroits écartés, où elles sont peu chassées ; celles de l'Amérique m'ont paru un peu plus grosses que celles de France... Dans le temps qu'elles font leurs petits on en prend beaucoup de jeunes avec des filets, on les nourrit dans des volières, elles s'y engraissent parfaitement bien, mais elles n'ont pas le goût si fin que les sauvages ; il est presque impossible de les apprivoiser. Celles qui vivent en liberté se nourrissent de *prunes de monbin* et d'*olives sauvages*, dont les noyaux leur restent assez longtemps dans le jabot, ce qui a fait croire à quelques-uns qu'elles mangeaient de petites pierres : elles sont ordinairement fort grasses et de bon goût. *Nouveau voyage aux îles de l'Amérique*, t. II, p. 237.

(b) Dans les îles enchantées de la mer du Sud, nous vîmes des tourterelles qui étaient si familières, qu'elles venaient se percher sur nous. *Hist. des navig. aux terres Australes*, t. II, p. 52... Il y a force tourterelles aux îles Gallapagos, dans la mer du Sud ; elles sont si privées, qu'on en peut tuer cinq ou six douzaines en une après-midi avec un simple bâton. *Nouveau voyage aux îles de l'Amérique*, t. II, p. 67.

(c) M. Hébert, que j'ai déjà cité plus d'une fois.

sible, comme nous l'avons déjà insinué, que les bisets, les ramiers et les tourterelles, dont les trois espèces paraissent se soutenir séparément et sans mélange dans l'état de nature, se soient néanmoins souvent unies dans celui de domesticité, et que de leur mélange soient issues la plupart des races de nos pigeons domestiques, dont quelques-uns sont de la grandeur du ramier, et d'autres ressemblent à la tourterelle par la petitesse, par la figure, etc., et dont plusieurs enfin tiennent du biset, ou participent de tous trois.

Et ce qui semble confirmer la vérité de notre opinion sur ces unions, qu'on peut regarder comme illégitimes, puisqu'elles ne sont pas dans le cours ordinaire de la nature, c'est l'ardeur excessive que ces oiseaux ressentent dans la saison de l'amour : la tourterelle est encore plus tendre, disons plus lascive, que le pigeon, et met aussi dans ses amours des préludes plus singuliers. Le pigeon mâle se contente de tourner en rond autour de sa femelle en piaffant et se donnant des grâces. Le mâle tourterelle, soit dans les bois, soit dans une volière, commence par saluer la sienne en se prosternant devant elle dix-huit ou vingt fois de suite ; il s'incline avec vivacité et si bas que son bec touche à chaque fois la terre ou la branche sur laquelle il est posé, il se relève de même ; les gémissements les plus tendres accompagnent ces salutations : d'abord la femelle y paraît insensible, mais bientôt l'émotion intérieure se déclare par quelques sons doux, quelques accents plaintifs qu'elle laisse échapper, et lorsqu'une fois elle a senti le feu des premières approches, elle ne cesse de brûler, elle ne quitte plus son mâle, elle lui multiplie les baisers, les caresses, l'excite à la jouissance et l'entraîne aux plaisirs jusqu'au temps de la ponte où elle se trouve forcée de partager son temps et de donner des soins à sa famille (*). Je ne citerai qu'un fait qui prouve assez combien ces oiseaux sont ardents (a); c'est qu'en mettant ensemble dans une cage des tourterelles mâles et dans une autre des tourterelles femelles, on les verra se joindre et s'accoupler comme s'ils étaient de sexe différent ; seulement cet excès arrive plus promptement et plus souvent aux mâles qu'aux femelles : la contrainte et la privation ne servent donc souvent qu'à mettre la nature en désordre, et non pas à l'éteindre.

(a) La tourterelle, m'écrit M. Leroy, diffère du ramier et du pigeon par son libertinage et son inconstance, malgré sa réputation. Ce ne sont pas seulement les femelles enfermées dans les volières qui s'abandonnent indifféremment à tous les mâles : j'en ai vu de sauvages, qui n'étaient ni contraintes ni corrompues par la domesticité, faire deux heureux de suite sans sortir de la même branche.

(*) Le mâle et la femelle restent très étroitement unis l'un à l'autre pendant toute la saison des amours, et la perte de l'un des deux conjoints produit chez l'autre une douleur extrêmement vive. Ce fait, bien connu des chasseurs, est devenu légendaire au point que, d'après la croyance générale, la mort de l'un des deux individus unis par l'amour entraînerait fatalement celle de l'autre. Le mâle couve alternativement avec la femelle et prodigue, comme elle, les plus grands soins aux petits.

Nous connaissons dans l'espèce de la tourterelle deux races ou variétés constantes : la première est la tourterelle commune ; la seconde s'appelle *tourterelle à collier*, parce qu'elle porte sur le cou une sorte de collier noir. Toutes deux se trouvent dans notre climat, et lorsqu'on les unit ensemble elles produisent un métis : celui que Schwenckfeld décrit, et qu'il appelle *turtur mixtus* (a), provenait d'un mâle de tourterelle commune et d'une femelle de tourterelle à collier, et tenait plus de la mère que du père. Je ne doute pas que ces métis ne soient féconds, et qu'ils ne remontent à la race de la mère dans la suite des générations. Au reste, la tourterelle à collier est un peu plus grosse que la tourterelle commune, et ne diffère en rien pour le naturel et les mœurs ; on peut même dire qu'en général les pigeons, les ramiers et les tourterelles se ressemblent encore plus par l'instinct et les habitudes naturelles que par la figure : ils mangent et boivent de même sans relever la tête qu'après avoir avalé toute l'eau qui leur est nécessaire ; ils volent de même en troupes ; dans tous la voix est plutôt un gros murmure ou un gémissement plaintif qu'un chant articulé : tous ne produisent que deux œufs, quelquefois trois, et tous peuvent produire plusieurs fois l'année dans des pays chauds ou dans des volières.

OISEAUX ÉTRANGERS

QUI ONT RAPPORT A LA TOURTERELLE

I. — LE PIGEON A LONGUE QUEUE.

La tourterelle, comme le pigeon et le ramier, a subi des variétés dans les différents climats, et se trouve de même dans les deux continents. Celle qui a été indiquée par M. Brisson (b) sous le nom de tourterelle du Canada (*) et que nous avons fait représenter (**), est un peu plus grande et a la queue plus longue que notre tourterelle d'Europe ; mais ces différences ne sont pas assez considérables pour qu'on en doive faire une espèce distincte et séparée. Il me paraît qu'on peut y rapporter l'oiseau donné par M. Edwards sous le nom de *pigeon à longue queue* (pl. xv), et que M. Brisson a appelé *tourterelle d'Amérique* (c) (***) ; ces oiseaux se ressemblent beaucoup, et

(a) Theriotrop. Sil., p. 365.
(b) *Ornithol.*, t. Ier, p. 118.
(c) Brisson, t. Ier, p. 101.

(*) *Columba migratoria* L. (*Columba canadensis* LATH.)
(**) Nᵒ 176 des *planches enluminées* de Buffon.
(***) *Columba marginata* L.

comme ils ne diffèrent que par leur longue queue de notre tourterelle, nous ne les regardons que comme des variétés produites par l'influence du climat.

II. — LA TOURTERELLE DU SÉNÉGAL.

La tourterelle du Sénégal (*) et la tourterelle à collier du Sénégal (**), toutes deux indiquées par M. Brisson (a), et dont la seconde n'est qu'une variété de la première, comme la tourterelle à collier d'Europe n'est qu'une variété de l'espèce commune, ne nous paraissent pas être d'une espèce réellement différente de celle de nos tourterelles, étant à peu près de la même grandeur et n'en différant guère que par les couleurs, ce qui doit être attribué à l'influence du climat.

Nous présumons même que la tourterelle à gorge tachetée (***) du Sénégal (b), étant de la même grandeur et du même climat que les précédentes, n'en est encore qu'une variété.

III. — LE TOUROCCO.

Mais il y a, dans cette même contrée du Sénégal, un oiseau (****) qui n'a été indiqué par aucun des naturalistes qui nous ont précédé, que nous avons fait représenter (*****) sous la dénomination de *tourterelle à large queue du Sénégal*, nous ayant été donné sous ce nom par M. Adanson; néanmoins, comme cette espèce nouvelle nous paraît réellement différente de celle de la tourterelle d'Europe, nous avons cru devoir lui donner le nom propre de *tourocco*, parce que cet oiseau, ayant le bec et plusieurs autres caractères de la tourterelle, porte sa queue comme le hocco.

IV. — LA TOURTELETTE.

Un autre oiseau, qui a rapport à la tourterelle, est celui qui a été indiqué par M. Brisson (c) et que nous avons fait représenter sous la dénomination de *tourterelle à cravate noire du cap de Bonne-Espérance* (******) : nous croyons

---

(a) La tourterelle du Sénégal, pl. x, fig. 1; — la tourterelle à collier du Sénégal, pl. xi, fig. 1, *Ornithol.*, t. 1er, p. 122 et 124.

(b) La tourterelle à gorge tachetée du Sénégal. Brisson, *Ornithol.*, t. Ier, p. 125, pl. viii, fig. 3.

(c) Brisson, *Ornithologie*, t. Ier, p. 120, avec une figure, pl. ix, fig. 2.

(*) *Columba afra* L.
(**) Cette Tourterelle appartient probablement à la même espèce que la précédente.
(***) *Columba senegalensis* L.
(****) *Columba macroura* L.
(*****) Nº 329 des *planches enluminées* de Buffon.
(******) *Columba capensis* L.

devoir lui donner un nom propre, parce qu'il nous paraît être d'une espèce particulière et différente de celle de la tourterelle ; nous l'appelons donc *tourtelette*, parce qu'il est beaucoup plus petit que notre tourterelle ; il en diffère aussi en ce qu'il a la queue bien plus longue, quoique moins large que celle du tourocco ; il n'y a que les deux plumes du milieu de la queue qui soient très longues ; c'est le mâle de cette espèce qui est représenté dans nos planches enluminées (*) ; il diffère de la femelle en ce qu'il porte une espèce de cravate d'un noir brillant sous le cou et sur la gorge, au lieu que la femelle n'a que du gris mêlé de brun sur ces mêmes parties. Cet oiseau se trouve au Sénégal comme au cap de Bonne-Espérance et, probablement, dans toutes les contrées méridionales de l'Afrique.

V. — LE TURVERT.

Nous donnons le nom de *turvert* (**) à un oiseau vert qui a du rapport avec la tourterelle, mais qui nous paraît être d'une espèce distincte et séparée de toutes les autres. Nous comprenons sous cette espèce du turvert les trois oiseaux représentés (***) : le premier de ces oiseaux a été indiqué par M. Brisson (a) sous la dénomination de *tourterelle verte d'Amboine*, et dans nos planches enluminées sous celle de *tourterelle à gorge pourprée d'Amboine*, parce que cette couleur de la gorge est le caractère le plus frappant de cet oiseau (b) ; le second, sous le nom de *tourterelle de Batavia*, n'a été indiqué par aucun naturaliste ; nous ne le regardons pas comme formant une espèce différente du turvert : on peut présumer qu'étant du même climat et peu différent par la grandeur, la forme et les couleurs, ce n'est qu'une variété peut-être de sexe ou d'âge ; le troisième, sous la dénomination de *tourterelle de Java*, parce qu'on nous a dit qu'il venait de cette île, ainsi que le précédent, ne nous paraît encore être qu'une simple variété du turvert, mais plus caractérisée que la première par la différence de la couleur sous les parties inférieures du corps.

(a) Brisson, *Ornithol.*, t. Ier, p. 152, avec une figure, pl. xv, fig. 2.

(b) C'est vraisemblablement à cette espèce qu'il faut rapporter les passages suivants : « Il y a dans l'île de Java un nombre infini de tourterelles de couleurs différentes, de vertes » avec des taches noires et blanches, de jaunes et blanches, de blanches et noires, et une » espèce dont la couleur est cendrée : leur grosseur est aussi différente que leurs couleurs » sont variées ; les unes sont de la grosseur d'un pigeon, et les autres sont plus petites » qu'une grive. » Le Gentil, *Voyage autour du monde*, t. III, p. 74. — « Il y a aux Phi- » lippines une sorte de tourterelle qui a les plumes grises sur le dos et blanches sur l'es- » tomac, au milieu duquel on voit une tache rouge comme une plaie fraîche dont le sang » sortirait. » Gemelli Careri, t. V, p. 266.

(*) No 140 des *planches enluminées* de Buffon.
(**) *Columba viridis* L. (*Columba menalocephala* GMEL., *Columba javanica* LATH.)
(***) Nos 142, 214 et 177 des *planches enluminées* de Buffon.

VI. — LA COLOMBE OU PIGEON.

Ce ne sont pas là les seules espèces ou variétés du genre des tourterelles, car, sans sortir de l'ancien continent, on trouve la *tourterelle de Portugal* (a), qui est brune avec des taches noires et blanches de chaque côté et vers le milieu du cou; la *tourterelle rayée de la Chine* (b) (*), qui est un bel oiseau dont la tête et le cou sont rayés de jaune, de rouge et de blanc; la *tourterelle rayée des Indes* (c) (**), qui n'est pas rayée longitudinalement sur le cou comme la précédente, mais transversalement sur le corps et les ailes; la *tourterelle d'Amboine* (d), aussi rayée transversalement de lignes noires sur le cou et la poitrine, avec la queue très longue; mais, comme nous n'avons vu aucun de ces quatre oiseaux en nature, et que les auteurs qui les ont décrits les nomment *colombes* ou *pigeons*, nous ne devons pas décider si tous appartiennent plus à la tourterelle qu'au pigeon.

VII. — LA TOURTE.

Dans le nouveau continent, on trouve d'abord la tourterelle de Canada, qui, comme je l'ai dit, est de la même espèce que notre tourterelle d'Europe.

Un autre oiseau, qu'avec les voyageurs nous appellerons *tourte* (***), est celui qui a été donné par Catesby (e) sous le nom de *tourterelle de la Caroline*. Il nous paraît être le même : la seule différence qu'il y ait entre ces deux oiseaux est une tache couleur d'or, mêlée de vert et de cramoisi, qui, dans l'oiseau de Catesby, se trouve au-dessous des yeux, sur les côtés du cou, et qui ne se voit pas dans le nôtre, ce qui nous fait croire que le premier est le mâle, et le second la femelle. On peut, avec quelque fondement, rapporter à cette espèce le *picacuroba* du Brésil, indiqué par Marcgrave (f).

Je présume aussi que la tourterelle de la Jamaïque, indiquée par Albin (g),

(a) Colombe de Portugal. Albin, t. II, p. 32, avec une figure, pl. XLVIII. — Brisson, *Ornithol.*, t. Ier, p. 98.

(b) Colombe de la Chine. Albin, t. III, p. 19, avec une figure, pl. XLVI. — Brisson, *Ornithol.*, t. Ier, p. 107.

(c) Pigeon barré. Edwards, *Hist. of Birds*, t. Ier, pl. XVI. — Brisson, *Ornithol.*, t. Ier, p. 109.

(d) « Columba rufa; caudâ longissimâ; pennis collum et pectus tegentibus nigricante » transversim striatis; remigibus fuscis, rectricibus fuscorufescentibus... turtur amboinensis. » La tourterelle d'Amboine. *Ornithol.*, p. 127, avec une figure, pl. IX, fig. 3.

(e) *Hist. nat. de la Caroline*, t. Ier, p. 24, avec une figure coloriée.

(f) « Picacuroba Brasiliensibus. » *Hist. nat. Bras.*, p. 204.

(g) Albin, t. II, p. 32, avec une figure, pl. XLIX.

(*) *Columba sinica* L.
(**) *Columba striata* L.
(***) *Columba carolinensis* L.

et ensuite par M. Brisson (a), étant du même climat que la précédente, et n'en différant pas assez pour faire une espèce à part, doit être regardée comme une variété dans l'espèce de la tourte, et c'est par cette raison que nous ne lui avons pas donné de nom propre et particulier (*).

Au reste, nous observerons que cet oiseau a beaucoup de rapport avec celui donné par M. Edwards, et que le sien pourrait bien être la femelle du nôtre (b). La seule chose qui s'oppose à cette présomption fondée sur les ressemblances, c'est la différence des climats. On a dit à M. Edwards que son oiseau venait des Indes orientales, et le nôtre se trouve en Amérique : ne se pourrait-il pas qu'il y eût erreur sur le climat dans M. Edwards ? Ces oiseaux se ressemblent trop entre eux, et ne sont pas assez différents de la tourte, pour qu'on puisse se persuader qu'ils sont de climats si éloignés ; car nous sommes assurés que celui dont nous donnons la représentation a été envoyé de la Jamaïque au Cabinet du Roi.

VIII. — LE COCOTZIN.

L'oiseau d'Amérique, indiqué par Fernandez (c) sous le nom de *cocotzin* (**), que nous lui conservons parce qu'il est d'une espèce différente de toutes les autres ; et, comme il est aussi plus petit qu'aucune des tourterelles, plusieurs naturalistes l'ont désigné par ce caractère en l'appelant *petite tourterelle* (d), d'autres l'ont appelé *ortolan* (e), parce que, n'étant guère plus gros que cet oiseau, il est de même très bon à manger. On l'a représenté sous les dénominations de *petite tourterelle de Saint-Domingue*, fig. 1, et *petite tourterelle de la Martinique*, fig. 2 (***). Mais, après les avoir examinés et comparés en nature, nous présumons que tous deux ne font que la même espèce

(a) *Ornithol.*, t. Ier, p. 135, avec une figure, pl. XIII, fig. 1.

(b) Edwards, *Hist. nat. of Birds*, t. Ier, pl. XIV.

(c) Cocotzin. *Hist. nat. nov. Hisp.*, p. 24, cap. XLIV. — Cocotti. *Idem, ibidem*, p. 23, cap. XLII. — Cocotzin aliud genus. *Idem, ibidem*, p. 24, cap. XLIV, Ces trois oiseaux ne nous paraissent être que de légères variétés dans la même espèce.

(d) « Turtur minimus, alis maculosis. » Ray, *Syn. Avi.*, p. 184, n° 25. — « Turtur minimus, guttatus. » Sloane, *Jamaïc.*, p. 305. — « Columba subfusca minima, etc. » Browne, *Nat. hist. of Jamaïc.*; p. 469. — Petite tourterelle tachetée. Catesby, t. Ier, p. 26, avec une figure coloriée de la femelle, pl. XXVI.

(e) Ortolan de la Martinique. Du Tertre, *Hist. des Antilles*, t. II, p. 254. — Les oiseaux à qui nos insulaires donnent le nom d'*ortolan* ne sont que des tourterelles beaucoup plus petites que celles d'Europe... Leur plumage est d'un gris cendré, le dessous de la gorge tire un peu sur le roux; elles vont toujours par couples, et on en trouve beaucoup dans les bois. Ces oiseaux aiment à voir le monde, se promenant dans les chemins sans s'effaroucher, et quand on les prend jeunes, ils deviennent très privés; ce sont des pelotons d'une graisse qui a un goût excellent. *Nouveau voyage aux îles de l'Amérique*, t. II, p. 237.

(*) *Columba cyanocephala* L.

(**) *Columba passerina* L.

(***) N° 243 des *planches enluminées* de Buffon.

d'oiseau, dont celui représenté fig. 2 est le mâle, et celui fig. 1 la femelle. Il paraît aussi qu'on doit y rapporter le *picuipinima* de Pison et de Marc-grave (a), et la petite tourterelle d'Acapulco, dont parle Gemelli Careri (b). Ainsi cet oiseau se trouve dans toutes les parties méridionales du nouveau continent.

LE CRAVE OU LE CORACIAS

Quelques auteurs ont confondu cet oiseau (*) avec le choquard, appelé communément *choucas des Alpes;* cependant il en diffère d'une manière assez marquée par ses proportions totales et par les dimensions, la forme et la couleur de son bec, qu'il a plus long, plus menu, plus arqué et de cou-leur rouge; il a aussi la queue plus courte, les ailes plus longues, et, par une conséquence naturelle, le vol plus élevé; enfin, ses yeux sont entourés d'un petit cercle rouge.

Il est vrai que le crave ou coracias se rapproche du choquard par la cou-leur et par quelques-unes de ses habitudes naturelles. Ils ont tous deux le plumage noir avec des reflets verts, bleus, pourpres, qui jouent admirable-ment sur ce fond obscur; tous deux se plaisent sur le sommet des plus hautes montagnes, et descendent rarement dans la plaine, avec cette diffé-rence néanmoins que le premier paraît beaucoup plus répandu que le second.

Le coracias est un oiseau d'une taille élégante, d'un naturel vif, inquiet, turbulent, et qui cependant se prive à un certain point. Dans les commen-cements on le nourrit d'une espèce de pâtée faite avec du lait, du pain, des grains, etc., et dans la suite il s'accommode de tous les mets qui se servent sur nos tables.

Aldrovande en a vu un à Bologne, en Italie, qui avait la singulière habi-tude de casser les carreaux de vitres de dehors en dedans, comme pour entrer dans les maisons par la fenêtre (c), habitude qui tenait sans doute au même instinct qui porte les corneilles, les pies et les choucas à s'attacher aux pièces de métal et à tout ce qui est luisant; car le coracias est attiré, comme ces oiseaux, par ce qui brille, et, comme eux, cherche à se l'appro-prier. On l'a vu même enlever du foyer de la cheminée des morceaux de

---

(a) « Picuipinima. » Pison, *Hist. nat.*, p. 86. — « Picuipinima Brasiliensibus. » Marcgrave, *Hist. nat. Brasil.*, p. 204.

(b) Aux environs d'Acapulco on voit des tourterelles plus petites que les nôtres avec la pointe des ailes coloriée, qui volent jusque dans les maisons. Gemelli Careri, t. VI, p. 9.

(c) Voyez l'*Ornithologie* d'Aldrovande, t. 1er, p. 766; et celle de Brisson, t. II, p. 3.

(*) *Corvus graculus* L.

bois tout allumés, et mettre ainsi le feu dans la maison, en sorte que ce dangereux oiseau joint la qualité d'incendiaire à celle de voleur domestique; mais on pourrait, ce me semble, tourner contre lui-même cette mauvaise habitude et la faire servir à sa propre destruction, en employant les miroirs pour l'attirer dans les pièges, comme on les emploie pour attirer les alouettes.

M. Salerne dit avoir vu à Paris deux coracias qui vivaient en fort bonne intelligence avec les pigeons de volière; mais, apparemment, il n'avait pas vu le corbeau sauvage de Gesner, ni la description qu'en donne cet auteur lorsqu'il a dit, d'après M. Ray, qu'il *s'accordait en tout,* excepté pour la grandeur, avec le coracias *(a)*, soit qu'il voulût parler, sous ce nom de coracias, de l'oiseau dont il s'agit dans cet article, soit qu'il entendît notre choquard ou le *pyrrhocorax* de Pline, car le choquard est absolument différent, et Gesner, qui avait vu le coracias de cet article et son corbeau sauvage, n'a eu garde de confondre ces deux espèces : il savait que le corbeau sauvage diffère du coracias par sa huppe, par le port de son corps, par la forme et la longueur de son bec, par la brièveté de sa queue, par le bon goût de sa chair, du moins de celle de ses petits, enfin, parce qu'il est moins criard, moins sédentaire, et qu'il change plus régulièrement de demeure en certains temps de l'année *(b)*, sans parler de quelques autres différences qui le distinguent de chacun de ces oiseaux en particulier.

Le coracias a le cri aigre, quoique assez sonore, et fort semblable à celui de la pie de mer; il le fait entendre presque continuellement : aussi Olina remarque-t-il que si on l'élève ce n'est point pour sa voix, mais pour son beau plumage *(c)*. Cependant Belon *(d)* et les auteurs de la *Zoologie britannique (e)* disent qu'il apprend à parler.

La femelle pond quatre ou cinq œufs blancs, tachetés de jaune sale : elle établit son nid au haut des vieilles tours abandonnées et des rochers escarpés, mais non pas indistinctement; car, selon M. Edwards, ces oiseaux préfèrent les rochers de la côte occidentale d'Angleterre à ceux des côtes orientale et méridionale, quoique celles-ci présentent à peu près les mêmes sites et les mêmes expositions.

Un autre fait du même genre, que je dois à un observateur digne de toute confiance *(f)*, c'est que ces oiseaux, quoique habitants des Alpes, des mon-

---

(a) Histoire naturelle des oiseaux, p. 91. — Ray, *Synopsis Avium*, p. 40.

(b) « Adventant initio veris eodem tempore quo ciconiæ... Primæ omnium quod sciam » avolant circa initium julii, etc. » Gesner, *de Avibus*, p. 352.

(c) « La cutta del becco rosso, che è del resto tutta nera come cornacchia, fuor che i piedi » che son gialli, vien dalle montagne. Latinamente dicesi *coracias*. Questa non parla, ma » solo si tiene per bellezza. » *Uccellaria*, fol. 35.

(d) Nature des oiseaux, p. 287.

(e) Page 84.

(f) M. Hébert, trésorier de l'extraordinaire des guerres, à Dijon.

tagnes de Suisse, de celles d'Auvergne, etc., ne paraissent pas néanmoins sur les montagnes du Bugey, ni dans toute la chaîne qui borde le pays de Gex jusqu'à Genève. Belon, qui les avait vus sur le mont Jura, en Suisse, les a retrouvés dans l'île de Crète, et toujours sur la cime des rochers (a). Mais M. Hasselquist assure qu'ils arrivent et se répandent en Égypte vers le temps où le Nil débordé est prêt à rentrer dans son lit (b). En admettant ce fait, quoique contraire à tout ce que l'on sait d'ailleurs de la nature de ces oiseaux, il faut donc supposer qu'ils sont attirés en Égypte par une nourriture abondante, telle qu'en peut produire un terrain gras et fertile, au moment où, sortant de dessous les eaux, il reçoit la puissante influence du soleil; et, en effet, les craves se nourrissent d'insectes et de grains nouvellement semés et ramollis par le premier travail de la végétation.

Il résulte de tout cela que ces oiseaux ne sont point attachés absolument et exclusivement aux sommets des montagnes et des rochers, puisqu'il y en a qui paraissent régulièrement en certains temps de l'année dans la basse Égypte; mais qu'ils ne se plaisent pas également sur les sommets de tout rocher et de toute montagne, et qu'ils préfèrent constamment les uns aux autres, non point à raison de leur hauteur ou de leur exposition, mais à raison de certaines circonstances qui ont échappé jusqu'à présent aux observateurs.

Il est probable que le coracias d'Aristote (c) est le même que celui de cet article, et non le *pyrrhocorax* de Pline, dont il diffère en grosseur, comme aussi par la couleur du bec que le pyrrhocorax a jaune (d) : d'ailleurs, le crave ou coracias à bec et pieds rouges ayant été vu par Belon sur les montagnes de Crète (e), il était plus à portée d'être connu d'Aristote que le *pyrrhocorax*, lequel passait chez les anciens pour être propre et particulier aux montagnes des Alpes, et qu'en effet Belon n'a point vu dans la Grèce.

Je dois avouer cependant qu'Aristote fait de son coracias une espèce de choucas (κολοιός), comme nous en faisons une du *pyrrhocorax* de Pline, ce qui semble former un préjugé en faveur de l'identité, ou du moins de la proximité de ces deux espèces; mais comme dans le même chapitre je trouve un palmipède joint aux choucas comme étant de même genre, il est visible que ce philosophe confond des oiseaux de nature différente, ou plutôt que cette confusion résulte de quelque faute de copiste, et qu'on ne doit pas se prévaloir d'un texte probablement altéré pour fixer l'analogie des espèces, mais qu'il est plus sûr d'établir cette analogie d'après les vrais caractères de chaque espèce. Ajoutez à cela que le nom de *pyrrhocorax*, qui est tout

(a) *Nature des oiseaux*, p. 287; et observations, fol. 11, verso.
(b) *Itinera*, p. 240.
(c) *Historia animalium*, lib. IX, cap. XXIV.
(d) « Luteo rostro. » Pline, lib. X, cap. XLVIII.
(e) Observations, fol. 11, verso.

grec, ne se trouve nulle part dans les livres d'Aristote, que Pline, qui connaissait bien ces livres, n'y avait point aperçu l'oiseau qu'il désigne par ce nom, et qu'il ne parle point du *pyrrhocorax* d'après ce que le philosophe grec a dit du coracias, comme il est aisé de s'en convaincre en comparant les passages.

Celui qui a été observé par les auteurs de la *Zoologie britannique*, et qui était un véritable coracias, pesait treize onces, avait environ deux pieds et demi de vol, la langue presque aussi longue que le bec, un peu fourchue et les ongles noirs, forts et crochus (*a*).

M. Gerini fait mention d'un coracias à bec et pieds noirs, qu'il regarde comme une variété de l'espèce dont il s'agit dans cet article, ou comme la même espèce différente d'elle-même par quelques accidents de couleur, suivant l'âge, le sexe, etc. (*b*).

LE CORACIAS HUPPÉ OU LE SONNEUR

J'adopte ce nom (*), que quelques-uns ont donné à l'oiseau dont il s'agit dans cet article, à cause du rapport qu'ils ont trouvé entre son cri et le son de ces clochettes qu'on attache au cou du bétail.

Le sonneur est de la grosseur d'une poule; son plumage est noir, avec des reflets d'un beau vert, et variés à peu près comme dans le crave ou coracias, dont nous venons de parler : il a aussi, comme lui, le bec et les pieds rouges; mais son bec est encore plus long, plus menu, et fort propre à s'insinuer dans les fentes de rochers, dans les crevasses de la terre, et dans les trous d'arbres et de murailles, pour y chercher les vers et les insectes dont il fait sa principale nourriture. On a trouvé dans son estomac des débris de grillons-taupes, vulgairement appelés *courtillières*. Il mange aussi des larves de hannetons, et se rend utile par la guerre qu'il fait à ces insectes destructeurs.

Les plumes qu'il a sur le sommet de la tête sont plus longues que les autres et lui forment une espèce de huppe pendant en arrière; mais cette huppe, qui ne commence à paraître que dans les oiseaux adultes, disparaît dans les vieux, et c'est de là, sans doute, qu'ils ont été appelés, en certains endroits, du nom de *corbeaux chauves*, et que dans quelques descriptions ils sont représentés comme ayant la tête jaune, marquée de taches rouges.

(*a*) *British Zoology*, p. 84.
(*b*) *Storia degli Uccelli*, t. II, p. 38.

(*) Cuvier dit du Coracias de Buffon : « On ne sait quelle combinaison de l'histoire du » *Crave d'Europe* avec des figures défectueuses, peut-être de quelque courlis, a donné nais» sance à l'espèce imaginaire du *Crave huppé* ou *sonneur* (*Corvus eremita* Linn.), prétendu » oiseau de Suisse que personne n'a vu depuis Gesner. »

Ces couleurs sont apparemment celles de la peau, lorsqu'au temps de la vieillesse elle est dépouillée de ses plumes.

Cette huppe, qui a valu au sonneur le nom de *huppe de montagne* (a), n'est pas la seule différence qui le distingue du crave ou coracias ; il a encore le cou plus grêle et plus allongé, la tête plus petite, la queue plus courte, etc. De plus, il n'est connu que comme oiseau de passage, au lieu que le crave ou coracias n'est oiseau de passage qu'en certains pays et certaines circonstances, comme nous l'avons vu plus haut : c'est d'après ces traits de dissemblance que Gesner en a fait deux espèces diverses, et que je me suis cru fondé à les distinguer par des noms différents.

Les sonneurs ont le vol très élevé et vont presque toujours par troupes (b) ; ils cherchent souvent leur nourriture dans les prés et dans les lieux marécageux, et ils nichent toujours au haut des vieilles tours abandonnées, ou dans des fentes de rochers escarpés et inaccessibles, comme s'ils sentaient que leurs petits sont un mets délicat et recherché, et qu'ils voulussent les mettre hors de la portée des hommes ; mais il se trouve toujours des hommes qui ont assez de courage ou de mépris d'eux-mêmes pour exposer leur vie par l'appât du plus vil intérêt ; et l'on en voit beaucoup dans la saison, qui, pour dénicher ces petits oiseaux, se hasardent à se laisser couler le long d'une corde fixée au haut des rochers où sont les nids, et qui, suspendus ainsi au-dessus des précipices, font la plus vaine et la plus périlleuse de toutes les récoltes.

Les femelles pondent deux ou trois œufs par couvée, et ceux qui cherchent leurs petits laissent ordinairement un jeune oiseau dans chaque nid, afin de s'assurer de leur retour pour l'année suivante. Lorsqu'on enlève la couvée, les père et mère jettent un cri, *ha-ha, hœ-hœ ;* le reste du temps ils se font rarement entendre. Les jeunes se privent assez facilement, et d'autant plus facilement qu'on les a pris plus jeunes et avant qu'ils fussent en état de voler.

Ils arrivent dans le pays de Zurich vers le commencement d'avril, en même temps que les cigognes ; on recherche leurs nids aux environs de la Pentecôte, et ils s'en vont au mois de juin avant tous les autres oiseaux (c). Je ne sais pourquoi M. Barrère en a fait une espèce de courlis.

Le sonneur se trouve sur les Alpes et sur les hautes montagnes d'Italie, de Styrie, de Suisse, de Bavière, et sur les hauts rochers qui bordent le Danube, aux environs de Passau et de Kelheym. Ces oiseaux choisissent pour leur retraite certaines gorges bien exposées entre ces rochers, d'où leur est venu le nom de *klauss-rapen,* corbeaux des gorges.

(a) Klein, *Ordo avium,* p. 111, n° xvi.

(b) Je sais que M. Klein fait du sonneur un oiseau solitaire, mais c'est contre le témoignage formel de Gesner, qui paraît être le seul auteur qui ait parlé de cet oiseau d'après sa propre observation, et que M. Klein copie lui-même dans tout le reste, sans le savoir, en copiant Albin.

(c) Voyez Gesner, *de Avibus,* p. 351.

LE CORBEAU

Quoique le nom de corbeau (a) ait été donné par les nomenclateurs à plusieurs oiseaux, tels que les corneilles, les choucas, les craves ou coracias, etc., nous en restreindrons ici l'acception et nous l'attribuerons exclusivement à la seule espèce du grand corbeau, du *corvus* des anciens, qui est assez différent de ces autres oiseaux par sa grosseur (b), ses mœurs, ses habitudes naturelles, pour qu'on doive lui appliquer une dénomination distinctive et surtout lui conserver son ancien nom (*).

Cet oiseau a été fameux dans tous les temps ; mais sa réputation est encore plus mauvaise qu'elle n'est étendue, peut-être par cela même qu'il a été confondu avec d'autres oiseaux et qu'on lui a imputé tout ce qu'il y avait de mauvais dans plusieurs espèces. On l'a toujours regardé comme le dernier des oiseaux de proie et comme l'un des plus lâches et des plus dégoûtants. Les voiries infectes, les charognes pourries sont, dit-on, le fond de sa nourriture ; s'il s'assouvit d'une chair vivante, c'est de celle des animaux faibles ou utiles, comme agneaux, levrauts, etc. (c). On prétend même qu'il attaque

(a) En comparant les noms qu'on a donnés à cet oiseau dans les idiomes modernes, on remarquera que ces noms dérivent tous visiblement de ceux qu'il avait dans les anciennes langues, en se rapprochant plus ou moins de son cri.

(b) Le corbeau est de la grosseur d'un bon coq ; il pèse trente-quatre ou trente-cinq onces ; par conséquent, masse pour masse, il équivaut à trois corneilles et à deux freux.

(c) Aldrovand. *Ornitholog.*, t. Ier, p. 702. — *Traité de la Pipée*, où l'on raconte la chasse d'un lièvre entreprise par deux corbeaux qui paraissaient s'entendre, lui crevèrent les yeux et finirent par le prendre.

(*) Le Corbeau (*Corvus Corax* L. ou *Corax maximus*) appartient à l'ordre des Passereaux, au groupe des Dentirostres et à la famille des Corvidés. Les Dentirostres sont pour la plupart des oiseaux chanteurs, vivant sur les arbres, mais sautillant volontiers sur le sol, volant avec rapidité, se nourrissant habituellement d'insectes et d'autres petits animaux, monogames et élevant plusieurs couvées par an. Leur bec est tantôt subulé, tantôt faiblement recourbé ; la mandibule supérieure est souvent échancrée à l'extrémité ; les bords du bec sont dentés ; les ailes sont de moyenne grandeur, avec la première des dix rémiges primaires atrophiée ou absente. La queue possède presque toujours douze rectrices. La plupart des Conirostres habitent les pays froids ou tempérés, et presque tous émigrent en hiver.

La famille des Corvidés à laquelle appartiennent le corbeau, les corneilles, les pies, les geais, les loriots, etc., est formée de Dentirostres de grande taille, à voix criarde, à ailes longues et pointues, à queue longue et arrondie. Les Corbeaux (*Corvus*) ont le bec fort, un peu courbé, entier à l'extrémité ; des ailes longues et pointues ; la queue assez longue et arrondie ; des pattes fortes et noires.

quelquefois les grands animaux avec avantage, et que, suppléant à la force qui lui manque par la ruse et l'agilité, il se cramponne sur le dos des buffles, les ronge tout vifs et en détail après leur avoir crevé les yeux (a); et ce qui rendrait cette férocité plus odieuse, c'est qu'elle serait en lui l'effet, non de la nécessité, mais d'un appétit de préférence pour la chair et le sang, d'autant qu'il peut vivre de tous les fruits, de toutes les graines, de tous les insectes et même des poissons morts, et qu'aucun autre animal ne mérite mieux la dénomination d'omnivore (b).

Cette violence et cette universalité d'appétit, ou plutôt de voracité, tantôt l'a fait proscrire comme un animal nuisible et destructeur, et tantôt lui a valu la protection des lois, comme à un animal utile et bienfaisant : en effet, un hôte de si grosse dépense ne peut qu'être à charge à un peuple pauvre ou trop peu nombreux, au lieu qu'il doit être précieux dans un pays riche et bien peuplé, comme consommant les immondices de toute espèce dont regorge ordinairement un tel pays. C'est par cette raison qu'il était autrefois défendu en Angleterre, suivant Belon, de lui faire aucune violence (c), et que dans l'île Feroé, dans celle de Malte, etc., on a mis sa tête à prix (d).

Si aux traits sous lesquels nous venons de représenter le corbeau on ajoute son plumage lugubre, son cri plus lugubre encore, quoique très faible à proportion de sa grosseur, son port ignoble, son regard farouche, tout son corps exhalant l'infection (e), on ne sera pas surpris que, dans presque tous les temps, il ait été regardé comme un objet de dégoût et d'horreur : sa chair

(a) Voyez Ælian, *Natur. animal.*, lib. II, cap. LI, et le *Recueil des voyages qui ont servi à l'établissement de la compagnie des Indes*, t. VIII, p. 273 et suiv. C'est peut-être là l'origine de l'antipathie qu'on a dit être entre le bœuf et le corbeau. Voyez Aristot., *Hist. animal.*, lib. IX, cap. I. Au reste, j'ai peine à croire qu'un corbeau attaque un buffle, comme les voyageurs disent l'avoir observé. Il peut se faire que ces oiseaux se posent quelquefois sur le dos des buffles, comme la corneille mantelée se pose sur le dos des ânes et des moutons, et la pie sur le dos des cochons, pour manger les insectes qui courent dans le poil de ces animaux. Il peut se faire encore que parfois les corbeaux entament le cuir des buffles par quelques coups de bec mal mesurés, et même qu'ils leur crèvent les yeux, par une suite de cet instinct qui les porte à s'attacher à tout ce qui est brillant; mais je doute fort qu'ils aient pour but de les manger tout vifs et qu'ils pussent en venir à bout.

(b) Voyez Aristot. *Hist. animal.*, lib. VIII, cap. III. Willughby, *Ornitholog.*, p. 82 et suiv. J'en ai vu de privés qu'on nourrissait en grande partie de viande, tantôt crue, tantôt cuite.

(c) *Nature des oiseaux*, p. 279. Belon écrivait vers l'an 1550. « Sancta avis a nostris » habetur, nec facile ab ullo occiditur. » *Fauna Suecica*, n° 69. Les corbeaux jouissent de la même sauvegarde à Surinam, selon le docteur Fermin, *Description de Surinam*, t. II, p. 148.

(d) *Actes de Copenhague*, années 1671, 1672. Observat. XLIX. A l'égard de l'île de Malte, on m'assure que ce sont des corneilles; mais on me dit en même temps que ces corneilles sont établies sur les rochers les plus déserts de la côte, ce qui me fait croire que ce sont des corbeaux.

(e) Les auteurs de la *Zoologie Britannique* sont les seuls qui disent que le corbeau exhale une odeur agréable, ce qui est difficile à croire d'un oiseau qui vit de charogne. D'ailleurs, on sait par expérience que les corbeaux nouvellement tués laissent aux doigts une odeur aussi désagréable que celle du poisson. C'est ce que m'assure M. Hébert, observateur digne de toute confiance, et ce qui est confirmé par le témoignage de Hernandez, était interdite aux Juifs ; les sauvages n'en mangent jamais (a), et parmi nous les plus misérables n'en mangent qu'avec répugnance et après avoir enlevé la peau, qui est très coriace. Partout on le met au nombre des oiseaux sinistres, qui n'ont le pressentiment de l'avenir que pour annoncer des malheurs. De graves historiens ont été jusqu'à publier la relation de batailles rangées entre des armées de corbeaux et d'autres oiseaux de proie, et à donner ces combats comme un présage des guerres cruelles qui se sont allumées dans la suite entre les nations (b). Combien de gens, encore aujourd'hui, frémissent et s'inquiètent au bruit de son croassement ! Toute sa science de l'avenir se borne cependant, ainsi que celle des autres habitants de l'air, à connaître mieux que nous l'élément qu'il habite, à être plus susceptible de ses moindres impressions, à pressentir ses moindres changements, et à nous les annoncer par certains cris et certaines actions qui sont en lui l'effet naturel de ces changements. Dans les provinces méridionales de la Suède, dit M. Linnæus, lorsque le ciel est serein, les corbeaux volent très haut, en faisant un certain cri qui s'entend de fort loin (c). Les auteurs de la *Zoologie britannique* ajoutent que, dans cette circonstance, ils volent le plus souvent par paires (d). D'autres écrivains, moins éclairés, ont fait d'autres remarques mêlées plus ou moins d'incertitudes et de superstitions (e).

Dans le temps que les aruspices faisaient partie de la religion, les corbeaux, quoique mauvais prophètes, ne pouvaient qu'être des oiseaux fort intéressants ; car la passion de prévoir les événements futurs, même les plus tristes, est une ancienne maladie du genre humain : aussi s'attachait-on beaucoup à étudier toutes leurs actions, toutes les circonstances de leur vol, toutes les différences de leur voix, dont on avait compté jusqu'à soixante-quatre inflexions distinctes, sans parler d'autres différences plus fines et trop difficiles à apprécier (f) ; chacune avait sa signification déterminée ; il ne manqua pas de charlatans pour en procurer l'intelligence (g), ni de gens simples pour y croire ; Pline, lui-même, qui n'était ni charlatan ni superstitieux, mais qui travailla quelquefois sur de mauvais mémoires, a eu soin d'indiquer celle de toutes ces voix qui était la plus sinistre (h). Quelques-uns ont poussé

---

p. 331. Il est vrai qu'on a dit du caranero, espèce de vautour d'Amérique, à qui on a aussi appliqué le nom de corbeau, qui exhale une odeur de musc, quoiqu'il vive de voiries (Voyez le Page du Pratz, *Histoire de la Louisiane*, t. II, p. 111) ; mais le plus grand nombre assure précisément le contraire.

(a) *Voyage du P. Théodat*, récollet, p. 300.

(b) Voyez Æneas Sylvius, *Hist. europ.*, cap. LIII. — Bembo, *Init.*, lib. V. — Gesner, *De Avibus*, p. 347.

(c) « In Smolandia et australioribus provinciis, cœlo sereno, altè volitat, et singularem » clangorem seu tonum *clong* remotissimè sonantem excitat. » *Fauna Suecica*, n° 75.

(d) *Britisch Zoology*, p. 75.

(e) Voyez Pline, Belon, Gesner, Aldrovande, etc.

(f) Aldrovande, t. Ier, p. 693.

(g) Voyez Pline, lib. XXIX, cap. IV.

(h) « Pessima eorum significatio cùm glutiunt vocem velut strangulati, » lib. X, cap. XII.

la folie jusqu'à manger le cœur et les entrailles de ces oiseaux, dans l'espérance de s'approprier leur don de prophétie (a).

Non seulement le corbeau a un grand nombre d'inflexions de voix répondant à ses différentes affections intérieures, il a encore le talent d'imiter le cri des autres animaux (b), et même la parole de l'homme, et l'on a imaginé de lui couper le filet afin de perfectionner cette disposition naturelle. *Colas* est le mot qu'il prononce le plus aisément (c), et Scaliger en a entendu un qui, lorsqu'il avait faim, appelait distinctement le cuisinier de la maison, nommé *Conrad* (d). Ces mots ont en effet quelques rapports avec le cri ordinaire du corbeau.

On faisait grand cas à Rome de ces oiseaux parleurs, et un philosophe n'a pas dédaigné de nous raconter assez au long l'histoire de l'un d'eux (e). Ils n'apprennent pas seulement à parler, ou plutôt à répéter la parole humaine, mais ils deviennent familiers dans la maison ; ils se privent, quoique vieux (f), et paraissent même capables d'un attachement personnel et durable (g).

Par une suite de cette souplesse de naturel, ils apprennent aussi, non pas à dépouiller leur voracité, mais à la régler et à l'employer au service de l'homme. Pline parle d'un certain Craterus d'Asie, qui s'était rendu fameux par son habileté à les dresser pour la chasse, et qui savait se faire suivre, même par les corbeaux sauvages (h). Scaliger rapporte que le roi Louis (apparemment Louis XII) en avait un ainsi dressé, dont il se servait pour la chasse des perdrix (i). Albert en avait vu un autre à Naples qui prenait et des perdrix et des faisans, et même d'autres corbeaux ; mais, pour chasser ainsi les oiseaux de son espèce, il fallait qu'il y fût excité et comme forcé par la présence du fauconnier (j). Enfin, il semble qu'on lui ait appris quelquefois à défendre son maître et à l'aider contre ses ennemis avec une sorte

(a) Porphyr. *De abstinendo ab animant.*, lib. ii.

(b) Aldrovande, t. Ier, p. 693.

(c) Belon, *Nature des oiseaux*, p. 279.

(d) *Exercitatio* (in *Cardanum*, 237). Scaliger remarque comme une chose plaisante que ce même corbeau ayant trouvé un papier de musique l'avait criblé de coups de bec, comme s'il eût voulu lire cette musique (ou battre la mesure). Il me paraît plus naturel de penser qu'il avait pris des notes pour des insectes, dont on sait qu'il fait quelquefois sa nourriture.

(e) « Maturè (et adhuc pullus) sermoni assuefactus omnibus matutinis evolans in rostra,... » Tiberium, dein Germanicum et Drusum Cæsares nominatim, mox transeuntem populum » *romanum* salutabat, postea ad tabernam remeans, etc. » Pline, lib. x, cap. xliii.

(f) « Corvus longævus citissimè fit domesticus. » Voyez Gesner, p. 338.

(g) Témoin ce corbeau privé dont parle Schwenckfeld, lequel s'étant laissé entraîner trop loin par ses camarades sauvages, et n'ayant pu sans doute retrouver le lieu de sa demeure, reconnut dans la suite sur le grand chemin l'homme qui avait coutume de lui donner à manger, plana quelque temps au-dessus de lui en croassant, comme pour lui faire fête, vint se poser sur sa main et ne le quitta plus. *Aviarium Silesiæ*, p. 245.

(h) Pline, lib. x, cap. xliii.

(i) *In Cardanum exercitat.* 232.

(j) Voyez Aldrovande, p. 702. Voyez aussi Dampier, t. II, p. 25.

d'intelligence et par une manœuvre combinée, du moins si l'on peut croire ce que rapporte Aulu-Gelle du corbeau de Valérius (a).

Ajoutons à tout cela que le corbeau paraît avoir une grande sagacité d'odorat pour éventer de loin les cadavres (b) ; Thucydide lui accorde même un instinct assez sûr pour s'abstenir de ceux de ces animaux qui sont morts de la peste (c) ; mais il faut avouer que ce prétendu discernement se dément quelquefois et ne l'empêche pas toujours de manger des choses qui lui sont contraires, comme nous le verrons plus bas. Enfin, c'est encore à l'un de ces oiseaux qu'on a attribué la singulière industrie, pour amener à sa portée l'eau qu'il avait aperçue au fond d'un vase trop étroit, d'y laisser tomber une à une de petites pierres, lesquelles en s'amoncelant firent monter l'eau insensiblement et le mirent à même d'étancher sa soif (d). Cette soif, si le fait est vrai, est un trait de dissemblance qui distingue le corbeau de la plupart des oiseaux de proie (e), surtout de ceux qui se nourrissent de proie vivante, lesquels n'aiment à se désaltérer que dans le sang, et dont l'industrie est beaucoup plus excitée par le besoin de manger que par celui de boire. Une autre différence, c'est que les corbeaux ont les mœurs plus sociales ; mais il est facile d'en rendre raison ; comme ils mangent de toutes sortes de nourriture, ils ont plus de ressources que les autres oiseaux carnassiers, ils peuvent donc subsister en plus grand nombre dans un même espace de terrain, et ils ont moins de raisons de se fuir les uns les autres. C'est ici le lieu de remarquer que, quoique les corbeaux privés mangent de la viande crue et cuite, et qu'ils passent communément pour faire dans l'état de liberté une grande destruction de mulots, de campagnols, etc. (f), M. Hébert,

(a) Un Gaulois de grande taille, ayant défié à un combat singulier les plus braves des Romains, un tribun, nommé Valérius, qui accepta le défi, ne triompha du Gaulois que par le secours d'un corbeau qui ne cessa de harceler son ennemi, et toujours à propos, lui déchirant les mains avec son bec, lui sautant au visage et aux yeux, en un mot l'embarrassant de manière qu'il ne put faire usage de toute sa force contre Valérius, à qui le nom de *Corvinus* en resta. *Noct. Atticæ*, lib. ix, cap. xi.

(b) « Corvi in auspiciis soli intellectum videntur habere significationum suarum, nam » cùm Mediæ hospites occisi sunt, omnes e Peloponneso et atticâ regione volaverunt. » Pline, lib. x, cap. xii. D'après Aristote, lib. ix, cap. xxxi. — « Mirâ sagacitate cadavera » subolfacit, et licet remotissima. » *Fauna Suecica*, nº 69.

(c) Voyez Thucydid., lib. ii.

(d) Pline, lib. x, cap. xliii.

(e) « Insigniter aquis oblectatur corvus ac cornix. » Gesner, p. 336.

(f) On dit qu'à l'île de France on conserve précieusement une certaine espèce de corbeau destinée à détruire les rats et les souris. *Voyage d'un officier du roi*, 1772, p. 122 et suiv. On dit que les îles Bermudes ayant été affligées pendant cinq années de suite par une prodigieuse multitude de rats qui dévoraient les plantes et les arbres, et qui passaient à la nage successivement d'une île à l'autre, ces rats disparurent tout d'un coup, sans qu'on en pût assigner d'autre cause, sinon que dans les deux dernières années on avait vu dans ces mêmes îles une grande quantité de corbeaux qui n'y avaient jamais paru auparavant et qui n'y ont point reparu depuis ; mais tout cela ne prouve point que les corbeaux soient de grands destructeurs de rats, car on peut être la dupe d'un préjugé dans l'île de France comme ailleurs ; et à l'égard des rats des îles Bermudes, il peut se faire qu'ils se soient entre-détruits, comme

qui les a observés longtemps et de fort près, ne les a jamais vus s'acharner sur les cadavres, en déchiqueter la chair, ni même se poser dessus ; et il est fort porté à croire qu'ils préfèrent les insectes, et surtout les vers de terre, à toute autre nourriture : il ajoute qu'on trouve de la terre dans leurs excréments.

Les corbeaux, les vrais corbeaux de montagne, ne sont point oiseaux de passage, et diffèrent en cela plus ou moins des corneilles auxquelles on a voulu les associer. Ils semblent particulièrement attachés au rocher qui les a vus naître, ou plutôt sur lequel ils se sont appariés ; on les y voit toute l'année en nombre à peu près égal, et ils ne l'abandonnent jamais entièrement : s'ils descendent dans la plaine, c'est pour chercher leur subsistance ; mais ils y descendent plus rarement l'été que l'hiver, parce qu'ils évitent les grandes chaleurs, et c'est la seule influence que la différente température des saisons paraisse avoir sur leurs habitudes. Ils ne passent point la nuit dans les bois, comme font les corneilles ; ils savent se choisir dans leurs montagnes une retraite à l'abri du nord, sous des voûtes naturelles, formées par des avances ou des enfoncements de rocher ; c'est là qu'ils se retirent pendant la nuit au nombre de quinze ou vingt. Ils dorment perchés sur les arbrisseaux qui croissent entrent les rochers ; ils font leurs nids dans les crevasses de ces mêmes rochers ou dans des trous de murailles, au haut des vieilles tours abandonnées, et quelquefois sur les hautes branches des grands arbres isolés (a). Chaque mâle a sa femelle à qui il demeure attaché plusieurs années de suite (b) : car ces oiseaux si odieux, si dégoûtants pour nous, savent néanmoins s'inspirer un amour réciproque et constant ; ils savent aussi l'exprimer comme la tourterelle par des caresses graduées, et semblent connaître les nuances des préludes et la volupté des détails. Le mâle, si l'on en croit quelques anciens, commence toujours par une espèce de chant d'amour (c) ; ensuite on les voit approcher leurs becs, se caresser, se baiser, et l'on n'a pas manqué de dire, comme de tant d'autres oiseaux, qu'ils s'accouplaient par le bec (d) : si cette absurde méprise pouvait être

il arrive souvent, ou qu'ils soient morts de faim après avoir tout consommé, ou qu'ils aient été submergés et noyés par un coup de vent, en passant d'une île à l'autre, et cela sans que les corbeaux y aient eu beaucoup de part.

(a) M. Linnæus dit qu'en Suède le corbeau niche principalement sur les sapins, *Fauna Suecica*, n° 69 ; et M. Frisch, qu'en Allemagne c'est principalement sur les grands chênes (pl. 63). Cela veut dire qu'il préfère les arbres les plus hauts et non l'espèce du chêne ou du sapin.

(b) « Quandoque ad quadragesimum ætatis annum... jura conjugii... servare traduntur. » Aldrov., *Ornithol.*, t. Ier, p. 700. Athénée renchérit encore là-dessus.

(c) Oppian. *De aucupio.*

(d) Aristote, qui attribue cette absurdité à Anaxagore, a bien voulu la réfuter sérieusement, en disant que les corbeaux femelles avaient une vulve et des ovaires... que si la semence du mâle passait par le ventricule de la femelle, elle s'y digérerait et ne produirait rien. *De Generatione*, lib. III, cap. VI.

justifiée, c'est parce qu'il est aussi rare de voir ces oiseaux s'accoupler réellement qu'il est commun de les voir se caresser; en effet, ils ne se joignent presque jamais de jour, ni dans un lieu découvert, mais au contraire dans les endroits les plus retirés et les plus sauvages (a), comme s'ils avaient l'instinct de se mettre en sûreté dans le secret de la nature, pendant la durée d'une action qui, se rapportant tout entière à la conservation de l'espèce, semble suspendre dans l'individu le soin actuel de sa propre existence. Nous avons déjà vu le *jean-le-blanc* se cacher pour boire, parce qu'en buvant il enfonce son bec dans l'eau jusqu'aux yeux, et par conséquent ne peut être alors sur ses gardes (b). Dans tous ces cas, les animaux sauvages se cachent par une sorte de prévoyance qui, ayant pour but immédiat le soin de leur propre conservation, paraît plus près de l'instinct des bêtes que tous les motifs de décence dont on a voulu leur faire honneur : et ici le corbeau a d'autant plus besoin de cette prévoyance qu'ayant moins d'ardeur et de force pour l'acte de la génération (c), son accouplement doit probablement avoir une certaine durée.

La femelle se distingue du mâle, selon Barrère, en ce qu'elle est d'un noir moins décidé et qu'elle a le bec plus faible; et, en effet, j'ai bien observé dans certains individus des becs plus forts et plus convexes que dans d'autres, et différentes teintes de noir et même de brun dans le plumage; mais ceux qui avaient le bec le plus fort étaient d'un noir moins décidé, soit que cette couleur fût naturelle, soit qu'elle fût altérée par le temps et par les précautions qu'on a coutume de prendre pour la conservation des oiseaux desséchés. Cette femelle pond, aux environs du mois de mars (d), jusqu'à cinq ou six œufs (e) d'un vert pâle et bleuâtre, marquetés d'un grand nombre de taches et de traits de couleur obscure (f). Elle les couve pendant environ vingt jours (g), et pendant ce temps le mâle a soin de pourvoir à sa nourriture; il y pourvoit même largement, car les gens de la campagne trouvent quelquefois dans les nids des corbeaux, ou aux environs, des amas assez considérables de grains, de noix et d'autres fruits. Il est vrai qu'on a soupçonné que ce n'était pas seulement pour la subsistance de la couveuse au temps de l'incubation, mais pour celle de tous deux pendant l'hiver (h). Quoi qu'il en soit de leur intention, il est certain que cette

(a) Albert dit qu'il a été témoin une seule fois de l'accouplement des corbeaux, et qu'il se passe comme dans les autres espèces d'oiseaux. Voyez Gesner, *De Avibus*, p. 337.

(b) Voyez ci-devant l'histoire de cet oiseau, p. 72.

(c) « Corvinum genus libidinosum non est; quippe quòd parum fœcundum sit, coire tamen id quoque visum est. » Aristote, *De Generatione*, lib. III, cap. VI.

(d) Willughby dit que quelquefois les corbeaux pondent encore plus tôt en Angleterre, *Ornithologie*, p. 83.

(e) Aristote, *Hist. animal.*, lib. IX, cap. XXXI.

(f) Willughby, à l'endroit cité.

(g) Aristote, *Hist. animal.*, lib. VI, cap. VI.

(h) Aldrovande, *Ornithologia*, t. Ier, p. 694 et 699.

habitude de faire ainsi des provisions et de cacher ce qu'ils peuvent attraper ne se borne pas aux comestibles, ni même aux choses qui peuvent leur être utiles, elle s'étend encore à tout ce qui se trouve à leur bienséance, et il paraît qu'ils préfèrent les pièces de métal et tout ce qui brille aux yeux (a). On en a vu un à Erford qui eut bien la patience de porter une à une et de cacher sous une pierre dans un jardin une quantité de petites monnaies, jusqu'à concurrence de cinq ou six florins (b); et il n'y a guère de pays qui n'ait son histoire de pareils vols domestiques.

Quand les petits viennent d'éclore, il s'en faut bien qu'ils soient de la couleur des père et mère; ils sont plutôt blancs que noirs, au contaire des jeunes cygnes qui doivent être un jour d'un si beau blanc, et qui commencent par être bruns (c). Dans les premiers jours, la mère semble un peu négliger ses petits; elle ne leur donne à manger que lorsqu'ils commencent à avoir des plumes, et l'on n'a pas manqué de dire qu'elle ne commençait que de ce moment à les reconnaître à leur plumage naissant, et à les traiter véritablement comme siens (d). Pour moi, je ne vois dans cette diète des premiers jours que ce que l'on voit plus ou moins dans presque tous les autres animaux, et dans l'homme lui-même; tous ont besoin d'un peu de temps pour s'accoutumer à un nouvel élément, à une nouvelle existence. Pendant ce temps de diète le petit oiseau n'est pas dépourvu de toute nourriture: il en trouve une au dedans de lui-même et qui lui est très analogue; c'est le restant du jaune que renferme l'*abdomen*, et qui passe insensiblement dans les intestins par un conduit particulier (e). La mère, après ces premiers temps, nourrit ses petits avec des aliments convenables, qui ont déjà subi une préparation dans son jabot, et qu'elle leur dégorge dans le bec, à peu près comme font les pigeons (f).

Le mâle ne se contente pas de pourvoir à la subsistance de la famille, il veille aussi pour sa défense; et s'il s'aperçoit qu'un milan ou tel autre oiseau de proie s'approche du nid, le péril de ce qu'il aime le rend courageux, il prend son essor, gagne le dessus, et, se rabattant sur l'ennemi, il le frappe violemment de son bec: si l'oiseau de proie fait des efforts pour reprendre le dessus, le corbeau en fait de nouveaux pour conserver son avantage, et ils s'élèvent quelquefois si haut qu'on les perd absolument de vue jusqu'à ce que, excédés de fatigue, l'un ou l'autre, ou tous les deux, se laissent tomber du haut des airs (g).

Aristote et beaucoup d'autres, d'après lui, prétendent que lorsque les

(a) Frisch, planche 63.
(b) Voyez Gesner, *De Avibus*, p. 338.
(c) Aldrovande, *Ornithol.*, t. Ier, p. 702.
(d) *Idem, ibidem.*
(e) Willughby, *Ornithol.*, p. 82.
(f) Willughby, *Ornithol.*, p. 82.
(g) Frisch, planche 63.

petits commencent à être en état de voler, le père et la mère les obligent à sortir du nid et à faire usage de leurs ailes ; que bientôt même ils les chassent totalement du district qu'ils se sont approprié, si ce district trop stérile ou trop resserré ne suffit pas à la subsistance de plusieurs couples (a), et en cela ils se montreraient véritablement oiseaux de proie ; mais ce fait ne s'accorde point avec les observations que M. Hébert a faites sur les corbeaux des montagnes du Bugey, lesquels prolongent l'éducation de leurs petits, et continuent de pourvoir à leur subsistance bien au delà du terme où ceux-ci sont en état d'y pourvoir par eux-mêmes. Comme l'occasion de faire de telles observations et le talent de les faire aussi bien ne se rencontrent pas souvent, j'ai cru devoir en rapporter ici le détail dans les propres termes de l'observateur.

« Les petits corbeaux éclosent de fort bonne heure, et dès le mois de mai » ils sont en état de quitter le nid. Il en naissait chaque année une famille » en face de mes fenêtres, sur les rochers qui bornaient la vue. Les petits, » au nombre de quatre ou cinq, se tenaient sur de gros blocs éboulés à une » hauteur moyenne, où il était facile de les voir ; et ils se faisaient d'ailleurs » assez remarquer par un piaulement presque continuel. Chaque fois que » le père ou la mère leur apportaient à manger, ce qui arrivait plusieurs » fois le jour, ils les appelaient par un cri *crau*, *crau*, *crau*, très différent de » leur piaulement. Quelquefois il n'y en avait qu'un seul qui prît l'essor, et » après un léger essai de ses forces il revenait se poser sur son rocher ; » presque toujours il en restait quelqu'un, et c'est alors que son piaulement » devenait continuel. Lorsque les petits avaient l'aile assez forte pour voler, » c'est-à-dire quinze jours au moins après leur sortie du nid, les père et » mère les emmenaient tous les matins avec eux et les ramenaient tous les » soirs : c'était toujours sur les cinq ou six heures après midi que toute la » bande revenait au gîte, et le reste de la soirée se passait en criailleries » très incommodes. Ce manège durait tout l'été, ce qui donne lieu de croire » que les corbeaux ne font pas deux couvées par an. »

Gesner a nourri de jeunes corbeaux avec de la chair crue, des petits poissons et du pain trempé dans l'eau (b). Ils sont fort friands de cerises, et ils les avalent avidement avec les queues et les noyaux ; mais ils ne digèrent que la pulpe, et deux heures après ils rendent par le bec les noyaux et les queues ; on dit qu'ils rejettent aussi les os des animaux qu'ils ont avalés avec la chair, de même que la cresserelle, les oiseaux de proie nocturnes, les oiseaux pêcheurs, etc., rendent les parties dures et indigestes des animaux ou des poissons qu'ils ont dévorés (c). Pline dit que les corbeaux sont sujets tous les étés à une maladie périodique de soixante jours, dont, selon

---

(a) Aristote, *Hist. animal.*, lib. IX, cap. XXXI.
(b) *De Avibus*, p. 336.
(c) Voyez Aldrovande, t. Ier, p. 697.

lui, le principal symptôme est une grande soif (a) ; mais je soupçonne que cette maladie n'est autre chose que la mue, laquelle se fait plus lentement dans le corbeau que dans plusieurs autres oiseaux de proie (b).

Aucun observateur, que je sache, n'a déterminé l'âge auquel les jeunes corbeaux, ayant pris la plus grande partie de leur accroissement, sont vraiment adultes et en état de se reproduire ; et si chaque période de la vie était proportionnée dans les oiseaux, comme dans les animaux quadrupèdes, à la durée de la vie totale, on pourrait soupçonner que les corbeaux ne deviendraient adultes qu'au bout de plusieurs années ; car quoiqu'il y ait beaucoup à rabattre sur la longue vie que Hésiode accorde aux corbeaux (c), cependant il paraît assez avéré que cet oiseau vit quelquefois un siècle et davantage : on en a vu dans plusieurs villes de France qui avaient atteint cet âge, et dans tous les pays et tous les temps il a passé pour un oiseau très vivace ; mais il s'en faut bien que le terme de l'âge adulte, dans cette espèce, soit retardé en proportion de la durée totale de la vie, car sur la fin du premier été, lorsque toute la famille vole de compagnie, il est déjà difficile de distinguer à la taille les vieux d'avec les jeunes, et dès lors il est très probable que ceux-ci sont en état de se reproduire dès la seconde année.

Nous avons remarqué plus haut que le corbeau n'était pas noir en naissant ; il ne l'est pas non plus en mourant, du moins quand il meurt de vieillesse, car dans ce cas son plumage change sur la fin, et devient jaune par défaut de nourriture (d) : mais il ne faut pas croire qu'en aucun temps cet oiseau soit d'un noir pur, et sans mélange d'aucune autre teinte ; la nature ne connaît guère cette uniformité absolue. En effet, le noir qui domine dans cet oiseau paraît mêlé de violet sur la partie supérieure du corps, de cendré sur la gorge, et de vert sous le corps, sur les pennes de la queue et sur les plus grandes pennes des ailes et les plus éloignées du dos (e). Il n'y a que les pieds, les ongles et le bec qui soient absolument noirs, et ce noir du bec semble pénétrer jusqu'à la langue, comme celui des plumes semble pénétrer jusqu'à la chair, qui en a une forte teinte. La langue est cylindrique à sa base, aplatie et fourchue à son extrémité, et hérissée de petites pointes sur ses

(a) Lib. xxix, cap. iii.

(b) Voyez Gesner, p. 336.

(c) « Hesiodus... Cornici novem nostras adtribuit ætates, quadruplum ejus cervis, id tri- » plicatum corvis. » Pline, lib. vii, cap. xlviii. En prenant l'âge d'homme, seulement pour trente ans, ce serait neuf fois 30 ou 270 ans pour la corneille, 1,080 pour le cerf, et 3,240 pour le corbeau. En réduisant l'âge d'homme à 10 ans, ce serait 90 ans pour la corneille, 360 pour le cerf, et 1,080 pour le corbeau, ce qui serait encore exorbitant. Le seul moyen de donner un sens raisonnable à ce passage, c'est de rendre le γινέα d'Hésiode et l'ætas de Pline par année ; alors la vie de la corneille se réduit à 9 années, celle du cerf à 36, comme elle a été déterminée dans l'Histoire naturelle de cet animal, et celle du corbeau à 108, comme il est prouvé par l'observation.

(d) « Corvorum pennæ postremò in colorem flavum transmutantur, cùm scilicet alimento » destituuntur. » De Coloribus.

(e) Voyez l'Ornithologie de M. Brisson, t. II, p. 8.

bords. L'organe de l'ouïe est fort compliqué, et peut-être plus que dans les autres oiseaux (a). Il faut qu'il soit aussi plus sensible, si l'on peut ajouter foi à ce que dit Plutarque, qu'on a vu des corbeaux tomber comme étourdis par les cris d'une multitude nombreuse et agitée de quelque grand mouvement (b).

L'œsophage se dilate à l'endroit de sa jonction avec le ventricule, et forme par sa dilatation une espèce de jabot qui n'avait point échappé à Aristote. La face intérieure du ventricule est sillonnée de rugosités ; la vésicule du fiel est fort grosse et adhérente aux intestins (c). Redi a trouvé des vers dans la cavité de l'abdomen (d). La longueur de l'intestin est à peu près double de celle de l'oiseau même, prise du bout du bec au bout des ongles, c'est-à-dire qu'elle est moyenne entre la longueur des intestins des véritables carnivores, et celle des intestins des véritables granivores ; en un mot, tel qu'il convient pour un oiseau qui vit de chair et de fruits (e).

Cet appétit du corbeau, qui s'étend à tous les genres de nourritures, se tourne souvent contre lui-même par la facilité qu'il offre aux oiseleurs de trouver des appâts qui lui conviennent. La poudre de noix vomique, qui est un poison pour un grand nombre d'animaux quadrupèdes, en est aussi un pour le corbeau ; elle l'enivre au point qu'il tombe bientôt après qu'il en a mangé, et il faut saisir le moment où il tombe, car cette ivresse est quelquefois de courte durée, et il reprend souvent assez de forces pour aller mourir ou languir sur son rocher (f). On le prend aussi avec plusieurs sortes de filets, de lacets et de pièges, et même à la pipée, comme les petits oiseaux ; car il partage avec eux leur antipathie pour le hibou, et il n'aperçoit jamais cet oiseau ni la chouette sans jeter un cri (g). On dit qu'il est aussi en guerre avec le milan, le vautour, la pie de mer (h) ; mais ce n'est autre chose que l'effet de cette antipathie nécessaire qui est entre tous les animaux carnassiers, ennemis-nés de tous les faibles qui peuvent devenir leur proie, et de tous les forts qui peuvent la leur disputer.

Les corbeaux, lorsqu'ils se posent à terre, marchent et ne sautent point ; ils ont, comme les oiseaux de proie, les ailes longues et fortes (à peu près trois pieds et demi d'envergure) ; elles sont composées de vingt pennes, dont

(a) *Actes de Copenhague*, année 1673. Observat. LII.
(b) Vie de T. Q. Flaminius.
(c) Willughby, p. 83 ; et Aristote, *Hist. animal.*, lib. II, cap. XVII.
(d) *Collection Académique étrangère*, t. IV, p. 521.
(e) Un observateur digne de foi m'a assuré avoir vu le manège d'un corbeau, qui s'éleva plus de vingt fois à la hauteur de 12 ou 15 toises pour laisser tomber de cette hauteur une noix qu'il allait ramasser chaque fois avec son bec ; mais il ne put venir à bout de la casser, parce que tout cela se passait dans une terre labourée.
(f) Voyez Gesner, p. 339. — *Journal économique* de décembre 1758.
(g) *Traité de la Pipée.*
(h) Voyez Ælian, *Natur. animal.*, lib. II, cap. LI. — Aldrovand., t. Ier, p. 710, et *Collection Acad. étrang.*, t. Ier de l'*Histoire naturelle*, p. 196.

les deux ou trois premières (a) sont plus courtes que la quatrième, qui est la plus longue de toutes (b), et dont les moyennes ont une singularité, c'est que l'extrémité de leur côte se prolonge au delà des barbes et finit en pointe. La queue a douze pennes d'environ huit pouces, cependant un peu inégales, les deux du milieu étant les plus longues, et ensuite les plus voisines de celles-là, en sorte que le bout de la queue paraît un peu arrondi sur son plan horizontal (c) : c'est ce que j'appellerai dans la suite *queue étagée.*

De la longueur des ailes on peut presque toujours conclure la hauteur du vol ; aussi les corbeaux ont-ils le vol très élevé, comme nous l'avons dit, et il n'est pas surprenant qu'on les ait vus, dans les temps de nuées et d'orage, traverser les airs ayant le bec chargé de feu (d). Ce feu n'était autre chose, sans doute, que celui des éclairs mêmes, je veux dire qu'une aigrette lumineuse, formée à la pointe de leur bec par la matière électrique, qui, comme on sait, remplit la région supérieure de l'atmosphère dans ces temps d'orage ; et, pour le dire en passant, c'est peut-être quelque observation de ce genre qui a valu à l'aigle le titre de ministre de la foudre ; car il est peu de fables qui ne soient fondées sur la vérité.

De ce que le corbeau a le vol élevé, comme nous venons de le voir, et de ce qu'il s'accommode à toutes les températures, comme chacun sait (e), il s'ensuit que le monde entier lui est ouvert, et qu'il ne doit être exclu d'aucune région. En effet, il est répandu depuis le cercle polaire (f) jusqu'au cap de Bonne-Espérance (g), et à l'île de Madagascar (h), plus ou moins abondamment, selon que chaque pays fournit plus ou moins de nourriture, et des rochers qui soient plus ou moins à son gré (i) : il passe quelquefois des côtes de Barbarie dans l'île de Ténériffe ; on le retrouve encore au Mexique, à Saint-Domingue, au Canada (j), et sans doute dans les autres parties du nouveau continent et dans les îles adjacentes. Lorsqu'une fois il est établi dans un pays et qu'il y a pris ses habitudes, il ne le quitte guère pour passer dans

(a) MM. Brisson et Linnæus disent deux, et M. Willughby dit trois.

(b) Ce sont ces pennes de l'aile qui servent aux facteurs pour emplumer les sautereaux des clavecins, et aux dessinateurs pour dessiner à la plume.

(c) Ajoutez à cela que les corbeaux ont, sur presque tout le corps, double espèce de plumes, et tellement adhérentes à la peau, qu'on ne peut les arracher qu'à force d'eau chaude.

(d) « Hermolaus Barbarus, vir gravis et doctus, aliique philosophi aiunt... dum fulmina » tempestatum tempore fiunt, corvi per aerem hac illac circumvolantes rostro ignem deferre. » Scala Naturalis apud Aldrovand., t. Ier, p. 704.

(e) « Quasvis aeris mutationes facilè tolerant, nec frigus nec calorem reformidant... ubi-» cumque alimenti copia suppetit degere sustinent... in solitudine, in urbibus etiam popu-» losissimis. » Ornitholog., p. 82.

(f) Klein, *Ordo avium*, p. 58 et 167; mais ces auteurs parlaient-ils du même corbeau?

(g) Kolbe, *Description du Cap*, p. 136.

(h) Voyez Flacourt.

(i) Pline dit, d'après Théophraste, que les corbeaux étaient étrangers à l'Asie, lib. X, cap. xxix.

(j) Charlevoix, *Histoire de l'île espagnole de Saint-Domingue*, t. Ier, p. 30; et *Histoire de la Nouvelle-France*, du même, p. 155.

un autre (a) ; il reste même attaché au nid qu'il a construit, et il s'en sert plusieurs années de suite, comme nous l'avons vu ci-dessus.

Son plumage n'est pas le même dans tous les pays. Indépendamment des causes particulières qui peuvent en altérer la couleur ou la faire varier du noir au brun et même au jaune, comme je l'ai remarqué plus haut, il subit encore plus ou moins les influences du climat : il est quelquefois blanc en Norvège et en Islande, où il y a aussi des corbeaux tout à fait noirs et en assez grand nombre (b). D'un autre côté, on en trouve de blancs au centre de la France et de l'Allemagne, dans des nids où il y en a aussi de noirs (c). Le corbeau du Mexique, appelé *cacalotl* par Fernandez, est varié de ces deux couleurs (d) ; celui de la baie de Saldagne a un collier blanc (e) ; celui de Madagascar, appelé *coach* selon Flacourt, a du blanc sous le ventre, et l'on retrouve le même mélange de blanc et de noir dans quelques individus de la race qui réside en Europe, même dans celui à qui M. Brisson a donné le nom de *corbeau blanc du Nord* (f), et qu'il eût été plus naturel, ce me semble, d'appeler *corbeau noir et blanc*, puisqu'il a le dessus du corps noir, le dessous blanc et la tête blanche et noire, ainsi que le bec, les pieds, la queue et les ailes. Celles-ci ont vingt et une pennes, et la queue en a douze, dans lesquelles il y a une singularité à remarquer, c'est que les correspondantes de chaque côté, je veux dire les pennes qui de chaque côté sont à égale distance des deux du milieu, et qui sont ordinairement semblables entre elles pour la forme et pour la distribution des couleurs, ont, dans l'individu décrit par M. Brisson, plus ou moins de blanc et distribué d'une manière différente, ce qui me ferait soupçonner que le blanc est ici une altération de la couleur naturelle, qui est le noir, un effet accidentel de la température excessive du climat, laquelle, comme cause extérieure, n'agit pas toujours uniformément en toutes saisons ni en toutes circonstances, et dont les effets ne sont jamais aussi réguliers que ceux qui sont produits par la constante activité du moule intérieur ; et si ma conjecture est vraie, il n'y a aucune raison de faire une espèce particulière, ni même une race ou variété permanente de cet oiseau, lequel ne diffère d'ailleurs de notre corbeau ordi-

(a) Frisch (pl. 63). « Aves quæ in urbibus solent præcipue vivere, semper apparent, nec » loca mutant aut latent, ut corvus et cornix. » Aristot. *Hist. animal.*, lib. IX, cap. XXIII.

(b) *Description de l'Islande*, d'Horrebow, t. 1er, p. 206, 219. — Klein, *Ordo avium*, p. 58, 167. Jean de Cay a vu en 1548, à Lubeck, deux corbeaux blancs qui étaient dressés pour la chasse. Klein, *Ordo avium*, p. 58.

(c) Voyez *Éphémérides d'Allemagne*. Décurie I, année III. Observ. LVII. Le docteur Wisel ajoute que l'année suivante on ne trouva dans le même nid que des corbeaux noirs, et que dans le même bois, mais dans un autre nid, on avait trouvé un corbeau noir et deux blancs. On en tue quelquefois de cette dernière couleur en Italie. Voyez Gerini, *Storia degli Uccelli*, t. II, p. 33.

(d) *Historia avium Novæ-Hispaniæ*, cap. CLXXIV, p. 48.

(e) Voyage de Downton, à la suite de celui de Middleton, 1610.

(f) *Ornithologie*, t. VI. Supplément, p. 33.

naire que par ses ailes un peu plus longues ; de même que tous les animaux des pays du Nord ont le poil plus long que ceux de même espèce qui habitent des climats tempérés.

Au reste, les variations dans le plumage d'un oiseau aussi généralement, aussi profondément noir que le corbeau, variations produites par la seule différence de l'âge, du climat, ou par d'autres causes purement accidentelles, sont une nouvelle preuve, ajoutée à tant d'autres, que la couleur ne fit jamais un caractère constant, et que dans aucun cas elle ne doit être regardée comme un attribut essentiel.

Outre cette variété de couleur, il y a aussi dans l'espèce des corbeaux variété de grandeur : ceux du mont Jura, par exemple, ont paru à M. Hébert, qui a été à portée de les observer, plus grands et plus forts que ceux des montagnes du Bugey ; et Aristote nous apprend que les corbeaux et les éperviers sont plus petits dans l'Égypte que dans la Grèce (a).

OISEAUX ÉTRANGERS

QUI ONT RAPPORT AU CORBEAU

LE CORBEAU DES INDES DE BONTIUS

Cet oiseau se trouve aux îles Moluques et principalement dans celle de Banda : nous ne le connaissons que par une description incomplète et par une figure très mauvaise, en sorte qu'on ne peut déterminer que par conjecture celui de nos oiseaux d'Europe auquel il doit être rapporté. Bontius, le premier et je crois le seul qui l'ait vu, l'a regardé comme un corbeau (b), en quoi il a été suivi par Ray, Willughby (c) et quelques autres ; mais M. Brisson en a fait un calao (d) (*). J'avoue que je suis de l'avis des premiers, et voici mes raisons en peu de mots.

Cet oiseau a, suivant Bontius, le bec et la démarche de notre corbeau, et en conséquence il lui en a donné le nom, malgré son cou un peu long et la petite protubérance que la figure fait paraître sur le bec, preuve certaine qu'il ne connaissait aucun autre oiseau avec lequel celui-ci eût plus de rapports, et néanmoins il connaissait le calao des Indes. Bontius ajoute, à la vérité, qu'il se nourrit de noix muscades, et M. Willughby a regardé cela

---

(a) *Historia animalium*, lib. viii, cap. xxxviii.
(b) Voyez *Hist. nat. et med. Indiæ orient.*
(c) *Ornithologie*, p. 86.
(d) *Ornithologie*, t. IV, p. 566.

(*) Le Corbeau des Indes de Bontius est réellement un *Calao* (*Buceros hydrocorax*).

comme un trait marqué de dissemblance avec nos corbeaux ; cependant nous avons vu que ceux-ci mangent les noix du pays et qu'ils ne sont pas aussi carnassiers qu'on le croit communément. Or, cette différence, étant ainsi réduite à sa juste valeur, laisse, au sentiment de l'unique observateur qui a vu et nommé l'oiseau, toute son autorité.

D'un autre côté, ni la description de Bontius ni la figure ne présentent le moindre vestige de cette dentelure du bec dont M. Brisson a fait un des caractères de la famille des calaos ; et la petite protubérance, qui paraît sur le bec dans la figure, ne semble point avoir de rapport avec celles du bec du calao. Enfin le calao n'a ni ces tempes mouchetées, ni ces plumes du cou noirâtres dont il est parlé dans la description de Bontius ; et il a lui-même un bec si singulier (a), qu'on ne peut, ce me semble, supposer qu'un observateur l'ait vu et n'en ait rien dit, et surtout qu'il l'ait pris pour un bec de corbeau ordinaire.

La chair du corbeau des Indes de Bontius a un fumet aromatique très agréable qu'elle doit aux muscades dont l'oiseau fait sa principale nourriture ; et il y a toute apparence que, si notre corbeau se nourrissait de même, il perdrait sa mauvaise odeur.

Il faudrait avoir vu le corbeau du désert (*graab el zahara*), dont parle le docteur Shaw (b), pour le rapporter sûrement à l'espèce de notre pays, dont il se rapproche le plus. Tout ce qu'en dit ce docteur, c'est qu'il est un peu plus gros que notre corbeau et qu'il a le bec et les pieds rouges. Cette rougeur des pieds et du bec est ce qui a déterminé M. Shaw à le regarder comme un grand coracias : à la vérité, l'espèce du coracias n'est point étrangère à l'Afrique, comme nous l'avons vu plus haut ; mais un coracias plus grand qu'un corbeau ! Quatre lignes de description bien faite dissiperaient toute cette incertitude, et c'est pour obtenir ces quatre lignes de quelque voyageur instruit que je fais ici mention d'un oiseau dont j'ai si peu à dire.

Je trouve encore dans Kæmpfer deux oiseaux auxquels il donne le nom de corbeaux, sans indiquer aucun caractère qui puisse justifier cette dénomination. L'un est, selon lui, d'une grosseur médiocre, mais extrêmement fier : on l'avait apporté de la Chine au Japon pour en faire présent à l'empereur. L'autre, qui fut aussi offert à l'empereur du Japon, était un oiseau de Corée, fort rare, appelé *coreigaras*, c'est-à-dire corbeau de Corée. Kæmpfer ajoute qu'on ne trouve point au Japon les corbeaux qui sont communs en Europe, non plus que les perroquets et quelques autres oiseaux des Indes (c).

(a) Voyez-en la figure, pl. xlv de l'*Ornithologie* de M. Brisson, t. IV.

(b) M. Shaw lui donne encore les noms suivants : *Crow of the desert, redlegged crow, Pyrrhocorax*. Voyez *Travels of Barbary*, p. 251.

(c) Voyez *Histoire du Japon*, t. Ier, p. 113.

Ce serait ici le lieu de placer l'oiseau d'Arménie, que M. de Tournefort a appelé *roi des corbeaux* (a), si cet oiseau était en effet un corbeau, ou seulement s'il approchait de cette famille. Mais il ne faut que jeter les yeux sur le dessin en miniature qui le représente pour juger qu'il a beaucoup plus de rapport avec les paons et les faisans par sa belle aigrette, par la richesse de son plumage, par la brièveté de ses ailes, par la forme de son bec, quoiqu'il soit un peu plus allongé, et quoiqu'on remarque d'autres différences dans la forme de la queue et des pieds. Il est nommé avec raison, sur ce dessin, *avis persica pavoni congener;* et c'est aussi parmi les oiseaux étrangers analogues aux faisans et aux paons que j'en aurais parlé, si ce même dessin fût venu plus tôt à ma connaissance (b).

LA CORBINE OU CORNEILLE NOIRE

Quoique cette corneille (*) diffère à beaucoup d'égards du grand corbeau, surtout par la grosseur et par quelques-unes de ses habitudes naturelles, cependant il faut avouer que d'un autre côté elle a assez de rapports avec lui, tant de conformation et de couleur que d'instinct, pour justifier la dénomination de *corbine,* qui est en usage dans plusieurs endroits, et que j'adopte par la raison qu'elle est en usage.

Ces corbines passent l'été dans les grandes forêts, d'où elles ne sortent de temps en temps que pour chercher leur subsistance et celle de leur couvée. Le fond principal de cette subsistance, au printemps, ce sont les œufs de perdrix dont elles sont très friandes, et qu'elles savent même percer fort adroitement pour les porter à leurs petits sur la pointe de leur bec : comme elles en font une grande consommation, et qu'il ne leur faut qu'un moment pour détruire l'espérance d'une famille entière, on peut dire qu'elles ne sont pas les moins nuisibles des oiseaux de proie, quoiqu'elles soient les moins sanguinaires. Heureusement il n'en reste pas un grand nombre : on en trouverait difficilement plus de deux douzaines de paires dans une forêt de cinq ou six lieues de tour aux environs de Paris.

En hiver elles vivent avec les mantelées, les frayonnes ou les freux, et à

(a) Voyez son *Voyage au Levant,* t. II, p. 353.

(b) Il est à la Bibliothèque du Roi dans le cabinet des estampes, et fait partie de cette belle suite de miniatures en grand, qui représentent d'après nature les objets les plus intéressants de l'histoire naturelle.

(*) *Corvus corone.* — D'après certains ornithologistes la Corneille noire ne serait qu'une variété noire de Corneille mantelée (*Corvus Cornix* L.). — Les corneilles se distinguent des corbeaux par un bec plus petit, une queue arrondie, tronquée, un plumage lâche et peu brillant.

peu près de la même manière : c'est alors que l'on voit autour des lieux habités des volées nombreuses, composées de toutes les espèces de corneilles, se tenant presque toujours à terre pendant le jour, errant pêle-mêle avec nos troupeaux et nos bergers, voltigeant sur les pas de nos laboureurs et sautant quelquefois sur le dos des cochons et des brebis avec une familiarité qui les ferait prendre pour des oiseaux domestiques apprivoisés. La nuit elles se retirent dans les forêts sur de grands arbres qu'elles paraissent avoir adoptés et qui sont des espèces de rendez-vous, des points de ralliement où elles se rassemblent le soir de tous côtés, quelquefois de plus de trois lieues à la ronde, et d'où elles se dispersent tous les matins : mais ce genre de vie, qui est commun aux trois espèces de corneilles, ne réussit pas également à toutes ; car les corbines et les mantelées deviennent prodigieusement grasses, au contraire des frayonnes qui sont presque toujours maigres, et ce n'est pas la seule différence qui se remarque entre ces espèces. Sur la fin de l'hiver, qui est le temps de leurs amours, tandis que les frayonnes vont nicher dans d'autres climats, les corbines, qui disparaissent en même temps de la plaine, s'éloignent beaucoup moins ; la plupart se réfugient dans les grandes forêts qui sont à portée, et c'est alors qu'elles rompent la société générale pour former des unions plus intimes et plus douces ; elles se séparent deux à deux et semblent se partager le terrain, qui est toujours une forêt, de manière que chaque paire occupe son district d'environ un quart de lieue de diamètre, dont elle exclut toute autre paire *(a)*, et d'où elle ne s'absente que pour aller à la provision. On assure que ces oiseaux restent constamment appariés toute leur vie ; on prétend même que lorsque l'un des deux vient à mourir, le survivant lui demeure fidèle et passe le reste de ses jours dans une irréprochable viduité.

On reconnaît la femelle à son plumage, qui a moins de lustre et de reflets : elle pond cinq ou six œufs, elle les couve environ trois semaines, et pendant qu'elle couve le mâle lui apporte à manger.

J'ai eu occasion d'examiner un nid de corbine qui m'avait été apporté dans les premiers jours du mois de juillet. On l'avait trouvé sur un chêne à la hauteur de huit pieds, dans un bois en coteau où il y avait d'autres chênes plus grands : ce nid pesait deux ou trois livres ; il était fait en dehors de petites branches et d'épines, entrelacées grossièrement et mastiquées avec de la terre et du crottin de cheval ; le dedans était plus mollet et construit plus soigneusement avec du chevelu de racines. J'y trouvai six petits éclos ; ils étaient encore vivants, quoiqu'ils eussent été vingt-quatre heures sans manger ; ils n'avaient pas les yeux ouverts *(b)* ; on ne leur apercevait aucune plume, si ce n'est les pennes de l'aile qui commençaient à poindre ;

(a) C'est peut-être ce qui a donné lieu de dire que les corbeaux chassaient leurs petits de leur district sitôt que ces petits étaient en état de voler.
(b) Voyez Aristot., *De generatione*, lib. IV, cap. VI.

tous avaient la chair mêlée de jaune et de noir, le bout du bec et des ongles jaune, les coins de la bouche blanc sale, le reste du bec et des pieds rougeâtre.

Lorsqu'une buse ou une cresserelle vient à passer près du nid, le père et la mère se réunissent pour les attaquer, et ils se jettent sur elles avec tant de fureur qu'ils les tuent quelquefois en leur crevant la tête à coups de bec. Ils se battent aussi avec les pies-grièches; mais celles-ci, quoique plus petites, sont si courageuses qu'elles viennent souvent à bout de les vaincre, de les chasser et d'enlever toute la couvée.

Les anciens assurent que les corbines, ainsi que les corbeaux, continuent leurs soins à leurs petits bien au delà du temps où ils sont en état de voler (a). Cela me paraît vraisemblable; je suis même porté à croire qu'ils ne se séparent point du tout la première année; car ces oiseaux étant accoutumés à vivre en société, et cette habitude, qui n'est interrompue que par la ponte et ses suites, devant bientôt les réunir avec des étrangers, n'est-il pas naturel qu'ils continuent la société commencée avec leur famille, et qu'ils la préfèrent même à toute autre?

La corbine apprend à parler comme le corbeau, et comme lui elle est omnivore : insectes, vers, œufs d'oiseau, voiries, poissons, grains, fruits, toute nourriture lui convient; elle sait aussi casser les noix en les laissant tomber d'une certaine hauteur (b); elle visite les lacets et les pièges, et fait son profit des oiseaux qu'elle y trouve engagés; elle attaque même le petit gibier affaibli ou blessé, ce qui a donné l'idée dans quelques pays de l'élever pour la fauconnerie (c); mais, par une juste alternative, elle devient à son tour la proie d'un ennemi plus fort, tel que le milan, le grand duc, etc. (d).

Son poids est d'environ dix ou douze onces; elle a douze pennes à la queue, toutes égales, vingt à chaque aile, dont la première est la plus courte et la quatrième la plus longue; environ trois pieds de vol (e); l'ouverture des narines ronde et recouverte par des espèces de soies dirigées en avant; quelques grains noirs autour des paupières; le doigt extérieur de chaque pied uni à celui du milieu jusqu'à la première articulation; la langue fourchue et même effilée, le ventricule peu musculeux, les intestins roulés en un grand nombre de circonvolutions, les *cœcums* longs d'un demi-pouce, la vésicule

(a) Aristot., *Hist. animal.*, lib. vi, cap. vi.

(b) Plin., lib. x, cap. xii.

(c) Les seigneurs turcs tiennent des éperviers, sacres, faucons, etc., pour la chasse; les autres de moindre qualité tiennent des corneilles grises et noires, qu'ils peignent de diverses couleurs, qu'ils portent sur le poing de la main droite et qu'ils réclament en criant *houb*, *houb* par diverses fois, jusqu'à ce qu'elles reviennent sur le poing. Villamont, p. 677; et *Voyage de Bender*, par le chevalier Belleville, p. 232.

(d) « Ipse vidi milvum, mediâ hieme, cornicem juxta viam publicam deplumantem. » Klein, *Ordo avium*, p. 177. Voyez ci-dessus l'histoire du grand duc, p. 171.

(e) Willughby ne leur donne que deux pieds de vol; ce serait moins qu'il n'en donne au choucas : je crois que c'est une faute d'impression.

du fiel grande et communiquant au tube intestinal par un double conduit (a) ; enfin, le fond des plumes, c'est-à-dire la partie qui ne paraît point au dehors, d'un cendré foncé.

Comme cet oiseau est fort rusé, qu'il a l'odorat très subtil, et qu'il vole ordinairement en grandes troupes, il se laisse difficilement approcher et ne donne guère dans les pièges des oiseleurs. On en attrape cependant quelques-uns à la pipée, en imitant le cri de la chouette et tendant les gluaux sur les plus hautes branches, ou bien en les attirant à la portée du fusil ou même de la sarbacane par le moyen d'un grand duc ou de tel autre oiseau de nuit qu'on élève sur des juchoirs dans un lieu découvert. On les détruit en leur jetant des fèves de marais dont elles sont très friandes, et que l'on a eu la précaution de garnir en dedans d'aiguilles rouillées ; mais la façon la plus singulière de les prendre est celle-ci que je rapporte, parce qu'elle fait connaître le naturel de l'oiseau. Il faut avoir une corbine vivante : on l'attache solidement contre terre, les pieds en haut, par le moyen de deux crochets qui saisissent de chaque côté l'origine des ailes ; dans cette situation pénible elle ne cesse de s'agiter et de crier, les autres corneilles ne manquent pas d'accourir de toutes parts à sa voix comme pour lui donner du secours ; mais la prisonnière, cherchant à s'accrocher à tout pour se tirer d'embarras, saisit avec le bec et les griffes, qu'on lui a laissés libres, toutes celles qui s'approchent et les livre ainsi à l'oiseleur (b). On les prend encore avec des cornets de papier, appâtés de viande crue : lorsque la corneille introduit sa tête pour saisir l'appât qui est au fond, les bords du cornet qu'on a eu la précaution d'engluer s'attachent aux plumes de son cou, elle en demeure coiffée, et, ne pouvant se débarrasser de cet incommode bandeau qui lui couvre entièrement les yeux, elle prend l'essor et s'élève en l'air presque perpendiculairement (direction la plus avantageuse pour éviter les chocs), jusqu'à ce qu'ayant épuisé ses forces elle retombe de lassitude, et toujours fort près de l'endroit d'où elle était partie. En général, quoique ces corneilles n'aient le vol ni léger ni rapide, elles montent cependant à une très grande hauteur, et lorsqu'une fois elles y sont parvenues elles s'y soutiennent longtemps et tournent beaucoup.

Comme il y a des corbeaux blancs et des corbeaux variés, il y a aussi des corbines blanches (c) et des corbines variées de noir et de blanc (d), lesquelles ont les mêmes mœurs, les mêmes inclinations que les noires.

Frisch dit avoir vu une seule fois une troupe d'hirondelles voyageant avec une bande de corneilles variées, et suivant la même route : il ajoute que ces

(a) Willughby, p. 83.
(b) Voyez Gesner, *De Avibus,* p. 324.
(c) Voyez Schwenckfeld, *Aviarium Silesiæ,* p. 243. — Salerne, p. 84. M. Brisson ajoute qu'elles ont aussi le bec, les pieds et les ongles blancs.
(d) Frisch, planche 66.

corneilles variées passent l'été sur les côtes de l'Océan, vivant de tout ce que rejette la mer, que l'automne elles se retirent du côté du Midi, qu'elles ne vont jamais par grandes troupes, et que bien qu'en petit nombre, elles se tiennent à une certaine distance les unes des autres (*a*), en quoi elles ressemblent tout à fait à la corneille noire, dont elles ne sont apparemment qu'une variété constante, ou, si l'on veut, une race particulière.

Il est fort probable que les corneilles des Maldives, dont parle François Pyrard, ne sont pas d'une autre espèce, puisque ce voyageur, qui les a vues de fort près, n'indique aucune différence : seulement elles sont plus familières et plus hardies que les nôtres ; elles entrent dans les maisons pour prendre ce qui les accommode, et souvent la présence d'un homme ne leur en impose point (*b*). Un autre voyageur ajoute que ces corneilles des Indes se plaisent à faire dans une chambre, lorsqu'elles peuvent y pénétrer, toutes les malices qu'on attribue aux singes ; elles dérangent les meubles, les déchirent à coups de bec, renversent les lampes, les encriers, etc. (*c*).

Enfin, selon Dampier, il y a à la Nouvelle-Hollande (*d*) et à la Nouvelle-Guinée (*e*) beaucoup de corneilles qui ressemblent aux nôtres : il y en a aussi à la Nouvelle-Bretagne (*f*) ; mais il paraît que, quoiqu'il y en ait beaucoup en France, en Angleterre et dans une partie de l'Allemagne, elles sont beaucoup moins répandues dans le nord de l'Europe ; car M. Klein dit que la corbine est rare dans la Prusse (*g*) ; et il faut qu'elle ne soit point commune en Suède, puisqu'on ne trouve pas même son nom dans le dénombrement qu'a donné M. Linnæus des oiseaux de ce pays. Le P. du Tertre assure aussi qu'il n'y en a point aux Antilles (*h*), quoique, suivant un autre voyageur (*i*), elles soient fort communes à la Louisiane.

(*a*) Frisch, planche 66.

(*b*) Première partie de son *Voyage*, t. Ier, p. 131.

(*c*) *Voyage d'Orient*, du Père Philippe de la Trinité, p. 379.

(*d*) *Voyage de Dampier*, t. IV, p. 138.

(*e*) *Voyage de Dampier*, t. V, p. 81. Suivant cet auteur, les corneilles de la Nouvelle-Guinée diffèrent des nôtres seulement par la couleur de leurs plumes, dont tout ce qui paraît est noir, mais dont le fond est blanc.

(*f*) *Navigation aux terres Australes*, t. II, p. 167.

(*g*) *Ordo avium*, p. 58.

(*h*) *Histoire naturelle des Antilles*, p. 267, t. II.

(*i*) Voyez *Histoire de la Louisiane*, par M. le Page du Pratz, t. II, p. 134 : il y est dit que leur chair est meilleure à manger dans ce pays qu'en France, parce qu'elles n'y vivent point de voiries, en étant empêchées par les carancros, c'est-à-dire par ces espèces de vautours d'Amérique appelés *auras* ou *marchands*.

LE FREUX OU LA FRAYONNE

Le freux (*) est d'une grosseur moyenne entre le corbeau et la corbine, et il a la voix plus grave que les autres corneilles : son caractère le plus frappant et le plus distinctif, c'est une peau nue, blanche, farineuse et quelquefois galeuse qui environne la base de son bec, à la place des plumes noires et dirigées en avant, qui dans les autres espèces de corneilles s'étendent jusque sur l'ouverture des narines ; il a aussi le bec moins gros, moins fort et comme râpé. Ces disparités, si superficielles en apparence, en supposent de plus réelles et de plus considérables.

Le freux n'a le bec ainsi râpé, et sa base dégarnie de plumes, que parce que, vivant principalement de grains, de petites racines, de vers, il a coutume d'enfoncer son bec fort avant dans la terre pour y chercher la nourriture qui lui convient (a), ce qui ne peut manquer à la longue de rendre le bec raboteux et de détruire les germes des plumes de sa base, lesquelles sont exposées à un frottement continuel (b) ; cependant il ne faut pas croire que cette peau soit absolument nue ; on y aperçoit souvent de petites plumes isolées, preuve très forte qu'elle n'était point chauve dans le principe, mais qu'elle l'est devenue par une cause étrangère ; en un mot, que c'est une espèce de difformité accidentelle qui s'est changée en un vice héréditaire par les lois connues de la génération.

L'appétit du freux pour les grains, les vers et les insectes, est un appétit exclusif, car il ne touche point aux voiries ni à aucune chair ; il a de plus le ventricule musculeux et les amples intestins des granivores.

Ces oiseaux vont par troupes très nombreuses, et si nombreuses que l'air en est quelquefois obscurci. On imagine tout le dommage que ces hordes de moissonneurs peuvent causer dans les terres nouvellement ensemencées ou dans les moissons qui approchent de la maturité : aussi dans plusieurs pays le gouvernement a-t-il pris des mesures pour les détruire (c). La *Zoologie*

(a) Voyez Belon, *Nature des oiseaux*, p. 282.

(b) M. Daubenton le jeune, garde-démonstrateur du Cabinet d'histoire naturelle au Jardin du Roi, fit dernièrement, en se promenant à la campagne, une observation qui a rapport à ceci. Ce naturaliste, à qui l'ornithologie a déjà tant d'obligations, vit de loin, dans un terrain tout à fait inculte, six corneilles dont il ne put distinguer l'espèce, lesquelles paraissaient fort occupées à soulever et retourner les pierres éparses çà et là pour faire leur profit des vers et des insectes qui étaient cachés dessous. Elles y allaient avec tant d'ardeur qu'elles faisaient sauter les pierres les moins pesantes à deux ou trois pieds. Si ce singulier exercice, que personne n'avait encore attribué aux corneilles, est familier aux freux, c'est une cause de plus qui peut contribuer à user et faire tomber les plumes qui environnent la base de leur bec ; et le nom de *tourne-pierre*, que jusqu'ici l'on avait appliqué exclusivement au coulonchaud, deviendra désormais un nom générique qui conviendra à plusieurs espèces.

(c) Voyez Aldrovande, *Ornithologie*, t. 1er, p. 753.

(*) *Corvus frugilegus* L.

britannique réclame contre cette proscription, et prétend qu'ils font plus de bien que de mal, en ce qu'ils consomment une grande quantité de ces larves de hannetons et d'autres scarabées qui rongent les racines des plantes utiles, et qui sont si redoutées des laboureurs et des jardiniers (*a*). C'est un calcul à faire.

Non seulement le freux vole par troupes, mais il niche aussi, pour ainsi dire, en société avec ceux de son espèce, non sans faire grand bruit, car ce sont des oiseaux très criards, et principalement quand ils ont des petits. On voit quelquefois dix ou douze de leurs nids sur le même chêne et un grand nombre d'arbres ainsi garnis dans la même forêt, ou plutôt dans le même canton (*b*); ils ne cherchent pas les lieux solitaires pour couver; ils semblent, au contraire, s'approcher dans cette circonstance des endroits habités; et Schwenckfeld remarque qu'ils préfèrent communément les grands arbres qui bordent les cimetières (*c*), peut-être parce que ce sont des lieux fréquentés, ou parce qu'ils y trouvent plus de vers qu'ailleurs; car on ne peut soupçonner qu'ils y soient attirés par l'odeur des cadavres, puisque, comme nous l'avons dit, ils ne touchent point à la chair. Frisch assure que si, dans le temps de la ponte, on s'avance sous les arbres où ils sont ainsi établis, on est bientôt inondé de leur fiente.

Une chose qui pourra paraître singulière, quoique assez conforme à ce qui se passe tous les jours entre des animaux d'autres espèces, c'est que, lorsqu'un couple apparié travaille à faire son nid, il faut que l'un des deux reste pour le garder, tandis que l'autre va chercher des matériaux convenables : sans cette précaution, et s'ils s'absentaient tous deux à la fois, on prétend que leur nid serait pillé et détruit dans un instant par les autres freux habitants du même arbre, chacun d'eux emportant dans son bec son brin d'herbe ou de mousse pour l'employer à la construction de son propre nid (*d*).

Ces oiseaux commencent à nicher au mois de mars, du moins en Angleterre (*e*); ils pondent quatre ou cinq œufs plus petits que ceux du corbeau, mais ayant des taches plus grandes, surtout au gros bout. On dit que le mâle et la femelle couvent tour à tour. Lorsque les petits sont éclos et en état de manger, ils leur dégorgent la nourriture qu'ils savent tenir en réserve dans leur jabot, ou plutôt dans une espèce de poche formée par la dilatation de l'œsophage (*f*).

Je trouve dans la *Zoologie britannique* que, la ponte étant finie, ils quittent les arbres où ils avaient niché; qu'ils n'y reviennent qu'au mois d'août

(*a*) Voyez *British Zoology*, p. 77.
(*b*) Frisch, planche 66.
(*c*) *Aviarium Silesiæ*, p. 242.
(*d*) Voyez l'*Ornithologie* de Willughby, p. 84.
(*e*) *British Zoology*, p. 76.
(*f*) Willughby, p. 84.

et ne commencent à réparer leurs nids ou à les refaire qu'au mois d'octobre (*a*). Cela suppose qu'ils passent à peu près toute l'année en Angleterre; mais en France, en Silésie et en beaucoup d'autres contrées, ils sont certainement oiseaux de passage, à quelques exceptions près, et avec cette différence qu'en France ils annoncent l'hiver, au lieu qu'en Silésie ils sont les avant-coureurs de la belle saison (*b*).

Le freux habite en Europe, selon M. Linnæus; cependant il paraît qu'il y a quelques restrictions à faire à cela, puisque Aldrovande ne croyait pas qu'il s'en trouvât en Italie (*c*).

On dit que les jeunes sont bons à manger et que les vieux mêmes ne sont pas mauvais, lorsqu'ils sont bien gras (*d*); mais il est fort rare que les vieux prennent de la graisse. Les gens de la campagne ont moins de répugnance pour leur chair, sachant fort bien qu'ils ne vivent pas de charognes, comme la corneille et le corbeau.

LA CORNEILLE MANTELÉE

Cet oiseau (*) se distingue aisément de la corbine et de la frayonne ou du freux par les couleurs de son plumage : il a la tête, la queue et les ailes d'un beau noir avec des reflets bleuâtres, et ce noir tranche avec une espèce de scapulaire gris blanc qui s'étend par devant et par derrière, depuis les épaules jusqu'à l'extrémité du corps; c'est à cause de cette espèce de scapulaire ou de manteau que les Italiens lui ont donné le nom de *monacchia* (moinesse), et les Français celui de *corneille mantelée*.

Elle va par troupes nombreuses comme le freux et elle est peut-être encore plus familière avec l'homme, s'approchant par préférence, surtout pendant l'hiver, des lieux habités, et vivant alors de ce qu'elle trouve dans les égouts, les fumiers, etc.

(*a*) *British Zoology, loco citato.* On dit que les hérons profitent de leur absence pour pondre et couver dans leurs nids. Aldrovande, p. 753.

(*b*) Voyez Schwenckfeld. *Aviarium Silesiæ*, p. 243. J'ai vu à Baume-la-Roche, qui est un village de Bourgogne à quelques lieues de Dijon, environné de montagnes et de rochers escarpés, et où la température est sensiblement plus froide qu'à Dijon; j'ai vu, dis-je, plusieurs fois en été une volée de freux qui logeait et nichait depuis plus d'un siècle, à ce qu'on m'a assuré, dans des trous de rochers exposés au sud-ouest, et où l'on ne pouvait atteindre à leurs nids que très difficilement et en se suspendant à des cordes. Ces freux étaient familiers jusqu'à venir dérober le goûter des moissonneurs : ils s'absentaient sur la fin de l'été pour une couple de mois seulement, après quoi ils revenaient à leur gîte accoutumé. Depuis deux ou trois ans ils ont disparu et ont été remplacés aussitôt par des corneilles mantelées.

(*c*) « Ejusmodi cornicem, quod sciam, Italia non alit, » t. Ier, p. 752.

(*d*) Belon, *Nature des oiseaux*, p. 284. M. Hébert m'assure que le freux est presque toujours maigre, en quoi il diffère, dit-il, de la corbine et de la mantelée.

(*) *Corvus Cornix* L.

Elle a encore cela de commun avec le freux qu'elle change de demeure deux fois par an et qu'elle peut être regardée comme un oiseau de passage, car nous la voyons chaque année arriver par très grandes troupes sur la fin de l'automne et repartir au commencement du printemps, dirigeant sa route au nord ; mais nous ne savons pas précisément en quels lieux elle s'arrête : la plupart des auteurs disent qu'elle passe l'été sur les hautes montagnes (a) et qu'elle y fait son nid sur les pins et les sapins ; il faut donc que ce soit sur des montagnes inhabitées et peu connues, comme celles des îles de Shetland, où l'on assure effectivement qu'elle fait sa ponte (b) ; elle niche aussi en Suède (c) dans les bois et par préférence sur les aunes, et sa ponte est ordinairement de quatre œufs ; mais elle ne niche point dans les montagnes de Suisse (d), d'Italie, etc. (e).

Enfin, quoique selon le plus grand nombre des naturalistes elle vive de toute sorte de nourritures, entre autres de vers, d'insectes, de poissons (f), même de chair corrompue, et, par préférence à tout, de laitage (g) ; et quoique d'après cela elle dût être mise au rang des omnivores, cependant comme ceux qui ont ouvert son estomac y ont trouvé de toutes sortes de grains mêlés avec de petites pierres (h), on peut croire qu'elle est plus granivore qu'autre chose, et c'est un troisième trait de conformité avec le freux : dans tout le reste, elle ressemble beaucoup à la corbine ou corneille noire ; c'est à peu près la même taille, le même port, le même cri, le même son de voix, le même vol ; elle a la queue et les ailes, le bec et les pieds, et presque tout ce que l'on connaît de ses parties intérieures conformé de même dans les plus petits détails (i), ou, si elle s'en éloigne en quelque chose, c'est pour se rapprocher de la nature du freux ; elle va souvent avec lui ; comme lui, elle niche sur les arbres (j) ; elle pond quatre ou cinq œufs, mange ceux des petits oiseaux et quelquefois les petits oiseaux eux-mêmes.

(a) Voyez Aldrov., *Ornithol.*, t. Ier, p. 756. — Schwenckfeld. *Aviar. Silesiæ*, p. 242. — Belon, *Nat. des oiseaux*, p. 284, etc.

(b) Voyez *British Zoology*, p. 76. Les auteurs de cet ouvrage ajoutent que c'est la seule espèce de corneille qui se trouve dans ces îles. Gesner.

(c) *Fauna Suecica*, p. 25.

(d) Gesner, *De Avibus*, p. 332.

(e) Aldrovande. *Ornithologie*, t. Ier, p. 756.

(f) Frisch dit qu'elle épluche fort adroitement les arêtes des poissons, que lorsqu'on vide les étangs elle aperçoit très vite ceux qui restent dans la boue, et qu'elle ne perd pas de temps à les en tirer. Planche 65. — Avec ce goût, il est tout simple qu'elle se tienne souvent au bord des eaux, mais on n'aurait pas dû pour cela lui donner le nom de corneille aquatique ou de corneille marine, puisque ces dénominations conviendraient au même titre à la corneille noire et au corbeau, lesquels ne sont certainement pas des oiseaux aquatiques.

(g) Voyez Aldrovande, p. 756.

(h) Gesner, *De Avibus*, p. 333. — Ray, *Sinopsis avium*, p. 40.

(i) Voyez Willughby, *Ornithologia*, p. 84.

(j) Frisch remarque qu'elle place son nid tantôt à la cime des arbres, et tantôt sur les branches inférieures, ce qui supposerait qu'elle fait quelquefois sa ponte en Allemagne. Je viens de m'assurer par moi-même qu'elle niche quelquefois en France, et notamment en

Tant de rapports et de traits de ressemblance avec la corbine et avec le freux me feraient soupçonner que la corneille mantelée serait une race métisse produite par le mélange de ces deux espèces; et, en effet, si elle était une simple variété de la corbine, d'où lui viendrait l'habitude de voler par troupes nombreuses et de changer de demeure deux fois l'année? ce que ne fit jamais la corbine (a), comme nous l'avons vu; et si elle était une simple variété du freux, d'où lui viendraient tant d'autres rapports qu'elle a avec la corbine? au lieu que cette double ressemblance s'explique naturellement en supposant que la corneille mantelée est le produit du mélange de ces deux espèces, qu'elle représente par sa nature mixte et qui tient de l'une et de l'autre. Cette opinion pourrait paraître vraisemblable aux philosophes qui savent combien les analogies physiques sont d'un grand usage pour remonter à l'origine des êtres et renouer le fil des générations; mais on lui trouvera un nouveau degré de probabilité, si l'on considère que la corneille mantelée est une race nouvelle, qui ne fut ni connue ni nommée par les anciens, et qui par conséquent n'existait pas encore de leur temps, puisque lorsqu'il s'agit d'une race aussi multipliée et aussi familière que celle-ci, il n'y a point de milieu entre n'être pas connue dans un pays et n'y être point du tout. Or, si elle est nouvelle, il faut qu'elle ait été produite par le mélange de deux autres races; et quelles peuvent être ces deux races, sinon celles qui paraissent avoir plus de rapport, d'analogie, de ressemblance avec elle?

Frisch dit que la corneille mantelée a deux cris, l'un plus grave et que tout le monde connaît, l'autre plus aigu et qui a quelque rapport avec celui du coq. Il ajoute qu'elle est fort attachée à sa couvée, et que, lorsqu'on coupe par le pied l'arbre où elle a fait son nid, elle se laisse tomber avec l'arbre et s'expose à tout plutôt que d'abandonner sa géniture.

M. Linnæus semble lui appliquer ce que la *Zoologie britannique* dit du freux qu'elle est utile par la consommation qu'elle fait des insectes destructeurs, dont elle purge ainsi les pâturages (b); mais, encore une fois, ne doit-on pas craindre qu'elle consomme elle-même plus de grains que n'auraient fait les insectes dont elle se nourrit? et n'est-ce pas pour cette raison qu'en plusieurs pays d'Allemagne on a mis sa tête à prix (c)?

On la prend dans les mêmes pièges que les autres corneilles; elle se

Bourgogne. Une volée de ces oiseaux réside constamment depuis deux ou trois années à Baune-la-Roche, dans certains trous de rochers où des corneilles frayonnes étaient ci-devant en possession de nicher tous les ans depuis plus d'un siècle; ces frayonnes ayant été une année sans revenir, une volée de quinze ou vingt mantelées s'empara aussitôt de leurs gîtes; elles y ont déjà fait deux couvées, et elles sont actuellement occupées à la troisième (ce 26 mai 1773). C'est encore un trait d'analogie entre les deux espèces.

(a) « Corvus et cornix semper conspicui sunt, nec loca mutant aut latent. » Aristot. *Histor. animalium*, lib. IX, cap. XXIII.

(b) « Purgat pascua et prata a vermibus... apud nos relegata, at inaudita et indefensa... » Voyez *Systema naturæ*, édit. X, p. 106. — *Fauna Suecica*, nº 71.

(c) Frisch, planche 65.

trouve dans presque toutes les contrées de l'Europe, mais en différents temps ; sa chair a une odeur forte et on en fait peu d'usage, si ce n'est parmi le petit peuple.

Je ne sais sur quel fondement M. Klein a pu ranger parmi les corneilles l'*hoexotototl*, ou oiseau des saules de Fernandez, si ce n'est sur le dire de Seba, qui, décrivant cet oiseau comme le même que celui dont parle Fernandez, le fait aussi gros qu'un pigeon ordinaire, tandis que Fernandez, à l'endroit même cité par Seba, dit que l'*hoexotototl* est un petit oiseau de la grosseur d'un moineau, ayant à peu près le chant du chardonneret et la chair bonne à manger (*a*). Cela ne ressemble pas trop à une corneille, et de telles méprises, qui sont assez fréquentes dans l'ouvrage de Seba, ne peuvent que jeter beaucoup de confusion dans la nomenclature de l'histoire naturelle.

OISEAUX ÉTRANGERS

QUI ONT RAPPORT AUX CORNEILLES

I. — LA CORNEILLE DU SÉNÉGAL.

A juger de cet oiseau (*) par sa forme et par ses couleurs, qui est tout ce que nous en connaissons, on peut dire que l'espèce de la corneille mantelée est celle avec qui il a plus de rapports extérieurs, ou plutôt que ce serait une véritable corneille mantelée, si son scapulaire blanc n'était pas raccourci par devant et beaucoup plus par derrière. On aperçoit aussi quelques diffé-rences dans la longueur des ailes, la forme du bec et la couleur des pieds. C'est une espèce nouvelle et peu connue.

II. — LA CORNEILLE DE LA JAMAÏQUE (*b*).

Cette corneille étrangère (**) paraît modelée à peu près sur les mêmes proportions que les nôtres (*c*), à l'exception de la queue et du bec, qu'elle a

---

(*a*) Voyez Fernandez, *Hist. Avium Novæ-Hispaniæ*, cap. LVIII, et le *Cabinet de Seba*, p. 96. Planche LXI, fig. 1. — La corbine doit être répandue au loin, puisqu'elle se trouve dans la belle suite d'oiseaux que M. Sonnerat vient d'apporter, et qu'il a tirés des Indes, des îles Moluques, et même de la terre des Papous. Cet individu venait des Philippines.

(*b*) C'est la *corneille de la Jamaïque* de M. Brisson, t. II, p. 22. Les Anglais de la Ja-maïque l'appellent aussi *chatering* ou *gabbeling crow* (corneille babillarde), et *cacao walke*, sans doute parce qu'elle se tient ordinairement sur les cacaotiers. Voyez Sloane, *Natural History of Jamaïca*, t. II, p. 298.

(*c*) Elle a un pied et demi de longueur prise de la pointe du bec au bout de la queue, et trois pieds de vol. M. Sloane s'est servi selon toute apparence du pied anglais, plus court que le nôtre d'environ un onzième.

(*) *Corvus dauricus* L.
(**) *Corvus jamaïcensis* L.

plus petits ; son plumage est noir comme celui de la corbine. On a trouvé
dans son estomac des baies rouges, des graines, des scarabées, ce qui fait
connaître sa nourriture la plus ordinaire, et qui est aussi celle de notre
freux et de notre mantelée. Elle a le ventricule musculeux et revêtu intérieurement d'une tunique très forte. Cet oiseau abonde dans la partie septentrionale de l'île et ne quitte pas les montagnes, en quoi il se rapproche de
notre corbeau.

M. Klein caractérise cette espèce par la grandeur des narines (a) ; cependant M. Sloane, qu'il cite, se contente de dire qu'elles sont passablement
grandes.

D'après ce que l'on sait de cet oiseau, on peut bien juger qu'il approche
fort de nos corneilles ; mais il serait difficile de le rapporter à l'une de ces
espèces plutôt qu'à l'autre, vu qu'il réunit des qualités qui sont propres à
chacune d'elles. Il diffère aussi de toutes par son cri qu'il fait entendre continuellement.

LES CHOUCAS

Ces oiseaux ont avec les corneilles plus de traits de conformité que de
traits de dissemblance ; et comme ce sont des espèces fort voisines, il est bon
d'en faire une comparaison suivie et détaillée pour répandre plus de jour sur
l'histoire des uns et des autres (*).

Je remarque d'abord un parallélisme assez singulier entre ces deux genres
d'oiseaux ; car, de même qu'il y a trois espèces principales de corneilles,
une noire (la corbine), une cendrée (la mantelée), et une chauve (le freux
ou la frayonne), je trouve aussi trois espèces ou races correspondantes de
choucas, un noir (le choucas proprement dit), un cendré (le chouc), et,
enfin, un choucas chauve. La seule différence est que ce dernier est d'Amérique et qu'il a peu de noir dans son plumage, au lieu que les trois espèces
de corneilles appartiennent toutes à l'Europe, et sont toutes ou noires ou
noirâtres.

En général, les choucas sont plus petits que les corneilles ; leur cri, du
moins celui de nos deux choucas d'Europe, les seuls dont l'histoire nous
soit connue, est plus aigre, plus perçant, et il a visiblement influé sur la
plupart des noms qu'on leur a donnés en différentes langues, tels que
ceux-ci : *choucas, graccus, kaw, klas,* etc. ; mais ils n'ont pas une seule

(a) « Cornix nigra, garrula, Rai. Naribus amplis... præter nares Europæ similis. » Klein,
Ordo avium, p. 59.

(*) Les Choucas constituent le genre *Monedula* des ornithologistes modernes. Ils ont les
ailes, la queue et les pattes des Corneilles, mais leur bec est très court, fort, renflé en dessus
et légèrement recourbé.

inflexion de voix, car on m'assure qu'on les entend quelquefois crier *tian, tian, tian.*

Ils vivent tous deux d'insectes, de grains, de fruits, et même de chair, quoique très rarement; mais ils ne touchent point aux voiries, et ils n'ont pas l'habitude de se tenir sur les côtes pour se rassasier de poissons morts et autres cadavres rejetés par la mer (*a*). En quoi ils ressemblent plus au freux et même à la mantelée qu'à la corbine; mais ils se rapprochent de celle-ci par l'habitude qu'ils ont d'aller à la chasse aux œufs de perdrix et d'en détruire une grande quantité.

Ils volent en grandes troupes comme le freux; comme lui ils forment des espèces de peuplades et même de plus nombreuses, composées d'une multitude de nids placés les uns près des autres et comme entassés, ou sur un grand arbre, ou dans un clocher, ou dans le comble d'un vieux château abandonné (*b*). Le mâle et la femelle une fois appariés, ils restent longtemps fidèles, attachés l'un à l'autre; et par une suite de cet attachement personnel, chaque fois que le retour de la belle saison donne aux êtres vivants le signal d'une génération nouvelle, on les voit se rechercher avec empressement et se parler sans cesse; car alors le cri des animaux est un véritable langage, toujours bien parlé, toujours bien compris; on les voit se caresser de mille manières, joindre leurs becs comme pour se baiser, essayer toutes les façons de s'unir avant de se livrer à la dernière union, et se préparer à remplir le but de la nature par tous les degrés du désir, par toutes les nuances de la tendresse. Ils ne manquent jamais à ces préliminaires, non pas même dans l'état de captivité (*c*): la femelle, étant fécondée par le mâle, pond cinq ou six œufs marqués de quelques taches brunes sur un fond verdâtre, et lorsque ses petits sont éclos, elle les soigne, les nourrit, les élève avec une affection que le mâle s'empresse de partager. Tout cela ressemble assez aux corneilles, et même à bien des égards au grand corbeau; mais Charleton et Schwenckfeld assurent que les choucas font deux couvées par an (*d*), ce qui n'a jamais été dit du corbeau ni des corneilles, mais qui d'ailleurs s'accorde très bien avec l'ordre de la nature, selon lequel les espèces les plus petites sont aussi les plus fécondes.

Les choucas sont oiseaux de passage, non pas autant que le freux et la corneille mantelée, car il en reste toujours un assez bon nombre dans le pays pendant l'été: les tours de Vincennes en sont peuplées en tout temps, ainsi que tous les vieux édifices qui leur offrent la même sûreté et les mêmes commodités; mais on en voit toujours moins en France l'été que l'hiver. Ceux

(*a*) Voyez Aldrovande, *Ornithologia*, p. 772.
(*b*) Voyez Belon, *Nature des oiseaux*, p. 287. Aldrov., *loco citato.* Willughby, *Ornithologia*, p. 85; ils nichent plus volontiers dans des trous d'arbres que sur les branches.
(*c*) Voyez Aristot., *De generatione*, lib. III, cap. VI.
(*d*) « Bis in anno pullificant. » *Aviarium Silesiæ*, p. 305. Charleton, *Exercit.*, etc., p. 75.

qui voyagent se réunissent en grandes bandes comme la frayonne et la mantelée ; quelquefois même ils ne font qu'une seule bande avec elles, et ils ne
cessent de crier en volant ; mais ils n'observent pas les mêmes temps en
France et en Allemagne ; car ils quittent l'Allemagne en automne avec leurs
petits, et n'y reparaissent qu'au printemps après avoir passé l'hiver chez
nous ; et Frisch a raison d'assurer qu'ils ne couvent point pendant leur
absence, et qu'à leur retour ils ne ramènent point de petits avec eux, car les
choucas ont cela de commun avec tous les autres oiseaux, qu'ils ne font point
leur ponte en hiver.

A l'égard des parties internes, je remarque seulement qu'ils ont le ventricule musculeux, et près de son orifice supérieur une dilatation de l'œsophage
qui leur tient lieu de jabot, comme dans les corneilles, mais que la vésicule
du fiel est plus allongée.

Du reste, on les prive facilement, on leur apprend à parler sans peine, ils
semblent se plaire dans l'état de domesticité ; mais ce sont des domestiques
infidèles qui, cachant la nourriture superflue qu'ils ne peuvent consommer,
et emportant des pièces de monnaie et des bijoux qui ne leur sont d'aucun
usage, appauvrissent le maître sans s'enrichir eux-mêmes.

Pour achever l'histoire des choucas, il ne s'agit plus que de comparer
ensemble les deux races du pays, et d'ajouter à la suite, selon notre usage,
les variétés et les espèces étrangères.

Le *choucas* (*). Nous n'avons en France que deux choucas : l'un, à qui je
conserve le nom de choucas proprement dit (*a*), est de la grosseur d'un
pigeon ; il a l'iris blanchâtre, quelques traits blancs sous la gorge, quelques
points de même couleur autour des narines, du cendré sur la partie postérieure de la tête et du cou ; tout le reste est noir, mais cette couleur est
plus foncée sur les parties supérieures, avec des reflets tantôt violets et
tantôt verts.

Le *chouc*. L'autre espèce du pays à laquelle je donne le nom de chouc,
d'après son nom anglais (*b*), ne diffère du précédent qu'en ce qu'il est un peu
plus petit, et peut-être moins commun, qu'il a l'iris bleuâtre comme le freux,
que la couleur dominante de son plumage est le noir, sans aucun mélange de
cendré, et qu'on lui remarque des points blancs autour des yeux. Du reste, ce
sont les mêmes mœurs, les mêmes habitudes, même port, même conformation,
même cri, mêmes pieds, même bec ; et l'on ne peut guère douter que ces
deux races n'appartiennent à la même espèce, et qu'elles ne fussent en état
de se mêler avec succès, et de produire ensemble des individus féconds.

(*a*) C'est le *choucas* de M. Brisson et son sixième corbeau, t. II, p. 24.
(*b*) C'est le *choucas noir* ou septième corbeau de M. Brisson, t. II, p. 28. Les Anglais
l'appellent *chough*.

(*) *Modenula Turrium.*

On sera peu surpris qu'une espèce, qui a tant de rapports avec celle des corbeaux et des corneilles, présente à peu près les mêmes variétés. Aldrovande a vu en Italie un choucas qui avait un collier blanc (*a*); c'est apparemment celui qui se trouve dans quelques endroits de la Suisse (*b*) et que par cette raison les Anglais nomment choucas de Suisse (*c*).

Schwenckfeld a eu occasion de voir un choucas blanc qui avait le bec jaunâtre (*d*). Ces choucas blancs sont plus communs en Norvège et dans les pays froids (*e*); quelquefois même dans des climats tempérés, tels que la Pologne, on a trouvé un petit choucas blanc dans un nid de choucas noirs (*f*), et, dans ce cas, la blancheur du plumage ne dépend pas, comme l'on voit, de l'influence du climat, mais c'est une monstruosité causée par quelque vice de nature, analogue à celui qui produit les corbeaux blancs en France et les nègres blancs en Afrique.

Schwenckfeld parle : 1° d'un choucas varié qui ressemble au vrai choucas, à l'exception des ailes qui sont blanches, et du bec, qui est crochu ;

2° D'un autre choucas très rare, qui ne diffère du choucas ordinaire que par son bec croisé (*g*); mais ce peuvent être des variétés individuelles, ou même des monstres faits à plaisir.

LE CHOCARD OU CHOUCAS DES ALPES

Cet oiseau, que nous avons fait représenter (*) sous le nom de choucas des Alpes, Pline l'appelle de celui de *pyrrhocorax*, et ce seul nom renferme une description en raccourci : *korax*, qui signifie corbeau, indique la noirceur du plumage ainsi que l'analogie de l'espèce ; et *pyrrhos*, qui signifie roux, orangé, exprime la couleur du bec, qui varie en effet du jaune à l'orange, et aussi de celle de ses pieds, qui est encore plus variable que celle du bec, puisque, dans l'individu observé par Gesner, les pieds étaient rouges (*h*),

---

(*a*) *Ornithologia*, p. 774.
(*b*) Gesner, *De Avibus*, p. 522.
(*c*) Charleton, *Exercit.*, p. 75.
(*d*) *Aviarium Silesiæ*, p. 305.
(*e*) Gesner, p. 523.
(*f*) Rzanczynski. *Auctuarium*, p. 395.
(*g*) *Aviarium Silesiæ*, p. 306. J'ai eu cette année dans ma basse cour quatre poulets huppés, d'origine flamande, lesquels avaient le bec croisé : la pièce supérieure était très crochue et du moins autant que dans le bec-croisé lui-même ; la pièce inférieure était presque droite. Ces poulets ne prenaient pas leur nourriture à terre aussi bien que les autres ; il fallait la leur présenter en grand volume.
(*h*) Gesner, *De Avibus*, p. 528.

(*) N° 531 des *planches enluminées* de Buffon.

qu'ils étaient noirs dans le sujet décrit par M. Brisson, que, selon cet auteur, ils sont quelquefois jaunes (a), et que selon d'autres ils sont jaunes l'hiver et rouges l'été (*). Ces pieds jaunes, ce bec de même couleur, et plus petit que celui du choucas, ont donné lieu à quelques-uns de prendre le choquard pour un merle, et de le nommer le grand merle des Alpes. Cependant, en l'observant et le comparant, on trouvera qu'il approche beaucoup plus des choucas par la grosseur de son corps, par la longueur de ses ailes, et même par la forme de son bec, quoique plus menu, et par ses narines recouvertes de plumes, quoique ces plumes soient moins fermes que dans les choucas.

J'ai indiqué, à l'article du crave ou coracias, les différences qui sont entre ces deux oiseaux, dont Belon et quelques autres, qui ne les avaient pas vus, n'ont fait qu'une seule espèce.

Pline croit son *pyrrhocorax* propre et particulier aux montagnes des Alpes (b); cependant Gesner, qui le distingue très bien d'avec le crave ou coracias, dit qu'il y a certaines contrées au pays des Grisons où cet oiseau ne se montre que l'hiver, d'autres où il paraît à peu près toute l'année, mais que son vrai domicile, son domicile de préférence, celui où il se trouve toujours par grandes bandes, c'est le sommet des hautes montagnes. Ces faits modifient, comme l'on voit, l'opinion de Pline, un peu trop absolue, mais ils la confirment en la modifiant.

La grosseur du choquard est moyenne entre celle du choucas et celle de la corneille ; il a le bec plus petit et plus arqué que l'un et l'autre, la voix plus aiguë, plus plaintive que celle des choucas, et fort peu agréable (c).

Il vit principalement de grains et fait grand tort aux récoltes ; sa chair est un manger très médiocre. Les montagnards tirent de sa façon de voler des présages météorologiques : si son vol est élevé, on dit qu'il annonce le froid, et lorsqu'il est bas, il promet un temps plus doux (d) (**).

(a) Voyez *Ornithologie* de M. Brisson, t. II, p. 31.

(b) *Historia naturalis*, lib. x, cap. XLVIII.

(c) Schwenckfeld dit que le *pyrrhocorax*, qu'il appelle aussi *corbeau de nuit*, est criard, surtout pendant la nuit, et qu'il se montre rarement pendant le jour; mais je ne suis point sûr que Schwenckfeld entende le même oiseau que moi, sous ce nom de *pyrrhocorax*.

(d) Voyez Gesner, *loco citato*.

(*) Les Chocards (*Pyrrhocorax*) ont un bec bien distinct de celui des Corbeaux par sa forme; il est arrondi à la base et comprimé à la pointe qui est échancrée. Leurs ailes sont longues et pointues; leur queue est arrondie. Le Chocard des Alpes (*Pyrrhocorax alpinus*) est d'un noir terne à l'état jeune et d'un noir velouté quand il est vieux.

(**) « Les Chocards, dit Tschudi, passent, comme tous les animaux des Alpes, pour pré-
» dire le temps. Les premières tombées de la neige, en automne, et les retours du froid, au
» printemps, les chassent de leurs hauteurs; ils se rendent alors en foule dans le bas en
» poussant des cris rauques; mais, dès que la saison est bien établie, ils retournent dans leur
» patrie, où les grands froids ne les empêchent pas de rester et de voler gaiement au-dessus
» des plus hautes cimes. Ils ne s'en éloignent que pour aller se nourrir des baies des buis-
» sons, seuls fruits dont la récolte leur soit abandonnée. Comme toutes les espèces de cor-

OISEAUX ÉTRANGERS

QUI ONT RAPPORT AUX CHOUCAS

I. — LE CHOUCAS MOUSTACHE (a).

Cet oiseau (*), qui se trouve au cap de Bonne-Espérance, est à peu près de la grosseur du merle; il a le plumage noir et changeant des choucas, et la queue plus longue à proportion qu'aucun d'entre eux; toutes les pennes qui la composent sont égales, et les ailes étant pliées n'atteignent qu'à la moitié de sa longueur. Ce sont les quatrième et cinquième pennes de l'aile qui sont les plus longues de toutes; elles ont deux pouces et demi de plus que la première.

Il y a deux choses à remarquer dans l'extérieur de cet oiseau : 1° ces poils noirs, longs et flexibles, qui naissent de la base du bec supérieur, et qui sont une fois plus longs que le bec, outre plusieurs autres poils plus courts, plus raides et dirigés en avant qui environnent cette même base jusqu'aux coins de la bouche; 2° ces plumes longues et étroites de la partie supérieure du cou, lesquelles glissent et jouent sur le dos, suivant que le cou prend différentes situations, et qui forment à l'oiseau une espèce de crinière.

(a) C'est le *choucas du cap de Bonne-Espérance* de M. Brisson, t. II, p. 33.

» beaux, ils font main basse sur tout ce qui se mange; en été, ils recherchent surtout les » cerises sauvages des hautes montagnes. Ils avalent les mollusques terrestres et les mol- » lusques d'eau avec la coquille (dans le gésier de l'un d'eux on a trouvé treize mollusques » terrestres, des hélix pour la plupart auxquels il ne manquait rien), et dans la saison la » plus stérile ils se contentent des boutons des arbres et des aiguilles des sapins. Ils sont » aussi avides de chair putréfiée que les corbeaux ordinaires, et ils poursuivent parfois les » animaux vivants comme de vrais carnassiers. Nous vîmes un exemple de cette rapacité » dans une chasse à laquelle nous avons assisté en décembre 1853, et qui avait lieu sur le » Sentis. A la première détonation du fusil, une troupe de chocards, dont nous n'avions pas » vu trace auparavant, se rassemblèrent aussitôt et, s'élançant à la poursuite du lièvre que » nous venions de tirer, ils ne l'abandonnèrent que quand il eut disparu. Sur cette même » montagne, un chasseur qui venait de tuer un chamois voulut, pour s'emparer de sa proie, » escalader un rocher d'un accès très difficile; il ne put achever son entreprise, le pied lui » manqua et il roula dans l'abîme. Longtemps la présence continuelle d'un vol de chocards » au-dessus du précipice qui l'avait englouti marqua le lieu de sa chute et son cadavre ne » cessa de leur fournir un festin que lorsqu'il fut entièrement dépouillé. Ils ne se partagent » pas le butin en paix; ils s'arrachent les bouchées, et leur vie est une dispute continuelle; » toutefois, leur sociabilité n'est pas fondée uniquement sur l'égoïsme; quand l'un d'eux a » été tué, toute *la troupe se réunit autour de lui en poussant des gémissements lamentables.* »

(*) *Corvus hottentotus* L.

II. — LE CHOUCAS CHAUVE.

Ce singulier choucas (*), qui se trouve dans l'île de Cayenne, est celui qui peut, comme je l'ai dit, faire pendant avec notre corneille chauve, qui est le freux : il a en effet la partie antérieure de la tête nue comme le freux, et la gorge peu garnie de plumes. Il se rapproche des choucas, en général, par ses longues ailes, par la forme des pieds, par son port, par sa grosseur, par ses larges narines à peu près rondes : mais il en diffère en ce que ses narines ne sont point recouvertes de plumes, et qu'elles se trouvent placées dans un enfoncement assez profond creusé de chaque côté du bec ; en ce que son bec est plus large à la base et qu'il est échancré sur les bords. A l'égard de ses mœurs, je n'en peux rien dire, cet oiseau étant du grand nombre de ceux qui attendent le coup d'œil de l'observateur. On ne le trouve pas même nommé dans aucune ornithologie.

III. — LE CHOUCAS DE LA NOUVELLE-GUINÉE (**).

La place naturelle de cet oiseau est entre nos choucas de France et celui que j'ai nommé *colnud*. Il a le port de nos choucas, et le plumage gris de l'un d'eux (même un peu plus gris), au moins quant à la partie supérieure du corps ; mais il est moins gros et a le bec plus large à sa base, en quoi il se rapproche du colnud. Il s'en éloigne par la longueur de ses ailes qui atteignent presque l'extrémité de sa queue, et il s'éloigne du colnud et des choucas par les couleurs du dessous du corps, lesquelles consistent en une rayure noire et blanche qui s'étend jusque sous les ailes, et qui a quelque rapport avec celle des pics variés.

IV. — LE CHOUCARI DE LA NOUVELLE-GUINÉE (*a*) (***).

La couleur dominante de cet oiseau (car nous n'en connaissons que la superficie) est un gris cendré, plus foncé sur la partie supérieure, plus clair sur la partie inférieure, et se dégradant presque jusqu'au blanc sous le ventre et ses entours. Les deux seules exceptions qu'il y ait à faire à cette espèce d'uniformité de plumage, c'est : 1° une bande noire qui environne la base du bec et se prolonge jusqu'aux yeux ; 2° les grandes pennes des ailes qui sont d'un brun noirâtre.

(*a*) Ainsi nommé par M. Daubenton le jeune, à qui je dois aussi sa description et celle de l'espèce précédente, n'ayant pas été à portée de voir ces oiseaux arrivés tout récemment à Paris.

(*) *Corvus calvus* L.
(**) *Corvus Novæ-Guineæ* L.
(***) *Corvus papuensis* L.

Le choucari a les narines recouvertes en entier comme les choucas; il a aussi le bec conformé à peu près de même, si ce n'est que l'arête de la pièce supérieure est, non pas arrondie comme dans les choucas, mais anguleuse comme dans le colnud. Il a encore d'autres rapports avec cette dernière espèce, et lui ressemble par les proportions relatives de ses ailes qui ne s'étendent pas au delà de la moitié de la queue, par ses petits pieds, par ses ongles courts; en sorte qu'on ne peut se dispenser de le placer, ainsi que le précédent, entre le colnud et les choucas. Sa longueur, prise de la pointe du bec au bout de la queue, est d'environ onze pouces.

Nous sommes redevables de cette espèce nouvelle, ainsi que de la précédente, à M. Sonnerat.

V. — LE COLNUD DE CAYENNE.

Je mets le colnud de Cayenne (*) à la suite des choucas, quoiqu'il en diffère à plusieurs égards; mais, à tout prendre, il m'a paru en différer moins que de tout autre oiseau de notre continent.

Il a, comme le n° II ci-dessus, le bec fort large à sa base, et il a encore avec lui un autre trait de conformité en ce qu'il est chauve; mais il l'est d'une autre manière : c'est le cou qu'il a presque nu et sans plumes. La tête est couverte, depuis et compris les narines, d'une espèce de calotte de velours noir, composée de petites plumes droites, courtes, serrées et très douces au toucher : ces plumes deviennent plus rares sous le cou, et bien plus encore sur ses côtés et à sa partie supérieure.

Le colnud est à peu près de la grosseur de nos choucas, et on peut ajouter qu'il porte leur livrée, car tout son plumage est noir, à l'exception de quelques-unes des couvertures et des pennes de l'aile, qui sont d'un gris blanchâtre.

A voir les pieds de celui que j'ai observé, on jugerait que le doigt postérieur a été tourné par force en arrière; mais que naturellement et de lui-même, il se tourne en avant, comme dans les martinets. J'ai même remarqué qu'il était lié par une membrane avec le doigt intérieur de chaque pied. C'est une espèce nouvelle.

VI. — LE BALICASE DES PHILIPPINES.

Je répugne à donner à cet oiseau (**) étranger le nom de choucas, parce qu'il est aisé de voir, par la description même de M. Brisson, qu'il diffère des choucas à plusieurs égards.

Il n'a que quinze à seize pouces de vol, et n'est guère plus gros qu'un

(*) *Corvus nudus* et *Gracula fetida* Gmel. (*Gracula nudicollis* Sh.)
(**) *Corvus balicassius* L.

merle ; il a le bec plus gros et plus long à proportion que tous les choucas de notre Europe, les pieds plus grêles et la queue fourchue ; enfin , au lieu de cette voix aigre et sinistre des choucas, il a le chant doux et agréable. Ces différences sont telles qu'on doit s'attendre à en découvrir plusieurs autres, lorsque cet oiseau sera mieux connu.

Au reste, il a le bec et les pieds noirs, et le plumage de la même couleur, avec des reflets verts (*a*) ; en sorte que, du moins, il est choucas par la couleur.

(*a*) C'est le *choucas des Philippines* de M. Brisson, t. II, p. 31. Cet auteur nous apprend que l'oiseau dont il s'agit dans cet article s'appelle aux Philippines *bali-cassio*, dont j'ai formé le nom de *balicase*.

LA PIE

La pie (*) a tant de ressemblance à l'extérieur avec la corneille, que M. Linnæus les a réunies toutes deux dans le même genre (a), et que, suivant Belon, pour faire une corneille d'une pie, il ne faut que raccourcir la queue à celle-ci, et faire disparaître le blanc de son plumage (b) ; en effet, la pie a le bec, les pieds, les yeux et la forme totale des corneilles et des choucas ; elle a encore avec eux beaucoup d'autres rapports plus intimes dans l'instinct, les mœurs et les habitudes naturelles, car elle est omnivore comme eux, vivant de toutes sortes de fruits, allant sur les charognes (c), faisant sa proie des œufs et des petits des oiseaux faibles, quelquefois même des père et mère, soit qu'elle les trouve engagés dans les pièges, soit qu'elle les attaque à force ouverte : on en a vu une se jeter sur un merle pour le dévorer, une autre enlever une écrevisse, qui la prévint en l'étranglant avec ses pinces, etc. (d).

On a tiré parti de son appétit pour la chair vivante en la dressant à la chasse comme on y dresse les corbeaux (e). Elle passe ordinairement la belle saison appariée avec son mâle, et occupée de la ponte et de ses suites. L'hiver elle vole par troupes, et s'approche d'autant plus des lieux habités, qu'elle y trouve plus de ressources pour vivre, et que la rigueur de la saison lui rend ces ressources plus nécessaires. Elle s'accoutume aisément à la vue

(a) *System. nat.*, édit. X, p. 106.

(b) Belon, *Nature des oiseaux*, p. 291.

(c) Klein, *Ordo avium*, p. 61. J'en ai vu une qui mangeait fort avidement de l'écorce d'orange.

(d) Aldrovand., *Ornitholog.*, t. Ier, p. 780. Elle cause quelquefois beaucoup de désordre dans une pipée et vient, pour ainsi dire, menacer le pipeur jusque dans sa loge.

(e) Frisch, planche 68.

(*) Les pies (*Pica*) sont comme les Corbeaux, les Choucas, les Corneilles, des Passereaux, du groupe des Dentirostres et de la famille des Corvidés. Elles se distinguent des corbeaux par un bec obtus, renflé, à mandibules à peu près égales, la supérieure légèrement échancrée. La queue est longue et étalée.

La Pie vulgaire (*Pica caudata*) a « la tête, le cou, le dos, la presque totalité de la » poitrine, les sous-caudales, les jambes d'un noir profond, velouté, avec des reflets métal-» liques d'un vert bronzé au front et au ventre ; les scapulaires, les bandes extrêmes des » rémiges primaires, le bas de la poitrine et de l'abdomen d'un blanc pur ; les ailes et la » queue d'un noir à reflets verts, bleu pourpre et violet ; l'iris brun foncé ; le bec et les » pieds noirs. » (Brehm.)

de l'homme ; elle devient bientôt familière dans la maison, et finit par se rendre la maîtresse : j'en connais une qui passe les jours et les nuits au milieu d'une troupe de chats, et qui sait leur en imposer.

Elle jase à peu près comme la corneille, et apprend aussi à contrefaire la voix des autres animaux et la parole de l'homme. On en cite une qui imitait parfaitement les cris du veau, du chevreau, de la brebis, et même le flageolet du berger ; une autre qui répétait en entier une fanfare de trompettes (a). M. Willughby en a vu plusieurs qui prononçaient des phrases entières (b). Margot est le nom qu'on a coutume de lui donner, parce que c'est celui qu'elle prononce le plus volontiers ou le plus facilement, et Pline assure que cet oiseau se plaît beaucoup à ce genre d'imitation, qu'il s'attache à bien articuler les mots qu'il a appris, qu'il cherche longtemps ceux qui lui ont échappé, qu'il fait éclater sa joie lorsqu'il les a retrouvés, et qu'il se laisse quelquefois mourir de dépit lorsque sa recherche est vaine, ou que sa langue se refuse à la prononciation de quelque mot nouveau (c).

La pie a le plus souvent la langue noire comme le corbeau ; elle monte sur le dos des cochons et des brebis, comme font les choucas, et court après la vermine de ces animaux, avec cette différence que le cochon reçoit ce service avec complaisance, au lieu que la brebis, sans doute plus sensible, paraît le redouter (d). Elle happe aussi fort adroitement les mouches et autres insectes ailés qui volent à sa portée.

Enfin, on prend la pie dans les mêmes pièges et de la même manière que la corneille, et l'on a reconnu en elle les mêmes mauvaises habitudes, celles de voler et de faire des provisions (e), habitudes presque toujours inséparables dans les différentes espèces d'animaux. On croit aussi qu'elle annonce la pluie lorsqu'elle jase plus qu'à l'ordinaire (f). D'un autre côté, elle s'éloigne du genre des corbeaux et des corneilles par un assez grand nombre de différences.

Elle est beaucoup plus petite, et même plus que le choucas, et ne pèse que huit à neuf onces ; elle a les ailes plus courtes et la queue plus longue à

(a) Plutarque raconte qu'une pie qui se plaisait à imiter d'elle-même la parole de l'homme, le cri des animaux et le son des instruments, ayant un jour entendu une fanfare de trompettes, devint muette subitement, ce qui surprit fort ceux qui avaient coutume de l'entendre babiller sans cesse ; mais ils furent bien plus surpris quelque temps après, lorsqu'elle rompit tout à coup le silence, non pour répéter sa leçon ordinaire, mais pour imiter le son des trompettes qu'elle avait entendues, avec les mêmes tournures de chant, les mêmes modulations et dans le même mouvement. *Opusc.* de Plutarque. *Quels animaux sont les plus avisés!*

(b) Willughby, *Ornithologia*, p. 87.

(c) Voyez *Histor. nat.*, lib. x, cap. XLII.

(d) Salerne, *Hist. nat. des oiseaux*, p. 94.

(e) Je m'en suis assuré par moi-même en répandant devant une pie apprivoisée des pièces de monnaie et de petits morceaux de verre. J'ai même reconnu qu'elle cachait son vol avec un si grand soin, qu'il était quelquefois difficile de le trouver, par exemple sous un lit, entre les sangles et le sommier de ce lit.

(f) Aldrovande, *Ornitholog.*, p. 781.

proportion; par conséquent, son vol est beaucoup moins élevé et moins soutenu : aussi n'entreprend-elle point de grands voyages, elle ne fait guère que voltiger d'arbre en arbre, ou de clocher en clocher, car, pour l'action de voler, il s'en faut bien que la longueur de la queue compense la brièveté des ailes. Lorsqu'elle est posée à terre, elle est toujours en action, et fait autant de sauts que de pas; elle a aussi dans la queue un mouvement brusque et presque continuel comme la lavandière. En général, elle montre plus d'inquiétude et d'activité que les corneilles, plus de malice et de penchant à une sorte de moquerie (*a*). Elle met aussi plus de combinaisons et plus d'art dans la construction de son nid, soit qu'étant très ardente pour son mâle (*b*), elle soit aussi très tendre pour ses petits, ce qui va ordinairement de pair dans les animaux, soit qu'elle sache que plusieurs oiseaux de rapine sont fort avides de ses œufs et de ses petits, et, de plus, que quelques-uns d'entre eux sont avec elle dans le cas de la représaille; elle multiplie les précautions en raison de sa tendresse et des dangers de ce qu'elle aime; elle place son nid au haut des plus grands arbres, ou du moins sur de hauts buissons (*c*), et n'oublie rien pour le rendre solide et sûr : aidée de son mâle, elle le fortifie extérieurement avec des bûchettes flexibles et du mortier de terre gâchée, et elle le recouvre en entier d'une enveloppe à claire-voie d'une espèce d'abatis de petites branches épineuses et bien entrelacées; elle n'y laisse d'ouverture que dans le côté le mieux défendu, le moins accessible, et seulement ce qu'il en faut pour qu'elle puisse entrer et sortir : sa prévoyance industrieuse ne se borne pas à la sûreté, elle s'étend encore à la commodité, car elle garnit le fond d'une espèce de matelas orbiculaire (*d*), pour que ses petits soient plus mollement et plus chaudement; et quoique ce matelas, qui est le nid véritable, n'ait qu'environ six pouces de diamètre, la masse entière, en y comprenant les ouvrages extérieurs et l'enveloppe épineuse, a au moins deux pieds en tous sens.

Tant de précautions ne suffisent point encore à sa tendresse, ou, si l'on

---

(*a*) « Vidi aliquando picam advolantem ad avem... in quodam loco ligatam, et cùm illa » frustula carnis comedere vellet, pica suâ caudâ ea frustula removit; unde picam avem esse » aliarum avium derisivam cognovi. » *Avicenna* apud Gesner, p. 697.

(*b*) Les anciens en avaient cette idée, puisque de son nom grec κίσσα, ils avaient formé celui de κισσάν, qui est une expression de volupté.

(*c*) C'est ordinairement sur la lisière des bois ou dans les vergers qu'elle l'établit.

(*d*) « Lutea... stragulum subjicit... et merula et pica... » Aristot., *Hist. animal.*, lib. IX, cap. XIII. Je remarque à cette occasion que plusieurs écrivains ont pensé que la κίσσα d'Aristote était notre geai, parce qu'il dit que cette κίσσα faisait des amas de glands, et parce qu'en effet le gland est la principale nourriture de notre geai; cependant on ne peut nier que cette nourriture ne soit commune au geai et à la pie : mais deux caractères qui sont propres au geai et qui n'eussent point échappé à Aristote, ce sont les deux marques bleues qu'il a aux ailes, et cette espèce de huppe que se fait cet oiseau en relevant les plumes de sa tête, caractère dont ce philosophe ne fait aucune mention; d'où je crois pouvoir conjecturer que la pie d'Aristote et la nôtre sont le même oiseau, ainsi que cette pie variée à longue queue qui était nouvelle à Rome et encore rare du temps de Pline, lib. X, cap. XXIX.

veut, à sa défiance (*) ; elle a continuellement l'œil au guet sur ce qui se passe au dehors : voit-elle approcher une corneille, elle vole aussitôt à sa rencontre, la harcèle et la poursuit sans relâche, et avec de grands cris, jusqu'à ce qu'elle soit venue à bout de l'écarter (*a*). Si c'est un ennemi plus respectable, un faucon, un aigle, la crainte ne la retient point, et elle ose encore l'attaquer avec une témérité qui n'est pas toujours heureuse ; cependant il faut avouer que sa conduite est quelquefois plus réfléchie, s'il est vrai ce qu'on dit, que lorsqu'elle a vu un homme observer trop curieusement son nid, elle transporte ses œufs ailleurs, soit entre ses doigts, soit d'une autre manière encore plus incroyable (*b*). Ce que les chasseurs racontent à ce sujet de ses connaissances arithmétiques n'est guère moins étrange, quoique ces prétendues connaissances ne s'étendent pas au delà du nombre de cinq (*c*).

Elle pond sept ou huit œufs à chaque couvée, et ne fait qu'une seule couvée par an, à moins qu'on ne détruise ou qu'on ne dérange son nid, auquel cas elle en entreprend tout de suite un autre, et le couple y travaille avec tant d'ardeur, qu'il est achevé en moins d'un jour ; après quoi elle fait une seconde

(*a*) Frisch, planche 68.

(*b*) « Surculo super bina ova imposito, ac ferruminato alvi glutino, subditâ cervice medio, » æquâ utrinque librâ deportant aliò. » Plin., lib. x, cap. xxxiii.

(*c*) Les chasseurs prétendent que, si la pie voit entrer un homme dans une hutte construite au pied de l'arbre où est son nid, elle n'entrera pas elle-même dans son nid qu'elle n'ait vu sortir l'homme de la hutte ; que si on a voulu la tromper en y entrant deux et n'en sortant qu'un, elle s'en aperçoit très bien et n'entre point qu'elle n'ait vu sortir aussi le second ; qu'il en est de même pour trois ou pour quatre et même encore pour cinq, mais que s'il y en est entré six, le sixième peut rester sans qu'elle s'en doute ; d'où il résulterait que la pie aurait une appréhension nette de la suite des unités et de leurs combinaisons au-dessous de six : et il faut avouer que l'appréhension nette du coup d'œil de l'homme est renfermée à peu près dans les mêmes limites.

(*) Nordmann raconte un curieux trait de mœurs qui prouve jusqu'à quel point la pie est capable de pousser la ruse. « Quatre ou cinq couples de pies, dit-il, nichent depuis plu- » sieurs années dans le jardin botanique d'Odessa où j'ai ma demeure. Ces oiseaux me con- » naissent très bien, moi et mon fusil, et quoiqu'ils n'aient jamais été l'objet d'aucune pour- » suite, ils mettent en pratique toutes sortes de moyens pour donner le change à l'observateur. » Non loin des habitations se trouve un petit bois de vieux frênes, dans les branches des- » quels les pies établissent leurs nids. Plus près de la maison, entre cette dernière et le » petit bois, sont plantés quelques grands ormeaux et quelques robiniers. Dans ces arbres, » les rusés oiseaux établissent des nids postiches dont chaque couple fait au moins trois ou » quatre et dont la construction les occupe jusqu'au mois de mars. Pendant la journée, sur- » tout quand ils s'aperçoivent qu'on les observe, ils y travaillent avec ardeur, car si quel- » qu'un vient par hasard les déranger, ils volent autour des arbres, s'agitent et font entendre » des cris inquiets ; mais tout cela n'est que ruse et fiction, car, tout en faisant ces démons- » trations de trouble et de sollicitude pour ces nids postiches, ils avancent insensiblement » la construction du nid destiné à recevoir les œufs et y travaillent dans le plus grand silence » et pour ainsi dire en cachette, durant les premières heures de la matinée et le soir. Si » parfois quelque indiscret vient les y surprendre, soudain ils s'envolent sans faire entendre » un son vers leurs autres nids et se remettent à l'œuvre comme si de rien n'était en mon- » trant toujours le même embarras et la même inquiétude, afin de détourner l'attention et » de déjouer la poursuite. »

ponte de quatre ou cinq œufs ; et si elle est encore troublée, elle fera un troisième nid semblable aux deux premiers, et une troisième ponte, mais toujours moins abondante (a) ; ses œufs sont plus petits et d'une couleur moins foncée que ceux du corbeau : ce sont des taches brunes semées sur un fond vert bleu, et plus fréquentes vers le gros bout. Jean Liébault, cité par M. Salerne (b), est le seul qui dise que le mâle et la femelle couvent alternativement.

Les piats ou les petits de la pie sont aveugles et à peine ébauchés en naissant : ce n'est qu'avec le temps, et par degrés, que le développement s'achève et que leur forme se décide : la mère, non seulement les élève avec sollicitude, mais leur continue ses soins longtemps après qu'ils sont élevés. Leur chair est un manger médiocre, cependant on y a généralement moins de répugnance que pour celle des petits corneillons.

A l'égard de la différence qu'on remarque dans le plumage, je ne la regarde point absolument comme spécifique, puisque parmi les corbeaux, les corneilles et les choucas, on trouve des individus qui sont variés de noir et de blanc comme la pie ; cependant on ne peut nier que dans l'espèce du corbeau, de la corneille et du choucas proprement dit, le noir ne soit la couleur ordinaire, comme le noir et blanc est celle des pies ; et que si l'on a vu des pies blanches, ainsi que des corbeaux et des choucas blancs, il ne soit très rare de rencontrer des pies entièrement noires. Au reste, il ne faut pas croire que le noir et le blanc, qui sont les couleurs principales de la pie, excluent tout mélange d'autres couleurs ; en y regardant de près, et à certains jours, on y aperçoit des nuances de vert, de pourpre, de violet (c), et l'on est surpris de voir un si beau plumage à un oiseau si peu renommé à cet égard. Mais ne sait-on pas que, dans ce genre et dans bien d'autres, la beauté est une qualité superficielle, fugitive, et qui dépend absolument du point de vue ? Le mâle se distingue de la femelle par des reflets bleus plus marqués sur la partie supérieure du corps, et non par la noirceur de la langue, comme quelques-uns l'ont dit.

La pie est sujette à la mue comme les autres oiseaux ; mais on a remarqué que ses plumes ne tombaient que successivement et peu à peu, excepté celles de la tête qui tombent toutes à la fois, en sorte que chaque année elle paraît chauve au temps de la mue (d). Les jeunes n'acquièrent leur longue queue que la seconde année, et sans doute ne deviennent adultes qu'à cette même époque.

(a) C'est quelque chose de semblable qui aura donné lieu d'imputer à la pie le stratagème de faire constamment deux nids, afin de donner le change aux oiseaux de proie qui en veulent à sa couvée. C'est ainsi que Denys le Tyran avait trente chambres à coucher.

(b) Hist. nat. des oiseaux, p. 93.

(c) Voyez British Zoology, p. 77, ou plutôt observez une pie sous différents jours.

(d) Plin., lib. x, cap. xxix. Il en est de même du geai et de plusieurs autres espèces.

Tout ce que je trouve sur la durée de la vie de la pie, c'est que le docteur Derham en a nourri une qui a vécu plus de vingt ans, mais qui à cet âge était tout à fait aveugle de vieillesse (a).

Cet oiseau est très commun en France, en Angleterre, en Allemagne, en Suède et dans toute l'Europe, excepté en Laponie (b) et dans les pays de montagne, où elle est rare ; d'où l'on peut conclure qu'elle craint le grand froid. Je finis son histoire par une description abrégée, qui portera sur les seuls objets que la figure ne peut exprimer aux yeux, ou qu'elle n'exprime pas assez distinctement.

Elle a vingt pennes à chaque aile, dont la première est fort courte, et les quatrième et cinquième sont les plus longues ; douze pennes inégales à la queue, et diminuant toujours de longueur, plus elles s'éloignent des deux du milieu qui sont les plus longues de toutes : les narines rondes, la paupière interne des yeux marquée d'une tache jaune, la fente du palais hérissée de poils sur ses bords, la langue noirâtre et fourchue, les intestins longs de vingt-deux pouces, les cæcums d'un demi-pouce, l'œsophage dilaté et garni de glandes à l'endroit de sa jonction avec le ventricule, celui-ci peu musculeux, la rate oblongue et une vésicule du fiel à l'ordinaire (c).

J'ai dit qu'il y avait des pies blanches comme il y a des corbeaux blancs, et quoique la principale cause de ce changement de plumage soit l'influence des climats septentrionaux, comme on peut le supposer à l'égard de la pie blanche de Wormius, qui venait de Norvège (d), et même à l'égard de quelques-unes de celles dont parle Rzaczynski (e), cependant il faut avouer qu'on en trouve quelquefois dans les climats tempérés, témoin celle qui fut prise il y a quelques années en Sologne, et qui était toute blanche, à l'exception d'une seule plume noire qu'elle avait au milieu des ailes (f), soit qu'elle eût passé des pays du nord en France, après avoir subi l'influence du climat, soit qu'étant née en France, cette altération de couleur eût été produite par quelque cause particulière. Il faut dire la même chose des pies blanches que l'on voit quelquefois en Italie (g).

Wormius remarque que sa pie blanche avait la tête lisse et dénuée de

(a) Voyez Albin, t. Ier, p. 14.

(b) Voyez *Fauna suecica*, no 76. M. Hébert m'assure qu'on ne voit point de pies dans les montagnes du Bugey, ni même à la hauteur de Nantua.

(c) Willughby, p. 87.

(d) Voyez *Musæum Voormianum*, p. 293. « Ex Norwegiâ ad me transmissa est ubi in nido » duo hujus generis pulli inventi... Cum picis vulgaribus, quoad corporis constitutionem » planè convenit, nisi quòd colore sit candido et staturâ minori, cùm ad adultam nondum » pervenerit ætatem... Caput glabrum visitur. »

(e) « Pica alba in oppido Comarno palatinatûs Russiæ educata... Prope Viaska picæ quin- » que ejusdem coloris sunt conspectæ ; in Volhyniâ non procul a civitate Olikâ una compa- » ruit. » Rzaczynski, *Auctuarium*, p. 412.

(f) Voyez Salerne, *Hist. nat. des oiseaux*, p. 93.

(g) Voyez Gerini, *Storia degli Uccelli*, t. II, p. 41.

plumes : apparemment qu'il la vit au temps de la mue, et cela confirme ce que j'ai dit de celle des pies ordinaires.

Willughby a vu dans la ménagerie du roi d'Angleterre des pies brunes ou roussâtres (a), qui peuvent passer pour une seconde variété de l'espèce ordinaire.

OISEAUX ÉTRANGERS

QUI ONT RAPPORT A LA PIE

I. — LA PIE DU SÉNÉGAL (b).

Elle (*) est un peu moins grosse que la nôtre, et cependant elle a presque autant d'envergure, parce que ses ailes sont plus longues à proportion ; sa queue est, au contraire, plus courte, du reste conformée de même. Le bec, les pieds et les ongles sont noirs, comme dans la pie ordinaire, mais le plumage est très différent : il n'y entre pas un seul atome de blanc, et toutes les couleurs en sont obscures ; la tête, le cou, le dos et la poitrine sont noirs, avec des reflets violets ; les pennes de la queue et les grandes pennes des ailes sont brunes ; tout le reste est noirâtre plus ou moins foncé.

II. — LA PIE DE LA JAMAÏQUE (c).

Cet oiseau (**) ne pèse que six onces, et il est d'environ un tiers plus petit que la pie commune, dont il a le bec, les pieds et la queue.

Le plumage du mâle est noir, avec des reflets pourpres ; celui de la femelle est brun, plus foncé sur le dos et sur toute la partie supérieure du corps, moins foncé sous le ventre.

Ils font leur nid sur les branches des arbres : on en trouve dans tous les districts de l'île, mais plus abondamment dans les lieux les plus éloignés du bruit ; c'est de là qu'après avoir fait leur ponte et donné naissance à une génération nouvelle pendant l'été, ils se répandent l'automne dans les habitations et arrivent en si grand nombre que l'air en est quelquefois obscurci. Ils volent ainsi en troupes l'espace de plusieurs milles, et partout où ils se

---

(a) *Ornithologie*, à l'endroit cité.

(b) Voyez l'*Ornithologie* de M. Brisson, t. II, p. 40.

(c) On lui a donné le nom de *pie*, de *choucas*, de *merops* et de *merle des Barbades*. Voyez Brown, *Natural History of Jamaïc.* — Catesby, *Histoire naturelle de la Caroline*, t. Ier, p. 12. — M. Klein a copié la traduction française avec des fautes, p. 60 de l'*Ordo avium*. Voyez aussi M. Brisson, t. II, p. 41.

(*) *Corvus senegalensis* L.

(**) D'après Cuvier, « c'est, à la fois, le *Gracula quiscala* L. et le *Gracula barita* LATH. »

posent ils font un dommage considérable aux cultivateurs. Leur ressource pendant l'hiver est de venir en foule aux portes des granges. Tout cela donne lieu de croire qu'ils sont frugivores ; cependant on remarque qu'ils ont l'odeur forte, que leur chair est noire et grossière, et qu'on en mange fort rarement.

Il suit de ce que je viens de dire que cet oiseau diffère de notre pie, non seulement par la façon de se nourrir, par sa taille et par son plumage, mais en ce qu'il a le vol plus soutenu et par conséquent l'aile plus forte, qu'il va par troupes plus nombreuses, que sa chair est encore moins bonne à manger ; enfin, que dans cette espèce la différence du sexe en entraîne une plus grande dans les couleurs ; en sorte qu'ajoutant à ces traits de dissemblance la difficulté qu'a dû rencontrer la pie d'Europe à passer en Amérique, vu qu'elle a l'aile trop courte et trop faible pour franchir les grandes mers qui séparent les deux continents sous les zones tempérées, et qu'elle fuit les pays septentrionaux où ce passage serait plus facile ; on est fondé à croire que ces prétendues pies américaines peuvent bien avoir quelque rapport avec les nôtres et les représenter dans le nouveau continent, mais qu'elles ne descendent pas d'une souche commune.

Le tesquizana du Mexique (a) paraît avoir beaucoup de ressemblance avec cette pie de la Jamaïque, puisque, suivant Fernandez, il a la queue fort longue, qu'il surpasse l'étourneau en grosseur, que le noir de son plumage a des reflets, qu'il vole en grandes troupes, lesquelles dévastent les terres cultivées où elles s'arrêtent, qu'il niche au printemps, que sa chair est dure et de mauvais goût ; en un mot, qu'on peut le regarder comme une espèce d'étourneau ou de choucas : or, l'on sait qu'au plumage près, un choucas qui a une longue queue ressemble beaucoup à une pie.

Il n'en est pas ainsi de l'isana du même Fernandez (b), quoique M. Brisson le confonde avec la pie de la Jamaïque (c). Cet oiseau a, à la vérité, le bec, les pieds et le plumage des mêmes couleurs ; mais il paraît avoir le corps plus gros (d) et le bec du double plus long : outre cela, il se plaît dans les contrées les plus froides du Mexique, et il a le naturel, les mœurs et le cri de l'étourneau. Il est difficile, ce me semble de reconnaître à ces traits la pie de la Jamaïque de Catesby ; et si on veut le rapporter au même genre, on ne peut au moins se dispenser d'en faire une espèce séparée, d'autant plus que Fernandez, le seul naturaliste qui l'ait vu, lui trouve plus d'analogie avec l'étourneau qu'avec la pie ; et ce témoignage doit être de quelque poids auprès de ceux qui ont éprouvé combien le premier coup d'œil d'un

(a) J'ai formé ce nom par contraction du nom mexicain, *tequixquiacazanatl*. Fernandez l'appelle encore *étourneau des lacs salés*, et les Espagnols, *tordo*. Cet oiseau a le chant plaintif. Voyez Fernandez, *Hist. avium Novæ-Hispaniæ*, cap. xxxiv.

(b) *Hist. avium novæ Hispaniæ*, cap. xxxii. Il l'appelle *izanatl*, d'autres *yxtlaolzanatl*.

(c) *Ornithologie*, t. II, p. 42.

(d) *Brachium crassa*, dit Fernandez.

observateur exercé, qui saisit rapidement le caractère naturel de la physionomie d'un animal, est plus décisif et plus sûr pour le rapporter à sa véritable espèce que l'examen détaillé des caractères de pure convention que chaque méthodiste établit à son gré.

Au reste, il est très facile et très excusable de se tromper en parlant de ces espèces étrangères, qui ne sont connues que par des descriptions incomplètes et par de mauvaises figures.

Je dois ajouter que l'isana a cette sorte de ris moqueur, ordinaire à la plupart des oiseaux qu'on appelle des *pies* en Amérique.

III. — LA PIE DES ANTILLES (a).

M. Brisson a mis cet oiseau (*) parmi les rolliers (b) ; je ne vois pas qu'il ait eu d'autres raisons, sinon que dans la figure donnée par Aldrovande les narines sont découvertes, ce que M. Brisson établit en effet pour un des caractères du rollier (c) ; mais, 1° ce n'est qu'avec beaucoup d'incertitude qu'on peut attribuer ce caractère à l'oiseau dont il s'agit ici, d'après une figure qui n'a point paru exacte à M. Brisson lui-même, et qu'on doit supposer encore moins exacte sur cet article que sur aucun autre, tout ce détail de petites plumes étant bien plus indifférent au peintre qui veut rendre la nature dans ses principaux effets, qu'au naturaliste qui voudrait l'assujettir à sa méthode.

2° On peut opposer à cet attribut incertain, saisi dans une figure fautive, un attribut beaucoup plus marqué, plus évident, et qui n'a échappé ni au peintre ni aux observateurs qui ont vu l'oiseau même : ce sont les longues pennes du milieu de la queue, attribut dont M. Brisson a fait le caractère distinctif de la pie (d).

3° Ajoutez à cela que la pie des Antilles ressemble à la nôtre par son cri, par son naturel très défiant, par son habitude de nicher sur les arbres et d'aller le long des rivières, par la qualité médiocre de sa chair (e) : en sorte que si l'on veut rapprocher cet oiseau étranger de l'espèce d'Europe avec laquelle il a le plus de rapports connus, il faut, ce me semble, le rapprocher de celle de la pie.

(a) Voyez l'*Histoire générale des Antilles*, t. II, p. 258. — Aldrovandi *Ornithologia* t. Ier, p. 788.

(b) *Ornithologie*, t. II, p. 80.

(c) *Ibidem*, p. 63.

(d) *Ibidem*, p. 35.

(e) *Hist. des Antilles*, *loco citato*. La pie va aussi le long des eaux, puisqu'elle enlève quelquefois des écrevisses, comme nous l'avons dit.

(*) *Corvus caribæus* L. — Cuvier dit de cet oiseau : « Le *Corvus caribæus* est un *Merops* » ou *Guêpier*, dont la description a été pillée par Du Tertre pour rendre un objet dont il se » souvenait mal. »

Il en diffère néanmoins par l'excès de longueur des deux pennes du milieu de la queue (a), lesquelles dépassent les latérales de huit ou dix pouces, et aussi par ses couleurs, car il a le bec et les pieds rouges, le cou bleu, avec un collier blanc, la tête de même couleur bleue, avec une tache blanche mouchetée de noir, qui s'étend depuis l'origine du bec supérieur jusqu'à la naissance du cou ; le dos tanné, le croupion jaune, les deux longues pennes de la queue de couleur bleue, avec du blanc au bout et la tige blanche, les autres pennes de la queue rayées de bleu et blanc, celles de l'aile mêlées de vert et de bleu, et le dessous du corps blanc.

En comparant la description de la pie des Antilles du P. du Tertre avec celle de la pie des Indes à longue queue d'Aldrovande, on ne peut douter qu'elles n'aient été faites l'une et l'autre d'après un oiseau de la même espèce, et par conséquent que ce ne soit un oiseau d'Amérique, comme l'assure le P. du Tertre, qui l'a observé à la Guadeloupe, et non pas un oiseau du Japon, comme le dit Aldrovande, d'après une tradition fort incertaine (b) ; à moins qu'on ne veuille supposer qu'il s'est répandu du côté du nord, d'où il aura pu passer d'un continent à l'autre.

IV. — L'HOCISANA (c).

Quoique Fernandez donne à cet oiseau le nom de grand étourneau (*), cependant on peut le rapporter, d'après ce qu'il dit lui-même, au genre des pies, car il assure qu'il serait exactement semblable au choucas ordinaire, s'il était moins gros, qu'il eût la queue et les ongles moins longs, et le plumage d'un noir plus franc et sans mélange de bleu. Or la longue queue est un attribut non de l'étourneau, mais de la pie, et celui par lequel elle diffère le plus à l'extérieur du choucas ; et quant aux autres caractères, par lesquels l'hocisana s'éloigne du choucas, ils sont d'autant ou plus étrangers à l'étourneau qu'à la pie.

(a) Je ne parle point d'une singularité que lui attribue Aldrovande, c'est de n'avoir que huit pennes à la queue ; mais ce naturaliste ne les avait comptées que sur la figure coloriée, et l'on sent combien cette manière de juger est équivoque et sujette à l'erreur. Il est vrai que le P. du Tertre dit la même chose, mais il est encore plus vraisemblable qu'il le répète d'après Aldrovande dont il connaissait bien l'*Ornithologie*, puisqu'il la cite à la page suivante : d'ailleurs, il avait coutume de faire ses descriptions de mémoire, et la mémoire a besoin d'être aidée (voyez p. 369 de ce vol.) ; enfin, sa description de la pie des Antilles est peut-être la seule où il soit fait mention du nombre des pennes de la queue.

(b) « Speciosissimam hanc avem Japonensium rex summo Pontifici, pro singulari munere, » ante aliquot annos transmisit, ut ex marchione Facchinetto, qui eas Innocentio nono... » patruo suo acceptas referebat, intellexi. » Aldrovand., *loco citato*.

(c) Voyez Fernandez, cap. XXXIII. Le nom mexicain est *hocitzanatl*. Cet oiseau s'appelle encore *caxcaxtototl* dans le pays. C'est *la grande pie du Mexique* de M. Brisson, t. II, p. 43.

(*) *Corvus mexicanus* L. — Cette espèce est fort douteuse. D'après Cuvier, « Le *Corvus* » *mexicanus* est probablement un *Cassique* ou un *Tisserin*. »

D'ailleurs cet oiseau cherche les lieux habités, est familier comme la pie, jase de même, et a la voix perçante; sa chaire est noire et de fort bon goût.

V. — LA VARDIOLE (a).

Seba lui a donné le nom d'*oiseau de Paradis*, comme il le donne à presque tous les oiseaux étrangers à longue queue; et à ce titre la vardiole [*] le méritait bien, puisque sa queue est plus de deux fois aussi longue que tout le reste de son corps, mesuré depuis la pointe du bec jusqu'à l'extrémité opposée; mais il faut avouer que cette queue n'est point faite comme dans l'oiseau de Paradis, ses plus grandes pennes étant garnies de barbes dans toute leur longueur, sans parler de plusieurs autres différences.

Le blanc est la couleur dominante de cet oiseau : il ne faut excepter que la tête et le cou, qui sont noirs, avec des reflets de pourpre très vifs; les pieds, qui sont d'un rouge clair, les ailes, dont les grandes pennes ont des barbes noires, et les deux pennes du milieu de la queue, qui excèdent de beaucoup toutes les autres, et qui ont du noir le long de la côte, depuis leur base jusqu'à la moitié de leur longueur.

Les yeux de la vardiole sont vifs et entourés de blanc; la base du bec supérieur est garnie de petites plumes noires piliformes, qui reviennent en avant et couvrent les narines; ses ailes sont courtes et ne dépassent point l'origine de la queue; dans tout cela elle se rapproche de la pie, mais elle en diffère par la brièveté de ses pieds, qu'elle a une fois plus courts à proportion, ce qui entraîne d'autres différences dans le port et dans la démarche.

On la trouve dans l'île de Papoe, selon Seba, dont la description, la seule qui soit originale, renferme tout ce que l'on sait de cet oiseau (b).

VI. — LE ZANOÉ (c).

Fernandez compare cet oiseau [**] du Mexique à la pie commune, pour la grosseur; pour la longueur de la queue, pour la perfection des sens, pour le talent de parler, pour l'instinct de dérober tout ce qu'elle trouve à sa bien-séance : il ajoute qu'il a le cri comme plaintif et semblable à celui des petits étourneaux, et que son plumage est noir partout, excepté sur le cou et sur la tête, où l'on aperçoit une teinte de fauve.

(a) C'est *la pie de l'île Papoe* de M. Brisson, t. II, p. 45. On l'appelle dans le pays *waygehoe* et *wardioe*, d'où j'ai fait *vardiole*.

(b) Voyez Seba, t. Ier, p. 85, pl. LII, fig. 3. Voyez aussi Klein, *Ordo ovium*, p. 62, no IX.

(c) C'est *la petite pie du Mexique* de M. Brisson, t. II, p. 44. Voyez Fernandez, cap. XXXV. Le nom mexicain est *tsanahoei*.

[*] D'après Cuvier, « L'oiseau décrit par Buffon sous le nom de *Vardiole* est un Mouche-rolle (*Muscipeta*). »

[**] Le Zanoé de Buffon est un oiseau fort peu connu.

GEAI

A Le Vasseur Editeur

LE GEAI

Presque tout ce qui a été dit de l'instinct de la pie peut s'appliquer au geai(*); et ce sera assez faire connaître celui-ci que d'indiquer les différences qui le caractérisent.

L'une des principales, c'est cette marque bleue, ou plutôt émaillée de différentes nuances de bleu, dont chacune de ses ailes est ornée, et qui suffirait seule pour le distinguer de presque tous les autres oiseaux de l'Europe. Il a de plus sur le front un toupet de petites plumes noires, bleues et blanches; en général, toutes ses plumes sont singulièrement douces et soyeuses au toucher, et il sait, en relevant celles de sa tête, se faire une huppe qu'il rabaisse à son gré. Il est un quart moins gros que la pie; il a la queue plus courte et les ailes plus longues à proportion, et malgré cela il ne vole guère mieux qu'elle (a).

Le mâle se distingue de la femelle par la grosseur de la tête et par la vivacité des couleurs (b); les vieux diffèrent aussi des jeunes par le plumage, et de là en grande partie les variétés et le peu d'accord des descriptions (c); car il n'y a que les bonnes descriptions qui puissent s'accorder; et, pour bien décrire une espèce, il faut avoir vu et comparé un grand nombre d'individus.

Les geais sont fort pétulants de leur nature; ils ont les sensations vives,

(a) Voyez Belon, *Nature des oiseaux*, p. 290.

(b) Olina, *Uccellaria*, p. 35.

(c) « In picâ glandariâ ab Aldrovando descriptâ... maculæ nullæ transversales in caudâ » apparent. » Willughby, p. 89. Ses pieds sont gris, suivant Belon; ils sont d'un brun tirant au couleur de chair, selon M. Brisson, *Ornithologie*, t. II, p. 47, et selon nos propres observations.

(*) Les Geais (*Garrulus*) appartiennent, comme les Pies et les Corbeaux, à la famille des Corvidés. Ils se distinguent par un bec épais, fort, court, recourbé à l'extrémité, qui est légèrement échancré; leurs ailes de moyenne longueur; leur queue carrée ou un peu arrondie; les plumes de la tête allongées en huppe.

Le Geai commun (*Garrulus glandivora*) offre une coloration générale roussâtre ou gris brun, plus foncée sur le dos qu'au ventre. Le croupion est blanc, la gorge blanchâtre, entourée d'une bande noire qui part des joues; la face supérieure de la tête est pourvue de taches longitudinales blanches et noires; les rémiges sont noires et entourées d'un liséré blanc grisâtre; les rectrices sont également noires, parfois bordées de bleu; les couvertures supérieures des rémiges primaires sont rayées alternativement de noir, de bleu et de blanc; l'œil est bleu clair, le bec est noir, les pattes sont grises. Les couleurs sont un peu plus ternes chez les jeunes que chez les adultes.

les mouvements brusques, et dans leurs fréquents accès de colère ils s'emportent et oublient le soin de leur propre conservation au point de se prendre quelquefois la tête entre deux branches, et ils meurent ainsi suspendus en l'air (a). Leur agitation perpétuelle prend encore un nouveau degré de violence lorsqu'ils se sentent gênés, et c'est la raison pourquoi ils deviennent tout à fait méconnaissables en cage, ne pouvant y conserver la beauté de leurs plumes, qui sont bientôt cassées, usées, déchirées, flétries par un frottement continuel.

Leur cri ordinaire est très désagréable et ils le font entendre souvent; ils ont aussi de la disposition à contrefaire celui de plusieurs oiseaux qui ne chantent pas mieux, tels que la cresserelle, le chat-huant, etc. (b). S'ils aperçoivent dans le bois un renard ou quelque autre animal de rapine, ils jettent un certain cri très perçant, comme pour s'appeler les uns les autres, et on les voit en peu de temps rassemblés en force et se croyant en état d'en imposer par le nombre ou du moins par le bruit (c). Cet instinct qu'ont les geais de se rappeler, de se réunir à la voix de l'un d'eux, et leur violente antipathie contre la chouette, offrent plus d'un moyen pour les attirer dans les pièges (d), et il ne se passe guère de pipée sans qu'on n'en prenne plusieurs; car, étant plus pétulants que la pie, il s'en faut bien qu'ils soient aussi défiants et aussi rusés; ils n'ont pas non plus le cri naturel si varié, quoiqu'ils paraissent n'avoir pas moins de flexibilité dans le gosier ni moins de disposion à imiter tous les sons, tous les bruits, tous les cris d'animaux qu'ils entendent habituellement, et même la parole humaine. Le mot *richard* est celui, dit-on, qu'ils articulent le plus facilement. Ils ont aussi, comme la pie et toute la famille des choucas, des corneilles et des corbeaux, l'habitude d'enfouir leurs provisions superflues (e) et celle de dérober tout ce qu'ils peuvent emporter; mais ils ne se souviennent pas toujours de l'endroit où ils ont enterré leur trésor, ou bien, selon l'instinct commun à tous les avares, ils sentent plus la crainte de le diminuer que le désir d'en faire usage; en sorte qu'au printemps suivant les glands et les noisettes qu'ils avaient cachées et peut-être oubliées, venant à germer en terre et à pousser des feuilles au dehors, décèlent ces amas inutiles et les indiquent, quoique un peu tard, à qui en saura mieux jouir.

Les geais nichent dans les bois et loin des lieux habités, préférant les chênes les plus touffus et ceux donc le tronc est entouré de lierre (f); mais

(a) Voyez Gesner, *De Avibus*, p. 702. Cet instinct rend croyables ces batailles que l'on dit s'être données entre des armées de geais et de pics. Voyez Belon, p. 290.

(b) Frisch, planche 55.

(c) Frisch, planche 55.

(d) Belon prétend que *c'est un grand déduit de le voir voler aux oiseaux de fauconnerie, et aussi de le voir prendre à la passée.*

(e) Belon, *Nature des oiseaux*, p. 290.

(f) Olina, *Uccellaria*, p. 35.

ils ne construisent pas leurs nids avec autant de précaution que la pie. On m'en a apporté plusieurs dans le mois de mai : ce sont des demi-sphères creuses, formées de petites racines entrelacées, ouvertes par-dessus, sans matelas au dedans, sans défense au dehors ; j'y ai toujours trouvé quatre ou cinq œufs ; d'autres disent y en avoir trouvé cinq ou six ; ces œufs sont un peu moins gros que ceux des pigeons, d'un gris plus ou moins verdâtre, avec de petites taches faiblement marquées.

Les petits subissent leur première mue dès le mois de juillet ; ils suivent leurs père et mère jusqu'au printemps de l'année suivante (a), temps où ils les quittent pour se réunir deux à deux et former de nouvelles familles : c'est alors que la plaque bleue des ailes, qui s'était marquée de très bonne heure, paraît dans toute sa beauté.

Dans l'état de domesticité, auquel ils se façonnent aisément, ils s'accoutument à toutes sortes de nourritures et vivent ainsi huit à dix ans (b) : dans l'état de sauvage, ils se nourrissent non seulement de glands et de noisettes, mais de châtaignes, de pois, de fèves, de sorbes, de groseilles, de cerises, de framboises, etc. Ils dévorent aussi les petits des autres oiseaux, quand ils peuvent les surprendre dans le nid en l'absence des vieux, et quelquefois les vieux, lorsqu'ils les trouvent pris au lacet ; et, dans cette circonstance, ils vont, suivant leur coutume, avec si peu de précaution qu'ils se prennent quelquefois eux-mêmes, et dédommagent ainsi l'oiseleur du tort qu'ils ont fait à sa chasse (c) ; car leur chair, quoique peu délicate, est mangeable, surtout si on la fait bouillir d'abord, et ensuite rôtir ; on dit que, de cette manière, elle approche de celle de l'oie rôtie.

Les geais ont la première phalange du doigt extérieur de chaque pied unie à celle du doigt du milieu, le dedans de la bouche noir, la langue de la même couleur, fourchue, mince, comme membraneuse et presque transparente, la vésicule du fiel oblongue, l'estomac moins épais et revêtu de muscles moins forts que le gésier des granivores ; il faut qu'ils aient le gosier fort large, s'ils avalent, comme on dit, des glands, des noisettes et même des châtaignes tout entières, à la manière des ramiers (d) ; cependant je suis sûr qu'ils n'avalent jamais les calices d'œillets tout entiers, quoiqu'ils soient très friands de la graine qu'ils renferment. Je me suis amusé quelquefois à considérer leur ménage : si on leur donne un œillet, ils le prennent brusquement ; si on leur en donne un second, ils le prennent de même, et ils en prennent ainsi tout autant que leur bec en peut contenir, et même davantage ; car il arrive souvent qu'en happant les nouveaux ils laissent tomber les premiers, qu'ils sauront bien retrouver ; lorsqu'ils veulent commencer à

(a) *British Zoology*, p. 77.
(b) Olina, *Uccellaria*, p. 35. — Frisch, planche 55.
(c) Frisch, *loco citato*. — *British Zoology*, loco citato, etc.
(d) Belon, *Nature des oiseaux*.

manger, ils posent tous les autres œillets et n'en gardent qu'un seul dans leur bec; s'ils ne le tiennent pas d'une manière avantageuse, ils savent fort bien le poser pour le reprendre mieux; ensuite ils le saisissent sous le pied droit, et à coups de bec ils emportent en détail d'abord les pétales de la fleur, puis l'enveloppe du calice, ayant toujours l'œil au guet et regardant de tous côtés; enfin, lorsque la graine est à découvert, ils la mangent avidement et se mettent tout de suite à éplucher un second œillet.

On trouve cet oiseau en Suède, en Écosse, en Angleterre, en Allemagne, en Italie, et je ne crois pas qu'il soit étranger à aucune contrée de l'Europe, ni même à aucune des contrées correspondantes de l'Asie.

Pline parle d'une race de geai, ou de pie à cinq doigts, laquelle apprenait mieux à parler que les autres (a): cette race n'a rien de plus extraordinaire que celle des poules à cinq doigts, qui est connue de tout le monde, d'autant plus que les geais deviennent encore plus familiers, plus domestiques que les poules; et l'on sait que les animaux qui vivent le plus avec l'homme sont aussi les mieux nourris, conséquemment qu'ils abondent le plus en molécules organiques superflues et qu'ils sont plus sujets à ces sortes de monstruosités par excès. C'en serait une que les phalanges des doigts multipliées dans quelques individus au delà du nombre ordinaire, ce qu'on a atttribué trop généralement à toute l'espèce (b).

Mais une autre variété plus généralement connue dans l'espèce du geai, c'est le geai blanc: il a la marque bleue aux ailes (c) et ne diffère du geai ordinaire que par la blancheur presque universelle de son plumage, laquelle s'étend jusqu'au bec et aux ongles, et par ses yeux rouges, tels qu'en ont tant d'autres animaux blancs. Au reste, il ne faut pas croire que la blancheur de son plumage soit bien pure: elle est souvent altérée par une teinte jaunâtre plus ou moins foncée. Dans un individu que j'ai observé, les couvertures, qui bordent les ailes pliées, étaient ce qu'il y avait de plus blanc; ce même individu me parut aussi avoir les pieds plus menus que le geai ordinaire.

(a) « Addiscere alias (picas) negant posse quam quæ ex genere earum sunt quæ glande » vescuntur, et inter eas faciliùs quibus quini sunt digiti in pedibus. » Lib. x, cap. XLII.

(b) « Digiti pedum multis articulis flectuntur. » Aldrovande. Ornitholog., t. Ier, p. 788.

(c) Voyez Gerini, Storia degli Uccelli, t. II, planche 162.

OISEAUX ÉTRANGERS

QUI ONT RAPPORT AU GEAI

I. — LE GEAI DE LA CHINE A BEC ROUGE (*).

Cette espèce nouvelle vient de paraître en France pour la première fois : son bec rouge fait d'autant plus d'effet que toute la partie antérieure de la tête, du cou et même de la poitrine est d'un beau noir velouté; le derrière de la tête et du cou est d'un gris tendre, qui se mêle par petites taches sur le sommet de la tête avec le noir de la partie antérieure; le dessus du corps est brun et le dessous blanchâtre; mais pour se former une idée juste de ces couleurs, il faut supposer une teinte de violet répandue sur toutes, excepté sur le noir, mais plus foncée sur les ailes, un peu moins sur le dos et encore moins sous le ventre. La queue est étagée, les ailes ne passent pas le tiers de sa longueur, et chacune de ses pennes est marquée de trois couleurs, savoir : de violet clair à l'origine, de noir à la partie moyenne, et de blanc à l'extrémité; mais le violet tient plus d'espace que le noir, et celui-ci plus que le blanc.

Les pieds sont rouges comme le bec, les ongles blanchâtres à leur naissance et bruns vers la pointe, du reste fort longs et fort crochus.

Ce geai est un peu plus gros que le nôtre et pourrait bien n'être qu'une variété de climat.

II. — LE GEAI DU PÉROU.

Le plumage de cet oiseau (**) est d'une grande beauté : c'est un mélange des couleurs les plus distinguées, tantôt fondues avec un art inimitable, tantôt contrastées avec une dureté qui augmente l'effet. Le vert tendre qui domine sur la partie supérieure du corps s'étend d'une part sur les six pennes intermédiaires de la queue, et de l'autre va s'unir en se dégradant par nuances insensibles, et prenant en même temps une teinte bleuâtre, à une espèce de couronne blanche qui orne le sommet de la tête. La base du bec est entourée d'un beau bleu, qui reparaît derrière l'œil et dans l'espace au-dessous. Une sorte de pièce de corps de velours noir, qui couvre la gorge et embrasse tout le devant du cou, tranche par son bord supérieur avec cette belle couleur bleue, et par son bord inférieur avec le jaune jonquille qui règne sur la poitrine, le ventre et jusque sur les trois pennes latérales de chaque côté de la queue. Cette queue est étagée et plus étagée que celle du geai de Sibérie.

(*) *Corvus erythrorynchos* L.
(**) *Corvus peruvianus* L.

On ne sait rien des mœurs de cet oiseau, qui n'avait point encore paru en Europe.

III. — LE GEAI BRUN DU CANADA (a).

S'il était possible de supposer que le geai eût pu passer en Amérique, je serais tenté de regarder celui-ci (*) comme une variété de notre espèce d'Europe, car il en a le port, la physionomie, ces plumes douces et soyeuses qui sont comme un attribut caractéristique du geai ; il n'en diffère que par sa grosseur, qui est un peu moindre, par les couleurs de son plumage, par la longueur et la forme de sa queue, qui est étagée : ces différences pourraient à toute force s'imputer à l'influence du climat ; mais notre geai a l'aile trop faible et vole trop mal pour avoir pu traverser des mers ; et, en attendant qu'une connaissance plus détaillée des mœurs du geai brun du Canada nous mette en état de porter un jugement solide sur sa nature, nous nous déterminons à le produire ici comme une espèce étrangère, analogue à notre geai et l'une de celles qui en approchent de plus près.

La dénomination de geai brun donne une idée assez juste de la couleur qui domine sur le dessus du corps ; car le dessous, ainsi que le sommet de la tête, la gorge et le devant du cou sont d'un blanc sale, et cette dernière couleur se retrouve encore à l'extrémité de la queue et des ailes. Dans l'individu que j'ai observé, le bec et les pieds étaient d'un brun foncé, le dessous du corps plus rembruni et le bec inférieur plus renflé que dans la figure (**) ; enfin les plumes de la gorge, se portant en avant, formaient une espèce de barbe à l'oiseau.

IV. — LE GEAI DE SIBÉRIE.

Les traits d'analogie par lesquels cette nouvelle espèce (***) se rapproche de celle de notre geaí consistent en un certain air de famille, en ce que la forme du bec et des pieds et la disposition des narines sont à peu près les mêmes, et en ce que le geai de Sibérie a sur la tête, comme le nôtre, des plumes étroites qu'il peut à son gré relever en manière de huppe.

Ses traits de dissemblance sont qu'il est plus petit, qu'il a la queue étagée, et que les couleurs de son plumage sont fort différentes, comme on pourra s'en assurer en comparant les figures enluminées qui représentent ces deux oiseaux. Les mœurs de celui de Sibérie nous sont absolument inconnues.

(a) Voyez l'*Ornithologie* de M. Brisson, t. II, p. 54.

(*) *Corvus canadensis* L.
(**) N° 530 des *planches enluminées* de Buffon.
(***) *Corvus sibiricus* L.

V. — LE BLANCHE-COIFFE OU LE GEAI DE CAYENNE (a).

Il est à peu près de la grosseur de notre geai commun, mais il a le bec plus court, les pieds plus hauts, la queue et les ailes plus longues à proportion, ce qui lui donne un air moins lourd et une forme plus développée (*).

On peut lui trouver encore d'autres différences, principalement dans le plumage : le gris, le blanc, le noir et différentes nuances de violet, font toute la variété de ses couleurs ; le gris sur le bec, les pieds et les ongles ; le noir sur le front, les côtés de la tête et la gorge ; le blanc autour des yeux, sur le sommet de la tête et le chignon jusqu'à la naissance du cou, et encore sur toute la partie inférieure du corps ; le violet, plus clair sur le dos et les ailes, plus foncé sur la queue ; celle-ci est terminée de blanc et composée de douze pennes dont les deux du milieu sont un peu plus longues que les latérales.

Les petites plumes noires qu'il a sur le front sont courtes et peu flexibles : une partie, se dirigeant en avant, recouvre les narines; l'autre partie, se relevant en arrière, forme une sorte de toupet hérissé.

VI. — LE GARLU OU LE GEAI A VENTRE JAUNE DE CAYENNE.

C'est celui de tous les geais qui a les ailes les plus courtes, et qu'on peut le moins soupçonner d'avoir fait le trajet des mers qui séparent les deux continents, d'autant moins qu'il se tient dans les pays chauds (**). Il a les pieds courts et menus, et la physionomie caractérisée. Je n'ai rien à ajouter, quant aux couleurs, à ce que la figure présente (***), et l'on ne sait encore rien de ses mœurs; on ne sait pas même s'il relève les plumes de sa tête en manière de huppe, comme font les autres geais. C'est une espèce nouvelle (b).

VII. — LE GEAI BLEU DE L'AMÉRIQUE SEPTENTRIONALE (c).

Cet oiseau (****) est remarquable par la belle couleur bleue de son plumage, laquelle domine avec quelque mélange de blanc, de noir et de pourpre, sur

---

(a) C'est le geai de Cayenne de M. Brisson, t. II, p. 52.

(b) Un voyageur instruit a cru reconnaître dans la figure enluminée de cet oiseau celui qu'on appelle à Cayenne bon jour commandeur, parce qu'il semble prononcer ces trois mots : mais il me reste des doutes sur l'identité de ces deux oiseaux, parce que ce même voyageur m'a paru confondre le garlu ou geai à ventre jaune avec le tyran du Brésil : celui-ci ressemble, en effet, au premier par le plumage, mais il a le bec tout différent.

(c) C'est le geai bleu de Canada de M. Brisson, t. Ier, p. 55.

(*) Corvus cayanus L.

(**) Corvus flavus L. — D'après Cuvier, « Le Garlu ou Geai à ventre jaune de Cayenne » est le même oiseau que le Tyran à ventre jaune (Lanius sulfuraceus GMEL.) »

(***) Nº 249 des planches enluminées de Buffon.

(****) Corvus cristatus L.

toute la partie supérieure de son corps, depuis le dessus de la tête jusqu'au bout de la queue.

Il a la gorge blanche avec une teinte de rouge ; au-dessous de la gorge une espèce de hausse-col noir, et plus bas une zone rougeâtre, dont la couleur, se dégradant insensiblement, va se perdre dans le gris et le blanc qui règnent sur la partie inférieure du corps.

Les plumes du sommet de la tête sont longues, et l'oiseau les relève, quand il veut, en manière de huppe (a) : cette huppe mobile est plus grande et plus belle que dans notre geai ; elle est terminée sur le front par une sorte de bandeau noir qui, se prolongeant de part et d'autre sur un fond blanc jusqu'au chignon, va se rejoindre aux branches du hausse-col de la poitrine : ce bandeau est séparé de la base du bec supérieur par une ligne blanche formée des petites plumes qui couvrent les narines. Tout cela donne beaucoup de variété, de jeu et de caractère à la physionomie de cet oiseau.

La queue est presque aussi longue que l'oiseau même, et composée de douze pennes étagées.

M. Catesby remarque que ce geai d'Amérique a la même pétulance dans les mouvements que notre geai commun, que son cri est moins désagréable, et que la femelle ne se distingue du mâle que par ses couleurs moins vives : cela étant, la figure qu'il a donnée doit représenter une femelle (b), et celle de M. Edwards un mâle (c) ; mais l'âge de l'oiseau peut faire aussi beaucoup à la vivacité et à la perfection des couleurs.

Ce geai nous vient de la Caroline et du Canada, et il doit y être fort commun, car on en envoie souvent de ces pays-là.

LE CASSE-NOIX (d)

Cet oiseau (*) diffère des geais et des pies par la forme du bec, qu'il a plus droit, plus obtus et composé de deux pièces inégales ; il en diffère encore par l'instinct qui l'attache de préférence au séjour des hautes montagnes, et par son naturel moins défiant et moins rusé. Du reste, il a beaucoup de rapports avec ces deux espèces d'oiseaux, et la plupart des naturalistes, qui

(a) Je ne sais pourquoi M. Klein, qui a copié Catesby, avance que cette huppe est toujours droite et relevée. *Ordo avium,* p. 64.

(b) *Hist. nat. de la Caroline,* t. Ier, p. 15.

(c) Planche 239.

(d) C'est le *casse-noix* de M. Brisson, t. II, p. 59.

(*) Le Casse-noix (*Nucifraga caryocatactes*) appartient, comme les oiseaux précédents, à la famille des Corvidés. Les *Nucifraga* se distinguent par un bec long, offrant une arête inférieure très marquée.

n'ont pas été gênés par leur méthode, n'ont pas fait difficulté de le placer entre les geais et les pies, et même avec les choucas (a), qui, comme on sait, ressemblent beaucoup aux pies ; mais on prétend qu'il est encore plus babillard que les uns et les autres.

M. Klein distingue deux variétés dans l'espèce du casse-noix (b) : l'une qui est mouchetée comme l'étourneau, qui a le bec anguleux et fort, la langue longue et fourchue, comme toutes les espèces de pies ; l'autre, qui est moins grosse, et dont le bec (car il ne dit rien du plumage) est plus menu, plus arrondi, composé de deux pièces inégales dont la supérieure est la plus longue, et qui a la langue divisée profondément, très courte et comme perdue dans le gosier (c).

Selon le même auteur, ces deux oiseaux mangent des noisettes ; mais le premier les casse, et l'autre les perce : tous deux se nourrissent encore de glands, de baies sauvages, de pignons qu'ils épluchent fort adroitement, et mêmes d'insectes ; enfin tous deux cachent, comme les geais, les pies et les choucas, ce qu'ils n'ont pu consommer (*).

Les casse-noix, sans avoir le plumage brillant, l'ont remarquable par ses mouchetures blanches et triangulaires qui sont répandues partout, excepté sur la tête. Ces mouchetures sont plus petites sur la partie supérieure, plus larges sur la poitrine ; elles font d'autant plus d'effet et sortent d'autant mieux qu'elles tranchent sur un fond brun.

Ces oiseaux se plaisent surtout, comme je l'ai dit ci-dessus, dans les pays montagneux. On en voit communément en Auvergne, en Savoie, en Lorraine, en Franche-Comté, en Suisse, dans le Bergamasque, en Autriche,

(a) Gesner, *De Avibus,* p. 244. — Turner, *ibid.* — Klein, *Ordo avium,* p. 61.—Willughby, *Ornithologie,* p. 90. — Linnæus, *Systema naturæ,* édit. X, p. 106. — Frisch, pl. 56.

(b) *Ordo avium,* p. 61.

(c) Selon Willughby, la langue ne paraît pas pouvoir s'avancer plus loin que les coins de la bouche, le bec étant fermé, parce que dans cette situation la cavité du palais qui correspond ordinairement à la langue se trouve remplie par une arête saillante de la mâchoire inférieure, laquelle correspond ici à cette cavité : il ajoute que le fond du palais et les bords de sa fente ou fissure sont hérissés de petites pointes.

(*) Le Casse-noix accumule dans son œsophage de véritables provisions. M. de Sinéty a observé qu'à la fin de juillet et pendant le mois d'août il descend régulièrement des régions neigeuses des montagnes de la Suisse et s'approche des lacs et des villages où croissent des noisetiers. Il dépouille les noisettes des bractées foliacées qui entourent le fruit, puis introduit ce dernier dans son œsophage sans casser l'enveloppe ligneuse. Il accumule ainsi dans son œsophage jusqu'à une douzaine de noisettes, après quoi il remonte dans la région dont il fait son séjour habituel. Indépendamment de son œsophage, qui est très dilatable, le Casse-noix possède un organe spécial qui lui sert de garde-manger. « Cet organe, dit M. de » Sinéty, est un sac à parois très minces, ouvert immédiatement au-dessous du muscle » peaucier, dans l'angle des deux branches de la mâchoire inférieure où il occupe le triangle » situé entre ces deux branches. Ce sac, entièrement dilatable, est situé au devant du cou, » où il fait saillie des trois quarts à gauche de la ligne médiane. Sa longueur est environ » des deux tiers de la longueur du cou de l'oiseau. »

sur les montagnes couvertes de forêts de sapins : on les retrouve jusqu'en Suède, mais seulement dans la partie méridionale de ce pays, et rarement au delà (a). Le peuple d'Allemagne leur a donné les noms d'oiseaux de Turquie, d'Italie, d'Afrique; et l'on sait que dans le langage du peuple ces noms signifient, non pas un oiseau venant réellement de ces contrées, mais un oiseau étranger dont on ignore le pays (b).

Quoique les casse-noix ne soient point oiseaux de passage, ils quittent quelquefois leurs montagnes pour se répandre dans les plaines : Frisch dit qu'on les voit de temps en temps arriver en troupe, avec d'autres oiseaux, en différents cantons de l'Allemagne, et toujours par préférence dans ceux où ils trouvent des sapins. Cependant, en 1754, il en passa de grandes volées en France, et notamment en Bourgogne, où il y a peu de sapins (c) : ils étaient si fatigués en arrivant qu'ils se laissaient prendre à la main. On en tua un la même année au mois d'octobre, près de Mostyn, en Flintshire (d), qu'on supposa venir d'Allemagne. Il faut remarquer que cette année avait été fort sèche et fort chaude, ce qui avait dû tarir la plupart des fontaines, et faire tort aux fruits dont les casse-noix font leur nourriture ordinaire; et d'ailleurs, comme en arrivant ils paraissaient affamés, donnant en foule dans tous les pièges, se laissant prendre à tous les appâts, il est vraisemblable qu'ils avaient été contraints d'abandonner leurs retraites par le manque de subsistance.

Une des raisons qui les empêchent de rester et de se perpétuer dans les bons pays, c'est, dit-on, que, comme ils causent un grand préjudice aux forêts en perçant les gros arbres à la manière des pics, les propriétaires leur font une guerre continuelle (e), de manière qu'une partie est bientôt détruite, et que l'autre est obligée de se réfugier dans des forêts escarpées où il n'y a point de garde-bois.

Cette habitude de percer les arbres n'est pas le seul trait de ressemblance

(a) « Habitat in Smolandia, rarior alibi. » *Fauna suecica*, p. 26, nº 75, — Gerini remarque qu'on n'en voit point en Toscane. *Storia degli Uccelli*, t. II, p. 45.

(b) Frisch, planche 56.

(c) Un habile ornithologiste de la ville de Sarrebourg (M. le docteur Lottinger, qui connaît très bien les oiseaux de la Lorraine, et à qui je dois plusieurs faits concernant leurs mœurs, leurs habitudes et leurs passages : je me ferai un devoir de le citer pour toutes les observations qui lui seront propres; et ce que je dis ici pourra suppléer aux citations omises) m'apprend qu'en cette même année, 1754, il passa en Lorraine des volées de casse-noix si nombreuses, que les bois et les campagnes en étaient remplis; leur séjour dura tout le mois d'octobre, et la faim les avait tellement affaiblis qu'ils se laissaient approcher et tuer à coups de bâton. Le même observateur ajoute que ces oiseaux ont reparu en 1763, mais en beaucoup plus petit nombre, que leur passage se fait toujours en automne, et qu'ils mettent ordinairement entre chaque passage un intervalle de six à neuf années : ce qui doit se restreindre à la Lorraine, car en France, et particulièrement en Bourgogne, les passages des casse-noix sont beaucoup plus éloignés.

(d) *British Zoology*, p. 78.

(e) Salerne, *Histoire des oiseaux*, p. 99.

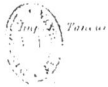

1. ROLLIER COMMUN. — 2. MARTIN ROSE.

qu'ils ont avec les pics ; ils nichent aussi, comme eux, dans des trous d'arbres, et peut-être dans des trous qu'ils ont faits eux-mêmes ; car ils ont, comme les pics, les pennes du milieu de la queue usées par le bout (a), ce qui suppose qu'ils grimpent aussi comme eux sur les arbres : en sorte que si on voulait conserver au casse-noix la place qui paraît lui avoir été marquée par la nature, ce serait entre les pics et les geais ; et il est singulier que Willughby lui ait donné précisément cette place dans son *Ornithologie*, quoique la description qu'il en a faite n'indique aucun rapport entre cet oiseau et les pics.

Il a l'iris couleur de noisette, le bec, les pieds et les ongles noirs (b), les narines rondes, ombragées par de petites plumes blanchâtres, étroites, peu flexibles, et dirigées en avant ; les pennes des ailes et de la queue noirâtres, sans mouchetures, mais seulement la plupart terminées de blanc, et non sans quelques variétés dans les différents individus et dans les différentes descriptions (c) : ce qui semble confirmer l'opinion de M. Klein sur les deux races ou variétés qu'il admet dans l'espèce des casse-noix.

On ne trouve dans les écrivains d'histoire naturelle aucuns détails sur leur ponte, leur incubation, l'éducation de leurs petits, la durée de leur vie.....; c'est qu'ils habitent, comme nous avons vu, des lieux inaccessibles où ils sont, où ils seront longtemps inconnus, et d'autant plus en sûreté, d'autant plus heureux.

LES ROLLIERS

Si l'on prend le rollier d'Europe (*) pour type du genre, et que l'on choisisse pour son caractère distinctif, non pas une ou deux qualités superficielles, isolées, mais l'ensemble de ses qualités connues, dont peut-être aucune en particulier ne lui est absolument propre, mais dont la somme et la combinaison le caractérisent, on trouvera qu'il y a un changement considérable à faire au dénombrement des espèces dont M. Brisson a composé ce genre, soit en écartant celles qui n'ont point assez de rapports avec notre rollier, soit en rappelant à la même espèce les individus qui ont bien quelques différences, mais moindres cependant que celles que l'on observe sou-

---

(a) « Intermediis apice detritis. » Linn., *Syst. nat.*, édit. X, p. 106.

(b) « Digitis, ut in picâ glandariâ, variis articulis flexibilibus, » ajoute Schwenckfeld, p. 310 ; mais nous avons vu ci-dessus que les geais n'ont pas aux doigts un plus grand nombre d'articulations que les autres oiseaux.

(c) Voyez Gesner, Schwenckfeld, Aldrovande, Willughby, Brisson, etc., mais ne consultez Rzaczynski qu'avec précaution, car il confond perpétuellement le *cocothraustes* avec le *caryocatactes. Auctuarium*, p. 399.

(*) *Coracias Garrula* L.

vent entre le mâle et la femelle d'une même espèce, ou entre l'oiseau jeune et le même oiseau plus âgé, et encore, entre l'individu habitant un pays chaud et le même individu transporté dans un pays froid, et enfin entre un individu sortant de la mue et le même individu ayant réparé ses pertes et refait des plumes nouvelles plus brillantes qu'auparavant.

1° D'après ces vues, qui me paraissent fondées, je me crois en droit de réduire d'abord à une seule et même espèce le rollier d'Europe et le shagarag de Barbarie, dont parle le docteur Shaw;

2° Je réduis de même à une seule espèce le rollier d'Abyssinie (*) n° 626, et celui du Sénégal (**), n° 326, que M. Brisson ne paraît pas avoir connus;

3° Je réduis encore à une seule espèce le rollier de Mindanao (***), n° 285 (****); celui d'Angola (*****), n° 88, dont M. Brisson a fait ses deuxième et troisième rolliers (a), et celui de Goa (******), n° 627, dont M. Brisson n'a point parlé : ces trois espèces n'en feront ici qu'une seule par les raisons que je dirai à l'article des rolliers d'Angola et de Mindanao;

4° Je me crois en droit d'exclure du genre des rolliers la cinquième espèce de M. Brisson, ou le rollier de la Chine, parce que c'est un oiseau tout différent, et qui ressemble beaucoup plus au grivert de Cayenne, avec lequel je l'associerai sous la dénomination commune de *rolle;* et je les placerai tous deux avant les rolliers, parce que ces deux espèces me paraissent faire la nuance entre les geais et les rolliers;

5° J'ai renvoyé aux pies le rollier des Antilles, qui est la sixième espèce de M. Brisson (b), et cela par les raisons que j'ai dites ci-dessus à l'article des pies;

6° Je laisse parmi les oiseaux de proie l'ytzquauhtli, dont M. Brisson a fait sa septième espèce de rollier sous le nom de rollier de la Nouvelle-Espagne, et dont M. de Buffon a donné l'histoire à la suite des aigles et des balbuzards; en effet, selon Fernandez, qui est l'auteur original (c), et selon Seba lui-même, qui l'a copié (d), c'est un véritable oiseau de proie qui donne la chasse aux lièvres et aux lapins, et qui par conséquent est très différent des rolliers. Fernandez ajoute qu'il est propre à la fauconnerie, et que sa grosseur égale celle d'un bélier;

(a) Voyez son *Ornithologie,* t. II, p. 69, 72 et 75.
(b) Voyez son *Ornithologie,* p. 80.
(c) *Historia avium novæ Hispaniæ,* cap. c.
(d) Seba, t. Ier, p. 97, n° 2.

(*) *Coracias abyssinica* L.
(**) *Coracias senegala* L. — Simple variété du *Coracias abyssinica.*
(***) *Coracias bengalensis* Cuv.
(****) *Planches enluminées* de Buffon.
(*****) Le jeune du *Coracias abyssinica.*
(******) Variété du *Coracias bengalensis.*

7° Je retranche encore le hoxetot ou rollier jaune du Mexique (a), qui est le neuvième rollier de M. Brisson, et que j'ai mis à la suite des pies, comme ayant plus de rapports avec cette espèce qu'avec aucune autre.

Enfin, j'ai renvoyé ailleurs l'ococolin de Fernandez (b), par les raisons exposées ci-dessus à l'article des cailles, et je ne puis admettre dans le genre du rollier l'ococolin de Seba, très différent de celui de Fernandez, quoiqu'il porte le même nom; car il a la taille du corbeau, le bec gros et court, les doigts et les ongles très longs, les yeux entourés de mamelons rouges, etc. (c). En sorte qu'après cette réduction, qui me paraît aussi modérée que nécessaire, et en ajoutant les espèces ou variétés nouvelles, inconnues à ceux qui nous ont précédés, et même le trente et unième troupiale de M. Brisson, que je regarde comme faisant la nuance entre les rolliers et les oiseaux de Paradis, il reste deux espèces de rolles et sept espèces de rolliers avec leurs variétés.

LE ROLLE DE LA CHINE (*)

Il est vrai que cet oiseau a les narines découvertes comme les rolliers, et le bec fait à peu près comme eux; mais ces traits de ressemblance sont-ils assez décisifs pour qu'on ait dû le ranger parmi les rolliers? et ne sont-ils pas contre-balancés par des différences plus considérables et plus multipliées, soit dans les dimensions des pieds, que le rolle de la Chine a plus longs, soit dans les dimensions des ailes, qu'il a plus courtes, et composées d'ailleurs d'un moindre nombre de pennes, et de pennes autrement proportionnées (d), soit dans la forme de la queue, qu'il a étagée, soit enfin dans la forme de la huppe, qui est une véritable huppe de geai, et tout à fait semblable à celle du geai bleu de Canada? C'est d'après ces différences, et surtout celle de la longueur des ailes, dont l'influence ne doit pas être médiocre sur les habitudes d'un oiseau, que je me suis cru en droit de séparer des

(a) Voyez *Hist. avium novæ Hispaniæ*, cap. LVIII; et Seba, t. 1er, p. 96, n° 1.

(b) *Hist. avium novæ Hispaniæ*, cap. LXXXV.

(c) Voyez Seba, p. 100, n° 1. Nouvel exemple de la liberté qu'a prise cet auteur d'appliquer les noms de certains oiseaux étrangers à d'autres oiseaux étrangers tout différents. On ne peut trop avertir les commençants de ces fréquentes méprises, qui tendent à faire un chaos de l'ornithologie.

(d) Dans le rolle de la Chine, l'aile est composée de dix-huit pennes, dont la première est très courte, et dont la cinquième est la plus longue de toutes, comme dans le geai; tandis que dans le rollier l'aile est composée de vingt-trois pennes, dont la seconde est la plus longue de toutes.

(*) *Coracias sinensis* L. — « Le *Coracias sinensis* ou *Rolle de la Chine* se rapproche, par » son bec échancré, soit des *Merles*, soit des *Pies grièches*. » (Cuv.)

rolliers le rolle de la Chine, et de le placer entre cette espèce et celle du geai, d'autant que presque toutes les disparités qui l'éloignent des rolliers semblent le rapprocher des geais; car, indépendamment de la huppe dont j'ai parlé, on sait que les geais ont aussi les pieds plus longs que les rolliers, les ailes plus courtes, les pennes de l'aile proportionnées comme dans le rolle de la Chine, et que plusieurs enfin ont la queue étagée, tels que le geai bleu de Canada, le geai brun du même pays, et le geai de la Chine.

LE GRIVERT OU ROLLE DE CAYENNE (*)

On ne doit pas séparer cet oiseau du rolle de la Chine, puisqu'il a comme lui le bec fort, les ailes courtes, les pieds longs et la queue étagée : il n'en diffère que par la petitesse de la taille et par les couleurs du plumage, qu'on a tâché d'indiquer dans le nom de *grivert*. A l'égard des mœurs de ces deux rolles, nous ne sommes point en état d'en faire la comparaison; mais il est probable que des oiseaux qui ont à peu près la même conformation des parties extérieures, surtout de celles qui servent aux fonctions principales, comme de marcher, de voler, de manger, ont à peu près les mêmes habitudes; et il me semble que l'analogie des espèces se décèle mieux par cette similitude de conformation dans les principaux organes, que par de petits poils qui naissent autour des narines.

LE ROLLIER D'EUROPE (a)

Les noms de *geai de Strasbourg*, de *pie de mer* ou *des bouleaux*, de *perroquet d'Allemagne*, sous lesquels cet oiseau (**) est connu en différents pays, lui ont été appliqués sans beaucoup d'examen, et par une analogie purement populaire, c'est-à-dire très superficielle : il ne faut qu'un coup d'œil sur l'oiseau, ou même sur une bonne figure coloriée, pour s'assurer que ce n'est point un perroquet, quoiqu'il ait du vert et du bleu dans son plumage; et,

(a) Gesner avait ouï dire que son nom allemand *roller* exprimait son cri; Schwenckfeld dit la même chose de celui de *rache;* il faut que l'un ou l'autre se trompe, et j'incline à croire que c'est Gesner, parce que le mot *rache*, adopté par Schwenckfeld, a plus d'analogie avec la plupart des noms donnés au rollier en différents pays, et auxquels on ne peut guère assigner de racine commune que le cri de l'oiseau.

(*) *Coracias cayennensis* L. — D'après Cuvier, « Le *Coracias cayennensis* ou *Rolle de » Cayenne* est un *Tangara*. »
(**) *Coracias Garrula* L.

en y regardant d'un peu plus près, on jugera tout aussi sûrement qu'il n'est ni une pie ni un geai, quoiqu'il jase sans cesse comme ces oiseaux (a).

En effet, il a la physionomie et le port très différents, le bec moins gros, les pieds beaucoup plus courts à proportion, plus courts même que le doigt du milieu, les ailes plus longues et la queue faite tout autrement, les deux pennes extérieures dépassant de plus d'un demi-pouce (au moins dans quelques individus) les dix pennes intermédiaires qui sont toutes égales entre elles. Il a de plus une espèce de verrue derrière l'œil, et l'œil lui-même entouré d'un cercle de peau jaune et sans plumes (b).

Enfin, pour que la dénomination de *geai de Strasbourg* fût vicieuse à tous égards, il fallait que cet oiseau ne fût rien moins que commun dans les environs de Strasbourg; et c'est ce qui m'est assuré positivement par M. Hermann, professeur de médecine et d'histoire naturelle en cette ville : « Les rolliers y sont si rares, m'écrivait ce savant, qu'à peine il s'y en égare » trois ou quatre en vingt ans. » Celui qui fut autrefois envoyé de Strasbourg à Gesner était sans doute un de ces égarés ; et Gesner qui n'en savait rien, et qui crut apparemment qu'il y était commun, le nomma *geai de Strasbourg*, quoique, encore une fois, il ne fût point un geai et qu'il ne fût point de Strasbourg.

D'ailleurs, c'est un oiseau de passage, dont les migrations se font régulièrement chaque année dans les mois de mai et de septembre (c), et malgré cela il est moins commun que la pie et le geai. Je vois qu'il se trouve en Suède (d) et en Afrique (e), mais il s'en faut bien qu'il se répande, même en passant, dans toutes les régions intermédiaires ; il est inconnu dans plusieurs districts considérables de l'Allemagne (f), de la France, de la Suisse (g), etc., d'où l'on peut conclure qu'il parcourt dans sa route une zone assez étroite, depuis la Smalande et la Scanie jusqu'en Afrique ; il y a même assez de points donnés dans cette zone pour qu'on puisse en déterminer la direction sans beaucoup d'erreur par la Saxe, la Franconie, la Souabe, la Bavière, le Tyrol, l'Italie (h), la Sicile (i), et enfin par l'île de Malte (j), laquelle est comme un entrepôt général pour la plupart des oiseaux voyageurs qui tra-

(a) Aldrovande, *Ornitholog.*, t. 1er, p. 790.

(b) Voyez Edwards, p. 109. M. Brisson n'a parlé ni de cette verrue, ni de la forme singulière de la queue.

(c) Voyez l'extrait d'une lettre de M. le commandeur Godeheu de Riville, sur le passage des oiseaux, t. III des *Mémoires présentés à l'Académie royale des Sciences de Paris*, p. 82.

(d) *Fauna suecica*, no 73.

(e) *Shaw's Travels*, etc., p. 251.

(f) Frisch, planche 57.

(g) « Capta apud nos anno 1561, augusti medio, nec agnita. » Gesner, *De Avibus*, p. 703.

(h) « Memini hanc videre aliquando Bononiæ. » Gesner, p. 703.

(i) « Vidimus venales in ornithopolarum tabernis Messanæ Siciliæ. » Willughby, *Ornitholog.*, p. 89.

(j) « Vidimus Melitæ in foro venales. » Willughby, *ibid.* Voyez aussi la lettre de M. le commandeur Godeheu, citée plus haut.

versent la Méditerranée. Celui qu'a décrit M. Edwards avait été tué sur les rochers de Gibraltar, où il avait pu passer des côtes d'Afrique, car ces oiseaux ont le vol fort élevé (a). On en voit aussi, quoique rarement, aux environs de Strasbourg, comme nous avons dit plus haut, de même qu'en Lorraine et dans le cœur de la France (b); mais ce sont apparemment des jeunes qui quittent le gros de la troupe et s'égarent en chemin.

Le rollier est aussi plus sauvage que le geai et la pie; il se tient dans les bois les moins fréquentés et les plus épais, et je ne sache pas qu'on ait jamais réussi à le priver et à lui apprendre à parler (c); cependant la beauté de son plumage est un sûr garant des tentatives qu'on aura faites pour cela : c'est un assemblage des plus belles nuances de bleu et de vert, mêlées avec du blanc, et relevées par l'opposition de couleurs plus obscures (d); mais une figure bien enluminée donnera une idée plus juste de la distribution de ces couleurs que toutes les descriptions : seulement il faut savoir que les jeunes ne prennent leur bel azur que dans la seconde année, au contraire des geais qui ont leurs belles plumes bleues avant de sortir du nid.

Les rolliers nichent, autant qu'ils peuvent, sur les bouleaux, et ce n'est qu'à leur défaut qu'ils s'établissent sur d'autres arbres (e); mais dans les pays où les arbres sont rares, comme dans l'île de Malte et en Afrique, on dit qu'ils font leur nid dans la terre (f) : si cela est vrai, il faut avouer que l'instinct des animaux, qui dépend principalement de leurs facultés, tant internes qu'externes, est quelquefois modifié notablement par les circonstances, et produit des actions bien différentes, selon la diversité des lieux, des temps et des matériaux que l'animal est forcé d'employer.

Klein dit que, contre l'ordinaire des oiseaux, les petits du rollier font leurs

---

(a) Gesner, *De Avibus*, p. 702.

(b) *Ornithologie* de Brisson, t. II, p. 68. M. Lottinger m'apprend qu'en Lorraine ces oiseaux passent encore plus rarement que les casse-noix, et en moindre quantité; il ajoute qu'on ne les voit jamais qu'en automne, non plus que les casse-noix, et qu'en 1771 il en fut blessé un aux environs de Sarrebourg, lequel, tout blessé qu'il était, vécut encore treize à quatorze jours sans manger.

(c) « Sylvestris planè et immansueta. » Schwenckfeld, p. 243.

(d) M. Linnæus est le seul qui dise qu'il a le dos couleur de sang. *Fauna suecica*, n° 73. Le sujet qu'il a décrit aurait-il été différent de tous ceux qui ont été décrits par les autres naturalistes ?

(e) Frisch, planche 57.

(f) « Un chasseur, dit M. Godeheu, dans la lettre que j'ai déjà citée, m'a assuré que » dans le mois de juin il avait vu sortir un de ces oiseaux d'une butte de terre où il y avait » un trou de la grosseur du poing, et qu'ayant creusé dans cet endroit en suivant le fil du » trou, qui allait horizontalement, il trouva, à un pied de profondeur ou environ, un nid » fait de paille et de broussailles, dans lequel il y avait deux œufs. » Ce témoignage de chasseur, qui serait suspect s'il était unique, semble confirmé par celui du docteur Shaw qui, parlant de cet oiseau, connu en Afrique sous le nom de *shaga-rag*, dit qu'il fait son nid dans les berges des lits des rivières. Malgré tout cela, je crains fort qu'il n'y ait ici quelque méprise, et que l'on n'ait pris le martin-pêcheur pour le rollier, à cause de la ressemblance des couleurs.

excréments dans le nid (a) ; et c'est peut-être ce qui aura donné lieu de croire que cet oiseau enduisait son nid d'excréments humains, comme on l'a dit de la huppe (b) ; mais cela ne se concilierait point avec son habitation dans les forêts les plus sauvages et les moins fréquentées.

On voit souvent ces oiseaux avec les pies et les corneilles, dans les champs labourés qui se trouvent à portée de leurs forêts ; ils y ramassent les petites graines, les racines et les vers que le soc a ramenés à la surface de la terre, et même les grains nouvellement semés (c) ; lorsque cette ressource leur manque, ils se rabattent sur les baies sauvages, les scarabées, les sauterelles et même les grenouilles (d). Schwenckfeld ajoute qu'ils vont quelquefois sur les charognes ; mais il faut que ce soit pendant l'hiver, et seulement dans les cas de disette absolue (e), car ils passent en général pour n'être point carnassiers, et Schwenckfeld remarque lui-même qu'ils deviennent fort gras l'automne, et qu'ils sont alors un bon manger (f), ce qu'on ne peut guère dire des oiseaux qui se nourrissent de voiries.

On a observé que le rollier avait les narines longues, étroites, placées obliquement sur le bec près de sa base, et découvertes ; la langue noire, non fourchue, mais comme déchirée par le bout et terminée en arrière par deux appendices fourchus, une de chaque côté ; le palais vert, le gosier jaune, le ventricule couleur de safran, les intestins longs à peu près d'un pied, et les *cæcums* de vingt-sept lignes. On lui a trouvé environ vingt-deux pouces de vol, vingt pennes à chaque aile, et, selon d'autres, vingt-trois, dont la seconde est la plus longue de toutes ; enfin on a remarqué que, partout où ces pennes et celles de la queue ont du noir au dehors, elles ont du bleu par-dessous (g).

Aldrovande, qui paraît avoir bien connu ces oiseaux et qui vivait dans un pays où il y en a, prétend que la femelle diffère beaucoup du mâle et par le bec, qu'elle a plus épais, et par le plumage, ayant la tête, le cou, la poitrine et le ventre couleur de marron tirant au gris cendré (h), tandis que dans le mâle ces mêmes parties sont d'une couleur d'aigue-marine plus ou moins foncée, avec des reflets d'un vert plus obscur en certains endroits. Pour moi, je soupçonne que les deux longues pennes extérieures de la queue, et ces verrues derrière les yeux, lesquelles ne paraissent que dans quelques individus, sont les attributs du mâle, comme l'éperon l'est dans les gallinacés, la longue queue dans les paons, etc.

(a) *Ordo avium*, p. 62.
(b) Schwenckfeld, p. 243.
(c) Frisch, *loco citato*.
(d) Voyez Klein, Willughby, Schwenckfeld, Linnæus...
(e) S'ils y vont l'été, ce peut être à cause des insectes.
(f) Frisch compare leur chair à celle du ramier.
(g) Willughby, Schwenckfeld, Brisson...
(h) *Ornithologia*, t. 1er, p. 793.

Variété du rollier.

Le docteur Shaw fait mention dans ses voyages d'un oiseau de Barbarie appelé par les Arabes *shaga-rag*, lequel a la grosseur et la forme du geai, mais avec un bec plus petit et des pieds plus courts.

Cet oiseau a le dessus du corps brun, la tête, le cou et le ventre d'un vert clair, et sur les ailes, ainsi que sur la queue, des taches d'un bleu foncé. M. Shaw ajoute qu'il fait son nid sur le bord des rivières, et que son cri est aigre et perçant (a).

Cette courte description convient tellement à notre rollier qu'on ne peut douter que le shaga-rag n'appartienne à la même espèce, et l'analogie de son nom avec la plupart des noms allemands donnés au rollier d'après son cri est une probabilité de plus.

OISEAUX ÉTRANGERS

QUI ONT RAPPORT AU ROLLIER

I. — LE ROLLIER D'ABYSSINIE.

Cette espèce (*) ressemble beaucoup par le plumage à notre rollier d'Europe : seulement les couleurs en sont plus vives et plus brillantes, ce qui peut s'attribuer à l'influence d'un climat plus sec et plus chaud. D'un autre côté, il se rapproche du rollier d'Angola par la longueur des deux pennes latérales de la queue, lesquelles dépassent toutes les autres de cinq pouces, en sorte que la place de cet oiseau semble marquée entre le rollier d'Europe et celui d'Angola. La pointe du bec supérieur est très crochue. C'est une espèce tout à fait nouvelle.

Variété du rollier d'Abyssinie.

On doit regarder le rollier du Sénégal (**), représenté dans les planches enluminées, n° 326 (b), comme une variété de celui d'Abyssinie. La principale différence que l'on remarque entre ces deux oiseaux d'Afrique consiste en ce

---

(a) *Thomas Shaw's Travels*, p. 251.

(b) Ce rollier du Sénégal est exactement le même que le rollier des Indes à queue d'hirondelle de M. Edwards (planche 327); nouvelle preuve de l'incertitude des traditions sur le pays natal des oiseaux. M. Edwards n'a compté que dix pennes à la queue de ce rollier, qui lui a paru parfaite.

(*) *Coracias abyssinica* L.

(**) *Coracias senegala* L. — C'est une simple variété du *Coracias abyssinica*.

que, dans celui d'Abyssinie, la couleur orangée du dos ne s'étend pas comme dans celui du Sénégal jusque sur le cou et la partie postérieure de la tête, différence qui ne suffit pas, à beaucoup près, pour constituer deux espèces distinctes, et d'autant moins que les deux rolliers dont il s'agit ici appartiennent à peu près au même climat ; qu'ils ont l'un et l'autre à la queue ces deux pennes latérales excédantes, dont la longueur est double de celles des pennes intermédiaires ; qu'ils ont tous deux les ailes plus courtes que celles de notre rollier d'Europe ; enfin, qu'ils se ressemblent encore par les nuances, l'éclat et la distribution de leurs couleurs.

II. — LE ROLLIER D'ANGOLA ET LE CUIT (a) OU LE ROLLIER DE MINDANAO.

Ces deux rolliers ont entre eux des rapports si frappants qu'il n'est pas possible de les séparer. Celui d'Angola (*) ne se distingue du cuit ou rollier de Mindanao (**) que par la longueur des pennes extérieures de sa queue, double de la longueur des pennes intermédiaires, et par de légers accidents de couleurs; mais on sait que de telles différences, et de plus grandes encore, sont souvent l'effet de celles du sexe, de l'âge et même de la mue ; et que cela soit ainsi à l'égard des deux rolliers dont il est question, c'est ce qui paraîtra fort probable d'après la comparaison des figures enluminées, n°s 88 et 285 (***), et même d'après l'examen des descriptions faites par M. Brisson (b), qui ne peut être soupçonné d'avoir voulu favoriser mon opinion sur l'identité spécifique de ces deux oiseaux, puisqu'il en fait deux espèces distinctes et séparées. Tous deux ont à peu près la grosseur de notre rollier d'Europe, sa forme totale, son bec un peu crochu, ses narines découvertes, ses pieds courts, ses longs doigts, ses longues ailes et même les couleurs de son plumage, quoique distribuées un peu différemment : c'est toujours du bleu, du vert et du brun, tantôt séparés et tranchant l'un sur l'autre, tantôt mêlés, fondus ensemble et formant plusieurs teintes intermédiaires différemment nuancées et donnant des reflets différents, mais de manière que le vert bleuâtre ou vert de mer est répandu sur le sommet de la tête ; le brun plus ou moins foncé, plus ou moins verdâtre, sur tout le dessus du corps et toute la partie antérieure de l'oiseau, avec quelques teintes de violet sur la gorge ; le bleu, le vert et toutes les nuances qui résultent de leur mélange, sur le

(a) C'est le nom que les habitants de Mindanao donnent à ce rollier; M. Edwards lui donne celui de *geai bleu*, planche 326; et Albin celui de *geai de Bengale*, t. Ier, n° 17.

(b) *Ornithologie*, t. II, p. 72 et 69.

(*) *Coracias caudata* L. — D'après Cuvier, « Le *Coracias caudata* n'est qu'un individu » de l'*abyssinica* défiguré par l'addition de la tête du *Bengalis*. »

(**) *Coracias bengalensis* Cuv.

(***) *Planches enluminées* de Buffon.

croupion, la queue, les ailes et le ventre. Seulement le rollier de Mindanao a au-dessous de la poitrine une espèce de ceinture orangée que n'a point le rollier d'Angola.

On objectera peut-être contre cette identité d'espèce que le royaume d'Angola est loin du Bengale et bien plus encore des Philippines...; mais est-il impossible, n'est-il pas, au contraire, assez naturel que ces oiseaux soient répandus en différentes parties du même continent et dans des îles qui en sont peu éloignées ou qui y tiennent par une chaîne d'autres îles, surtout les climats étant à peu près semblables? D'ailleurs, on sait qu'il ne faut pas toujours se fier sur tous les points au témoignage de ceux qui nous apportent les productions des pays éloignés, et que même, en supposant ces personnes exactes et de bonne foi, elles peuvent très bien, vu la communication perpétuelle que les vaisseaux européens établissent entre toutes les parties du monde, trouver en Afrique et apporter de Guinée ou d'Angola des oiseaux originaires des Indes orientales, et c'est à quoi ne prennent point assez garde la plupart des naturalistes lorsqu'ils veulent fixer le climat natal des espèces étrangères : quoi qu'il en soit, si l'on veut attribuer les petites dissemblances qui sont entre le rollier de Mindanao et le rollier d'Angola à la différence de l'âge, c'est le dernier qui sera le plus vieux; que, si on les attribue à la différence du sexe, ce sera encore lui qui sera le mâle; car l'on sait que, dans les rolliers, les belles couleurs des plumes et sans doute les longues pennes de la queue ne paraissent que la seconde année, et que, dans toutes les espèces, si le mâle diffère de la femelle, c'est toujours en plus et par la surabondance des parties, ou par l'intensité plus grande des qualités semblables.

Variété des rolliers d'Angola et de Mindanao.

Il vient d'arriver de Goa au Cabinet du Roi un nouveau rollier qui a beaucoup de rapports avec celui de Mindanao; il en diffère seulement par sa grosseur et par une sorte de collier couleur de lie de vin qui n'embrasse que la partie postérieure du cou, un peu au-dessous de la tête. Il n'a pas, non plus que le rollier d'Angola, la ceinture orangée du rollier de Mindanao; mais s'il s'éloigne en cela du dernier, il se rapproche d'autant du premier, qui est certainement de la même espèce.

III. — LE ROLLIER DES INDES.

Ce rollier (*), qui est le quatrième de M. Brisson, diffère moins de ceux dont nous avons parlé par ses couleurs, qui sont toujours le bleu, le vert, le brun, etc., que par l'ordre de leur distribution; mais, en général, son plu-

---

(*) *Coracias orientalis* L.

mage est plus rembruni ; son bec est aussi plus large à sa base, plus crochu et de couleur jaune ; enfin, c'est de tous les rolliers celui qui a les ailes les plus longues.

M. Sonnerat a remis depuis peu au Cabinet du Roi un oiseau ressemblant presque en tout au rollier des Indes ; il a seulement le bec encore plus large : aussi l'avait-on étiqueté du nom de *grand'gueule de crapaud*. Mais ce nom conviendrait mieux au tette-chèvre.

IV. — LE ROLLIER DE MADAGASCAR.

Cette espèce (*) diffère de toutes les précédentes par le bec, qui est plus épais à sa base ; par les yeux, qui sont plus grands ; par la longueur des ailes et de la queue, quoique cependant celle-ci n'ait point les pennes extérieures plus longues que les intermédiaires ; enfin par l'uniformité de plumage, dont la couleur dominante est un brun pourpre ; seulement le bec est jaune, les plus grandes pennes de l'aile sont noires, le bas-ventre est d'un bleu clair, la queue est de même couleur, bordée à son extrémité d'une bande de trois nuances : pourpre, bleu clair, et la dernière bleu foncé presque noir. Du reste, cet oiseau a tous les autres caractères apparents des rolliers, les pieds courts, les bords du bec supérieur échancrés vers la pointe, les petites plumes qui naissent autour de sa base relevées en arrière, les narines découvertes, etc.

V. — LE ROLLIER DU MEXIQUE.

C'est le merle du Mexique de Seba, dont M. Brisson a fait son huitième rollier (**). Il faudrait l'avoir vu pour le rapporter à sa véritable espèce, car cela serait assez difficile d'après le peu qu'en a dit Seba, lequel est ici l'auteur original. Si je l'admets en ce moment parmi les rolliers, c'est que, n'ayant aucune raison décisive de lui donner l'exclusion, j'ai cru devoir m'en rapporter sur cela à l'avis de M. Brisson, jusqu'à ce qu'une connaissance plus exacte confirme ou détruise cet arrangement provisionnel. Au reste, les couleurs de cet oiseau ne sont point du tout celles qui dominent ordinairement dans le plumage des rolliers. La partie supérieure du corps est d'un gris obscur mêlé d'une teinte de roux, et la partie inférieure d'un gris plus clair relevé par des marques couleur de feu (a).

(a) Voyez Seba, t. 1er, pl. 64, fig. v.

(*) *Coracias madagascariensis* L.
(**) *Coracias mexicana* L.

VI. — LE ROLLIER DE PARADIS (a).

Je place cet oiseau (*) entre les rolliers et les oiseaux de Paradis, comme faisant la nuance entre ces genres, parce qu'il me paraît avoir la forme des premiers, et se rapprocher des oiseaux de Paradis par la petitesse et la situation des yeux au-dessus et fort près de la commissure des deux pièces du bec, et par l'espèce de velours naturel qui recouvre la gorge et une partie de la tête. D'ailleurs, les deux longues plumes de la queue qui se trouvent quelquefois dans notre rollier d'Europe, et qui sont bien plus longues dans celui d'Angola, sont encore un trait d'analogie qui rapproche le genre du rollier de celui de l'oiseau de Paradis.

L'oiseau dont il s'agit dans cet article a le dessus du corps d'un orangé vif et brillant, le dessous d'un beau jaune; il n'a de noir que sous la gorge, sur une partie du maniement de l'aile et sur les pennes de la queue. Les plumes qui revêtent le cou par derrière sont longues, étroites, flexibles, et retombent un peu de chaque côté sur les parties latérales du cou et de la poitrine.

On avait fait l'honneur au sujet décrit et dessiné par M. Edwards de lui arracher les pieds et les jambes, comme à un véritable oiseau de Paradis, et c'est sans doute ce qui avait engagé M. Edwards à le rapporter à cette espèce, quoiqu'il n'en eût pas les principaux caractères. Les grandes pennes de l'aile manquaient aussi, mais celles de la queue étaient complètes : il y en avait douze de couleur noire, comme j'ai dit, et terminées de jaune. M. Edwards soupçonne que les grandes pennes de l'aile devaient aussi être noires, soit parce qu'elles sont le plus souvent de la même couleur que celles de la queue, soit par cela même qu'elles manquaient dans l'individu qu'il a observé ; les marchands qui trafiquent de ces oiseaux ayant coutume, en les faisant sécher, d'arracher comme inutiles les plumes de mauvaise couleur, afin de laisser paraître les belles plumes, pour lesquelles seules ces oiseaux sont recherchés.

(a) *Golden bird of Paradise*. Edwards, planche 112. Remarquez que dans cette figure les grandes pennes de l'aile manquent, et que les pieds et les jambes ont été suppléés par M. Edwards, le sujet qu'il a dessiné en étant absolument privé. M. Linnæus en a fait sa 5e espèce de coracias, genre 49; et M. Brisson son 31e troupiale, t. IV, p. 37.

(*) *Oriolus aureus* Gmel.

AVERTISSEMENT

J'en étais au seizième volume de mon ouvrage sur l'histoire naturelle, lorsqu'une maladie grave et longue a interrompu pendant près de deux ans le cours de mes travaux. Cette abréviation de ma vie, déjà fort avancée, en produit une dans mes ouvrages. J'aurais pu donner, dans les deux ans que j'ai perdus, deux ou trois autres volumes de l'histoire des oiseaux, sans renoncer pour cela au projet de l'histoire des minéraux, dont je m'occupe depuis plusieurs années. Mais me trouvant aujourd'hui dans la nécessité d'opter entre ces deux objets, j'ai préféré le dernier comme m'étant plus familier, quoique plus difficile, et comme étant plus analogue à mon goût par les belles découvertes et les grandes vues dont il est susceptible. Et, pour ne pas priver le public de ce qu'il est en droit d'attendre au sujet des oiseaux, j'ai engagé l'un de mes meilleurs amis, M. Guencau de Montbeillard, que je regarde comme l'homme du monde dont la façon de voir, de juger et d'écrire a plus de rapport avec la mienne, je l'ai engagé, dis-je, à se charger de la plus grande partie des oiseaux; je lui ai remis tous mes papiers à ce sujet : nomenclature, extraits, observations, correspondances; je ne me suis réservé que quelques matières générales et un petit nombre d'articles particuliers déjà faits en entier ou fort avancés. Il a fait de ces matériaux informes un prompt et bon usage, qui justifie bien le témoignage que je viens de rendre à ses talents; car, ayant voulu se faire juger du public sans se faire connaître, il a imprimé, sous mon nom, tous les chapitres de sa composition, depuis l'autruche jusqu'à la caille, sans que le public ait paru s'apercevoir du changement de main; et, parmi les morceaux de sa façon, il en est, tel que celui du paon, qui ont été vivement applaudis et par le public et par les juges les plus sévères. Il ne m'appartient donc en propre dans le second volume de l'histoire des oiseaux que les articles du pigeon, du ramier et des tourterelles; tout le reste, à quelques pages près de l'histoire du coq, a été écrit et composé par M. de Montbeillard. Après cette déclaration, qui est aussi juste qu'elle était nécessaire, je dois encore avertir que pour la suite de l'histoire des oiseaux, et peut-être de celle des végétaux, sur laquelle j'ai aussi quelques avances, nous mettrons, M. de Montbeillard et moi, chacun notre nom aux articles qui seront de notre composition. On va loin sans doute avec de semblables aides; mais le champ de la nature est si vaste qu'il semble s'agrandir à mesure qu'on le parcourt; et la vie d'un, deux et trois hommes est si courte, qu'en la comparant avec cette immense étendue on sentira qu'il n'était pas possible d'y faire de plus grands progrès en aussi peu de temps.

Un nouveau secours qui vient de m'arriver, et que je m'empresse d'annoncer au public, c'est la communication, aussi franche que généreuse, des lumières et des observations d'un illustre voyageur, M. le chevalier James Bruce de Kinnaird, qui, revenant de Nubie et du fond de l'Abyssinie, s'est arrêté chez moi plusieurs jours et m'a fait part des connaissances qu'il a acquises dans ce voyage, aussi pénible que périlleux. J'ai été vraiment émerveillé en parcourant l'immense collection de dessins qu'il a faits et coloriés lui-même : les animaux, les oiseaux, les poissons, les plantes, les édifices, les monuments, les habillements, les armes, etc., des différents peuples, tous les objets, en un mot, dignes de nos connaissances ont été décrits et parfaitement représentés; rien ne paraît avoir échappé à sa curiosité, et ses talents ont tout saisi. Il nous reste à désirer de jouir pleinement de cet ouvrage précieux. Le gouvernement d'Angleterre en ordonnera sans doute la publication : cette respectable nation, qui précède toutes les autres en fait de découvertes, ne peut qu'ajouter à sa gloire en communiquant promptement à l'univers celles de cet excellent voyageur, qui ne s'est pas contenté de bien décrire la nature, mais a fait encore des observations très importantes sur la culture de différentes espèces de grains, sur la navigation de la mer Rouge, sur le cours du Nil, depuis son embouchure jusqu'à ses sources, qu'il a découvertes le premier, et sur plusieurs autres points de géographie et de moyens de communication qui peuvent devenir très utiles au commerce et à l'agriculture : grands arts peu connus, mal cultivés chez nous, et desquels néanmoins dépend et dépendra toujours la supériorité d'un peuple sur les autres.

L'OISEAU DE PARADIS

Cette espèce (*) est plus célèbre par les qualités fausses et imaginaires qui lui ont été attribuées que par ses propriétés réelles et vraiment remarquables. Le nom d'*oiseau de Paradis* fait naître encore dans la plupart des têtes l'idée d'un oiseau qui n'a point de pieds, qui vole toujours, même en dormant, ou se suspend tout au plus pour quelques instants aux branches des arbres, par le moyen des longs filets de sa queue (*a*); qui vole en s'accouplant, comme font certains insectes, et de plus en pondant et en couvant ses œufs (*b*), ce qui n'a point d'exemple dans la nature; qui ne vit que de vapeurs et de rosée; qui a la cavité de l'*abdomen* uniquement remplie de graisse au lieu d'estomac et d'intestins (*c*), lesquels lui seraient en effet inutiles par la supposition, puisque, ne mangeant rien, il n'aurait rien à digérer ni à évacuer; en un mot, qui n'a d'autre existence que le mouvement, d'autre élément que l'air, qui s'y soutient toujours tant qu'il respire, comme les poissons se soutiennent dans l'eau, et qui ne touche la terre qu'après sa mort (*d*).

(*a*) Voyez Acosta, *Hist. naturelle et morale des Indes orientales et occidentales*, p. 196.

(*b*) On a cru rendre la chose plus vraisemblable en disant que le mâle avait sur le dos une cavité dans laquelle la femelle déposait ses œufs, et les couvait au moyen d'une autre cavité correspondante qu'elle avait dans l'*abdomen*, et que, pour assurer la situation de la couveuse, ils s'entrelaçaient par leurs longs filets. D'autres ont dit qu'ils nichaient dans le Paradis terrestre, d'où leur est venu le nom d'*oiseaux de Paradis*. Voyez *Musæum Wormianum*, p. 294.

(*c*) Voyez Aldrovande, *Ornithologia*, t. Ier, p. 820.

(*d*) Les Indiens disent qu'on les trouve toujours le bec fiché en terre... *Navigations aux terres australes*, t. II, p. 252. Et en effet, conformés comme ils sont, ils doivent toujours tomber le bec le premier.

(*) *Paradisæa apoda* L. — L'oiseau de Paradis appartient à l'ordre des Dentirostres et à la famille des Paradiséidés, caractérisée par un bec comprimé, droit ou légèrement recourbé; des pieds forts et munis de gros doigts; les rectrices moyennes, longues, filiformes, pourvues de barbes à leur extrémité seulement, et, chez le mâle, des aigrettes de plumes décomposées disposées sur les côtés du corps, au cou et à la poitrine.

Le *Paradisæa apoda* a 30 centimètres de long; la « couleur dominante, chez lui, est un » beau brun châtain; le front est noir velouté, à reflets vert émeraude; le sommet de la tête » et la partie supérieure du cou sont d'un jaune citron; la gorge est vert doré; la partie » antérieure du cou d'un brun violet; les longues plumes des côtés sont d'un jaune orange » vif, marquées de points rouges pourpre à leur extrémité. Exposées au soleil, ces parures

Ce tissu d'erreurs grossières n'est qu'une chaîne de conséquences assez bien tirées de la première erreur, qui suppose que l'oiseau de Paradis n'a point de pieds, quoiqu'il en ait d'assez gros (a); et cette erreur primitive vient elle-même (b) de ce que les marchands indiens qui font le commerce des plumes de cet oiseau, ou les chasseurs qui les leur vendent, sont dans l'usage, soit pour les conserver et les transporter plus commodément, ou peut-être afin d'accréditer une erreur qui leur est utile, de faire sécher l'oiseau même en plumes, après lui avoir arraché les cuisses et les entrailles; et comme on a été fort longtemps sans en voir qui ne fussent ainsi préparés, le préjugé s'est fortifié au point qu'on a traité de menteurs les premiers qui ont dit la vérité, comme c'est l'ordinaire (c).

Au reste, si quelque chose pouvait donner une apparence de probabilité à la fable du vol perpétuel de l'oiseau de Paradis, c'est sa grande légèreté, produite par la quantité de l'étendue considérable de ses plumes; car, outre celles qu'ont ordinairement les oiseaux, il en a beaucoup d'autres, et de très longues, qui prennent naissance de chaque côté, dans les flancs, entre l'aile et la cuisse, et qui, se prolongeant bien au delà de la queue véritable, et se confondant pour ainsi dire avec elle, lui font une espèce de fausse queue à laquelle plusieurs observateurs se sont mépris. Ces plumes *subalaires* (d) sont de celles que les naturalistes nomment décomposées; elles sont très légères en elles-mêmes, et forment par leur réunion un tout encore plus léger, un volume presque sans masse et comme aérien, très capable d'augmenter la grosseur apparente de l'oiseau (e), de diminuer sa pesanteur spécifique, et de l'aider à se soutenir dans l'air, mais qui doit aussi quelque-

(a) M. Barrère, qui semble ne parler que par conjectures sur cet article, avance que les oiseaux de Paradis ont les pieds si courts et tellement garnis de plumes jusqu'aux doigts, qu'on pourrait croire qu'ils n'en ont point du tout. C'est ainsi qu'en voulant expliquer une erreur, il est tombé dans une autre.

(b) Les habitants des îles d'Arou croient que ces oiseaux naissent à la vérité avec des pieds, mais qu'ils sont sujets à les perdre, soit par maladie, soit par vieillesse. Si le fait était vrai, il serait la cause de l'erreur et son excuse. (Voyez les Observations de J. Otton Helbigius, dans la *Collection académique*, partie étrangère, t. III, p. 448.) Et s'il était vrai, comme le dit Olaüs Vormius (*Musæum*, p. 295), que chacun des doigts de cet oiseau eût trois articulations, ce serait une singularité de plus; car l'on sait que dans presque tous les oiseaux le nombre des articulations est différent dans chaque doigt, le doigt postérieur n'en ayant que deux, compris celle de l'ongle, et parmi les antérieures l'interne en ayant trois, celui du milieu quatre et l'extrême cinq.

(c) « Antonius Pigafetta pedes illis palmum unum longos falsissimè tribuit. » Aldrovande, t. 1er, p. 807.

(d) Je les nomme ainsi parce qu'elles naissent *sub alâ*.

(e) Aussi dit-on qu'il a la grosseur apparente du pigeon, quoiqu'il soit en effet moins gros que le merle.

» perdent rapidement leur éclat. L'iris est jaune blanchâtre; le bec et les pattes sont gris » bleuâtre. La femelle n'a pas de parures aux flancs, ni de brun à la queue; ses teintes » sont ternes; elle a le dos gris fauve brunâtre, la gorge d'un violet grisâtre et le ventre » jaune fauve. » (Brehm.)

fois mettre obstacle à la vitesse du vol et nuire à sa direction, pour peu que
le vent soit contraire : aussi a-t-on remarqué que les oiseaux de Paradis
cherchent à se mettre à l'abri des grands vents (a), et choisissent pour leur
séjour ordinaire les contrées qui y sont le moins exposées.

Ces plumes sont au nombre de quarante ou cinquante de chaque côté,
et de longueurs inégales; la plus grande partie passe sous la véritable queue,
et d'autres passent par-dessus sans la cacher, parce que leurs barbes effilées
et séparées composent, par leurs entrelacements divers, un tissu à larges
mailles, et pour ainsi dire transparent ; effet très difficile à bien rendre dans
une enluminure.

On fait grand cas de ces plumes dans les Indes, et elles y sont fort recherchées : il n'y a guère qu'un siècle qu'on les employait aussi, en Europe, aux
mêmes usages que celles d'autruche, et il faut convenir qu'elles sont très
propres, soit par leur légèreté, soit par leur éclat, à l'ornement et à la parure ;
mais les prêtres du pays leur attribuent je ne sais quelles vertus miraculeuses
qui leur donnent un nouveau prix aux yeux du vulgaire, et qui ont valu à
l'oiseau auquel elles appartiennent le nom d'*oiseau de Dieu*.

Ce qu'il y a de plus remarquable après cela dans l'oiseau de Paradis, ce
sont les deux longs filets qui naissent au-dessus de la queue véritable, et qui
s'étendent plus d'un pied au delà de la fausse queue formée par les plumes
subalaires. Ces filets ne sont effectivement des filets que dans leur partie
intermédiaire : encore cette partie elle-même est-elle garnie de petites barbes
très courtes, ou plutôt de naissances de barbes, au lieu que ces mêmes filets
sont revêtus, vers leur origine et vers leur extrémité, de barbes d'une longueur ordinaire. Celles de l'extrémité sont plus courtes dans la femelle, et
c'est, suivant M. Brisson, la seule différence qui la distingue du mâle (b).

La tête et la gorge sont couvertes d'une espèce de velours formé par de
petites plumes droites, courtes, fermes et serrées ; celles de la poitrine et du
dos sont plus longues, mais toujours soyeuses et douces au toucher. Toutes
ces plumes sont de diverses couleurs, comme on le voit dans la figure (*), et
ces couleurs sont changeantes et donnent différents reflets, selon les différentes incidences de la lumière : ce que la figure ne peut exprimer.

La tête est fort petite à proportion du corps ; les yeux sont encore plus
petits et placés très près de l'ouverture du bec, lequel devrait être plus long
et plus arqué dans la planche enluminée : enfin, Clusius assure qu'il n'y a
que dix pennes à la queue, mais sans doute il ne les avait pas comptées sur

(a) Les îles d'Arou sont divisées en cinq îles : il n'y a que celles du milieu où l'on trouve
ces oiseaux; ils ne paraissent jamais dans les autres, parce qu'étant d'une nature très faible,
ils ne peuvent pas supporter les grands vents. Helbigius, *loco citato*.

(b) *Ornithologie*, t. II, p. 135. Les habitants du pays disent que les femelles sont plus
petites que les mâles, selon J. Otton Helbigius.

(*) Buffon fait allusion à ses *planches enluminées*.

un sujet vivant, et il est douteux que ceux qui nous viennent de si loin aient
le nombre de leurs plumes bien complet, d'autant que cette espèce est sujette
à une mue considérable et qui dure plusieurs mois chaque année. Ils se
cachent pendant ce temps-là, qui est la saison des pluies pour le pays qu'ils
habitent ; mais au commencement du mois d'août, c'est-à-dire après la ponte,
leurs plumes reviennent, et pendant les mois de septembre et d'octobre, qui
sont un temps calme, ils vont par troupes comme font les étourneaux en
Europe (*a*).

Ce bel oiseau n'est pas fort répandu : on ne le trouve guère que dans la
partie de l'Asie où croissent les épiceries, et particulièrement dans les îles
d'Arou ; il n'est point inconnu dans la partie de la Nouvelle-Guinée qui est
voisine de ces îles, puisqu'il y a un nom ; mais ce nom même, qui est *burung-
arou*, semble porter l'empreinte du pays originaire.

L'attachement exclusif de l'oiseau de Paradis pour les contrées où croissent les épiceries donne lieu de croire qu'il rencontre sur ces arbres aroma-
tiques la nourriture qui lui convient le mieux (*b*) ; du moins est-il certain
qu'il ne vit pas uniquement de la rosée. J. Otton Helbigius, qui a voyagé aux
Indes, nous apprend qu'il se nourrit de baies rouges que produit un arbre
fort élevé ; Linnæus dit qu'il fait sa proie des grands papillons (*c*), et Bontius
qu'il donne quelquefois la chasse aux petits oiseaux et les mange (*d*). Les
bois sont sa demeure ordinaire ; il se perche sur les arbres, où les Indiens
l'attendent cachés dans des huttes légères qu'ils savent attacher aux branches,
et d'où ils le tirent avec leurs flèches de roseau (*e*). Son vol ressemble à celui
de l'hirondelle, ce qui lui a fait donner le nom d'*hirondelle de Ternate* (*f*) ;
d'autres disent qu'il a en effet la forme de l'hirondelle, mais qu'il a le vol plus
élevé, et qu'on le voit toujours au haut de l'air (*g*).

Quoique Marcgrave place la description de cet oiseau parmi les descriptions des oiseaux du Brésil (*h*), on ne doit point croire qu'il existe en Amérique, à moins que les vaisseaux européens ne l'y aient transporté ; et je
fonde mon assertion non seulement sur ce que Marcgrave n'indique point

(*a*) J. Helbigius, dans la *Collection académique*, partie étrangère, t. III, p. 448.

(*b*) Tavernier remarque que l'oiseau de Paradis est en effet très friand de noix muscades,
qu'il ne manque pas de venir s'en rassasier dans la saison ; qu'il en passe des troupes comme
nous voyons des volées de grives pendant les vendanges, et que cette noix, qui est forte,
les enivre et les fait tomber. *Voyage des Indes*, t. III, p. 369.

(*c*) *Systema Naturæ*, édit., X, p. 110.

(*d*) Bontius, *Historia nat. et medic. Indiæ orient.*, lib. v, cap. xii.

(*e*) Il y en a qui leur ouvrent le ventre avec un couteau dès qu'ils sont tombés à terre,
et ayant enlevé les entrailles avec une partie de la chair, ils introduisent dans la cavité un
fer rouge, après quoi on les fait sécher à la cheminée, et on les vend à vil prix à des marchands. J. Helbigius, *loco citato*.

(*f*) Voyez Bontius, *loco citato*.

(*g*) *Navigations aux terres australes*, t. II, p. 252.

(*h*) *Historia naturalis Brasiliæ*, p. 219.

son nom brésilien comme il a coutume de faire à l'égard de tous les oiseaux du Brésil, et sur le silence de tous les voyageurs qui ont parcouru le nouveau continent et les îles adjacentes, mais encore sur la loi du climat. Cette loi, ayant été établie pour les quadrupèdes, s'est ensuite appliquée d'elle-même à plusieurs espèces d'oiseaux, et s'applique particulièrement à celle-ci, comme habitant les contrées voisines de l'équateur, d'où la traversée est beaucoup plus difficile, et comme n'ayant pas l'aile assez forte relativement au volume de ses plumes; car la légèreté seule ne suffit point pour faire une telle traversée, elle est même un obstacle dans le cas des vents contraires, ainsi que je l'ai dit : d'ailleurs, comment ces oiseaux se seraient-ils exposés à franchir des mers immenses pour gagner le nouveau continent, tandis que, même dans l'ancien, ils se sont resserrés volontairement dans un espace assez étroit, et qu'ils n'ont point cherché à se répandre dans des contrées contiguës qui semblaient leur offrir la même température, les mêmes commodités et les mêmes ressources?

Il ne paraît pas que les anciens aient connu l'oiseau de Paradis : les caractères si frappants et si singuliers qui le distinguent de tous les autres oiseaux, ces longues plumes subalaires, ces longs filets de la queue, ce velours naturel dont la tête est revêtue, etc., ne sont nulle part indiqués dans leurs ouvrages ; et c'est sans fondement que Belon a prétendu y retrouver le phénix des anciens d'après une faible analogie qu'il a cru apercevoir, moins entre les propriétés de ces deux oiseaux qu'entre les fables qu'on a débitées de l'un et de l'autre (a) : d'ailleurs on ne peut nier que leur climat propre ne soit absolument différent, puisque le phénix se trouvait en Arabie et quelquefois en Égypte, au lieu que l'oiseau de Paradis ne s'y montre jamais, et qu'il paraît attaché, comme nous venons de le voir, à la partie orientale de l'Asie, laquelle était fort peu connue des anciens.

Clusius rapporte, sur le témoignage de quelques marins, lesquels n'étaient instruits eux-mêmes que par des ouï-dire, qu'il y a deux espèces d'oiseaux de Paradis, l'une constamment plus belle et plus grande, attachée à l'île d'Arou ; l'autre, plus petite et moins belle, attachée à la partie de la terre des Papous, qui est voisine de Gilolo (b). Helbigius, qui a ouï dire la même chose dans les îles d'Arou, ajoute que les oiseaux de Paradis de la Nouvelle-Guinée, ou de la terre des Papous, diffèrent de ceux de l'île d'Arou, non seulement par la taille, mais encore par les couleurs du plumage, qui est blanc et jaunâtre : malgré ces deux autorités, dont l'une est trop suspecte et l'autre trop vague pour qu'on puisse en rien tirer de précis, il me paraît que

---

(a) « Auri fulgore circa colla, cætera purpureus, » dit Pline, en parlant du phénix, puis il ajoute... « neminem exstitisse qui vederit vescentem, » lib. x, cap. II.

(b) Clusius, *Exotic. in Auctuario*, p. 359. J. Otton Helbigius parle de l'espèce qui se trouve à la Nouvelle-Guinée comme n'ayant point à la queue les deux longs filets qu'a l'espèce de l'île d'Arou.

tout ce qu'on peut dire de raisonnable, d'après les faits les plus avérés, c'est que les oiseaux de Paradis qui nous viennent des Indes ne sont pas tous également conservés, ni tous parfaitement semblables ; qu'on trouve en effet de ces oiseaux plus petits ou plus grands ; d'autres qui ont les plumes subalaires et les filets de la queue plus ou moins longs, plus ou moins nombreux ; d'autres qui ont ces filets différemment posés, différemment conformés, ou qui n'en ont point du tout ; d'autres, enfin, qui diffèrent entre eux par les couleurs du plumage, par des huppes ou touffes de plumes, etc., mais que dans le vrai il est difficile, parmi ces différences aperçues dans des individus presque tous mutilés, défigurés, ou du moins mal desséchés, de déterminer précisément celles qui peuvent constituer des espèces diverses, et celles qui ne sont que des variétés d'âge, de sexe, de saison, de climat, d'accident, etc.

D'ailleurs, il faut remarquer que les oiseaux de Paradis étant fort chers comme marchandise, à raison de leur célébrité, on tâche de faire passer sous ce nom plusieurs oiseaux à longue queue et à beau plumage, auxquels on retranche les pieds et les cuisses pour en augmenter la valeur. Nous en avons vu ci-dessus un exemple dans le rollier de Paradis, cité par M. Edwards, planche CXII, et auquel on avait accordé les honneurs de la mutilation : j'ai vu moi-même des perruches, des promérops, d'autres oiseaux qu'on avait ainsi traités, et l'on en peut voir plusieurs autres exemples dans Aldrovande et dans Seba (a). On trouve même assez communément de véritables oiseaux de Paradis qu'on a tâché de rendre plus singuliers et plus chers en les défigurant de différentes façons. Je me contenterai donc d'indiquer, à la suite des deux espèces principales, les oiseaux qui m'ont paru avoir assez de traits de conformité avec elles pour y être rapportés, et assez de traits de dissemblance pour en être distingués, sans oser décider, faute d'observations suffisantes, s'ils appartiennent à l'une ou à l'autre, ou s'ils forment des espèces séparées de toutes les deux.

(a) La seconde espèce de manucodiata d'Aldrovande (t. Ier, p. 811 et 812) n'a ni les filets de la queue, ni les plumes subalaires, ni la calotte de velours, ni le bec, ni la langue des oiseaux de Paradis ; la différence est si marquée que M. Brisson s'est cru fondé à faire de cet oiseau un guêpier : cependant on l'avait mutilé comme un oiseau de Paradis. A l'égard de la cinquième espèce du même Aldrovande, qui est certainement un oiseau de Paradis, c'est tout aussi certainement un individu non seulement mutilé, mais défiguré. — Des dix oiseaux représentés et décrits par Seba sous le nom d'oiseaux de Paradis, il n'y en a que quatre qui puissent être rapportés à ce genre ; savoir, ceux des planches XXXVIII, fig. 5 ; LX, fig. 1, et LXIII, fig. 1 et 2. Celui de la planche XXX, fig. 5, n'est point oiseau de Paradis, et n'a aucun de ses attributs distinctifs, non plus que ceux des planches XLVI et LII : ce dernier est la vardiole dont j'ai parlé à l'article des pies. Ces trois espèces ont à la queue deux pennes excédantes très longues, mais qui, étant emplumées dans toute leur longueur, ressemblent peu aux filets des oiseaux de Paradis. Les deux de la planche LX, fig. 2 et 3, ont aussi les deux longues pennes excédantes et garnies de barbes dans toute leur longueur ; et, de plus, ils ont le bec de perroquet ; ce qui n'a pas empêché qu'on ne leur ait arraché les pieds comme à des oiseaux de Paradis : enfin, celui de la planche LXVI, non seulement n'est point un oiseau de Paradis, mais n'est pas même du pays de ces oiseaux, puisqu'il était venu à Seba des îles Barbades.

1. Manucode. — 2. Coq de Roche.

LE MANUCODE

Le manucode (*), que je nomme ainsi d'après son nom indien ou plutôt superstitieux, *manucodiata*, qui signifie *oiseau de Dieu*, est appelé communément le *roi des oiseaux de Paradis;* mais c'est par un préjugé qui tient aux fables dont on a chargé l'histoire de cet oiseau. Les marins dont Clusius tira ses principales informations avaient ouï dire dans le pays que chacune des deux espèces d'oiseaux de Paradis avait son roi, à qui tous les autres paraissaient obéir avec beaucoup de soumission et de fidélité; que ce roi volait toujours au-dessus de la troupe et planait sur ses sujets; que de là il leur donnait ses ordres pour aller reconnaître les fontaines où on pouvait aller boire sans danger, pour en faire l'épreuve sur eux-mêmes, etc. (a); et cette fable, conservée par Clusius, quoique non moins absurde qu'aucune autre, était la seule chose qui consolât Nieremberg de toutes celles dont Clusius avait purgé l'histoire des oiseaux de Paradis (b) : ce qui, pour le dire en passant, doit fixer le degré de confiance que nous pouvons avoir en la critique de ce compilateur. Quoi qu'il en soit, ce prétendu *roi* a plusieurs traits de ressemblance avec l'oiseau de Paradis et il s'en distingue aussi par plusieurs différences.

Il a, comme lui, la tête petite et couverte d'une espèce de velours; les yeux encore plus petits, situés au-dessus de l'angle de l'ouverture du bec; les pieds assez longs et assez forts; les couleurs du plumage changeantes; deux filets à la queue à peu près semblables, excepté qu'ils sont plus courts, que leur extrémité, qui est garnie de barbes, fait la boucle en se roulant sur elle-même, et qu'elle est ornée de miroirs semblables en petit à ceux du paon (c). Il a aussi sous l'aile, de chaque côté, un paquet de sept ou huit plumes plus longues que dans la plupart des oiseaux, mais moins longues et d'une autre forme que dans l'oiseau de Paradis, puisqu'elles sont garnies dans toute leur longueur de barbes adhérentes entre elles. On a disposé la

---

(a) Voyez Clusius, *Exotic. in Auctuario*, p. 359. Cela a rapport à la manière dont les Indiens se rendent quelquefois maîtres de toute une volée de ces oiseaux, en empoisonnant les fontaines où ils vont boire.

(b) Voyez Nieremberg, p. 212.

(c) *Collection académique*, t. III, partie étrangère, p. 449.

(*) *Cincinnurus regius (Paradisæa regia L.).* — « Le Manucode royal n'a que la taille » de la Grive. Le mâle a le dos rouge rubis, le front et le sommet de la tête orange, la gorge » jaune, le ventre d'un blanc grisâtre; l'œil surmonté d'une petite tache noire; la poitrine » traversée par une bande verte, à éclat métallique; les plumes des côtés sont grises, mar- » quées de deux bandes transversales, une blanche et une rouge, et d'un vert émeraude à » leur extrémité. La femelle a le dos rouge brun, le ventre d'un jaune rouille, rayé de brun. » Le bec est brun foncé, les ailes jaune d'or, les pattes bleu clair. » (Brehm.)

figure (*) de manière que ces plumes subalaires peuvent être aperçues. Les autres différences sont que le manucode est plus petit, qu'il a le bec blanc et plus long à proportion, les ailes aussi plus longues, la queue plus courte et les narines couvertes de plumes.

Clusius n'a compté que treize pennes à chaque aile et sept ou huit à la queue, mais il n'a vu que des individus desséchés et qui pouvaient n'avoir pas toutes leurs plumes. Ce même auteur remarque comme une singularité que dans quelques sujets les deux filets de la queue se croisent (a); mais cela doit arriver souvent et très naturellement dans le même individu à deux filets longs, flexibles et posés à côté l'un de l'autre (**).

LE MAGNIFIQUE DE LA NOUVELLE-GUINÉE

OU LE MANUCODE A BOUQUETS (b).

Les deux bouquets, dont j'ai fait le caractère distinctif de cet oiseau (***), se trouvent derrière le cou et à sa naissance. Le premier est composé de plusieurs plumes étroites, de couleur jaunâtre, marquées près de la pointe d'une petite tache noire, et qui, au lieu d'être couchées comme à l'ordinaire, se relèvent sur leur base, les plus proches de la tête jusqu'à l'angle droit, et les suivantes de moins en moins.

Au-dessous de ce premier bouquet, on en voit un second plus considérable, mais moins relevé et plus incliné en arrière. Il est formé de longues barbes détachées qui naissent de tuyaux fort courts, et dont quinze ou vingt se réunissent ensemble pour former des espèces de plumes couleur de

---

(a) Voyez Clusius, p. 362. — Edwards, planche III.

(b) Cet oiseau a du rapport avec le *manucodiata cirrata* d'Aldrovande, t. Ier, p. 811 et 814. Ce dernier a un bouquet pareil, formé pareillement de plumes effilées, de même couleur et posées de même; mais il paraît plus grand, et il a le bec et la queue beaucoup plus longs.

(*) Buffon parle de ses *planches enluminées.*

(**) Le manucode est l'objet, dans le pays qu'il habite, de singulières légendes. Ce que dit à cet égard Cardan (cité par Brehm) est fort curieux : « Les rois Marmin des îles Moluques » ont commencé, il y a quelques années seulement, à croire que les âmes étaient immor- » telles, et cela, pour cette seule raison qu'ils avaient remarqué un superbe oiseau qui ne se » perchait jamais, ni sur la terre, ni sur quelque objet que ce soit, mais qui, de temps à » autre, tombait des airs mort sur le sol. Les mahométans, qui venaient vers eux pour faire » le commerce, leur dirent que ces oiseaux venaient du paradis qui était le lieu où se ren- » daient les âmes des morts; alors ces rois se convertirent à la secte de Mahomet, parce que » celle-ci leur annonçait et leur promettait mille merveilles de ce paradis. Ils appellent cet » oiseau *manucodiata*, c'est-à-dire l'oiseau de Dieu, et ils le regardent comme saint et sacré; » de telle sorte qu'avec un de ces oiseaux les rois se croient en sûreté dans leurs guerres, » quand, suivant leur coutume, ils se tiennent au premier rang. »

(***) *Cincinnurus magnificus* (*Paradisæa magnifica* L.).

paille : ces plumes semblent avoir été coupées carrément par le bout, et font des angles plus ou moins aigus avec le plan des épaules.

Ce second bouquet est accompagné, de droite et de gauche, de plumes ordinaires, variées de brun et d'orangé, et il est terminé en arrière, je veux dire du côté du dos, par une tache d'un brun rougeâtre et luisant, de forme triangulaire, dont la pointe ou le sommet est tourné vers la queue, et dont les plumes sont décomposées comme celles du second bouquet.

Un autre trait caractéristique de cet oiseau, ce sont les deux filets de la queue : ils sont longs d'environ un pied, larges d'une ligne, d'un bleu changeant en vert éclatant, et prennent naissance au-dessus du croupion. Dans tout cela ils ressemblent fort aux filets de l'espèce précédente, mais ils en diffèrent par leur forme, car ils se terminent en pointe, et n'ont de barbes que sur la partie moyenne du côté intérieur seulement.

Le milieu du cou et de la poitrine est marqué, depuis la gorge, par une rangée de plumes très courtes, présentant une suite de petites lignes trans-versales, qui sont alternativement d'un beau vert clair changeant en bleu et d'un vert canard foncé.

Le brun est la couleur dominante du bas-ventre, du croupion et de la queue ; le jaune roussâtre est celle des pennes des ailes de leurs couver-tures ; mais les pennes ont de plus une tache brune à leur extrémité : du moins telles sont celles qui restent à l'individu que l'on voit au Cabinet du Roi ; car il est bon d'avertir qu'on lui avait arraché les plus longues pennes des ailes, ainsi que les pieds (a).

Au reste, ce manucode est un peu plus gros que celui dont nous venons de parler à l'article précédent ; il a le bec de même, et les plumes du front s'étendent sur les narines, qu'elles recouvrent en partie : ce qui est une contravention assez marquée au caractère établi pour ces sortes d'oiseaux par l'un de nos ornithologistes les plus habiles (b) ; mais les ornithologistes à méthode doivent être accoutumés à voir la nature, toujours libre dans sa marche, toujours variée dans ses procédés, échapper à leurs entraves et se jouer de leurs lois.

Les plumes de la tête sont courtes, droites, serrées et fort douces au tou-cher : c'est une espèce de velours de couleur changeante, comme dans presque tous les oiseaux de Paradis, et le fond de cette couleur est un mor-doré brun ; la gorge est aussi revêtue de plumes veloutées, mais celles-ci sont noires, avec des reflets vert doré.

(a) Je ne sais si l'individu observé par Aldrovande avait le nombre des pennes de l'aile bien complet ; mais cet auteur dit que ces pennes étaient de couleur noirâtre.

(b) Les plumes de la base du bec tournées en arrière, et laissant les narines à découvert. *Ornithologie* de Brisson, t. II, p. 130.

LE MANUCODE NOIR DE LA NOUVELLE-GUINÉE

DIT LE SUPERBE.

Le noir est, en effet, la principale couleur qui règne sur le plumage de cet oiseau (*) ; mais c'est un noir riche et velouté, relevé sous le cou et en plusieurs autres endroits par des reflets d'un violet foncé. On voit briller sur la tête, la poitrine et la face postérieure du cou, les nuances variables qui composent ce qu'on appelle un beau vert changeant; tout le reste est noir, sans en excepter le bec.

Je mets cet oiseau à la suite des oiseaux de Paradis, quoiqu'il n'ait point de filets à la queue (**) ; mais on peut supposer que la mue ou d'autres accidents ont fait tomber ces filets : d'ailleurs, il se rapproche de ces sortes d'oiseaux, non seulement par sa forme totale et celle de son bec, mais encore par l'identité de climat, par la richesse de ses couleurs et par une certaine surabondance, ou, si l'on veut, par un certain luxe de plumes qui est, comme on sait, propre aux oiseaux de Paradis. Ce luxe de plumes se marque dans celui-ci, en premier lieu, par deux petits bouquets de plumes noires qui recouvrent les deux narines; en second lieu, par deux autres paquets de plumes de même couleur, mais beaucoup plus longues et dirigées en sens contraire. Ces plumes prennent naissance des épaules, et, se relevant plus ou moins sur le dos, mais toujours inclinées en arrière, forment à l'oiseau des espèces de fausses ailes qui s'étendent presque jusqu'au bout des véritables, lorsque celles-ci sont dans leur situation de repos.

Il faut ajouter que ces plumes sont de longueurs inégales, et que celles de la face antérieure du cou et des côtés de la poitrine sont longues et étroites.

(*) *Lophorina superba* (*Paradisæa superba* L.).
(**) Le Manucode noir de Buffon est placé par les ornithologistes modernes dans un genre distinct des Paradisiens, auquel on a donné le nom de *Lophorina* et qui est caractérisé par l'absence de touffes de plumes décomposées aux flancs et de filets à la queue, par l'allongement des plumes des épaules en manteau largement échancré qui recouvre le dos, par la présence sur le devant du cou et du thorax d'un ornement en forme de queue d'hirondelle, constitué par les plumes de la gorge.

LE SIFILET OU MANUCODE A SIX FILETS

Si l'on prend les filets pour le caractère spécifique des manucodes, celui-ci est le manucode par excellence (*) ; car au lieu de deux filets il en a six, et de ces six il n'en sort pas un seul du dos, mais tous prennent naissance de la tête, trois de chaque côté ; ils sont longs d'un demi-pied et se dirigent en arrière ; ils n'ont de barbes qu'à leur extrémité, sur une étendue d'environ six lignes : ces barbes sont noires et assez longues.

Indépendamment de ces filets, l'oiseau dont il s'agit dans cet article a encore deux autres attributs qui, comme nous l'avons dit, semblent propres aux oiseaux de Paradis, le luxe des plumes et la richesse des couleurs.

Le luxe des plumes consiste, dans le sifilet : 1° en une sorte de huppe, composée de plumes raides et étroites, laquelle s'élève sur la base du bec supérieur ; 2° dans la longueur des plumes du ventre et du bas-ventre, lesquelles ont jusqu'à quatre pouces et plus : une partie de ces plumes, s'étendant directement, cache le dessous de la queue, tandis qu'une autre partie, se relevant obliquement de chaque côté, recouvre la face supérieure de cette même queue jusqu'au tiers de sa longueur, et toutes répondent aux plumes subalaires de l'oiseau de Paradis et du manucode.

A l'égard du plumage, les couleurs les plus éclatantes brillent sur son cou : par derrière, le vert doré et le violet bronzé ; par devant, l'or de la topaze, avec des reflets qui se jouent dans toutes les nuances du vert, et ces couleurs tirent un nouvel éclat de leur opposition avec les teintes rembrunies des parties voisines ; car la tête est d'un noir changeant en violet foncé, et tout le reste du corps est d'un brun presque noirâtre, avec des reflets du même violet foncé.

Le bec de cet oiseau est le même, à peu près, que celui des oiseaux de Paradis ; la seule différence, c'est que son arête supérieure est anguleuse et tranchante, au lieu qu'elle est arrondie dans la plupart des autres espèces.

On ne peut rien dire des pieds ni des ailes, parce qu'on les avait arrachés à l'individu qui a servi de sujet à cette description, suivant la coutume des chasseurs ou marchands indiens ; tout ce monde ayant intérêt, comme nous avons dit, de supprimer ce qui augmente inutilement le poids ou le volume, et bien plus encore ce qui peut offusquer les belles couleurs de ces oiseaux.

(*) Les ornithologistes modernes placent cet oiseau dans un genre *Parotia*, ayant, comme les *Paradisæa*, les plumes des flancs allongées, mais se distinguant des *Paradisæa* en ce que ces plumes ne sont pas filiformes et recouvrent les ailes en se repliant ; la queue est arrondie et étagée ; les deux premières rémiges sont terminées en lame de canif ; la tête est pourvue de six brins grêles, filiformes, insérés en arrière des oreilles et terminés en palette. Le Sifilet (*Paradisæa aurea* L.) prend, dans cette nouvelle nomenclature, le nom de *Parotia aurea*.

LE CALYBÉ DE LA NOUVELLE-GUINÉE (a) (*)

Nous retrouvons ici, sinon le luxe et l'abondance des plumes, au moins les belles couleurs et le plumage velouté des oiseaux de Paradis.

Le velours de la tête est d'un beau bleu changeant en vert, dont les reflets imitent ceux de l'aigue-marine ; le velours du cou a le poil un peu plus long, mais il brille des mêmes couleurs, excepté que chaque plume étant d'un noir lustré dans son milieu, et d'un vert changeant en bleu seulement sur les bords, il en résulte des nuances ondoyantes qui ont beaucoup plus de jeu que celles de la tête. Le dos, le croupion, la queue et le ventre sont d'un bleu d'acier poli, égayé par des reflets très brillants.

Les petites plumes veloutées du front se prolongent en avant jusque sur une partie des narines, lesquelles sont plus profondes que dans les espèces précédentes. Le bec est aussi plus grand et plus gros ; mais il est de même forme, et ses bords sont pareillement échancrés vers la pointe. Pour la queue, on n'y a compté que six pennes, mais probablement elle n'était pas entière.

L'individu qui a servi de sujet à cette description, ainsi que ceux qui ont servi de sujets aux trois descriptions précédentes (b), est enfilé dans toute sa longueur d'une baguette qui sort par le bec, et le déborde de deux ou trois pouces. C'est de cette manière très simple, et en retranchant les plumes de mauvais effet, que les Indiens savent se faire sur-le-champ une aigrette ou une espèce de panache, tout à fait agréable, avec le premier petit oiseau à beau plumage qu'ils trouvent sous la main ; mais aussi c'est une manière sûre de déformer ces oiseaux et de les rendre méconnaissables, soit en leur allongeant le cou outre mesure, soit en altérant toutes leurs autres proportions ; et c'est par cette raison qu'on a eu beaucoup de peine à retrouver dans le calybé l'insertion des ailes qui lui avaient été arrachées aux Indes, en sorte qu'avec un peu de crédulité on n'eût pas manqué de dire que cet oiseau joignait à la singularité d'être né sans pieds la singularité bien plus grande d'être né sans ailes.

Le calybé s'éloigne plus des manucodes que les trois espèces précédentes ; c'est pourquoi je l'ai renvoyé à la dernière place, et lui ai donné un nom particulier.

(a) C'est le nom que M. Daubenton le jeune a donné à cet oiseau pour exprimer la principale couleur de son plumage, qui est celle de l'acier bronzé ; et c'est au même M. Daubenton que je dois tous les éléments des descriptions de ces quatre espèces nouvelles.

(b) Ces quatre oiseaux font partie de la belle suite d'animaux et autres objets d'histoire naturelle, rapportée des Indes depuis fort peu de temps, et remise au Cabinet du Roi par M. Sonnerat, correspondant de ce même Cabinet. Il serait à souhaiter que tous les corres-

(*) *Paradisæa viridis* Gmel.

L'ÉTOURNEAU (a)

Il est peu d'oiseaux aussi généralement connus que celui-ci (*), surtout dans nos climats tempérés ; car, outre qu'il passe toute l'année dans le canton qui l'a vu naître sans jamais voyager au loin (b), la facilité qu'on trouve à le priver et à lui donner une sorte d'éducation fait qu'on en nourrit beaucoup en cage, et qu'on est dans le cas de les voir souvent et de fort près, en sorte qu'on a des occasions sans nombre d'observer leurs habitudes et d'étudier leurs mœurs dans l'état de domesticité comme dans l'état de nature.

Les merles sont de tous les oiseaux ceux avec qui l'étourneau a le plus de rapport ; les jeunes de l'une et de l'autre espèce se ressemblent même si parfaitement qu'on a peine à les distinguer (c). Mais lorsque avec le temps

pondants eussent le même zèle et le même goût pour l'histoire naturelle que M. Sonnerat, et que celui-ci, renchérissant encore sur lui-même, se mît en état de joindre à la peau de chaque animal une notice exacte de ses habitudes et de ses mœurs.

(a) Polydore Virgile prétend que cet oiseau, appelé *sterlyng* en anglais, a donné son nom à la livre numéraire anglaise, dite *sterling* : il aurait pu faire venir tout aussi naturellement du mot français *étourneau* notre livre *tournois* ; mais il est constant que ce mot tournois est formé du mot Tours, nom d'une ville de France, et il est probable que le mot *sterling* est formé du nom d'une ville d'Écosse, appelée *Stirling*.

(b) Il paraît que dans des climats plus froids, tels que la Suède et la Suisse, ils sont moins sédentaires et deviennent oiseaux de passage : « Discedit post mediam æstatem in » Scaniam campestrem, » dit M. Linnæus, *Fauna Suecica*, p. 70. « Cùm abeunt e nostrâ » regione, » dit Gesner, p. 745, *De Avibus*.

(c) Voyez Belon, p. 322, *Nature des oiseaux*. — Cette ressemblance entre les jeunes merles et les jeunes étourneaux est telle, que j'ai vu un procès véritable, une instance juridique entre deux particuliers, dont l'un réclamait un étourneau ou sansonnet qu'il prétendait avoir mis en pension chez l'autre pour lui apprendre à parler, siffler, chanter, etc., et l'autre représentait un merle fort bien élevé, et réclamait son salaire, prétendant en effet n'avoir reçu qu'un merle.

(*) *Sturnus vulgaris* L. — Les Étourneaux sont des Dentirostres de la famille des Sturnidés. Cette famille est composée d'oiseaux de taille moyenne, chanteurs, à bec fort, droit, un peu recourbé, mousse à l'extrémité, dépourvu de soies à la base de la mâchoire inférieure ; à queue courte ; à ailes longues, pourvues de dix rémiges primaires ; à pattes de hauteur moyenne, assez fortes ; à plumage dru, richement coloré. Les Sturnidés vivent en société ; ils sont de grands destructeurs des insectes nuisibles.

« Le plumage de l'Étourneau vulgaire varie avec l'âge et la saison. Au printemps, le » mâle adulte est noir, à reflets verts ou pourpres ; cette couleur paraît moins foncée aux » ailes et à la queue, dont les pennes sont largement bordées de gris. Quelques plumes du » dos sont marquées à leur extrémité d'une tache gris jaunâtre. L'œil est brun, le bec noir, » les pattes d'un brun rouge. En automne, après la mue, ce plumage est tout différent ; » toutes les plumes de la nuque, de la partie postérieure du dos et de la poitrine ont leur » extrémité blanche, ce qui fait paraître l'oiseau comme ponctué de blanc ; le bec est aussi » plus foncé. La femelle ressemble beaucoup au mâle, mais son plumage de printemps est » plus fortement piqueté de blanc. Les jeunes sont d'un gris brun foncé par tout le corps, » avec les joues un peu plus claires ; ils ont le bec gris noir, les pattes gris brun. » (Brehm.)

ils ont pris chacun leur forme décidée, leurs traits caractéristiques, on reconnaît que l'étourneau diffère du merle par les mouchetures et les reflets de son plumage, par la conformation de son bec plus obtus, plus plat et sans échancrure vers la pointe (a), par celle de sa tête aussi plus aplatie, etc. Mais une autre différence fort remarquable, et qui tient à une cause plus profonde, c'est que l'espèce de l'étourneau est une espèce isolée dans notre Europe, au lieu que les espèces des merles y paraissent fort multipliées.

Les uns et les autres se ressemblent encore, en ce qu'ils ne changent point de domicile pendant l'hiver : seulement ils choisissent, dans le canton où ils sont établis, les endroits les mieux exposés (b) et qui sont le plus à portée des fontaines chaudes ; mais avec cette différence que les merles vivent alors solitairement, ou plutôt qu'ils continuent de vivre seuls ou presque seuls, comme ils font le reste de l'année ; au lieu que les étourneaux n'ont pas plus tôt fini leur couvée qu'ils se rassemblent en troupes très nombreuses. Ces troupes ont une manière de voler qui leur est propre, et semble soumise à une tactique uniforme et régulière, telle que serait celle d'une troupe disciplinée obéissant avec précision à la voix d'un seul chef : c'est à la voix de l'instinct que les étourneaux obéissent, et leur instinct les porte à se rapprocher toujours du centre du peloton, tandis que la rapidité de leur vol les emporte sans cesse au delà, en sorte que cette multitude d'oiseaux, ainsi réunis par une tendance commune vers le même point, allant et venant sans cesse, circulant et se croisant en tous sens, forme une espèce de tourbillon fort agité, dont la masse entière, sans suivre de direction bien certaine, paraît avoir un mouvement général de révolution sur elle-même, résultant des mouvements particuliers de circulation propres à chacune de ses parties, et dans lequel le centre tendant perpétuellement à se développer, mais sans cesse pressé, repoussé par l'effort contraire des lignes environnantes qui pèsent sur lui, est constamment plus serré qu'aucune de ces lignes, lesquelles le sont elles-mêmes d'autant plus qu'elles sont plus voisines du centre.

Cette manière de voler a ses avantages et ses inconvénients : elle a ses avantages contre les entreprises de l'oiseau de proie, qui se trouvant embarrassé par le nombre de ces faibles adversaires, inquiété par leurs battements d'ailes, étourdi par leurs cris, déconcerté par leur ordre de bataille, enfin ne se jugeant pas assez fort pour enfoncer des lignes si serrées, que la peur concentre encore de plus en plus, se voit contraint fort souvent d'abandonner une si riche proie sans avoir pu s'en approprier la moindre partie.

Mais, d'autre côté, un inconvénient de cette façon de voler des étourneaux,

---

(a) M. Barrère dit que l'étourneau a le bec quadrangulaire, *Ornithologiæ specimen novum*, p. 39. Il conviendra au moins que les angles en sont fort arrondis.

(b) C'est apparemment ce qui a fait dire à Aristote que l'étourneau se tient caché pendant l'hiver.

c'est la facilité qu'elle offre aux oiseleurs d'en prendre un grand nombre à la fois, en lâchant à la rencontre d'une de ces volées un ou deux oiseaux de la même espèce, ayant à chaque patte une ficelle engluée : ceux-ci ne manquent pas de se mêler dans la troupe, et au moyen de leurs allées et venues perpétuelles d'en embarrasser un grand nombre dans la ficelle perfide, et de tomber bientôt avec eux aux pieds de l'oiseleur.

C'est surtout le soir que les étourneaux se réunissent en grand nombre, comme pour se mettre en force et se garantir des dangers de la nuit : ils la passent ordinairement tout entière, ainsi rassemblés, dans les roseaux où ils se jettent vers la fin du jour avec grand fracas (a). Ils jasent beaucoup le soir et le matin avant de se séparer, mais beaucoup moins le reste de la journée, et point du tout pendant la nuit.

Les étourneaux sont tellement nés pour la société qu'ils ne vont pas seulement de compagnie avec ceux de leur espèce, mais avec des espèces différentes. Quelquefois au printemps et en automne, c'est-à-dire avant et après la saison des couvées, on les voit se mêler et vivre avec les corneilles et les choucas, comme aussi avec les litornes et les mauvis, et même avec les pigeons.

Le temps des amours commence pour eux sur la fin de mars ; c'est alors que chaque paire s'assortit ; mais, ici comme ailleurs, ces unions si douces sont préparées par la guerre et décidées par la force ; les femelles n'ont pas le droit de faire un choix ; les mâles, peut-être plus nombreux et toujours plus pressés, surtout au commencement, se les disputent à coups de bec, et elles appartiennent au vainqueur. Leurs amours sont presque aussi bruyantes que leurs combats ; on les entend alors gazouiller continuellement : chanter et jouir, c'est toute leur occupation, et leur ramage est même si vif qu'ils semblent ne pas connaître la longueur des intervalles.

Après qu'ils ont satisfait au plus pressant des besoins, ils songent à pourvoir à ceux de la future couvée, sans cependant y prendre beaucoup de peine, car souvent ils s'emparent d'un nid de pivert, comme le pivert s'empare quelquefois du leur ; lorsqu'ils veulent le construire eux-mêmes, toute la façon consiste à amasser quelques feuilles sèches, quelques brins d'herbe et de mousse au fond d'un trou d'arbre ou de muraille : c'est sur ce matelas fait sans art que la femelle dépose cinq ou six œufs d'un cendré verdâtre et qu'elle les couve l'espace de dix-huit à vingt jours ; quelquefois elle fait sa ponte dans les colombiers, au-dessus des entablements des maisons, et même dans des trous de rochers sur les côtes de la mer, comme on le voit dans l'île de Wight et ailleurs (b). On m'a quelquefois apporté dans le mois

(a) « Auventando ben spesso con tanta furia, che è per la moltitudine e per l'impeto con che vanno, nel giugnere si sente ender l'aria con un strepito horribile non dissimile alla gragnuola. » Olina, *Uccellaria*, p. 18.

(b) *British Zoology*, p. 93.

de mai de prétendus nids d'étourneaux qu'on avait trouvés, disait-on, sur des arbres; mais comme deux de ces nids, entre autres, ressemblaient tout à fait à des nids de grives, j'ai soupçonné quelque supercherie de la part de ceux qui me les avaient apportés, à moins qu'on ne veuille imputer la supercherie aux étourneaux eux-mêmes, et supposer qu'ils s'emparent quelquefois des nids de grives et d'autres oiseaux, comme nous avons vu qu'ils s'emparaient souvent des trous des piverts. Je ne nie pas cependant que dans certaines circonstances ces oiseaux ne fassent leurs nids eux-mêmes, un habile observateur m'ayant assuré avoir vu plusieurs de ces nids sur le même arbre. Quoi qu'il en soit, les jeunes étourneaux restent fort longtemps sous la mère, et par cette raison je douterais que cette espèce fît jusqu'à trois couvées par an, comme l'assurent quelques auteurs (a), si ce n'est dans les pays chauds où l'incubation, l'éducation, et toutes les périodes du développement animal, sont abrégées en raison du degré de chaleur.

En général, les plumes des étourneaux sont longues et étroites, comme dit Belon (b); leur couleur est dans le premier âge un brun noirâtre, uniforme, sans mouchetures comme sans reflets. Les mouchetures ne commencent à paraître qu'après la première mue, d'abord sur la partie inférieure du corps, vers la fin de juillet; puis sur la tête, et, enfin, sur la partie supérieure du corps aux environs du 20 d'août. Je parle toujours des jeunes étourneaux qui étaient éclos au commencement de mai.

J'ai observé que, dans cette première mue, les plumes qui environnent la base du bec tombèrent presque toutes à la fois, en sorte que cette partie fut chauve pendant le mois de juillet (c), comme elle l'est habituellement dans la frayonne pendant toute l'année. Je remarquai aussi que le bec était presque tout jaune le 15 de mai; cette couleur se changea bientôt en couleur de corne, et Belon assure qu'avec le temps elle devient orangée.

Dans les mâles, les yeux sont plus bruns, ou d'un brun plus uniforme (d), les mouchetures du plumage plus tranchées, plus jaunâtres, et la couleur rembrunie des plumes qui n'ont point de mouchetures est égayée par des reflets plus vifs qui varient entre le pourpre et le vert foncé. Outre cela le mâle est plus gros, il pèse environ trois onces et demie. M. Salerne ajoute une autre différence entre les deux sexes, c'est que la langue est pointue dans le mâle et fourchue dans la femelle : il semble en effet que M. Linnæus

---

(a) « Cova... due o tre volte l'anno, con quattro o cinque uccelli per covata. » Olina, *Uccellaria*.

(b) *Nature des oiseaux*, p. 321.

(c) Je ne sais pourquoi Pline a dit, en parlant des étourneaux : « Sed hi plumam non amittunt. » Pline, lib. x, cap. xxiv.

(d) « La femina ha nel chiaro del occhio una maglietta, havendo lo maschio tutto nero bene. » Olina, p. 18. Cette espèce de taie que les femelles ont sur les yeux, selon Olina, est apparemment ce que Willughby veut exprimer, en disant : « Oculorum irides avellaneæ, supernâ parte albidiores, » p. 145, et il faut supposer que ce dernier parle ici de la femelle.

ait vu cette partie pointue en certains individus, et fourchue en d'autres (a) : pour moi, je l'ai vue fourchue dans les sujets que j'ai eu occasion d'observer.

Les étourneaux vivent de limaces, de vermisseaux, de scarabées, surtout de ces jolis scarabées d'un beau vert bronzé luisant, avec des reflets rougeâtres, qu'on trouve au mois de juin sur les fleurs et principalement sur les roses; ils se nourrissent aussi de blé, de sarrasin, de mil, de panis, de chènevis, de graine de sureau, d'olives, de cerises, de raisins, etc. (*). On prétend que cette dernière nourriture est celle qui corrige le mieux l'amertume naturelle de leur chair (b), et que les cerises sont celle pour laquelle ils montrent un appétit de préférence : aussi s'en sert-on comme d'un appât infaillible pour les attirer dans les nasses d'osier que l'on tend parmi les roseaux où ils ont coutume de se retirer tous les soirs, et l'on en prend de cette manière jusqu'à cent dans une seule nuit; mais cette chasse n'a plus lieu lorsque la saison des cerises est passée.

Ils suivent volontiers les bœufs et autre gros bétail, paissant dans les prairies, attirés, dit-on, par les insectes qui voltigent autour d'eux, ou peutêtre par ceux qui fourmillent dans leur fiente, et en général dans toutes les prairies. C'est de cette habitude que leur est venu le nom allemand *rinderstaren*. On les accuse encore de se nourrir de la chair des cadavres exposés sur les fourches patibulaires (c); mais ils n'y vont apparemment que parce

(a) « Linguâ acutâ. » *Syst. nat.*, édit. X, p. 167. « Linguâ bifidâ. » *Fauna succica*, p. 70.
(b) Voyez Schwenckfeld, M. Salerne, etc. Cardan dit que, pour bonifier la chair des étourneaux, il ne s'agit que de leur couper la tête sitôt qu'ils sont tués; Albin, qu'il faut leur enlever la peau; d'autres, que les étourneaux de montagnes valent mieux que les autres; mais tout cela doit s'entendre des jeunes, car, malgré les montagnes et les précautions, la chair des vieux sera toujours sèche, amère et un très mauvais manger.
(c) Aldrovande, t. II, p. 642.

(*) L'Étourneau est l'un des oiseaux de nos pays dont il importe le plus de favoriser le développement, à cause du grand nombre de petits animaux nuisibles qu'il détruit. En Allemagne, on met à leur disposition des nids artificiels qu'ils adoptent très volontiers. Lentz a calculé qu'une seule famille d'étourneaux détruit en une journée de quatorze heures environ 364 limaces. Comme il y a deux couvées par an, il arrive un moment où une famille complète, c'est-à-dire formée des individus provenant des deux couvées, détruit près de 800 limaces par jour. « Autrefois, ajoute Lentz (cité par Brehm), les étourneaux ne se montraient » qu'isolés dans les environs de Gotha. Il y a douze ans, je fis le premier essai de disposer » pour eux des nids artificiels. Je n'eus, jusqu'en 1856, aucun succès, par ce simple motif » qu'aucun étourneau n'y pouvait entrer : l'ouverture en était trop étroite. Au commence- » ment de l'année, un nouveau forestier arriva à Friedrichroda, mit partout des retraites » convenablement construites et m'invita à suivre son exemple. Bientôt nous avions répandu » l'élève des étourneaux dans tout le duché de Gotha et dans une grande partie de la forêt » de Thuringe. Déjà, dans l'automne de 1856, on voyait des étourneaux près de tous les » troupeaux de bœufs et par bandes quelquefois de 500 individus. En 1857, ils étaient deve- » nus innombrables. Dans les roseaux de l'étang Kumbach, à une demi-lieue de Schnepfen- » thal, 40,000 étourneaux passaient la nuit; 100,000 dans ceux de l'étang de Siebleb, près » de Gotha; 40,000 dans ceux de l'étang Neuf, près de Waltershausen : soit, en tout, » 180,000 étourneaux, qui chaque jour détruisaient au moins 12,600,000,000 de limaces. »

qu'ils y trouvent des insectes. Pour moi, j'ai fait élever de ces oiseaux, et j'ai remarqué que lorsqu'on leur présentait de petits morceaux de viande crue, ils se jetaient dessus avec avidité et les mangeaient de même ; si c'était un calice d'œillet contenant de la graine formée, ils ne le saisissaient pas sous leurs pieds, comme font les geais, pour l'éplucher avec le bec, mais le tenant dans le bec, ils le secouaient souvent et le frappaient à plusieurs reprises contre les bâtons ou le fond de la cage, jusqu'à ce que le calice s'ouvrît et laissât paraître et sortir la graine. J'ai aussi remarqué qu'ils buvaient à peu près comme les gallinacés, et qu'ils prenaient grand plaisir à se baigner : selon toute apparence, l'un de ceux que je faisais élever est mort de refroidissement pour s'être trop baigné pendant l'hiver.

Ces oiseaux vivent sept ou huit ans, et même plus, dans l'état de domesticité. Les sauvages ne se prennent point à la pipée, parce qu'ils n'accourent point à l'appeau, c'est-à-dire au cri de la chouette ; mais, outre la ressource des ficelles engluées et des nasses dont j'ai parlé plus haut, on a trouvé le moyen d'en prendre des couvées entières à la fois en attachant aux murailles, et sur les arbres où ils ont coutume de nicher, des pots de terre cuite d'une forme commode, et que ces oiseaux préfèrent souvent aux trous d'arbres et de murailles pour y faire leur ponte (a). On en prend aussi beaucoup au lacet et à la pantière ; en quelques endroits de l'Italie, on se sert de belettes apprivoisées pour les tirer de leurs nids, ou plutôt de leurs trous ; car le grand art de l'homme est de se servir d'une espèce esclave pour étendre son empire sur les autres.

Les étourneaux ont une paupière interne, les narines à demi recouvertes par une membrane, les pieds d'un brun rougeâtre (b), le doigt extérieur uni à celui du milieu jusqu'à la première phalange, l'ongle postérieur plus fort qu'aucun autre, le gésier peu charnu, précédé d'une dilatation de l'œsophage, et contenant quelquefois de petites pierres dans sa cavité ; le tube intestinal, long de vingt pouces d'un orifice à l'autre, la vésicule du fiel à l'ordinaire, les *cæcums* fort petits, et plus près de l'anus qu'ils ne sont ordinairement dans les oiseaux.

En disséquant un jeune étourneau de ceux qui avaient été élevés chez moi, j'ai remarqué que les matières contenues dans le gésier et les intestins étaient absolument noires, quoique cet oiseau eût été nourri uniquement avec de la mie de pain et du lait : cela suppose une grande abondance de bile noire, et rend en même temps raison de l'amertume de la chair de ces oiseaux, et de l'usage qu'on a fait de leurs excréments dans les cosmétiques.

Un étourneau peut apprendre à parler indifféremment français, allemand,

(a) Olina, *Uccellaria*, p. 18. Schwenckfeld, *Aviarium Silesiæ*, p. 352.
(b) Je ne sais pourquoi Willughby a dit : « Tibiæ ad articulos usque plumosæ. » *Ornithologia*, p. 145. Je n'ai rien vu de pareil dans tous les étourneaux qui m'ont passé sous les yeux.

latin, grec, etc. (a), et à prononcer de suite des phrases un peu longues : son gosier souple se prête à toutes les inflexions, à tous les accents. Il articule franchement la lettre R (b), et soutient très bien son nom de sansonnet ou plutôt de chansonnet par la douceur de son ramage acquis, beaucoup plus agréable que son ramage naturel (c).

Cet oiseau est fort répandu dans l'ancien continent : on le trouve en Suède, en Allemagne, en France, en Italie, dans l'île de Malte, au cap de Bonne-Espérance (d), et partout à peu près le même ; au lieu que les oiseaux d'Amérique auxquels on a donné le nom d'étourneaux forment des espèces assez multipliées, comme nous le verrons bientôt.

Variétés de l'étourneau.

Quoique l'empreinte du moule primitif ait été assez ferme dans l'espèce de notre étourneau pour empêcher que ses races diverses, s'éloignant à un certain point, formassent enfin des espèces distinctes et séparées, elle n'a pu cependant rendre absolument nulle la tendance perpétuelle qui porte la nature à la variété, tendance qui se manifeste ici d'une manière fort marquée, puisqu'on trouve des étourneaux noirs (ce sont les jeunes), d'autres tout blancs, d'autres blancs et noirs, enfin d'autres gris, c'est-à-dire dont le noir s'est fondu dans le blanc.

Il faut remarquer que souvent on a trouvé ces variétés dans les nids des étourneaux ordinaires, en sorte qu'on ne peut les considérer que comme des variétés individuelles ou purement éphémères, que la nature semble produire en se jouant sur la superficie, qu'elle anéantit à chaque génération pour les renouveler et les détruire encore, mais qui, ne pouvant ni se perpétuer, ni pénétrer jusqu'au type spécifique, ne peuvent conséquemment donner aucune atteinte à sa pureté, à son unité. Telles sont les variétés suivantes dont parlent les auteurs :

I. L'étourneau blanc d'Aldrovande (e) aux pieds couleur de chair et au bec jaune rougeâtre, tel qu'il est dans nos étourneaux devenus vieux. Aldrovande remarque que celui-ci avait été pris avec des étourneaux ordinaires, et Rzacynski assure que, dans un certain canton de la Pologne (f), on voyait souvent sortir du même nid un étourneau noir et un blanc.

(a) « Habebant et Cæsares juvenes item sturnum, luscinias græco atque latino sermone dociles; præterea meditantes in diem et assiduè nova loquentes longiore etiam contextu. » Pline, lib. x, cap. XLII.

(b) Scaliger, Exercit.

(c) « Sturnus pisitat ore, isitat, pisistrat. » C'est ainsi que les Latins exprimaient le cri de l'étourneau. Voyez Autor Philomelæ, etc.

(d) Voyez Kolbe, t. III, p. 159.

(e) Tome II, p. 631.

(f) Prope Coronoviam.

Willughby parle aussi de deux étourneaux de cette dernière couleur, qu'il avait vus dans le Cumberland.

II. L'étourneau noir et blanc. Je rapporte à cette variété : 1° l'étourneau à tête blanche d'Aldrovande (a); cet oiseau avait, en effet, la tête blanche, ainsi que le bec, le cou, tout le dessous du corps, les couvertures des ailes et les deux pennes extérieures de la queue; les autres pennes de la queue et toutes celles des ailes étaient comme dans l'étourneau ordinaire; le blanc de la tête était relevé par deux petites taches noires, situées au-dessus des yeux, et le blanc du dessous du corps était varié par de petites taches bleuâtres; 2° l'étourneau-pie de Schwenckfeld, qui avait le sommet de la tête, la moitié du bec du côté de la base, le cou, les pennes des ailes et de la queue noirs, et tout le reste blanc (b); 3° l'étourneau à tête noire, vu par Willughby (c), ayant tout le reste du corps blanc.

III. L'étourneau gris cendré d'Aldrovande (d). Cet auteur est le seul qui en ait vu de cette couleur, laquelle n'est autre chose, comme nous l'avons dit, que le blanc fondu avec le noir. On conçoit aisément combien ces variétés peuvent être multipliées, soit par les différentes distributions du noir et du blanc, soit par les différentes nuances de gris, résultant des différentes proportions de ces couleurs fondues ensemble.

OISEAUX ÉTRANGERS

QUI ONT RAPPORT A L'ÉTOURNEAU

I.—L'ÉTOURNEAU DU CAP DE BONNE-ESPÉRANCE OU L'ÉTOURNEAU-PIE.

J'ai donné à cet oiseau (*) d'Afrique le nom d'étourneau-pie, parce qu'il m'a paru avoir plus de rapports, quant à sa forme totale, avec notre étourneau qu'avec aucune autre espèce, et parce que le noir et le blanc, qui sont les seules couleurs de son plumage, y sont distribués à peu près comme dans le plumage de la pie.

S'il n'avait pas le bec plus gros et plus long que notre étourneau d'Europe, on pourrait le regarder comme une de ses variétés, d'autant plus que notre étourneau se retrouve au cap de Bonne-Espérance; cette variété se

(a) T. II, p. 637.
(b) Aviarium Silesiæ, p. 353.
(c) Ornithologia, p. 145.
(d) P. 638 et 639.

(*) Sturnus capensis et Sturnus contra GMEL.

rapporterait naturellement à celle dont j'ai fait mention ci-dessus, et où le noir et le blanc sont distribués par grandes taches. La plus remarquable et celle qui caractérise le plus la physionomie de cet oiseau, c'est une tache blanche fort grande, de forme ronde, située de chaque côté de la tête, sur laquelle l'œil paraît placé presque en entier, et qui, se prolongeant en pointe par devant jusqu'à la base du bec, a par derrière une espèce d'appendice varié de noir qui descend le long du cou.

Cet oiseau est le même que l'étourneau noir et blanc des Indes, d'Edwards, pl. CLXXXVII ; que le *contra* de Bengale, d'Albin, t. III, pl. 21 ; que l'étourneau du cap de Bonne-Espérance de M. Brisson, t. II, page 446 ; et même que son neuvième troupiale, t. II, page 94. Il a avoué et rectifié ce double emploi page 54 de son Supplément, et il est en vérité bien excusable au milieu de ce chaos de descriptions incomplètes, de figures tronquées et d'indications équivoques qui embarrassent et surchargent l'histoire naturelle. Cela fait voir combien il est essentiel, lorsqu'on fait l'histoire d'un oiseau, de le reconnaître dans les diverses descriptions que les auteurs en ont faites, et d'indiquer les différents noms qu'on lui a donnés en différents temps et en différents lieux, seul moyen d'éviter ou de rectifier la stérile multiplication des espèces purement nominales.

II. — L'ÉTOURNEAU DE LA LOUISIANE OU LE STOURNE.

Ce mot de stourne est formé du latin *sturnus ;* je l'ai appliqué à un oiseau d'Amérique (*) assez différent de notre étourneau pour mériter un nom distinct, mais qui a assez de rapports avec lui pour mériter un nom analogue. Il a le dessus du corps d'un gris varié de brun, et le dessous du corps jaune. Les marques les plus distinctives de cet oiseau, en fait de couleur, sont : 1° une plaque noirâtre variée de gris, située au bas du cou et se détachant très bien du fond, qui, comme nous venons de le dire, est de couleur jaune ; 2° trois bandes blanches qu'il a sur la tête, toutes les trois partant de la base du bec supérieur, et s'étendant jusqu'à l'*occiput ;* l'une tient le sommet ou le milieu de la tête, les deux autres qui sont parallèles à cette première, passent de chaque côté au-dessus des yeux. En général, cet oiseau se rapproche de notre étourneau d'Europe par les proportions relatives des ailes et de la queue, et en ce que ses couleurs sont disposées par petites taches : il a aussi la tête plate, mais son bec est plus allongé.

Un correspondant du Cabinet nous assure que la Louisiane est fort incommodée par des nuées d'étourneaux, ce qui indiquerait quelque conformité dans la manière de voler des étourneaux de la Louisiane avec celle de nos étourneaux d'Europe ; mais il n'est pas bien sûr que le correspondant veuille parler de l'espèce dont il s'agit ici.

(*) *Sturnus ludovicianus* GMEL.

III. — LE TOLCANA (a) (*).

La courte notice que Fernandez nous donne de cet oiseau est non seulement incomplète, mais elle est faite très négligemment; car, après avoir dit que le tolcana est semblable à l'étourneau pour la forme et pour la grosseur, il ajoute tout de suite qu'il est un peu plus petit; cependant, c'est le seul auteur original qu'on puisse citer sur cet oiseau, et c'est d'après son témoignage que M. Brisson l'a rangé parmi les étourneaux. Il me semble néanmoins que ces deux auteurs caractérisent le genre de l'étourneau par des attributs très différents : M. Brisson, par exemple, établit pour l'un de ses attributs caractéristiques le bec droit, obtus et convexe; et Fernandez, parlant d'un oiseau du genre du *tzanatl* ou étourneau (b), dit qu'il est court, épais et un peu courbé, et, dans un autre endroit (c), il rapporte un même oiseau, nommé *cacalototl*, au genre du corbeau (qui se nomme, en effet, *cacalotl* en mexicain, chap. CLXXXIV), et à celui de l'étourneau (d); en sorte que l'identité des noms employés par ces deux écrivains ne garantit nullement l'identité de l'espèce dénommée, et c'est ce qui m'a déterminé à conserver à l'oiseau de cet article son nom mexicain, sans assurer ni nier qu'il soit un étourneau.

Le tolcana se plaît, comme nos étourneaux d'Europe, dans les joncs et les plantes aquatiques. Sa tête est brune, et tout le reste de son plumage est noir. Cet oiseau n'a point de chant, mais seulement un cri, et il a cela de commun avec beaucoup d'autres oiseaux d'Amérique, qui sont en général plus recommandables par l'éclat de leurs couleurs que par l'agrément de leur ramage.

IV. — LE CACASTOL (e).

Je ne mets cet oiseau étranger (**) à la suite de l'étourneau que sur la foi très suspecte de Fernandez, et aussi d'après l'un de ses noms mexicains,

(a) Nom formé du nom mexicain *Tolocatzanatl*, et qui signifie étourneau des roseaux Fernandez, *Hist. avium Novæ-Hispaniæ*, cap. XXXVI. C'est le troisième étourneau de M. Brisson, t. II, p. 448.

(b) Fernandez, chap. XXXVII.

(c) *Ibid.*, chap. CXXXII.

(d) « Cacalototl seu avis corvina ad sturnorum tzanatlve genus videtur pertinere. » — Cet oiseau a, selon Fernandez, le plumage noir tirant au bleu, le bec tout à fait noir, l'iris orangé, la queue longue, la chair mauvaise à manger, et point de chant. Il se plaît dans les pays tempérés et les pays chauds. Il est difficile, d'après cette notice tronquée, de dire si l'oiseau dont il s'agit est un corbeau ou un étourneau.

(e) Nom formé du nom mexicain *Caxcaxtototl*. Fernandez, chap. CLVIII. On lui donne encore dans la Nouvelle-Espagne le nom de *Hueitzanatl*, et nous avons vu que le mot mexicain *tzanatl* répondait à notre mot étourneau.

(*) *Sturnus obscurus* et *mexicanus* GMEL.

(**) *Sturnus mexicanus* GMEL. (Espèce douteuse.)

qui indique quelque analogie avec l'étourneau. D'ailleurs, je ne vois pas trop à quel autre oiseau d'Europe on pourrait le rapporter. M. Brisson, qui a voulu en faire un cottinga (a), a été obligé, pour l'y amener, de retrancher de la description de Fernandez, déjà trop courte, les mots qui indiquaient la forme allongée et pointue du bec, cette forme de bec étant en effet plus de l'étourneau que du cottinga. Outre cela, le cacastol est à peu près de la grosseur de l'étourneau ; il a la tête petite comme lui, et n'est pas un meilleur manger ; enfin, il se tient dans les pays tempérés et les pays chauds. Il est vrai qu'il chante mal, mais nous avons vu que le ramage naturel de l'étourneau d'Europe n'était pas fort agréable, et il est à présumer que s'il passait en Amérique, où presque tous les oiseaux chantent mal, il chanterait bientôt tout aussi mal, par la facilité qu'il a d'apprendre, c'est-à-dire, d'imiter le chant d'autrui.

V. — LE PIMALOT (b).

Le bec large de cet oiseau pourrait faire douter qu'il appartînt au genre de l'étourneau (*); mais s'il était vrai, comme le dit Fernandez, qu'il eût la nature et les mœurs des autres étourneaux, on ne pourrait s'empêcher de le regarder comme une espèce analogue, d'autant plus qu'il se tient ordinairement sur les côtes de la mer du Sud, apparemment parmi les plantes aquatiques, de même que notre étourneau d'Europe se plaît dans les roseaux, comme nous avons vu. Le pimalot est un peu plus gros.

VI.—L'ÉTOURNEAU DES TERRES MAGELLANIQUES OU LE BLANCHE-RAIE.

Je donne à cette espèce nouvelle, apportée par M. de Bougainville, le nom de blanche-raie (**), à cause d'une longue raie blanche qui, de chaque côté, prenant naissance près de la commissure des deux pièces du bec, semble passer par-dessous l'œil, puis reparaît au delà pour descendre le long du cou. Cette raie blanche fait d'autant plus d'effet, qu'elle est environnée, au-dessus et au-dessous, de couleurs très rembrunies : ces couleurs sombres dominent sur la partie supérieure du corps ; seulement les pennes des ailes et leurs couvertures sont bordées de fauve. La queue est d'un noir décidé, fourchue de plus, et ne s'étend pas beaucoup au delà des ailes, qui sont fort longues. Le dessous du corps, y compris la gorge, est d'un beau rouge cramoisi, moucheté de noir sur les côtés ; la partie antérieure de l'aile est du même cramoisi, sans mouchetures, et cette couleur se retrouve encore

(a) Brisson, t. II, p. 347.
(b) Mot formé du nom mexicain de cet oiseau *Pitzmalotl*.

(*) C'est une espèce douteuse.
(**) *Sturnus militaris* GMEL.

autour des yeux et dans l'espace qui est entre l'œil et le bec. Ce bec, quoique obtus comme celui des étourneaux, et moins pointu que celui des troupiales, m'a paru cependant, à tout prendre, avoir plus de rapport avec celui des troupiales; et, si l'on ajoute à cela que le blanche-raie a beaucoup de la physionomie de ces derniers, on ne fera pas difficulté de le regarder comme faisant la nuance entre ces deux espèces, qui d'ailleurs ont beaucoup de rapports entre elles.

LE PIQUE-BŒUF

M. Brisson est le premier qui ait décrit et fait connaître ce petit oiseau [*], envoyé du Sénégal par M. Adanson. Il a environ quatorze pouces de vol et n'est guère plus gros qu'une alouette huppée : son plumage n'a rien de distingué; en général, le gris brun domine sur la partie supérieure du corps, et le gris jaunâtre sur la partie inférieure. Le bec n'est pas d'une couleur constante, dans quelques individus ; il est tout brun, dans d'autres : rouge à la pointe et jaune à la base; dans tous, il est de forme presque quadrangulaire, et ses deux pièces sont renflées par le bout en sens contraire. La queue est étagée et on y remarque une petite singularité, c'est que les douze pennes dont elle est composée sont toutes fort pointues. Enfin, pour ne rien oublier de ce que la figure ne peut dire aux yeux, la première phalange du doigt extérieur est étroitement unie avec celle du doigt du milieu.

Cet oiseau est très friand de certains vers ou larves d'insectes qui éclosent sous l'épiderme des bœufs et y vivent jusqu'à leur métamorphose : il a l'habitude de se poser sur le dos de ces animaux et de leur entamer le cuir à coups de bec pour en tirer ces vers [**] ; c'est de là que lui vient son nom de pique-bœuf [a].

[a] Voyez l'*Ornithologie* de M. Brisson, t. II, p. 436. Il le nomme en latin *buphagus*.

[*] *Buphaga africana* L. — Les *Buphaga* sont des Dentirostres de la famille des Sturnidés (voy. la note relative à l'Étourneau).

[**] Le Pique-bœuf vit par petites bandes de huit à dix individus dans la société des grands mammifères, particulièrement des bœufs, des antilopes, des chameaux. On ne le voit jamais perché sur les arbres; ils se tiennent toujours sur le dos des animaux qui leur fournissent la pâture. Ils recherchent surtout les bœufs et les chameaux qui ont des plaies; ces derniers attirent les mouches dont le pique-bœuf se nourrit. Les mammifères qui connaissent cet oiseau connaissent bien les services qu'il leur rend et ne le chassent jamais, tandis qu'il inspire à tous ceux qui ne le connaissent pas une très grande frayeur.

LES TROUPIALES

Ces oiseaux ont, comme je viens de dire, beaucoup de rapports avec nos étourneaux d'Europe; et ce qui le prouve, c'est que souvent le peuple et les naturalistes ont confondu ces deux genres et ont donné le nom d'étourneau à plus d'un troupiale : ceux-ci pourraient donc être regardés, à bien des égards, comme les représentants de nos étourneaux en Amérique, concurremment avec les étourneaux américains dont je viens de parler, quoique cependant ils aient des habitudes très différentes, ne fût-ce que dans la manière de construire leurs nids (*).

Le nouveau continent est la vraie patrie, la patrie originaire des troupiales et de tous les oiseaux qu'on a rapportés à ce genre, tels que les cassiques, les baltimores et les carouges; et si l'on en cite quelques-uns, soi-disant de l'ancien continent, c'est parce qu'ils y avaient été transportés originairement d'Amérique : tels sont probablement le troupiale du Sénégal, appelé *capmore* (**), le carouge du cap de Bonne-Espérance (***), et tous les prétendus troupiales de Madras, auxquels on a donné ce nom sans les avoir bien connus.

Je retrancherai donc du genre des troupiales : 1° les quatre espèces venant de Madras, et que M. Brisson a empruntées de M. Ray (a), parce que la raison du climat ne permet pas de les regarder comme de vrais troupiales; que d'ailleurs je ne vois rien de caractéristique dans les descriptions originales, et que les figures des oiseaux décrits sont trop négligées pour qu'on puisse en tirer des marques dictinctives qui les constituent troupiales plutôt que pies, geais, merles, loriots, gobe-mouches, etc. Un habile ornithologiste (M. Edwards) croit que le geai jaune et le geai-bouffe de Petiver, dont M. Brisson a fait son sixième et son quatrième troupiales, ne sont autre chose que le loriot mâle et sa femelle (b); que le geai bigarré de Madras, du même Petiver, dont M. Brisson a fait son cinquième troupiale, est son étourneau jaune des Indes (c); et, enfin, que le troupiale huppé de Madras,

(a) Voyez l'*Ornithologie* de M. Brisson, t. II, p. 90 et suiv., et le *Synopsis avium* de Ray, p. 194 et suiv.
(b) Voyez *les Oiseaux d'Edwards*, planche 185.
(c) *Ibidem*, planche 186.

(*) Les ornithologistes modernes placent les Troupiales véritables dans un genre spécial sous le nom d'*Agelaius*. Ce genre est caractérisé par un bec conique, allongé, un peu comprimé latéralement, très acuminé, pourvu d'une arête qui se prolonge en pointe sur le front; une taille moyenne; des ailes à deuxième et troisième pennes plus longues que les autres; une queue longue, arrondie. L'extension donnée par Buffon au mot Troupiale est beaucoup plus large, ainsi que le montrent les articles suivants.
(**) *Oriolus textor* GMEL.
(***) *Oriolus capensis* GMEL.

dont M. Brisson a fait sa septième espèce (a), est le même oiseau que le gobe-mouche huppé du cap de Bonne-Espérance du même M. Brisson (b).

2° Je retrancherai le troupiale de Bengale, qui est le neuvième de M. Brisson (c), puisque cet auteur s'est aperçu lui-même que c'était sa seconde espèce d'étourneau.

3° Je retrancherai encore le troupiale à queue fourchue, qui est le seizième de M. Brisson (d), et la grive noire de Seba (e) : tout ce qu'en dit ce dernier, c'est qu'il surpasse de beaucoup la grive en grosseur, que son plumage est noir, qu'il a le bec jaune, le dessous de la queue blanc, le dessus, ainsi que le dos, comme voilé par une légère teinte de bleu, et une queue longue, large et fourchue; enfin, qu'à la différence près dans la forme de la queue et dans la grosseur du corps, il avait beaucoup de rapport à notre grive d'Europe : or, je ne vois rien dans tout cela qui ressemble à un troupiale, et la figure donnée par Seba, et que M. Brisson trouve très mauvaise, ne ressemble pas plus à un troupiale qu'à une grive.

4° Je retrancherai le carouge bleu de Madras (f), parce que, d'une part, il m'est fort suspect à raison du climat; que, de l'autre, la figure ni la description de M. Ray n'ont absolument rien qui caractérise un carouge, et que même il n'en a pas le plumage : il a, selon cet auteur, la tête, la queue et les ailes de couleur bleue, mais la queue d'une teinte plus claire; le reste du plumage est noir ou cendré, excepté cependant le bec et les pieds, qui sont roussâtres.

5° Enfin, je retrancherai le troupiale des Indes (g), non seulement à cause de la différence du climat, mais encore pour d'autres raisons tout aussi fortes qui me l'ont fait placer ci-dessus entre les rolliers et les oiseaux de Paradis.

Au reste, quoiqu'on ait réuni dans un même genre avec les troupiales, comme je l'ai dit plus haut, les cassiques, les baltimores et les carouges, il ne faut pas croire que ces divers oiseaux n'aient pas des différences, et même assez caractérisées, pour constituer de petits genres subordonnés, puisqu'ils en ont eu assez pour qu'on leur donnât des noms différents. En général, je suis en état d'assurer, d'après la comparaison faite d'un assez grand nombre de ces oiseaux, que les cassiques ont le bec plus fort, ensuite les troupiales, puis les carouges. A l'égard des baltimores, ils ont le bec non seulement

(a) *Ornithologie*, t. II, p. 92.
(b) *Ibidem*, p. 418, le mâle; et 414, la femelle : il ajoute que si les deux longues pennes de la queue manquaient dans ces deux individus, c'est ou parce qu'elles n'étaient pas encore venues, ou parce que la mue ou quelque autre accident les avait fait tomber. Voyez *Edwards*, planche 325.
(c) Tome II, p. 94.
(d) *Ibidem*, p. 105.
(e) Tome 1er, p. 102.
(f) M. Brisson, t. II, p. 125. M. Ray lui donne, d'après Petiver, le nom de petit geai bleu, petite pie de Madras; en langue du pays, *Peach caye*. Voyez *Synopsis avium*, p. 195.
(g) Brisson, t. VI, p. 37.

plus petit que tous les autres, mais encore plus droit et d'une forme particulière, comme nous le verrons plus bas. Ils paraissent d'ailleurs avoir d'autres mœurs et d'autres allures, ce qui suffit, ce me semble, pour m'autoriser à leur conserver leurs noms particuliers, et à traiter à part chacune de ces familles étrangères.

Les caractères communs que leur assigne M. Brisson, ce sont les narines découvertes, et le bec en cône allongé, droit et très pointu. J'ai aussi remarqué que la base du bec supérieur se prolonge sur le crâne, en sorte que le toupet, au lieu de faire la pointe, fait au contraire un angle rentrant assez considérable; disposition qui se retrouve à la vérité dans quelques autres espèces, mais qui est plus marquée dans celles-ci.

LE TROUPIALE (a)

Ce qu'il y a de plus remarquable dans l'extérieur de cet oiseau (*), c'est son long bec pointu, les plumes étroites de sa gorge et la grande variété de son plumage : on n'y compte cependant que trois couleurs, le jaune orangé, le noir et le blanc; mais ces couleurs semblent se multiplier par leurs interruptions réciproques et par l'art de leur distribution : le noir est répandu sur la tête, la partie antérieure du cou, le milieu du dos, la queue et les ailes; le jaune orangé occupe les intervalles et tout le dessous du corps; il reparaît encore dans l'iris (b) et sur la partie antérieure des ailes; le noir qui règne sur le reste est interrompu par deux taches blanches oblongues, dont l'une est située à l'endroit des couvertures de ces mêmes ailes, et l'autre à l'endroit de leurs pennes moyennes.

Les pieds et les ongles sont tantôt noirs et tantôt plombés; le bec ne paraît pas non plus avoir de couleur constante; car il a été observé gris blanc dans les uns (c), brun cendré dessus et bleu dessous dans les autres (d); et, enfin, dans d'autres, noir dessus et brun dessous (e).

(a) C'est le *troupiale* de M. Brisson, t. II, p. 86. Il le nomme en latin *icterus* (l'un des noms latins du loriot, et qui ne peut convenir aux troupiales noirs); d'autres, *pica, cissa, picus, turdus, xanthornus, coracias*; les sauvages du Brésil, *guira tangeima*; ceux de la Guyane, *yapou*; nos colons, *cul-jaune*; les Anglais lui ont donné dans leur langue une partie des noms ci-dessus; Albin, celui d'*oiseau de Banana*.

(b) Albin ajoute que l'œil est entouré d'une large bande de bleu; mais il est le seul qui l'ait vue, c'est apparemment une variété accidentelle.

(c) Brisson, *Ornithologie*, t. II, p. 88.

(d) Albin, t. II, p. 27.

(e) Sloane, *Jamaïca*; et Marcgrave, *Hist. Brasil.*, p. 192.

(*) L'espèce décrite ici par Buffon est l'*Oriolus icterus* de Linné; c'est peut-être une variété de l'*Icterus Jamacai* des ornithologistes modernes, connue dans l'Amérique du Sud, sous le nom de *Soffre*, et décrite plus loin par Buffon sous le nom de Carouge.

Cet oiseau, qui a neuf à dix pouces de longueur de la pointe du bec au bout de la queue, en a quatorze d'envergure, et la tête fort petite, selon Marcgrave. Il se trouve répandu depuis la Caroline jusqu'au Brésil, et dans les îles Caraïbes. Il a la grosseur du merle ; il sautille comme la pie et a beaucoup de ses allures, suivant M. Sloane ; il en a même le cri, selon Marcgrave ; mais Albin assure qu'il ressemble dans toutes ses actions à l'étourneau, et il ajoute qu'on en voit quelquefois quatre ou cinq s'associer pour donner la chasse à un autre oiseau plus gros, et que, lorsqu'ils l'ont tué, ils dévorent leur proie avec ordre, chacun mangeant à son rang ; cependant M. Sloane, qui est un auteur digne de foi, dit que les troupiales vivent d'insectes. Au reste, cela n'est pas absolument contradictoire ; car tout animal qui se nourrit d'autres animaux vivants, quoique très petits, est un animal de proie, et en dévorera à coup sûr de plus grands, s'il trouve l'occasion de le faire avec sûreté, par exemple, en s'associant comme les troupiales d'Albin.

Ces oiseaux doivent avoir les mœurs très sociales, puisque l'amour qui divise tant d'autres sociétés semble au contraire resserrer les liens de la leur : bien loin de se séparer deux à deux pour s'apparier et remplir sans témoin les vues de la nature sur la multiplication de l'espèce, on en voit quelquefois un très grand nombre de paires sur un seul arbre, et presque toujours sur un arbre fort élevé et voisin des habitations, construisant leur nid, pondant leurs œufs, les couvant et soignant leur famille naissante.

Ces nids sont de forme cylindrique, suspendus à l'extrémité des hautes branches et flottants librement dans l'air ; en sorte que les petits nouvellement éclos y sont bercés continuellement. Mais des gens, qui se croient bien au fait des intentions des oiseaux, assurent que c'est par une sage défiance que les père et mère suspendent ainsi leur nid, et pour mettre la couvée en sûreté contre certains animaux terrestres, et surtout contre les serpents.

On met encore sur la liste des vertus du troupiale la docilité, c'est-à-dire la disposition naturelle à subir l'esclavage domestique ; disposition qui se rencontre presque toujours avec les mœurs sociales.

L'ACOLCHI DE SEBA (a) (*)

Seba a pris ce nom dans Fernandez (b), et l'ayant appliqué arbitrairement, selon son usage, à un oiseau tout différent de celui dont parle cet auteur, au

---

(a) Le vrai nom est *alcochichi*, que j'ai raccourci pour le rendre d'une prononciation moins désagréable. Voyez *Seba*, t. Ier, p. 90, et planche LV, fig. 4.

(b) *De Avibus Novæ-Hispaniæ*, cap. IV, p. 14.

(*) *Oriolus Novæ-Hispaniæ* GMEL.

moins quant au plumage, il a encore appliqué à ce même oiseau ce qu'a dit Fernandez du véritable acolchi, savoir, que les Espagnols l'appellent *tordo*, c'est-à-dire étourneau.

Ce faux acolchi de Seba a un long bec jaune sortant d'une tête toute noire; la gorge de cette dernière couleur, la queue noirâtre ainsi que les ailes; celles-ci ont pour ornement de petites plumes couleur d'or qui font un bon effet sur ce fond rembruni.

Seba donne son acolchi pour un oiseau d'Amérique; et j'ignore pourquoi M. Brisson, qui ne cite d'autre autorité que celle de Seba, ajoute qu'on le trouve surtout au Mexique (*a*). Il est vrai que le mot acolchi est mexicain, mais on ne peut assurer la même chose de l'oiseau auquel Seba a trouvé bon de l'appliquer.

L'ARC-EN-QUEUE (*b*)

Fernandez donne le nom d'*oziniscan* (*c*) à deux oiseaux qui ne se ressemblent point du tout (*d*), et Seba a pris la licence d'appliquer ce même nom à un troisième oiseau, qui diffère entièrement des deux autres (*e*), excepté pour la grosseur, car ils sont dits tous trois avoir la grosseur d'un pigeon.

Ce troisième *oziniscan*, c'est l'arc-en-queue dont il s'agit dans cet article (*). Je le nomme ainsi à cause d'un arc ou croissant noir qui paraît et se dessine très bien sur la queue lorsqu'elle est épanouie, d'autant qu'elle est d'une belle couleur jaune, ainsi que le bec et le corps entier, tant dessus que dessous; la tête et le cou sont noirs, et les ailes de la même couleur, avec une légère teinte de jaune.

J'oubliais de dire que le croissant de la queue a sa concavité tournée du côté du corps de l'oiseau.

Seba ajoute qu'il a reçu d'Amérique plusieurs de ces oiseaux, et qu'ils passent dans le pays pour des espèces d'oiseaux de proie; peut-être ont-ils les mêmes habitudes que notre premier troupiale : d'ailleurs, la figure que donne Seba présente un bec un peu crochu vers la pointe.

(*a*) Voyez son *Ornithologie*, t. II, p. 88. Il lui a donné en conséquence le nom de *troupiale du Mexique*.

(*b*) C'est le *troupiale à queue annelée* de Brisson.

(*c*) Tome II, p. 89. La véritable orthographe sauvage ou brésilienne de ce mot est *otzinitzcan*.

(*d*) *De Avibus Novæ-Hispaniæ*, cap. LXXXVI et CLVI.

(*e*) Seba, t. 1er, p. 97, planche LXI, fig. 3.

(*) *Oriolus annulatus* GMEL. C'est une espèce douteuse.

LE JAPACANI (a)

Je sais que M. Sloane a cru que son *petit gobe-mouche jaune et brun* (b) était le même que le japacani de Marcgrave ; cependant, indépendamment des différences de plumage, le japacani (*) est huit fois plus gros, masse pour masse, toutes ses dimensions étant doubles de celles de l'oiseau de M. Sloane ; car celui-ci n'a que quatre pouces de longueur et sept pouces de vol, tandis que, selon Marcgrave, le japacani est de la grosseur du bemtère, et le bemtère de celle de l'étourneau (c) ; or l'étourneau a plus de huit pouces de longueur et plus de quatorze pouces de vol. Il est difficile de rapporter à la même espèce deux oiseaux, et surtout deux oiseaux sauvages, de tailles si différentes.

Le japacani a le bec noir, long, pointu, un peu courbé, la tête noirâtre, l'iris couleur d'or, la partie postérieure du cou, le dos, les ailes et le croupion, variés de noir et de brun clair ; la queue noirâtre par-dessus, marquée de blanc par-dessous, la poitrine, le ventre, les jambes, variés de jaune et de blanc avec des lignes transversales de couleur noirâtre, les pieds bruns, les ongles noirs et pointus (d).

Le petit oiseau de M. Sloane a le bec rond, presque droit, long d'un demi-pouce ; la tête et le dos d'un brun clair avec quelques taches noires ; la queue longue de dix-huit lignes et de couleur brune, ainsi que les ailes, qui ont un peu de blanc à leur extrémité ; le tour des yeux, la gorge, les côtés du cou et les couvertures de la queue jaunes ; la poitrine de même couleur, mais avec des marques brunes ; le ventre blanc ; les pieds bruns, longs de quinze lignes, et du jaune dans les doigts.

Cet oiseau est commun aux environs de San-Iago, capitale de la Jamaïque : il se tient ordinairement dans les buissons. Son estomac est très musculeux, et doublé, comme sont tous les gésiers, d'une membrane mince, insensible et sans adhérence. M. Sloane n'a rien trouvé dans le gésier de l'individu qu'il a disséqué, mais il a observé que ses intestins faisaient un grand nombre de circonvolutions.

Le même auteur fait mention d'une variété d'espèce qui ne diffère de son petit oiseau qu'en ce qu'elle a moins de jaune dans son plumage.

Cet oiseau sera, si l'on veut, un troupiale à cause de la forme de son bec, mais ce sera certainement un troupiale autre que le japacani.

(a) C'est le nom brésilien de cet oiseau. Marcgrave, *Hist. Brasil.*, p. 212. Je n'y change rien parce qu'il peut être prononcé par un gosier européen. M. Klein lui a donné le nom de *rossignol jaune et brun. Ordo Avium*, p. 75, n° 13. En allemand, *gell-braun-grasmuke*.

(b) *Natural History of Jamaïca*, p. 309, n° 43.

(c) *Hist. Brasiliæ*, p. 216.

(d) Voyez Marcgrave, *loco citato*.

(*) *Oriolus Japacani* GMEL.

LE XOCHITOL ET LE COSTOTOL (*)

M. Brisson fait sa dixième espèce, ou son *troupiale de la Nouvelle-Espagne (a)*, du *xochitol* de Fernandez, chap. CXXII, que celui-ci dit n'être autre
chose que le *costotol* adulte. Or, il fait mention de deux costotols, l'un au
chap. XXVIII, l'autre au chap. CXLIII, et tous deux se ressemblent assez ; mais
s'ils différaient à un certain point, il faudrait nécessairement appliquer ce
que dit ici Fernandez au costotol du chap. XXVIII, puisque c'est au chap. CXXII
qu'il en parle comme d'un oiseau dont il a déjà été question, et que l'autre
costotol est, comme nous l'avons dit, du chap. CXLIII.

Maintenant, si l'on compare la description du xochitol du chap. CXXII à
celle du costotol du chap. XXVIII, on y trouvera des contradictions qui ne
seront pas faciles à concilier : en effet, comment le costotol, qui, étant déjà
assez formé pour avoir son chant, n'est alors que de la grosseur d'un serin
de Canarie, peut-il parvenir dans la suite à celle de l'étourneau? Comment
cet oiseau, qui étant encore jeune, ou si l'on veut n'étant encore que costotol,
a le ramage agréable du chardonneret, peut-il, étant devenu xochitol, n'avoir
plus que le cri rebutant de la pie, sans parler de la grande et trop grande
différence qui se trouve entre les plumages ; car le costotol a la tête et le
dessous du corps jaunes, et le xochitol du chap. CXXII a ces mêmes parties
noires ; celui-là a les ailes jaunes terminées de noir, celui-ci les a variées de
noir et de blanc par-dessus et cendrées par-dessous, sans une seule plume
jaune.

Or, toutes ces contradictions s'évanouissent si, au xochitol du chap. CXXII,
on substitue le xochitol ou l'oiseau fleuri du chap. CXXV. Les grosseurs se
rapprochent, puisqu'il n'est que de celle d'un moineau ; il a le ramage agréable comme le costotol ; le jaune de celui-ci se trouve mêlé avec les autres
couleurs qui varient le plumage de celui-là ; ils sont tous deux un bon manger, et de plus le xochitol présente deux traits de conformité avec les troupiales, car il vit comme eux d'insectes et de graines, et il suspend son nid
à l'extrémité des petites branches. La seule différence qu'on peut remarquer
entre le xochitol du chap. CXXV et le costotol, c'est que celui-ci se trouve dans
les pays chauds, au lieu que l'autre habite indifféremment tous les climats ;
mais n'est-il pas naturel de penser que les xochitols viennent nicher dans
les pays chauds, où par conséquent leurs petits, c'est-à-dire les jeunes costotols, restent jusqu'à ce qu'étant devenus plus grands, c'est-à-dire xochitols,
ils soient en état de suivre leurs père et mère dans des pays plus froids. Le

---

(a) *Ornithologie*, t. II, p. 95.

(*) *Icterus Costotol* DAUD. C'est peut-être la même espèce que l'Acolchi de Seba.

costotol a le plumage jaune avec le bout des ailes noir, comme j'ai dit ; et le xochitol du chap. cxxv a le plumage varié de jaune pâle, de brun, de blanc et de noirâtre.

Il est vrai que M. Brisson a fait de ce dernier son premier carouge ; mais comme il suspend son nid précisément à la manière des troupiales, c'est une raison décisive de le ranger avec ceux-ci, sauf à faire un autre troupiale du xochitol du chap. cxxii de Fernandez, lequel a la grosseur de l'étourneau, la poitrine, le ventre et la queue couleur de safran, variée d'un peu de noir ; les ailes variées de noir et de blanc par-dessus, et cendrées par-dessous ; la tête et le reste du corps noirs, le chant de la pie, et la chair bonne à manger.

C'est, ce me semble, tout ce qu'on peut dire d'oiseaux si peu connus et si imparfaitement décrits.

LE TOCOLIN (a)

Fernandez regardait cet oiseau (*) comme un pic à cause de son bec long et pointu, mais ce caractère convient aussi aux troupiales, et je ne vois d'ailleurs dans la description de Fernandez aucun des autres caractères des pics ; je le laisserai donc avec les troupiales, où l'a mis M. Brisson.

Il est de la grosseur de l'étourneau ; il se tient dans les bois et niche sur les arbres ; son plumage est agréablement varié de jaune et de noir, excepté le dos, le ventre et les pieds, qui sont cendrés.

Le tocolin n'a point de ramage, mais sa chair est un bon manger : on le trouve au Mexique.

LE COMMANDEUR

C'est ici le véritable acolchi de Fernandez (b) (**) : il doit son nom de commandeur à la belle marque rouge qu'il a sur la partie antérieure de l'aile, et qui semble avoir quelque rapport avec la marque d'un ordre de chevalerie ; elle fait ici d'autant plus d'effet qu'elle se trouve comme jetée sur un fond

---

(a) Son vrai nom c'est l'*ococolin*, Fernandez, p. 54, cap. ccxi ; mais, comme j'ai déjà appliqué ce nom à un autre oiseau (t. V. p. 488), je l'ai changé ici en y ajoutant la première lettre du mot *troupiale*. C'est le *troupiale gris* de M. Brisson, t. II, p. 96.

(b) *Historia avium Novæ-Hispaniæ*, cap. iv.

(*) *Oriolus griseus* GMEL. C'est une espèce douteuse.

(**) Cette espèce est un véritable Troupiale, l'*Agelaius phæniceus* des ornithologistes modernes, ou Troupiale à épaulettes rouges.

d'un noir brillant et lustré, car le noir est la couleur générale non seulement du plumage, mais du bec, des pieds et des ongles ; il y a cependant de légères exceptions à faire ; l'iris des yeux est blanc, et la base du bec est bordée d'un cercle rouge fort étroit ; le bec est aussi quelquefois plutôt brun que noir, suivant Albin. Au reste, la vraie couleur de la marque des ailes n'est pas un rouge décidé, selon Fernandez, mais un rouge affaibli par une teinte de roux qui prévaut avec le temps, et devient à la fin la couleur dominante de cette tache : quelquefois même ces deux couleurs se séparent, de manière que le rouge occupe la partie antérieure et la plus élevée de la tache, et le jaune la partie postérieure et la plus basse (a). Mais cela est-il vrai de tous les individus, et n'aura-t-on pas attribué à l'espèce entière ce qui ne convient qu'aux femelles ? On sait qu'en effet, dans celles-ci, la marque des ailes est d'un rouge moins vif : outre cela, le noir de leur plumage est mêlé de gris (b), et elles sont aussi plus petites.

Le commandeur est à peu près de la grosseur et de la forme de l'étourneau · il a environ huit à neuf pouces de longueur de la pointe du bec au bout de la queue, et treize à quatorze pouces de vol ; il pèse trois onces et demie.

Ces oiseaux sont répandus dans les pays froids comme dans les pays chauds : on les trouve dans la Virginie, la Caroline, la Louisiane, le Mexique, etc. Ils sont propres et particuliers au nouveau monde, quoiqu'on en ait tué un dans les environs de Londres ; mais c'était sans doute un oiseau privé qui s'était échappé de sa prison : ils se privent en effet très facilement, apprennent à parler, et se plaisent à chanter et à jouer, soit qu'on les tienne en cage, soit qu'on les laisse courir dans la maison ; car ce sont des oiseaux très familiers et fort actifs.

L'estomac de celui qui fut tué près de Londres ayant été ouvert, on y trouva des débris de scarabées, de cerfs-volants et de ces petits vers qui s'engendrent dans les chairs ; cependant leur nourriture de préférence, en Amérique, c'est le froment, le maïs, etc., et ils en consomment beaucoup : ces redoutables consommateurs vont ordinairement par troupes nombreuses ; et se joignant, comme font nos étourneaux d'Europe, à d'autres oiseaux non moins nombreux et non moins destructeurs, tels que les pies de la Jamaïque, malheur aux moissons, aux terres nouvellement ensemencées, sur lesquelles tombent ces essaims affamés ! Mais ils ne font nulle part tant de dommages que dans les pays chauds et sur les côtes de la mer.

Quand on tire sur ces volées combinées, il tombe ordinairement des oiseaux de plusieurs espèces, et, avant qu'on ait rechargé, il en revient autant qu'auparavant.

(a) Albin, t. Ier, p. 33.
(b) Brisson, t. II, p. 98.

Catesby assure qu'ils font leur ponte, dans la Caroline et la Virginie, toujours parmi les joncs. Ils savent en entrelacer les pointes pour faire une espèce de comble ou d'abri sous lequel ils établissent leur nid, à une hauteur si juste et si bien mesurée, qu'il se trouve toujours au-dessus des marées les plus hautes. Cette construction de nid est bien différente de celle de notre premier troupiale, et annonce un instinct, une organisation, et par conséquent une espèce différente.

Fernandez prétend qu'ils nichent sur les arbres, à portée des lieux habités : cette espèce aurait-elle des usages différents selon les différents pays où elle se trouve ?

Les commandeurs ne paraissent à la Louisiane que l'hiver, mais en si grand nombre, qu'on en prend quelquefois trois cents d'un seul coup de filet. On se sert pour cette chasse d'un filet de soie très long et très étroit, en deux parties, comme le filet d'alouette. « Lorsqu'on veut le tendre, dit » M. Lepage Duprats, on va nettoyer un endroit près du bois, on fait une » espèce de sentier dont la terre soit bien battue, bien unie ; on tend les » deux parties du filet des deux côtés du sentier, sur lequel on fait une » traînée de riz ou d'autre graine, et l'on va de là se mettre en embuscade » derrière une broussaille où répond la corde du tirage ; quand les volées de » commandeurs passent au-dessus, leur vue perçante découvre l'appât : » fondre dessus et se trouver pris n'est l'affaire que d'un instant ; on est » contraint de les assommer, sans quoi il serait impossible d'en ramasser un » si grand nombre (a). » Au reste, on ne leur fait la guerre que comme à des oiseaux nuisibles, car, quoiqu'ils prennent quelquefois beaucoup de graisse, dans aucun cas leur chair n'est un bon manger : nouveau trait de conformité avec nos étourneaux d'Europe.

J'ai vu chez M. l'abbé Aubri une variété de cette espèce, qui avait la tête et le haut du cou d'un fauve clair : tout le reste du plumage était à l'ordinaire. Cette première variété semble indiquer que l'oiseau représenté dans nos planches enluminées, n° 343, sous le nom de *carouge de Cayenne*, en est une seconde, laquelle ne diffère de la première que par la privation des marques rouges des ailes ; car elle a tout le reste du plumage de même : à peu près même grosseur, mêmes proportions ; et la différence des climats n'est pas si grande qu'on ne puisse aisément supposer que le même oiseau peut s'habituer également dans tous les deux.

Il ne faut que jeter un coup d'œil de comparaison sur les planches enluminées, n° 402 et n° 236, fig. 2, pour se persuader que l'oiseau représenté dans cette dernière, sous le nom de *troupiale de Cayenne*, n'est qu'une seconde variété de l'espèce représentée, n° 402, sous le nom de *troupiale à ailes rouges de la Louisiane*, qui est notre commandeur : c'est à peu près

(a) Lepage Duprats, *Histoire de la Louisiane*, t. II, p. 134.

la même grosseur, la même forme, les mêmes proportions, les mêmes couleurs distribuées de même, excepté que dans le n° 236 le rouge colore non seulement la partie antérieure des ailes, mais la gorge, le devant du cou, une partie du ventre et même l'iris.

Si l'on compare ensuite cet oiseau du n° 236 avec celui représenté n° 536, sous le nom de *troupiale de la Guyane* (a), on jugera tout aussi sûrement que le dernier est une variété d'âge ou de sexe du premier, dont il ne diffère que comme la femelle troupiale diffère du mâle, c'est-à-dire par des couleurs plus faibles : toutes ses plumes rouges sont bordées de blanc, et les noires, ou plutôt les noirâtres, sont bordées de gris clair, en sorte que le contour de chaque plume se dessine très nettement, et que l'oiseau paraît comme s'il était couvert d'écailles ; c'est d'ailleurs la même distribution de couleurs, même grosseur, même climat, etc. Il est impossible de trouver des rapports aussi détaillés entre deux oiseaux d'espèces différentes.

J'ai appris que ceux-ci fréquentaient ordinairement les savanes dans l'île de Cayenne, qu'ils se tenaient volontiers sur les arbustes, et que quelques-uns leur donnaient le nom de *cardinal*.

LE TROUPIALE NOIR

Le plumage noir de cet oiseau (*) lui a valu les noms de corneille, de merle et de choucas ; cependant il n'est pas aussi profondément noir, d'un noir aussi uniforme qu'on l'a dit ; car, à certains jours, ce noir paraît changeant et jette des reflets verdâtres, principalement sur la tête et sur la partie supérieure du corps, de la queue et des ailes.

Ce troupiale est environ de la grosseur du merle, ayant dix pouces de longueur (b) et quinze à seize pouces de vol ; les ailes, dans leur état de repos, vont à la moitié de la queue, qui a quatre pouces et demi de long, est étagée et composée de douze pennes. Le bec a plus d'un pouce, et le doigt du milieu est plus long que le pied ou plutôt que le tarse.

Cet oiseau se plaît à Saint-Domingue, et il est fort commun en certains endroits de la Jamaïque, particulièrement entre Spanish-Town et Passage-Fort. Il a l'estomac musculeux, et on le trouve ordinairement rempli de débris de scarabées et d'autres insectes.

(a) Voyez Brisson; t. II, p. 107.
(b) J'entends toujours la longueur prise de la pointe du bec au bout de la queue.

(*) *Oriolus niger* de Gmelin.

LE PETIT TROUPIALE NOIR

J'ai vu un autre troupiale noir (*) venant d'Amérique, mais beaucoup plus petit, plus petit même que le mauvis ; il n'avait que six à sept pouces de longueur, et sa queue, qui était carrée, n'avait que deux pouces six lignes : elle débordait les ailes d'un pouce.

Le plumage était tout noir sans exception, mais ce noir était plus lustré .et rendait des reflets bleuâtres sur la tête et les parties environnantes. On dit que cet oiseau s'apprivoise aisément et qu'il s'accoutume à vivre familièrement dans la maison.

L'oiseau représenté, n° 606, fig. 1, *de nos planches enluminées*, est vraisemblablement la femelle de ce petit troupiale, car il est partout de couleur noire ou noirâtre, excepté sur la tête et le cou, qui sont d'une teinte plus claire ou si l'on veut plus faible, comme cela a lieu dans toutes les femelles d'oiseau. On retrouve encore dans le plumage de celle-ci les reflets bleus qu'on a remarqués dans le plumage du mâle ; mais, au lieu d'être sur les plumes de la tête, comme dans le mâle, ils se trouvent sur celles de la queue et des ailes.

Aucun naturaliste, que je sache, n'a fait mention de cette espèce.

———

LE TROUPIALE A CALOTTE NOIRE

Cet oiseau (**) me paraît être absolument de la même espèce que le troupiale brun de la Nouvelle-Espagne de M. Brisson (a). Pour se former une idée juste de son plumage, qu'on se représente un oiseau d'un beau jaune avec une calotte et un manteau noir. La queue est de la même couleur sans aucune tache, mais le noir des ailes est un peu égayé par du blanc qui borde les couvertures et qui reparaît à l'extrémité des pennes.

Cet oiseau a le bec gris clair avec une teinte orangée et les pieds marron. Il se trouve au Mexique et dans l'île de Cayenne.

(a) Tome II, p. 105.

(*) *Oriolus minor* de Gmelin.
(**) *Oriolus mexicanus* GMEL.

LE TROUPIALE·TACHETÉ DE CAYENNE

Les taches de ce petit troupiale (*) résultent de ce que presque toutes ses plumes, qui ont du brun ou du noirâtre dans leur milieu, sont bordées tout autour d'un jaune plus ou moins orangé sur les ailes, la queue et la partie inférieure du corps, et d'un jaune plus ou moins rembruni sur le dos et toute la partie supérieure du corps. La gorge est sans tache et de couleur blanche : un trait de même couleur, qui passe immédiatement sur l'œil, se prolonge en arrière entre deux traits noirs parallèles, dont l'un accompagne le trait blanc par-dessus, et l'autre embrasse l'œil par-dessous ; l'iris est d'un orangé vif et presque rouge ; tout cela donne du jeu et de l'expression à la physionomie du mâle, je dis du mâle, car la femelle n'a aucune physionomie, quoiqu'elle ait aussi l'iris orangé : à l'égard de son plumage, c'est du jaune lavé qui, se brouillant avec du blanc sale, produit la plus fade uniformité.

Ces oiseaux ont le bec épais et pointu des troupiales, et d'un cendré bleuâtre ; leurs pieds sont couleur de chair. On jugera des proportions de leur forme par la figure indiquée ci-dessus.

Le carouge tacheté de M. Brisson (a), qui a plusieurs traits de ressemblance avec le troupiale de cet article, en diffère cependant à beaucoup d'égards, non seulement parce qu'il est plus de moitié plus petit, mais parce qu'il a l'ongle postérieur plus long, l'iris noisette, le bec couleur de chair, la gorge noire ainsi que les côtés du cou ; enfin le ventre, les jambes, les couvertures du dessus et du dessous de la queue sans aucunes taches.

M. Edwards hésitait à laquelle des deux espèces il fallait le rapporter, celle de la grive ou de l'ortolan ; M. Klein (b) décide assez lestement que ce n'est ni à l'une ni à l'autre, mais à celle du pinson : malgré sa décision, la forme du bec et l'identité de climat me déterminent pour l'opinion de M. Brisson, qui en fait un carouge.

(a) Tome II, p. 126.
(b) Page 98. Je ne sais pourquoi M. Klein caractérise cette espèce par sa queue relevée, « caudâ superbiens, » si ce n'est d'après la figure de M. Edwards, planche 85 ; mais on sait qu'un dessinateur ne représente qu'un moment, qu'une attitude, et qu'il choisit ordinairement le moment le plus beau, l'attitude la plus pittoresque. D'ailleurs M. Edwards ne dit rien du port habituel de la queue de cet oiseau qu'il appelle *schomburger*.

(*) *Oriolus melancholicus* GMEL.

LE TROUPIALE OLIVE DE CAYENNE (*)

Cet oiseau n'a que six à sept pouces de longueur; il doit son nom à la couleur olivâtre qui règne sur la partie postérieure du cou, sur le dos, la queue, le ventre et les couvertures des ailes; mais cette couleur n'est point partout la même : plus sombre sur le cou, le dos et les couvertures des ailes les plus voisines, un peu moins sur la queue, elle devient beaucoup plus claire sous le ventre, comme aussi sur la plus grande partie des couvertures des ailes les plus éloignées du dos, avec cette différence entre les grandes et les petites, que celles-ci sont sans mélange d'autre couleur, au lieu que les grandes sont variées de brun. La tête, la gorge, le devant du cou et la poitrine sont d'un brun mordoré, plus foncé sous la gorge et tirant à l'orangé sur la poitrine où le mordoré se fond avec la couleur olivâtre du dessous du corps. Le bec et les pieds sont noirs; les pennes de l'aile et quelques-unes de ses grandes couvertures les plus proches du bord extérieur sont de la même couleur, mais bordées de blanc.

Au reste, la forme du bec est celle des troupiales, la queue est assez longue, et les ailes, dans leur situation de repos, ne s'étendent pas au tiers de sa longueur.

LE CAP-MORE (**)

Les deux individus, représentés dans les planches 375 et 376, ont été apportés par un capitaine de vaisseau qui avait ramassé une quarantaine d'oiseaux de différents pays, entre autres du Sénégal, de Madagascar, etc., et qui avait nommé ceux-ci pinsons du Sénégal. Je leur ai donné le nom de cap-more à cause de leur capuchon mordoré, et j'ai substitué ce nom, qui exprime l'accident le plus remarquable de leur plumage, à la dénomination impropre de troupiales du Sénégal : elle m'a paru impropre, cette dénomination, soit à raison du climat indiqué, qui n'est point celui des troupiales, soit à raison même de l'espèce désignée; car le cap-more s'éloigne assez de l'espèce des troupiales et par les proportions du bec, de la queue et des ailes, et par la manière dont il travaille son nid, pour qu'on doive l'en distinguer par un nom particulier; et il pourrait se faire que, sans être un véritable troupiale, il fût en Afrique le représentant de cette espèce américaine. Les deux dont il s'agit ici ont appartenu à une personne d'un haut rang, qui

---

(*) *Oriolus olivaceus* GMEL.
(**) *Oriolus textor* GMEL.

nous a permis de les faire dessiner chez elle ; et cette personne ayant jeté un coup d'œil sur leurs façons de faire, et ayant bien voulu nous communiquer ce qu'elle avait vu, elle nous a appris sur l'histoire de cette espèce étrangère et nouvelle tout ce que nous en savons.

Le plus vieux avait une sorte de capuchon brun qui paraissait mordoré au soleil : ce capuchon s'effaça à la mue de l'arrière-saison, laissant à la tête une couleur jaune ; mais il reparut au printemps, ce qui se renouvela constamment les années suivantes. La couleur principale du reste du corps était le jaune plus ou moins orangé ; cette couleur régnait sur le dos comme sur la partie inférieure du corps, et elle bordait les couvertures des ailes, leurs pennes et celles de la queue, lesquelles avaient toutes le fond noirâtre.

Le jeune fut deux ans sans avoir le capuchon, et même sans changer de couleurs, ce qui fut cause qu'on le prit d'abord pour une femelle, et qu'on le dessina sous cette dénomination, n° 376. La méprise était excusable, puisque dans la plupart des animaux le premier âge fait presque disparaître les différences qui distinguent les mâles des femelles, et qu'un des principaux caractères de ces dernières consiste à conserver très longtemps les attributs de la jeunesse ; mais, enfin, lorsqu'au bout de deux ans le jeune troupiale eut pris le capuchon mordoré et toutes les couleurs du vieux, on ne put s'empêcher de le reconnaître pour un mâle.

Avant ce changement de couleurs, le jaune de son plumage était d'une teinte plus faible que dans le vieux : il régnait sur la gorge, le cou, la poitrine, et bordait, comme dans le vieux, toutes les plumes de la queue et des ailes. Le dos était d'un brun olivâtre, qui s'étendait derrière le cou et jusque sur la tête. Dans l'un et l'autre, l'iris des yeux était orangé, le bec couleur de corne, plus épais et moins long que celui du troupiale, et les pieds rougeâtres.

Ces deux oiseaux vécurent d'abord en assez bonne intelligence dans la même cage ; le plus jeune était ordinairement sur le bâton le plus bas, ayant le bec fort près de l'autre ; il lui répondait toujours en battant des ailes et avec l'air de la subordination.

Comme on s'aperçut dans l'été qu'ils entrelaçaient des tiges de mouron dans la grille de leur cage, on prit cela pour l'indice d'une disposition prochaine à nicher, et on leur donna de petits brins de joncs dont ils eurent bientôt construit un nid, lequel avait assez de capacité pour que l'un des deux y fût caché tout entier. L'année suivante ils recommencèrent, mais alors le vieux chassa le jeune qui prenait déjà la livrée de son sexe, et celui-ci fut obligé de travailler à part à l'autre bout de la cage. Nonobstant une conduite si soumise, il était souvent battu et quelquefois si rudement qu'il restait sur la place : on fut obligé de les séparer tout à fait, et depuis ce temps ils ont travaillé chacun de leur côté, mais sans suite ; l'ouvrage du jour était ordinairement défait le lendemain : un nid n'est pas l'ouvrage d'un seul.

Ils avaient tous deux un chant singulier, un peu aigre, mais fort gai : le plus vieux est mort subitement, et le plus jeune à la suite de quelques attaques d'épilepsie. Leur grosseur était un peu au-dessous de celle de notre premier troupiale ; ils avaient aussi les ailes et la queue un peu plus courtes à proportion.

LE SIFFLEUR

Je ne sais pourquoi M. Brisson a fait un baltimore de cet oiseau (a) (*), car il me semble que, soit par la forme du bec, soit par les proportions du tarse, il est plutôt troupiale que baltimore. Au reste, je laisse la question indécise en plaçant le siffleur entre les baltimores et les troupiales sous le nom vulgaire qu'on lui donne à Saint-Domingue, nom qu'il doit sans doute aux sons aigus et perçants de sa voix.

En général, cet oiseau est brun par dessus, excepté les environs du croupion et les petites couvertures des ailes qui sont d'un jaune verdâtre, comme tout le dessous du corps ; mais cette dernière couleur est plus rembrunie sous la gorge, et elle est variée de roux sur le cou et la poitrine ; les grandes couvertures et les pennes des ailes, ainsi que les douze pennes de la queue, sont bordées de jaune : mais, pour avoir une idée juste du plumage du siffleur, il faut supposer une teinte olive plus ou moins forte, répandue sur toutes ses différentes couleurs sans exception ; d'où il résulte que, pour caractériser cet oiseau par la couleur dominante de son plumage, il eût fallu choisir l'olive et non pas le vert, comme a fait M. Brisson.

Le siffleur est de la grosseur du pinson ; il a environ sept pouces de longueur et dix à onze pouces de vol ; la queue, qui est étagée, a trois pouces, et le bec neuf à dix lignes.

LE BALTIMORE (b) (**)

Cet oiseau d'Amérique a pris son nom de quelque rapport aperçu entre les couleurs de son plumage ou leur distribution, et les armoiries de milord Baltimore. C'est un petit oiseau de la grosseur d'un moineau franc, pesant un peu plus d'une once, qui a six à sept pouces de longueur, onze à douze

(a) C'est le *baltimore vert* de M. Brisson, t. II, p. 113.
(b) C'est le *baltimore* de M. Brisson, qui en a fait son dix-neuvième troupiale, t. II, p. 109 ; et le *baltimore-bird* de Catesby, t. Ier, p. et pl. 48.

(*) *Oriolus viridis* GMEL.
(**) *Oriolus Baltimore* GMEL. (*Hyphantos Baltimore* des ornithologistes modernes.)

de vol , la queue composée de douze pennes , longue de deux à trois pouces, et dépassant les ailes en repos presque de la moitié de sa longueur. Une sorte de capuchon d'un beau noir lui couvre la tête et descend par devant sur la gorge, et par derrière jusque sur les épaules; les grandes couvertures et les pennes des ailes sont pareillement noires, ainsi que les pennes de la queue ; mais les premières sont bordées de blanc, et les dernières ont de l'orangé à leur extrémité, et d'autant plus qu'elles s'éloignent davantage des deux pennes du milieu, qui n'en ont point du tout ; le reste du plumage est d'un très bel orangé : enfin le bec et les pieds sont de couleur de plomb.

La femelle, que j'ai observée dans le Cabinet du Roi, avait toute la partie antérieure d'un beau noir, comme le mâle, la queue de la même couleur, les grandes couvertures et les pennes des ailes noirâtres, le tout sans aucun mélange d'autre couleur (a); et tout ce qui est d'un si bel orangé dans le mâle, elle l'avait d'un rouge terne.

J'ai dit plus haut que le bec des baltimores était non seulement plus court à proportion et plus droit que celui des carouges, des troupiales et des cassiques, mais d'une forme particulière : c'est celle d'une pyramide à cinq pans, dont deux pour le bec supérieur, et trois pour le bec inférieur. J'ajoute qu'ils ont le pied ou plutôt le tarse plus grêle que les carouges et les troupiales.

Les baltimores disparaissent l'hiver, du moins en Vriginie et dans le Maryland, où Catesby les a observés. Ils se trouvent aussi dans le Canada, mais Catesby n'en a point vu dans la Caroline.

Ils font leurs nids sur les plus grands arbres, tels que peupliers, tulipiers, etc.; ils l'attachent à l'extrémité d'une grosse branche, et il est ordinairement soutenu par deux petits rejetons qui entrent dans ses bords : en quoi les nids des baltimores me paraissent avoir du rapport avec celui de nos loriots.

LE BALTIMORE BATARD

On a sans doute appelé cet oiseau (*) ainsi parce que les couleurs de son plumage sont moins vives que celles du baltimore, et qu'à cet égard on l'a considéré comme une espèce abâtardie : et en effet, lorsqu'on s'est assuré par une comparaison exacte que ces deux oiseaux sont ressemblants presque en tout (b), excepté pour les couleurs; qu'ils ne diffèrent, à vrai dire, que par les teintes des mêmes couleurs, distribuées presque absolument de

(a) M. Brisson remarque que l'oiseau donné par Catesby pour la femelle du baltimore bâtard paraît être plutôt celle du baltimore véritable.

(b) Le bâtard a les ailes un peu plus courtes.

(*) C'est le jeune de l'espèce précédente.

même, on ne peut guère se dispenser d'en conclure que le baltimore bâtard n'est qu'une variété de l'espèce franche, variété dégénérée, soit par l'influence du climat, soit par quelque autre cause. Le noir de la tête est un peu marbré, celui de la gorge est pur; la partie du coqueluchon qui tombe par derrière est d'un gris olivâtre qui se fonce de plus en plus en approchant du dos. Presque tout ce qui est d'un orangé si brillant dans l'autre est, dans celui-ci, d'un jaune tirant sur l'orangé, plus vif sur la poitrine et sur les couvertures de la queue que partout ailleurs. Les ailes sont brunes, mais leurs grandes couvertures et leurs pennes sont bordées de blanc sale. Des douze pennes de la queue, les deux du milieu sont noirâtres dans leur partie moyenne, olivâtres à leur naissance, et marquées de jaune à leur extrémité : la suivante, de chaque côté, présente les deux premières couleurs mêlées confusément, et dans les quatre pennes suivantes les deux dernières couleurs sont fondues ensemble.

En un mot, le baltimore franc est au baltimore bâtard, par rapport aux couleurs du plumage, à peu près ce que celui-ci est à sa femelle : or cette femelle a les couleurs du dessus du corps et de la queue plus ternes, et le dessous du corps d'un blanc jaunâtre.

LE CASSIQUE JAUNE DU BRÉSIL OU L'YAPOU (a)

En comparant les cassiques (*) aux troupiales, aux carouges et aux baltimores, avec lesquels ils ont beaucoup de choses communes, on s'apercevra qu'ils sont plus gros, qu'ils ont le bec plus fort et les pieds plus courts à proportion, sans parler du caractère de leur physionomie, aussi facile à saisir par le coup d'œil, ou même à exprimer dans une figure, que difficile à rendre avec le seul pinceau de la parole.

Plusieurs auteurs ont donné la description et la figure du cassique jaune sous différents noms, et il y a à peine deux de ces figures ou de ces descriptions qui s'accordent parfaitement. Mais, avant d'entrer dans le détail de ces variétés, il est bon d'écarter tout à fait un oiseau qui me paraît avoir

(a) C'est un oiseau fort approchant du *cassique jaune* de M. Brisson, t. II, p. 100, et de la pie du Brésil de Belon, *Nature des Oiseaux*, p. 292. On lui a donné plusieurs noms latins : *pica, picus minor, cissa nigra*, etc. En italien, *gazza* ou *zalla di Terra-Nuova*. En anglais, *black and yellow daw of Brasil*. En français, *cul-jaune*. Barrère ajoute, *de la petite espèce* (*France équinoxiale*, p. 142); mais il est évident que ce sont ceux dont j'ai parlé ci-dessus qui sont les petits culs-jaunes, ayant à peu près la grosseur de l'alouette.

(*) Les Cassiques (*Cassicus*) se distinguent par un bec à base très large, muni d'une arête terminée en arrière par un disque osseux.

Le Yapou est le *Cassicus cristatus* des ornithologistes modernes, oiseau indigène non pas de la Perse, comme le ferait croire le nom de Pie de Perse que lui donnait Aldrovande, mais de l'Amérique du Sud.

des différences trop caractérisées pour appartenir, même de loin, à l'espèce de l'yapou : c'est la pie de Perse d'Aldrovande (*a*) ; ce naturaliste ne l'a décrite que d'après un dessin qui lui avait été envoyé de Venise ; il la juge de la grosseur de notre pie ; sa couleur dominante n'est pas le noir, elle est seulement rembrunie (*subfuscum*) : elle a le bec fort épais, un peu court (*breviusculum*) et blanchâtre, les yeux blancs et les ongles petits ; tandis que notre yapou n'est guère plus gros que le merle, que tout ce qui est noir dans son plumage est d'un noir décidé, que son bec est assez long et de couleur de soufre, l'iris de ses yeux couleur de saphir, et ses ongles assez forts, selon M. Edwards, et même bien forts et crochus, selon Belon. On ne peut guère douter que des oiseaux si différents n'appartiennent à des espèces différentes, surtout si celui d'Aldrovande était réellement originaire de Perse, comme on le lui avait dit, car l'yapou est certainement d'Amérique.

Les couleurs principales de ce dernier sont constamment le noir et le jaune, mais la distribution de ces couleurs n'est pas la même dans tous les individus observés : par exemple, dans celui que nous avons fait dessiner, tout est noir, excepté le bec et l'iris des yeux, comme nous venons de le dire, et encore les grandes couvertures des ailes les plus voisines du corps, qui sont jaunes, ainsi que toute la partie supérieure du corps, tant dessus que dessous, depuis et compris les cuisses jusque et par delà la moitié de la queue.

Dans un autre individu venant de Cayenne, qui est au cabinet du Roi, et qui est plus gros que le précédent, il y a moins de jaune sur les ailes, et point du tout au bas de la jambe : enfin les pieds paraissent plus forts à proportion : ce peut être le mâle.

Dans la pie noire et jaune de M. Edwards, qui est évidemment le même oiseau que le nôtre, il y a sur quatre ou cinq des couvertures jaunes des ailes une tache noire près de leur extrémité : outre cela, le noir du plumage a des reflets couleur de pourpre, et l'oiseau paraît être un peu plus gros.

Dans l'yapou ou le jupujuba de Marcgrave (*b*), la queue n'est mi-partie de noir et de jaune que par-dessous, car sa face supérieure est toute noire, excepté la penne la plus extérieure de chaque côté, qui est jaune jusqu'à la moitié de sa longueur.

Il suit de toutes ces diversités que les couleurs du plumage ne sont rien moins que fixes et constantes dans cette espèce, et c'est ce qui me ferait pencher à croire avec Marcgrave que l'oiseau appelé par M. Brisson *cassique rouge* est encore une variété dans cette espèce (*c*) : j'en dirai les raisons plus bas (*).

(*a*) Tome Ier, p. 793.
(*b*) *Historia Brasiliæ*, p. 193.
(*c*) « Vidi quoque totaliter nigras, dorso sanguinei coloris. » Marcgrave, *loco citato*.

(*) Le Cassique est un des plus curieux oiseaux de l'Amérique du Sud dont il habite les grands bois, ne s'approchant que des habitations voisines des forêts Il vit toujours en bandes nombreuses, et l'on trouve leurs nids réunis en très grand nombre sur les *Tillandsia*.

LE CASSIQUE ROUGE DU BRÉSIL OU LE JUPUBA [a]

Ce nom (*) est l'un de ceux que Marcgrave donne à l'yapou, et je l'applique au cassique rouge de M. Brisson, parce qu'il lui ressemble exactement dans les points essentiels : mêmes proportions, même grosseur, même physionomie, même bec, mêmes pieds, même noir foncé sur la plus grande partie du plumage; il est vrai que la moitié inférieure du dos est rouge au lieu d'être jaune, et que le dessous du corps et de la queue est noir en entier; mais cette différence ne peut guère être un caractère spécifique dans une espèce surtout où les couleurs sont très variables, comme nous avons eu occasion de le remarquer plus haut; d'ailleurs, le jaune et le rouge sont des couleurs voisines, analogues, sujettes à se mêler, à se fondre ensemble dans l'orangé, qui est la couleur intermédiaire, ou à se remplacer réciproquement, et cela par la seule différence du sexe, de l'âge, du climat ou de la saison.

Ces oiseaux ont environ douze pouces de longueur, dix-sept pouces de vol, la langue fourchue et bleuâtre, les deux pièces du bec recourbées également en bas, la première phalange du doigt extérieur de chaque pied unie et comme soudée à celle du doigt du milieu, la queue composée de douze pennes, et le fond des plumes blanc, tant sous le noir que sous le jaune du plumage.

Ils construisent leurs nids de feuilles de gramen entrelacées avec des crins de cheval et des soies de cochon, ou avec des productions végétales qu'on a prises pour des crins d'animaux; ils leur donnent la forme d'une cucurbite étroite surmontée de son alambic : ces nids sont bruns au dehors, leur longueur totale est d'environ dix-huit pouces, mais la cavité intérieure n'est que d'un pied; la partie supérieure est pleine et massive sur la longueur d'un demi-pied, et c'est par là que ces oiseaux les suspendent à l'extrémité des petites branches. On a vu quelquefois quatre cents de ces nids sur un seul arbre, de ceux que les Brésiliens appellent *uti;* et comme les yapous pondent trois fois l'année, on peut juger de leur prodigieuse multiplication. Cette habitude de nicher ainsi en société sur un même arbre est un trait de conformité qu'ils ont avec nos choucas.

(a) Voyez l'*Ornithologie* de Brisson, t. II, p. 98.

(*) *Cassicus hæmorrhous* DAUD.

LE CASSIQUE VERT DE CAYENNE (*)

Je n'aurai point à comparer ou à concilier les témoignages des auteurs au sujet de ce cassique, car aucun n'en a parlé. Aussi ne pourrais-je rien dire moi-même de ses mœurs et de ses habitudes. Il est plus gros que les précédents, il a le bec plus épais à sa base et plus long ; il paraît avoir aussi les pieds plus forts, mais également courts. On l'a très bien nommé cassique vert, car toute la partie antérieure, tant dessus que dessous, et compris les couvertures des ailes, est de cette couleur ; la partie postérieure est marron, les pennes des ailes sont noires, celles de la queue en partie noires et en partie jaunes ; les pieds sont tout à fait noirs, et le bec rouge dans toute son étendue.

Ce cassique a environ quatorze pouces de longueur et dix-huit à dix-neuf de vol.

LE CASSIQUE HUPPÉ DE CAYENNE

C'est encore ici une espèce nouvelle (**), et la plus grande de celles qui sont parvenues à notre connaissance ; elle a le bec plus long et plus fort à proportion que toutes les autres, mais ses ailes sont plus courtes ; la longueur totale de l'oiseau est d'environ dix-huit pouces, celle de la queue de cinq pouces, et celle du bec de deux pouces ; il est outre cela distingué des espèces précédentes par de petites plumes qu'il hérisse à volonté sur le sommet de sa tête, et qui lui font une espèce de huppe mobile. Toute la partie antérieure de ce cassique, tant dessus que dessous, compris les ailes et les pieds, est noire ; toute la partie postérieure est marron foncé. La queue, qui est étagée, a les deux pennes du milieu noires comme celles des ailes, mais toutes les latérales sont jaunes ; le bec est de cette dernière couleur.

J'ai vu au Cabinet du Roi un individu dont les dimensions étaient un peu plus faibles, et qui avait la queue entièrement jaune ; mais je n'oserais assurer que les deux pennes intermédiaires n'eussent point été arrachées, car il n'y avait que huit pennes en tout.

(*) *Cassicus cristatus* (*Oriolus cristatus* Gmel.)
(**) C'est une variété de l'espèce précédente.

LE CASSIQUE DE LA LOUISIANE

Le blanc et le violet changeant, tantôt mêlés ensemble et tantôt séparés, composent toutes les couleurs de cet oiseau (*). Il a la tête blanche ainsi que le cou, le ventre et le croupion; les pennes des ailes et de la queue sont d'un violet changeant et bordées de blanc; tout le reste du plumage est mêlé de ces deux couleurs.

C'est une espèce nouvelle, tout récemment arrivée de la Louisiane; on peut ajouter que c'est le plus petit des classiques connus : il n'a que dix pouces de longueur totale, et ses ailes, dans leur état de repos, ne s'étendent que jusqu'au milieu de la queue qui est un peu étagée.

LE CAROUGE (a)

En géneral, les carouges (**) sont moins gros et ont le bec moins fort à proportion que les troupiales; celui de cet article a le plumage peint de trois couleurs, distribuées par grandes masses. Ces couleurs sont : 1° le brun rougeâtre qui règne sur toute la partie antérieure de l'oiseau, c'est-à-dire la tête, le cou et la poitrine; 2° le noir plus ou moins velouté sur le dos, les pennes de la queue, celles des ailes et sur leurs grandes couvertures, et même sur le bec et les pieds; 3° enfin l'orangé foncé sur les petites couvertures des ailes, le croupion et les couvertures de la queue. Toutes ces couleurs sont plus ternes dans la femelle.

La longueur du carouge est de sept pouces; celle du bec de dix lignes, celle de la queue de trois pouces et plus; le vol de onze pouces, et les ailes dans leur état de repos s'étendent jusqu'à la moitié de la queue et par delà. Cet oiseau a été envoyé de la Martinique; celui de Cayenne (***), représenté planche 607, fig. 1, en diffère parce qu'il est plus petit; que l'espèce de coqueluchon qui couvre la tête, le cou, etc., est noir, égayé par quelques taches blanches sur les côtés du cou, et par de petites mouchetures rougeâtres

(a) En latin, *icterus minor, turdus minor varius, xanthornus minor;* en français, *carouge;* quelques-uns lui ont donné le nom d'*oiseau de Banana,* comme au troupiale. M. Brisson le regarde, t. II, p. 116, comme le même oiseau que le *xochitol altera* de Fernandez, cap. cxxv, dont j'ai parlé plus haut; cependant il construit son nid différemment dans le même pays, et d'ailleurs le plumage n'est point du tout le même, ce qui aurait dû être pour M. Brisson une raison décisive de ne point rapporter ces deux oiseaux à la même espèce.

(*) C'est une variété du Troupiale noir de Buffon.
(**) *Icterus bonana* GMEL..
(***) *Icterus varius (Oriolus varius* GMEL.).

sur le dos ; enfin, parce que les grandes couvertures et les pennes moyennes des ailes sont bordées de blanc ; mais ces différences ne sont pas, à mon avis, si considérables qu'on ne puisse regarder le carouge de Cayenne comme une variété dans l'espèce de la Martinique. On sait que celle-ci construit des nids tout à fait singuliers. Si l'on coupe un globe creux en quatre tranches égales, la forme de l'une de ces tranches sera celle du nid des carouges ; ils savent le coudre sous une feuille de bananier qui lui sert d'abri, et qui fait elle-même partie du nid ; le reste est composé de petites fibres de feuilles (a).

Il est difficile de reconnaitre dans ce qui vient d'être dit le rossignol d'Espagne de M. Sloane (b) (*), car cet oiseau est plus petit que le carouge selon toutes ses dimensions, n'ayant que six pouces anglais de longueur et neuf de vol ; il a le plumage différent et il construit son nid sur un tout autre modèle ; ce sont des espèces de sacs suspendus à l'extrémité des petites branches par un fil que ces oiseaux savent filer eux-mêmes avec une matière qu'ils tirent d'une plante parasite nommée *barbe de vieillard ;* fil que bien des gens ont pris mal à propos pour du crin de cheval. L'oiseau de M. Sloane avait la base du bec blanchâtre et entourée d'un filet noir ; le sommet de la tête, le cou, le dos et la queue d'un brun clair ou plutôt d'un gris rougeâtre ; les ailes d'un brun plus foncé, varié de quelques plumes blanches ; la partie inférieure du cou marquée dans son milieu d'une ligne noire ; les côtés du cou, la poitrine et le ventre de couleur feuille morte.

M. Sloane fait mention d'une variété d'âge ou de sexe qui ne différait de l'oiseau précédent que parce que le dos était plus jaune, la poitrine et le ventre d'un jaune plus vif, et qu'il y avait plus de noir sous le bec.

Ces oiseaux habitent les bois et chantent assez agréablement. Ils se nourrissent d'insectes et de vermisseaux, car on en a trouvé des débris dans leur estomac ou gésier, qui n'est point fort musculeux. Leur foie est partagé en un grand nombre de lobes et de couleur noirâtre.

J'ai vu une variété des carouges de Saint-Domingue, autrement des culs-jaunes de Cayenne dont je vais parler, laquelle approchait fort de la femelle du carouge de la Martinique, excepté qu'elle avait la tête et le cou plus noirs. Cela me confirme dans l'idée que la plupart de ces espèces sont fort voisines, et que, malgré notre attention continuelle à en réduire le nombre, nous pourrions encore mériter le reproche de les avoir trop multipliées, surtout à l'égard des oiseaux étrangers, qui sont si peu observés et si peu connus.

(a) Voyez l'*Ornithologie* de M. Brisson, t. II, p. 117.
(b) *Nat History of Jamaïca*, p. 299, nos 16 et 17. En anglais, *spanish nightingale, watchy picket, american hang-nest.*

(*) *Oriolus nidipendulus* GMEL.

LE PETIT CUL-JAUNE DE CAYENNE (a)

C'est le nom que l'on donne dans cette île à l'oiseau représenté dans les planches enluminées n° 5, fig. 1, sous le nom de carouge du Mexique (*), et fig. 2, sous le nom de carouge de Saint-Domingue : c'est le mâle et la femelle (**). Ils ont un jargon à peu près semblable à celui de notre loriot et pénétrant comme celui de la pie.

Ils suspendent leurs nids en forme de bourses à l'extrémité des petites branches, comme les troupiales ; mais on m'assure que c'est aux branches longues, et dépourvues de rameaux, des arbres qui ont la tête mal faite et qui sont penchés sur une rivière ; on ajoute que, dans chacun de ces nids, il y a de petites séparations où sont autant de nichées, ce qui n'a point été observé dans les nids des troupiales.

Ces oiseaux sont extrêmement rusés et difficiles à surprendre ; ils sont à peu près de la grosseur de l'alouette, ils ont huit pouces de longueur, douze à treize pouces de vol, la queue étagée, longue de trois à quatre pouces, dépassant de plus de la moitié de sa longueur l'extrémité des ailes en repos. Les couleurs principales des deux individus représentés au n° 5 sont le jaune et le noir : dans la figure 1, le noir règne sur la gorge, le bec, l'espace compris entre le bec et l'œil, les grandes couvertures et les pennes des ailes, les pennes de la queue et les pieds ; le jaune sur tout le reste ; mais il faut remarquer que les pennes moyennes et les grandes couvertures de l'aile sont bordées de blanc, et que les dernières sont quelquefois toutes blanches (b). Dans la figure 2, une partie des petites couvertures des ailes, les jambes et le ventre jusqu'à la queue sont jaunes ; tout le reste est noir.

On peut rapporter à cette espèce comme variété : 1° le carouge à tête jaune d'Amérique (***) de M. Brisson (c), qui a, en effet, le sommet de la tête, les petites couvertures de la queue, celles des ailes et le bas de la jambe jaunes, et tout le reste noir ou noirâtre ; il a environ huit pouces de longueur, douze pouces de vol, la queue étagée, composée de douze pennes et longue

(b) On leur donne à Saint-Domingue le nom de *demoiselle;* et M. Edwards celui de *bonauna.* M. Brisson, t. II, p. 118 et 121, croit que c'est l'*ayoquantototl* de Fernandez, cap. ccvii; et la vérité est que l'*ayoquantototl* est à peu près de même grosseur, et qu'en général il a dans son plumage du noir, du jaune et du blanc, comme nos *culs-jaunes;* mais Fernandez ne dit rien de la distribution de ces couleurs, ni de ce qui pourrait caractériser l'espèce.

(b) Voyez Edwards, planche 243.

(c) T. VI, p. 38.

(*) *Oriolus xanthornus* GMEL.

(**) *Oriols dominicensis* GMEL.

(***) *Icterus chrysocephalus* (*Oriolus chrysocephalus* GMEL.).

de près de quatre pouces ; 2° le carouge de l'île Saint-Thomas (*a*) (*), qui a aussi le plumage noir, à la réserve d'une tache jaune jetée sur les petites couvertures des ailes ; il a la queue composée de douze pennes, étagée comme dans les culs-jaunes, mais un peu plus longue. M. Edwards a dessiné un individu de la même espèce, planche cccxxii, qui avait un enfoncement remarquable à la base du bec supérieur ; 3° le jamac (**) de Marcgrave (*b*), qui n'en diffère que très peu quant à la grosseur, et dont les couleurs sont les mêmes et à peu près distribuées de la même manière que dans la figure 1, excepté que la tête est noire, que le blanc des ailes est rassemblé dans une seule tache, et que le dos est traversé d'une aile à l'autre par une ligne noire.

LES COIFFES-JAUNES (*c*)

Ce sont des carouges de Cayenne (***) qui ont le plumage noir et une espèce de coiffe jaune qui recouvre la tête et une partie du cou, mais qui descend plus bas par devant que par derrière. On aurait dû faire sentir dans la figure un trait noir qui va des narines aux yeux et tourne autour du bec. L'individu représenté dans la planche 343 paraît notablement plus grand qu'un autre individu que j'ai vu au Cabinet du Roi : est-ce une variété d'âge ou de sexe, ou de climat, ou bien un vice de la préparation ? je l'ignore ; mais c'est d'après cette variété que M. Brisson a fait sa description : sa grosseur est celle d'un pinson d'Ardennes ; il a environ sept pouces de longueur et onze pouces de vol.

LE CAROUGE OLIVE DE LA LOUISIANE

C'est l'oiseau représenté dans les planches enluminées, n° 607, fig. 2, sous le nom de carouge du cap de Bonne-Espérance (*d*) (****). J'avais soupçonné depuis longtemps que ce carouge, quoique apporté peut-être du cap de

---

(*a*) C'est le *Carouge de Cayenne* de M. Brisson, t. II, p. 123.
(*b*) *Histor. Brasiliæ*, p. 198. C'est le *carouge du Brésil* de M. Brisson, t. II, p. 120.
(*c*) C'est le *carouge à tête jaune* de M. Brisson, t. II, p. 124, et l'*étourneau à tête jaune* de M. Edwards, planche 323.
(*d*) M. Brisson l'a donné sous le même nom de *carouge du Cap*, t. II, p. 128.

(*) *Icterus cayennensis* (*Oriolus cayennensis* Gmel.).
(**) *Icterus Jamacai* (*Oriolus Jamacai* Gmel.).
(***) *Icterus* (*Oriolus*) *icterocephalus* Gmel.
(****) *Icterus* (*Oriolus*) *capensis* Gmel.

Bonne-Espérance en Europe, n'était point originaire d'Afrique, et mes soup-çons viennent d'être justifiés par l'arrivée récente (en octobre 1773) d'un carouge de la Louisiane, qui est visiblement de la même espèce et qui n'en diffère absolument que par la couleur de la gorge, laquelle est noire dans celui-ci et orangée dans celui-là. Je suis persuadé qu'il en sera de même de tous les prétendus carouges et troupiales de l'ancien continent, et que l'on reconnaîtra tôt ou tard ou que ce sont des oiseaux d'une autre espèce, ou que leur patrie véritable, leur climat originaire est l'Amérique.

Le carouge olive de la Louisiane a, en effet, beaucoup d'olivâtre dans son plumage, principalement sur la partie supérieure du corps ; mais cette cou-leur n'a pas la même teinte partout : sur le sommet de la tête, elle est fon-due avec du gris ; derrière le cou, sur le dos, les épaules, les ailes et la queue, avec du brun ; sur le croupion et l'origine de la queue, avec un brun plus clair ; sur les flancs et les jambes, avec du jaune ; enfin, elle borde les grandes couvertures et les pennes des ailes, dont le fond est brun. Tout le dessous du corps est jaune, excepté la gorge, qui est orangée ; le bec et les pieds sont d'un brun cendré.

Cet oiseau a à peu près la grosseur du moineau franc, six à sept pouces de longueur et dix à onze pouces de vol. Le bec a près d'un pouce, et la queue deux pouces et plus ; celle-ci est carrée et composée de douze pennes. Dans l'aile, c'est la première penne qui est la plus courte, et ce sont les troisième et quatrième qui sont les plus longues.

LE KINK

Cette nouvelle espèce (*), arrivée dernièrement de la Chine, nous a paru avoir assez de rapport avec le carouge d'une part, et de l'autre avec le merle, pour faire la nuance entre les deux ; il a le bec comprimé par les côtés comme le merle, mais les bords en sont sans échancrures comme dans celui du carouge, et c'est avec raison que M. Daubenton le jeune lui a donné un nom particulier, comme à une espèce distincte et séparée des deux autres espèces qu'elle semble réunir par un chaînon commun.

Le kink est plus petit que notre merle ; il a la tête, le cou, le commence-ment du dos et de la poitrine d'un gris cendré, et cette couleur se fonce davantage aux approches du dos : tout le reste du corps, tant dessus que dessous, est blanc, ainsi que les couvertures des ailes, dont les pennes sont d'une couleur d'acier poli, luisante, avec des reflets qui jouent entre le verdâtre et le violet. La queue est courte, étagée et mi-partie de cette

(*) *Oriolus sinensis* GMEL.

même couleur d'acier poli et de blanc, de manière que sur les deux pennes du milieu le blanc ne consiste qu'en une petite tache à leur extrémité; cette tache blanche s'étend d'autant plus haut sur les pennes suivantes qu'elles s'éloignent davantage des deux pennes du milieu, et la couleur d'acier poli, se retirant toujours devant le blanc qui gagne du terrain, se réduit enfin sur les deux pennes les plus extérieures à une petite tache près de leur origine.

LE LORIOT

On a dit des petits de cet oiseau (*) qu'ils naissaient en détail et par parties séparées, mais que le premier soin des père et mère était de rejoindre ces parties et d'en former un tout vivant par la vertu d'une certaine herbe. La difficulté de cette merveilleuse réunion n'est peut-être pas plus grande que celle de séparer avec ordre les noms anciens que les modernes ont appliqués confusément à cette espèce, de lui conserver tous ceux qui lui conviennent en effet, et de rapporter les autres aux espèces que les anciens ont eues réellement en vue, tant ceux-ci ont décrit superficiellement des objets trop connus, et tant les modernes se sont déterminés légèrement dans l'application des noms imposés par les anciens. Je me contenterai donc de dire ici que, selon toute apparence, Aristote n'a connu le loriot que par ouï-dire : quelque répandu que soit cet oiseau, il y a des pays qu'il semble éviter; on ne le trouve ni en Suède, ni en Angleterre, ni dans les montagnes du Bugey, ni même à la hauteur de Nantua, quoiqu'il se montre régulièrement en Suisse deux fois l'année. Belon ne paraît pas l'avoir aperçu dans ses voyages de Grèce; et d'ailleurs comment supposer qu'Aristote ait connu par lui-même cet oiseau sans connaître la singulière construction de son nid, ou que, la connaissant, il n'en ait point parlé?

Pline, qui a fait mention du *chlorion* d'après Aristote (a), mais qui ne s'est pas toujours mis en peine de comparer ce qu'il empruntait des Grecs avec ce qu'il trouvait dans ses mémoires, a parlé du loriot sous quatre dénomi-

---

(a) *Hist. nat.*, lib. x, cap. xxix.

(*) *Oriolus galbula* L. — Les *Oriolus* sont des Dentirostres de la famille des Corvidés. Ils se distinguent par un bec conique, arrondi, faiblement membré à l'extrémité, une queue tronquée.

« Le Loriot vulgaire a 27 centimètres de long et 50 centimètres d'envergure; l'aile pliée » mesure 17 centimètres, et la queue 11. La femelle est un peu plus petite que le mâle. » Celui-ci a les lorums, les ailes et la queue d'un noir profond; le reste du corps jaune » doré. Une tache jaune se trouve à la racine des rémiges et à l'extrémité des rectrices. » La femelle a le dos d'un vert serin, le ventre blanchâtre, avec des raies longitudinales » brunes au centre des plumes; le cou d'un gris cendré clair; les rémiges brunes, avec » une tache jaunâtre vers le milieu des primaires, et une autre de même couleur à l'extré- » mité; la queue brune, terminée de jaune. Les jeunes et les mâles d'un an ont le plumage » de la femelle. L'iris est rouge carmin; le bec rouge sale chez les vieux mâles, gris noi- » râtre chez les jeunes et les femelles; les pattes sont gris de plomb. » (Brehm.)

nations différentes (a), sans avertir que c'était le même oiseau que le *chlorion*.
Quoi qu'il en soit, le loriot est un oiseau très peu sédentaire, qui change
continuellement de contrées et semble ne s'arrêter dans les nôtres que pour
faire l'amour, ou plutôt pour accomplir la loi imposée par la nature à tous
les êtres vivants de transmettre à une génération nouvelle l'existence qu'ils
ont reçue d'une génération précédente, car l'amour n'est que cela dans la
langue des naturalistes. Les loriots suivent cette loi avec beaucoup de zèle
et de fidélité. Dans nos climats, c'est vers le milieu du printemps que le
mâle et la femelle se recherchent, c'est-à-dire presque à leur arrivée. Ils
font leur nid sur des arbres élevés, quoique souvent à une hauteur fort
médiocre; ils le façonnent avec une singulière industrie et bien différemment de ce que font les merles, quoiqu'on ait placé ces deux espèces dans
le même genre. Ils l'attachent ordinairement à la bifurcation d'une petite
branche, et ils enlacent autour des deux rameaux qui forment cette bifurcation de longs brins de paille ou de chanvre, dont les uns, allant droit d'un
rameau à l'autre, forment le bord du nid par devant, et les autres, pénétrant dans le tissu du nid ou passant par-dessous et revenant se rouler sur
le rameau opposé, donnent la solidité à l'ouvrage. Ces longs brins de chanvre
ou de paille qui prennent le nid par-dessous en sont l'enveloppe extérieure;
le matelas intérieur, destiné à recevoir les œufs, est tissu de petites tiges de
gramen, dont les épis sont ramenés sur la partie convexe et paraissent si
peu dans la partie concave qu'on a pris plus d'une fois ces tiges pour des
fibres de racines; enfin, entre le matelas intérieur et l'enveloppe extérieure
il y a une quantité assez considérable de mousse, de lichen et d'autres matières semblables qui servent, pour ainsi dire, d'ouate intermédiaire et rendent le nid plus impénétrable au dehors, et tout à la fois plus mollet au
dedans. Ce nid étant ainsi préparé, la femelle y dépose quatre ou cinq œufs,
dont le fond blanc sale est semé de quelques petites taches bien tranchées
d'un brun presque noir et plus fréquentes sur le gros bout que partout
ailleurs; elle les couve avec assiduité l'espace d'environ trois semaines, et
lorsque les petits sont éclos, non seulement elle leur continue ses soins
affectionnés pendant très longtemps (b), mais elle les défend contre leurs

(a) « Picorum aliquis suspendit in surculo (*nidum*) primis in ramis cyathi modo. » Plin.,
lib. x, cap. xxxiii. « Jam publicum quidem omnium est (*galgulos*) tabulata ramorum susti-
nendo nido providè eligere, cameràque ab imbri aut fronde protegere densâ. » *Ibidem*. — La
construction du nid du *picus* et du *galgulus*, étant à peu près la même et fort ressemblante à
celle du loriot, on en peut conclure que dans ces deux passages il s'agit de notre loriot sous
deux noms différents; mais que le *galgulus* soit le même oiseau que l'*avis icterus* et que
l'*ales luridus*, c'est ce qui est démontré par les deux passages suivants. « Avis icterus vocatur a colore, quæ, si spectetur, sanari id malum (*regium*) tradunt, et avem mori; hanc puto
latinè vocari galgulum, » lib. xxx, cap. xi. « Icterias (*lapis*) aliti lurido similis, ideo existi-
matur salubris contra regios morbos, » lib. xxxvii, cap. x. D'ailleurs ce que Pline dit de son
galgulus, lib. x, cap. xxv, « cum fœtum eduxere abeunt, » convient tout à fait à notre loriot.

(b) « Les petits (*loriots*) suivent longtemps leurs père et mère, dit Belon, jusqu'à ce qu'ils
aient bien appris à se pourchasser eux-mêmes. » *Nature des Oiseaux*, p. 293.

ennemis et même contre l'homme, avec plus d'intrépidité qu'on n'en attendrait d'un si petit oiseau. On a vu le père et la mère s'élancer courageusement sur ceux qui leur enlevaient leur couvée ; et, ce qui est encore plus rare, on a vu la mère, prise avec le nid, continuer de couver en cage et mourir sur ses œufs.

Dès que les petits sont élevés, la famille se met en marche pour voyager ; c'est ordinairement vers la fin d'août ou le commencement de septembre ; ils ne se réunissent jamais en troupes nombreuses, ils ne restent pas même assemblés en famille, car on n'en trouve guère plus de deux ou trois ensemble. Quoiqu'ils volent peu légèrement et en battant des ailes, comme le merle, il est probable qu'ils vont passer leur quartier d'hiver en Afrique ; car, d'une part, M. le chevalier Desmazy, commandeur de l'ordre de Malte, m'assure qu'ils passent à Malte dans le mois de septembre et qu'ils repassent au printemps ; et, d'autre part, Thévenot dit qu'ils passent en Égypte au mois de mai et qu'ils repassent en septembre (a). Il ajoute qu'au mois de mai ils sont très gras, et alors leur chair est un bon manger. Aldrovande s'étonne de ce qu'en France on n'en sert pas sur nos tables (b).

Le loriot est à peu près de la grosseur du merle ; il a neuf à dix pouces de longueur, seize pouces de vol, la queue d'environ trois pouces et demi, et le bec de quatorze lignes. Le mâle est d'un beau jaune sur tout le corps, le cou et la tête, à l'exception d'un trait noir qui va de l'œil à l'angle de l'ouverture du bec. Les ailes sont noires, à quelques taches jaunes près qui terminent la plupart des grandes pennes et quelques-unes de leurs couvertures ; la queue est aussi mi-partie de jaune et de noir, de façon que le noir règne sur ce qui paraît des deux pennes du milieu, et que le jaune gagne toujours de plus en plus sur les pennes latérales, à commencer de l'extrémité de celles qui suivent immédiatement les deux du milieu ; mais il s'en faut bien que le plumage soit le même dans les deux sexes : presque tout ce qui est d'un noir décidé dans le mâle n'est que brun dans la femelle, avec une teinte verdâtre ; et presque tout ce qui est d'un si beau jaune dans celui-là est dans celle-ci olivâtre ou jaune pâle, ou blanc ; olivâtre sur la tête et le dessus du corps, blanc sale varié de traits bruns sous le corps, blanc à l'extrémité de la plupart des pennes des ailes, et jaune pâle à l'extrémité de leurs couvertures ; il n'y a de vrai jaune qu'au bout de la queue et sur ses couvertures inférieures. J'ai observé de plus dans une femelle un petit espace derrière l'œil qui était sans plumes et de couleur ardoisée claire.

Les jeunes mâles ressemblent d'autant plus à la femelle pour le plumage qu'ils sont plus jeunes : dans les premiers temps, ils sont mouchetés encore plus que la femelle, ils le sont même sur la partie supérieure du corps ;

(a) *Voyage du Levant*, t. Ier, p. 493.
(b) *Ornithologie*, t. Ier, p. 861.

mais, dès le mois d'août, le jaune commence déjà à paraître sous le corps; ils ont aussi un cri différent de celui des vieux; ceux-ci disent *yo, yo, yo*, qu'ils font suivre quelquefois d'une sorte de miaulement comme celui du chat; mais indépendamment de ce cri, que chacun entend à sa manière (*a*), ils ont encore une espèce de sifflement, surtout lorsqu'il doit pleuvoir (*b*), si toutefois ce sifflement est autre chose que le miaulement dont je viens de parler.

Ces oiseaux ont l'iris des yeux rouge, le bec rouge brun, le dedans du bec rougeâtre, les bords du bec inférieur un peu arqués sur leur longueur, la langue fourchue et comme frangée par le bout, le gésier musculeux, précédé d'une poche formée par la dilatation de l'œsophage, la vésicule du fiel verte, des *cæcums* très petits et très courts, enfin la première phalange du doigt extérieur soudée à celle du doigt du milieu.

Lorsqu'ils arrivent au printemps, ils font la guerre aux insectes et vivent de scarabées, de chenilles, de vermisseaux, en un mot de ce qu'ils peuvent attraper; mais leur nourriture de choix, celle dont ils sont le plus avides, ce sont les cerises, les figues (*c*), les baies de sorbier, les pois, etc. Il ne faut que deux de ces oiseaux pour dévaster en un jour un cerisier bien garni, parce qu'ils ne font que becqueter les cerises les unes après les autres et n'entament que la partie la plus mûre.

Les loriots ne sont point faciles à élever ni à apprivoiser. On les prend à la pipée, à l'abreuvoir et avec différentes sortes de filets.

Ces oiseaux se sont répandus quelquefois jusqu'à l'extrémité du continent sans subir aucune altération dans leur forme extérieure ni dans leur plumage, car on a vu des loriots de Bengale et même de la Chine parfaitement semblables aux nôtres; mais aussi on en a vu d'autres, venant à peu près des mêmes pays, qui ont quelques différences dans les couleurs et que l'on peut regarder pour la plupart comme des variétés de climat jusqu'à ce que des observations faites avec soin sur les allures et les mœurs de ces espèces étrangères, sur la forme de leur nid, etc., éclairent ou rectifient nos conjectures.

(*a*) Gesner dit qu'ils prononcent *oriot* ou *loriot;* Belon, qu'ils semblent dire : *compère loriot;* d'autres ont cru entendre : *lousot bonnes merises,* etc. Voyez l'*Histoire nat. des Oiseaux* de M. Salerne, p. 186.

(*b*) « Aliquando instar fistulæ canit, præsertim imminente pluvià.» Gesner, *De Avibus,* p. 714.

(*c*) C'est de là qu'on leur a donné en certains pays les noms de becfigues, de συκοφάγος, etc., et c'est peut-être cette nourriture qui rend leur chair si bonne à manger. On sait que les figues produisent le même effet sur la chair des merles et d'autres oiseaux.

VARIÉTÉS DU LORIOT

I. — LE COULAVAN (a).

Cet oiseau de la Cochinchine (*) est peut-être un tant soit peu plus gros que notre loriot ; il a aussi le bec plus fort à proportion ; les couleurs du plumage sont absolument les mêmes et distribuées de la même manière partout, excepté sur la couverture des ailes, qui sont entièrement jaunes, et sur la tête, où l'on voit une espèce de fer à cheval noir ; la partie convexe de ce fer à cheval borde l'occiput, et ses branches vont en passant sur l'œil aboutir aux coins de l'ouverture du bec : c'est le trait de dissemblance le plus caractérisé du coulavan, encore retrouve-t-on dans le loriot une tache noire entre l'œil et le bec, qui semble être la naissance de ce fer à cheval.

J'ai vu quelques individus coulavans qui avaient le dessus du corps d'un jaune rembruni. Tous ont le bec jaunâtre et les pieds noirs.

II. — LE LORIOT DE LA CHINE (b).

Il est un peu moins gros que le nôtre (**) ; mais c'est la même forme, les mêmes proportions et les mêmes couleurs, quoique disposées différemment. La tête, la gorge et la partie antérieure du cou sont entièrement noires (c), et dans toute la queue il n'y a de noir qu'une large bande qui traverse les deux pennes intermédiaires près de leur extrémité, et deux taches situées aussi près de l'extrémité des deux pennes suivantes. La plupart des couvertures des ailes sont jaunes ; les autres sont mi-partie de noir et de jaune ; les plus grandes pennes sont noires dans ce qui paraît au dehors, l'aile étant dans son repos, et les autres sont bordées ou terminées de jaune ; tout le reste du plumage est de cette dernière couleur et de la plus belle teinte.

La femelle (d) est différente, car elle a le front ou l'espace entre l'œil et le bec d'un jaune vif, la gorge et le devant du cou d'une couleur claire plus ou

---

(a) Les Cochinchinois le nomment *couliavan*. C'est le cinquante-neuvième merle de M. Brisson, t. II, p. 326.

(b) C'est le *loriot de Bengale* de M. Brisson, t. II, p. 329, et le *black-headed indian ictérus* de M. Edwards, planche 77.

(c) L'espèce de pièce noire qui couvre la gorge et le devant du cou a, dans la figure d'Edwards, une échancrure de chaque côté, vers le milieu de sa longueur.

(d) C'est l'*yellow indian starling* d'Edwards, planche 186 ; et d'Albin, t. II, p. 38. M. Edwards lui aurait donné le nom de loriot tacheté, *spotted icterus*, s'il n'avait cru plus à propos de conserver le nom d'Albin. Il pense que ce pourrait bien être le *mottled jay* de Madras, et par conséquent le cinquième troupiale de M. Brisson.

(*) *Oriolus chinensis* GMEL.

(**) C'est l'*Oriolus melanocephalus* de Gmelin.

moins jaunâtre avec des mouchetures brunes, le reste du dessous du corps
d'un jaune plus foncé, le dessus d'un jaune brillant, toutes les ailes variées
de brun et de jaune, la queue jaune aussi, excepté les deux pennes du
milieu, qui sont brunes : encore ont-elles un œil jaunâtre et sont-elles terminées de jaune.

III. — LE LORIOT DES INDES (*a*).

C'est le plus jaune des loriots (*), car il est en entier de cette couleur,
excepté : 1° un fer à cheval qui embrasse le sommet de la tête et aboutit des
deux côtés à l'angle de l'ouverture du bec ; 2° quelques taches longitudinales
sur les couvertures des ailes ; 3° une bande qui traverse la queue vers le
milieu de sa longueur, le tout de couleur azurée, mais le bec et les pieds sont
d'un rouge éclatant.

LE LORIOT RAYÉ (*b*)

Cet oiseau (**) ayant été regardé par les uns comme un merle et par les
autres comme un loriot, sa vraie place semble marquée entre les loriots et
les merles ; et comme d'ailleurs il paraît autrement proportionné que l'une
ou l'autre de ces deux espèces, je suis porté à le regarder plutôt comme une
espèce voisine et mitoyenne que comme une simple variété.

Le loriot rayé est moins gros qu'un merle et modelé sur des proportions
plus légères ; il a le bec, la queue et les pieds plus courts, mais les doigts plus
longs ; sa tête est brune, finement rayée de blanc ; les pennes des ailes sont
brunes aussi et bordées de blanc ; tout le corps est d'un bel orangé, plus
foncé sur la partie supérieure que sur l'inférieure ; le bec et les ongles sont
à peu près de la même couleur, et les pieds sont jaunes.

(*a*) C'est le nom que lui donnent Aldrovande, t. Ier, p. 862, et M. Brisson, qui en a fait
son soixantième merle. Voyez le t. II, p. 328.

(*b*) C'est le loriot à tête rayée de M. Brisson, t. II, p. 332, et le *merula bicolor* d'Aldrovande, t. II, p. 623 et 624. Je ne sais pourquoi ce dernier auteur lui applique l'épithète de
bicolor, vu que, selon sa description même, il entre trois ou quatre couleurs dans le plumage de cet oiseau : du brun, du blanc et de l'orangé de deux nuances.

(*) *Oriolus indicus* GMEL.
(**) *Oriolus radiatus* GMEL.

TABLE DES MATIÈRES

DU TOME CINQUIÈME.

(Les articles marqués d'un (M.) sont de Guéneau de Montbelliard.)

———

FIN DE LA TABLE DU CINQUIÈME VOLUME

Paris. — Imprimerie Vᵉ P. LAROUSSE et Cⁱᵉ, rue Montparnasse, 19.

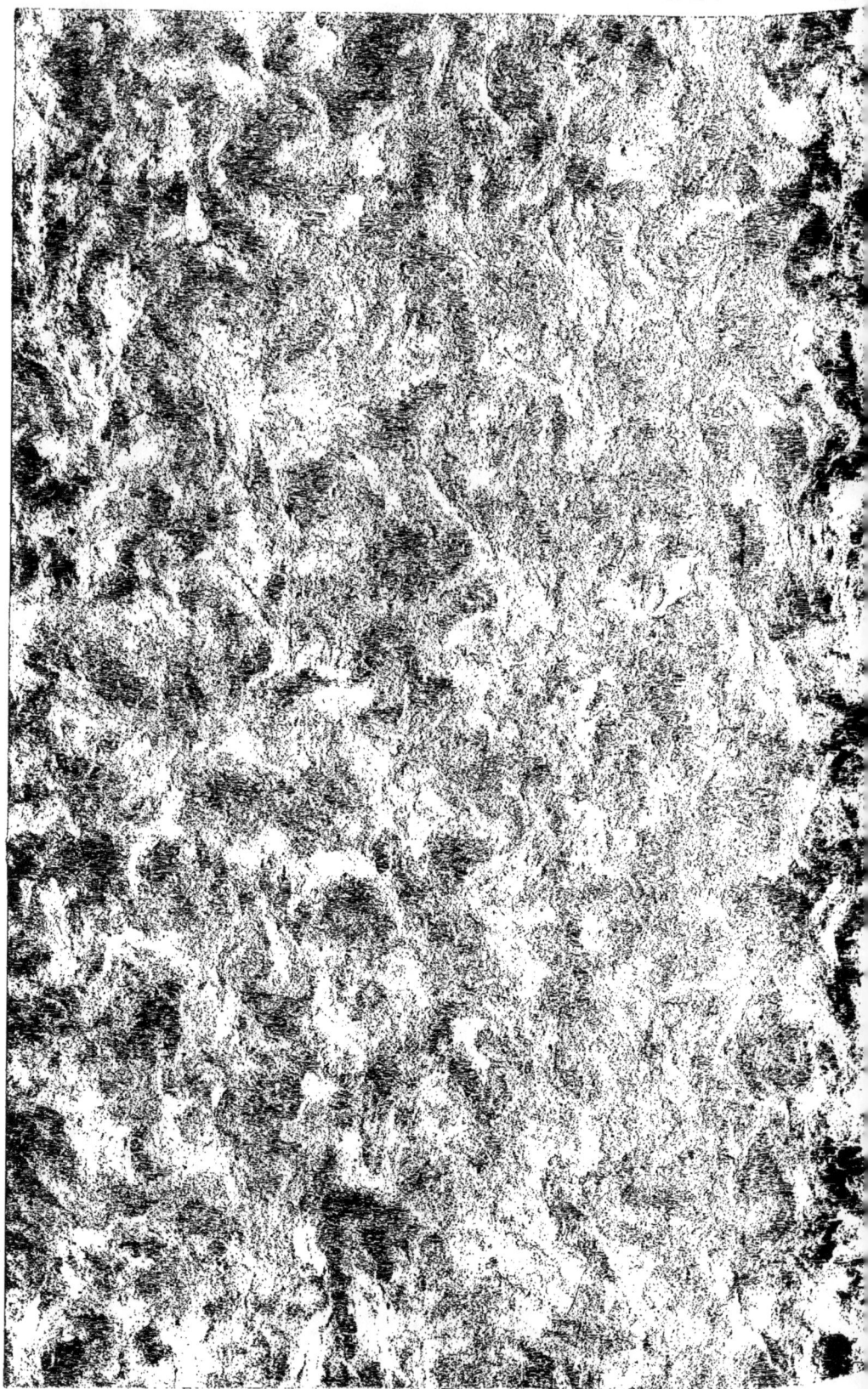

www.ingramcontent.com/pod-product-compliance
Lightning Source LLC
Chambersburg PA
CBHW031538210326

41599CB00015B/1940